DER SCHIFFSMASCHINENBAU

ERSTER BAND

ENTHALTEND:

DIE THEORIE DES DAMPFMASCHINENPROZESSES, DIE KONSTRUKTION DER KOLBENDAMPFMASCHINEN, THEORIE UND KONSTRUKTION DER SCHIFFSCHRAUBE SOWIE EINEN THEORETISCHEN ANHANG

VON

G. BAUER

DR. PHIL., DR. ING. E. H., DIREKTOR DER VULCAN-WERKE.
HAMBURG UND STETTIN, AKTIENGESELLSCHAFT

ERSTE AUFLAGE

ANSCHLIESSEND AN DIE VIERTE AUFLAGE DES WERKES „BERECHNUNG UND KONSTRUKTION DER SCHIFFSMASCHINEN UND -KESSEL“ VOM GLEICHEN VERFASSER

MIT 793 ILLUSTRATIONEN UND 70 TABELLEN

MÜNCHEN UND BERLIN 1923
DRUCK UND VERLAG VON R. OLDENBOURG

VORWORT.

Das Werk, dessen erster Band heute der Öffentlichkeit übergeben wird, ist als eine Neuherausgabe meines schon seit Jahren vergriffenen Buches „Berechnung und Konstruktion der Schiffsmaschinen und Kessel", 4. Aufl., sowie des von mir gemeinsam mit Herrn Direktor Dr. Ing. e. h. Lasche herausgegebenen Buches über Schiffsturbinen, dessen 2. Auflage ebenfalls vergriffen ist, aufzufassen. Der Umfang des neuen Werkes soll außer dem vorliegenden Band, welcher im wesentlichen die Berechnung und Konstruktion der Kolbenmaschinen und der Schiffsschrauben, sowie Auseinandersetzungen über theoretische Grundlagen des Schiffsmaschinenbaues enthält, noch zwei weitere Bände umfassen, von denen der eine den Schiffsturbinen, Kesseln, Hilfsmaschinen und Rohrleitungen, der andere den Verbrennungsmaschinen gewidmet sein soll.

Es hat sich nicht als möglich erwiesen, den Charakter meines alten Schiffsmaschinenbuches, welches darauf hinzielte, ohne längere theoretische Auseinandersetzungen für die Praxis brauchbare Formeln zu bieten, ganz beizubehalten. Die Mannigfaltigkeit, welche die Schiffsantriebe seit der über 20 Jahre lang zurückliegenden Entstehung des genannten Buches gewonnen haben, hat es dem Schiffsmaschinenkonstrukteur zur zwingenden Aufgabe gemacht, tiefer in die sich bietenden Probleme einzudringen und sich wissenschaftlicher Hilfsmittel in weit größerem Umfange zu bedienen, als dies damals notwendig war. Es konnte daher nicht darauf verzichtet werden, in das neue Werk einige einfachere theoretische Darlegungen aus dem Gebiet der Mechanik und Wärmelehre aufzunehmen. Ich habe mich aber bemüht, dieselben derart in das Buch einzufügen, daß die Übersichtlichkeit des für den Konstrukteur, welcher rasch zum Ziel gelangen will, in erster Linie notwendigen Stoffes nicht leidet und habe deswegen alle umfassenderen theoretischen Ausführungen in Anhängen am Ende des Bandes untergebracht.

Auch im Format des Buches bin ich von dem früheren abgewichen und habe dasselbe, um bessere und deutlichere Abbildungen bringen zu können, etwas größer gewählt.

Ich habe manchmal gezweifelt, ob unter den heutigen Verhältnissen ein Werk, wie das nunmehr in Angriff genommene, die Mühen der Herstellung lohnt und Leser finden wird. Ich bin aber schließlich in meinem Vorhaben durch den Gedanken bestärkt worden, daß die heranwachsende Generation der Schiffsmaschinen-Konstrukteure in Deutschland heute nur zum kleinsten Teil die Möglichkeit hat, sich im praktischen Leben die Erfahrungen im Bau von Maschinenanlagen für große Schnelldampfer und für Kriegsschiffe zu erwerben, da die durch den Krieg geschaffenen Verhältnisse gegenwärtig den Bau solcher Schiffe noch verhindern. Ich halte es aber für ein unbedingtes Erfordernis, alles aufzubieten, um diese Erfahrungen auch in unserm Vaterlande in möglichst großem Umfange zu erhalten und denen zugänglich zu machen, welche nicht in der Lage sind, sich auf die vor dem Kriege gemachten Konstruktionen und Betriebserfahrungen zu stützen.

Ein so umfassendes Werk wie das vorliegende herauszugeben, wäre mir bei meiner beruflichen Überlastung ganz unmöglich gewesen, wenn mir nicht die vorzüglichsten Mitarbeiter zur Seite gestanden hätten. Herr Oberingenieur Wälde hat mich bei der Bearbeitung sämtlicher Kapitel, welche theoretische Entwicklungen enthalten, andauernd auf das wirksamste unterstützt, und verdanke ich demselben eine Reihe von wertvollen Anregungen. Herr Oberingenieur Ludwig hat die konstruktiven Kapitel mitbearbeitet, während Herr Dipl.-Ingenieur Kreczy mich in der Durchsicht und Korrektur laufend unterstützt hat.

Für die Hergabe wertvollen Materials habe ich vor allen Dingen den Vulcan-Werken und der deutschen Marineleitung den aufrichtigsten Dank auszusprechen.

Hamburg, Januar 1923.

Dr. G. Bauer.

Inhalts-Verzeichnis.

Erster Teil.

Die Theorie des Arbeitsprozesses in der Dampfmaschine.

Abschnitt I.

Allgemeines über den Dampfmaschinenprozeß.

Abschnitt II.

Der Dampfprozeß in der Kolbenmaschine.

Zweiter Teil.

Berechnung der Hauptabmessungen der Kolbendampfmaschinen.

Abschnitt I.

Die praktische Berechnung der Zylinderdimensionen für Kolbenmaschinen.

Abschnitt II.

Die Theorie der Kondensation. Berechnung der Hauptdimensionen von Kondensationsanlagen.

Abschnitt III.

Die Dynamik der Kolbenmaschine.

Dritter Teil.

Die Konstruktion der Kolbendampfmaschine.

Abschnitt I.

Der Aufbau der Hauptmaschine.

Abschnitt II.

Details der Hauptmaschine. Dampfzylinder.

Schieber.

Verschiedene Steuerungen.

Kolbengestänge.

Dampfkolben.

Pleuelstange und Kreuzkopf.

Kurbelwelle.

Grundplatte.

Angehängte Kühlwasserpumpen.

Maschinen-Speisepumpen.

Vierter Teil.

Wellenleitung.

Abschnitt I.

Druckwelle, Drucklager und Wellenleitung.

Laufwellen und Traglager.

Wellenkupplungen.

Abschnitt II.

Propellerwelle und Stevenrohr.

Fünfter Teil.

Schmierung und Kühlung der Kolbenmaschinen.

Sechster Teil.

Schiffswiderstand und Propeller.

Abschnitt I.

Die Ermittlung des Schiffswiderstandes mit Hilfe von Schleppversuchen.

Abschnitt II.

Die Schiffsschraube.

Propeller mit Leitapparaten.

Anhang I.

Grundlegende Kapitel aus der Wärmelehre.

Abschnitt I.

Die idealen Gase. Der erste Hauptsatz der mechanischen Wärmetheorie.

Abschnitt II.

Der zweite Hauptsatz der mechanischen Wärmetheorie.

Abschnitt III.

Seite

Die Verbrennung.

Abschnitt IV.

Der Wasserdampf.

Abschnitt V.

Strömung von Gasen und Dämpfen.

Anhang II.

Die Wärmeströmung in den Zylinderwänden.

Anhang III.

Über den Einfluß der Hilfsmaschinen auf die Wirtschaftlichkeit der Schiffsmaschinenanlagen mit Dampfbetrieb 56

Anhang IV.

Wärmeregeneration 61

Anhang V.

Ungleichförmigkeit der Rotation von Schiffswellen. Torsionsschwingungen. Kritische Tourenzahl für dieselben.

I. Abschnitt.

II. Abschnitt. Seite

Die Berechnung der Eigenschwingungszahl von Schiffswellen. Kritische Drehzahl für Torsionsschwingungen.

Messungen von Torsionsschwingungen in den Wellenleitungen von Schiffsmaschinen.

Anhang VI.

Anhang VII.

Anhang VIII.

Über die Grundbegriffe der Ähnlichkeitsmechanik.

Anhang IX.

Die Apparate der Modell-Schleppversuchsanstalten.

Anhang X.

Über den Einfluß der Wassertiefe auf Schiffswiderstand und Maschinenleistung.

Anhang XI.

Anhang XII.

Anhang XIII.

Erster Teil.

Die Theorie des Arbeitsprozesses in der Dampfmaschine.

Abschnitt I.

Allgemeines über den Dampfmaschinenprozeß.

§ 1. **Einleitung.** Der gesamte Arbeitsprozeß der Dampfmaschine setzt sich zusammen aus der Erzeugung der Wärme durch die Kesselfeuerung, sodann der Übertragung der erzeugten Wärme an den Arbeitskörper, das Wasser, im Dampfkessel, ferner aus dem eigentlichen Arbeitsprozeß, welcher in der Dampfmaschine vor sich geht, und schließlich der Wärmeentziehung im Kondensator durch das Kühlwasser. (Näheres über den ersten Teil des Prozesses siehe „Theorie der Dampfkessel", Band II, über die letzte Stufe des Prozesses siehe „Theorie der Kondensation", Teil II, Abschnitt II).

§ 2. **Gemeinsame Darstellung der Dampfmaschinenprozesse.** Für eine solche eignet sich das Wärmediagramm, vgl. Abb. 1. Das Kesselspeisewasser wird unter Wärmezufuhr seitens der Kesselfeuerung von der Temperatur T_c auf T_a erwärmt. Es durchläuft die im Wärmediagramm durch die Kurve ea veranschaulichte Zustandsänderung, wobei die zugeführte Wärme, d. h. die Flüssigkeitswärme, durch die Fläche $e_0 e a a_0$ dargestellt ist. Hieran schließt sich die Verdampfung bei konstantem Druck und konstanter Temperatur, ab, unter Zuführung der Verdampfungswärme $a_0 a b b_0$. Arbeitet die Maschine mit trocken gesättigtem Dampf, so ist die Wärmezufuhr in b beendet; es folgt sodann adiabatische Expansion bc und sodann Wärmeentziehung im Kondensator bei der konstanten Temperatur T_c (welche in diesem Falle gleich der des Speisewassers angenommen ist). Die im Kondensator abgeführte Wärme ist gleich der Fläche $c e e_0 b_0$. Arbeitet die Maschine mit Überhitzung, so folgt auf die Zuführung der Verdampfungswärme noch die der Überhitzungswärme, wodurch die Überhitzungstemperatur T_b erreicht wird; diese Zustandsänderung, ebenfalls bei konstantem Druck durchgeführt, ist dargestellt durch die Kurve bb', die zugeführte Überhitzungswärme durch die Fläche $bb' b_0' b_0$.

Die Fläche $eabc$ (beim Prozeß mit trocken gesättigtem Dampf) bzw. $eabb'c'$ (beim Prozeß mit überhitztem Dampf) stellt die Differenz zwischen zugeführter und abgeführter Wärme, d. h. das Wärmeäquivalent der geleisteten Arbeit, dar.

Der so beschriebene, in Abb. 1 dargestellte Prozeß paßt ebensowohl auf den Vorgang in der Kolbenmaschine wie in der Turbine, wenn man den einfachsten, prinzipiellen Fall ins Auge faßt, wie aus dem Nachstehenden hervorgeht.

Wir haben in der Kolbenmaschine (vgl. Abb. 2) (Druckvolumendiagramm) zunächst die Erwärmung des Speisewassers EA, welche annähernd ohne Volumenveränderung vor sich geht, sodann die Verdampfung desselben bei konstantem Druck p_a, dargestellt durch die Horizontale AB, woran sich ev. die Überhitzung bei konstantem Druck BB' schließt. Hierauf folgt die Expansion BC bzw. $B'C'$ längs der

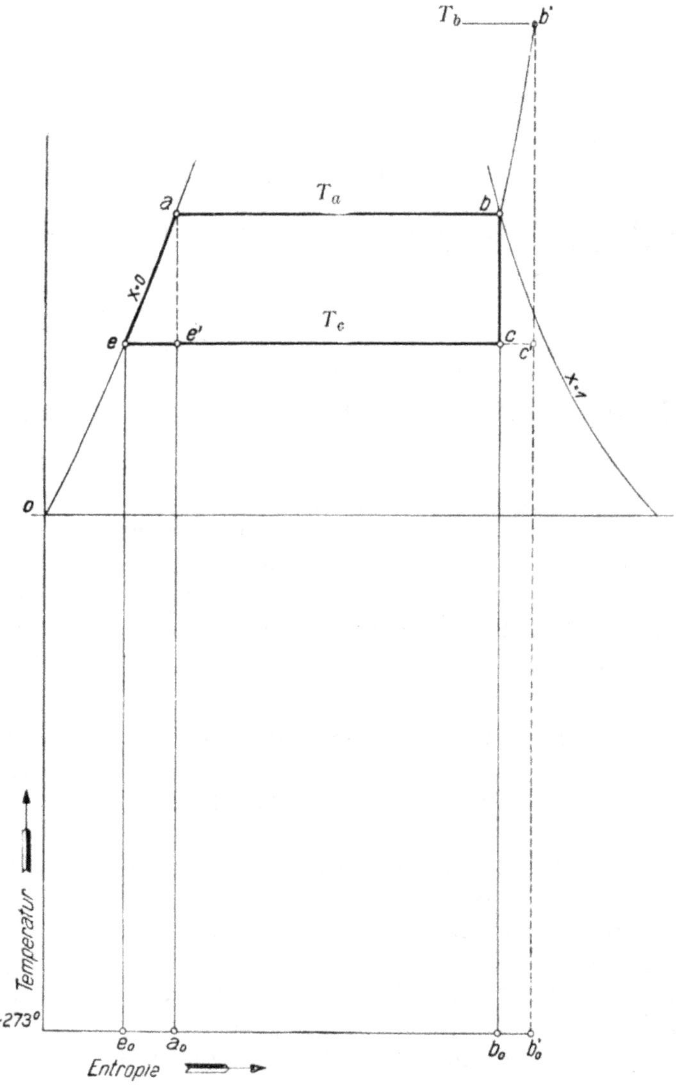

Abb. 1.

Adiabate und sodann die Kondensation beim konstanten Kondensatordruck p_e, veranschaulicht durch die Linie CE bzw. $C'E$.

Allerdings ist der Prozeß in der Kolbenmaschine, wenn man den Vorgang im Zylinder allein betrachtet, ein unterbrochener Kreisprozeß insofern, als am Ende der Expansion der Dampf den Zylinder verläßt und durch neuen ersetzt wird, welchen man getrennt vom Zylinder im Kessel erzeugt. Doch wird am Prozeß prinzipiell nichts geändert, wenn man denselben sich wie folgt vorstellt: Man denkt sich das Speisewasser (1 kg) direkt in den Dampfzylinder eingefüllt, welcher gleichzeitig als Kessel und Kondensator dienen soll. Da das spezifische Volumen des Wassers gegenüber dem des

Dampfes vernachlässigt werden darf, würde man sich den Kolben in $E(e)$ in seinem z. B. unteren Totpunkt auf der gegebenen dünnen Wasserfläche liegend vorzustellen haben. Derselben wird längs der Linie EA (ea) die Flüssigkeitswärme zugeführt, ohne daß sich der Kolben aus seiner Ruhelage bewegt. Erst wenn während der Strecke AB (ab) die Verdampfungswärme zugeführt wird, schiebt sich der Kolben entsprechend der Zunahme der spezifischen Dampfmenge vor, bis das ganze Wasser verdampft ist und somit das vom Kolben durchlaufene Volumen gleich dem spezifischen Volumen des trocken gesättigten Dampfes ist. (Eventuell folgt hier noch die Zuführung der Überhitzungswärme längs BB' (bb'), wodurch das spezifische Volumen des überhitzten Dampfes der Temperatur T_b' erreicht wird.) Von hier aus erfolgt unter weiterem Vorschieben des Kolbens, während mittlerweile die Wärmezufuhr abgesperrt ist, die Ausdehnung des Dampfes bis auf die Kondensatorspannung. Nun ist der Arbeitshub des Kolbens vollendet, und es sinkt nunmehr unter Wärmeentziehung bei Kondensatortemperatur der Kolben in seine Anfangslage zurück, so daß er jetzt wieder auf der dünnen Wasserschicht von Kondensatortemperatur (gleichzeitig Speisewassertemperatur) ruht, und das Spiel von neuem beginnen kann.

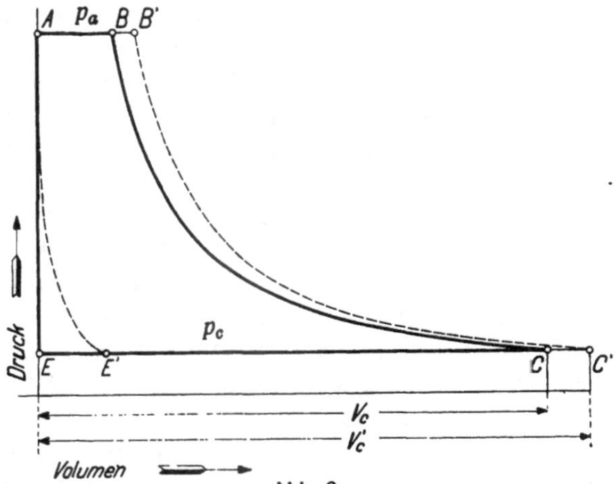

Abb. 2.

Bei der Turbine wird die mechanische Arbeit durch einen Strömungsprozeß gewonnen. Ein Druckvolumendiagramm in gleichem Sinne wie oben läßt sich hier nicht entwerfen, da an jedem Punkt des Dampfweges, sobald der Vorgang stationär geworden, stets derselbe Dampfzustand herrscht. Dagegen stellt sich im Wärmediagramm der theoretische Dampfprozeß ebenso dar, wie vorstehend für die Kolbenmaschine beschrieben.

Genau wie beim Dampfmaschinenprozeß ist die Fläche $eabc$ bzw. $eabb'c'$ (vgl. Abb. 1) das theoretische Diagramm, begrenzt oben durch die Isotherme der Frischdampfspannung (ev. auch die Isobare der Überhitzung), links durch die Flüssigkeitsgrenzkurve, rechts durch die Adiabate der Expansion vom Punkt b oder b' aus, unten durch die Isotherme der Kondensatorspannung.

In einer verlustlos arbeitenden Turbine, im einfachsten Fall dargestellt durch eine Düse und ein Schaufelrad, kann man sich den durch dieses theoretische Diagramm dargestellten Prozeß derartig durchlaufen denken, daß ein in der Zeiteinheit durch die Turbine strömendes Dampfquantum aus dem Zustande, welchen das Wasser im Kondensator besitzt, zuerst längs der Flüssigkeitsgrenzkurve ea und der Isotherme ab erwärmt und verdampft (ev. auch längs bb' überhitzt) wird, worauf Ausströmung durch die verlustlose Düse und adiabatische Expansion bc bzw. $b'c'$ bis auf die Kondensatorspannung erfolgt. In dem Punkt c bzw. c' ist das ganze Wärmegefälle in Strömungsenergie umgesetzt, welche von dem verlustlos arbeitenden Laufrad aufgenommen wird. Es folgt dann, genau wie bei der idealen Kolbenmaschine, Volumenverminderung unter gleichzeitiger Wärmeentziehung, d. h. Kondensation des Dampfes bei Kondensatortemperatur, bis im Punkt e der Dampf völlig in Wasser verwandelt ist und nunmehr wieder die Wärmezufuhr beginnt.

Aus dem allen Dampfmaschinen gemeinsamen Wärmediagramm (Abb. 1) ergibt sich, daß der hierdurch dargestellte Prozeß vom Carnotprozeß abweicht. Um einen solchen zu erzielen, hätte der Dampf nach teilweiser Wärmeentziehung im Kondensator, d. h.

bis zu dem durch e' gekennzeichneten Zustand, adiabatisch auf den Anfangszustand a komprimiert werden müssen, welcher Vorgang im Spannungsdiagramm der Kolbenmaschine, Abb. 2, durch die Kompressionskurve $E'A$ veranschaulicht würde. Man ist aber wegen der hiermit verbundenen Komplikation und der großen Verluste, welche die Aufstellung einer besonderen Kompressionsanlage erfordern würde, einer praktischen Durchführung dieses Gedankens niemals nähergetreten, um so mehr, als die Flüssigkeitswärme $e_0 e a a_0$, wie später (§ 36) gezeigt werden soll, zum Teil durch die Speisewasservorwärmung in sehr ökonomischer Weise aufgebracht werden kann.

§ 3. **Betrachtungen über die Wirtschaftlichkeit des gesamten Arbeitsprozesses der Dampfmaschine.** Beim Arbeitsprozeß in der Dampfmaschine wird die Wärmequelle hoher Temperatur, von welcher die Wärme an den Arbeitskörper, d. h. das Wasser, abgegeben wird, gebildet durch die erhitzten Gase der Feuerung, während als Wärme entziehender Körper das Kühlwasser dient.

Bei dem idealen Prozeß würde die in den Rauchgasen enthaltene Wärme dem Wasser so zugeführt werden müssen, daß ein Temperatursturz überhaupt an keiner Stelle eintritt. Ein solcher wäre nur vermeidbar, wenn das Wasser bei der Temperatur der Rauchgase als arbeitender Körper benützt werden könnte. Dies ist aber ausgeschlossen, weil, wie wir aus den Dampftabellen ersehen, die Temperatur des gesättigten Dampfes bei der höchsten noch mitunter verwendeten Kesselspannung von 20 at. abs. nicht mehr als 211,3° C beträgt, und selbst, wenn man diese Spannung auf 60 at. erhöhen würde, auch auf keinen wesentlich höheren Betrag, nämlich nur auf 274,5° C stiege. Wir haben also schon bei der Wärmezufuhr mit einer großen Verlustquelle, nämlich einem Temperatursturz von maximal etwa 2000° C absoluter Temperatur herab auf etwa 485° C absoluter Temperatur zu rechnen. Diese Verhältnisse veranschaulicht die in Abb. 3 wiedergegebene Darstellung. Die Fläche $oabc$ stellt die bei der Verbrennung von 1 kg Heizöl von 10000 WE erzeugte Wärmemenge dar,[1]) die Fläche $fghik$ das theoretische Diagramm für eine Anfangsspannung von 16 at. abs.[2])

Wenn wir auch die Temperatur der Wärmeentziehung bis an die im Schiffsbetrieb praktisch erreichbare Grenze (33° C entsprechend 95% Vakuum) legen, geht uns doch die gesamte Wärmemenge, welche bei dieser Temperatur abgeführt werden muß, d. h. also die Fläche $fgmk$ unter der Horizontalen für die Temperatur 33° C verloren.

In diesem unvermeidlichen Verlust der gesamten Wärmemenge, welche dem Dampf bei dieser Entziehungstemperatur noch innewohnt, liegt der prinzipielle Grund für die Einbuße, welche die Ausnutzbarkeit der unter dem oben gekennzeichneten Temperatursturz aus den Verbrennungsgasen mittels des Kessels in den Dampf übergeführten Wärme erfährt.

Wie unser Diagramm klar zur Anschauung bringt, macht sich der Verlust durch die Wärmeentziehung (vgl. Anhang I, Abschn. II, zweiter Hauptsatz der Wärmelehre) wegen der sozusagen durch den Temperatursturz flachgedrückten Form der Wärmefläche (stark vergrößerten Entropie) in viel stärkerem Maße geltend, als bei der sich in die Höhe erstreckenden Form des idealen Prozesses. Verliert man bei diesem durch die Wärmeentziehung nur 27%, so gehen bei unserem Beispiel eines theoretischen Dampfmaschinenprozesses 69% der dem Dampf zugeführten Wärmemenge verloren.

---

[1]) Die stark ausgezogene Linie ab veranschaulicht den Vorgang bei Verbrennung ohne, die schwach ausgezogene Linie ab' denjenigen bei 100% Luftüberschuß. Die Wärmemengen, also die Flächen $oabc$ und $oab'c'$, sind einander bzw. dem Heizwert gleich, nur die erreichten Verbrennungstemperaturen sind verschieden.

[2]) Würde der Dampfkessel den Wirkungsgrad 1 besitzen, so müßte auch die Fläche $fghik$ gleich der Fläche $oabc$ sein. Um sich den tatsächlichen Verhältnissen etwas genauer anzuschließen, ist der technisch mögliche Höchstwirkungsgrad des Dampfkessels von 85% zugrunde gelegt, so daß also der Inhalt der Fläche $fghik$ um 15% kleiner ist als die Fläehe $oabc$.

Der Wirkungsgrad dieses Dampfmaschinenprozesses, also das Verhältnis der Fläche *ghim* zur Fläche *fghik* beträgt nur 31 %.

Die vorstehenden Betrachtungen zeigen, daß man keine anderen Mittel besitzt, die Wirtschaftlichkeit des Dampfmaschinenprozesses zu steigern als

1. Hinaufsetzung der oberen Grenze der Wärmezufuhr, d. h. also Erhöhung des Dampfdruckes und zugleich oder allein Erhöhung der Dampftemperatur, d. h. Überhitzung,

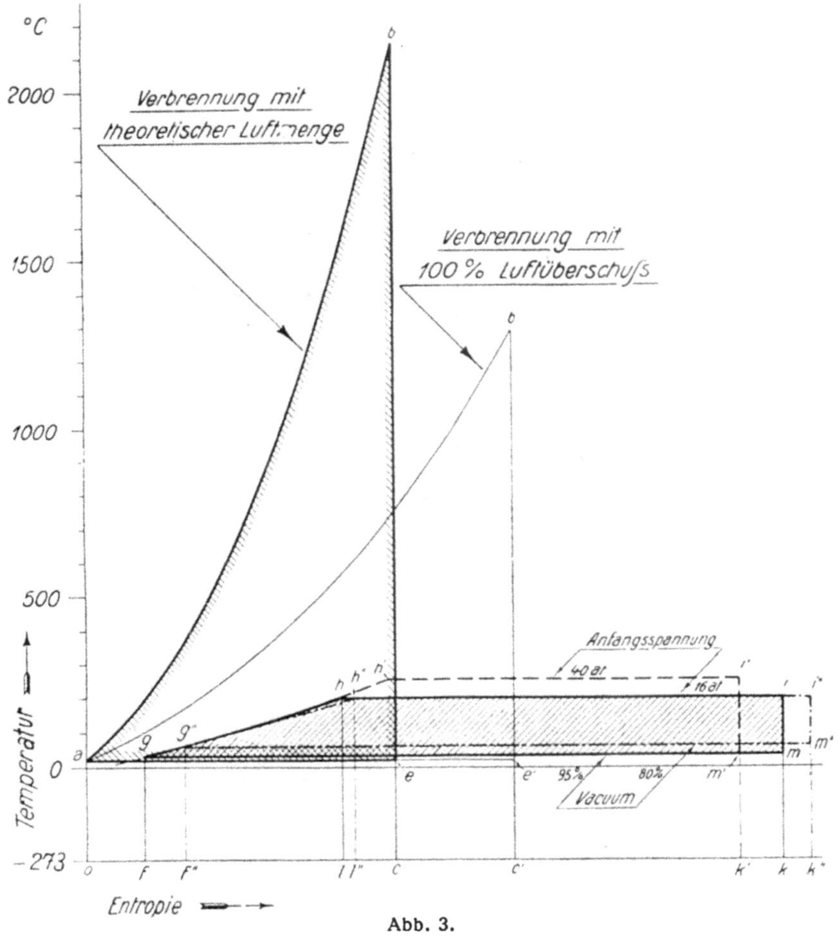

Abb. 3.

2. Wärmeentziehung bei möglichst niedriger Temperatur: d. h. möglichst gutes Vakuum, hierzu kommt
3. innerhalb dieser Grenzen möglichste Vermeidung aller thermischen und mechanischen Verluste.

Die Grenzen der Wirtschaftlichkeit des Dampfmaschinenprozesses ergeben sich demnach aus folgenden Betrachtungen:

a) Durch die Erhöhung des Dampfdruckes können zwar gewisse Vorteile erreicht werden, wenn auch dieselben wegen des raschen Ansteigens des Druckes bei geringer Temperaturerhöhung des gesättigten Dampfes nicht sehr erheblich genannt werden können. Erhöhen wir in unserem in Abb. 3 veranschaulichten Beispiel den Dampfdruck von 16 at. abs. auf 40 at. abs., so nimmt das theoretische Diagramm des Dampfmaschinenprozesses statt der Form *ghim* die Form *gh'i'm'* an und der theoretische Wirkungsgrad steigt von 31% auf 35,8%.

b) Der Einfluß der Überhitzung. Die für eine bestimmte Temperaturerhöhung (auf 350° C) dem gesättigten Dampf bei konstantem Druck zuzuführende Wärmemenge ist aus Abb. 4 ersichtlich. Auch hier ist der Erfolg nur gering, denn es ist nur die der trapezförmigen Fläche *inpk* entsprechende Wärmemenge bei höherer Temperatur zugeführt als der des gesättigten Dampfes. Der theoretische Wirkungsgrad des Prozesses ist nunmehr gleich dem Verhältnis der Flächen *ghinq* und *fghinp*, d. h. also

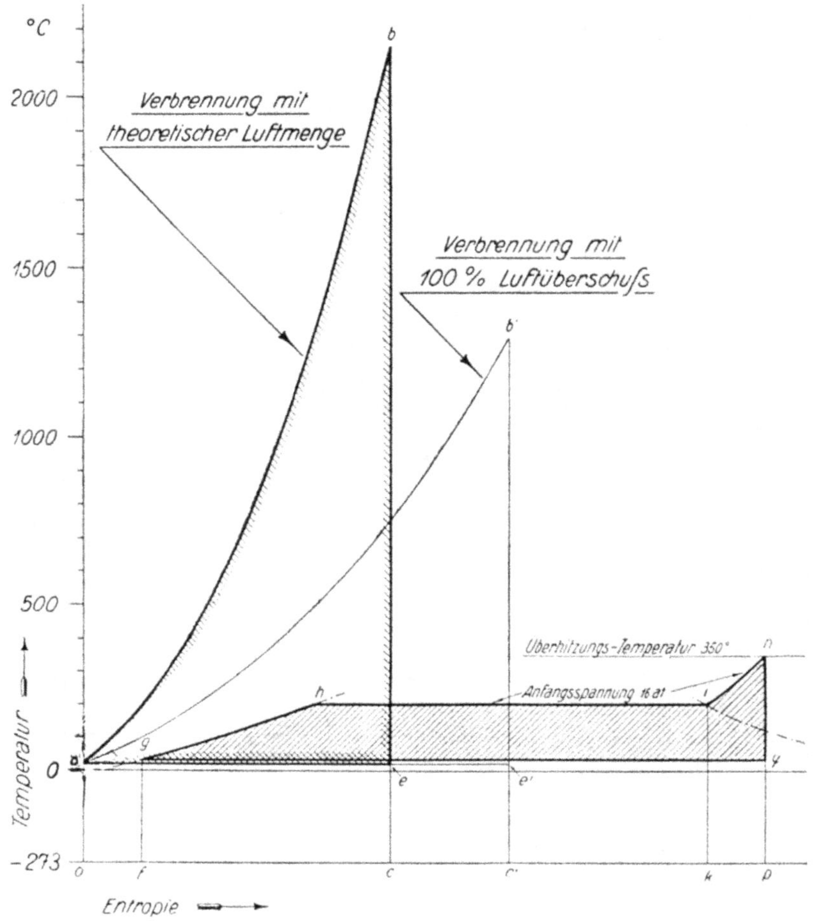

Abb. 4.

32,7% gegen 31% bei Verwendung gesättigten Dampfes gleicher Anfangsspannung. Man sieht sofort, daß die Überhitzung prinzipiell nur einen unbedeutenden Gewinn an Wirtschaftlichkeit zu bringen in der Lage wäre, wenn nicht, wie später (§ 28) gezeigt werden soll, andere Umstände zugunsten der Überhitzung mitsprechen würden.

c) Die Wirkung der Verbesserung des Vakuums. Hier sind von der Natur die bereits erwähnten Grenzen gesteckt, d. h. wir besitzen zur Wärmeentziehung keinen geeigneten Körper von niedrigerer Temperatur als das Seewasser, das im Mittel etwa 20° C warm ist. Hiermit ist praktisch keine niedrigere Temperatur der Wärmeentziehung als etwa 33° C entsprechend 95% Vakuum zu erreichen, wie auch in Abb. 3 angenommen. Würden wir bei 60° C (entsprechend 80% Vakuum) die Wärme entziehen, so würde die Gegendrucklinie höher hinauf, d. h. also auf die Linie *g''m''* rücken (in Abb. 3 strichpunktiert gezeichnet). Der Wirkungsgrad nimmt hierdurch den Wert des Verhältnisses der Flächen $g''h''i''m''$ zu $f''g''h''i''k''$ $=26{,}7\,\%$ an, verschlechtert sich also gegen den theoretischen Prozeß mit 95% Vakuum (31%) recht erheblich, woraus ersichtlich, von welchem Wert bei den eng gezogenen Temperaturgrenzen des Dampfprozesses ein möglichst hohes Vakuum sein kann, wenn der Maschinentyp (wie z. B. die Dampfturbine) dessen Ausnutzung überhaupt gestattet.

Zwischen diesen Grenzen liegt das Gebiet, auf welches wir nach dem heutigen Stande der Technik hinsichtlich der wirtschaftlichen Ausnutzung der Dampfkraft be-

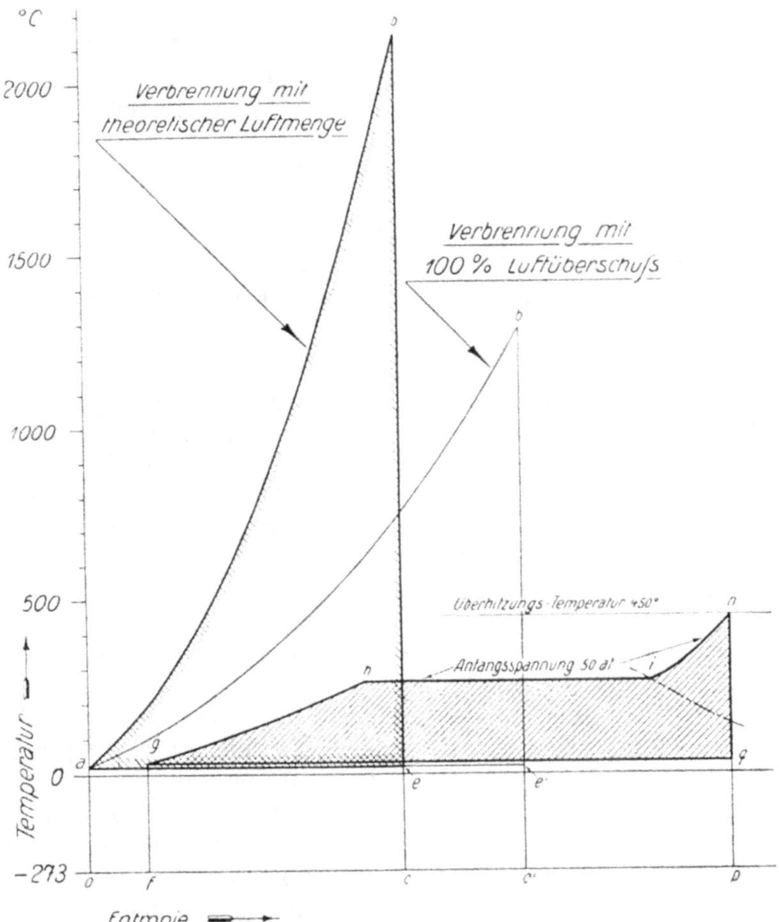

Abb. 5.

schränkt sind. Würde es gelingen, die praktischen Schwierigkeiten, welche der Verwendung höheren Druckes und höherer Überhitzung entgegenstehen, soweit zu überwinden, daß Dampf von 50 at. abs. Anfangsspannung, auf 450° C überhitzt, in Rechnung gezogen werden könnte, dazu ein Vakuum von 95%, so würde sich ein Wirkungsgrad des theoretischen Dampfmaschinenprozesses von 38,5% (bzw. unter Berücksichtigung des in unserer Abb. 5 angenommenen Kesselwirkungsgrades von 85% ein thermodynamischer (vgl. § 21) Wirkungsgrad von 32,7%) ergeben.

Abschnitt II.

Der Dampfprozeß in der Kolbenmaschine.

§ 4. **Allgemeine Bemerkungen über die gegenüber dem theoretischen Prozeß auftretenden Verluste sowie über das Indikatordiagramm.** Der den bisherigen Betrachtungen zugrundegelegte theoretische Prozeß, wie in Abb. 1 und 2 im Druckvolumen- bzw. Wärmediagramm dargestellt, läßt sich selbstverständlich praktisch nicht durchführen. Es treten aus verschiedenen Gründen Verluste ein, welche sich wie folgt zusammenfassen lassen:

1. Verluste infolge Spannungsabfalles in der Dampfzuleitung und beim Einströmen des Dampfes durch die Einlaßorgane in den Zylinder,
2. Verluste infolge Vorhandenseins des schädlichen Raumes und der Kompression,
3. Verluste infolge der Wechselwirkung zwischen Dampf und Wandung des Zylinders,
4. Verluste durch ungenügende Expansion,
5. Verluste durch Drosselung des Auslasses,
6. Verluste infolge von Undichtigkeiten der Steuerungsorgane und der Dampfkolben,
7. mechanische Verluste infolge von Reibung.

Diese Verluste bringen es mit sich, daß das Druckvolumendiagramm, welches die tatsächlichen Vorgänge im Dampfzylinder wiedergibt, mehr oder weniger stark von dem theoretischen Diagramm (Abb. 2) abweicht. Diesen tatsächlichen Verlauf der Drücke, aufgetragen über dem vom Kolben durchlaufenen Volumen als Abszissen, zeigt das sog. Indikatordiagramm, welches gewonnen wird, indem man durch ein hierzu geeignetes Instrument, den Indikator, vgl. Bd. III, den Dampfdruck selbsttätig in jedem Augenblick über den Kolbenweg aufzeichnen läßt. Ein solches Indikatordiagramm ist in Abb. 6 in das theoretische Diagramm, Abb. 2, eingetragen. Die entstehenden Verluste sind durch Schraffur kenntlich gemacht.

Die Kenntnis dieser Verluste und der Mittel zur Verkleinerung derselben bildet die Grundlage für die zweckentsprechende Konstruktion der Kolbenmaschinen, und es sollen daher diese Verlustquellen im nachstehenden eingehend behandelt werden. Es soll indessen noch eine kurze Betrachtung über die mehrfache Expansion sowie die Übertragung des Indikatordiagramms in das Wärmediagramm eingeschoben werden.

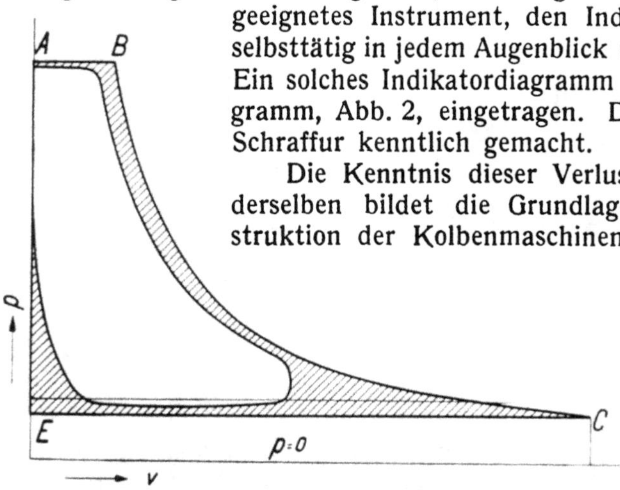

Abb. 6.

§ 5. **Die mehrfache Expansion.** Das Bedürfnis, die Leistung der Schiffsmaschinen zu steigern, führte zu einer andauernden Vergrößerung der Zylinderdurchmesser. Gleichzeitig erkannte man aber auch den wirtschaftlichen Vorteil möglichst weitgetriebener Expansion des Dampfes. Dies erforderte eine weitere Steigerung der Zylinderdurchmesser, und es wuchs damit die Schwierigkeit der Konstruktion dieser Gußstücke, welche die volle Kesselspannung auszuhalten hatten.

Diese Schwierigkeiten mußten zu dem Gedanken führen, die Expansion nicht auf einen Zylinder zu beschränken, sondern in mehrere Stufen zu unterteilen, deren jeder ein besonderer Zylinder zugewiesen wird; dies um so mehr, als, der Manövrierfähigkeit und des gleichmäßigen Drehmomentes wegen, eine Unterteilung der Leistung in mehrere Zylinder an sich notwendig wurde. So entstand zunächst die Maschine mit zweifacher Expansion (Compoundmaschine), welcher dann die Maschine mit dreifacher Expansion und die Maschine mit vierfacher Expansion folgte. Praktische Rücksichten erfordern, im allgemeinen die Leistungen sämtlicher Zylinder unter sich gleich zu machen, wodurch zunächst auch jeder Expansionsstufe annähernd gleiche Leistung zugewiesen wird. Nur bei großen Maschinen ist man genötigt, um nicht unausführbare Zylinder-

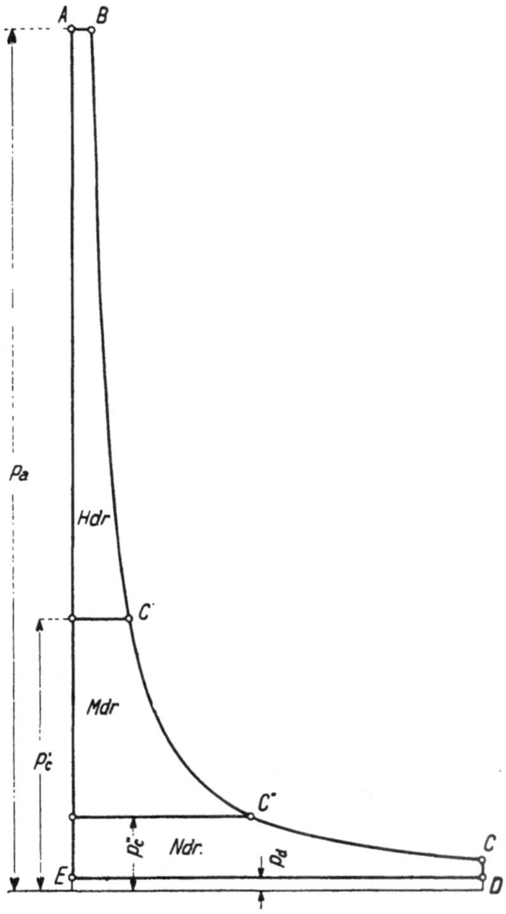

Abb. 7.

durchmesser zu erhalten, die Niederdruckstufe in zwei Zylindern gleicher Leistung unterzubringen, so daß also z. B. bei einer Dreifachexpansionsmaschine mit geteiltem Niederdruckzylinder jeder der Niederdruckzylinder etwa ein Viertel der Leistung erhält, wenn nicht, wie bei Torpedobooten, mit Rücksicht auf den Massenausgleich häufig erwünscht, die Leistung jedes der Niederdruckzylinder gegenüber derjenigen der anderen Zylinder verringert wird. Auf die wichtige praktische Frage, die Verteilung der Leistung auf die einzelnen Zylinder, soll hier, wo es sich um die Theorie des Dampfprozesses handelt, nicht weiter eingegangen werden. Näheres hierüber ist in § 46 zu finden.

Die theoretischen Indikatordiagramme einer Maschine mit mehrfacher Expansion, z. B. einer Dreifachexpansionsmaschine, ergeben sich demnach, indem man das gesamte theoretische Druckvolumendiagramm *ABCDE* durch Linien konstanten Druckes in drei Teile gleichen Flächeninhalts einteilt (vgl. Abb. 7). Die Expansion im Hochdruckzylinder wird also in Punkt C' unterbrochen, worauf Ausströmung bei konstantem Druck in einen (unendlich groß gedachten) Zwischenbehälter (Aufnehmer oder Receiver genannt) eintritt. Aus diesem strömt der Dampf in den Mitteldruckzylinder ein, setzt dort die Expansion bis zum Punkt C'' fort und strömt in einen zweiten Zwischenbehälter über, aus welchem er dann in den Niederdruckzylinder eintritt, worin er seine Expansion bis zum Punkt C fortsetzt. Hier wird sie unterbrochen (§ 9) und es erfolgt die Ausströmung nach dem Kondensator. Aus diesem theoretischen Indikatordiagramm ergibt sich, daß der Dampf im Hochdruckzylinder nur zwischen den Temperaturgrenzen arbeitet, welche den Drücken p_a bzw. p_c' entsprechen, im Mitteldruckzylinder nur zwischen den Temperaturgrenzen entsprechend p_c' bzw. p_c'', im Niederdruckzylinder nur zwischen den Temperaturgrenzen entsprechend p_c'' bzw. p_d.

Jeder Zylinder der Mehrfachexpansionsmaschine arbeitet also nur mit einem Bruchteil des Temperaturgefälles der Maschine mit einfacher Expansion. Durch diesen Umstand wird der schädliche Einfluß der während jedes Hubes wechselnden Temperatur der Zylinderwandungen ganz wesentlich herabgemindert und somit eine der stärksten Verlustquellen des Prozesses abgeschwächt (vgl. § 14).

Hierin und namentlich in der praktischen Ermöglichung hoher Expansionsgrade ist der wirtschaftliche Erfolg der Mehrfachexpansionsmaschine begründet. Die Verlustquellen, welche dieser eigen sind, sind im übrigen, wenn auch, wie bereits erwähnt, teilweise stark abgemildert, prinzipiell die gleichen, wie im vorigen Paragraph für die Maschine mit einfacher Expansion zusammengestellt. Hinzu kommen noch Verluste, welche in den Dampfwegen zwischen den einzelnen Expansionsstufen auftreten.

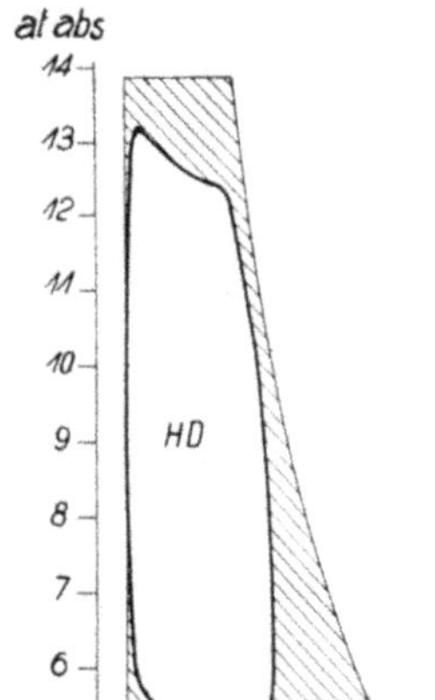
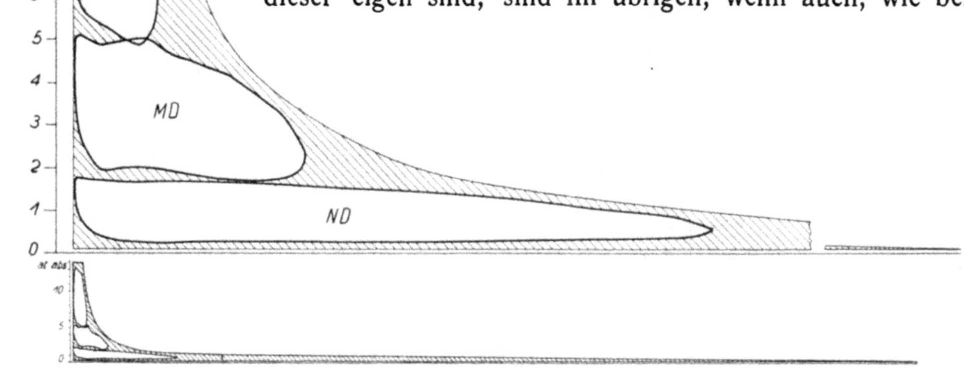

Abb. 8.

Um sich in ähnlicher Weise einen raschen Überblick über die in der Mehrfachexpansionsmaschine auftretenden Verluste zu verschaffen, legt man die Diagramme der einzelnen Zylinder, oder besser gesagt Expansionsstufen, zusammen, d. h. man zeichnet diese Diagramme, selbstverständlich alle auf den gleichen Maßstab für Druck und Volumen bezogen, in das theoretische Druckvolumendiagramm ein (vgl. Abb. 8), in welcher die entstehenden Verluste durch Schraffur kenntlich gemacht sind. Näheres über die „zusammengelegten Diagramme" siehe § 13.

§ 6. **Die Übertragung des Indikatordiagramms der Kolbenmaschine in das Wärmediagramm.**[1]) Wie aus den Ausführungen des § 2 hervorgeht, gibt die Darstellung des

[1]) Demjenigen, welcher sich über die in Rede stehende Materie genauer informieren will, wird das Studium eines in der Zeitschrift des Vereins deutscher Ingenieure, Jahrgang 1903, S. 1281 u. f.

idealen Dampfmaschinenprozesses im Wärmediagramm die Zustandsänderungen wieder, welche eine bestimmte Dampfmenge, z. B. das während eines Kolbenhubes durch den Zylinder gehende Quantum, auf ihrem Kreislauf vom Kessel durch den Zylinder und den Kondensator bis zum Kessel zurück durchmacht. Das Wärmediagramm bezieht sich also in jedem Punkt auf dieselbe Dampfmenge. Eine unmittelbare Übertragung des Indikatordiagrammes, welches den Zusammenhang zwischen Druck und Volumen der im Zylinder selbst vorhandenen Dampfmenge zeigt, erscheint also zunächst nicht ohne weiteres möglich, da diese letztere Dampfmenge veränderlich ist Die gesamte, pro Hub durch den Zylinder hindurchgehende Dampfmenge befindet sich nur während der Expansionsperiode quantitativ unverändert im Zylinder (auf den Einfluß der durch den schädlichen Raum bedingten Restdampfmenge soll weiter unten eingegangen werden), und es kann nur für diese Periode das Wärmediagramm des Dampfmaschinenkreisprozesses zugleich eine zutreffende Darstellung der tatsächlichen Zustandsänderung des im Zylinder enthaltenen Dampfes sein. In allen übrigen Stadien des Prozesses ist im Zylinder selbst immer nur ein Bruchteil der gesamten, bei einem Hub eintretenden Dampfmenge enthalten, während der übrige Teil sich im Kessel oder im Kondensator befindet.

Man kann sich nun vorstellen, daß der erwähnte restliche Teil des Arbeitsdampfes sich ebenfalls im Zylinder befindet, und zwar als Wasser bei dem jeweils durch das Indikatordiagramm angegebenen Druck und der entsprechenden Temperatur und daß die tatsächlich im Kessel bzw. im Kondensator vor sich gehende Wärmezufuhr bzw. Wärmeentziehung gleichfalls im Zylinder erfolgt (vgl. die Darstellung im § 2). Dieser fiktive Prozeß würde, da das Volumen des Wassers vernachlässigbar ist, das gleiche Indikatordiagramm und somit die gleichen Arbeitsleistungen ergeben wie der tatsächliche Vorgang im Zylinder. Da auch die Anfangs- und Endzustände der Füllungs- bzw. Ausschubperiode für den fiktiven Prozeß mit den entsprechenden Zuständen des sich im Kessel, Zylinder und Kondensator abspielenden tatsächlichen Prozesses beziehentlich übereinstimmen, so müssen nach dem ersten Hauptsatz auch die bei ersterem Prozeß während der Füllungsperiode insgesamt zuzuführenden, bzw. während der Ausschubperiode insgesamt abgeführten Wärmemengen mit den während der entsprechenden Phasen des tatsächlichen Prozesses zu- bzw. abgeführten Wärmemengen übereinstimmen. Das Druckvolumendiagramm des fiktiven Prozesses, welches nach obigem mit dem Indikatordiagramm der tatsächlichen Maschine identisch ist, kann man ohne weiteres, da es ja durchweg für ein und dieselbe Dampfmenge gilt, ins Wärmediagramm übertragen, und es kann das so erhaltene Wärmediagramm zugleich als Abbild des Indikatordiagramms gelten; es muß zur Kontrolle eine mit ersterem übereinstimmende Arbeitsleistung ergeben.

Zur Erläuterung des Vorstehenden ist nun in Abb. 9 u. 10 beispielsweise für eine mit trocken gesättigtem Dampf arbeitende ideale Maschine ohne schädlichen Raum, ohne Wärmeaustausch zwischen Dampf- und Zylinderwandungen und ohne Drosselung des Dampfes bei Ein- und Ausströmung das theoretische Indikatordiagramm und seine Abbildung im Wärmediagramm dargestellt.

Im Punkt A des Indikatordiagramms hat man sich in dem fiktiven Prozeß die gesamte, auf einen Kolbenhub entfallende Dampfmenge G_f noch aus Wasser vom Druck p_a und der Temperatur t_a des Frischdampfes bestehend zu denken: das Volumen ist dabei annähernd Null. Der dem Punkt A des Indikatordiagrammes entsprechende Punkt a des Wärmediagramms liegt auf der unteren Grenzkurve; seine Ordinate T_a

veröffentlichten Aufsatzes von M. Schröter und Dr. Ing. A. Koob, „Untersuchung einer von Van den Kerchove in Gent gebauten Tandemmaschine von 250 PS" empfohlen. Diese Arbeit, welche sich auf die Veröffentlichungen von Prof. Boulvin-Gent stützt (Revue de mécanique, Paris, Jahrgänge 1897, 1898, 1901. Bulletin de l'Association technique maritime Nr. 13, 1902), enthält alles Wissenswerte über den Gegenstand und hat auch dem vorliegenden Text als Grundlage gedient.

entspricht der Temperatur t_a. Während der Füllung, von A bis B, verdampft in dem fiktiven Prozeß das Wasser bei dem konstanten Druck p_a. Da wir angenommen haben,

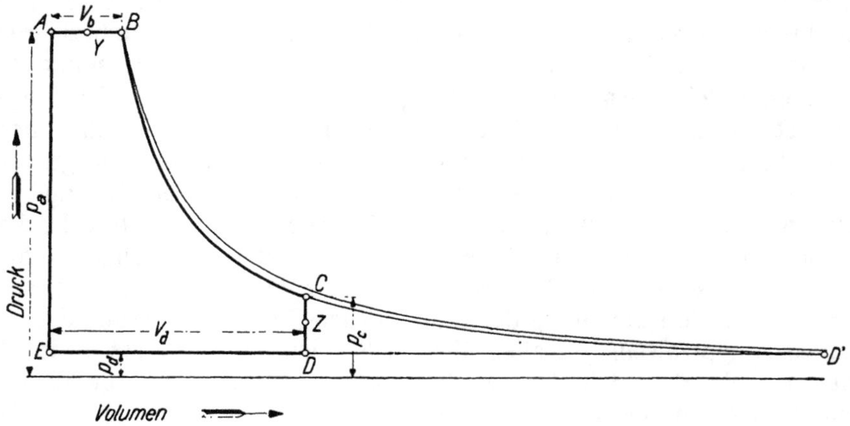

Abb. 9.

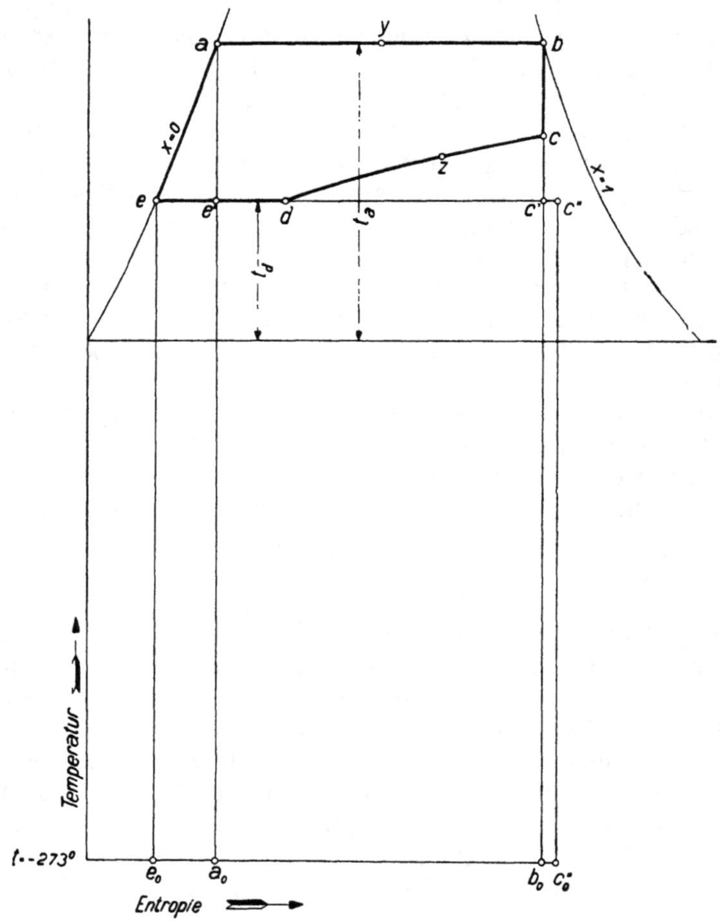

Abb. 10.

daß der Kessel trocken gesättigten Dampf liefert, so ist am Ende der Füllung im Punkt B, in dem der Dampf das Volumen V_b einnimmt, die spezifische Dampfmenge $x = 1$, und der entsprechende Punkt b im Wärmediagramm liegt somit auf der oberen Grenzkurve bei der Kesseltemperatur t_a; ab ist eine Isotherme. Die Fläche a_0abb_0 stellt die während der Verdampfung zugeführte Wärmemenge dar.

Die Übertragung eines auf der Admissionsstrecke AB gelegenen Punktes, z. B. Y, in das Wärmediagramm läuft den einleitenden Worten entsprechend darauf hinaus, für die im Zylinder teils als Dampf vorhandene, teils als Wasser hinzugefügt gedachte Dampfmenge G_f eine fiktive spezifische Dampfmenge festzustellen. Wir erhalten dieselbe, indem wir das spezifische Volumen der Mischung bestimmen und mit dem spezifischen Volumen des trocken gesättigten Dampfes gleicher Spannung dividieren. Ist V_y das bis zum Punkt Y durchlaufene Hubvolumen, so ist das fiktive spezifische Volumen an dieser Stelle $v_y = \frac{V_y}{G_f}$. Nennen wir v_a das spezifische Volumen trocken gesättigten Dampfes von der in Y herrschenden Spannung p_a, so ist die gesuchte spezifische Dampfmenge $x_y = \frac{V_y}{G_f \cdot v_a}$.

Ergibt sich, was bei Betrieb mit Heißdampf möglich, im Punkt Y ein Wert von $x > 1$, was selbstverständlich zunächst keinen physikalischen Sinn hat, so weist dies darauf hin, daß in dem fiktiven Prozeß der Dampf in Y bereits überhitzt ist. In diesem Falle kann man aus dem spezifischen Volumen $v_y = \frac{V_y}{G_f}$ und dem in Y herrschenden Druck p_a mit Hilfe der Dampftabellen die Temperatur des Dampfes und die Entropiedifferenz zwischen diesem Zustand und z. B. dem Zustand gleichen Druckes auf der Flüssigkeitsgrenzkurve finden, wodurch die Lage des Punktes y im Wärmediagramm bestimmt ist.

Es beginnt nun die Expansion, für welche der fiktive Prozeß mit der Zustandsänderung im Zylinder identisch ist. Da wir eine wärmedichte Maschine angenommen haben, verläuft diese Expansion adiabatisch, sie wird also im Wärmediagramm durch eine senkrecht nach unten gezogene Gerade dargestellt. In C hat der Kolben seine Totlage erreicht, und die Expansion ist bei dem Druck p_c beendigt, wobei der Dampf sich auf das Hubvolumen V_d ausgedehnt hat; der entsprechende Punkt c im Wärmediagramm ist durch die Temperatur t_c gegeben, die der gesättigte Dampf bei dem Druck p_c hat. Hier ist $x < 1$, der Dampf ist naß geworden.

Nun öffnet das Auslaßorgan und der Dampfdruck im Zylinder sinkt bis auf den Kondensatordruck p_d, Punkt D, während der Kolben noch in seiner Totlage verharrt. Es findet demnach in dem fiktiven Prozeß eine Zustandsänderung bei konstantem Volumen statt. Bei dem Druck p_d ist das spezifische Volumen des Dampfes v_d, die spezifische Dampfmenge im Punkt D ist daher

$$x_d = \frac{V_d}{v_d \cdot G_f}.$$

Den im Punkt D bereits aus dem Zylinder nach dem Kondensator ausgetretenen Teil der Dampfmenge G_f hat man sich bei unserem fiktiven Prozeß anstatt im Kondensator im Zylinder beim Druck p_d kondensiert zu denken. Im Wärmediagramm ist der Punkt d durch die Kondensatortemperatur t_d und die spezifische Dampfmenge x_d gegeben; die Kurve konstanten Volumens cd ist im Wärmediagramm eine nach links unten verlaufende, schwach nach oben gekrümmte Kurve. Um einen beliebigen zwischen C und D gelegenen Punkt Z ins Wärmediagramm zu übertragen, entnehmen wir den dort herrschenden Druck dem Indikatordiagramm, stellen die Sättigungstemperatur für diesen Druck p_z nach der Dampftabelle fest und haben somit die Ordinate T_z im Wärmediagramm. Die spezifische Dampfmenge ergibt sich wie oben als das Verhältnis des vom Dampf im Punkt Z tatsächlich eingenommenen Volumens V_d zu dem Volumen, welches die Dampfmenge G_f bei trocken gesättigtem Dampf vom Druck p_z einnehmen würde, zu $x_z = \frac{V_d}{v_z \cdot G_f}$, wobei v_z als das spezifische Volumen trocken gesättigten Dampfes der Spannung p_z sich aus der Dampftabelle ergibt.

Es folgt nun der Rückgang des Kolbens und der Ausschub des noch im Zylinder enthaltenen Dampfes bei dem konstanten Druck p_d bis zum Punkt E, wo aller Dampf als Wasser im Kondensator bzw. bei unserem fiktiven Prozeß im Zylinder niedergeschlagen zu denken ist. Das Volumen ist hierbei wieder Null, und der Punkt e liegt im Wärmediagramm somit auf der unteren Grenzkurve. Die gesamte, im Kondensator abzuführende Wärmemenge ist gegeben durch die Fläche b_0cdee_0.

Es sei bemerkt, daß der tatsächliche Vorgang beim Ausströmen des Dampfes aus dem Zylinder nach dem Kondensator sich natürlich etwas anders abspielt als in unserem fiktiven Prozeß, welcher, wie bereits eingangs bemerkt, mit der Wirklichkeit nur hinsichtlich der insgesamt abzuführenden Wärmemenge, nicht aber hinsichtlich der vom Arbeitsdampf durchlaufenen Zustandsänderungen übereinstimmt. Nach der Eröffnung des Auslaßorgans im Totpunkt C setzt die Dampfmenge die adiabatische Expansion bis zum Druck p_d, also entsprechend der Zustandslinie cc', fort; dabei strömen Teile der Dampfmenge G_f aus dem Zylinder aus und nehmen in dem als Ausströmdüse aufzufassenden Auslaßorgan infolge des zwischen dem Innern des Zylinders und dem Kondensator herrschenden Druckunterschiedes eine entsprechende Strömungsgeschwindigkeit an. Diese Geschwindigkeit ist für die zuerst ausströmenden Teile am größten und nimmt in dem Maße, in dem sich der Druckausgleich zwischen Zylinder und Kondensator vollzieht, für die folgenden Teile auf Null ab (Zustandspunkt D'). Es läßt sich nun nachweisen, daß die gesamte auf diese Weise in dem aus dem Zylinder ausgetretenen Teil des Arbeitsdampfes entwickelte Geschwindigkeitsenergie durch die Fläche DCD' dargestellt ist. Diese Energie wird im Kondensator durch Wirbelung in Wärme umgesetzt, welche man sich schließlich der gesamten nach Beendigung des Kolbenrückganges in den Kondensator übergetretenen Arbeitsdampfmenge G_f beim Druck p_d zugeführt zu denken hat. Man erhält somit als Endzustand den Punkt c'', wobei die Fläche $b_0c'c''c_0'' =$ Fläche dcc' sein muß. Die im Kondensator insgesamt abzuführende Wärmemenge wird dann durch die Fläche $e_0ec''c_0''$ dargestellt, welche wegen der Gleichheit der vorerwähnten beiden Flächenstücke mit der für unseren fiktiven Prozeß gefundenen Fläche b_0cdee_0 inhaltsgleich ist.

Das im Kondensator niedergeschlagene Wasser wird durch die Kondensat- und die Speisepumpe in den Kessel zurückgeführt und dabei wieder auf den Kesseldruck p_a und die Kesseltemperatur t_a gebracht. In dem fiktiven Prozeß hat man sich diesen Vorgang in den Zylinder verlegt zu denken. Das Volumen bleibt dabei annähernd Null, Linie EA im Indikatordiagramm; da während der Drucksteigerung und Erwärmung kein Dampf gebildet wird, verläuft diese Zustandsänderung praktisch nach der unteren Grenzkurve, sie wird im Wärmediagramm durch den Abschnitt ea dargestellt. Die zur Erwärmung aufgewendete Wärmemenge ist durch die Fläche e_0eaa_0 gegeben.

Die gesamte, während des ganzen Kreisprozesses zugeführte Wärmemenge ist demnach e_0eabb_0, die abgeführte Wärmemenge ist e_0edcb_0; die Differenz dieser beiden Flächen, $abcde$, muß daher die in äußere Arbeit verwandelte Wärmemenge sein. Da die äußere Arbeit im Indikatordiagramm durch die Fläche $ABCDE$ dargestellt ist, so müssen diese beiden Flächen gleich sein, wenn man die Maßstäbe so wählt, daß im Wärmediagramm eine Kalorie und im Indikatordiagramm $\frac{1}{A} = 427$ mkg dieselbe Fläche ausmachen.

Die im vorstehenden behandelte Methode zur Übertragung des Indikatordiagramms ins Wärmediagramm bedarf noch einer gewissen Ergänzung, die durch das Vorhandensein des schädlichen Raumes und die im Zusammenhang damit fast stets angewendete Kompression des im schädlichen Raum verbleibenden Restdampfes bedingt ist (über den schädlichen Raum vgl. § 11); es entsteht hierdurch ein grundsätzlicher Unterschied zwischen der idealen und der wirklichen Maschine, der beim Entwurf des Wärmediagramms berücksichtigt werden muß.

Der beim Abschluß des Auslaßorganes noch im Zylinder enthaltene Dampf wird zunächst durch den weiter zurückgehenden Kolben und sodann durch den einströmenden Frischdampf komprimiert; er steht mit dem Frischdampf und den Zylinderwandungen im Wärmeaustausch, nimmt an der Expansion während der Expansionsperiode teil usw., er erleidet also Zustandsänderungen, die auf den gesamten Kreisprozeß und die gewonnene Arbeit von Einfluß sind, die aber zum Teil von denjenigen des bei jedem Hub in den Zylinder tretenden Frischdampfes abweichen. Es ist daher nicht ohne weiteres möglich, den Kreisprozeß des Frischdampfes mit dem des im schädlichen Raum eingeschlossenen Restdampfes zusammen in einem Wärmediagramm darzustellen.

Diese Schwierigkeit wird nach Boulvin auf folgende Weise umgangen. Man legt dem Wärmediagramm nicht die während der Füllung neu in den Zylinder tretende Frischdampfmenge G_f zugrunde, sondern die gesamte, während der Expansion im Zylinder vorhandene Dampfmenge G, d. i. den Frischdampf G_f zusammen mit dem während der Kompression im Zylinder enthaltenen Restdampf G_r. Im übrigen macht man, analog wie im vorstehenden, die Annahme, daß der jeweils tatsächlich nicht im Zylinder vorhandene Teil dieser gesamten Dampfmenge G sich in Form von Wasser bei dem durch das Indikatordiagramm gegebenen Druck und der zugehörigen Sättigungstemperatur ebenfalls im Zylinder befindet, wodurch das dem fiktiven Prozeß entsprechende Indikatordiagramm keine Änderung gegenüber dem wirklichen erfährt; in gleicher Weise, wie oben für die Maschine ohne schädlichen Raum dargelegt, hat man ferner wiederum die Wärmezu- und -abfuhr anstatt im Kessel bzw. Kondensator im Zylinder vor sich gehend anzunehmen. Bei diesem fiktiven Prozeß hat man sich also insbesondere auch während der Kompressionsperiode den im Zylinder zurückbleibenden Restdampf beständig mit der gleichzeitig als Wasser im Kessel befindlichen Frischdampfmenge G_f vereinigt und die Erwärmung und Druckerhöhung dieses Frischdampfwassers als gleichzeitig mit der Kompression des Restdampfes vor sich gehend zu denken, so daß die beiden Dampfmengen G_f und G_r während der ganzen Kompressionsperiode stets denselben Druck und dieselbe Temperatur (die Sättigungstemperatur) haben.

Natürlich ist auch hier dieser gedachte Prozeß nicht identisch mit dem wirklich vor sich gehenden; da er aber dasselbe Indikatordiagramm wie dieser liefert und da auch die Anfangs- und Endzustände der beiden Teildampfmengen bei beiden Prozessen dieselben sind, so sind auch hier die gesamten zu- bzw. abgeführten Wärmemengen in beiden Fällen die gleichen, und zur Kontrolle muß wiederum die aus dem Wärmediagramm ermittelte Arbeitsleistung derjenigen des tatsächlichen Indikatordiagramms entsprechen.

Als Beispiel sei zur Erläuterung des Vorstehenden der theoretische, d. h. ohne Drosselungsverluste und ohne Wärmeaustausch zwischen Dampf und Zylinderwand vor sich gehende Prozeß einer Dampfmaschine mit schädlichem Raum (Volumen V_s) und Kompression behandelt (vgl. Abb. 11 und Abb. 12). Dieselben sind für gleiche Frischdampfmenge G_f, gleiches Hubvolumen V_d des Zylinders, sowie gleichen Kessel- und Kondensatordruck entworfen wie die in Abb. 9 und 10 dargestellten Diagramme für eine Maschine ohne schädlichen Raum und ohne Kompression.

Bei Beginn der Kompression im Punkt E hat man sich in dem Volumen $V_e + V_s$ und beim Druck p_d die Restdampfmenge G_r in Dampfform und daneben die Frischdampfmenge G_f in flüssigem Zustande vorzustellen. Bezogen auf die gesamte Dampfmenge G ergibt dies im Punkt E eine bestimmte fiktive spezifische Dampfmenge x_e. Bedeutet

v_d das spezifische Volumen von trocken gesättigtem Dampf beim Druck p_d und x_r die tatsächlich bei Beginn der Kompression vorhandene spezifische Dampfmenge des Rest-

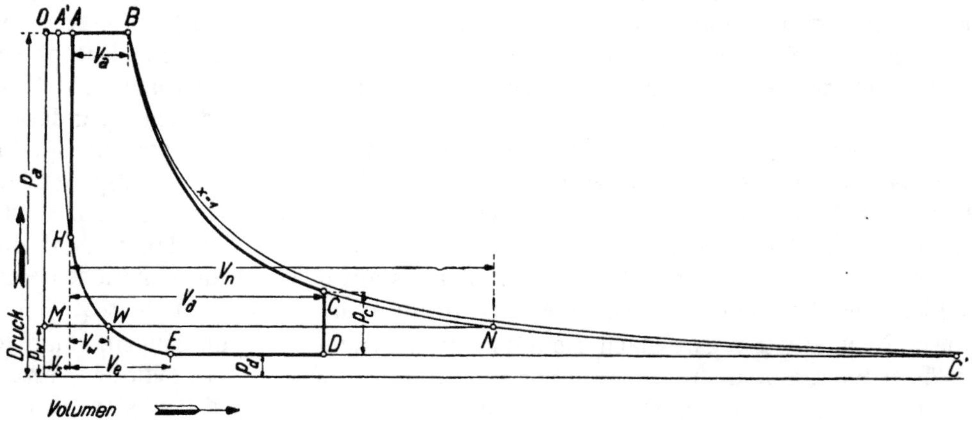

Abb. 11.

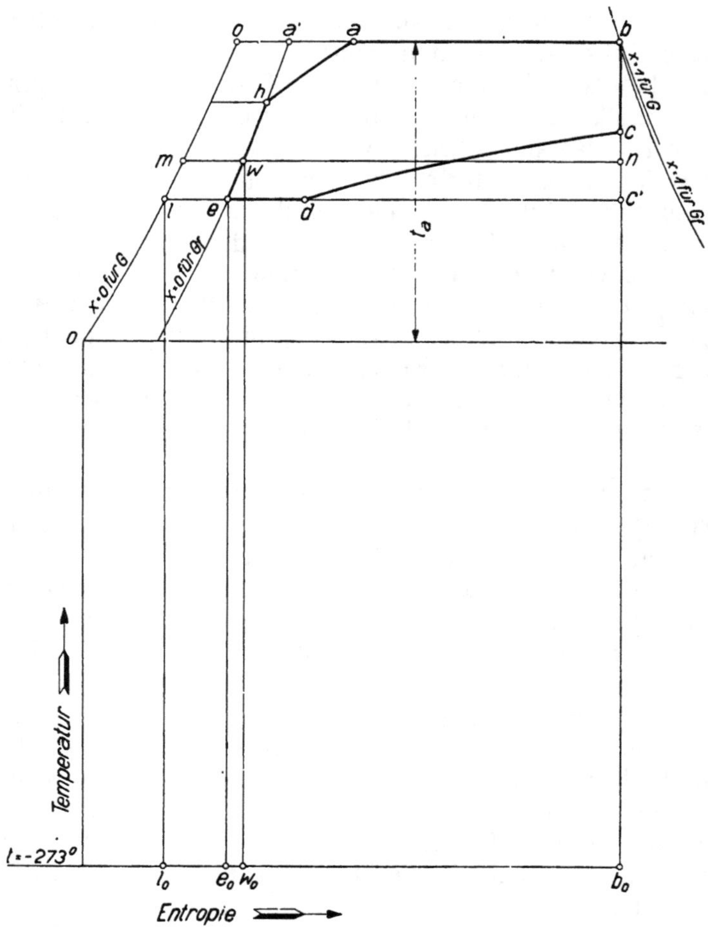

Abb. 12.

dampfes allein, so ist $x_e = \frac{V_e + V_s}{G \cdot v_d}$ und, da $G_r = \frac{V_e + V_s}{x_r \cdot v_d}$, erhalten wir $x_e = x_r \cdot \frac{G_r}{G}$.

Die spezifische Dampfmenge x_r muß im vorliegenden Fall, bei welchem ein Wärmeaustausch zwischen Wand und Dampf nicht in Frage kommen soll, gleich derjenigen sein, welche die Gesamtdampfmenge G bei adiabatischer Expansion vom Endpunkt der Füllungsperiode (Punkt B bzw. b), d. h. vom Frischdampfdruck p_a auf den Kondensatordruck p_d erreicht (Punkt c' im Wärmediagramm); denn in Wirklichkeit setzt sich, wie bereits früher dargelegt, beim Öffnen des Auslasses im Punkt C die adiabatische Expansion BC bzw. bc bis zum Druck p_d fort, wobei die aus dem Zylinder austretenden Teile der Gesamtdampfmenge G Strömungsgeschwindigkeiten annehmen, welche den momentanen Druckdifferenzen zwischen Zylinder und Kondensator entsprechen.

Es sei bereits hier bemerkt, daß man bei der Nachrechnung ausgeführter Maschinen, bei welchen infolge der Wechselwirkung zwischen Dampf und Zylinderwand eine bestimmte Aussage über die spezifische Dampfmenge des Restdampfes bei Kompressionsbeginn nicht gemacht werden kann, der Einfachheit halber meist $x_r = 1$ setzt. Man nimmt dabei also an, daß durch Wärmeübergang von den Zylinderwänden an den Dampf während der Ausschubperiode die bei Abschluß des Auslaßorganes im Zylinder verbleibende Dampfmenge, welche, soweit es sich um Maschinen mit Betrieb durch Sattdampf oder mäßig überhitzten Dampf handelt, im allgemeinen einen gewissen Feuchtigkeitsgrad besitzt, gerade trocken gesättigt wird. Bei Betrieb mit höherer Überhitzung ist diese Annahme nicht zutreffend, da hierbei insbesondere im Hochdruckzylinder der Zylinderinhalt nach der Expansion auf den Gegendruck noch Überhitzung aufweisen kann. Die Annahme $x_r = 1$ ergibt in diesen Fällen einen zu großen Wert für die Restdampfmenge G_r, doch wird meist davon abgesehen, den hierdurch entstehenden, im allgemeinen geringen Fehler zu berichtigen.

Die im Zylinder tatsächlich vor sich gehende Kompression des Restdampfes längs EH muß in unserem Falle adiabatisch verlaufen. Man hat also, um das der Wirklichkeit entsprechende Indikatordiagramm zu erhalten, hierfür eine Zustandslinie anzunehmen, welche adiabatischer Kompression der Restdampfmenge G_r allein, und zwar ausgehend vom Druck p_d und der spezifischen Dampfmenge x_r entspricht. In dem Wärmediagramm, welches für die dem fiktiven Prozeß zugrunde liegende Gesamtdampfmenge G entworfen ist, verläuft dagegen die Kompression eh nicht adiabatisch, da ja nach der oben getroffenen Annahme gleichzeitig mit der Kompression des Restdampfes G_r der Dampfmenge G_f die dem Druckunterschied zwischen E und H entsprechende Flüssigkeitswärme zugeführt werden soll. Die Linie eh im Wärmediagramm muß also Wärmezufuhr zeigen, und zwar muß der Verlauf derselben identisch sein mit dem der unteren Grenzkurve ($x = 0$) für die Dampfmenge G_f. Dies ergibt sich auch ohne weiteres, wenn die Übertragung der Linie EH unter Benutzung der Werte für die fiktive spezifische Dampfmenge durchgeführt wird. Für einen beliebigen Punkt W im Indikatordiagramm beim Druck p_w wird $x_w = \frac{V_w + V_s}{G \cdot v_w}$, wenn v_w das spezifische Volumen für trockenen Dampf beim Druck p_w bedeutet.

Da, wie im vorstehenden erläutert, der Zustand des Restdampfes bei Beginn der Kompression in E derselbe ist wie derjenige, welchen der ausströmende Dampf bei vollständiger Expansion auf den Kondensatordruck annimmt, folgt, daß das Volumen des Restdampfes $V_w + V_s$ nach Kompression bis zu dem beliebigen Zwischendruck p_w sich zu dem Volumen $V_n + V_s$ der auf den gleichen Druck expandierten Gesamtdampfmenge G (Punkt N bzw. n), verhält wie die Restdampfmenge G_r zu G, d. h. also

$$\frac{V_w + V_s}{V_n + V_s} = \frac{G_r}{G}, \text{ und es wird } x_w = \left(\frac{V_n + V_s}{G \cdot v_w}\right) \frac{G_r}{G} \text{ oder } = x_n \cdot \frac{G_r}{G},$$

wenn x_n die dem Punkt N entsprechende spezifische Dampfmenge ist. Die Entropiedifferenz mw wird somit

$$mw = x_w \left(\frac{r}{T}\right)_w \cdot G = x_n \cdot \left(\frac{r}{T}\right)_w \cdot G_r.$$

Es ist also das Verhältnis der Strecken $mw : mn = G_r : G$. Da dies für jeden beliebigen Punkt der Kompressionslinie gilt, folgt daraus, daß auch das Verhältnis

$$\text{Fläche } l_0 lmwee_0 : \text{Fläche } l_0 lmnb_0 = G_r : G.$$

Da ferner Fläche $l_0 lmww_0 = G \cdot [(q_w - q_d) + x_w \cdot r_w]$ (wobei q_w und q_d die Flüssigkeitswärme beim Druck p_w bzw. p_d und r_w die Verdampfungswärme beim Druck p_w bedeuten) oder $= G_r\, [(q_w - q_d) + x_n \cdot r_w] + G_f\, (q_w - q_d)$ und außerdem Fläche $l_0 lmnb_0 = G\, [(q_w - q_d) + x_n r_w]$, also Fläche $l_0 lmwee_0 = G_r\, [(q_w - q_d) + x_n r_w]$, so ergibt sich für Fläche $e_0 eww_0$ der Wert $G_f\,(q_w - q_d)$, d. h. also die Flüssigkeitswärme zwischen p_d und p_w für die Frischdampfmenge G_f; es muß also tatsächlich der Verlauf der Kompressionslinie eh im Wärmediagramm mit demjenigen der unteren Grenzkurve $(x = 0)$ für G_f übereinstimmen.

Der Endpunkt h der Kompression ergibt sich ohne weiteres auf der Isotherme für die zu p_h gehörige Temperatur; die fiktive spezifische Dampfmenge ist dabei $x_h = \frac{V_s}{G \cdot v_h}$, wenn v_h das spezifische Volumen des trocken gesättigten Dampfes beim Druck p_h bedeutet.

Es folgt nun die Füllungsperiode, und zwar wird zunächst im Totpunkt durch den eintretenden Frischdampf der Druck im Zylinder auf den Frischdampfdruck gesteigert; für unseren fiktiven Prozeß bedeutet dies eine Zustandsänderung bei konstantem Volumen V_s. Im Endpunkt A bzw. a im Wärmediagramm ist dabei $x_a = \frac{V_s}{G v_a}$, wenn v_a das Sättigungsvolumen beim Admissionsdruck p_a bedeutet, Zwischenpunkte lassen sich mit Hilfe der fiktiven spezifischen Dampfmenge leicht berechnen.

Es folgt dann weiteres Einströmen von Frischdampf, bis in Punkt B die Füllung beendet ist. In unserem Beispiel ist angenommen, daß in diesem Punkt die Gesamtdampfmenge G trocken gesättigt sein soll. Die Abbildung von Punkt B im Wärmediagramm liegt also bei der zu p_a gehörigen Temperatur T_a auf der oberen Grenzkurve $(x = 1)$ für die Dampfmenge G. Verlängert man nun die Adiabate EH bis zum Druck p_a, also bis zum Punkt A' bzw. im Wärmediagramm die entsprechende Linie eh bis zum Punkt a' auf T_a, so ist analog, wie oben für den Punkt w gezeigt, $oa' : ob = G_r : G$ oder $a'b : ob = G_f : G$, d. h. die Strecke $a'b$ entspricht gerade der Zuführung der vollen Verdampfungswärme an die Dampfmenge G_f. Da außerdem, wie bereits früher gezeigt, der Verlauf von eh und damit auch der verlängerten Kurve ea' mit demjenigen der Grenzkurve $x = 0$ für die Dampfmenge G_f identisch sein muß, so ist durch die Fläche $e_0 ea'bb_0$ die ganze Erzeugungswärme für die trocken gesättigte Dampfmenge G_f dargestellt. Die gesamte, in unserem fiktiven Prozeß während der Kompression und Füllungsperiode der Dampfmenge G zuzuführende Wärme ist anderseits durch die Fläche $e_0 ehabb_0$ gegeben; letztere Fläche ist um den Betrag haa' kleiner als die Erzeugungswärme für G_f im trocken gesättigten Zustande. Es zeigt sich also, daß man sich, um bei Ende der Füllung die Dampfmenge G gerade trocken gesättigt zu erhalten, die Frischdampfmenge G_f nicht vollkommen trocken gesättigt, sondern mit einem kleinen Feuchtigkeitsgehalt zugeführt denken muß. Die Erklärung hierfür ist darin zu suchen, daß beim Auffüllen des schädlichen Raumes und der Kompression des darin enthaltenen Restdampfes auf die Kesselspannung ein Teil des eintretenden Frischdampfes infolge des anfangs vorhandenen Druckunterschiedes zwischen Frischdampfdruck und Druck im schädlichen Raum Geschwindigkeiten annimmt, welche sich dann bei dem betreffenden niedrigeren Druck durch Wirbelung wieder in Wärme umsetzen.

An die Füllungsperiode HAB schließt sich adiabatische Expansion BC an. In diesem Teil stimmt der fiktive Prozeß vollständig mit der tatsächlichen Zustandsänderung überein. Im Endpunkt C der Expansion ist $x_c = \frac{V_c + V_s}{G \cdot v_c}$, wenn v_c = Sättigungsvolumen beim Druck p_c.

Der nun folgenden Ausströmungsperiode CDE schließlich entspricht analog wie bei dem früher behandelten Beispiel ohne schädlichen Raum in dem fiktiven Prozeß zunächst eine Zustandsänderung bei konstantem Volumen ($V_s + V_c =$ konst.), wobei in D der Wert $x_d = \frac{V + V_s}{G \cdot v_d}$ (v_d = Sättigungsvolumen beim Druck p_d), und hierauf eine Zustandsänderung bei konstantem Druck DE. In E hat man dann schließlich wieder die Gesamtdampfmenge G_f flüssig im Kondensator bzw. Kessel zu denken, während im schädlichen Raum die Restdampfmenge G_r mit der tatsächlichen spezifischen Dampfmenge x_r vorhanden ist.

Die gesamte, während der Ausströmungsperiode abzuführende Wärmemenge ist gegeben durch die Fläche b_0cdee_0; wie die Übertragung dieser Wärmemenge im Kondensator in Wirklichkeit vor sich geht, ist bereits bei der Behandlung der Maschine ohne schädlichen Raum gezeigt.

Bei der Übertragung der Indikatordiagramme von Mehrfachexpansionsmaschinen ins Wärmediagramm verfährt man in der gleichen Weise, wie vorstehend für eine Einzylindermaschine beschrieben. Der Übertritt des Dampfes aus einem Zylinder in den nächstfolgenden wird hierbei so behandelt, wie wenn der Dampf in einen Zwischenkondensator mit der mittleren Receiverspannung hinausgeschoben und dort kondensiert würde, worauf er dann wiederum in einem Kessel bei dieser Spannung verdampft und dem nächsten Zylinder zugeführt wird. Dabei muß die in dem gedachten Zwischenkondensator abzuführende Wärmemenge natürlich in genau gleichem Betrage in dem gedachten Kessel dem Dampf wieder zugeführt werden; hierdurch ist, wenn, wie in unseren bisherigen Darlegungen, von Verlusten durch Drosselung und Wärmeaustausch mit den Wandungen abgesehen wird, der Anfangszustand des Dampfes für den nächsten Zylinder bestimmt. Die Restdampfmenge G_r muß selbstverständlich für jeden Zylinder besonders ermittelt werden.

§ 7. Nachdem im vorstehenden die Darstellung des Dampfmaschinenprozesses im Wärmediagramm eingehend erläutert und somit ein Mittel an die Hand gegeben ist, um sich in übersichtlicher Weise über die beim Prozeß zu- und abgeführten Wärmemengen Rechenschaft zu geben, sollen nun in Anknüpfung an § 4 die einzelnen der Kolbenmaschine eigenen Verluste besprochen werden.

§ 8. **Verlust durch Drosselung des Dampfes in der Hauptdampfleitung[1]) und den Einlaßorganen des Zylinders.** Die Admissionsspannung (Spannung bei der Zylinderfüllung) ist stets kleiner als die Kesselspannung infolge der Druckverluste, welche in der Dampfleitung und im Manövrierventil, sowie im Schieber eintreten. Diese Druckverluste werden, abgesehen von denjenigen, welche auf eine Abkühlung von außen durch Leitung und Strahlung sowie auf Undichtigkeiten zurückzuführen sind, verursacht durch Reibung und Wirbelbildung. Die hierbei verloren gegangene Strömungsenergie setzt sich wieder in Wärme um, so daß der Wärmeinhalt (die Erzeugungswärme

[1]) Über die Druckverluste in Dampfleitungen vgl. Bd. II.

des Dampfes) konstant bleibt. Es handelt sich also hier um einen Drosselungsvorgang. Über die Größe des hierbei eintretenden Verlustes gibt uns das Wärmediagramm Aufschluß. Der der Maschine zufließende Dampf von Druck p_a ist im Kessel nicht mit diesem Druck erzeugt worden, sondern mit dem höheren Druck p_a' und der Temperatur t_a'. Nehmen wir an, daß der Dampf bei der Erzeugung im Kessel eine kleine Dampfnässe von etwa 7% besessen hat, so ist sein Zustand im Wärmediagramm (vgl. Abb. 13) durch den Punkt b' gekennzeichnet. Zu seiner Erzeugung

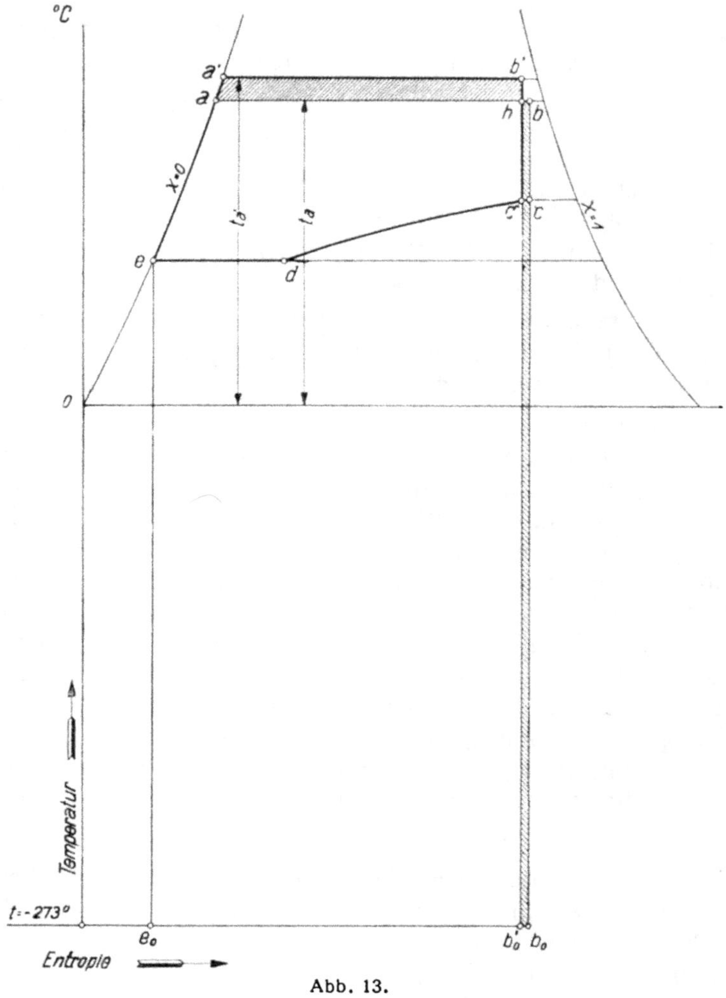

Abb. 13.

ist im Kessel die Wärmemenge $e_0 e a' b' b_0'$ aufgewendet worden. Auf dem Wege vom Kessel in den Zylinder wird der Dampf nun auf die Spannung p_a und die Temperatur t_a herabgedrosselt. Da von Wärmeverlusten nach außen hier abgesehen sein soll, finden wir den neuen Zustand b durch die Gleichheit vorstehend genannter Fläche mit der Fläche $e_0 e a b b_0$. Es ist also die infolge der Herabdrosselung der Eintrittsspannung von p_a' auf p_a zunächst von dem auf Kesselspannung bezogenen theoretischen Diagramm $e a' b' c' d$ verloren gegangene Fläche $a a' b' h$ gleich der Fläche $h b b_0 b_0'$. Von letzterer Fläche wird bei dem ausgeführten Prozeß der Teil $h b c c'$ in Arbeit verwandelt, während der Rest $c' c b_0 b_0'$ ungenutzt in den Kondensator fortgeführt wird und also den eigentlichen Drosselungsverlust darstellt.

§ 9. **Verlust durch unvollständige Expansion.** Da die Größe des Niederdruckdampfzylinders aus praktischen Gründen ein beschränktes Maß nicht übersteigen kann, ist es nicht möglich, bei der Kolbenmaschine die Expansion des Dampfes beliebig weit zu treiben. Gewichts- und Raumverhältnisse verbieten es sogar bei demjenigen Maschinentyp, für welchen diese am wenigsten beschränkt sind (Handelsdampfer), mit der Expansion höher zu gehen als auf das etwa 14fache des Eintrittsvolumens in dem Hochdruckzylinder, während bei adiabatischer Expansion gesättigten Dampfes von z. B. 16 at. abs. auf 93% Vakuum (0,07 at. abs. Gegendruck) diese Volumenvermehrung das 126fache beträgt. Hieraus ist ersichtlich, daß es bei der Kolbenmaschine auch nicht annähernd möglich ist, die Expansion des Dampfes völlig auszunutzen; es ist dies ein prinzipieller Unterschied gegenüber der Dampfturbine, bei welcher man dem Dampf die der vollen Expansion entsprechende Geschwindigkeit in der Turbine selbst erteilen und dieselbe, wenn auch mit gewissen, durch die Beschränkung in den Austrittsarealen verursachten Verlusten, ausnutzen kann.

Da es sich bei der Kolbenmaschine hier um einen prinzipiellen Verlust handelt, ist bereits den in §§ 5 und 6 enthaltenen Erläuterungen unvollständige Expansion zugrunde gelegt.

In Punkt C (vgl. Abb. 14 u. 15), in welchem die Expansion aufhört, ist der Kondensatordruck noch nicht erreicht. Die Expansion ist wegen des zu kleinen Zylindervolumens V_a unvollständig. Wäre das Zylindervolumen V_c', so daß die Expansion bis zum Kondensatordruck p_d fortgesetzt werden könnte, so würde im Indikatordiagramm die Arbeitsfläche $CC'D$ hinzukommen; im Wärmediagramm würde das dieser Fläche entsprechende Dreieck $cc'd$ die in Arbeit umgewandelte Wärme vermehren. Die Fläche $cc'd$ bedeutet also den Verlust durch unvollständige Expansion infolge zu kleinen Zylindervolumens.

Obwohl die Dampfvolumina in den Hochdruck- und Mitteldruckzylindern wegen des dort herrschenden Gegendruckes am Ende der Expansion noch verhältnismäßig klein sind, wird im Schiffsmaschinenbau auch hier fast immer unvollständige Expansion zugelassen. Näheres hierüber siehe § 24 und 26, wo an Hand der Diagramme ausgeführter Mehrfachexpansionsmaschinen diese Verhältnisse näher erläutert sind.

§ 10. **Verlust durch Drosselung bei der Ausströmung in den Kondensator.** Infolge der Unmöglichkeit, die Auslaßorgane der Niederdruckzylinder (es kommen nur Flachschieber oder Kolbenschieber in Frage) mit ausreichend großen Durchflußquerschnitten zu versehen, treten derartige Verluste stets ein und sind sogar in der Regel ziemlich bedeutend. Ist der Druck im Zylinder während der Ausströmungsperiode z. B. p_d' (statt des Kondensatordruckes p_d), so ist die in Arbeit umgesetzte Wärme um die Fläche $EE'D'D$ kleiner als ohne diesen Auslaßverlust. Wie aus Abb. 14 klar ersichtlich, ist dieser Verlust um so größer, je vollständiger die Expansion ist, woraus man sieht, daß die reichliche Dimensionierung der Auslaßorgane bei Handelsdampfern mit weit getriebener Expansion erheblich wichtiger ist als z. B. bei Torpedobooten, deren Gesamtexpansion um mehr als die Hälfte kleiner ist als bei vorstehend genannten Schiffstypen.

§ 11. **Einfluß des schädlichen Raumes.** Zwischen der äußersten Stellung des Kolbens am Ende des Hubes und dem Zylinderdeckel muß ein gewisser Spielraum freibleiben, auch besitzen die Kanäle, welche zwischen diesem Spielraum und den abschneidenden Flächen der Schieber liegen, ein nicht unerhebliches Volumen. Die Gesamtheit dieser Räume, welche bei jeder Admission mit Frischdampf angefüllt werden müssen, bevor die eigentliche Füllungsperiode beginnt, nennt man den „schädlichen Raum“.

Das Vorhandensein dieses Raumes ist zunächst insofern schädlich, als die am Wärmeaustausch beteiligten Oberflächen vergrößert werden, wodurch unbestreitbar

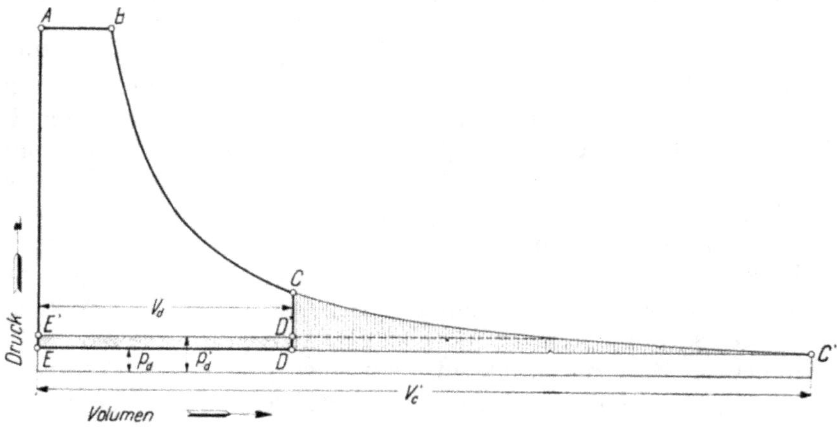

Abb. 14.

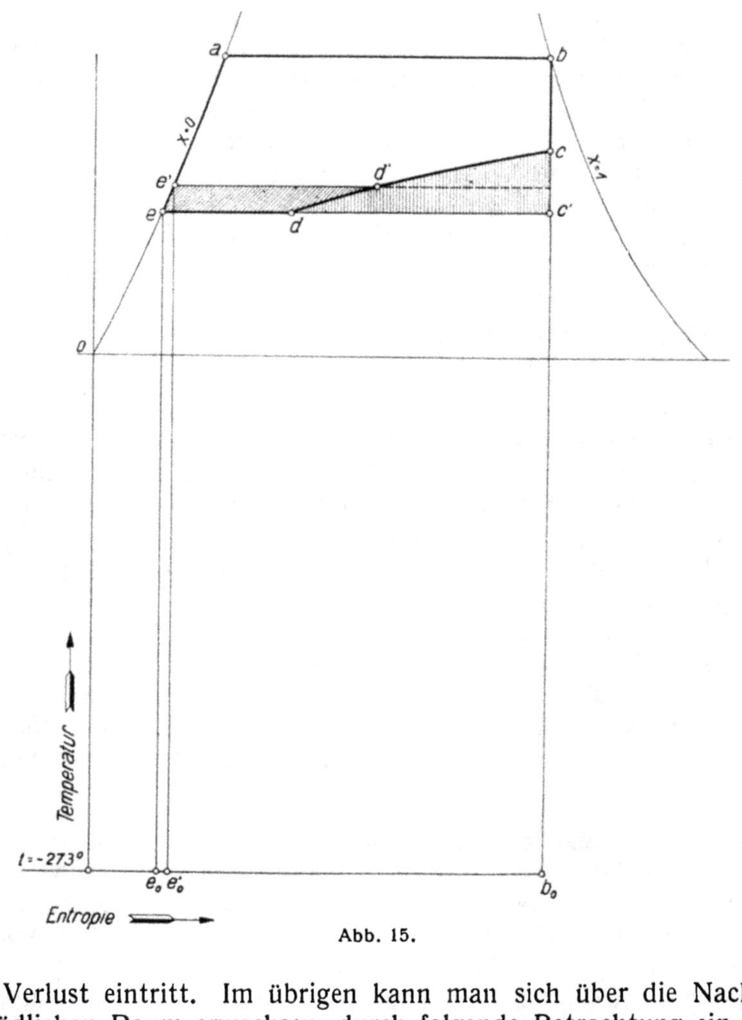

Abb. 15.

ein gewisser Verlust eintritt. Im übrigen kann man sich über die Nachteile, welche aus dem schädlichen Raum erwachsen, durch folgende Betrachtung ein Bild machen.

In Abb. 16 ist das theoretische Diagramm $ABCDE$ einer Maschine dargestellt, welche zunächst ohne schädlichen Raum mit der Füllung AB arbeitet. Wird nun ein schädlicher Raum von der Größe s angenommen, so muß das für jeden Hub zur Verfügung

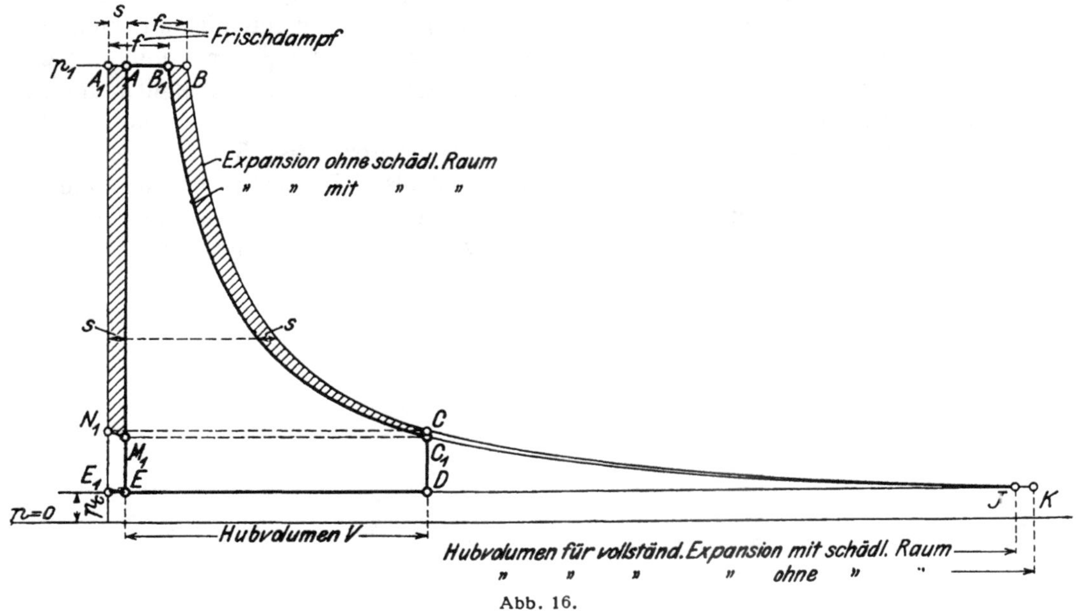

Abb. 16.

stehende Frischdampfvolumen f zunächst den schädlichen Raum auffüllen, ohne daß der Kolben vorwärts bewegt wird. Die Füllung des Zylinders wird kleiner als ohne schädlichen Raum, und zwar gleich der Strecke $A_1 B_1$ in Abb. 16. Die Expansions-

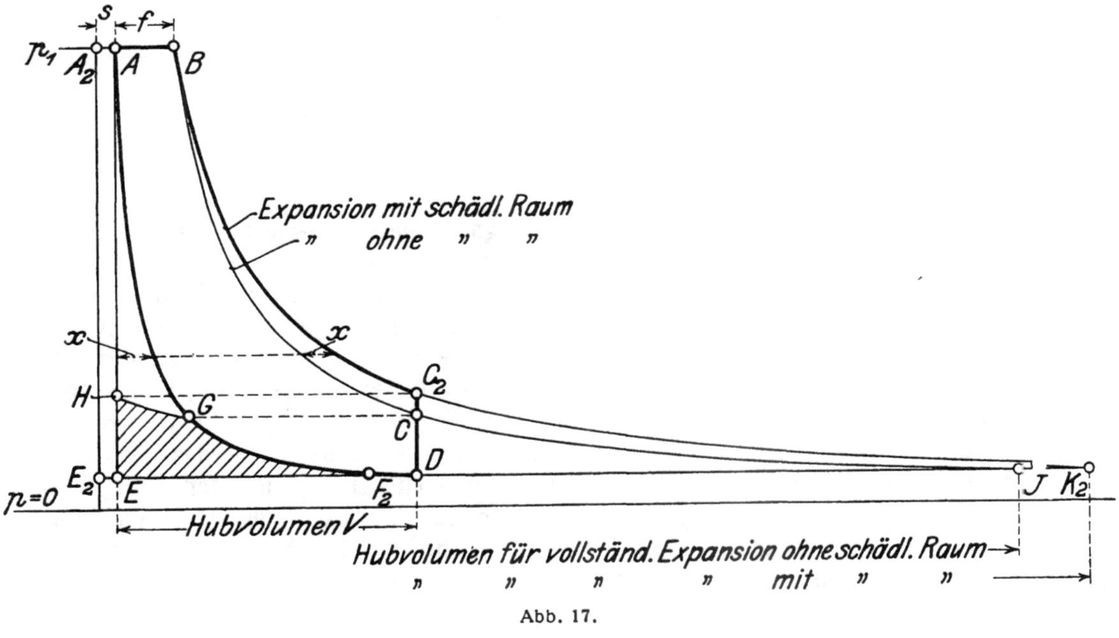

Abb. 17.

kurve $B_1 C_1$, für welche die Volumina nunmehr nicht mehr von dem Hubende EA, sondern von der Abszisse des schädlichen Raumes $E_1 A_1$ an zu rechnen sind, liegt tiefer als die entsprechende Expansionskurve ohne schädlichen Raum. Der Arbeitsverlust gegenüber der Expansion ohne schädlichen Raum ist somit durch das Flächenstück B_1BCC_1 dargestellt.

In Abb. 16 ist angenommen, daß das am Ende der Ausschubperiode im schädlichen Raum verbliebene Dampfgewicht vom Gegendruck p_e so gering ist, daß es gegenüber der bei der Füllungsperiode in den schädlichen Raum eintretenden Frischdampfmenge vernachlässigt werden kann. Man erkennt somit leicht aus der Abbildung, daß die Expansionslinien B_1C_1J gegen die entsprechende Kurve BCK lediglich um den konstanten Betrag s in Richtung der Abszissenachse gegeneinander verschoben sind, woraus auch ohne weiteres zu ersehen ist, daß der Arbeitsverlust B_1BCC_1 der Fläche $A_1AM_1N_1$ inhaltsgleich ist. Man sieht daraus, daß als Folge der nicht vollständigen Expansion der Arbeitsverlust durch den schädlichen Raum nicht, wie man zunächst annehmen könnte, der Fläche E_1A_1AE gleich, sondern etwas kleiner ausfällt.

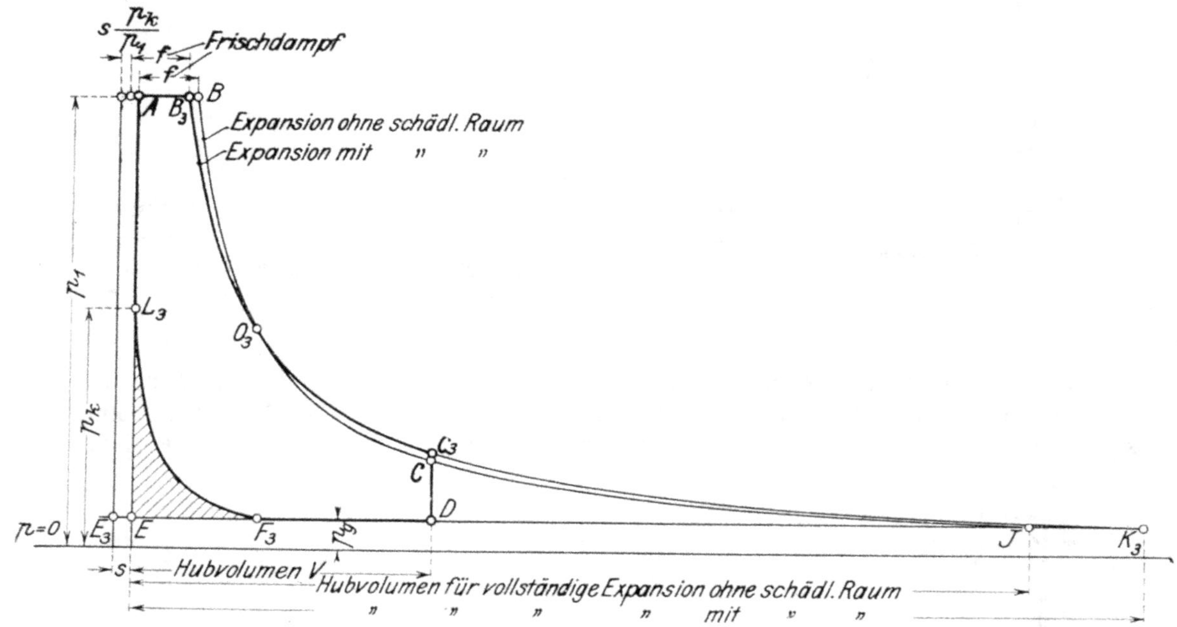

Abb. 18.

Um das Auffüllen des schädlichen Raumes ganz oder teilweise zu vermeiden, hat man nun zu dem Mittel gegriffen, durch Abschließen der Ausströmungsorgane vor Erreichung des Hubendes den im Zylinder verbleibenden restlichen Dampf in den schädlichen Raum hinein zu komprimieren. Der Einfluß dieser Maßnahmen wird in den beiden Abb. 17 und 18 erläutert. Die erste Abb. 17 zeigt die Verhältnisse, wie sie sich bei Anwendung einer Kompression bis auf den Druck des Frischdampfes ergeben. Die Kompression muß bereits bei dem Punkte F_2 eingeleitet werden, um beim Ende des Rückhubes den Beginn der Admission A zu erreichen. Da der schädliche Raum beim Füllungsbeginn bereits mit dem wieder komprimierten Dampf angefüllt ist, braucht er nicht erst gefüllt zu werden, so daß das Frischdampfquantum f die volle Admissionsstrecke wie beim Diagramm ohne schädlichen Raum, also AB ergibt. Die Expansionskurve liegt sogar noch höher als bei Nichtvorhandensein des schädlichen Raumes, da das zur Expansion gelangende Gesamtquantum A_2B um das Volumen des schädlichen Raumes größer ist als die Admissionsstrecke; dagegen aber kommt die Arbeitsleistung, welche für die Kompression aufgewendet wird und welche durch das keilförmige Stück F_2EA dargestellt ist, in Abzug. Es stehen also der bei der Expansion erzielte Gewinn BC_2C dem durch die Kompression herbeigeführten Verlust F_2EA gegenüber. Eine einfache Überlegung zeigt, daß die horizontalen Abszissenstücke x in der Gewinnfläche gleich denen in der Verlustfläche sind, so daß also als Gesamtverlust des schädlichen Raumes in diesem Falle die Fläche $EHGF_2$, welche in dem Diagramm, Abb. 17, durch Schraffur kenntlich gemacht ist, resultiert. Ähnliche Verhältnisse ergeben sich bei unvollständiger Kompression Abb. 18. Der Prozeß wird auch hier mit dem gleichen Frischdampfquantum f wie bei den vorigen Beispielen durchgeführt. Die Kompression, welche von F_3 aus nur bis L_3, also für unser Beispiel bis zur Hälfte des Admissionsdruckes getrieben ist, füllt den schädlichen Raum nur so weit, daß ungefähr das halbe Dampfquantum, welches zur Gesamtfüllung des schädlichen Raumes mit Frischdampf erforderlich wäre, dazu benötigt wird. Die Expansion beginnt also bei B_3, wobei AB_3 um $\frac{s}{2}$ kleiner ist als die Admissionsperiode AB ohne schädlichen Raum. Dagegen nimmt aber die Expansionslinie einen weniger steilen Verlauf, als dieses ohne Vorhandensein des schädlichen Raumes eintreten würde, so daß die letztere Expansionslinie sich mit ersterer im Punkt O_3 schneidet. Es entsteht also während der Expansion in diesem Fall weder ein Gewinn noch ein Verlust insofern, als die keilförmigen Stücke O_3B_3B und O_3C_3C sich ungefähr aufheben. Es bleibt hier somit der durch die Kompressionsarbeit L_3F_3E entstehende Verlust voll bestehen. Wie sich die Vorgänge im Dampfzylinder bei Berücksichtigung des schädlichen Raumes im Wärmediagramm ausdrücken, ist bereits in § 6 eingehend erörtert.

Aus den vorstehenden Darlegungen geht hervor, daß, abgesehen von den schädlichen Einflüssen der Wandungswirkung der schädlichen Räume, welche in § 14 behandelt werden sollen, trotz Anwendung der Kompression stets ein Arbeitsverlust durch Vorhandensein des schädlichen Raumes hervorgerufen wird. Bei einer Maschine mit bis zum Gegendruck getriebener Expansion und einer Kompression bis auf den Füllungsdruck würde, abgesehen von den Wandwirkungen, überhaupt ein Verlust durch den schädlichen Raum nicht eintreten, ein Fall, welcher sich bei Hochdruckzylindern von Schiffsmaschinen annähernd verwirklichen ließe.

§ 12. **Das Indikatordiagramm[1]) der ausgeführten Maschine. — Der mittlere Druck.** Abb. 19 zeigt das Indikatordiagramm einer einzylindrigen stehenden Kolbenmaschine

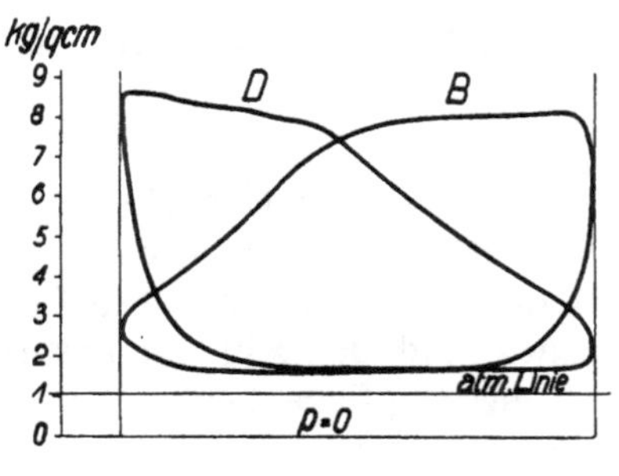

Abb. 19.

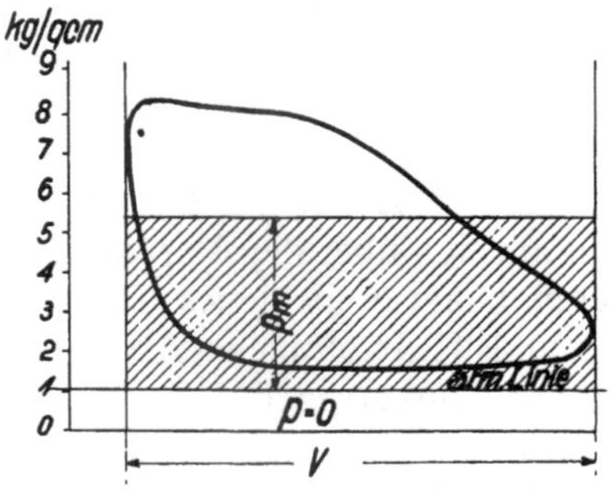

Abb. 20.

(Schiffshilfsmaschine). Das Diagramm, bei welchem die Expansion von links nach rechts erfolgt, mit D bezeichnet, ist von der Deckelseite, das Diagramm, bei welchem die Expansion von rechts nach links erfolgt, mit B bezeichnet, ist von der Bodenseite genommen. In das Diagramm ist die atmosphärische Linie entsprechend dem Druck

[1]) Über den Indikator siehe Bd. III.

der äußeren Luft (also am Meeresspiegel im Durchschnitt $= \frac{1 \cdot 760}{735,5} = 1{,}033$ at. abs.) eingetragen; auch ist in das Diagramm die Nullinie des Druckes $p = 0$ eingezeichnet, unter Berücksichtigung des sog. Federmaßstabes (Zusammendrückung der Indikatorfeder bei 1 at. Druck entsprechend 735,5 mm Quecksilbersäule).

In der Regel sind die Diagramme und damit auch die Leistungen der Deckel- und Bodenseite verschieden. Für die wärmetechnische Untersuchung von Maschinen bedient man sich daher zweckmäßig eines aus Deckel- und Bodenseite kombinierten mittleren Diagrammes, s. Abb. 20, welches aus den beiden Diagrammen Abb. 19 durch Mittelbildung der entsprechenden Ordinaten gewonnen ist.

Die geleistete Arbeit wird dargestellt durch den Flächeninhalt des Diagrammes, welcher sich auch als Produkt des Hubvolumens V und des mittleren Druckes p_m darstellen läßt, der sich ergibt, wenn man sich die Fläche des Diagrammes in ein Rechteck über der Strecke V verwandelt denkt. Aus der Arbeit des Diagrammes (indizierte Arbeit), welche bei jedem Hub geleistet wird, erhält man die indizierte Leistung N_i, indem man die Arbeit ermittelt, welche in jeder Sekunde geleistet wird, d. h. also, indem man die indizierte Arbeit mit der Anzahl der Hübe pro Sekunde multipliziert. Bezeichnet man mit D den Zylinderdurchmesser, mit s den Hub und mit n die Umdrehungszahl der Maschine pro Minute, so ergibt sich bei der doppelt wirkenden Maschine die indizierte Leistung in Pferdestärken (1 PS = 75 kgm/sec) aus der Beziehung:

$$N_i = 2 \cdot V \cdot p_m \cdot \frac{n}{60} \cdot \frac{1}{75} = \frac{D^2 \pi}{4} \cdot p_m \cdot \frac{s \cdot n}{30 \cdot 75},$$

und wenn die mittlere Kolbengeschwindigkeit $v = \frac{2 s \cdot n}{60}$ eingeführt wird

$$N_i = \frac{D^2 \pi \cdot p_m \cdot v}{4 \cdot 75},$$

wobei D in cm, p_m in kg/qcm und v in m/sec einzusetzen ist.

In dieser Formel ist die Verengung des Zylinderquerschnittes durch die Kolbenstange vernachlässigt. Für genauere Berechnung ist dieselbe zu berücksichtigen, indem man an Stelle von $\frac{D^2 \pi}{4}$ das Mittel aus den freien Zylinderquerschnitten über und unter dem Kolben in Rechnung setzt.

§ 13. **Zusammengelegte Diagramme.** Bei Maschinen mit mehrfacher Expansion pflegt man, um sich über den Vorgang in der Maschine im ganzen Rechenschaft zu geben, die mittleren Diagramme jedes Zylinders in einen und denselben Maßstab für Druck (Ordinate) und Hubvolumen (Abszisse) umzuzeichnen und dann in ein ideelles oder Hilfsdiagramm einzutragen. Es hat sich hierfür die Gepflogenheit herausgebildet, von der Ordinate für das Volumen Null ab gerechnet für die einzelnen Zylinder, zunächst das Volumen des zugehörigen schädlichen Raumes abzutragen und daran anschließend das Hubvolumen (bei Berücksichtigung der Kolbenstange den Mittelwert des Hubvolumens von Boden- und Deckelseite). Ferner ist es üblich, in Anlehnung an den erfahrungsgemäßen Verlauf der Expansionslinie in Einzylindermaschinen, vgl. § 18 (gleichzeitig oder hauptsächlich wegen der bequemen Konstruktion!), eine gleichseitige Hyperbel als gemeinsame Expansionslinie dieses ideellen Diagramms anzunehmen und dieselbe durch den Punkt des Hochdruckzylinderdiagramms zu legen, an welchem der Beginn der Expansion in diesem Zylinder erfolgt.

In Abb. 21 sind die Diagramme einer Dreifach-Expansionsschiffsmaschine, vgl. § 24, dargestellt. Aus denselben wurden zuerst die mittleren Diagramme von Boden- und Deckelseite ermittelt, worauf die in Abb. 21 dargestellte Konstruktion des zusammengelegten Diagrammes erfolgte. Wir sehen in demselben die vorgetragenen schädlichen Räume, die atmosphärische Linie (der Bequemlichkeit wegen eingetragen auf der Ordinate $p = 1$ at. abs., entsprechend einem Druck der äußeren Luft von 735,5 mm Quecksilbersäule) und die vorstehend erwähnte fiktive Expansionslinie. Letzterer kommt allerdings keinerlei theoretische Bedeutung zu; sie ist hier nur aufgenommen worden, weil sie in vielen älteren Werken (welche das Zusammenlegen der Diagramme manchmal auch mit dem Ausdruck „Rankinisieren" nach dem englischen Gelehrten Rankine bezeichnen) verwendet worden ist. Diese Art der Darstellung eines

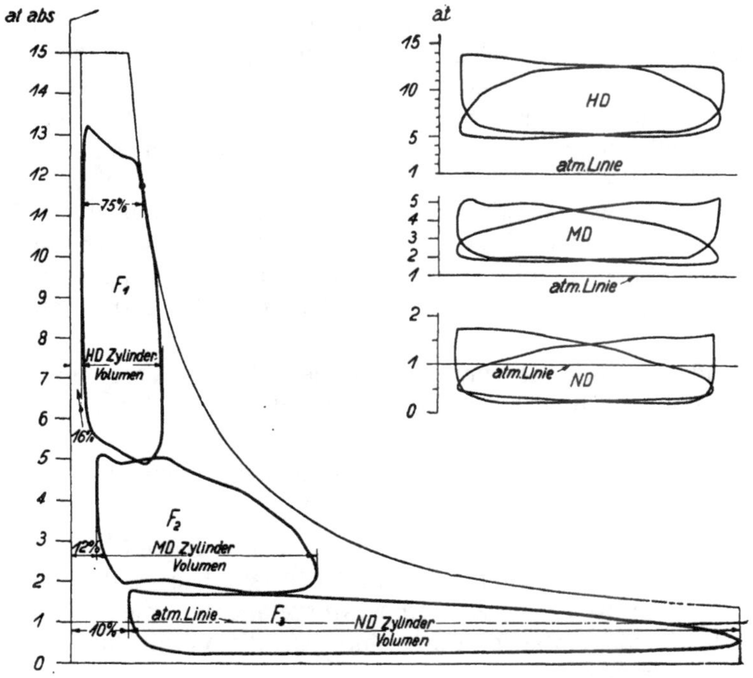

Abb. 21.

ideellen oder Hilfsdiagrammes unter Zugrundelegung einer gleichseitigen Hyperbel als Expansionslinie kehrt im übrigen auch bei der überschläglichen Berechnung der Hauptdimensionen von Kolbenmaschinen wieder, vgl. § 42.

Aus den zusammengelegten Diagrammen ergibt sich der mittlere Druck der Mehrfachexpansionsmaschine, indem die Summe der Flächen der sämtlichen Diagramme in ein Rechteck mit der Basis gleich dem Hubvolumen V_3 des Niederdruckzylinders verwandelt wird, dessen Höhe sodann den mittleren Druck p_m angibt. In unserer Abb. 21 ist also $p_m = \frac{F_1 + F_2 + F_3}{V_3}$. Auf das oben erwähnte ideelle Diagramm soll hier nicht weiter eingegangen werden, da dasselbe, wie bereits bemerkt, mit der Theorie des Dampfmaschinenprozesses nichts zu tun hat und lediglich zum Zwecke bequemer Überschlagsrechnungen benutzt wird.

§ 14. **Die Wechselwirkung zwischen Dampf- und Zylinderwand.** Der während der Admissionsperiode durch den Schieberspiegel in den Raum zwischen diesem und dem Kolben (schädlicher Raum sowie Füllungsstrecke des Zylinders) einströmende Dampf kondensiert zum Teil an den Wänden dieses Raumes, da dieselben beim vorhergehenden Spiel durch den austretenden Dampf abgekühlt sind. Den hierbei durch Abgabe der Kondensationswärme an die Wandungen entstehenden Wärmeverlust, welcher sich durch Vermehrung des durchschnittlichen Feuchtigkeitsgehaltes des Admissionsdampfes zu erkennen gibt, bezeichnet man vielfach als Eintrittsverlust oder Eintrittskondensation. Aber auch während der sich hieran schließenden Expansionsperiode tritt in manchen Fällen zunächst noch eine weitere teilweise Kondensation des Dampfes an den mit demselben in Berührung stehenden kälteren Wandungen ein, bis schließlich die mit der Abnahme des Druckes sinkende Temperatur zunächst gleich derjenigen der Zylinderwand und dann niedriger als diese wird. Nunmehr kehrt sich der Vorgang um, d. h. es findet eine Wärmeübertragung von den Wandungen an den expandierenden bzw. in Vorausströmung begriffenen Dampf statt; in der überwiegenden Mehrzahl der Fälle wird jedoch schon vom Anfang der Expansionsperiode ab Wärme von den Wandungen an den Dampf zurückgegeben. Letzterer Vorgang setzt sich während der ganzen Ausströmungsperiode fort, d. h. der Dampf entnimmt während derselben Wärme aus der Zylinderwand und führt dieselbe bei der Ausströmung mit sich. Während selbstverständlich bei einzylindrigen Maschinen diese vom Abdampf mitgeführte Wärme völlig zu Verlust geht, wird bei Mehrfachexpansionsmaschinen, um welche es sich ja bei Schiffsantrieben fast ausschließlich handelt, die den Wandungen des Hoch- bzw. Mitteldruckzylinders entnommene Wärme im nachfolgenden Zylinder, wie wir später sehen werden, zu einem kleinen Teil wieder ausgenutzt. Es ist also hier nur beim Niederdruckzylinder die von den Wänden aufgenommene und an den Dampf zurückgeführte Wärme völlig verloren.

Um sich ein Bild über die Bedeutung des in Rede stehenden Vorganges für die Wirtschaftlichkeit der Dampfmaschine zu machen, können die nachstehenden Betrachtungen dienen:

Die Größe der von den Wandungen des schädlichen Raumes bzw. den Zylinderlaufflächen aufnehmbaren Wärmemengen hängt ab:

1. Von dem Unterschied der Temperaturen des in den betreffenden Zylinder ein- und aus demselben austretenden Dampfes; infolge dieses Umstandes sind Mehrfachexpansionsmaschinen, bei welchen das Temperaturgefälle auf mehrere Zylinder verteilt ist, den Maschinen mit einfacher Expansion, was die Vermeidung dieser Verlustquelle betrifft, weit überlegen.

2. Von der Größe der Oberflächen, mit welchen der eintretende Dampf in Berührung kommt, d. h. also in erster Linie von der Gestaltung des schädlichen Raumes; die verhältnismäßige Größe des auftretenden Verlustes ist dabei wesentlich durch die Größe des vom Arbeitsdampf eingenommenen Volumens im Vergleich zu den am Wärmeaustausch beteiligten Flächen bedingt (große Zylinder weisen demnach an sich günstigere Verhältnisse auf als kleinere, ebenso sind in dieser Hinsicht große Füllungsgrade günstiger als kleine). Eine Zusammenstellung, welche die Volumina und Oberflächen der schädlichen Räume für eine größere Anzahl von Schiffsmaschinen verschiedenen Typs enthält, ist als Tabelle 1 auf S. 29 beigefügt. Aus derselben ist ersichtlich, daß die Oberfläche des schädlichen Raumes sehr groß ist und bei Handelsschiffsmaschinen bis über 100%, bei Kriegsschiffsmaschinen bis über 200% der theoretischen Zylinderfläche betragen kann.

3. Von der Zeitdauer, welche zur Erwärmung bzw. Abkühlung der Wände zur Verfügung steht; somit ist für den Eintrittsverlust die Anzahl der Hubwechsel in der Zeiteinheit von Bedeutung, und zwar in dem Sinne, daß Maschinen mit hoher Tourenzahl im Hinblick auf diese Verlustquelle günstiger abschneiden als solche mit niedriger Tourenzahl.

Tabelle Nr. 1.

Schädliche Räume und Oberflächen derselben für verschiedene Kolbenmaschinen.

A. Schiffsmaschinen.

Schiff: Name	Schiff: Typ	Leistung in PS_i	Umdrehzahl	Hub in mm	Bezeichnung des Zylinders	Zylinder-Φ in mm	Art des Schiebers	Hubvolumen des Zylinders in cdm ohne Berücksichtigung der Kolbenstange	Volumen des schädlichen Raumes in % des Hubvolumens, Mittel aus Boden- und Deckelseite	Theoretische Zylinderoberfläche = Oberfläche der Lauffläche + zweimal Zylinderquerschnitt in qm	Oberfläche des schädlichen Raumes in % der theoretischen Zylinderoberfläche
Vulcan IV . .	Schlepper	130	150	328	HD	290	Kolbensch.	21,7	14	0,432	—
					ND	580	Flachsch.	62,8	10	1,125	—
Adana	„	700	105	700	HD	400	Kolbensch.	88,1	11,5	1,129	79
					MD	660	„	239,5	12,5	2,135	117
					ND	1100	Flachsch.	665	7,8	4,320	91
Sierra Cordoba und Sierra Nevada	Frachtdampfer	2100	75	1250	HD	610	Kolbensch.	365	11,3	2,98	70
					MD	1010	„	1000	10,2	5,57	73
					ND	1650	Flachsch.	2670	8,9	10,76	75
Hagen	„	4400	72	1520	HD	800	Kolbensch.	762	14,7	4,86	80
					MD	1330	„	2100	15,3	9,13	81
					ND	2140	Flachsch.	5440	9,9	17,4	97
Preußen . . .	Fährdampfer	2500	135	900	HD	590	Kolbensch.	244,2	19,0	2,216	113
					MD	970	„	700	17,5	4,216	111
					ND	1600	Flachsch.	1804	11,0	8,55	98
König Wilhelm II .	Frachtdampfer	3600	84	1400	HD	630	Kolbensch.	436	15,9	3,39	79
					MD I	930	„	952	14,8	5,45	83
					MD II	1310	Flachsch.	1890	10,8	8,46	75
					ND	1900	„	3970	9,7	14,03	80
George Washington .	Schnelldampfer	10000	83	1700	HD	970	Kolbensch.	1322	23,0	6,526	138
					MD I	1440	„	2770	20,1	10,952	140
					MD II	2030	„	5510	19,1	17,32	116
					ND	2850	Flachsch.	10830	14,5	27,97	112
Kaiser Wilhelm II .	„	10000	80	1800	HD	950	Kolbensch.	1277	21,4	6,79	90
					MD I	1250	„	2206	18,9	9,52	92
					MD II	1900	„	5100	15,5	16,40	100
					ND	2850	Flachsch.	11490	13,4	28,87	100
V 150/60 . . .	Torpedoboot	5125	325	540	HD	640	Kolbensch.	173,8	40,0	1,728	239
					MD	920	„	359	31,5	2,888	154
					ND	2 · 965	„	2 · 395	29,5	3,099	150
Rheinland . .	Linienschiff	6700	117	1100	HD	960	Kolbensch.	796	20,7	4,78	108
					MD	1460	2 St. „	1842	16,2	8,393	102
					ND	2200	2 „ „	4180	19,3	15,208	132
Vulcan	Frachtdampfer	400	72	600	—	2 · 580	(Stumpfsche Heißdampf-Maschine) Einlaßvent. Auslaß-Schlitze	158,6	2,7	1,621	43

B. Stationäre Maschinen.

Maschine: Typ	Maschine: Bauart										
Liegende Ventilmasch.	Kerchove	250	125	850	HD	325	Ein- u. Auslaßventile	70,5	3,7	—	—
					ND	560		209,3	4,1	—	—
do.	Sulzer	1000	83½	1300	HD	610	do.	391	9,6	—	—
					ND	1025	do.	1072	8,7	—	—
Stehende Ventilmasch.	Görlitzer Maschin.-Fabrik	2200	100	1100	HD	800	do.	553	8,3	—	—
					MD	1200	do.	1243	3,0	—	—
					ND	1850	do.	2960	3,0	—	—

Instruktiv für die Bewertung der Einflüsse zu 1 und 3 ist die Aufzeichnung des Verlaufes der Dampftemperatur im Zylinder über der Zeit als Abszisse. In den nachstehenden Abbildungen 22, 23 u. 24 sind für verschiedene Maschinentypen diese Zeit-Temperaturdiagramme wiedergegeben, und zwar sind sowohl die Zeitmaßstäbe als auch die Temperaturmaßstäbe bei allen Abbildungen gleich angenommen. Aus dem Vergleich von Abb. 22 (Compound-Schlepper-Maschine, $N_i = 131$ PS$_i$, $n = 150$, vgl. § 23), Abb. 23 (Dreifach-Expansions-Fährdampfermaschine, $N_i = 3050$ PS$_i$, $n = 134{,}5$, vgl. § 24) und Abb. 24

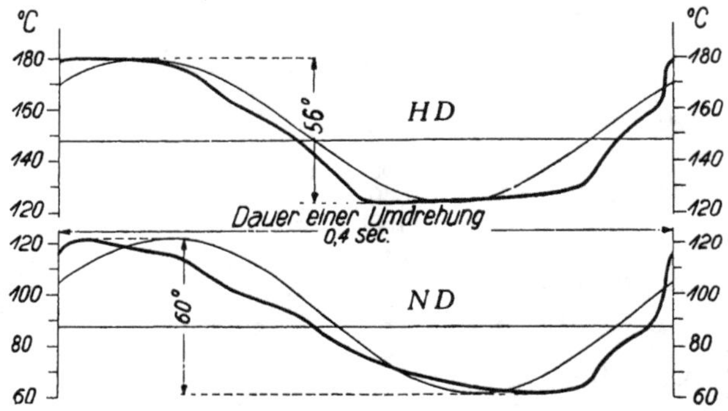

Abb. 22.

(Vierfach-Expansions-Schnelldampfermaschine, $N_i = 10030$ PS$_i$, $n = 83$, vgl. § 26) geht insbesondere die Verringerung der Temperaturschwankungen in den einzelnen Zylindern durch die Unterteilung in mehrere Expansionsstufen hervor. Über die Bedeutung der in Abb. 22 eingezeichneten Sinuslinie siehe Anhang.

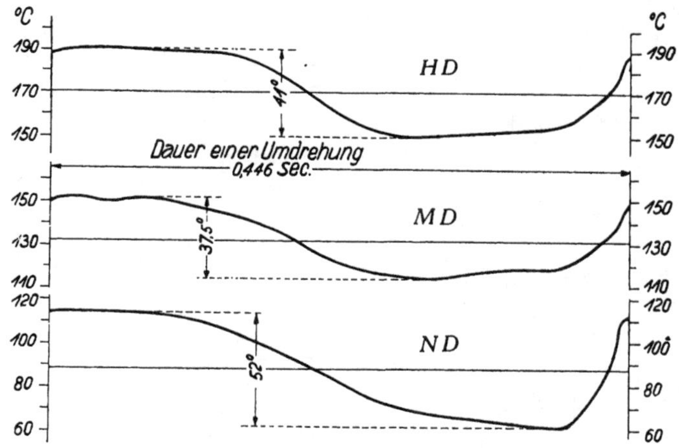

Abb. 23.

Die vorstehenden Gesichtspunkte geben gewisse Anhaltspunkte zur Beurteilung der relativen Größe der zu erwartenden Verluste. Wesentlich schwieriger ist die genauere Ermittlung des in jedem einzelnen Falle auftretenden Verlustes an Wärme im Vergleich zur gewonnenen Arbeitsleistung. Ein Bild hierüber kann man sich nur verschaffen durch die Beantwortung der nachstehenden Fragen:

a) Welche Wärmemenge wird von den Wandungen aufgenommen?
b) Welche Wärmemenge wird von den Wandungen an den Dampf wieder abgegeben?
c) Wird diese letztere Wärmemenge im weiteren Verlauf des Prozesses wieder nutzbringend verwendet?

Zu a): Über diese Frage gibt das ins Wärmediagramm übertragene Indikatordiagramm einen gewissen Aufschluß; vgl. Abb. 25. Der in den Schieberkasten eintretende Dampf ist trocken gesättigt oder besitzt eine durch geeignete Apparate (vgl. Bd. II) meßbare Feuchtigkeit. (Von Überhitzung, bei welcher die Verhältnisse wesentlich anders liegen als bei gesättigtem Dampf, sei hier abgesehen; hierüber siehe weiter unten § 28.) Es müßte also im Wärmediagramm der den Endpunkt der Füllung bezeichnende Punkt b auf der Grenzkurve oder, der gemessenen Feuchtigkeit (in praxi ca. 3—5%) entsprechend, nahe an derselben liegen. Die Betrachtung ausgeführter Naßdampfmaschinen zeigt indessen, daß der das Ende der Füllung kennzeichnende Punkt im Wärmediagramm je nach den Verhältnissen meist erheblich weiter innerhalb der Grenzkurve liegt, als der Messung des Feuchtigkeitsgehalts im Schieberkasten entspricht, und zwar ist dies um so auffallender, je weniger Expansionsstufen die betreffende Ma-

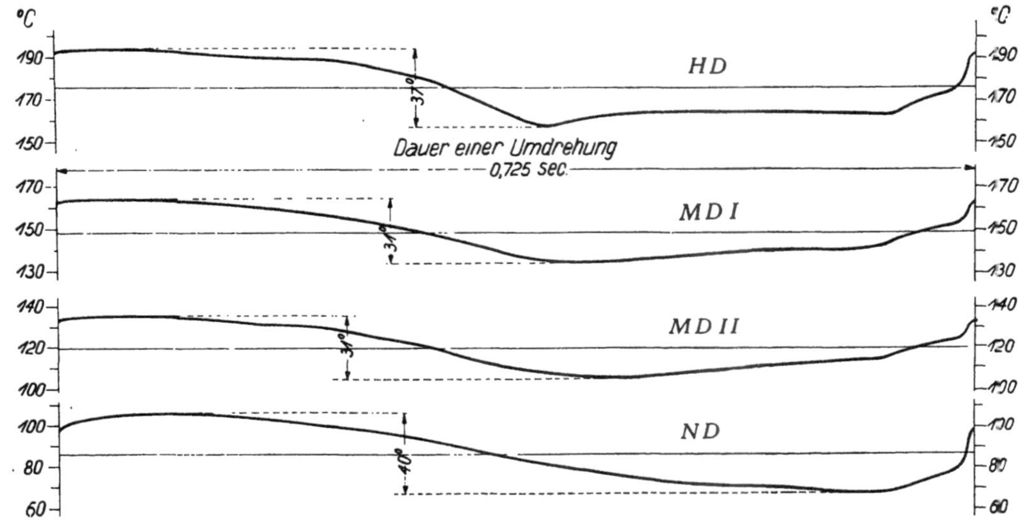

Abb. 24.

schine hat; vgl. Abb. 44, welche das Diagramm einer Dampfpumpe darstellt, sowie die Diagramme Abb. 34 und 46 ausgeführter Compoundmaschinen im Vergleich zu den Dreifach- und Vierfach-Expansionsmaschinen (Abb. 37 und 41). Bezeichnen wir den tatsächlich erreichten Endpunkt der Füllung mit b', so stellt die Fläche $b'\ b\ b_0\ b_0'$ die von den Wandungen dem Dampf entzogene Wärmemenge dar. Wie aus den vorerwähnten Abbildungen tatsächlicher Diagramme ersichtlich, handelt es sich um verhältnismäßig sehr beträchtliche Wärmemengen, welche von den Wandungen des schädlichen Raumes und der bis zum Beginn der Expansion vom Kolben freigelegten Zylinderwandung aufgenommen werden. Bei der Dampfpumpe (Abb. 44) sind es z. B. 17,5%, beim Hochdruckzylinder der Compoundmaschine (Abb. 34) 16% der zur Erzeugung des eintretenden Dampfes insgesamt aufgewendeten Wärmemenge.

Der endgültige Verlust an Arbeitsleistung infolge der Eintrittskondensation läßt sich nur im Zusammenhang mit der Betrachtung des Expansionsverlaufes angeben; würde dieser ohne Wärmeabgabe oder -aufnahme, also adiabatisch nach der Linie $b'c'$, erfolgen, so würde dieser Verlust durch die Fläche $b'\ b\ c\ c'$ dargestellt werden.

Es zeigt sich bei näherer Betrachtung, daß, wie ja auch zu erwarten ist, praktisch nur eine verhältnismäßig dünne Schicht der Oberflächen an der Wärmefluktuation teilnehmen kann. Über die tatsächlich in den Wänden sich abspielenden Vorgänge sind eingehende theoretische Untersuchungen angestellt worden[1]), doch führen dieselben

[1]) Vergl. z. B. Kirsch „Bewegung der Wärme in den Zylinderwandungen der Dampfmaschine“.

zu so komplizierten Rechnungen, daß für die Praxis hiervon kaum jemals Gebrauch gemacht worden ist. Es soll daher hier auf diese Materie nicht näher eingegangen werden; um aber nicht ganz an diesem Problem, welches in der technischen Literatur vielfach behandelt worden ist, vorüberzugehen, sind im Anhang die Grundlagen dieser theoretischen Betrachtungen wiedergegeben.

Zu b): Die Wärmemenge, welche von den Wandungen aufgenommen wird, kehrt zum Teil wieder in den im Innern des Zylinders arbeitenden bzw. durch die Dampf-

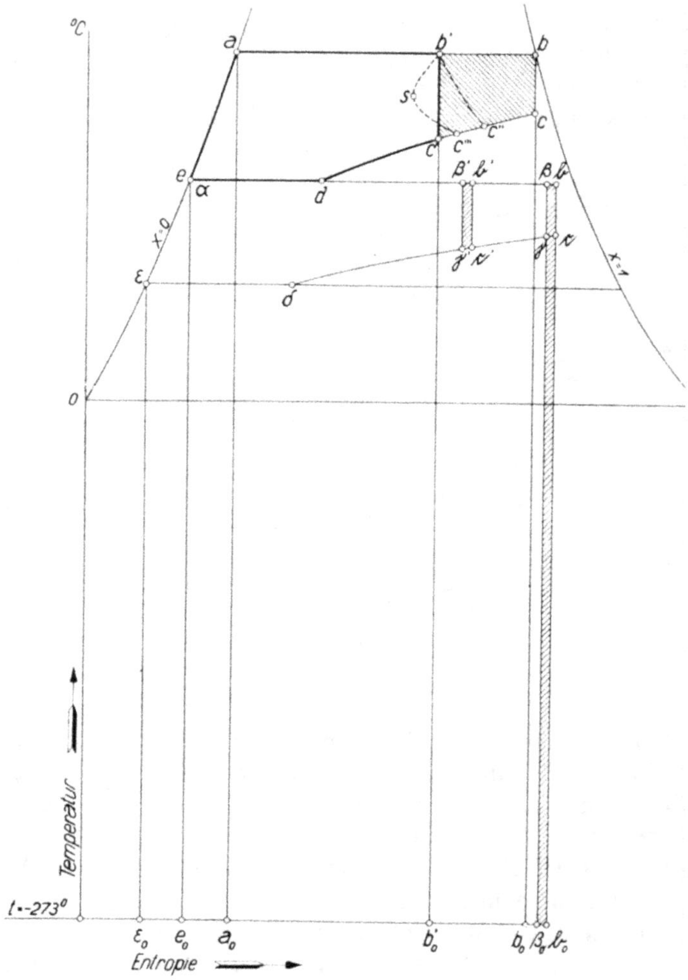

Abb. 25.

kanäle zwischen Schieberspiegel und Zylinder austretenden Dampf zurück, während der Rest ganz durch die Wand hindurchwandert und sich durch Leitung und Strahlung der den Zylinderkomplex umgebenden Luft mitteilt. Da die Zylindermäntel und Deckel sowie die Kanalwände im allgemeinen sorgfältig isoliert sind, stellt sich die Temperatur an der Außenseite der Wand nicht viel niedriger ein als die mittlere Temperatur an der Innenseite derselben, und es fließt nur ein sehr schwacher Wärmestrom nach außen; überschlägliche Rechnungen ergeben denn auch, daß nur ein verschwindender Bruchteil der Wärme nach außen abwandert, so daß also praktisch die gesamte den Wandungen mitgeteilte Wärme in den Dampf zurückkehrt. Auch hierüber ist Näheres in vorerwähntem Anhang zu finden.

Zu c): Das Wärmediagramm gibt auch ein Mittel an die Hand, wenigstens schätzungsweise ein Bild über die Wiederausnutzung der aus den Wandungen in den Dampf zurückgetretenen Wärmemenge zu entwerfen. Über die Frage, inwieweit zunächst diese Wiedergewinnung noch während der Expansion in dem betrachteten Zylinder selbst eintritt, gibt der Verlauf der Expansionslinie einen gewissen Aufschluß. Setzt das Zurückströmen der Wandwärme bereits mit Beginn der Expansion, also in b' (Abb. 25) ein, so wird diese Linie, statt adiabatisch nach c', unter Wärmezufuhr nach c'' hin verlaufen, so daß also von dem dem Eintrittsverlust entsprechenden Wärme- bzw. Arbeitsverlust $b'\,b\,c\,c'$ das kleine Stück $b'\,c''\,c'$ wiedergewonnen wird. Geht jedoch noch während eines Teils der Expansionsperiode Wärme in die Wandungen über, so verläuft auch der Beginn der Expansionsperiode etwa von b' bis s unter Wärmeverlust des Dampfes an die Wand, während erst von s ab bis c''' Wärmezufuhr stattfindet. In diesem Fall geht der ganze der Wärmemenge $b'bcc'''s$ entsprechende Arbeitsbetrag für diesen Zylinder verloren; je nach der Lage von s und c''' ist dieser Betrag kleiner oder größer als der bei adiabatischer Expansion $b'c'$ sich ergebende Verlust.

Abb. 25 veranschaulicht auch, von welcher Größenordnung etwa der aus der Wiederausnutzung der Verlustwärme für den Prozeß in der nächsten Expansionsstufe sich ergebende Gewinn sein kann. Die Verlustwärme $b'bcc'$ erhöht die spezifische Dampfmenge am Ende der Admissionsperiode des folgenden Zylinders, indem das Ende der idealen Füllungsperiode in diesem Zylinder von β auf $\mathfrak{b}$ verschoben wird, vgl. hierzu § 20. In ähnlichem Maße wird sich das tatsächliche Ende der Füllung von β' auf $\mathfrak{b}'$ verschieben, so daß unter der vereinfachenden Annahme adiabatischer Expansion in dem betrachteten Zylinder die kleine schraffierte Fläche $\beta'\mathfrak{b}'\mathfrak{c}'\gamma'$ den in demselben erzielten Rückgewinn aus der Verlustwärme $b\,b'\,c'\,c$ des ersten Zylinders darstellt. Da unsere Abb. 25 den bei Schiffsmaschinen etwa in Frage kommenden Verhältnissen Rechnung trägt, gibt sie ein Bild der zu erwartenden Größenordnung für genannten Rückgewinn und zeigt, daß derselbe ziemlich unbedeutend ist.

Zu bemerken ist noch, daß bei Schiffsmaschinen infolge des sehr geringen Expansionsgrades in den einzelnen Zylindern der Verlauf der Expansionskurve im Wärmediagramm $b'\,c'$ bzw. $b'\,s\,c'''$ fast niemals in der in Abb. 25 angedeuteten typischen Form hervortritt, wie dies auch eine Betrachtung der Wärmediagramme ausgeführter Schiffsmaschinen § 23 bis 26 lehrt.

Bei stationären Maschinen, bei welchen der Expansionsgrad in den einzelnen Zylindern verhältnismäßig groß ist, finden sich diese typischen Expansionslinien im Wärmediagramm nach Art der Kurve $b'\,s\,c'''$ häufiger; vgl. hierzu das Wärmediagramm einer Compoundmaschine von 250 PS[1]) in Abb. 52.

Es muß noch besonders hervorgehoben werden, daß selbstverständlich auch andere Einflüsse den Verlauf der Expansionskurven im Wärmediagramm in ähnlicher Weise beeinflussen können, wie das Zurücktreten von Wandungswärme an den Dampf. Zu solchen Einflüssen gehört insbesondere die Heizung des betreffenden Zylinders durch den Dampfmantel, vgl. § 17, wie dies z. B. in Abb. 39 bei einer dreizylindrigen stationären Maschine der Fall ist. Ferner gehören hierzu die Undichtigkeiten der Kolben und Schieber usw., vgl. § 19.

§ 15. **Ventilsteuerung.** Der für die Wirtschaftlichkeit ungünstige Einfluß der Wandwirkung hat im Landmaschinenbau seinerzeit dazu geführt, die Schiebersteuerungen im allgemeinen zu verlassen und sich der Ventilsteuerung zuzuwenden. Die Ventilsteuerung gestattet eine sehr weitgehende Reduktion des Volumens und der Oberflächen der schädlichen Räume (vgl. § 14), ferner die Verwendung besonderer Kanäle

[1]) Entnommen dem Aufsatz von M. Schröter und Dr. ing. A. Koob in der Z. d. V. d. I. 1903 „Untersuchung einer von Van den Kerchove in Gent gebauten Tandemmaschine von 250 PS".

für den Einlaß und für den Auslaß, was weiterhin zur Verringerung des schädlichen Wandeinflusses beiträgt; außerdem, namentlich bei Verwendung von Doppelsitzventilen, ein sehr exaktes und rasches Öffnen und Schließen der Dampfwege. Trotzdem hat sich die Ventilmaschine im Schiffbau nicht eingebürgert, da ihre Betriebssicherheit derjenigen der robusten Schiebermaschine nicht gleichwertig ist. Die Ventile selbst geben leicht Anlaß zu Schwierigkeiten, auch lassen sich namentlich die großen Auslaßventile schwer unterbringen (vgl. hierzu § 188, in welchem die Konstruktion einer Schiffs-Ventilmaschine beschrieben, ferner § 25 und § 31, in welchen Diagramme ausgeführter Landmaschinen mit Ventilsteuerung zwecks Vergleich mit der Schiffsmaschinenpraxis untersucht sind).

§ 16. **Die Schmidsche bzw. Stumpfsche Gleichstrommaschine**[1]**).** Dieselbe ist eine Ventilmaschine, bei welcher statt der Auslaßventile vom Arbeitskolben gesteuerte Auslaßschlitze im Zylinder vorgesehen sind. Bei der doppelt wirkenden Stumpfschen Bauart bewegt sich der Dampf von den Einlaßventilen an beiden Enden des Zylinders nach den Schlitzen in der Mitte desselben, so daß also die Enden des Zylinders und die Einlaßorgane nicht von dem austretenden abgekühlten Dampf umspült werden, während die in der Mitte gelegenen Auslaßkanäle nicht mit dem einströmenden heißen, sondern überhaupt nur mit kühlerem Dampf in Berührung kommen.

Bei einfach wirkenden Maschinen Schmidscher Bauart sind nur am oberen Zylinderende Einlaßventile vorgesehen, während sich die Auslaßschlitze am unteren Zylinderende befinden.

Der Zweck der Gleichstrombauart ist demnach, die Wandwirkung in so weitem Umfange zu verringern, daß die Maschine nur mit Expansion in einem einzigen Zylinder zu arbeiten braucht. Bei größeren Leistungen werden mehrere ganz gleiche Zylinder nebeneinander angeordnet, welche alle mit Hochdruckdampf beschickt werden. Wenn auch die diesem System zugrunde liegende Idee als thermisch richtig zu bezeichnen ist, so war die Maschine doch bisher nicht imstande, im Schiffsbetrieb der Mehrfach-Expansionsmaschine erfolgreich Konkurrenz zu machen. Einerseits treten nämlich infolge des durch die Einzylinderbauart bedingten verhältnismäßig kleinen Füllungsgrades und der Temperaturschwankungen, welchen die Einlaßenden ausgesetzt sind, doch noch recht erhebliche Wandverluste in den Zylindern ein, anderseits bringt die Ausbildung jeden Zylinders als Hochdruckzylinder, dessen Durchmesser sich nach der Gesamt-Expansion bestimmt, große Kolbendrücke, große Gestängegewichte und Unzuträglichkeiten bei der Abdichtung der Zylinderdeckel und -böden mit sich; die doppelt wirkende Bauart bedingt außerdem die Verwendung eines sehr langen Kolbens und damit eine größere Bauhöhe als bei normalen Schiffsmaschinen (vgl. hierzu § 186, enthaltend die Beschreibung einer ausgeführten Maschine, § 18 und § 27 Untersuchung von Diagrammen einer solchen).

§ 17. **Einfluß des Dampfmantels.** Die viel umstrittene Frage der Nützlichkeit des Dampfmantels muß im Zusammenhang mit der Wechselwirkung zwischen Dampf und Wandungen behandelt werden. Wenn auch Erörterungen über diesen Punkt in der älteren Dampfmaschinenliteratur einen sehr breiten Raum einnehmen, so muß hier vorweggenommen werden, daß, gute Isolation der Dampfzylinder vorausgesetzt, eine Erhöhung der Ökonomie durch Anordnung von Dampfmänteln wohl kaum einwandfrei nachgewiesen werden konnte. Wenn man auch heutigen Tages bei Schiffsmaschinen

[1]) Vgl. J. Stumpf „Die Gleichstromdampfmaschine", Jahrbuch der Schiffbautechnischen Gesellschaft, Jahrg. 1910, S. 93 und „Die weitere Entwicklung auf dem Gebiete des Gleichstromdampfmaschinenbaues", Jahrg. 1911, S. 89.

Vgl. Karl Schmid „Bestrebungen zur Vereinfachung des Dampfmaschinenbaues", Jahrbuch der Schiffbautechnischen Gesellschaft, Jahrg. 1915, S. 442.

noch sehr häufig doppelwandige Zylinder (d. h. Zylinder mit eingesetzten Laufbuchsen) ausführt, so geschieht dies vielfach entweder mit Rücksicht auf die Möglichkeit, ein sachgemäßes Anwärmen der großen Zylinderkomplexe durch Heizung des Mantels zu bewerkstelligen oder aber um die eigentliche Lauffläche der Zylinder bei stärkerer Abnutzung leicht auswechseln zu können. Dies vorausgeschickt, läßt sich vom wärmetechnischen Standpunkt über die Mantelheizung das Folgende aussprechen:

Wird die Lauffläche des Zylinders von außen geheizt, so läßt sich die mittlere Temperatur derselben soweit heben, daß eine Wärmeabgabe seitens des Arbeitsdampfes an die Zylinderlauffläche bzw. auch an den Deckel — vorausgesetzt, daß auch dieser geheizt ist — kaum oder in wesentlich geringerem Umfange als sonst in Frage kommt. Demgegenüber steht als Verlustquelle:

1. Die Heizung des Arbeitsdampfes während der Expansions- und Ausströmperiode, wodurch, abgesehen von einem geringfügigen Gewinn an Arbeitsleistung während der ersteren Periode, Wärme ungenutzt von einem höheren auf ein tieferes Niveau herabsinkt und, wenn es sich um einen Niederdruckzylinder handelt, direkt in den Kondensator übergeführt wird; auch wenn es sich um einen Hochdruck- oder Mitteldruckzylinder handelt, wird der in demselben infolge der Mantelheizung entstandene Verlust an Wärmegefälle durch die Wiederausnutzung im nächsten Zylinder nicht ganz aufgehoben.

2. In der Regel wird die ausstrahlende Fläche durch die Anordnung der Mäntel vergrößert und, wenn mit hochgespanntem Dampf geheizt wird, die Vorbedingung zu stärkerem Wärmeverlust im Mantel durch Strahlung und Leitung geschaffen.

Es ist einleuchtend, daß bei diesen einander gegenüberstehenden Vorteilen und Nachteilen der schließliche Effekt der Mantelheizung im allgemeinen annähernd mit Null bewertet werden muß, wenn auch je nach dem Füllungsgrad der Maschine und der Wahl der Spannung des Heizdampfes einmal mit kleinem Gewinn, das andere Mal mit kleinem Verlust durch den Dampfmantel zu rechnen sein mag.

§ 18. **Die Expansionskurve der Dampfmaschine.** Man hat sich vielfach damit beschäftigt, festzustellen, nach welcher Kurve die Expansion des Dampfes im Druckvolumendiagramm tatsächlich erfolgt. Wegen des Einflusses der Zylinderwände weicht diese Kurve von der theoretisch zu erwartenden Adiabate ab, und da diese Einflüsse ganz von den Eigenheiten der Maschine (Kolbengeschwindigkeit, Größe der schädlichen Räume usw.) abhängen, kann die Kurve nicht in allen Fällen gleichartig verlaufen. Im allgemeinen wird sie als Polytrope (vgl. Anh. I § 12) von der Form $pv^n = \text{const.}$ betrachtet; es hat sich bei Landmaschinen für Naßdampf herausgestellt, daß der Exponent n in der Mehrzahl der Fälle annähernd gleich 1 gesetzt werden kann, so daß sich als sog. Polytrope der Expansion eine gleichseitige Hyperbel ergibt.

Da der Exponent n der Adiabate für Naßdampf ($x \sim 0{,}97$), zu ca. $n = 1{,}1$ angenommen werden kann, während sich derjenige der Grenzkurve zu annähernd $n = 1{,}066$ ergibt, würde dem Exponenten $n = 1$ eine Expansionslinie entsprechen, welche — falls der Anfangszustand der Expansion keine zu große Feuchtigkeit aufweist — vom Gebiet des Sattdampfes in das der Überhitzung führt. Bei den Schiffsmaschinen, welche mit Naßdampf arbeiten, besitzt der Dampf bei Beginn der Expansion meist eine nicht unerhebliche durchschnittliche Feuchtigkeit, so daß die Expansionslinie ganz im Sattdampfgebiet bleibt, wenn sie auch, wie aus den Wärmediagrammen (Abb. 34, 41 und 43) deutlich hervorgeht, unter Wärmezufuhr (schräg von links oben nach rechts unten) verläuft. Die Schräge dieser Linie hängt selbstverständlich von den verschiedenen Faktoren ab, über welche bereits bei der Behandlung des Wandungseinflusses gesprochen wurde, namentlich also auch von dem Vorhandensein eines Dampfmantels und der Art der Heizung desselben.

Bei den großen Füllungen, welche bei Schiffsmaschinen üblich sind, ist, wie bereits früher erwähnt, im übrigen die Expansionsstrecke so kurz, daß die Feststellung dieses Exponenten praktisch fast bedeutungslos wird; die gleichseitige Hyperbel als Expansionslinie hat hier eigentlich nur deswegen ein gewisses Interesse, weil sie der Bequemlichkeit ihrer Konstruktion halber für überschlägliche Berechnungen häufig als Grundlage gedient hat (vgl. § 13 und 42).

Es muß hier noch bemerkt werden, daß, wenn sich auch die Expansionslinien der einzelnen Zylinder einer Schiffsmaschine einigermaßen der gleichseitigen Hyperbel anschließen mögen, diese Kurve gar nicht in Einklang zu bringen ist mit dem gesamten Verlauf der Expansion in allen Zylindern zusammengenommen, wie dies aus den zusammengelegten Diagrammen (z. B. Abb. 21) hervorgeht. Wesentlich besser würde sich hier die Adiabate den tatsächlichen Verhältnissen anschließen, was auch schon daraus hervorgeht, daß die Expansionsstrecken der einzelnen Zylinder in den Wärmediagrammen (vgl. z. B. Abb. 37 für eine Dreifachexpansionsmaschine) annähernd auf einer vertikalen Linie liegen.

Bei Betrieb mit überhitztem Dampf weisen nach den an stationären Dampfmaschinen gesammelten Erfahrungen die Expansionskurven, je nach dem Expansionsgrad und der Höhe der Überhitzung, einen Exponenten $n = 1{,}05$ bis $1{,}25$ auf. Im Vergleich hierzu beträgt der Exponent der Adiabate im Überhitzungsgebiet etwa $n = 1{,}33$, und ist bei Adiabaten, die aus letzterem Gebiet in dasjenige des Naßdampfes führen, entsprechend niedriger.

Als Beispiel für die Ermittelung des Exponenten der Expansionskurve einer Schiffsmaschine soll die Untersuchung des Diagrammes einer Stumpfschen Gleichstrommaschine dienen. Dieselbe arbeitete bei dem betreffenden Versuch zwar mit geringer Überhitzung (vor der Maschine $p = 11{,}9$ at. Überdruck und 212° Dampftemperatur), jedoch weist der Dampf im Zylinder beim Beginn der Expansion, wie aus der in Abb. 42 und 43 durchgeführten Übertragung in das Wärmediagramm hervorgeht, einen ziemlich erheblichen Feuchtigkeitsgehalt auf ($p = 10{,}2$ at. Überdruck, $x = 0{,}705$).

Das in Abb. 26 dargestellte Diagramm entspricht dem Mittel der Diagramme von der Deckel- und Bodenseite. Die bei der Untersuchung der Expansions- und Kompressionskurve in Frage kommenden Volumina sind zuzüglich des schädlichen Raumes zu rechnen, welcher in der Abb. 26 vom linken Totpunkt aus nach links eingetragen ist.

Die Ermittelung des Exponenten wird mittels des Brauerschen Verfahrens, vgl. Anh. I, § 13, durchgeführt. Es sei A der Expansionsbeginn, B das Expansionsende, B' ein beliebiger dazwischenliegender Punkt. Zuerst werde der Exponent der Polytrope der gesamten Expansion von A bis B bestimmt. Man macht $V_0 V_1 = V_0 a$, dann ist $V_0 O a$ der in Anh. I, Abb. 2, mit α bezeichnete Winkel; ferner macht man $P_1 P_0 = P_1 b$ und erhält in $P_1 O b$ den Winkel β. Die Tangenten dieser Winkel lassen sich ohne weiteres aus der Abbildung abgreifen. Es ergibt sich $\operatorname{tg} \alpha = 4{,}57$ und $\operatorname{tg} \beta = 4{,}72$. Der Exponent der durch die Punkte A und B bestimmten Polytrope ergibt sich dann zu

$$n = \frac{\log (1 + \operatorname{tg} \beta)}{\log (1 + \operatorname{tg} \alpha)} = 0{,}968.$$

Um festzustellen, ob der Exponent der Polytrope während des ganzen Expansionsbereichs ungefähr der gleiche bleibt, wird das nämliche Verfahren auch für den beliebig gewählten Zwischenpunkt B' durchgeführt. Die entsprechenden Winkel sind α' und β', deren Tangenten sich zu 2,045 bzw. 1,905 ergeben. Der Exponent der durch die Punkte A und B' bestimmten Polytrope ergibt sich hieraus zu $n' = 0{,}958$ in ziemlich guter Übereinstimmung mit dem oben gefundenen Wert von n; es kommt also die Expansionslinie in ihrem ganzen Bereich der Hyperbel $p \cdot v = \text{const}$ ziemlich nahe.

Da sich bei der Stumpfschen Gleichstrommaschine infolge des sehr hohen Kompressionsgrades eine sehr deutliche Kompressionskurve ergibt, kann hier auch für diesen Teil des Prozesses der Exponent der Polytrope ermittelt werden. In gleicher Weise, wie eben beschrieben, ergeben sich die Winkel α'' und β'', deren Tangenten 21,8 bzw. 32,7 betragen, woraus für den ganzen Bereich der Kompression ein Exponent von 1,125 resultiert. Die Kompressionslinie stimmt also mit der Adiabate für Sattdampf ziemlich genau überein.

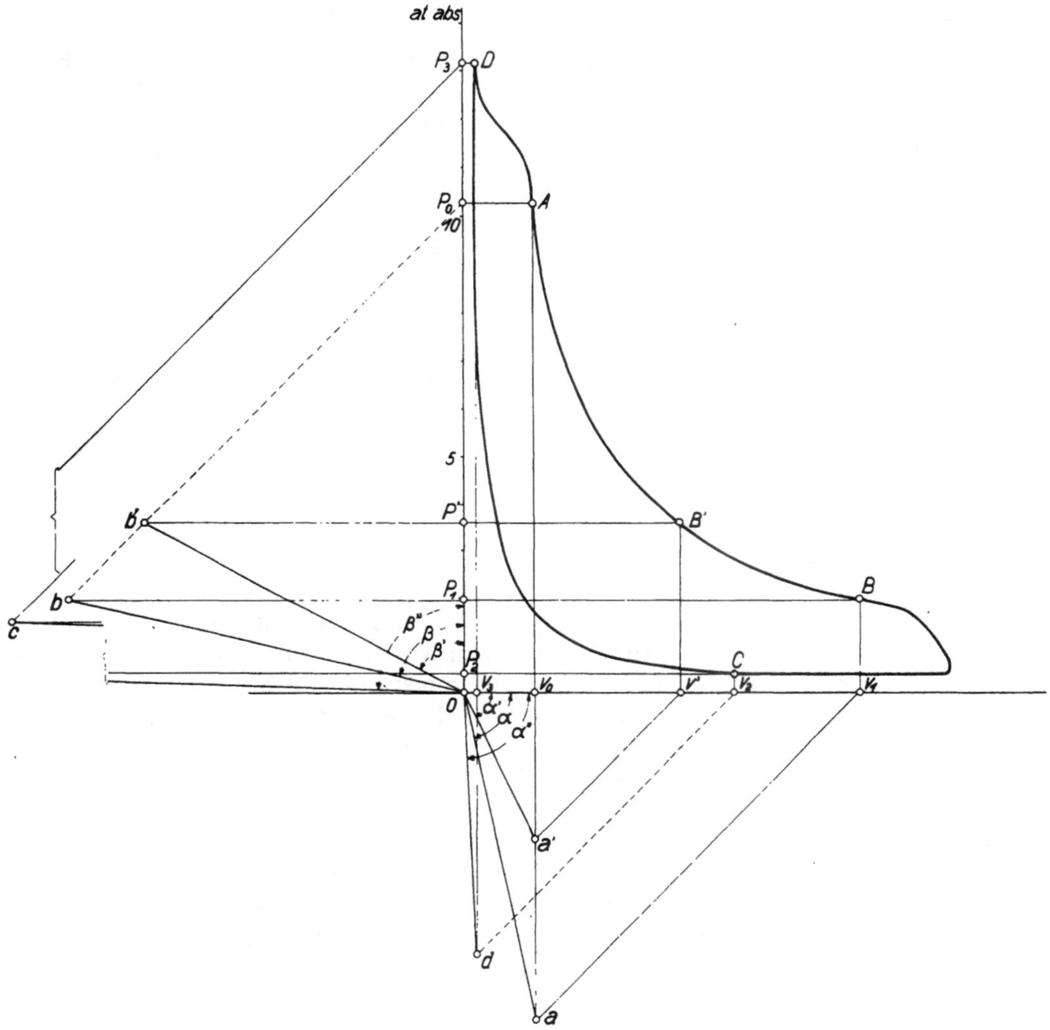

Abb. 26.

§ 19. **Über den Einfluß von Undichtigkeiten.** Die vorkommenden Undichtigkeiten sind in der Hauptsache die folgenden:

1. Der Schieber ist auf der Einströmseite undicht.
2. Der Schieber ist auf der Ausströmseite undicht.
3. Der Dampfkolben ist undicht.
4. Die Kolben- und Schieberstangen-Stopfbuchsen sind undicht.

Zu 1. Ist der Schieber auf der Eintrittsseite undicht, dann strömt nach dem Abschluß des Dampfkanals, also während der Expansion, infolge des Druckunterschiedes zwischen Schieberkasten und Dampfzylinder, eine gewisse Dampfmenge in den letzteren nach. Unmittelbar nach dem Abschluß des Dampfkanals wird die eintretende Leckdampfmenge sehr gering sein, während sie am Ende der Expansion einen Höchstwert erreichen wird. In dem sich ergebenden Indikatordiagramm wird also die Expansionslinie gegenüber dichtem Schieber in dem Maße höher liegen, als der Druck im Zylinder sinkt, am Ende der Expansion um den Betrag z (Abb. 27).

Die Gesamtdampfmenge, die sich dann im Zylinder befindet, wird angenähert im Verhältnis $\frac{p_2 + z}{p_2}$ größer sein als bei vollkommen dichtem Schieber.

Da der während der Expansionsperiode nachströmende Dampf an der Arbeitsleistung des betrachteten und der etwa nachfolgenden Zylinder teilnimmt, im ersteren allerdings nur mit recht unvollkommener Ausnutzung, so bedeutet dieser Leckdampf bei Hoch- bzw. Mitteldruckzylindern von Mehrfach-Expansionsmaschinen im allgemeinen keinen zu bedeutenden Verlust.

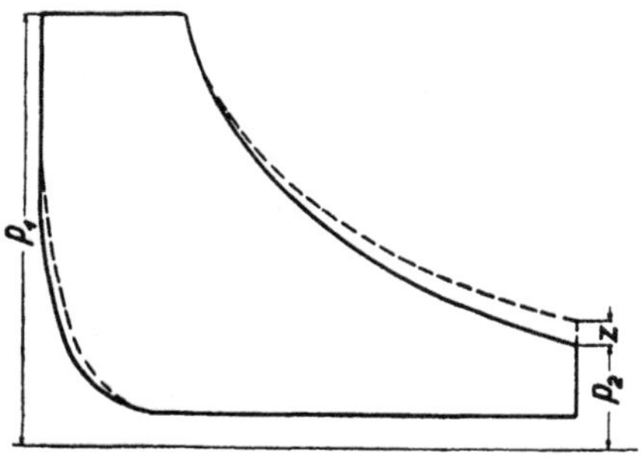

Abb. 27.

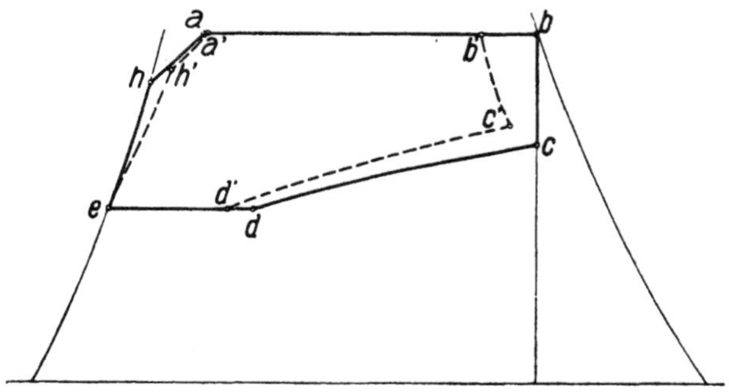

Abb. 28.

Während der Ausströmungsperiode strömt aber durch den undichten Schieber eine weitere Dampfmenge aus dem Einströmraum in den Ausströmraum über. Dieser Dampf geht mit dem ausströmenden Zylinderdampf zusammen ab und bedeutet einen vollen Verlust für den betreffenden Zylinder, der sich im Indikatordiagramm kaum kenntlich macht, falls er nicht verhältnismäßig sehr groß ist und die Dampfgeschwindigkeit im Auslaßkanal merklich erhöht; in diesem Falle würde die Ausströmlinie im Indikatordiagramm um einen gewissen Betrag höher liegen als bei normaler Dampfaustrittsgeschwindigkeit.

Da auch während der Kompression infolge der Druckdifferenz eine gewisse Leckdampfmenge in den Zylinder tritt, so muß die Kompressionslinie höher liegen als bei dichtem Schieber. Auch hier bedingt die Undichtheit einen gewissen Verlust, da Wärme unausgenutzt auf ein tieferes Temperaturniveau herabsinkt; derselbe wird jedoch im allgemeinen dadurch gemildert, daß eine entsprechend geringere Dampfmenge erforderlich ist, um nach Beendigung der Kompression den Druck im Zylinder auf denjenigen im Schieberkasten zu erhöhen.

In Abb. 28 ist zur Veranschaulichung der im hier behandelten Fall eintretenden Wärmeverluste ein schematisches Wärmediagramm entworfen. Die Fläche *ehabcd* stellt genau wie in Abb. 12 (vgl. § 6) den Prozeß einer Maschine mit schädlichem Raum und unvollständiger Expansion, im übrigen jedoch ohne Verluste dar, die Fläche *eh' a' b' c' d'* den Prozeß bei Undichtheit des Schiebers auf der Eintrittsseite, und zwar sind, um einen richtigen Vergleich zu ermöglichen, beide Diagramme auf 1 kg des von dem betreffenden Zylinder insgesamt verbrauchten Dampfquantums bezogen. Dementsprechend ist der Expansionsbeginn *b'* gegenüber *b* nach links verschoben. Die Expansionslinie *b' c'* verläuft unter Wärmezufuhr schräg nach rechts und erreicht bereits bei höherem Druck als bei dichtem Schieber ihr Ende. Die dem Auspuff am Hubende entsprechende Linie

$c'd'$ ist ebenfalls höher als die entsprechende Linie cd. Die Ausschublinie $d'e$ verläuft gemäß der oben gemachten Annahme über den Gegendruck im Zylinder wie bei der Maschine mit dichtem Schieber. Dagegen liegt die Kompression eh' entsprechend der größeren Wärmezufuhr tiefer als eh, während das Auffüllen des schädlichen Raumes erst bei höherem Druck (in h') beginnt.

Zu 2. Ist der Schieber auf der Austrittsseite undicht, dann tritt schon während der Füllungsperiode entsprechend der Druckdifferenz Dampf unmittelbar in den Austrittskanal. Die Admissionslinie des theoretischen Diagrammes erfährt hierbei aber praktisch keine Änderung.

Nach Beginn der Expansion tritt weiterhin Dampf aus dem Zylinder nach dem Ausströmkanal aus, und zwar anfangs mehr wegen der größeren Druckdifferenz, gegen Ende des Hubes weniger. Die Expansionslinie muß daher unterhalb der theoretischen Expansionslinie liegen, wie in Abb. 29 dargestellt.

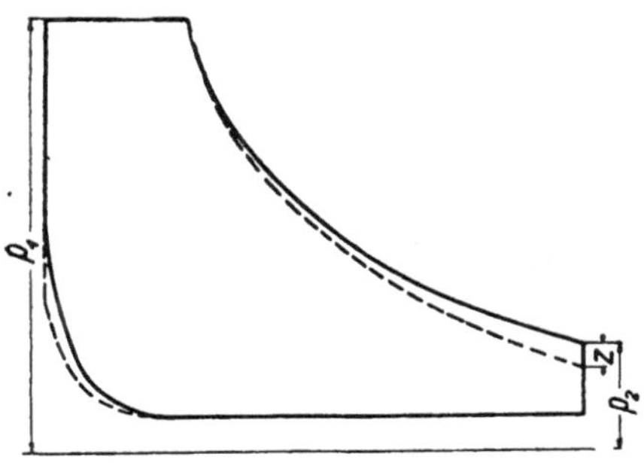

Abb. 29.

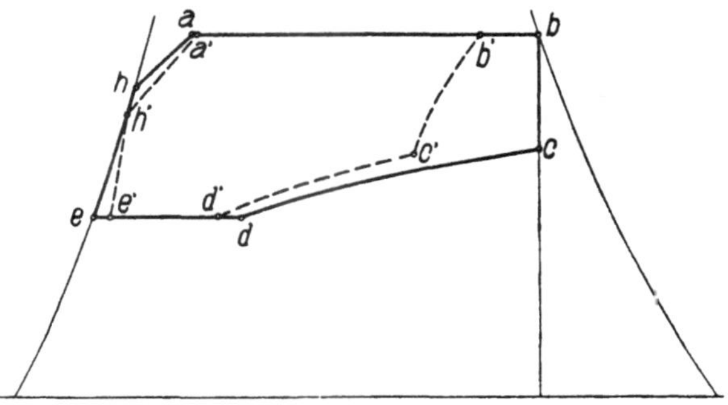

Abb. 30.

Das Verhältnis der am Ende der Expansion im Zylinder enthaltenen Dampfmenge zu derjenigen, welche bei dichtem Schieber vorhanden sein müßte, ist hier angenähert $\frac{p_2 - z}{p_2}$.

Auf den Druck während der Ausströmperiode hat diese Undichtheit keinen Einfluß, während die Kompressionslinie tiefer zu liegen kommt als die theoretische Linie, weil ein Teil des Dampfes aus dem Zylinder nach dem Ausströmkanal abströmt.

Der während der Füllung entwichene Dampf ist für die Leistung des betreffenden Zylinders ganz, der während der Expansion austretende Leckdampf teilweise verloren.

Auch der während der Kompression entweichende Dampf bedeutet einen Verlust infolge des Herabsinkens auf ein niedrigeres Temperaturniveau ohne Arbeitsleistung. Die Leistung des Zylinders wird allerdings infolge der Verringerung der Kompression vergrößert; jedoch ist ein entsprechend größeres Frischdampfquantum für das Auffüllen des schädlichen Raumes aufzuwenden.

Abb. 30 zeigt in schematischer Form, welche Gestalt das Wärmediagramm in dem hier betrachteten Fall der Undichtigkeit im Vergleich zu dem der dichten Maschine annimmt, und zwar ist wiederum letzteres Diagramm, wie in Abb. 28, durch die Fläche $ehabcd$ dargestellt, dasjenige der Maschine mit undichtem Schieber durch die Fläche $e'h'a'b'c'd'$, welche beide auf 1 kg des von dem betreffenden Zylinder insgesamt verbrauchten Dampfquantums bezogen sind; der Expansionsbeginn b' ist auch hier gegenüber b nach links verschoben, die Expansionslinie verläuft unter (scheinbarer) Wärmeabgabe schräg von rechts oben nach links unten. Der Enddruck bei c' ist niedriger als bei c, während die Auspufflinie $c'd'$ insgesamt höher liegt als cd. Die Kompressionslinie $e'h'$ zeigt eine geringere (scheinbare) Wärmeaufnahme als bei dichter Maschine, verläuft also steiler als eh. Der Endpunkt h' der Kompression muß dabei auf der Flüssigkeitsgrenzkurve für den Frischdampf liegen, da sich in diesem Punkt in dem Kompressionsraum nur die Restdampfmenge befindet.

Zu 3. Ist der Kolben undicht, dann wird schon während der Einströmperiode eine dem Druckunterschied entsprechende Dampfmenge nach der anderen mit dem Auslaß in Verbindung stehenden Kolbenseite hin entweichen. Die Einströmlinie wird trotzdem unverändert bleiben, weil eine gleich große Dampfmenge durch den offenen Dampfkanal ohne weiteres nachströmen kann, nur bei ganz undichtem Kolben — etwaiger Zerstörung der ganzen Kolbenliderung — würde sich die Einströmlinie senken.

Nach dem Beginn der Expansion geht zunächst eine weitere Dampfmenge verloren, so daß die wirkliche Expansionslinie tiefer als die theoretische liegen muß. In dem Augenblick, in welchem in dem Raum hinter dem Kolben der Druck infolge der Kompression den Druck der Expansion vor dem Kolben übersteigt, kehrt sich der Vorgang um und es tritt Dampf aus dem Kompressionsraum in den Expansionsraum über, was zur Folge hat, daß der Druck im letzten Teil der Expansion langsam sinkt.

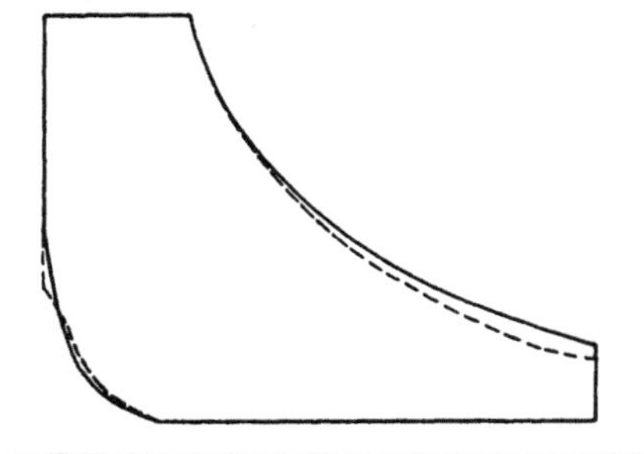

Abb. 31.

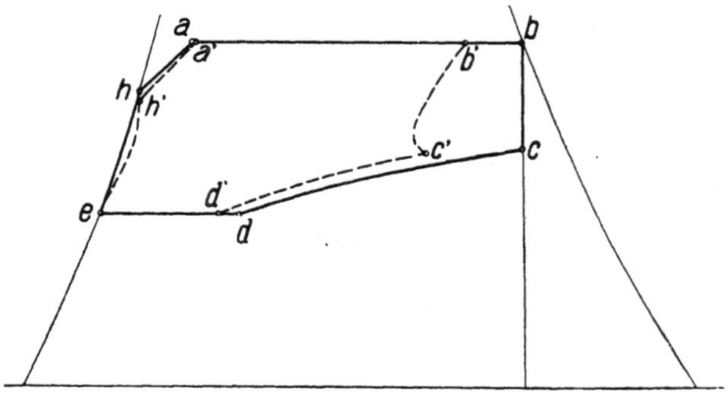

Abb. 32.

Die Austrittslinie des Diagramms erfährt, solange die Undichtheit in mäßigen Grenzen bleibt, keine Änderung.

Nach Beginn der Kompression strömt, ebenso wie während der ganzen Auslaßperiode, zunächst noch Dampf von der anderen Zylinderseite über, während im letzten Teil der Kompression das Umgekehrte der Fall ist; im ganzen genommen liegt die Kompressionslinie im Anfang höher als bei dichter Maschine und nähert sich dieser hierauf wieder mehr; je nach den Verhältnissen wird sogar der Enddruck tiefer als bei dichter Maschine sein.

Aus vorstehendem folgt, daß das Dampfdiagramm durch einen undichten Kolben angenähert in derselben Weise beeinflußt wird, wie dies bei einem nach der Ausströmseite hin undichten Schieber der Fall ist; Abb. 31 veranschaulicht die Verhältnisse im schematischen Indikator, und Abb. 32 im schematischen Wärmediagramm. Die Expansionslinie zeigt in letzterem zunächst scheinbare Wärmeabgabe und im letzten Ende scheinbare Wärmezufuhr; die Kompressionslinie zunächst größere und gegen das Ende zu kleinere Wärmezufuhr als bei dichtem Kolben.

Zu 4. Wenn Undichtigkeiten von Stopfbuchsen vorhanden sind, wird Dampf aus dem betr. Zylinder bzw. Schieberkasten ins Freie ausströmen, solange in dem betr. Raum Überdruck herrscht; dieser Dampf ist unter allen Umständen verloren. Herrscht in dem betreffenden Raum aber Unterdruck, so wird Luft eingesaugt und das Vakuum verschlechtert bzw. der Leistungsbedarf der Luftpumpe gesteigert, was immer einen gewissen Verlust bedeutet.

Zu vorstehenden Ausführungen ist noch zu bemerken, daß die angegebenen Verluste sich bei Mehrfach-Expansionsmaschinen in dem Maße verringern, als die in einem

Zylinder durch Lässigkeitsverlust verloren gehende Dampfmenge in den folgenden Zylindern teilweise weiter ausgenutzt wird.

Treten zwei Arten von Undichtheiten gleichzeitig auf, dann werden sich natürlich die Einflüsse beider in gewisser Weise summieren und das Diagramm mehr oder weniger beeinflussen.

Ist sowohl der Kolben als auch der Schieber auf der Austrittsseite undicht, dann addieren sich die Verluste, und auch das Diagramm wird entsprechend größere Abweichungen von seiner richtigen Form aufweisen.

Ist aber z. B. der Schieber auf der Eintrittsseite und gleichzeitig der Kolben oder der Schieber auf der Austrittsseite undicht, dann kann unter Umständen der Fall eintreten, daß der Einfluß der einen Undichtigkeit den der andern mehr oder weniger aufhebt. Es würde dann das Indikatordiagramm keine oder nur unmerkliche Veränderungen aufweisen, trotzdem der Dampfverbrauch der Maschine im Vergleich zu demjenigen bei dichten Steuerungsorganen ein sehr schlechter geworden ist; ein Beweis mehr dafür, wie wenig das gute Aussehen eines Indikatordiagrammes gleichzeitig ein Kriterium für die Wirtschaftlichkeit der Maschine und wie wichtig die Heranziehung der Wärmediagramme zur Untersuchung dieser Verhältnisse ist.

§ 20. **Gegenseitige Abhängigkeit der einzelnen Verluste voneinander. Umwandlung der Verluste in Wärme.** Die in dem vorhergehenden Paragraphen behandelten einzelnen Verluste sind voneinander nicht unabhängig; vielmehr wird der Einfluß des einen häufig durch das Vorhandensein eines anderen mehr oder weniger abgeschwächt.

Das gilt z. B. von dem Verlust durch Drosselung am Austritt, welcher bei sehr unvollständiger Expansion einen geringeren Beitrag zu den Gesamtverlusten liefert als bei Maschinen mit sehr weit getriebener Expansion. Es geht hieraus hervor, daß der Konstrukteur der Maschine über diese Beziehungen völlig klar sein muß, um ohne Verschwendung von Raum und Gewicht auf die höchste erreichbare Ökonomie unter den gegebenen Verhältnissen hinwirken zu können.

Hierher gehört auch die Erwähnung des Umstandes, daß fast sämtliche Verluste, welche bei Mehrfach-Expansionsmaschinen in den Hoch- und Mitteldruckzylindern auftreten, zur Vermehrung der spezifischen Dampfmenge (ev. auch zur Überhitzung) des aus diesen Zylindern austretenden Dampfes beitragen und in den nachfolgenden Zylindern bis zu einem gewissen Grade wieder ausgenutzt werden können. Dies gilt sowohl von den Drosselungsverlusten beim Eintritt in den Zylinder, wie auch von den Wandungsverlusten und den Verlusten durch unvollständige Expansion (die Energie des mit hoher Geschwindigkeit aus dem Zylinder austretenden Dampfes setzt sich zunächst in Wirbelbewegungen um, welche nach vollständiger Dämpfung durch Reibungswiderstände den Wärmeinhalt des Dampfes erhöhten). Die Ausnutzung dieser dem nachfolgenden Zylinder zugute kommenden Wärme, welche im übrigen, vgl. § 14, in ihrem Wert nicht überschätzt werden darf, hängt ebenfalls von der Arbeitsweise der nachfolgenden Zylinder ab. Sie wird bei sehr weit getriebener Expansion in denselben größere Rückgewinne liefern, als wenn diese Zylinder, wie allerdings bei Schiffsmaschinen üblich ist, mit sehr großer Füllung arbeiten. Das Wärmediagramm einer Compoundmaschine (Abb. 34) zeigt schraffiert die Verluste, welche in den Zylindern durch Eintrittsdrosselung, Wandwirkung, unvollständige Expansion und Austrittsdrosselung, sowie durch etwa vorhandene Undichtigkeit entstehen. Die schraffierten Flächen stellen, im Wärmemaßstab gemessen, den Betrag der verlorengegangenen Wärmemengen dar. Unter der Voraussetzung, daß alle diese Verluste letzten Endes den Wärmeinhalt des Auspuffdampfes erhöhen, ist der Inhalt der schraffierten Flächen des *HD*-Zylinders dem Rechteck $f g h_0 d_0$ gleichzusetzen, welches zu der für den nachfolgenden Zylinder zur Verfügung stehenden Wärmemenge hinzuzuschlagen ist. Die Verlustwärme des *ND*-Zylinders, durch gekreuzte Schraffur gekennzeichnet, erhöht den Wärmeinhalt des Auspuffdampfes um das Rechteck $h i i_0 h_0$; sie wird somit direkt dem Kondensator zugeführt und ist also nicht weiter ausnutzbar. (Diese Darstellungsweise ist in Abb. 25 bei Besprechung der Wandwirkung bereits benutzt worden.)

§ 21. **Wirkungsgrade der Kolbenmaschine.** Bevor die im vorstehenden ganz allgemein angestellten Betrachtungen auf einzelne Beispiele ausgedehnt werden, ist es nützlich, die wesentlichsten Wirkungsgradbegriffe zusammenfassend zu erläutern.

Unter dem „thermodynamischen Wirkungsgrad eines Prozesses" ist allgemein das Verhältnis der bei diesem Prozeß in mechanische Arbeit verwandelten Wärme zu der im Brennstoff als Heizwert enthaltenen Wärmemenge verstanden. Bei der Betrachtung des gesamten Prozesses der Dampfmaschine für Schiffsantrieb

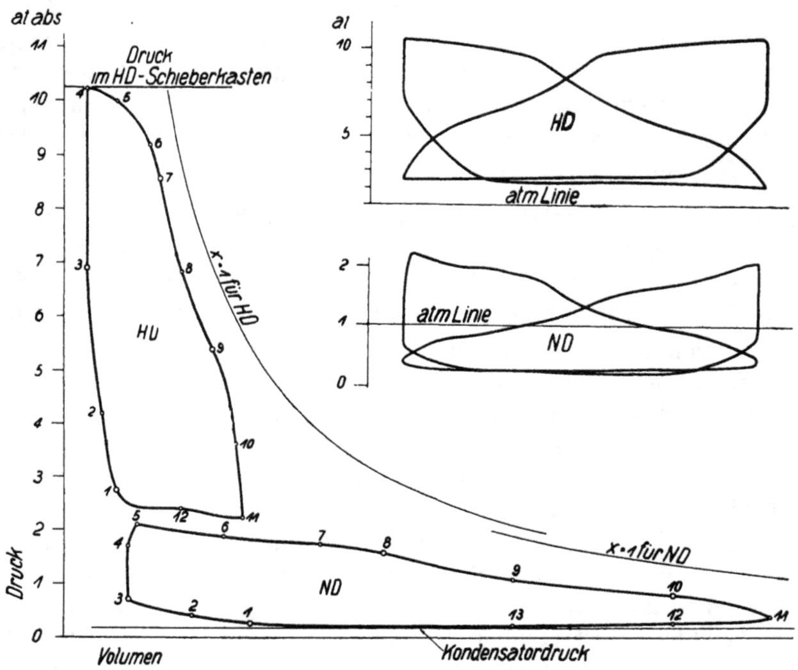

Abb. 33.

ist demnach zur Ermittelung des totalen thermodynamischen Wirkungsgrades das Wärmeequivalent der an die Schraube abgegebenen mechanischen Arbeit mit dem Heizwert des hierfür in der Dampferzeugungsanlage aufgewendeten Brennstoffes zu vergleichen. Da sich jedoch der vorliegende Abschnitt zunächst nur auf die wärmetheoretische Untersuchung des Arbeitsvorganges in der eigentlichen Dampfmaschine beschränkt, erscheint es geboten, von den Verlusten im Kessel und in der Rohrleitung im allgemeinen abzusehen und den thermodynamischen Wirkungsgrad einerseits auf die im Frischdampf enthaltene Wärmemenge, anderseits nicht auf die effektive Leistung an der Schraube, sondern auf die indizierte Leistung zu beziehen. Die genannte Wärmemenge ist dabei, falls nichts anderes bemerkt, unter der Annahme errechnet, daß die Speisewassertemperatur gleich der Sättigungstemperatur im Kondensator ist.

Der thermodynamische Wirkungsgrad eines theoretischen, d. h. verlustlosen Dampfmaschinenprozesses ist unter den obigen Voraussetzungen in Abb. 1 durch das Verhältnis der Flächen $eabc$ und $e_0 eabb_0$ gegeben; im folgenden ist dieses Verhältnis kurz als theoretischer Wirkungsgrad des Prozesses bezeichnet worden.

Unter dem „indizierten Wirkungsgrad" eines Dampfmaschinenprozesses versteht man das Verhältnis der indizierten Leistung zu der bei verlustloser Durchführung dieses Prozesses theoretisch erzielbaren. Der indizierte Wirkungsgrad ist somit ein Maßstab für die Beurteilung der im vorstehenden im einzelnen behandelten Verluste gegenüber dem theoretischen Prozeß.

Als „mechanischen Wirkungsgrad" bezeichnet man das Verhältnis der tatsächlich an die Propellerwelle abgegebenen zu der indizierten Leistung der Maschine. Näheres hierüber vgl. § 50.

§ 22. Nachdem nunmehr die Verlustquellen allgemein erörtert sind, sollen an Hand von Indikator- und Wärmediagrammen ausgeführter Anlagen verschiedene Schiffsmaschinensysteme hinsichtlich ihrer Wirtschaftlichkeit untersucht werden.

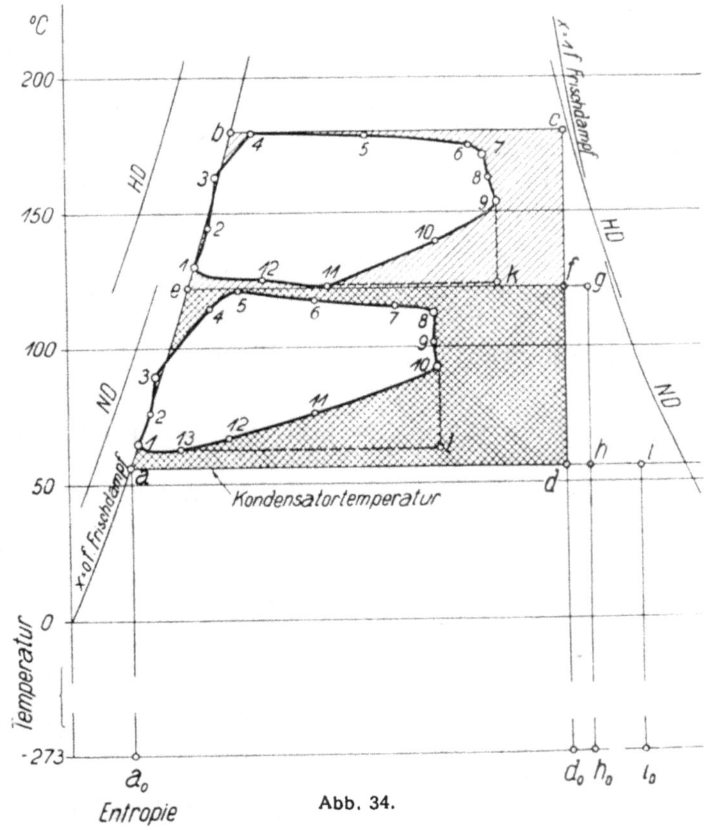

Abb. 34.

§ 23. **Übertragung des Indikatordiagrammes einer Compound-Schiffsmaschine mit Naßdampfbetrieb in das Wärmediagramm.** Vgl. hierzu Abb. 33 Indikatordiagramme und zusammengelegte Indikatordiagramme, Abb. 34 Wärmediagramme.

Es handelt sich um die Maschine eines Schleppers von folgenden Hauptabmessungen:

Zylinderdurchmesser	290 · 580 mm
Zylinderverhältnis	1 : 4
Füllung im *HD*-Zylinder	ca. 46%
Gesamtexpansion	8,7fach
Hub	328 mm
Schädliche Räume in % des Hubvolumens:	
HD-Zylinder	14
MD-Zylinder	—
ND-Zylinder	10

Kolbenstangendurchmesser:

HD- und *ND*-Zylinder oben	—
HD- und *ND*-Zylinder unten	64 mm
Kesselspannung	11 at. abs.
Druck im Schieberkasten (Naßdampf)	10,2 at. abs.
Kondensatorspannung	0,17 at. abs.
Gesamtleistung	131 PS_i
Umlaufzahl hierbei	150 pro min
Gemessene Dampfmenge pro Stunde	1077 kg
Gemessene Dampfmenge pro PS_i und Stunde	8,22 kg.

Wir stellen zunächst das Frischdampfquantum pro Hub und Zylinderseite fest. Dasselbe ist $G_f = \frac{1077}{60 \cdot 150 \cdot 2} = 0{,}05983$ kg; ferner ermitteln wir den Restdampf für den *HD*-Zylinder wie folgt: Der schädliche Raum des *HD*-Zylinders beträgt $\sigma = 14\%$ des Hubvolumens $V^h = 0{,}0211$ cbm. Beginn der Kompression bei $y_k = 19\%$ des Hubes, Druck in diesem Punkt (Punkt 1 des Diagrammes) $p_k = 2{,}8$ at. abs., spez. Volumen hierfür unter Annahme, daß $x = 1$, $v_s = 0{,}66$ cbm/kg. Somit

$$\text{Restdampfmenge } G_r^h = \frac{(y_k + \sigma) \cdot V^h}{100 \cdot v_s} = \frac{(19 + 14) \cdot 0{,}0211}{100 \cdot 0{,}66} = 0{,}01055 \text{ kg.}$$

Somit die Gesamtdampfmenge für eine *HD*-Zylinderseite

$$G^h = G_f + G_r^h = 0{,}07038 \text{ kg.}$$

Ebenso erhalten wir den Restdampf für den *ND*-Zylinder. Wir haben für denselben einen schädlichen Raum $\sigma = 10\%$ des Hubvolumens $V^n = 0{,}0861$ cbm. Beginn der Kompression bei $y_k = 19\%$ des Hubes, Druck hierfür $p_k = 0{,}25$ at. abs., spez. Volumen bei $x = 1$, $v_s = 6{,}3$ cbm/kg. Somit

$$\text{Restdampfmenge } G_r^n = \frac{(19 + 10) \cdot 0{,}0861}{100 \cdot 6{,}3} = 0{,}00397 \text{ kg}$$

und die Gesamtdampfmenge für eine *ND*-Zylinderseite

$$G^n = G_f + G_r^n = 0{,}06380 \text{ kg.}$$

Wir wählen nun sowohl im Diagramm des *HD*- wie des *ND*-Zylinders geeignete Punkte zur Übertragung in das Wärmediagramm aus, bezeichnen dieselben mit fortlaufenden Nummern (1 bis 12 für den *HD*-, 1 bis 13 für den *ND*-Zylinder) und stellen für jeden dieser Punkte die fiktive spez. Dampfmenge x fest, wie in § 6 beschrieben. Die zahlenmäßige Ausrechnung dieser Werte von x geschieht am besten mit Hilfe einer Tabelle wie folgt:

Punkt Nr.	*HD*-Zylinder							*ND*-Zylinder						
	y	$\sigma+y$	v	p	t	v_s	x	y	$\sigma+y$	v	p	t	v_s	x
1	19	33	0,099	2,8	130	0,66	0,15	19	29	0,391	0,25	64,5	6,3	0,062
2	10	24	0,072	4,2	144,5	0,45	0,16	10	20	0,27	0,41	76	3,97	0,068
3	—	14	0,042	6,9	163	0,282	0,149	—	10	0,135	0,70	89,5	2,405	0,0561
4	—	14	0,042	10,2	180	0,196	0,214	—	10	0,135	1,7	114,5	1,05	0,1285
5	19	33	0,099	9,95	179	0,20	0,495	1,5	11,5	0,155	2,1	121	0,86	0,181
6	40	54	0,162	9,15	175	0,217	0,748	15	25	0,337	1,87	117,5	0,96	0,351
7	46	60	0,180	8,55	172	0,231	0,78	30	40	0,54	1,74	115,5	1,028	0,526
8	60	74	0,222	6,85	163	0,284	0,783	40	50	0,675	1,59	112,5	1,115	0,606
9	80	94	0,282	5,4	154	0,355	0,795	60	70	0,945	1,1	102	1,575	0,6
10	95	109	0,328	3,7	140	0,505	0,65	85	95	1,281	0,8	93	2,122	0,604
11	100	114	0,342	2,25	123	0,808	0,424	100	110	1,485	0,4	75,5	4,05	0,367
12	60	74	0,222	2,4	125,5	0,761	0,292	85	95	1,281	0,27	66,5	5,87	0,219
13	—	—	—	—	—	—	—	60	70	0,945	0,23	62,5	6,85	0,138

In dieser Tabelle bedeutet y den dem jeweiligen Kolbenweg entsprechenden Teil des gesamten Hubvolumens V, $\sigma + y$ die Summe dieses vom Kolben in dem betreffenden Punkt freigegebenen Volumens und desjenigen des schädlichen Raumes in Prozenten des gesamten Hubvolumens V des Zylinders, $v = (\sigma + y)\frac{V}{G}$ das Volumen der Gewichtseinheit des Gesamtdampfes für den betrachteten Punkt, p den an demselben herrschenden Druck in at. abs., t die Temperatur dortselbst in Graden C, v_s das spez. Volumen des trocken gesättigten Dampfes für diesen Zustand laut Dampftabelle und $x = \frac{v}{v_s}$ die gesuchte fiktive spez. Dampfmenge.

Durch die Größen t und x ist die Lage jedes Punktes im Wärmediagramm festgelegt. Aus t ergibt sich die Höhenlage (Ordinate T), aus x die relative Lage zu den beiden Grenzkurven, welche unter Ermittlung der Entropiewerte $G^h s'$ bzw. $G^h s''$ und $G^n s'$ bzw. $G^n s''$ für die obere bzw. untere Grenzkurve bei einigen Temperaturwerten vorher eingezeichnet sind.

Unter Benutzung der Dampftabellen (s. Anhang) finden wir für diese Einzeichnung der Grenzkurven folgende Werte:

t	Gesamtdampf f. *HD*-Zylinder G^h				Gesamtdampf f. *ND*-Zylinder G^n				Frischdampfmenge G_f			
	s'	$G^h s'$	s''	$G^h s''$	s'	$G^n s'$	s''	$G^n s''$	s'	$G s'$	s''	$G s''$
200	0,5574	0,0392	1,5458	0,1089	—	—	—	—	0,5574	0,03333	1,5458	0,0926
175	0,5009	0,0352	1,5893	0,1117	—	—	—	—	0,5009	0,02994	1,5893	0,0951
150	0,4418	0,0311	1,6384	0,1151	—	—	—	—	0,4418	0,02640	1,6384	0,0981
125	0,3795	0,0267	1,6943	0,1192	0,3795	0,02425	1,6943	0,1082	0,3795	0,02269	1,6943	0,1011
100	—	—	—	—	0,3136	0,02002	1,7589	0,1124	0,3136	0,01875	1,7589	0,1048
75	—	—	—	—	0,2435	0,01555	1,8352	0,1172	0,2435	0,01457	1,8352	0,1095
50	—	—	—	—	0,1685	0,01076	1,9268	0,1230	0,1685	0,01008	1,9268	0,1148

Die Lage der so erhaltenen Diagramme für die Gesamtdampfmengen, relativ zu dem Diagramm für die Frischdampfmenge, ist in unserer Abbildung ebenso wie in den folgenden Wärmediagrammen von Kolbenmaschinen so gewählt, daß bei jedem Zylinder der Anfangspunkt der Kompression (Punkt 1) auf die Flüssigkeitsgrenzkurve des Frischdampfes zu liegen kommt in Übereinstimmung mit der Darstellung in § 6, in welchem die Übertragung des theoretischen Diagrammes unter Berücksichtigung des schädlichen Raumes behandelt ist.

Die Betrachtung des auf diese Weise gewonnenen Wärmediagrammes ermöglicht uns nun eine eingehende Kritik des Dampfprozesses in der vorliegenden Compoundmaschine. Von dem theoretischen Diagramm, dargestellt durch die Fläche *abcd*, welches einem theoretischen Dampfverbrauch von 4,22 kg/PS$_i$ und Stunde entspricht gegenüber dem gemessenen Verbrauch von 8,22 kg pro PS$_i$, ist die ganze schraffierte Fläche verloren gegangen. Das Verhältnis der in indizierte Arbeit umgesetzten Wärmemenge zum theoretischen Diagramm (der indizierte Wirkungsgrad) ist, wie man auf den ersten Blick sieht, sehr ungünstig; es beträgt nur 51,5%. Dabei ist der Spannungsverlust zwischen Kessel und *HD*-Schieberkasten, welcher etwa 0,8 at. beträgt, schon außer Betracht gelassen, da er der Maschine selbst nicht zur Last gelegt werden kann und dementsprechend die Linie der Wärmezufuhr im theoretischen Diagramm auf die Spannung im *HD*-Schieberkasten bezogen. An dem ungünstigen Resultat sind besonders beteiligt die Verluste:

durch Kondensation an den Wänden der schädlichen Räume und den Zylinderwänden während der Admissionsperiode, vgl. § 14, wodurch eine erhebliche Dampfnässe eintritt (die obere Ecke des Hochdruckdiagramms, Punkt 7, bleibt weit von der oberen Grenzkurve entfernt, und die Expansionslinie 8 bis 10 des *ND*-Zylinders ist noch weiter von der theoretischen Expansionslinie *cd* in das Gebiet der Nässe gerückt);

durch unvollständige Expansion, vgl. § 9, welche sich im Diagramm kenntlich macht durch den schrägen Abfall der Linie, welche die Ausströmung am Hubende darstellt, Punkt 9 bis 11 (*HD*-Zylinder) und 10 bis 12 (*ND*-Zylinder). Der schräge Verlauf dieser Ausströmungslinie ist hier wegen des starken Druckabfalles am Hubende, hervorgerufen durch die zu geringe Expansion, von besonders nachteiligem Einfluß. Bei adiabatischer Expansion bis auf den Auspuffdruck und isothermischer

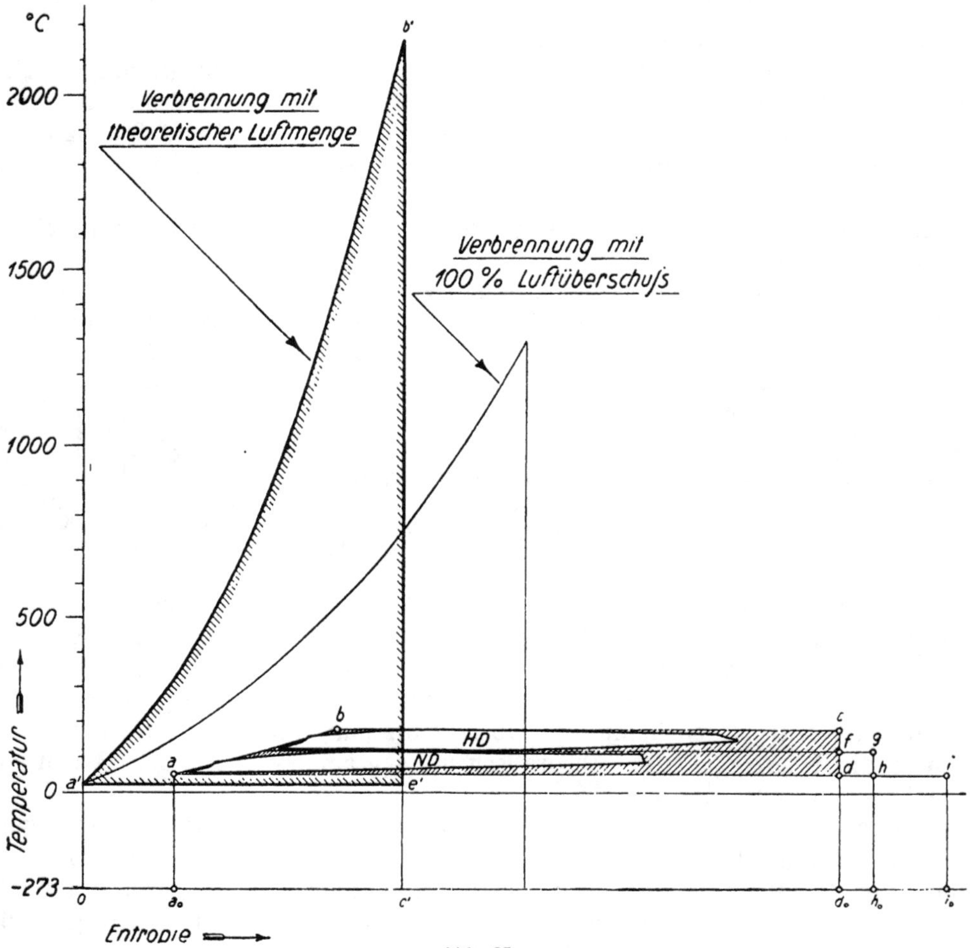

Abb. 35.

Wärmeentziehung würden die Diagramme nicht schräg abgeschnitten sein, sondern, wie gestrichelt angedeutet, eine Ecke bei *k* bzw. *l* besitzen; ferner

durch hohen Gegendruck im Niederdruckzylinder, § 10, in welchen hinein sich infolge der zu gering dimensionierten Ausströmungskanäle das Vakuum des Kondensators nicht fortpflanzen kann.

Wir werden an späteren Beispielen sehen, wie diese drei typischen Verlustquellen bei hochwertigeren Maschinenanlagen der Neuzeit verringert werden.

Unter Bezugnahme auf die in § 20 gemachten Ausführungen ist noch zu erwähnen, daß die dem Niederdruckzylinder zur Verfügung stehende Wärmemenge um eine Fläche, welche gleich der schraffierten Verlustfläche des Hochdruckzylinders ist, vermehrt wird, wenn man annimmt, daß tatsächlich alle im Hochdruckzylinder stattfindenden Verluste sich wieder in Wärme von der Temperatur des Auspuffdampfes umsetzen. Die aus den Verlusten im Hochdruckzylinder herrührende zusätzliche Wärmemenge ist in Abb. 34 wiedergegeben durch die Fläche $f\,g\,h_0\,d_0$, so daß das theoretische Diagramm des Niederdruckzylinders eigentlich durch die Fläche $aegh$ dargestellt ist; die Linie eg entspricht hierbei dem mittleren Druck im Receiver. Die Dampfausnutzung im Niederdruckzylinder ist also tatsächlich noch etwas schlechter als nach dem ursprünglichen theoretischen Diagramm anzunehmen ist.

In gleicher Weise dienen die im Niederdruckzylinder eintretenden Verluste zur Erhöhung des Wärmeinhaltes des aus demselben ausströmenden Dampfes, welche Vergrößerung des Wärmeinhaltes durch die Fläche $h\,i\,i_0\,h_0$ dargestellt ist. Selbstverständlich läßt sich diese Wärmemenge in keiner Weise zur Arbeitsgewinnung in den Zylindern der Maschine heranziehen; durch dieselbe wird lediglich das Quantum an Wärme, welches vom Kühlwasser abzuführen ist, vergrößert.

Um die bei unserer Compoundmaschine erzielte Wärmeausnutzung noch anschaulicher zum Ausdruck zu bringen, ist das Wärmediagramm Abb. 34 in Abb. 35 mit demjenigen des idealen Prozesses — vgl. Abb. 3 — zusammengestellt; wie in Abb. 34 ist die Fläche des theoretischen Diagrammes auch in Abb. 35 mit $abcd$ bezeichnet. Dieses Diagramm ist insofern instruktiv, als es klar vor Augen führt, in wie engen Grenzen sich die Verbesserungsmöglichkeiten an derartigen Maschinen bewegen, verglichen mit den prinzipiellen ökonomischen Mängeln des Dampfmaschinenprozesses überhaupt.

§ 24. **Wärmediagramme einer Dreifach-Expansionsmaschine mit Naßdampfbetrieb** (Fährdampfer „Preußen" der Linie Saßnitz-Trelleborg[1]).

Die Hauptdimensionen dieser schnellaufenden, mehr unter Berücksichtigung von Gewichts- und Raumersparnis als besonders hoher Ökonomie gebauten Maschine sind die folgenden:

Zylinderdurchmesser	590 · 970 · 1600 mm
Zylinderverhältnis	1 : 2,7 : 7,35
Füllung im Hochdruckzylinder	ca. 75%
Gesamtexpansion	9,8fach
Hub	900 mm
Schädliche Räume[2]) in % des Hubvolumens:	
HD-Zylinder	16%
MD-Zylinder	12%
ND-Zylinder	10%
Kolbenstangendurchmesser bei allen Zylindern (Stange nicht durchgehend)	150 mm
Kesselspannung	14,7 at. abs.
Druck im *HD*-Schieberkasten (Naßdampf)	14,3 at. abs.
Kondensatorspannung	0,10 at. abs.
Gesamtleistung	3050 PS_i
Umlaufzahl hierbei	134,5 pro Min.
Gemessene Dampfmenge pro Stunde	20200 kg
Gemessene Dampfmenge pro PS und Stunde	6,63 kg

Indikatordiagramme und zusammengelegte Diagramme siehe Abb. 36. Wärmediagramm Abb. 37.

[1]) Erbaut von den Vulcan-Werken Hamburg und Stettin A.G. im Jahre 1908/09 für die preussische Eisenbahn-Verwaltung.

[2]) Die hier angeführten schädlichen Räume, welche der Rechnung zugrundegelegt sind, erwiesen sich bei einer nachträglichen genauen Untersuchung dieser Maschine als ungenau. Die richtigen Werte sind aus Tabelle Nr. 1 ersichtlich. Die geringen Unterschiede machen sich in den Diagrammen kaum bemerkbar.

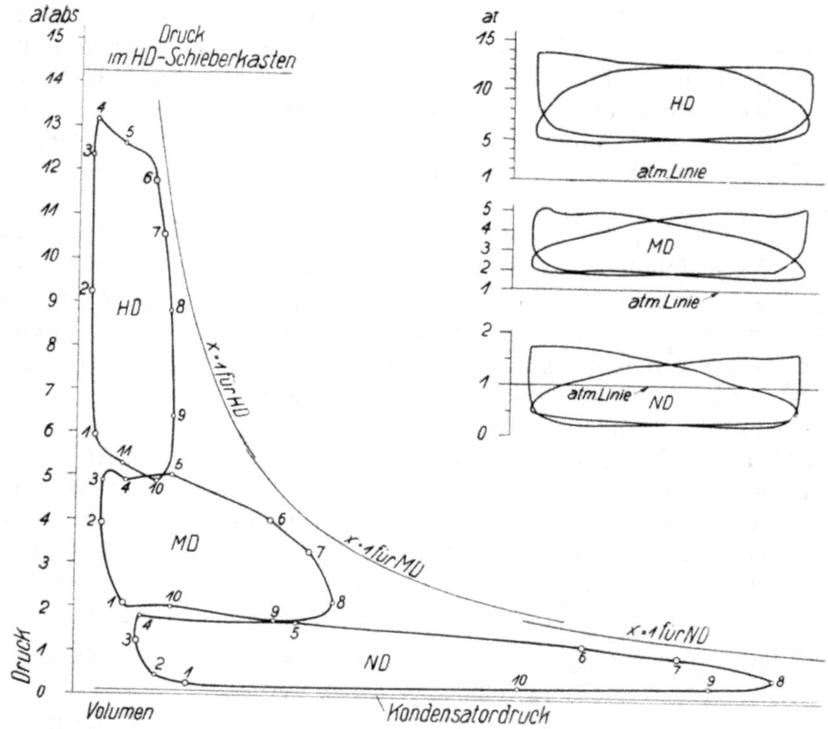
at abs
Druck im HD-Schieberkasten
HD
MD
ND
x=1 für HD
x=1 für MD
x=1 für ND
Druck
Volumen
Kondensatordruck
at
atm.Linie
atm.Linie
atm.Linie

Abb. 36.

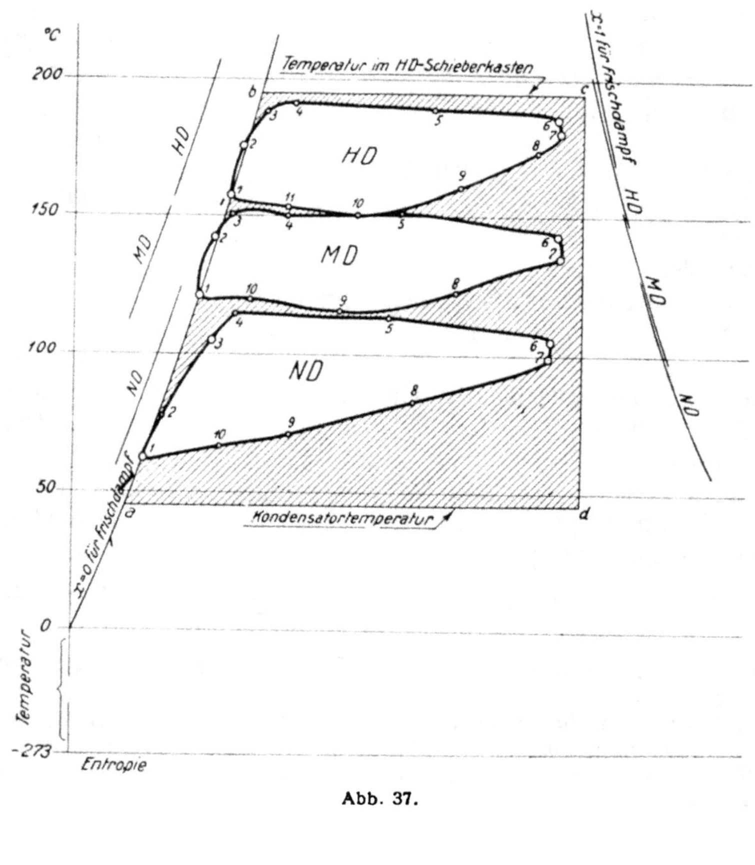
°C
Temperatur im HD-Schieberkasten
x=1 für Frischdampf
HD
MD
ND
Kondensatortemperatur
x=0 für Frischdampf
Temperatur
Entropie

Abb. 37.

Verglichen mit der in § 23 besprochenen Zweifach-Expansionsmaschine des Schleppers sehen wir zunächst, daß die Expansionslinien der einzelnen Zylinder (6 bis 7 beim *HD*-, *MD*- und *ND*-Zylinder) nur verhältnismäßig wenig von der Adiabate des theoretischen Diagramms in das Gebiet des Naßdampfes hinein verschoben sind. Diese wesentliche Verbesserung gegenüber dem in § 23 betrachteten Prozeß der Compound-Schiffsmaschine ist zurückzuführen auf die geringere Wechselwirkung zwischen Dampf und Zylinderwand, welche ihrerseits herrührt von der Unterteilung des Temperaturgefälles in 3, statt in 2 Expansionsstufen und von den bedeutenderen Größenabmessungen der Zylinder, bei welchen die Wandfläche gegenüber dem Dampfvolumen mehr zurücktritt.

Anderseits aber weist auch diese Maschine in allen drei Zylindern den Nachteil zu geringer Expansion auf, insofern als die adiabatische Expansion schon nach Zurücklegung eines geringen Temperaturgefälles unterbrochen und durch die als schräge Linie nach links verlaufende Ausströmungslinie (Zustandsänderung bei annähernd konstantem Volumen, 7 bis 10 beim *HD*, 7 bis 9 beim *MD*, 7 bis 9 beim *ND*) ersetzt wird. Die dadurch in Verlust geratenden Dreieckflächen unter diesen schrägen Linien könnten nur beseitigt werden durch Vergrößerung der einzelnen Zylinder und Wahl entsprechend kleinerer Füllungen in denselben. Diesen Maßnahmen standen bei dieser Maschine — wie meistens im Schiffsmaschinenbau — die Rücksichten auf Gewichts- und Raumersparnis entgegen. Der indizierte Wirkungsgrad der Maschine beträgt 55,5% gegenüber den 51,5% der in § 23 betrachteten Compound-Schiffsmaschine.

§ 25. **Vergleich der in § 24 behandelten Dreifach-Expansions-Schiffsmaschine mit einer ebenfalls mit Naßdampf arbeitenden Dreifach-Expansions-Landmaschine[1]) mit Ventilsteuerung.** Hauptdimensionen:

Zylinderdurchmesser	800 · 1200 · 1850 mm
Zylinderverhältnis	1 : 2,25 : 5,35
Füllung im Hochdruckzylinder	ca. 30%
Gesamtexpansion	17,8fach
Hub	1100 mm
Schädliche Räume in % des Hubvolumens:	
HD-Zylinder	8,2%
MD-Zylinder	3%
ND-Zylinder	3%
Kolbenstangendurchmesser bei allen Zylindern (Stange nicht durchgehend)	160 mm
Kesselspannung	12 at. abs.
Druck vor den Einlaßventilen (Naßdampf)	11,5 at. abs.
Kondensatorspannung	0,15 at. abs.
Gesamtleistung	2200 PS_i
Umlaufzahl hierbei	100,5 pro Min.
Gemessene Dampfmenge pro Stunde	11960 kg
Gemessene Dampfmenge pro PS und Stunde	5,45 kg

Indikatordiagramme und zusammengelegte Diagramme siehe Abb. 38.
Wärmediagramm Abb. 39.

Aus der Betrachtung der Indikatordiagramme ersehen wir, daß im *HD*- und *MD*-Zylinder der Druckabfall am Hubende vermieden ist; die Expansion in diesen Zylindern wurde so bemessen, daß das Diagramm am Ende in eine Spitze ausläuft. Ferner

[1]) Aufgestellt in einem Elektrizitätswerk der Stadt Hamburg.

daß die Ausströmungslinie des *ND*-Zylinders der Gegendrucklinie im Kondensator näherkommt als dies bei der Dreifach-Expansions-Schiffsmaschine (§ 24) der Fall ist. Diese beiden Vorteile machen sich denn auch im Wärmediagramm bemerkbar. Die

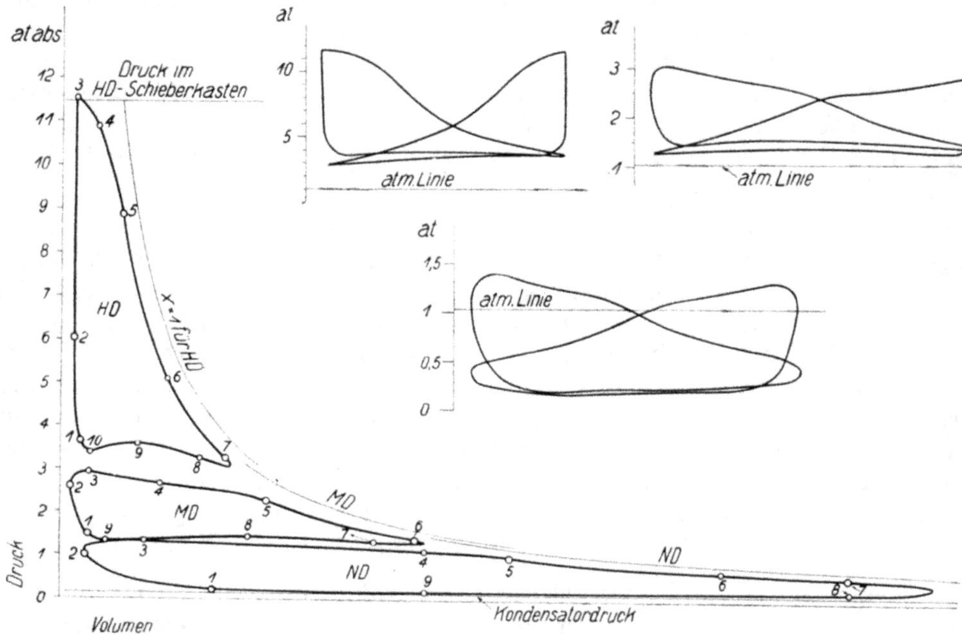

Abb. 38.

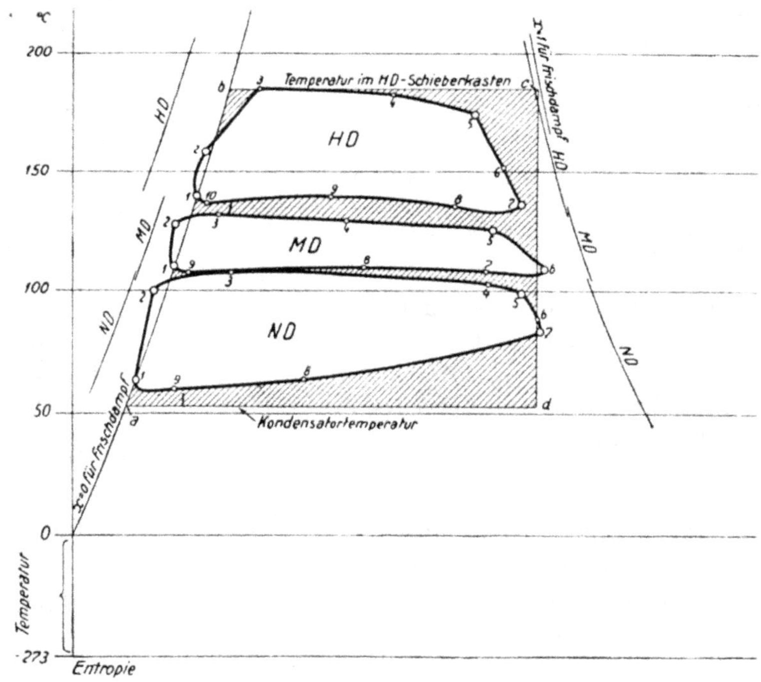

Abb. 39.

Verlustdreiecke bei der Ausströmung am Hubende sowohl beim *HD*- als beim *MD*-Zylinder sind völlig beseitigt und das Diagramm des *ND*-Zylinders, bei welchem selbstverständlich auch hier das aus der unvollständigen Expansion herrührende Verlustdreieck nicht völlig verschwindet, erstreckt sich fast ganz bis zur Kondensatortemperatur herab. Der indizierte Wirkungsgrad ist hier 73% im Vergleich zu den 55,5% der vorbehandelten Fährdampfermaschine. Dieser Gewinn ist selbstverständlich teilweise durch Aufwendungen erkauft, welche bei Schiffsmaschinen im allgemeinen jedenfalls nicht gemacht werden können; wenn es auch fraglich ist, ob nicht bei einzelnen Schiffstypen, und zwar gerade denen, bei welchen es auf größte Wirtschaftlichkeit ankommt, ein eingehenderes Studium der Landausführungen befruchtend auf die Entwicklung der Antriebsmaschine gewirkt hätte. Diese konstruktiven Aufwendungen sind in kurzen Worten: Verwendung von Ventilsteuerung zwecks Verringerung der schädlichen Räume, besonders große Dimensionierung der Zylinder, namentlich auch des *HD*- und *MD*-Zylinders, und schließlich sehr weite und geschickt angelegte Ausströmungsöffnungen nach dem Kondensator. Um einen Überblick zu geben, was die zunächstliegende dieser Maßnahmen, die Vergrößerung der Zylinder, bedeutet, sei bemerkt, daß bei normalen Frachtdampfer-Schiffsmaschinen gleicher Leistung für jedes Stundenkilogramm Frischdampffüllung im Hochdruckzylinder ein Volumen zugemessen wird von ca. 0,2 cbm, im *MD*-Zylinder von ca. 0,55 cbm und im Niederdruckzylinder von ca. 1,5 cbm, während die entsprechenden Ziffern hier 0,64 bzw. 1,45 bzw. 3,45 betragen.

Zu dem Wärmediagramm (Abb. 39) muß der Vollständigkeit wegen noch folgendes bemerkt werden:

Zunächst zeigt die Maschine insofern einen gewissen Mangel, als zwischen dem Hochdruck- und Mitteldruckzylinder ein unausgenutztes Druckgefälle zu erkennen ist; dasselbe rührt offenbar von Druckverlusten her, welche durch Verengungen der Überströmquerschnitte verursacht sind. Es fällt ferner auf, daß die Dampfnässe bei Beginn der Expansion des *HD*-Zylinders (trotz des geringen schädlichen Raumes, welcher der Ventilmaschine eigen ist) verhältnismäßig groß zu sein scheint, indem der Punkt 5, bei welchem die Expansion beginnt, weit von der oberen Grenzkurve nach links gerückt ist. Gleichzeitig fällt auf, daß das Ende der Expansionslinien des *HD*- und *MD*-Zylinders Punkt 7 bzw. 6 besonders weit nach rechts geschoben ist und teilweise sogar trockeneren Dampf zeigt als die adiabatische Expansion trocken gesättigten Dampfes liefern würde. Die beiden letzteren Erscheinungen sind darauf zurückzuführen, daß die Maschine mit Mantelheizung der Zylinder, sowie Heizung des *HD*-Receivers ausgestattet ist. Der zur Heizung dienende Dampf ist der Frischdampfleitung entnommen, bei der Dampfmessung aber ist das Kondensat aus den Heizmänteln mit eingerechnet worden. Es ergab sich dadurch ein Ausfall von arbeitendem Dampf im *HD*-Zylinder, welcher im Wärmediagramm durch die gleichen Merkmale gekennzeichnet ist wie größere Dampfnässe (zu kleines Volumen und daher zu kleine Entropie), andererseits aber bewirkt diese Heizung eine Wärmezufuhr während der Expansionsperiode, wodurch eine größere Dampftrockenheit bedingt wird, als sich aus dem Wärmediagramm bei adiabatischer Expansion von Punkt 5 an ergeben würde. Ob durch die Anwendung der Mantelheizung in vorliegendem Fall ein merklicher Gewinn an Ökonomie infolge Verringerung der Kondensation in den Zylindern erreicht wird, muß dahingestellt bleiben, da bei der vorliegenden Maschine Vergleichsversuche mit und ohne Mantelheizung nicht gemacht worden sind; jedenfalls aber ist die aus dem Diagramm ersichtliche Wärmezufuhr während der Expansionsperiode an sich zweifellos eine unwirtschaftliche Maßnahme, da dieselbe nicht bei der höchstmöglichen Temperatur erfolgt.

§ 26. **Wärmediagramme einer Vierfach-Expansionsmaschine mit Naßdampfbetrieb.** Schnelldampfer „George Washington"[1]).

[1]) Erbaut von den Vulcan-Werken Hamburg und Stettin A.G. im Jahre 1907/09 für den Norddeutschen Lloyd, Bremen.

Hauptabmessungen:

Zylinderdurchmesser	970 · 1440 · 2030 · 2850 mm
Zylinderverhältnis	1 : 2,2 : 4,38 : 8,65
Füllung im Hochdruckzylinder	ca. 77%
Gesamtexpansion	11,6fach
Hub	1700 mm
Schädliche Räume in % des Hubvolumens:	
HD-Zylinder	23%
MD-Zylinder I	20,1%
MD-Zylinder II	19,1 %
ND-Zylinder	14,5 %
Kolbenstangendurchmesser: Bei allen Zylindern	250 mm
MD II und *ND* haben oben eine Führung von	112 mm Durchm.
Kesselspannung	15 at. abs.
Kondensatorspannung	0,12 at. abs.
Gesamtleistung	10030 PS_i
Umlaufzahl hierbei	83 pro Min.
Gemessene Dampfmenge pro Stunde	64250 kg
Gemessene Dampfmenge pro PS_i und Stunde	6,4 kg

Indikatordiagramme und zusammengelegte Diagramme Abb. 40. Wärmediagramm Abb. 41.

Die Expansionslinie der 4 Zylinder (8 bis 9 für den *HD*-Zylinder, 5 bis 6 für den *MD* I-, 7 bis 8 für den *MD* II-, 7 bis 8 für den *ND*-Zylinder) ist nur wenig von der Expansionslinie *cd* des theoretischen Diagramms *abcd* nach links, d. h. in Richtung der größeren Nässe, gerückt, ein Beweis, daß die Kondensation an den Wänden der schädlichen Räume und der Zylinder verhältnismäßig gering ist. Auch im übrigen treten hier die bei der Dreifach-Expansionsmaschine sich ergebenden Vorteile der mehrfachen Expansion in etwas verstärktem Maße zutage. Die Verlustdreiecke unter der Ausströmungslinie am Hubende (9 bis 10 beim *HD*-, 6 bis 7 beim *MD* I-, 8 bis 10 beim *MD* II- und 8 bis 10 beim *ND*-Zylinder) sind wegen des kleineren Spannungsabfalles in jeder Stufe kleiner als bei der Dreifach-Expansionsmaschine, auch fällt der Verlust infolge mangelhafter Expansion im *ND*-Zylinder etwas weniger ins Gewicht. Der indizierte Wirkungsgrad stellt sich auf 57,5%, also nur wenig günstiger als bei der in § 24 betrachteten Dreifach-Expansions-Schiffsmaschine.

Dieser geringe Gewinn an Ökonomie gegenüber der Dreifach-Expansions-Schiffsmaschine (§ 24), welche selbst keineswegs als besonders ökonomisch zu bezeichnen ist, würde die Komplikation der vierfachen Expansion kaum rechtfertigen. Es ist indessen zu beachten, daß bei den Maschinen des „George Washington" der Druckunterschied zwischen Zylinder und Kondensator relativ noch größer ist als bei der zum Vergleich herangezogenen Dreifach-Expansionsmaschine. Diese starke Austrittsdrosselung ist bei den großen Schnelldampfermaschinen meistens beobachtet worden und darin begründet, daß es praktisch kaum durchführbar ist, so ungeheure Schieberabmessungen auszuführen, als die Vermeidung des Übelstandes erforderlich machen würde.

Überhaupt ist zur Vergrößerung der Expansionsstufenzahl ganz allgemein zu sagen, daß selbstverständlich die Höhe des Wirkungsgrades so sehr von verschiedenen Faktoren, wie z. B. Größe der Maschine, Expansionsverhältnis, Güte der Ausführung, Dichtigkeit der Kolben und Schieber, Umdrehungszahl abhängt, daß der Erfolg der Vermehrung der Expansionsstufen nicht immer klar zutage tritt. Es gibt, wie allgemein bekannt, ökonomischere Zweifach- als Dreifach- und ökonomischere Dreifach- als

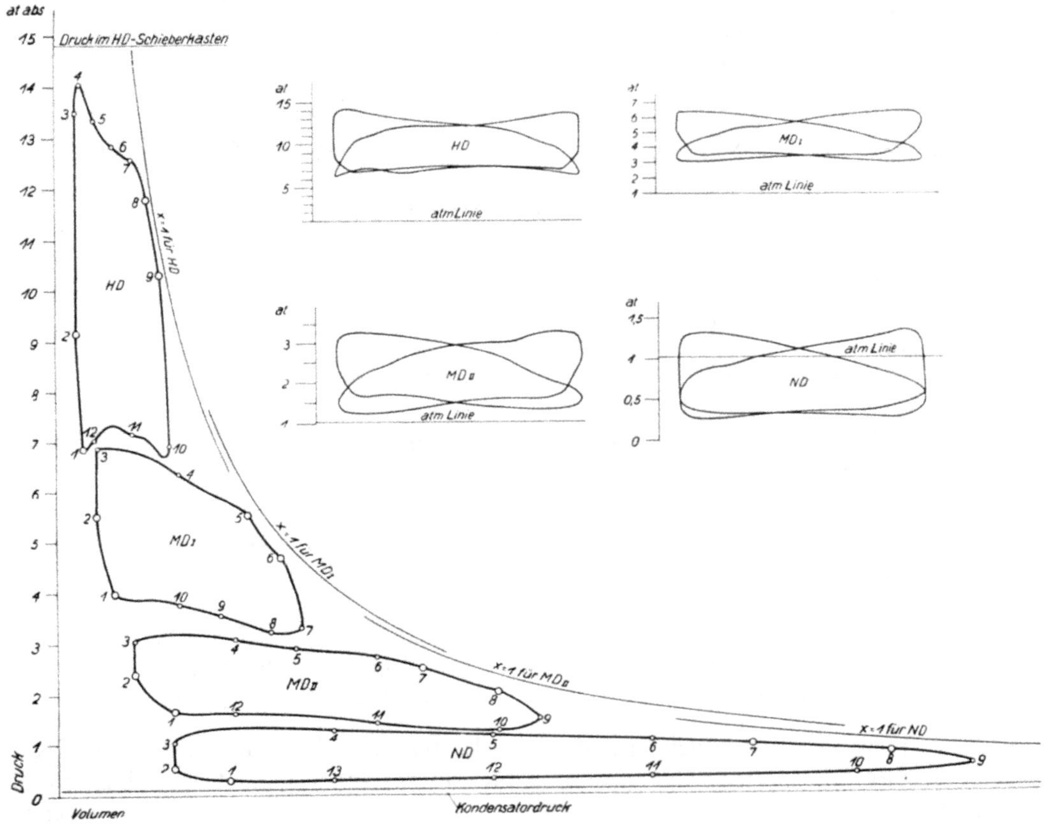

at abs
Druck im HD-Schieberkasten
x=1 für HD
HD
MD I
x=1 für MD I
MD II
x=1 für MD II
ND
x=1 für ND
Druck
Volumen
Kondensatordruck
atm Linie

Abb. 40.

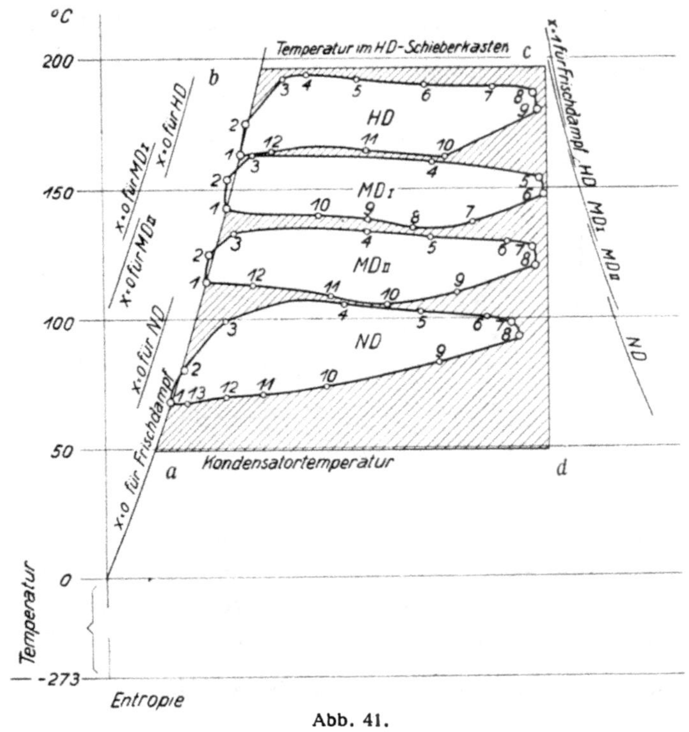

°C
Temperatur im HD-Schieberkasten
x=1 für Frischdampf, HD, MD I, MD II, ND
x=0 für HD
x=0 für MD I
x=0 für MD II
x=0 für ND
x=0 für Frischdampf
HD
MD I
MD II
ND
Kondensatortemperatur
Temperatur
Entropie

Abb. 41.

Vierfach-Expansionsmaschinen. Dies ändert jedoch nichts an der grundsätzlichen Bedeutung, welche die Vermehrung der Expansionsstufen für die Entwicklung der Schiffsmaschine gehabt hat.

§ 27. **Untersuchung der Stumpf-Maschine eines kleinen Frachtdampfers.** Beschreibung des Maschinentyps vgl. § 186, ferner vgl. hierzu die allgemeinen Bemerkungen § 16.

Hauptabmessungen[1]):

Zylinderdurchmesser (2 gleiche Zylinder)	580 mm
Füllung	ca. 12,5%
Gesamtexpansion	8fach
Hub	600 mm
Schädlicher Raum in % des Hubvolumens im Mittel	2,5%
Kolbenstangendurchmesser (Stange nicht durchgehend)	120 mm
Kesselspannung	14 at. abs.
Druck im Schieberkasten	12,9 at. abs.
Temperatur dortselbst	212° C
Kondensatorspannung	0,10 at. abs.
Leistung des untersuchten Zylinders	238 PS_i
Umlaufzahl hierbei	97 pro Min.
Gemessene Dampfmenge pro PS_i und Stunde . .	7,0 kg.

Da die Überhitzung im Hochdruck-Schieberkasten nur sehr gering und infolgedessen während der Füllungsperiode der einströmende Dampf schon feucht war, können die vorliegenden Versuchsresultate noch als Beispiel für den Betrieb mit Naßdampf gelten, trotzdem die Kesselanlage mit Überhitzung arbeitete.

Das Indikatordiagramm ist in Abb. 42, das Wärmediagramm in Abb. 43 dargestellt. Die Expansionskurve des Indikatordiagramms ebenso wie die Kompressionskurve

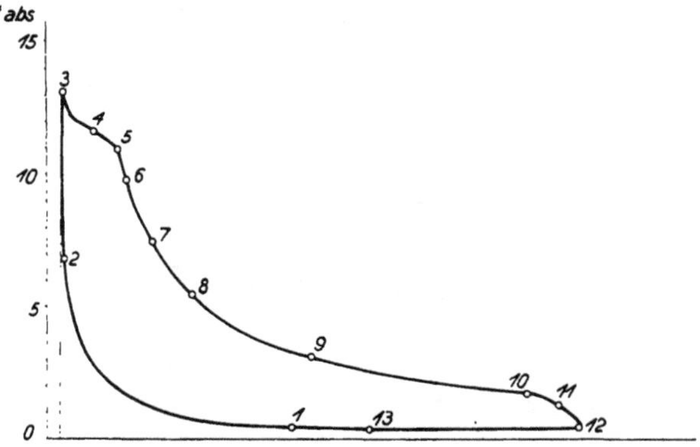

Abb. 42.

desselben sind in § 18 hinsichtlich der Exponenten der Polytrope untersucht worden. Wie aus dem Wärmediagramm hervorgeht, verläuft die Expansion zuerst adiabatisch (senkrecht nach unten bis zum Punkt 7), sodann unter ziemlich starker Wärmeaufnahme des Dampfes aus den Zylinderwänden (schräg nach rechts). Letzterer Umstand, sowie die verhältnismäßig große Dampfnässe am Ende der Füllung zeigen, daß trotz des

[1]) Die Maschine ist gebaut von den Vulcan-Werken Hamburg und Stettin A.G. im Jahre 1909/10.

Gleichstromprinzips der schädliche Wärmeaustausch mit den Zylinderwandungen im vorliegenden Fall nicht verhindert werden konnte.

Dies kann indessen wohl nicht ganz dem Maschinensystem zur Last gelegt und vielleicht zum Teil auf nicht hinreichend sorgfältige Isolation des Dampfeintrittsraumes zurückgeführt werden.

Durch Vergleich mit dem in Abb. 43 eingetragenen theoretischen Diagramm ergibt sich ein Wirkungsgrad von $\eta = 50{,}3\%$, welcher, wie oben bemerkt, wohl bei besserer Isolation der Dampfeintrittsräume sich hätte erhöhen lassen, ebenso bei ausreichender Dimensionierung der Auslaßorgane und dementsprechend geringerem Druckunterschied zwischen Kondensator und Dampfzylinder.

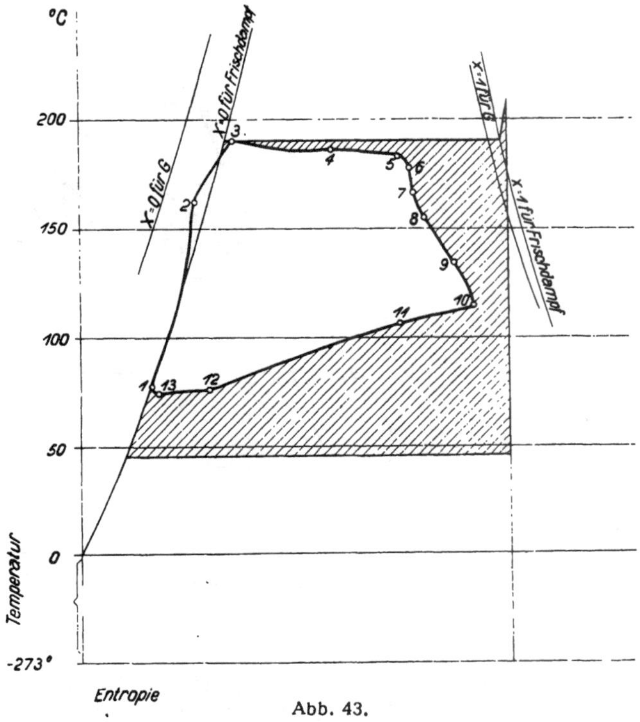

Abb. 43.

Da bei diesem Maschinensystem die mit der Verteilung der Expansion auf mehrere Zylinder verknüpften Drosselungs- und Mischungsverluste fehlen, ist anzunehmen, daß bei höher getriebener Überhitzung und damit verbundener Verringerung der Wandwirkung die Maschine an sich thermisch nicht ungünstige Resultate liefern könnte; wie in § 16 bereits erwähnt, stehen allerdings der Verwendung der Maschine nicht geringe praktische Bedenken entgegen.

§ 28. **Einfluß der Überhitzung. Betrachtung desselben an Hand von Wärmediagrammen ausgeführter Maschinen.** Wie in § 3 bereits erläutert, besteht der Wert der Überhitzung zunächst darin, daß die Wärmeabgabe seitens der Rauchgase bei höherer Temperatur als bei derjenigen des Naßdampfes erfolgt und infolgedessen der theoretische Wirkungsgrad höher ist als beim Arbeiten mit Naßdampf gleicher Spannung. Es ist indessen, wie ebenfalls bereits erwähnt, die Wärmemenge, welche die Gewichtseinheit des Dampfes aufzunehmen vermag, um bis zu derjenigen Temperatur erhitzt zu werden, bei welcher praktische Rücksichten ein Weitertreiben der Überhitzung verbieten (ca. 400°) sehr beschränkt. Dieser Nachteil ist begründet in der verhältnismäßig geringen spezifischen Wärme des überhitzten Dampfes.

Ganz anders gestalten sich die Verhältnisse im praktischen Betriebe. Es zeigt sich hier, daß der eigentliche Vorteil der Überhitzung in der Erhöhung des indizierten Wirkungsgrades liegt. Dies läßt sich, vgl. § 14, etwa damit begründen, daß beim überhitzten Dampf der Einfluß der Zylinderwandungen verhältnismäßig sehr gering ist, denn für die Wechselwirkung zwischen diesem und den Wänden kommt nur das äußerst geringe Leitungsvermögen der Gase in Frage. Bei gesättigtem Dampf dagegen ruft jede Berührung mit einer kühleren Fläche Kondensation hervor; diese schafft in der Nähe der Wände einen Unterdruck, welcher wieder neue Teile des Dampfvolumens zur Annäherung an die Wände zwingt, so daß ein sehr rasches Umsichgreifen der Kondensation erfolgt.[1])

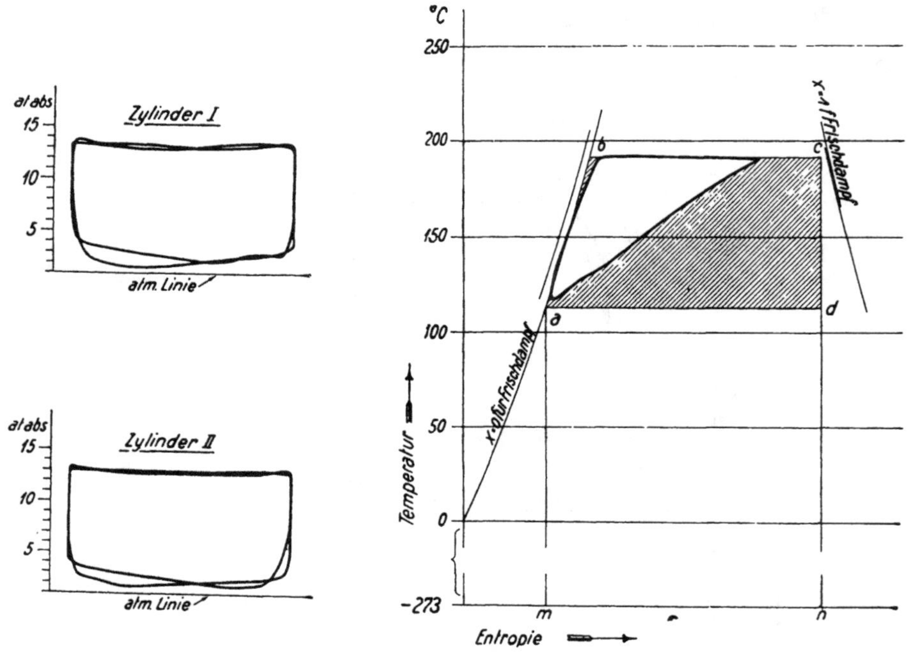

Abb. 44.

Daß die Verhältnisse hinsichtlich des Wirkungsgrades tatsächlich so liegen, läßt sich mit besonderer Deutlichkeit aus den Resultaten einer Reihe besonders zu diesem Zweck vorgenommener Versuche nachweisen.

§ 29. **Untersuchung einer Duplexspeisepumpe bei Betrieb mit Naßdampf und Heißdampf.**

Hauptabmessungen:

Zylinderdurchmesser	2 · 380 mm
Hub	413 mm
Schädlicher Raum	10,9%
Kolbenstangendurchmesser (Stange nicht durchgehend)	80 mm

Das Indikatordiagramm und Wärmediagramm für Naßdampfbetrieb geht aus Abb. 44, für Betrieb mit Heißdampf aus Abb. 45 hervor. Bei dem Versuch mit Naß-

[1]) Selbstverständlich wird auch der überhitzte Dampf beim Einströmen an den Wänden Temperatur verlieren; die Zeit, während welcher sich der Prozeß abspielt, genügt indessen bei einigermaßen hoher Überhitzung und nicht zu geringer Kolbengeschwindigkeit nicht, um bei der geringen Leitungsfähigkeit größere Teile des in den Zylinder eingetretenen Dampfes bis auf die Sättigungstemperatur herabzukühlen.

dampf von 13,0 at. abs. ($x = 0{,}963$) betrug die Doppelhubzahl 19,4 pro Min., die Leistung 84,5 PS_i, die Dampfmenge 2030 kg/st, beim Versuch mit Heißdampf von 13,02 at. abs. von 284° Anfangstemperatur 20 Doppelhübe pro Min., 87,5 PS_i, 1430 kg/st bei sonst ganz gleichen Nebenumständen. Der Gegendruck war in beiden Fällen 1,6 at. abs. Der geringen Kolbengeschwindigkeit entsprechend zeigt sich im Diagramm für Naßdampf am Ende der Füllung, welches hier mit dem Hubende zusammenfällt, eine sehr erhebliche Dampfnässe. Wegen des vollständigen Fehlens der Expansion

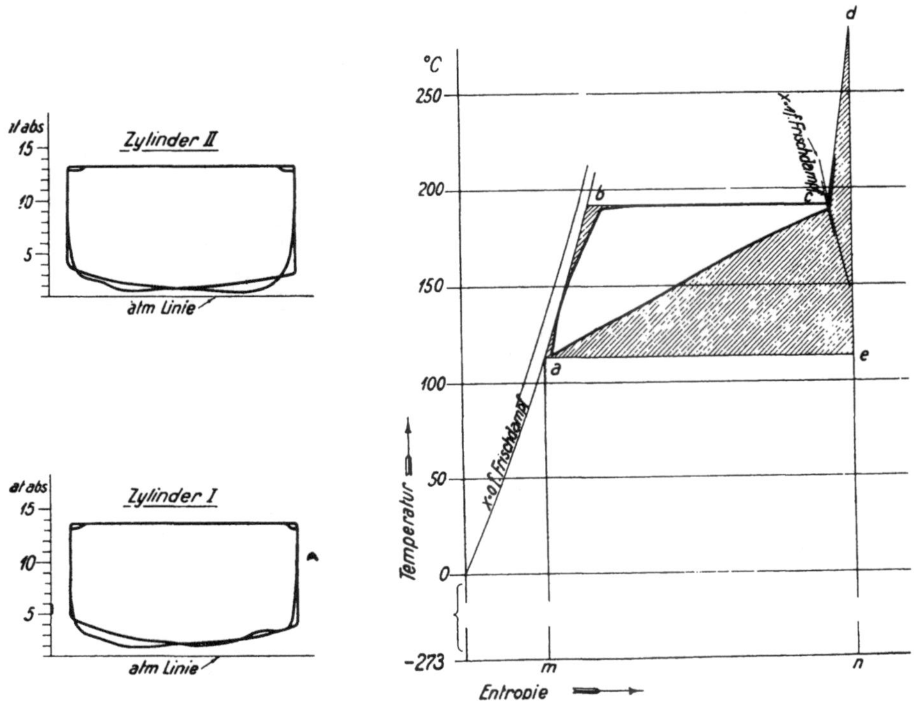

Abb. 45.

weist das Wärmediagramm eine sehr erhebliche Verlustfläche auf und nimmt eine sehr ungünstige dreieckige Form an. Der indizierte Wirkungsgrad beträgt nur 30,5%.

Bei den Versuchen mit Überhitzung ergibt sich ein wesentlich völligeres Diagramm und ein indizierter Wirkungsgrad von 39%, d. h. also eine Verbesserung um 28%.

Vergleichen wir nunmehr die theoretischen Diagramme für Sattdampf bzw. für Überhitzung, so ergibt sich, daß das erstere einen theoretischen Wirkungsgrad von 16%, das letztere einen solchen von 16,5% aufweist. Zu dieser auf dem Prinzip der Wärmezufuhr bei möglichst hoher Temperatur beruhenden Verbesserung von 3% kommt nun die tatsächlich nachgewiesene Verbesserung des indizierten Wirkungsgrades um 28% hinzu, so daß die gesamte Verbesserung des thermodynamischen Wirkungsgrades 32% beträgt.

Man sieht also, daß in diesem Falle die Erwartungen, welche an den Vergleich der theoretischen Diagramme mit und ohne Überhitzung geknüpft werden mußten, von den tatsächlichen Ergebnissen weit übertroffen sind, was eben auf die geringere Wechselwirkung zwischen Dampf- und Zylinderwand zurückgeführt werden muß.

§ 30. **Untersuchung einer Verbundmaschine (Betriebsmaschine einer Zentrifugal-Kühlwasserpumpe) mit Naßdampf und Heißdampf.**

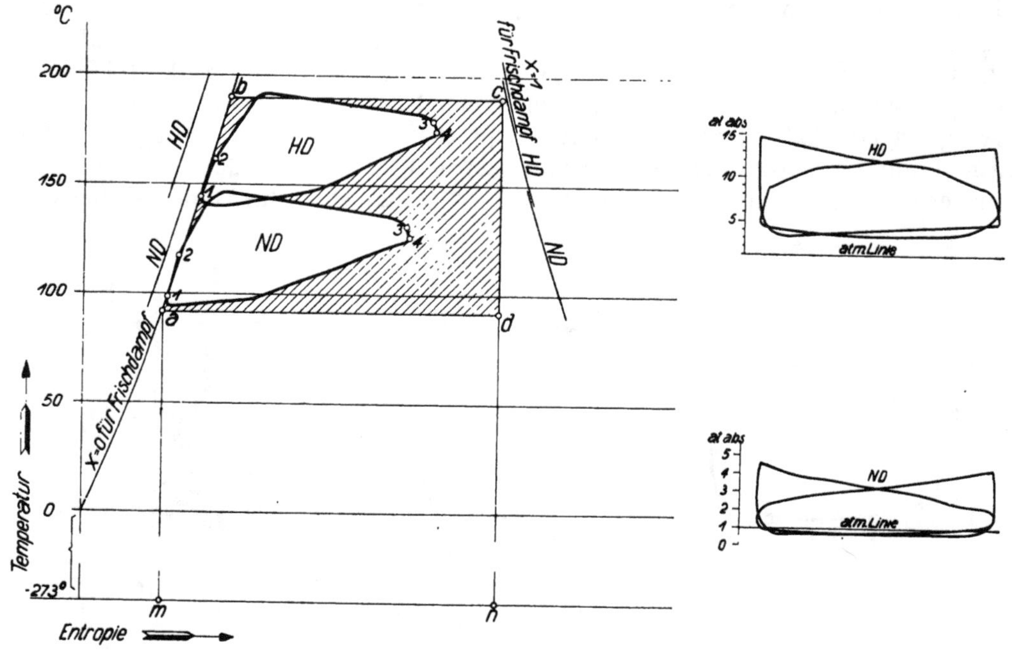
°C
200
150
100
50
0
-273°
Temperatur
Entropie
HD
ND
a
b
c
d
m
n
1
2
3
4
x=0 für Frischdampf
x=1 für Frischdampf
at abs
15
10
5
4
3
2
1
0
atm. Linie

Abb. 46.

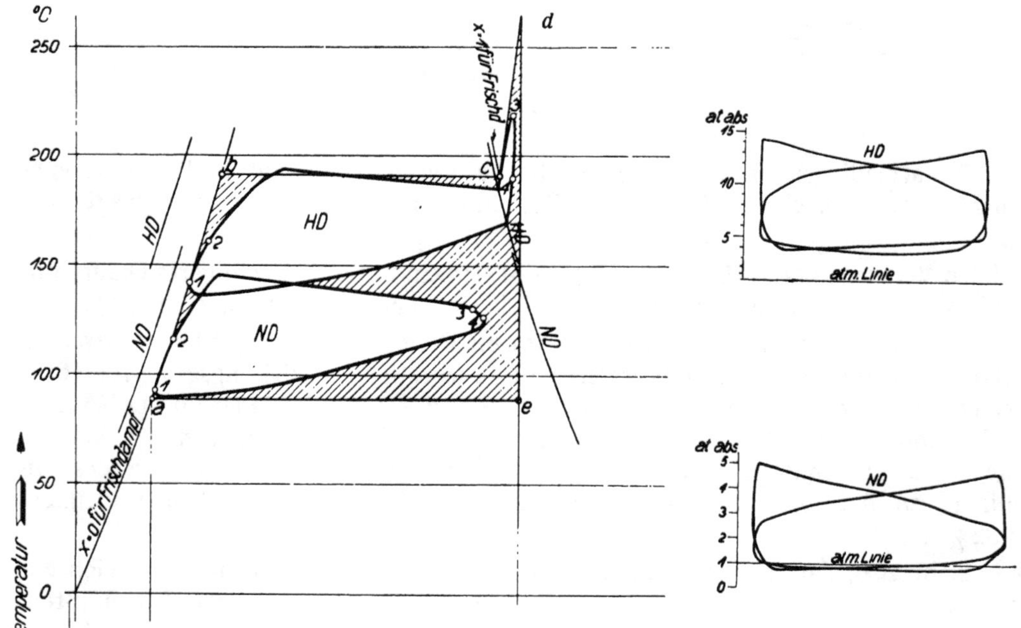
°C
250
200
150
100
50
0
-273°
Temperatur
Entropie
HD
ND
a
b
c
d
e
m
n
1
2
3
4
x=0 für Frischdampf
x=1 für Frischd.
at abs
15
10
5
4
3
2
1
0
atm. Linie

Abb. 47.

Hauptabmessungen:

Zylinderdurchmesser	250 · 435 mm
Zylinderverhältnis	1 : 3,03
Füllung im *HD*-Zylinder	ca. 75%
Gesamtexpansion	4,1 fach
Hub	250 mm
Kolbenstangendurchmesser *HD* und *ND* (Stange nicht durchgehend)	50 mm
Schädliche Räume in % des Hubvolumens:	
HD	20%
ND	10,25%

Indikatordiagramm und Wärmediagramm für Naßdampfbetrieb gehen aus Abb. 46, für Betrieb mit Heißdampf von 264⁰ Anfangstemperatur aus Abb. 47 hervor. Die Umlaufgeschwindigkeit betrug bei der Erprobung mit Naßdampf von 13,0 at. abs. ($x = 0{,}972$) 220 Uml./Min., die Leistung 176 PS_i, die Dampfmenge 2022 kg/st, bei der Erprobung mit Heißdampf von 13,2 at. abs. und 264⁰ C 218 Uml./Min. bzw. 175 PS^i bzw. 1310 kg/st. Der Gegendruck war bei beiden Versuchen 0,80 at. abs.

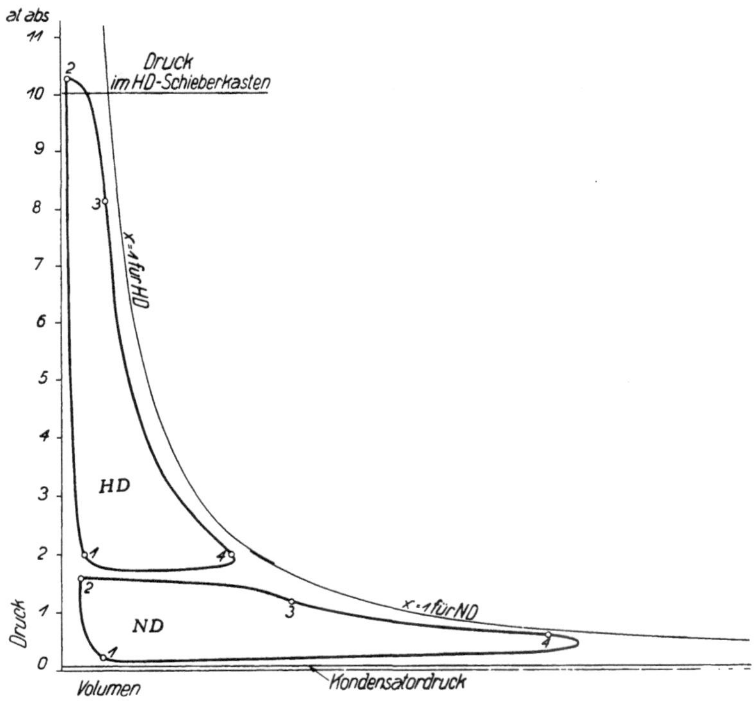

Abb. 48.

Der Wirkungsgrad des theoretischen Diagramms für den Versuch mit Naßdampf (Verhältnis der Fläche *abcd* zu Fläche *mabcn*) beträgt 19,4%, für denjenigen mit Heißdampf (Verhältnis derFläche *abcde* zu Fläche *mabcdn*) 19,9%. Der indizierte Wirkungsgrad stellt sich bei Naßdampfbetrieb auf 50,5%, bei Heißdampfbetrieb aber wesentlich günstiger, nämlich auf 68,5%, also um 35,5% höher. Die gesamte Verbesserung der Wirtschaftlichkeit von 39,2% ist also auch hier viel weniger auf die Wärmezufuhr bei höherer Temperatur als solche zurückzuführen, als auf die günstigere Ausnutzung des Dampfes im Betrieb.

§ 31. **Vergleichsversuche an einer stationären Compoundmaschine mit Naßdampf und Überhitzung.** Es ist lehrreich, den in § 29 und § 30 wiedergegebenen

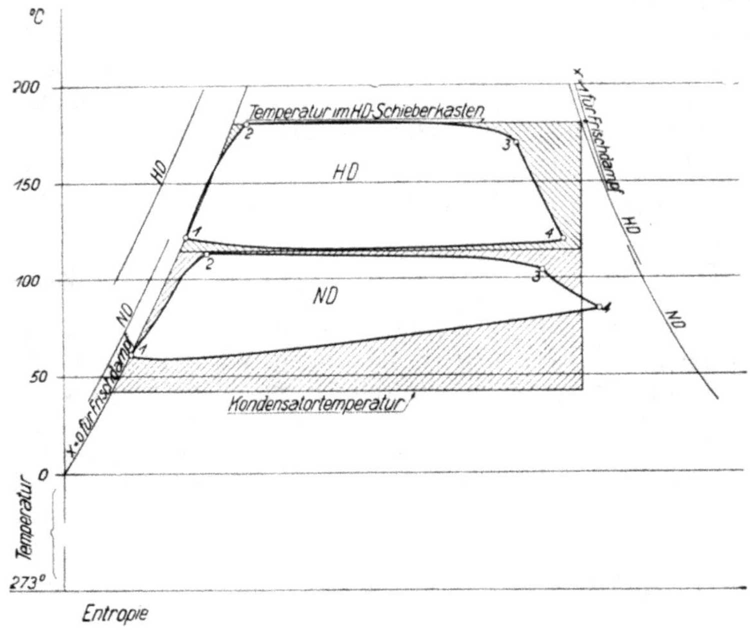

Abb. 49.

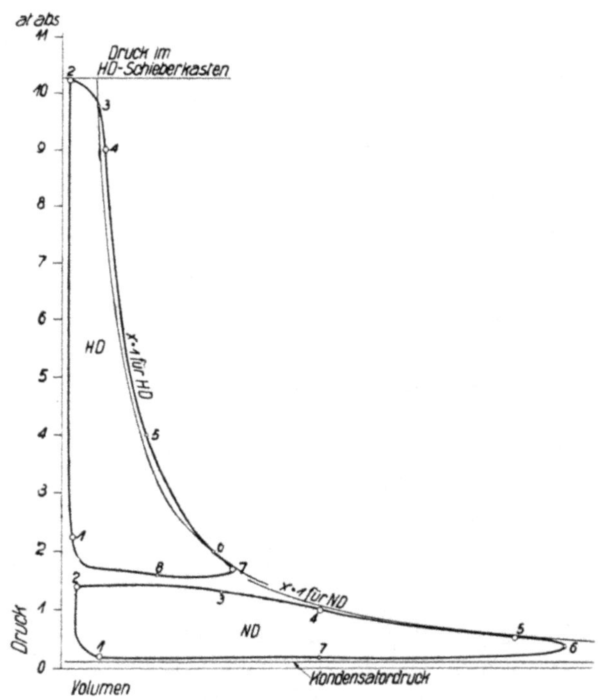

Abb. 50.

Betrachtungen von verhältnismäßig primitiv und nur nach dem Prinzip größter Betriebssicherheit konstruierten Maschinen diejenige einer hochwertigen stationären

Maschine gegenüberzustellen, bei deren Konstruktion zwecks Erzielung größtmöglicher Ökonomie alle Feinheiten des Maschinenbaues zur Anwendung kommen

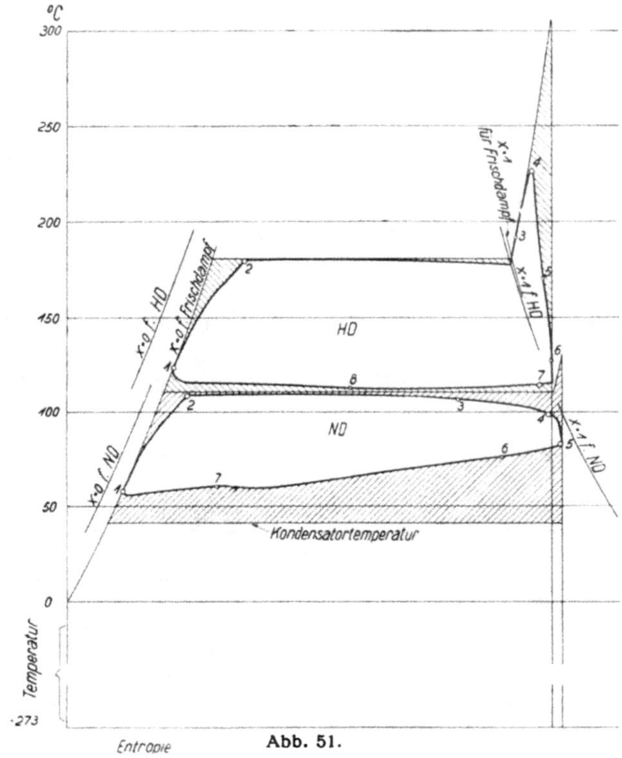

Abb. 51.

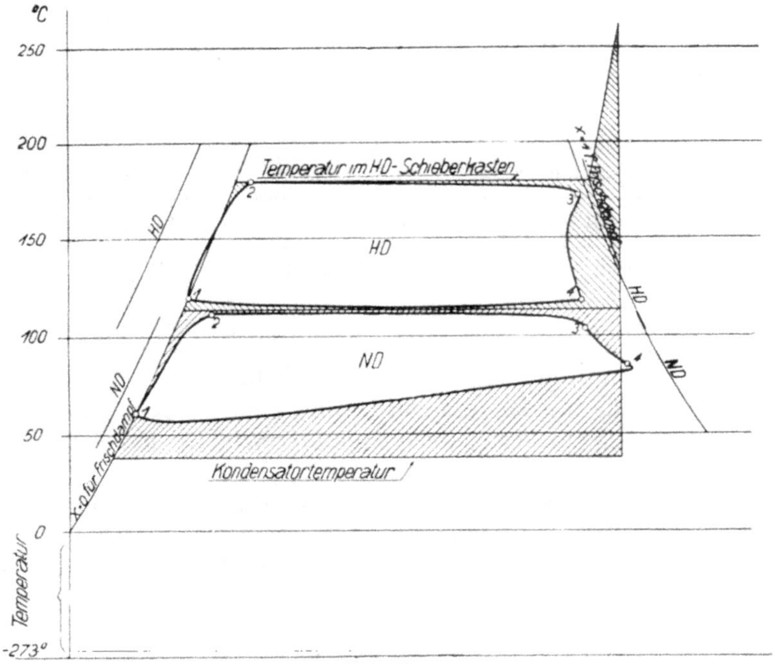

Abb. 52.

konnten. Die Indikator- und Wärmediagramme dieser Maschine für Naßdampfbetrieb zeigen unsere Abb. 48 und 49, für Heißdampfbetrieb Abb. 50, 51 und 52.

Es handelt sich um eine liegende Tandem-Compoundmaschine[1]) von folgenden Hauptabmessungen:

Durchmesser des Hochdruckzylinders	325 mm
Durchmesser des Niederdruckzylinders	560 mm
Zylinderverhältnis	1 : 2,97
Hub	850 mm
Schädliche Räume in % des Hubvolumens: *HD* .	3,75%
ND .	4,16%

Kolbenstangendurchmesser:

HD vorn 60 mm, nicht durchgehend
ND vorn 74 mm, *ND* hinten 60 mm.

Die Daten der den Diagrammen unserer Abbildungen zugrunde liegenden Versuche gehen aus folgender Tabelle hervor, in welcher zum Vergleich ein Heißdampfversuch für eine anfängliche Dampftemperatur von 352,8° C mit aufgenommen ist (ohne Diagramm).

	Versuch mit		
	Naßdampf	Heißdampf I	Heißdampf II
Leistung im *HD*-Zylinder	118,77 PS_i	129,32 PS_i	126,8 PS_i
Leistung im *ND*-Zylinder	100,26 PS_i	90,92 PS_i	87,33 PS_i
Umdrehungszahl pro Minute	126,4	126,4	126,9
Füllung im *HD*-Zylinder	ca. 23 %	ca. 24 %	ca. 23,5 %
Gesamtexpansion	ca. 13 fach	ca. 12,4 fach	ca. 12,7 fach
Admissionsspannung	10,33 at. abs.	10,47 at. abs.	10,28 at. abs.
Dampftemperatur	180,3°	306,4° C	352,8°
Vakuum	0,08 at. abs.	0,08 at. abs.	0,07 at. abs.
Dampfverbrauch pro PS_i und Stunde . . .	5,47 kg	4,46 kg	4,03 kg
Wirkungsgrad des theoretischen Diagramms	26,1 %	28,95 %	30,05 %
Indizierter Wirkungsgrad	66,4 %	70,6 %	72,8 %

Die Verbesserung des indizierten Wirkungsgrades durch die Überhitzung ist eine wesentlich geringere als in den beiden vorhergehenden Beispielen. Der Grund hierfür liegt darin, daß wir es hier mit einer Maschine zu tun haben, bei welcher zwecks Vermeidung starker Kondensationsverluste die schädlichen Räume (d. h. deren Oberflächen) sehr klein gehalten sind.

Um ganz allgemein auf den Zusammenhang zwischen der Größe des schädlichen Raumes und der Verbesserung des indizierten Wirkungsgrades durch die Überhitzung einzugehen ist hier Tabelle Nr. 2 eingefügt, in welcher diese Ziffern außer für die beiden behandelten Compoundmaschinen noch für zwei weitere Maschinen zusammengestellt sind.

[1]) Entnommen dem bereits erwähnten Aufsatz von M. Schröter und Dr.-Ing. Koob: „Untersuchungen einer von Van den Kerchove in Gent gebauten Tandemmaschine von 250 PS", Zeitschr. d. Vereins d. Ing. Jahrg. 1903, S. 1281, 1405 und 1488. Die Wirkungsgrade der obigen Tabelle sind nach den neuesten Dampftabellen korrigiert.

Tabelle Nr. 2.

	Schädl. Raum in %des Hubvol.			Dampf-temp.	Über-hitzg.	Verbesserung des indiz. Wirkungsgrades gegenüber Naßdampfbetrieb; in %
	HD-Zyl.	*MD*-Zyl.	*ND*-Zyl.	°C	°C	
Comp.-Masch. für Zirkulat.-Pumpe § 30	20,0	—	10,25	264	73	35,5
3fach Exp.-Masch. »Kong Gudröd«[1])	10,9	7.3	7,2	287	97	10
Stat. Compound-Masch. 250 PS-Kerchove § 31	3,75	—	4,16	306,4	125	6,33
Stat. Compound-Masch. 1000 PS-Sulzer[2])	9,9	—	8,95	285	104	5,5

Die Anordnung so kleiner schädlicher Räume, wie bei den stationären Ventilmaschinen, ist im Schiffsmaschinenbau, wo die betriebssicheren Schiebersteuerungen bevorzugt werden, im allgemeinen weder bei Hauptmaschinen noch bei Hilfsmaschinen möglich; um so mehr ist also im Schiffsmaschinenbau die Überhitzung wertvoll, denn sie zeigt, wie aus unserem Beispiel hervorgeht, sich um so wirksamer, je weniger bei der Konstruktion schädliche Oberflächen vermieden werden können.

Zurückkommend auf die Diagramme der stationären Compoundmaschine ist zunächst folgendes zu bemerken:

Die Maschine ist im Hochdruck- und Niederdruckzylinder mit Dampfmantel ausgerüstet. Infolgedessen findet in beiden Zylindern während der Expansion starke Wärmezufuhr statt, was sich im Wärmediagramm (Abb. 49) für Naßdampfbetrieb dadurch bemerklich macht, daß die Expansionslinie nicht als Adiabate vertikal, sondern unter Wärmezufuhr schräg nach rechts verläuft. Das Wärmediagramm bei Heißdampfbetrieb zeigt während der Expansionsperiode wesentlich geringere Wärmezufuhr; der Dampfmantel ist also hierbei weniger wirksam als bei Naßdampfbetrieb, was sich aus der geringeren Wärmeübergangszahl des überhitzten Dampfes erklärt.[3])

Des ferneren ist hervorzuheben, daß die vollständige Expansion im Hochdruckzylinder dem Wärmediagramm dieses Zylinders infolge Wegfalls des entsprechenden Verlustdreiecks eine fast rechteckige Form verleiht, so daß der Wirkungsgrad der Hochdruckstufe bei der vorliegenden Maschine als sehr günstig bezeichnet werden muß.

Wesentlich ungünstiger schneidet der Niederdruckzylinder ab. Die Ökonomie desselben ist zunächst beeinträchtigt durch die verhältnismäßig geringe Bemessung des Zylinderdurchmessers, welcher wohl aus Gründen der Kostenersparnis ein gewisses Maß nicht überschreiten durfte. Es entsteht hierdurch ein großes Verlustdreieck im Diagramm. Sodann aber trägt zu der Unwirtschaftlichkeit im Niederdruckzylinder auch der Umstand bei, daß das Vakuum gegenüber dem Stand im Kondensator eine starke Verringerung aufweist (beim Naßdampf-Diagramm 79% Vakuum gegenüber 92% im Kondensator, beim Heißdampf-Diagramm 79% Vakuum gegenüber 93%

[1]) Schiffbau 1919, S. 299, Watzinger, Die Anwendung des überhitzten Dampfes in Schiffskolbenmaschinen.

[2]) Z. d. V. d. I. 1902, M. Schröter, Untersuchung einer Tandem-Verbundmaschine von 1000 PS.

[3]) Bei den Versuchen wurde im *HD*-Zylinder bei Naßdampfbetrieb eine Kondenswassermenge von 41,7 kg/st festgestellt, gegenüber 3,0 bzw. 3,4 kg/st bei Betrieb mit überhitztem Dampf.

im Kondensator). An letzterem Mangel tragen offenbar die verhältnismäßig gering dimensionierten Querschnitte der Auslaßventile die Schuld. Bemerkt muß werden, daß die beiden vorstehend gekennzeichneten Mängel sich bei geringerer Belastung der Maschine viel weniger bemerkbar machen, und es war voraussichtiich die Absicht des Konstrukteurs, in erster Linie bei den Teillasten hohe Ökonomie zu erzielen, bei Volllast dagegen die letztere im Interesse der Verbilligung der Maschine zurückzustellen. In Abb. 52 ist ein weiteres Wärmediagramm für eine anfängliche Überhitzung des Dampfes auf 260° C wiedergegeben; dieses Diagramm zeigt für den Hochdruckzylinder eine besonders charakteristische Expansionslinie (vgl. § 14).

§ 32. **Untersuchung der Dreifach-Expansionsmaschine eines Schleppers bei verschiedenen Überhitzungsgraden.**

Hauptabmessungen[1]):

Zylinderdurchmesser	400 · 660 · 1100 mm
Hub	700 mm
Zylinderverhältnis	1 : 2,72 : 7,56
Schädliche Räume in % des Hubvolumens der zugehörigen Zylinder:	
HD	11,5%
MD	12,5%
ND	7,8%
Kolbenstangendurchmesser bei allen Zylindern (Stange nicht durchgehend)	100 mm
Kesseldruck	14 at. abs.

vgl. im übrigen hierzu § 87, woselbst auch Abbildungen dieser Maschine zu finden sind[2]).

Die Maschine wurde bei zwei verschiedenen Überhitzungsgraden untersucht; den nachstehenden Ermittlungen wurden zwei Diagrammsätze zugrunde gelegt, deren Hauptdaten die folgenden sind.

	Versuch mit höherer Überhitzung	Versuch mit geringerer Überhitzung
Leistung im *HD*-Zylinder	253 PS_i	258 PS_i
Leistung » *MD*- »	297 PS_i	271 PS_i
Leistung » *ND*- »	251 PS_i	257 PS_i
Leistung total	801 PS_i	786 PS_i
Druck im *HD*-Schieberkasten	13 at. abs.	13,3 at. abs.
Temperatur daselbst	314° C	250° C
Umdrehzahl	112	111,6
Füllung im *HD*-Zylinder	68%	68%
Füllung » *MD*- »	63%	61%
Füllung » *ND*- »	59%	61%
Gesamtexpansion	11,1 fach	11,1 fach
Druck im Kondensator	0,165 at. abs.	0,19 at. abs.
Barometerstand	768 mm	768 mm
Gemessene Dampfmenge pro Stunde	3400 kg	3930 kg
dto. pro PS_i und Stunde	4,24 kg	5,00 kg
Leistung des theoretischen Diagrammes *abcde*	1001 PS_i	1054 PS_i
Wirkungsgrad bezogen auf dieses	80%	74,6%

[1]) Die Anlage ist erbaut für die Deutsche Levante-Linie von den Vulcan-Werken Hamburg und Stettin A.G. im Jahre 1920. Die gleiche Maschine wurde für eine Anzahl kleinerer Frachtdampfer verwendet.

[2]) Vgl. auch »Werft und Reederei« 1921, Heft 4, S. 84.

Die Übertragung ins Wärmediagramm zeigen die Abb. 53 bis 56. Nach den verschiedenen im voraufgegangenen gemachten Auseinandersetzungen ist kaum eine weitere Erklärung nötig. Es handelt sich hier um eine Maschine, bei welcher unter Wahrung größter Einfachheit und Betriebssicherheit alle Konstruktionselemente nach dem Gesichtspunkt größter Wirtschaftlichkeit ausgebildet sind:

Überhitzung, relativ hohe Umdrehzahl, kleine schädliche Räume: daher geringe Wandwirkung.

Reichliche Zuströmorgane: daher geringer Druckabfall bei der Admission.

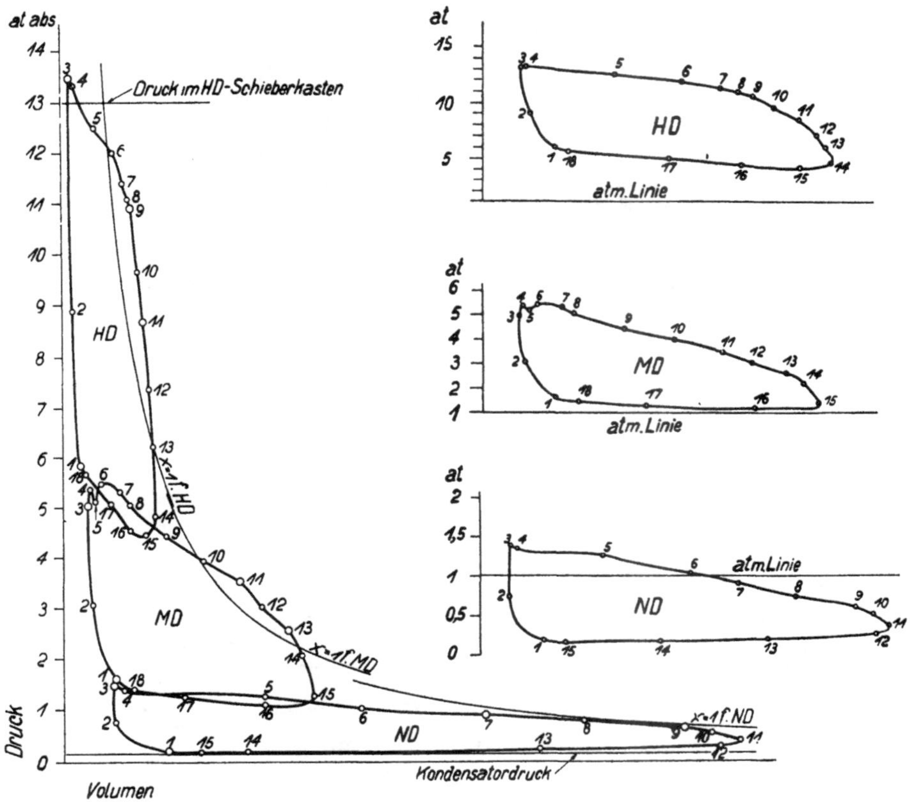

Abb. 53.

Günstiges Zylinderverhältnis: daher verhältnismäßig geringer Verlust durch unvollständige Expansion.

Weite Ausströmquerschnitte: daher geringer Druckunterschied zwischen *ND*-Zylinder und Kondensator.

Sehr erheblich ist die Zunahme der Wirtschaftlichkeit bei höherer Überhitzung; vgl. hierzu Tabelle Nr. 3 in § 34, aus welcher auch die Ersparnisse im Wärmeverbrauch hervorgehen, welche durch die Erhöhung der Überhitzung erzielt werden.

§ 33. **Wärmediagramme einer größeren Maschine mit dreifacher Expansion und Überhitzung für einen Fracht- und Passagierdampfer.** Abb. 57 und 58 zeigen die Indikatordiagramme und das Wärmediagramm einer der beiden Maschinen des Dampfers „Sierra Cordoba" des Norddeutschen Lloyd[1]).

[1]) Erbaut 1912/13 von den Vulcan-Werken Hamburg und Stettin A.G.

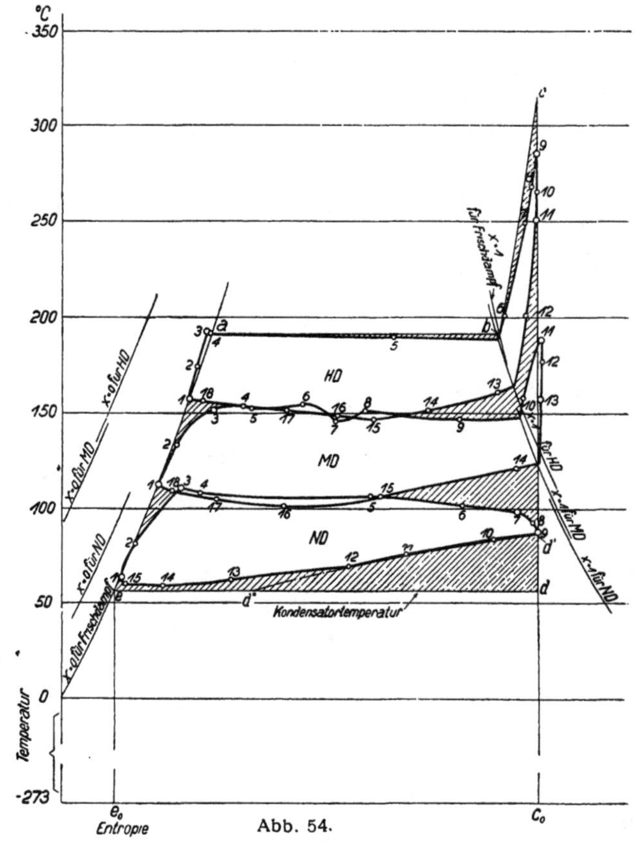

°C
Temperatur
Entropie
Kondensatortemperatur
HD
MD
ND

Abb. 54.

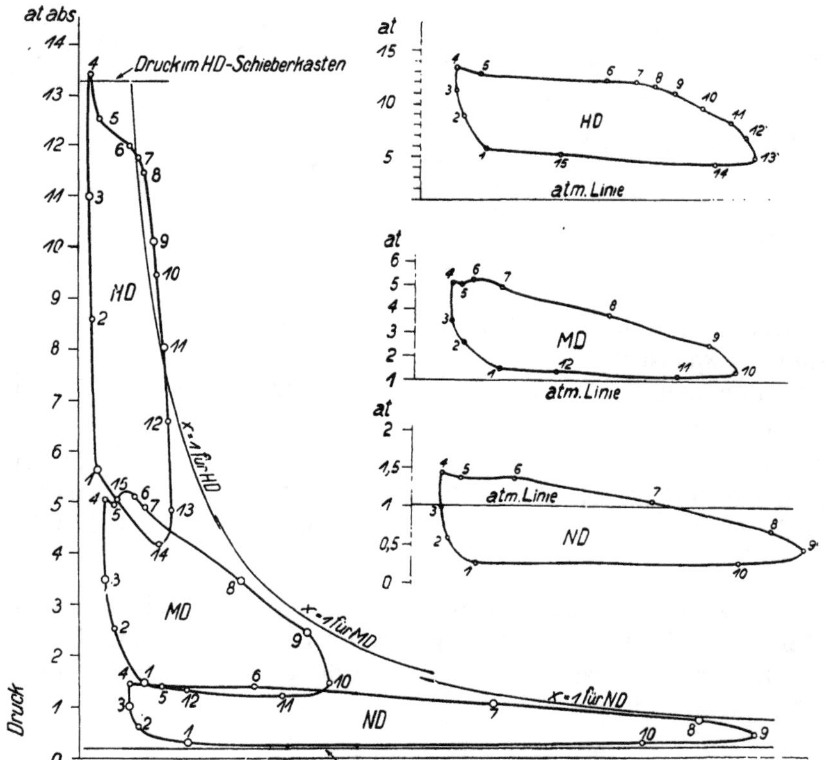

at abs
Druck im HD-Schieberkasten
Druck
Volumen
Kondensatordruck
HD
MD
ND
atm. Linie

Abb. 55.

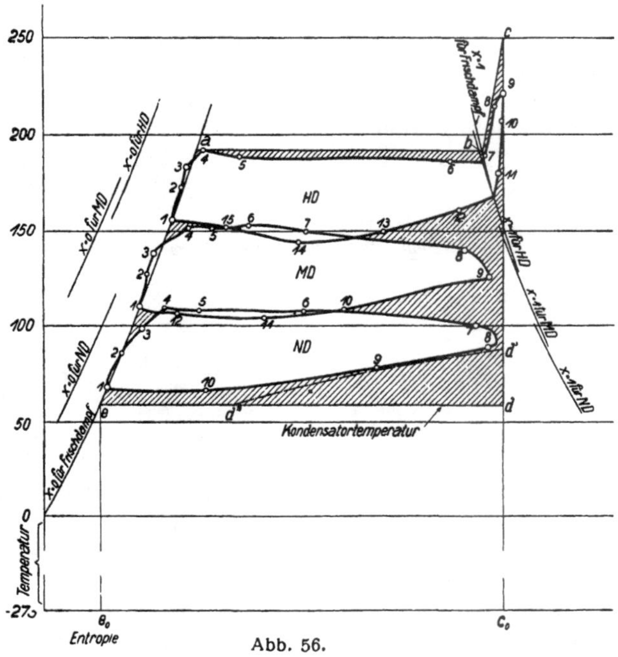

Temperatur
Entropie
Kondensatortemperatur
HD
MD
ND

Abb. 56.

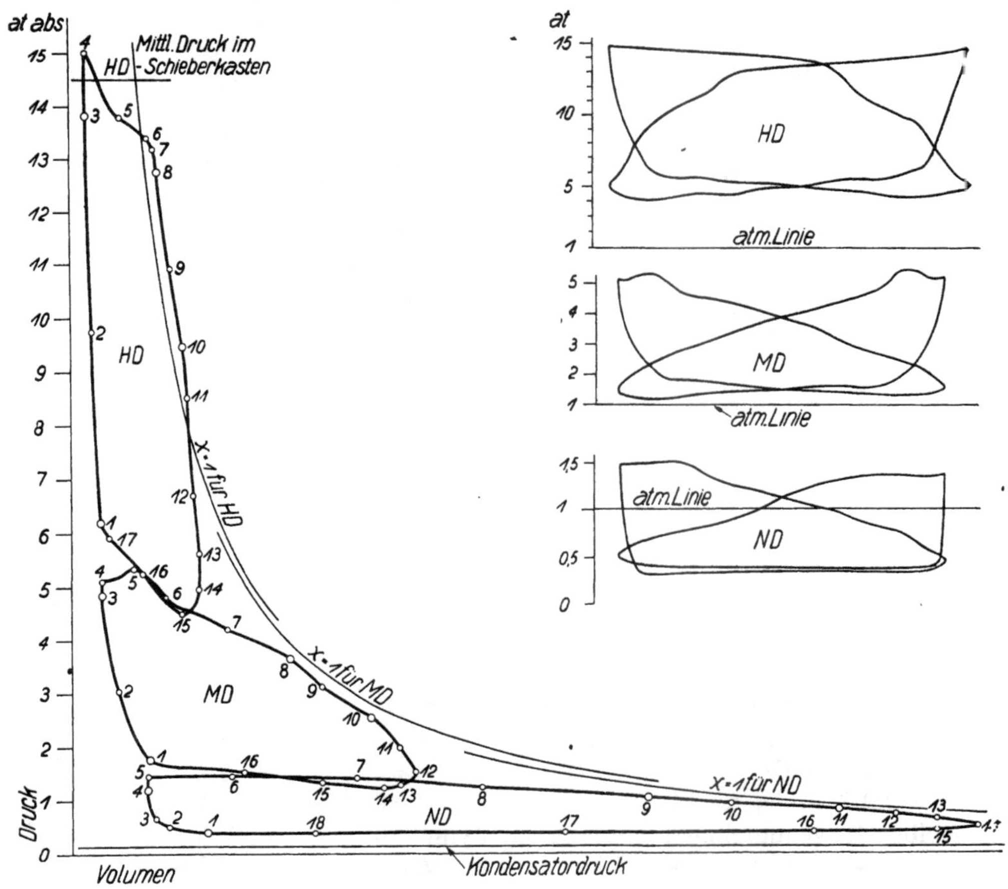

at abs
Mittl. Druck im HD-Schieberkasten
HD
MD
ND
x=1 für HD
x=1 für MD
x=1 für ND
Druck
Volumen
Kondensatordruck
at
atm.Linie

Abb. 57.

Hauptabmessungen:

Zylinderdurchmesser	610 · 1010 · 1650 mm
Zylinderverhältnis	1 : 2,74 : 7,32
Füllung im Hochdruckzylinder	ca. 64%
Gesamtexpansion	11,4fach
Hub	1250 mm

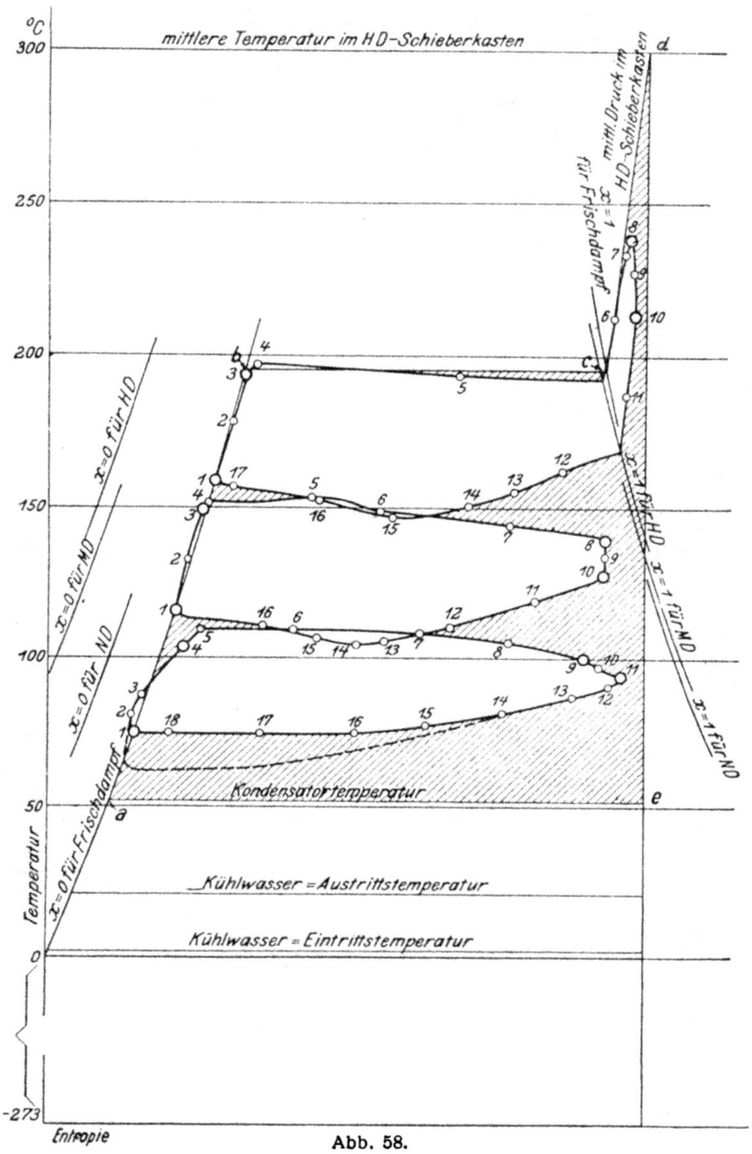

Abb. 58.

Schädliche Räume in % des Hubvolumens:

HD-Zylinder	11,3%
MD-Zylinder	10,2%
ND-Zylinder	8,9%
Kolbenstangendurchmesser: Bei allen Zylindern .	160 mm
ND-Zylinder hat oben eine Führung von . .	120 mm
Kesselspannung	14,9 at. abs.
Druck im Schieberkasten	14,5 at. abs.

Temperatur im Schieberkasten	299,4° C
Kondensatorspannung	0,14 at. abs.
Gesamtleistung	2070 PS_i
Umlaufzahl hierbei	72 Uml./Min.
Gemessene Dampfmenge pro Stunde	10400 kg
Gemessene Dampfmenge pro PS_i und Stunde . .	5,02 kg

In die Abdampfleitung dieser Maschine zwischen Niederdruckzylinder und Kondensator war ein Dampfentöler eingeschaltet, wie dies bei Maschinen mit Überhitzung, deren Hochdruckzylinder verhältnismäßig stark geschmiert werden, üblich ist. Auf die zu engen Durchflußquerschnitte dieses Entölers ist die recht erhebliche Verschlechterung des Vakuums im Zylinder gegenüber dem Kondensator zurückzuführen, welche die Ökonomie des Niederdruckzylinders recht ungünstig beeinflußt. Man sieht aus diesem Beispiel, welch großer Wert auf möglichst freien Dampfaustritt aus dem Niederdruckzylinder zu legen ist.

§ 34. Die **Ersparnis an Brennstoff durch Überhitzung** darf selbstverständlich nicht verwechselt werden mit der Ersparnis im Dampfverbrauch, denn es muß zur Überhitzung des Dampfes ein gewisser Mehrbetrag an Brennstoff aufgewendet werden. Nimmt man zunächst an, daß der Wirkungsgrad des Überhitzers demjenigen des Dampfkessels gleich sei, so ist die zur Erzeugung der Gewichtseinheit von überhitztem Dampf erforderliche Brennstoffmenge im Verhältnis der Erzeugungswärmen größer als für gesättigten Dampf.

Um also z. B. bei der Untersuchung einer Dampfmaschine mit oder ohne Überhitzung sich über das Verhältnis der Wirtschaftlichkeit beider Betriebsarten ein Bild machen zu können, muß der Wärmeverbrauch beider Betriebsarten pro PSi und Stunde in Vergleich gesetzt werden. Es ergibt sich dann für die im vorstehenden betrachteten 4 Vergleichsfälle das aus Tabelle Nr. 3 hervorgehende Bild. Es sei hier noch bemerkt, daß der Wärmeverbrauch pro PS_i und Stunde in einfacher Weise mit dem thermodynamischen Wirkungsgrad η_t des Prozesses zusammenhängt. Das Wärmeäquivalent für 1 PS-Stunde ist $\frac{75 \cdot 3600}{427} = 632.3$ WE pro Stunde; somit beläuft sich der Wärmeverbrauch W pro PS und Stunde für eine Maschine mit einem thermodynamischen Wirkungsgrad η_t auf $W = \frac{632,3}{\eta_t}$.

Tabelle Nr. 3.

Einfluß der Überhitzung auf Dampf- und Wärmeverbrauch bei verschiedenen untersuchten Kolbenmaschinen.

	Nr. des Versuchs	Dampfdruck at. abs.	Spez. Dampfmenge x bezw. Temperatur ° C	Dampfverbrauch kg pro PS_i u. Stunde	Wärmeinhalt i pro kg Frischdampf [1]) WE	Wärmeverbrauch [1]) pro PS_i u. Stunde in WE	Ersparnis im Dampfverbrauch % 2 gegen 1	Ersparnis im Wärmeverbrauch % 2 gegen 1
Duplexdampfpumpe vgl. § 29	1	13,0	0,963	24,0	651	15 624	—	—
	2	13,02	284°	16,35	721	11 790	31,8	24,5
Compoundmaschine für Zentrifugalpumpe vgl. § 30	1	13,0	0,972	11,5	656	7 540	—	—
	2	13,2	264°	7,49	710	5 315	34,8	29,8
Dreifach-Expans.-Fracht-Dampfermaschine »Kong Gudröd«, vgl. Schiffbau 1919	1	12,4	0,96	5,95	649	3 863	—	—
	2	12,46	287°	4,65	723	3 359	21,8	13,0

[1]) Bezogen auf eine Speisewassertemperatur von 0°.

Tabelle Nr. 3 (Fortsetzung). **Einfluß der Überhitzung auf Dampf- und Wärmeverbrauch bei verschiedenen untersuchten Kolbenmaschinen.**

	Nr. des Versuchs	Dampfdruck at. abs.	Spez. Dampfmenge x bzw. Temperatur °C	Dampfverbrauch kg pro PS_i u. Stunde	Wärmeinhalt i pro kg Frischdampf[1]) WE	Wärmeverbrauch[1]) pro PS_i u. Stunde in WE	Ersparnis im Dampfverbrauch % 2 gegen 1	Ersparnis im Wärmeverbrauch % 2 gegen 1
Dreifach-Expans.-Schleppermaschine »Adana«, vgl. § 32	1	13,3	250°	5,00	702,5	3 512	—	—
	2	13,0	314°	4,24	737	3 125	15,2	11,0
Stationäre Compoundmaschine v. 250 PS, vgl. § 31	1	10,33	x = 1	5,47	666,4	3 645	—	—
	2	10,47	306,4	4,46	734	3 272	18,5	10,2
	3	10,28	352,8	4,03	758	3 057	3 geg. 1: 26,3; 3 geg. 2: 9,6	3 geg. 1: 16,1; 3 geg. 2: 6,6
Stationäre Compoundmaschine von 1000 PS, vgl. Z. d. V. d. I. 1902 Schröter	1	10,82	x = 1	6,44	667,5	4 296	—	—
	2	10,62	285°	5,40	723	3 904	16,2	9,1

§ 35. **Die obere wirtschaftliche Grenze des Vakuums bei der Kolbenmaschine.** Während man beim Dampfturbinenantrieb wegen der weitgehenden Ausnutzbarkeit der Luftleere fast ohne jede andere Rücksicht das höchste erzielbare Vakuum anstreben kann, gibt es bei der Kolbenmaschine eine obere Grenze für die Wirtschaftlichkeit des Vakuums.

Auch über diese Frage gibt uns das Wärmediagramm in einfachster Weise Aufschluß. Ein Kolbenmaschinenprozeß (s. Abb. 59) werde einmal mit dem Gegendruck im Kondensator p_d, das andere Mal mit verbessertem Vakuum, d. h. mit dem Gegendruck p_d', durchgeführt, wobei, um den Vorgang prinzipiell klarzustellen, auf die Berücksichtigung des schädlichen Raumes, der Zylinderkondensation usw. verzichtet werden soll. Das theoretische Diagramm ist — die Maschine arbeite z. B. mit einer Gesamtexpansion von 1 : 5 (wie z. B. bei einer leichten Torpedobootsmaschine) — im ersteren Fall gleich der Fläche $eabcd$, im letzteren gleich der Fläche $e'abcd'$. Die gewonnene indizierte Leistung ist im zweiten Fall um die Fläche $ee'd'd$ größer als im ersten; dafür ist aber im zweiten Fall an Flüssigkeitswärme um den Betrag $e_0'e'ee_0$ mehr zuzuführen. (Hierbei ist die Annahme gemacht, daß die Temperatur des Speisewassers mit derjenigen im Kondensator übereinstimmt.)

Das Verhältnis der gewonnenen Arbeit zur aufzuwendenden Wärme wird im ersteren Fall (beim Gegendruck p_d) dargestellt durch das Verhältnis

$$\eta = \frac{e\,a\,b\,c\,d}{e_0 e\,a\,b\,b_0},$$

im zweiten Fall (beim kleineren Gegendruck p_d') durch das Verhältnis

$$\eta' = \frac{e'\,a\,b\,c\,d'}{e_0'\,e'\,a\,b\,b_0}.$$

Um auf Zahlenwerte überzugehen, sei für die Maschinenanlage des Torpedobootes

der Kesseldruck $p = 16$ at. abs.,
$p_d = 0{,}35$ at. abs.,
$p_d' = 0{,}1$ at. abs.,
die Gesamtexpansion $= 1 : 5$,
dann ergibt sich ein Wirkungsgrad $\eta = 18{,}64\%$
und $\eta' = 18{,}42\%$,

[1]) Bezogen auf eine Speisewassertemperatur von 0°.

d. h. die Erhöhung des Vakuums auf den Gegendruck p_d' hat keinen wirtschaftlichen Vorteil, sondern einen gewissen Nachteil gebracht, dies um so mehr, als ja auch bei höherem Vakuum die Leistung der Luftpumpe und Zirkulationspumpe sich etwas erhöht.

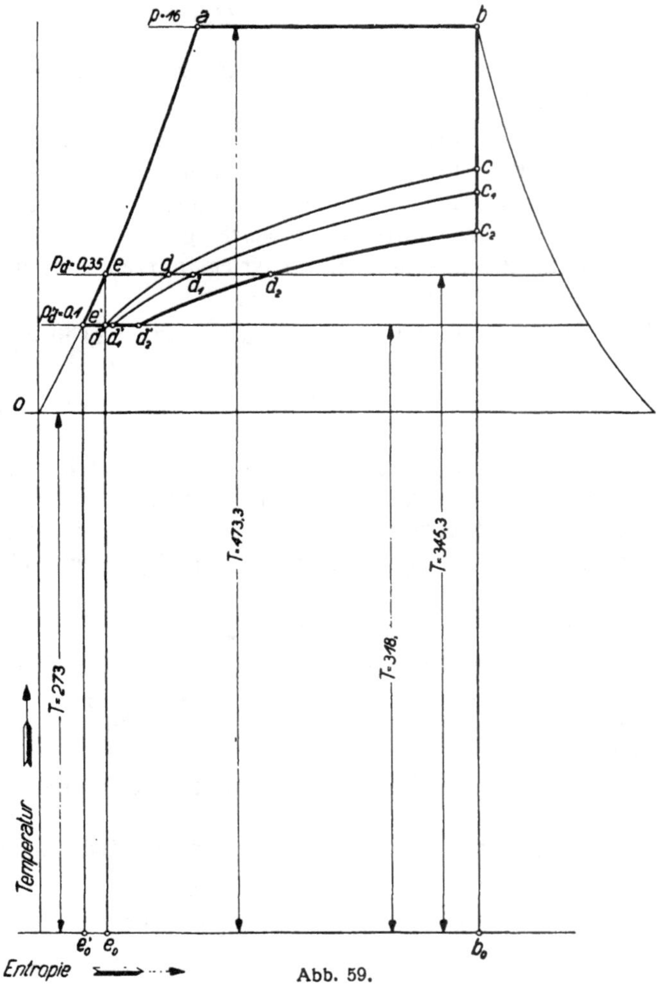

Abb. 59.

Die Verhältnisse verschieben sich, wenn die Maschine mit stärkerer Expansion bc_1 arbeitet, wie z. B. etwa bei der Maschine eines Linienschiffes von der Gesamtexpansion 1 : 7. In diesem Falle würde dem Wirkungsgrad bei höherem Gegendruck

$$\eta_1 = \frac{e\,a\,b\,c_1\,d_1}{e_0\,e\,a\,b\,b_0}$$

ein Wirkungsgrad bei niedrigerem Gegendruck p_d' von der Größe

$$\eta_1' = \frac{e'\,a\,b\,c_1\,d_1'}{e_0'\,e'\,a\,b\,b_0}$$

entgegenstehen. In Zahlen ausgedrückt, würden wir für die gleichen Druckgrenzen wie im ersten Beispiel erhalten

$$\eta_1 = 20{,}37\,\% \qquad \eta_1' = 20{,}33\,\%$$

d. h. es würde in unserem Falle der Wirkungsgrad durch die Verbesserung des Vakuums praktisch unverändert bleiben.

Wird die Expansion noch weiter getrieben, wie z. B. bei hochökonomischen Frachtdampfermaschinen üblich, bis auf ein Verhältnis von 1 : 13, entsprechend bc_2 in Abb. 59, so ergibt sich für den Gegendruck p_a ein Wirkungsgrad

$$\eta_2 = 22{,}95\,\%, \qquad \eta_2' = 23{,}51\,\%,$$

d. h. die Erhöhung des Vakuums um den vorgesehenen Betrag ergibt hier einen wenn auch kleinen wirtschaftlichen Vorteil.

Es ergibt sich aus obigem Beispiel allgemein, daß bei Maschinen mit hoher Gesamtexpansion, bei welchen das durch die unvollständige Expansion hervorgerufene Verlustdreieck im Niederdruckzylinder klein ist, die Verbesserung des Vakuums ohne die Gefahr einer Verminderung der Wirtschaftlichkeit weiter getrieben werden kann als bei Maschinen mit geringer Gesamtexpansion (z. B. für Kriegsfahrzeuge, namentlich Torpedoboote und andere leichte Fahrzeuge).

Da bei sehr hohem Vakuum die Strecke $e' - d'$ auch für die größte praktisch durchführbare Gesamtexpansion sehr klein wird, gibt es eine Grenze, bei welcher auch für diese eine weitere Erhöhung des Vakuums, rein theoretisch betrachtet, wirtschaftlich schädlich zu werden anfängt.

Wenn auch vorstehende Betrachtungen nützlich sind, um sich prinzipiell ein Bild über den Vorgang zu machen, so ergeben die bei der tatsächlichen Ausführung eintretenden Abweichungen vom theoretischen Prozeß so verschiedenartige Gesichtspunkte, daß es nicht möglich ist, allgemein gültige Regeln für die wirtschaftliche Grenze des Vakuums aufzustellen.

Nicht zu vergessen ist jedoch, daß in allen den Fällen, in welchen nicht anders verwertbare Abwärme (Abdampf der Hilfsmaschinen, Kondensat aus Rohrleitungen usw.) zur Vorwärmung des Speisewassers zur Verfügnng steht, vgl. § 36, die vorstehenden Betrachtungen korrigiert werden müssen bzw. ganz hinfällig sind, weil der Mehraufwand an Wärme zur Erhöhung der Speisewassertemperatur nicht besonders durch Aufwand von Brennstoff bestritten werden muß, sondern gewissermaßen umsonst von der Abwärme geliefert wird.

Durchschnittlich decken sich mit der bewährten Praxis etwa folgende Ziffern für die Höhe des Vakuums bei Kolbenmaschinenanlagen:

bei 5— 7	facher	Gesamtexpansion	75%
„ 7— 9	„	„	80%
„ 9—11	„	„	82%
„ 11—13	„	„	85%.

Ganz besonders muß aber darauf Bedacht genommen werden, daß das Vakuum im Niederdruckzylinder annähernd die Höhe erreicht, wie im Kondensator, denn, statt sich aufzuheben, addieren sich sonst die Nachteile des kälteren Speisewassers (wegen hohen Vakuums im Kondensator) und der geringeren Leistung (wegen des niedrigen Vakuums im Zylinder).

§ 36. **Die Vorwärmung des Speisewassers.** Bei fast allen Schiffsmaschinenanlagen ergeben sich im Betrieb Wärmequellen verhältnismäßig niedriger Temperatur, welche zur Verbesserung der Ökonomie der Anlage dadurch herangezogen werden können, daß aus denselben ein Teil der dem Speisewasser zuzuführenden Flüssigkeitswärme bestritten und also die Aufwendung von Brennstoff hierfür erübrigt wird. Wärmequellen, welche sich zur Bestreitung der Flüssigkeitswärme eignen, sind in erster Linie der Abdampf der gesondert betriebenen Hilfsmaschinen, Entwässerung von Rohrleitungen bzw. mit Dampf gefüllten Räumen usw.

Hiervon ist am wichtigsten die Verwertung des Abdampfes der Hilfsmaschinen, welche, wie wir sehen werden, für die Ökonomie der Anlage von wesentlicher Bedeutung ist und gleichzeitig den Vorteil bietet, daß die langen und komplizierten Abdampfleitungen der Hilfsmaschinen, — da sie Abdampf verhältnismäßig hohen Druckes führen, — ziemlich klein gehalten werden können.

Diese Ausnutzung des Hilfsmaschinenabdampfes ist eine so ökonomische Maßnahme, daß es kaum möglich ist, eine Antriebsart der Hilfsmaschinen zu ersinnen, welche wirtschaftlicher ist als der übliche Dampfantrieb derselben in Verbindung mit der genannten Abdampfverwertung. Näheres hierüber ist in Anhang II zu finden.

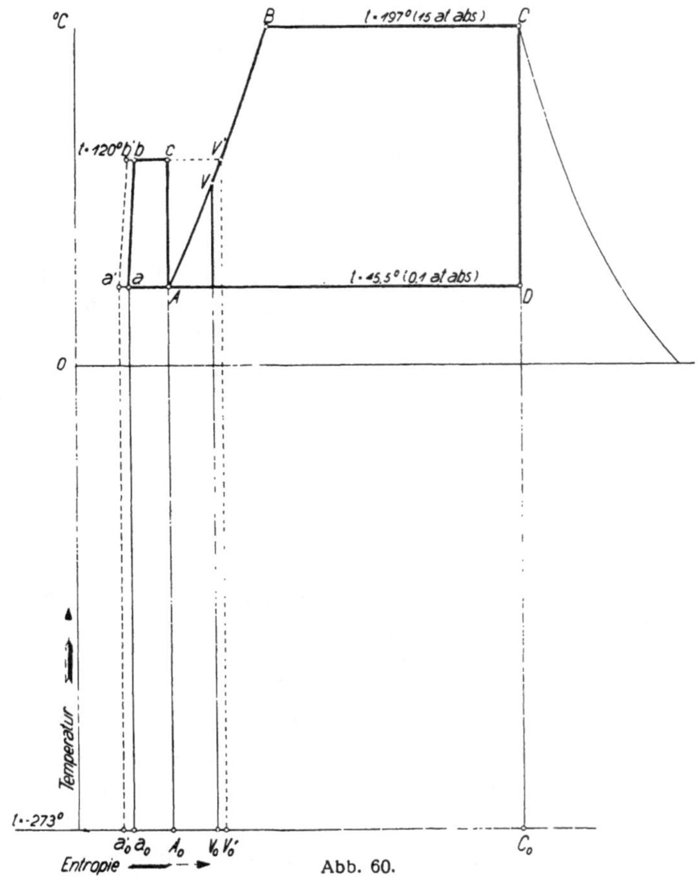

Abb. 60.

§ 37. **Die Vorwärmung des Speisewassers durch den Abdampf der Hilfsmaschinen.** Der in der Praxis zur Verfügung stehende Abdampf der Hilfsmaschinen besitzt in der Regel eine Temperatur von etwa 100 bis 120°, entsprechend einem Druck von 1 bis 2 at. abs.; das zur Verfügung stehende Quantum hält sich im allgemeinen in den Grenzen von 10 bis 20% des Dampfverbrauches der Hauptmaschine allein; vgl. § 53.

Der Vorgang der Speisewasservorwärmung durch den Abdampf der Hilfsmaschinen ist in dem Wärmediagramm Abb. 60 schematisch an Hand eines Zahlenbeispiels dargestellt. Der Dampfmaschinenprozeß spielt sich zwischen $T = 470$ (15 at. abs.) und $T = 318{,}5$ (0,1 at. abs.) ab, wobei angenommen wird, daß der zur Verfügung stehende Dampf trocken gesättigt sei. Das theoretische Diagramm der Dampfmaschine ist also durch die Fläche $ABCD$ dargestellt. Der zur Verfügung stehende Hilfsmaschinenabdampf in einer Quantität von 13% des Dampfverbrauches der Hauptmaschine besitze eine Temperatur von 120° C und eine spezifische Dampfmenge von 75%. Sein Wärmeinhalt gerechnet von Kondensatortemperatur wird durch das kleine Wärmediagramm $a_0 a b c A_0$ dargestellt. Diese gesamte Wärmemenge wird an das Speisewasser des Hauptmaschinenprozesses übertragen, welches hierdurch bis zu dem auf der Flüssigkeits-Grenzkurve liegenden Punkt V, entsprechend einer Temperatur von 106,1° vorgewärmt wird. Die Lage des Punktes V ergibt sich aus der Gleichheit der Flächen $a_0 a b c A_0$ und $A_0 A' V V_0$.

Der thermodynamische Wirkungsgrad des theoretischen Diagrammes für den Hauptprozeß ist

$$\eta = \frac{A B C D}{A_0 A B C C_0} = \frac{180{,}8}{624{,}8} = 28{,}9\,\%.$$

Nimmt man an, daß der Hilfsmaschinenabdampf dem Prozeß zugute kommt, ohne demselben als aufgewendete Wärme angerechnet zu werden, so wird die aufzuwendende Wärme um die Fläche $A_0 A V V_0 = 61{,}1$ WE verkleinert, während die in Arbeit umgewandelte Wärme dieselbe bleibt. Wir erhalten also jetzt einen Wirkungsgrad

$$\eta = \frac{180{,}8}{563{,}7} = 32{,}1\,\%.$$

Lassen wir dagegen den Hilfsmaschinenabdampf in einer besonderen Maschine oder aber auch durch Einführung in die Hauptmaschine einen Prozeß von der Gestalt $a b c A$ durchmachen, so erhalten wir — wenn der Hilfsmaschinenabdampf uns nicht als aufzuwendende Wärme angerechnet wird — einen Zuwachs der in Arbeit verwandelten Wärme gleich dem Flächeninhalt $a b c A = 10{,}5$ Kal. und somit einen Wirkungsgrad von

$$\eta = \frac{191{,}3}{624{,}8} = 30{,}7\,\%.$$

Derselbe ist also geringer als bei der Ausnutzung der Abwärme der Hilfsmaschinen im Vorwärmer.

Aus der Darstellung des Vorganges in Abb. 60 ergibt sich, daß bei gegebener Temperatur und spez. Dampfmenge nur ein bestimmtes größtes Abdampfquantum zur Vorwärmung einer bestimmten Speisewassermenge ausgenutzt werden kann. Die Grenze ist theoretisch dann erreicht, wenn bei Gleichheit der Flächen $a_0 a b c A_0$ und $A_0 A V V_0$ der Punkt V auf der gleichen Temperaturhöhe liegt wie $b c$. Dieser Fall ist in der Abbildung durch punktierte Linien angedeutet. Er tritt hier ein, wenn der Abdampf bei z. B. gleicher Dampfnässe, wie oben angenommen, die durch die Fläche $a_0' a' b' c A_0$ gekennzeichnete Quantität (16% des Hauptmaschinendampfes) besitzt.

Enthält der Hilfsmaschinenabdampf eine größere Wärmemenge als die durch vorstehende Beziehung gekennzeichnete und will man denselben im vollen Umfange zur Speisewasservorwärmung heranziehen, so bleibt nichts übrig, als entweder alle Hilfsmaschinen mit höherem Gegendruck zu betreiben, oder aber die Hilfsmaschinen in z. B. 2 Gruppen zusammenzufassen, deren eine mit höherem Gegendruck betrieben wird. Beide Maßnahmen haben sich in der Praxis noch nicht eingebürgert, da sie bei ihrer Verwirklichung gewisse Schwierigkeiten hervorrufen; vielmehr hat man bisher in den Fällen, in welchen Hilfsmaschinenabdampf in überreichlicher Menge vorhanden war, denselben sehr zum Schaden der Wirtschaftlichkeit direkt in den Kondensator geleitet oder, bei Turbinenanlagen, in eine passende Stufe der Hauptturbine eingeführt, vgl. Anhang III

§ 38. **Die Vorwärmung des Speisewassers durch die Hilfsmaschinen als Fall von Wärmeregeneration betrachtet.** Wenn die auf dem Schiff untergebrachten Hilfsmaschinen, deren Dampf ja in der gleichen Kesselanlage wie der der Hauptmaschine erzeugt wird, mit letzterer in einen gemeinsamen ideellen Prozeß einbezogen werden, so kann man die Verwertung des Hilfsmaschinenabdampfes zur Vorwärmung des Speisewassers so auffassen, wie wenn aus dem Gesamtprozeß bei einer gewissen Temperaturstufe (der Temperatur des Hilfsmaschinenabdampfes) eine gewisse Menge (gleich dem Gewicht des Hilfsmaschinenabdampfes) abgezapft worden wäre, welche Dampfmenge alsdann zur Vorwärmung des Speisewassers ausgenutzt wird. Man bezeichnet diese Maßnahme, auf welche im folgenden näher eingegangen werden soll, auch als „Wärmeregeneration".

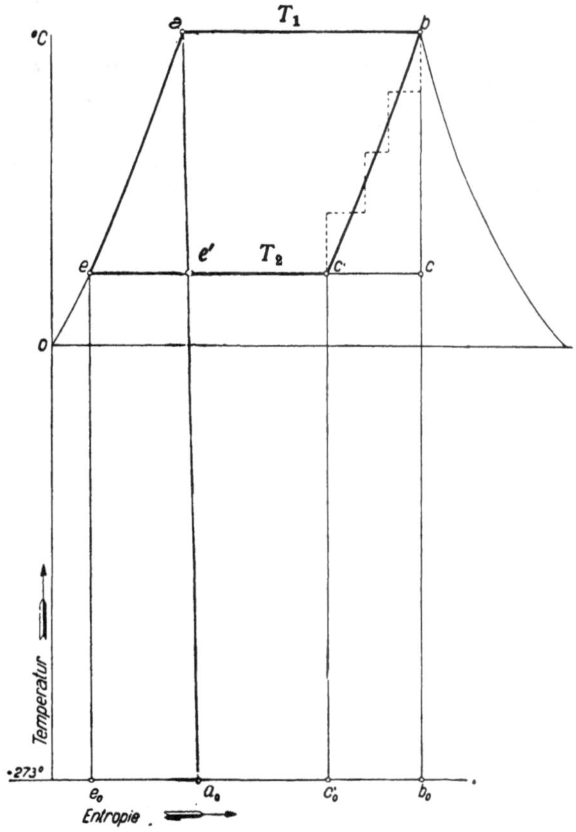

Abb. 61.

§ 39. **Die Abzapfung von Dampf zwecks Vorwärmung des Speisewassers.** Gegeben sei ein Dampfmaschinenprozeß zwischen den Temperaturgrenzen $T_1 = 470$ und $T_2 = 318{,}6$, dargestellt im Wärmediagramm in Abb. 61. Der thermodynamische Wirkungsgrad des theoretischen Diagrammes dieses Prozesses ist bezogen auf Speisewasser von Kondensatortemperatur

$$\eta = \frac{e\,a\,b\,c}{e_0\,e\,a\,b\,b_0} = \frac{180{,}8}{624{,}8} = 28{,}9\,\%.$$

Man läßt nun die Expansion nicht längs der Adiabate bc, sondern unter kontinuierlicher Abzapfung von Dampf, entsprechend steter Wärmeentziehung im Diagramm, längs der Kurve bc', welche dem Stück der Flüssigkeits-Grenzkurve ea parallel ist, erfolgen. Den abgezapften Dampf benutzen wir zur Vorwärmung des Speisewassers, so daß die entzogene Wärmemenge $c_0'c'b\,b_0$ gleich der benötigten Flüssigkeitswärme e_0eaa_0 wird. Dann erhalten wir als in Arbeit umgesetzte Wärme nur das Parallelogramm $eabc'$, haben aber an Wärme von außen nur die Verdampfungswärme a_0abb_0 zuzuführen. Der Wirkungsgrad des Prozesses wird nunmehr

$$\eta = \frac{e\,a\,b\,c'}{a_0\,a\,b\,b_0} = \frac{151{,}6}{470{,}2} = 32{,}25\,\%$$

also um 11,6% günstiger als ohne die Wärmeregeneration. Der Wirkungsgrad des Prozesses mit Abzapfung ist, wie leicht einzusehen (Flächengleichheit von $eabc'$ und $e'abc$), derselbe wie bei einem zwischen den gleichen Temperaturgrenzen T_1 und T_2 ausgeführten Carnotschen Prozeß $e'abc$.

In der Praxis wird man die Wärmeentnahme natürlich nur stufenweise ausführen können; schematisch ist dies in Abb. 61 für eine dreimalige Abzapfung durch die punktierte treppenförmige Linie veranschaulicht.

Eingehender soll auf den Prozeß der Wärmeregeneration und seine wirtschaftlichen Vorteile bei Schiffsmaschinenanlagen in Anhang III zurückgekommen werden.

Zweiter Teil.

Berechnung der Hauptabmessungen der Kolbendampfmaschinen.

Abschnitt I.

Die praktische Berechnung der Zylinderdimensionen für Kolbenmaschinen.

§ 40. **Einleitung.** In den folgenden Paragraphen werden die im vorhergehenden Teil gebrachten Auseinandersetzungen über den theoretischen Dampfmaschinenprozeß kaum Erwähnung finden; es handelt sich vielmehr jetzt darum, die Methoden zu besprechen, nach welchen in der Praxis die Hauptdimensionen der Schiffskolbenmaschinen festgelegt zu werden pflegen. Dies geschieht unter Benutzung von Erfahrungskoeffizienten, welche den üblichen Abweichungen vom theoretischen Prozeß Rechnung tragen und in vielen Fällen auf einfachstem Wege richtige Ergebnisse liefern. Derjenige Konstrukteur aber, welcher namentlich bei wichtigeren und ungewöhnlichen Anlagen sicher sein will, keinen Irrtum zu begehen und die bestmöglichen Verhältnisse zu finden, wird nicht umhin können, die aus solchen Erfahrungszahlen gewonnenen Ergebnisse nach den im vorigen Teil erläuterten theoretischen Gesichtspunkten zu kontrollieren.

§ 41. **Berechnung aus dem mittleren Druck.** Handelt es sich darum, für Projekte rasch die Zylinderdimensionen von (doppeltwirkenden) Kolbenmaschinen festzulegen, so bedient man sich am besten einer erfahrungsmäßig festgestellten Ziffer für den mittleren Druck p_m, bezogen auf den *ND*-Zylinder, vgl. § 12 u. 13. Die mittlere Kolbengeschwindigkeit c liegt für jeden bestimmten Schiffstyp und jede Maschinenleistung im allgemeinen zwischen ziemlich engen Grenzen fest, ebenso wie die Umdrehungszahl pro min. Es ist somit auch der Hub durch die Beziehung $c = \frac{s \cdot n}{30}$ gegeben. Der Durchmesser D des *ND*-Zylinders ergibt sich dann ohne weiteres aus der indizierten Maschinenleistung

$$N_i = \frac{D^2 \pi p_m}{4} \cdot \frac{s \cdot n}{30 \cdot 75}.$$

Dieses Verfahren ist selbstverständlich nur anwendbar, wenn einwandfreie Fahrtresultate von Schiffsmaschinen vorliegen, welche in jeder Hinsicht der zu projektierenden Maschine sehr ähnlich sind, und ist dann natürlich gleichzeitig das sicherste, da ja in der Größe des mittleren Druckes der Einfluß von Bauart, Gesamtexpansionsgrad, Kolbengeschwindigkeit, Art der Steuerung usw. zum Ausdruck kommt.

Um dem Einfluß der Kesselspannung p auf den mittleren Druck Rechnung zu tragen, ist es zweckmäßig, das Verhältnis $\frac{p_m}{p}$ zum Ausgangspunkt dieser Rechnungsweise zu nehmen. Nachstehende Tabelle für das Verhältnis $\frac{p_m}{p}$, welche gleichzeitig den Hub s, die Umdrehungszahl n und die Kesselspannung für verschiedene Schiffstypen enthält, gibt Anhaltspunkte für die Wahl dieser Größen[1]). Der Durchmesser des Niederdruckzylinders ergibt sich aus denselben durch die Beziehung

$$\frac{D^2\pi}{4} = \frac{N_i \cdot 75 \cdot 30}{p_m \cdot s \cdot n} = \frac{N_i \cdot 75}{p_m \cdot c}.$$

Die Durchmesser der anderen Zylinder finden sich aus den Erfahrungszahlen über die Zylinderverhältnisse § 45.

Tabelle Nr. 4.

Umdrehungszahl, Hub, Kolbengeschwindigkeit, Kesselspannung und $\frac{p_m}{p}$ für verschiedene Schiffsmaschinentypen.

Typ der Maschine	Umdrehungszahl n pro Min.	Hub s in mm	Kolbengeschwindigkeit c in m/sec	Kesselspannung p at. abs.	$\frac{p_m}{p}$
Torpedoboote und Torpedojäger	300—400	400— 550	5—6	17—20	0,24—0,27
Pinassen, Beiboote	250—380	150— 200	1,5—2,5	11—13	0,24—0,27
Kleine Schlepper	180—250	200— 300	1,5—2,5	11—14	0,2 —0,25
Kleine Passagierdampfer	150—200	280— 500	2—3	11—14	0,18—0,23
Große Schlepper und Fischdampfer	100—160	300— 700	2—3,5	11—14	0,16—0,22
Leichte Kreuzer	120—180	600— 900	3,5—5	17—20	0,19—0,23
Panzerkreuzer	100—150	900—1100	4—5	17—20	0,15—0,20
Panzerschiffe	100—120	950—1300	4—4,5	17—20	
Schnelldampfer	75— 95	1600—1850	4—4,8	16—17	0,14—0,17
Große Dampfer für Fracht und Passagiere	70— 90	1300—1500	3,5—4,5	13—16	0,15—0,17
Kleine Frachtdampfer	95—130	650— 900	3—3,8	12—16	0,14—0,16
Große Frachtdampfer	70— 85	900—1400	3,5—4,0	13—16	0,14—0,15

Speziellere Angaben über die in vorstehender Tabelle enthaltenen Größen sind aus der in § 49 folgenden Tabelle ausgeführter Schiffmaschinen zu entnehmen.

§ 42. **Feststellung des mittleren Druckes mittels des Völligkeitsgrades.** Um den mittleren Druck auf Grund der gegebenen Kesselspannung und Gesamtexpansion genauer vorausbestimmen zu können, hat man sich früher vielfach des sog. „Völligkeitsgrades“, auch Steuerungskoeffizient genannt, bedient. Letzterer gibt das Verhältnis zwischen der Fläche des tatsächlich zu erwartenden Indikatordiagrammes und eines ideellen Diagrammes (Hilfsdiagramm) an, welches sich ergeben würde, wenn

1. während der ganzen Admission der eintretende Frischdampf Kesselspannung besitzen würde,
2. die Expansionskurve eine gleichseitige Hyperbel wäre (vgl. § 18),
3. der Dampf aus dem *ND*-Zylinder ins absolute Vakuum ausströmte,

[1]) Wo man nicht auf Grund ausreichender Erfahrungen ganz sicher ist, daß die gegebene oder gewählte Umdrehungszahl günstige Propellerverhältnisse liefert, ist es notwendig, sich über diese Frage besonders Klarheit zu verschaffen. Vgl. hierzu die Berechnung der Propeller.

4. weder schädlicher Raum und Kompression noch Vorausströmung vorhanden wäre und
5. sonst keinerlei Verluste, wie z. B. durch Wandwirkung, Drosselung des Dampfes, Undichtigkeit der Schieber oder Kolben usw. eintreten würden.

Man berechnet mit Hilfe von Tabellen nun zunächst den sog. „theoretischen" mittleren Druck p_t dieses Hilfsdiagrammes und gewinnt aus demselben durch Multiplikation mit dem sog. Völligkeitsgrad k den mittleren Druck p_m, welcher der Leistungsberechnung zugrunde gelegt wird.

Die Arbeit des Hilfsdiagrammes ergibt sich, unter Bezugnahme auf Abb. 62, wie folgt: Die gesamte Arbeit des Diagrammes *eabcd* setzt sich zusammen aus der Arbeit der Admissionsperiode *eabf* und aus derjenigen der Expansionsperiode *fbcd*. Die erstere ist gleich $p \cdot \varepsilon s = p \cdot a$, die letztere ist

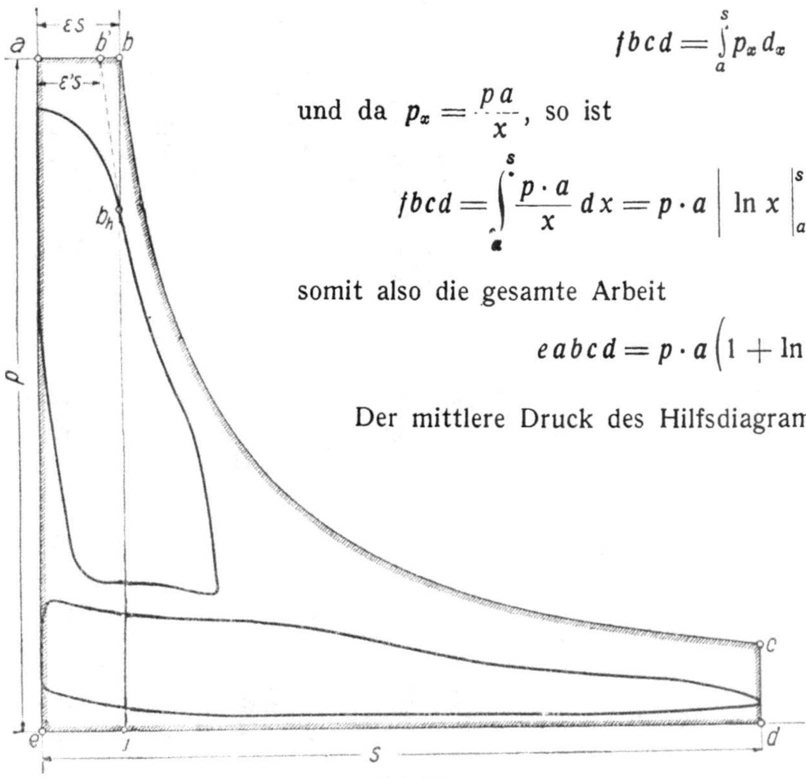

Abb. 62.

$$fbcd = \int_a^s p_x d_x$$

und da $p_x = \frac{p\,a}{x}$, so ist

$$fbcd = \int_a^s \frac{p \cdot a}{x} dx = p \cdot a \left| \ln x \right|_a^s = p \cdot a \ln \frac{s}{a},$$

somit also die gesamte Arbeit

$$eabcd = p \cdot a \left(1 + \ln \frac{s}{a}\right).$$

Der mittlere Druck des Hilfsdiagrammes ist also

$$p_t = \frac{p \cdot a}{s} \cdot \left(1 + \ln \frac{s}{a}\right)$$

und, wenn statt des Quotienten $\frac{a}{s}$ der Füllungsgrad ε eingeführt wird,

$$p_t = p \cdot \varepsilon \left(1 + \ln \frac{1}{\varepsilon}\right).$$

Dieses Hilfsdiagramm wird für Mehrfach-Expansionsmaschinen ebenso benutzt wie für Einzylindermaschinen, nur bedeutet bei ersteren ε den Gesamtfüllungsgrad, d. h. also das Verhältnis des bis zum Abschluß der Füllung durchlaufenen *HD*-Zylindervolumens zum Volumen des *ND*-Zylinders. Bezeichnen wir das Zylinderverhältnis (Verhältnis der Querschnittsfläche des *ND*-Zylinders zu derjenigen des *HD*-Zylinders) mit m, den Füllungsgrad des *HD*-Zylinders mit ε_h, so ist der Gesamtfüllungsgrad $\varepsilon = \frac{\varepsilon_h}{m}$.

Den Koeffizienten $\frac{1}{\varepsilon}$ bezeichnet man meistens als Expansionsgrad, bei Mehrfach-Expansions-Maschinen als Gesamtexpansionsgrad oder Gesamtexpansion, vgl. § 45. Zur einfachen Ermittlung der mittleren Drücke p_t bzw. deren Verhältnis zur Kesselspannung p dient folgende Tabelle:

Tabelle Nr. 5.

Theoretische mittlere Dampfdrücke, bezogen auf die Kesselspannung

Werte von $\frac{p_t}{p} = \varepsilon\left(1 + \ln \frac{1}{\varepsilon}\right)$

Gesamt-Expansion $\frac{1}{\varepsilon}$	Gesamt-Füllung ε	$\frac{p_t}{p}$	Gesamt-Expansion $\frac{1}{\varepsilon}$	Gesamt-Füllung $\varkappa$	$\frac{p_t}{p}$	Gesamt-Expansion $\frac{1}{\varepsilon}$	Gesamt-Füllung ε	$\frac{p_t}{p}$	Gesamt-Expansion $\frac{1}{\varepsilon}$	Gesamt-Füllung ε	$\frac{p_t}{p}$	Gesamt-Expansion $\frac{1}{\varepsilon}$	Gesamt-Füllung ε	$\frac{p_t}{p}$	Gesamt-Expansion $\frac{1}{\varepsilon}$	Gesamt-Füllung ε	$\frac{p_t}{p}$
1,33	0,752	0,9657	3,8	0,263	0,6145	6,3	0,159	0,4509	8,8	0,114	0,3608	11,3	0,0885	0,3030	13,8	0,0725	0,2626
1,4	0,714	0,9546	3,9	0,256	0,6054	6,4	0,156	0,4463	8,9	0,112	0,358	11,4	0,0877	0,3011	13,9	0,0719	0,2613
1,5	0,667	0,937	4,0	0,250	0,5965	6,5	0,154	0,4418	9,0	0,111	0,3552	11,5	0,0870	0,2994	14,0	0,0714	0,2599
1,6	0,625	0,9188	4,1	0,244	0,588	6,6	0,152	0,4374	9,1	0,110	0,3526	11,6	0,0862	0,2974	14,1	0,0709	0,2586
1,7	0,588	0,9003	4,2	0,238	0,5798	6,7	0,149	0,4331	9,2	0,109	0,3499	11,7	0,0855	0,2956	14,2	0,0704	0,2573
1,75	0,571	0,8911	4,25	0,235	0,5757	6,75	0,148	0,431	9,25	0,108	0,3486	11,75	0,0851	0,2947	14,3	0,0699	0,256
1,8	0,556	0,882	4,3	0,233	0,5717	6,8	0,147	0,4289	9,3	0,108	0,3473	11,8	0,0847	0,2939	14,4	0,0694	0,2547
1,9	0,526	0,8641	4,4	0,227	0,564	6,9	0,145	0,4248	9,4	0,106	0,3447	11,9	0,0840	0,2921	14,5	0,0690	0,2534
2,0	0,500	0,8465	4,5	0,222	0,5564	7,0	0,143	0,4208	9,5	0,105	0,3422	12,0	0,0833	0,2904	14,6	0,0685	0,2521
2,1	0,476	0,8294	4,6	0,217	0,5491	7,1	0,141	0,4169	9,6	0,104	0,3396	12,1	0,0826	0,2887	14,7	0,0680	0,2509
2,2	0,455	0,8129	4,7	0,213	0,542	7,2	0,139	0,4131	9,7	0,103	0,3373	12,2	0,0820	0,287	14,8	0,0676	0,2496
2,25	0,444	0,8048	4,75	0,211	0,5385	7,25	0,138	0,4111	9,75	0,103	0,3361	12,25	0,0816	0,2861	14,9	0,0671	0,2484
2,3	0,435	0,7968	4,8	0,208	0,5351	7,3	0,137	0,4093	9,8	0,102	0,3349	12,3	0,0813	0,2853	15,0	0,0667	0,2472
2,4	0,417	0,7814	4,9	0,204	0,5284	7,4	0,135	0,4056	9,9	0,101	0,3326	12,4	0,0806	0,2836	15,1	0,0662	0,2460
2,5	0,400	0,7665	5,0	0,200	0,5219	7,5	0,133	0,4019	10,0	0,100	0,3302	12,5	0,0800	0,2821	15,2	0,0658	0,2448
2,6	0,385	0,7521	5,1	0,196	0,5155	7,6	0,132	0,3984	10,1	0,099	0,3279	12,6	0,0794	0,2804	15,3	0,0654	0,2436
2,7	0,370	0,7382	5,2	0,192	0,5093	7,7	0,130	0,3949	10,2	0,098	0,3257	12,7	0,0787	0,2789	15,4	0,0649	0,2425
2,75	0,364	0,7315	5,25	0,190	0,5063	7,75	0,129	0,3932	10,25	0,097	0,3246	12,75	0,0784	0,2781	15,5	0,0645	0,2413
2,8	0,357	0,7249	5,3	0,189	0,5033	7,8	0,128	0,3915	10,3	0,097	0,3224	12,8	0,0781	0,2773	15,6	0,0641	0,2402
2,9	0,345	0,712	5,4	0,185	0,4975	7,9	0,127	0,3882	10,4	0,096	0,3213	12,9	0,0775	0,2757	15,7	0,0637	0,2391
3,0	0,333	0,6995	5,5	0,182	0,4917	8,0	0,125	0,3849	10,5	0,095	0,3191	13,0	0,0769	0,2741	15,8	0,0633	0,238
3,1	0,323	0,6875	5,6	0,179	0,4862	8,1	0,123	0,3817	10,6	0,094	0,3170	13,1	0,0763	0,2726	15,9	0,0629	0,2369
3,2	0,313	0,676	5,7	0,175	0,4808	8,2	0,122	0,3785	10,7	0,093	0,315	13,2	0,0758	0,2712	16,0	0,0625	0,2358
3,25	0,308	0,6703	5,75	0,174	0,4781	8,25	0,121	0,377	10,75	0,093	0,314	13,25	0,0755	0,2705	16,25	0,0615	0,2331
3,3	0,303	0,6648	5,8	0,172	0,4755	8,3	0,120	0,3755	10,8	0,093	0,3129	13,3	0,0752	0,2697	16,50	0,0606	0,2305
3,4	0,294	0,654	5,9	0,169	0,4703	8,4	0,119	0,3724	10,9	0,092	0,3109	13,4	0,0746	0,2683	17,0	0,0588	0,2255
3,5	0,286	0,6436	6,0	0,167	0,4652	8,5	0,118	0,3694	11,0	0,091	0,3088	13,5	0,0741	0,2668			
3,6	0,278	0,6335	6,1	0,164	0,4604	8,6	0,116	0,3665	11,1	0,090	0,3065	13,6	0,0735	0,2654			
3,7	0,270	0,6238	6,2	0,161	0,4555	8,7	0,115	0,3636	11,2	0,089	0,3049	13,7	0,0730	0,2640			
3,75	0,267	0,6191	6,25	0,160	0,4532	8,75	0,114	0,3622	11,25	0,089	0,304	13,75	0,0727	0,2633			

Bei Auspuffmaschinen ist der aus vorstehender Tabelle ermittelte mittlere Druck p_t um 1 kg/cm² zu verringern.

Den Völligkeitsgrad k erhält man aus den Probefahrtsresultaten, indem man die gemessene Gesamtleistung mit der Leistung des Hilfsdiagrammes dividiert oder, was das gleiche ist, den gewonnenen mittleren Druck, bezogen auf das Volumen des *ND*-Zylinders, mit dem Werte p_t, welcher sich für den Gesamtfüllungsgrad ε aus Tabelle Nr. 5 ergibt, dividiert. Dabei ist ε ohne Rücksicht auf den Spannungsabfall mit dem tatsächlichen Konstruktionswert einzusetzen, nicht etwa mit dem Wert, welcher sich durch Verlängerung der gleichseitigen Hyperbel bis zur Kesselspannung ergibt (ε' in Abb. 62).

Vielfach hat man in der Praxis als Völligkeitsgrad auch das Verhältnis der indizierten Leistung zu derjenigen ideellen Leistung bezeichnet, welche dem bei Beschreibung der zusammengelegten Diagramme (vgl. § 13, Abb. 21) erwähnten Hilfsdiagramm entspricht. Die gleichseitige Hyperbel ist bei letzterem durch den Expansionsbeginn im *HD*-Zylinder gelegt und unter Berücksichtigung des schädlichen Raumes eingezeichnet. Zufällig ergibt der so gewonnene Völligkeitsgrad in manchen Fällen ähnliche Werte wie die nach vorstehendem berechneten. Jedenfalls aber muß man, um Irrtümer zu vermeiden, bei der Bestimmung des mittleren Druckes p_m aus den Werten von p_t der Tabelle Nr. 5 darauf achten, daß nicht Erfahrungswerte für den Völligkeitsgrad benutzt werden, welche aus dem letztgenannten ganz anders gestalteten Hilfsdiagramm errechnet sind.

Werte für den Völligkeitsgrad k, welche aus einer großen Anzahl von Probefahrtsergebnissen nach der eingangs gegebenen Definition abgeleitet wurden, sind in der folgenden Tabelle zusammengestellt:

Tabelle Nr. 6.

Völligkeitsgrade k für Maschinen mit Kondensation.

Die Werte für k gelten für die in § 45 angegebenen normalen Gesamtexpansionen und Zylinderverhältnisse.

Expansion in einem Zylinder:	
Große Maschinen, kleine Tourenzahl	$k = 0{,}7 - 0{,}75$
Kleine Maschinen, große Tourenzahl	$k = 0{,}65 - 0{,}7$
Zweifache Expansion, Compoundmaschinen:	
Große Maschinen, bis etwa 100 Umdrehungen	$k = 0{,}6 - 0{,}67$
Kleine Maschinen, mit höherer Tourenzahl	$k = 0{,}55 - 0{,}6$
Dreifache Expansion in 3 Zylindern:	
Kriegsschiffe, hohe Tourenzahl	$k = 0{,}53 - 0{,}54$
Handelsschiffe, bis etwa 100 Touren	$k = 0{,}56 - 0{,}61$[1]
Dreifache Expansion in 4 oder 5 Zylindern:	
Hohe Tourenzahl	$k = 0{,}50 - 0{,}52$
Geringe Tourenzahl, bis etwa 100 Touren, Handelsdampfer	$k = 0{,}54 - 0{,}58$
Vierstufige Expansion in 4 oder mehr Zylindern:	
Große Handelsdampfer	$k = 0{,}52 - 0{,}53$.

Bei Heißdampfmaschinen liegen die Werte von k näher an den unteren der angegebenen Grenzen.

§ 43. **Berechnung der Zylinderdurchmesser aus dem Dampfverbrauch.** Ist der Dampfverbrauch der Maschine sowie der Zustand des Dampfes am Ende der Füllung bekannt, so kann hieraus der Durchmesser des Hochdruckzylinders ziemlich genau bestimmt werden.

[1]) Selten über 0,58.

Bezeichnen wir mit G den Dampfverbrauch pro PS_i und Stunde in kg, dann ist das pro Hub in den Hochdruckzylinder eingelassene Dampfquantum $\frac{N_i \cdot G}{2 \cdot 60 \cdot n}$. Das spezifische Volumen dieser Dampfmenge ergibt sich, wenn die Maschine mit Naßdampf arbeitet, aus der zu erwartenden spezifischen Dampfmenge x am Ende der Füllung und dem in diesem Augenblick herrschenden Druck als Produkt xv, wobei das spezifische Volumen v des gesättigten Dampfes für obigen Druck aus der Dampftabelle zu entnehmen ist; bei überhitztem Dampf wird das spez. Volumen für die am Ende der Füllung zu erwartende Temperatur aus der Formel § 39 Anhang I berechnet. Der Hub s der Maschine ebenso wie der Füllungsgrad im Hochdruckzylinder ε_h sind als gegeben anzunehmen. Für die Berechnung des Hochdruckzylinder-Durchmessers kann dann mit ausreichender Genauigkeit die Gleichung

$$\frac{D_h^2 \pi}{4} \cdot s \cdot \varepsilon_h = \frac{G \cdot N_i}{120 \cdot n} \cdot x \cdot v$$

benutzt werden. Dieselbe berücksichtigt nicht, daß sich einerseits außer der in den Zylinder eingetretenen Frischdampfmenge auch die im Kompressionsraum verbliebene Restdampfmenge im Zylinder befindet und daß anderseits dieser gesamten Dampfmenge am Ende der Füllung auch das Volumen des schädlichen Raumes zur Verfügung steht; es müßte also eigentlich auf beiden Seiten obiger Gleichung noch ein Summand hinzugefügt werden, um diesem Umstand Rechnung zu tragen; da jedoch die Kompression im Hochdruckzylinder meist bis nahe dem Anfangsdruck getrieben wird, begeht man keinen zu großen Fehler, wenn man annimmt, daß der Restdampf bei dem zu Beginn der Expansion herrschenden Druck gerade den schädlichen Raum ausfüllt. Bei niedrigerer Kompression könnte man den Durchmesser des Hochdruckzylinders je nach den Verhältnissen etwas kleiner annehmen, als sich nach obiger Formel ergibt, doch ist es vorzuziehen, diese Reserve beizubehalten.

Aus dem von vornherein festgelegten Wert für die Gesamtexpansion $\frac{1}{\varepsilon}$ ergibt sich dann ohne weiteres der Durchmesser des Niederdruckzylinders. Vgl. § 48, Beispiel 2.

§ 44. **Wahl der Durchmesser der Mitteldruckzylinder.** Hierüber lassen sich auf Grund theoretischer Erwägungen keine bestimmten Regeln aufstellen, man ist vielmehr völlig auf die Ausnutzung praktischer Erfahrungen angewiesen.

Einen allgemeinen Überblick gestattet schon der folgende Paragraph; als weiterer Anhalt können zunächst die ausführlichen Tabellen in § 49 dienen, in welchen für eine große Anzahl Maschinen verschiedenster Art die Zylinderdurchmesser angegeben sind. Noch eingehendere Information in diesem Punkte geben die in § 46 folgenden Tabellen 7 und 8, welche gleichzeitig mit den Zylinderverhältnissen und Füllungen die bei der Probefahrt erzielte Leistungsverteilung auf die einzelnen Zylinder angibt.

§ 45. **Gesamtexpansionsgrade und Zylinderverhältnisse für verschiedene Maschinentypen.** 1. Einfach-Expansionsmaschinen. Solche kommen beinahe nur noch als Zwillingsmaschinen für kleine, leichte Boote — Dampfpinassen usw. — vor.

Füllungsgrad $\varepsilon = 60$—80%.

Auch die Hilfsmaschinen mit einstufiger Expansion (wie Drehvorrichtungsmaschinen, Umsteuermaschinen, Zirkulationspumpen) arbeiten meist mit sehr großer Füllung, manchmal mit Volldruck, letzteres stets, wenn sie mit Drehschieber oder Wechselschieber umgesteuert werden (siehe Umsteuermaschine § 181).

In der Form der Gleichstrommaschine ist die Maschine mit einfacher Expansion auch im Schiffsmaschinenbau in den letzten Jahren vereinzelt wieder aufgetaucht. Näheres hierüber siehe § 186.

2. Compoundmaschinen. Solche werden jetzt meist nur noch für Schleppdampfer, Barkassen u. dgl. mit Leistungen bis zu etwa 300 PS verwendet.

Die Gesamtexpansion richtet sich nach dem disponiblen Raum und Gewicht der Maschine.

Leichte Maschinen: $p = 8$ bis 10 at. Überdruck.
Zylinderverhältnis $m = 3{,}2$ bis 3,8.
Schwere Maschinen: $p = 8$ bis 10 at. Überdruck.
$m = 4$ bis 4,6.

Füllung im *HD*-Zylinder 50 bis 70%; Gesamtexpansion $\frac{1}{\varepsilon}$ etwa 5—8fach.

3. Dreifach-Expansionsmaschinen. Diese werden in den verschiedensten Größen und Typen ausgeführt (siehe § 87 u. f.); dementsprechend variieren auch Zylinderverhältnisse und Gesamtexpansion innerhalb ziemlich weiter Grenzen.

a) Maschinen für Torpedoboote und Torpedojäger.
$p = 12$ bis 18 at. Überdruck; ausnahmsweise bis 20 at.
Zylinderverhältnis etwa 1 : 2,1 : 4,4 bis 1 : 2,2 : 5.
Füllung im *HD*-Zylinder ca. 65% bis 80% für die Maximalleistung.
Gesamtexpansion 6—7,5fach.

b) Maschinen für leichte Kreuzer.
$p = 12$ bis 18 at. Überdruck; manchmal bis 20 at.
Zylinderverhältnis ca. 1 : 2,3 : 5,5.
Füllung im *HD*-Zylinder ca. 70% bis 76% für die Maximalleistung.
Gesamtexpansion ca. 7—8fach.

c) Maschinen für Panzerschiffe, Schnelldampfer, Postdampfer.
$p = 12$ bis 15 at. Überdruck.
Zylinderverhältnis etwa 1 : 2,4 : 6 bis 1 : 3 : 7.
Füllung im *HD*-Zylinder 70 bis 75% für die Maximalleistung.
Gesamtexpansion ca. 8—10fach.

d) Maschinen für große, weniger schnell fahrende Dampfer für Fracht und Passagiere und für Frachtdampfer.
$p = 12$ bis 15 at. Überdruck.
Zylinderverhältnis etwa 1 : 2,6 : 6,8 bis 1 : 3,2 : 7,2.
Füllung im *HD*-Zylinder 60 bis 70% für die Maximalleistung.
Gesamtexpansion ca. 9,5—12fach.

4. Vierfach-Expansionsmaschinen. Solche werden nur verwendet, wenn man eine weitgehende Expansion des Dampfes herbeiführen will. Dies ist wegen Gewichts- und Raumersparnis auf kleinen leichten Schiffen nicht möglich. Man findet daher Vierfach-Expansionsmaschinen meist bei Schnelldampfern und großen Dampfern für Fracht und Passagiere.
$p = 14$ bis 16 at. Überdruck.
Zylinderverhältnis 1 : 2 : 4 : 8 bis 1 : 2,2 : 4,4 : 9,5.
Füllung im *HD*-Zylinder 65 bis 72%.
Gesamtexpansion ca. 11—13,5fach.

5. Bei Heißdampfmaschinen verwendet man Dampftemperaturen am Überhitzer gemessen von 300° bis 350° C und die gleichen Kesselspannungen wie bei Naßdampfbetrieb. Die Ziffern für die Zylinderverhältnisse müßten insofern eine Änderung

erfahren, als das Volumen des *HD*-Zylinders wegen der geringeren relativen Zunahme des spezifischen Volumens des überhitzten Dampfes bei der Expansion verhältnismäßig größer auszuführen wäre. Man behält aber in der Praxis trotzdem die gleichen Zylinderverhältnisse wie bei Naßdampfmaschinen bei und gewinnt hierdurch den Vorteil einer günstigeren Dampfausnutzung (geringerer Verlust durch unvollständige Expansion). Im allgemeinen führt man Heißdampfmaschinen nur mit dreifacher Expansion aus, vierfache Expansion wird seltener verwendet.

6. Berechnung der Zylinderdimensionen von Kolbenmaschinen für Abdampfturbinen-Anlagen. In den meisten Fällen wird die Berechnung so vor sich gehen, daß man nach der gewünschten Leistungsverteilung auf Turbinen- und Kolbenmaschinenwellen und den zu erwartenden thermodynamischen und mechanischen Wirkungsgraden den Dampfverbrauch der Anlage genau abschätzt. Es ergibt sich dann ein bestimmter Druck vor der Turbine und in Anbetracht der Widerstände der notwendigen Entöler und langen Überströmleitungen ein um ca. 0,2 at. höherer Gegendruck hinter der Kolbenmaschine. Aus dem Anfangszustand des Dampfes, der Dampfmenge und Füllung können dann ohne weiteres die Dimensionen des *HD*-Zylinders nach dem in § 43 geschilderten Verfahren festgelegt werden. *MD*- und *ND*-Zylinder werden hieraus mit den später erwähnten Zylinderverhältnissen errechnet. Im allgemeinen werden für derartige Anlagen vierkurbelige Dreifachexpansionsmaschinen in Frage kommen. Der Gegendruck beträgt bei gleicher Leistungsverteilung auf die Wellen durchschnittlich bei Dreiwellenanlagen mit 2 Kolbenmaschinenwellen 0,8 bis 1,0 at. abs., bei Vierwellenanlagen mit 2 Kolbenmaschinen wellen ca. 1,2 bis 1,5 at. abs. hinter dem *ND*-Auslaßschieber. (Vor der Turbine 0,2 at. weniger.) Er kann jedoch eine wesentliche Verschiebung erfahren, falls im Interesse der Propulsion eine andere Leistungsverteilung gewählt wird.

Da es bei dem unvermeidlichen Probieren bei der Projektierung solcher Anlagen vielleicht erwünscht ist, die Zylinderdimensionen nach der üblichen Koeffizientenmethode zu bestimmen, so seien nachstehend auch für dieses Verfahren die nötigen Daten angeführt.

Man bestimmt für die Maschine den mittleren Druck p_m, indem man den aus Tabelle Nr. 5 entnommenen Wert von p_i um den Betrag des zu erwartenden Gegendruckes vermindert und mit dem Völligkeitsgrad „k“ multipliziert. Dieser beträgt im allgemeinen ca. 0,60 bis 0,68. Mit p_m wird dann in gewohnter Weise der Durchmesser des *ND*-Zylinders bestimmt und durch Annahme entsprechender Zylinderverhältnisse auch *MD*- und *HD*-Zylinder festgelegt. Für die Wahl der Zylinderverhältnisse bietet Tabelle 17 gute Anhaltspunkte. Man wählt bei Dreiwellenschiffen Zylinderverhältnisse von etwa 1 : 2,4 bis 2,8 : 5,6 bis 6,5, bei Vierwellenschiffen von etwa 1 : 1,9 bis 2,2 : 5,0 bis 5,5. Es wird sich jedoch empfehlen zu kontrollieren, bei welcher Füllung die Maschine die erforderliche Dampfmenge verarbeitet, um ungewöhnliche Füllungsgrade zu vermeiden. —

Die unter den Ziffern 1 bis 5 angegebenen Zylinderverhältnisse beziehen sich auf Maschinen normaler Bauart, bei welchen so viele Kurbeln vorhanden sind wie Expansionsstufen, d. h. also bei Dreifach-Expansionsmaschinen 3, bei Vierfach-Expansionsmaschinen 4 Kurbeln.

In diesem Falle hat man das Bestreben, jeder Kurbel die gleiche Maschinenleistung zuzuweisen; die oben angegebenen normalen Zylinderverhältnisse tragen diesem Bestreben Rechnung, wenn gleichzeitig die üblichen Füllungsgrade angewendet werden, über welche in dem Abschnitt über Schieber § 115 u. f. näher gesprochen wird.

Anders liegen die Verhältnisse da, wo eine oder mehrere Expansionsstufen geteilt werden, um nicht zu große Zylinderabmessungen zu erhalten, wie dies bei Schnelldampfern und Kriegsschiffen mit großer Leistung häufig geschehen ist, z. B. bei Dreifach-Expansionsmaschinen mit geteilten Niederdruckzylindern und 4 Kurbeln, Schnelldampfermaschinen mit geteilten Hochdruckzylindern und geteilten Niederdruckzylindern usw., oder wo man mit Rücksicht auf den Massenausgleich (vgl. § 62) bestrebt ist, die äußeren Gestänge besonders leicht auszuführen, wie z. B. bei Torpedobooten mit 4 Kurbeln, bei welchen Hochdruck- und Mitteldruckzylinder innen angeordnet sind, während die beiden äußersten Kurbeln von je 1 Niederdruckzylinder betätigt werden, welcher nur $^2/_3$ der Leistung der beiden inneren Zylinder aufweist. In allen solchen Fällen werden die Zylinderverhältnisse dem besonderen Zweck angepaßt.

Allgemeine Regeln lassen sich, wie aus vorstehendem ersichtlich, überhaupt für die oben behandelten Verhältnisse schwer aufstellen. Es ist daher besonderer Wert darauf gelegt worden, eine umfangreiche Tabelle ausgeführter Schiffsmaschinen diesem Buche beizugeben, § 49, in welcher Beispiele für fast jeden vorkommenden Schiffsmaschinentyp zu finden sind. Bei der Auswahl der in dieser Tabelle gebrachten Maschinen sind nach Möglichkeit solche Anlagen unberücksichtigt geblieben, welche nach Ansicht des Verfassers zu irreführenden Schlüssen verleiten könnten.

Ferner folgt noch eine Tabelle Nr. 7, in welcher für eine größere Anzahl von Maschinen Füllungsgrade und Leistungsverteilung auf die einzelnen Zylinder, ermittelt aus typischen Diagrammsätzen, zusammengestellt sind; dieselbe gibt einen sehr wertvollen Anhalt für die Kontrolle der gewählten Zylinderverhältnisse und Füllungen.

§ 46. **Einfluß der Füllungsgrade der einzelnen Zylinder auf die Leistungsverteilung.** Die Leistung in jedem Zylinder einer Mehrfach-Expansionsmaschine wird bei gegebener Gesamtleistung dadurch erhöht, daß die Füllung des darauffolgenden Zylinders vergrößert und hierdurch die Gegendampfspannung in dem betrachteten Zylinder verringert wird. Ebenso kann man die Leistung jedes der dem Niederdruckzylinder vorangehenden Zylinders dadurch verkleinern, daß die Füllung des nachfolgenden Zylinders verringert und dadurch die Gegendampfspannung des betrachteten Zylinders erhöht wird.

Zur Erzielung gleicher Leistungsverteilung ist daher die Veränderlichkeit der Füllung der einzelnen Zylinder sehr wichtig; allerdings ist sie, wie bei Besprechung der Steuerung näher erläutert, an verhältnismäßig enge Grenzen gebunden.

Beim Hochdruckzylinder dient die Veränderlichkeit der Füllung dem Zweck, bei der gleichen Admissionsspannung die Leistung zu verändern. (Siehe die Tabellen Nr. 7 und 8 auf S. 86 bis 88.)

§ 47. **Konstruktion der Indikatordiagramme aus den sog. Volumendiagrammen.** Sind für eine zu erbauende Maschine Zylinderdimensionen, schädliche Räume, Receiver, Dampfverteilung und Kurbelstellung angenommen, so läßt sich graphisch in jedem Augenblick das Volumen feststellen, welches der Dampf bei seinem Wege durch die Maschine ausfüllt.

Nimmt man an, daß 1. der Dampf nach dem Gesetze „Druck mal Volumen = konst." expandiert und komprimiert wird, 2. bei Mischung eines Volumens v_1 vom Druck p_1 mit einem andern Volumen v_2 vom Druck p_2 ein Enddruck (Mischungsregel)

$$p = \frac{p_1 v_1 + p_2 v_2}{v_1 + v_2}$$

entsteht, so läßt sich aus dem jeweiligen Volumen der zugehörige Druck berechnen und so eine Art Indikatordiagramm aufzeichnen.

Tabelle

Füllungen und

Name des Schiffes	Typus	Art der Maschine	Zylinderdurchmesser HD	Zylinderdurchmesser MDI	Zylinderdurchmesser MDII	Zylinderdurchmesser ND	Hub	Kesseldruck at. abs. / Überhitzung v. d. Masch.
Vulkan IV	Schlepper	Comp.-Maschine	290	—	—	580	330	11,3
24 de Maio	Barkasse	,,	160	—	—	300	200	11
—	Dampfprahm	,,	380	—	—	680	500	9,1
—	Fischdampfer	Dreifach-Expansions-Maschine	326	520	—	820	560	14,0
Sierra Nevada	Frachtdampfer	,,	2 · (610	1010	—	1650)	1250	15 292° C
Kong Gudröd	,,	,,	432	724	—	1219	838,2	12,82 287° C
,, ,,	,,	,,	432	724	—	1219	838,2	12,59
Preußen	Dampffähre	,,	2 · (590	970	—	1600)	900	15
Frederik VIII	Passagierdampfer	,,	2 · (820	1340	—	2 · 1590)	1400	16,15
Kaiser Wilhelm der Große	Schnelldampfer	,,	2 · (1320	2280	—	2 · 2450)	1750	13,3
George Washington	Passagierdampfer	Vierfach-Expansions-Maschine	2 · (970	1440	2030	2850)	1700	16
Kaiser Wilhelm II	Schnelldampfer	,,	4 · (950	1250	1900	2850	1800	15,6
A 1	Torpedoboot	Kriegsschiff m. dreifach. Expansion	375	560	—	820	320	17,8
Niki	,,	,,	2 · (550	800	—	2 · 840)	450	17,35
V 150	,,	,,	2 · (640	920	—	2 · 965)	540	18,25
Hamburg	Kreuzer	,,	2 · (870	1360	—	2070)	780	14,25
Bogatyr	,,	,,	2 · (1030	1530	—	2 · 1780)	900	19,0
Rheinland	Linienschiff	,,	3 · (960	1460	—	2200)	1100	16,5
Delaware	,,	,,	3 · (977,88	1447,8	—	2 · 1930,4)	1219,2	21,2

Nr. 7.

Leistungsverteilung.

Drehzahl	Füllungen in %				Leistung der Zylinder in PSi und Leistung in % der Gesamtleistung				Gesamtleistung PSi
	HD	*MDI*	*MDII*	*ND*	*HD*	*MDI*	*MDII*	*ND*	
107,3	50	—	—	50	50,8 PSi 51,7 %	— —	— —	47,5 PSi 48,3 %	98,3
380	61,5	—	—	61,5	35,8 PSi 52,7 %	— —	— —	32,1 PSi 47,3 %	67,9
146	30	—	—	42	108 PSi 53,2 %	— —	— —	95 PSi 46,8 %	203
104	72	65	—	60	131,8 PSi 30,5 %	140 PSi 32,5 %	— —	159,4 PSi 37,0 %	431,2
73,5	70	64	—	62	2 · (781,5 PSi 36,7 %	689 PSi 32,4 %	— —	657,5 PSi) 30,9 %	2 · 2128
88,9	61	60	—	50	245,1 PSi 33,9 %	240 PSi 33,2 %	— —	237,4 PSi 32,9 %	722,5
91,6	62	50	—	50	236,2 PSi 29,6 %	267,9 PSi 33,6 %	— —	293,9 PSi 36,8 %	798
134	75	73	—	67	2 · (923 PSi 31,7 %	909 PSi 31,1 %	— —	1085 PSi) 37,2 %	2 · 2917
88,3	69	60	—	48	2 · (1765 PSi 32,6 %	2095 PSi 38,6 %	— —	2 · 783 PSi) 2 · 14,4 %	2 · 5426
78	73	64	—	55	2 · (4221 PSi 30,5 %	4426 PSi 31,9 %	— —	2 · 2610 PSi) 2 · 18,8 %	2 · 13867
85	76	74	71	72	2 · (2496 PSi 23,3 %	2374 PSi 22,2 %	2589 PSi 24,2 %	3246 PSi) 30,3 %	2 · 10705
81	77	74	51	56	4 · (1643 PSi 16,5 %	1868 PSi 18,7 %	3438 PSi 34,4 %	3036 PSi) 30,4 %	4 · 9985
378	78	75,5	—	68	350 PSi 33,0 %	305 PSi 28,8 %	— —	405 PSi 38,2 %	1060
348	70	74	—	55,5	2 · (900 PSi 27,7 %	1019 PSi 31,5 %	— —	2 · 664 PSi) 2 · 20,4 %	2 · 3247
324,5	80,4	79,5	—	58	2 · (1697 PSi 30,5 %	1655 PSi 29,7 %	— —	2 · 1111 PSi) 2 · 19,9 %	2 · 5574
143	64	62	—	60	2 · (1470 PSi 30,4 %	1642 PSi 34,0 %	— —	1717 PSi) 35,6 %	2 · 4829
150	74	74	—	62	2 · (3358 PSi 32,9 %	3277 PSi 32,1 %	— —	2 · 1784 PSi) 2 · 17,5 %	2 · 10203
117	65	65	—	66	3 · (2342 PSi 31,1 %	2410 PSi 32,0 %	— —	2773 PSi) 36,9 %	3 · 7525
127,3	86	80	—	62	3 · (4547 PSi 32,2 %	3940 PSi 28,0 %	— —	2 · 2809 PSi) 2 · 19,9 %	3 · 14105

Tabelle Nr. 8.

Leistungsverteilung bei verschiedenen Füllungen und Drehzahlen.

Beobachtet an einer Dreifachexpansions-Frachtdampfermaschine von 400/660/1100 ϕ und 700 mm Hub. (Vgl. § 32.)

Name des Schiffes	Kesseldruck at. abs.	Temperatur vor der Maschine °C	Druck in der Abdampfleitung at. abs.	Drehzahl n	Füllungen in %			Leistung d. Zylinder in PS_i / Leistung in % der Gesamtleitung			Gesamtleistung N_i
					HD	*MD*	*ND*	*HD*	*MD*	*ND*	
Adana	13	270	0,20	79	65	63	59	194 PS_i 35,6 %	163 PS_i 29,9 %	188 PS_i 34,5 %	545
„	12,8	291	0,15	85	71	63	59	214 PS_i 31,6 %	237 PS_i 34,9 %	227 PS_i 33,5 %	678
„	12,8	250	0,175	112	68	63	59	253 PS_i 31,6 %	297 PS_i 37,1 %	251 PS_i 31,3 %	801
„	12,8	314	0,19	111,5	68	61	61	258 PS_i 32,8 %	271 PS_i 34,5 %	257 PS_i 32,7 %	786
Cairo	13	292	0,10	92,5	66	60	60	207 PS_i 30,7 %	237 PS_i 35,2 %	230 PS_i 34,1 %	674
„	12,5	280	0,125	95,2	65	63	55	219 PS_i 32,4 %	233 PS_i 34,5 %	224 PS_i 33,1 %	676
Aleppo	12,8	337	0,105	101,8	65	62	60	240 PS_i 33,8 %	258 PS_i 36,3 %	212 PS_i 29,2 %	710
„	13,2	335	0,11	107,2	75	69	67	273 PS_i 33,1 %	307 PS_i 37,2 %	245 PS_i 29,7 %	825

Zur Berechnung der Leistung eignen sich diese Diagramme (oft kurzweg „Volumendiagramme" genannt) nur wenig; sie geben stets eine viel zu große Leistung, weil Kondensationsverluste usw. nicht berücksichtigt sind. Doch geben dieselben Aufschluß über die Dampferscheinungen, Spannungsabfälle und zu erwartenden Eigentümlichkeiten der wirklichen Indikatordiagramme. Man tut daher gut daran, sie bei wichtigen Neuberechnungen zu zeichnen.

Beispiel: Konstruktion der „Volumendiagramme" für eine Dreifach-Expansionsmaschine (vgl. Abb. 63 bis 68).

Gegeben seien folgende Daten:

	HD	*MD*	*ND*	Rec. I	Rec. II
Zylinderdurchmesser mm	980	1610	2540	—	—
Volumenverhältnis bez. auf Vol. des *HD*-Zyl.	1	2,7	6,7	2,5	4,05
Volumen auf Zeichnung mm	50	135	335	125	202,5
Schädlicher Raum	16 %	11 %	8 %	—	—
„ „ in mm	8	14,85	26,8	—	—
Füllungsgrad	60 %	56 %	54 %	—	—
„ in mm	30	75,5	181	—	—
Vorausströmen	20 %	18 %	16 %	—	—
„ in mm	10	24,3	53,5	—	—
Kompression	5 %	12 %	12 %	—	—
„ in mm	2,5	16,2	40,2	—	—

Wir entwerfen zunächst ein Diagramm, dessen Abszissen die augenblicklichen Hubvolumina der Zylinder (Kolbenwege) und dessen Ordinaten die Kurbelwinkel, gerechnet von der oberen Totlage der *HD*-Kurbel, sind. Das *HD*-Zylindervolumen werde zu 50 mm angenommen; dann ist der schädliche Raum desselben $\frac{50 \times 16}{100} = 8$ mm, das *MD*-Zylindervolumen $= 2{,}7 \cdot 50 = 135$ mm usw.[1]). Um das Diagramm nicht unnötig lang zu erhalten, ist Rec. I um 100 mm, Rec. II um 150 mm verkürzt worden; der untere Teil des *ND*-Volumens ist nach links verschoben gezeichnet.

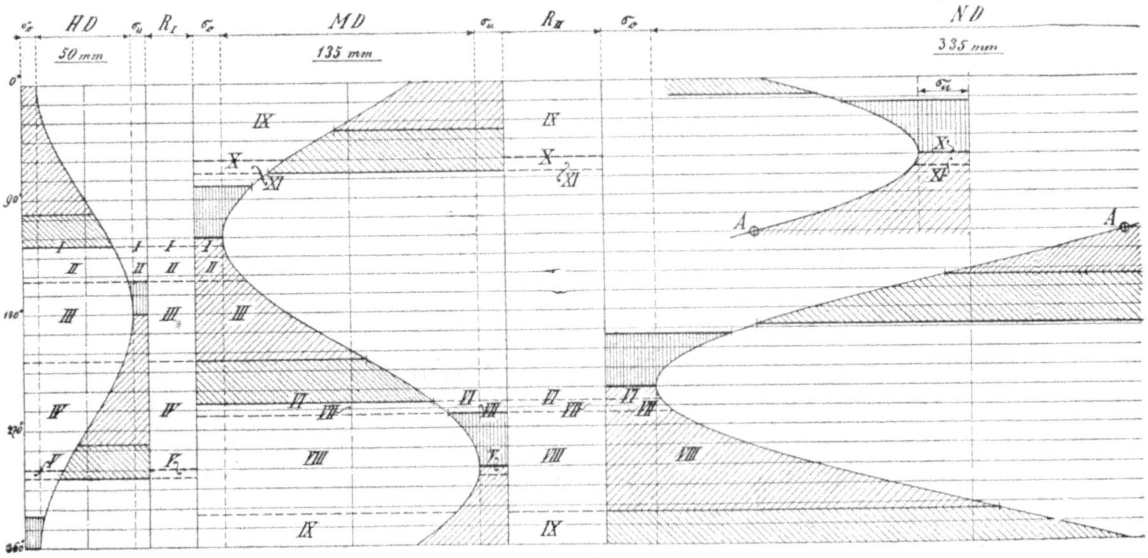

Abb. 63.

Wir nehmen unendlich lange Pleuelstange an und erhalten dann als Kolbenweglinien gewöhnliche Sinuslinien (vgl. § 54). Entsprechend der Kurbelstellung sind diese um je 120° gegeneinander versetzt. In Abb. 65 ist die Konstruktion des momentanen *HD*-Volumens *EF* für einen beliebigen Kurbelwinkel (75°) kurz angedeutet.

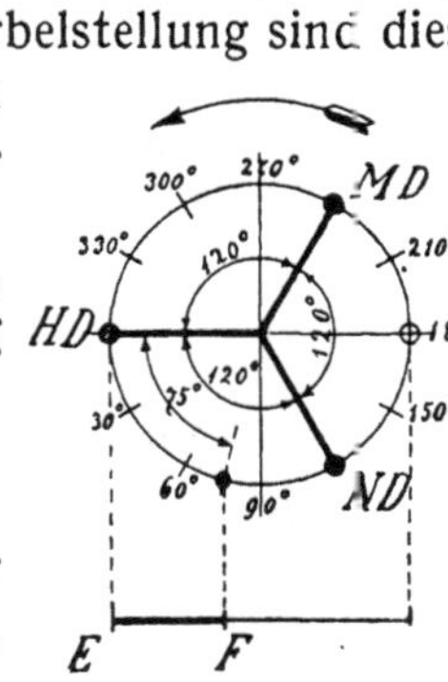

Abb. 65.

Sind die einzelnen Dampfverteilungsperioden eingezeichnet, so kann man das Volumen der augenblicklich in Verbindung stehenden Räume aus dem Diagramm abmessen.

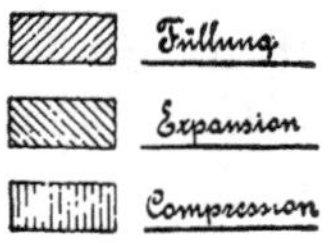

Abb. 64.

Ermittelung der Dampfdrücke.

Gegeben: Anfangsspannung im *HD*-Zylinder = 13 at. abs. Hieraus durch Expansion (vgl. Abb. 63 bis 68). Enddruck der Expansion im *HD*-Zylinder = 10,3 at. abs. (Abb. 66).

Gegeben: Ausströmungsspannung in den Kondensator aus *ND* = 0,2 at. Hieraus Enddruck der Kompression im *ND*-Zylinder = 0,5 at. (Abb. 68).

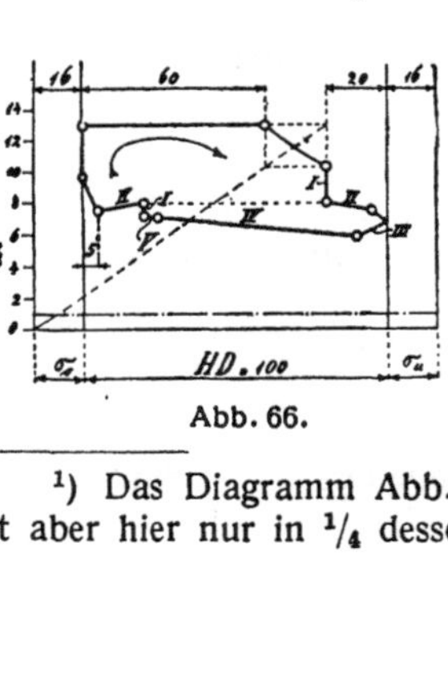

Abb. 66.

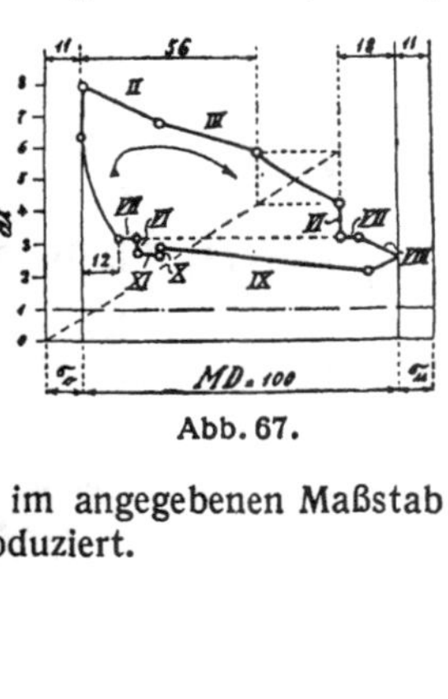

Abb. 67.

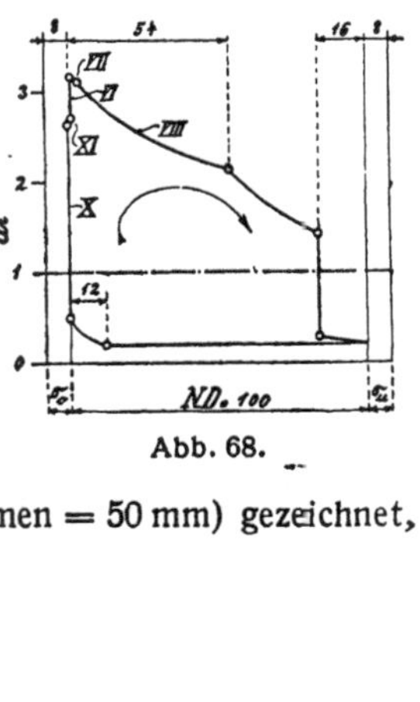

Abb. 68.

[1]) Das Diagramm Abb. 63 wurde im angegebenen Maßstab (*HD*-Volumen = 50 mm) gezeichnet, ist aber hier nur in $^1/_4$ desselben reproduziert.

Die übrigen Drücke ergeben sich aus den folgenden Gleichungen für die Enddrücke der verschiedenen Perioden:

I. Mischung von HD oben (10,3 at.) mit $HD_u + R_I + MD_0$[1]), wo der unbekannte Druck p_1 herrscht.

$$\text{Mischungsdruck } p_2 = \frac{48 \cdot 10{,}3 + (18 + 125 + 15{,}1)\, p_1}{206{,}1} = 2{,}4 + 0{,}768\, p_1.$$

II. Expansion in $HD_o + HD_u + R_I + MD_o$ bis HD_u komprimiert.

$$\text{Enddruck } p_3 = \frac{206{,}1}{218} \cdot p_2 = 0{,}945\, p_2.$$

III. Expansion in $HD_o + R_I + MD_o$ bis in MD_o die Füllung zu Ende ist.

$$\text{Enddruck } p_4 = \frac{207{,}5}{267{,}7} \cdot p_3 = 0{,}733\, p_2.$$

IV. Kompression in $HD_o + R_I$ bis in MD_u die Füllung beginnt.

$$\text{Enddruck } p_5 = 0{,}733\, p_2 \cdot \frac{177{,}7}{145{,}5} = 0{,}895\, p_2.$$

Daraufhin tritt Mischung von $HD_o + R_I$ mit dem schädlichen Raum von MD_u ein. Wir vernachlässigen der Einfachheit wegen den sehr geringen Spannungsabfall; also bleibt in $HD_o + R_I + MD_u$ der Druck p_5.

V. Kompression in $HD_o + R_I + MD_u$ bis in HD_u das Vorausströmen beginnt. Dabei muß der gleiche Druck entstehen, wie oben in $HD_o + R_I + MD_o$ als HD_o angeschlossen wurde, also

$$\text{Enddruck } p_1 = \frac{160{,}4}{158} \cdot p_5 = 0{,}91\, p_2.$$

Aus Gleichung I und V ergibt sich

$$p_1 = 7{,}25 \text{ at.}, \quad p_2 = 7{,}97 \text{ at.},$$

woraus

$$p_3 = 7{,}53 \text{ at.}, \quad p_4 = 5{,}84 \text{ at.}, \quad p_5 = 7{,}13 \text{ at.}$$

Somit kann das HD-Diagramm (Abb. 66) aufgezeichnet werden.

Ähnlich ergeben sich die Drücke für MD und ND. In MD_o ist am Ende einer Periode III der Druck $p_4 = 5{,}84$ at. Enddruck der Expansion in MD_o allein $p_6 = 4{,}19$ at.

VI. Vorausströmen von MD_o in $R_{II} + MD_u + ND_o$, mit dem unbekannten Druck p_7.

$$\text{Mischungsdruck } p_8 = \frac{125{,}7\, p_6 + 270{,}5\, p_7}{396{,}2} = 1{,}33 + 0{,}683\, p_7.$$

VII. Expansion in $MD_o + MD_u + R_{II} + ND_o$, bis MD_u komprimiert

$$\text{Enddruck } p_9 = p_8 \cdot \frac{396{,}2}{403} = 0{,}984\, p_8.$$

VIII. Expansion in $MD_o + R_{II} + ND_o$, bis in ND_o die Füllung zu Ende ist.

$$\text{Enddruck } p_{10} = p_9 \frac{371{,}9}{547} = 0{,}669\, p_8.$$

---

[1]) Da bei allen Zylindern die Vorausströmung größer ist als die Kompression, so findet zeitweise ein Überströmen von einer Kolbenseite auf die andere statt.

IX. Kompression in $MD_o + R_{II}$, bis ND_u öffnet.

$$\text{Enddruck } p_{11} = p_{10} \frac{137 + 202{,}5}{48{,}2 + 202{,}5} = 0{,}906\, p_8.$$

X. Mischung von $MD_o + R_{II}$ mit schädlichem Raum von ND_u, wo Kompressionsenddruck 0,5 at.

$$\text{Mischungsdruck } p_{12} = \frac{250{,}7\, p_{11} + 26{,}8 + 0{,}5}{277{,}5} = 0{,}818\, p_8 + 0{,}048.$$

XI. Kompression in $MD_o + R_{II} + ND_u$, bis MD_u Vorausströmen hat. Dabei muß der gleiche Enddruck entstehen wie unter VI in $MD_u + R_{II} + ND_o$, als MD_o angeschlossen wurde.

$$\text{Also Enddruck } p_7 = \frac{277{,}5}{271{,}5} \cdot p_{12} = 0{,}836\, p_8 + 0{,}049.$$

Aus Gleichung VI und XI ergibt sich

$$p_7 = 2{,}71 \text{ at.}, \quad p_8 = 3{,}18 \text{ at.},$$

woraus

$$p_9 = 3{,}13 \text{ at.}, \quad p_{10} = 2{,}13 \text{ at.}, \quad p_{11} = 2{,}88 \text{ at.}, \quad p_{12} = 2{,}65 \text{ at.}$$

Somit können *MD*- und *ND*-Diagramm aufgezeichnet werden (Abb. 67 und 68). Die so erhaltenen Diagramme zeigen manche Eigentümlichkeiten der tatsächlichen Diagramme, ihr mittlerer Druck ist jedoch selbstverständlich bedeutend höher, als der Wirklichkeit entspricht.

§ 48. **Beispiel für die Berechnung einer Vierfach-Expansionsmaschine.** Maschine eines Zweischrauben-Schnelldampfers.

Gegeben: Leistung $N_i = 10000$ PS$_i$
Drehzahl $n = 83$
Kesseldruck $p = 16$ at. abs. (Naßdampf).

1. Berechnung nach abgekürzter Methode (vgl. § 42). Wir wählen die Kolbengeschwindigkeit mit $c = 4{,}7$ m/sek (vgl. Tabelle Nr. 4), daraus ergibt sich der Kolbenhub mit $s = 1{,}7$ m.

Um einerseits einen wirtschaftlichen Dampfverbrauch zu erzielen, andrerseits aber die Zylinderdimensionen in ausführbaren Grenzen zu halten, wählen wir die Gesamtexpansion 12,3 fach bei einer *HD*-Füllung von 70 %.

$$\frac{1}{\varepsilon} = 12{,}3, \quad \varepsilon = 0{,}0813.$$

Aus Tabelle Nr. 5 entnehmen wir für $\frac{1}{\varepsilon} = 12{,}3$

$$\frac{p_t}{p} = 0{,}2853, \text{ also } p_t = 0{,}2853 \cdot 16{,}0 = 4{,}57 \text{ at.}$$

Bei einem Völligkeitsgrad $k = 0{,}53$ (vgl. Tabelle Nr. 6) wird der zu erwartende mittlere Druck (bezogen auf den *ND*-Zylinder)

$$p_m = 0{,}53 \cdot 4{,}57 = 2{,}42.$$

Der Durchmesser des *ND*-Zylinders D_n ergibt sich aus der Gleichung

$$N_i = \frac{D^2 \pi}{4} \cdot \frac{p_m \cdot c}{75},$$

woraus

$$\frac{D_n^2 \pi}{4} = \frac{N_i \cdot 75}{p_m \cdot c} = \frac{10000 \cdot 75}{2{,}42 \cdot 4{,}7} = 66000 \text{ qcm}$$

und weiter $D_n = 2900$ mm.

Der Durchmesser des *HD*-Zylinders wird aus der *HD*-Füllung und der Gesamtexpansion bestimmt. Es sei $\varepsilon_h = 0{,}70$ angenommen. Dann erhält man das Verhältnis $\frac{ND\text{-Zylinderfläche}}{HD\text{-Zylinderfläche}} = m$ aus der Gleichung $\frac{1}{\varepsilon} = \frac{m}{\varepsilon_h}$; also $m = 12{,}3 \cdot 0{,}7 = 8{,}6$. Somit ist der Durchmesser des *HD*-Zylinders

$$D_h = \frac{D_n}{\sqrt{m}} = \frac{2900}{\sqrt{8{,}6}} = 990 \text{ mm}.$$

Der Durchmesser der beiden *MD*-Zylinder ergibt sich durch Vergleich der vorliegenden Maschine mit ähnlichen Maschinen, deren Leistungen befriedigten. Nehmen wir z. B. das Zylinderverhältnis mit 1 : 2,1 : 4,3 : 8,6 an, so ergeben sich die *MD*-Zylinder wie folgt:

$$D_{m\text{I}} = 1435 \text{ mm},$$
$$D_{m\text{II}} = 2050 \text{ mm}.$$

2. Berechnung mit Hilfe des Dampfverbrauches. Die Kolbengeschwindigkeit sei wieder $c = 4{,}7$, daraus der Hub $s = 1{,}7$ m.

Der Dampfverbrauch kann auf Grund von Messungen an ausgeführten ähnlichen Maschinen mit 6,4 kg/PS_i und Stunde angenommen werden (vgl. Tabelle Nr. 18). Bei einem Kesseldruck von 16 at. abs. sei die Füllungs-Endspannung im *HD*-Zylinder $p' = 12{,}5$ at. abs. geschätzt. Der Füllungsgrad im *HD*-Zylinder sei wieder $\varepsilon_h = 0{,}7$. Nach Wärmediagrammen ähnlicher Maschinen ist ein Dampfgehalt am Ende der Füllungsperiode von $x = 0{,}90$ zu erwarten.

Nach § 43 ergibt sich der Durchmesser des *HD*-Zylinders

$$D_h = \sqrt{\frac{G \cdot N_i \cdot x \cdot v}{30\, n\, \pi\, s \cdot \varepsilon_h}}$$

$$D_h = \sqrt{\frac{6{,}4 \cdot 10000 \cdot 0{,}90 \cdot 0{,}16}{30 \cdot 83 \cdot \pi \cdot 1{,}7 \cdot 0{,}7}} = 995 \text{ mm}.$$

Nehmen wir wieder wie vorhin die Gesamtexpansion bzw. Zylinderverhältnisse an mit 1 : 2,1 : 4,3 : 8,6, so erhalten wir

$$D_{m\text{I}} = 1445 \text{ mm}, \quad D_{m\text{II}} = 2060 \text{ mm und } D_n = 2920 \text{ mm}.$$

3. Die ausgeführte Maschine hatte bei 1700 mm Hub folgende Zylinderdurchmesser:

$$D_h = 970 \text{ mm}, \quad D_{m\text{I}} = 1440 \text{ mm}$$
$$D_{m\text{II}} = 2030 \text{ mm}, \quad D_n = 2850 \text{ mm}.$$

Das Zylinderverhältnis ist 1 : 2,2 : 4,39 : 8,65. Im Betrieb ergab sich folgende Leistungsverteilung:

	HD	*MD I*	*MD II*	*ND*
Füllung	76	74,5	71,5	72,5 %
Leistung	2340	2300	2450	2940 PS_i,

also 10030 PS_i total bei 83 Umdr./Min.

Tabelle Nr. 9.

Compoundmaschinen.

Namen des Schiffes	Typus	Bemerkungen	N_i	n	Überdruck im Kessel	Zylinderdurchmesser		Hub	Zylinderverhältnis $1 : m_1$	Gesamtexpansion für die angegebene Füllung im *HD*-Zyl.
						HD	*ND*			
Ems[1])	Schnelldampfer	für den Norddeutschen Lloyd gebaut von J. Elder, Glasgow. 16,4 Knoten i. M.	1×6000	—	6,7 at	1570	2×2230	1520	1 : 4	für 50% 8fach
City of Chester[1])	Postdampfer	Inman-Line. 1885. 13,5 Knoten i. M. Busley, Entwicklung der Schiffsmaschine.	1×4600	—	5,5 at	1730	3040	1670	1 : 3,1	für 31% 10fach
—	Eisbrecher	gebaut 1895	1×1600	95	8 at	740	1560	1000	1 : 4,4	für 60% 7,3fach
Netherlands	Fährdampfer	Hoboken Ferry. — Maschinen von Fletcher & Co. 12,4 Knoten. Engineering 1894, I. S. 224.	1×740	119	7 at	457	965	711	1 : 4,5	für 60% 7,4fach
—	kleiner Passagierdampfer	zum Flußverkehr	1×180	150	7 at	350	640	420	1 : 3,4	für 60% 5,7fach
—	kleiner Passagierdampfer	zum Flußverkehr	1×125	175	7 at	300	530	350	1 : 3,1	für 70% 4,4fach
—	Dampfprahm	gebaut von Vulcan-Werken Hamburg und Stettin A.-G. 1895	1×200	130	8 at	380	680	500	1 : 3,2	für 40% 8fach
—	Beiboot	für einen geschützten Kreuzer	1×50	380	10 at	160	300	200	1 : 3,5	für 70% 5fach
—	Eisbrecher	—	1×350	120	7,5 at	470	1000	500	1 : 4,5	für 60% 7,5fach
Chamid	Tankdampfer	gebaut für Gebr. Rosuloff in Baku von Klawitter, Danzig 1903. 11 Knoten. Schiffbau 1903 Nr. 3.	2×600	110	8,5 at	590	1050	600	1 : 3,17	für 60% 5,3fach
Poseidon	Forschungsdampfer	für das Reichsamt des Innern erbaut 1901 vom Bremer Vulcan, Vegesack	2×240	130	8 at	360	660	500	1 : 3,36	für 60% 5,6fach
—	flachgehende Kanonenboote	erbaut von Thornycroft & Co.	2×260	300	9,1 at	305	502	280	1 : 2,7	für 60% 4,5fach
Vulcan IV	Schlepper	gebaut für Hafenverkehr von Ottenser Maschinenfabrik, Hamburg-Ottensen, 1907	1×130	150	10 at	290	580	328	1 : 4	für 46% 8,7fach
Randow	Straßenfähre	gebaut für Kreisverwaltung Randow von den Vulcan-Werken Hamburg und A. G. Stettin 1910	1×90	180	12 at	210	370	300	1 : 3,1	für 40% 7,75fach

[1]) Die Zitierung dieser beiden Anlagen hat nur historisches Interesse, da so große Compoundmaschinen längst nicht mehr ausgeführt werden.

Tabelle Nr. 10.

Dreifach-Expansionsmaschinen. Torpedoboote und Torpedojäger.

Namen des Schiffes	Typus	Bemerkungen	N_i	n	Überdruck im Kessel	Zylinderdurchmesser			Hub	Zylinderverhältnis $1 : m_1 : m_2$	Gesamtexpansion f. 70% Füllung im *HD*-Zyl.
						HD	*MD*	*ND*			
Santa Fé	Torpedojäger	für die argentinische Marine gebaut von Jarrow & Co. 26,5 Knoten . . . . . Engineering 1896, II. S. 122.	2×2000	355	10,2 at	457	660	1003	457	1:2,1:4,8	6,8 fach
Swordfish	Torpedojäger	für die englische Marine gebaut von Armstrong. Maschine von Bellis. 27 Knoten . . . . Engineering 1896, II. S. 122.	2×2200	395	13,5 at	476	692	2×711	457	1:2,1:4,5	6,4 fach
Hart Handy Hunter	Torpedojäger	für die englische Marine gebaut von Fairfield Co. 1896. 27 Knoten . . . Engineering 1896, I. S. 245.	2×2250	390	14,8 at	464	699	1067	457	1:2,27:5,3	7,6 fach
Janus Lightning Porcupine	Torpedojäger	für die englische Marine gebaut von Palmers Shipb. Co. 27 Knoten . . . Engineering 1896, II. S. 142.	2×1900	369	14,7 at	457	700	1065	457	1:2,34:5,44	7,8 fach
Satellit	Torpedokreuzer	für die österreichische Marine erbaut von Schichau, Elbing. 22,5 Knoten . . Engineering 1893, I. S. 346.	2×2450	286	12,5 at	550	880	1260	500	1:2,55:5,24	7,4 fach
—	Torpedoboot	für die französische Marine gebaut von Schneider & Co., Creusot. 1. Maschine Engineering 1898, II. S. 257.	1×1500	360	15 at	425	610	870	450	1:2,06:4,19	5,9 fach
S. 42.	Torpedoboot	für die Kaiserlich deutsche Marine, Maschine gebaut von der »Germania«, Tegel . . . . Schiffbau I Nr. 18, S. 553.	1×1440	307	15 at	500	730	2×760	450	1:2,16:4,67	6,7 fach
—	Torpedoboote	Vereinigte Staaten-Maschine. 26 Knoten Engineering 1898, II. S. 819.	2×1500	350	17,6 at	356	559	2×641	457	1:2,46:6,45	9,3 fach
Shirakumo und Asashio	Torpedojäger	für die japanische Regierung erbaut von Thornycroft & Co. 31 Knoten	2×3600	390	16,9 at	560	750	2×686	483	1:1,8:3,98	5,7 fach
Ardent Boxer Bruiser	Torpedojäger	für die englische Marine erbaut von Thornycroft & Co. 27 Knoten . . .	2×2200	390	14,8 at	483	686	2×787	406	1:2,02:4,04	5,77 fach

Tabelle Nr. 10 (Fortsetzung). **Dreifach-Expansionsmaschinen.** Torpedoboote und Torpedojäger.

Namen des Schiffes	Typus	Bemerkungen	N_i	n	Über-druck im Kessel	Zylinder-durchmesser			Hub	Zylinder-verhältnis $1 : m_1 : m_2$	Gesamt-expansion f. 70% Füllung im *HD*-Zyl.
						HD	*MD*	*ND*			
—	Torpedoboote	f. 25 Knoten erbaut von Thornycroft & Co.	1 × 3000	390	15,5 at	559	737	2 × 762	457	1 : 1,74 : 3,72	5,3 fach
Niki, Doxa und 2 weitere gleiche Schilfe	Torpedojäger	für die griechische Marine erbaut von Vulcan-Werken Hamburg und Stettin A.-G. 1906. 30¾ Knoten	2 × 3400	360	17 at	550	800	2 × 840	450	1 : 2,12 : 4,66	6,7 fach
Ukraina und 7 weitere gleiche Schiffe	Torpedojäger	für die russische Marine erbaut von Vulcan-Werken Hamburg und Stettin A.-G. 26,5 Knoten	2 × 3200	330	16 at	580	850	2 × 860	450	1 : 2,15 : 4,40	6,3 fach
V 150 und 10 weitere gleiche Schiffe	Torpedoboot	für die Kaiserl. Deutsche Marine gebaut von den Vulcan-Werken Hamburg und Stettin A.-G. 1908	2 × 5125	325	18,5 at	640	920	2 × 965	540	1 : 2,06 : 4,55	6,5 fach
A I und 24 weitere Schiffe	Torpedoboot	für die Kaiserl. Deutsche Marine gebaut von den Vulcan-Werken Hamburg und Stettin A.-G. 1915	1 × 1100	400	17 at	375	560	820	320	1 : 2,24 : 4,8	6,85 fach

Tabelle Nr. 11. **Dreifach-Expansionsmaschinen.** Kleine und große Kreuzer.

Namen des Schiffes	Typus	Bemerkungen	N_i	n	Über-druck im Kessel	Zylinder-durchmesser			Hub	Zylinder-verhältnis $1 : m_1 : m_2$	Gesamt-expansion f. 70% Füllung im *HD*-Zyl.
						HD	*MD*	*ND*			
München	Kleiner Kreuzer	für die Kaiserlich deutsche Marine erbaut 1904	2 × 5000	150	15 at	870	1360	2070	780	1 : 2,45 : 5,67	8,1 fach
Bogatyr	geschützter Kreuzer	f. d. russ. Marine erbaut v. Vulcan-Werken Hamburg und Stettin A.-G. 1901/02. 23 Knoten. Engineering 30. 1. 1903.	2 × 9750	150	18 at	1030	1530	2 × 1780	900	1 : 2,2 : 5,96	8,5 fach
Eber	Kanonenboot	f d. deutsche Marine erb. v. Vulcan-Werken Hamburg und Stettin A.-G. 1903	2 × 650	180	13 at	370	570	870	500	1 : 2,37 : 5,52	7,9 fach
Minneapolis	geschützter Kreuzer	für die Verein. Staaten-Marine erbaut von Cramp, Philadelphia 1894. 23 Knoten	3 × 6800	132	11 at	1067	1498	2337	1067	1 : 1,97 : 4,79	6,9 fach
Victoria Luise	geschützter Kreuzer	für die Kaiserlich deutsche Marine gebaut von der »Weser«, Bremen. Schiffbau I. Nr. 18.	3 × 3300	140	13 at	770	1110	2 × 1300	750	1 : 2,10 : 5,76	8,2 fach
Hay Yung Hay Shen Hay Schew	geschützte Kreuzer	für die chinesische Marine gebaut von Vulcan-Werken Hamburg ung Stettin A.-G. 1897/98. 20 Knoten	2 × 3800	178	13 at	760	1130	2 × 1210	700	1 : 2,3 : 5,06	7,2 fach

Tabelle Nr. 11 (Fortsetzung).

Dreifach-Expansionsmaschinen. Kleine und große Kreuzer.

Namen des Schiffes	Typus	Bemerkungen	N_i	n	Über-druck im Kessel	Zylinder-durchmesser			Hub	Zylinder-verhältnis $1 : m_1 : m_2$	Gesamt-expansion f. 70% Füllung im *HD*-Zyl.
						HD	*MD*	*ND*			
Arethusa	Torpedo-kreuzer	für die italienische Marine gebaut von Orlando, Livorno . . . . Engineering 1893, II. S. 756.	2×2200	265	12 at	590	919	1375	460	1:2,42:5,48	7,8 fach
Buenos Ayres	Kreuzer	für die argentinische Marine erbaut von Armstrong 1895. Maschinen von Humphrys, Tennant & Co. 23,2 Knoten Engineering 1896, I. S. 708.	2×7000	154	11 at	1016	1524	2×1676	915	1:2,25:5,5	7,8 fach
—	Gr. Kreuzer	f. d. Kaiserl. deutsche Marine erbaut 1905	3×6333	120	14,5 at	930	1430	2300	1000	1:2,37:6,12	8,7 fach
Brooklyn	Panzerkreuzer	für die Vereinigte Staaten-Marine erbaut von Cramp, Philadelphia 1893 . . . 21,9 Knoten. 4 Maschinen.	4×4500	136	11 at	813	1194	1829	1067	1:2,47:5,16	7,4 fach
Powerful	Panzerkreuzer	für die englische Marine gebaut von der Naval Construction und Armaments Co., Barrow 1895. 21,8 Knoten . . . Engineering 1896, II. S. 693.	2×12500	114	im Kessel 18,3 at vor der Maschine 14,8 at	1143	1778	2×1930	1219	1:2,42:5,70	8,2 fach
Denver	Panzerkreuzer	für die amerikanische Marine gebaut von Neafie und Levy Ship und Eng. Co. Phil. 1900. 17 Knoten . . . . . . Schiffbau 1904, S. 17.	2×2800	200	19,33 at	457	737	2×899	762	1:2,595:7,56	10,8 fach
Friedrich Karl	Panzerkreuzer	für die Kaiserlich deutsche Marine gebaut von Blohm & Voß, Hamburg. 20,5 Knot. Marine-Rundschau 1904, S. 1270, und 1905, S. 107.	3×6200	115	14,25 at	890	1360	2180	1000	1:2,34:6	8,6 fach
Infanta Maria Theresa	Panzerkreuzer	für die spanische Marine gebaut von Astilleros del Nervion, Bilbao. 20,2 Knoten . . . . Engineering 1894, I. S. 806.	2×6800	118	10 at	1067	1575	2337	1168	1:2,18:4,79	6,8 fach
Hamburg	Kreuzer	für die Kaiserl. Deutsche Marine gebaut von den Vulcan-Werken Hamburg und Stettin A.-G. 1903	2×5000	150	15 at	870	1360	2070	780	1:2,44:5,66	8,08 fach

Tabelle Nr. 12.

Dreifach-Expansionsmaschinen. Panzerschiffe.

Namen des Schiffes	Typus	Bemerkungen	N_i	n	Überdruck im Kessel	Zylinderdurchmesser *HD*	Zylinderdurchmesser *MD*	Zylinderdurchmesser *ND*	Hub	Zylinderverhältnis $1:m_1:m_2$	Gesamtexpansion f. 70% Füllung im *HD*-Zyl.
Jowa	Schlachtschiff	f. die Vereinigte Staaten-Marine gebaut v. Cramp, Philadelphia 1897. 17 Knoten	2×5900	109	11,3 at	990	1397	2159	1219	1:1,98:4,75	6,8 fach
Renown	Schlachtschiff	für die englische Marine erbaut von Maudslay, London. 18 Knoten . . Engineering 1896, I. S. 79.	2×6000	100	11 at	1016	1498	2235	1295	1:2,16:4,8	6,9fach
Jashima	Schlachtschiff	f. die japan. Marine erbaut v. Armstrong. Masch. von Humphrys, Tennant & Co. Engineering 1898, II. S. 830.	2×6750	120	11 at	1016	1498	2235	1140	1:2,16:4,8	6,9fach
Majestic	Schlachtschiff	engl. Marine. Maschinen v. Barrow Shipbuild and Eng. Co. 1895. 17,5 Knoten Engineering 1898, II. S. 830.	2×5700	106	11 at	1016	1498	2235	1295	1:2,18:4,83	6,9fach
Formidable	Schlachtschiff	englische Marine. Maschinen von Earle, Hall 1899. 18 Knoten . . . . . . Engineering 1898, II. S. 830.	2×7500	108	21 at im Kessel 17,5 at an der Maschine	800	1308	2134	1295	1:2,68:7,1	10fach
—	—	neuere englische Schlachtschiffe. 19 Knoten . . . . Engineering 1898, II. S. 830.	2×9000	120	21 at im Kessel 17,5 at an der Maschine	851	1385	2×1600	1219	1:2,65:7,1	10fach
Kaiser Friedrich III.	Schlachtschiff	f. d. Kaiserl. deutsche Marine gebaut v. der Kaiserl. Werft Wilhelmshaven 1900 Schiffbau I. Nr. 18.	3×4870	108	12 at	880	1380	2180	950	1:2,49:6,24	8,9fach
Preußen	Linienschiff	für die Kaiserlich deutsche Marine gebaut von Vulcan-Werken Hamburg und Stettin A.-G. 1905	3×5800	115	13,5 at	920	1440	2240	1000	1;2,45:5,9	8,5fach
Rheinland	Linienschiff	für die Kaiserl. Deutsche Marine gebaut von den Vulcan-Werken Hamburg und Stettin A.-G. 1910	3×6667	117	16 at	960	1460	2200	1100	1:2,32:5,27	7,52fach
Texas	Schlachtschiff	gebaut für Vereinigte Staaten-Marine von Newport-News Shipbuilding and Dry Dock Comp., Newport-News 1914 . . Journal of the American Soc. of Naval Engineers 1915/II.	2×14050	125	18,6 at	991	1600	2×2108	1219	1:2,61:9,06	12,95fach

Tabelle Nr. 13.

Dreifach-Expansionsmaschinen. Schnelldampfer.

Namen des Schiffes	Typus	Bemerkungen	N_i	n	Über-druck im Kessel	Zylinder-durchmesser			Hub	Zylinder-verhältnis $1 : m_1 : m_2$	Gesamt-expansion f, 70% Füllung im *HD*-Zyl.
						HD	*MD*	*ND*			
Augusta Victoria	Schnell-dampfer	für die Hamb.-Amerika-Linie gebaut von Vulcan-Werken Hamburg und Stettin A.-G. 1889. 18 Knoten i. M.	2×6000	72	10,6 at	1050	1700	2700	1600	1:2,62:6,60	9,4fach
Havel, Spree	Schnell-dampfer	für den Nordd. Lloyd gebaut von Vulcan-Werken Hamburg und Stettin A.-G. 1890. 18,5 Knoten i. M.	12750	75	11,0 at	2×950	1900	2×2500	1800	1:2,0:6,92	9,9fach
Campania Lucania	Schnell-dampfer	für die Cunard Line gebaut von Fairfield Co. 1893. 21 Knoten i. M. Engineering 1893, I. S. 480.	2×15000	84	11,6 at	2×940	2007	2×2489	1753	1:2,28:7,01	9,9fach
Trave, Saale	Schnell-dampfer	f. d. Nordd. Lloyd. Mit neuen Maschinen versehen von Vulcan-Werken Hambg. u. Stettin A.-G. 1895 u. 1897. 18 Kn.	1×8700	69	11,5 at	1118	1778	2743	1829	1:2,53:6,03	8,6fach
Fürst Bismarck	Schnell-dampfer	für die Hamb.-Amerika-Linie gebaut von Vulcan-Werken Hamburg und Stettin A.-G. 1891. 19,5 Knoten	2×8200	85	11 at	1100	1700	2700	1600	1:2,38:6,02	8,6fach
Kaiser Wilhelm der Große	Schnell-dampfer	für den Nordd. Lloyd gebaut von Vulcan-Werken Hamburg und Stettin A.-G. 1897. 22 Knoten i. M. Engineering 1898, I. S. 364.	2×14000	78	12,5 at	1320	2280	2×2450	1750	1:3:6,9	9,9fach
Nile	Postdampfer	für die Royal Mail Steam Packet Co. gebaut von J. u. G. Thomson. 17,25 Knoten Engineering 1893, II. S. 370.	1×7700	83	11,2 at	965	1524	2388	1676	1:2,49:6,12	8,9fach
Majestic	Schnell-dampfer	für die White Star-Line gebaut von Harland & Wolff, Belfast 1890. 19 Knoten i. M.	2×8500	—	12,6 at	1092	1727	2794	1524	1:2,5:6,54	9,3fach
City of Paris	Schnell-dampfer	für die Inman Line gebaut von Thomson, Clydebank 1889. 19 Knoten i. M.	2×9200	—	10,5 at	1143	1803	2870	1524	1:2,49:6,30	9fach

Tabelle Nr. 14.

Dreifach-Expansionsmaschinen. Verschiedene Schiffe.

Namen des Schiffes	Typus	Bemerkungen	N_i	n	Überdruck im Kessel	Zylinderdurchmesser			Hub	Zylinderverhältnis $1 : m_1 : m_2$	Gesamtexpansion f. 70% Füllung im *HD*-Zyl.
						HD	*MD*	*ND*			
Prinz-Regent Luitpold	Dampfer für Fracht und Passagiere	für den Nordd. Lloyd gebaut von Schichau, Elbing. 15,5 Knoten. 2 Schrauben Engineering 1895, I. S. 338.	2×2800	88	12,3 at	720	1170	1800	1200	1:2,65:6,25	8,9fach
Krefeld Aachen	Frachtdampfer	für den Nordd. Lloyd gebaut von Vulcan-Werken Hamburg und Stettin A.-G. 1 Schraube. 13 Knoten	1750	75	12,5 at	580	980	1540	1250	1:2,85:7,05	10,1fach
Iberia	Dampfer für Fracht und Passagiere	gebaut von Felton Works, Liverpool. 1 Schraube. 16 Knoten . . . . . . Engineering 1893, II. S. 206.	1×5400	72	12,7 at	838	1372	2235	1524	1:2,67:7,11	10,2fach
Kherson	Dampfer für Fracht und Passagiere	für die russische freiw. Flotte gebaut von Hawthorn Leslie & Co. 2 Schrauben. 19,5 Knoten . . . . Engineering 1896, II. S. 800.	2×6650	90	im Kessel 17,5 at an der Maschine 11 at	914	1448	2335	1372	1:2,51:6,53	9,3fach
Stephan	Kabellegungsdampfer	für die Nordd. Seekabelwerke erbaut von Vulcan-Werken Hamburg und Stettin A.-G. 1902/03	2×1200	90	13 at	500	800	1300	1000	1:2,56:6,76	9,7fach
Giralda	Vergnügungsjacht	gebaut von Fairfield & Co., Glasgow. 2 Schrauben. 20,9 Knoten. . . . . Engineering 1895, I. S. 11.	2×4250	220	12 at	635	1016	2× 1143	686	1:2,56:6,48	9,3fach
Columbia Alma	Passagierdampfer für Kanalverkehr	gebaut von J. u. G. Thomson, Clydebank. 19,3 Knoten . . . . Engineering 1895, I. S. 209.	2×1870	192	11,2 at	483	737	2× 838	762	1:2,33:6,03	8,9fach
Speedy	Vergnügungsjacht	gebaut von Ramage und Ferguson. 13 Knoten . . . . Engineering 1896, II. S. 241.	2×200	—	12,7 at	305	483	762	533	1:2,51:6,24	8,9fach
Hermes	Fischdampfer	gebaut von Hall & Co., Aberdeen. 10,5 Knoten . . . . Engineering 1894, I. S. 352.	1×418	140	11,5 at	305	483	819	610	1:2,51:7,21	10,3fach

Tabelle Nr. 14 (Fortsetzung).

Dreifach-Expansionsmaschinen. Verschiedene Schiffe.

Namen des Schiffes	Typus	Bemerkungen	N_i	n	Überdruck im Kessel	Zylinderdurchmesser			Hub	Zylinderverhältnis $1:m_1:m_2$	Gesamtexpansion f. 70% Füllung im *HD*-Zyl.
						HD	*MD*	*ND*			
Delaware	Petroleumdampfer	gebaut von Dunlop & Co. 12,3 Knoten. Engineering 1894, I. S. 209.	1×2680	71	11,5 at	686	1105	1778	1295	1:2,6:6,72	9,6fach
Sylvania Carinthia	Viehdampfer	für die Cunard Line gebaut von London und Glasgow, Eng. Co. 15,3 Knoten Engineering 1895, II. S. 539.	2×2725	94	12,0 at	572	927	1524	1220	1:2,63:7,11	10,1fach
Kong Haakon	Passagierdampfer	für die Stavangerske Dampskibsselskab gebaut von der Eiderwerft A.-G. Tönning, Stavanger 1904. 13,5 Knoten Schiffbau 1905, S. 431.	1200	113	13 at	480	770	1270	750	1:2,58:7,0	für 60% 11,7fach
Feldmarschall	Fracht- und Passagierdampfer	für die Deutsche Ost-Afrika-Linie gebaut von der Reiherstieg-Schiffswerft, Hamburg 1903. 13 Knoten . . . . . . Schiffbau 1904, Nr. 15 u. 16.	2×2050	72	14 at	590,5	978	1638	1220	1:2,75:7,73	11fach
Hedwig Heidmann	Frachtdampfer	für H. W. Heidmann, Altona, gebaut von Raylton Dixon and Comp., Middlesborough 1904. 9,5 Knoten . . . . Schiffbau 1904, Nr. 20.	1000	78	13,35 at	521	864	1422	915	1:2,75:7,46	10,7fach
Huichow	Passagier- und Frachtdampfer	für die China-Navigation Comp. gebaut von Scotts Shipbuilding and Eng. Co., Greenock 1905. 12,9 Knoten . . . Engineering 1906, 9/3 06.	1700	92	13,36 at	508	851	1422	991	1:2,8:7,82	11,2fach
Carnarvon	—	für Board of Trade gebaut von Scotts Shipbuilding and Eng. Comp., Greenock 1905. 12,1 Knoten . . . Engineering 1906, 26/10.	2×800	142	11,6 at	387	597	914	762	1:2,38:5,6	für 55% 10,2fach

Tabelle Nr. 14 (Fortsetzung).

Dreifach-Expansionsmaschinen. Verschiedene Schiffe.

Namen des Schiffes	Typus	Bemerkungen	N_i	n	Überdruck im Kessel	Zylinderdurchmesser				Hub	Zylinderverhältnis $1 : m_1 : m_2 : m_3$	Gesamtexpansion f. 70% Füllung im *HD*-Zyl.
						HD	*MD I*	*MD II*	*ND*			
Seestern	Bereisungsdampfer	erbaut von Vulcan-Werken Hamburg u. Stettin A.-G. 1903. 12 Knoten	2 × 400	160	12 at	310	500	—	810	500	1 : 2,6 : 6,82	9,8 fach
Pregel	Eisbrecher	erbaut von Vulcan-Werken Hamburg u. Stettin A.-G. 1903. 11,5 Knoten	1 × 1000	106	11 at	500	800	—	1300	800	1 : 2,56 : 6,76	9,7 fach
—	Fischdampfer	Maschine von G. Seebeck, Geestemünde Jahrb. der Schiffbautechn. Ges. 1915.	400	110	13,0	320	520	—	840	600	1 : 2,64 : 6,98	9,97 fach
Ulysses und Achilles	Kohlendampfer f. d. Panamakanal	gebaut v. Maryland Steel Comp. Maryland für Vereinigte Staaten 1914. Journ. of the American Soc. of Naval Engineers 1915/II.	2 × 3600	98	14,05	698	1168	—	1930	1219	1 : 2,7 : 7,63	10,9 fach
Englischer Standard-Dampfer	Frachtdampfer	gebaut nach den Vorschriften d. engl. Normalisierungskommissars. . . . . Engineering 1917.	—	64	12,66	686	1118	—	1854	1219	1 : 2,96 : 7,3	10,45 fach

Tabelle Nr. 15.

Vierfach-Expansionsmaschinen.

Namen des Schiffes	Typus	Bemerkungen	N_i	n	Überdruck im Kessel	Zylinderdurchmesser				Hub	Zylinderverhältnis $1 : m_1 : m_2 : m_3$	Gesamtexpansion f. 70% Füllung im *HD*-Zyl.
						HD	*MD I*	*MD II*	*ND*			
Cushing	Torpedoboot	gebaut von Herreshoff, Bristol 1890. 22,5 Knoten, 5 Kurbeln . . . . Inst. of the a. soc. of n. e. 1890.	1 × 1720	—	17,6 at	286	406	571,5	2 × 571,5	381	1 : 2,04 : 4,03 : 8,17	11,7 fach
—	Torpedoboot	gebaut von Schichau, Elbing 1891. Busley, Entwickl. d. Schiffsmasch.	1 × 1714	320	15 at	430	610	840	1080	460	1 : 2,01 : 3,81 : 6,3	9 fach
Northwest	Passagierdampfer	für den Verkehr auf den großen amerikanischen Seen. 17,5 Knoten The Engineer 1895, I. S. 114.	2 × 3500	120	17,5 at	635	914	1308	1880	1068	1 : 2,07 : 4,25 : 8,78	12,5 fach
Victoria Luise	Jacht	für die Hamburg-Amerika-Linie gebaut v. Blohm & Voß, Hamburg 1900	2 × 2100	123	15 at	484	700	1000	1450	920	1 : 2,08 : 4,25 : 8,9	12,7 fach

Tabelle Nr. 15 (Fortsetzung).

Vierfach-Expansionsmaschinen.

Namen des Schiffes	Typus	Bemerkungen	N_i	n	Überdruck im Kessel	Zylinderdurchmesser				Hub	Zylinderverhältnis $1:m_1:m_2:m_3$	Gesamtexpansion f. 70% Füllung im *HD*-Zyl.
						HD	*MDI*	*MDII*	*ND*			
St. Louis	Schnelldampfer	geb. v. Cramp, Philadelphia. 19,5 Knot. Engineering 1895, I. S. 800.	2×8000	85	14 at	2×724	1397	1956	2×1956	1524	1:1,86:3,66:7,3	10,4 fach
Deutschland	Schnelldampfer	für die Hamburg-Amerika-Linie gebaut von Vulcan-Werken Hamburg und Stettin A.-G. 1900. 23 Knoten Engineering 1900, II. S. 662.	2×17000	78	15 at	2×930	1870	2640	2×2700	1850	1:2,1:4,16:8,45	12 fach
Kaiser Wilhelm II	Schnelldampfer	für den Nordd. Lloyd erbaut von Vulcan-Werken Hamburg und Stettin A.-G. 1902/03. 22,5 Knoten Engineering 1903, II.	2×20000	80	15 at	2×950	2×1250	2×1900	2×2850	1800	1:1,73:4:9	für 75% 12 fach
Patricia	Dampfer für Fracht und Passagiere	für die Hamburg-Amerika-Linie geb. von Vulcan-Werken Hamburg und Stettin A.-G. 1899. 13,5 Knoten Schiffbau 1900, Nr. 18.	2×2800	74	15 at	585	850	1220	1770	1400	1:2,15:4,46:9,46	13,5 fach
Friedrich der Große, Königin Luise	Dampfer für Fracht und Passagiere	für den Nordd. Lloyd gebaut von Vulcan-Werken Hamburg und Stettin A.-G. 1896. 15 Knoten. .	2×3500	75	15 at	640	970	1330	1920	1400	1:2,3:4,3:9	12,9 fach
Kensington	Dampfer für Fracht und Passagiere	für die International Navig. Co. gebaut von J. u. G. Thomson, Clydebank. 15,8 Knoten.	2×4150	86,5	14 at	648	953	1333	1880	1372	1:2,16:4,2:8,4	12 fach
Singapore	Frachtdampfer	gebaut v. Fleming und Ferguson 1889 Busley, Entwicklung d. Schiffsmasch.	1600	—	11,6 at	609	762	1016	1524	1066	1:1,8:2,8:6,4	9,1 fach
Fonar	Passagierdampfer	gebaut von Wigh. Richardson 1889. Busley, Entwicklung d. Schiffsmasch.	1690	—	12,2 at	533	736	1067	1524	1066	1:1,9:4:8,16	11,7 fach
Prinz Eitel Friedrich	Passagierdampfer	für den Nordd. Lloyd gebaut von Vulcan-Werken Hamburg und Stettin A.-G. 1904. 15 Knoten. .	2×3700	84	15 at	630	930	1310	1900	1400	1:2,18:4,32:9,1	13 fach
Kaiserin Aug. Victoria	—	für die Hamburg-Amerika-Linie geb. von Vulcan-Werken Hamburg und Stettin A.-G. 1906. 17,5 Knoten .	2×8750	84	15 at	920	1350	1920	2710	1650	1:2,15:4,36:8,68	12,4 fach
Borussia	Truppentransport dampfer	gebaut für die Hamburg-Amerika-Linie v. der »Germania«, Kiel 1905 Schiffbau 1906, S. 457 u. 501.	1600	75	15 at	505	725	1070	1530	1130	1:2,06:4,49:9,17	13,1 fach

Tabelle Nr. 15 (Fortsetzung).

Vierfach-Expansionsmaschinen.

Namen des Schiffes	Typus	Bemerkungen	N_i	n	Überdruck im Kessel	Zylinderdurchmesser				Hub	Zylinderverhältnis $1 : m_1 : m_2 : m_3$	Gesamtexpansion f. 70% Füllung im *HD*-Zyl.
						HD	*MDI*	*MDII*	*ND*			
Neckar	Reichpostdampfer	für den Nordd. Lloyd gebaut von J. C. Tecklenborg, A.-G., Geestemünde 1901. 14¹/₄ Knoten . . . Z. d. V. d. I. 1902, S. 1.	2 × 3000	82	15 at	605	860	1220	1810	1300	1:2,02:4,07:8,96	12,8 fach
Caronia	Schnelldampfer	gebaut für die Cunard Line von John Brown, Glasgow 1905. 19,5 Knoten Engineering 1905, S. 188.	2×10800	89	14,76 at	990	1384	1956	2794	1676	1:1,95:3,90:7,97	für 65% 12,25 fach
Mooltan	Postdampfer	für die P. and O. Steam Navigation Comp. gebaut von Mess. Caird and Comp., Greenock 1905. 18,5 Knoten Engineering 1906, 9/3.	2×6500	95	15,11 at	762	1092	1549	2210	1372	1:2,06:4,14:8,42	12 fach
George Washington	Schnelldampfer	gebaut für Nordd. Lloyd Bremen von Vulcan-Werken Hamburg u. Stettin A.-G. 1909	2×10000	83	15 at	970	1440	2030	2850	1700	1:2,07:4,39:8,65	12,35 fach
Cap Finisterre	Fracht- und Passagierdampfer	gebaut von Blohm & Voß Hamburg, für Hamburg-Südamerikanische Dampfschiffahrts-Ges. 1911 . . . Z. d. V. d. I. 1912.	2×5300	80	15 at	760	1110	1580	2270	1400	1:2,14:4,33:8,95	12,8 fach
Prinz Friedrich Wilhelm	Fracht- und Passagierdampfer	gebaut von C. Tecklenborg A.-G., Bremerhaven für Nordd. Lloyd, Bremen . . . . Z. d. V. d. I. 1909.	2×7000	ca. 82	15,5 at	835	1220	1690	2500	1550	1:2,14:4,1:8,98	12,85 fach
Prinz Sigismund	Fracht- und Passagierdampfer	für Hapag, Hamburg gebaut von A.-G. Neptun, Rostock 1904 . . . . . . Z. d. V. d. I. 1904.	2400	76	15 at	570	820	1200	1730	1200	1:2,07:4,43:9,25	13,2 fach
Explorer	Fracht- und Passagierdampfer	gebaut von Connel & Co. Glasgow 1910 f. Harrison & Co. . . . . Engineering 1910.	4000	76	15,1 at	648	929	1320	1878	1372	1:2,05:4,15:8,4	12,02 fach

Tabelle Nr. 16.

Dreifach-Expansionsmaschinen für Heißdampfbetrieb.

Namen des Schiffes	Typus	Bemerkungen	N_i	n	Überdruck im Kessel / Temperatur am Überhitzer	Zylinderdurchmesser			Hub	Zylinderverhältnis $1 : m_1 : m_2$	Gesamtexpansion f. 70% Füllung im *HD*-Zyl.
						HD	*MD*	*ND*			
Rance	Frachtdampfer	gebaut von Soc. d. Ateliers et Chantiers de St. Nazaire für Comp. Générale Transatlantique . . . . Z. d. V. d. I. 1906	1300	75	13 at / 270° C	584	914	1498	1066	1 : 2,45 : 6,6	9,43 fach
Sierra Nevada „ Cordoba	Fracht- und Passagierdampfer	gebaut für Nordd. Lloyd von Vulcan-Werken Hamburg und Stettin A.-G. 1912/13	2 × 2100	72	14,5 at / 350° C	610	1010	1650	1250	1 : 2,74 : 7,32	10,5 fach
Frederik VIII	Fracht- und Passagierdampfer	gebaut für Forenede Dampskibs-Selskab, Kopenhagen von Vulcan-Werken Hamburg und Stettin A.-G. 1913	2 × 5000	86	15,0 at / 350° C	820	1340	2 × 1590	1400	1 : 2,67 : 7,52	10,75 fach
Kong Gudröd	Frachtdampfer	gebaut von Trondh jems mechanische Werkstatt 1909 Schiffbau 1919 Nr. 12 und 13 . . .	800	92	12 at / 290° C	432	724	1219	838	1 : 2,71 : 7,95	11,35 fach
Fafner	Flußschlepper	gebaut von Dresdner Masch.-Fabrik und Schiffswerft Übigau für Zentral-Einkaufs-Gesellschaft 1916. Schiffbau 1918 Nr. 19	2 × 715	195	15 at / 300° C	360	550	850	450	1 : 2,34 : 5,6	8 fach
Adana	Seeschlepper	gebaut für Deutsche Levante-Linie, Hamburg von Vulcan-Werken Hamburg und Stettin A. G. 1920	700	105	13 at / 350° C	400	660	1100	700	1 : 2,72 : 7,56	10,8 fach

Tabelle Nr. 17.

Kolbenmaschinen-Abdampfturbinen-Anlagen.

Name des Schiffes	Typus	Bemerkungen	Leistung: Kolbenmaschinen PS_i	Leistung: Turbinen PS_e	Tourenzahl: Kolbenmasch.	Tourenzahl: Turbine	Überdruck im Kessel	Druck hinter der Kolbenmasch.	Zylinder-Durchmesser: *HD*	Zylinder-Durchmesser: *MD*	Zylinder-Durchmesser: *ND*	Hub	Zylinderverhältnis	Gesamtexpansion f. 70% Füllung
								at.abs.						
Otaki	Frachtdampfer mit 3 Wellen	gebaut von Messrs. Denny, Dumbarton 1908 für New Zealand Shipping Comp. . . . . Journ. of the Americ. Soc. of Nav. Eng. 1910.	2×1900	1×1900	98	210	14,1	0,55	622	991	1473	991	1:2,53:5,6	8,0 fach
Olympic	Passagier- u. Frachtdampfer mit 3 Wellen	gebaut von Harland & Wolff f. White Star Line, 1910 . . . . Engineering 1910.	2× 15000	1×16000	75	165	15,1	0,63	1372	2134	2× 2463	1950	1:2,42:6,45	9,22 fach
Rochambeau	Passagier- und Frachtdampfer mit 4 Wellen	gebaut von Soc. Anon. St. Nazaire 1912 für Comp. Générale Transatlantique . . . . Engineering 1912.	2 Kolbenmasch. 2 Turbinen ca. 13500 PS total		108	412	14	—	880	1290	2× 1460	1000	1:2,15:5,5	7,86 fach
Reina Victoria Eugenia	Passagier- und Frachtdampfer mit 4 Wellen	gebaut von Swan, Hunter & W. Richardson, Newcastle on Tyne, für Compania Transatlantica, Spanien . . . . . . Engineering 1913.	2×2900	2×1100	103	395	12,65	0,703	737	1092	2× 1194	1067	1:2,2:5,23	7,47 fach
Lutetia	Passagier- und Frachtdampfer mit 4 Wellen	gebaut von Soc. Anon. St. Nazaire 1914 für Compagnie de Navigation Sud Atlantique . Engineering 1914.	2 Kolbenmasch. 2 Turbinen ca. 20000 PS_e [total		—	—	—	—	1041	1450	2× 1655	1200	1:1,94:5,06	7,23 fach
Cap Trafalgar	Passagier- und Frachtdampfer mit 3 Wellen	gebaut von Vulcan-Werke, Hamburg u. Stettin A.-G. 1914 für Hamburg-Südamerikanische Dampfschiffahrts-Ges., Hamburg	2×5500	6000	80	190	16	0,9	800	1330	2× 1440	1500	1:2,76:6,48	9,25 fach

§ 50. **Der mechanische Wirkungsgrad** (vgl. hierzu § 21). Wie bereits in § 21 erläutert, versteht man unter dem mechanischen Wirkungsgrad von Kolbenmaschinen das Verhältnis der vom Dampf auf den Kolben übertragenen Leistung zu der an die Schiffswelle abgegebenen Leistung:

$$\eta_m = \frac{PS_e}{PS_i}.$$

Im allgemeinen bezieht man die effektive Leistung bei den Hauptmaschinen auf die Meßstelle am hinteren Ende des Wellentunnels, bei Hilfsmaschinen usw. auf den Kupplungsflansch mit der Arbeitsmaschine. Für die Berechnung der Propeller wäre also strenggenommen eine um die Reibung im Stevenrohr verkleinerte effektive

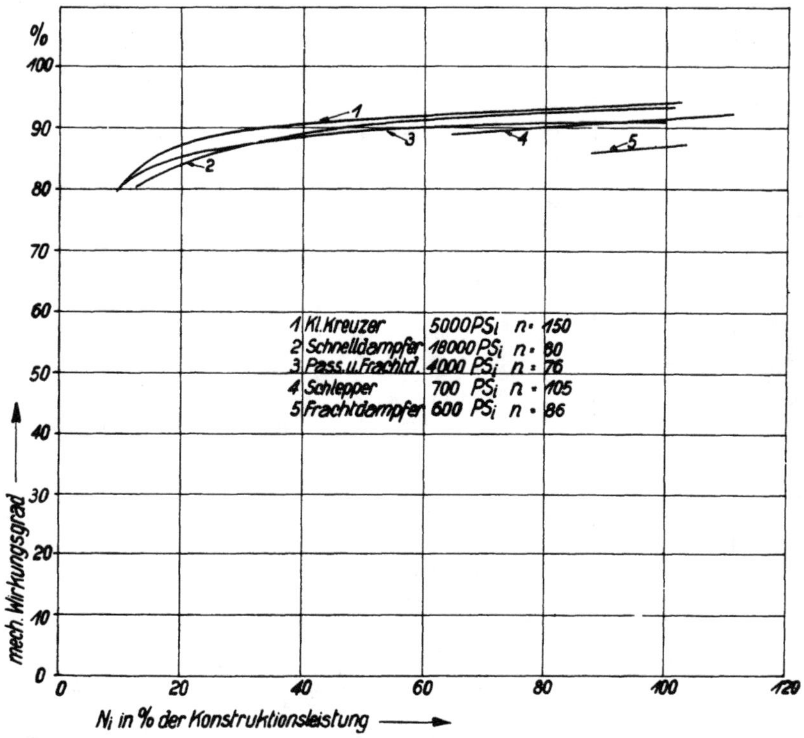

Abb. 69.

Leistung zugrunde zu legen. Da jedoch die Reibung in den Stevenrohr-Stopfbüchsen relativ gering ist, kann man ohne große Fehler dieselbe vernachlässigen und auch für die Berechnung der Propeller den oben definierten Wirkungsgrad benutzen.

Die Verlustarbeit, welche die Differenz zwischen der indizierten und der effektiven Leistung bildet, setzt sich bei Schiffsantriebsmaschinen zusammen wie folgt:

1. Gleitende Reibung der hin- und hergehenden Teile, d. h. der Kolben- und Schieber-Dichtungsringe an den Wandungen, der Kolben und Schieberstangen in den Stopfbüchsen, der Kreuzköpfe an den Gleitbahnen.
2. Gleitende Reibung in den Lagern: Kreuzkopf und Kurbelzapfen, Grundlager, Exzenter, Kulissen, Druck- und Lauflager.

   Diese Verluste werden in Wärme umgewandelt.
3. Die erforderliche Leistung der angehängten Hilfsmaschinen z. B. Luft- und Kühlwasserpumpen, Speise-, Klosett- und Lenzpumpen. Im allgemeinen ist der Leistungsbedarf dieser Pumpen nicht bedeutend, je nach Art und Zahl ungefähr 0,5 bis 2 % der Gesamtleistung.

Selbstverständlich spielt für die Größe der Verluste die Güte der Ausführung der Maschinen und die Exaktheit der Montage von Maschinen, Wellenleitung und Stevenrohr eine Rolle. Ebenso können auch Torsionsschwingungen die Reibungsverluste in den Lagern und im Stevenrohr wesentlich erhöhen, so daß der mechanische Wirkungsgrad bei den Tourenzahlen, wo dieselben auftreten, merklich kleiner wird. Auch Schiffsvibrationen verschlechtern unter Umständen den mechanischen Wirkungsgrad.

Aus Abb. 69 sind die gemessenen mechanischen Wirkungsgrade einiger Kolbenmaschinen in Abhängigkeit von der Belastung ersichtlich. Wie zu erwarten, nimmt der Wirkungsgrad mit der Belastung anfänglich sehr schnell, später langsam zu. Ähnlich verläuft auch die teils auf Beobachtungen, teils auf Schätzung beruhende

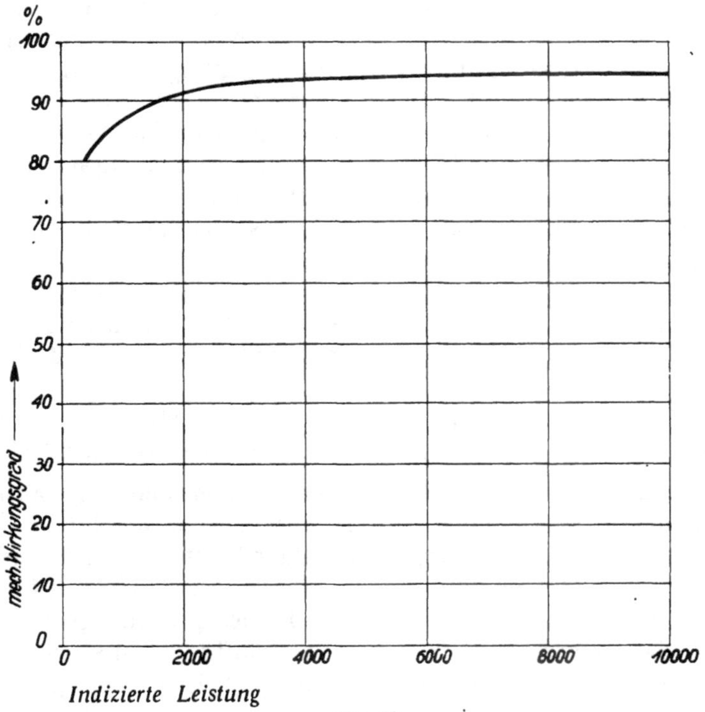

Abb. 70.

Kurve Abb. 70, welche den Verlauf des mechanischen Wirkungsgrades bei Vollast in Abhängigkeit von der absoluten Größe der Konstruktionsleistung von Handelsschiffsmaschinen üblicher Bauart für 70 bis 90 Umdrehungen pro Minute darstellt.

§ 51. **Der Dampfverbrauch der Kolbenmaschine (Hauptmaschinen).** Die in § 23 bis § 34 gebrachten Resultate von Dampfmessungen ausgeführter Maschinen geben bereits Anhaltspunkte über die bei Schiffsmaschinen zu erwartenden Dampfverbrauchsziffern.

Der Übersichtlichkeit wegen soll hier zunächst eine Tabelle Nr. 18 folgen, in welcher diese Ziffern für verschiedene Typen von Hauptmaschinen zusammengestellt sind, gleichzeitig mit einigen Daten von besonderem Einfluß auf den Dampfverbrauch. Es sind auch die für Landmaschinen von renommierten Firmen früher üblichen Werte (heute sind die stationären Kolbendampfmaschinen größtenteils durch die Turbine verdrängt) in die Tabelle aufgenommen, um zu zeigen, inwieweit die Schiffsmaschine bei den ihr auferlegten Beschränkungen an Raum und Gewicht mit der Landmaschine zu konkurrieren vermag, deren Konstrukteur frei über diese beiden Faktoren verfügen konnte.

Wenn auch die Ökonomie des Turbinenantriebes erst in Band II (Turbinen) behandelt werden soll, sind in die Tabelle auch Anlagen mit Abdampfturbinen aufgenommen, um zu zeigen, welch hoher Grad von Wirtschaftlichkeit mit der Kolbenmaschine erzielt werden kann, wenn das Niederdruckende derselben durch Hinzufügung einer Dampfturbine für die Ausnutzung eines hohen Vakuums brauchbar gemacht wird. Tatsächlich übertrifft die Ökonomie von rationellen Kolbenmaschinenanlagen mit Abdampfturbinen diejenige der besten Schiffsturbinenanlagen noch um einen geringen Betrag.

Bei den Dampfverbrauchsziffern von Maschinen mit Überhitzung ist nicht zu vergessen, daß (vgl. § 34) zur Überhitzung des Dampfes noch besonders Brennstoff aufzuwenden ist, die Dampfverbrauchszahlen also noch nicht ohne weiteres das richtige Bild für die Wirtschaftlichkeit der Maschine liefern. Um an Hand der Tabelle auch ein Urteil über den zu erwartenden Brennstoffverbrauch abgeben zu können, sind die Wirkungsgrade und Verdampfungsziffern der zugehörigen üblichen Kesselsysteme mit in die Tabelle aufgenommen. Die Verdampfungsziffern verstehen sich für Kohle von 7800 WE unteren Heizwert. Die Speisewassertemperatur ist so eingesetzt, wie sie bei den betreffenden Anlagen im allgemeinen durch Vorwärmung mit Hilfsmaschinenabdampf erzielt wird. Da heutzutage die Verwendung von Öl als Brennmaterial immer mehr eingeführt wird, sind bei den für solches Brennmaterial in Frage kommenden Schiffstypen auch die Kesselwirkungsgrade, Verdampfungs- und Ölverbrauchsziffern angegeben unter Zugrundelegung des am häufigsten verwendeten, in der Natur vorkommenden Rohöles (mexikanisches Rohöl), welches einen unteren Heizwert von 9600 WE besitzt. Näheres über Verdampfungsziffern und Kesselwirkungsgrades siehe Bd. II.

Die Brennstoffverbrauchsziffern sind meist einschließlich des Verbrauchs der maschinellen Hilfsmaschinen zu garantieren. (Siehe nebenstehende Tabelle.)

§ 52. **Dampfverbrauch von Hauptmaschinen bei verminderter Fahrtgeschwindigkeit.** In der überwiegenden Mehrzahl der Fälle arbeiten die Maschinen der Handelsschiffe stets mit der vollen Kraftleistung, welche ihrer Konstruktion zugrunde gelegt ist; diese ist also gleichzeitig die Normalleistung. Da wo die Handelsschiffe mit geringer Leistung betrieben werden müssen, nämlich im „Revier", d. h. also in den Hafeneinfahrten oder bei Nebel, wechseln die Gangarten so häufig und in so unvorhergesehener Weise, daß auf eine besondere Ökonomie hierbei nicht Rücksicht genommen werden kann.

Anders liegen die Verhältnisse bei Kriegsschiffen; bei solchen wird in der Regel für die Höchstgeschwindigkeit, die bei den forciecten Fahrten zu entwickeln ist, eine bestimmte Wirtschaftlichkeit nicht vorgeschrieben, weil bei diesen Fahrten das einzige Ziel die Entwicklung der Höchstleistung ist. Dagegen wird bei solchen Fahrzeugen in der Regel eine gewisse Ökonomie bei denjenigen verminderten Geschwindigkeiten gefordert, welche für längere Seereisen in Frage kommen (Marschfahrten, Fahrten mit Marschgeschwindigkeit, Kreuzfahrten).

Messungen an Schiffsmaschinen, welche zur Klärung der Frage beigetragen haben, inwieweit die Verminderung der Fahrtgeschwindigkeit und die daraus sich ergebende, mit Reduktion der Umdrehzahl verbundene Leistungsverringerung auf den Dampfverbrauch der Kolbenmaschine selbst einwirken, sind nur in geringem Umfange angestellt worden; im allgemeinen hängt der Brennstoffverbrauch bei Marschfahrt mehr von dem Verhalten und Betrieb der Kesselanlage ab als vom Dampfverbrauch der Hauptmaschine.

Aus den wenigen Versuchen, welche über die Variation des letzteren mit der Leistung angestellt worden sind, ergibt sich, daß von Vollkraftleistung ausgehend der Dampf-

Tabelle Nr. 18.

Dampf- und Brennstoffverbräuche von Kolbenmaschinen (Hauptmaschinen).

Nr.	Maschinentyp	Betrieb mit	Leistung PSi	Gesamtexpansion	Kesselspannung at abs.	Dampfzustand v. d. Maschine Dampfgh. bzw. Dampftemp.	Dampfverbr. d. Hauptmasch. allein kg/PSi/Std	Dampfverbr. d. masch. Hilfsm. in % d. Verbr. d. Hauptmasch.	Vorwärmung auf ° C	Kohle von 7800 WE: Kessel-Wirkungsgrad %	Kohle von 7800 WE: Verdampf.-ziff. f. Kohle v. 7800 WE	Kohle von 7800 WE: Kohlenverbr. d. H.-M. inkl. masch. Hilfsmasch. kg/PSi/St.	Öl von 9600 WE: Kessel-Wirkungsgrad %	Öl von 9600 WE: Verdampf.-ziffer f. Öl von 9600 WE	Öl von 9600 WE: Ölverbr. d. Hauptm. inkl. masch. Hilfsm. kg/PSi/Std.	Bemerkungen
1	Compoundmaschine für Barkassen, kleinere Schlepper u. dgl.	Auspuff	50–200	5—8	11	0,97	15—11	Angehängt	80	60	8,2	1,8—1,4	—	—	—	Die günstigeren Dampf- und Brennstoffverbrauchsziffern beziehen sich nicht nur auf die größeren Anlagen, sondern setzen auch ganz besonders sorgfältige Konstruktion und Ausführung voraus. Die Vorwärmung ist bei Überhitzung höher angenommen, da der Abdampf der Hilfsmaschinen hier größere Wärmemengen enthält. Der Kohlenverbrauch als Mittel von Seereisen ist um ca. 6—8 % höher zu veranschlagen, als in dieser Tabelle angegeben.
2		Kondensation	„	4—6	11	0,97	10—7,8	„	40	60	7,6	1,3—1,0	—	—	—	
3	Dreifachexpansionsmaschine neuerer Bauart für kl. Frachtdampfer, Seeschlepper, größere Fischdampfer u. dgl.	Naßdampf	400—1000	10—13	14	0,97	7,5—6,0	7	80	68	9,2	0,87—0,70	73	12,4	0,65—0,53	
4		Heißdampf	„	10—13	14	300	5,3—4,6	7	90	68	7,8	0,70—0,60	73	12,5	0,53—0,45	
5	Größere Dreifachexpansionsmaschine neuerer Bauart für ökonomischere Betriebe, z. B. gr. Frachtdampfer, Dampfer f. Fracht u. Passagiere u. dgl.	Naßdampf	1500 bis 2 × 3000	12,5 bis 13,5	16	0,97	6,5—6,0	9	90	75	10,3	0,69—0,64	80	13,9	0,51—0,48	
6		Heißdampf	„		16	300	4,8—4,4	9	100	75	9,1	0,58—0,53	80	12,2	0,43—0,39	
7	Vierfachexpansionsmaschine neuerer Bauart für große Passagierdampfer	Naßdampf	2 × 5000 bis	13—14	16	0,97	6,4—5,9	10	90	75	10,3	0,68—0,63	80	13,9	0,51—0,47	
8		Heißdampf	2×10000	13—14	16	300	4,7—4,3	10	100	75	9,1	0,57—0,52	80	12,2	0,42—0,38	
9	Anlagen mit 2 Kolbenmaschinen und direkt wirkender Abdampfturbine auf der Mittelwelle f. gr. Passagierdampfer	Naßdampf	10 000 bis 50 000 total	6—6,5	16	0,97	5,1—4,6	13	90	75	10,3	0,56—0,51	80	13,9	0,42—0,38	
10		Heißdampf		„	16	300	4,2—3,7	13	100	75	9,1	0,52—0,46	80	12,2	0,39—0,34	
11	Anlagen mit 2 Kolbenmaschinen u. Abdampfturbine m. Rädergetriebe auf der Mittelwelle für große Passagierdampfer	Naßdampf	„	„	16	0,97	5,0—4,5	14	90	75	10,3	0,55—0,50	80	13,9	0,41—0,37	
12		Heißdampf	„	„	16	300	4,1—3,6	14	100	75	9,1	0,51—0,45	80	12,2	0,38—0,33	
13	Dreifachexpansionsmaschinen mit geteiltem ND-Zylinder f. große Torpedoboote u. kl. Kreuzer	Naßdampf	4000 bis 12000 tot.	6—7,5	19	0,95	7,6—7,0	11	70	65	8,7	0,88—0,81	—	—	—	Diese Zahlen haben, da heute derartige Anlagen nur mit Turbinen ausgeführt werden, nur allgemeines Interesse zu Vergleichszwecken.
14		„	10000 bis 20000 tot.	7—8	19	0,95	7,4—6,8	12	80	65	8,9	0,83—0,77	—	—	—	
15	Dreifachexpansionsmaschinen mit geteiltem ND-Zylinder f. gr. Kreuzer u. Linienschiffe	„	20000 bis 30000 tot.	8—10	19	0,95	7,2—6,5	12	80	70	9,6	0,75—0,68	—	—	—	
16	Dreifachexpansionsmaschine alter Bauart m. geteiltem ND-Zylinder für Schnelldampfer	„	„	9—10	14	0,97	6,8—6,5	8	90	75	10,3	0,72—0,68	—	—	—	
17	Vierfachexpansionsmaschine alt. Bauart f. Schnelldampfer	„	„	10—12	14	0,97	6,7—6,4	8	90	75	10,3	0,71—0,67	—	—	—	
18	Landmaschinen mit dreifacher Expansion; letzte Ausführung v. d. Übergang zur Turbine	Heißdampf	2000 bis 6000	14—18	14	320	4,3—3,8	—	40	80	8,8	0,49—0,43	—	—	—	

verbrauch pro PS_i und Stunde bei Reduktion der Leistung zunächst sinkt, bei weiterer Leistungsverringerung ein Minimum erreicht und dann wieder ansteigt. Beispiele hierfür liefern die Kurvenblätter Abb. 71 und Abb. 72.

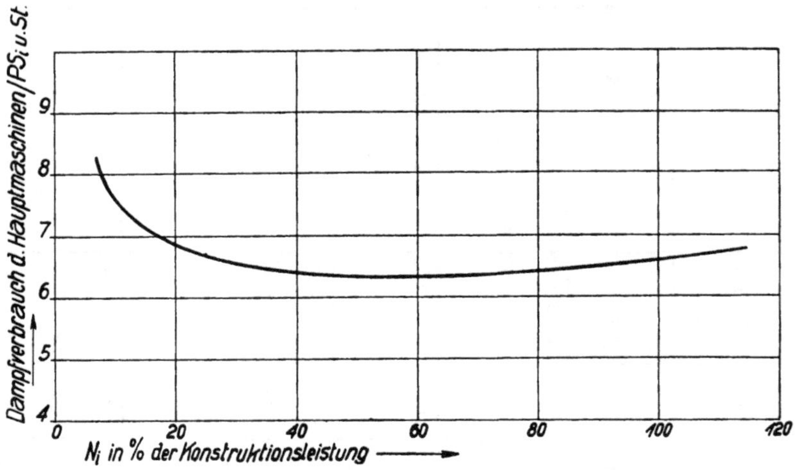

Abb. 71.

Die erste derselben zeigt den Dampfverbrauch pro PS_i und Stunde eines Linienschiffs mit drei Kolbenmaschinen, aufgetragen über den indizierten Pferdestärken in Prozenten der Konstruktionsleistung. Letztere beträgt 3×6667 indizierte Pferdestärken bei einer Umdrehungszahl von 117 pro Min und einem Dampfdruck in den Kesseln von

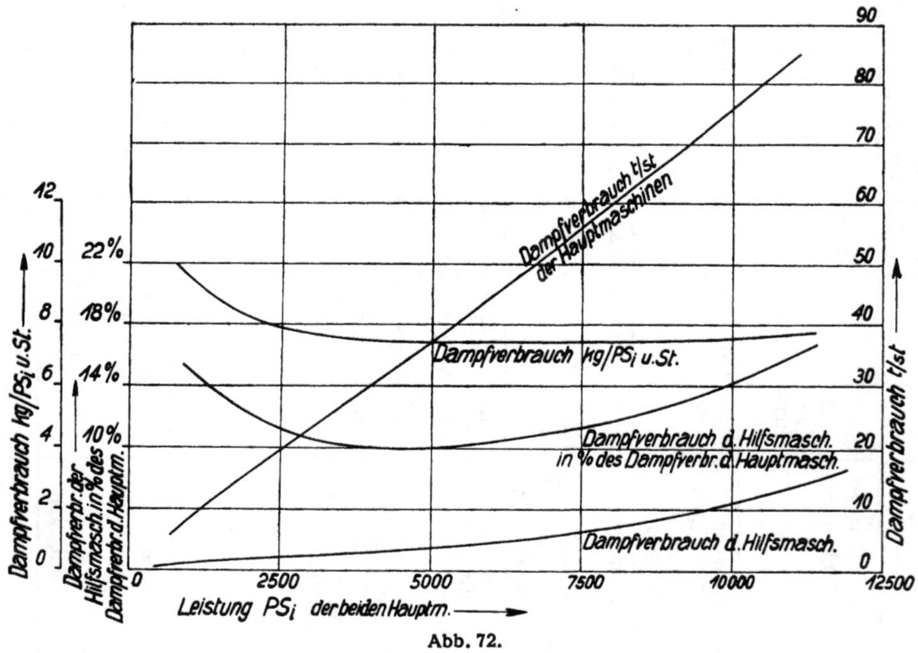

Abb. 72.

16 Atm. Überdruck (Naßdampf). Die Maschine besitzt Klugsche Steuerung. Der geringste Dampfverbrauch ergibt sich aus der Kurve bei etwa 60% der Konstruktionsleistung zu ca. 6,3 kg pro PS_i und Stunde.

Die zweite der Abbildungen gibt den D a m p f v e r b r a u c h p r o PS_i und Stunde für ein Torpedoboot mit 2 Kolbenmaschinen wieder, und zwar über den Absolutwerten der indizierten Leistung. Die Höchstleistung der beiden Maschinen dieses Torpedobootes, vgl, Abb. 176, beträgt insgesamt 11000 PS_i bei 335 Umdrehungen pro Minute und einem Dampfdruck in den Kesseln von 18,5 Atm. Überdruck (Naßdampf). Nähere Angaben über die Maschinen sind in Tabelle Nr. 10 unter V 150 zu finden. In Abb. 72 sind auch die Absolutwerte des Dampfverbrauchs der Hauptmaschinen in Tonnen pro Stunde, außerdem der Dampfverbrauch der Hilfsmaschinen in Tonnen pro Stunde sowie der Dampfverbrauch der Hilfsmaschinen in Prozenten[1]) des Dampfverbrauchs der Hauptmaschinen als Kurven über der Leistung eingetragen.

Beide Abbildungen zeigen für die Abhängigkeit des Dampfverbrauchs pro indizierte Pferdestärke von der Maschinenleistung den oben geschilderten charakteristischen Verlauf.

Da die Steuerung der Schiffsmaschine eine Veränderung der Füllung und damit der Gesamtexpansion nur in geringen Grenzen (ca. 20%) gestattet, ist die Leistungsverminderung von Vollkraftfahrt selbst auf beschleunigte Marschfahrt stets mit Drosselung des Admissionsdampfes durch das Hauptabsperrventil verbunden. Am erheblichsten sind die Unterschiede der Leistung zwischen Vollkraftfahrt und Marschfahrt bei Torpedobooten, und hat man daher versucht, hier durch Einbau einer Expansions-Schiebersteuerung für den Hochdruckzylinder günstigere Verhältnisse herbeizuführen. Aus dem bekannt gewordenen Material läßt sich jedoch über den Erfolg dieser Einrichtung etwas Bestimmtes nicht aussagen, jedenfalls hat man in den meisten Fällen auf die Komplikation dieser Expansionssteuerung verzichtet.

§ 53. **Dampfverbrauch der Hilfsmaschinen.** Die Hilfsmaschinen, von welchen bei einzelnen Schiffstypen eine sehr große Anzahl für die mannigfaltigsten Zwecke an Bord untergebracht ist, werden eingeteilt in sog. maschinelle Hilfsmaschinen und Schiffshilfsmaschinen kurzweg.

Die maschinellen Hilfsmaschinen sind diejenigen, welche zur Aufrechterhaltung des Betriebes der Antriebsmaschinen (Hauptmaschinen) des Schiffes erforderlich sind. Hierher gehören also:

- Speisepumpen,
- Luftpumpen,
- Kühlwasserpumpen (für den Kondensator),
- Gebläsemaschinen,
- Aschejektorpumpen,
- Aschewinden,
- Heizölpumpen,
- Heizölvorwärmer.

Ferner werden vielfach noch hinzugerechnet:

- die Lenzpumpen für die Maschinen und Kesselräume,

des weiteren bei Turbinenanlagen:

- die Kühlwasserpumpen für die Lager,
- die Ölpumpen.

Bei Kriegsschiffen werden zu den maschinellen Hilfsmaschinen auch manchmal

- die Rudermaschine,
- der Evaporator, soweit er zur Deckung der Speisewasserverluste in der Maschine dient, und
- die Lüfter in den Maschinenräumen, soweit sie notwendig sind, um dort erträgliche Temperaturen zu schaffen,

gerechnet.

[1]) Es wurde das Kondensat sämtlicher Hilfsmaschinen (maschinelle und Schiffshilfsmaschinen), ausgenommen Ruder- und Lichtmaschine, bei diesen Fahrten gemessen.

Der ganze Rest von Hilfsmaschinen, welcher an Bord untergebracht ist wird zu den Schiffshilfsmaschinen gerechnet.

Um einen Überblick über die Ausstattung von Schiffen verschiedenen Typs mit Hilfsmaschinen zu geben, sind im Anhang einige Tabellen aufgenommen, welche für ausgeführte Schiffe Art, Anzahl und Leistungsbedarf der Hilfsmaschinen enthalten.

Für die Dimensionierung der Kessel sowie für die Abgabe von Garantieziffern für den Dampfverbrauch von Dampfmaschinenanlagen ist zunächst die Kenntnis des Dampfverbrauches der wichtigsten Hilfsmaschinentypen erforderlich. Um einen Anhaltspunkt in dieser Richtung zu geben, kann man sich für überschlägige Rechnungen der in Tabelle Nr. 19 angegebenen Ziffern für Hilfsmaschinen mit Kolbenmaschinenantrieb bzw. der in Tabelle Nr. 20 zusammengestellten Ziffern für Turbinenantrieb bedienen. Näheres über den Dampfverbrauch von Hilfsmaschinen mit Turbinenantrieb siehe Bd. II.

Tabelle Nr. 19.

Dampfverbrauch pro PS_i und Stunde von Hilfsmaschinen (Kolbenmaschinen).[1])

Maschinentyp	Leistung in PS_i	Umdrehungszahl bzw. Doppelhubzahl pro Min.	Dampfverbrauch pro PS_i und Stunde bei einem Kesseldruck von 15—16 at abs. bzw. 12—13 at abs. im Schieberkasten				Bemerkungen
			für Sattdampf bei einem Gegendruck in der Abdampfleitung von		für die übliche Überhitzung bei einem Gegendruck in der Abdampfleitung von		
			ca. 2,0 at abs.	ca. 0,3 at abs.	ca. 2,0 at abs.	ca. 0,3 at abs.	
Compoundmaschinen für Zentrifugalpumpen, Gebläsemaschinen, elektrische Maschinen usw.	80—150	250—350	ca. 14	ca. 12	ca. 11	ca. 9	Kolbengeschwindigkeit c = 2—3 m/sek. Zylinderverhältnis ca. 1 : 3 Gesamtexpansion ca. 4 fach
	150—300	200—300	„ 13	„ 11	„ 10	„ 8,5	
Einzylinder- u. Zwillingsmaschine f. gleiche u. ähnliche Zwecke Die angegebene Leistung ist die eines Zylinders	10—20	300—400	ca. 20	ca. 17	ca. 15	ca. 12	Kolbengeschwindigkeit c = 2—3 m/sek.
	20—50	200—300	„ 18	„ 16	„ 14	„ 11	Füllung ca. 60%
Duplex- oder Simplex-Luftpumpen	bis 300 mm Zylinderdurchm. und bis ca. 15 PS_i	30—40	ca. 65	ca. 55	ca. 45	ca. 40	
	über 300 mm Zylinderdurchm. und über ca. 15 PS_i	25—35	„ 60	„ 50	„ 40	„ 35	
Duplex- oder Simplex-Dampfpumpen, Speisepumpen, Lenzpumpen, usw.	Kleine Pumpen gewöhnlicher Ausführung bis ca. 300 mm Dampfzylinderdurchm.	40—60	ca. 40	ca. 30	ca. 28	ca. 22	
	Größere Pumpen gewöhnlicher Ausführung über ca. 300 mm Dampfzylinderdurchm.	30—50	„ 35	„ 27	„ 25	„ 20	
	Große Pumpen besonders sorgfältiger Ausführung	25—40	„ 25	„ 20	„ 18	„ 15	

[1]) Näheres über Meßresultate des Dampfverbrauches von Hilfsmaschinen siehe § 28—30.

Tabelle Nr. 20.

Dampfverbrauch pro PS_e und Stunde von Hilfsmaschinen mit Dampfturbinen-Antrieb.

Maschinentyp	Leistung in PS_e von bis	Umdrehungszahl pro Min. von bis	Kesseldruck at abs.	Gegendruck in der Abdampfleitung at abs. bezw. im Kondensator at abs.	Dampfverbrauch pro PS_e und Stunde: Naßdampf von bis	Dampfverbrauch pro PS_e und Stunde: Heißdampf von 300° von bis	Bemerkungen
Gebläsemaschinen . . .	20— 50 50—350	4500—3000 1800—1500	16[1]	2 2	30—21 26—18	24—18 21—15	mit Vorgelege 1 Curtisrad
Kühlwasserpumpen . . .	50—100 100—500	5000—3000 1900—1300	16	2 2	22,5—20 21—18	17—15 16,5—14,5	mit Vorgelege 1 Curtisrad
Turbospeisepumpen. . .	50—200	8000—5000	16	2	20—16	15,5—12	1 Curtisrad
Turboluftpumpen. . . .	35—150	4000—2700	16	2 0,15	24—18 14—12	19—14,5 12—10	1 Curtisrad
Zahnradölpumpen . . .	25— 80	2000—1100	16	2	35—26	27—20	1 Curtisrad
Lichtmaschinen	30—100 100—600	5000—4000 3000—2000	16	2 0,1	24—19 9—6,5	18—14 7—5	1 Curtisrad Mehrere Curtis- oder Aktionsräder

Der Leistungsbedarf der Hilfsmaschinen ist selbstverständlich, soweit nicht Erfahrungszahlen vorliegen, in jedem Falle besonders festzustellen. Bei den Werften, welche laufend Schiffe verschiedenen Typs in großer Anzahl herstellen, liegt ein so reichliches Erfahrungsmaterial vor, daß für die Ausarbeitung von Projekten der Dampfverbrauch der Hilfsmaschinen in jedem Falle als Prozentsatz des Dampfverbrauches der Hauptmaschinen sofort angegeben werden kann. In Tabelle Nr. 18 gibt die Spalte „Dampfverbrauch der maschinellen Hilfsmaschinen in Prozenten von demjenigen der Hauptmaschinen" näheren Aufschluß über den Verbrauch der maschinellen Hilfsmaschinen. Es muß aber besonders darauf aufmerksam gemacht werden, daß der Dampfverbrauch und Leistungsbedarf von Hilfsmaschinen eine namentlich auch mit der Reduzierung der Leistung des Hauptantriebes sehr variable Größe ist, so daß man sich nicht auf Erfahrungszahlen allein verlassen darf, ohne jedesmal die besonderen Verhältnisse für das vorliegende Schiff bzw. die betreffende Fahrtstufe zu prüfen. Vgl. auch Anhang.

Wie aus dem Vorhergehenden ersichtlich, spielen die Hilfsmaschinen für die Ökonomie der gesamten Maschinen- und Kesselanlage eine sehr bedeutende Rolle. Es sind daher über deren wirtschaftliche Anordnung, namentlich über die Verwendung von deren Abdampf (vgl. § 37, Vorwärmung des Speisewassers) eingehende Betrachtungen angestellt worden, und kann sich der Leser hierüber in Anhang II[2]) informieren.

---

[1]) Zwischen Kessel und Düsenkasten der betr. Hilfsmaschine ist ein Druckabfall von 2 at angenommen.

[2]) Siehe Verf., Jahrbuch der Schiffbautechn. Ges. 1917.

Abschnitt II.

Die Theorię der Kondensation. Berechnung der Hauptdimensionen von Kondensationsanlagen.

§ 54. **Vorbemerkung.** Der Theorie der Kondensation ist im Schiffsmaschinenbau, solange es sich lediglich um Kolbenmaschinenantrieb handelte, verhältnismäßig wenig Beachtung geschenkt worden. Erst die Einführung der Dampfturbine und die Möglichkeit, in derselben ein hohes Vakuum sehr wirtschaftlich auszunutzen, haben dazu geführt, sich mit diesem Teil der Dampfmaschinentheorie eingehender zu befassen.

Die folgenden Ausführungen sind sowohl auf die Kondensationsanlagen von Kolbenmaschinen- als auch von Turbinenschiffen anwendbar. Es sind daher auch die Anlagen von Schiffen letzterer Art in die verschiedenen Tabellen mit einbezogen. Dagegen ist auf die Behandlung der Turboluftpumpen sowie der Strahlluftpumpen hier verzichtet und wird hierauf, da diese Apparate ausschließlich bei Turbinenanlagen Verwendung finden, im 2. Band zurückgekommen werden.

§ 55. **Allgemeines.** Der theoretische Dampfmaschinenprozeß sieht isothermische Wärmeentziehung vor, wie in § 2 näher erläutert. Diesem Erfordernis wird praktisch dadurch entsprochen, daß man den Dampf aus dem Niederdruckzylinder der Kolbenmaschine bzw. aus dem Niederdruckende der Turbine in ein gekühltes Gefäß, den Kondensator, ausströmen läßt, in welchem durch Zufuhr hinreichender Kühlwassermengen, sei es durch Einspritzung (Einspritzkondensation), sei es durch Zirkulation in Röhrenbündeln (Oberflächenkondensation), eine möglichst niedrige konstante Temperatur gehalten wird. Da dieselbe im allgemeinen nur wenig höher ist als die des zur Verfügung stehenden Kühlwassers, entspricht ihr eine Sättigungsspannung des Dampfes, welche erheblich unter atmosphärischem Druck liegt, d. h. also, der Kondensator steht unter Vakuum. Abb. 73 zeigt, welches Vakuum in Prozent des Normal-Barometerstandes von 760 mm Quecksilbersäule bzw. welche absolute Spannung in mm Quecksilbersäule theoretisch den verschiedenen Temperaturen im Kondensator entspricht. Bei der Temperatur des Kondensators verflüssigt sich der Wasserdampf; das Kondensat bzw. bei Einspritzkondensation das Gemisch aus Kondensat und Kühlwasser wird durch Pumpen aus dem Kondensator entfernt und im ersteren Falle, d. h. bei Oberflächenkondensation in geeigneter Weise zur Speisung der Kessel wieder benutzt. Störend tritt nun im Betrieb der Umstand hinzu, daß außer Wasserdampf auch Luft in den Kondensator gelangt. Dieselbe ist teils bereits in dem Kesselspeisewasser (meist in absorbiertem Zustande) enthalten, teils dringt solche von außen durch ungenügende Dichtungen oder andere Leckagen in den Kondensator bzw. in die unter Vakuum stehenden Teile der Dampfmaschine oder deren Rohrleitung ein. Die Luft im Kon-

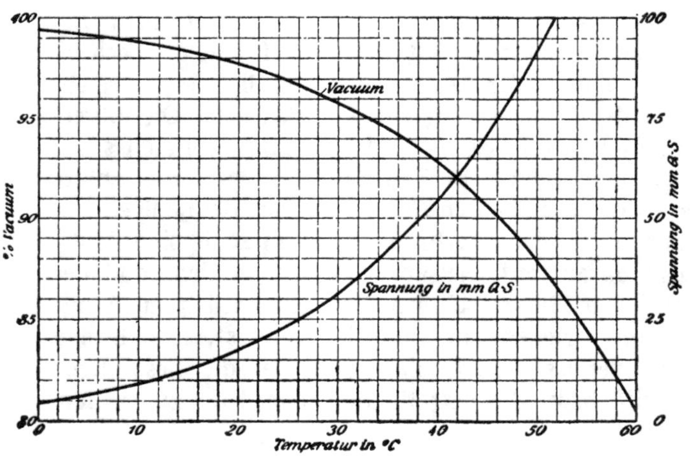

Abb. 73.

densator würde die Aufrechterhaltung eines möglichst niedrigen Druckes im Kondensator verhindern, wenn sie nicht dauernd durch Luftpumpen entfernt würde.

Die Aufgaben, welche bei Berechnung und Konstruktion der Kondensationsanlage zu lösen sind, lassen sich also einteilen in die folgenden:

Es ist erforderlich:

1. den Kondensator so einzurichten, daß bei Oberflächenkondensation die Berührung des Dampfes mit den Kühlrohren so erfolgt, daß die Wärmeübertragung zwischen Dampf und Rohr möglichst günstig für die Kühlung gestaltet wird, ebenso wie bei Einspritzkondensation die Mischung zwischen Dampf und Kühlwasser eine möglichst innige sein muß;

2. eine hinreichende Kühlwassermenge von möglichst niedriger Temperatur in den Kondensator einzuführen, bei Einspritzkondensation direkt, bei Oberflächenkondensation in das Kühlrohrsystem des Kondensators;

3. die in den Kondensator eingedrungene Luft unter Einhaltung möglichst großer Luftleere zu entfernen und

4. das Kondensat in geeigneter Weise aus dem Kondensator abzuführen.

§ 56. **Die Bemessung der Kühlfläche von Oberflächenkondensatoren.** (Da sich die Einspritzkondensationen nur in den weniger häufigen Fällen verwenden lassen, in welchen Schiffe ausschließlich in reinem Süßwasser verkehren, ist die Theorie derselben im nachstehendem nicht besonders behandelt.) Die Kühlfläche des Kondensators wird in der Regel durch dünnwandige Messingrohre gebildet, durch welche das Kühlwasser mittels der Zirkulationspumpe getrieben wird. Der Übergang der dem Dampf zu entziehenden Wärme nach dem Kühlwasser vollzieht sich, vgl. Abb. 74, in der Weise, daß zunächst beim Übergang der Wärme vom Dampf der Kondensatortemperatur[1]) t_c in die äußere Wand des Kühlrohres eine Temperaturabnahme auf t_{w1} stattfindet. An der inneren Wand des Rohres herrscht wieder eine etwas geringere Temperatur t_{w2}, da zum Durchtreiben der nach innen wandernden Wärmemenge durch das Material des Rohres eine kleine Temperaturdifferenz erforderlich ist; die Temperatur der inneren Rohrwand ist wiederum höher[2]) als die des Kühlwassers t. Bezeichnen wir mit α_1 die Wärmemenge, welche stündlich pro m² Kühlfläche und 1° Temperaturdifferenz vom Dampf an die Wandung übergeht, mit α_2 die gleiche Übergangszahl beim Übergang von der Wandung an das Wasser, mit λ die Wärmeleitungszahl des Wandungsmaterials (pro 1 m² Querschnitt und 1 m Dicke stündlich bei 1° Temperaturdifferenz übertragene Wärmemenge) und mit δ die Dicke der Rohre in m, so ergibt sich der

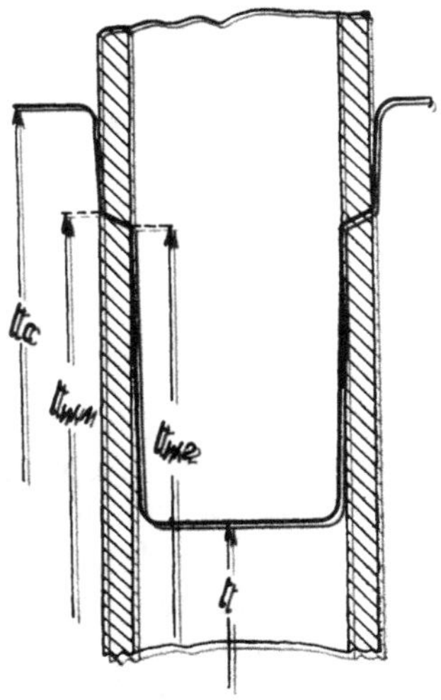

Abb. 74.

[1]) Es ist schwer, sich über die Temperatur, welche an den einzelnen Stellen des Kondensators herrscht, ein klares Bild zu machen. In der Nähe des Dampfeintritts wird die Temperatur annähernd die des gesättigten Dampfes von der im Kondensator herrschenden Spannung des Dampfes p_c, vgl. § 60, sein. Je weiter man nach unten schreitet, umsomehr wird das an den Kühlrohren herabtropfende Wasser von denselben abgekühlt, so daß namentlich bei Kondensatoren mit relativ großer Kühlfläche und solchen, bei denen die untersten Partien vom einströmenden Dampf schwer erreicht werden, dortselbst eine niedrigere Temperatur herrschen wird als oben. In den nachstehenden Auseinandersetzungen ist, wenn nichts besonderes bemerkt, angenommen, daß die Kondensatortemperatur t_c, wie oben bemerkt, gleich der Temperatur des gesättigten Dampfes von der Spannung p_0 ist.

[2]) In Wirklichkeit wird — wie in Abb. 74 angedeutet — nicht ein unvermittelter Temperatursprung an der Wand stattfinden, sondern in den der Wand benachbarten Schichten ein allmählicher Temperaturübergang stattfinden.

Durchgangskoeffizient K durch die Kühlfläche des Kondensators (Wärmemenge, welche pro m² Kühlfläche und 1° Temperaturdifferenz stündlich vom Dampf an das Kühlwasser übergeht) zu

$$K = \frac{1}{\frac{1}{\alpha_1} + \frac{\delta}{\lambda} + \frac{1}{\alpha_2}}.$$

Die Ableitung dieser Gleichung ergibt sich aus der Überlegung, daß im stationären Zustande die gleiche Wärmemenge Q pro m² durch die äußere Grenzfläche des Rohres, durch die Rohrwand selbst und durch die innere Grenzfläche des Rohres strömt[1]), so daß sich, vgl. Abb. 74, die 3 Gleichungen ergeben:

$$Q = (t_c - t_{w1})\,\alpha_1$$

$$Q = \frac{1}{\delta}(t_{w1} - t_{w2})\,\lambda$$

$$Q = (t_{w2} - t)\,\alpha_2.$$

Durch Addition dieser 3 Gleichungen ergibt sich

$$\frac{Q}{\alpha_1} + \frac{Q \cdot \delta}{\lambda} + \frac{Q}{\alpha_2} = t_c - t,$$

woraus, da

$$\frac{t_c - t}{Q} = \frac{1}{K}$$

oder

$$K = \frac{1}{\frac{1}{\alpha_1} + \frac{\delta}{\lambda} + \frac{1}{\alpha_2}}.$$

Bei dieser Ableitung ist vorausgesetzt, daß die durch die Oberfläche des Rohres fließende Wärmemenge proportional der Temperaturdifferenz zwischen der Oberfläche des Rohres selbst und dem dieselbe berührenden Medium ist. Bei älteren Autoren[2]) findet man die Annahme, daß die durchgehende Wärme proportional dem Quadrate des Temperaturunterschiedes sei, während andererseits neuere Versuche den — wenigstens annähernd — linearen Zusammenhang bestätigen. Letztere Annahme muß daher heute vorbehaltlich genauerer Versuche als praktisch richtig angesehen werden.

Der Einfluß der Größen λ, α_1 und α_2 auf den Durchgangskoeffizienten ist sehr verschieden. Wie nähere Betrachtungen ergeben, trägt der mittlere Summand fast gar nichts zu der Summe im Nenner auf der rechten Seite der Gleichung bei, während der Wert α_1 an Bedeutung gegen den Wert α_2 stark zurücktritt.

Der Einfluß der Wärmeleitungszahl auf den Durchgangskoeffizienten K ergibt sich aus Tabelle Nr. 21, in welcher die Wärmeleitungszahlen für verschiedene Metalle zusammengestellt sind. Für Messingrohre von 1 mm Dicke ergibt sich beispielsweise mit $\lambda = 90$ ein Wert von $\frac{\lambda}{\delta} = 90000$, so daß also für den mittleren Summanden der Wert $\frac{1}{90000}$ in obige Gleichung einzusetzen wäre.

---

[1]) Da die Wandstärke der Kondensatorrohre sehr gering ist, kann der Unterschied in der Oberfläche der äußeren und inneren Wand vernachlässigt werden.

[2]) F. J. Weiß, Kondensation, II. Aufl. 1910, S. 75.

Tabelle Nr. 21. **Mittlere Wärmeleitzahlen λ für verschiedene Metalle.**
Durch 1 m² Fläche des Stoffes zu einer anderen im Abstand von 1 m stündlich übertretende Wärmemengen bei 1° C Temperatur-Differenz in den Grenzen zwischen 0 und 100° in WE.

	Nach Hütte[3])	Nach Kohlrausch[4])	Nach Landolt und Bornstein[5])		Nach Hütte[1])	Nach Kohlrauch[2])	Nach Landolt und Bornstein[3])
Kupfer . .	320	324	260—330	Gußeisen .	40—50	—	42—54
Messing . .	50—100	54—108	73—100	Aluminium.	175	173	124—185
Eisen . . .	} 40—50	50—60	42—44	Rotguß . .	—	—	52—61
Stahl . . .		22—43	37—44	Blei	30	29	27,5—30

Viel weniger einfach ist die Bestimmung der beiden Zahlen α_1 und α_2, über deren Wert angesichts der Schwierigkeit ihrer experimentellen Feststellung eine gewisse Unsicherheit herrscht. Für die Berechnung der Kühlfläche, deren Wirksamkeit, wie wir sehen werden, auch noch erheblich von der Anwesenheit von Luft im Kondensator

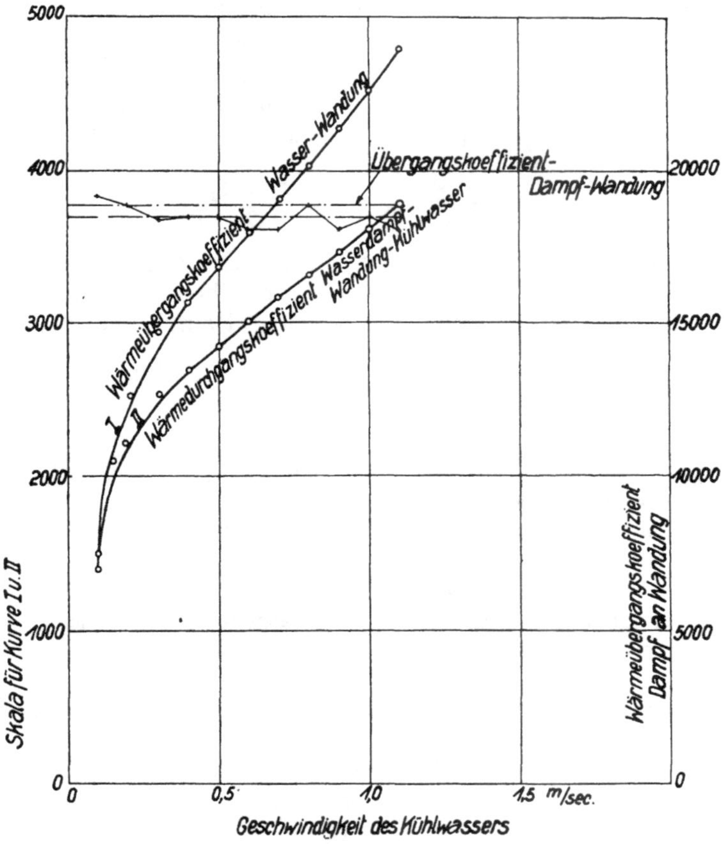

Abb. 75.

abhängig ist, muß man sich daher zunächst mit folgenden Angaben begnügen[1]). Die Übergangszahl von kondensierendem Dampf an die Wandung α_1 ist nach Versuchen von Ser zu ca. 19000 WE festgestellt worden; die Übergangszahl α_2 dagegen von der Wandung an das Wasser ist stark abhängig von der Geschwindigkeit des Wassers in den Kühlrohren, wie das beigefügte, nach Versuchen von Ser gezeichnete Diagramm Abb. 75 darstellt.

[1]) „Hütte", 21. Aufl. — [2]) Kohlrausch, Lehrbuch der prakt. Physik 1914. — [3]) Landolt und Börnstein, Physikalisch-Chemische Tabellen, 4. Aufl. — [4]) Vergl. E. Josse, Mitteilungen aus dem Maschinen-Laboratorium der Kgl. Techn. Hochschule zu Berlin, V. Heft 1913.

Versuche, welche über den Einfluß der Wirbelung des Kühlwassers in den Rohren angestellt worden sind (unter Einführung von Wirbelstreifen), haben eine erhebliche Erhöhung des Wärmedurchgangskoeffizienten ergeben; da indessen die Gefahr der Verstopfung der Rohre durch die Wirbelstreifen stark erhöht wird, hat man in der Praxis auf die Verwendung derselben verzichtet.

Die vorstehenden Angaben genügen nun, um sich ein oberflächliches Bild über die zu erwartende Größe des Durchgangskoeffizienten K zu machen. Wir würden beispielsweise unter Benutzung der vorstehenden Angaben für Messingrohre von 1 mm Wandstärke und für beispielsweise 1 m/sek Wassergeschwindigkeit in den Kühlrohren erhalten

$$\frac{1}{K} = \frac{1}{19000} + \frac{1}{90000} + \frac{1}{4500}, \quad \text{somit } K = 3500,$$

wozu bemerkt werden muß, daß diese Zahl einen Maximalwert darstellt, auf welchen man in der Praxis durchaus nicht in allen Fällen rechnen kann.

Erfahrungszahlen für den Koeffizienten K, welche als Anhalt bei Neuberechnungen dienen können, sind weiter unten zusammengestellt.

Ist der Wert des Wärmedurchgangskoeffizienten K ermittelt, so findet sich die Kühlfläche des Kondensators F für ein stündlich niederzuschlagendes Dampfgewicht G_d und einen demselben zu entziehenden Wärmebetrag W in WE pro kg aus der Beziehung

$$G_d \cdot W = F \cdot K \cdot \left(t_c - \frac{t_e + t_a}{2}\right),$$

wobei als Näherungswert für die mittlere Temperatur des Kühlwassers das arithmetische Mittel der Ein- und Austrittstemperatur t_e bzw. t_a desselben angenommen ist. Genauer ergibt sich das mittlere Temperaturgefälle zwischen Dampf und Kühlwasser, indem man statt des Klammerausdrucks den Wert $\dfrac{t_a - t_e}{\ln \dfrac{t_c - t_e}{t_c - t_a}}$ einführt[1]).

---

[1]) Die Ableitung dieser Formel, welche der allmählichen Zunahme der Kühlwassertemperatur in der Längenerstreckung des Rohres Rechnung trägt, ist die folgende.

Greifen wir ein Element des Kühlrohres von der Ringfläche dF heraus, so ist im stationären Zustand die während der Zeiteinheit durch dieses Element an das Kühlwasser übertragene Wärmemenge

$$dQ = K(t_c - t)\,dF,$$

wenn mit t die Temperatur des Kühlwassers an der betrachteten Stelle bezeichnet wird. Ist c die spezifische Wärme der Kühlflüssigkeit, so besteht ferner die Beziehung

$$dQ = G_k\,c\,dt,$$

wobei mit G_k die stündlich durch das Rohr fließende Kühlwassermenge bezeichnet ist. Wir haben somit

$$G_k\,c\,dt = K(t_c - t)\,dF$$

oder

$$\frac{dt}{(t_c - t)} = \frac{K\,dF}{G_k \cdot c},$$

woraus durch Integration über die ganze Länge des Rohres

$$\Big| -\ln(t_c - t)\Big|_{t_e}^{t_a} = \ln\frac{t_c - t_e}{t_c - t_a} = \frac{K \cdot F}{G_k \cdot c}.$$

Da ferner der Wärmeinhalt des stündlich niedergeschlagenen Dampfgewichtes $G_d \cdot W$ gleich der von der Kühlflüssigkeit während ihres ganzen Weges durch das Rohr aufgenommenen Wärmemenge sein muß, besteht die Beziehung

$$G_k \cdot c\,(t_a - t_e) = G_d \cdot W.$$

Durch Substituierung des Wertes von $G_k \cdot c$ aus dieser letzten Gleichung erhalten wir

$$G_d \cdot W = \frac{F \cdot K\,(t_a - t_e)}{\ln\dfrac{(t_c - t_e)}{(t_c - t_a)}}.$$

Werte des Wärmedurchgangskoeffizienten, welche aus Beobachtungen bei den Probefahrten von Schiffsmaschinenanlagen errechnet sind, ergeben sich aus Tabelle Nr. 24—26, § 65, welche gleichzeitig auch die dieser Berechnung zugrunde liegenden Beobachtungszahlen zeigt.

Der Berechnung dieser Tabelle ist die Näherungsformel

$$K = \frac{G_d \cdot W}{F\left(t_c - \frac{t_e + t_a}{2}\right)}$$

zugrunde gelegt. Bei Neukonstruktionen empfiehlt es sich, mit Rücksicht darauf, daß häufig die Kondensatoren verschmutzt sind, der Dimensionierung der Kühlfläche bei den üblichen Wassergeschwindigkeiten nicht höhere Werte zugrunde zu legen als

$K = 1200$—1800 für Handelsschiffe (den kleineren Wert für Frachtdampfer)
$K = 2000$—2500 für Kriegsschiffe,
$K = 2500$—3500 für Torpedoboote.

In der alten Schiffsmaschinenpraxis pflegte man die Kühlfläche einfach nach der indizierten Leistung N_i zu bestimmen, indem man setzte

$$F = c \cdot N_i,$$

wobei man den Erfahrungskoeffizienten c zu wählen pflegte zu

$c = 0{,}14$—$0{,}16$ bei Frachtdampfern,
$c = 0{,}12$—$0{,}15$ bei Passagierdampfern,
$c = 0{,}08$—$0{,}10$ bei Kriegsschiffen.

Diese Koeffizienten c ergaben, namentlich für die beiden ersten Reihen (Handelsschiffe), zumal bei Verwendung von Heißdampf, viel zu hohe Werte für die Kühlfläche, d. h. die Kondensatoren pflegten nutzlos viel zu groß ausgeführt zu werden.

Mit der Einführung der Turbinen und der sorgfältigeren Durcharbeitung der Kondensationsanlagen ist man — wenigstens zunächst bei Kriegsschiffen — zu wesentlich kleineren Kühlflächen übergegangen, wie sie sich aus der Berechnung nach der Formel

$$F = \frac{G_d \cdot W}{K\left(t_c - \frac{t_e + t_a}{2}\right)}$$

ergeben, welche, unter geeigneter Wahl von K, immer benutzt werden sollte.

§ 57. **Über den Einfluß der Luft auf die Wärmeübertragung im Kondensator.** In § 56 war vom Wärmedurchgangskoeffizient für reinen Wasserdampf die Rede. Leider ist es im praktischen Betrieb meistens nicht möglich, diese günstigen Wärmedurchgangswerte, außer vielleicht in den ersten Rohren, zu erreichen. Der Grund liegt in der Anwesenheit von Luft im Dampf. Beim Austritt aus der Maschine ist relativ sehr viel Dampf und wenig Luft da; die Kondensation an den ersten Rohren wird sich also fast so wie für reinen Dampf vollziehen. Je mehr Dampf aber in Form von Wasser verschwindet, desto reicher wird das Gemisch an Luft, so daß von der Luftpumpe im günstigsten Fall nur Luft, welche mit Wasserdampf gesättigt ist, angesaugt wird.

Vergleichen wir nun Abb. 75 Wärmedurchgangskoeffizienten für Wasserdampf und Abb. 76 Wärmedurchgangskoeffizienten für Luft[1]), so können wir schließen, daß der Wert des Durchgangskoeffizienten in der Nähe des Dampfeintrittes ungefähr den 1000fachen Wert desjenigen in der Nähe der Luftabsaugestelle annehmen kann. Die

[1]) Josse: „Versuche über Oberflächenkondensation, insbesondere für Dampfturbinen", Z. d. V. d. I. 1909 und Schiffbautechn. Ges. 1908.

Wärmeübertragung im Kondensator hängt also stark von der im Dampf enthaltenen Luftmenge ab. Es wird nicht nur bei größerer Luftmenge im ganzen Kondensator der Wärmedurchgang verschlechtert, sondern derselbe nimmt auch mit zunehmender Luftkonzentration im unteren Teil des Kondensators ab.

Interessante Untersuchungen über den Einfluß der Luft auf die Wärmeübertragung im Kondensator sind von Josse[1]) angestellt worden, vgl. Tabelle Nr. 26, Reihe Nr. IV bis VIII.

Während der erste Versuch, Reihe IV, bei einer im Kolbenmaschinenbetrieb fast unerreichbar niedrigen Luftmenge ziemlich gleiche Wärmedurchgangskoeffizienten für Ober- und Unterteil zeigt, verschlechtert sich bei Versuch Reihe V und VI, bei größerer Luftmenge, der Wärmedurchgangskoeffizient für den unteren Teil ganz erheblich und beträgt bei einer Luftmenge von ca. 0,5% (Reihe VI) nur noch ungefähr den 14. Teil des Wärmedurchgangskoeffizienten für den Oberteil.

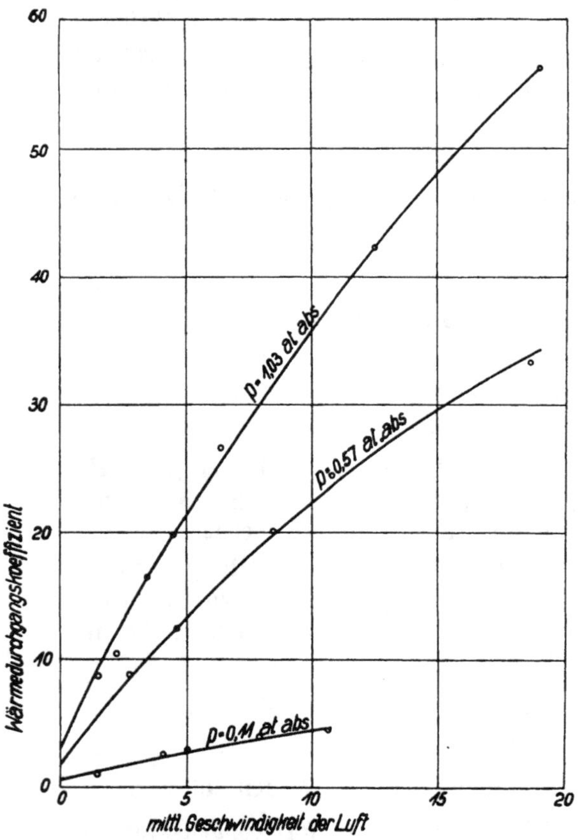

Abb. 76.

Während die Wassergeschwindigkeit fast keinen Einfluß auf den Wärmedurchgangskoeffizienten für Luft ausübt, ist der Einfluß der Luftgeschwindigkeit (s. Abb. 76) ausschlaggebend. Man wird also dafür sorgen müssen, daß im unteren Teil des Kondensators die abzusaugende Luft auf ihrem Wege nach der Absaugestelle mit möglichst großer Geschwindigkeit an den Kühlrohren entlang streicht. Dieses Bestreben, in Verbindung mit der starken Volumenverminderung des Dampf-Luft-Gemisches infolge der fortschreitenden Kondensation, macht einen rasch abnehmenden Querschnitt des Kondensators erwünscht.

Da die Luft infolge ihres größeren spezifischen Gewichts das Bestreben hat, nach unten zu sinken, so wird man zweckmäßig die Absaugestelle der Luftpumpe möglichst tief legen.

§ 58. **Kühlwassermenge.** Die zur Erzielung eines bestimmten Vakuums theoretisch crforderliche stündliche Kühlwassermenge G_k läßt sich ohne weiteres rechnerisch bestimmen, wenn von dem Vorhandensein von Luft im Kondensator zunächst abgesehen wird. Die Kühlwassermenge muß so groß sein, daß die Wärmemenge-welche bei der Erhöhung der Eintrittstemperatur t_e des Kühlwassers auf seine Austrittstemperatur t_a von diesem aufgenommen wird, gleich ist der Gesamtwärme der zu kondensierenden Dampfmenge G_d, vermindert um die Flüssigkeitswärme g_a der Wassermenge G_d bei der Temperatur t_a. Dabei ist die in Wirklichkeit nicht zutreffende Annahme gemacht, daß die Temperatur des ablaufenden Kühlwassers

---

[1]) Josse: „Versuche über Oberflächenkondensation, insbesondere für Dampfturbinen", Z. d. V. d. I. 1909 und Schiffsbautechn. Ges. 1908.

gleich der Temperatur im Kondensator ist und daß keine Kondensatunterkühlung eintritt. Es ist also

$$G_k \cdot (q_a - q_e) = G_d (i - q_a) \text{ oder } G_k = G_d \cdot \left(\frac{i - q_a}{q_a - q_e}\right).$$

Die Temperatur t_a ergibt sich aus der Spannungskurve des gesättigten Wasserdampfes als diejenige Temperatur, welche der gewünschten Dampfspannung im Kondensator, d. h. also dem angestrebten Vakuum entspricht.

Beträgt beispielsweise das Vakuum 95%, entsprechend (bei einem Barometerstand von 735,5 mm = 1 Atm.) einer Dampfspannung im Kondensator von 0,05 kg/qcm, so ist unter der obigen Voraussetzung t_a (vgl. Dampftabelle) $=32{,}8^0$ und $q_a = 32{,}8$ WE. Beträgt die Eintrittstemperatur des Kühlwassers $t_e = 20^0$, entsprechend $q_e = 20$ WE, und sei die Erzeugungswärme des Dampfes beim Austritt aus dem Niederdruckende der Turbine z. B. 600 WE, so ergibt sich ein Verhältnis

$$\frac{G_k}{G_d} = \frac{600 - 32{,}8}{32{,}8 - 20} = \frac{567{,}2}{12{,}8} = 44{,}3,$$

d. h. also, die theoretisch erforderliche Kühlwassermenge beträgt das 44,3fache der Arbeitsdampfmenge.

Wie in § 60 eingehend erläutert, ist wegen des Vorhandenseins von Luft im Kondensator die wirkliche Dampfspannung etwas kleiner als der gemessene Druck im Kondensator. Infolgedessen ist auch die Dampftemperatur niedriger, als dem Druck im Kondensator entsprechen würde. Aus der Fußnote S. 118 ist ferner ersichtlich, daß es nur bei unendlich großer Kühlfläche möglich wäre, das Kühlwasser bis auf die Temperatur im Kondensator zu erwärmen. Die Größe der Temperaturdifferenz zwischen dem ablaufenden Kühlwasser und der dem Druck im Kondensator entsprechenden Sättigungs-Temperatur ist nach vorstehendem stark von den Betriebsverhältnissen abhängig. Im allgemeinen kann man diese Temperaturdifferenz unter günstigen Verhältnissen mit 3—5^0 annehmen. (Vgl. hierzu auch Tabelle Nr. 24—26).

Bei Schiffen, die auch südliche Meere befahren, ist es notwendig, die Pumpen nicht unerheblich reichlicher zu dimensionieren, da dort mit Seewassertemperaturen von 30^0 und mehr zu rechnen ist, so daß dann z. B. im obigen Falle theoretisch ein Verhältnis

$$\frac{G_k}{G_d} = \frac{605 - 39}{39 - 30} = \frac{566}{9} = 63$$

erforderlich wäre, wenn ein Vakuum von 93% gehalten werden soll. Wenn zwischen der Temperatur des ablaufenden Kühlwassers und der Kondensatortemperatur ein Sprung von 3^0 angenommen wird, würde sich hier sogar ein Verhältnis von 1:94 ergeben. So große Kühlwassermengen lassen sich schwer beschaffen, und man muß daher — wenigstens bei der Fahrt mit Vollast — in solchem Falle auf das hohe Vakuum verzichten. Doch pflegt man bei Turbinenanlagen die Kühlwassermenge mindestens auf das 50- bis 75fache des niederzuschlagenden Dampfquantums G_d zu bemessen, was auch für das bei solchen Anlagen erwünschte hohe Vakuum bei Seewassertemperaturen bis 25^0 C genügt.

Wenn, wie bei Kolbenmaschinenanlagen üblich und berechtigt, man sich mit niedrigerem Vakuum begnügt, so sind erheblich geringere Kühlwassermengen erforderlich. Für z. B. 90% Vakuum (wieder ein Barometerstand von 735,5 mm vorausgesetzt) ergibt sich unter der gleichen Voraussetzung wie oben eine Kondensatortemperatur von 45^0 und wenn die Erzeugungswärme des Abdampfes = 580 WE,

$$\frac{G_k}{G_d} = \frac{580 - 45}{45 - 20} = \frac{535}{25} = 21{,}4,$$

bzw. wenn man zwischen Kondensatortemperatur und Kühlwasseraustritt eine Differenz von 5° annimmt, so ist

$$\frac{G_k}{G_d} = \frac{580 - 45}{40 - 20} = \frac{535}{20} = 26{,}7.$$

Bei einer Seewassertemperatur von 30° würde der Wert $\frac{G_k}{G_d}$ dann auf 35,7 resp. 53,5 steigen müssen. Bei älteren Kolbenmaschinenanlagen findet man übrigens sehr häufig viel zu kleine Kühlwasserpumpen, welche obige Werte nicht erreichen, so daß trotz der überreichlichen Kondensatorkühlfläche nur ein sehr dürftiges Vakuum erzielt wird.

§ 59. **Weg des Kühlwassers im Kondensator. Wassergeschwindigkeit in den Kühlrohren.** Bezüglich des Wasserweges sei folgendes bemerkt:

Im allgemeinen ist der Kühlwassereintritt unten und der Austritt oben. Früher versuchte man auch öfter die umgekehrte Anordnung, um Kondensatunterkühlung zu vermeiden, doch ergaben sich dadurch für die Luftkühlung ungünstige Verhältnisse. Der Wasserweg ist fast immer doppelt, seltener einfach. Auch Kondensatoren mit drei- oder vierfachem Wasserweg sind in letzter Zeit öfter zu sehen. Sie bieten die Möglichkeit, sehr kurze Kondensatoren mit großen Wassergeschwindigkeiten, also günstigem Wärmedurchgangskoeffizienten, zu schaffen.

Die Wassergeschwindigkeit in den Kühlrohren hängt von der Kondensatorkonstruktion und der jeweils notwendigen Kühlwassermenge ab. Bei den üblichen Ausführungen findet man Wassergeschwindigkeiten von 0,3—2,0 m/sek, und zwar die kleineren Werte bei Handelsschiffen, die größeren bei Kriegsschiffen. Aus den Tabellen Nr. 24—26 sind die Wassergeschwindigkeiten einer großen Anzahl von ausgeführten Kondensatoren zu ersehen.

§ 60. **Das Hubvolumen der Kolbenluftpumpe** muß ausreichend bemessen sein, um bei dem gewünschten Vakuum die im ungünstigsten Falle dauernd zu erwartende Luftmenge anzusaugen, sowie, falls es sich um eine Naßluftpumpe handelt, gleichzeitig das Kondensat zu fördern. Wenn man sich demnach bei der Bemessung dieses Hubvolumens nicht auf rein empirische Ziffern verlassen will, wie solche weiter unten angegeben sind, so ist zur Berechnung dieser Größen die Kenntnis der pro 1 kg Kondensat zu erwartenden Luftmenge G_l in kg erforderlich. Allerdings schwankt auch diese Ziffer ganz außerordentlich, denn sie ist abhängig von der Ausdehnung der Rohrleitungen, welche dauernd oder zeitweise unter Vakuum stehen, von der Entlüftung des Speisewassers, von der Sorgfältigkeit der Bordmontage und nicht zuletzt von allerlei Zufälligkeiten. Das Verhältnis $\frac{\text{stündliches Luftgewicht}}{\text{stündliches Dampfgewicht}} = \frac{G_l}{G_d}$ kann im laufenden Betrieb bei gut instand gehaltenen Anlagen etwa geschätzt werden wie folgt:

Tabelle Nr. 22.

Werte von $\frac{G_l}{G_d}$.

Kleine Kolbenmaschinenanlagen für Frachtdampfer	0,001 bis 0,002
Größere Kolbenmaschinenanlagen für Passagierdampfer . . .	0,0007 bis 0,0015
Kriegsschiffsanlagen mit Kolbenmaschinen	0,0007 bis 0,002
Kleinere Turbinenanlagen . . .	0,0005 bis 0,001
Größere „ . . .	0,0001 bis 0,0005

Das pro Stunde von der Luftpumpe anzusaugende Volumen V findet sich dann aus der Überlegung, daß auf gleiche Temperatur bezogen, dieses sich zum Volumen V_l der pro Stunde in den Kondensator eingedrungenen Luft vom Druck der Atmosphäre p_a, umgekehrt verhalten muß, wie der dem gewünschten Vakuum entsprechende Partialdruck der Luft p_l zu p_a. Wir haben also

$$V = V_l \cdot \frac{p_a}{p_l}.$$

Nach dem Daltonschen Gesetz (vgl. Anhang I) setzt sich der absolute Druck im Kondensator p_c (in Atm. abs. gemessen) aus dem Partialdruck des Dampfes im Kondensator p_d (entsprechend der Temperatur des im Kondensator an der betreffenden Stelle gebildeten Kondenswassers), und dem Partialdruck der im Kondensator enthaltenen Luft p_l zusammen. Es ist also

$$p_c = p_d + p_l,$$

und somit

$$V = \frac{V_l \cdot p_a}{p_c - p_d},$$

und wenn $p_a = 1$ gesetzt wird

$$V = \frac{V_l}{p_c - p_d}.$$

Wie aus dieser Gleichung ersichtlich, wird das erforderliche Hubvolumen der Luftpumpe um so kleiner, je größer der Partialdruck p_l der anzusaugenden Luft oder je kleiner bei gegebenem Kondensatordruck p_c der Partialdruck des Dampfes an der Stelle des Kondensators, an welcher die Luftansaugung erfolgt, ist. Man pflegt daher bei rationell konstruierten, mit besonderen Trockenluftpumpen versehenen Kondensationsanlagen die Ansaugestelle der Luft möglichst an die kühlste Stelle des Kondensators zu legen und dieselbe noch durch eingebaute Prallbleche vor der Berieselung durch warmes Kondensat zu schützen. Bei Anlagen ohne separate Trockenluftpumpen hat man vorgeschlagen, das Kondensat durch besondere Kühlrohre möglichst weit herabzukühlen, damit das Gemisch von Kondensat und abgesaugter Luft eine möglichst niedrige Temperatur besitzt. Hierdurch gerät man jedoch mit der wirtschaftlichen Forderung möglichst weitgehender Speisewasservorwärmung in Konflikt, vgl. § 36, so daß sich derartige Einrichtungen nicht eingebürgert haben. Allerdings wären dieselben da am Platze, wo man über so große überschüssige Abwärmequellen niedriger Temperatur verfügt, daß man ohne jeden Verlust aus diesem Überschuß die durch die Unterkühlung entzogene Wärme wieder gewinnen kann, vgl. § 37.

Zu dem für die Luftförderung stündlich benötigten Hubvolumen V ist noch bei Naßluftpumpen das Volumen des Kondensats V_w zu addieren, welches sich ohne weiteres aus der stündlich durch die Anlage gehenden Dampfmenge G_d ergibt.

Aus der Beziehung $V = \frac{V_l \cdot p_a}{p_e}$ ergibt sich durch einfache Umformung die Gleichung

$$\frac{p_a - p_c}{p_a - p_d} = 1 - \frac{V_l \cdot p_a}{V(p_a - p_d)},$$

oder wenn $p_a = 1$ at. abs. gesetzt wird

$$\frac{1 - p_c}{1 - p_d} = 1 - \frac{V_l}{V(1 - p_d)}.$$

Für jeden bestimmten Wert von p_d ergibt sich ein linearer Zusammenhang zwischen dem Verhältnis $\frac{V_l}{V}$ und dem Quotienten $\frac{1-p_e}{1-p_d}$, d. h. das Verhältnis des tatsächlich erreichbaren Vakuums $1-p_e$ zu dem theoretisch erreichbaren $1-p_d$ ist linear abhängig von dem Verhältnis des stündlich zu fördernden Luftvolumens (bezogen auf atmosphärischen Druck) zu dem stündlichen Hubvolumen der Luftpumpen. Ist also in einem bestimmten Falle das zu fördernde Luftvolumen schätzungsweise bekannt, so kann man sich mit Hilfe dieser Beziehung ein ungefähres Bild darüber machen, inwieweit man sich mit dem in Aussicht genommenen Luftpumpenvolumen dem theoretisch möglichen Vakuum nähern kann. Um diese überschlägige Ermittlung bequem ausführen zu können, ist als Abb. 77 ein Diagramm hier beigefügt, welches für

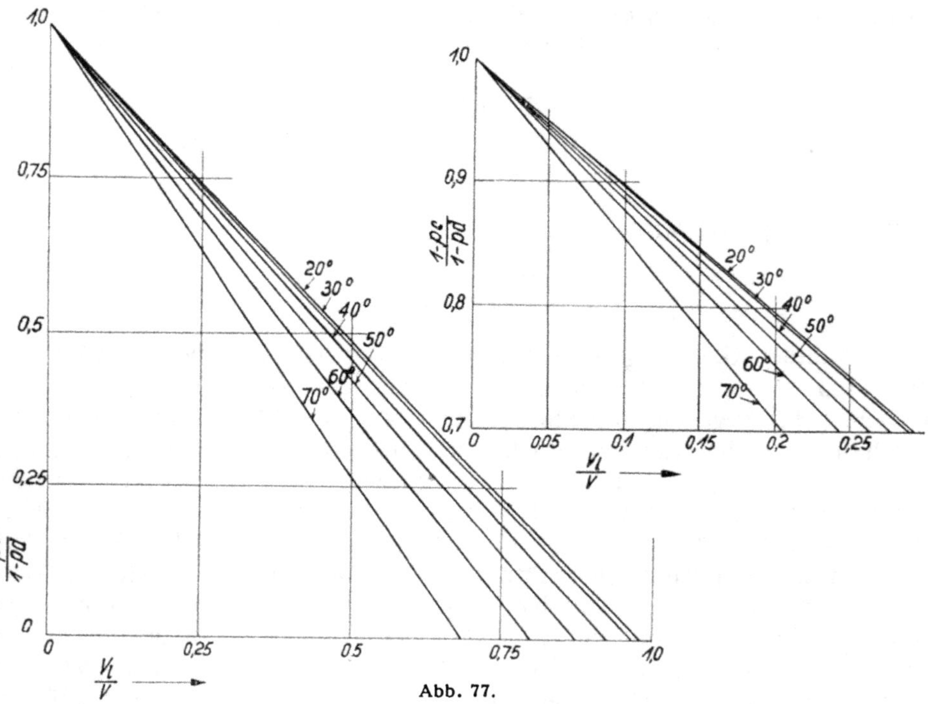

Abb. 77.

verschiedene Kondensatortemperaturen (d. h. Werte von p_d) den Zusammenhang der Verhältnisse $\frac{1-p_e}{1-p_d}$ und $\frac{V_l}{V}$ angibt.

In der Praxis pflegt man allerdings, wenigstens im allgemeinen, das Hubvolumen der Luftpumpe nicht aus dem mutmaßlich zu fördernden Luftvolumen zu berechnen. Man hält sich gewöhnlich an Verhältniszahlen und wählt als solche bei Kolbenmaschinen zweckmäßig das Verhältnis des stündlichen Hubvolumens der Luftpumpe zu dem stündlichen Hubvolumen des Niederdruckzylinders, bei Turbinenanlagen das Verhältnis von Hubvolumen der Luftpumpe in cbm pro Stunde zu der stündlich die Hauptmaschine passierenden Dampfmenge in t, welche Zahlen man bewährten Ausführungen entnimmt.

In Tabelle Nr. 23 (siehe S. 126 u. 127) sind die Hauptabmessungen von Luftpumpen der verschiedensten Schiffstypen zusammengestellt und auch die oben genannten Verhältniszahlen angegeben, welche allerdings, wie ersichtlich, recht stark untereinander differieren.

§ 61. **Der Arbeitsbedarf der Luftpumpe.** Die Errechnung der für den Antrieb der Luftpumpe erforderlichen Leistung unterscheidet sich im Prinzip nicht von der Berechnung eines Kompressors, welcher eine bestimmte Luftmenge L vom absoluten Druck p_c, welcher im Kondensator herrscht, auf atmosphärischen Druck p_a zu fördern hat. Hierbei ist zu berücksichtigen, daß, wie oben erläutert, $p_c = p_d + p_l$. Wie bei allen Kompressoren ergibt sich auch hier ein verschiedener Leistungsbedarf, je nachdem die Kompression der Luft isothermisch, adiabatisch oder nach zwischen beiden Zustandsänderungen liegenden Polytropen erfolgt. Ersterer Fall tritt ein bei Einspritzkondensation sowie auch annähernd bei Naßluftpumpen, während bei Trockenluftpumpen, welche meist mit geringen Einspritzwassermengen arbeiten, mit einer Polytrope, deren Exponent (vgl. Anhang I) dem der Adiabate sich mehr oder weniger nähert, zu rechnen ist.

1. Arbeit für die Verdichtung der Luft bei isothermischer Kompression.

Der Vorgang ist in dem Druckvolumendiagramm Abb. 78 dargestellt. Das in dem Kondensator befindliche Gemisch von Dampf und Luft wird beim Kondensatordruck $p_c = p_l + p_d$ angesaugt. Bei der isothermischen Kompression verdichtet sich der Dampfanteil dieses Gemisches bei gleichbleibendem Partialdruck p_d mehr und mehr zu Wasser, indem seine hierbei freiwerdende Kondensationswärme an das die Kühlung bewirkende Kondensat übergeht, während die Luft nach einer Isotherme soweit komprimiert wird, daß ihr Enddruck zusammen mit dem Druck p_d dem Atmosphärendruck p_a gleichkommt. Dabei wird das ursprüngliche Volumen $V' + V_w'$ des Gemisches auf das Volumen $V_l' + V_w'$ komprimiert (wobei V_w' das Volumen des pro Hub zu fördernden Kondenswassers bezeichnet, ebenso sind V' und V_l' auf einen Hub bezogen).

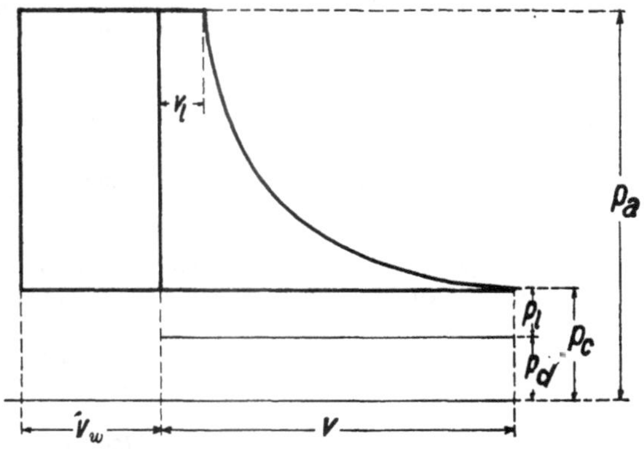

Abb. 78.

Die Arbeit für die Verdichtung der Luft vom Druck p_l auf den Druck $p_a - p_d$ unter obiger Voraussetzung ist (vgl. Anhang I) in mkg (wenn V' in cbm und p_l in kg/qcm)

$$L_l = p_l \cdot V' \cdot \ln\left(\frac{p_a - p_d}{p_l}\right) \cdot 10000.$$

Zu diesem Arbeitsbedarf ist noch derjenige für die Wasserförderung hinzuzurechnen, welcher sich aus dem Diagramm ohne weiteres zu $V_w (p_a - p_c)$ ergibt, so daß der gesamte Arbeitsverbrauch der Luftpumpe pro Arbeitshub sich auf

$$L = \left\{V_w' (p_a - p_c) + V' \cdot p_l \cdot \ln\left(\frac{p_a - p_d}{p_l}\right)\right\} 10000$$

stellt. Unter V_w ist natürlich bei Oberflächenkondensation das Volumen des Kondensats, bei Einspritzkondensation dasjenige von Kondensat und Einspritzwasser zu verstehen.

2. Der Arbeitsbedarf bei nicht isothermischer Kompression läßt sich nur unter der Voraussetzung bestimmen, daß das Dampfluftgemisch gemeinsam nach einer Polytrope komprimiert wird, wobei die Frage, inwieweit dabei der Dampf in Wasser überführt wird, nicht näher erörtert zu werden braucht, wenn nur der Exponent der Polytrope aus Versuchen annähernd bekannt ist; hierüber siehe §63. Unter Verwendung

Tabelle

Hauptdaten aus-

Lfd. Nr.	Schiffstyp	Hauptmaschinen: Art und Anzahl	Leistg. pro Maschine in PSi oder W.P.S.	Ungef. Dampfverb. pro PSi oder W.P.S. in kg/Std.	Ungef. Dampfverbrauch pro Hauptmaschine in t/Std.	1. φ des Ndr. Zyl. m/m 2. Hub m/m 3. Umdrehung./Min.
1	Kleiner Frachtdampfer	Eine 3fach-Exp.-Masch. für überhitzt. Dampf	600	4,8	2,88	1100 φ 700 Hub 90 n
2	Mittlerer Frachtdampfer	Eine 3fach-Exp.-Masch. für Naßdampf	1 100	6,7	7,4	1400 1000 75
3	Größerer Frachtdampfer	Eine 3fach-Exp.-Masch. für überhitzt. Dampf	4 400	4,8	21,1	2140 1520 72
4	Kohlendampfer der amerikanischen Marine . .	Zwei 3fach-Exp.-Masch. für Naßdampf	3 600	6,6	23,8	1930 1220 98
5	Fracht- und Passagierdampfer	Zwei 4fach-Exp.-Masch. für Naßdampf	3 500	6,4	22,4	1900 1400 82
6	Schnelldampfer	Vier 4fach-Exp.-Masch. für Naßdampf auf 2 Wellen	9 000	6,4	57,5	2850 1800 80
7	Kanonen-Boot	Eine 3fach-Exp.-Masch. für Naßdampf	950	6,8	6,46	1118 660 125
8	Küstenschutzkreuzer . .	Eine 3fach-Exp.-Masch. für Naßdampf	1 100	6,8	7,5	1118 764 130
9	Torpedo-Boot	Zwei 3fach-Exp.-Masch. für Naßdampf	5 125	7,6	39,0	2× 965 540 325
10	Kreuzer	Zwei 3fach-Exp.-Masch. für Naßdampf	10 000	7,0	70,0	2×1780 900 150
11	Linienschiff	Zwei 3fach-Exp.-Masch. für Naßdampf	14 000	7,0	100	2×2115 1220 125
12	Frachtdampfer	Ein Turbozahnradgetriebe	1 660	4,22	7,0	—
13	Fracht- und Passagierdampfer	Zwei Turbotransformatoren	7 700	5,0	38,5	—
14	Schnelldampfer	Direkt. Turbinen-Antrieb auf 4 Wellen, 1 H. Dr., 1 M. Dr. u. 2 N. Dr. Turbinen	total 61 000	5,3	323	—
15	Torpedo-Boot	Direkt. Turbinen-Antrieb Zwei Wellen	16 500	6,4	41,6	—
16	Kreuzer	Zwei Turbotransformatoren	14 500	6,4	92,0	—
17	Linienschiff	Direkt. Turbinen-Antrieb Drei Wellen	9 570	6,65	63,5	—
18	Fracht- und Passagierdampfer	Zwei 3fach-Exp.-Masch. und 1 Abdampf-Turbine	2×5500 +6000	4,4	74,8	1440 1500

Nr. 23

geführter Luftpumpen.

Anzahl und Art	Dampfzylinder ϕ m/m	Pumpenzylinder ϕ m/m	Hub	Anzahl der Doppelhübe	Dampfzylinder-Kolbenfläche / Pumpen-Zylinder-Kolbenfläche	Stündl. Hubvol. der Pumpen / Stündl. Hubvol. d. N.-Dr.-Zyl.	Stündl. Hubvol. d. Pumpen cbm / Dampfmenge d. Hauptmasch. t p. Std.	Bemerkung
Luftpumpen								
1 angehängte Pumpe System Edwards	—	370	350	90	—	0,057	71	
1 angehängte Pumpe System Edwards	—	420	500	75	—	0,045	ca. 44,5	
1 angehängte Pumpe System Edwards	—	750	700	72	—	0,057	63,5	
1 angehängte Pumpe System Edwards	—	558	457	98	—	0,0314	27,5	Ulysses-Achilles, Journ. of th. Amer. Soc. of Nav. E. 1915
1 angehängte Pumpe System Edwards	—	600	600	82	—	0,043	37,4	
1 Dampfpumpe System Weir	2×343	2×838	533	20	1:5,97	0,0127	12,2	
1 Dampfpumpe System Blake	1×203	2×406	305	30	1:8	0,0288	22	Sacramento, Journ. of th. Amer. Soc. of Nav. E. 1915
1 angehängte Pumpe einfach wirkend	—	508	280	130	—	0,076	59,3	Ossipee-Tallapoosa, Journ. of the Amer. Soc. of Nav. E. 1915
1 angehängte Pumpe einfach wirkend	—	395	235	325	—	0,036	14,6	
1 Dampfpumpe System Weir	2×318	2×940	381	35	1:8,75	0,0275	15,9	
Dampfzwillings-Luftpumpe	2×356	2×890	534	40	1:6,25	0,023	16,0	New York, Journ. of the Amer. Soc. of Nav. E. 1915
1 Dualluftpumpe System Weir	1×250	420 und 500	325	20	1:6,9	—	18,7	
1 Dualluftpumpe	1×380	2×750	460	20	1:7,6	—	12,7	
1 Turboluftpumpe	—	—	—	—	—	—	—	
4 Dualluftpumpen System Weir	1×584	2×1016	533	20	1:6,06	—	12,9	
1 Naßluftpumpe System Andrews	1×220	2×470	400	40	1:9,1	—	} 19	
1 Trockenluftpumpe (Compound)	110/200	225/450	130	350	1:4,2/1:5	—		
1 Dampfpumpe System Vulcan Andr.	1×400	2×805	550	40	1:8,1	—	14,7	
1 Dampfpumpe System Vulcan Andr.	1×400	2×800	550	40	1:8,0	—	20,9	
2 Dualluftpumpen	1×360	2×700	525	20	1:7,55	—	12,1	

der bekannten Formel[1]) für die Kompression nach der Polytrope mit dem Exponenten n ergibt sich als Arbeitsbedarf pro Hub in mkg

$$L' = 10000 \frac{n}{n-1} V' p_c \left(\left(\frac{p_a}{p_c}\right)^{\frac{n-1}{n}} - 1\right),$$

wozu dann, um die Gesamtarbeit für die Luft und Kondensatförderung zu finden, noch der Arbeitsbedarf der Kondensatpumpe zu addieren ist.

§ 62. **Der Lieferungsgrad der Luftpumpe.** Die im vorstehenden Paragraphen gebrachten Ausführungen über das Hubvolumen und den Kraftbedarf der Luftpumpe galten nur unter der Voraussetzung, daß in der Luftpumpe keinerlei Verluste auftreten und daß die Pumpe keinen schädlichen Raum besitzt.

Jeder Kompressor, und als ein solcher ist die Luftpumpe aufzufassen, saugt ein geringeres Quantum Luft an als das Hubvolumen, und zwar ist dies auf das Vorhandensein des schädlichen Raumes zurückzuführen. Die beim Ausschieben in dem schädlichen Raum verbliebene komprimierte Luft dehnt sich nämlich beim Rückgang des Kolbens aus, und es kann daher während der Ansaugeperiode nicht während des ganzen Saughubes Luft in das vom Kolben freigegebene Volumen einströmen. Ferner findet in den Ventilen bzw. Einströmorganen eine Drosselung der angesaugten Luft statt; schließlich kann unter Umständen an den Wänden der Saugekanäle und des Zylinders eine Erwärmung der Luft stattfinden, welche das spezifische Volumen der angesaugten Luft vergrößert und dadurch die pro Hub angesaugte Gewichtsmenge der Luft verringert. In der Kompressorentechnik bezeichnet man das Verhältnis des tatsächlich angesaugten Luftvolumens vom Ansaugedruck und der Ansaugetemperatur zum Hubvolumen als Lieferungsgrad des Kompressors.

Bei den Luftpumpen an Bord, welche entweder als Naßluftpumpen ausgeführt werden oder, wenn es sich um Trockenluftpumpen handelt, stets mit Einspritzwasser arbeiten, ist der Lieferungsgrad, wenn es sich nicht um geradezu fehlerhafte Konstruktionen handelt, ein verhältnismäßig günstiger. Das vom Kolben mitgenommene Wasser füllt nämlich den schädlichen Raum im allgemeinen zum großen Teil aus und verhindert eine nennenswerte Erwärmung der Kanal- und Zylinderwände, während schließlich die Drosselungsverluste nicht von besonderer Bedeutung sind.

§ 63. **Ausführungsformen der Luftpumpe.** Am klarsten werden diese Verhältnisse bei Betrachtung der Diagramme, wie sie bei ausgeführten Luftpumpen zu erwarten sind.

Zunächst möge das Diagramm einer Luftpumpe betrachtet werden, welche lediglich Sauge- und Druckventile besitzt, wenn auch solche Luftpumpen bei Schiffsmaschinenanlagen sehr selten ausgeführt werden (vgl. hierzu schematische

[1]) Anm. Die Ableitung dieser Formel ist die folgende (vgl. Anhang I, § 12). Wir hatten dort für die Arbeit bei Kompression nach der Polytrope $L = -\int_{v_c}^{v_a} p\,dv = -\frac{1}{n-1}(p_c v_c - p_a v_a)$. Unter Berücksichtigung von $p_c v_c^n = p_a v_a^n$ ergibt sich hieraus

$$L = -\frac{p_c v_c}{n-1}\left(1 - \left(\frac{p_a}{p_c}\right)^{\frac{n-1}{n}}\right).$$

Durch Addition der Ausschubarbeit $p_a v_a$, vermindert um die Ansaugearbeit $p_c v_c$ und einfache Umformung erhalten wir

$$L = p_c v_c \frac{n}{n-1}\left(\left(\frac{p_a}{p_c}\right)^{\frac{n-1}{n}} - 1\right),$$

was mit $V_l = v_c$ und umgerechnet in mkg obige Gleichung ergibt.

Skizze Abb. 79). Die Luft soll von dem Druck p_0 des Kondensators auf den Druck p der äußeren Atmosphäre komprimiert werden. Im Punkt a beginnt der Kolben den Kompressionshub von rechts nach links, wobei im ersten Augenblick noch nicht die richtige Kompressionskurve zustande kommt, da noch etwas Luft durch die Saugeventile entweicht. Erst in Punkt b sind diese geschlossen, und es folgt nun die Kompressionslinie bc. Da die Druckventile eines gewissen Überdrucks bedürfen, um zu öffnen, erhebt sich die Kompressionslinie anfänglich etwas über den Druck der Atmosphäre p. Wenn auch nach Öffnung der Ventile der Druck wieder etwas abfällt, so bleibt derselbe doch während der ganzen Ausschubperiode, welche in der Totlage des Kolbens bei d ihr Ende erreicht, etwas höher als der Druck der Atmosphäre, da zum Offenhalten des Druckventils sowie für das Durchschieben des Wassers durch die Ventilöffnung, ein gewisser Überdruck von innen nach außen erforderlich ist. Bei Beginn des Kolbenrückgangs in d schließen die Druckventile unter der Einwirkung der darauf lastenden Wassersäule sofort und es expandiert nun zunächst die im schädlichen Raum zurückgebliebene Luft, so daß die Expansionslinie de zustande kommt[1]). Der Punkt e wird etwas unter dem Kondensatordruck p_0 liegen, da zum Öffnen des Saugeventils das Vorhandensein eines geringeren Druckes im Zylinderraum erforderlich ist. Nach Öffnen des Ventils steigt zwar der Druck wieder etwas an, bleibt aber während der ganzen Ansaugeperiode bis zum Hubende bei a kleiner als p_0.

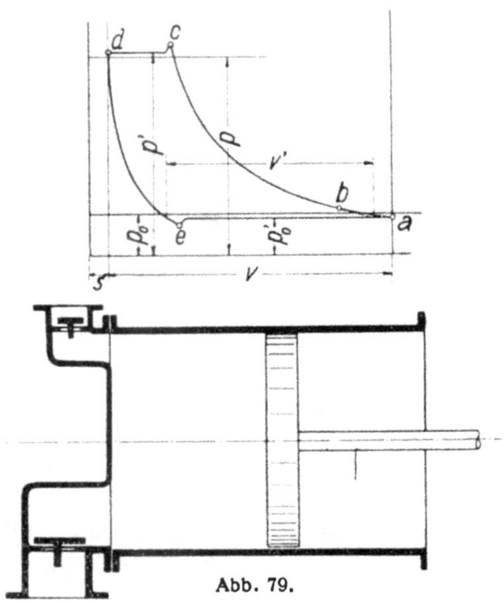

Abb. 79.

Bei der ausgeführten Luftpumpe wird die gelieferte Luftmenge kleiner sein als bei der theoretisch vollkommenen,

1. weil infolge der Rückexpansion aus dem schädlichen Raum und infolge Rückstroms durch die Saugventile das angesaugte Volumen nicht gleich dem Volumen V, sondern nur gleich dem Volumen V' ist;

2. weil dieses Luftvolumen bei niedrigerem Druck p_0', also bei kleinerem spezifischen Gewicht angesaugt ist, als dem Kondensatordruck p_0 entspricht;

Das Ausschieben bei höherem Druck als p erhöht lediglich den Leistungsbedarf der Pumpe.

Nach Vorstehendem sind die Vorgänge in den ausgeführten Luftpumpen der Schiffsmaschinen leicht verständlich.

Der Vorgang in der sog. Edwards-Pumpe, welche heutzutage für den Antrieb von der Hauptmaschine aus sehr häufig benutzt wird, vgl. § 198, ist der folgende:

Die Pumpe, vgl. die schematische Abb. 80, besitzt lediglich Druckventile. Wenn der Kolben in die Nähe des unteren Totpunktes kommt, gibt er Öffnungen im Zylindermantel frei, durch welche Luft und Dampf sowie Kondenswasser in den Luftpumpenzylinder einströmen. Beim Aufwärtshub wird das Gemisch verdichtet und entweicht durch die am oberen Ende des Zylinders angebrachten Druckventile. Das

[1]) Wenn die auf den Druckventilen stehende Wassermenge zu klein ist, kann bei Beginn des Kolbenrückganges durch die geöffneten Druckventile Luft in den Zylinder rückströmen. Dies wirkt im gleichen Sinn wie eine Vergrößerung des schädlichen Raumes auf eine Verkleinerung der angesaugten Luftmenge hin. (Vgl. Abb. 83.) Diese Gefahr besteht insbesondere bei Trockenluftpumpen.

schematische Diagramm des Vorganges ist in Abb. 80 gleichfalls dargestellt. Die bei der unteren Totlage des Kolbens in den Zylinder eingeströmte Luft wird einen etwas niedrigeren Druck haben, als dem Kondensatordruck p_c entspricht. Dementsprechend liegt der Punkt *a*, bei welchem die Kompression beginnt, etwas unter dem Kondensatordruck. Beim Aufwärtsgang wird das Gemisch längs der Kompressionskurve *ab* verdichtet, welche sich über den Atmosphärendruck p_a fortsetzt, um den Ventilwiderstand zu überwinden.

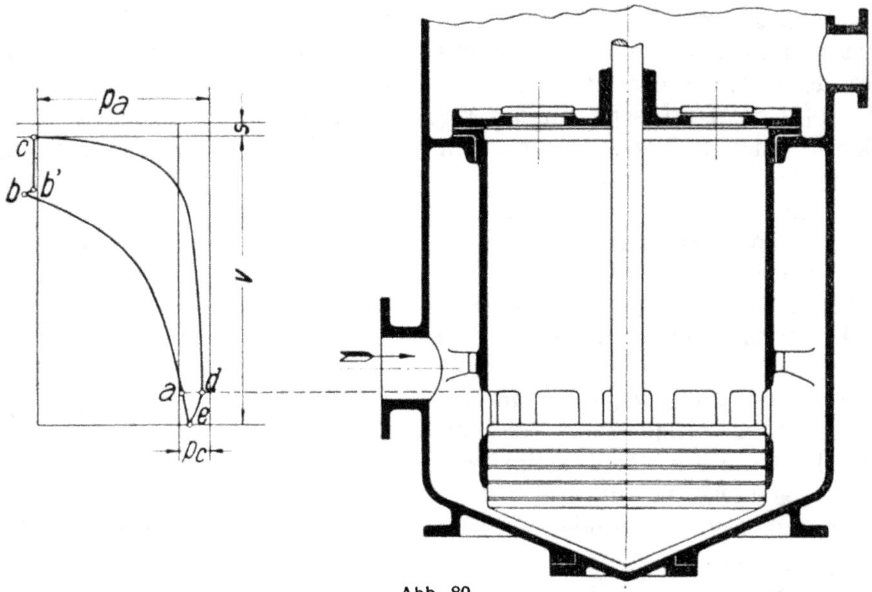

Abb. 80.

Ist das Ventil geöffnet so geht der Druck etwas zurück, bleibt aber immer noch höher als p_a, da ein Überdruck nötig ist, um die Ventile offen zu halten, und es erfolgt der Ausschub längs der Linie *b'c*. Ist der schädliche Raum nicht ganz mit Wasser gefüllt, so erfolgt von *c* aus Expansion der in dem schädlichen Raum enthaltenen Luft längs der Expansionslinie *cd*. Diese Expansion hört (außer wenn Undichtigkeiten ins Spiel kommen) erst auf, wenn die Schlitze in der Nähe des unteren Totpunktes freigegeben werden. Von hier erfolgt bis zum Ende des Hubes eine kleine Drucksteigerung im Zylinder bis zum Punkte *e*. Dann folgt bis zum Abschluß der Schlitze eine weitere Drucksteigerung bis *a*, worauf wieder die Kompression beginnt. Das am Boden des Gehäuses befindliche Wasser wird durch den niedergehenden Kolben gezwungen, durch die Schlitze auf seine Oberseite zu treten und wird durch den Kolben nach oben mitgenommen.

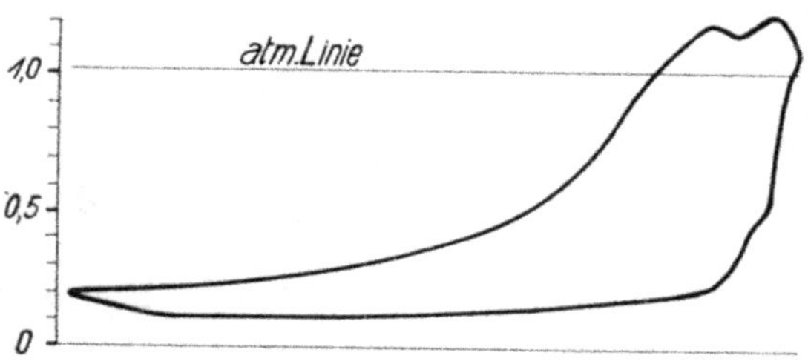

Abb. 81.

Abb. 81 zeigt ein Diagramm der Edwards-Luftpumpe eines Frachtdampfers von 600 PS_i; (Hauptabmessungen der Maschine vgl. Tabelle 23). Die Hauptdaten der Luftpumpe sind: Zylinderdurchmesser 370 mm, Hub 350 mm, Kompressionshub (von Oberkante der Einströmungsöffnungen ab gerechnet) 300 mm, Kolbenstangendurchmesser 60 mm, Hubvolumen 36,65 cdm, schädlicher Raum 1,77 cdm. Das Diagramm entspricht in seinem Aussehen annähernd dem theoretischen Diagramm Abb. 80, nur zeigt die Ausschubperiode nicht die Form einer Linie konstanten Druckes, sondern ist durch Schwingungen der Indikatorfeder entstellt. Aus einzelnen Luftpumpendiagrammen auf die mittlere Leistung der Luftpumpe zu schließen, ist sehr schwierig, da die Form dieser Diagramme mit der Menge des gleichzeitig geförderten Wassers fortwährend wechselt.

Der Exponent der Polytrope, nach welchem die Kompression erfolgt, ist für die im vorstehenden beschriebene Edwards-Luftpumpe aus mehreren Diagrammen untersucht worden und fand sich durchwegs etwas größer als 1, woraus also hervorgeht, daß, trotzdem es sich um eine Naßluftpumpe handelt, die Expansion nicht rein isothermisch erfolgt. Der höchste beobachtete Exponent betrug etwa 1,2, so daß also die Adiabate mit dem Exponenten 1,41 (für Luft) nicht erreicht wurde, wie dies ja auch vorauszusehen war.

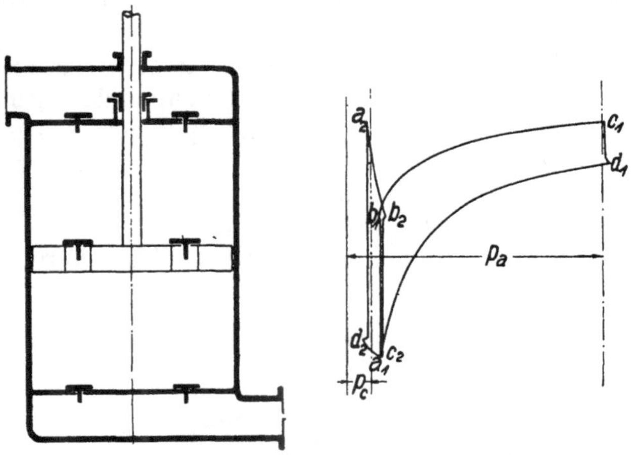

Abb. 82.

Sehr gebräuchlich sind auch die Luftpumpen, welche sowohl Saugeventile als auch Kolbenventile und Druckventile besitzen, und zwar werden dieselben sowohl für angehängte als auch für selbständig angetriebene Pumpen ausgeführt. Diese Pumpen sind eigentlich als doppelt wirkende zu bezeichnen, da der niedergehende Kolben das unter ihm befindliche Gemisch so lange komprimiert, bis die Rückexpansion aus dem schädlichen Raum soweit fortgeschritten ist, daß der Druck unter dem Kolben den Druck über dem Kolben überschreitet. Hierauf wird die so vorkomprimierte Luft durch die Kolbenventile in den Raum über dem Kolben geschoben, wo sie dann weiter auf Atmosphärendruck verdichtet wird. Nach Vorstehendem ist das schematische Diagramm in Abb. 82 ohne weiteres verständlich. Der Linienzug $a_1 b_1 c_1 d_1 a_1$ stellt den Druckverlauf im Raume über dem Kolben, der Linienzug $a_2 b_2 c_2 d_2 a_2$ denselben unter dem Kolben dar. Ein an einer tatsächlich ausgeführten Luftpumpe dieser Art genommenes Diagramm zeigt Abb. 83 ohne Wasserförderung und Abb. 84 mit Wasserförderung. Die Hauptdaten der Pumpe sind: Dampfzylinder-Durchmesser 300 mm, Pumpenzylinder-Durchmesser 760 mm, gemeinsamer Hub 450 mm.

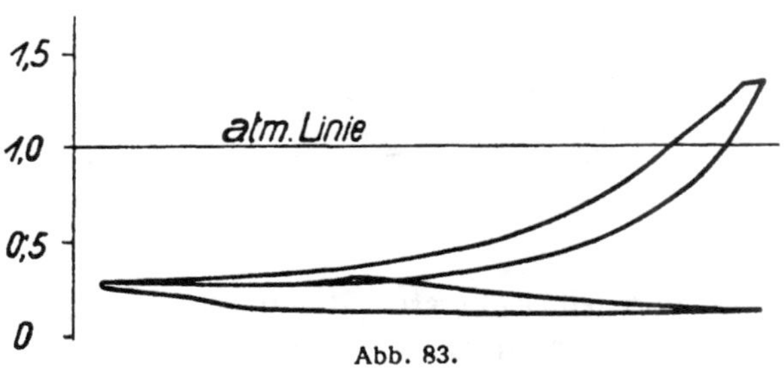

Abb. 83.

Der Übelstand der Rückexpansion aus dem schädlichen Raum führte, wie in der Kompressorentechnik überhaupt, auch auf dem Gebiete der Luftpumpe zur Einführung der zweistufigen Anordnung unter Anwendung von zwei Zylindern. Ein Typ dieser Art ist die sog. Dualluftpumpe, welche schematisch in Abb. 85 dargestellt ist. Dem einen der beiden Zylinder, welcher direkt durch den darüber sitzenden Dampfzylinder angetrieben wird, ist die Funktion der Naßluftpumpe, dem andern Zylinder, dessen Kolben durch einen Balancier mitgenommen wird, die der Trocken-

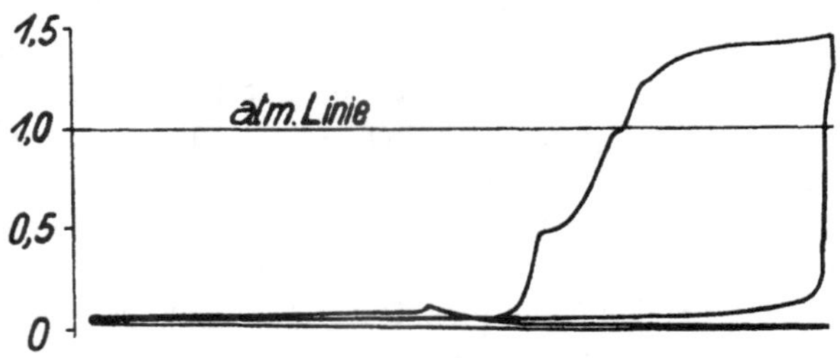

Abb. 84.

luftpumpe zugewiesen. Die Wirkungsweise der Pumpe ist die folgende: Der Naßluftpumpenzylinder saugt ein Gemisch von Wasser, Dampf und Luft, der Trockenluftpumpenzylinder durch ein getrenntes Rohr nur mit Dampf gesättigte Luft aus dem Kondensator an. Während der Naßluftpumpenzylinder das Gemisch direkt in das Druckrohr entleert, fördert der Trockenluftpumpenkolben das Dampf-Luft-Gemisch durch die Druckventile nicht in das Druckrohr, sondern in den Raum über dem Kolben des Naßluftpumpenzylinders, und zwar geschieht dies während der Kolben der Naßluftpumpe ziemlich tief steht, also der Druck über dem Kolben nur wenig höher ist als der Kondensatordruck. Dem Trockenluftpumpenzylinder wird als Einspritzwasser ein Teil des Kondensats zugeführt; dasselbe wird durch einen besonderen Kühler vorher auf niedrige Temperatur gebracht.

Um die Wirkungsweise der Dual-Luftpumpe zu erläutern, soll dieselbe an Hand schematisierter Diagramme verfolgt werden. Vergl. Abb. 86.

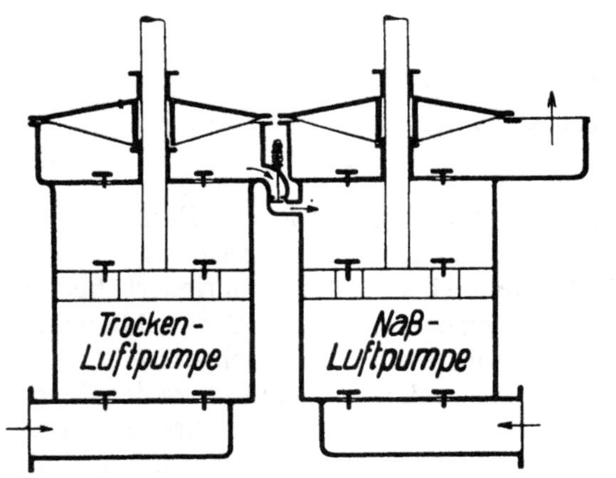

Abb. 85.

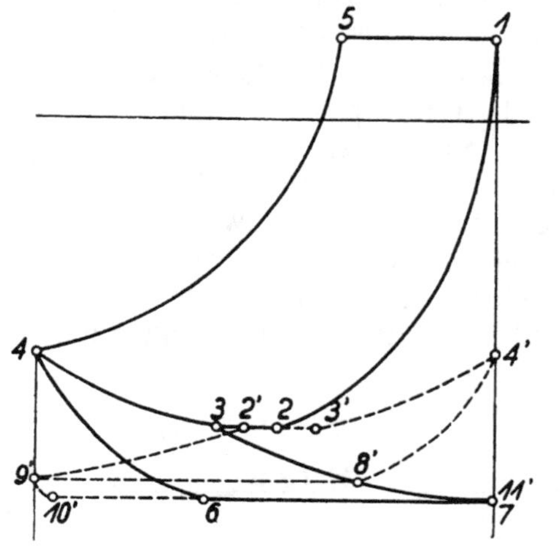

Abb. 86

Bewegt sich der Kolben der Naßluftpumpe von seiner obersten Stellung nach unten, so findet Rückexpansion aus dem oberen schädlichen Raum statt. Es entsteht hierdurch die hyperbelartige Kurve *1—2*. Unterdessen ist der Kolben des Trockenluftpumpenzylinders soweit nach oben gewandert, daß der Druck über dem Kolben in der Lage ist, die Druckventilklappen und das federbelastete Ventil zwischen den Zylindern zu öffnen. Es erfolgt also ein Überschieben des Gemisches aus dem Trockenluftpumpenzylinder in den Raum über dem Naßluftpumpenkolben bei etwa konstantem Druck, Linie *2—3*. Dies dauert solange, bis das Gemisch im Raum unter dem Naßluftpumpenkolben auf den gleichen Druck wie über dem Kolben, d. h. den in 3 herrschenden Druck, komprimiert ist. Es öffnen sich dann die Ventile im Naßluftpumpenkolben, und es beginnt das Überschieben aus dem Raum unter letzterem nach der Oberseite des Kolbens. Da gleichzeitig der Trockenluftpumpenkolben noch nach oben wandert, erhöht sich der Druck über letzterem sowie im Raum über und unter dem Naßluftpumpenkolben langsam, so daß er bei der untersten Stellung des Naßluftpumpenkolbens den Druck *4* erreicht hat. Der Kolben geht nunmehr nach oben und komprimiert das auf seiner Oberseite befindliche Gemisch, bis der Außendruck der Atmosphäre in Punkt *5* erreicht ist und die Druckventile sich öffnen. Von hier ab erfolgt das Ausschieben bei konstantem Druck bis in *1* der Kolben seine höchste Stellung erreicht hat. Den Raum unter dem Naßluftpumpenkolben haben wir schon während der Periode *3* bis *4* betrachtet; in dieser steht er durch die Kolbenventile mit dem Raum über dem Kolben in Verbindung. Nachdem in 4, wo der Kolben in der tiefsten Lage steht, dieses Überschieben beendet ist, und sich bei Umkehr der Bewegung die Kolbenventile geschlossen haben, beginnt in *4* die Expansion aus dem schädlichen Raum, welche solange andauert, bis in *6* der Kondensatordruck erreicht ist und sich die Saugventile öffnen können. Die nun beginnende Ansaugeperiode dauert an, bis der Kolben in *7* seine oberste Lage erreicht hat. Der Kolben kehrt nunmehr um und komprimiert das unter ihm befindliche Gemisch bis in Punkt *3*, wie oben bereits beschrieben, die Kolbenventile sich öffnen.

Betrachten wir nun den Raum über den Trockenluftpumpenkolben, so haben wir zunächst nach vorstehendem zwischen *3'* und *4'* den gleichen Druckverlauf wie zwischen *3* und *4* im Naßluftpumpenzylinder. Hat der Kolben seine oberste Stellung erreicht, so wird die Verbindung mit letzterem durch Zuschlagen der Druckventile aufgehoben, und es beginnt die Rückexpansion aus dem schädlichen Raum, welche bis zu Punkt *8'* andauert. Es ist hier Druckgleichheit zwischen dem Raum über und unter dem Kolben erreicht, und es beginnt eine bei konstantem Druck verlaufende Überströmperiode von unten nach oben, welche bis zum Hubende bei *9'* andauert. Hier kehrt der Kolben um und komprimiert das Gemisch bis zu Punkt *2'*, wo, wie bereits

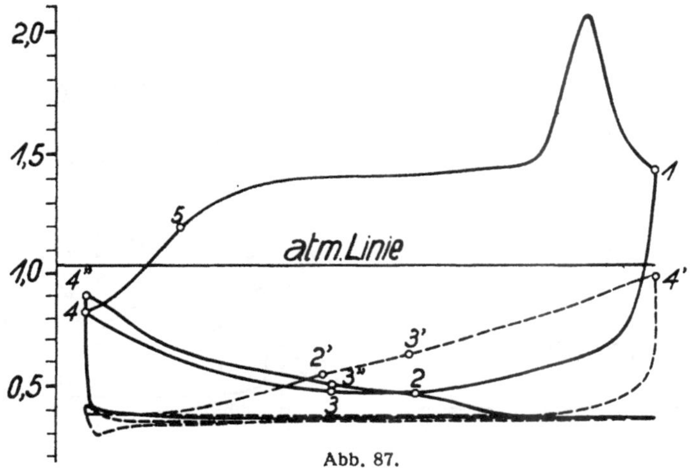

Abb. 87.

erläutert, die Verbindung mit der Oberseite des Naßluftpumpenzylinders hergestellt wird und ein Überströmen bei konstantem Druck nach der Naßluftpumpe einsetzt, welches bis *3'* andauert. Der Raum unter dem Trockenluftpumpenkolben steht während der Überströmperiode *8'*, *9'* mit der oberen Kolbenseite in Verbindung. Am Hubende bei *9'* erfolgt zunächst eine Rückexpansion aus dem schädlichen Raum, bis in *10'* sich die Fußventile öffnen. Von da ab findet Ansaugen aus dem Kondensator statt, bis der Kolben bei *11'* wieder in seiner obersten Lage angelangt ist.

Mit Hilfe dieser schematischen Darstellung werden auch die tatsächlichen Diagramme, welche durch das Vorhandensein des in vorstehendem nicht berücksichtigten Wassers, ferner durch die Widerstände der Ventilfedern stark verzerrt sind verständlich. Ein Satz derartiger Diagramme, in gleicher Weise wie die eben betrachteten schematischen Diagramme zusammengelegt, ist in Abb. 87 dargestellt, die denselben zugrunde liegenden Originaldiagramme sind in Abb.88 wiedergegeben. Die Dimensionen der zugehörigen Luftpumpe sind: Dampfzylinderdurchmesser 230 mm, Hub 300 mm, Naßluftpumpe: Zylinderdurchmesser 420 mm, Hub 300 mm, Trockenluftpumpe: Zylinderdurchmesser 420 mm, Hub 350 mm.

Diese Diagramme sind, um die charakteristischen Eigentümlichkeiten besonders deutlich erscheinen zu lassen, absichtlich mit schlechtem Vakuum und großer Luftförderung aufgenommen worden.

Das Diagramm für die Oberseite der Naßluftpumpe zeigt nur in der Ausschubperiode eine größere Abweichung von dem theoretischen Diagramm. Hier entsteht in dem Moment, in welchem das geförderte Wasser plötzlich durch die Ventile gedrückt wird, ein nicht unbeträchtlicher Druckstoß.

Auch das Diagramm von der Unterseite des Naßluftpumpenzylinders entspricht in seinem Verlauf ziemlich gut dem theoretischen Diagramm. Der beim Durchschieben des Luftgemisches und Wassers durch die Kolbenventile eintretende Widerstand bedingt, daß die Kompressionslinie *3″*, *4″* durchweg höher ist als die entsprechende Kurve *3*, *4* für die Oberseite des Naßluftpumpenzylinders.

Das Diagramm für die Oberseite des Trockenluftpumpenzylinders zeigt in der Periode *2′*, *3′*, *4′* noch wesentlich größere Abweichungen gegenüber den entsprechenden Teilen der Naßluftpumpendiagramme. Insbesondere zeigt der Verlauf des Druckes auf der Strecke *2′* — *3′*, daß das Überströmventil anscheinend bei diesem Versuch so einge-

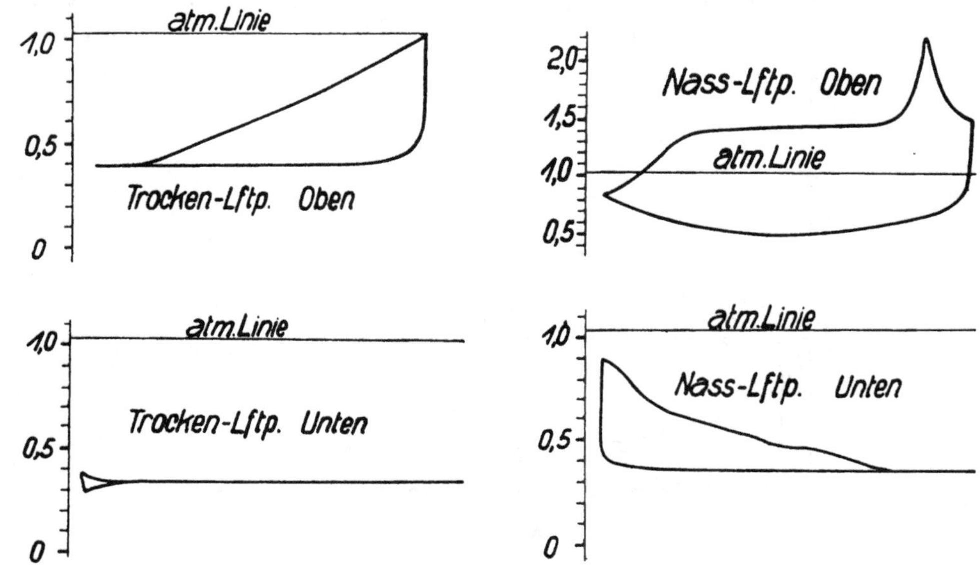

Abb. 88.

stellt war, daß es dem Durchschieben des Dampfluftgemisches einen erheblichen Widerstand entgegengesetzt hat.

Das Diagramm für die Unterseite der Trockenluftpumpe zeigt am Ende der Überschiebperiode eine Drucksteigerung, die wahrscheinlich durch das Durchschieben des Kühlwassers durch die Kolbenventile bedingt ist. Ferner ist, vermutlich wegen zu späten Öffnens der Saugventile, die Rückexpansion aus dem schädlichen Raum bis zu einem Druck erfolgt, welcher nicht unbeträchtlich niedriger ist als der Druck in der Saugeleitung.

Eine ausführliche Beschreibung der konstruktiven Einzelheiten der Dualpumpe folgt in einem späteren Bande.

Die Dimensionierung der Antriebsmaschine bzw. der die Pumpe bewegenden Kraftquelle erfolgt in der Praxis gewöhnlich auf Grund von Erfahrungszahlen. Bei den an die Hauptmaschine angehängten, fast stets durch einen Balancier von einem Kreuzkopf der Hauptmaschine getriebenen Pumpen scheidet an sich die Frage des Leistungsbedarfes aus; über die der Berechnung der Gestänge zugrunde zu legende Kraft siehe § 203.

Die separat angetriebenen Luftpumpen werden, soweit nicht Turboluftpumpen in Frage kommen, ausschließlich als Dampfpumpen ausgeführt. Die Dimensionierung erfolgt, wie oben bereits bemerkt, nach bewährten Verhältniszahlen. Der Durchmesser des Dampfzylinders ergibt sich ebenfalls aus Erfahrungswerten für das Verhältnis $\frac{\text{Fläche des Dampfzylinders}}{\text{Fläche des Pumpenzylinders}}$, welches in der Praxis zwischen 1 : 6 bis 1 : 9 schwankt (vgl. Tabelle 23).

Über die Ausführungsformen und den Leistungsbedarf der Turboluftpumpen sind im Bd. II. nähere Angaben zu finden.

§ 64. **Ausführungsformen der Kondensatoren.** In früheren Jahren wurden die Kondensatoren der Kolbenmaschinen mit den Ständern zusammengegossen, wobei manchmal auch die hohlen Ständer als Abdampfleitung benutzt wurden. Die Querschnittsform war meist rechteckig und oben abgerundet oder birnenförmig. Auch heute findet man diese Anordnung noch häufig auf Schleppern, Fischdampfern und sonstigen kleineren Fahrzeugen; sie zeichnet sich durch geringen Raumbedarf und kurze Abdampfleitung aus (vgl. § 87).

Freistehende und angebaute Kondensatoren kamen zuerst auf Kriegsschiffen wegen der Gewichtsersparnis (Mantel aus Blech) in Gebrauch. Die Querschnittsform war kreisrund oder oval, je nachdem es die Raumverhältnisse erforderten. Auf Handelsschiffen stellte sich mit zunehmender Maschinengröße ebenfalls der Wunsch ein, den Kondensator von der Maschine zu trennen, hauptsächlich mit Rücksicht auf bequeme Herstellung und Gewichtsersparnis. Die Querschnittsform war zuerst meist rund.

Solange man nur mit dem bei Kolbenmaschinen nötigen Vakuum zu rechnen hatte, erfüllte fast jeder Kondensator seinen Zweck. Mit der Einführung der Turbinen stellte sich das Verlangen nach möglichst hohem Vakuum ein, und damit wurden allenthalben Bestrebungen wachgerufen, dieses Ziel möglichst ohne eine zu weitgehende Unterkühlung des Kondensats zu erreichen. Man bemerkte bald, daß hohe Kondensattemperatur und günstige Luftabsaugungsverhältnisse nur bei Verwendung getrennter Luft- und Kondensatpumpen erreichbar sind; solche werden daher heute stets bei modernen Turbinenkondensationen vorgesehen (vgl. hierzu Band II).

Abgesehen von den rein konstruktiven Anforderungen, welche erst später behandelt werden sollen, können heute als Hauptgesichtspunkte für den Entwurf rationeller Schiffskondensatoren die folgenden gelten: Hohe Wärmebelastung, also kleine Kühlfläche, große Wassergeschwindigkeit, reichlliche Kühlwassermenge, möglichste Vermeidung toter Räume, gute Luftkühlung, daher schnell abnehmende Querschnitte gegen den Luftpumpensaugestutzen hin, dabei aber möglichste Vermeidung einer Kondensatunterkühlung.

Wie vorstehenden Hauptgesichtspunkten bei den heute üblichen Kondensatorkonstruktionen Rechnung getragen wird, ist aus der nachstehenden Charakterisierung der gebräuchlichsten Typen zu ersehen; dabei darf nicht vergessen werden, daß Herstellungsrücksichten, Reklame und auch Mode auf die Form gerade der Kondensatoren oft merklichen Einfluß gehabt haben.

1. Die einfachste Form zeigt der gewöhnliche zylindrische oder ovale Kondensator mit doppeltem Wasserweg. Demselben haften jedoch verschiedene wärmetechnische Mängel an. Besonders hervorgehoben sei die meistens zu beobachtende starke Unterkühlung des Kondensats, welche von der großen Tiefe des Rohrbündels in der Richtung des Kondensatweges herrührt; insbesondere tritt dies bei großer Luftmenge und bei kleiner Belastung ein, weil in diesen Fällen der größte Teil des Rohrbündels zur Luftkühlung dient und dementsprechend kalt bleibt, wobei das Kondensat beim Herunterrieseln über diese kalten Rohre unnötig abgekühlt wird. Ferner ist die Querschnittsform für die Entstehung einer genügend großen Luftgeschwindigkeit ungünstig.

2. Eine Verbesserung der Querschnittsform zeigt der birnen- oder eiförmige Kondensator. Der Zweck dieser Form ist, bei geradliniger Dampfführung rasch

abnehmende Querschnitte und damit besonders im unteren Teil möglichst große Luftgeschwindigkeiten zu erhalten; s. Abb. 89. Dieser Kondensator zeigt die nach unten verjüngte Form; der unterste Teil ist teilweise durch eine Blechwand vor dem herabrieselnden Kondensat geschützt und dient als Luftkühler. Diese Ausführungsform hat wegen ihrer günstigen Wärmeübertragungsverhältnisse und wegen der vollkommenen Raumausnutzung heute eine große Verbreitung. Hierzu ist auch zu rechnen die unter dem Namen „Uniflux“[1]) in den Handel gebrachte Konstruktion.

3. Um bei den gebräuchlichen Kondensatoren günstigere Verhältnisse zu schaffen, hat man in den Dampfraum Blechwände eingebaut, um eine möglichst große Dampf- bzw. Luftgeschwindigkeit im unteren Teil zu erzielen. Eine solche Konstruktion zeigt der

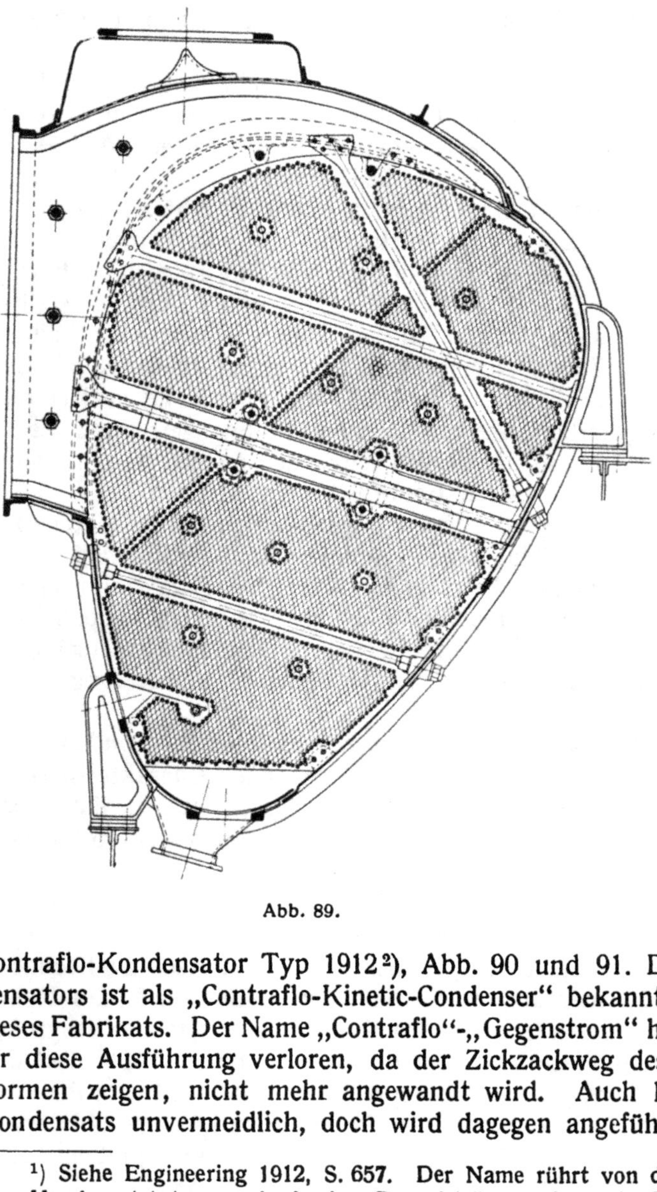

Abb. 89.

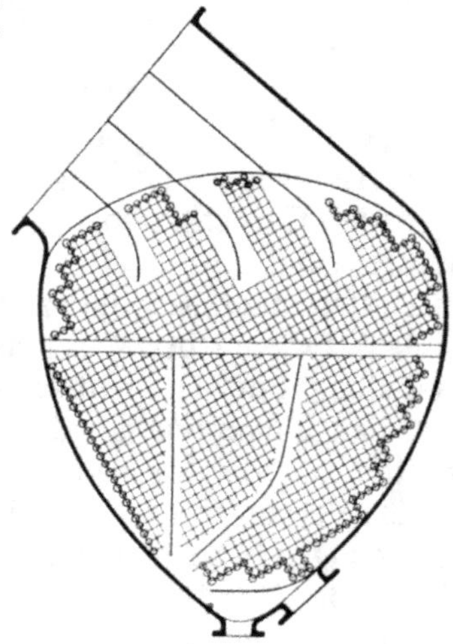

Abb. 90.

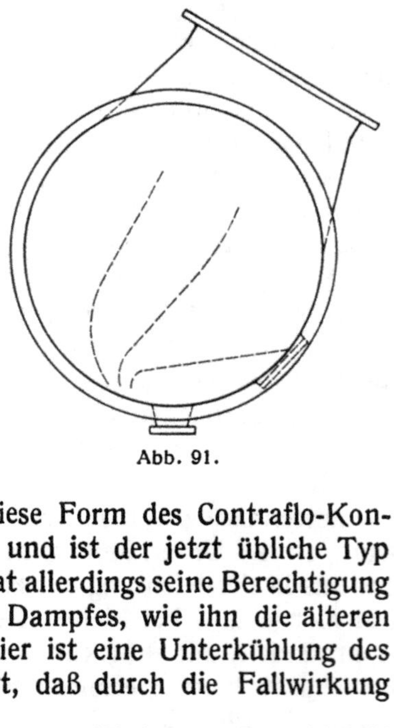

Abb. 91.

Contraflo-Kondensator Typ 1912[2]), Abb. 90 und 91. Diese Form des Contraflo-Kondensators ist als „Contraflo-Kinetic-Condenser“ bekannt und ist der jetzt übliche Typ dieses Fabrikats. Der Name „Contraflo“-„Gegenstrom“ hat allerdings seine Berechtigung für diese Ausführung verloren, da der Zickzackweg des Dampfes, wie ihn die älteren Formen zeigen, nicht mehr angewandt wird. Auch hier ist eine Unterkühlung des Kondensats unvermeidlich, doch wird dagegen angeführt, daß durch die Fallwirkung

[1]) Siehe Engineering 1912, S. 657. Der Name rührt von der geradlinig vom Dampfeintritt zum Kondensatstutzen verlaufenden Dampfströmung her, als Gegensatz zum Richtungswechsel im „Contraflo“-Kondensator.

[2]) Über die Entwicklung des „Contraflo“-Kondensators siehe Engineering 1913, S. 120.

des Wassers und die eingebauten Leitbleche eine Kompression der Luft im unteren Teil erreicht und so günstigere Wärmeübertragungsverhältnisse und geringere Luftpumpenleistung erzielt werden sollen.

4. Eine andere Lösung, welche den Nachteil der Kondensatunterkühlung zu vermeiden sucht, zeigt Abb. 92 und 93, wo durch Einbau von Führungswänden eine konstante Dampfgeschwindigkeit angestrebt wird, gleichzeitig aber durch stufenweise Kondensatableitung eine starke Unterkühlung des Kondensats vermieden wird. Es ist dies die seinerzeit unter dem Namen „Contraflo" in den Handel gebrachte Konstruktion, welche aber heute von den „Contraflo"-Herstellern nicht mehr ausgeführt wird. Ausführungen nach diesem Prinzip werden jedoch von einer Reihe anderer großer Firmen hergestellt. Bei dieser Anordnung der Zwischenwände besteht die Gefahr, daß sich unter Umständen tote Räume bilden, auf deren Vermeidung bei der Konstruktion daher ein besonderes Augenmerk gerichtet werden muß.

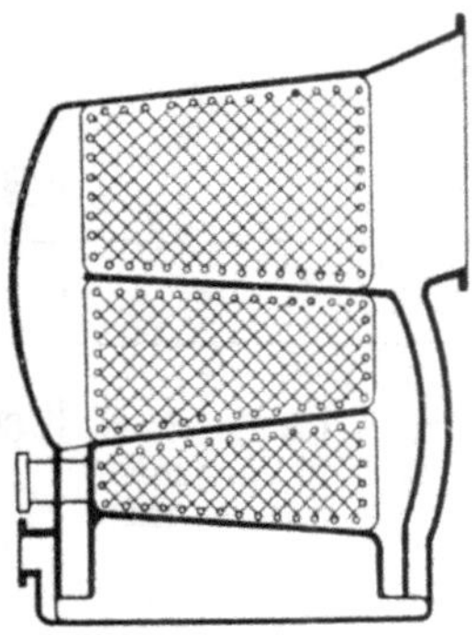

Abb. 92.

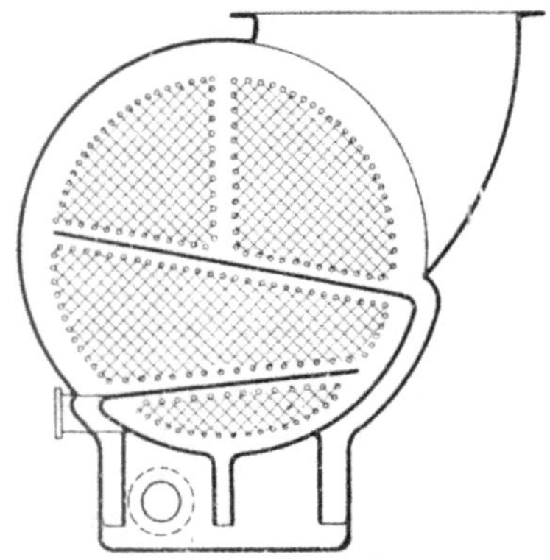

Abb. 93.

Auch die Eiform wurde mit der stufenweisen Kondensatabführung kombiniert (Contraflo-Typ 1910), wie man überhaupt durch die mannigfaltigsten Kombinationen bestrebt war und ist, Kondensatoren zu schaffen, welche die oben erläuterten wichtigsten Erfordernisse einer rationellen Kondensation vereinigen.

§ 65. **Meßresultate von ausgeführten Kondensationsanlagen.** Die in Tabelle Nr. 24, 25 und 26 zusammengestellten Werte sind größtenteils im praktischen Betrieb — auf Probefahrten oder Reisen — gefunden. Allerdings haftet ihnen der Fehler einer nur mäßigen Genauigkeit an, wie dies meistens bei Temperaturmessungen an Bord der Fall ist. Deshalb wurde auch bei den meisten in den Tabellen aufgenommenen Zweiwellenanlagen das Mittel aus beiden Schiffsseiten genommen, außer wenn die Unterschiede allzu groß waren.

Zu den einzelnen Spalten sei folgendes bemerkt:

Spalte 6: Die Leistungen sind bei Kolbenmaschinen in PS_i, bei Turbinen in PS_e angegeben.

Spalte 7: Die Dampfmengen sind in den meisten Fällen durch Kondensatmessung festgestellt, in einigen Fällen geschätzt.

Spalte 8, 9, 10 und 11 geben die Hauptdaten für die Abmessungen des Kondensators. Da es im Schiffsmaschinenbau üblich ist, die äußere Fläche der Kühlrohre als Kühlfläche zu rechnen, so wurde auch in Spalte 11 daran festgehalten.

Spalte 12 zeigt die Dampfbelastung pro 1 qm Kühlfläche und 1 Stunde.

Spalte 13 zeigt den Druck im Kondensator in at. abs. Derselbe wurde fast bei allen Versuchen mittels Quecksilbersäule und unter Berücksichtigung des Barometerstandes bestimmt. Die Sättigungstemperatur Spalte 14 wurde aus den Temperaturkurven für Sattdampf entnommen.

Spalte 15 zeigt die Kondensattemperatur, gemessen im Saug- oder Druckstutzen der Kondensatpumpe.

In Spalte 16 und 17 sind Kühlwasserein- und -austrittstemperatur angeführt, Spalte 16a in Tabelle Nr. 26 zeigt die Temperatur in der Umkehrkammer.

Tabelle

Meßresultate von Kondensatoren

1	2	3	4	5	6	7	8	9	10	11	12
Laufende Nummer	Schiffsname	Quelle	Schiffstyp	Maschinentyp	Maschinenleistung pro Kondensation	Stündliche Dampfmenge pro Kondensation	Kühlrohrdurchmesser	Anzahl	Kühlrohrlänge zwischen den Rohrplatten	Äußere Kühlfläche pro Kondensation	Stündliche Dampfmenge pro 1 qm Kühlfläche
—	—	—	—	—	PS	kg/Stde	mm	—	mm	qm	kg/qm-Stde
I	Kronprinzessin Cecilie	Probefahrt 1907	Schnelldampfer	2 Dreifachexpansionsmaschinen	10600	ca. 73000	19	5296	3450	1090	67
II	George Washington	1. Reise 1909	„	Vierfachexpansionsmaschinen	9790	63200	19	3824	5260	1200	52,7
III	Preußen	Probefahrt 1909	Fährdampfer	Dreifachexpansionsmaschinen	2970	20200	19	911	5540	300	67,4
IV	—	Engineering 1912, S. 658	Frachtdampfer	Kolbenmaschine	5300	36300	—	—	—	409	88,7
V	—	do.	„	„	5300	36300	—	—	—	409	88,7
VI	Sierra Cordoba	Probefahrt 1913	Fracht- und Passagierdampfer	Dreifachexpansionsmaschine	2258	11500	19	1395	3500	290	40
VII	Sierra Nevada	Probefahrt 1912	do.	„	2140	11000	19	1395	3500	290	38
VIII	Ulysses	Journ. of the Am. S. 1915, S. 572	Marine-Kohlendampfer	„	3750	ca. 26000	5/8″	3213	3073	492	52,8
IX	Adana	Probefahrt 1920	Seeschlepper	„	790	3150	19	890	1600	85	37,2
X	Cairo	Probefahrt 1921	Frachtdampfer	„	646	3100	19	890	1600	85	36,5
XI	Rheinland	Probefahrt 1910	Linienschiff	„	7370	49400	17,5	3041	3950	660	75
XII	Texas	Journ. of the Am. S. 1914, I, S. 50	Schlachtschiff	„	14400	90000	5/8″	5340	4570	1218	73,9
XIII	New York	do. 1915/I, S. 50	„	„	15050	100500	5/8″	5340	4570	1218	82,5

Nr. 24.
für Kolbenmaschinen-Anlagen.

13	14	15	16	17	18	19	20	21	22	23	24	25	26	27	28
	Temperatur														
Druck im Kondensator	t_s des gesättigten Dampfes bei vorst. Druck	t_c des Kondensats	t_e des eintretenden Kühlwassers	t_a des austretenden Kühlwassers	W_a Wärmeinhalt des Abdampfes	Entzogene Wärmemenge pro 1 kg $W_a - t_s$	Stündliche Wärmebelastung pro 1 qm Kühlfläche	$\Delta t = t_s - \frac{t_e + t_a}{2}$	K_1	Entzogene Wärmemenge pro 1 kg $W_a - t_c$	Stündliche Wärmebelastung pro 1 qm Kühlfläche	$\Delta t' = \frac{t_s + t_c}{2} - \frac{t_e + t_a}{2}$	K_2	Kühlwassermenge	Wassergeschwindigkeit
at. abs.	°C	°C	°C	°C	WE/kg	WE/kg	$\frac{WE}{qm\text{-}Stde}$	°C	$\frac{WE}{qm\text{-}Stde\ °C}$	$\frac{WE}{kg}$	WE/qm	°C	$\frac{WE}{qm\text{-}Stde\ °C}$	kg/Stde	$\frac{m}{sek}$
0,120	49	42	15	44	562	513	34350	19,5	1760	520	34800	16	2175	1 310 000	0,67
0,155	55	43,7	17	52	556	501	26400	20,5	1285	512	26950	15	1800	926 000	0,65
0,12	50	40	19	47	560	510	34300	17	2020	520	35000	12	2920	375 000	1,1
0,093	44	43,9	6,7	40,5	560	516	46000	20,4	2250	516	46000	20,4	2250	555 000	—
0,114	48	41,1	29	41,1	560	512	45500	13	3460	519	46100	9,5	4860	1 130 000	—
0,129	50,5	29,3	2	20,5	610	559,5	22200	39,2	566	581	23000	28,7	802	361 500	0,7
0,132	51	36	6	26	602	551	20900	35	598	566	21500	27,5	782	313 000	0,9
0,16	55	52	7,1	48,4	560	505	26800	27,2	987	508	26900	25,8	1040	320 000	0,35
0,18	57	32	1	16	576	517	19200	48,5	395	544	20200	36	562	114 200	0,36
0,116	48,5	29,2	3,3	19,5	590	541,5	19750	37,1	533	561	20500	27,5	748	107 300	0,34
0,12	49	26	4	21	555	507	38000	36,5	1040	529	39600	25	1585	1 540 000	1,55
0,109	47	32,4	12,1	36,2	560	513	37900	22,9	1655	527	38900	15,6	2490	1 970 000	1,3
0,150	53,5	34,5	18,9	43,1	565	511,5	42200		1875	530	43750	13	3366	2 200 000	1,5

Tabelle

Meßresultate von Kondensatoren

1	2	3	4	5	6	7	8	9	10	11	12
Laufende Nummer	Schiffsname	Quelle	Schiffstyp	Maschinentyp	Maschinenleistung pro Kondensation	Stündliche Dampfmenge pro Kondensation	Kühlrohrdurchmesser	Anzahl	Kühlrohrlänge zwisch. d. Rohrplatten	Äußere Kühlfläche pro Kondensation	Stündliche Dampfmenge pro 1 qm Kühlfläche
—	—	—	—	—	PS	kg/Stde	mm	—	mm	qm	kg/qm-Stde
XIV	Königin Luise	Probefahrt 1913	Seebäderdampfer	Transformatorturbinen	3350	13500	17,5	2037	2600	291	44,7
XV	Imperator	1. Reise 1913	Schnelldampfer	Turbinen	17600	98000	19	7095	3600	1525	64,2
XVI	Cap Trafalgar	Probefahrt 1914	Schnelldampfer	Abdampfturbinen	9000	40000	19	3380	3520	700	57,2
XVII	Great Northern	Journ. of the Am. S. 1915/I S. 429	„	Turbinen	10900	ca. 63000	3/4″	6018	—	1211	52
XVIII	Northern Pacific	do.	„	„	11600	ca. 67000	3/4″	6018	—	1211	55,3
XIX	Tirpitz	Probefahrt 1921	—	Transformatorturbinen	8800	39000	19	3380	3520	700	55,6
XX	North Dakota	Journ. of the Am. S. 1910 S. 184	Schlachtschiff	Turbinen	16150	95330	5/8″	6904	4013	1364	69,8
XXI	Großer Kurfürst	Probefahrt 1914	Linienschiff	„	12000	80000	17,5	3360	5100	940	85,3
XXII	Wiesbaden	Probefahrt 1915	Kl. Kreuzer	Transformatorturbinen	18000	105000	17,5	3730	6000	1230	85,5
XXIII	V 105	Probefahrt 1915	Torpedoboot	Turbinen	2790	23000	16	1496	1800	135	170
XXIV	Downes	Journ. of the Am. S. 1915/I S. 412	„	„	8200	60000	5/8″	2378	4670 4810	556	107,8
XXV	V 67	Probefahrt 1916	„	„	12150	77500	17	3345	2800	510	152

Nr. 25.
für Turbinen-Anlagen.

13	14	15	16	17	18	19	20	21	22	23	24	25	26	27	28
	Temperatur														
Druck im Kondensator	t_s des gesättigten Dampfes bei vorst. Druck	t_c des Kondensats	t_e des eintretenden Kühlwassers	t_a des austretenden Kühlwassers	W_a Wärmeinhalt des Abdampfes	Entzogene Wärmemenge pro 1 kg $W_a - t_s$	Stündliche Wärmebelastung pro 1 qm Kühlfläche	$\Delta t = t_s - \frac{t_e + t_a}{2}$	K_1	Entzogene Wärmemenge pro 1 kg $W_a - t_c$	Stündliche Wärmebelastung pro 1 qm Kühlfläche	$\Delta t' = \frac{t_s + t_c}{2} - \frac{t_e + t_a}{2}$	K_2	Kühlwassermenge	Wasser-geschwindigkeit
at. abs.	°C	°C	°C	°C	WE/kg	WE/kg	$\frac{\text{WE}}{\text{qm-Stde}}$	°C	$\frac{\text{WE}}{\text{qm-Stde °C}}$	WE/kg	$\frac{\text{WE}}{\text{qm-Stde}}$	°C	$\frac{\text{WE}}{\text{qm-Stde °C}}$	kg/Stde	m/sek
0,067	38	31	16,5	31	540	502	23300	14,3	1630	509	23700	10,8	2190	474 000	0,75
0,10	45,5	42,7	15,8	32,2	543	497,5	31950	21,5	1525	500	32800	20,1	1630	3 000 000	1,2
0,078	40,5	23,8	4,7	20,8	520	480	27400	27,8	985	496	28300	19,4	1545	1 240 000	1,0
0,04	29	13,8	8,1	23,9	550	521	27000	13	2080	536	27800	5,4	5140	2 140 000	0,87
0,05	32,5	14,1	7,8	24,5	550	517,5	28600	16,3	1750	536	29600	7,2	4110	2 160 000	0,88
0,054	34	24,3	4	24	560	526	29200	20	1460	526	29200	15,1	1935	1 030 000	0,85
0,085	42,5	25,7	9,4	30	555	512,5	35800	22,8	1570	529	37000	14,4	2570	2 440 000	1,3
0,100	45,5	25	18,5	32,1	555	509,5	43400	20,2	2145	530	45100	10	4510	3 120 000	1,3
0,105	46,5	43	15	28,6	546	499,5	42700	24,7	1725	503	42900	23	1870	3 900 000	1,8
0,165	55,5	46,7	2,5	17,7	579	523,5	89000	45,4	1920	532	90800	41,1	2210	790 000	1,9
0,07.	39	26	8,7	28,6	550	511	55200	20,3	2720	524	56500	13,9	4060	1 580 000	—
0,085	42,5	33,5	8	29,8	550	507,5	77000	23,5	3280	516,5	78500	19	4130	1 830 000	1,8

Tabelle

Meßresultate von verschiedenen Kondensatoren;

1	2	3	4	5	6	7	8	9	10	11		12	13
Lfd. Nr.	Bezeichnung der Anlage	Quelle	Maschinentyp	Kondensatorteil	Maschinenleistung pro Kondensation	Stündliche Dampfmenge pro Kondensation	Kühlrohrdurchmesser	Anzahl	Kühlrohrlänge zwischen den Rohrplatten	Äußere Kühlfläche des Kondensators total	Äußere Kühlfläche Oberteil Unterteil	Stündliche Dampfmenge pro 1 qm Kühlfläche	Druck im Kondensator
					PS.	kg/St.	mm		mm	qm	qm	kg/qm Std	at. abs.
I	Kleiner Kreuzer »Stettin«	Probefahrt 1907	Turbinen	Oberteil Unterteil	10850	—	17,5	1326 1288	4430	637	323 314	—	0,154
II	Torpedoboot »V 150«	Probefahrt 1907	Kolbenmaschinen	Oberteil Unterteil	Forcierte Fahrt	—	14	2162 2512	1800	370	171 199	—	0,21
III				Oberteil Unterteil	Marschfahrt	—	14	2162 2512	1800	370	171 199	—	0,16
IV	Maschinenbau-Laboratorium der Technisch. Hochschule Berlin	Josse, Die Oberflächen-Kondensationen der Dampfturbinen, insbesondere für Schiffe Jahrb. d. Schiffbautechn. Ges. 1908. Z.d.V.d.I. 1909.	Turbine	Oberteil Unterteil	—	3261	20	346 342	2300	99,4	50,0 49,4	32,8	0,0840
V				Oberteil Unterteil	—	3196	20	346 342	2300	99,4	50,0 49,4	32,2	0,0998
VI				Oberteil Unterteil	—	3160	20	346 342	2300	99,4	50,0 49,4	31,8	0,1173
VII				Oberteil Unterteil	—	3111	20	346 342	2300	99,4	50,0 49,4	31,3	0,0618
VIII				Oberteil Unterteil	—	1460	20	346 342	2300	99,4	50,0 49,4	14,7	0,0276
IX	D. L. L. Frachtdampfer »Cairo«	3. Reise 1921	Dreifachexpansionsmaschinen	Oberteil Unterteil	601	2940	19	418 472	1600	85	39,9 45,1	34,6	0,140
X				Oberteil Unterteil	611	3030	19	418 472	1600	85	39,1 45,1	35,7	0,159
XI	D. L. L. Frachtdampfer »Aleppo«	Probefahrt 1921	do.	Oberteil Unterteil	820	3920	19	155 472	1600	59,9	14,8 45,1	66	0,116
XII				Oberteil Unterteil	715	3340	19	155 472	1600	59,9	14,8 45,1	54,5	0,108

Spalte 18: Hier ist der Wärmeinhalt des Abdampfes verzeichnet, wie derselbe sich für den betreffenden Betriebsfall aus dem Wärmediagramm ergibt.

Spalte 19 zeigt die entzogene Wärmemenge pro 1 kg Dampf unter der Voraussetzung, daß keine Kondensatunterkühlung im Kondensator eintritt, der Dampf also einfach bei der Sättigungstemperatur kondensiert wird.

Spalte 20: Die Wärmebelastung pro 1 qm Kühlfläche ergibt sich, indem man die gesamte entzogene Wärme (nach 19) durch die Kühlfläche dividiert.

Nr. 26

Oberteil und Unterteil getrennt.

14	15	16	16a	17	18	23	24	25a	26	27	28	29	30
Temperatur													
t_s d. gesättigten Dampfes b. vorstehend. Druck	t_c des Kondensats	t_e des eintretenden Kühlwassers	t_v in der Vorlage	t_a des austretenden Kühlwassers	W_a Wärmeinhalt des Abdampfes	Entzogene Wärmemenge pro 1 kg $W_a - t_c$	Stündl. Wärmebelastung pro 1 qm Kühlfläche Oberteil / Unterteil	Oberteil $\Delta t = t_s - \frac{t_v + t_a}{2}$ / Unterteil $\Delta t = \frac{t_s + t_c}{2} - \frac{t_e + t_v}{2}$	k-Oberteil / k-Unterteil	Kühlwassermenge	Wassergeschwindigkeit Oberteil / Unterteil	Luftmenge 20 ° C 760 mm	Bemerkungen
° C	° C	° C	° C	° C	$\frac{WE}{kg}$	$\frac{WE}{kg}$	$\frac{WE}{qm\ Std}$	° C	$\frac{WE}{qm\ Std\ °C}$	kg/Std	m/Sek	$\frac{cbm}{Std}$	
54	41	14	21	39,3	—	—	86 500 34 100	23,9 30	3620 1140	1 525 000	1,69 1,74	unbekannt	Es wurde nur die Kühlw.-M. gem. Eine Kondensatmess. fand nicht statt
61	40	10,4	13	35,6	—	—	159 500 16 100	36,7 43,8	4350 368	1 210 000	1,38 1,18	„	Es wurde nur die Kühlw.-Menge gem. Eine Kond.-Mess. fand nicht statt, da verschied. Hilfsmaschin. auf den Kondensator geschaltet waren.
55	25	7,2	8	17,8	—	—	48 400 3 270	42,1 32,4	1150 101	824 000	0,94 0,81	„	
42,2	28,15	10,3	29,5	40,32	616,7	588,5	13 830 24 850	7,28 15,26	1900 1626	63 900	0,202 0,205	0,20	Dampf- und Kühlwassermenge konstant, Luftmenge verändert [1])
45,6	20,95	10,3	16,9	40,49	622	601	30 000 8 000	16,9 19,67	1775 406	63 600	0,201 0,203	7,95	
48,7	16,2	10,3	12,25	40,48	626,2	610	36 100 2 510	22,3 21,17	1620 118	63 900	0,202 0,205	13,50	
36,6	21,9	10,3	24,2	34,38	622,4	600,5	15 800 21 800	7,31 12,0	2160 1815	77 600	0,245 0,248	0,16	Luft- u. Kühlwassermenge konstant, Dampfmenge verändert [1])
22,6	14,5	10,2	13,06	21,04	605	590,5	12 700 4 800	5,55 6,87	2250 628	79 500	0,251 0,254	0,15	
53	38	19	22,4	35,5	584	546	32 000 7 380	24 24,8	1335 297	97 700	0,33 0,29	unbekannt	[2])
55	44,8	26,4	27,4	39,4	586	541	37 800 2 700	21,6 23	1750 121	126 000	0,42 0,37	„	
48,5	32	5,0	8,0	19,0	603	571	119 000 1 060	35,0 33,7	3400 31,5	160 000	1,42 0,47	„	Die Kondensatorkonstr. ist die gleiche wie in Reihe IX u. X, nur die Kühlfläche ist im Oberteil durch Herausnehmen von Kühlrohren verkleinert. [2])
47	27,3	5,1	7,5	18,3	599	572	104 500 4 590	34,1 30,8	3060 149	144 000	1,30 0,42	„	

[1]) Der Dampf war beim Eintritt in den Kondensator leicht überhitzt. Die Überhitzung ist in Spalte 18 u. f. berücksichtigt worden, in Spalte 25 u. 26 unberücksichtigt geblieben. Die Kühlfläche wurde entsprechend der Gepflogenheit im Schiffsmaschinenbau als äußere Kühlfläche gerechnet. Dieselbe ergibt sich mit 99,4qm gegen 89,3qm innere Kühlfläche bei Josse.

[2]) Die Kühlwasserpumpe ist bei den Anlagen Reihe IX—XII angehängt, die Wassermenge ist von der Tourenzahl abhängig und kann durch Drosseln des Seeventils verkleinert werden. Es wurde nur die Kondensatmenge gemessen.

Spalte 21: Für die Berechnung der mittleren Temperatur-Differenz Δt zwischen Dampf und Kühlwasser, wurde angenommen, daß im ganzen Dampfraum die Sättigungstemperatur herrscht und daß keine Kondensat-Unterkühlung eintritt; ferner daß überall eine mittlere Kühlwassertemperatur, welche gleich ist dem Mittelwert aus Ein- und Austrittstemperatur vorhanden ist.

Spalte 22 zeigt die Wärmedurchgangskoeffizienten K_1 berechnet nach der Formel $K_1 = \frac{W}{F \cdot \Delta t}$. Die vereinfachte Formel ist benutzt, da bei der ungleichmäßigen

Wärmebelastung der Kondensatorteile (vgl. Tab. 26) sich doch nur ein ungenauer Mittelwert für den ganzen Kondensator ergeben kann. Außerdem dürfte in vielen Fällen die Genauigkeit der Temperaturablesungen und Wärmeinhaltsbestimmungen zu gering sein, um die Anwendung der logarithmischen Formel zu rechtfertigen.

Spalte 23 enthält die entzogene Wärmemenge für 1 kg Dampf, jedoch mit Berücksichtigung der Kondensatunterkühlung.

Spalte 24: Wärmebelastung pro 1 qm Kühlfläche (nach 23).

Spalte 25 in Tabelle Nr. 24 und 25 gibt die mittlere Temperaturdifferenz zwischen Wasser und Dampfraum unter der Voraussetzung an, daß die Kondensation und Kondensatunterkühlung gleichmäßig im ganzen Kondensator erfolgt und überall die mittlere Kühlwassertemperatur herrscht, während in Spalte 25a in Tabelle Nr. 26 für den Kondensator-Oberteil im Dampfraum die Sättigungstemperatur und für den Dampfraum im Unterteil das Mittel aus Sättigungs- und Kondensattemperatur angenommen wurde.

Spalte 26: Aus Spalte 24 und 25 bzw. 25a wird K_2 gerechnet, ebenso wie oben K_1.

Spalte 27 zeigt die stündliche Kühlwassermenge; dieselbe ist, mit Ausnahme von Reihe I bis VIII, Tab. Nr. 26, wo die Wassermengen direkt gemessen wurden, rechnerisch aus dem Wärmeinhalt des Abdampfes, der Kondensattemperatur und der Kühlwassererwärmung bestimmt.

In Spalte 28 sind die mittleren Kühlwassergeschwindigkeiten verzeichnet.

In Spalte 29, Tabelle Nr. 26, sind die Luftmengen angeführt.

Bei der Betrachtung der Tabellen Nr. 24 und 25 fällt auf, daß die kleinsten Werte für den Wärmedurchgangskoeffizienten sich finden bei gewöhnlichen Frachtdampfern, die größten bei Kriegsschiffen mit Turbinenantrieb, während sich für die übrigen Schiffe die Werte dieses Koeffizienten zwischen diesen beiden Extremen bewegen. Es hat dies seinen Grund darin, daß bei den Frachtdampfern üblicher Ausführung, althergebrachten Erfahrungszahlen folgend, die Kühlfläche fast stets zu groß gemacht wird. Dies hat zunächst kleine Wassergeschwindigkeit in den Rohren und damit an sich schon einen ungünstigen Wert des Wärmeübergangskoeffizienten α_2 zur Folge. Ferner aber dient bei derartig zu reichlich bemessenen Kondensatoren der größte Teil der Kühlfläche lediglich der Abkühlung von Luft, arbeitet also mit einem ungünstigen Wert des Koeffizienten α_1. Es wird notwendig sein, für die Zukunft mit dieser unvorteilhaften Praxis zu brechen und auch für die Kondensatoren gewöhnlicher Handelsschiffe die im vorstehenden eingehender erläuterten Konstruktionsprinzipien zugrunde zu legen, wobei ohne Beeinträchtigung des Vakuums eine erhebliche Ersparnis an den teuren und empfindlichen Kühlrohren eintreten wird.

Bei den Handelsdampferanlagen unter Nr. III und IV/V der Tabelle Nr. 24 sind diese neueren Gesichtspunkte berücksichtigt, und hat sich dementsprechend auch ein sehr günstiger Wert des Wärmedurchgangskoeffizienten bei der Erprobung der Anlage ergeben.

Im Gegensatz zu den vorstehend erwähnten Kondensationsanlagen von normalen Frachtdampfern werden bei modernen, hochforcierten Turbinenanlagen schon der Gewichtsersparnis wegen die Kondensatorkühlflächen möglichst klein gemacht; es werden moderne Zentrifugalpumpen verwendet, welche hinreichenden Druck erzeugen, um eine große Wassermenge (meistens auf mehrfachem Wege) durch die Rohre zu treiben. Ferner dient bei denselben, da die mit Dampf gesperrten Vakuum-Stopfbüchsen nur einem minimalen Luftquantum den Eintritt in den Kondensator gestatten, nur ein geringer Prozentsatz der ganzen Kühlfläche zur Abkühlung der Luft.

Abschnitt III.

Die Dynamik der Kolbenmaschine.

§ 66. **Der Kurbelmechanismus.** Im folgenden sei bezeichnet mit:

P der Zug oder Druck in der Kolbenstange,
P' der Zug oder Druck in der Pleuelstange,
K der Druck auf die Gleitbahn,
T die Tangentialkraft im Kurbelkreis,
l die Länge der Pleuelstange,
r der Kurbelradius,
$\lambda = \frac{r}{l}$ das Verhältnis von Kurbelradius zu Pleuelstangenlänge,
V die momentane Kolbengeschwindigkeit,
W die momentane Umfangsgeschwindigkeit im Kurbelkreis,
ε die momentane Winkelgeschwindigkeit,
c die mittlere Kolbengeschwindigkeit,
α der Winkel zwischen Pleuelstange und Kolbenstange,
ω der jeweilige Kurbeldrehwinkel, vom oberen Totpunkt an gerechnet.

Die folgenden Betrachtungen gelten für vertikale Maschinen.

Aus Abb. 94 ergibt sich:

Der Zug oder Druck in der Pleuelstange ist

$$P' = \frac{P}{\cos \alpha}.$$

Der Druck auf die Gleitbahn

$$K = P \operatorname{tg} \alpha.$$

K ist am größten, wenn die Pleuelstange am schrägsten steht (vorausgesetzt, daß P während des ganzen Hubes konstant ist). Dies tritt ein, wenn $\omega = 90^0$ ist. Dann ist

$$\operatorname{tg} \alpha = \frac{r}{\sqrt{l^2 - r^2}} = \frac{\lambda}{\sqrt{1 - \lambda^2}}.$$

Da $\sqrt{1 - \lambda^2}$ nahezu gleich 1 ist, benutzt man zur Berechnung des größten Gleitbahndruckes meist die angenäherte Formel

$$K_{\max} = P \cdot \frac{r}{l} = P \cdot \lambda.$$

Die Tangentialkraft im Kurbelkreis ist

$$T = P' \sin (\alpha + \omega) = \frac{P}{\cos \alpha} \cdot \sin (\alpha + \omega).$$

Bei unendlich langer Pleuelstange (für die Kurbelschleife) ist

$$\alpha = o, \text{ also } T = P \sin \omega.$$

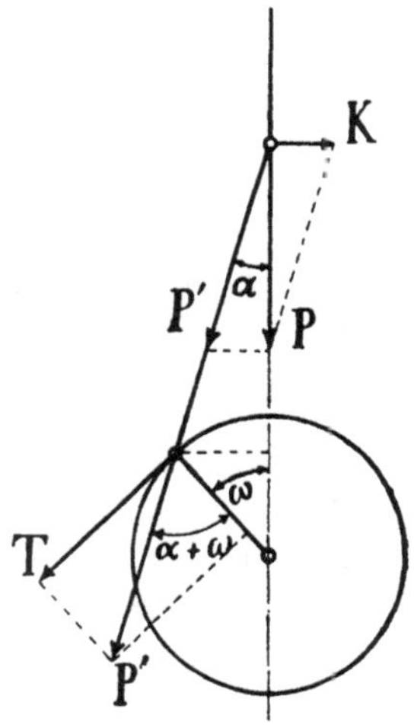

Abb. 94.

Die Kraftwirkungen, welche beim Arbeiten der Maschine auf die ruhenden Teile derselben (Zylinder, Gestell, Grundplatte) ausgeübt werden, ergeben sich unter Vernachlässigung der auftretenden Reibungskräfte wie folgt:

Auf den Zylinder wirkt in axialer Richtung der Unterschied der Dampfüberdrücke auf Deckel und Boden; wenn von der Gewichtswirkung und den Massendrücken der bewegten Teile abgesehen wird, ist diese aus dem Dampfdruck resultierende Kraft gleich und entgegengesetzt dem in der Kolbenstange wirksamen Druck oder Zug P; auf die Gleitbahn wirkt die bereits erwähnte Normalkraft K und auf das Kurbellager eine Kraft von der Größe und Richtung von P'; das Moment der letzteren Kraft, bezogen auf die Wellenachse, welches mit dem Moment der Tangentialkraft T im Kurbelkreis identisch ist, wird nicht vom Maschinengestell aufgenommen, sondern an die Wellenleitung und den Propeller weitergeleitet.

Wie leicht zu ersehen, besitzt der Lagerdruck P' eine vertikale Komponente von der Größe und Richtung von P und eine horizontale Komponente gleich und entgegengesetzt dem Gleitbahndruck K. Bei Vernachlässigung der Massendrücke gleicht sich also der Dampfdruck auf den Zylinder durch das Gestell hindurch mit der vertikalen Komponente des Lagerdruckes, also innerhalb der Maschine aus, während die horizontale Komponente mit dem Gleitbahndruck ein Kräftepaar bildet, welches das Maschinengestell in der vertikalen Ebene senkrecht zur Wellenachse zu verdrehen sucht. Dieses Moment, welches gleich und entgegengesetzt dem Moment der Tangentialkraft ist, wird durch das Fundament auf den Schiffskörper übertragen.

Umfangsgeschwindigkeit im Kurbelkreis und Winkelgeschwindigkeit. Unter ersterer versteht man den in der Zeiteinheit durchlaufenen Bogen des Kurbelkreises. Ist $d\omega$ der in der unendlich kleinen Zeit dt durchlaufene Winkel, so ist $r\,d\omega$ der in der Zeit dt durchlaufene Bogen des Kurbelkreises und somit

$$W = \frac{r\,d\omega}{dt}$$

die variable Umfangsgeschwindigkeit im Kurbelkreis. Die mittlere Umfangsgeschwindigkeit im Kurbelkreis ist

$$W_m = \frac{2r\pi \cdot n}{60} = r \cdot \frac{n}{9{,}55}.$$

Unter Winkelgeschwindigkeit versteht man die Umfangsgeschwindigkeit im Kreise vom Radius 1; diese ist daher

$$\varepsilon = \frac{d\omega}{dt},$$

$$\varepsilon_m = \frac{2\pi n}{60} = \frac{n}{9{,}55}$$

$$W_m = \varepsilon_m \cdot r.$$

Kolbengeschwindigkeit. Tabelle Nr. 4 (vgl. § 41) gibt die gebräuchlichen Werte für die mittlere Kolbengeschwindigkeit

$$c = \frac{s \cdot n}{30}.$$

Es handelt sich hier um Feststellung des Wertes, welchen die variable Kolbengeschwindigkeit V für den Kurbeldrehwinkel ω annimmt.

Der Kolbenweg für „endliche Pleuelstangenlänge", siehe Abb. 94, ist

$$X = r(1 - \cos\omega) + l(1 - \cos\alpha).$$

Da $l \sin\alpha = r \sin\omega$ oder $\sin\alpha = \frac{r}{l}\sin\omega = \lambda \sin\omega$,

wird $\cos\alpha = \sqrt{1 - \lambda^2 \cdot \sin^2\omega}$.

Durch Reihenentwicklung folgt hieraus angenähert:

$$\cos\alpha = 1 - \frac{1}{2}\lambda^2 \sin^2\omega.$$

Durch Einsetzen in den Wert für X erhält man

$$X = r(1 - \cos\omega) + \frac{l}{2} \cdot \lambda^2 \sin^2\omega.$$

Die Kolbengeschwindigkeit in dem Punkte, welcher um die Strecke X vom oberen Totpunkt entfernt ist, wird

$$V = \frac{dX}{dt} = \frac{dX}{d\omega}\,\frac{d\omega}{dt} = \frac{dX}{d\omega} \cdot \frac{W}{r}.$$

Hieraus durch Ausführung der Differentiation

$$V = \left(r \sin\omega + \frac{1}{2}\frac{r^2}{l}\, 2 \sin\omega \cos\omega\right)\frac{W}{r} = W\left(\sin\omega + \frac{1}{2}\lambda \sin 2\omega\right).$$

Für „unendliche Pleuelstangenlänge" (Kurbelschleife) ist $\lambda = 0$ und daher

$$V = W \sin\omega,$$

d. h. die Kolbengeschwindigkeit ist dann am größten in der Mitte des Hubes ($\omega = 90^0$), und zwar gleich der Umfangsgeschwindigkeit im Kurbelkreis für diesen Wert von ω; sie ist dagegen gleich Null im oberen und unteren Totpunkt.

Kolbenbeschleunigung. Darunter versteht man die Änderung der Kolbengeschwindigkeit in der Zeiteinheit. Sie ist

$$B = \frac{dV}{dt} = \frac{dW}{dt}\left(\sin\omega + \frac{\lambda}{2}\sin 2\omega\right) + \frac{W^2}{r}(\cos\omega + \lambda\cos 2\omega).$$

Hierbei ist wie in den Ausdrücken für X und V die Richtung vertikal nach unten als positiv vorausgesetzt.

Wenn die Umfangsgeschwindigkeit W im Kurbelkreis gleichförmig ist, erhält man $\frac{dW}{dt} = 0$ und somit

$$B = \frac{W^2}{r}(\cos\omega + \lambda\cos 2\omega).$$

Für „unendliche Pleuelstangenlänge" wird in diesem Fall

$$B = \frac{W^2}{r}\cos\omega,$$

d. h. es ist die Kolbenbeschleunigung am größten in den Totpunkten, und zwar $= \frac{W^2}{r}$; dagegen $= 0$ in der Mitte des Hubes.

Beschleunigung der rotierenden Massen. Die Beschleunigung des ungleichförmig rotierenden Kurbelzapfens setzt sich zusammen aus der Radialbeschleunigung $\frac{W^2}{r}$ und der Tangentialbeschleunigung $\frac{dW}{dt}$.

Die Beschleunigung des Kurbelzapfens läßt sich auch zerlegen in eine vertikale und in eine horizontale Komponente. Nach Abb. 95 ist die

$$\text{Vertikalkomponente} = \frac{dW}{dt}\sin\omega + \frac{W^2}{r}\cos\omega,$$

$$\text{die Horizontalkomponente} = \frac{dW}{dt}\cos\omega - \frac{W^2}{r}\sin\omega.$$

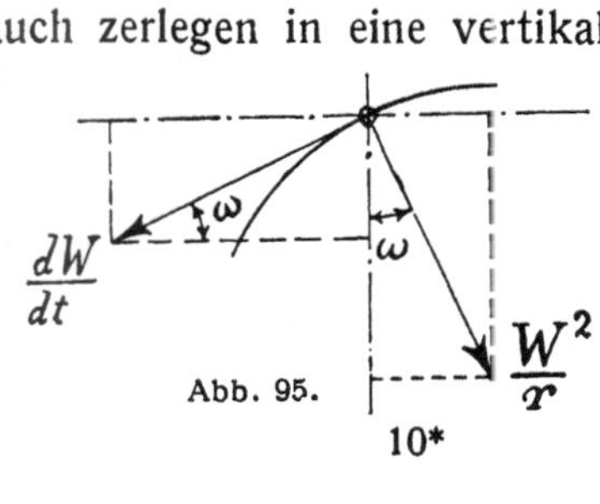

Abb. 95.

Bei gleichförmiger Rotation des Kurbelzapfens wird $\frac{dW}{dt} = 0$, da $W = \text{konst.}$ und somit die

$$\text{Vertikalkomponente} = \frac{W^2}{r} \cos \omega,$$

$$\text{die Horizontalkomponente} = -\frac{W^2}{r} \sin \omega.$$

§ 67. **Die bewegten Massen der Dampfmaschine.** Es ist zweckmäßig, die Massen in hin und her gehende oder oszillierende Massen und in rotierende Massen einzuteilen.

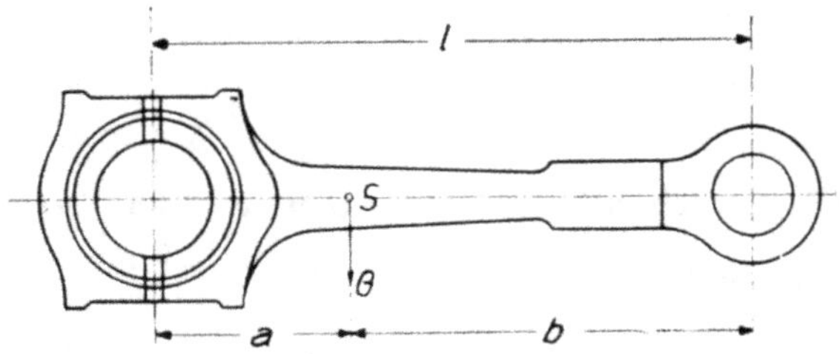

Abb. 96.

Diese Einteilung macht nur bei der Pleuelstange einige Schwierigkeiten. Bei den Schiffsmaschinen besitzt indessen die letztere meist so schwere Enden, einerseits das Kurbellager, andererseits die Kreuzkopfgabel, daß das Gewicht des Schaftes nur einen sehr geringen Teil des Gesamtgewichtes ausmacht. Man kann daher mit großer Annäherung das Kurbellager und das untere Schaftende zu den rotierenden, die Gabel und das obere Schaftende zu den oszillierenden Massen rechnen.

Meist verteilt man das Gewicht der Pleuelstange wie folgt: Sei S der Schwerpunkt der Stange (Abb. 96), dann ist

$$\text{rotierender Teil} = G \frac{b}{l},$$

$$\text{oszillierender Teil} = G \frac{a}{l}.$$

Demgemäß sei im folgenden verstanden unter oszillierenden Massen:

Kolben
Kolbenstange
Kreuzkopf
Pleuelstangengabel
Luftpumpengestänge etc.

$\Bigg\} \; M = \frac{G}{g}$

unter rotierenden Massen:

Pleuelstangenkopf und Kurbellager,
Kurbelwelle,
Wellenleitung,
Propeller usw.

In derselben Weise lassen sich die Massen der Steuerungsteile in oszillierende und rotierende einteilen; im folgenden werden dieselben, wenn nötig, in M und $\mathfrak{M}$ mit einbegriffen.

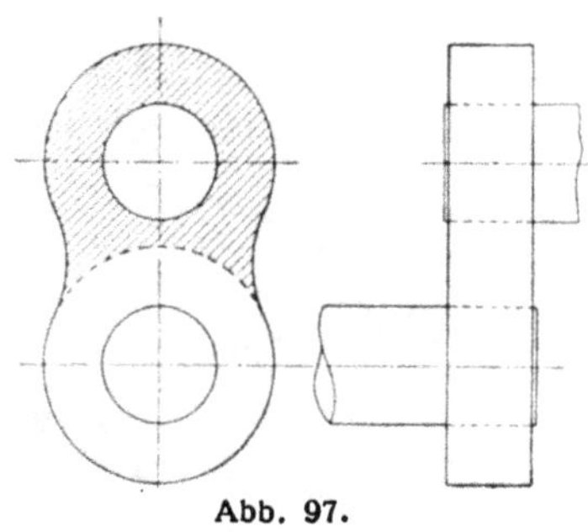
Abb. 97.

Für verschiedene Fragen, wie z. B. den Massenausgleich, spielen nur diejenigen Teile der rotierenden Massen eine Rolle, deren Schwerpunkt nicht im Wellenmittel liegt. Dieselben seien hier exzentrisch rotierende Massen genannt. Der exzentrisch rotierende Teil der Kurbelwelle z. B. besteht aus dem Kurbelzapfen und dem schraffierten Teil der Wangen (Abb. 97).

Die exzentrisch rotierenden Massen sind also:

$$\left.\begin{array}{r}\text{exzentr. rot. Teil der Kurbelwelle}\\ \text{Pleuelstangenkopf und Kurbellager}\end{array}\right\}\mathfrak{M}=\frac{\mathfrak{G}}{g}.$$

Dazu kommen noch von der Steuerung der exzentrisch rotierende Teil des Exzenters und der Exzenterbügel mit dem unteren Exzenterstangenteil.

Reduktion der Massen auf den Kurbelkreis. Der einfachen Rechnung wegen pflegt man sämtliche Massen auf den Kurbelkreis zu reduzieren.

Bei dieser Reduktion der Massen hat man sich darüber Rechenschaft zu geben, welcher Art die zu behandelnde Aufgabe ist. Die Masse, welche man sich als Ersatz einer in näherem oder weiterem Abstande von der Wellenmitte rotierenden angebracht denken muß, wird verschieden sein, je nachdem die zu behandelnde Aufgabe die Beschleunigungsdrücke oder die lebendigen Kräfte des Systems zum Gegenstand hat. Während Aufgaben letzterer Art in Anhang V behandelt werden sollen (Torsionsschwingungen usw.), handelt es sich hier nur um Aufgaben der ersten Art.

Der Beschleunigungsdruck (Zentrifugalkraft) einer gleichförmig im Abstande r vom Wellenmittel, also exzentrisch rotierenden Masse ist (siehe § 66).

$$\frac{M\,W^2}{r}=\frac{M\,r^2\,\varepsilon^2}{r}=M\,r\,\varepsilon^2,$$

rotiert dieselbe Masse im Abstande a, so ist ihr Beschleunigungsdruck

$$\frac{M\,W_1^2}{a}=\frac{M\,a^2\,\varepsilon^2}{a}=M\,a\,\varepsilon^2.$$

Die Beschleunigungsdrücke der exzentrisch rotierenden Massen verhalten sich somit wie die Abstände der Schwerpunkte vom Wellenmittel. Ebenso verhalten sich die Beschleunigungsdrücke der oszillierenden Massen wie die Radien der Kurbeln, von welchen sie bewegt werden.

Die Reduktion geschieht also hier durch Multiplikation der Masse mit dem Verhältnis des Rotationsradius ihres Schwerpunktes zum Kurbelradius.

Ebenso geschieht in diesem Fall die Reduktion der oszillierenden Massen auf den Kurbelkreis. Wird z. B. von einem Kreuzkopf (Hub s) durch einen Hebel ein Pumpengestänge (Hub s_1) angetrieben, so wird dessen Masse auf den Kurbelkreis reduziert, indem man sie mit $\frac{s_1}{s}$ multipliziert.

§ 68. **Tangentialkraft und Drehmoment der Mehrkurbelmaschine.** Man ist im allgemeinen bestrebt, das Drehmoment, welches die Gesamtheit der Kurbeln auf die Maschinenwelle ausübt, während einer Umdrehung möglichst gleichförmig zu gestalten, um dadurch die Schwankungen in der Torsionsbeanspruchung der Welle tunlichst zu verringern und den Schwingungsausschlag ev. Torsionsschwingungen möglichst klein zu halten.

Um die Bedingungen für ein gleichförmiges Drehmoment zu ermitteln, werden ausgeführte Maschinen hinsichtlich ihres Drehmomentes oder — was dasselbe ist — hinsichtlich der Umfangskraft im Kurbelkreis untersucht. Hierbei bleiben Reibungswiderstände und Ungleichförmigkeit der Umdrehung im allgemeinen unberücksichtigt, da sich sonst die Aufgabe ungemein komplizieren würde.

Graphische Untersuchung des Drehmomentes ausgeführter Maschinen. Aus den Indikatordiagrammen wird der Dampfdruck auf den Kolben (als Differenz des Druckes auf Boden und Deckel) ermittelt und auf dem Kolbenweg als Abszissenachse aufgetragen.

Zu diesem Druck wird graphisch der Beschleunigungsdruck der oszillierenden Massen des Kurbelgestänges addiert.

Die Größe desselben ist $-M \cdot B = -\frac{M W^2}{r}(\cos\omega + \lambda \cos 2\omega)$, wobei

$$M = \frac{G}{g} = \begin{array}{l}\text{der auf den Kurbelkreis}\\ \text{reduzierten Masse von}\end{array} \left\{\begin{array}{l}\text{Kolben}\\ \text{Kolbenstange}\\ \text{Kreuzkopf}\\ \text{Pleuelstangen-Oberteil}\\ \text{Luftpumpengestänge.}\end{array}\right.$$

Die Vertikalkomponente der Massendrücke der **rotierenden Teile** kommt hier nicht in Betracht, da sich dieselbe mit der horizontalen Komponente derselben zu einer radial gerichteten Kraft (Zentrifugalkraft) zusammensetzt.

Ferner ist das Gewicht[1]) der Kurbelgestänge dem Dampfdruck und Beschleunigungsdruck hinzuzufügen, und zwar mit positivem Vorzeichen beim Niedergang, mit negativem beim Aufgang der Gestänge. Dabei ist

$$(G + \mathfrak{G}) = \begin{array}{r}\text{dem auf den Kurbel-}\\ \text{kreis reduzierten Gewicht von}\end{array} \left\{\begin{array}{l}\text{Kolben}\\ \text{Kolbenstange}\\ \text{Kreuzkopf}\\ \text{Pleuelstange total}\\ \text{Luftpumpengestänge}\\ \text{exzentrischer Teil der Kurbelwelle.}\end{array}\right.$$

Die Reduktion der Gewichte auf den Kurbelkreis erfolgt wie die Reduktion der Beschleunigungsdrücke.

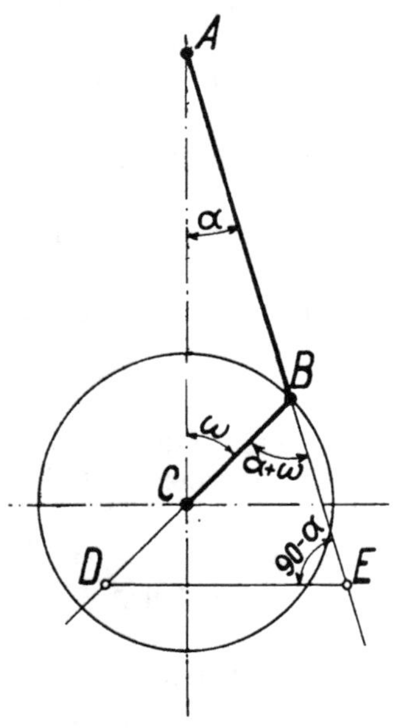

Abb. 98.

Es ist nicht üblich, Reibungswiderstand, Gewicht und Beschleunigungsdruck der Steuerungsteile bei diesen Untersuchungen in Rechnung zu ziehen, da der Einfluß derselben auf das Drehmoment der Maschine sehr gering ist.

Ist der Verlauf der Vertikalkraft P für die einzelnen Zylinder als Summe von Dampfdruck, Beschleunigungsdruck und Gewicht der Gestänge (über dem Kolbenweg als Abszissenachse) gezeichnet, so wird die Tangentialkraft im Kurbelkreis ermittelt. Diese ist (s. Abb. 94)

$$T = P\frac{\sin(\alpha + \omega)}{\cos\alpha}.$$

Graphische Ermittlung von T, wenn P für irgendeine Kurbelstellung gegeben ist (Abb. 98). Ziehe AB in Richtung der Pleuelstange, dann BC in Richtung des Radius. Trage auf der Richtung BC von B aus die Kolbenkraft P ab, so daß $P = BD$ wird. Ziehe DE senkrecht zur Mittellinie AC. Dann ist DE die gesuchte Tangentialkraft T, wie durch das Sinusgesetz leicht zu beweisen ist. Man

[1]) Streng genommen müßte der Tangentialdruck des Gewichtes $\mathfrak{G}$ von Kurbel, Pleuelstangenkopf und Kurbellager gesondert bestimmt werden, denn sowohl bei unendlicher wie bei endlicher Pleuelstangenlänge wirkt die Schwerkraftskomponente der vorgenannten exzentrisch rotierenden Teile in unveränderter Größe während einer Umdrehung am Kurbelzapfen. Der hierdurch verursachte Tangentialdruck hat in beiden Fällen genau sinusförmigen Verlauf, da derselbe nur eine Funktion des Kurbeldrehwinkels ist. Die Konstruktion der Tangentialkraft aus $(G + \mathfrak{G})$ nach Abb. 98 ergibt daher Abweichungen gegenüber den richtigen Werten, doch sind die Fehler natürlich geringfügig.

zeichnet T für jeden Zylinder einzeln über den abgewickelten Kurbelkreis (mit den Bögen $r\omega$ als Abszissen). Sodann werden die Kurven der T für die einzelnen Zylinder graphisch addiert. Die Additionskurve (s. Abb. 99) stellt den Verlauf der gesamten Tangentialkraft dar; das Produkt $T \cdot r$ ist das Gesamtdrehmoment der Maschine in jedem Augenblick.

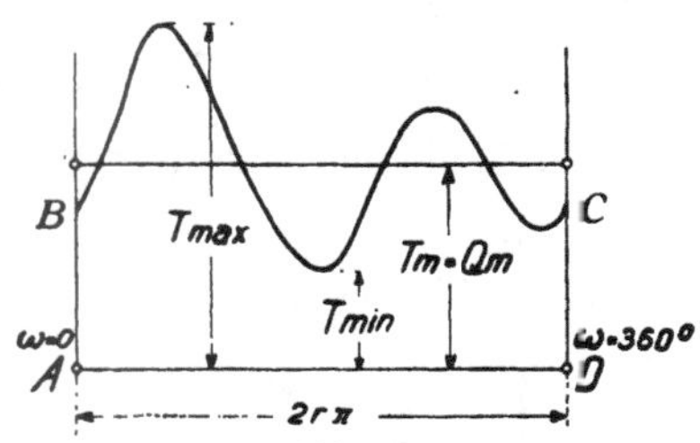

Abb. 99.

Die **Arbeit** der Drehkraft T für eine Umdrehung ist gleich dem Flächeninhalt unter der Kurve der T zwischen den Ordinaten AB und CD. Die Arbeit bei einer Umdrehung ist

$$\text{Fläche } ABCD = \int_0^{2\pi} T\,r\,d\omega = T_m \cdot 2\,r\,\pi.$$

Dabei ist T_m die mittlere Tangentialkraft im Kurbelkreis. Diese erhält man durch Planimetrieren der Fläche $ABCD$ und Division des erhaltenen Flächeninhaltes mit $2\,r\pi$.

Die Größe $T_m \cdot r$ nennt man das **mittlere Drehmoment** der Maschine; die Größen $T_{\max} \cdot r$ resp. $T_{\min} \cdot r$ das maximale resp. minimale Drehmoment. Das mittlere Drehmoment, welches sich aus der graphischen Methode ergibt, muß demjenigen gleich sein, welches sich direkt aus der Leistung (nach den genommenen Diagrammen) und Umdrehungszahl nach der bekannten Formel

$$T_m \cdot r = \frac{N_i}{n} \cdot 71620.$$

berechnen läßt. (T_m in kg, r in cm, N_i in PS_i)

Man findet in der Regel

$$\frac{T_{\max}}{T_{\min}} = 1{,}5 \text{ bis } 2{,}5,$$

$$\frac{T_{\max}}{T_m} = 1{,}1 \text{ bis } 1{,}5.$$

Die gesamte Umfangskraft dient zur Überwindung des Reibungs- und Propellerwiderstandes[1]).

Bezeichnet man den Mittelwert der Summe dieser beiden Widerstände für eine Umdrehung mit Q_m, so besteht also die Gleichung

$$T_m = Q_m.$$

Beispiel: Ermittlung des Verlaufes der Tangentialkraft einer Dreikurbelmaschine von ca. 6650 PS_i.

Zylinderdurchmesser: *HD* 1000 mm, *MD* 1630, *ND* 2590, Hub 1600, $r = 0{,}8$ m, $n = 75$ Umdrehungen per Minute.

Gesamtgewichte $G + \mathfrak{G}$ der hin und hergehenden und exzentrisch rotierenden Massen für		Gewicht G der hin und hergehenden Massen für	
	HD 11280 kg		*HD* 4280 kg
	MD 12200 „		*MD* 5200 „
	ND 13100 „		*ND* 6100 „

Mittlere Umlaufsgeschwindigkeit im Kurbelkreis

$$W_m = \frac{2\,r\,\pi \cdot n}{60} = 6{,}28 \text{ m/sek.}$$

Gegeben sind ferner die Indikatordiagramme Abb. 100.

---

[1]) Unter Propellerwiderstand ist hier und im folgenden der Widerstand zu verstehen, welchen der Propeller der Drehung entgegensetzt.

Ermittlung der Vertikalkräfte P (Abb. 101). Sämtliche Drücke und Gewichte sind in kg/qcm der Niederdruckkolbenfläche umgerechnet. CCLinie der Dampfdrücke (Differenz der Drücke auf Deckel- und Bodenseite) von der Achse AA aus abgetragen. — GGLinie der Gewichte von AA aus abgetragen.

(HD 11280 kg = 0,214 kg/qcm, bezogen auf ND-Kolbenfläche usw.)

$M'M'$ Linie der Massendrücke entsprechend $-\frac{MW^2}{r}(\cos\omega + \lambda\cos 2\omega)$ für $\lambda = \frac{r}{l} = \frac{1}{4}$, von GG aus abgetragen. Die Abszissen 0, 2, 4, 6, 8 usw. entsprechen den Kurbelwinkeln 0°, 30°, 60°, 90°, 120° usw. für endliche Pleuelstangenlänge.

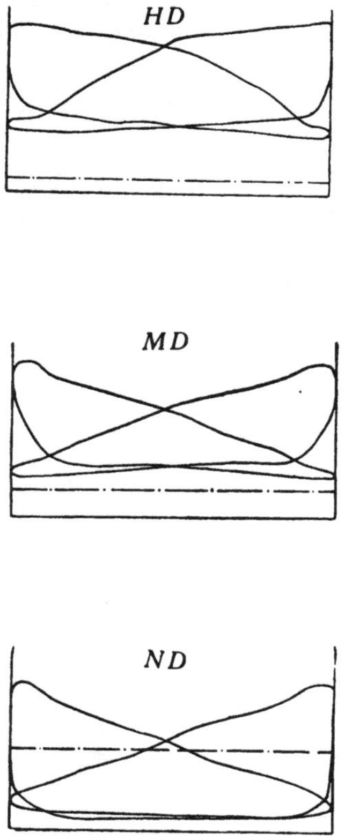

Abb. 100.

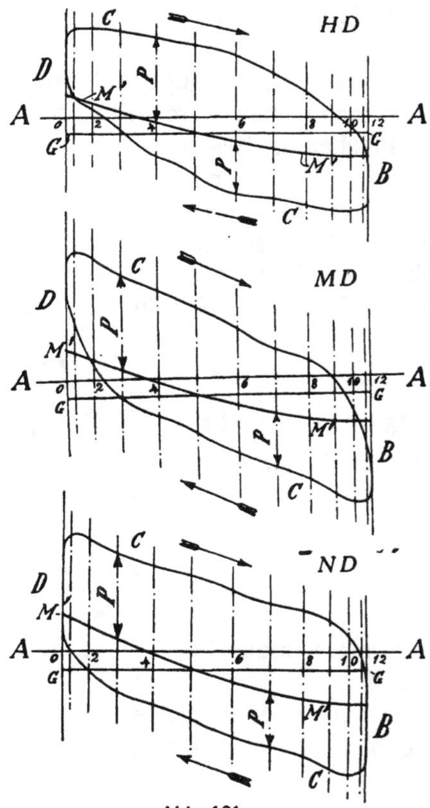

Abb. 101.

Die Ordinatenstücke zwischen den Linien CC und $M'M'$ sind die gesuchten Vertikalkräfte P.

Mittels der oben angegebenen Konstruktion (Abb. 98) findet man aus den Werten der P den Verlauf der Tangentialkräfte T für HD, MD und ND (Abb. 102).

Unter Berücksichtigung der Kurbelfolge sind diese Tangentialkräfte zur Tangentialkraftkurve (Abb. 102) zusammengetragen.

Es ergibt sich

$$\frac{T_{\max}}{T_{\min}} = 1{,}7,\ \frac{T_{\max}}{T_m} = 1{,}25,\ T_m = 79400 \text{ kg}.$$

Wir hätten T_m auch direkt aus der indizierten Leistung berechnen können:

$$T_m = \frac{N_i}{n} \cdot 71620 \cdot \frac{1}{r} = \frac{6650}{75} \cdot 71620 \cdot \frac{1}{80}, \text{ woraus}$$

$T_m = 79400$ kg wie oben.

§ 69. **Die dynamischen Vorgänge** in den Wellenleitungen der Schiffsmaschinen, welche sich aus den rhythmischen Schwankungen des Drehmomentes der Kolbenmaschine ergeben, sind eingehend untersucht worden. Da die Wiedergabe der wichtigsten einschlägigen Versuchsmethoden und Resultate hier zu weit führen würde, ist dieses Thema dem Anhang zugewiesen und finden sich dort unter Anhang V ausführlichere Auseinandersetzungen über die Ungleichförmigkeit der Umdrehungsgeschwindigkeit, Schwankungen in der Beanspruchung, Torsionsschwingungen und kritische Umdrehungszahl der Wellen.

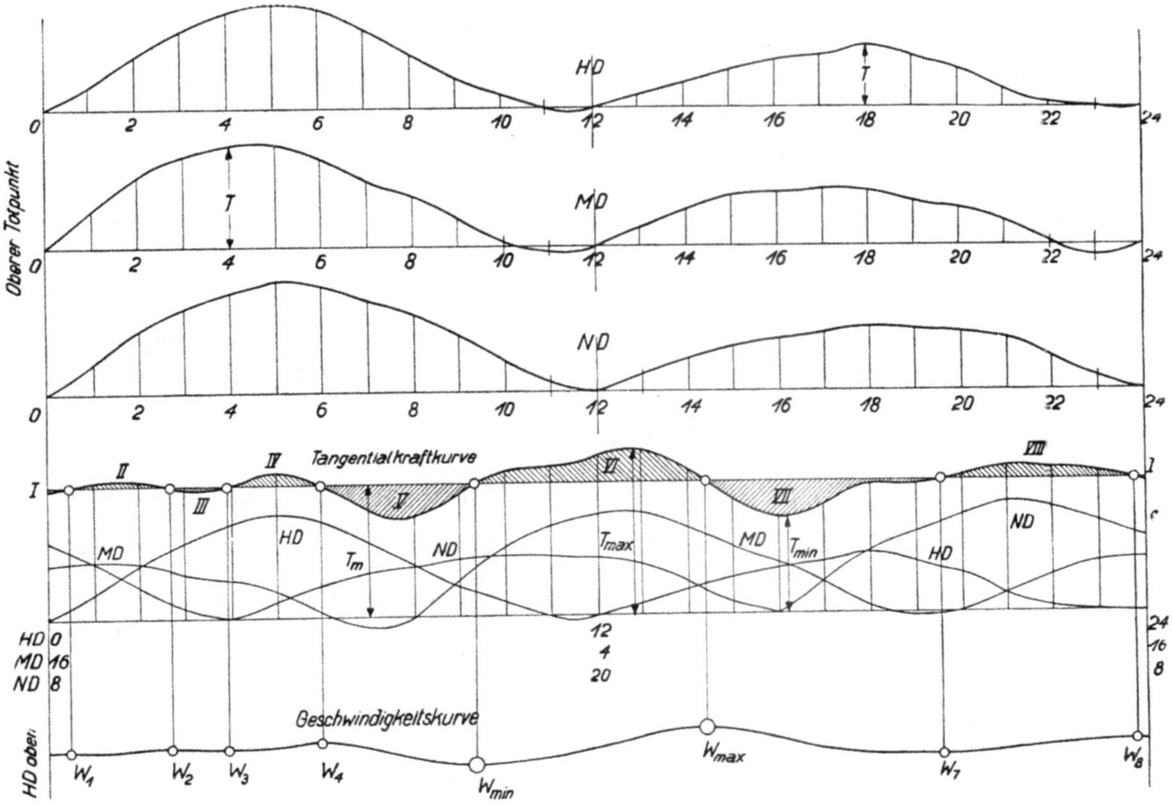

Abb. 102.

§ 70. **Massenausgleich. Einleitung**[1]). Hängt man eine Dampfmaschine mit horizontal angeordneten Zylindern auf und setzt man dieselbe in Betrieb, so bewegt sich nicht nur das Triebwerk, sondern auch die ganze Maschine in ihrer Längsrichtung

[1]) Für diejenigen Leser, welche sich seltener mit mechanischen Problemen beschäftigen, möge hier folgende Bemerkung gestattet sein: Die Massenwirkungen an den bewegten Teilen der Kolbenmaschinen sind nicht abhängig von Art und Zustand des in dieser Maschine arbeitenden Dampfes oder Gases, sondern einzig und allein von dem kinematischen Zusammenhang der Triebwerksteile, der Größe der Massen und der Umdrehungszahl (letztere selbstverständlich immer als während einer Umdrehung konstant vorausgesetzt). Die Massenwirkungen und somit also auch das Zustandekommen eines angestrebten Massenausgleiches sind, wenn nur obige Faktoren die gleichen bleiben, ganz unabhängig davon, ob eine Maschine mit Gas oder Dampf, mit hoher oder niedriger Spannung betrieben wird, bzw. welche Form das Indikatordiagramm besitzt. Dementsprechend kann natürlich auch die Anwendung höherer oder niedrigerer Kompression keinerlei Einfluß auf den Massendruck bzw. Massenausgleich ausüben; ebenso wird z. B. ein Niederdruck-Schieber, welcher mit einem Dampfentlastungskolben versehen ist, wegen dieser Maßnahme nicht einen geringeren Massendruck hervorrufen, sondern vielmehr einen entsprechend der Masse des Entlastungskolben und seiner Stange größeren.

hin und her und — wenn die Tourenzahl hoch genug ist — in vertikaler Richtung auf und nieder. Bezeichnet man mit M_1 die hin und her gehenden Massen, mit $\mathfrak{M}_1$ die exzentrisch rotierenden Massen und mit M_2 die bei festgehaltener Maschine ruhenden Massen (Gestell, Zylinder usw.), so muß, wenn mit v_1 die variable Geschwindigkeit der Massen M_1, mit $\mathfrak{v}_1$ diejenige der Massen $\mathfrak{M}_1$ in Richtung der Achse und mit v_2 die Geschwindigkeit bezeichnet wird, welche die Massen M_2 in der gleichen Richtung annehmen, für die horizontale Bewegung nach dem Fundamentalsatz der Mechanik die Gleichung bestehen:

$$M_1 \frac{d v_1}{dt} + \mathfrak{M}_1 \frac{d \mathfrak{v}_1}{d t} + M_2 \frac{d v_2}{dt} = P.$$

Da eine äußere Kraft P in horizontaler Richtung auf das System nicht wirkt (Reibung sei nicht vorhanden), wird $P = 0$ und also

$$M_2 \frac{d v_2}{dt} = -M_1 \frac{d v_1}{dt} - \mathfrak{M}_1 \frac{d \mathfrak{v}_1}{dt}.$$

Wenn man unendlich lange Pleuelstange voraussetzt, ist, wie in § 66 gezeigt,

$$\frac{d \mathfrak{v}_1}{d t} = \frac{d v_1}{d t}, \text{ somit } M_2 \frac{d v_2}{d t} = -(M_1 + \mathfrak{M}_1) \frac{d v_1}{d t}.$$

Sind also z. B. die Massen M_2 des Gestells usw. 20mal so groß wie die Summe der hin und her gehenden und exzentrisch rotierenden Teile, so erfahren die Massen M_2 eine Beschleunigung von entgegengesetzter Richtung wie die Massen M_1 und $\mathfrak{M}_1$ und nur dem zwanzigsten Teil der Größe jener Beschleunigung.

Das Produkt $M_2 \frac{d v_2}{d t}$ ist eine Kraft, welche in jedem Augenblick dem pulsierenden Massendruck $-(M_1 + \mathfrak{M}_1) \frac{d v_1}{d t}$ der hin und her gehenden Massen gleich ist. Diese Kraft ist es, welche bei der aufgehängten horizontalen Maschine deren Hin- und Herbewegung veranlaßt. Bei der vertikalen Schiffsmaschine, welche mit dem als unbeweglich anzusehenden Schiffskörper fest verschraubt ist, kann sich das Maschinengestell unter dem Einfluß dieser Kraft nicht frei in Richtung der Zylinderachse bewegen, vielmehr werden hier durch die Kraft

$$K = -(M_1 + \mathfrak{M}_1) \frac{d v_1}{d t} = -(M_1 + \mathfrak{M}_1) \frac{W^2}{r} \cdot \cos \omega,$$

d. h. also durch die vertikalen Massendrücke der bewegten Massen, die Fundamente rhythmisch beansprucht und das Schiff in elastische Schwingungen versetzt.

Zu dem gleichen Ergebnis gelangt man, wenn man bei den in § 66 angestellten Überlegungen berücksichtigt, daß die Vertikalkomponente des Druckes auf das Grundlager um die Summe der vertikalen Beschleunigungsdrücke der bewegten Massen kleiner sein muß, als der auf den Zylinder wirkende Dampfdruck, so daß also eine (bei Beginn des Kolbenhubes nach oben wirkende) innerhalb der Maschine nicht ausgeglichene Vertikalkraft übrig bleibt, welche vom Fundament aufgenommen werden muß.

Die vorstehenden Untersuchungen gelten, wie bereits erwähnt, für unendlich lange Pleuelstange. Bei Berücksichtigung der endlichen Pleuelstangenlänge ist diese Kraft

$$K = -(M_1 + \mathfrak{M}_1) \frac{W^2}{r} \cos \omega - M_1 \frac{W^2}{r} \lambda \cos 2 \omega.$$

Genau so wie die hin und her gehenden Massen in der Richtung der Zylinderachse, erzeugt die senkrecht hierzu gerichtete Komponente des Massendruckes der exzentrisch rotierenden Massen eine Kraft, welche, nach der Sinuslinie an- und abschwellend, die aufgehängte horizontale Maschine auf und nieder, die vertikale Schiffsmaschine in der Kurbelebene auf dem Fundament horizontal zu verschieben sucht. Die Größe dieser Kraft ist

$$\mathfrak{K} = \mathfrak{M} \frac{W^2}{r} \sin \omega .$$

§ 71. **Massenausgleich der Einkurbelmaschine.** Die Beschleunigungsdrücke der exzentrisch rotierenden Massen lassen sich durch ein Gegengewicht an der Kurbel ausgleichen, dessen reduziertes Gewicht gleich dem der exzentrisch rotierenden Massen ist.

Macht man dieses reduzierte Gegengewicht gleich der Summe der Gewichte der exzentrisch rotierenden und der oszillierenden Massen, so verschwinden auch noch, unendliche Pleuelstangenlänge vorausgesetzt, die vertikalen Massendrücke der letzteren. Es wird aber eine neue Horizontalkraft eingeführt, welche dem Beschleunigungsdruck der oszillierenden Massen gleich, in der Phase aber gegen den letzteren um einen rechten Winkel verschoben ist. Diese Horizontalkraft rührt davon her, daß derjenige Teil des Gegengewichtes, welcher für die oszillierenden Massen angebracht ist, seitens der exzentrisch rotierenden Massen hinsichtlich der Horizontalkomponente keinen Ausgleich findet.

§ 72. **Massenausgleich der Zweikurbelmaschine.** Für Schiffsmaschinen kommen nur solche in Betracht, deren Kurbeln um 90⁰ versetzt sind, da bei anderer Kurbelanordnung die Maschine zu schlecht anspringen würde.

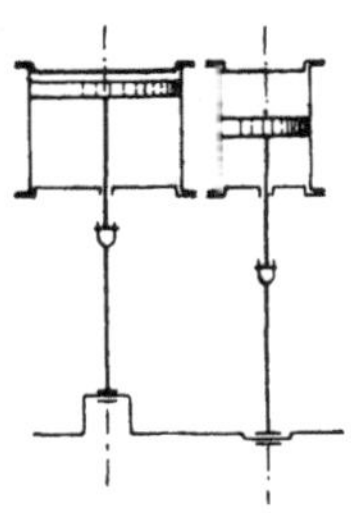

Abb. 103.

Seien M_1 und M_2 die oszillierenden, $\mathfrak{M}_1$ und $\mathfrak{M}_2$ die exzentrisch rotierenden Massen des *HD*- resp. *ND*-Zylinders, dann ist der Verlauf der vertikalen Massendrücke gegeben durch die Gleichung (Pleuelstange unendlich lang)

$$P_1 = (M_1 + \mathfrak{M}_1) \frac{W^2}{r} \cos \omega \text{ für den } HD\text{-Zylinder,}$$

$$P_2 = (M_2 + \mathfrak{M}_2) \frac{W^2}{r} \cos (\omega \pm 90) \text{ f. d. ND-Zylinder (vgl. Abb. 103)}$$

je nachdem der *ND*-Zylinder voreilt $(\omega + 90)$ oder nacheilt $(\omega - 90)$.

Der Verlauf der horizontalen Massendrücke ist gegeben durch die Gleichung

$$\mathfrak{P}_1 = \mathfrak{M}_1 \frac{W^2}{r} \sin \omega \text{ für den } HD\text{-Zylinder,}$$

$$\mathfrak{P}_2 = \mathfrak{M}_2 \frac{W^2}{r} \sin (\omega \pm 90) \text{ für den } ND\text{-Zylinder.}$$

Die vertikalen Massendrücke versuchen das Maschinengestell zu heben und zu senken mit einer Kraft $P_1 + P_2$, deren Verlauf sich durch (graphische) Addition der für jeden Winkel ω sich ergebenden Werte von P_1 und P_2 ermitteln läßt. Näheres über das diesbezügliche Verfahren siehe § 73, Dreikurbelmaschine.

Zugleich üben die Kräfte P_1 und P_2 in der vertikalen Längsebene ein Drehmoment auf das Maschinengestell aus.

Die horizontalen Massendrücke versuchen das Maschinengestell in einer horizontalen Ebene in der Richtung senkrecht zur Maschinenlängsachse mit einer Kraft $\mathfrak{P}_1 + \mathfrak{P}_2$ zu verschieben; zugleich üben sie ein Drehmoment auf dasselbe in der horizontalen Ebene aus.

Die horizontalen Massendrücke lassen sich vollständig beseitigen durch Anbringung von Gegengewichten an den Kurbeln von der Größe $\mathfrak{M}_1$ resp. $\mathfrak{M}_2$; bringt man Gegengewichte von der Größe $\mathfrak{M}_1 + M_1$ resp. $\mathfrak{M}_2 + M_2$ an, so verschwinden die vertikalen Massendrücke, es stellen sich aber horizontale Massendrücke ein, deren Größe

$$\mathfrak{P}_1' = M_1 \frac{W^2}{r} \sin(\omega + 180)$$

$$\text{resp. } \mathfrak{P}_2' = M_2 \frac{W^2}{r} \sin(\omega + 180 \pm 90)$$

beträgt.

In der Regel wird bei Schiffsmaschinen auf die Anbringung von Gegengewichten bei zweikurbeligen Maschinen verzichtet, wenn es sich um Hauptmaschinen handelt, da im allgemeinen deren Tourenzahl nicht so hoch ist, daß mit starken Beschleunigungsdrücken zu rechnen ist. Dagegen werden die Antriebsmaschinen von Hilfsmaschinen (Zentrifugalpumpen, elektrische Maschinen usw.) meistens mit Gegengewichten versehen, um denselben einen ruhigen Lauf zu sichern. Die entstehenden Horizontalkräfte werden leicht vom Fundament aufgenommen.

§ 73. **Massenausgleich der Dreikurbelmaschine.** Wie wir später sehen werden, läßt sich bei der Dreikurbelmaschine außer in einem ganz speziellen, praktisch bedeutungslosen Falle ein vollkommener Massenausgleich nicht herstellen. Dagegen ist es nicht ohne Interesse, festzustellen, von welcher Größenordnung und welcher Art der verbleibende Fehler im Massenausgleich ist, weil auf Grund dieser Kenntnis immerhin gewisse praktische Maßnahmen zur möglichsten Verringerung schädlicher Folgen dieses Mangels getroffen werden können.

Es ist bequem, die Abweichung vom ausgeglichenen Zustand zu beurteilen nach der verbleibenden Resultante der Massendrücke in vertikaler sowie (was viel weniger wichtig ist) in horizontaler Richtung und nach den verbleibenden, in der Maschinen-Längsebene wirkenden Momenten, bezogen auf die Ebene der einen bzw. andern äußersten Kurbel. Man muß sich dabei darüber klar sein, daß dieses Verfahren lediglich einen Anhaltspunkt liefert, um sich qualitativ ein Bild über die Ausbalancierung zu verschaffen. Über die absolute Größe der Einwirkung der unausgeglichenen Massendrücke auf ein so kompliziertes System, wie es ein elastischer länglicher Körper (das Schiff) ist, der im Wasser eingebettet ist, läßt sich hieraus selbstverständlich ohne weiteres nichts Bestimmtes aussagen.

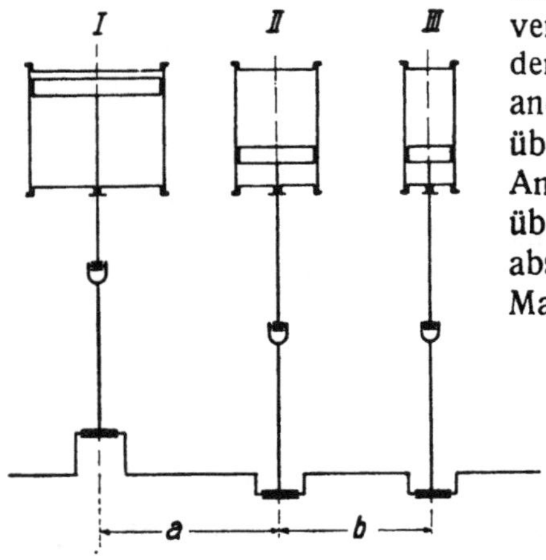

Abb. 104.

Sind a und b die Distanzen der Zylinder (Abb. 104), α und β die Winkel zwischen den Kurbeln so ist unter Vernachlässigung des Einflusses der endlichen Pleuelstangenlänge die Resultierende der vertikalen Massendrücke

$$R_1 = P_{\text{I}} + P_{\text{II}} + P_{\text{III}} = -\frac{W^2}{r}[(M_1 + \mathfrak{M}_1)\cos\omega +$$

$$+ (M_2 + \mathfrak{M}_2)\cos(\omega + \alpha) + (M_3 + \mathfrak{M}_3)\cos(\omega + \alpha + \beta)],$$

die der horizontalen Massendrücke

$$\mathfrak{R} = \mathfrak{P}_{\text{I}} + \mathfrak{P}_{\text{II}} + \mathfrak{P}_{\text{III}} = -\frac{W^2}{r}[\mathfrak{M}_1 \sin\omega + \mathfrak{M}_2 \sin(\omega + \alpha) + \mathfrak{M}_3 \sin(\omega + \alpha + \beta)]$$

das Moment der vertikalen Massendrücke, bezogen auf die Ebene der Kurbel I

$$RI_1 = P_{II} \cdot a + P_{III} \cdot (a + b) = -\frac{W^2}{r} [(M_2 + \mathfrak{M}_2)\, a \cdot \cos(\omega + \alpha) + $$
$$+ (M_3 + \mathfrak{M}_3)(a + b) \cos(\omega + \alpha + \beta)],$$

das Moment der horizontalen Massendrücke, bezogen auf die Ebene der Kurbel I

$$\mathfrak{R}\mathrm{I} = \mathfrak{P}_{II} \cdot a + \mathfrak{P}_{III} \cdot (a + b) = -\frac{W^2}{r} [\mathfrak{M}_2\, a \sin(\omega + \alpha) + \mathfrak{M}_3 (a + b) \sin(\omega + \alpha + \beta)]$$

und in gleicher Weise läßt sich das Moment der Massendrücke, bezogen auf die Ebene der Kurbel III, anschreiben.

Diese Formeln gelten für „unendlich lange Pleuelstange“; für „endliche Pleuelstangenlänge“ ist zu dem Ausdruck für R_1 ein Glied

$$R_2 = -\lambda \frac{W^2}{r} [M_1 \cos 2\omega + M_2 \cos 2(\omega + \alpha) + M_3 \cos 2(\omega + \alpha + \beta)]$$

und zu $R I_1$ ein Glied

$$R I_2 = -\lambda \frac{W^2}{r} [M_2\, a \cos 2(\omega + \alpha) + M_3 (a + b) \cos 2(\omega + \alpha + \beta)]$$

hinzuzufügen.

Über die verbleibende Resultierende und die verbleibenden Momente bzw. deren Verlauf während einer Umdrehung sucht man am besten auf graphischem Wege Aufschluß zu erhalten. Man kann dies tun, indem man mit oder ohne Berücksichtigung der Pleuelstangenlänge die Sinoiden der Massendrücke aufträgt und durch graphische Addition der Ordinaten den ebenfalls sinusförmigen Verlauf der Resultierenden bzw. der verbleibenden Momente aufsucht.

Man kann indessen auch folgende Methode anwenden:

Der momentane Wert von R_1 wird gefunden, indem man die Maximalwerte der Massendrücke

$$P_{I\,max} = \frac{W^2}{r} (M_1 + \mathfrak{M}_1), \quad P_{II\,max} = \frac{W^2}{r} (M_2 + \mathfrak{M}_2), \quad P_{III\,max} = \frac{W^2}{r} (M_3 + \mathfrak{M}_3)$$

als Strecken auf den nach den zugehörigen Kurbelstellungen gezogenen Radien *OI*, *OII*, *OIII* (vgl. Abb. 106) aufträgt, diese Strecken auf die Totpunktstellung *OT* projiziert und die Summe der so erhaltenen Projektionen bildet. Wie aus Abb. 106 ersichtlich, kann diese Summe auch dadurch direkt erhalten werden, daß man die Strecken $P_{I\,max}$, $P_{II\,max}$, $P_{III\,max}$ wie die Kräfte in einem Kräftepolygon *OABC* aneinanderreiht und die Projektion der Resultierenden *OC* auf die Richtung von *OT* bildet. Die Größe dieser Resultante und ihre Lage relativ zu den Kurbelradien bleiben dabei offenbar für jeden beliebigen Drehwinkel ω unverändert. Der Momentanwert von R_1 ist also ohne weiteres durch $OC \cos(\omega + \gamma) = R_{1\,max} \cos(\omega + \gamma)$ gegeben; trägt man denselben über dem Drehwinkel ω als Abszisse auf, so ergibt sich eine Sinuslinie, die in der Phase gegenüber der Sinuslinie für P_I um den $\measuredangle \gamma$ verschoben ist.

Für die praktische Durchführung des Verfahrens kann man natürlich statt der Maximalwerte von P_I, P_{II} und P_{III} auf den Kurbelradien Strecken auftragen, welche den Massen $M_1 + \mathfrak{M}_1$, $M_2 + \mathfrak{M}_2$, $M_3 + \mathfrak{M}_3$ proportional sind; die Schlußlinie des Polygons stellt dann ebenfalls in dem gewählten Maßstab eine Masse vor, welche noch mit $\frac{W^2}{r}$ zu multiplizieren ist, um die Resultierende R_1 der vertikalen Massendrücke zu erhalten.

In genau der gleichen Weise wie vorstehend für diese Resultierende beschrieben, lassen sich auch die Resultante der horizontalen Kräfte sowie der Momente $R l_1$ bzw. $\mathfrak{R} l$ graphisch ermitteln; in den beiden letzteren Fällen hat man dabei statt der Massen $M_1 + \mathfrak{M}_1$ usf. die Momente $(M_2 + \mathfrak{M}_2)\,a$, $(M_3 + \mathfrak{M}_3)\,(a + b)$ usw. als Strecken auf den zugehörigen Kurbelrichtungen aufzutragen.

Will man auch die Pleuelstangenfehler berücksichtigen, so kann man ein besonderes Polygon für dieselben aufzeichnen. Man hat dabei statt $M_1 + \mathfrak{M}_1$ usw. λM_1 usw. für die Aufsuchung der Resultierenden, bzw. $\lambda M_2 \cdot a$, $\lambda M_3\,(a + b)$ usw. für die Ermittlung der Momente einzusetzen und zu beachten, daß die „Pleuelstangenfehler" die doppelte Frequenz der Umdrehungszahl besitzen; die Polygonseiten sind daher nicht parallel den Kurbeln *I*, *II*, *III*, sondern um je $2 \cdot 120^0 = 240^0$ versetzten Kurbeln *I'*, *II'*, *III'* parallel zu ziehen.

Die zeichnerische Darstellung der resultierenden Massendrücke und deren Momente ist an einem Beispiel (Frachtdampfermaschine, Abb. 154 bis 156, § 87) durchgeführt. Die Gestängegewichte sind die folgenden:

$G_1 = M_1 \cdot g = 700$ kg	$\mathfrak{S}_1 = \mathfrak{M}_1 \cdot g = 495$ kg	$G_1 + \mathfrak{S}_1 = (M_1 + \mathfrak{M}_1)\,g = 1195$ kg
$G_2 = M_2 \cdot g = 425$ „	$\mathfrak{S}_2 = \mathfrak{M}_2 \cdot g = 495$ „	$G_2 + \mathfrak{S}_2 = (M_2 + \mathfrak{M}_2)\,g = 920$ „
$G_3 = M_3 \cdot g = 240$ „	$\mathfrak{S}_3 = \mathfrak{M}_3 \cdot g = 495$ „	$G_3 + \mathfrak{S}_3 = (M_3 + \mathfrak{M}_3)\,g = 735$ „

Die Anordnung der Kurbeln und Zylinder geht aus Abb. 105 hervor.

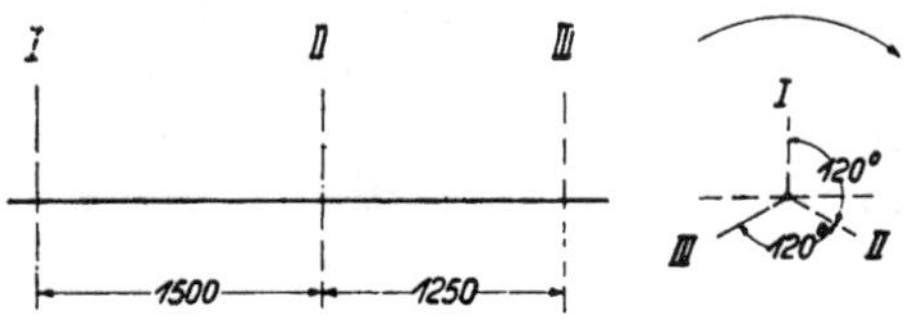

Abb. 105.

1. Ermittlung der Resultante der vertikalen Massendrücke für unendliche Pleuelstangenlänge. Hierzu siehe Abb. 106, in welcher die Resultante R_1 nicht nur durch graphische Addition aus den Sinuslinien der Massendrücke, sondern auch durch Aufzeichnung des Kräftepolygons ermittelt ist. Der Verlauf der Resultante R_1 ist in das Diagramm der Sinuslinien eingetragen.

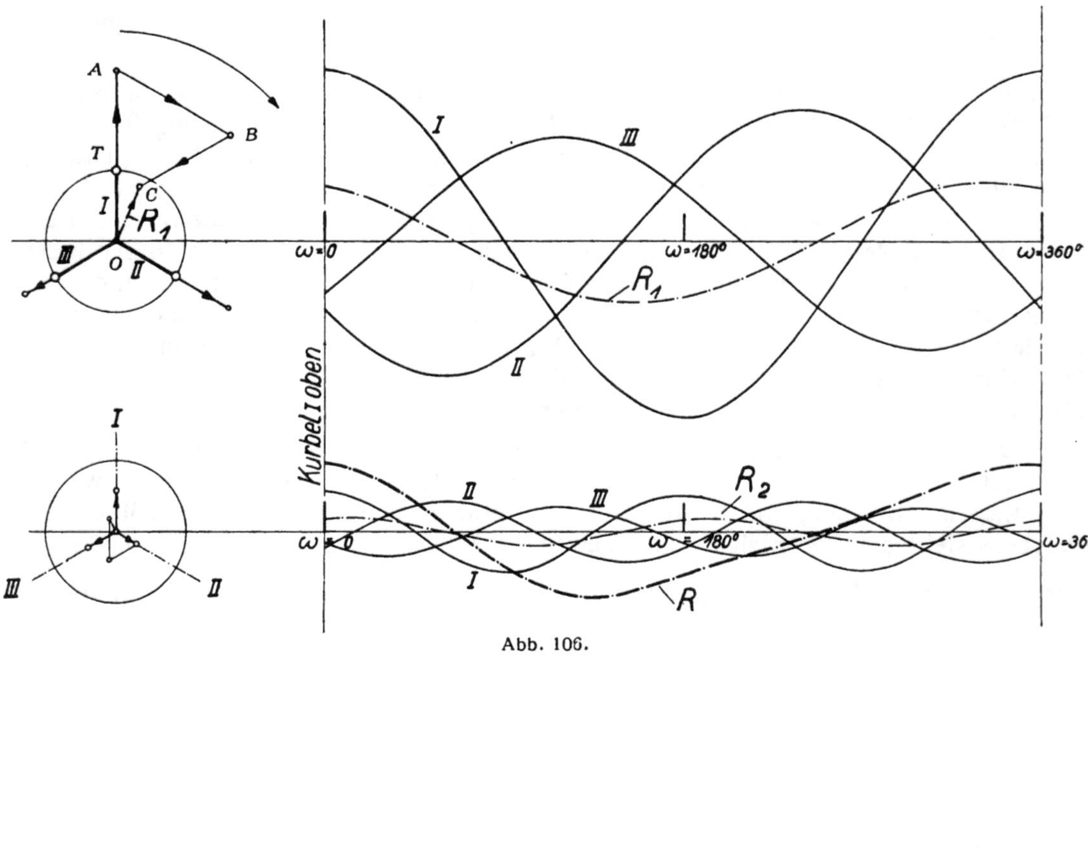

Abb. 106.

2. Ermittlung der Resultante der vertikalen Massendrücke für endliche Pleuelstangenlänge. — Der Einfluß der Pleuelstangenlänge ist in Abb. 106 getrennt behandelt, und zwar sind wieder sowohl die Sinuslinien dieser Anteile der Massendrücke als auch das zugehörige Kräftepolygon gezeichnet. Bei letzterem ist, da die Frequenz dieser Schwingungen die doppelte der Umdrehungszahl ist, zu berücksichtigen, daß der Massendruck P_{III} in die Richtung der Kurbel *II* fällt, der Massendruck P_{II} in die Richtung der Kurbel *III*. Als Resultante der „Pleuelstangenfehler" ergibt sich R_2. Die Resultante R der vertikalen Massendrücke, welche durch Addition der Resultanten R_1 und R_2 gewonnen wird, ist in Abb. 106 als starke strichpunktierte Linie eingetragen.

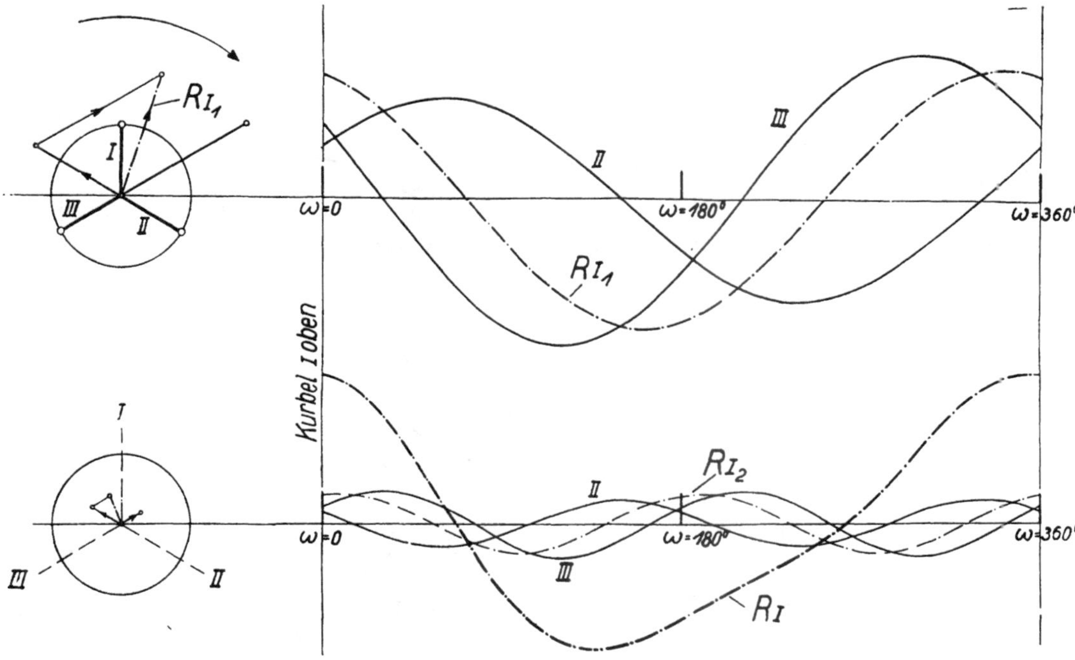

Abb. 107.

3. Ermittlung des resultierenden Moments, bezogen auf die Ebene der Kurbel *I* für unendliche Pleuelstangenlänge. Hierzu siehe Abb. 107. Das resultierende Moment RI_1 ist aus den Sinuslinien und aus dem Polygon in gleicher Weise ermittelt wie die Resultierende der Massendrücke selbst; es sind nur statt der Massendrücke deren Momente als Amplituden eingeführt.

4. Ermittlung des resultierenden Moments, bezogen auf die Ebene der Kurbel *I* für endliche Pleuelstangenlänge; hierzu siehe Abb. 107. Es ergibt sich ein resultierendes Moment RI_2 für die Momente II. Ordnung und ein resultierendes Gesamtmoment RI durch graphische Addition der Momente RI_1 und RI_2. Bei der Auftragung der Momente ist der Drehsinn derselben zu berücksichtigen. Da die Momente, bezogen auf die Ebene der Kurbel *I*, alle entgegen der Richtung des Uhrzeigers drehen (bei positivem Massendruck), sind sie hier auf der Verlängerung des Kurbelradius aufgetragen.

5. Ermittlung des resultierenden Moments, bezogen auf die Ebene der Kurbel *III* für unendliche Pleuelstangenlänge, siehe Abb. 108, welche ohne weiteres verständlich ist. Das resultierende Moment ist mit $RIII_1$ bezeichnet. Das gleiche gilt für

6. Ermittlung des resultierenden Moments, bezogen auf die Ebene der Kurbel *III* für endliche Pleuelstangenlänge. In der hierzu gehörigen Abb. 108 ist die Resultierende der Momente II. Ordnung mit $R\,III_2$, das resultierende Gesamtmoment, hier in der Richtung des Uhrzeigers drehend, mit *R III* eingezeichnet.

7. Ermittlung der Resultante der horizontalen Massendrücke; hierzu siehe Abb. 109. Durch graphische Aufzeichnung der Sinuslinien und des Polygons ergibt sich das an sich selbstverständliche Resultat, daß diese Resultante zu Null werden muß. Um konsequent zu sein, sind in dem Kräftepolygon die Massendrücke (welche nach dem

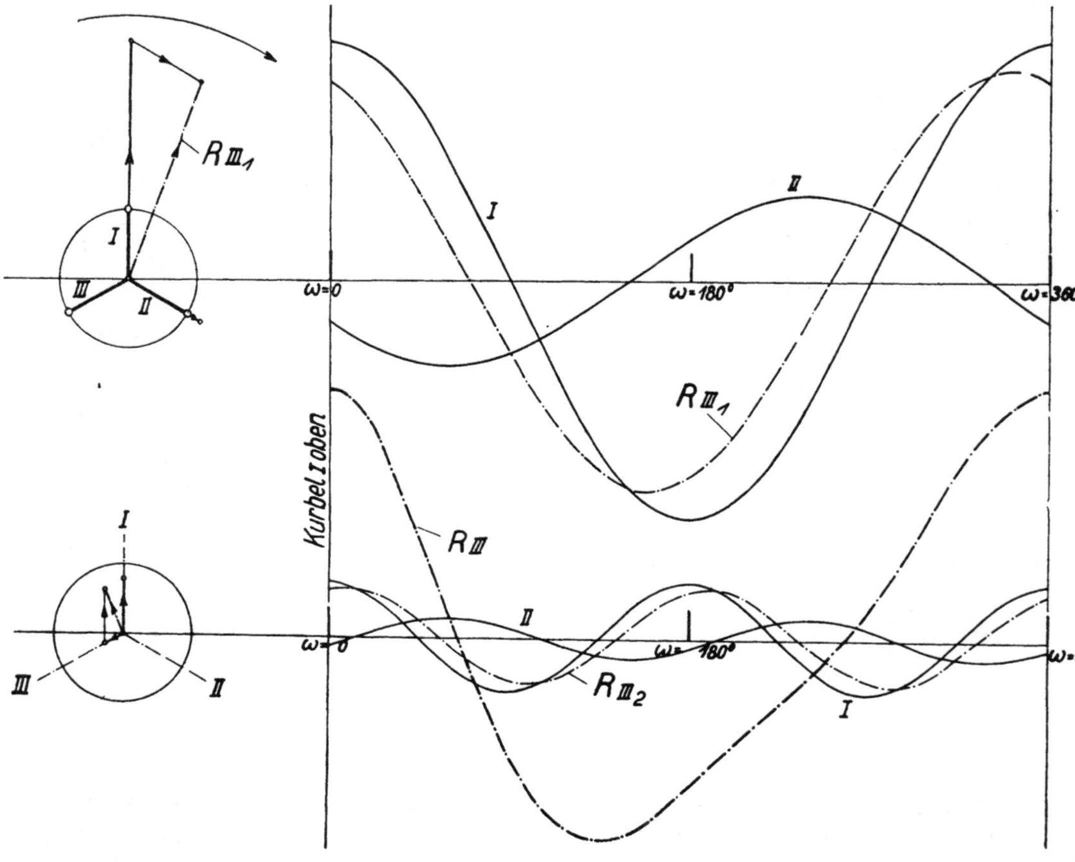

Abb. 108.

Sinus und nicht nach dem Cosinus des Drehwinkels verlaufen) um 90° gegen die Richtung der betreffenden Kurbeln versetzt eingezeichnet.

8. Ermittlung des resultierenden Moments der horizontalen Massendrücke, bezogen auf die Ebenen der Kurbeln *I* bzw. *III*. Wie früher bemerkt, müssen die Momente um beide Ebenen in diesem Falle gleich sein. Das resultierende Moment ist mit $\mathfrak{R}$I bezeichnet. Hierzu siehe Abb. 109, in welcher der Verlauf der Momente, bezogen auf die Ebene der Kurbel *I*, sowohl durch Aufzeichnung der Sinuslinien, als auch des Polygons gefunden ist.

Ermittelt man, wie vorstehend beschrieben, für verschiedene Dreikurbelmaschinen den Verlauf der Resultierenden und Momente der Massendrücke, so findet man, daß im allgemeinen Kräfte und Momente von beträchtlicher Größe verbleiben, welche geeignet sind, starke Vibrationen des Schiffes hervorzurufen, es sei denn, daß die Maschine im Verhältnis zur Größe des Schiffes schwach ist, wie dies bei langsam fahrenden Passagier- und Frachtdampfern der Fall ist. Allerdings sind dabei noch folgende Punkte zu beachten:

1. Der einzige Fall, in welchem bei der Dreikurbelmaschine völliger vertikaler Massenausgleich (unter Vernachlässigung des Einflusses der Steuerungsgestänge usw. sowie unter Annahme unendlicher Pleuelstangenlänge) möglich wäre, ist derjenige, bei welchem sämtliche Kurbeln in einer Ebene stehen, die mittlere Kurbel die doppelten Massendrücke aufweist wie die beiden äußeren und denselben gegenüber um 180° versetzt ist; außerdem muß die mittlere Kurbel in der Mitte zwischen den beiden äußeren liegen. Der Fall ist für die Praxis bedeutungslos, da eine derartige Maschine sehr schlecht anspringen und ein äußerst ungleichmäßiges Drehmoment liefern würde.

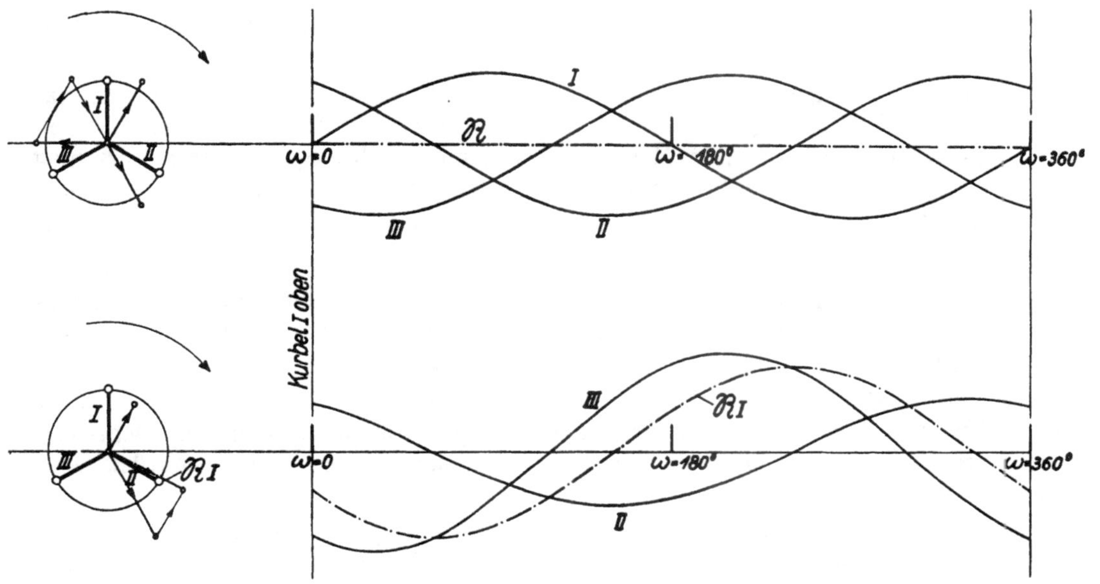

Abb. 109.

2. Man hat versucht, namentlich bei Torpedobooten (vgl. Abb. 203) die Zylinder so nahe wie möglich zusammenzudrängen und außerdem den *ND*-Zylinder in die Mitte zu nehmen, während die aus praktischen Gründen gebotene Anordnung der Kurbeln unter 120° bestehen blieb. Diese Konstruktion hat den Vorteil, daß die resultierenden Momente infolge der kurzen Distanz zwischen den Kurbeln relativ klein werden. Sie hat jedoch Unbequemlichkeiten in der Unterbringung der Schieber und Steuerungen im Gefolge, welche man nicht in Kauf zu nehmen bereit ist, außer wo die Gefahr der Schiffsschwingungen so drohend ist wie bei den Torpedobooten.

3. Eine nähere Untersuchung verschiedener Anordnungen von Dreifachexpansionsmaschinen hinsichtlich der resultierenden Massendrücke und der restierenden Momente zeigt, daß es Anordnungen gibt, bei welchen die Resultierende zwar sehr gering, die verbleibenden Momente jedoch erheblich sind. Stellt man eine derartige Maschine so auf, daß sie in einem Schwingungsbauch des Schiffes zu stehen kommt, so ist zu erwarten, daß nur in sehr geringem Maße Schiffsschwingungen hervorgerufen werden. Allerdings wird man in den wenigsten Fällen in

der Wahl des Aufstellungsortes so frei sein, daß dieser Gesichtspunkt von praktischer Bedeutung wird.

4. Wenn die Momente um beide Ebenen der äußersten Kurbeln klein werden, dann wird auch die Resultierende klein, d. h. die Maschine nähert sich dem ausgeglichenen Zustande. Es ist dies der Fall bei Maschinen, welche sich der zu 1. beschriebenen Anordnung nähern.

5. Streng genommen, kann keine Maschine hinsichtlich ihres Massenausgleiches erschöpfend beurteilt werden, ohne daß auch der Einfluß der Steuerungsgestänge, Pumpenantriebe usw. auf denselben berücksichtigt wird. Dieser Einfluß ist indessen so wenig ausschlaggebend, daß es sich nicht lohnt, bei der Dreikurbelmaschine — wo man von völligem Ausgleich an sich so weit entfernt ist — hierauf näher einzugehen. Dagegen werden bei Vierkurbelmaschinen diese Gestängemassen, um den Ausgleich vollkommen zu machen, berücksichtigt, siehe § 74 u. f.

6. Um vollständigen Ausgleich bei der Dreikurbelmaschine herbeizuführen, hat Yarrow[1]) den Vorschlag gemacht, eine vierte Kurbel anzubringen, welche keinen andern Zweck hat, als eine tote Masse auf- und niederzubewegen. Dieser Vorschlag ist nie von praktischer Bedeutung geworden, da der Übergang zur Vierkurbelmaschine den Schlickschen Massenausgleich ermöglicht hat, welcher im nachstehenden behandelt werden soll.

§ 74. **Massenausgleich bei Maschinen mit vier Kurbeln. Schlickscher Massenausgleich**[2]). Bei Maschinen mit vier Kurbeln läßt sich unter Annahme unendlich langer Pleuelstangen ein vollständiger Massenausgleich erzielen.

Maschinengestell und Maschinenfundament zusammen können als ein steifer Träger aufgefaßt werden, auf welchen in der vertikalen Längsebene die Vertikalkomponenten P, in der horizontalen Längsebene die Horizontalkomponenten $\mathfrak{P}$ der Massendrücke einwirken.

Das Maschinengestell bleibt in Ruhe, wenn es in jedem Augenblick der Umdrehung der Maschine unter dem Einfluß obiger Kräfte in freiem Gleichgewicht bleibt.

Dies tritt ein, wenn in jedem Augenblick:

1. die Resultierende der Vertikalkomponenten P und die der Horizontalkomponenten $\mathfrak{P} = 0$ ist und wenn zugleich
2. die Summe der Drehmomente der Komponenten P und die Summe der Drehmomente der Komponenten $\mathfrak{P}$, bezogen auf irgendeine Ebene senkrecht zum Wellenmittel, $= 0$ ist. Meistens bezieht man diese Momente auf eine der Ebenen der äußersten Kurbeln.

Freies Gleichgewicht des Maschinengestelles besteht auch, wenn die Summe der Drehmomente der Massendrücke, bezogen auf zwei verschiedene Ebenen, $= 0$ ist, wenn also z. B.

1. Summe der Drehmomente der P und Summe der Drehmomente der $\mathfrak{P}$, bezogen auf die Ebene der rechten äußersten Kurbel, $= 0$, und zugleich
2. Summe der Drehmomente der P und Summe der Drehmomente der $\mathfrak{P}$, bezogen auf die Ebene der linken äußersten Kurbel, $= 0$ ist.

---

[1]) Vgl. Engineering 1893/I, S. 207.

[2]) Vgl. die grundlegenden Arbeiten von Schlick, Transactions of the Institution of Naval Architects 1893 und 1894, ferner Lorenz, Die Dynamik der Kurbelgetriebe.

Diese beiden letzteren Bedingungen werden meistens als Kriterium für den Massenausgleich benutzt. Bezeichnet in Abb. 110 u. 111:

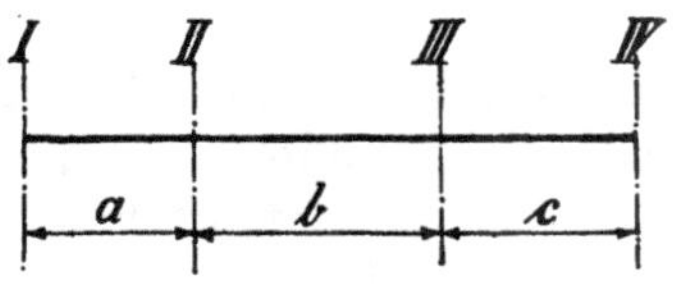

Abb. 110.

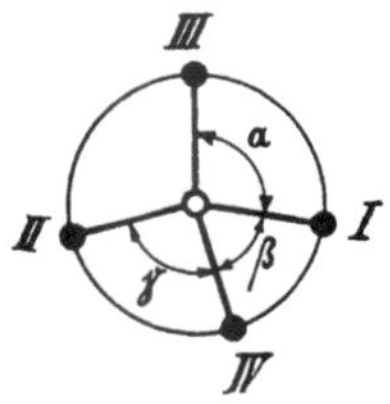

Abb. 111.

a, b, c die Distanz zwischen den vier Kurbeln, d. h. Zylindermitteln,

α, β, γ die Winkel zwischen den vier Kurbeln,

$M_1 + \mathfrak{M}_1$, $M_2 + \mathfrak{M}_2$, $M_3 + \mathfrak{M}_3$, $M_4 + \mathfrak{M}_4$ die Massen, welche für die vertikalen Beschleunigungsdrücke P in Betracht kommen,

$\mathfrak{M}_1$, $\mathfrak{M}_2$, $\mathfrak{M}_3$, $\mathfrak{M}_4$ die Massen für die horizontalen Beschleunigungsdrücke,

dann lassen sich die beiden Momentengleichungen für den vertikalen Massenausgleich schreiben:

1. $(M_2 + \mathfrak{M}_2) \cos (\omega + \alpha + \beta + \gamma) \cdot a + (M_3 + \mathfrak{M}_3) \cos \omega \cdot (a + b)$
$+ (M_4 + \mathfrak{M}_4) \cos (\omega + \alpha + \beta) \cdot (a + b + c) = 0.$

2. $(M_3 + \mathfrak{M}_3) \cos \omega \cdot c + (M_2 + \mathfrak{M}_2) \cos (\omega + \alpha + \beta + \gamma) \cdot (b + c)$
$+ (M_1 + \mathfrak{M}_1) \cos (\omega + \alpha) \cdot (a + b + c) = 0.$

Die Momentengleichungen für den horizontalen Ausgleich lauten:

3. $\mathfrak{M}_2 \sin (\omega + \alpha + \beta + \gamma) \cdot a + \mathfrak{M}_3 \sin \omega \, (a + b)$
$+ \mathfrak{M}_4 \sin (\omega + \alpha + \beta) \, (a + b + c) = 0.$

4. $\mathfrak{M}_3 \sin \omega \cdot c + \mathfrak{M}_2 \sin (\omega + \alpha + \beta + \gamma) \, (b + c)$
$+ \mathfrak{M}_1 \sin (\omega + \alpha) \, (a + b + c) = 0.$

Diese Gleichungen müssen für jeden Augenblick der Umdrehung, d. h. für jeden Wert von ω zwischen 0^0 und 360^0 erfüllt sein.

Der gemeinsame Faktor $\frac{W^2}{r}$ der Massendrücke fällt hier fort. Hieraus ist ersichtlich, daß jede ausbalancierte Maschine für jede beliebige Umfangsgeschwindigkeit im Kurbelkreis, also auch für jede Tourenzahl sowie für Vorwärts- und Rückwärtsbewegung ausbalanciert ist.

Es ist besonders hervorzuheben, daß die Erfüllung obiger Gleichgewichtsbedingungen nur dann Massenausgleich bewirkt und das Schiff vor Vibrationen bewahren kann, wenn Maschinengestell und Fundament zusammen als steifer Träger aufgefaßt werden können. Es ist daher für die Wirksamkeit des Massenausgleichs vorteilhaft, die oberen Enden der Ständer oder die Zylinder in der Längsrichtung fest miteinander zu verbinden und bei leichten Maschinen Diagonalstreben in der Längsebene anzubringen.

Wenn das Maschinengestell nicht steif genug ist, so wird dasselbe durch die Massendrücke der einzelnen Zylinder verbogen, wodurch trotz des vollständigen Massenausgleichs Vibrationen des Schiffes entstehen können.

Bei der Berechnung des Massenausgleichs für eine gegebene Maschine werden obige Gleichgewichtsbedingungen auch auf die Steuerungsgestänge ausgedehnt. Man hat demnach bei Kulissensteuerung eigentlich $4 + 8 = 12$ Kurbeln (4 Kurbeln und 8 Exzenter), deren Massendrücke im Gleichgewicht sein müssen.

In der Regel faßt man jedoch die Steuerung in eine Resultierende zusammen (s. unten). Sämtliche Steuerungsteile resp. deren Resultierende müssen vor Vereinigung mit den Kurbeln natürlich auf den Kurbelkreis reduziert werden (s. § 67).

§ 75. Bei der **praktischen Durchführung der Massenausgleichsberechnung** bedient man sich stets der bereits in § 73 beschriebenen graphischen Methode; da die resultierenden Momente entsprechend den Gleichungen (1—4) zu Null werden sollen, müssen sich die Polygone der auf den Richtungen der entsprechenden Kurbeln aufgetragenen Momente schließen (s. Abb. 112 und 113). Für die vertikalen Momente um Kurbel *I* muß also beispielsweise bei dem graphischen Aneinanderreihen der Momente $a\,(M_2 + \mathfrak{M}_2)$, $(a + b)\,(M_3 + \mathfrak{M}_3)$ und $(a + b + c)\,(M_4 + \mathfrak{M}_4)$ die letztgenannte Linie $(a + b + c) \cdot (M_4 + \mathfrak{M}_4)$ im Ausgangspunkte O endigen. Ist die zweite der vier Gleichungen § 74 erfüllt, so wird sich das Polygon aus den Größen $c\,(M_3 + \mathfrak{M}_3)$, $(b + c)\,(M_2 + \mathfrak{M}_2)$ und $(a + b + c)\,(M_1 + \mathfrak{M}_1)$ ebenfalls schließen.

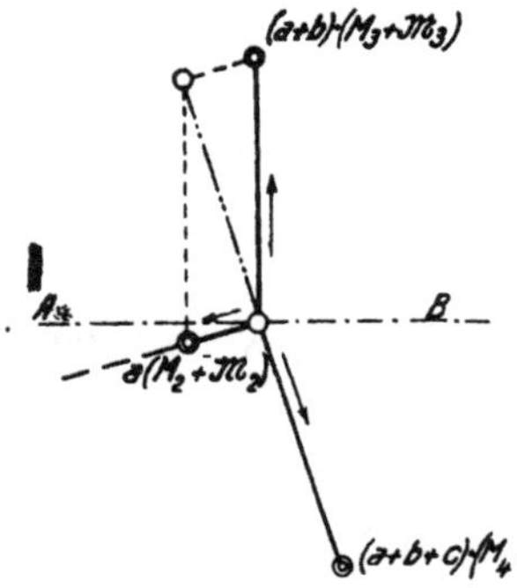

Abb. 112.

Abb. 113.

Genau dasselbe gilt für die Momentengleichungen des horizontalen Massenausgleiches. Dieselben sind für jeden Drehwinkel ω erfüllt, wenn sich das unter Berücksichtigung der Kurbelwinkel gezeichnete Polygon aus den Größen $\mathfrak{M}_2\,a$, $\mathfrak{M}_3\,(a + b)$, $\mathfrak{M}_4\,(a + b + c)$ und dasjenige aus den Größen $\mathfrak{M}_3 \cdot c$, $\mathfrak{M}_2\,(b + c)$ und $\mathfrak{M}_1\,(a + b + c)$ schließt.

Vollständiger vertikaler und horizontaler Massenausgleich ist vorhanden, wenn sich alle 4 den obigen 4 Momentengleichungen entsprechenden Polygone schließen.

Diese Momentenpolygone werden zur graphischen Ermittlung der für den Massenausgleich nötigen Kurbelstellungen und Gewichte benutzt.

Die Zylinderdistanzen *a*, *b*, *c* werden aus konstruktiven Rücksichten meist zuerst festgelegt, ebenso die vorläufigen Gestängegewichte der beiden mittleren Kurbeln, sowie der Winkel zwischen diesen.

Dann ergibt sich für vertikalen Ausgleich:

1. Stellung und Masse $M_1 + \mathfrak{M}_1$ von Kurbel *I* aus dem Polygon der Momente in bezug auf Ebene der Kurbel *IV*, entsprechend Gl. (2), § 74;

2. Stellung und Masse $M_4 + \mathfrak{M}_4$ von Kurbel *IV* aus dem Polygon der Momente in bezug auf Ebene der Kurbel *I*, entsprechend Gl. (1), § 74;

ebenso für horizontalen Ausgleich:

3. Stellung und Masse $\mathfrak{M}_1$ von Kurbel *I* aus dem Polygon, welches Gl. (4), § 74 entspricht;

4. Stellung und Masse $\mathfrak{M}_4$ von Kurbel *IV* aus dem Polygon, welches Gl. (3), § 74 entspricht.

Die sich ergebenden Kurbelstellungen und Massen müssen für vertikalen und horizontalen Ausgleich in Einklang gebracht werden (s. Beispiel § 79).

§ 76. **Berücksichtigung der Steuerung.** Wie oben bereits bemerkt, werden die Momente der Steuerungsmassendrücke graphisch zu einem resultierenden Moment in bezug auf Ebene *IV* und einem solchen in bezug auf Ebene *I* vereinigt.

Es seien *OA, OB, OC* usw. die Momente der Steuerungsmassendrücke in bezug auf Ebene *IV*, auf den Richtungen der zugehörigen Exzenter aufgetragen (Abb. 114). Diese Momente seien zu einem Momentenpolygon (Abb. 115) vereinigt. Dann ist die Strecke O_1H dasjenige Moment, welches in seiner Wirkung die der acht Momente *OA, OB* usw. ersetzt. Ebenso lassen sich die Momente der Steuerungsmassendrücke in bezug auf Ebene *I* zu einem Polygon vereinigen. Die Schlußlinie desselben gibt durch ihre Länge die Größe des resultierenden Momentes, durch ihre Richtung die Stellung der ideellen Kurbel an, welche dasselbe erzeugen würde.

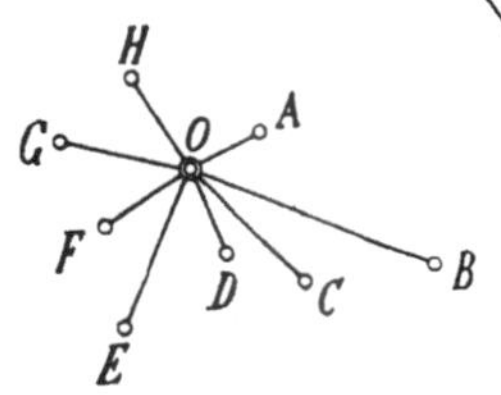

Abb. 114.

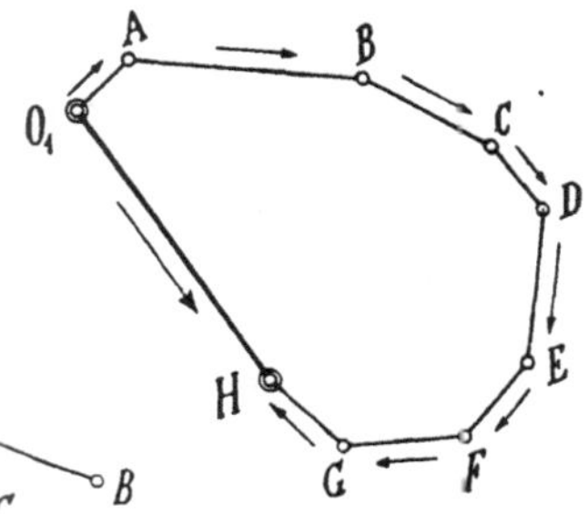

Abb. 115.

Will man nun mit Berücksichtigung der Steuerung für den vertikalen Ausgleich die Stellung und Masse von Kurbel *I* ermitteln, so hat man der Reihe nach von *C* aus (Abb. 116) die Strecken $(M_2 + \mathfrak{M}_2) \cdot (b + c)$, $(M_3 + \mathfrak{M}_3) \cdot c$ und O_1H zu einem Polygon zu vereinigen. Dabei sind zur Ermittlung von O_1H natürlich nur die Momente der vertikalen Massendrücke der Steuerungsteile verwendet. Die Schlußlinie *CH*, in Richtung des Pfeiles genommen, gibt das Massendruckmoment von Kurbel *I*, sowie deren Richtung an. Die Masse der Kurbel *I* für den vertikalen Ausgleich erhält man, indem man das Moment *CH* mit der Distanz $a + b + c$ dividiert. Ganz ebenso ermittelt man die Masse und Richtung von Kurbel *I* und *IV* für den horizontalen Ausgleich.

Massen und Richtungen der Kurbeln für den vertikalen und horizontalen Ausgleich differieren meist etwas, und es muß daher zwischen beiden Werten vermittelt werden (vgl. Beispiel II, § 80).

Dabei läßt man häufig den vertikalen Ausgleich ungestört, da dieser für die Vermeidung störender Vibrationen wesentlicher ist als der horizontale Ausgleich.

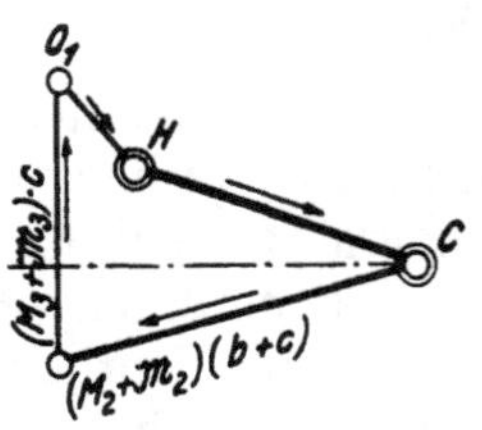

Abb. 116.

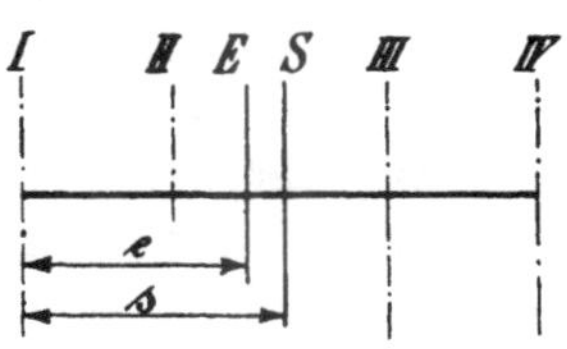

Abb. 117.

§ 77. **Bemerkungen.** 1. Liegt eine Steuerung außerhalb einer der äußersten Kurbeln, so ist ihr Massendruckmoment in bezug auf diese äußerste Kurbel in entgegengesetzter Richtung in das Momentenpolygon einzutragen, verglichen mit den Momenten der zwischen den äußersten Kurbeln liegenden Steuerungen.

2. Wird ein Steuerungsteil durch einen doppelarmigen Hebel bewegt, so sind die Massen jenseits des Hebeldrehpunktes negativ zu nehmen.

3. Werden von einem Exzenter Steuerungsteile in verschiedenen Querebenen — etwa *E* und *S* (Abb. 117) — bewegt, so müssen bei Bildung der Massendruckmomente in bezug auf Ebene *I* die Massen in *E* mit *e*, die Massen in *S* mit *s* multipliziert werden.

Für die Richtung beider Momente im Momentenpolygon ist natürlich trotzdem die Richtung des beide antreibenden Exzenters maßgebend.

4. Wenn Steuerungsteile (Schieber) oder Pumpengestänge seitlich von der Mittellängsebene angeordnet sind, verfährt man so, wie wenn diese Gestänge sich in der Mittellängsebene bewegten. Das durch solche Massen hervorgerufene geringe Moment in der Maschinen-Querebene bleibt unberücksichtigt.

§ 78. **Günstigste Anordnung der Maschine für den Massenausgleich.** Die Durchrechnung von verschiedenen Beispielen ergibt, daß der Massenausgleich sich am günstigsten gestaltet:

1. wenn die Zylinder mit den schwersten Gestängen in die Mitte gestellt werden;
2. wenn die Distanz der beiden mittleren Zylinder möglichst groß ist im Vergleich zu den Entfernungen der beiden äußeren Zylinder (Abb. 118). Als sehr günstiger Wert kann das Verhältnis $\frac{L}{l} = 1{,}8 - 2$ betrachtet werden.

Wenn diesen Gesichtspunkten nicht hinreichend Rechnung getragen wird, wie dies allerdings in der Praxis manchmal geschieht, weil man des Massenausgleiches wegen nicht auf irgendwelche Vorteile einer andern Anordnung verzichten will, so muß man die äußersten Kurbelgestänge durch Anbringung von Gegengewichten künstlich erleichtern resp. die Kurbelgestänge der mittleren Zylinder durch Anordnung besonders schwerer Kolben künstlich beschweren (vgl. Beispiel II, § 80).

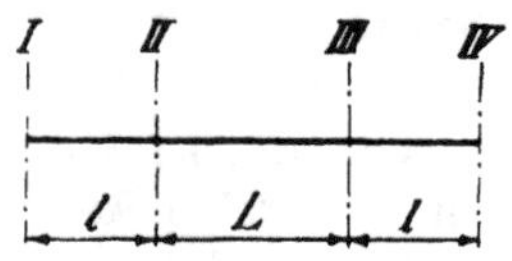

Abb. 118.

Außerdem ergeben sich bei Maschinen mit einem Verhältnis $\frac{L}{l} < \frac{4}{3}$ ziemlich kleine Winkel zwischen den beiden äußersten Kurbeln, was für das Anspringen (s. § 91) und die Gleichförmigkeit des Drehmomentes (s. § 68) meist nachteilig ist. Legt man jedoch die schweren Gestänge in die Mitte und wählt man $\frac{L}{l} \sim 2$, so erhält man sowohl günstige Kurbelwinkel (der kleinste Winkel zwischen den Kurbeln wird etwa 65° bis 70°), und man kann ohne Anwendung von toten Gewichten vollständigen Massenausgleich erzielen (vgl. Beispiel § 80).

Besonders günstig ist es für den Ausgleich bei Dreifach-Expansionsmaschinen mit 2 Niederdruckzylindern, diesen letzteren absichtlich geringere Leistung und leichteres Gestänge als den *HD*- und *MD*-Zylindern zu geben, und dann die Niederdruckzylinder außen anzuordnen (vgl. Maschinenanordnung § 90 und Anordnung mit schrägen Säulen). Eine Maschine mit vier Kurbeln, bei welcher das vordere Paar im rechten Winkel zum hinteren Paar steht, und bei welcher die Kurbeln jedes Paares einen Winkel von 180° miteinander einschließen, ergibt nahezu vollständigen Massenausgleich, wenn die Distanz der beiden Kurbelpaare im Verhältnis zur Distanz der die Paare bildenden Kurbeln sehr groß ist, und wenn die Gestängemassen der die Paare bildenden Kurbeln einander gleich sind.

Bei Maschinen mit hoher Umdrehungszahl beeinflussen die verhältnismäßig schweren und langhubigen Steuerungsteile den Massenausgleich nicht unwesentlich. Bei solchen Maschinen kann man durch Anordnung der Steuerung außerhalb der äußersten Kurbeln und richtige Wahl von innerer oder äußerer Einströmung für die Schieber den Massenausgleich günstiger gestalten.

§ 79. **Beispiel I. Nachrechnung des Massenausgleichs einer ausgeführten Torpedobootsmaschine.** Die Maschine ist mit Rücksicht auf den Massenausgleich konstruiert. Die Distanz der beiden mittleren Zylinder ist verhältnismäßig groß; die Gestänge der *ND*-Zylinder sind, der niedrigeren Leistung entsprechend, besonders leicht gehalten.

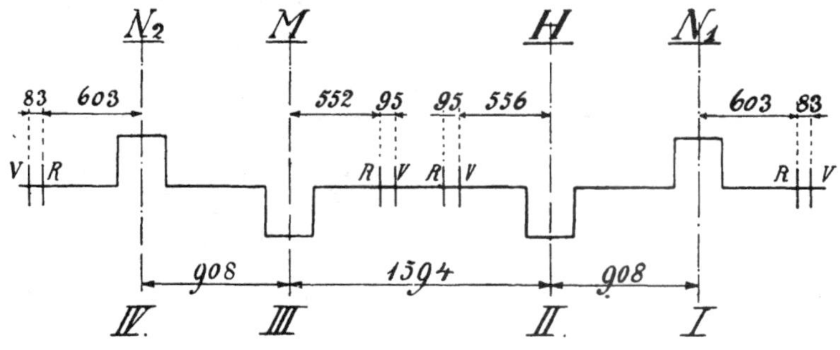

Abb. 119.

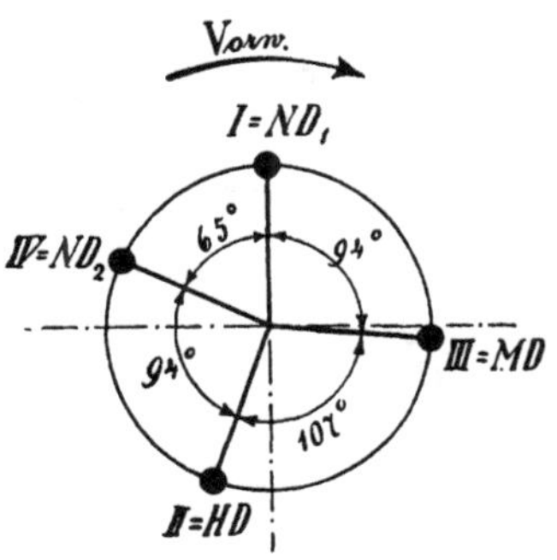

Abb. 120.

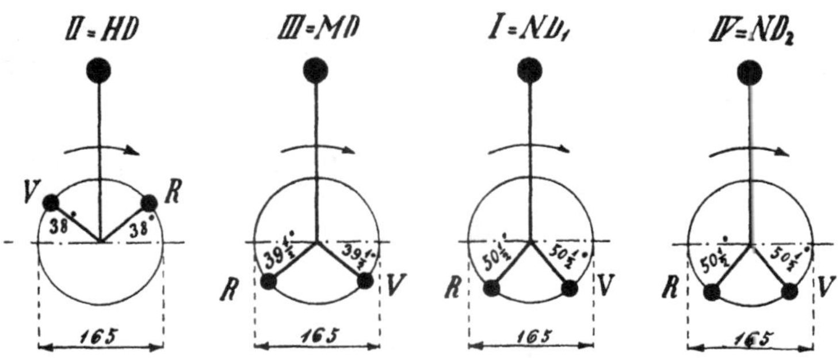

Abb. 121.

Anordnung der Maschine s. Abb. 119.
Kurbelstellung der ausgeführten Maschine s. Abb. 120.
Exzenterstellungen s. Abb. 121.

Gewichte der Kurbelgestänge:

	Gestängeteil	IV = ND_2	III = MD	II = HD	I = ND_1
Oszillierende Teile	Kolben	267	275	142	276
	Kolbenstange und Kreuzkopf	194	275	275	194
	Pleuelstange, Oberteil	83,7	134	134	83,7
	Pumpen	— 22,8	—	—	—
	Summe	521,9	684	551	544,7
Exzentrisch Rotierende Teile	Pleuelstange. Unterteil	145	190	190	145
	Kurbel-Zapfen und -Wange	354	479	479	354
	Summe	499	669	669	499
	Summe der rotierenden und der oszillierenden Teile	1021	1353	1220	1044

Gewichte der Steuerung:

	Gestängeteil	IV = MD_2		III = MD		II = HD		I = ND_1	
		V	R	V	R	V	R	V	R
Oszillierende Teile	Schieber, Schieberstange, Kulissenstein	226	—	244	—	126	—	226	—
	½ Kulisse	15,9	15,9	24,6	24,6	24,6	24,6	15,9	15,9
	2 × ½ Hängestange	10,9	—	15,5	—	15,5	—	10,9	—
	Exzenterstange, Oberteil	25	25	36,9	36,9	36,9	36,9	25	25
	Summe	277,8	40,9	321,0	61,5	203,0	61,5	277,8	40,9
Rotier. Teile	Exzenterbügel	67	63,7	90,2	87	90,2	87	67	63,7
	Exzenterstange, Unterteil	11,4	11,4	17,3	17,3	17,3	17,3	11,4	11,4
	Exzenterscheibe	62,4	57,8	83,8	78,3	83,8	78,3	62,4	57,8
	Summe	140,8	132,9	191,3	182,6	191,3	182,6	140,8	132,9
	Summe der exzentrisch rotierenden und der oszillierenden Teile	418,6	173,8	512,3	244,1	394,3	244,1	418,6	173,8

Im folgenden ist nur mit Gewichten statt mit Massendrücken gerechnet, da der Faktor $\frac{W^2}{r} \cdot \frac{1}{g}$ allen Massendrücken gemeinsam ist (s. § 74). Die Gewichte der Steuerungsteile sind zunächst nur auf den Exzenterkreis reduziert; erst die Resultierende derselben wird zwecks Vereinigung mit den Kurbeln auf den Kurbelkreis reduziert.

Wir suchen zunächst die **resultierenden Momente der Steuerungsteile**, und zwar

1. für vertikalen Ausgleich, bezogen auf Ebene I
2. » » » » » » IV
3. » horizontalen » » » » I
4. » » » » » » IV

Momente der Steuerungsteile um Ebene I.

		vertikaler Ausgleich	horizontaler Ausgleich
I	V	418,6 · (— 0,686) = — 287 mkg	140,8 · (— 0,686) = — 96,5 mkg
	R	173,8 · (— 0,603) = — 105 »	132,9 · (— 0,603) = — 80 »
II	V	394,3 · 1,464 = 577 »	191,3 · 1,464 = 280 »
	R	244,1 · 1,559 = 381 »	182,6 · 1,559 = 285 »
III	V	512,3 · 1,855 = 950 »	191,3 · 1,855 = 355 »
	R	244,1 · 1,950 = 476 »	182,6 · 1,950 = 356 »
IV	V	418,6 · 4,096 = 1716 »	140,8 · 4,096 = 577 »
	R	173,8 · 4,013 = 698 »	132,9 · 4,013 = 534 »

Momente der Steuerungsteile um Ebene IV.

		vertikaler Ausgleich	horizontaler Ausgleich
I	V	418,6 · 4,096 = 1716 mkg	140,8 · 4,096 = 577 mkg
	R	173,8 · 4,013 = 698 »	132,9 · 4,013 = 534 »
II	V	394,3 · 1,946 = 767 »	191,3 · 1,946 = 372 »
	R	244,1 · 1,851 = 452 »	182,6 · 1,851 = 338 »
III	V	512,3 · 1,555 = 795 »	191,3 · 1,555 = 297 »
	R	244,1 · 1,460 = 356 »	182,6 · 1,460 = 266 »
IV	V	418,6 · (— 0,686) = — 287 »	140,8 · (— 0,686) = — 96,5 »
	R	173,8 · (— 0,603) = — 105 »	132,9 · (— 0,603) = — 80 »

Diese Momente sind in Abb. 122 bis Abb. 125 mit Berücksichtigung der Exzenterstellungen zu Momentenpolygonen vereinigt. Die Strecken $\overline{O—IVR}$ sind die resul-

Vertikaler Ausgleich. Momente der Steuerung um Ebene I.

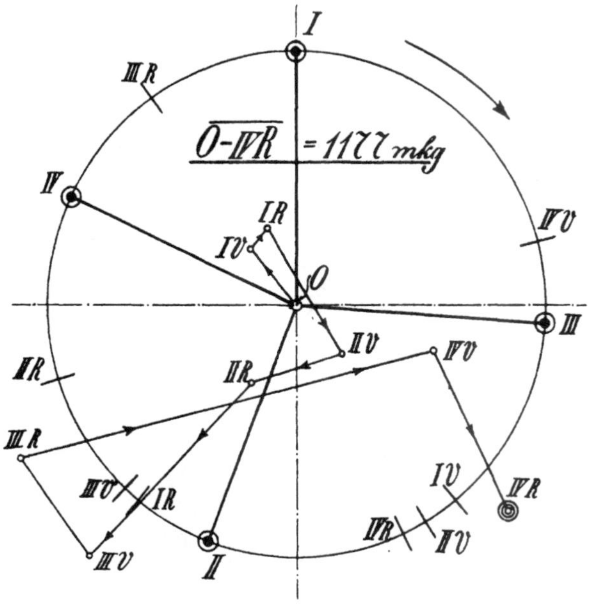

Abb. 122.

Horizontaler Ausgleich. Momente der Steuerung um Ebene I.

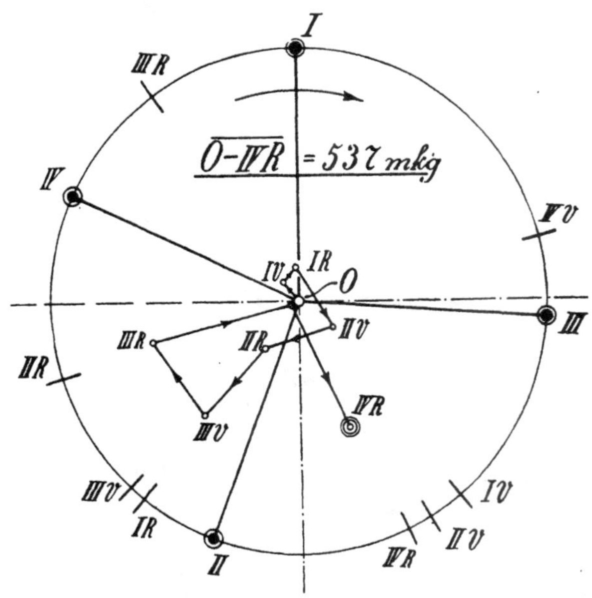

Abb. 123.

tierenden Momente in jedem Polygon, d. h. das Moment $\overline{O—IVR}$ ersetzt die Wirkung der Momente, aus denen es zusammengesetzt ist.

Wir sind jetzt in der Lage, die Momentenpolygone aus den Momenten der Kurbeln und der resultierenden Steuerungsmomente um Ebene I und IV für vertikalen

Vertikaler Ausgleich. Momente der Steuerung um Ebene IV.

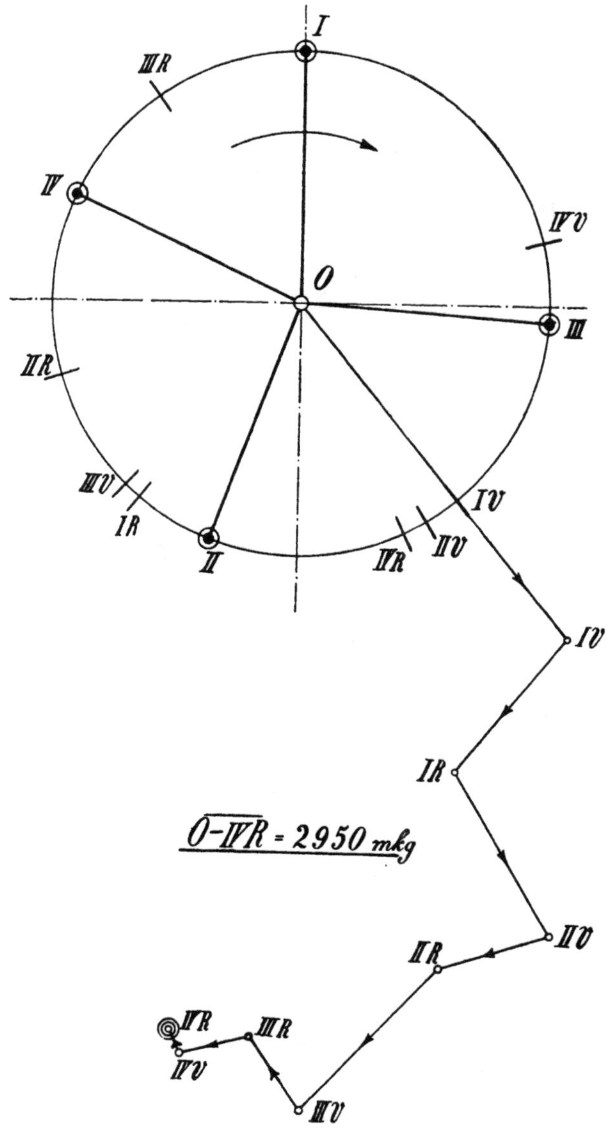

Abb. 124.

und horizontalen Ausgleich zu zeichnen. Wenn diese sich sämtlich schließen, ist der Massenausgleich der Maschine vollkommen.

Momente der Kurbelgestänge um Ebene I.

Kurbel	vertikaler Ausgleich	horizontaler Ausgleich
II	1220 · 0,908 = 1109 mkg	669 · 0,908 = 608 mkg
III	1353 · 2,502 = 3382 »	669 · 2,502 = 1675 »
IV	1021 · 3,410 = 3480 »	499 · 3,410 = 1704 »

Momente der Kurbelgestänge um Ebene IV.

Kurbel	vertikaler Ausgleich	horizontaler Ausgleich
I	1044 · 3,41 = 3560 mkg	499 · 3,41 = 1704 mkg
II	1220 · 2,502 = 3052 »	669 · 2,502 = 1675 »
III	1353 · 0,908 = 1229 »	669 · 0,908 = 608 »

1. Vertikaler Ausgleich, Momente, bezogen auf Ebene I. Abb. 126 zeigt das Polygon, in welchem die Momente der Kurbelgestänge für vertikalen Ausgleich, bezogen auf Ebene I, mit dem zugehörigen resultierenden Moment $\overline{O—IVR}$ der Steuerung vereinigt sind.

Horizontaler Ausgleich. Momente der Steuerung um Ebene IV.

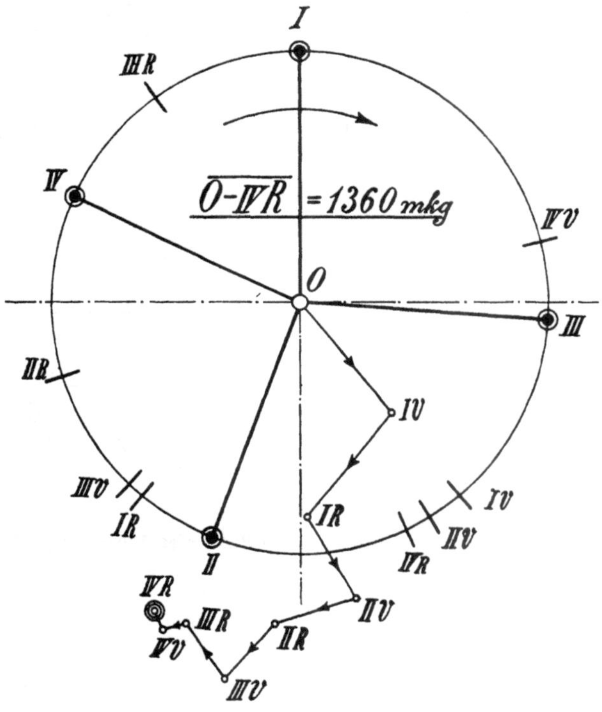

Abb. 125.

$\overline{O—IVR}$ = 1177 mkg (reduziert auf den Exzenterradius) muß im Verhältnis von Exzenterradius (82,5 mm) zu Kurbelradius (381 mm) reduziert werden, damit es mit den Momenten der Kurbeln vereinigt werden kann. Das so reduzierte Moment der Steuerung ist $\overline{IV—O}$ = 255 mkg.

Aus der Abb. 126 ist ersichtlich, daß der Momentenzug *O II III IV O* sich schließt. Die Momente der vertikalen Massendrücke in bezug auf Ebene I verschwinden also.

2. Vertikaler Ausgleich. Momente, bezogen auf Ebene IV (Abb. 127).

$\overline{O—IVR}$ = 2950 mkg, Moment der Steuerung, reduziert auf den Exzenterradius; $\overline{IIIO}$ = 640 mkg, dasselbe, reduziert auf den Kurbelkreis. Auch hier schließt sich das Momentenpolygon *O I II III O*. Es ist somit der vertikale Ausgleich vollkommen.

3. Horizontaler Ausgleich. Momente, bezogen auf Ebene I (Abb. 128).
$\overline{O-IVR} = 537$ mkg, Moment der Steuerung, reduziert auf den Exzenterradius.

Vertikaler Ausgleich. Momente um Ebene I.

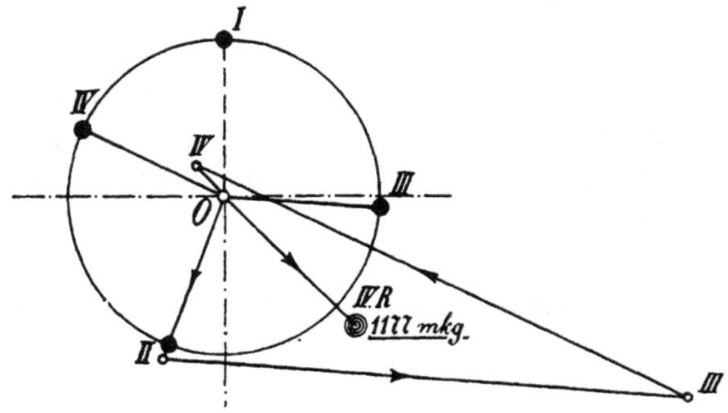

Abb. 126.

Vertikaler Ausgleich. Momente um Ebene IV.

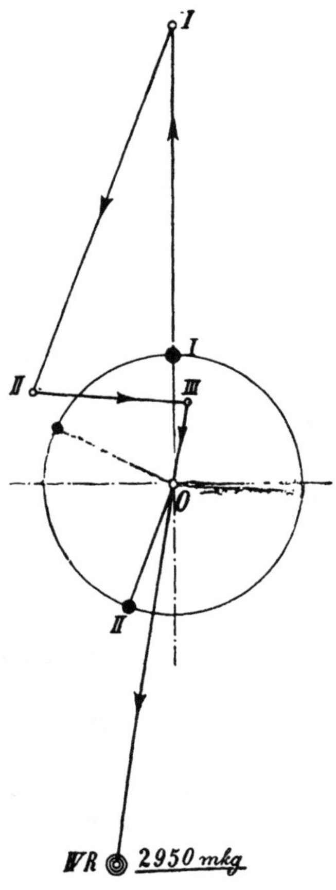

Abb. 127.

Horizontaler Ausgleich. Momente um Ebene IV.

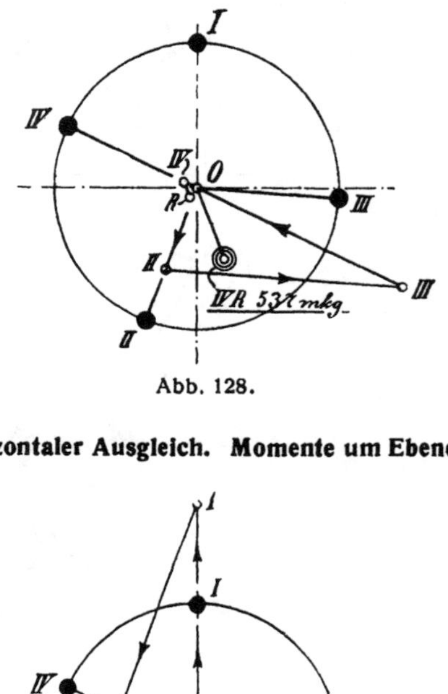

Abb. 128.

Horizontaler Ausgleich. Momente um Ebene I.

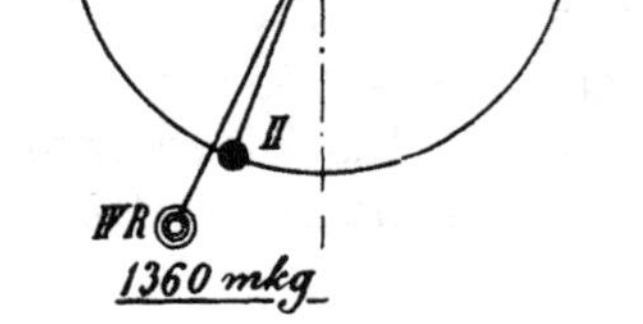

Abb. 129.

$\overline{IV-R} = 116$ mkg, dasselbe reduziert auf den Kurbelradius. Hier schließt sich der Momentenzug $O\ II\ III\ IV\ R$ nicht; es bleibt also ein Fehler im Massenausgleich $= \overline{OR} = 80$ mkg (reduziert auf den Kurbelkreis) bestehen.

4. Horizontaler Ausgleich. Momente, bezogen auf Ebene IV (Abb. 129).

$\overline{O—IVR}$ = 1360 mkg, Moment der Steuerung, reduziert auf den Exzenterkreis,

$\overline{IIIR}$ = 295 mkg, dasselbe, reduziert auf den Kurbelkreis.

Das Momentenpolygon $O\ I\ II\ III\ R$ schließt sich auch hier nicht ganz. Es bleibt ein kleiner Fehler von $\overline{OR}$ = 210 mkg bestehen.

Die Maschine hat also vollkommenen vertikalen und beinahe vollkommenen horizontalen Ausgleich. Die kleinen Fehler in letzterem sind zu vernachlässigen. Der Massenausgleich ist ohne Kolbenbelastung und Gegengewichte erzielt.

§ 80. **Beispiel II. Neuberechnung des Massenausgleiches** für die Maschine eines Schnelldampfers. Gegeben ist die Anordnung der Zylinder sowie der Steuerung. Von dieser Anordnung soll aus konstruktiven Rücksichten nicht abgegangen werden, obwohl dieselbe für den Massenausgleich sehr ungünstig ist.

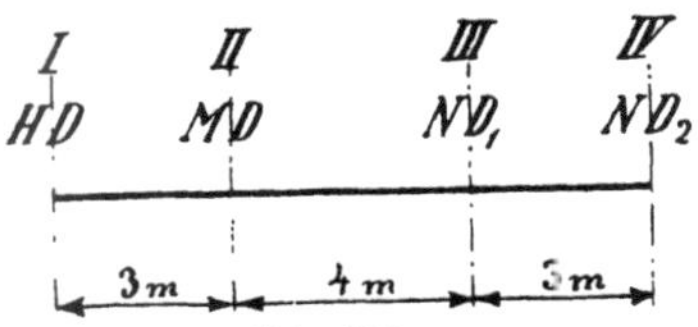

Abb. 130.

Verlangt wird seitens des Bestellers, daß die einzelnen Stücke der Kurbelwelle miteinander vertauscht werden können. Die Löcher in den Kupplungsflanschen müssen so gebohrt werden, daß die Kurbelwinkel Vielfache der Winkel sind, unter welchen die Bolzenlöcher zu einander stehen.

Zylinderanordnung s. Abb. 130.

Gewichte und Momente der Kurbelgestänge, wie sich dieselben aus rein konstruktiven Rücksichten ergeben.

	HD	*MD*	*ND_1*	*ND_2*	
Gewichte für den vertikalen Ausgleich	19,1	21,0	21,0	21,0	t
Gewichte für den horizontalen Ausgleich	11,2	11,2	11,2	11,2	t
Momente für den vertikalen Ausgleich um Ebene *I*	—	63	147	210	mt
dto. um Ebene *IV*	191	147	63	—	»
Momente für den horizontalen Ausgleich um Ebene *I*	—	33,6	78,4	112	»
dto. um Ebene *IV*	112	78,4	33,6	—	»

Wie sich aus einer vorläufigen Untersuchung ergibt, paßt für den vorliegenden Fall am besten die Kurbelstellung Abb. 131. Diese genügt auch der Bedingung der Auswechselbarkeit der Kupplungsbolzen, wenn 14 Stück in jeden Flansch gesetzt werden.

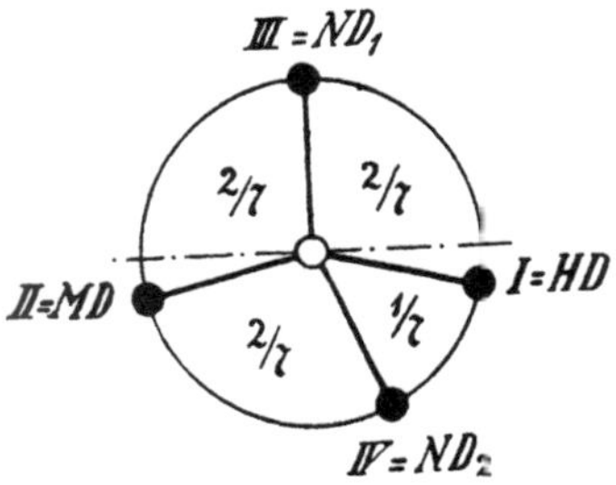

Abb. 131.

Da die Kurbelstellung also von vornherein festliegt, kann sofort die Resultierende der Steuerungsmomente ermittelt werden. Dies geschieht ganz genau in derselben Weise, wie in Beispiel I ausführlich entwickelt ist. Hier ist nur das Resultat dieser Entwicklung gegeben: die Momente der Steuerung um Ebene *I* und *IV*, für den vertikalen Ausgleich S_1^v und S_4^v sind in Abb. 132, die Momente der Steuerung um Ebene *I* und *IV* für den horizontalen Ausgleich S_1^h und S_4^h sind in Abb. 133 eingetragen.

Da die Zylinderanordnung, wie oben bemerkt, für den Massenausgleich nicht günstig ist, ist es nötig, die mittleren Kolben zu beschweren und an den äußersten Kurbeln Gegengewichte anzubringen. Die Größe dieser Gewichte ergibt sich aus Abb. 132 und 133.

1. Horizontaler Ausgleich, Ermittelung der Gegengewichte. Abb. 133. Das Moment von Kurbel I^h muß die Momente von Kurbel II^h und III^h um Ebene IV aufheben. Es ist also OI_1^h = Resultierende der Momente OII_1^h und $OIII_1^h$.

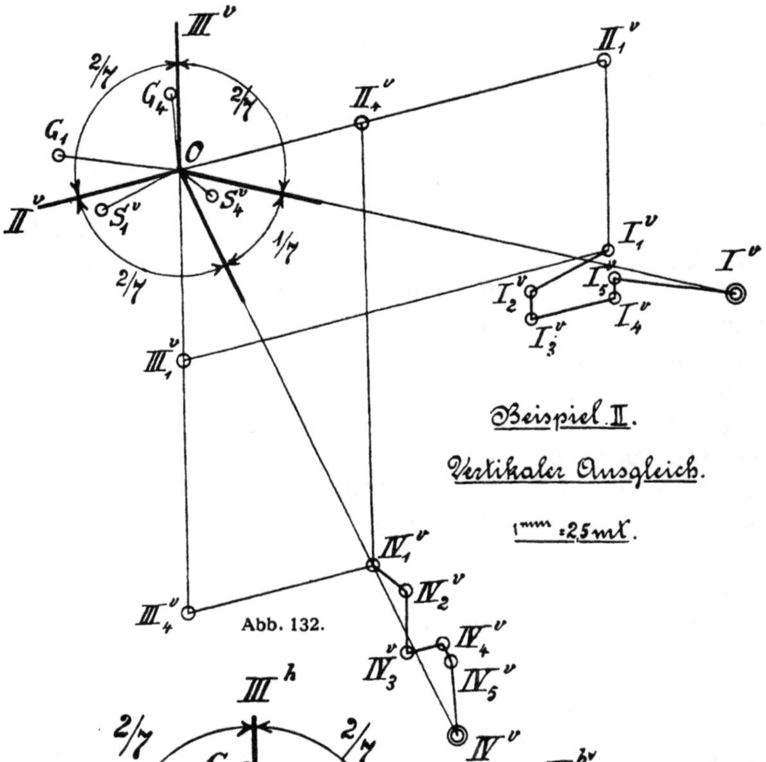

Abb. 132.

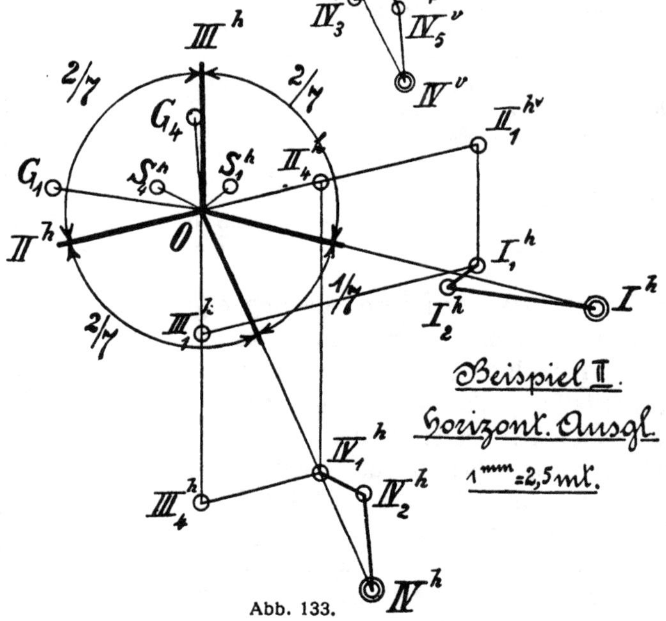

Abb. 133.

Kurbel I^h muß aber auch das Moment der Steuerung um Ebene IV aufheben. Es muß also zu der Resultierenden OI_1^h noch das resultierende Moment der Steuerungsteile für den horizontalen Ausgleich um Ebene IV, nämlich $I_1^h\, I_2^h = OS_1^h$ hinzugefügt werden. Wäre der Ausgleich erfüllt, so müßte $OI_2^h = 70$ mt das Moment der tatsächlich vorhandenen rotierenden Massen von Kurbel I um Ebene IV sein.

Aus konstruktiven Rücksichten ergibt sich aber (vgl. Gewichtstabelle) ein Moment der Kurbel I^h um Ebene IV von der Größe $OI^h = 112$ mt.

Es zeigt sich also ein Fehler im Massenausgleich von der Größe $I_2^h\, I^h$, Dieser läßt sich beseitigen durch Anbringung eines Gegengewichtes an Kurbel I von der Größe und Richtung $I^h\, I_2^h$. Das Moment dieses Gegengewichtes um Ebene IV ist $OG_1 = I^h\, I_2^h = 41$ mt; das Gewicht des Gegengewichtes somit $\frac{41}{10} = 4{,}1$ t (reduziert auf den Kurbelkreis).

Ganz ebenso findet man Größe und Richtung des Gegengewichtes an Kurbel IV:

Moment $G_4 = IV^h\, IV_2^h = 26$ mt,
Gewicht $G_4 = 2{,}6$ t.

2. Vertikaler Ausgleich; Ermittelung der Kolbenbelastung. Abb. 132.

Es ist $OI_1^v =$ Resultierende der vertikalen Momente von Kurbel II und III in bezug auf Ebene IV $(OII_1^v$ und $OIII_1^v)$; ferner $OIV_1^v =$ Resultierende der vertikalen Momente von Kurbel II und III in bezug auf Ebene I $(OII_4^v$ und $OIII_4^v)$. Kurbel I und IV muß auch die Momente der Steuerung in bezug auf Ebene IV bzw. I ausgleichen. Diese Momente sind OS_1^v und OS_4^v; dieselben werden an I_1^v und IV_1^v angefügt, so daß $OS_1^v = I_1^v\, I_2^v$ und $OS_4^v = IV_1^v\, IV_2^v$ wird.

Aus konstruktiven Gründen ergeben sich die Kurbeln OI^v und OIV^v; von diesen sind noch die Gegengewichte abzusetzen, welche der horizontale Ausgleich erfordert. Durch Anfügung der Gegengewichte an I^v bzw. IV^v erhält man die Punkte I_5^v und IV_5^v. Wenn auch der vertikale Ausgleich durch diese bereits hergestellt wäre, so müßten OI_2^v und OI_5^v bzw. OIV_2^v und OIV_5^v einander gleich sein. Dies ist nicht der Fall; da an den Gegengewichten aber nichts geändert werden darf, weil sonst der horizontale Ausgleich gestört würde, müssen die mittleren Kolben belastet werden.

Die Belastung für Kolben III wurde so groß gewählt, daß die Momente der Kolbenbelastung, bezogen auf Ebene $IV = I_2^v\, I_3^v$ und somit bezogen auf Ebene $I = IV_2^v\, IV_3^v$ werden; die Belastung von Kolben II so, daß die Momente derselben um Ebene IV bzw. $I = I_3^v\, I_4^v$ bzw. $IV_3^v\, IV_4^v$ sich ergeben.

Nach dieser Kolbenbelastung bleiben noch Fehler im vertikalen Massenausgleich bestehen, welche jedoch ohne Belang sind. Es sind dies die restierenden Momente $I_4^v\, I_5^v$ und $IV_4^v\, IV_5^v$. Diese lassen sich nicht durch Kolbenbelastung beseitigen, da durch Vergrößerung der Beschwerung des Kolbens III das Moment $IV_4^v\, IV_5^v$ zwar verkleinert, das Moment $I_4^v\, I_5^v$ jedoch vergrößert wird.

Durch geringe Abweichung von den gewählten Kurbelwinkeln und Gegengewichten ließe sich auch dieser an sich schon verschwindend kleine Fehler vollständig beseitigen.

Die Belastung von Kolben III ergibt sich zu

$$\frac{I_2^v\, I_3^v}{3} = \frac{IV_2^v\, IV_3^v}{7} = \frac{9\,\text{mt}}{3\,\text{m}} = \frac{21\,\text{mt}}{7\,\text{m}} = 3\,\text{t}.$$

Die Belastung des Kolbens II zu

$$\frac{I_3^v\, I_4^v}{7} = \frac{IV_3^v\, IV_4^v}{3} = \frac{28\,\text{mt}}{7\,\text{m}} = \frac{21\,\text{mt}}{3} = 4\,\text{t}.$$

Statt die Dampfkolben zu belasten, d. h. dicker als sonst aus Festigkeitsgründen nötig wäre, zu konstruieren, kann man natürlich auch andere Teile der Kolbengestänge schwerer machen (Fortlassung der Bohrung in den Kreuzkopfzapfen, Verdickung der Kreuzkopfgleitschuhe usw.).

§ 81. **Einfluß der Pleuelstangenlänge auf den Massenausgleich.** Die vorhergehenden Entwicklungen über den vertikalen Massenausgleich gelten für „unendlich lange Pleuelstange". In Wirklichkeit, für „endliche Pleuelstangenlänge", verlaufen jedoch die vertikalen Massendrücke nicht genau nach dem Gesetz $M\frac{W^2}{r}\cos\omega$, sondern mit großer Annäherung nach dem Gesetze $M\frac{W^2}{r}(\cos\omega+\lambda\cos 2\omega)$. Siehe S. 147.

Wenn in den Summen der Momente für den vertikalen Ausgleich (§ 74, Gl. (1) und (2)) statt $\cos\omega$, $\cos(\alpha+\omega)$ usw., überall gesetzt wird $\cos\omega+\lambda\cos 2\omega$, $\cos(\alpha+\omega)+\lambda\cos 2(\alpha+\omega)$ usw., so werden diese Summen auch bei Maschinen mit (für „unendlich lange Pleuelstange") vollständigem Ausgleich nicht mehr $=0$.

Man kann diese Summen dann schreiben: 1. Momente um Ebene I:

$$M_2 a\cos(\omega+\alpha+\beta+\gamma)+M_3(a+b)\cos\omega$$
$$+M_4(a+b+c)\cos(\omega+\alpha+\beta)+M_2 a\lambda\cos 2(\omega+\alpha+\beta+\gamma)$$
$$+M_3(a+b)\lambda\cos 2\omega+M_4(a+b+c)\lambda\cos 2(\omega+\alpha+\beta)$$

und 2. Momente um Ebene IV:

$$M_3 c\cos\omega+M_2(b+c)\cos(\omega+\alpha+\beta+\gamma)$$
$$+M_1(a+b+c)\cos(\omega+\alpha)+M_3 c\lambda\cos 2\omega$$
$$+M_2(b+c)\lambda\cos 2(\omega+\alpha+\beta+\gamma)+M_1(a+b+c)\lambda\cos 2(\omega+\alpha).$$

Bei jeder Maschine mit vollkommenem, vertikalen Massenausgleich (für unendlich lange Pleuelstange) verschwinden die ersten 3 Glieder jeder dieser Summen. Die letzten 3 Glieder jeder Summe lassen sich in je ein resultierendes Moment zusammenfassen.

Diese Momente zeigen bei jeder Umdrehung zwei Maxima und zwei Minima. Dementsprechend können sie nur Vibrationen erzeugen, deren Schwingungszahl gleich der doppelten Umdrehungszahl ist.

Bedenkliche, von diesen Momenten hervorgerufene Schiffsschwingungen sind noch nicht beobachtet worden, wenn auch die Existenz solcher Schwingungen mittels des Pallographen oftmals erwiesen worden ist.

§ 82. **Massenausgleich für endliche Pleuelstangenlänge.** Auch zur Einschränkung dieser — von der „endlichen Länge der Pleuelstange" herrührenden Vibrationen — ist von Schlick eine besondere Modifikation des Massenausgleiches angegeben worden. Es ist vorauszuschicken, daß sich mathematisch nachweisen läßt, daß erst bei einer geringsten Zahl von 5 Kurbeln ein vollständiger Ausgleich der Massendrücke, welche von der endlichen Länge der Pleuelstange allein herrühren (Glieder mit $\cos 2\omega$, $\cos 2(\omega+\alpha)$, $\cos 2(\omega+\alpha+\beta)$ usw.) erzielt werden kann. Dagegen läßt sich die Resultante dieser Massendrücke bei der unten angegebenen Methode der Ausbalancierung bei der Vierkurbelmaschine zu Nullmachen, so daß nur mehr die Momente der Glieder mit $\cos 2\omega$, $\cos 2(\omega+\alpha)$ usw. bestehen bleiben. Diese Methode ist in § 83 erläutert.

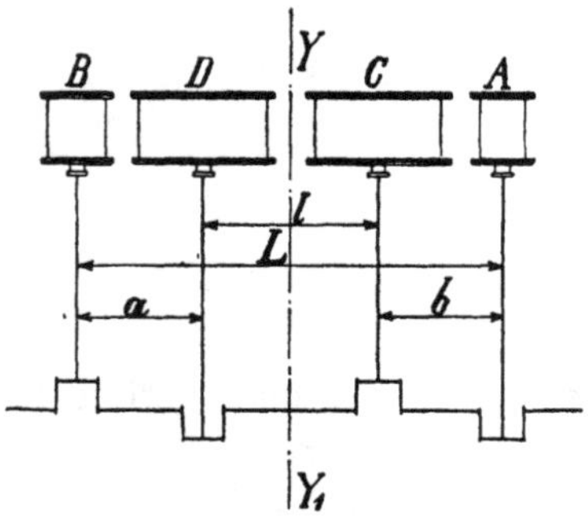

Abb. 134.

§ 83. **Ausgleich der vertikalen Kräfte bei irgendeiner Pleuelstangenlänge und Ausgleich der die Maschine kippenden Kräftepaare unter Annahme unendlich langer Pleuelstange.** Es wird immer eine symmetrische Anordnung der Zylinder zur Mittellinie YY_1 (vgl. Abb. 134) angenommen. Es ist also $a=b$. Man berechnet den Wert:

$$h=\frac{1}{4}\left(\frac{L}{l}+\frac{l}{L}\right)$$

und findet die Winkel α und γ (vgl. Abb. 135) aus den Gleichungen:

$$\cos\frac{\lambda+\alpha}{2} = \frac{1}{2} + h - \sqrt{h^2 + \frac{3}{4}}$$

$$\cos\frac{\lambda-\alpha}{2} = \frac{1}{2} - h + \sqrt{h^2 + \frac{3}{4}}.$$

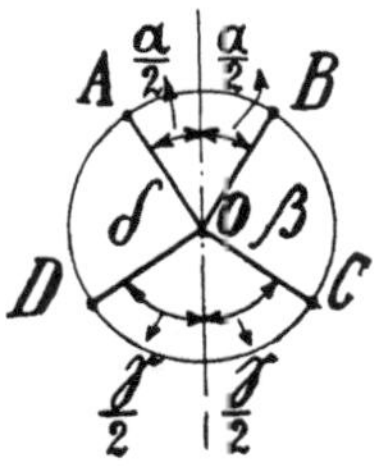

Abb. 135.

Wenn das größere Gestängegewicht der nur vertikal bewegten Massen von einem der beiden äußeren Zylinder mit G_a bezeichnet wird, berechnet sich das für den Ausgleich erforderliche Gestängegewicht G_c des inneren Zylinders aus der Gleichung:

$$\frac{G_c}{G_a} = \frac{\cos\frac{\alpha}{2}}{\cos\frac{\gamma}{2}}.$$

Diese Gewichte und die Kurbelwinkel sind ebenfalls symmetrisch anzuordnen, also $G_a = G_b$; $G_c = G_d$ und $\beta = \delta$.

Auf die vorbeschriebene Weise werden die nur vertikal bewegten Massen ausgeglichen. Die exzentrisch rotierenden Massen wären durch obige Wahl der Winkel und Zylinderabstände ebenfalls ausgeglichen, wenn ihre Gewichte in dem Verhältnis

$$\frac{G_c}{G_a} = \frac{\cos\frac{\alpha}{2}}{\cos\frac{\gamma}{2}}$$

stehen würden. Da dies meist nicht der Fall ist, so muß durch Anwendung von Gegengewichten dieses Verhältnis der exzentrisch rotierenden Massen soweit wie möglich hergestellt werden. Es ist dann der vertikale und horizontale Massenausgleich soweit wie überhaupt möglich erfüllt, und zwar sind dann ausgeglichen:

1. Die vertikale Resultante der Massendrücke der oszillierenden Massen für endliche und unendliche Pleuelstangenlänge.
2. Die Massendrücke der exzentrisch rotierenden Massen und deren Momente.
3. Die Momente der vertikalen Massendrücke in der Maschinenlängsebene für unendliche Pleuelstangenlänge.

Dagegen bleibt bestehen:

Das Moment der sog. Pleuelstangenfehler in der Maschinenlängsebene, d. h. der Glieder mit $\cos 2\omega$, $\cos 2(\omega + \alpha)$, $\cos 2(\omega + \alpha + \beta)$ usw. in § 73, welches von der endlichen Pleuelstangenlänge herrührt. Dieses Moment läßt sich auch bei der Vierkurbelmaschine nicht beseitigen, sondern erst bei der entsprechend angeordneten Maschine mit mehr als vier Kurbeln.

Dritter Teil.
Die Konstruktion der Kolbendampfmaschine.

I. Abschnitt.
Der Aufbau der Hauptmaschine.

§ 84. **Vorbemerkung.** Bevor in die Besprechung der einzelnen Maschinenteile eingetreten wird, soll im folgenden der Aufbau der wichtigsten Schiffskolbenmaschinentypen an Hand von bewährten Ausführungen erläutert werden. Es läßt sich zwar nicht vermeiden, hierbei bereits Details zu erwähnen, welche für den Aufbau besonders charakteristisch sind; doch erschien es zweckmäßiger, diesen Nachteil in Kauf zu nehmen, als die Beschreibung des Gesamtaufbaues der Maschine erst später zu bringen.

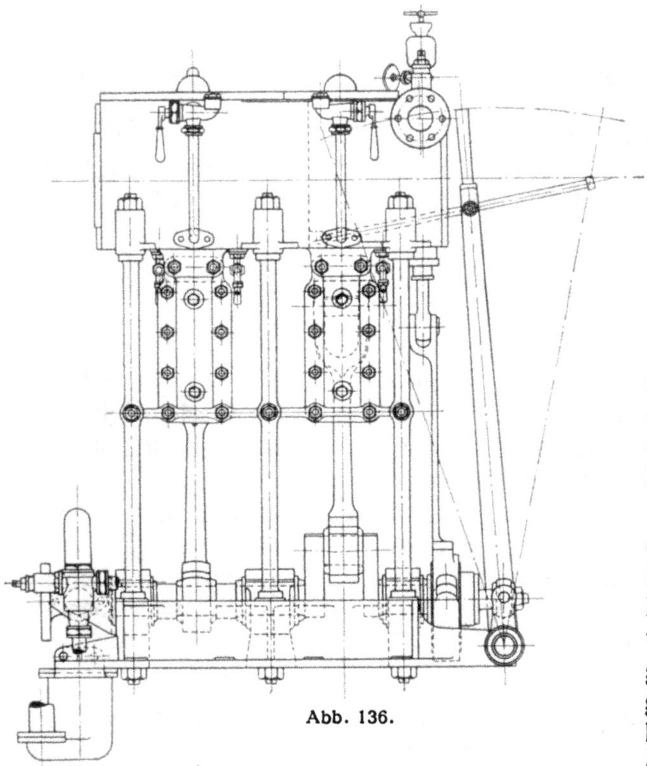

Abb. 136.

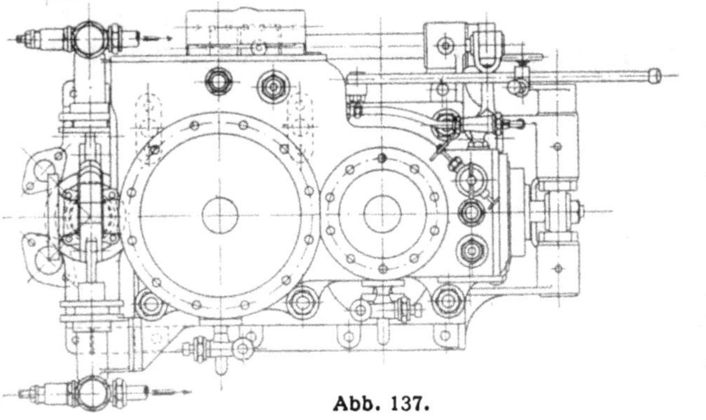

Abb. 137.

Der Einbau der Maschine in das Schiff und die Disposition der Maschinenräume soll dagegen erst in einem späteren Bande behandelt werden.

§ 85. **Zwillingsmaschinen** (statt der Compoundmaschinen manchmal noch heute für kleine, sehr leichte Boote, z. B. Beiboote, verwendet) haben zwei zusammengegossene oder fest zusammengeschraubte Zylinder. Zwei Kurbeln unter 90°. Umsteuerung oft durch verschiebbares Exzenter siehe § 183 E. 395.

§ 86. **Compoundmaschinen,** jetzt nur noch für kleine Frachtdampfer, kleine Passagierdampfer für Flußverkehr usw. mit Maschinen von 30 bis 500 PSi, manchmal bis 1500 PSi verwendet. Diese Maschinen werden heute fast stets nur mit einem *HD*- und einem *ND*-Zylinder, und zwar mit zwei Kurbeln unter 90° ausgeführt.

Früher verwandte man Compoundmaschinen mit mehr als zwei Zylindern in den verschiedensten Anordnungen; für große Leistungen häufig mit einem *HD*- und zwei *ND*-Zylindern und drei Kurbeln unter 120°. (Die alten Schnelldampfer Ems und Elbe mit Maschinen bis 6000 PSi, vgl. Tabelle Nr. 9).

1. Abb. 136, 137, 138, 139 zeigen die Maschine eines Beibootes, erbaut im Jahre 1897. Indizierte Leistung ca. 50 PSi, minutliche Umdrehungszahl 300, *HD*-Zylinderdurchmesser 160 mm, *ND*-Zylinder 300 mm, Hub 200 mm, Kesselüberdruck 10 at. Die Umsteuerung wird mittels Handhebels durch ein verschiebbares Exzenter

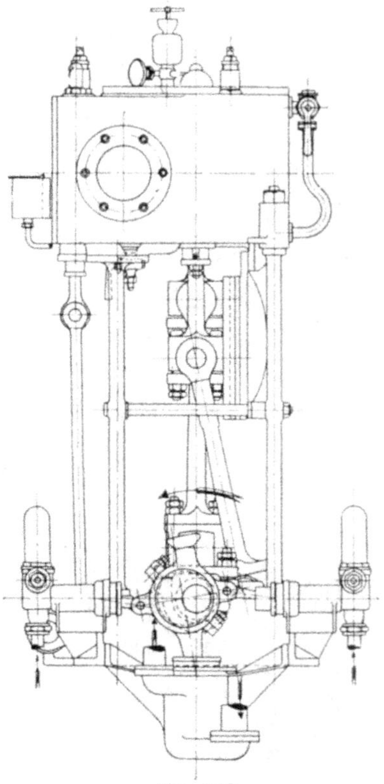

Abb. 138.

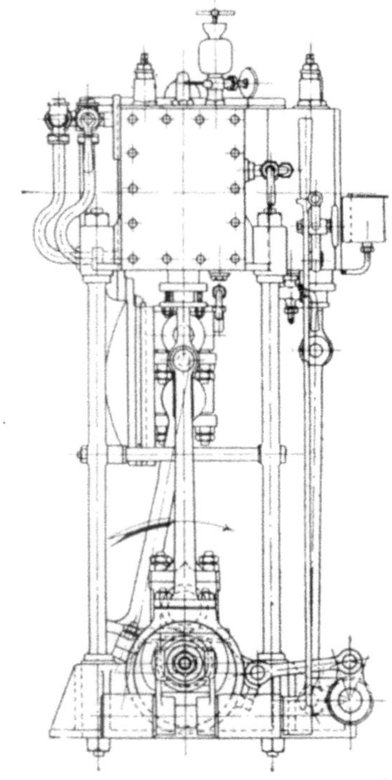

Abb. 139.

für beide Zylinder bewirkt; dasselbe bewegt den *HD*-Schieber direkt, den *ND*-Schieber durch Vermittlung einer horizontalen Steuerwelle, welche von einer am Exzenterbügel angebrachten Warze aus durch Zugstange und Hebel bewegt wird (vgl. § 183). Luftpumpe, Lenz- und Speisepumpe sind durch ein Exzenter angetrieben.

2. Abb. 140, 141, 142. Maschine eines Fluß-Fährdampfers, erbaut im Jahre 1910. Zylinderdurchmesser: *HD* 210, *ND* 370, Hub 300 mm. Die Maschine leistet bei 180 Umdr. pro Min. und 12 at. Kesselüberdruck 90 PS_i. Steuerung System Klug, Umsteuerung durch einen Hebel von Hand. Da die Fähre in Süßwasser verkehrt, konnte Einspritzkondensation vorgesehen werden.

3. Abb. 143 und 144 veranschaulichen die ziemlich schwer gebaute Maschine eines Dampfprahms für Flußverkehr, erbaut im Jahre 1895. Leistung ca. 200 PSi, Umdrehungszahl 130 pro Minute, *HD*-Zylinderdurchmesser 380, *ND*-Zylinderdurchmesser 680, Hub 500 mm, Kesselüberdruck 8 at. Die Maschine steht auf der Gleitbahnseite auf gußeisernen Ständern, welche mit dem Kondensator aus einem Stück

gegossen sind, vorn auf stählernen Säulen. Die Umsteuerung wird durch Stephensonsche Kulisse bewirkt, die Umsteuerwelle mittels Spindel und Handrad gedreht. Luftpumpe, Lenz- und Speisepumpe werden durch einen Balancier vom *ND*-Kreuzkopf angetrieben.

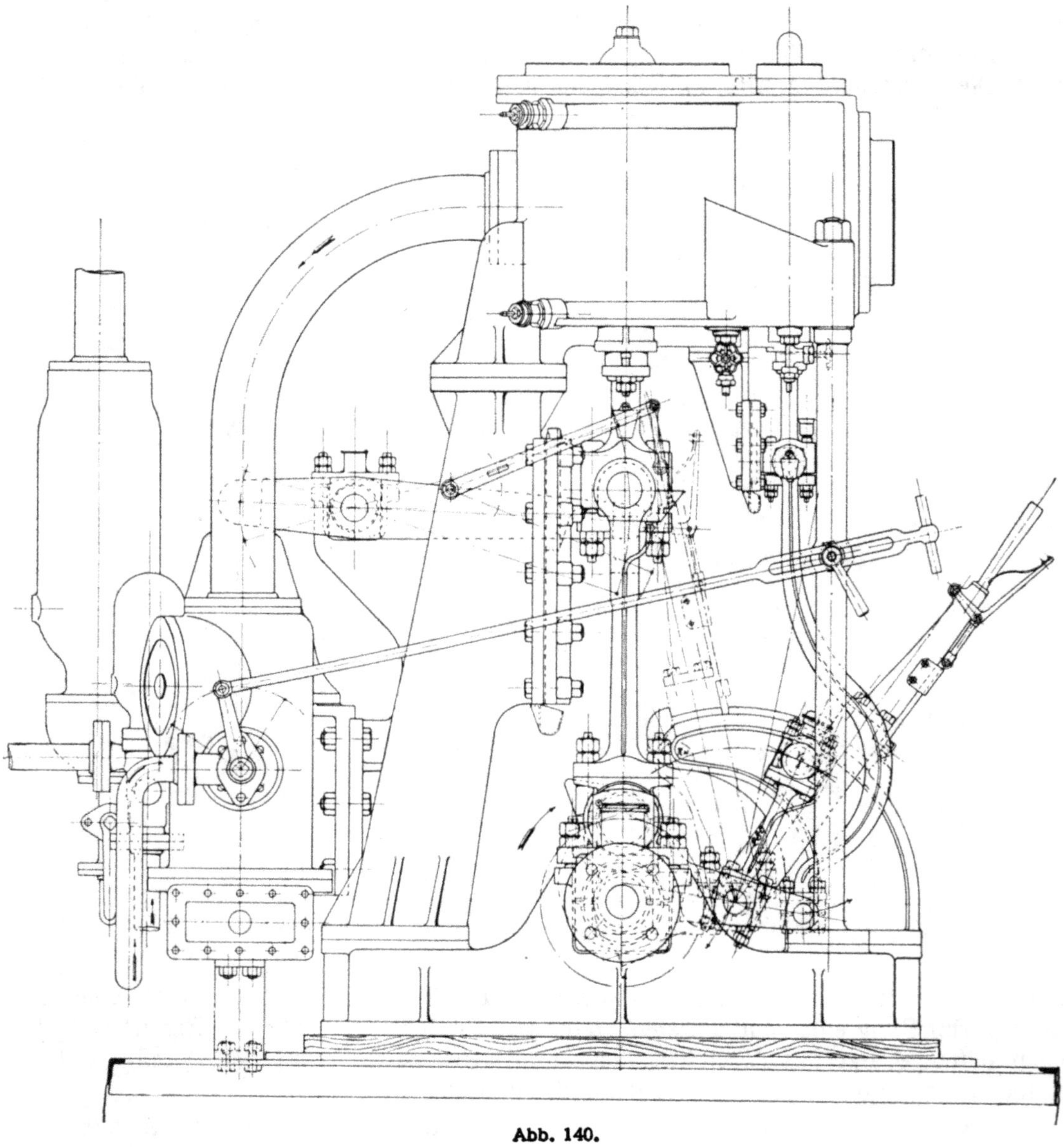

Abb. 140.

§ 87. **Dreifachexpansionsmaschinen werden** für alle Arten von Schiffsmaschinen von mehr als etwa 300 PSi weitaus **am meisten** verwendet.

Am häufigsten findet man dieselben:

a) Als Dreikurbelmaschinen mit je einem *HD*-, einem *MD*- und einem *ND*-Zylinder, mit Kurbeln unter 120°. Diese Anordnung fand früher für alle Arten von Frachtdampfern, Passagierdampfern und Kriegsschiffen sowie für Torpedoboote Verwendung, bis die zunehmenden Leistungen und das Bedürfnis des Massenausgleiches

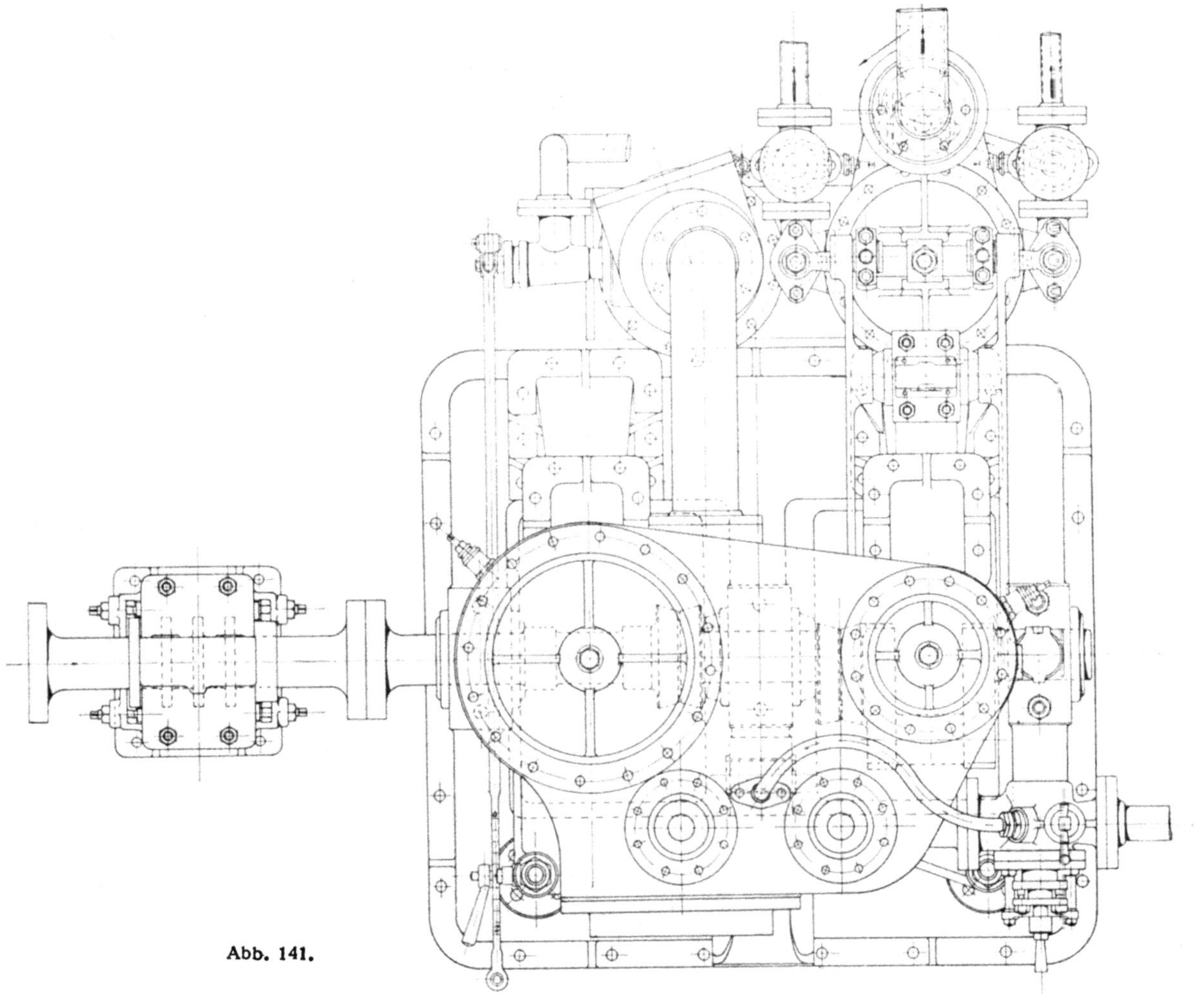

Abb. 141.

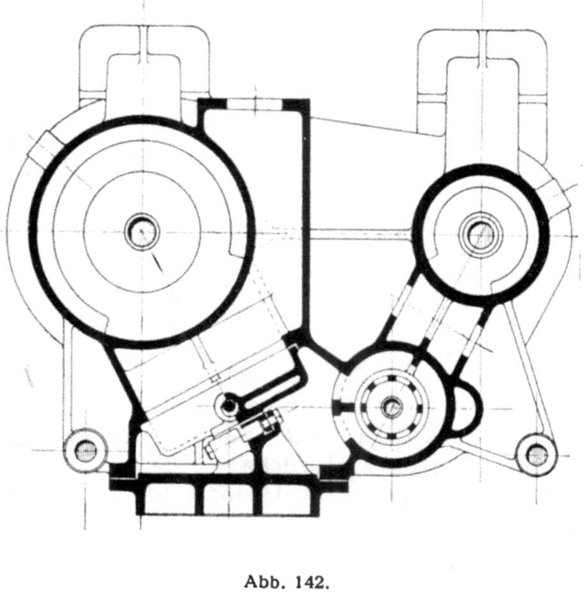

Abb. 142.

zur Einführung der Vierkurbelmaschine drängten. Namentlich wurde bei großen Einheiten dieses einfache System verlassen, weil der *ND*-Zylinder zu groß wird. Es empfiehlt sich nicht, denselben mit einem größeren Durchmesser als 2700 bis 2900 mm ausxuführen in

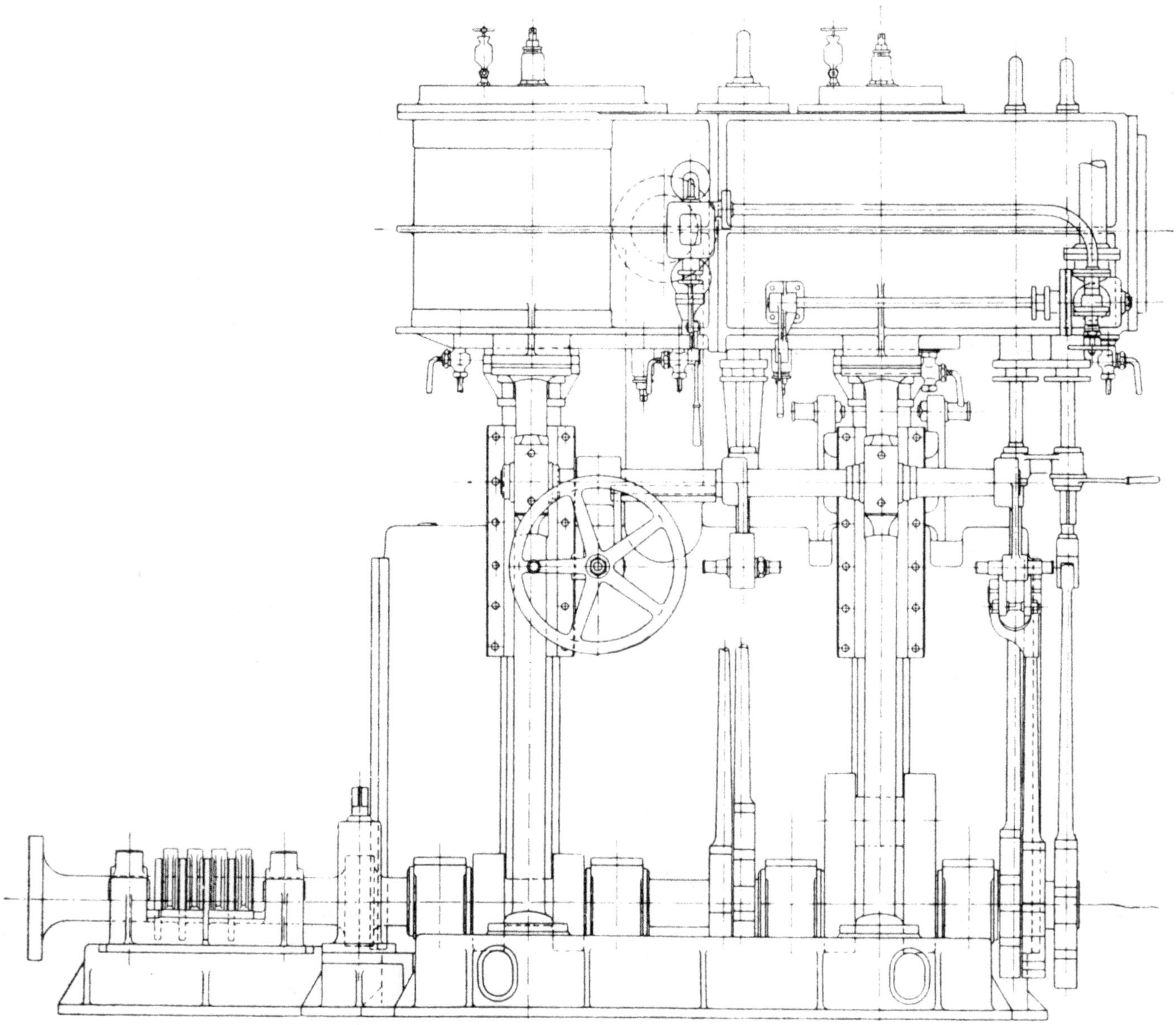

Abb. 143.

Rücksicht auf die schwierige und riskante Herstellung, Bearbeitung und Montage so großer und komplizierter Gußstücke.

Für kleinere und mittlere Anlagen — bis etwa 6000 PSi pro Maschine — hat sich indessen diese Anordnung bis heute erhalten und wird namentlich für Heißdampfbetrieb gegenwärtig laufend überall in vielen Ausführungen gebaut (siehe weiter unten).

1. Abb. 145 bis 148 zeigen die Maschine eines Fischdampfers, gebaut im Jahre 1914 von der Firma Seebeck in Bremerhaven[1]).

Die Maschine indiziert 400 PSi bei 110 Umdr. pro Min. und 13 at. Kesselüberdruck. Hauptdimensionen siehe Tabelle Nr. 14. Die Maschine steht auf der Gleitbahnseite

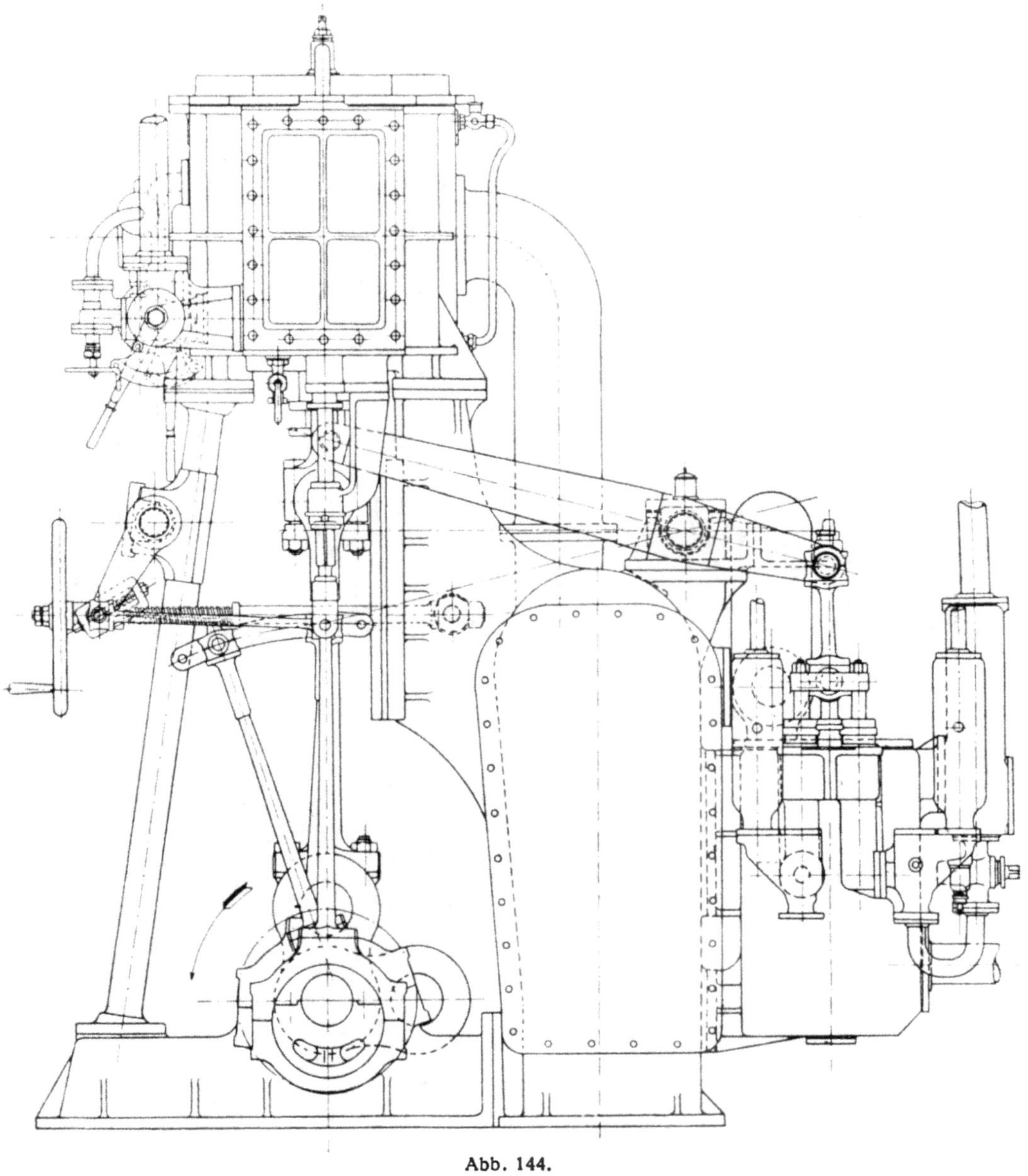

Abb. 144.

auf gußeisernen Ständern, welche mit dem Kondensator aus einem Stück gegossen sind, wobei der *ND*-Ständer als Abdampfrohr ausgebildet ist. Die vordere Seite des starr zusammengeschraubten Zylinderkomplexes ist mit der Rippenguß-Grundplatte durch stählerne Säulen verbunden. Luftpumpe (System Edwards), Zirkulations-, Speise- und Lenzpumpe sind durch Balancier vom *MD*-Kreuzkopf aus angetrieben.

[1]) Vgl. Jahrbuch der Schiffbautechn. Gesellschaft 1915.

2. Abb. 149 und 150. Maschine eines mittelgroßen Frachtdampfers. Diese Maschine ist von einer englischen Maschinenfabrik im Jahre 1912 gebaut und

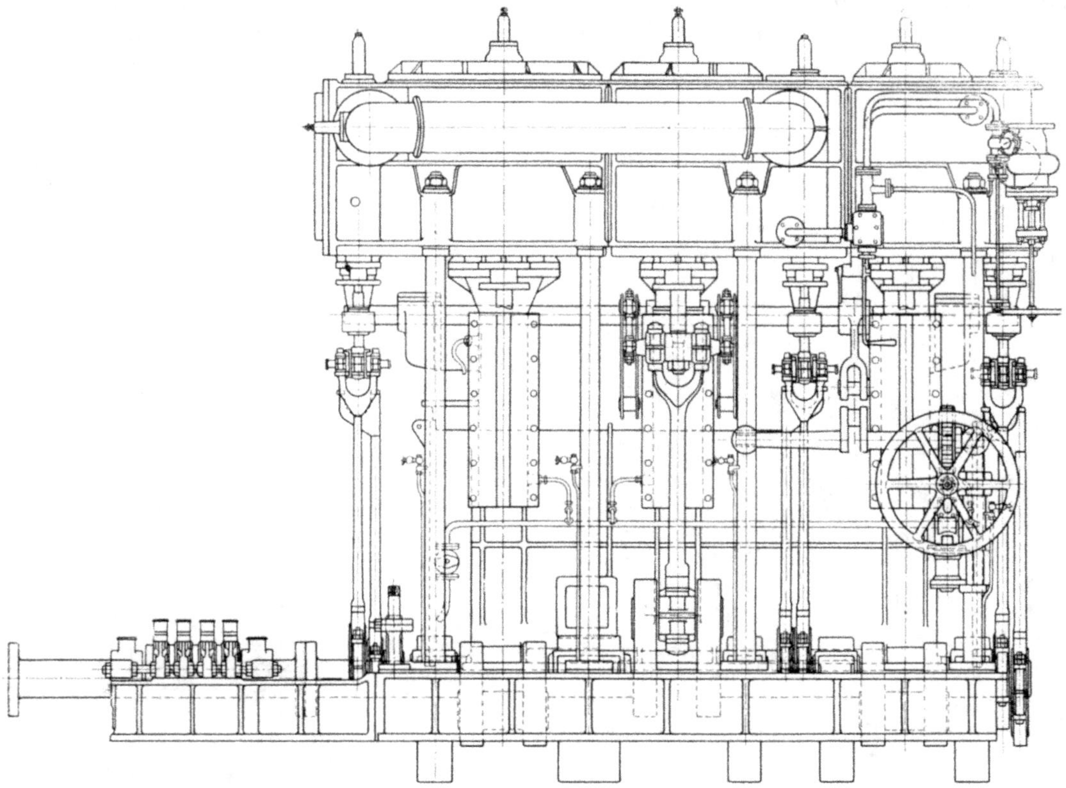

Abb. 145.

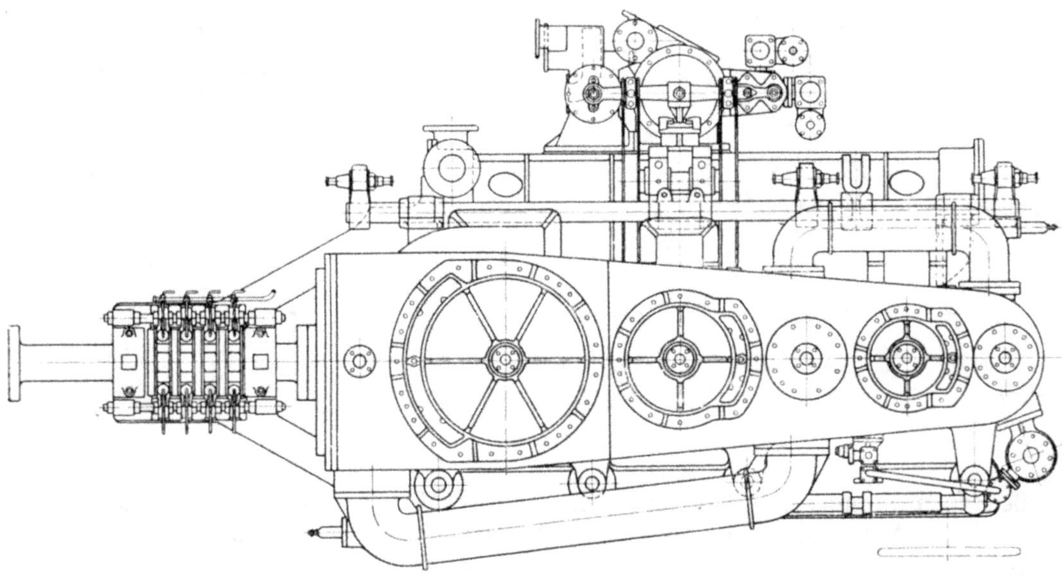

Abb. 146.

leistet ca. 2200 PS_i bei ca. 75 Umdr, pro Minute und 12,6 at. Kesselüberdruck. Die Zylinder haben 635, 1041 und 1702 mm Durchmesser, der Hub beträgt 1143 mm.

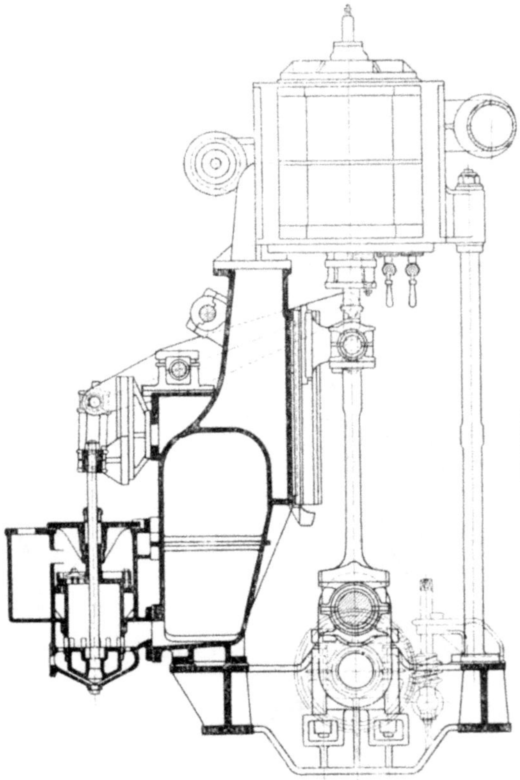

Abb. 147.

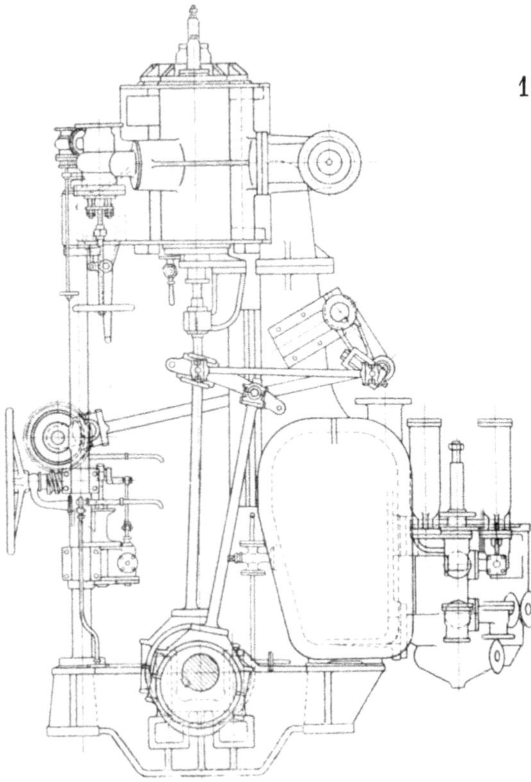

Abb. 148.

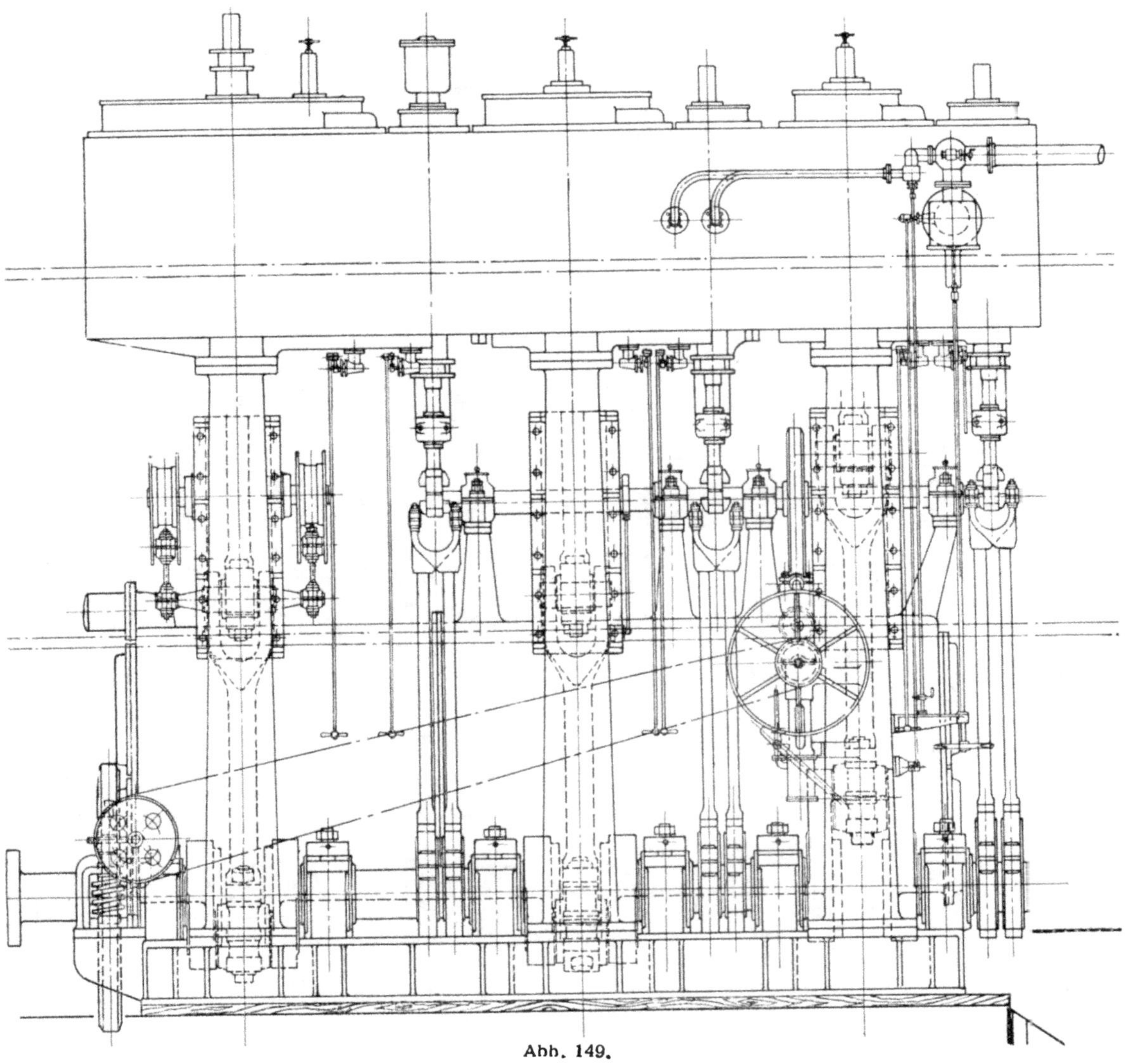

Abb. 149.

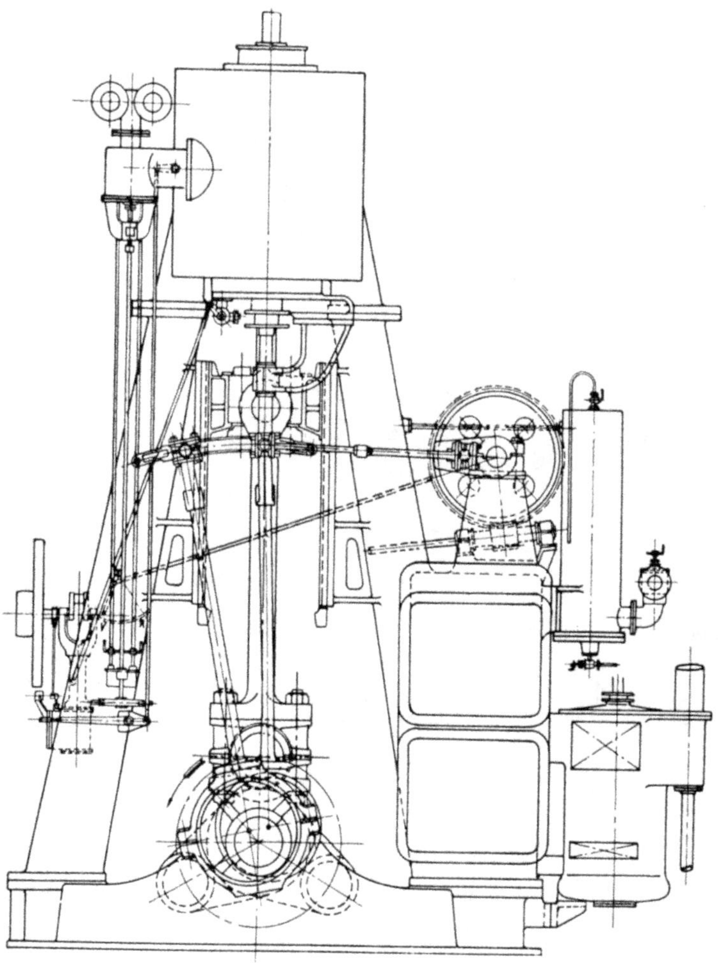

Abb. 150.

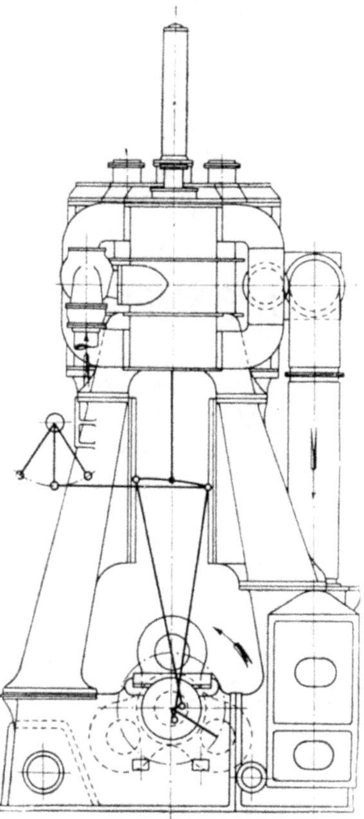

Abb. 151.

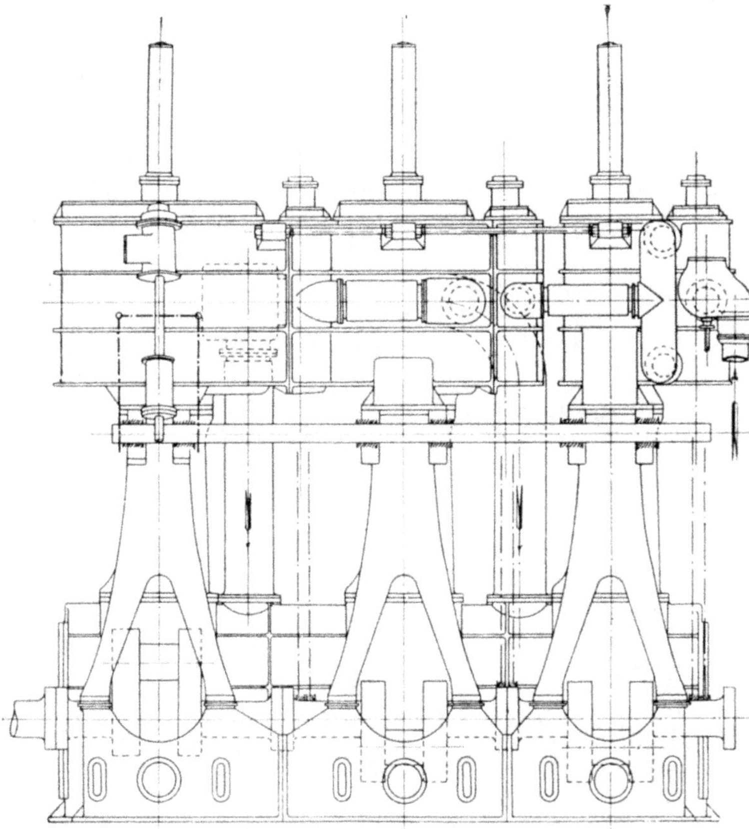

Abb. 152.

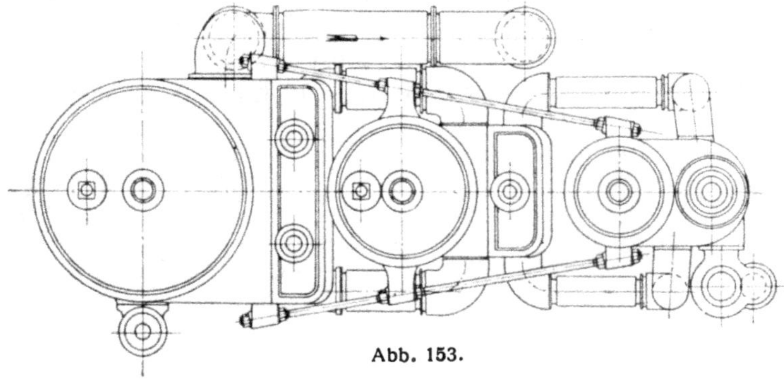

Abb. 153.

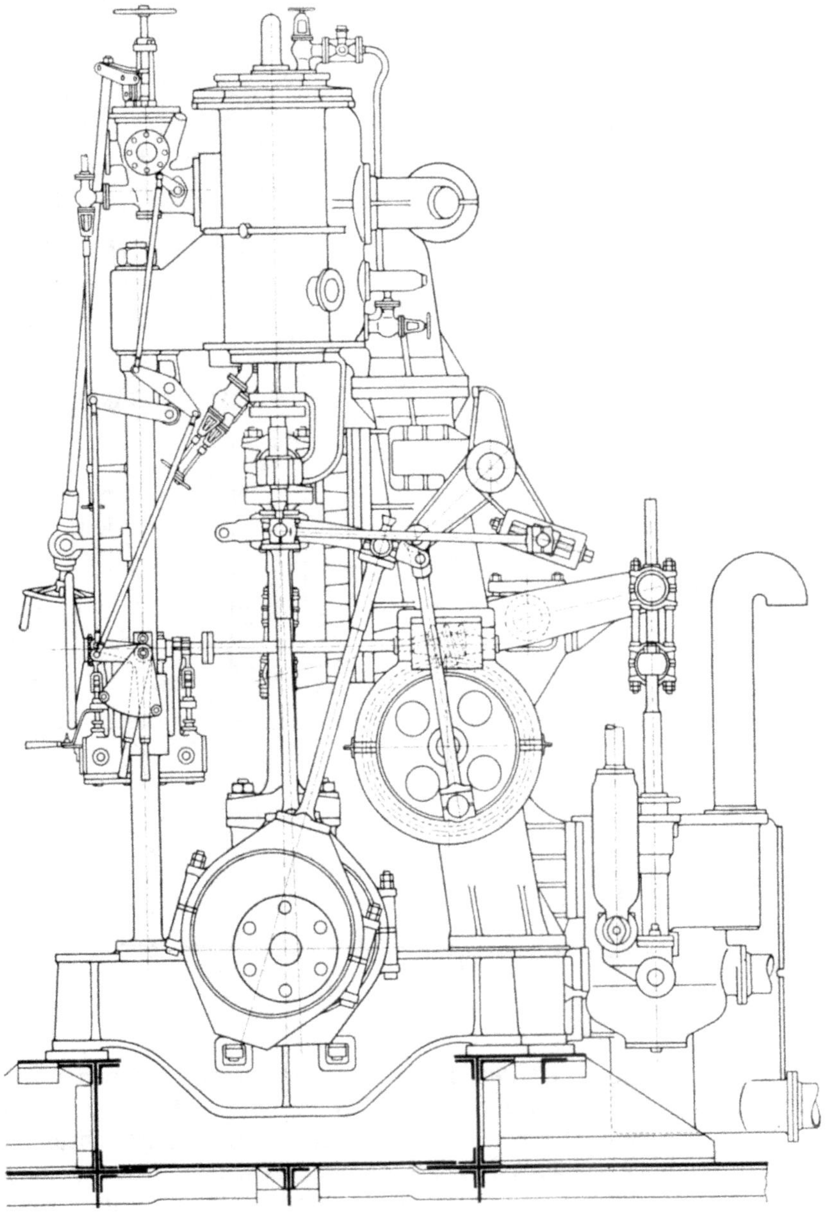

Abb. 154.

Die Reihenfolge der Schieber und Zylinder ist folgende: *HD*-Schieber, *HD*-Zylinder, *MD*-Schieber, *MD*-Zylinder, *ND*-Schieber, *ND*-Zylinder. Steuerung: Stephensonsche Kulisse. Die Umsteuerung erfolgt durch eine Umsteuermaschine, welche mittels Zahnrädern und Welle mit Schnecke, die auf dem Kondensator gelagerte, mit einem

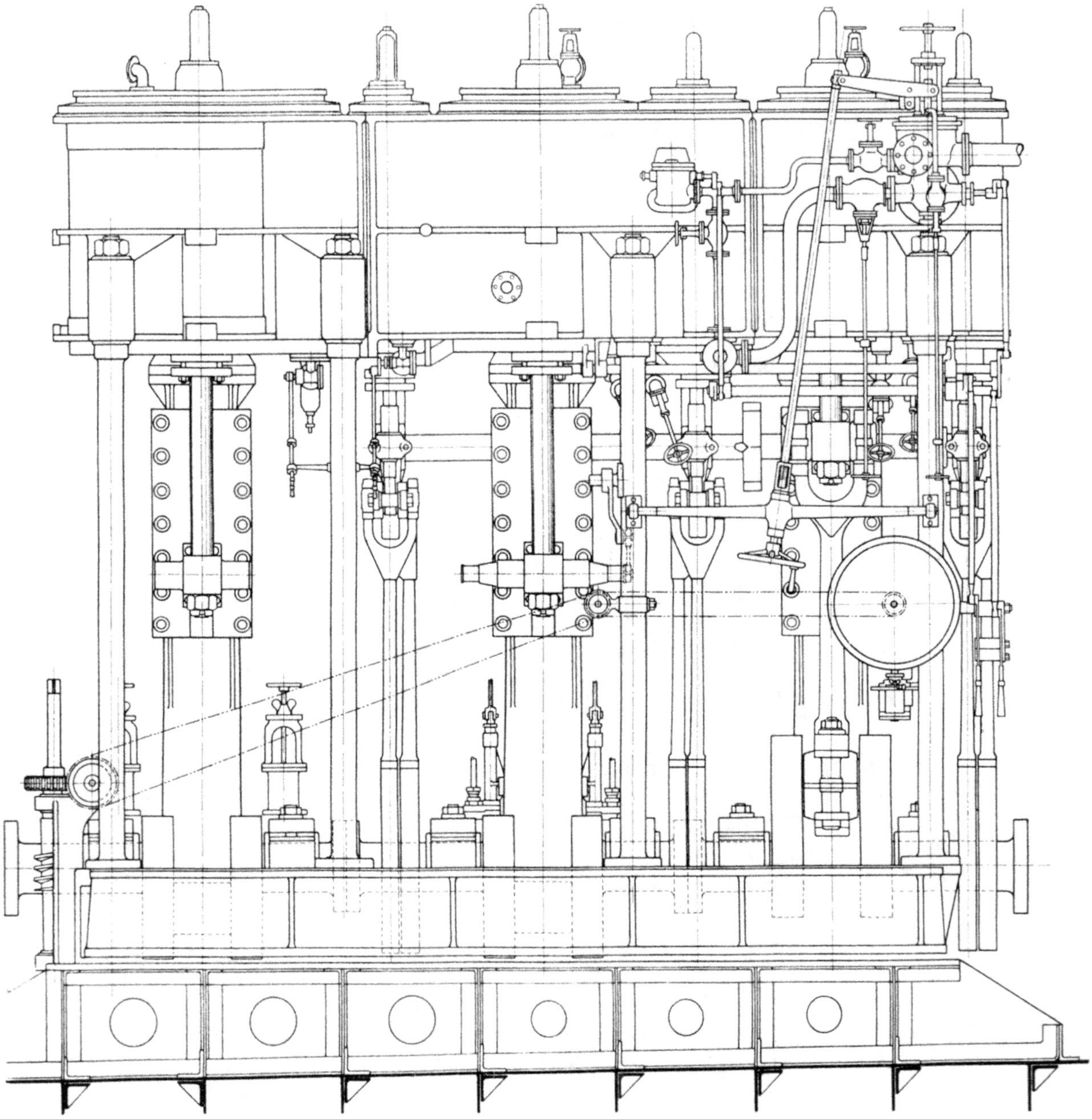

Abb. 155.

Schneckenrad versehene Umsteuerwelle bewegt. Angehängte Pumpen vom *ND*-Kreuzkopf mittels Balanciers angetrieben: 1 Luftpumpe, 1 Kühlwasserpumpe, 2 Lenzpumpen, 2 Speisepumpen. Der Kondensator ist in der Längsrichtung geteilt, und sind die Teile mit den entsprechenden Ständern aus einem Stück gegossen. Der *ND*-Ständer dient als Abdampfstutzen. An dem Kondensator ist ein Speisewasser-Vorwärmer befestigt. Zu beachten ist die relativ niedrige Grundplatte, ferner die halbgebaute Kurbelwelle. (Vgl. hierzu Abb. 370).

3. Eine große Anlage gleichen Typs, welche zwar für die Entwicklungsgeschichte der Schiffsmaschine bemerkenswert ist, heute aber in dieser Form nicht mehr gebaut würde, ist die Maschine des früheren Doppelschrauben-Schnelldampfers „Fürst Bismarck" der Hamburg-Amerika-Linie, Abb. 151 bis 153. Jede der beiden Maschinen, welche von den Vulcan-Werken Hamburg und Stettin im Jahre 1891 gebaut sind, leistete 8200 PSi bei 85 Umdr. pro Min. Zylinderdurchmesser: 1100, 1700, 2700 mm, Hub 1600 mm, Kesselspannung 11 at. Überdruck. Umsteuerung durch Stephensonsche Kulisse. Jeder Zylinder steht auf zwei Ständern von Gußeisen, von denen der vordere gegabelt ist, während der hintere auf dem gußeisernen Kondensator ruht.

Es mögen nunmehr noch drei Beispiele für ganz moderne Anlagen dieses Typs folgen, welche für Betrieb mit überhitztem Dampf eingerichtet sind.

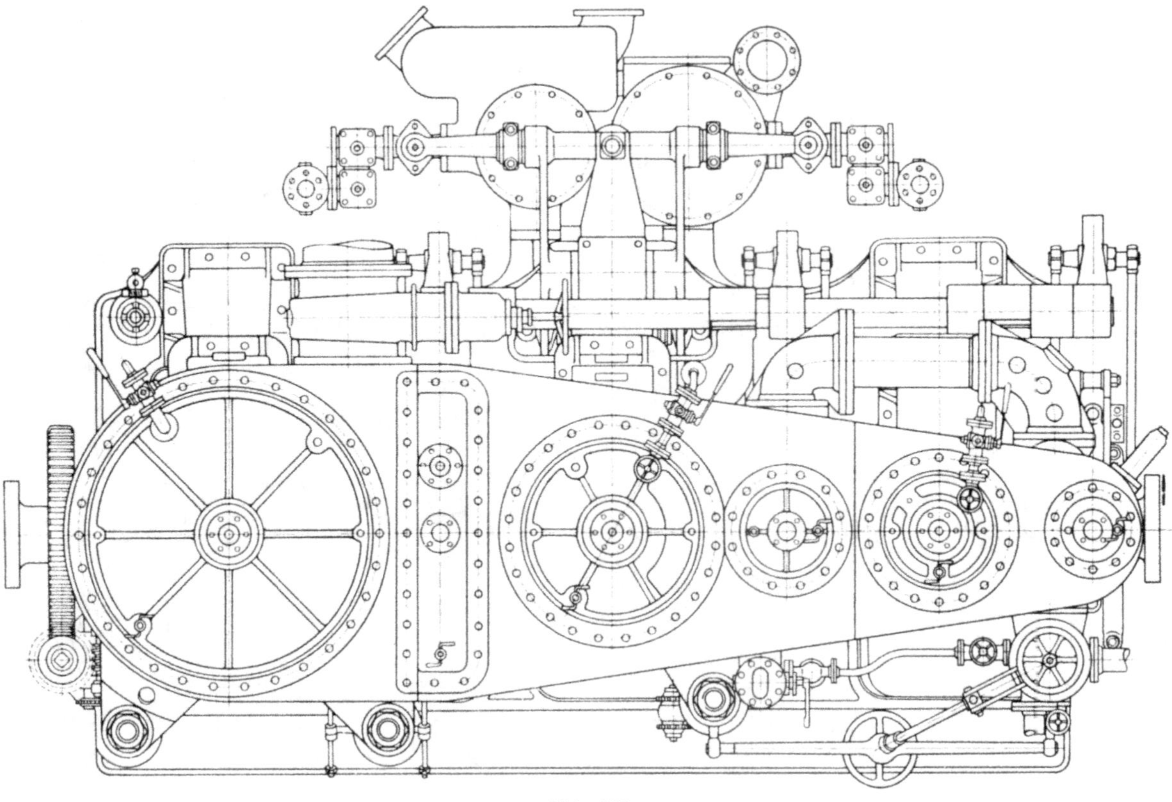

Abb. 156.

4. Abb. 154 bis 156. Maschine eines kleinen Frachtdampfers D. „Cairo", „Aleppo" u. a. der Deutschen Levante-Linie, gebaut 1920 von den Vulcan-Werken Hamburg und Stettin, A.-G.

Leistung 600 PSi, $n = 93$, Hauptabmessungen siehe Tab. Nr. 16[1]). Die Maschine arbeitet mit überhitztem Dampf von ca. 300 bis 320° und 13 at. Kesselüberdruck. Eine Luftpumpe von 370 mm Durchm., eine Zirkulationspumpe von 250 mm Durchm.,

[1]) In Tabelle Nr. 16 ist diese Maschine unter „Adana" zu finden. Diesselbe wurde für diesen Seeschlepper mit höherer Tourenzahl und ohne angehängte Kühlwasserpumpe verwendet. Vgl. auch „Werft und Reederei" 1921, S. 89.

eine Lenzpumpe von 70 mm Durchm. und eine Klosettpumpe von 70 mm Durchm. und 350 mm Hub werden durch Balancier vom Kreuzkopf angetrieben. Die Maschine ist auf der Vorderseite mit geschmiedeten stählernen Säulen, auf der Rückseite mit gußeisernen Ständern, welche die Gleitbahn tragen, ausgerüstet. Der Kondensator

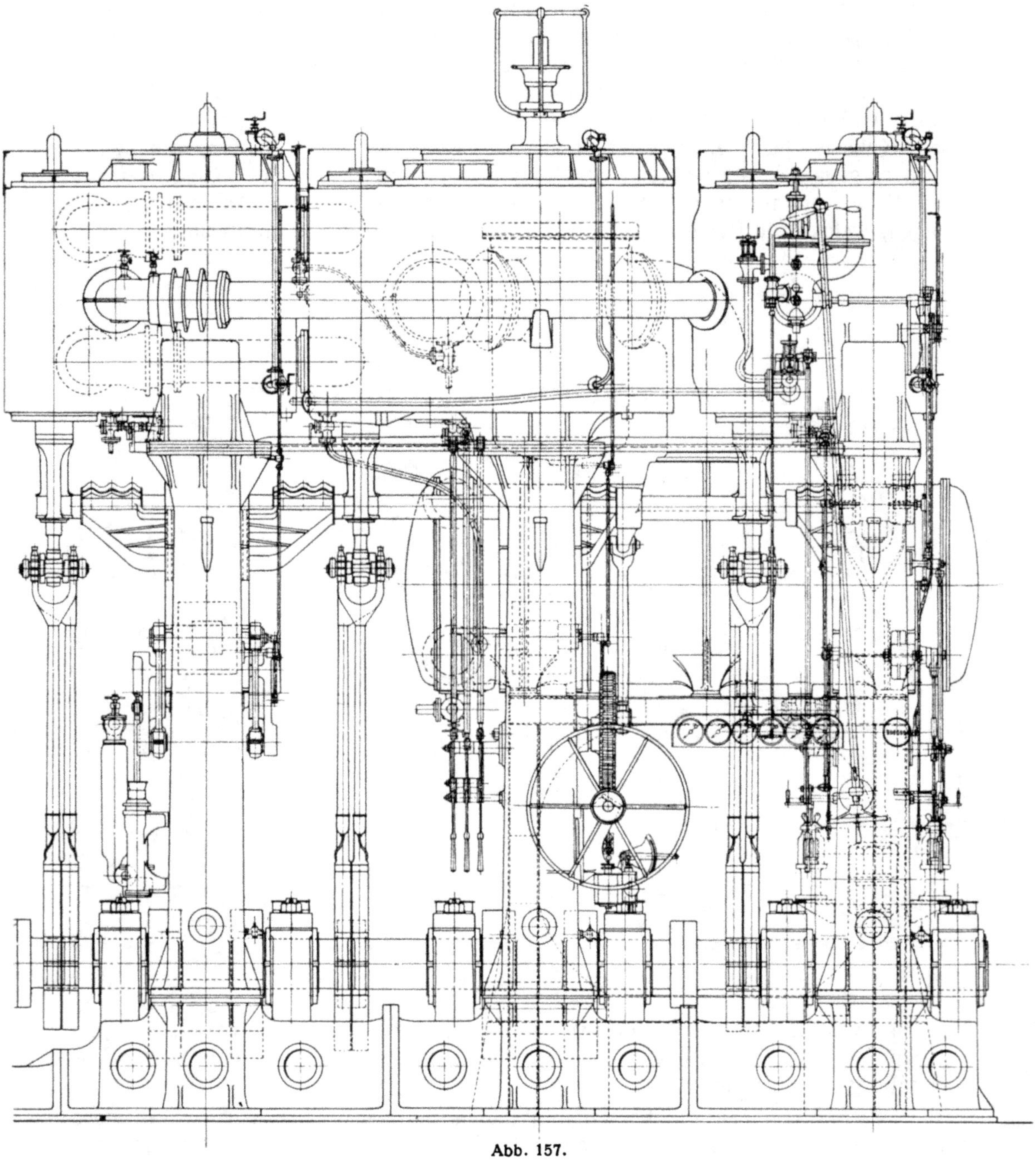

Abb. 157.

aus Gußeisen von 85 qm Kühlfläche ist getrennt von der Maschine querschiffs angeordnet. Die zweizylindrige Rundlauf-Umsteuermaschine von 2 × 80 Zyl.-Durchm. und 80 mm Hub ist so eingerichtet, daß sie mittels Kettenrad und wegnehmbarer Kette die Drehvorrichtung antreiben kann.

5. Abb. 157 bis 159. Maschine eines mittelgroßen Frachtdampfers. D. „Sierra Nevada" und „Sierra Cordoba", erbaut für den Norddeutschen Lloyd von den Vulcan-Werken Hamburg und Stettin Jahre 1912, ebenfalls für Betrieb mit Heißdampf.

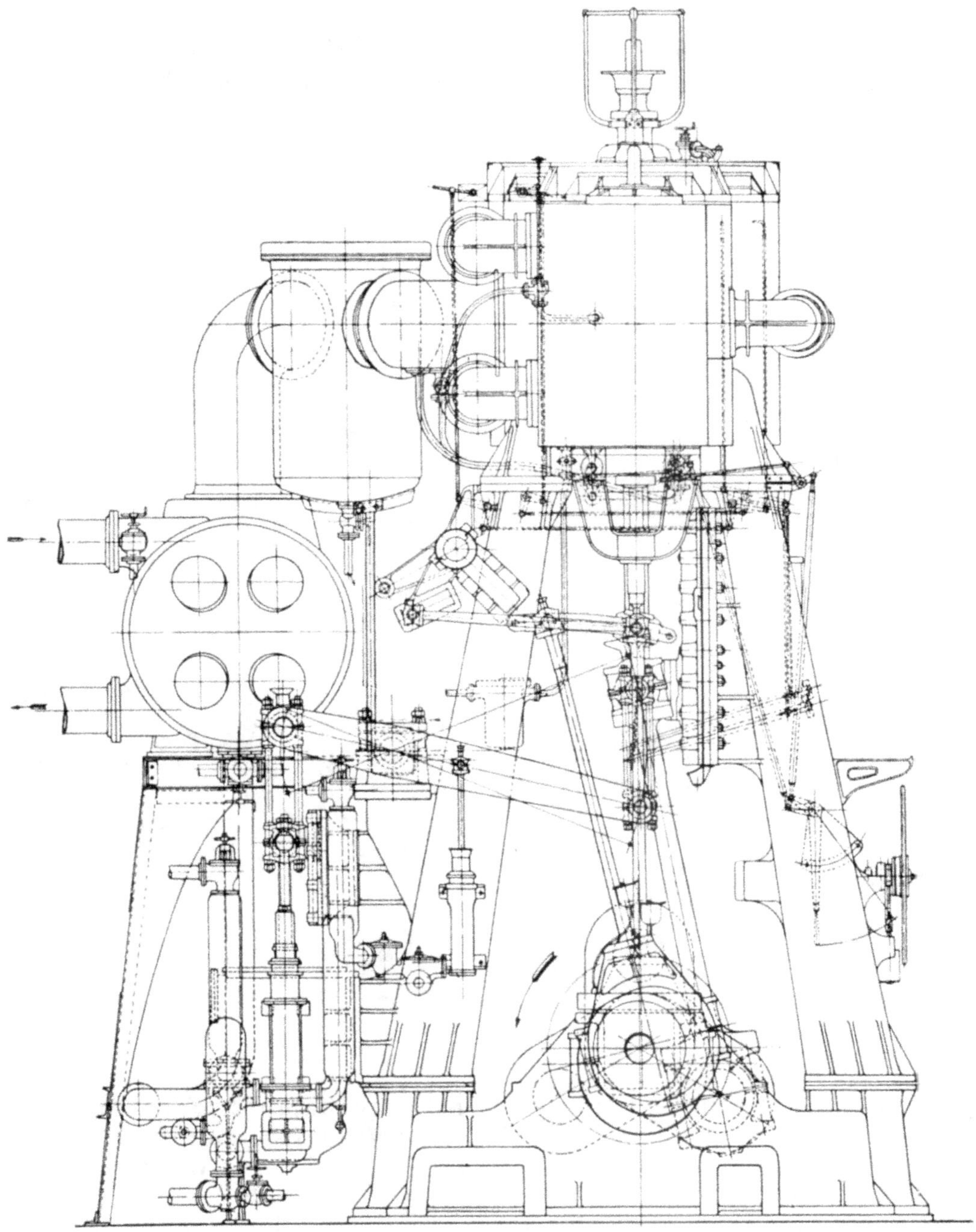

Abb. 158.

Konstruktionsleistung der Maschine bei 72 minutlichen Umdrehungen, 14,5 at. Kesselüberdruck und 350° C am Überhitzer, 2100 PS_i. Hauptabmessungen vgl. Tab. Nr. 16. Die Maschine, welche in allen Teilen der heutigen Bauart für derartige Schiffe entspricht, ist in einfacher und sehr solider Weise ausgeführt, indem für Gestell und

Grundplatte nur Gußeisen zur Verwendung gelangte. Steuerung: Stephensonsche Kulisse. Angehängte Pumpen, vom Balancier bei 550 mm Hub angetrieben:

1 Luftpumpe, System Edwards . . .	560 mm Durchm.
2 Speisepumpen	100 „ „
1 Lenzpumpe	180 „ „
1 Klosettpumpe	130 „ „

Der Kondensator aus Gußeisen von 290 qm Kühlfläche ist auf Trägern seitlich von der Maschine befestigt.

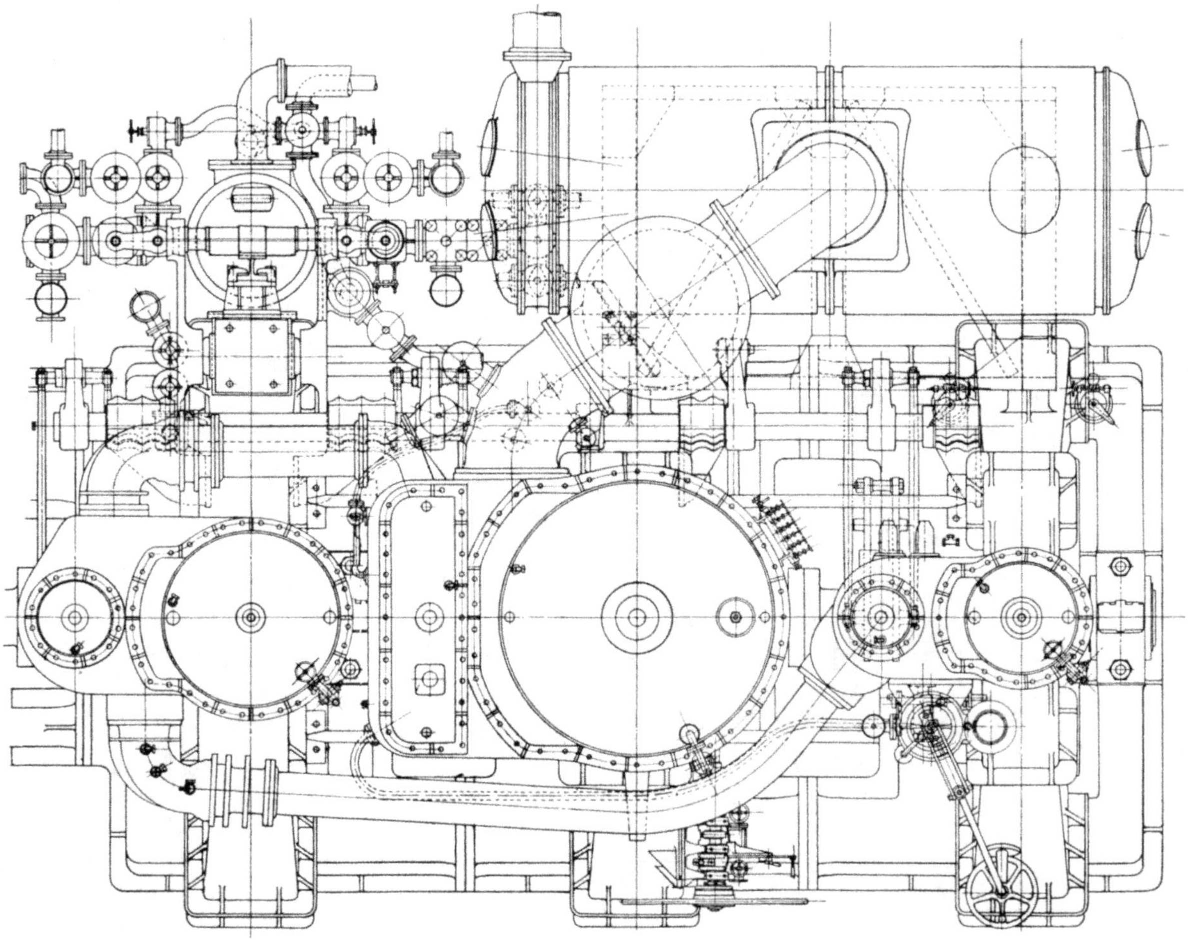

Abb. 159.

6. Abb. 160. Maschine eines großen Frachtdampfers. D. „Hagen", „Edmund Siemers" u. a., erbaut für die Reedereien Deutsch-Australische Dampfschiffahrts-Gesellschaft und G. J. H. Siemers & Co, von den Vulcan-Werken Hamburg und Stettin im Jahre 1921.

Die Heißdampfmaschine hat eine Konstruktionsleistung von 4400 PS_i bei 72 Umdr. pro Min., einem Kesseldruck von 14,5 Atm. Überdruck und einer Dampftemperatur von 350° am Überhitzer. Die Zylinderdurchmesser betragen 800, 1330 und 2140 mm, der Hub 1520 mm. Die Anordnung der Zylinder und Schieber ist von vorne nach hinten die folgende: *HD*-Kolbenschieber, *HD*-Zylinder, *ND*-Flachschieber, *ND*-Zylinder, *MD*-Kolbenschieber, *MD*-Zylinder. Steuerung mit Stephensonscher Kulisse, Umsteuerung mittels Zwillings-

Abb. 160.

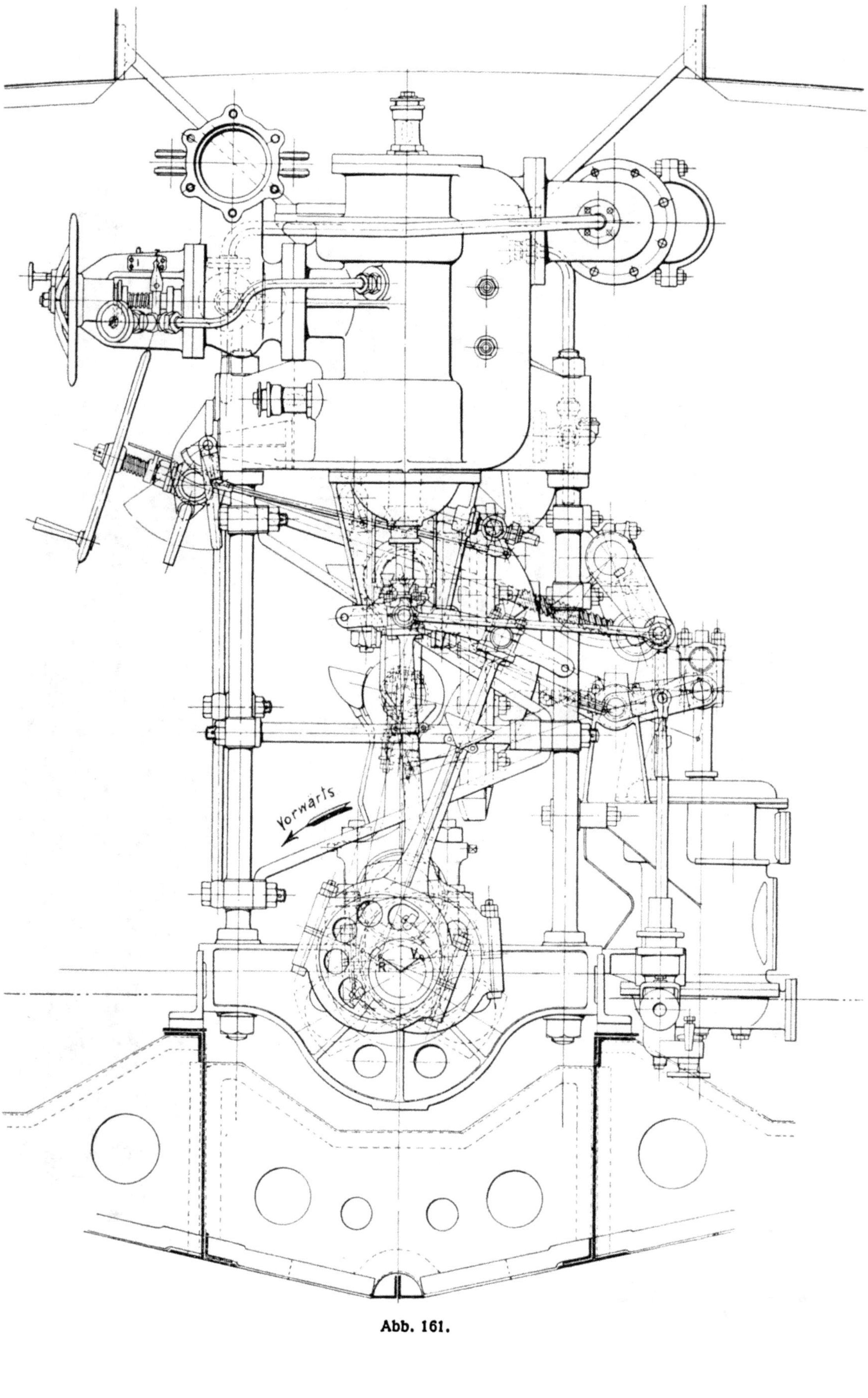

Abb. 161.

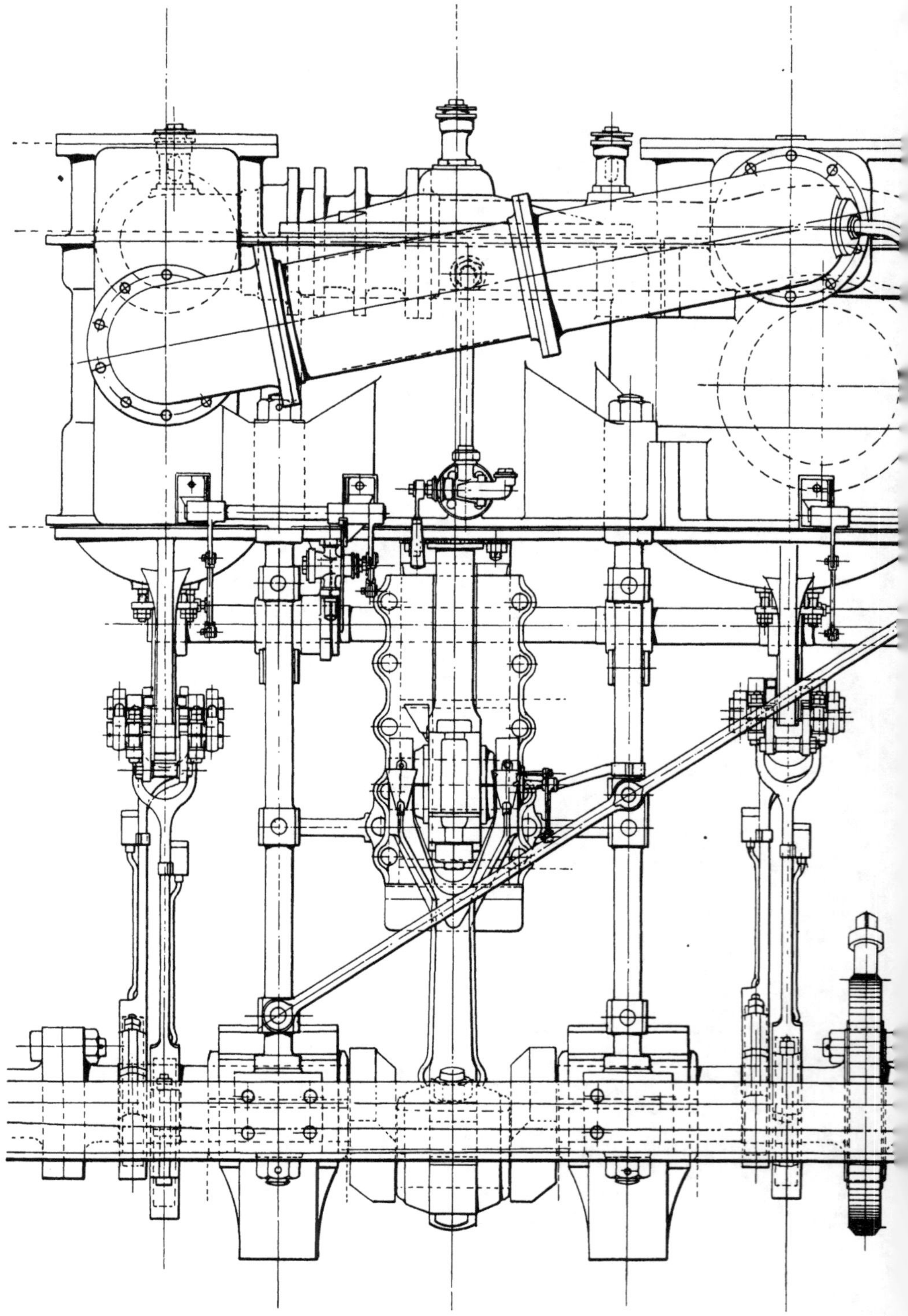

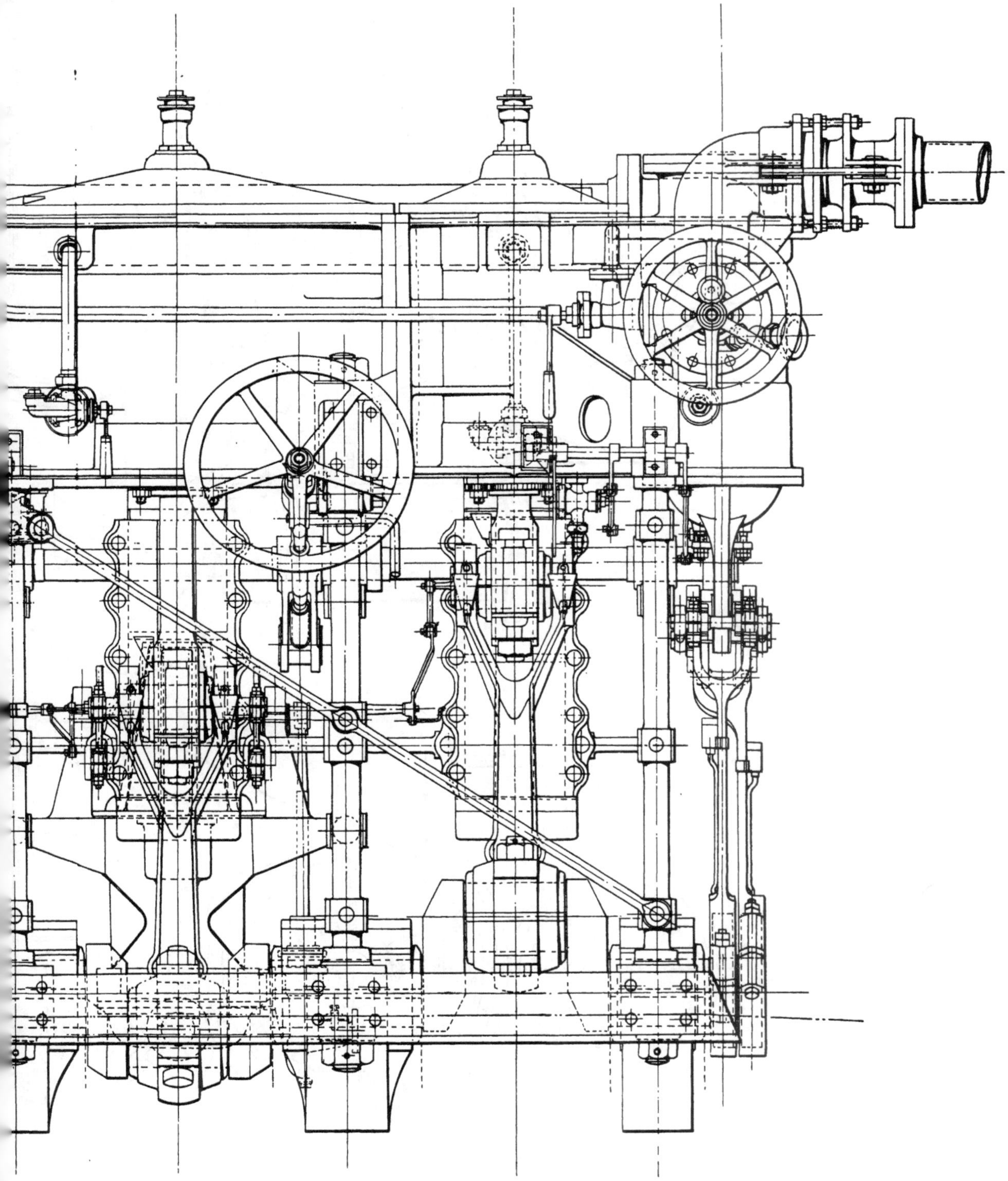

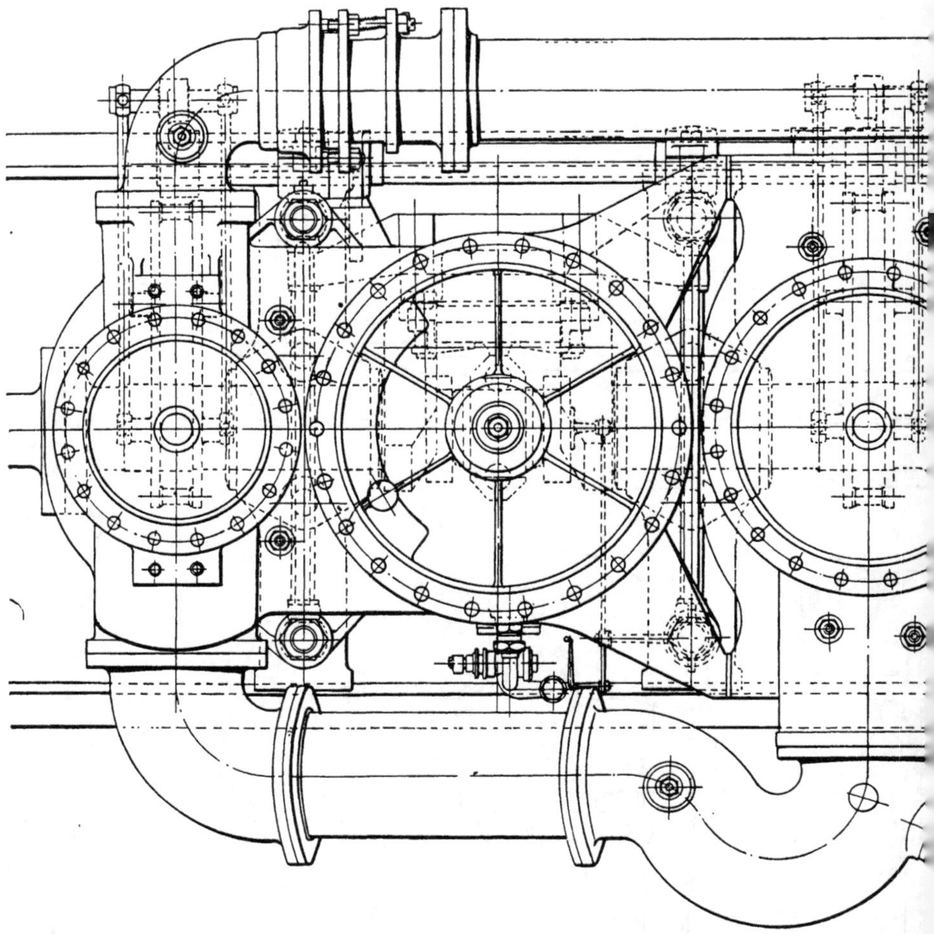

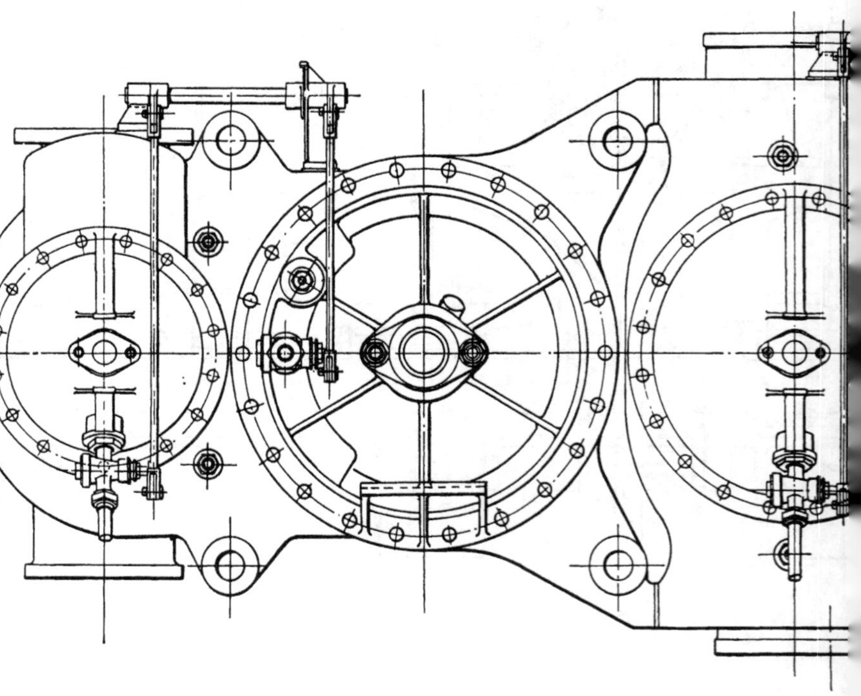

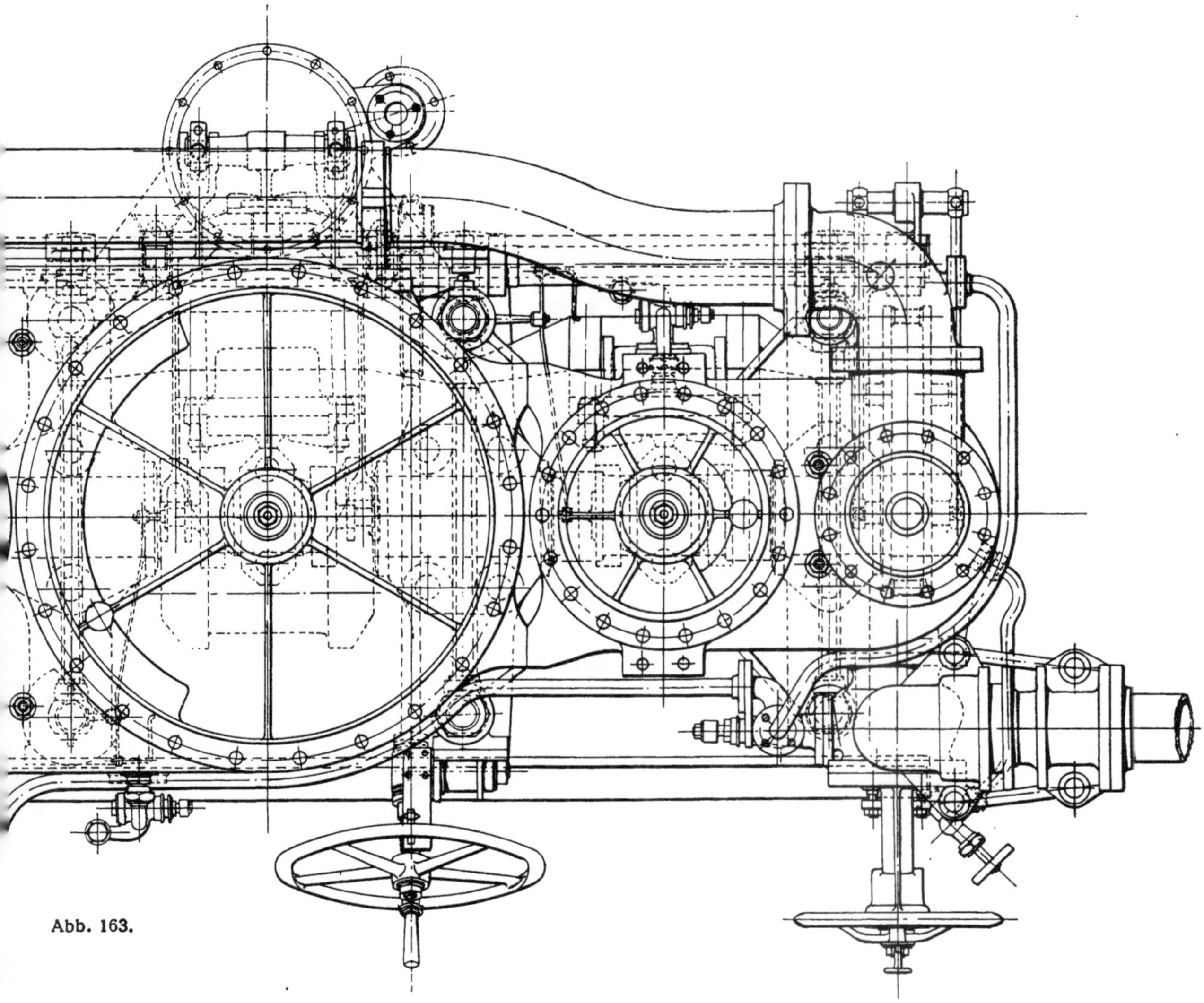

Abb. 163.

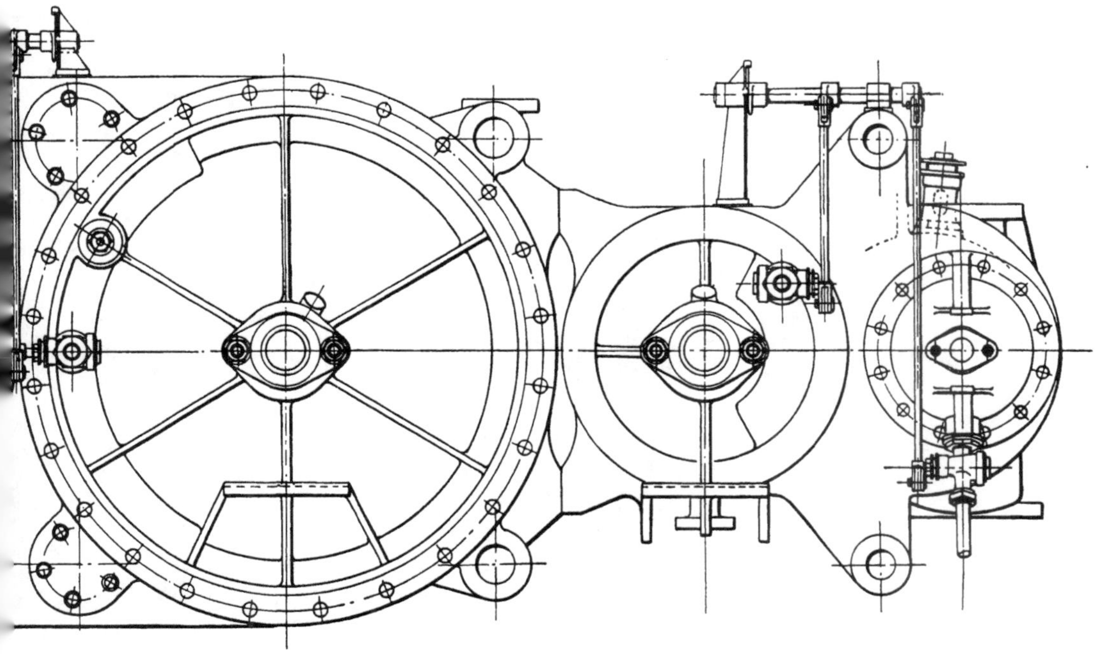

Abb. 164.

Rundlauf-Umsteuermaschine. Dis Umsteuerwelle ist an der Vorderseite der Maschine angebracht. Die Maschine hat folgende angehängte Pumpen: 1 Luftpumpe, 2 Speisepumpen. 1 Klosettpumpe, 2 Lenzpumpen, 1 Entölerpumpe, 1 Evaporatorpumpe. Dieselben werden mittels Balanciers vom *MD*-Kreuzkopf angetrieben. Ein Kondensator mit aufgesetztem Abdampfentöler steht auf Konsolen an der Hinterseite der Ständer.

Diese sehr ökonomische und kräftig gebaute Maschine entspricht den für Schiffe dieses Typs zu stellenden Anforderungen in vollkommenster Weise.

7. Abb. 161 bis 164. Maschine eines kleinen Aufklärungs-Torpedobootes mit einer Schraube für den Küstendienst, gebaut von den Vulcan-Werken Hamburg und Stettin im Jahre 1915.

Leistung der Maschine: 1100 PSi bei 400 minutlichen Umdrehungen und 17 at. Kesselüberdruck. Hauptdimensionen siehe Tabelle Nr. 10.

Die kleine Leistung ließ die Anwendung von 3 Zylindern und den Verzicht auf den Massenausgleich zulässig erscheinen. Im übrigen entspricht die Maschine in ihrem Aufbau den letzten Konstruktionsprinzipien, welche vor Einführung der Turbinen für derartige Maschinen galten; namentlich fällt das leichte Maschinengestell, bestehend aus rationell verstrebten stählernen Säulen auf. Steuerung: Stephensonsche Kulisse. Durch Balancier vom *ND*-Kreuzkopf angetrieben wird eine Luftpumpe von 270 mm Durchm. und 130 mm Hub und eine Lenzpumpe von 50 mm Durchm. und 70 mm Hub. Die Anordnung der Zylinder und Schieber ist von vorn nach hinten gezählt die folgende: *HD*-Kolbenschieber, *HD*-Zylinder, *ND*-Zylinder, *ND*-Kolbenschieber, *MD*-Zylinder, *MD*-Kolbenschieber. Die 3 Kurbeln stehen unter 120°, und ist deren Reihenfolge die folgende: *HD*-Zylinder vorangehend, es folgt der *MD*-Zylinder, dann der *ND*-Zylinder. Die Umsteuerung erfolgt durch Spindel und Handrad, wie bei Maschinen von so geringen Abmessungen zulässig. Der Kondensator von 80 qm Kühlfläche mit Mantel aus Eisenblech ist seitlich von der Maschine angeordnet.

8. Abb. 165[1]). Maschine des Zweischrauben-Kanonenbootes „Eber", erbaut von den Vulcan-Werken Hamburg und Stettin für die deutsche Marine im Jahre 1903.

Konstruktionsleistung der Maschine 650 PSi bei 180 Umdr. pro Min. und 13 at. Kesselüberdruck. Hauptabmessungen siehe Tabelle Nr. 11. Die Anordnung der Zylinder und Schieber ist von vorn nach hinten gezählt die folgende: *HD*-Kolbenschieber, *HD*-Zylinder, *MD*-Kolbenschieber, *MD*-Zylinder, *ND*-Zylinder, *ND*-Kolbenschieber. Die drei Kurbeln stehen unter 120° und ist deren Reihenfolge in der Drehrichtung gezählt die folgende: *HD*-Kurbel vorangehend, es folgt die *ND*-Kurbel, dann die *MD*-Kurbel. Die sehr leicht gebaute Maschine steht ganz auf Säulen, welche durch Diagonalen versteift sind. Die Maschine besitzt Stephensonsche Kulissensteuerung; die Umsteuerung erfolgt durch eine Brownsche Umsteuermaschine, neben welcher man in der Abbildung die zweizylindrige hydraulische Handumsteuerung (Nothandumsteuerung) erkennt, vgl. § 180. Eine Lenzpumpe wird durch einen am vorderen Ende der Welle angebrachten exzentrischen Zapfen angetrieben.

Am Niederdruckende der Maschine fällt das große Ventil auf, welches den Abschluß des Abdampfrohres gegen den Kondensator gestattet. Diese Absperrungen wurden früher bei Kriegsschiffen vielfach ausgeführt, um im Hafenbetrieb die Hauptmaschine vom Kondensator abschalten zu können. Später wurden diese Absperr-

[1]) Die Photographien sind nach Fertigstellung der Maschinen in den Werkstätten angefertigt. Da der Zusammenbau der Maschinen dortselbst auf gußeisernen Montageunterlagen, welche meist aus Rippen- oder Hohlguß gefertigt sind, ausgeführt wird, sind dieselben auf dem Lichtbild mit zur Darstellung gelangt. Der Leser wird sich leicht ein Bild darüber machen können, welche Teile zu diesen Montageunterlagen gehören; im Zweifelsfalle kann man sich durch Betrachtung der in diesem Abschnitt zur Darstellung gebrachten Zeichnungen von Hauptmaschinen und auch durch Vergleich mit den Abbildungen in § 159, welcher von der Grundplatte handelt, Klarheit verschaffen.

vorrichtungen, welche sowohl für die Wirtschaftlichkeit als auch für die Betriebssicherheit der Maschinen nicht ohne Bedenken sind, weggelassen. Der Kondensator von 75 qm Kühlfläche ist freistehend angeordnet.

Die Reihenfolge der Kurbeln ist: *HD*-Zylinder vorangehend, es folgt der *ND*-Zylinder, dann der *MD*-Zylinder.

Abb. 165.

Steuerung: Stephensonsche Kulisse. Grundplatte aus Stahlguß. Der Kondensator, aus Messingblech genietet, hat 501 qm Kühlfläche. Getrennte Luftpumpen, als Dampfpumpen ausgeführt.

Abb. 166.

9. Abb. 166. Maschine des leichten Doppelschrauben-Kreuzers „Hamburg“, erbaut für die deutsche Marine im Jahre 1903 von den Vulcan-Werken Hamburg und Stettin.

Konstruktionsleistung der Maschine 5000 PSi bei 150 Umdr. pro Min. und 15 at. Kesselüberdruck. Hauptabmessungen siehe Tabelle Nr. 11. Zylinderanordnung von

Abb. 167.

vorn nach hinten gezählt: *HD*-Kolbenschieber, *HD*-Zylinder, 2 Stück *MD*-Kolbenschieber, *MD*-Zylinder, *ND*-Zylinder, 2 Stück *ND*-Kolbenschieber.

10. Abb. 167, 168. Maschine des Dreischrauben-Linienschiffes „Preußen“, erbaut für die deutsche Marine im Jahre 1905 von den Vulcan-Werken Hamburg und Stettin.

Konstruktionsleistung der Maschine 5800 PSi bei 115 Umdr. pro Min. und 13,5 at. Kesselüberdruck. Zylinderdurchmesser 920, 1440, 2240, Hub 1000 mm. Die Anordnung der Zylinder ist von vorn nach hinten gezählt die folgende: *HD*-Zylinder und *MD*-Zylinder mit einem, *ND*-Zylinder mit zwei seitlich angeordneten Kolbenschiebern. Die Reihenfolge der Kurbeln ist: *HD*-Kurbel vorangehend, es folgt die *MD*-Kurbel, dann die *ND*-Kurbel.

Steuerung System Klug. Die Zylinder sind auf der Gleitbahnseite auf kräftige Ständer aus Stahl-Rippenguß montiert, welche unten gegabelt sind; vorn wird das Gestell aus stählernen geschmiedeten Säulen gebildet. Zu jeder Maschine gehört ein Kon-

Abb. 168.

densator von 582 qm Kühlfläche aus Messingblech genietet. Für jede Maschine ist eine selbständige Luftpumpe vorgesehen.

11. Abb. 169. Maschine des Dreischrauben-Linienschiffs „Rheinland", erbaut für die deutsche Marine im Jahre 1910 von den Vulcan-Werken Hamburg und Stettin. Vgl. auch Abb. 255 bis 257.

Hauptabmessungen vgl. Tabelle Nr. 12. Konstruktionsleistung 6667 PS_i bei 117 minutlichen Umdrehungen und 16 at. Kesselüberdruck. Leistung der Maschine bei der forcierten Meilenfahrt 9165 PSi bei 124 Umdr. pro Min. Die Anordnung der Zylinder ist von vorn nach hinten gezählt: *HD*-Kolbenschieber, *HD*-Zylinder, 2 Stück *MD*-Kolbenschieber, *MD*-Zylinder, *ND*-Zylinder, 2 Stück *ND*-Kolbenschieber.

Abb. 169.

Die Reihenfolge der Kurbeln ist: *HD*-Kurbel vorangehend, es folgt die *MD*-Kurbel, dann die *ND*-Kurbel.

Steuerung: Stephensonsche Kulisse mit Aufhängung im Mittelpunkt (Abb. 423); um die schräge Gabel zu vermeiden, sind zwei Rückwärts-Exzenterstangen angeordnet (Abb. 428). Rundlauf-Umsteuermaschine 2 × 120 mm Zyl.-Durchm., 110 mm Hub, Drehvorrichtungsmaschine 2 × 120 mm Zyl.-Durchm., 110 mm Hub.

Die Maschine steht ganz auf stählernen Säulen, welche mit kräftigen Flanschen am Zylinderkomplex bzw. der Stahlgußgrundplatte befestigt sind. Für jede Maschine ist ein Kondensator, aus Messingblech genietet, von 660 qm Kühlfläche vorgesehen; hierzu eine Luftpumpe, System Vulcan-Andrews, und eine Zentrifugal-Zirkulationspumpe.

b) Als Dreikurbelmaschinen mit 5 Zylindern, nämlich mit 2 *HD*-Zylindern, 2 *ND*-Zylindern und einem *MD*-Zylinder. Drei Kurbeln unter 120°. Die mittlere Kurbel wird vom *MD*-Zylinder angetrieben, während auf die äußeren Kurbeln je ein *ND*-Zylinder, auf dessen Deckel ein *HD*-Zylinder (in „Tandem"-Anordnung) steht, wirkt. Diese Anordnung ist für mehrere große Schnelldampfer (Campania, Lucania mit je 2 Maschinen von je 14000 PSi, Spree und Havel mit je einer Maschine von 12500 PSi) ausgeführt worden, aber heute nur noch von historischem Interesse.

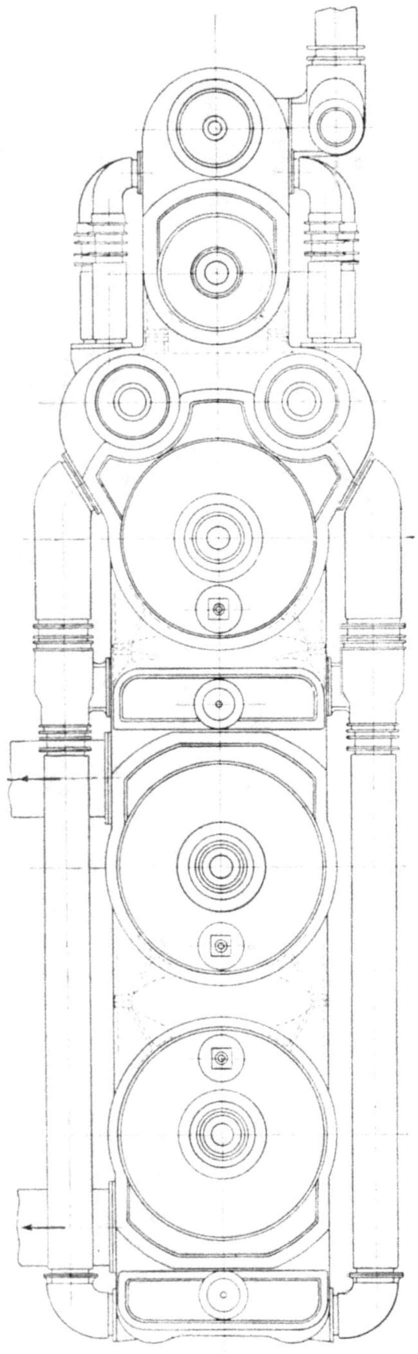

c) Als Vierkurbelmaschine mit einem *HD*-Zylinder, einem *MD*-Zylinder und zwei *ND*-Zylindern.

Diese Anordnung ergibt lange und schmale Maschinen. Die Kurbeln werden unter 90° oder nach dem Schlickschen Massenausgleich gegeneinander versetzt. Die bedeutenden Vorteile dieser Anordnung brachten dieselbe seinerzeit in rasche Aufnahme; man erreichte die bei großen Maschinen nötige Teilung des *ND*-Zylinders, ohne zwei Zylinder übereinandersetzen zu müssen; man konnte bei kleinen Kriegsschiffen, deren Maschinen des Panzerdecks wegen niedrig sein mußten, große Zylinder vermeiden und daher zwei Maschinen nebeneinander anordnen. Man konnte den Schlickschen Massenausgleich anwenden und bekam gleichzeitig ein verhältnismäßig gleichförmiges Drehmoment; endlich ist die Kurbelwelle günstig beansprucht, da die Gestängedrücke sich auf vier statt auf drei Kurbelzapfen verteilen.

Diese Anordnung ist bei Torpedobooten und Torpedobootsjägern und bei größeren Kriegsschiffen jeder Art vor Einführung des Turbinenantriebes fast ausschließlich verwendet worden; bei Postdampfern und bei Schnelldampfern ist man dagegen meistens zur Vierfachexpansionsmaschine übergegangen.

1. Abb. 170. Maschine des Doppelschrauben-Schnelldampfers „Kaiser Wilhelm der Große". Erbaut von den Vulcan-Werken, Hamburg und Stettin, i. J. 1896.

$N_i = 2 \cdot 14000$, $n = 78$, Hauptabmessungen siehe Tab. 13, Kesselspannung 12,5 at. Überdruck. Abb. 170 zeigt nur die Oberansicht auf die Zylinder; die Konstruktion dieser Maschine ist aber sehr ähnlich Abb. 189, so daß sich weitere Darstellungen erübrigen.

Abb. 171.

Die Hauptmaschinen sind nach dem System Schlick ausbalanciert. Jeder Zylinder ruht auf vier Ständern von Stahlrippenguß. Die Grundplatte besteht aus Gußeisen. Steuerung System Stephenson.

Die Anordnung der Zylinder und Schieber ist von vorn nach hinten gezählt die folgende: *HD*-Schieber, *HD*-Zylinder, *MD*-Schieber, *MD*-Zylinder, ND_{I}-Schieber, ND_{I}-Zylinder, ND_{II}-Zylinder, ND_{II}-Schieber.

Die Reihenfolge der Kurbeln ist: *HD*-Zylinder vorangehend, 51° 25′ dagegen versetzt folgt *ND* II, hierauf unter 102° 50′ *MD*, dann um 102° 50′ versetzt *ND* I.

Abb. 172.

Zu jeder der beiden Maschinen gehört ein Kondensator aus Kupferblech von 1650 qm Kühlfläche mit 5530 Stück Kühlrohren. Jede der beiden Luftpumpen (System Blake) hat zwei Dampfzylinder von 457 Durchm., zwei Pumpenzylinder von 1067 Durchm. und einen Hub von 610 mm.

Jede Maschine besitzt eine Brownsche Umsteuermaschine von 650 mm Dampfzylinder-Durchm., 400 mm Bremszylinder-Durchm. und 500 mm Hub; eine Zwillingsdampfmaschine zum Drehen von je 200 mm Zylinder-Durchm. und 200 mm Hub, eine Ventillüftmaschine von 127 mm Dampfzylinder-Durchm., 76 mm Bremszylinder-Durchm. und 305 mm Hub, gebaut wie eine Brownsche Umsteuermaschine.

2. Maschine des Doppelschrauben-Schnelldampfers „Kaiserin Maria Theresia", erbaut 1898.

Jede Maschine entwickelt bei ca. 92 Umdr. 8000 indizierte Pferdestärken. Der zylindrische Kondensator aus Bronzeguß ist von der Hauptmaschine getrennt angeordnet. Diese besitzt eine Grundplatte aus Gußeisen und ist auf acht gleichlangen gußeisernen Ständern montiert (vgl. Abb. 171). Die Maschinen sind nach dem Schlickschen System ausbalanciert.

3. Eine neuzeitliche Ausführung des gleichen Typs jedoch für Betrieb mit überhitztem Dampf zeigt Abb. 172 u. 173 der Maschine des Doppelschraubendampfers

Abb. 173.

„Frederik VIII", gebaut für „Det Forenede Dampskibsselskap" von den Vulcan-Werken, Hamburg und Stettin, i. J. 1913. Leistung jeder Maschine 5000 PSi bei 86 Umdr. pro Min., 15 at. Kesselüberdruck und einer Dampftemperatur von 350° C an den Überhitzern. Hauptdimensionen vgl. Tabelle Nr. 16. Die Reihenfolge der Zylinder und Schieber vom Vorderende gezählt ist die folgende: *ND* I-Schieber, *ND* I-Zylinder, *HD*-Zylinder, *HD*-Schieber, *MD*-Schieber, *MD*-Zylinder, *ND* II-Zylinder, *ND* II-Schieber.

Die Folge der Kurbeln in Richtung des Drehsinnes ist: *HD*, *MD*, *ND* I, *ND* II.

Die Maschine ist nach Schlick ausbalanciert und weist eine hierfür sehr günstige

Anordnung auf, indem die gebaute Kurbelwelle nur in der Mitte geflanscht ist; dadurch rücken die äußeren Kurbelpaare nahe zusammen. Zu jeder Maschine gehört ein getrennter Kondensator vor 465 qm Kühlfläche, eine Dual-Luftpumpe, System Weir (Dampfzylinder-Durchm. 320 mm, Pumpenzylinder-Durchm. 2 × 620 mm) und eine Zentrifugalpumpe mit 1300 mm Raddurchmesser. Die Steuerung erfolgt durch Stephensonsche Kulisse, die Rundlauf-Umsteuermaschine hat zwei Zylinder von 2 × 150 mm Durchm. und 140 mm Hub.

4. Abb. 174 und 175 zeigen die Maschinen von Doppelschrauben-Torpedojägern (erbaut von Thornycroft & Co.).

Abb. 174.

Zylinderdurchmesser *HD* 560, *MD* 736, *ND* 2 × 762, Hub 450, Kesselüberdruck 15,5 at., Umdrehungen 390, Leistung jeder Maschine $N_i = 3000$. Die Maschinen sind auf Säulen leichtester Bauart montiert, auch die Grundplatte ist so leicht wie überhaupt möglich gehalten, so daß das Fundament in der Hauptsache durch die Längsspanten und Bodenstücke des Schiffskörpers gebildet wird.

5. Vgl. Abb. 204 § 90. Maschinen der von Thornycroft gebauten Torpedojäger Ardent, Boxer und Bruiser.

Diese Maschinen sind zwecks guter Ausnutzung des disponiblen Maschinenraums in sehr eigenartiger Weise aufgebaut, und zwar so, daß die Kolbenstangen nicht in einer Ebene angeordnet sind, sondern unter spitzem Winkel zueinander geneigt stehen.

Leistung pro Maschine 2200 PSi bei 390 Umdrehungen. Zylinderdurchmesser: *HD* 483, *MD* 686, 2 *ND*-Zylinder von je 686 mm Durchm., Hub 406 mm. Dampfspannung im Kessel 14¾ at. Das vordere Kurbelpaar steht im rechten Winkel zum hinteren Kurbelpaar; die Kurbeln jedes Paares schließen einen Winkel ein, welcher den Winkel der Zylinderachsen zu 180° ergänzt. (Es steht also immer der eine Kolben jedes Paares im oberen Totpunkt, wenn der andere im unteren Totpunkt steht und umgekehrt.) Solche Maschinen geben unter Umständen günstigen Massenausgleich (vgl. § 78).

6. Abb. 176. Maschine der Zweischrauben-Torpedoboote V 150/160, gebaut für die deutsche Kriegsmarine von den Vulcan-Werken Hamburg und Stettin im Jahre 1907. Vgl. auch Abb. 263 bis 267.

Abb. 175.

Hauptabmessungen der Maschinen siehe Tabelle Nr. 10. Höchstleistung bei der Meilenfahrt 5300 PSi pro Maschine bei 324 Umdr. i. d. Min. und 184 at. Kesselüberdruck.

Die *ND*-Zylinder sind wie bei der Torpedokreuzer-Maschine außen angeordnet, Die Gestänge sind besonders leicht gehalten, um den Schlickschen Massenausgleich günstig zu gestalten. Zylinderanordnung siehe Abb. 204. Die Reihenfolge der Kurbeln ist: *HD*-Zylinder vorangehend, 107° 40′ dagegen versetzt folgt der *MD*-Zylinder, 95° 40′ weiter *ND* I, 62° weiter *ND* II. Um kurze Maschinenräume zu erhalten, ist Klugsche Steuerung vorgesehen, wodurch die Schieberkasten alle seitlich von der Maschinenlängsebene zu liegen kommen.

Um die bei dem hohen Kesselüberdruck und dem großen *HD*-Zylinder auftretenden starken Kolbenkräfte aufzunehmen, ist Gestell und Grundplatte trotz größter Leichtigkeit besonders kräftig konstruiert. Man beachte die äußerst solide Befestigung der Säulen an der stählernen Grundplatte und die rationelle Versteifung der ersteren, außerdem die starken Abmessungen der bewegten Teile.

Abb. 176.

7. Abb. 177 stellt die Maschine eines Torpedokreuzers dar, welche von den Vulcan-Werken Hamburg und Stettin für die russische Marine erbaut wurde. Jede der beiden Maschinen des Schiffes leistet bei 340 Umdr. und 17 at. Überdruck in den Kesseln 3900 PS. Die Abmessungen der Zylinder sind die folgenden: *HD* 595, *MD* 860, *ND* 2 × 890, Hub 450 mm. Die Maschinen sind nach System Schlick ausbalanciert, und zwar nach der in § 83 beschriebenen Methode. Die Füllungen der Zylinder sind so bemessen, daß jeder *ND*-Zylinder bei forcierter Fahrt nur ca. 65 % der Leistung des *HD*- bzw. *MD*-Zylinders aufweist. Die Gestänge der außenliegenden *ND*-Zylinder sind im Hinblick hierauf im Verhältnis 65 : 100 leichter gehalten als die-

Abb. 177.

jenigen für *MD* und *HD*, woraus sich vorzügliche Verhältnisse für den Massenausgleich ergeben. Eine Kolbenbeschwerung und Gegengewichte sind zur Erzielung desselben daher nicht nötig. Der kleinste Winkel zwischen je 2 Kurbeln beträgt 68°, woraus sich eine ausgezeichnete Manövrierfähigkeit ergibt.

8. Die Photographie Abb. 178 sowie die Abb. 179, 180 und 181 zeigen die eine der beiden Maschinen des russischen Kreuzers Bogatyr, welcher i. J. 1902 von den Vulcan-Werken, Hamburg und Stettin, abgeliefert wurde[1]). Die Maschinen sind nach System Schlick gebaut, jede derselben leistet bei 150 Umdr. pro Min. 9750 PSi. Hauptdimensionen vgl. Tabelle Nr. 11. Admissionsspannung im *HD*-Zylinder 17 at. (Kesselüberdruck 18 at.) Ständer und Grundplatte sind aus Stahlguß. Die *ND*-Zylinder haben Dachschieber (siehe § 115, Schieber). Zur Umsteuerung dient eine zweizylindrige Rundlaufmaschine von je 160 mm Zylinderdurchmesser bei 130 mm Hub; die Dampf-

[1]) Vgl. Z. d. V. d. I. 1902 und Engineering 1903.

maschine zum Drehen der Maschine besitzt nur einen Zylinder gleicher Abmessungen. Für jede Maschine ist eine unabhängige Luftpumpe, System Weir, aufgestellt; jede derselben hat zwei Dampfzylinder von 318 mm Durchm., 2 Pumpenzylinder von 940 mm Durchm. bei einem Hub von 381 mm. Zu jeder Maschine gehört ein runder Kondensator von 1000 qm Kühlfläche und eine Zirkulationspumpe mit je 2 Flügelrädern von 1200 mm äußerem Durchmesser.

Abb. 178.

9. Einem ähnlichen Schiffstyp gehören die Maschinen des japanischen Panzerkreuzers „Jakumo" an, vgl. Abb. 182. Jede der beiden Maschinen leistet bei ca. 140 Umdr. 8000 indizierte Pferdestärken. Die Maschinen sind nach dem System Schlick ausbalanciert. Die Grundplatte besteht aus Stahlguß, jeder Zylinder steht auf 4 Stahlgußständern aus Rippenguß, wodurch eine sehr stabile Anordnung geschaffen wird, wenn auch die Übersichtlichkeit und Zugänglichkeit der Anlage im Vergleich zu derjenigen der vorher beschriebenen Maschine gleichen Typs dadurch etwas verliert.

§ 88. **Vierfachexpansionsmaschinen.** Auch diese werden mit den verschiedensten Zylinderanordnungen ausgeführt.

a) Am häufigsten findet man 1 *HD*-, 1 *MD* I-, 1 *MD* II- und 1 *ND*-Zylinder nebeneinander. Die 4 Kurbeln stehen meist unter je 90° oder entsprechend dem Schlickschen Massenausgleich. Die größten Zylinder liegen meist in der Mitte.

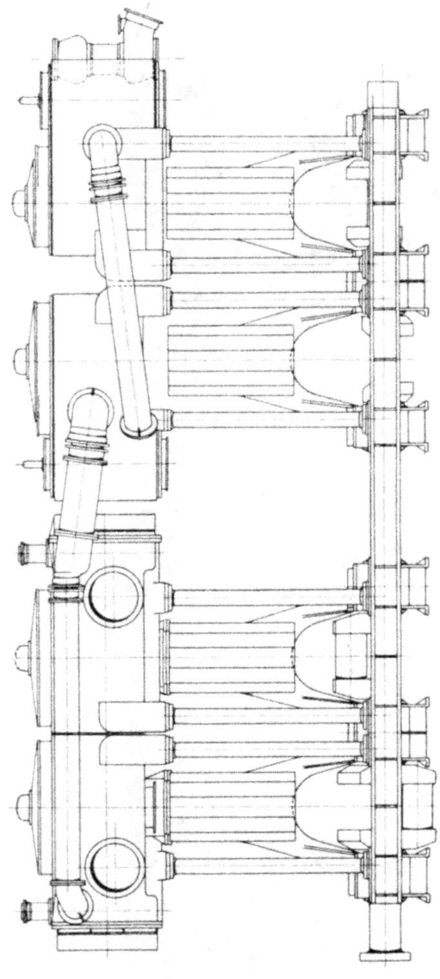

Abb. 180.

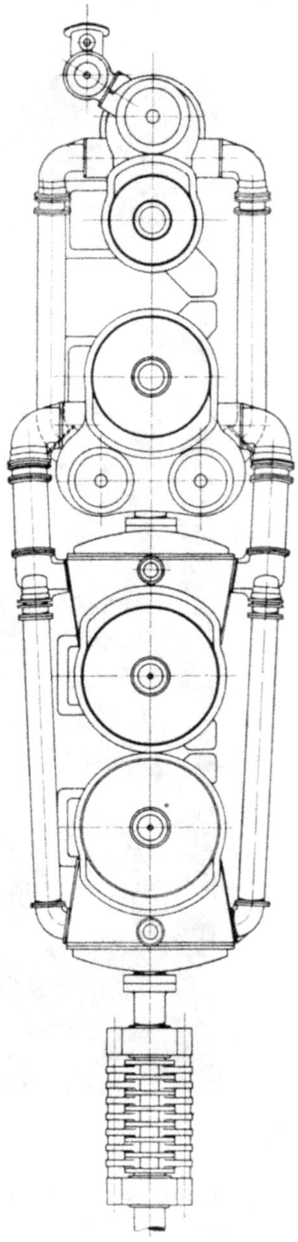

Abb. 181.

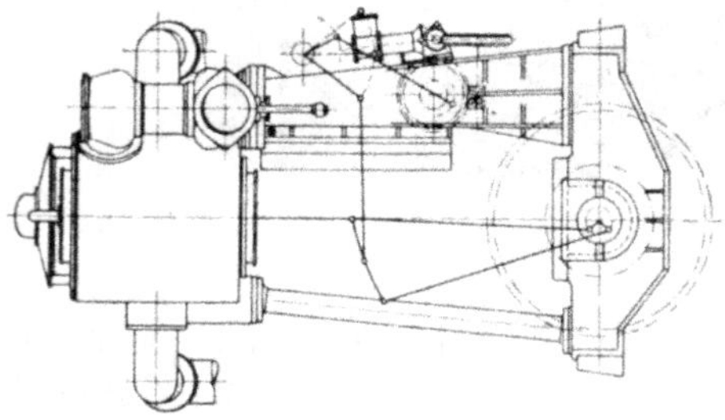

Abb. 179.

1. Abb. 183. Maschine eines Doppelschrauben-Reichspostdampfers von 4500 PSi pro Maschine, gebaut i. J. 1900.

Ständer und Grundplatten aus Gußeisen. Kulissensteuerung System Stephenson. Massenausgleich nach Schlick. *MD* II und *ND* stehen in der Mitte, *HD* vorn, *MD* I hinten. Die Hauptdimensionen sind die folgenden: Zylinder-Durchmesser 1020, 1460 und 2100 mm, Hub 1400 mm, Kesseldruck 15 at. Überdruck. Umdrehungszahl 90.

Abb. 182.

Abb. 183.

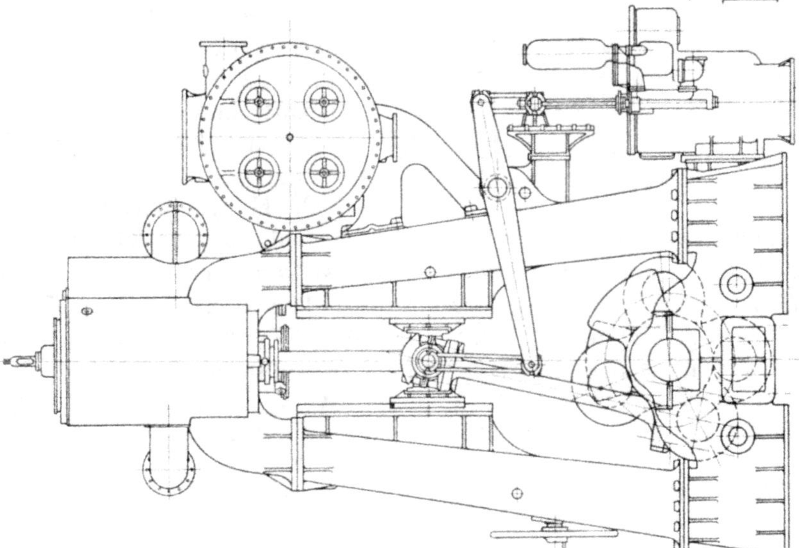

Abb. 184.

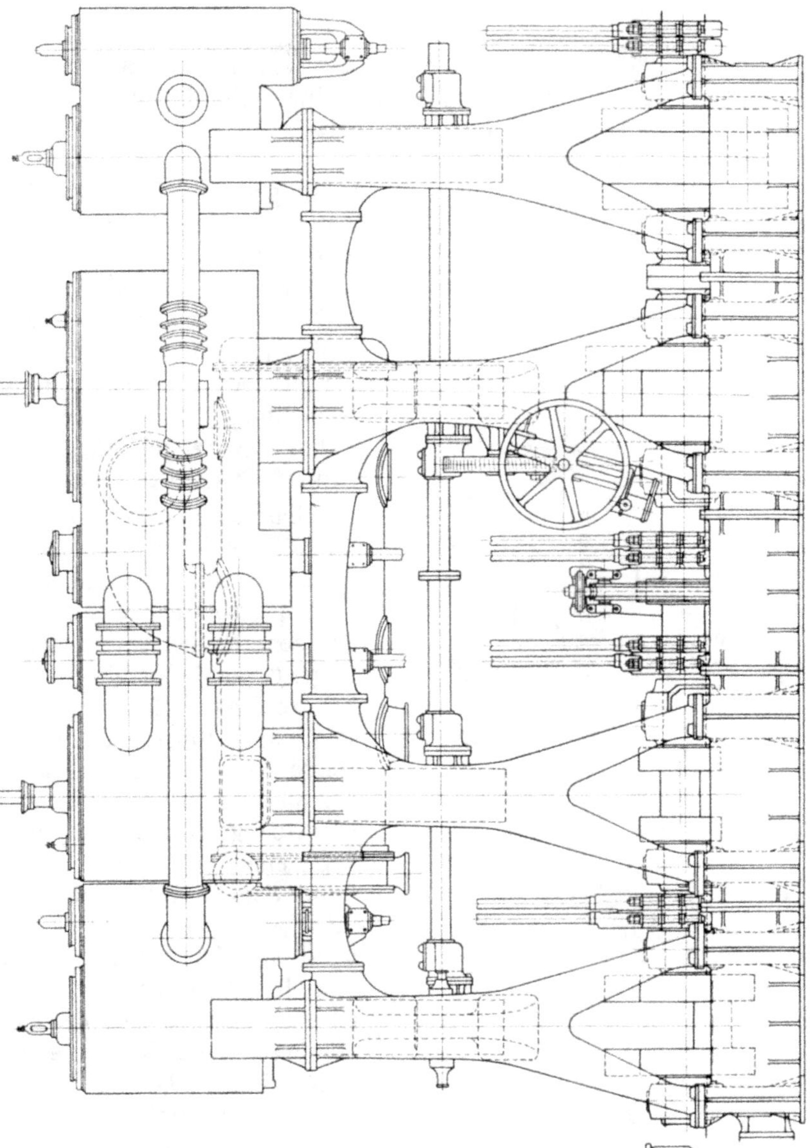

Abb. 185.

2. Abb. 184 und 185. Maschine des Doppelschraubendampfers „Cap Finisterre“[1]) erbaut für die Hamburg-Südamerikanische Dampfschiffahrts-Gesellschaft von Blohm & Voß, Hamburg, im Jahre 1911.

Hauptdimensionen siehe Tabelle Nr. 15.

Leistung jeder Maschine 5300 PSi bei 80 Umdrehungen und 15 at. Kesselüberdruck.

Die Maschine ist nach dem Schlickschen System ausbalanciert. Die Anordnung der Zylinder und Schieber ist von vorn nach hinten gezählt die folgeend: *HD*-Kolbenschieber, *HD*-Zylinder, *ND*-Zylinder, *ND*-Flachschieber, *MD* II-Flachschieber, *MD* II-Zylinder, *MD* I-Kolbenschieber, *MD* I-Zylinder. Die Reihenfolge der Kurbeln ist: *HD*-Zylinder vorangehend, es folgt *MD* I, dann *ND* und schließlich *MD* II.

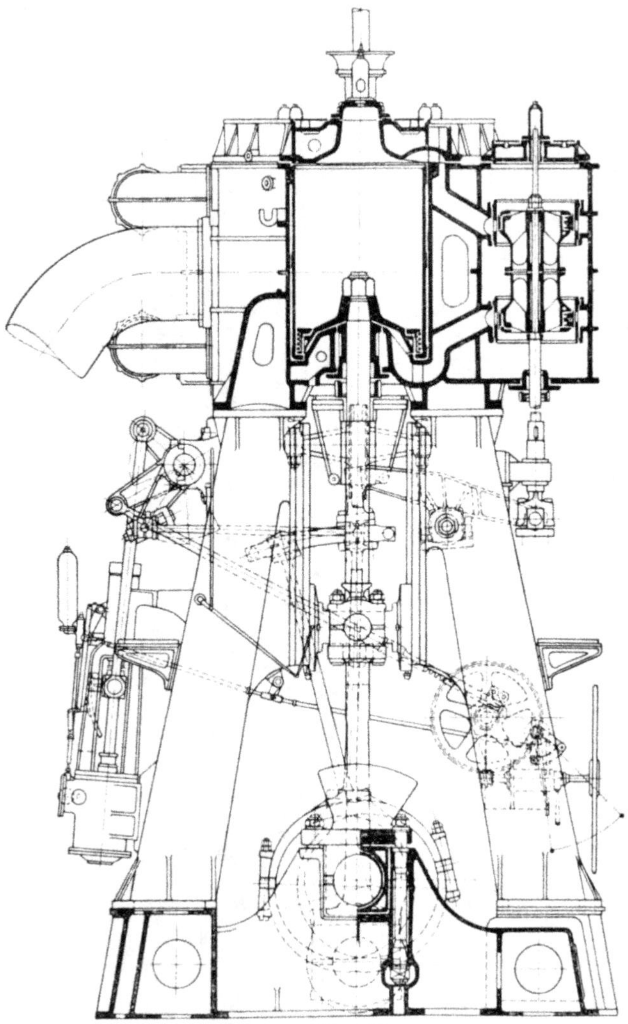
Abb. 186.

Durch die Anordnung der *MD* II- und *ND*-Schieber in der Mitte wird die Maschine für den Massenausgleich günstig, trotzdem war es erforderlich, an den beiden äußersten Kurbeln Gegengewichte anzubringen. Das gußeiserne Gestell der Maschine ist sehr solide ausgeführt, namentlich fällt die starre Verbindung der gabelförmigen Ständer an ihrem oberen Ende auf. Dieselbe gestattet ein vollkommenes Freistehen der Zylinder, welche sich somit ungehindert ausdehnen können, vgl. § 89. Steuerung: System Stephenson. Die Umsteuermaschine ist vom Rundlauftyp. Der Kondensator ist auf Konsolen an den Maschinenständern befestigt, die Luftpumpe durch einen Balanzier von der Hauptmaschine angetrieben.

3. Abb. 186 und 187. Maschine des Doppelschraubendampfers „Prinz Friedrich Wilhelm“[2]), erbaut für den Norddeutschen Lloyd von der Schiffswerft Joh. C. Tecklenborg, A.-G., Geestemünde, im Jahre 1909. Hauptabmessungen siehe Tabelle Nr. 15. Leistung jeder Maschine 7000 PSi bei 82 Umdr. und 15,5 at. Kesselüberdruck.

Die Anordnung der Zylinder und Schieber ist von vorn nach hinten gezählt die folgende: *HD*-Zylinder, *HD*-Kolbenschieber, *MD* II-Zylinder, *MD* II-Kolbenschieber, *ND*-Flachschieber, *ND*-Zylinder, dann folgt *MD* I-Zylinder, dessen Kolbenschieber aus der Mittellängsachse herausverlegt und durch doppelarmigen Hebel bewegt wird. Das Gestell ist in ganz ähnlicher Weise aufgebaut wie bei der ad 4 beschriebenen Maschine. Die Steuerung erfolgt durch Stephensonsche Kulisse. Die Umsteuermaschine

[1]) Z. d. V d. I. 1912.

[2]) Z. d. V. d. I. 1909..

ist nach System Brown gebaut, außerdem ist eine Handumsteuerung mit Schneckenrad und Zahnstange vorgesehen. An die Maschine angehängt ist eine Luftpumpe, 2 Speisepumpen, 1 Klosettpumpe und 1 Lenzpumpe.

4. Abb. 188. Maschine des Doppelschrauben-Schnelldampfers „George Washington", erbaut für den Norddeutschen Lloyd von den Vulcan-Werken, Hamburg und Stettin, im Jahre 1909.

Diese Maschine ist von sehr ähnlichem Typ wie die beiden vorgenannten, beansprucht aber besonderes Interesse wegen der hohen Leistung, welche sie entwickelt. Dieselbe beträgt bei 83 minutlichen Umdrehungen und 15 at. Kesselüberdruck 10000 PS_i. Hauptabmessungen siehe Tabelle Nr. 15. Die Anordnung der Zylinder und Schieber ist von vorn nach hinten gezählt die folgende: *HD*-Zylinder, *HD*-Kolbenschieber, *MD* II-Zylinder, *MD* I-Kolbenschieber, *ND*-Flachschieber, *ND*-Zylinder, *MD* I-Zylinder, *MD* I-Schieber. Die Reihenfolge der Kurbeln ist: *HD*-Zylinder vorangehend, 64° 17′ dagegen versetzt *MD* I, 94° 3′ darauf folgend *MD* II, hierauf unter 107° 37′ folgend *ND*.

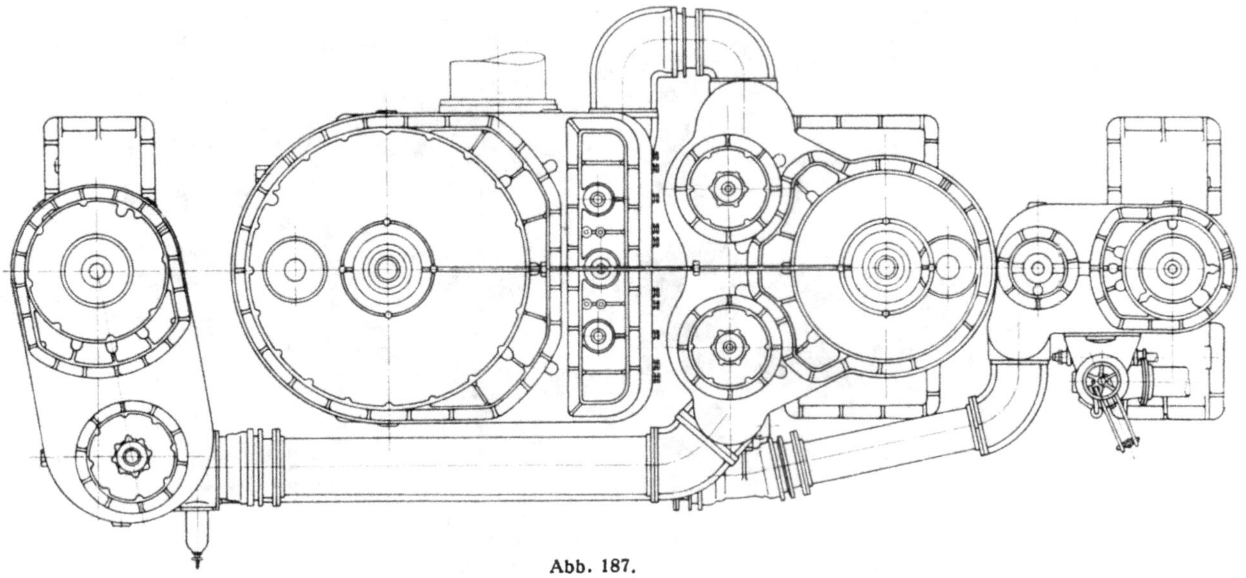

Abb. 187.

Das Gestell ist wie bei der vorher beschriebenen Maschine ganz aus Gußeisen aufgebaut. Die Ständer sind nicht gegabelt. Die Steuerung erfolgt durch Stephensonsche Kulisse. Die Umsteuermaschine ist eine zweizylindrige Rundlaufmaschine. Dampfzylinder-Durchmesser 180 mm, Hub 180 mm. Der Kondensator ist neben der Maschine angeordnet und steht auf einem aus stählernen Säulen gebildeten Fundament. Als Luftpumpen sind separate Dampfpumpen, System Weir, vorgesehen.

b) Bei sehr großen Maschinen muß aus den früher genannten Gründen der Niederdruckzylinder geteilt werden. Man baut dann die Maschine mit 5 Zylindern als Dreikurbelmaschine oder mit 6 Zylindern als Vierkurbelmaschine. Ein Beispiel der letzteren Anordnung ist die Maschine des Schnelldampfers „Deutschland" (Abb. 189). Erbaut für die Hamburg-Amerika-Linie von den Vulcan-Werken Hamburg und Stettin. A. G. i. J. 1908. Leistung jeder der beiden Maschinen $N_4 = 17000$ PSi, $n = 78$. Zylinderdurchmesser 2 · 930, 1870, 2640, 2 · 2700 mm, Hub 1850 mm, Kesselspannung 15 at. Überdruck. Umsteuerung: Stephensonsche Kulisse.

Abb. 188.

Abb. 189.

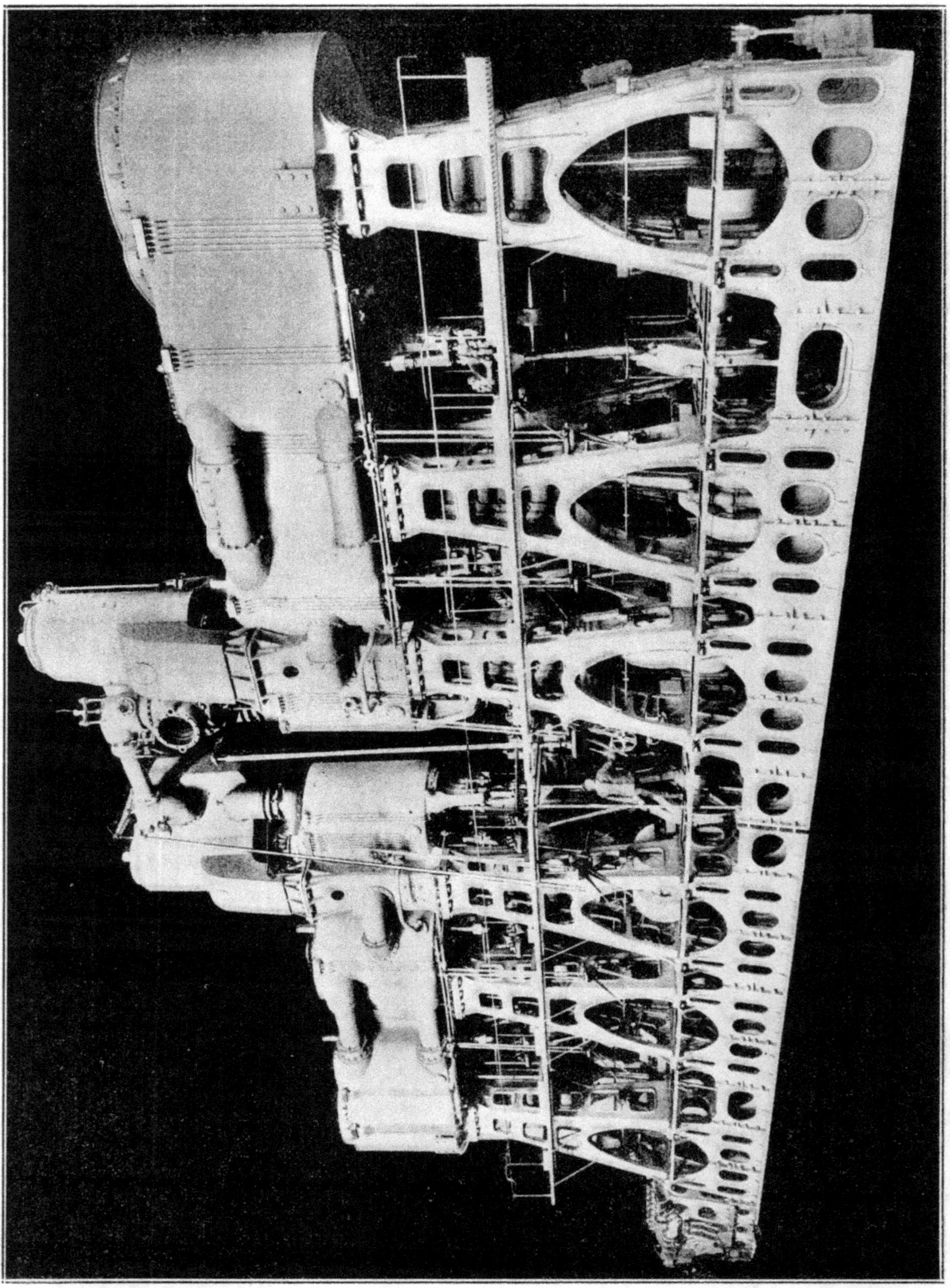

Abb. 190.

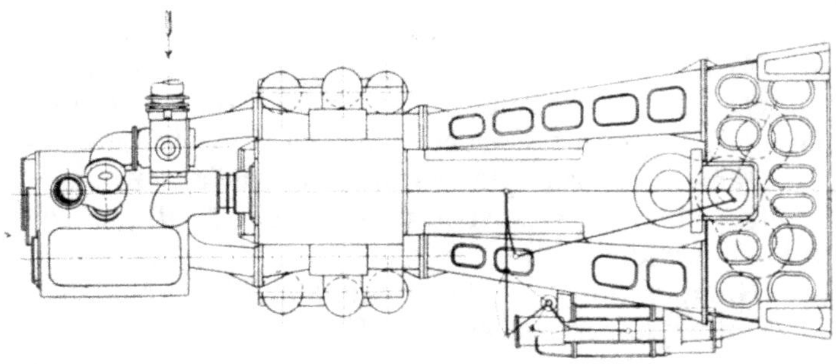

Abb. 193.

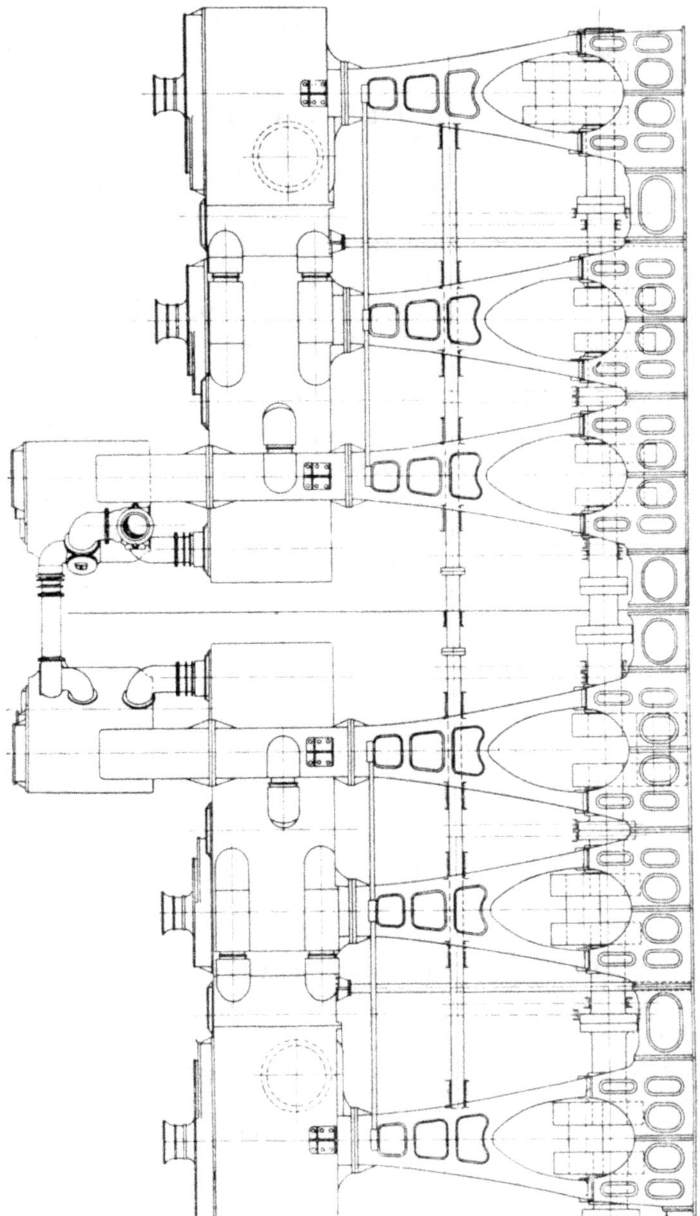

Abb. 191.

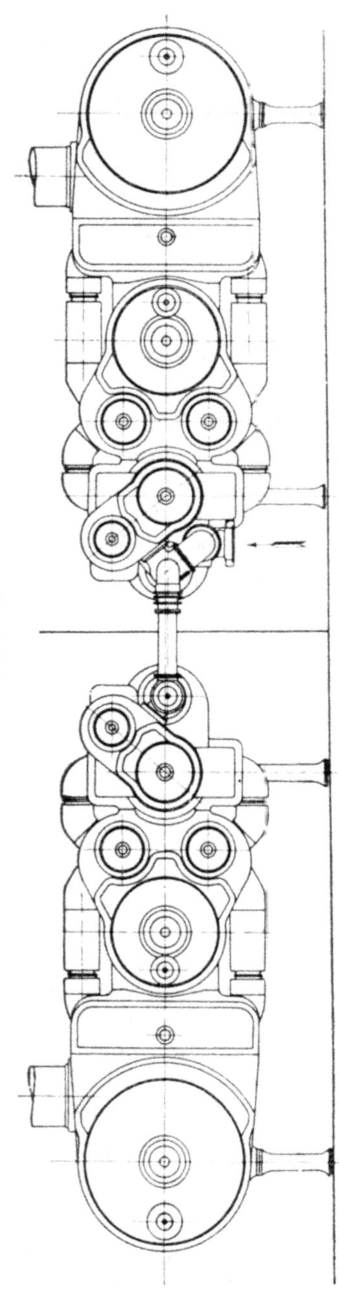

Abb. 192.

Die vorderste der 4 Kurbeln, welche nach dem Schlickschen System gegeneinander versetzt sind, wird von dem ersten *MD*-Zylinder angetrieben. Dann folgen die beiden *ND*-Zylinder; auf die hinterste Kurbel arbeitet der zweite *MD*-Zylinder. Auf dem Deckel jedes *ND*-Zylinders ist ein *HD*-Zylinder[1]) angeordnet. Jeder Zylinder ist von 4 Stahlgußständern getragen, welche auf einer stählernen Grundplatte ruhen. Die beiden Kondensatoren sind an den Bordseiten aufgestellt; jeder derselben hat eine Kühlfläche von 2000 qm, welche von 5320 Kühlrohren gebildet wird.

Die Luftpumpen, je eine pro Kondensator (also auch pro Maschine), sind von Blake geliefert. Jede besitzt zwei Dampfzylinder von 457 mm Durchm., zwei Pumpenzylinder von 1118 mm Durchm. und einen Hub von 610 mm. Zu jedem Kondensator gehören ferner zwei Zirkulationspumpen von 1200 mm äußerem Flügelraddurchmesser und einer zweiseitigen Einströmungsöffnung von 500 mm, direkt gekuppelt mit einer Compoundmaschine, deren *HD*-Zylinderdurchm. 280 mm, *ND*-Zylinderdurchm. 500 mm und deren Hub 300 mm beträgt.

Umsteuerungs- und Drehvorrichtungsmaschine besitzen ähnliche Abmessungen wie bei der Maschine des Schnelldampfers „Kaiser Wilhelm der Große".

Die Maschinen des Schnelldampfers „Kronprinz Wilhelm" sind nach demselben System gebaut wie die des Schnelldampfers „Deutschland".

c) Einen Typ für sich bilden die Maschinen der Schnelldampfer „Kaiser Wilhelm II." und „Kronprinzessin Cecilie", welche ebenfalls von den Vulcan-Werken, Hamburg und Stettin, in den Jahren 1903 und 1907 erbaut sind. Die Anordnung derselben zeigen die Abb. 190 bis 193. Jede der beiden Kurbelwellen hat im ganzen 6 Kurbeln. Die Reihenfolge der Zylinder, welche diese Kurbeln antreiben, von hinten angefangen ist: *ND*-Zylinder, *MD* II-Zylinder, *MD* I- und *HD*-Zylinder übereinander angeordnet; dann wieder *MD* I- und *HD*-Zylinder übereinander, *MD* II- und *ND*-Zylinder. Es werden also gewissermaßen die drei hinteren und die drei vorderen Kurbeln von je einer vollständigen Vierfachexpansionsmaschine in Bewegung versetzt. Ein wasserdichtes Schott trennt die hintere von der vorderen dieser Dreikurbelmaschinen. Die Kurbelanordnung geht aus Abb. 194 und 195 hervor.

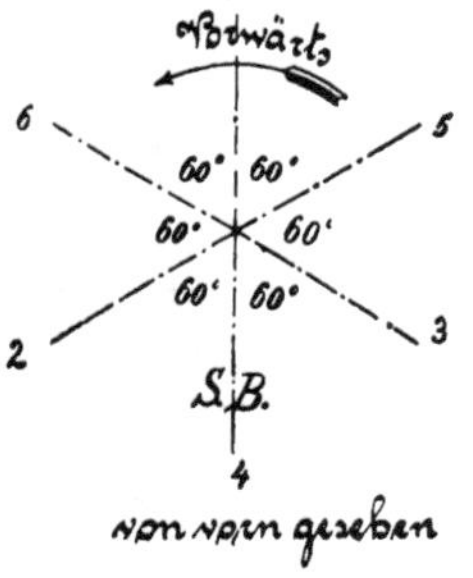

Abb. 194.

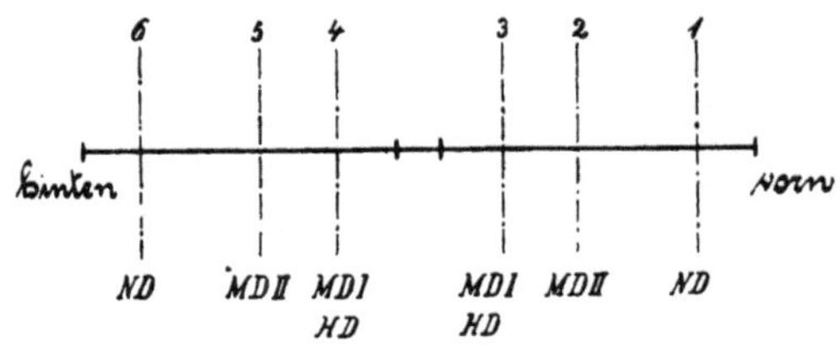

Abb. 195.

Die beiden Maschinen *BB* und *St.B.* leisten zusammen bei einer Kesselspannung von 15 at. Überdruck und ca. 80 Umdrehungen pro Min. ca. 40000 PSi.

Die Dimensionen sind die folgenden:

HD-Zylinderdurchm.	. . . .	950 mm
MD I- „	. . . .	1250 „
MD II- „	. . . .	1900 „
ND- „	. . . .	2850 „

[1]) Auf der Photographie Abb. 189 fehlen die auf den Deckeln der *ND*-Zylinder montierten beiden *HD*-Zylinder. Anordnung derselben siehe Zylinderschnitte unter „Dampfzylinder". Eingehende Beschreibung dieser Maschinen siehe Z. d. V. d. I., Jahrg. 1900.

Hub . . . . 1800 mm
Kurbelwellendurchm. der vorderen 3 Kurbeln 530 „
Kurbelwellendurchm. der hinteren 3 Kurbeln 635 „
Kurbelzapfendurchm. bei allen 6 Kurbeln . 635 „
Gesamtlänge der Kurbelwelle vom vordersten Ende bis zum hintersten Kupplungsflansch 21950 „

Die Kondensatoren, je einer für jedes Aggregat von drei Kurbeln, also je zwei auf *BB* und *StB*, haben pro Stück 1090 qm Kühlfläche. Zu jedem Kondensator gehört eine unabhängige Zwillingsluftpumpe von 2 × 343 mm Dampfzylinderdurchmesser, 2 × 838 mm Pumpenzylinderdurchmesser bei 533 mm Hub und eine Zirkulationspumpe mit einzylindriger Dampfmaschine von 310 mm Zylinderdurchmesser bei 250 mm Hub.

Auf *BB* und *StB* sind je zwei Umsteuermaschinen, System Brown, angeordnet, deren Schieber durch ein Gestänge verbunden sind und durch einen einzigen Handhebel bewegt werden können.

Die Kurbelwelle ist aus Nickelstahl. Jeder Zylinder ruht auf je zwei Ständern aus Stahlguß (Hohlguß mit großen Öffnungen); bei dem 4 Jahre später gebauten Schwesterschiff „Kronprinzessin Cecilie" wurden diese Öffnungen weggelassen, um die Herstellung dieser Stahlgußstücke zu erleichtern. Die Grundplatte besteht aus Stahlgußquerträgern, welche mittels Ansätzen in der Längsrichtung zusammengeschraubt sind.

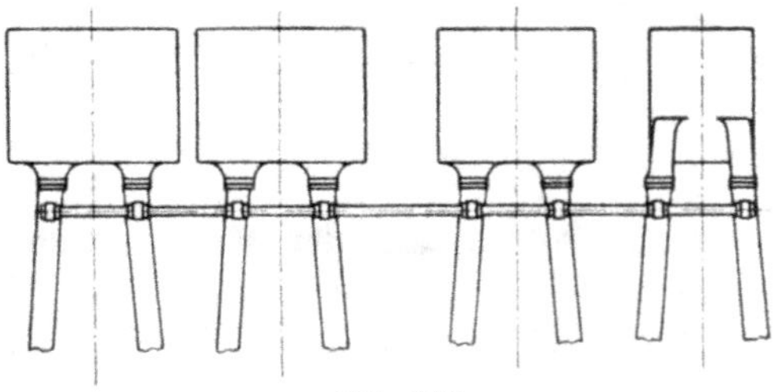

Abb. 196.

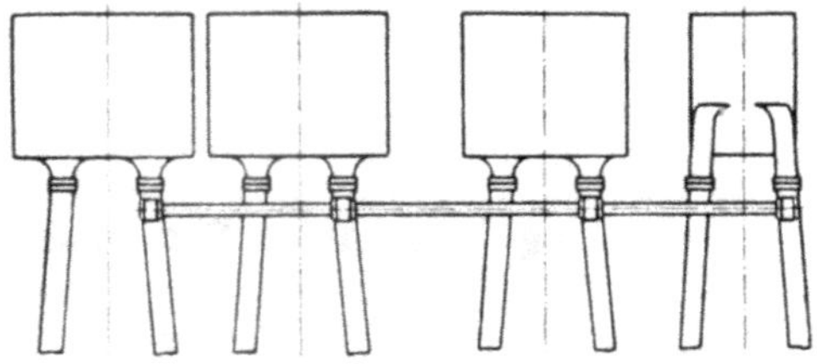

Abb. 197.

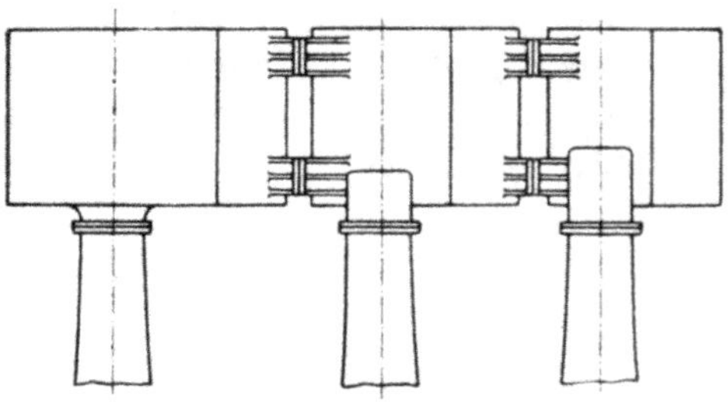

Abb. 198.

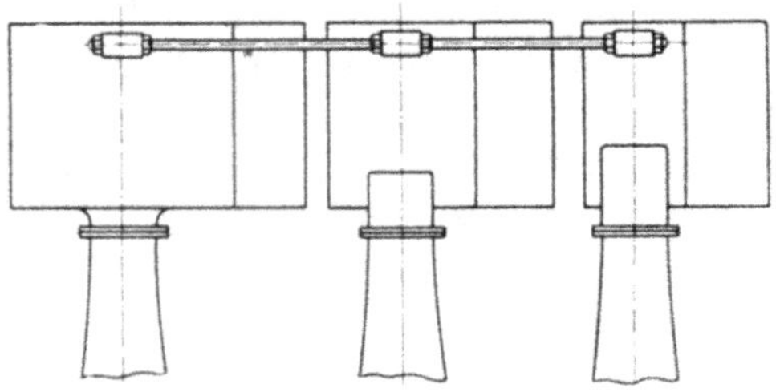

Abb. 199.

§ 89. **Längsverbindung der Zylinder.** Man strebt im allgemeinen danach, die ganze Maschine zu einem einzigen, möglichst steifen Ganzen auszubilden. Dies ist für die Standfestigkeit der einzelnen Zylinder sowie in Rücksicht auf die Wirksamkeit des Massenausgleiches (vgl. § 74) ein Erfordernis. Den genannten Zweck erreicht man außer durch Anwendung starker Grundplatten und Maschinenfundamente durch kräftige Verbindung der Zylinder oder der oberen Ständerenden oder durch Längsversteifung mittels Diagonalstreben.

Bei großen Maschinen sollte bei Verbindung der Zylinder deren Wärmeausdehnung tunlichst Rechnung getragen werden, d. h. die Längsanker oder Verbindungsfüße sollten so angebracht werden, daß jeder Zylinder sich ausdehnen kann, ohne die nächsten Zylinder aus deren Lage zu schieben (vgl. Abb. 196 und 197). Erstere Anordnung ist weniger gut als letztere, welche der Ausdehnung der Zylinder freien Spielraum gewährt.

Ebenso sind die Anordnungen Abb. 199 und 200 der Anordnung Abb. 198 vorzuziehen.

Verschiedene Ausführungen von Längsankern zeigen die Abb. 167, 168 u. a.

Wenn Diagonalen in der Längsrichtung der Maschine angebracht sind, muß die Befestigung derselben in der Mitte des Zylinderkomplexes erfolgen, aber nicht an den Enden desselben, weil sonst die Ausdehnung desselben gehemmt wäre (s. Abb. 201). Die ausgezogene Anordnung ist richtig; die strichpunktierte dagegen falsch.

Bei kleinen Maschinen spielt der geringeren Dimensionen wegen die Ausdehnung der Zylinder keine Rolle; man findet daher auch bei solchen ohne Nachteil aus einem Stück gegossene oder wenn die Abmessungen größer (bis zu einer Länge des Zylinderkomplexes von etwa 6 bis 7 m) zusammengeschraubte Zylinderkomplexe; vgl. § 109 (Zylinder).

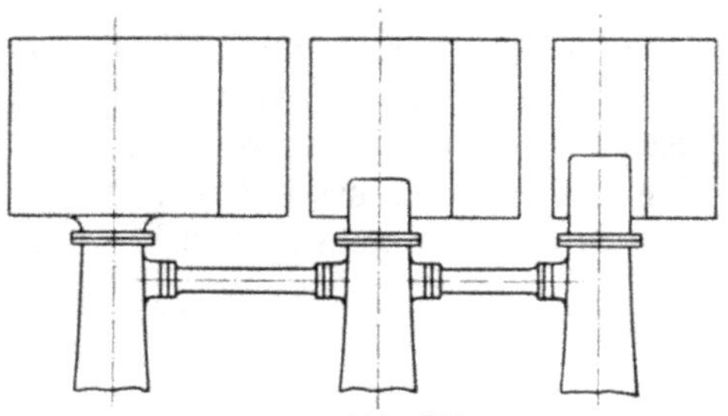

Abb. 200.

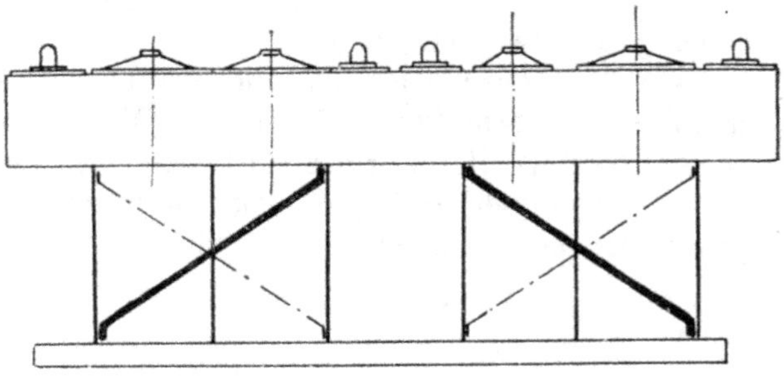

Abb. 201.

§ 90. **Einige allgemeine Bemerkungen über die Anordnung der Hauptmaschine.** (Vgl. hierzu Bd. II über die Anordnung ganzer Maschinenanlagen im Schiff.) Die Anordnung der Zylinder hängt wesentlich von der Wahl der Schieber ab. Bei Dreifach-Expansionsmaschinen gibt man dem *HD*- und häufig auch dem *MD*-Zylinder Kolbenschieber, dem *ND*-Zylinder Flachschieber; bei Vierfach-Expansionsmaschinen gibt man auch dem zweiten Mitteldruckzylinder manchmal Flachschieber. Im allgemeinen vermeidet man, wegen der Gefahr des Anfressens, große Flachschieber in Dampf von einigermaßen hoher Spannung (über 4 bis 6, selten bis 8 at.) arbeiten zu lassen. Bei Heißdampfmaschinen kann nur für den *ND*-Zylinder die Anwendung des Flachschiebers in Frage kommen.

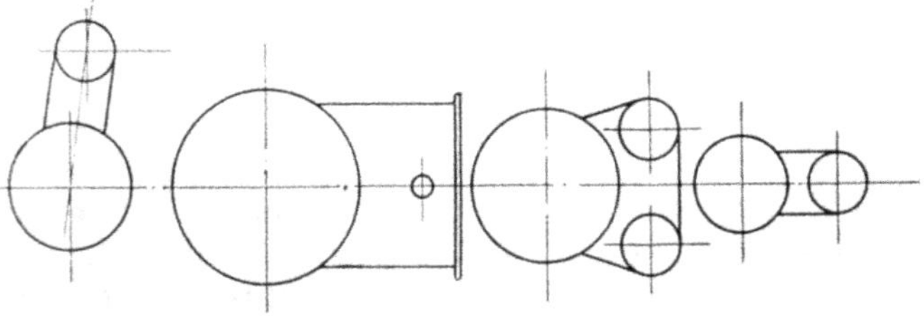

Abb. 202.

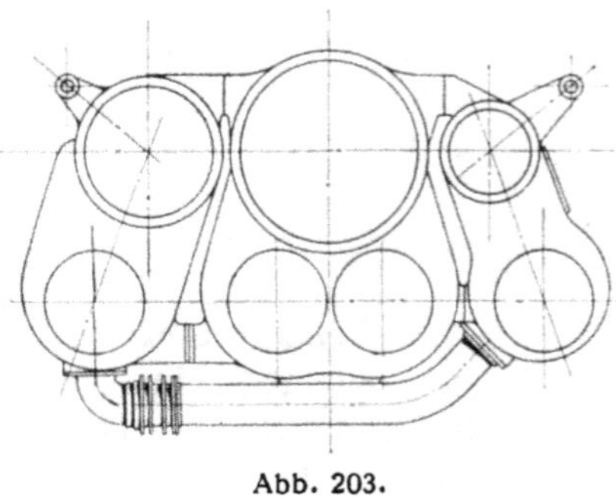

Abb. 203.

Bei großen Leistungen verwendet man zwei Kolbenschieber resp. zwei Flachschieber nebeneinander in einem Schieberkasten. Vgl. zu vorstehendem auch § 109.

Will man sehr kurze Maschinen haben, so wählt man eine Steuerung, bei welcher die Schieber seitlich vom Maschinenmittel zu liegen kommen, etwa Heusingersteuerung oder Klugsche Steuerung (s. § 131 u. 134) oder man treibt einen oder mehrere Schieber durch doppelarmige Hebel, welche schräg zur Maschinenachse stehen, an (vgl. hierzu Abb. 187 und 202).

Eine ganz besonders kurze Maschinenanordnung mit 3 Kurbeln, welche für Kriegsschiffe verwendet worden ist, zeigt Abb. 203 (Klugsche Steuerung oder Marschallsteuerung und ähnliche Systeme). Desgleichen mit 4 Kurbeln und Massenausgleich siehe Abb. 204. Vgl. § 92 über die Länge von Maschinen.

Sollen die Kurbelwellenstücke alle genau gleich werden, so ist man mit der Wahl der Zylinderdistanzen nicht ganz frei, insofern als man nur zwei lange oder zwei kurze oder ein kurzes und ein langes Wellenende zusammensetzen kann (s. Kurbelwelle). Bei leichten Kriegsschiffsmaschinen, deren Kurbelwellen aus einem Stück geschmiedet sind, fällt diese Rücksicht weg.

Bei Maschinen mit Massenausgleich werden die Schieberkasten der Zylinder so placiert, daß sowohl die Zylinderdistanzen, als auch die Lage der Exzenter für den Ausgleich günstig werden (s. „Massenausgleich“ § 76).

Bei Maschinen ohne Massenausgleich werden manchmal die Zylinder möglichst nahe aneinander gedrängt, in der Absicht, die kippenden Momente der Maschine in der Längsebene, welche die Massendrücke hervorrufen, tunlichst zu verringern (vgl. § 73).

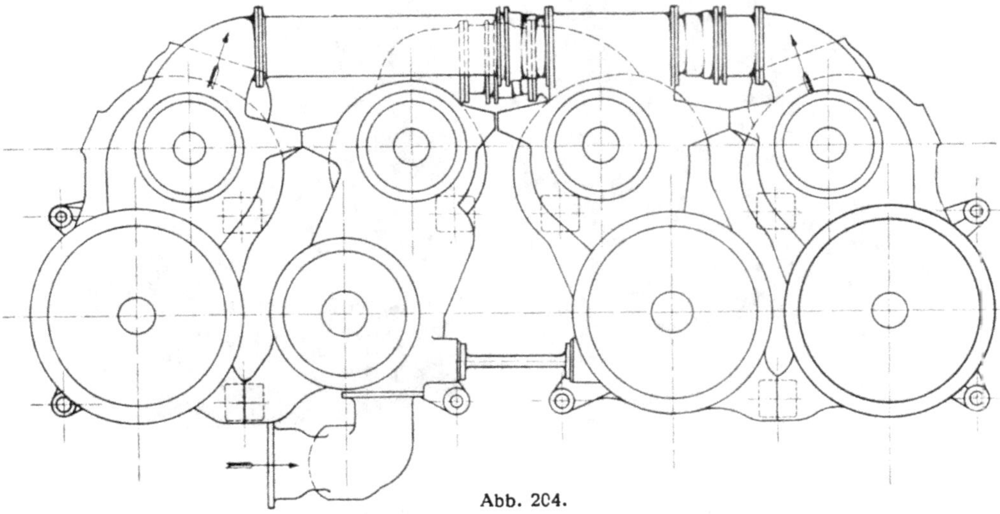

Abb. 204.

Um den disponiblen Maschinenraum auf das äußerste auszunutzen und um namentlich auch an Höhe zu sparen, hat Thornycroft Maschinen für Torpedoboote und Torpedojäger konstruiert, deren Zylinder auf schrägen Säulen montiert sind, deren Kolbenstangen also spitze Winkel miteinander einschließen (Abb. 205).

Während man mit Rücksicht auf den Massenausgleich die großen Zylinder gern in die Mitte legt, ist es aus Betriebsrücksichten vorteilhaft, die *ND*-Zylinder nach außen zu legen, so daß die Schieberkastendeckel der Flachschieber an das vordere und hintere Ende der Maschine zu liegen kommen. Man kann dann die Schieber leicht herausnehmen und revidieren (Abb. 206).

Wenn ein Flachschieber zwischen zwei Zylindern liegt und für das Herausziehen nach oben nicht genügend freie Höhe vorhanden ist, sollte man zwischen Schieberkastendeckel und Zylinder Raum genug geben, um den Schieber bequem demontieren zu können. Diese Regel betrifft im allgemeinen nur Kriegsschiffe.

Während früher bei Handelsschiffsmaschinen der Kondensator fast immer, auch bei den größten Maschinen, in die Maschine eingebaut wurde, ist dies heute nur noch bei kleinen Maschinen bis etwa 500 PSi der Fall. Bei größeren Maschinen wird er besonders aufgestellt, d. h. entweder mittels Konsolen an den hinteren Ständern befestigt oder ganz getrennt von der Maschine angeordnet.

Ist bei Einschraubenschiffen mit einseitigen Geradführungen die Schraube rechtsgängig, dann liegen die Geradführungen auf der B.B.-Seite und der Maschinistenstand fast stets auf der St.B.-Seite. Der Kondensator wird dann auf der B.B.-Seite angeordnet. Ebenso werden angehängte Pumpen immer auf der vom Maschinistenstand abgewendeten Seite eingebaut.

Abb. 205.

Bei Doppelschraubendampfern befindet sich der Maschinistenstand meistens in der Mitte des Schiffes, zwischen beiden Maschinen, während die Kondensationen und angehängten Pumpen an den Bordseiten untergebracht sind.

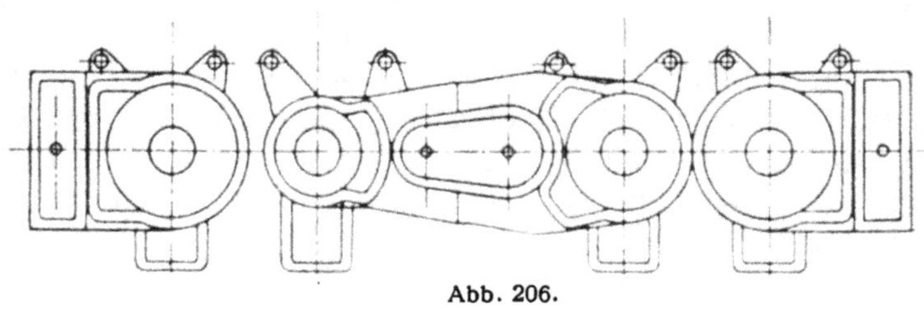

Abb. 206.

Die Lage der Umsteuerwelle bei Kulissensteuerung hängt von verschiedenen Erwägungen ab, und zwar einmal davon, ob die Exzenterstangen offen oder gekreuzt (vgl. § 130) angeordnet werden sollen, ferner von den Platzverhältnissen auf der Seite des Kondensators. Zweckmäßig ist es wegen der Bedienung der Maschine, sie entweder auf der Hinterseite anzuordnen oder, falls sie auf der Seite des Maschinistenstandes liegen soll und die Gesamthöhe der Maschine dies zuläßt, so hoch anzuordnen, daß man darunter hindurchgehen kann.

§ 91. **Das Anspringen der Maschine.** Da mit allen Schiffsmaschinen, insbesondere mit denen für Kriegsschiffe, rasch manövriert werden muß, ist es notwendig, daß dieselben leicht anspringen, d. h. in Gang gebracht werden können. Dieser Umstand ist bei der Wahl der Kurbelstellung zu berücksichtigen.

Man bringt bei fast allen Schiffsmaschinen sog. Hilfsschieber (s. § 108) an, mittels welcher man entweder in den *MD*- oder *ND*-Receiver oder auf Boden- bzw. Deckelseite von *MD*- oder *ND*-Zylinder frischen Dampf einlassen kann.

Wohin der Hilfsdampf geleitet werden muß, darüber gibt die Vorrichtung Abb. 207 für eine Dreikurbelmaschine Aufschluß.

In die konzentrischen Ringe, von denen der äußerste für den *ND*-, der mittlere für den *MD*- und der innerste für den *HD*-Zylinder gilt, sind die Füllungen eingetragen.

Man drehe den Stern, auf welchem die Kurbeln in ihrer richtigen gegenseitigen Lage verzeichnet sind, um den Mittelpunkt durch alle Lagen. Fällt immer eine der Kurbeln innerhalb des Füllungsbogens des zugehörigen Zylinders, so kann die Maschine anspringen, falls der betreffende Zylinder aus dem zugehörigen Schieberkasten frischen Dampf bekommt. Dabei ist zu berücksichtigen, daß, bis etwa 20° vom Totpunkt gerechnet, die Kurbel meist kein genügendes Drehmoment ausübt, um die Maschine in Bewegung zu setzen.

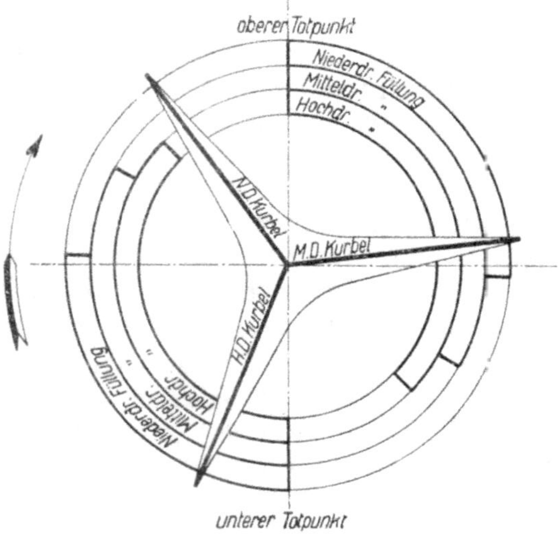

Abb. 207.

Die Vorrichtung zeigt, bei welchen Kurbelstellungen die Maschine nicht ohne weiteres anspringt und für welchen Zylinder Receiverhilfsdampf oder Boden- resp. Deckelhilfsdampf vorzusehen ist.

Wenn bei einer bestimmten Lage der Kurbelwelle keine der Kurbeln in den zugehörigen Füllungsbogen zu stehen kommt, so springt die Maschine mit Receiverhilfsdampf nicht an. Ist kein Boden- oder Deckelhilfsdampf vorgesehen, so muß man in diesem Fall die Steuerung überlegen, und erst nachdem ein Anspringen nach rückwärts erfolgt und die Kurbelstellung günstiger geworden ist, kann man die Maschine vorwärts angehen lassen; beim Anlassen auf Rückwärtsgang kann man ebenso verfahren.

§ 92. **Länge der Hauptmaschinen.** Um sich für Projekte ein Bild von dem Raumbedarf der Maschine in ihrer Längenausdehnung zu machen, kann man letztere zur Summe der Zylinderdurchmesser in Beziehung bringen. Sei L die Länge der Maschine über die Außenkante des Zylinderkomplexes gemessen und bedeute H, M, N usw. den Zylinderdurchmesser in Metern, so findet man

bei Dreifach-Expansionsmaschinen mit 3 Zylindern nebeneinander und Stephensonscher Steuerung

$$L = 1{,}8\,(H + M + N) \text{ bis } 2{,}1\,(H + M + N),$$

bei do. mit Klug-, Marshall- oder Heusingersteuerung

$$L = 1{,}45\,(H + M + N) \text{ bis } 1{,}65\,(H + M + N),$$

bei do. mit vier Zylindern nebeneinander und Stephensonscher Steuerung

$$L = 1{,}75\,(H + M + N\,I + N\,II) \text{ bis } 2\,(H + M + N\,I + N\,II),$$

bei Vierfach-Expansionsmaschinen mit vier Zylindern nebeneinander und Stephensonscher Steuerung ebenfalls

$$L = 1{,}75\,(H + M\,I + M\,II + N) \text{ bis } 2\,(H + M\,I + M\,II + N).$$

II. Abschnitt.

Details der Hauptmaschine. Dampfzylinder.

§ 93. **Allgemeines.** Die Zylinder können entweder einwandig oder doppelwandig ausgeführt werden. Doppelwandige Zylinder werden heute stets in der Weise hergestellt, daß in den Zylindermantel ein besonderer Arbeitszylinder eingesetzt wird.

Einwandige Zylinder werden gewöhnlich bei sehr leicht gebauten Hauptmaschinen (Kriegsschiffe) oder bei Maschinen für gewöhnliche kleine bis mittlere Fracht- und Passagierdampfer und bei allen Hilfsmaschinen angewendet, d. h. überall da, wo entweder auf Gewichtsersparnis oder auf Einfachheit und Billigkeit gesehen wird.

Doppelwandige Zylinder werden dagegen angeordnet, wo (meist nur zwecks leichteren Anwärmens) Mantelheizung vorgesehen ist oder ein Auswechseln des eigentlichen Arbeitszylinders möglich sein soll. Vielfach wird aus diesem Grunde nur der Hochdruckzylinder, häufig auch noch der Mitteldruckzylinder mit einem besonderen Einsatz versehen, während der Niederdruckzylinder oft keinen solchen erhält und dafür nur in seiner Wandstärke für etwaiges Nachbohren etwas kräftiger ausgeführt wird.

Die Dampfzylinder werden immer aus bestem feinkörnigen Gußeisen angefertigt, um der durch die gleitende Reibung zwischen Kolbendichtungsring und Zylinderwand, besonders bei Verwendung von hochüberhitztem Dampf, bedingten Abnutzung möglichsten Widerstand entgegenzusetzen. Näheres hierüber siehe bei „Dampfkolben."

§ 94. **Dampfgeschwindigkeiten.** Der Berechnung der verschiedenen Kanalquerschnitte, Überströmkanäle usw. wird immer die mittlere Kolbengeschwindigkeit c zugrunde gelegt, welche der normalen Umdrehungszahl der Maschine entspricht.

Es ist:

$$c = \frac{s \cdot n}{30} \text{ m/sek.}$$

Hierin bedeutet: c die Kolbengeschwindigkeit in m in der Sekunde,
s den Kolbenhub in m,
n die Drehzahl in der Minute.

Die mittlere Dampfgeschwindigkeit v in den Kanal- oder Rohrquerschnitten verhält sich zur Kolbengeschwindigkeit c wie der Zylinderquerschnitt zum Kanalquerschnitt. Der Wert von v wird bei normal gebauten Maschinen gewählt:

1. Im Hauptdampfrohr $v = 30 - 40$ m i. d. Sek. Bei sehr langen Dampfleitungen ist die Geschwindigkeit etwas geringer zu nehmen.
2. In den Dampfkanälen
   des *HD*-Zylinders $v = 25$ bis 30 m i. d. Sek.,
   „ *MD*- „ $v = 30$ „ 36 „ „ „ „
   „ *ND*- „ $v = 36$ „ 42 „ „ „ „
3. In den Ausströmungskanälen und Überströmrohren
   des *HD*-Zylinders $v = 20$ bis 24 m i. d. Sek.,
   „ *MD*- „ $v = 24$ „ 28 „ „ „ „
   „ *ND*- „ $v = 29$ „ 34 „ „ „ „

Bei sehr leicht gebauten schnellgehenden Maschinen, bei denen es sehr auf Gewichts- und Raumersparnis und weniger auf Ökonomie ankommt und dort, wo überhitzter Dampf in Frage kommt, können die angeführten Dampfgeschwindigkeiten um etwa 10 bis 20% erhöht werden.

Hat man die Dampfgeschwindigkeit passend gewählt, so ergibt sich der Querschnitt f der Kanäle aus der Gleichung:

$$f = \text{Kolbenfläche} \times \frac{\text{Kolbengeschwindigkeit}}{\text{Dampfgeschwindigkeit am Kanal}}.$$

Tabelle Nr. 27.

Querschnitte der Dampfwege.

Kolben-geschwin-digkeit in m	Durchm. des Haupt-dampfrohres (*HD*-Zyl.-ϕ = 1)	Querschnitt der Einströmkanäle (Kolbenfläche = 1)			Querschnitt der Ausströmkanäle (Kolbenfläche = 1)		
		HD-Zylinder	*MD*-Zylinder	*ND*-Zylinder	*HD*-Zylinder	*MD*-Zylinder	*ND*-Zylinder
2,00	0,258—0,224	0,08—0,067	0,067—0,056	0,056—0,049	0,10 —0,083	0,083—0,072	0,069—0,059
2,25	0,274—0,237	0,09—0,075	0,075—0,063	0,063—0,054	0,112—0,094	0,094—0,080	0,078—0,066
2,5	0,289—0,250	0,10—0,083	0,083—0,069	0,069—0,06	0,125—0,104	0,104—0,089	0,086—0,073
2,75	0,303—0,262	0,11—0,092	0,092—0,076	0,076—0,066	0,138—0,115	0,115—0,098	0,095—0,081
3,0	0,316—0,274	0,12—0,100	0,100—0,083	0,083—0,071	0,150—0,125	0,125—0,107	0,103—0,088
3,25	0,329—0,285	0,13—0,108	0,108—0,090	0,090—0,077	0,163—0,135	0,135—0,116	0,112—0,096
3,5	0,342—0,296	0,14—0,177	0,117—0,097	0,097—0,083	0,175—0,146	0,146—0,125	0,121—0,103
3,75	0,354—0,306	0,15—0,125	0,125—0,104	0,104—0,089	0,188—0,156	0,156—0,134	0,129—0,110
4,0	0,365—0,316	0,16—0,133	0,133—0,111	0,111—0,095	0,200—0,167	0,167—0,143	0,138—0,118
4,25	0,377—0,326	0,17—0,141	0,141—0,118	0,118—0,101	0,212—0,177	0,177—0,152	0,146—0,125
4,5	0,387—0,334	0,18—0,15	0,150—0,125	0,125—0,107	0,225—0,188	0,188—0,160	0,155—0,132
4,75	0,397—0,345	0,19—0,158	0,158—0,132	0,132—0,113	0,237—0,198	0,198—0,170	0,164—0,140
5,0	0,409—0,354	0,20—0,167	0,167—0,139	0,139—0,119	0,250—0,208	0,208—0,178	0,172—0,147
5,25	0,418—0,362	0,21—0,175	0,175—0,146	0,146—0,125	0,263—0,219	0,219—0,188	0,181—0,155
5,5	0,428—0,371	0,22—0,183	0,183—0,153	0,153—0,131	0,275—0,229	0,229—0,197	0,189—0,162
5,75	0,438—0,379	0,23—0,192	0,192—0,160	0,160—0,137	0,287—0,239	0,239—0,205	0,198—0,169
6,00	0,447—0,387	0,24—0,20	0,20 —0,167	0,167—0,143	0,30 —0,25	0,25 —0,214	0,207—0,176
Dampf-geschwin-digkeit in m p. Sek.	**30—40**	**25—30**	**30—36**	**36—42**	**20—24**	**24—28**	**29—34**

In der vorstehenden Tabelle sind für verschiedene Kolbengeschwindigkeiten die Kanalquerschnitte (Kolbenfläche = 1) und der Durchmesser des Hauptdampfrohres (*HD*-Zylinder-Durchmesser = 1) berechnet.

§ 95. **Wandstärke δ des Zylindereinsatzes.** Die Wandstärke des gußeisernen Zylindereinsatzes für Handelsschiffe kann nach folgender empirischer Formel bestimmt werden, welche für stehende Dampfzylinder bei den gebräuchlichen Dampfspannungen von über 6 at passende Werte liefert:

$$\delta = \frac{d \cdot p}{360 + 10\,p} + 10\,\text{mm},$$

worin

d den lichten Durchmesser des Dampfzylinders in mm,
p den Dampfüberdruck in at,
δ die Wandstärke in mm

bedeutet. Folgende Tabelle ist nach dieser Formel berechnet.

Tabelle Nr. 28.

Wandstärken von *HD*-Zylinder-Einsätzen für Handelsschiffe.

Bohrung mm	$p = 10$	$p = 12{,}5$	$p = 15$	Bohrung mm	$p = 10$	$p = 12{,}5$	$p = 15$
100	12	13	13	900	30	33	37
200	14	15	16	1000	32	36	39
300	17	18	19	1100	34	38	42
400	19	20	22	1200	36	41	45
500	21	23	25	1300	38	44	48
600	23	26	28	1400	41	46	51
700	25	28	31	1500	43	49	54
800	27	31	34				

Die angegebenen Wandstärken gelten für die gußeisernen Zylindereinsätze gewöhnlicher Einzylindermaschinen und die Hochdruckzylinder von Mehrfachexpansionsmaschinen für Fracht- und Passagierdampfer. Wenn — was selten vorkommt — bei Kriegsschiffen Einsätze angebracht werden, bemißt man deren Dicke wegen Gewichtsersparnis um einige mm geringer, als in der Tabelle angegeben. Vgl. Beanspruchungen in § 97.

Die Wandstärke des Zylindereinsatzes für den *MD*- und *ND*-Zylinder kann gleich derjenigen des *HD*-Zylindereinsatzes gemacht werden, ohne auf deren Durchmesser oder den voraussichtlichen Dampfdruck Rücksicht zu nehmen. Wird auf ein etwaiges späteres Nachbohren des Zylindereinsatzes gerechnet, so ist die Wandstärke um 3 bis 5 mm zu vergrößern.

Bei Einsätzen aus geschmiedetem Stahl, welche manchmal bei den *HD*-Zylindern von Kriegsschiffen verwendet wurden, hat man die angegebene Wandstärke um 30 bis 35% kleiner ausgeführt, entsprechend einer Beanspruchung von 280 bis 360 kg nach der in § 97 angegebenen Formel.

§ 96. **Wandstärke des Zylindermantels δ_1.** Der Zylindermantel erhält gewöhnlich dieselbe Wandstärke wie der zugehörige Zylindereinsatz, wobei allerdings die etwa vorgenommene Verstärkung des Zylindereinsatzes wegen späteren Nachbohrens wegzulassen ist. Der Zwischenraum zwischen Zylindermantel und Zylindereinsatz soll, wenn er als Dampfmantel benutzt wird, nicht geringer als 20 mm gemacht werden und beträgt bei großen Zylindern 35 bis 40 mm.

§ 97. **Wandstärke δ_2 des Zylinders ohne Einsatz.** Die Wandstärke solcher Zylinder wird bei Handelsschiffen um etwa 10 bis 15% größer bemessen als die eines ebenso großen Zylindereinsatzes.

Die Wandstärke des Hochdruckzylinders ohne Einsatz bei Kriegsschiffen wird in der Regel nach der Zugbeanspruchung in denselben festgesetzt.

Es ist

$$\delta_2 = \frac{d \cdot p}{2S} \text{ cm},$$

worin *d* der lichte Zylinderdurchmesser in cm, *p* der Dampfüberdruck in kg auf den qcm und *S* die Beanspruchung auf Zug in kg auf den qcm ist.

Die Beanspruchung *S* wird je nach den Vorschriften der Behörden und der Meinung der Konstrukteure sehr verschieden gewählt; folgende Werte von *S* sind jedoch erfahrungsgemäß nicht zu hoch:

HD-Zylinder von 750 bis 1100 mm l. Durchm. für Linienschiffe und große Kreuzer

$S = 180$ bis 200 kg/qcm.

HD-Zylinder von 600 bis 800 mm l. Durchm. für leichte Kreuzer

$S = 190$ bis 210 kg/qcm.

HD-Zylinder von 450 bis 650 mm l. Durchm. für Torpedoboote

$S = 220$ bis 260 kg/qcm.

Die Annahme dieser verhältnismäßig niedrigen Beanspruchungen erklärt sich daraus, daß auch den bei Wasserschlag auftretenden Stößen, sowie der lokalen Beanspruchung an den Stellen, an welchen Dampfkanäle sowie namentlich die Zylinderfüße ansetzen, Rechnung getragen werden muß.

Zur Verstärkung des Zylinders werden in der Regel ringsum laufende Rippen angeordnet, welche etwa 0,8 δ_1 stark und etwas niedriger als der Zylinderdeckelflansch gemacht werden. Die Entfernung dieser Rippen beträgt ca. die 10- bis 15fache Zylinderwandstärke.

§ 98. **Befestigung des Zylindereinsatzes.** Bei kleinen Zylindern wird der Einsatz oben und unten am Mantel fest anschließend eingepreßt und mitunter an beiden Enden durch eine Asbestschnur abgedichtet (s. Abb. 208). Die Längsverschiebung wird zweckmäßig durch Verlängerung des Einsatzes bis zum Zylinderdeckelflansch verhindert (s. Abb. 208 und § 109, Abb. 242).

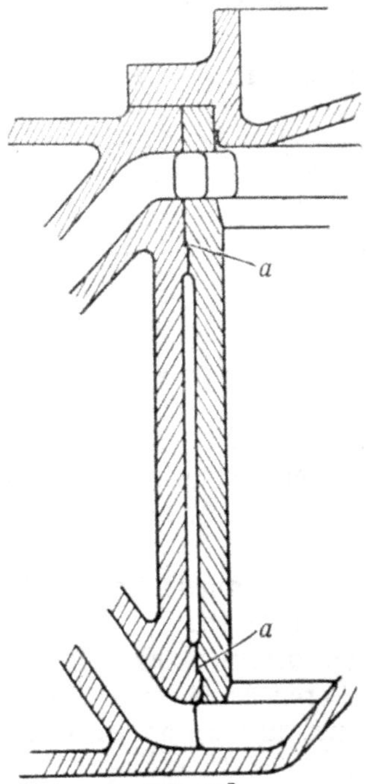

Abb. 208.

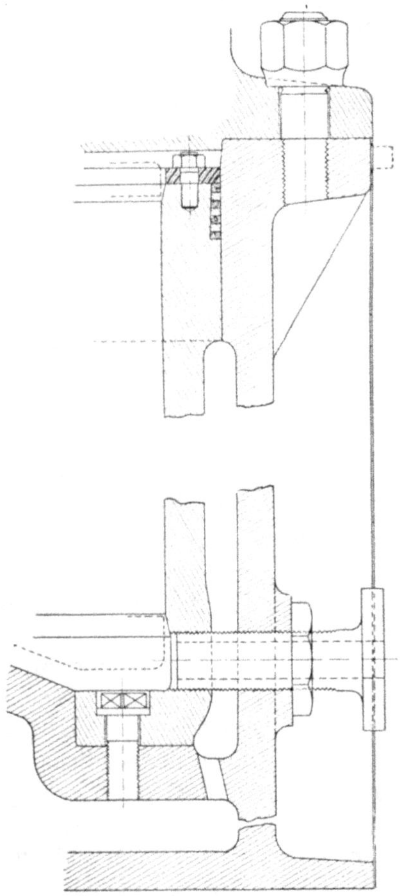

Abb. 209.

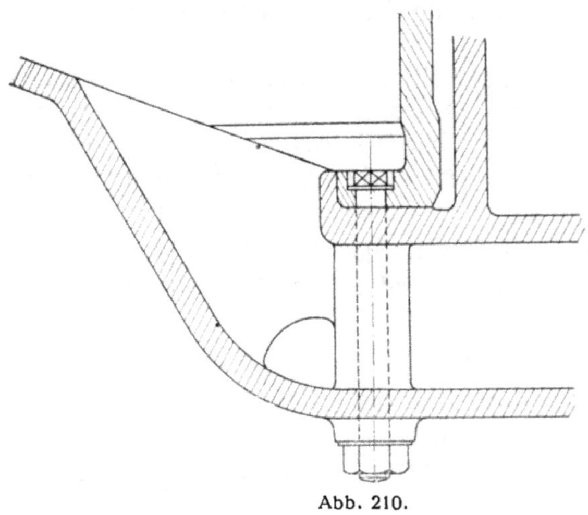

Abb. 210.

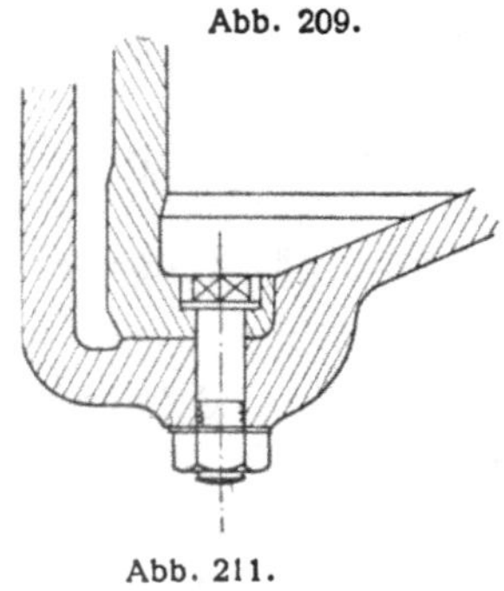

Abb. 211.

Bei größeren Zylindern, bei denen die Raumverhältnisse günstiger sind, wird der Zylindereinsatz am Boden durch einen Flansch und Kopfschrauben oder Ankerbolzen befestigt und gedichtet (s. Abb. 209, 210 und 211).

Bei Maschinen mit mehr als ca. 1000 mm Hub wird häufig etwa in der Mitte des Einsatzes ein Stützring vorgesehen, in den bei Mantelheizung einige Quernuten eingehauen werden müssen. Siehe Abb. 242 und 254.

Der Gewindedurchmesser der Befestigungsschrauben wird etwa

$$d_1 = 0{,}85\,\delta \text{ bis } \delta$$

gemacht. Als Material der Befestigungsschrauben, deren Köpfe mit Bund und Vierkant versehen sind, verwendet man bestes Siemens-Martin-Flußeisen. Die Verwendung von Bronzeschrauben ist nicht zuverlässig, da dieselben bei kräftigem Anziehen sehr leicht abreißen oder so beschädigt werden, daß später ohne jeden ersichtlichen Grund die Köpfe abfallen.

Die Breite des Befestigungsflansches ist möglichst gering, die Dicke desselben

$$a = \text{etwa } 1{,}3\,\delta$$

zu wählen.

Die Teilung t der Schrauben ist

beim *HD*-Zylinder $t =$ etwa $3{,}5\,d_1$ bis $4\,d_1$,
„ *MD*- „ $t =$ „ $4{,}5\,d_1$ „ $5{,}5\,d_1$,
„ *ND*- „ $t =$ „ $5{,}5\,d_1$ „ $7\,d_1$.

Zweckmäßig ist es, die Einsatzschrauben für alle Zylinder der Maschine gleich zu machen.

Die Dichtung des Flansches geschieht am besten durch Mennigkitt und mitunter auch noch durch dünnen Kupferdraht, während das obere Ende durch einen in eine konische Eindrehung eingestemmten Kupferring oder durch Asbest und Eisendraht o. dgl. gedichtet wird (s. Abb. 209).

Die Stemmfuge wird gewöhnlich noch durch einen schmiedeeisernen Deckelring abgedeckt, welcher mittels ½″- bis ⅝″-Schrauben befestigt ist.

Die eigentliche Lauffläche des Zylinders oder Zylindereinsatzes wird so lang gemacht, daß die Kolbenringe je nach deren Breite am oberen Ende etwa 0 bis 3 mm, am unteren Ende etwa 0 bis 1 mm überlaufen, um möglichst zu verhindern, daß dieselben durch Abnutzung der Lauffläche einen Ansatz bilden.

Der Überlauf der Kolbenringe ist jedoch immer möglichst gering zu machen, damit die Ringe in den Totlagen des Kolbens durch den Dampfdruck nicht zusammengedrückt werden können und dadurch ein Schlagen verursachen.

Oberhalb und unterhalb der Lauffläche ist der Zylinder schwach konisch um einige Millimeter im Durchmesser zu erweitern (s. Abb. 208 bis 211); setzt man die Erweiterung scharf ab, so kann es vorkommen, daß beim Niederlassen des Kolbens auf den Zylinderboden zwecks Demontage der unterste Kolbenring herausfedert und sich hinter die Eindrehung setzt, so daß der Kolben nicht mehr hochgehoben werden kann.

§ 99. **Zylinderdeckelschrauben.** In der Regel werden für die Befestigung der Zylinderdeckel Stifte aus bestem S.M.-Flußeisen verwendet. Der äußere Durchmesser d_2 derselben kann annäherungsweise

$$d_2 \approx \delta \text{ bis } 1{,}25\,\delta$$

gewählt werden (bei Torpedobooten findet man d_2 bis $= 1{,}5\,\delta$). Dabei ist zu beachten, daß die Beanspruchung der Schrauben des *HD*-Zylinders durch den maximalen Dampfdruck nicht mehr als etwa 330 bis 460 kg/qcm betragen soll. Die Teilung der Schrauben wähle man für Dampfdrücke

bis 4 at zu $t =$ etwa $5\,d_2$ bis $6\,d_2$,
„ 4 bis 8 „ „ $t =$ „ $4{,}5\,d_2$ „ $5\,d_2$,
„ 8 „ 12 „ „ $t =$ „ $3{,}5\,d_2$ „ $4{,}5\,d_2$,
„ 12 „ 18 „ „ $t =$ „ $2{,}7\,d_2$ „ $3{,}5\,d_2$.

Es ist angezeigt, die Deckelschrauben für alle Zylinder einer Maschine gleich und die Muttern derselben etwa $1{,}3\,d_2$ bis $1{,}5\,d_2$ hoch zu machen, damit das Gewinde durch das häufige Lösen und Anziehen nicht sosehr leidet wie bei gewöhnlichen niedrigen Muttern. Bei sehr sorgfältiger Ausführung werden diese Muttern durch Einsetzen gehärtet.

§ 100. **Zylinderflansch.** Die Dicke b des Zylinderflansches wird etwa:

$$b = 1{,}3 \text{ bis } 1{,}4\, d_1 \text{ (bei Torpedobooten etwa } 1{,}2\, d_1\text{)},$$

die Breite c desselben etwa

$$c = 2{,}6\, d_2 \text{ bis } 3{,}3\, d_2$$

gemacht.

Bei großen Zylindern ist es angezeigt, für eine gute Verbindung des Flansches mit dem Mantel durch Rippen zu sorgen.

§ 101. **Zylinderboden.** Bei Verwendung gußeiserner Kolben wird der Zylinderboden in der Regel eben hergestellt und ist daher durch Rippen, welche gleichzeitig die Zylinderfüße mit dem Zylinderboden und Mantel verbinden, gut zu versteifen. Die Wandstärke des Bodens ist etwa $= \delta$ bis $1{,}1\ \delta$ und die Rippenstärke $= \delta$ zu machen. Die Höhe derselben ist wenigstens zu 5 bis 6 δ anzunehmen. Die Anzahl der Rippen ist so groß zu wählen, daß die zwischen denselben befindlichen Flächenstücke noch genügende Festigkeit besitzen. Ist der Zylinderboden doppelwandig, dann wird die Wandstärke desselben mit etwa 0,9 δ, die lichte Entfernung der Wände voneinander mit etwa 5 δ bis 6 δ, die Stärke der radialen Verbindungsrippen mit etwa 0,8 δ bis 0,85 δ bemessen.

Werden konische Kolben angewendet, dann können die angeführten Wandstärken auf etwa 0,9 bis 0,95 der obigen Werte verringert werden.

Von besonderer Wichtigkeit ist es, die Wandstärke des Zylinderansatzes, welcher die Öffnung für den Stopfbüchseneinsatz bzw. die Bohrstange bildet, recht kräftig zu machen, da besonders bei größeren Zylindern leicht Kernverlagerungen eintreten. Bei Bemessung des Durchmessers dieser Bohrung ist auch Rücksicht auf den Durchmesser der beim Ausbohren des Zylinders zu verwendenden vorhandenen Bohrstange zu nehmen.

§ 102. **Zylinderfüße.** Zur Verbindung des Zylinders mit den Ständern oder Säulen werden an die Zylinder Füße angegossen. Bei Konstruktion der Füße ist zu beachten, daß die darauf kommenden Kräfte über eine möglichst große Mantel- oder Bodenfläche verteilt werden. Die Wandstärke der Füße aus Rippen- oder Hohlguß beträgt gewöhnlich etwa 0,85 δ, während die Flanschen etwa 1,5 δ bis 1,7 δ stark gemacht werden. Die Flanschen sind durch Rippen gut zu versteifen.

Die Verbindungsschrauben der Füße mit den Ständern werden so bemessen, daß ihre Beanspruchung durch den maximalen Kolbendruck etwa 200 bis 400 kg/qcm beträgt. Die Stärke der Schrauben wird zu etwa 1,5 δ bis 1,8 δ angenommen und danach die nötige Anzahl derselben bestimmt. In jedem Fuß sind zur Sicherung der genauen gegenseitigen Lage von den Verbindungsschrauben wenigstens zwei möglichst weit voneinander entfernte Schrauben als Paßschrauben auszuführen.

§ 103. **Zylinderkanäle und Schieberkasten.** Bei Verwendung von Kolbenschiebern wird der Schieberkasten mit dem Zylinder zusammengegossen und überall, wo angängig, zylindrisch geformt.

Schieberkasten für Flachschieber werden bei kleinen Dampfzylindern mit diesen aus einem Stück gegossen; bei größeren Zylindern für Handelsschiffe werden sie häufig als besonderes Gußstück ausgeführt und erhalten dann meistens oben einen Deckel zum bequemen Herausnehmen des Schiebers. Bei Kriegsschiffen wird der Schieberkasten der Gewichtsersparnis wegen und weil der Schieber häufig wegen des Panzerdecks nicht nach oben herausgenommen werden kann, mit dem Zylinder zusammengegossen und erhält dann seitlich einen Deckel (s. Abb. 258 bis 261).

Die Wandstärke des Schieberkastens wird etwa 0,9 δ bis 0,95 δ gemacht.

§ 104. **Berechnung von flachen Wänden an Kanälen und Schieberkasten sowie von Schieberkastendeckeln.** Flache Wände sind so durch Rippen zu versteifen, daß die zwischen denselben befindlichen Felder genügenden Widerstand bieten.

1. Angenäherte Bestimmung der Wandstärke und Rippenteilung. Eine ebene, gußeiserne Wand, welche durch Rippen begrenzt wird (s. Abb. 212 und 213, also als ringsum fest eingespannt angesehen werden kann, ist kräftig genug, wenn

$$\delta = \frac{b}{30}\sqrt{p}$$

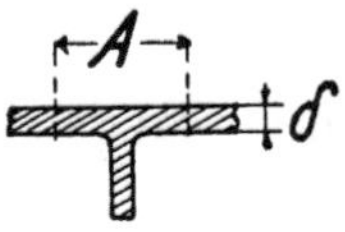

Abb. 212

ist, worin

δ = Stärke der ebenen Wand in cm,
b = kleinste Entfernung zwischen zwei benachbarten Rippen in cm,
p = Dampfüberdruck auf die betreffende Fläche in at.

Hierbei ist vorausgesetzt, daß die Rippen so gesetzt sind, daß das Verhältnis der Seitenlängen a und b nur wenig von 1 abweicht.

Die Wandstärke δ der Felder wird in der Regel etwa gleich der Wandstärke des Zylindereinsatzes gemacht und danach die Lage und Anzahl der Rippen bestimmt.

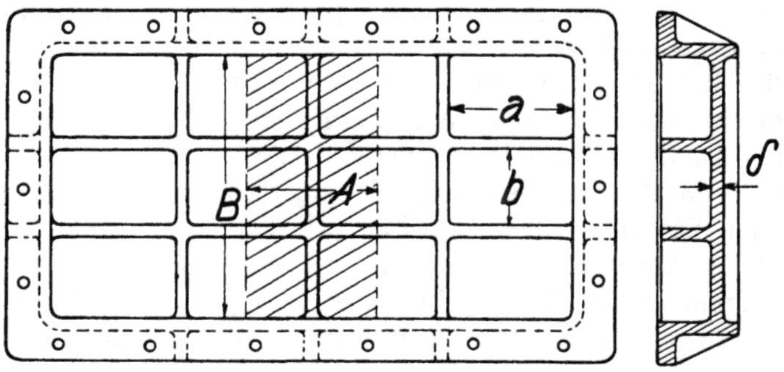

Abb. 213.

Die Versteifungsrippen sind so zu berechnen, daß dieselben den auf die Fläche $A \times B$ entfallenden Dampfdruck mit genügender Sicherheit tragen können. B ist hierin die kleinere Seite der rechteckigen Gesamtfläche; die Beanspruchung auf Biegung kann etwa 300 kg/qcm betragen.

Die als gleichmäßig belastete Balken angesehenen Versteifungsrippen sind an den Enden als frei aufliegend zu betrachten.

Die bei der Bestimmung des Widerstandsmomentes in Rechnung gezogene Breite A des Flansches des T-förmigen Querschnittes (Abb. 212) ist höchstens mit etwa der sechsfachen Rippenstärke in Rechnung zu ziehen.

Die Höhe der Rippen wird etwa 4 bis 5 δ, die Stärke derselben etwa gleich der der flachen Wand gemacht.

Die Entfernung der Querrippen voneinander beträgt bei

4 at Überdruck	= etwa	12 bis 14 δ,
4 bis 8 „ „	= „	10 „ 12 δ,
8 „ 12 „ „	= „	8 „ 10 δ,
12 „ 15 „ „	= „	7 „ 8 δ.

Wenn möglich, sind die Rippen zur Verstärkung der flachen Wände auf der Seite des höheren Druckes anzubringen, weil dann die Beanspruchung derselben auf Druck günstiger als bei umgekehrter Anordnung ist (s. Abb. 213).

Solche Rippen bieten allerdings dem vorbeiströmenden Dampf einen beträchtlichen Widerstand, besonders dann, wenn sie quer zur Bewegungsrichtung des Dampfes stehen; sie sind daher bei Festlegung der Kanalquerschnitte zu beachten.

2. Berechnung von flachen Wänden und Schieberkastendeckeln nach Bach[1]). Aus einer großen Anzahl ausgeführter Versuche geht hervor, daß eckige Platten in der Diagonale aufbrechen, wenn sie durch einen Flüssigkeitsdruck gleichmäßig belastet werden.

Man kann daher solche Deckel (Abb. 214) auf Biegung um die Diagonale des durch die Auflagerpuntke gebildeten Rechteckes mit den Seiten a und b berechnen.

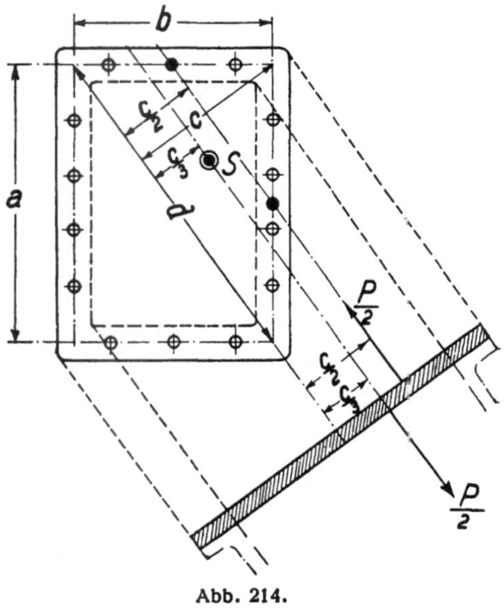

Abb. 214.

Der Gesamtdruck auf den Deckel ist: $P = a \cdot b \cdot p$, wenn p = Druck auf die Flächeneinheit ist.

Die Hälfte dieser Kraft P greift im Schwerpunkt S des halben Deckels biegend an; ihr Biegungsmoment, bezogen auf die Diagonale, ist $= \frac{P}{2} \cdot \frac{c}{3}$.

Im entgegengesetzten Sinne zu dem Druck wirken biegend um die Diagonale die Auflagerreaktionen in den Seiten a und b, welche in den Mitten von a und b angreifen.

Das resultierende Biegungsmoment in bezug auf die Diagonale ist somit

$$M_b = \frac{P}{2} \cdot \frac{c}{2} - \frac{P}{2} \cdot \frac{c}{3} = \frac{P \cdot c}{12}.$$

Drückt man c durch die Seitenlängen a und b aus und setzt man

$$P = a \cdot b \cdot p,$$

dann erhält man:

$$M_b = \frac{P \cdot e}{12} = \varphi \frac{p a^2 b^2}{12 \sqrt{a^2 + b^2}}.$$

Um dem Zustand der Einspannung Rechnung zu tragen, ist der Koeffizient φ beigefügt. Dieser schwankt zwischen 1,125 und 0,75, wird aber gewöhnlich = 1 genommen.

Die Biegungsbeanspruchung S des Deckels erhält man dann aus der Gleichung:

$$S = \frac{M_b}{\text{Widerstandsmoment}}.$$

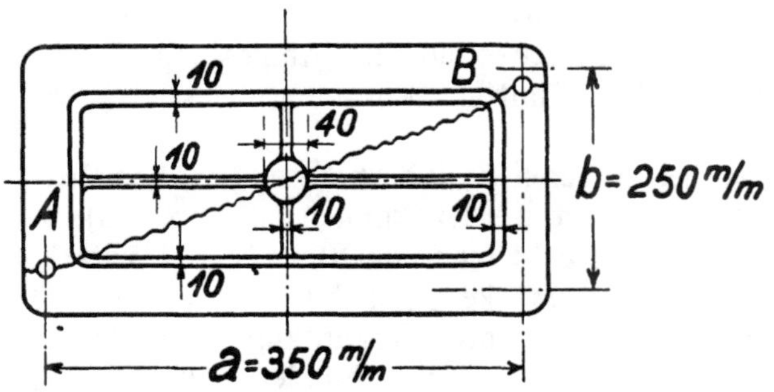

Abb. 215.

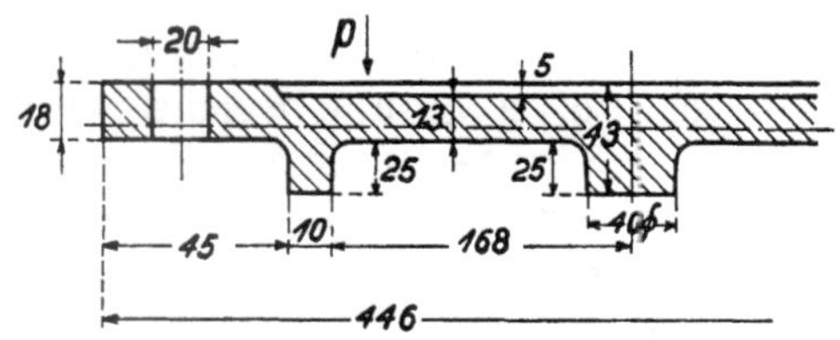

Abb. 216.

Beispiel. Wie hoch ist ein Deckel, der die in Abb. 215 und 216 dargestellte Gestalt hat, beansprucht?

Betriebsdruck 13 at. Material: Stahlguß.

[1]) Vgl. Bach „Elastizität und Festigkeit" 1917, § 63.

Das Trägheitsmoment dieses Deckels beträgt, auf die Achse AB bezogen,

$$J = 61{,}662\ \text{cm}^4.$$

Der Abstand des Schwerpunktes von der gespanntesten Faser

$$e = 2{,}78\ \text{cm}.$$

Also das Widerstandsmoment

$$W = \frac{J}{e} = 22{,}2\ \text{cm}^3.$$

Das Biegungsmoment ist

$$M_b = \frac{p}{12} \cdot \frac{a^2 b^2}{\sqrt{a^2 + b^2}} = \frac{13}{12} \cdot \frac{35^2 \cdot 25^2}{\sqrt{35^2 + 25^2}} = 19300\ \text{cmkg}.$$

Die größte Beanspruchung des Deckels wird somit

$$S = \frac{M_b}{W} = \frac{19300}{22{,}2} = 870\ \text{kg/qcm}.$$

Das Diagramm Abb. 217 zeigt die Verteilung der Spannungen, und zwar bedeutet mn die größte Beanspruchung von 870 kg/qcm auf Zug in der Außenkante, ik diejenige von 475 kg/qcm auf Druck in der Innenkante des Deckels.

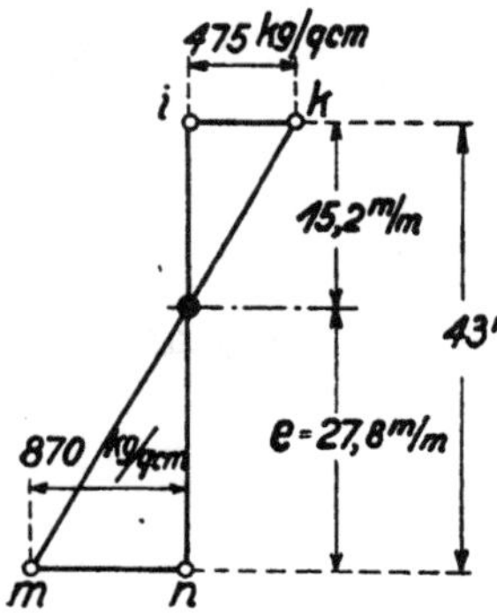

Abb. 217.

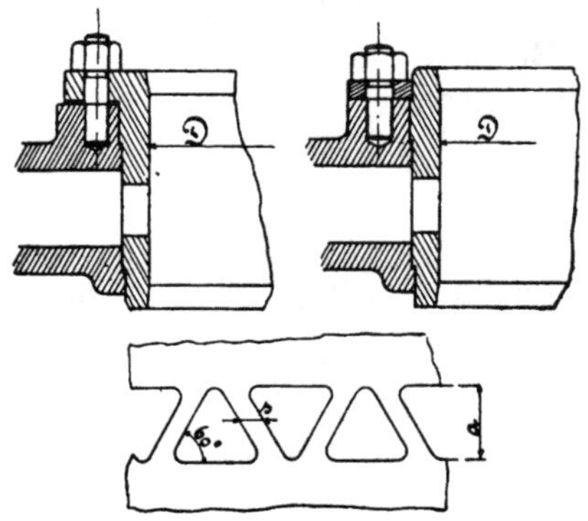
Abb. 218.

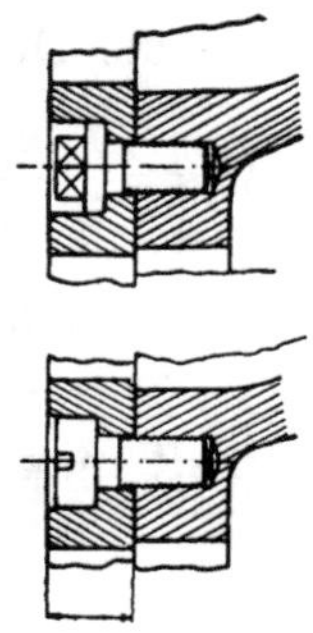
Abb. 219.

§ 105. **Rundschiebereinsatz und Schieberspiegel.** Bei kleineren Maschinen läßt man die Kolbenschieber häufig direkt in der Bohrung des Schieberkastens und die Flachschieber meistens unmittelbar auf der angegossenen Schieberfläche laufen.

Bei größeren Zylindern werden in die Schieberkasten der Rundschieber besondere gußeiserne Büchsen eingezogen, in welchen die Schieber laufen. (Abmessungen siehe § 117.) Die Büchsen werden stramm eingepaßt und mittels Schrauben befestigt (siehe Abb. 218) oder verbohrt.

Ebenso werden für die Flachschieber bei größeren Zylindern besondere Schieberflächen aufgeschraubt, welche, wenn nötig, erneuert werden können (s. Abb. 219).

Die Schieberfläche am Zylinder (angegossen) macht man etwa 0,9 δ bis 1,1 δ stark. Der aufgeschraubte Schieberspiegel erhält eine Stärke gleich δ bis 1,1 δ und wird durch schmiedeeiserne oder stählerne Kopfschrauben mit Vierkantkopf (bei kleinen Zylindern auch mit geschlitzten Köpfen) mit dem Zylinder verbunden. Die Teilung der Befestigungsschrauben wird etwa gleich dem 6- bis 9fachen Schraubendurchmesser gemacht.

Die Schraubenköpfe sind wegen der zu erwartenden Abnutzung des Schieberspiegels so weit zu versenken, daß die Oberkanten derselben noch einige Millimeter unter der Lauffläche liegen (s. Abb. 219). Der Schieberspiegel bzw. die Schiebereinsatzbüchsen sind aus bestem, hartem Gußeisen herzustellen.

§ 106. **Zylinderdruckproben.** Ehe man die Dampfzylinder mit Isoliermasse bekleidet werden dieselben einer Wasserdruckprobe unterworfen, um Festigkeit und Dichtigkeit nachzuweisen.

Der Probedruck beträgt nach den Vorschriften des Germanischen Lloyd für Maschinen mit Schiebersteuerung:

1. bei Zweifach-Expansionsmaschinen:

   HD: $p + 5$,
   ND: 3 at;

2. bei Dreifach-Expansionsmaschinen:

   HD: $p + 5$,
   MD: $0{,}66\,p$,
   ND: 2 at;

3. bei Vierfach-Expansionsmaschinen:

   HD: $p + 5$,
   MD I: $0{,}75\,p$,
   MD II: $0{,}4\,p$,
   ND: 2 at;

bei Ventilmaschinen:

1. bei Zweifach-Expansionsmaschinen:

   HD-Zylinder: $p + 5$,
   ND- „ 4 at;

2. bei Dreifach-Expansionsmaschinen:

   HD-Zylinder: $p + 5$,
   MD- „ $0{,}8\,p$,
   ND- „ 3 at.

Dabei bedeutet p den Überdruck im Kessel.

Hat der Zylinder einen Einsatz, dann wird auch der Mantelraum dem angegebenen Wasserdruck ausgesetzt.

Schieberkasten und Deckel werden mit dem Zylinder zusammen probiert, während der Ausströmungsraum häufig für sich allein abgepreßt wird mit dem Probedruck desjenigen Zylinders, in welchen der Dampf ausströmt.

§ 107. **Konstruktionsregeln.** Es ist darauf zu achten, daß nirgends Materialanhäufungen vorkommen, da solche Stellen fast immer porös und undicht werden. Da die Rippen in den Zylinderkanälen beim Erkalten des Gußstückes häufig reißen, ist es angezeigt, solche auf Zug beanspruchte Rippen durch Stehbolzen zu verstärken. Überhaupt werden große Zylinder häufig an den gefährlichen Stellen mit Stehbolzen und Ankern versehen (s. Abb. 252 und 264 u. f.). Die Öffnung im Zylinderboden für einen besonderen Stopfbuchseinsatz oder die Kolbenstangenstopfbüchse ist so groß zu machen, daß die Bohrstange hindurchgeführt werden kann. Besonders vorteilhaft zur Erzielung eines tadellosen Gusses und zum bequemen Ausbohren ist die Konstruktion der Zylinder mit aufgeschraubten Böden, welche bei Kriegsschiffen oft aus Bronze oder Stahlguß gefertigt werden (s. Abb. 262), sich aber nur bei Zylindern, die auf Säulen stehen, anwenden läßt.

Am Zylinderboden sind Angüsse für Augschrauben vorzusehen, um geeignete Hebevorrichtungen für die Gleitschuhe, die Unterschale des Kurbellagers, die Kreuzkopflager und die Kurbelwellenlager anbringen zu können.

Am Zylindermantel sind ferner an geeigneten Stellen Flächen vorzusehen, um Grätingshalter für die um die rings um die Zylinder angeordneten Grätings anbringen zu können.

Eine Verbindung zweier Zylinder durch dampfdichte Flanschen ist nur bei kleinen bis mittleren Maschinen üblich, bei großen Zylindern sind solche Verbindungen zu vermeiden. Diese sind entweder ganz freistehend anzuordnen oder, was weniger gut

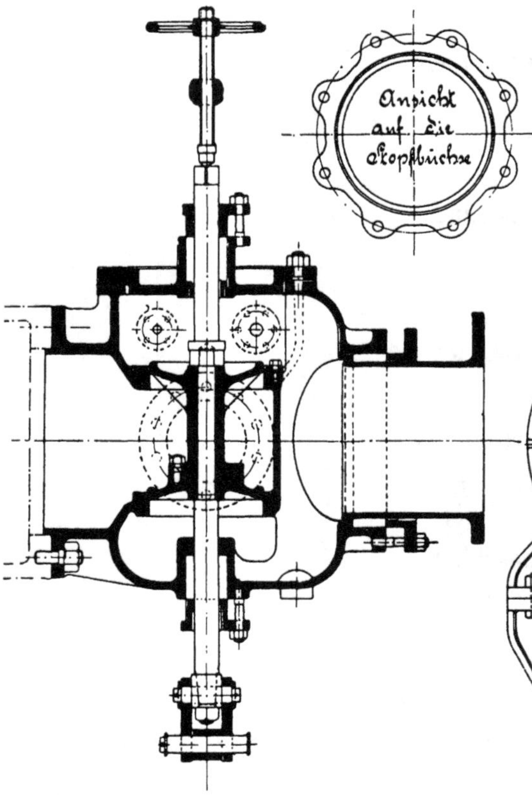

Abb. 220.

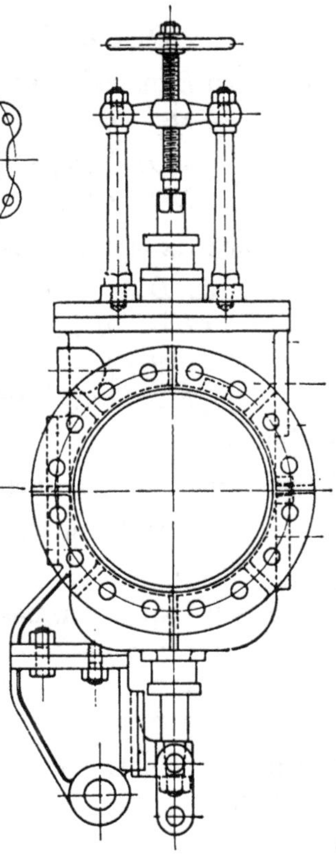

Abb. 222.

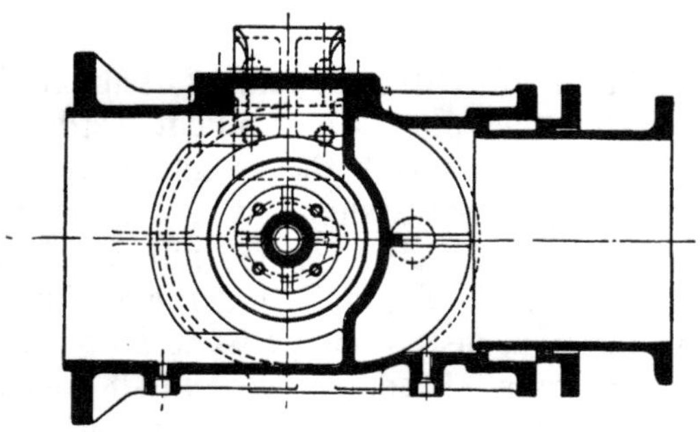

Abb. 221.

ist, durch angegossene Füße mittels kräftiger Bolzen miteinander zu verbinden (vgl. hierzu § 89. Schieberkastendeckel sind so anzubringen, daß die Schieber leicht zugänglich sind. Ebenso ist auf leichte Zugänglichkeit der Stopfbüchsen, auch während des Ganges der Maschine, zu achten. Die Anschlußflanschen für Rohre und Armaturteile müssen außerhalb der Bekleidung liegen.

§ 108. **Zylinderarmaturen.** Zu diesen gehören:

1. Manövrierventil oder Manövrierschieber,
2. Drosselklappe mit Regulator,
3. Hilfsschieber oder Anlaßventile,
4. Zylinder- und Schieberkasten-Entwässerungshähne oder -ventile,
5. Zylindersicherheitsventile,
6. Indikatoranschlüsse,
7. Anschlüsse und Teile für die Mantelheizung.

1. Manövrierventil. Dieses wird unmittelbar am *HD*-Zylinder angebracht und so eingerichtet, daß es vom Maschinistenstande aus durch Handhebel oder Schraubenspindel und Handrad bequem und genügend rasch geöffnet oder geschlossen werden kann.

Gewöhnliche Absperrventile mit einfachem Sitz werden nur vereinzelt und nur bei ganz kleinen Maschinen angeordnet, da sie sich, wenn ganz offen, zu langsam schließen lassen. Bei großen Ventilen dieser Art ist außerdem zum vollständigen Schließen, wenn der Dampf unter dem Ventilkegel eintritt, und zum Öffnen, wenn der Dampf auf dem Ventilkegel steht, eine zu große Kraft nötig.

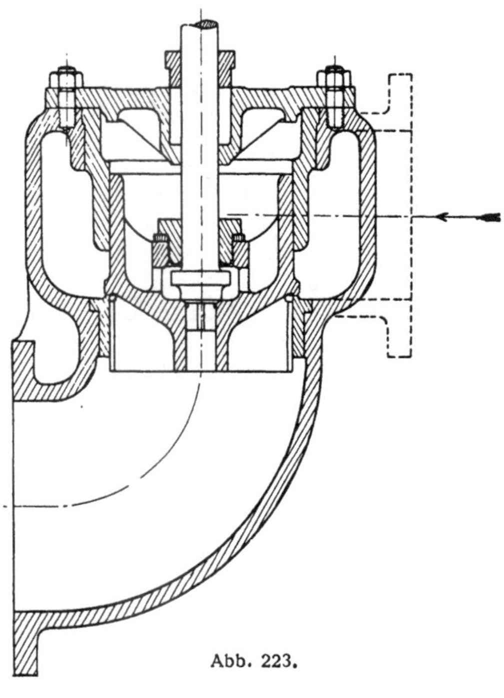

Abb. 223.

Bei großen Maschinen kommen daher Doppelsitzventile oder heutzutage fast ausschließlich einsitzige entlastete Ventile zur Anwendung, welche entweder unmittelbar oder durch eine Hubmaschine bewegt werden.

Abb. 220 bis 222 zeigen ein Doppelsitzventil für eine große mit Naßdampf arbeitende Maschine älteren Datums. Gehäuse, Ventile und die besonders eingesetzten Ventilsitze sowie die Ventilspindel sind der früheren Gepflogenheit entsprechend aus Bronze. Das obere Ventil ist nur 5 mm größer im Durchmesser als das untere, um zwar beide Ventile nach oben herausziehen zu können, den Überdruck auf das obere Ventil jedoch möglichst gering zu erhalten.

An der nach unten durch die Stopfbüchse geführten Ventilspindel greift das Gestänge zum Bewegen des Ventils an, während durch die nach oben verlängerte Spindel das Ventil mittels Handrad und Schraube fest geschlossen werden kann, wenn die Maschine abgestellt wird.

Da es sehr schwierig ist, große Doppelsitzventile dicht zu bekommen, ist man dazu übergegangen, an deren Stelle einsitzige, entlastete Ventile (Abb. 223) zu verwenden. Der Ventilkegel ist bei diesen nach oben hin zu einem Kolben ausgebildet, welcher in einem Zylinder geführt wird; er besitzt in der Mitte eine kleinere Ventilöffnung, welche bei geschlossenem Ventil durch die Spindel abgesperrt wird. Der Dampf tritt in das äußere Gehäuse ein und füllt durch die Undichtheit des Kolbens auch den Raum oberhalb des Ventilkegels aus, wodurch dieser fest gegen den Sitz gepreßt wird. Wird das kleine Ventil durch Heben der Spindel, welche etwa 2 bis 4 mm Hub im großen Kegel hat, geöffnet, so entweicht der oberhalb des letzteren befindliche Dampf, und das große Ventil läßt sich dann durch die Spindel leicht weiter öffnen.

Da der große Ventilkegel bei dieser Konstruktion wegen der unvermeidlichen Druckschwankungen im *HD*-Schieberkasten bzw. unterhalb des Ventilkegels bei einer gewissen Öffnung desselben of zu schlagen beginnt, wird neuerdings die Ventilspindel meistens fest mit dem Ventilteller verbunden. Es wird dann ein besonderes kleines Entlastungsventil vorgesehen, welches sich gewöhnlich vom Maschinistenstande aus bewegen läßt; durch dasselbe kann der oberhalb des großen Ventils sich ansammelnde Leckdampf in die Maschine abgelassen und dieses dadurch entlastet werden.

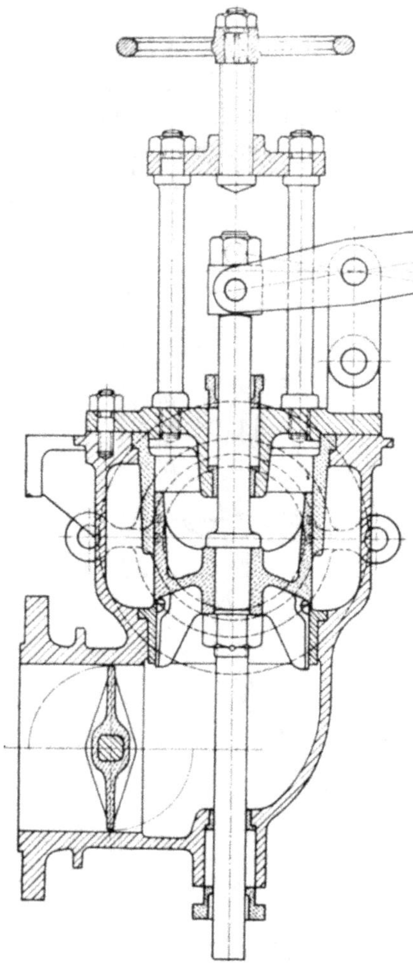

Abb. 224.

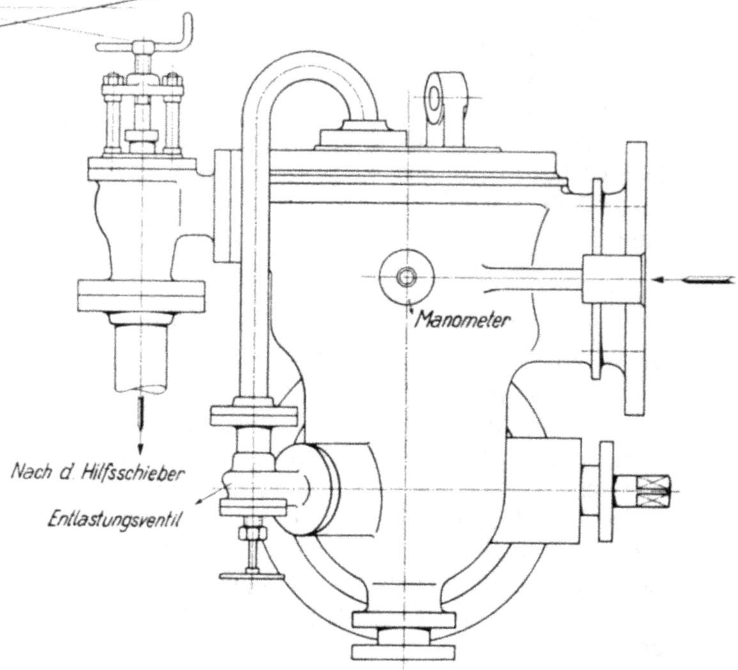

Abb. 225.

In Abb. 224 und 225 ist ein solches Ventil für eine mit Naßdampf arbeitende Maschine dargestellt. Gehäuse und Deckel sind aus Stahlguß, alle Innenteile aus Bronze hergestellt. Der Ventilkegel läßt sich durch den Einsatzzylinder hindurch nach oben herausnehmen. Es ist jedoch zweckmäßig, den Durchmesser des Entlastungskolbens nicht größer als den inneren Durchmesser der Sitzfläche des Ventils zu machen. Es ist sonst ein feines Einstellen des Ventils nicht möglich, weil bei geringer Öffnung des großen Ventilkegels dieser durch den zwischen den Sitzflächen zur Wirkung kommenden Dampfdruck um den Hub des kleinen Ventils bzw. um den etwa vorhandenen toten Gang in den Gelenken weiter gehoben wird. Abb. 225 zeigt das Entlastungsventil, ferner ein Ventil, durch welches dem Hilfsschieber Dampf zugeführt werden kann, und den Anschluß für ein Manometer.

Die durch die obenerwähnten Druckschwankungen auftretenden Kräfte werden durch das nach dem Maschinistenstande geführte feste Gestänge aufgenommen.

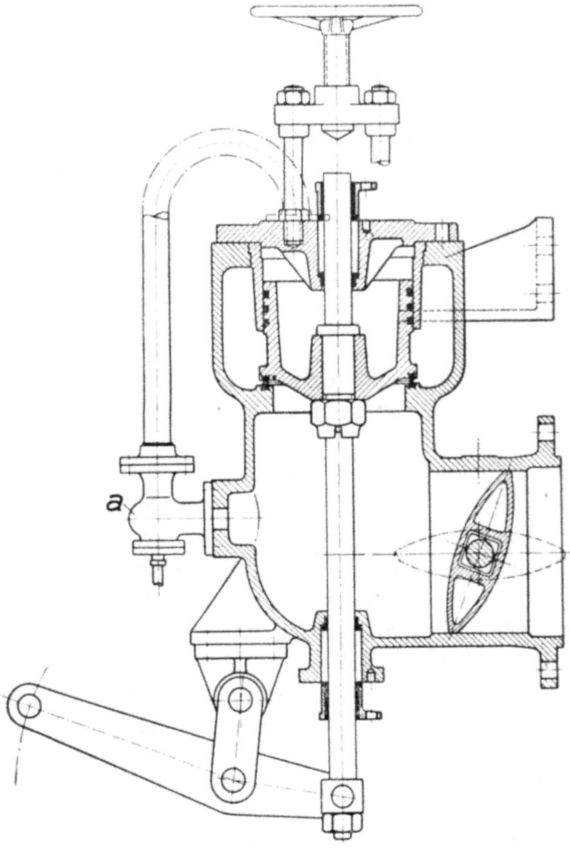

Abb. 226.

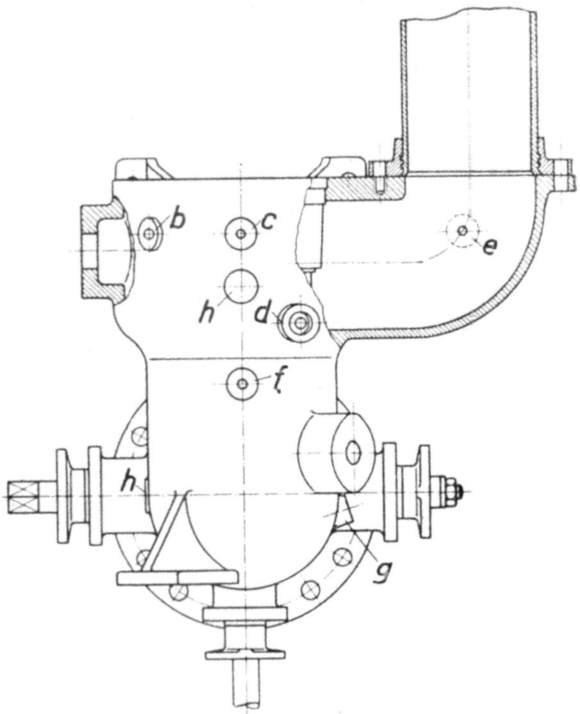

Abb. 227.

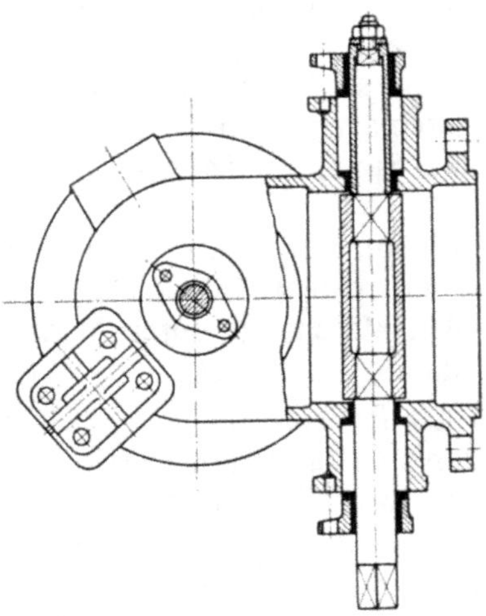

Abb. 228.

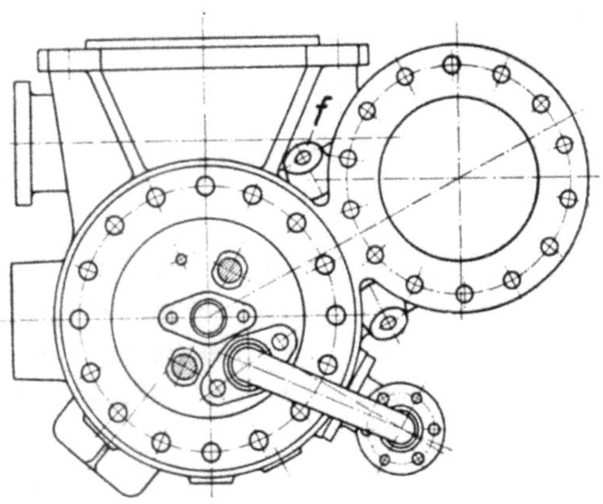

Abb. 229.

Abb. 226 bis 230 zeigt die Einrichtung eines solchen Ventils für überhitzten Dampf. Das Gehäuse sowie der Deckel und der Ventilkegel sind aus Stahlguß hergestellt. Die

Ventilsitze sind aus Nickel und ins Gehäuse bzw. in den Ventilkegel eingestemmt. Die mit dem Kegel fest verbundene Ventilspindel ist aus Stahl hergestellt. Der Entlastungskolben hat im Entlastungszylinder reichliches Spiel und ist daher mittels stählerner Dichtungsringe abgedichtet. Der Entlastungszylinder ist besonders eingesetzt und wird beim Überholen des Ventils mit diesem zusammen herausgezogen. In der Abbildung bedeuten:

a) das vom Maschinistenstande aus bedienbare Entlastungsventil,
b) Anschluß für Manometer,
c) „ „ Anwärmeleitung,
d) Entwässerungsventil,
e) Anschluß für Schmierung,
f) und g) Anschlüsse für Thermometer,
h) Reservewarzen.

Eine ähnliche Konstruktion zeigt das Ventil System Strnad (Abb. 231). Das eigentliche Absperrorgan ist ein gewöhnliches Tellerventil *a*, auf welches der Dampf von oben drückt. Mit diesem ist ein zylindrischer Mantel *b* fest verbunden, welcher in dem mit verschieden großen Löchern versehenen Einsatz *c* mit möglichst wenig Spiel gleitet. Wird die Ventilspindel gehoben, dann öffnet sich das durch dieselbe gebildete Ventil *d* in gleicher Weise wie beim Ventil Abb. 223, wodurch der Druck sich oberhalb und unterhalb des großen Ventils *a* ausgleicht und dieses leicht gehoben werden kann. Die eigentliche Dampfeinströmung beginnt jedoch erst dann, wenn das Ventil *a* mit dem Mantel *b* so weit gehoben ist, daß die untere Kante des Mantels die Bohrungen im Einsatz *c* nach und nach freigibt. Da die zuerst freigegebenen Bohrungen nur klein sind, so kann anfangs nur wenig Dampf durchströmen, wodurch besonders bei langsamem Gang der Maschine diese sehr fein geregelt werden kann. Damit der Ventilkegel *a* nicht durch den stoßweise strömenden Dampf auf und ab geschlagen werden kann, ist zwischen dieses und die Spindel eine Spiralfeder eingeschaltet.

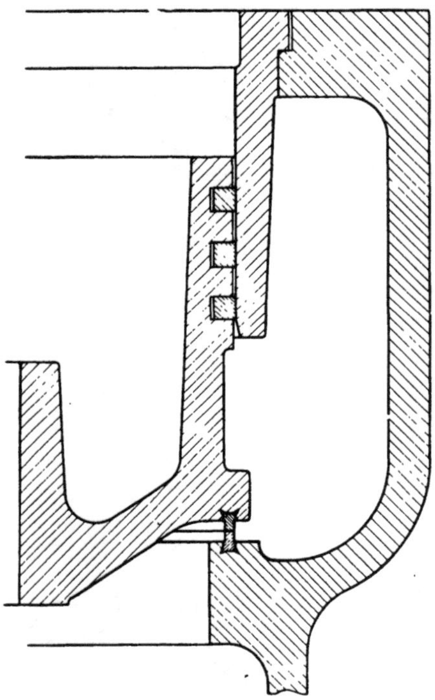

Abb. 230.

Die Ventilstange wird durch ein geeignetes Gestänge und mehrgängige Schraubenspindel oder bei ganz großen Maschinen durch Vermittelung einer besonderen Hubmaschine vom Maschinistenstande aus bewegt.

Manchmal werden bei Maschinen bis etwa 2000 PS statt eines Ventils Rundschieber angewandt, welche ebenfalls vom Maschinistenstande aus durch Handhebel bewegt werden. Der Ausschlag des Schiebers wird etwa 90° gemacht.

In Abb. 232 und 233 ist ein solcher Rundschieber für eine Maschine von etwa 400 PSi dargestellt. Der Dampf tritt ins Innere des zylindrisch ausgedrehten gußeisernen Gehäuses ein und seitlich nach dem *HD*-Schieberkasten hin aus. Der große Hauptschieber und der kleine Hilfsschieber werden durch die gemeinschaftliche zentrale Spindel vom Maschinistenstande aus durch Handhebel betätigt. Beim Anlassen der Maschine wird hierbei zuerst nur der kleine Hilfsschieber geöffnet, während der

Hauptschieber wegen des vorhandenen toten Ganges des Antriebsdaumens geschlossen bleibt. Erst bei weiterer Drehung der Spindel wird auch der Hauptschieber geöffnet. Der Hilfsschieber hat den Zweck, bei kleiner Geschwindigkeit ein bequemeres Regeln der Maschine zu ermöglichen und vor Betätigung des Hauptschiebers diesen teilweise zu entlasten.

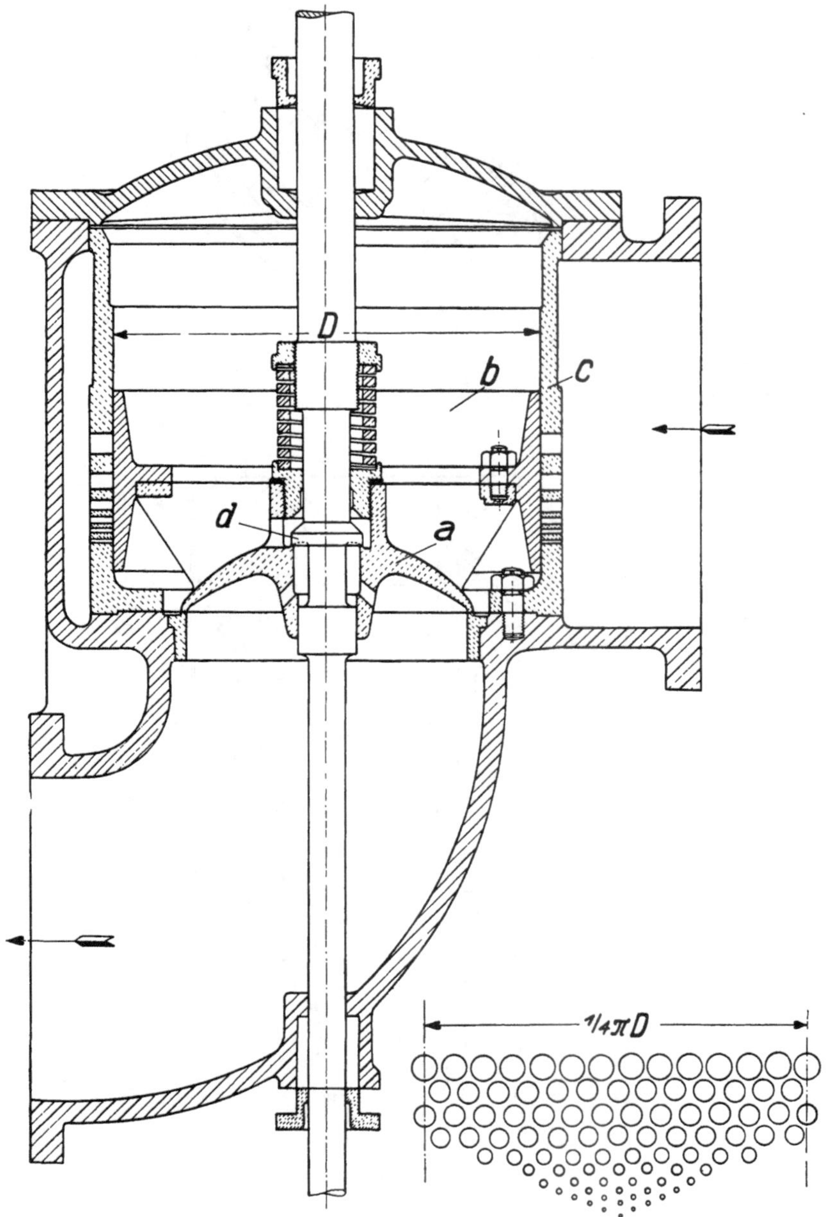

Abb. 231.

2. Drosselklappe und Regler. Zwischen Manövrierventil und *HD*-Zylinder wird gewöhnlich eine Drosselklappe angeordnet zum raschen Regeln des eintretenden Dampfes bei schlechtem Wetter, wenn beim Stampfen des Schiffes die Schraube austaucht und ein Durchgehen der Maschine zu befürchten ist.

Die Anordnung der Drosselklappe ist aus den Abb. 224 bis 228 zu ersehen. Die Klappe selbst wird entweder als eine einfache, durch Rippen entsprechend verstärkte

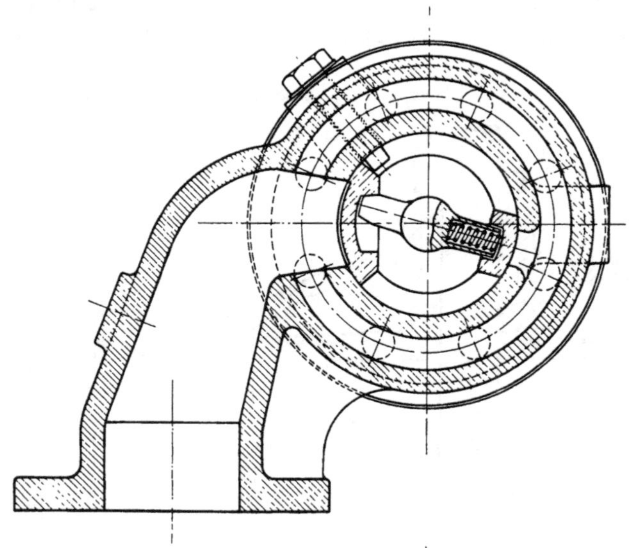

Abb. 233.

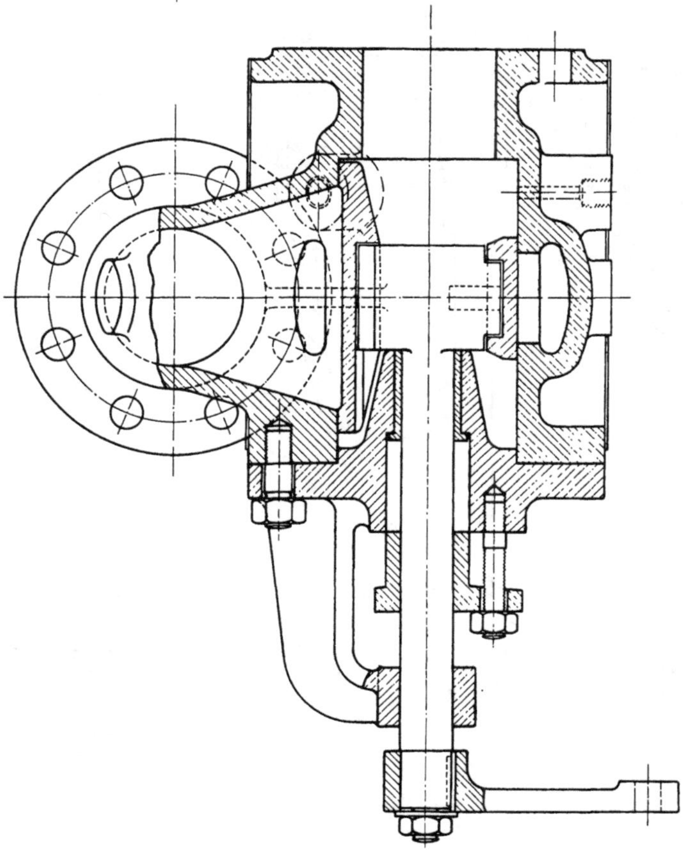

Abb. 232.

Scheibe, wie in Abb. 224 dargestellt, oder besser als ein Hohlkörper (Abb. 226) ausgeführt.

Sie kann ferner als sog. durchschlagende (Abb. 224) oder als nicht durchschlagende Klappe (Abb. 226) ausgeführt werden. In ersterem Falle muß der Scheibe ringsum soviel Spiel gegeben werden, daß sie sich in geschlossenem Zustande bei etwaiger ungleicher Ausdehnung von Klappe und Gehäuse nicht festklemmen kann.

Die nicht durchschlagende Klappe muß ebenfalls seitlich genügend Luft erhalten. sie kann jedoch, wenn geschlossen, in den Scheitelpunkten anliegen, vorausgesetzt, daß der Winkel zwischen der Ebene der Klappe und der Längsachse des Gehäuses klein genug ist, um unter allen Umständen ein Festklemmen zu verhindern.

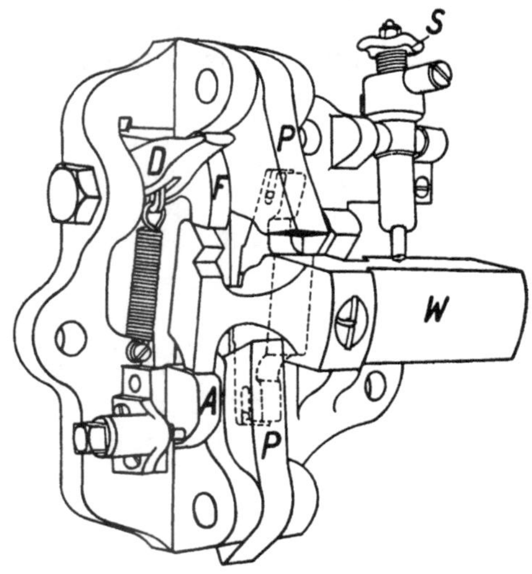

Abb. 234.

Die Drosselklappe kann vom Maschinistenstande aus durch einen Handhebel bedient werden; häufig wird außerdem noch ein Regler (System Aspinall oder ähnliche) vorgesehen. Erfolgt die Betätigung durch einen Regler, so ist es zweckmäßig, den Handhebel zum Abnehmen einzurichten, damit Verletzungen des Personals durch denselben verhindert werden.

Am meisten verwendet wird der Aspinallregler, welcher in Abb. 234 und 235 dargestellt ist. Die Anordnung des zugehörigen Gestänges zeigt Abb. 236. Er besteht aus einem am Luftpumpenhebel oder an einem besonders hierfür vorgesehenen Hebel befestigten Rahmen, welcher ein um einen Zapfen schwingend angeordnetes Gewicht W trägt, das zwei Sperrklinken PP in Tätigkeit setzt.

Wird die Umdrehungszahl der Maschine um etwa 5% zu groß, dann bleibt in der obersten Stellung des Reglers das Gewicht W, dem Trägheitsgesetz folgend, zurück,

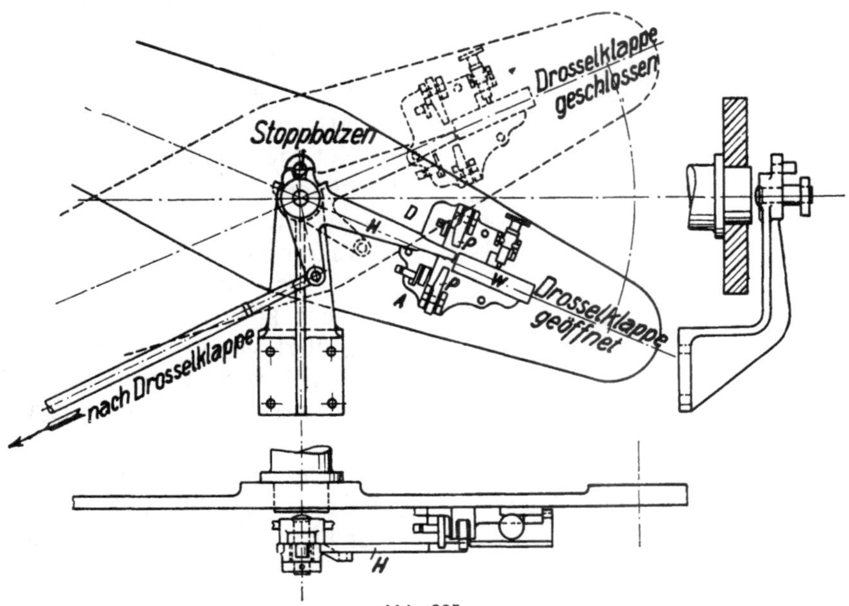

Abb. 235.

wodurch die untere Klinke P vor-, die obere zurückspringt, und W durch eine Falle F festgehalten wird. Kommt der Regler dann in die unterste Stellung, so faßt die untere Klinke unter den Hebel H und nimmt denselben bis in die höchste Stellung mit, wodurch die Drosselklappe geschlossen wird. Beim Zurückgehen des Reglers schlägt die

Klinke *D* von oben gegen den Hebel *H*, nachdem die obere zurückgezogene Klinke denselben bereits passiert hat. Dadurch wird *W* wieder frei und die Klinken kommen wieder in ihre gewöhnliche Stellung: obere Klinke vor-, untere zurückstehend. Solange die Geschwindigkeit der Maschine zu groß ist, wiederholt sich in der obersten Reglerstellung das Spiel, wobei die Drosselklappe geschlossen bleibt. Ist die normale Geschwindigkeit erreicht, dann behalten die Klinken auch in der obersten Stellung ihre gewöhnliche Lage bei, wodurch dann die obere Klinke den Hebel *H* in die unterste Stellung zurückbewegt und die Drosselklappe wieder öffnet. Die Stellschraube *S*, durch welche eine kleine Feder gespannt wird, dient zum Einstellen der Drehzahl der Maschine, bei welcher der Regler in Tätigkeit treten soll.

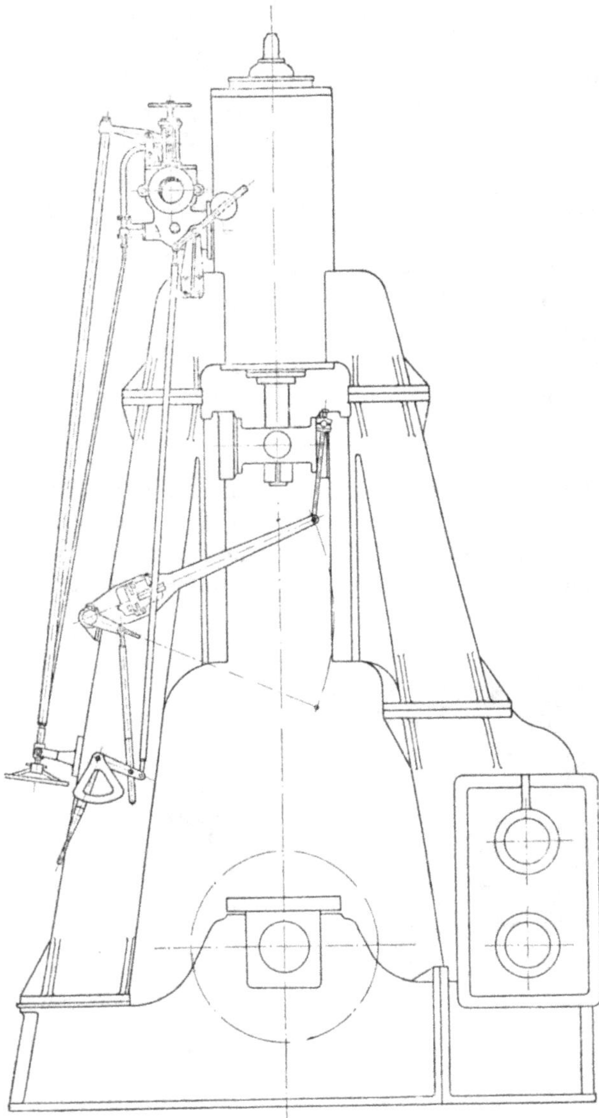

Abb. 236.

Am Regler ist ferner noch eine Sicherheitsvorrichtung vorgesehen, welche nur bei außergewöhnlich hoher Drehzahl (Wellenbruch, Verlust der Schraube o. dgl.) in Tätigkeit tritt. In einem solchen Falle bleibt das kleine Gewicht *A* zurück. Hierdurch wird das Gewicht *W* in der Stellung, bei welcher es die Drosselklappe schließt, festgehalten, und diese bleibt geschlossen, bis diese Festhaltevorrichtung von Hand frei gemacht wird.

3. Hilfsschieber oder Anlaßventile werden angeordnet, um dem *MD*- resp. *ND*-Schieberkasten oder Zylinder frischen Dampf zuführen zu können und dadurch ein leichteres Anspringen der Maschine herbeizuführen (vgl. § 91).

Ist die Füllung der Zylinder nicht kleiner als etwa 60%, dann genügt es, den Hilfsdampf in den Schieberkasten zu führen. Bei kleineren Füllungen ist es angezeigt, den Hilfsschieber so einzurichten, daß auf beiden Kolbenseiten unmittelbar Dampf zugeführt werden kann. Die Hilfsschieber werden entweder als gewöhnliche Flachschieber, als Rundschieber oder als Ventile ausgeführt; bei der Konstruktion ist auf leichte Beweglichkeit und starres Gestänge besonders zu achten. Das Gestänge muß vom Maschinistenstand aus leicht gehandhabt werden können.

In Abb. 237 und 238 ist ein als Rundschieber ausgeführter Hilfsschieber mit Gehäuse und Schieber aus Bronze für eine Naßdampfmaschine dargestellt, während Abb. 239 und 240 ein doppeltes Anlaßventil für eine Heißdampfmaschine zeigt.

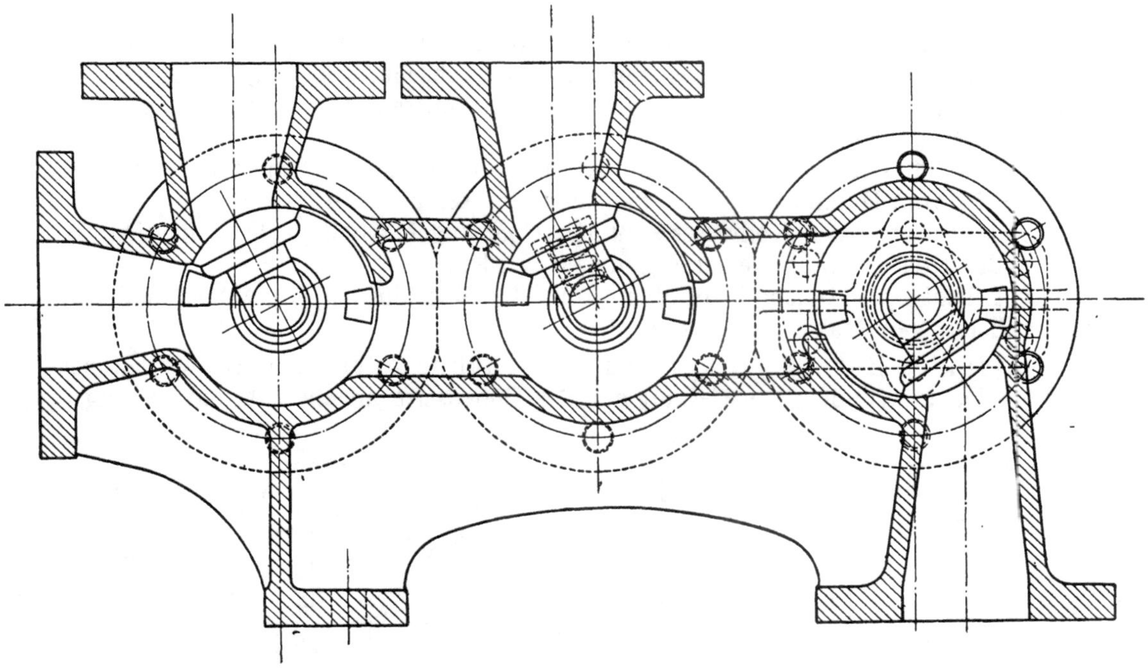

Abb. 237.

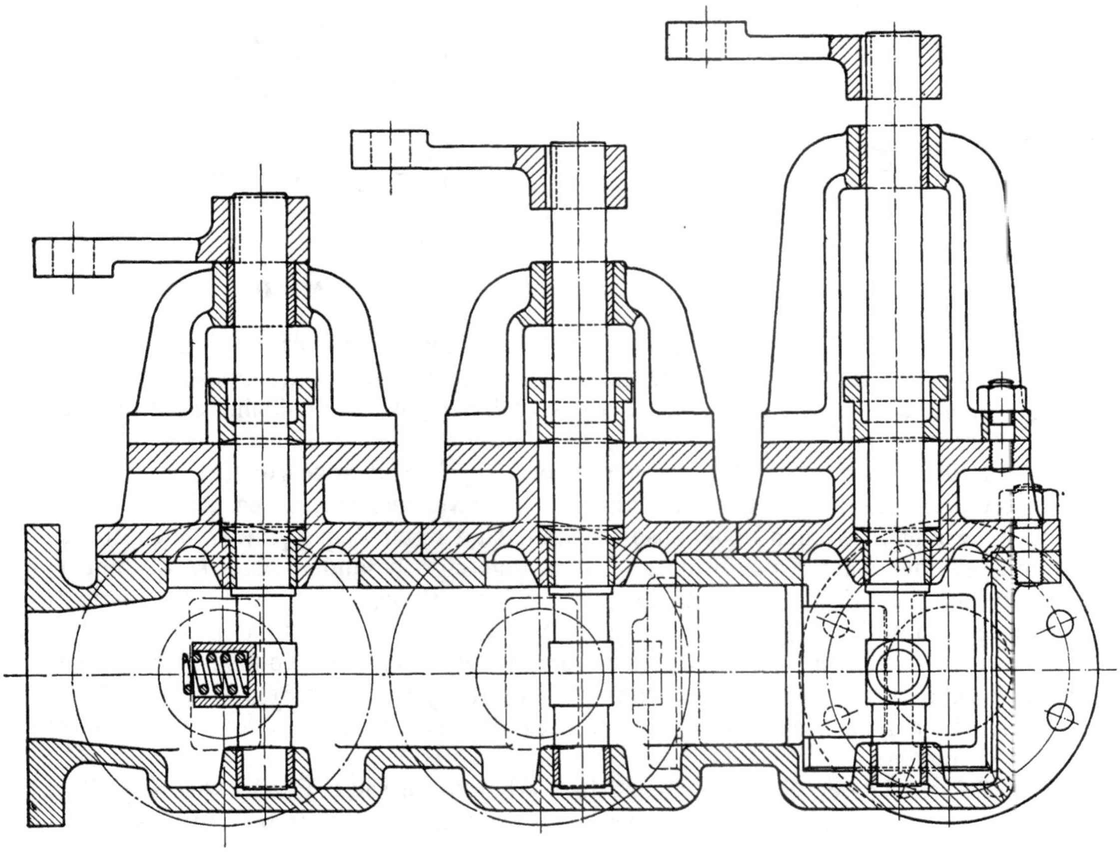

Abb. 238.

Gehäuse und Ventile sind aus Stahlguß, die eingestemmten Ventilsitze aus Nickel oder Flußeisen hergestellt. Der Dampfdruck ruht auf den Ventilen, die durch Drehen der Daumenwelle vom Maschinistenstand aus abwechselnd gehoben, d. h. geöffnet werden können und den Dampf entweder in den Mitteldruck- oder Niederdruck-Schieberkasten gelangen lassen.

Der Durchmesser der Hilfsdampfrohre nach den einzelnen Schieberkasten wird ca. $^1/_5$ bis $^1/_7$ vom Durchmesser des Hauptdampfrohres gemacht.

Wird der Dampf den Kolbenseiten unmittelbar zugeführt, dann kann der Durchmesser jedes Rohres etwas kleiner genommen werden.

Der Hilfsdampf ist dem Hauptdampfrohr der Maschine zu entnehmen und soll sich durch ein Ventil absperren lassen.

4. Zylinder-Entwässerungs(Ausblase-)hähne oder -ventile werden bei stehenden Dampfzylindern vorwiegend auf der Bodenseite angebracht und so einge-

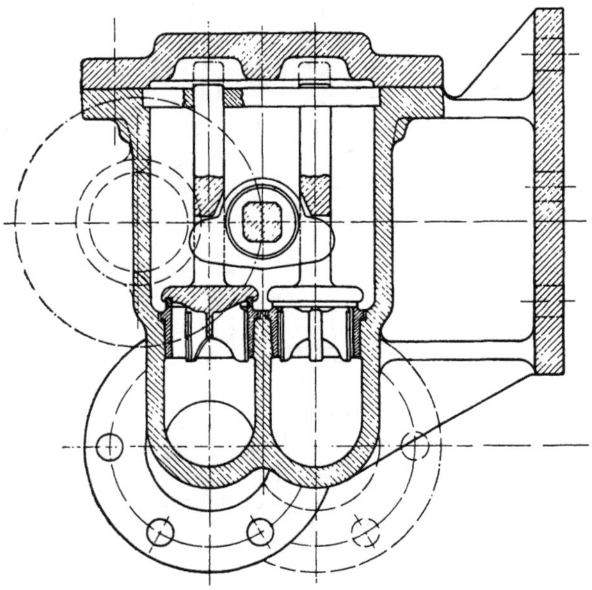

Abb. 239.

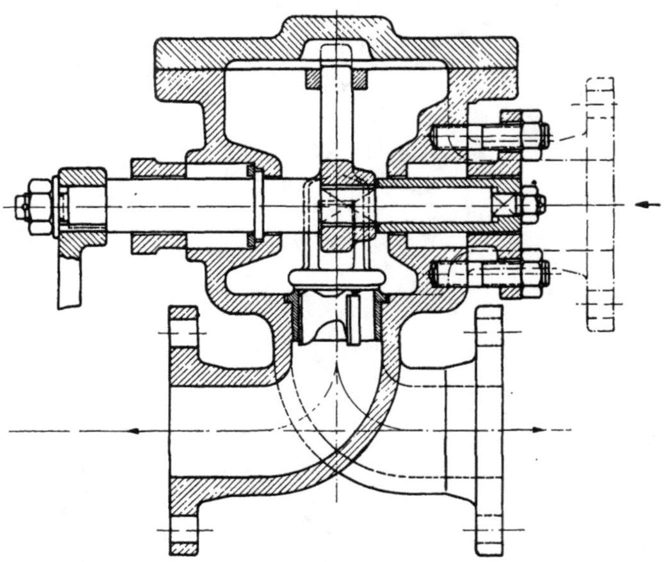

Abb. 240.

richtet, daß sie vom Maschinistenstande bzw. vom Flurboden aus, bei größeren Maschinen mittels Gestänge, leicht bewegt werden können. Der Durchmesser derselben beträgt ca. $^1/_{25}$ bis $^1/_{50}$ vom Durchmesser des Zylinders, wobei die kleineren Werte für große Zylinder gelten.

Hähne über 50 mm Durchm. werden in der Regel nicht angeordnet, sondern man verwendet dann statt eines großen Hahnes lieber zwei kleinere, deren Gestänge miteinander verbunden werden. Die Ausblasehähne sind unter dem Zylinderboden an der tiefsten Stelle des Kanals anzubringen. Es ist angezeigt, besonders beim *HD*-Zylinder, auch auf der Deckelseite einen Entwässerungshahn anzubringen, weil das oberhalb des Kolbens befindliche Wasser sich gewöhnlich nur sehr langsam mit dem ausströmenden Dampf entfernt. Die Ableitungsrohre werden meistens in den Kondensator geführt, können jedoch auch nach der Luftpumpenzisterne geleitet werden. Dann müssen jedoch Rückschlagventile eingeschaltet werden, um ein Ansaugen von Wasser oder Luft zu verhindern.

Die Schieberkasten-Entwässerungshähne erhalten dieselbe Größe wie diejenigen der zugehörigen Zylinder und sind ebenso einzurichten wie Zylinder-Entwässerungshähne. Bei Heißdampfmaschinen werden am *HD*-Zylinder und mitunter auch am

MD-Zylinder zweckmäßig nur Entwässerungsventile aus Stahlguß mit Nickelsitzen verwendet.

Bei großen Maschinen werden häufig an Stelle der vom Maschinistenstande aus bewegten Schieberkasten-Entwässerungshähne entsprechende Ventile angebracht, welche offen bleiben und durch ein Rohr (für jeden Zylinder getrennt) mit einem tieferliegenden Entwässerungstopf verbunden werden.

Der Entwässerungstopf erhält einen Wasserstand und wird entweder selbsttätig (durch Schwimmerventil) oder durch ein von Hand stellbares Abschlußventil nach dem Kondensator oder dem Luftpumpen-Ausgußtank hin entleert.

5. Sicherheitsventile sollen sowohl im Deckel als auch im Boden des Zylinders angebracht werden, um bei etwaigen Wasserschlägen im Zylinder das Wasser entweichen zu lassen und einen Bruch des Zylinders oder Gestänges zu verhindern.

Der Durchmesser derselben wird beim

HD-Zylinder	ca.	1/14	bis	1/12	vom Durchmesser des Zylinders,
MD- „	„	1/18	„	1/16	„ „ „ „
ND- „	„	1/23	„	1/20	„ „ „ „

Bei geteilten *ND*-Zylindern und schnellaufenden Maschinen findet man bis zu $^1/_{16}$ vom Durchmesser des *ND*-Zylinders.

Die Sicherheitsventile sind mit einem Gehäuse zu umgeben, damit niemand durch ausspritzendes Wasser verbrüht werden kann. Auf Kriegsschiffen führt häufig vom Sicherheitsventilgehäuse ein leichtes Kupferrohr nach der Bilge.

Die Federn der Ventile werden etwa auf das 1,2fache des höchsten Druckes, welcher im Zylinder resp. Schieberkasten auftreten kann, gespannt.

An Stelle von federbelasteten Sicherheitsventilen werden auch mitunter einfache, unbelastete Rückschlagventile angebracht, und zwar so, daß das aus dem Zylinder austretende Wasser in den Schieberkasten zurückgelangt und von dort durch den geöffneten Ausblasehahn nach dem Kondensator hin entfernt wird.

Am Schieberkasten werden Sicherheitsventile in der Regel dann vorgesehen, wenn der Hilfsdampf direkt in den Schieberkasten des *MD*- oder *ND*-Zylinders geleitet wird; der Durchmesser derselben wird etwa ebenso groß gewählt wie beim Sicherheitsventil des zugehörigen Dampfzylinders.

6. Indikator-Anschlüsse und -Vorrichtungen werden in neuerer Zeit an allen Hauptmaschinen, mitunter (auf Kriegsschiffen) auch bei Hilfsmaschinen, angeordnet.

Der untere Anschluß wird unmittelbar über dem Zylinderboden oder auch im Dampfkanal angebracht, und zwar als einfacher Anguß für einen Flansch bei einwandigen Zylindern, während bei doppelwandigen Zylindern ein schmiedeeiserner, dampfdicht eingeschraubter Flanschenstutzen vorgesehen wird (s. Abb. 209).

Der obere Anschluß wird ebenfalls entweder unmittelbar unter dem oberen Zylinderdeckelflansch oder am Dampfkanal angeordnet, vielfach jedoch auch am Zylinderdeckel. In letzterem Falle muß beim Aufnehmen des Zylinderdeckels der Indikatorhahn mit abgenommen werden.

Die Anschlüsse an den Zylinder sollen auch bei den kleinsten Zylindern nicht kleiner als 13 mm bemessen und die nach dem Indikator führenden Rohre nicht größer als die Anschlüsse gemacht werden.

Bei großen Maschinen sind die Indikatorleitungen größer, von 30 bis 50 mm im Durchmesser, auszuführen, und können dann zweckmäßig nach dem Indikatorhahn hin bis auf 20 mm allmählich eingezogen werden.

Meistens wird für jeden Zylinder nur ein Indikator vorgesehen, weshalb die beiden Kolbenseiten durch einen in die Verbindungsleitung eingeschalteten Winkelhahn verbunden werden.

Der Winkelhahn kann entweder in der Mitte des Zylinders oder am oberen Ende desselben angebracht werden. Am besten ist die Anordnung am oberen Ende des Zylinders, weil dann die obere Verbindung des Hahnes mit dem Zylinder am sichersten wasserfrei ist. Die Bewegung für die Indikatortrommel ist, wenn möglich, durch den Luftpumpenhebel usw., sonst durch besonders angeordnete leichte Hebel, welche vom Kreuzkopf bewegt werden, zu bewirken.

Das Gestänge ist möglichst einfach zu gestalten.

§ 109. **Beschreibung der Abbildungen** 241 bis 267 (ausgeführte Dampfzylinder).

1. Abb. 241 zeigt den Zylinderkomplex der Verbundmaschine eines Dampfprahms. Die Hauptabmessungen dieser Maschine gehen aus Tabelle Nr. 9 hervor, während der Aufbau derselben in den Abb. 143 und 144 § 86 dargestellt ist.

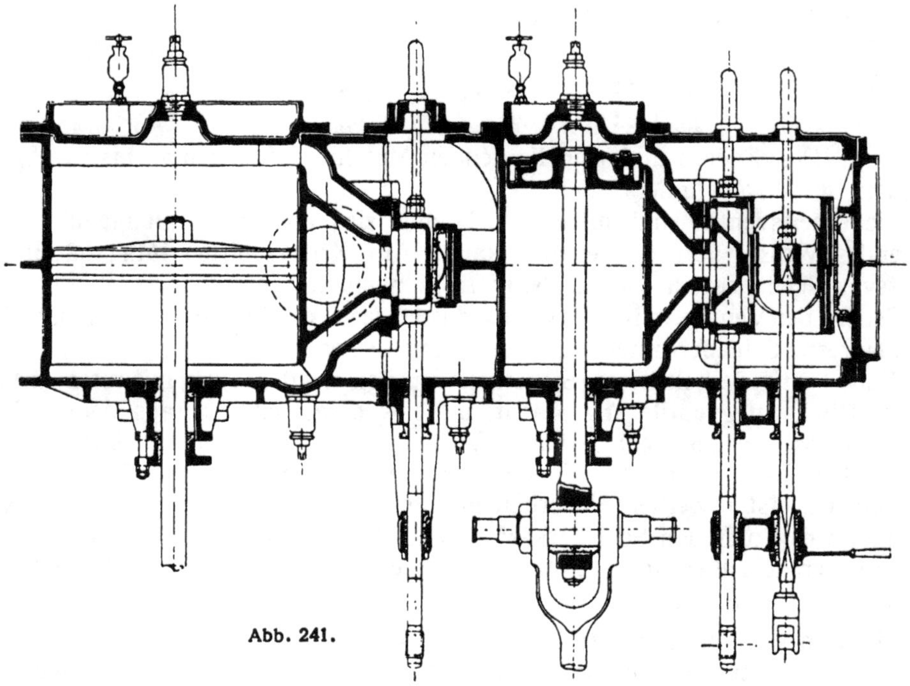

Abb. 241.

Die Zylinder haben, wie bei kleinen Maschinen üblich, keine Einsätze. Wandstärke des *HD*- und *ND*-Zylinders 22 mm.

Der *HD*-Zylinder ist mit einer Expansionssteuerung, und zwar Rider-Schieber, der *ND*-Zylinder mit Flachschieber mit einfacher Einströmung versehen. Nur der *HD*-Zylinder hat aufgeschraubten Schieberspiegel. *HD*- und *ND*-Zylinder sind dampfdicht zusammengeschraubt; der *ND*-Schieber kann durch einen oben angebrachten Deckel herausgenommen werden. Die Zylinder ruhen hinten auf gußeisernen Ständern, vorn auf stählernen Säulen (vgl. Abb. 143 und 144).

2. Die Abb. 242 bis 249 zeigen die Zylinder eines kleinen Frachtdampfers mit dreifacher Expansion.

Leistung	1100 PSi
Kesselüberdruck.	12 at.
Zylinderdurchmesser	540 · 870 · 1400 mm
Hub	1000 mm
Umdrehungszahl	75

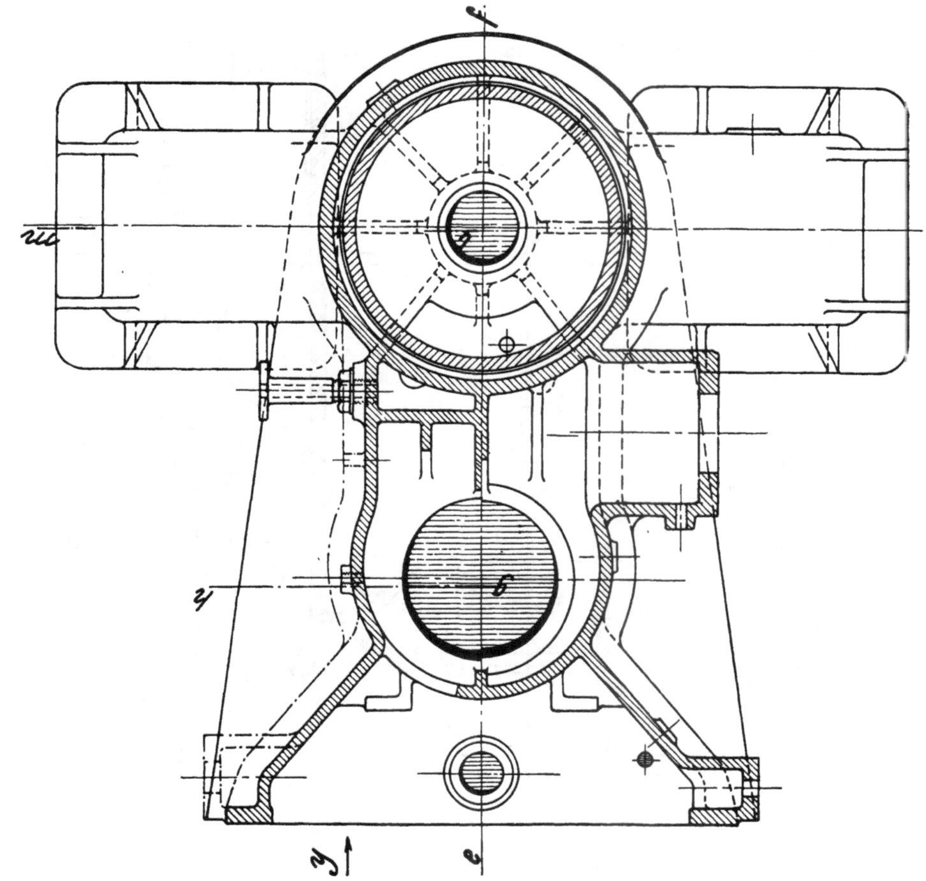

Abb. 243.

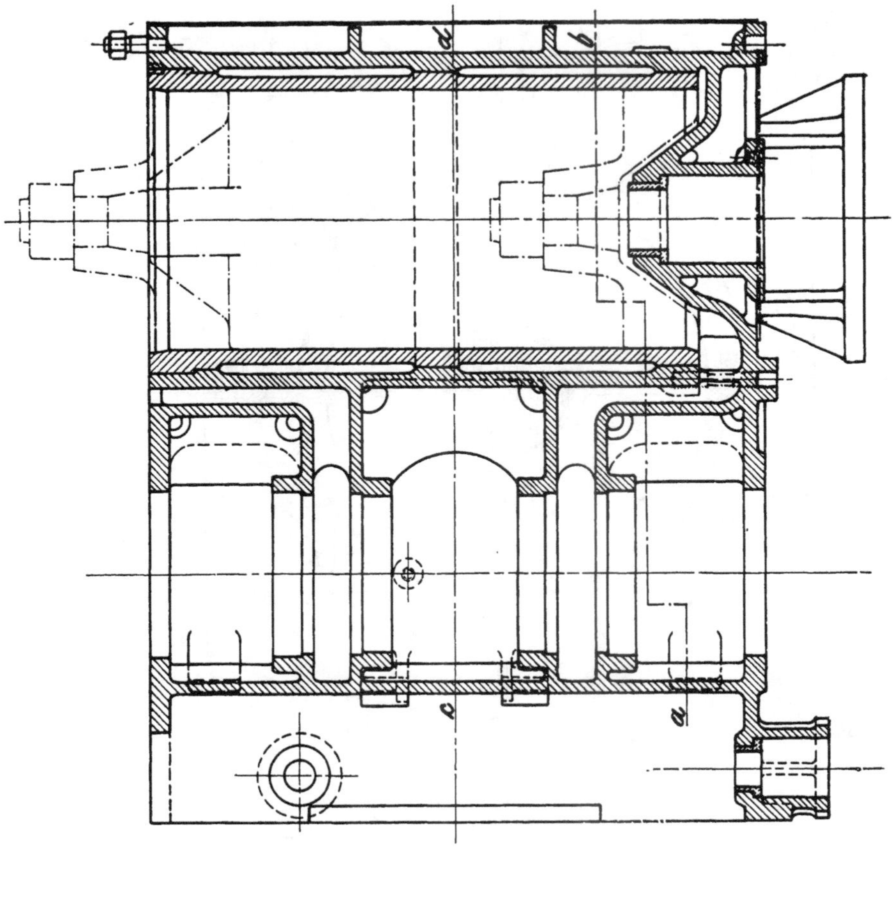

Abb. 242.

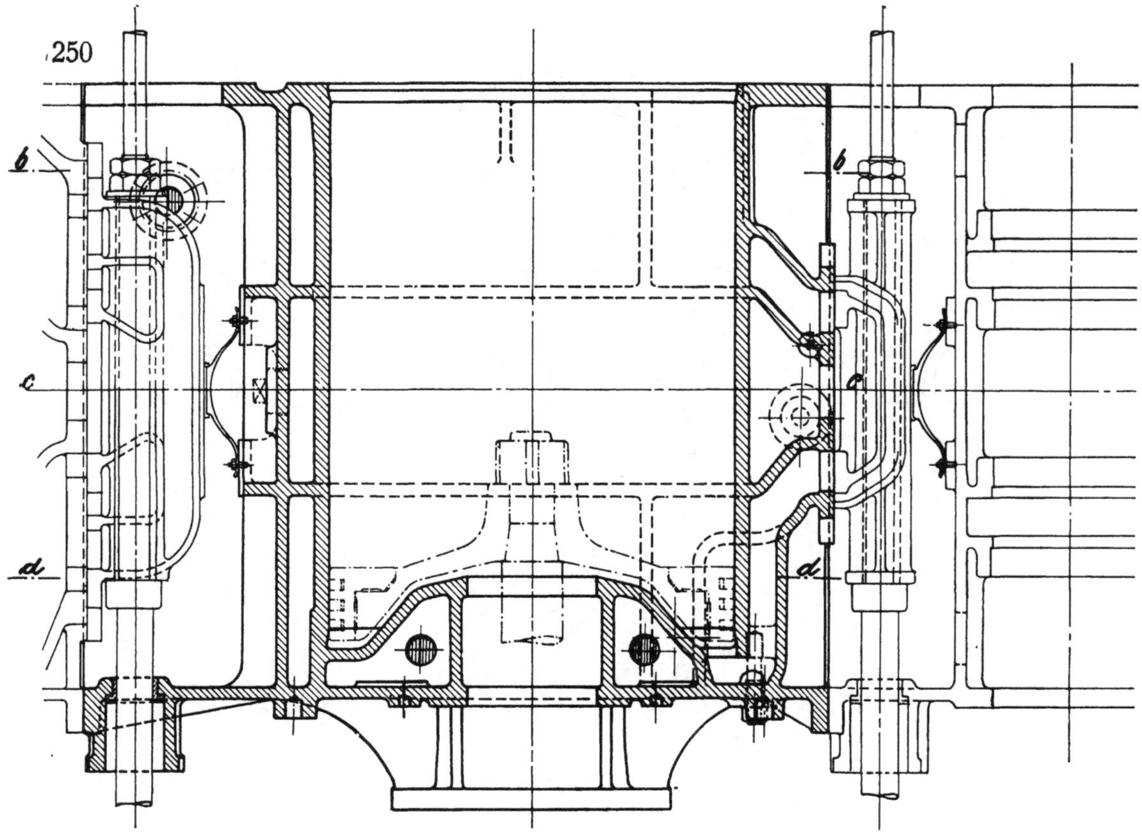

Abb. 244.

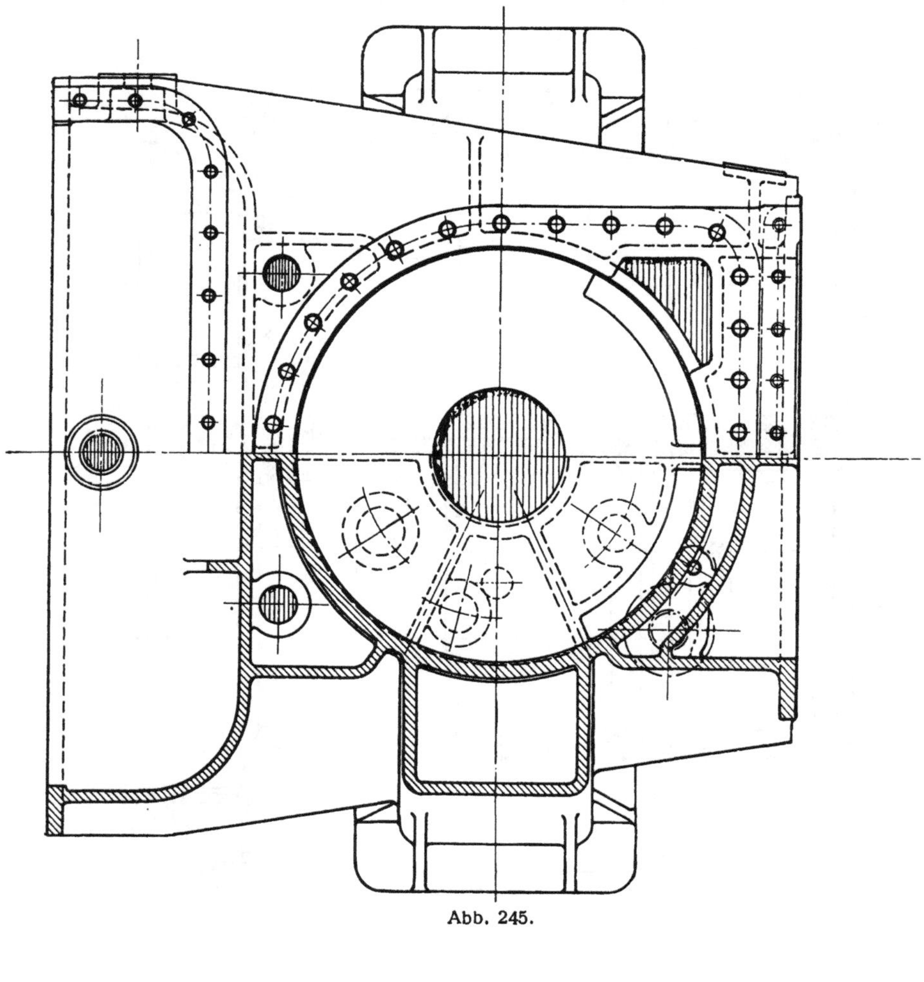

Abb. 245.

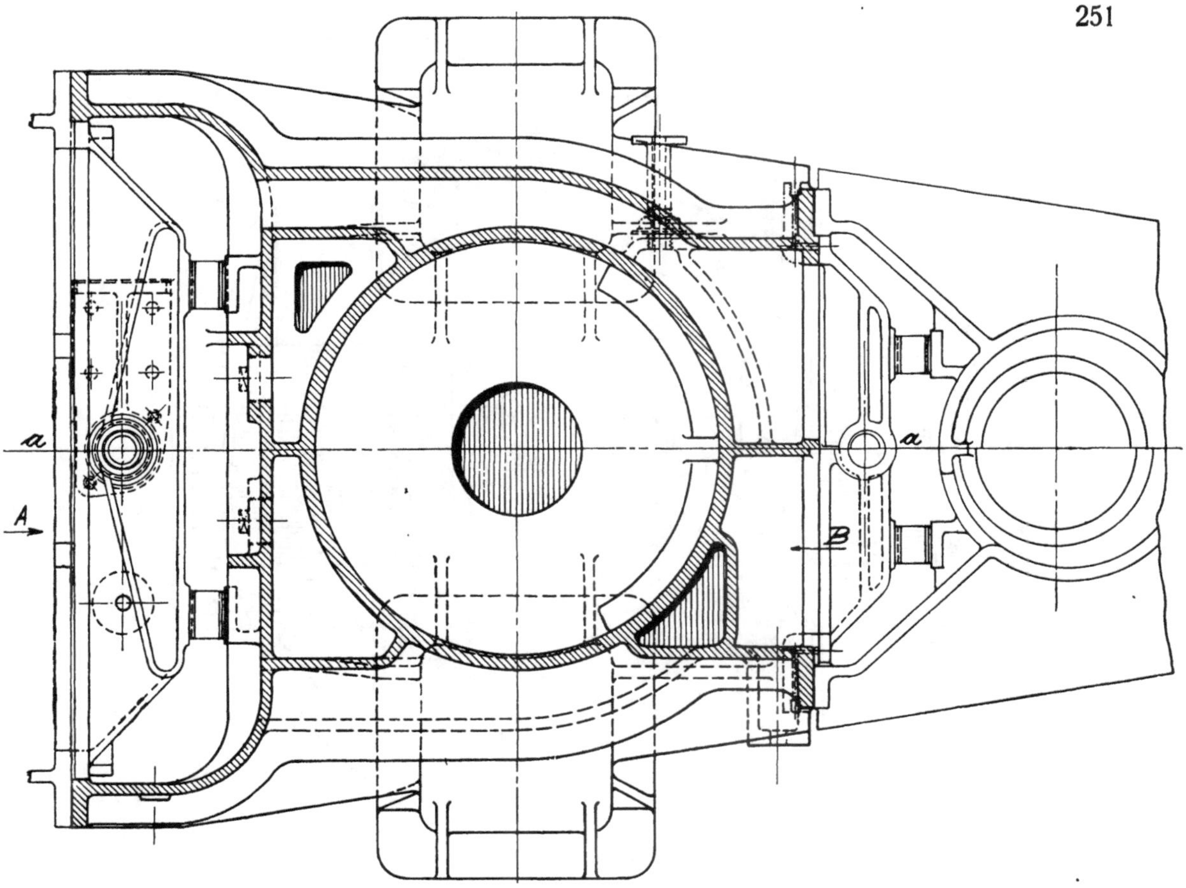

Abb. 246.

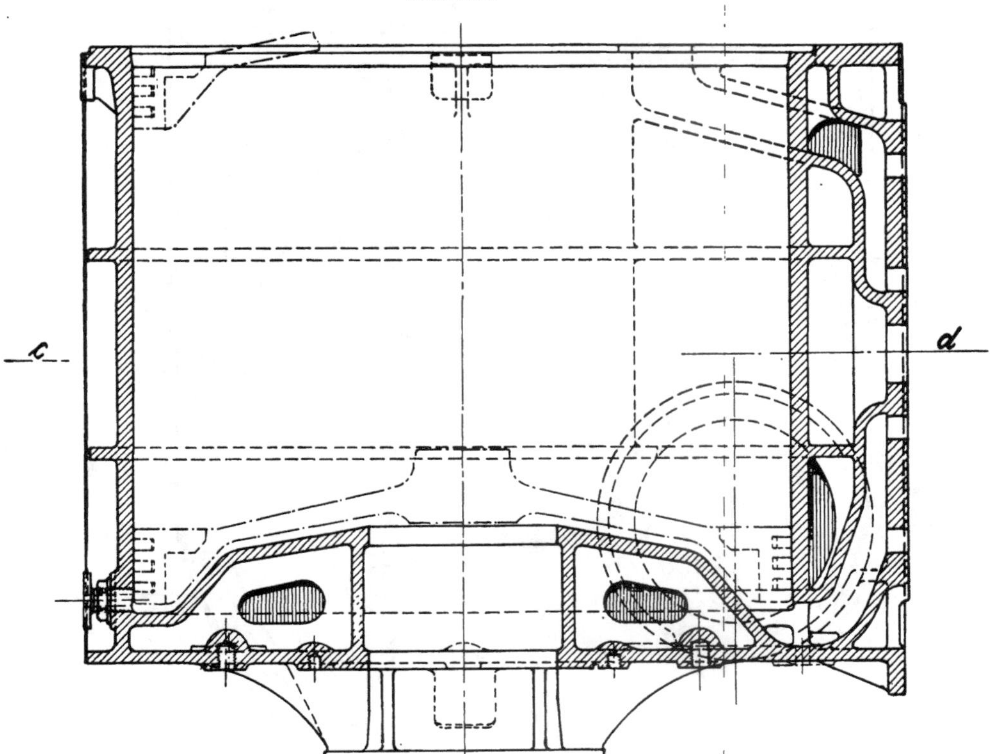

Abb. 247.

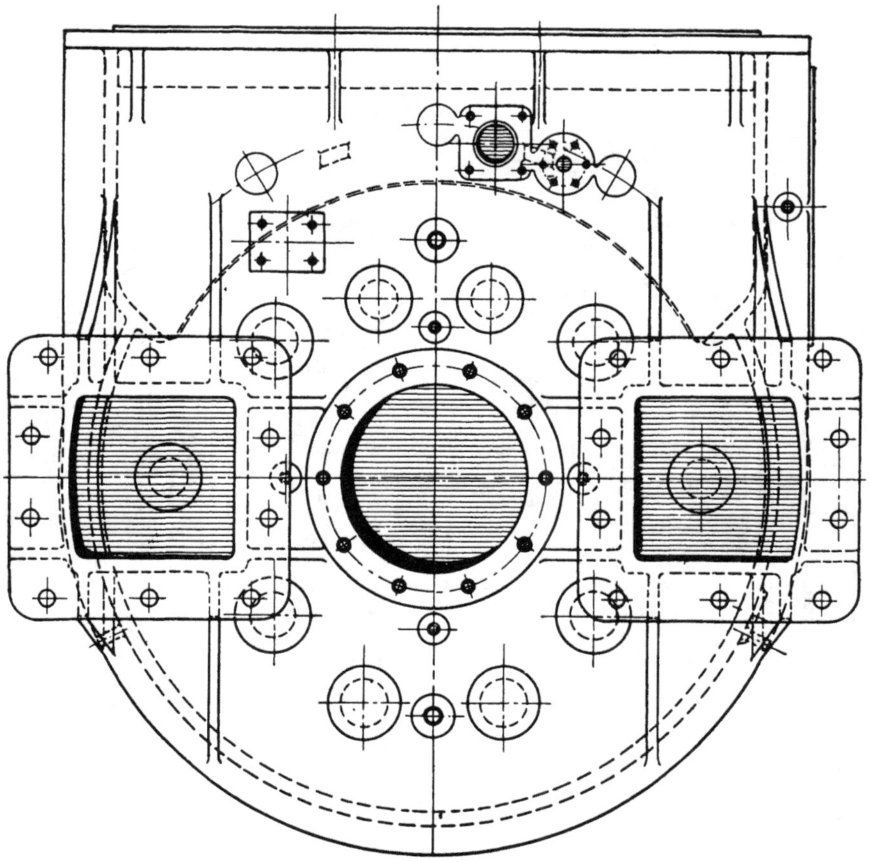

Abb. 249.

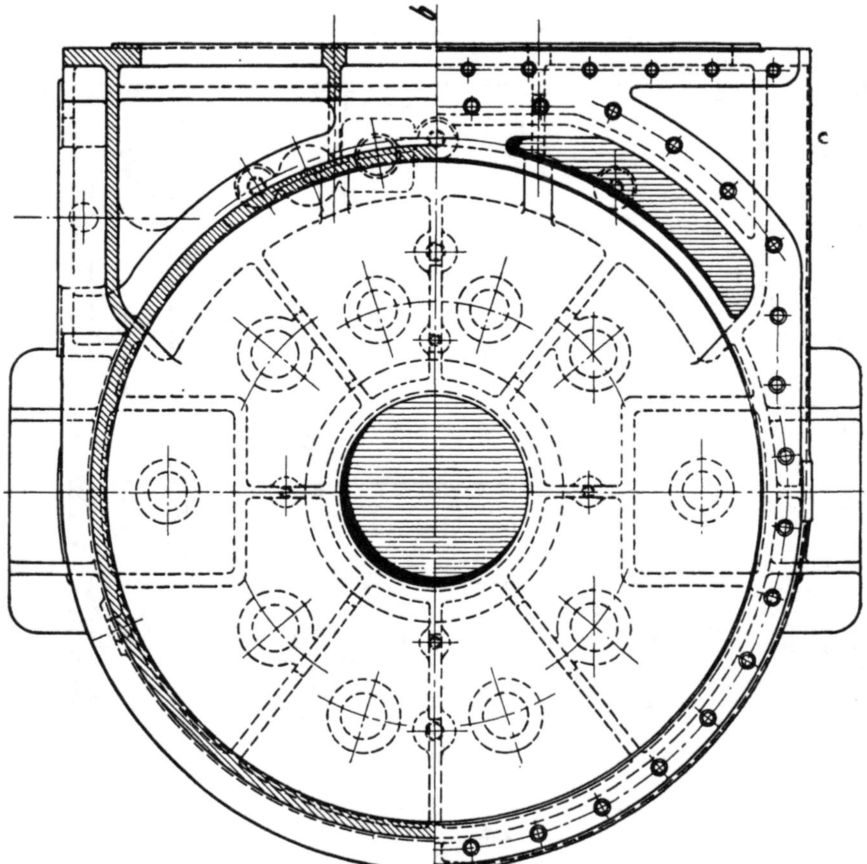

Abb. 248.

Das Eigentümliche dieser Maschine ist, daß sämtliche drei Zylinder dampfdicht miteinander verschraubt sind, so daß Überströmrohre vollständig fehlen. Der *HD*-Zylinder besitzt einen Rundschieber mit innerer Einströmung, *MD*- und *ND*-Zylinder dagegen besitzen Flachschieber. Lediglich der *HD*-Zylinder ist mit einem Einsatz ausgerüstet.

Abb. 242 zeigt den Vertikalschnitt des *HD*-Zylinders nach *ef*, Abb. 243 stellt im oberen Teil den Horizontalschnitt nach *ab*, im unteren Teil nach *cd* dar.

In Abb. 244 ist der Vertikalschnitt des *MD*-Zylinders nach *aa* zu sehen, Abb. 245 zeigt die Ansicht von oben und Schnitt *dd*, Abb. 246 im oberen Teil Schnitt *cc*, im unteren Teil Schnitt *bb*.

Abb. 247 stellt den Vertikalschnitt des *ND*-Zylinders nach *ab* dar, Abb. 248 Schnitt *cd* und Ansicht von oben, Abb. 249 die Ansicht von unten.

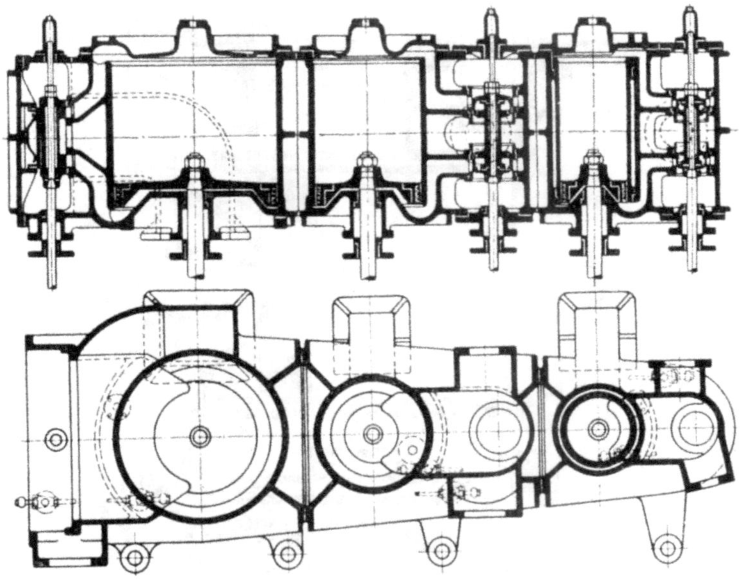

Abb. 250.

Der einfachen Ausführung dieser Maschine entsprechend ist weder beim *ND*- noch beim *MD*-Zylinder ein besonderes Schiebergesicht aufgeschraubt, es ist lediglich die Lauffläche etwas verdickt, um erforderlichenfalls ein Nachhobeln zu gestatten. Für den Fall der starken Abnutzung einer Schieberlauffläche bleibt hier nichts übrig, als nachträglich ein besonderes Schiebergesicht aufzuschrauben.

Wandstärken: *HD*-Zylinder und *HD*-Einsatz 30 mm, *HD*-Schieberkasten und Kanäle 25 bis 28 mm,
MD-Zylinder 32 mm, *MD*-Schieberkasten und Kanäle 25 mm,
ND-Zylinder 35 mm, *ND*-Schieberkasten und Kanäle 22 bis 25 mm.

3. Die Zylinderschnitte der Maschine eines Fischdampfers von 400 PSi veranschaulicht Abb. 250. Hauptdaten der Maschine siehe Tabelle Nr. 14, ferner vgl. hierzu Abb. 145 bis 148, § 87. Auch bei dieser Maschine besitzt nur der *HD*-Zylinder einen Einsatz; sonst zeigen die Zylinder keine besonderen Eigenheiten als die, daß der Abdampf aus dem *ND*-Zylinder durch den Ständer in den Kondensator entweicht.

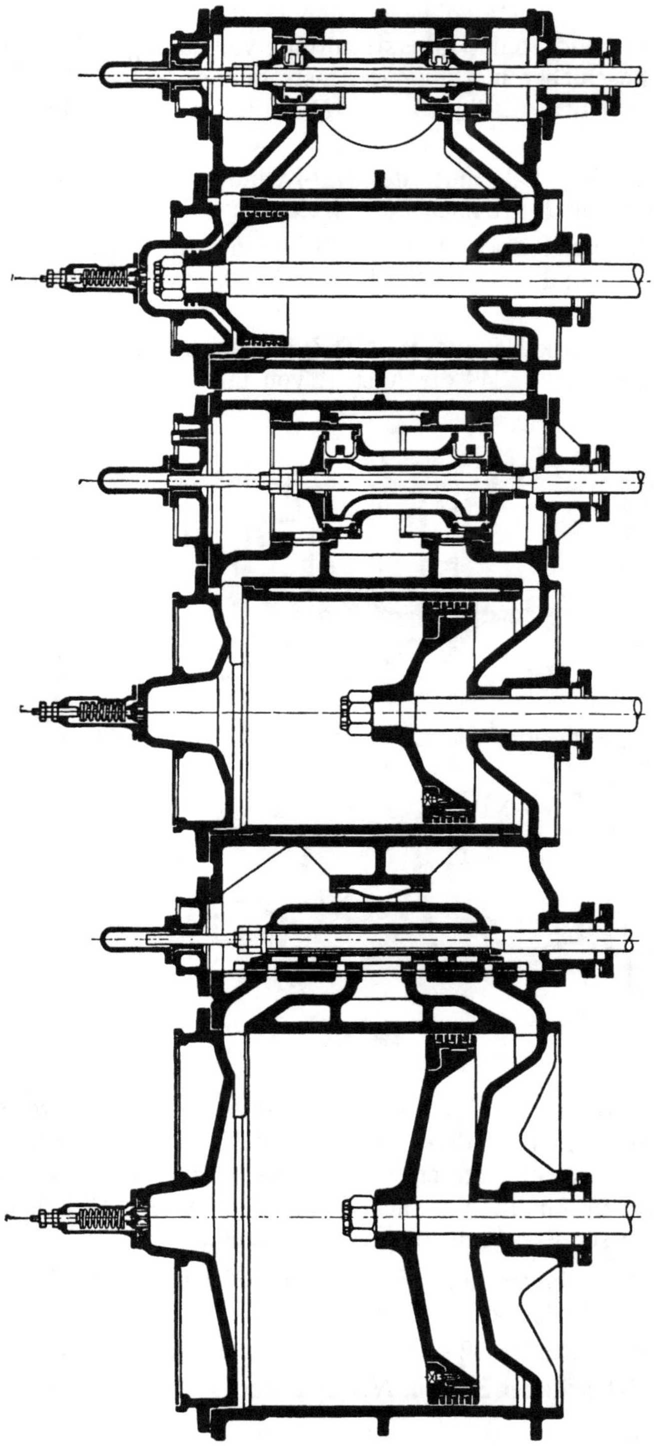

Abb. 251.

4. Abb. 251 stellt den Schnitt durch die Zylinder einer ganz modernen Heißdampfmaschine für einen kleinen Frachtdampfer dar. Die Hauptdaten der Maschine sind bereits in § 32 mitgeteilt. *HD*- und *MD*-Zylinder sind mit Einsätzen versehen.

Wandstärken: *HD*-Zylinder 25 mm, *HD*-Einsatz 28 mm,
MD-Zylinder 25 mm, *MD*-Einsatz 28 mm,
ND-Zylinder 28 mm,
übrige Wandstärken der Zylinder im *HD, MD* und *ND* 25 mm.

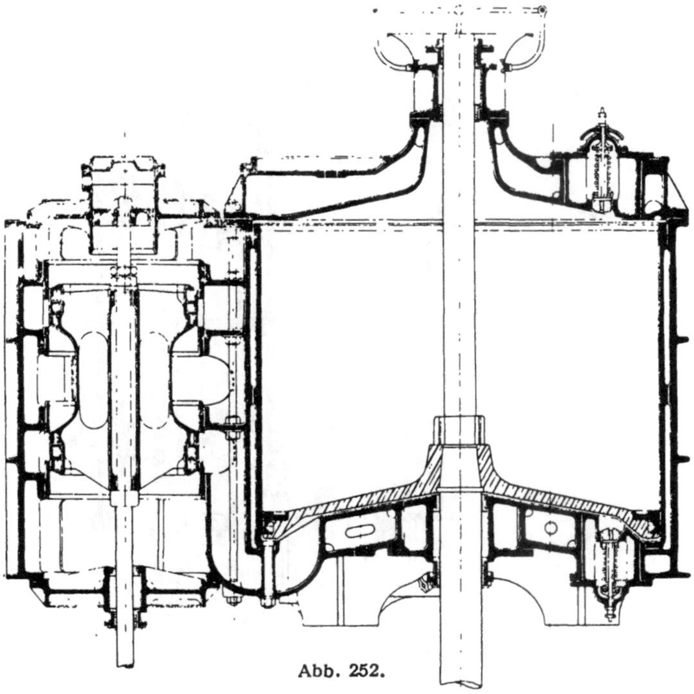

Abb. 252.

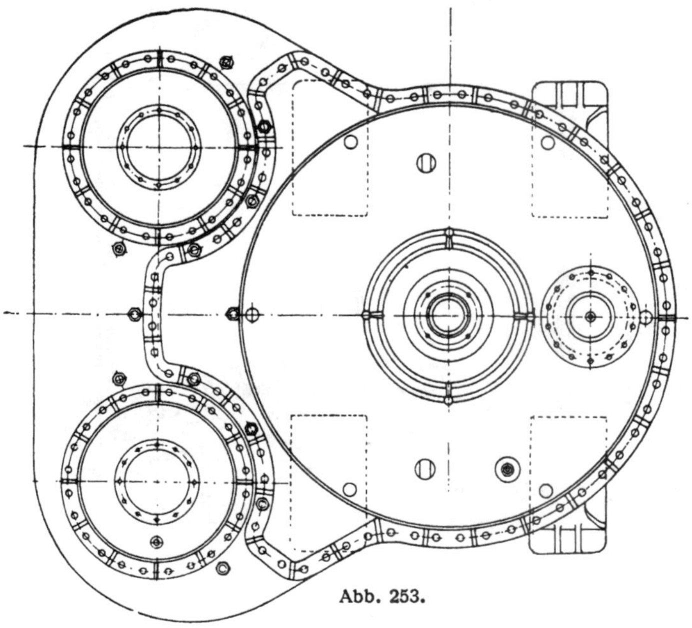

Abb. 253.

Sämtliche Zylinderdeckel und Schieberkastendeckel bestehen aus Gußeisen (Rippenguß), wie für derartige Handelsschiffsmaschinen üblich. *HD*- und *MD*-Zylinder haben innere Einströmung, der *ND*-Zylinder hat äußere Einströmung. Als Stopfbuchsen für die Kolben- und Schieberstangen dient eine der modernen aus gußeisernen und mehrteiligen Ringen bestehenden Heißdampfpackungen, vgl. § 114. Im übrigen ist zu der Ausführung der Zylinder nichts Besonderes zu bemerken. Gleichzeitig sei auf die Darstellung der ganzen Maschine in Abb. 154 bis 156, § 87, verwiesen.

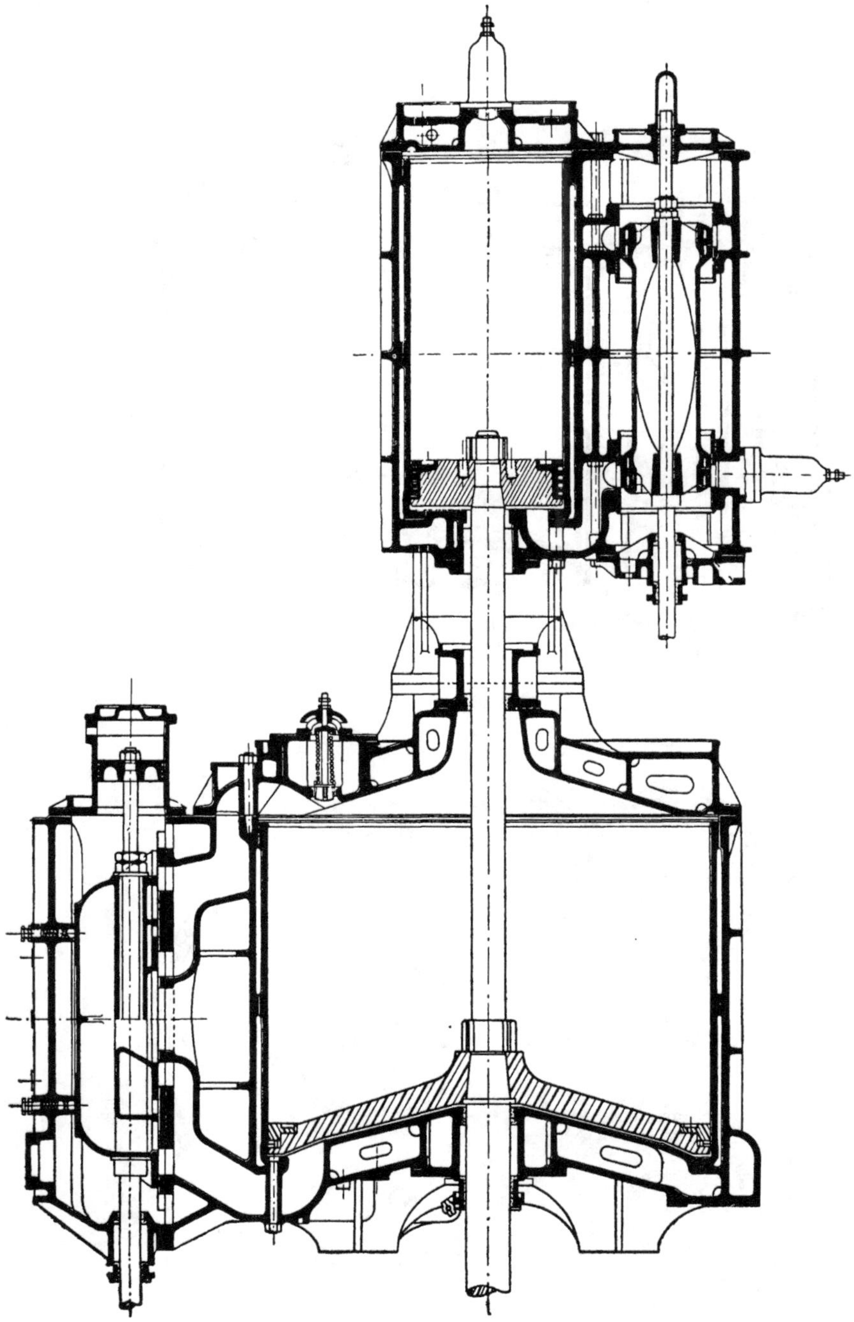

Abb. 254.

5. Abb. 252 und 253 zeigen den zweiten *MD*-Zylinder von 2640 mm Durchm. der Vierfachexpansionsmaschine des ehemaligen Schnelldampfers „Deutschland". Zylinder mit Einsatz, zwei Rundschieber mit äußerer Einströmung, besonderen Schiebereinsätzen und Gewichtsentlastungskolben für die Schieber. Die flachen Kanalwände

sind durch durchgehende Anker verstärkt. Die Schieber können nach oben herausgenommen werden. Der Zylinder ist durch vier angegossene Füße mit den Stahlgußständern verbunden.

Zylinderboden und -deckel sind doppelwandig ausgeführt und besitzen je ein Mannloch mit eingebautem Sicherheitsventil.

Abb. 254 zeigt den *ND*-Zylinder desselben Schnelldampfers, auf dessen Deckel der *HD*-Zylinder befestigt ist.

Der *ND*-Zylinder hat Mantelheizung sowie geheizten Deckel und Boden, 2 Penn'sche Flachschieber nebeneinander, mit je 1 Entlastungskolben und Entlastungsring auf dem Rücken des Schiebers.

Der *HD*-Zylinder greift mittels eines Zentrierungsvorsprunges in den Deckel des *ND*-Zylinders ein, auf welchem er durch zwei kräftige Hohlgußfüße befestigt ist. Auch

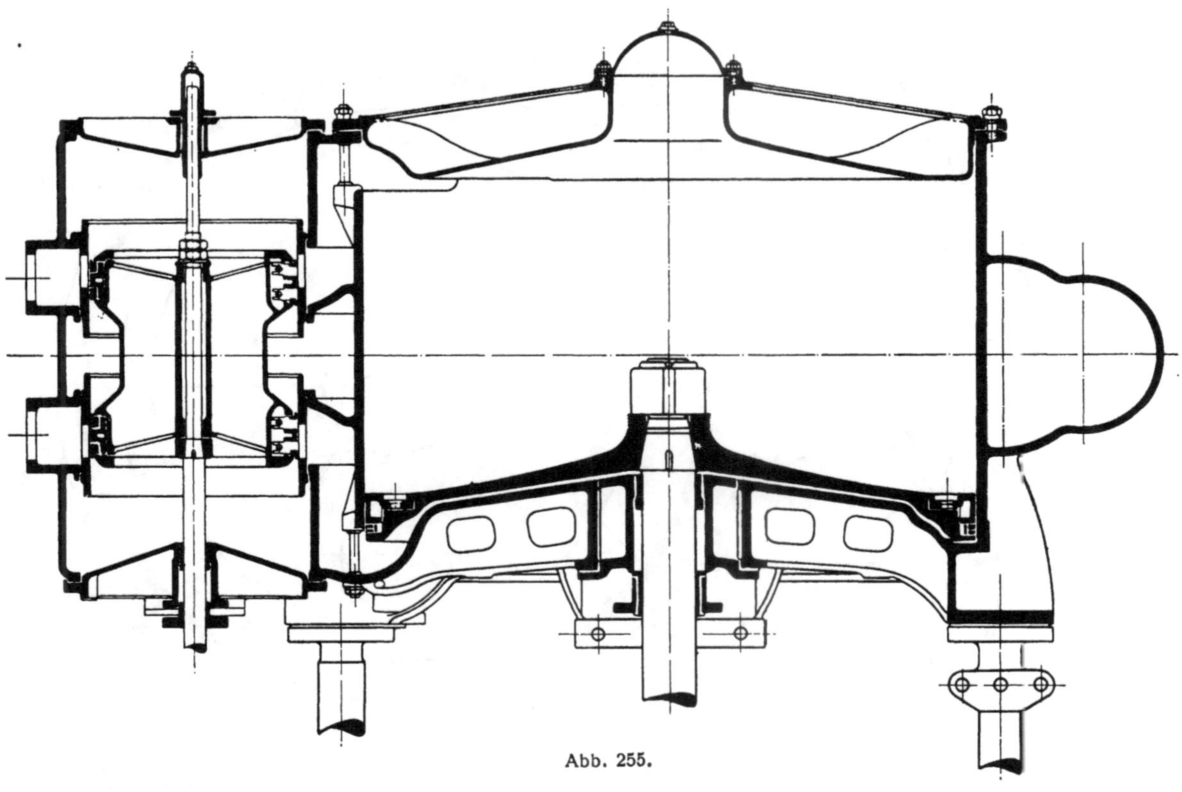

Abb. 255.

der *HD*-Zylinder hat Mantel-, Boden- und Deckelheizung. Der *HD*-Schieber (Kolbenschieber) läuft in Büchsen aus hartem, feinkörnigem Gußeisen, welche in den Schieberkasten eingezogen sind.

Die Stopfbüchsen zwischen den Zylindern sowie die untere Stopfbüchse des *ND*-Zylinders haben Metallpackung.

Sowohl der *HD*- als auch der *ND*-Zylinder sind durch stählerne Anker mit Gewinde verstärkt.

Wandstärken: *HD*- und MD_1-Zylindermantel 40 mm, übrige Wandstärken 38 bis 40 mm,
MD_2-Zylindermantel 38 mm, übrige Wandstärken 35 bis 40 mm,
ND-Zylindermantel 35 mm, übrige Wandstärken 35 bis 40 mm,

Die Wandstärke des Einsatzes ist bei allen Zylindern 40 mm.

6. Den *ND*-Zylinder des Linienschiffs „Rheinland" der deutschen Marine zeigen die Abb. 255 bis 257. Längsschnitt links durch Mitte Rundschieber, rechts senkrecht zur Maschinenlängsebene siehe Abb. 255, Querschnitt (oben durch den Ausströmraum, unten durch den Einströmraum des Schiebers), siehe Abb. 256, die Ansicht von unten siehe Abb. 257.

Die Hauptdaten der Maschine sind in Tabelle 12, § 49, zu finden. Die Maschine ist in der Photographie Abb. 169, § 87 dargestellt und dortselbst beschrieben.

Der Zylinder besitzt 2 Rundschieber, welche mit Schiebereinsätzen aus feinkörnigem Gußeisen versehen sind. Die Schieber haben innere Einströmung durch die beiden in

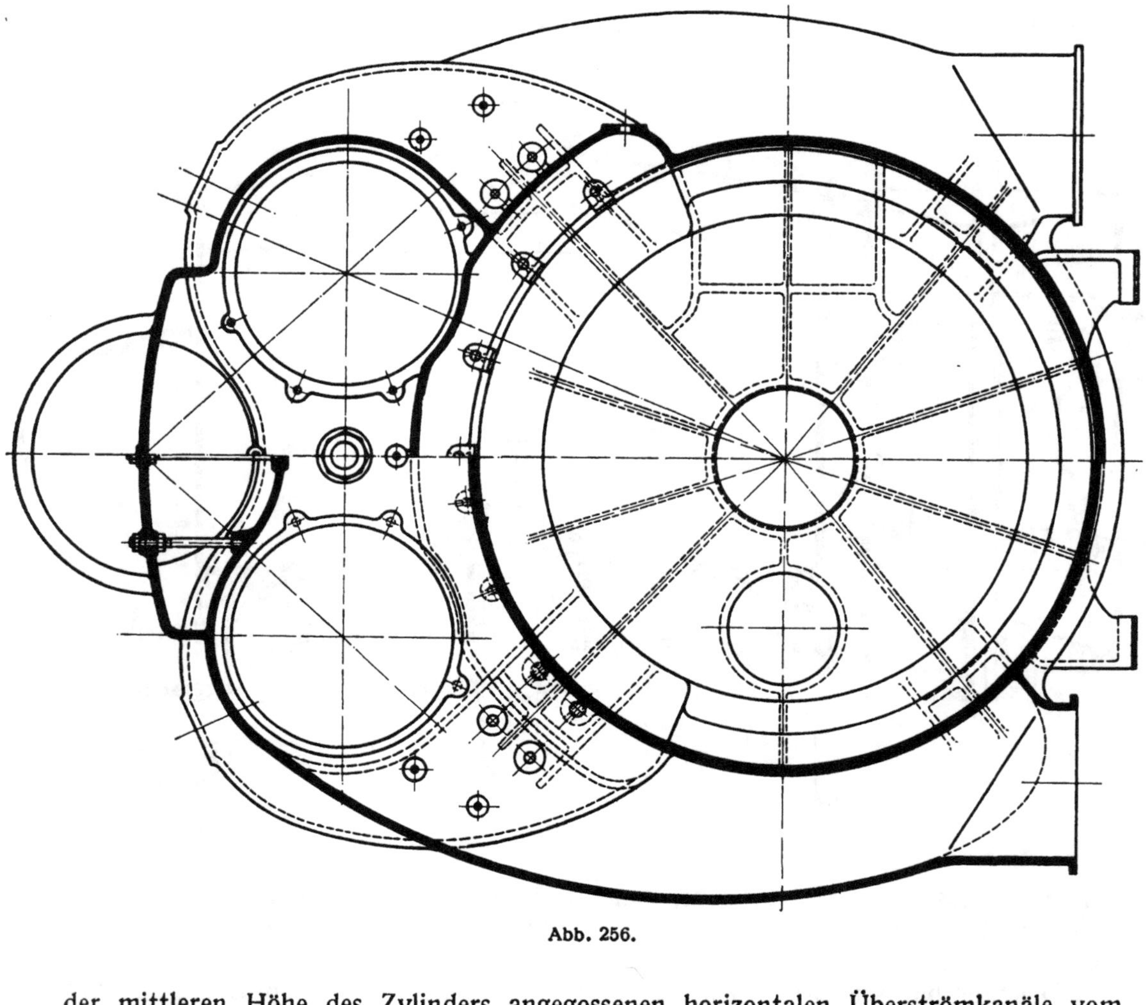

Abb. 256.

der mittleren Höhe des Zylinders angegossenen horizontalen Überströmkanäle vom Mitteldruckzylinder und äußere Ausströmung. Die Kanalwände und Schieberkastenwände sind sorgfältig verankert, unter anderem auch durch ein mit Gewinde und Mutter versehenes Rohr, welches in der Mitte zwischen den beiden Schieberkastenmitteln vertikal durch sämtliche Kanalwände durchgeführt ist. Der Zylinderboden ist angegossen und trägt die 4 Flanschen für die obere Befestigung der Säulen des Gestells; ebenso ist ein Bock für die Anbringung des oberen Endes der Gleitbahn angegossen. Ein Mannloch von 380 mm l. Durchm. ist im Boden vorgesehen. Man beachte auch die starke Verrippung des Bodens, welche aus der Unteransicht Abb. 257 hervorgeht. Die Wandstärke des Zylinders beträgt für die Lauffläche 33 mm, für den Zylinderboden 28 mm und für die Kanalwand 26 mm.

7. Abb. 258 bis 261 zeigen den *ND*-Zylinder des Panzerkreuzers „Jakumo“ für die japanische Marine. Die Hauptdaten der Maschine sind die folgenden:

Leistung	7800 PSi
Kesselüberdruck.	18 at
Zylinderdurchmesser	950 · 1450 · (2 · 1560)
Hub	1000
Umdrehungszahl pro min	145

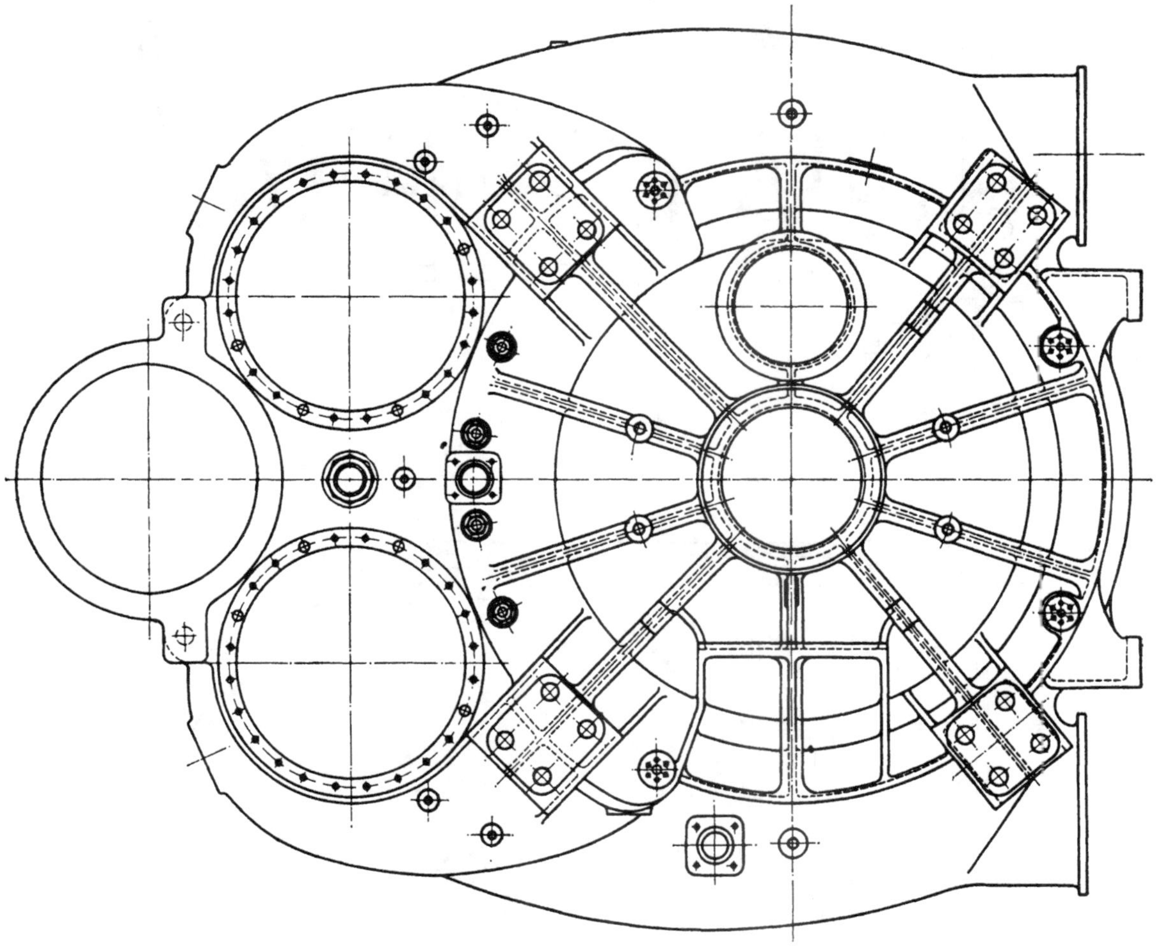

Abb. 257.

Der Zylinder ist mit Einsatz versehen, hat dagegen nur einwandigen Boden und Deckel, letzterer besteht aus Stahlguß. Der Stopfbüchseinsatz ist für Philadelphia-Packung eingerichtet. Der Boden ist durch radiale Rippen, der Kanal durch Ankerschrauben *a*, welche gleichzeitig den Einsatz befestigen, verstärkt. Der Zylinder ruht auf zwei Stahlgußständern und ist mit diesen durch zwei angegossene Füße verbunden. Das Gewicht des überhängenden Schieberkastens wird durch zwei schmiedeeiserne Säulen aufgenommen. Am Zylinderboden sind Warzen *h* für Händelschrauben, *e* für die Entwässerung des Zylinders, *m* für die des Mantels angebracht. Im Zylinderdeckel und -boden sind Sicherheitsventile *s* angeordnet.

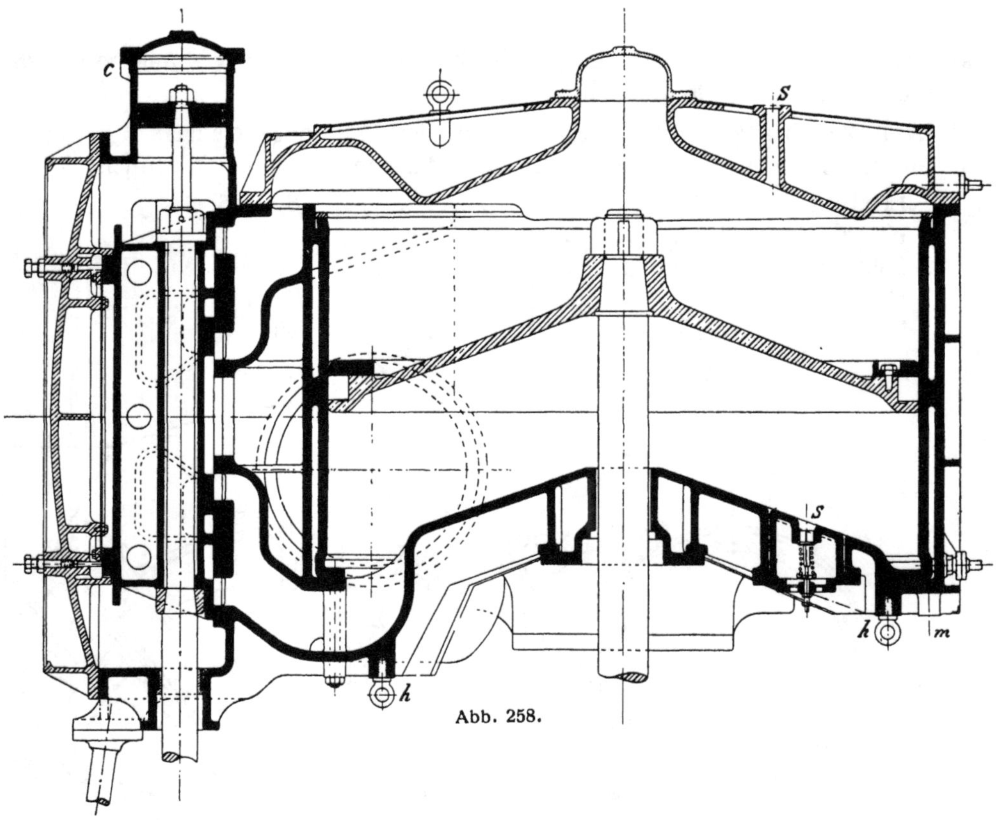

Abb. 258.

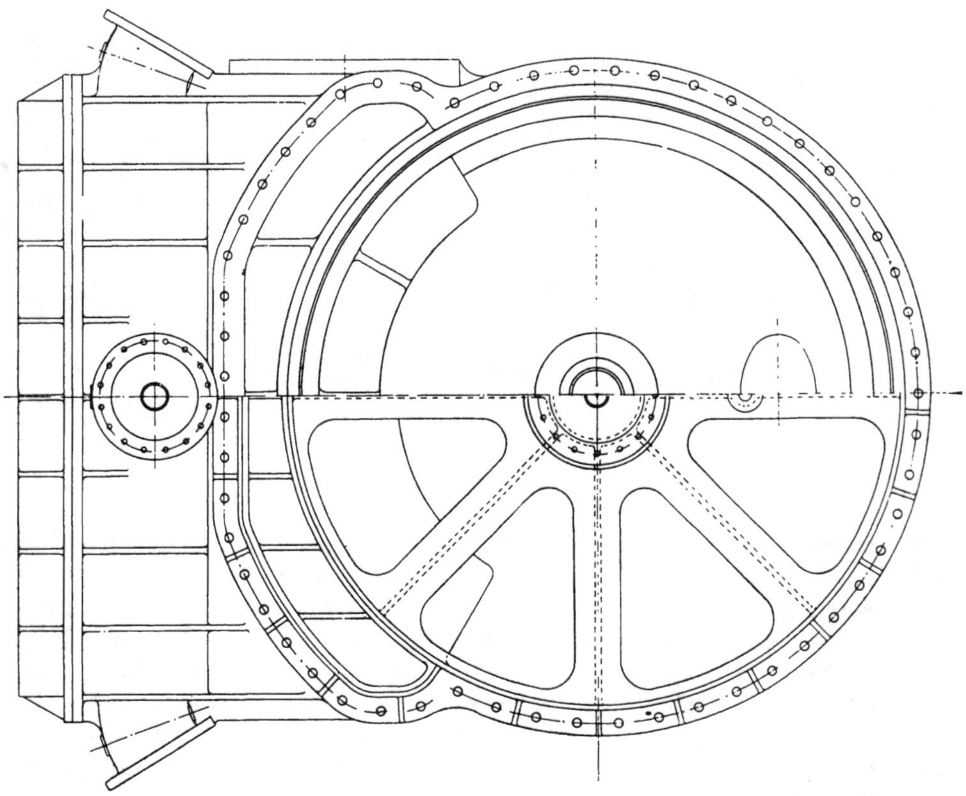

Abb. 259.

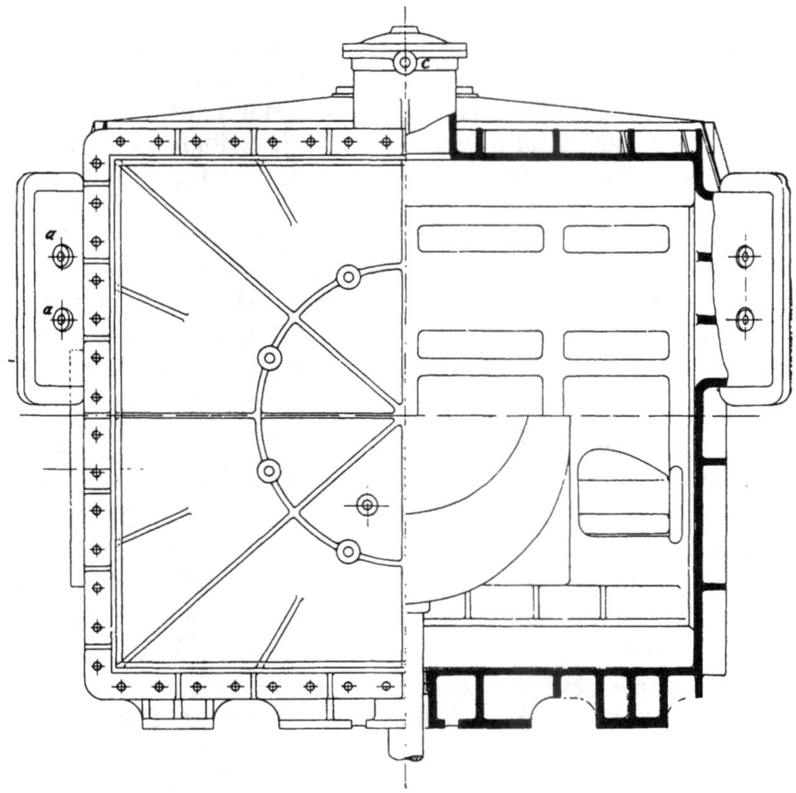

Abb. 260.

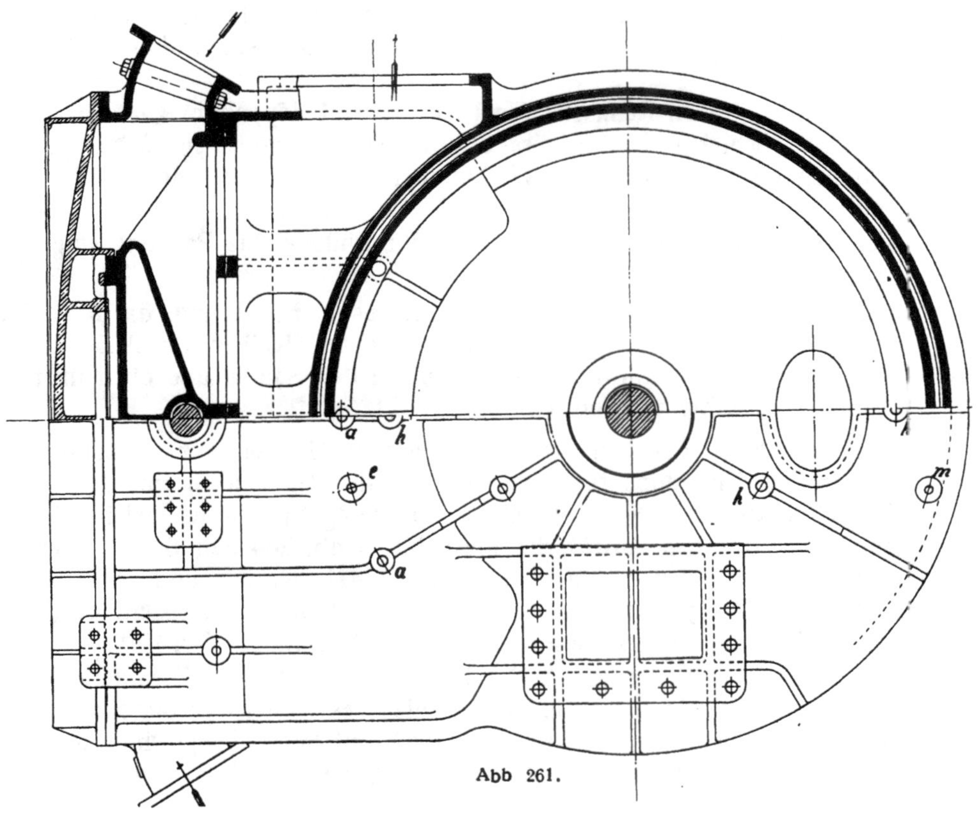

Abb 261.

Der Schieber ist ein Pennscher Flachschieber mit doppelter Einströmung und Ausströmung, welcher auf einem besonders aufgeschraubten Schieberspiegel läuft. Das Gewicht von Schieber und Schiebergestänge wird durch einen Entlastungskolben getragen, welcher in einem Zylinder arbeitet. Der Raum über dem Kolben steht durch den Anschluß *c* mit dem Kondensator in Verbindung. Die Reibung des Schiebers wird durch eine auf seinem Rücken angebrachte Entlastungsvorrichtung vermindert. Dieselbe besteht aus einem Gleitring aus Gußeisen, welcher durch eine kupferne Membran gegen den Schieberkastendeckel abgedichtet ist. Der Gleitring wird durch besondere Federn gegen den Schieber gedrückt. Der durch die Membran abgeschlossene Raum zwischen Schieber und Schieberkastendeckel steht mit dem Kondensator in Verbindung.

Der Schieberkasten ist angegossen, der Deckel aus Stahlguß. Der Eintritt des Dampfes erfolgt zu beiden Seiten; für die Ausströmung ist nur ein Rohr angeordnet.

Wandstärken: Zylinder, Einsatz und Kanäle 28 mm, Zylinderboden 30 mm.

8. Abb. 262 zeigt den Zylinderkomplex eines Torpedojägers älteren Datums für die chinesische Marine mit dreifacher Expansion und geteiltem *ND*-Zylinder. Hauptdaten:

Leistung	ca. 2500 PSi
Kesselüberdruck.	14 at.
Zylinderdurchmesser	560, 840, 2 · 840 mm
Hub	450 mm
Umdrehungszahl	325

Alle Zylinder sind der Gewichtsersparnis wegen ohne Einsatz, sowie mit einwandigem, eingesetztem Boden und Deckel ausgeführt. Die Deckel sind aus Bronze.

Der *HD*-Zylinder ist mit Kolbenschieber ohne besondere Dichtungsringe und ohne besondere Schiebereinsätze ausgerüstet. Der Schieber hat innere Einströmung. Die Ausströmung erfolgt über den *MD*-Zylinder weg nach dessen Schieberkasten, was allerdings für die Demontage des *MD*-Zylinders nicht vorteilhaft ist. Der *MD*-Schieber hat äußere Einströmung, besonders eingesetzte Schieberbüchsen und besondere Dichtungsringe.

Die *ND*-Zylinder haben Pennsche Flachschieber mit doppelten Kanälen und ohne Entlastung. Die Schieber laufen direkt auf den angegossenen Schieberspiegeln. Die Ausströmung erfolgt aus jedem *ND*-Zylinder durch ein besonderes Rohr nach der Seite hin.

Sämtliche Kolbenstangenstopfbuchsen sind für Philadelphia-Packung eingerichtet.

Die Zylinder stehen auf stählernen Säulen.

Die Maschine ist nach Schlickschem System ausbalanciert und, da die Zylinderabstände nicht besonders günstig sind, mit verdickten Kolben im *MD*- und *ND*-Zylinder ausgeführt. Die Gradführung ist unten an den Säulen und oben mittels angegossener Lappen am Zylinderboden angeschraubt.

9. Die Konstruktion der Dampfzylinder eines der letzten mit Kolbenmaschinen ausgeführten großen Torpedoboote (V 150/160) für die deutsche Marine geht aus den Abb. 263 bis 267 sowie der in § 87 gebrachten Abbildung Nr. 176 der gleichen Maschine hervor. Abb. 263 zeigt den Aufriß der Maschine, Abb. 264 den Schnitt durch den *HD*-Zylinder, Abb. 265 den Schnitt durch den *MD*-Zylinder und Abb. 266 den Schnitt durch den *ND*-Zylinder, während in Abb. 267 die Unteransicht der Zylinder dargestellt ist. Die Hauptdaten dieser Maschine sind in Tabelle Nr. 10 verzeichnet.

Bemerkenswert ist vor allem die Art und Weise, in welcher der Zylinderkomplex zu einem starren Ganzen vereinigt und mit den Säulen des Gestells verbunden ist, welche teilweise oben Flanschen tragen, teilweise aber auch mit Schraubengewinde und Mutter versehen in die sehr kräftigen an den Zylindern angegossenen Augen eingesteckt sind.

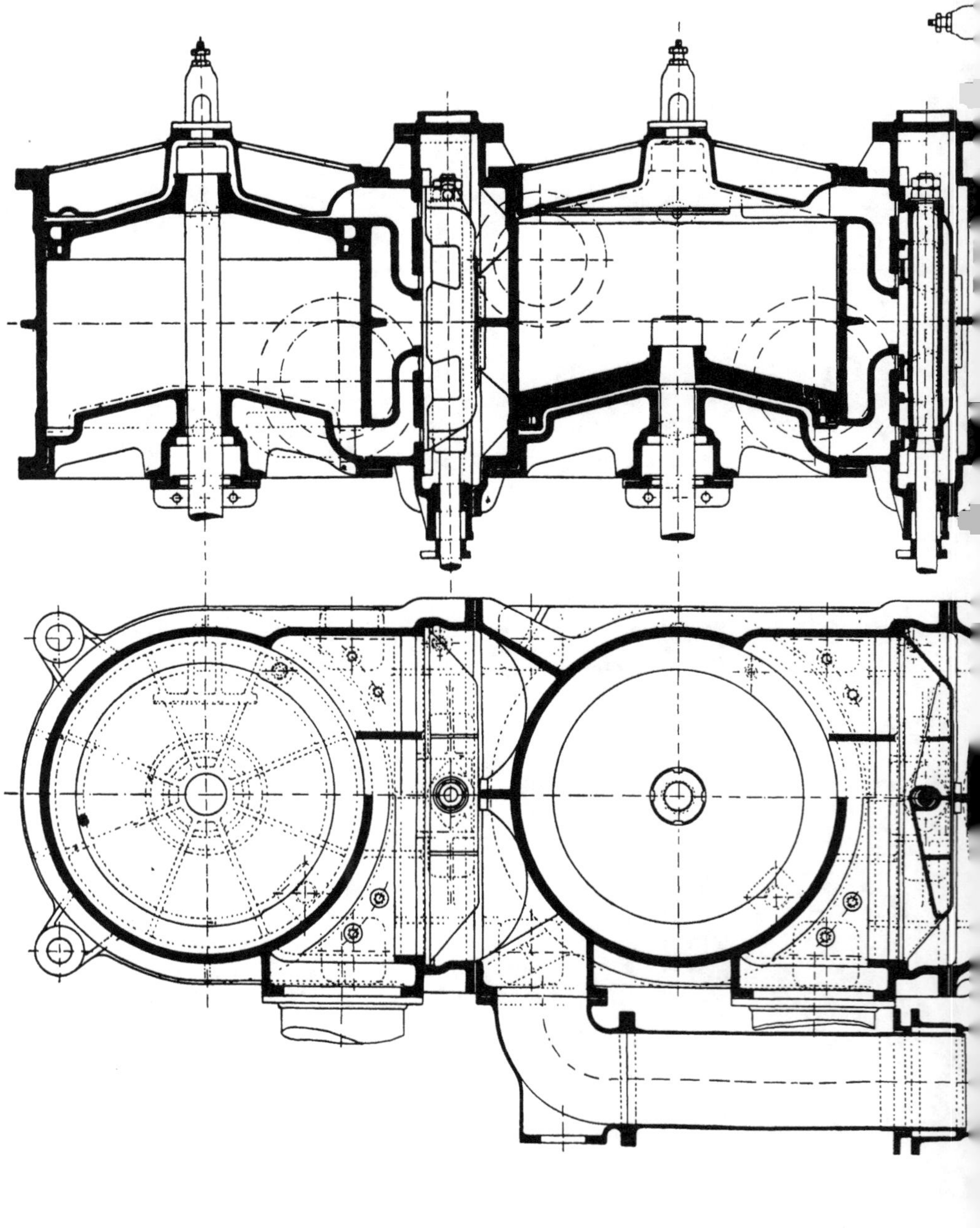

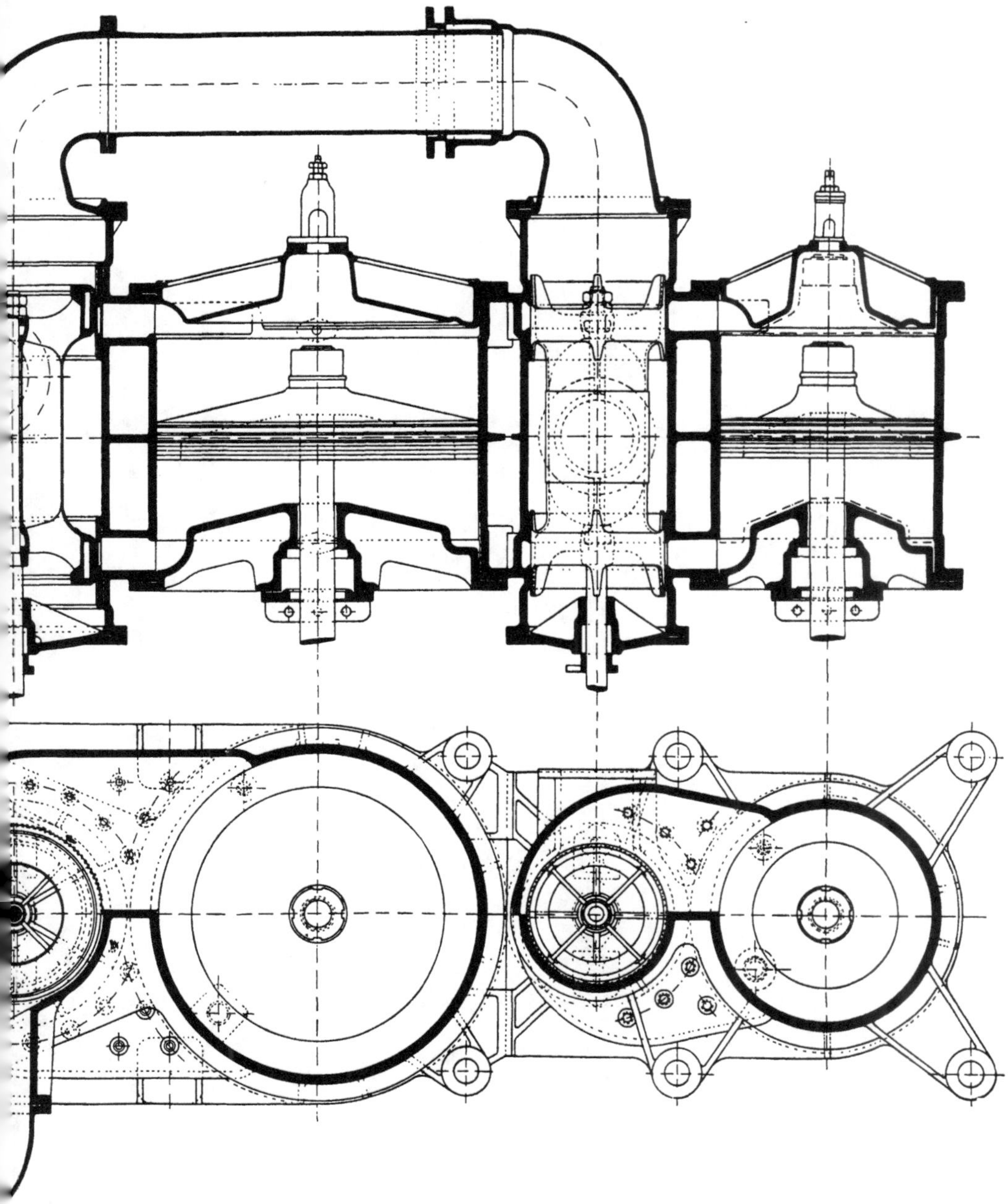

2.

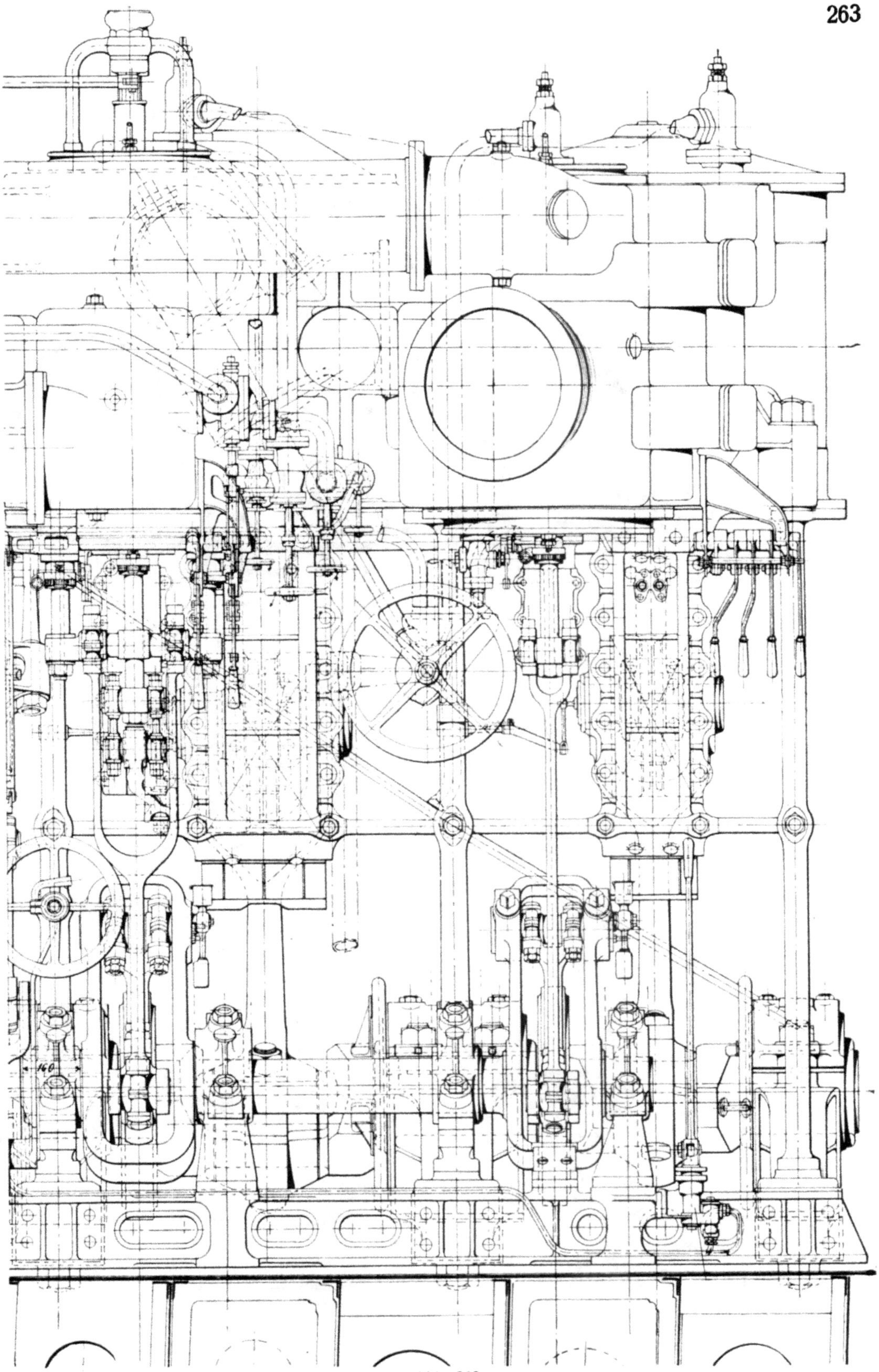

Abb. 263.

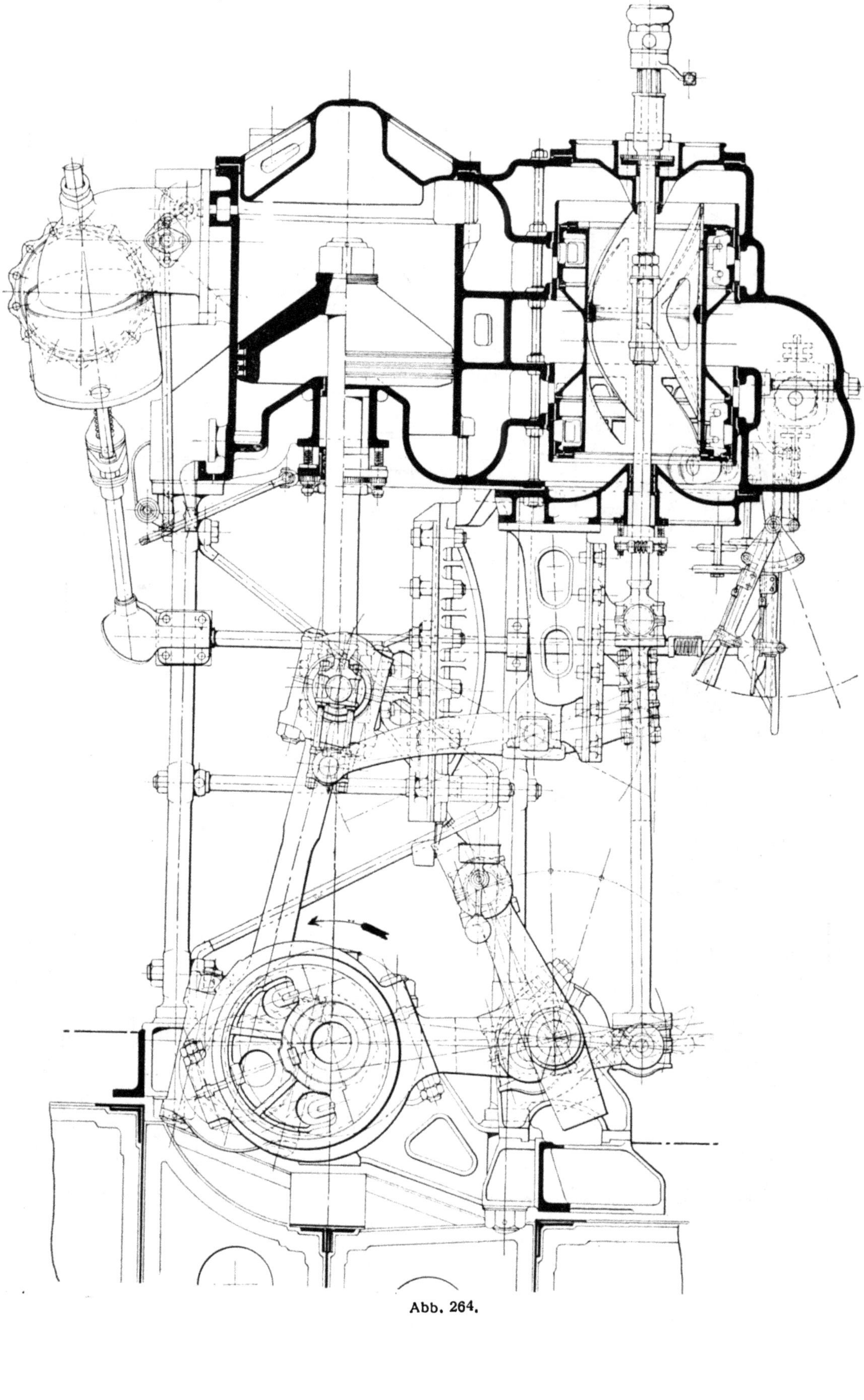

Abb. 264.

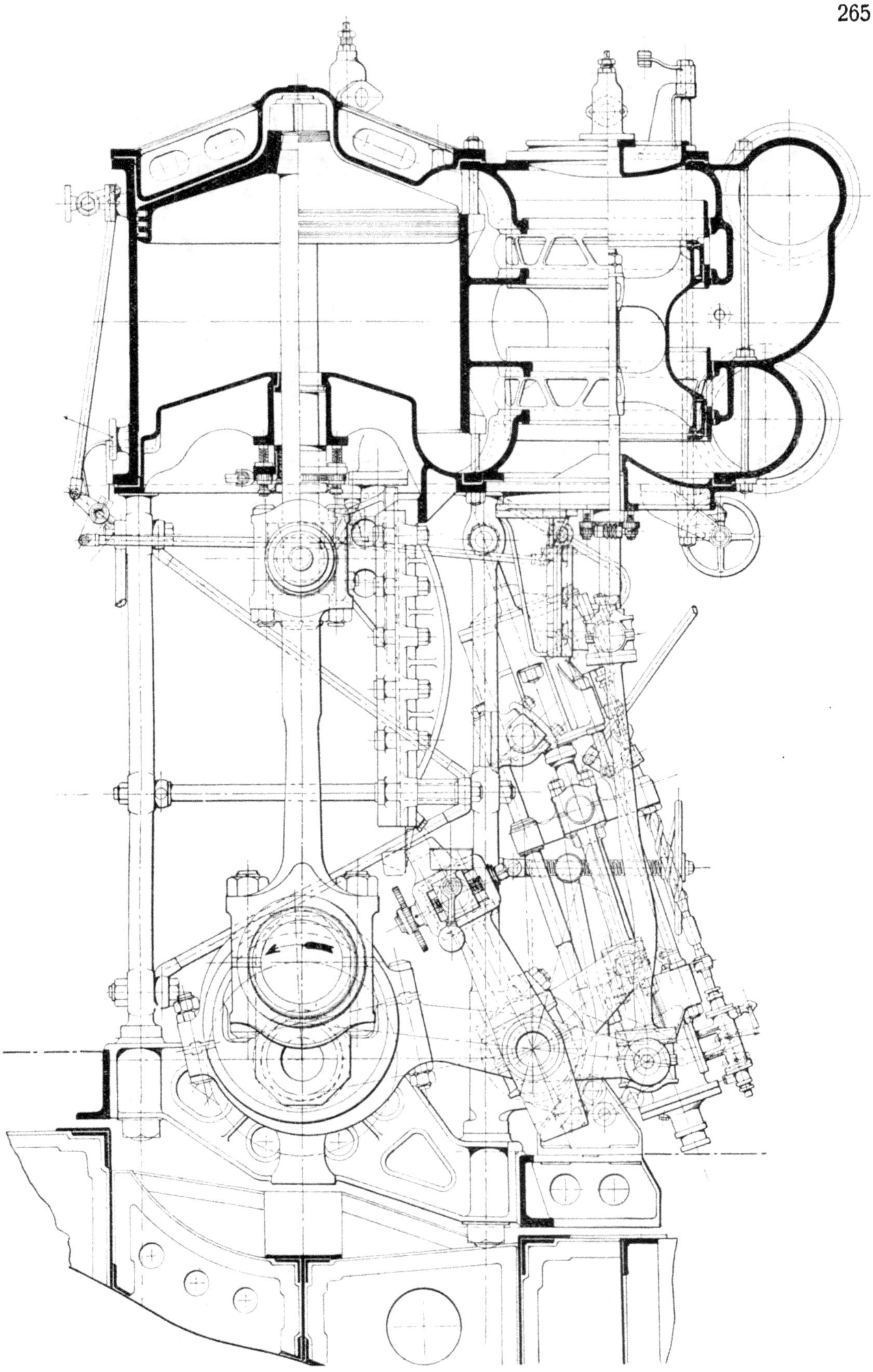

Abb. 265.

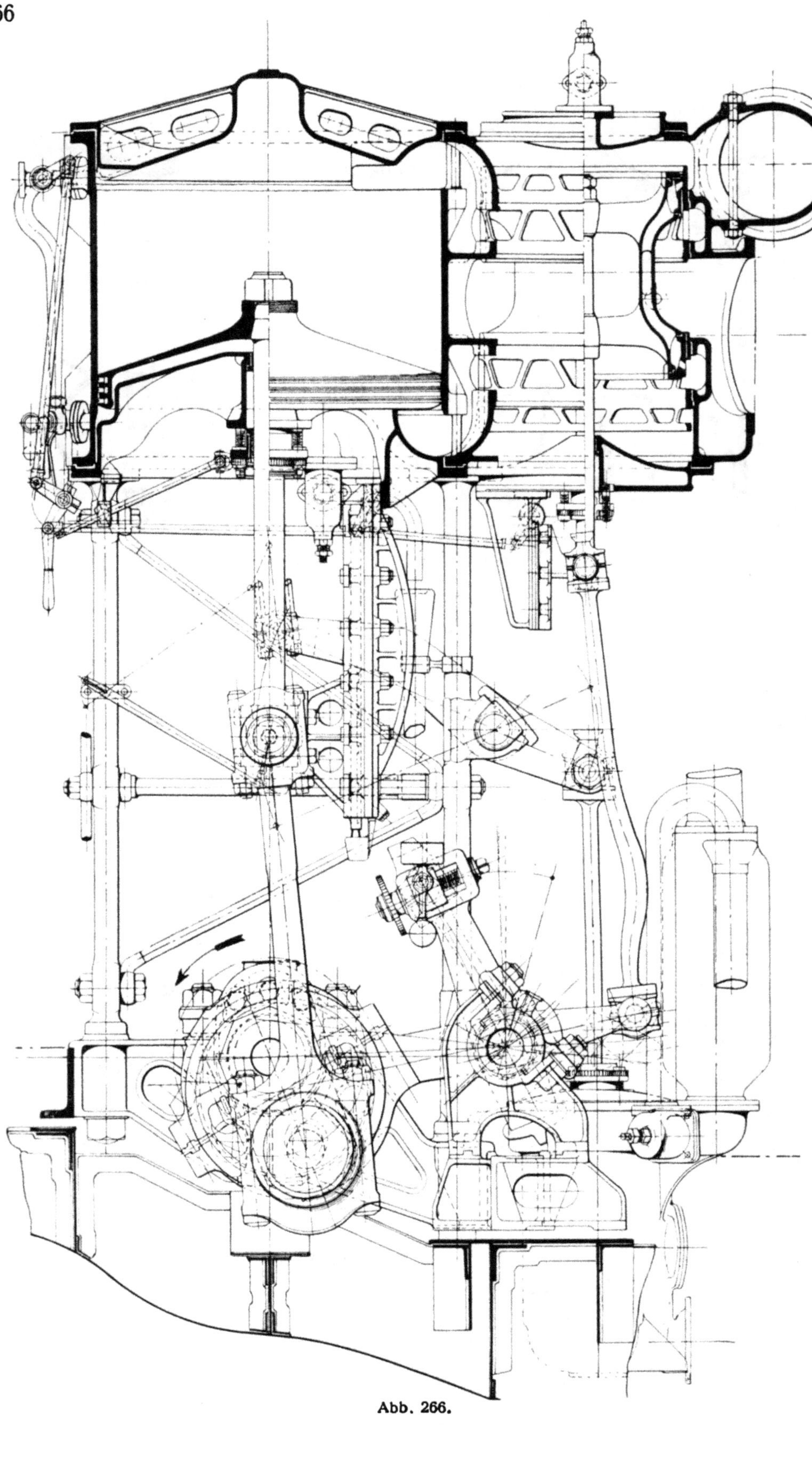

Abb. 266.

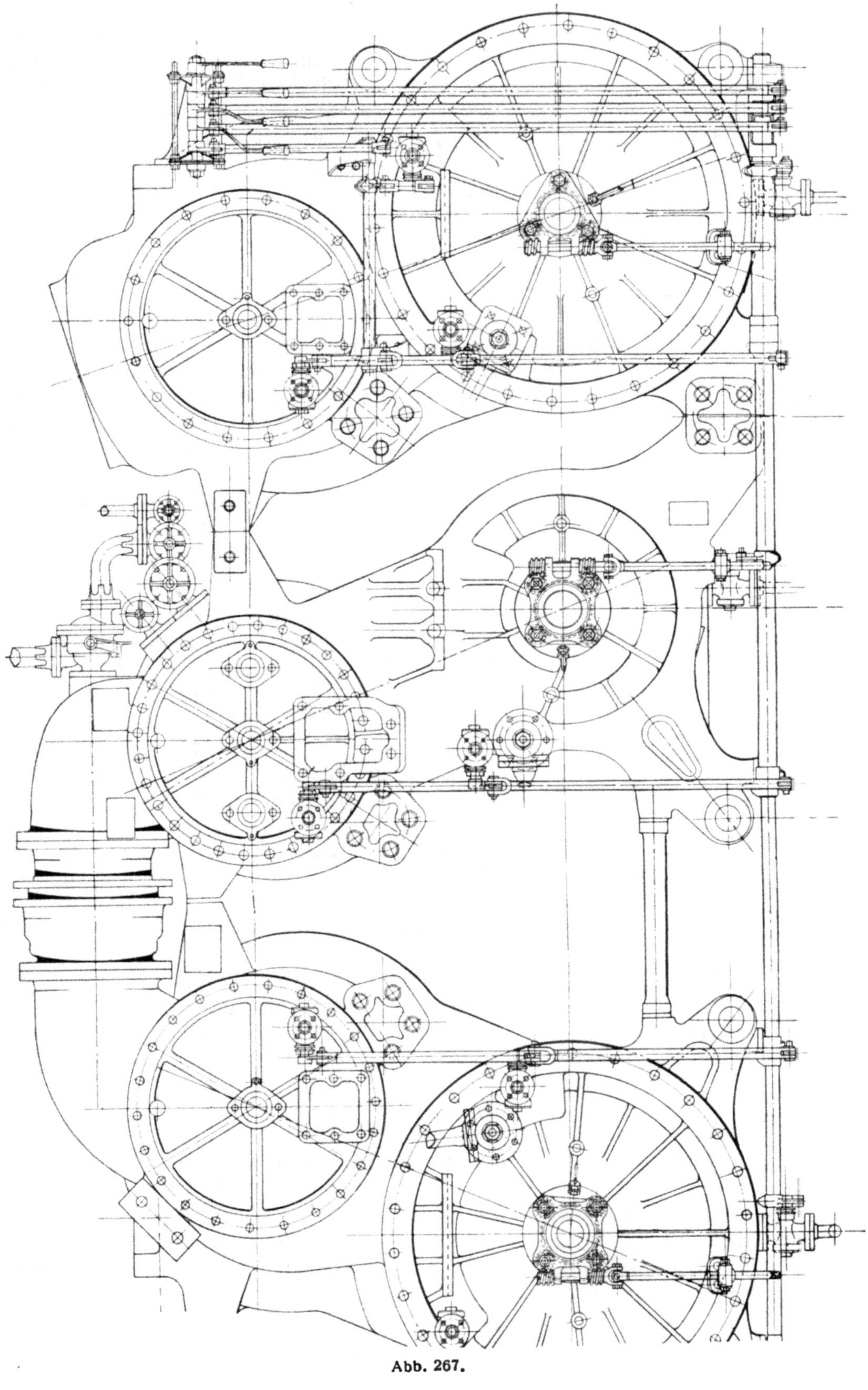

Abb. 267.

Die Rippen, welche diese Augen mit dem Zylinderkörper verbinden, sind so hoch ausgeführt, daß sie die in den Säulen herrschende Zug- und Druckspannung in möglichst günstiger Weise auf die Zylinder übertragen. Um die Flanschverbindung der Säulen möglichst zuverlässig zu gestalten, sind diejenigen Stiftschrauben, welche nicht ganz in der Nähe einer vertikalen Wand sitzen, durch die zwei darüber liegenden horizontalen Dampfkanalwände hindurchgeführt und dienen gleichzeitig zur Versteifung des betr. Kanals. Alle Zylinder bis auf den *HD*-Zylinder haben eingesetzte Zylinderböden aus Stahlguß, an welche auch Böcke zur Befestigung des oberen Gleitbahnendes angegossen sind; ebenso sind die Zylinder- und Schieberkastendeckel aus diesem Material angefertigt. Die Wandstärke der Zylinder beträgt beim *HD* 25 mm, beim *MD* 23 mm und beim *ND* 19 mm; die der Kanalwände und Schieberkasten: beim *HD* 18 bis 20 mm, beim *MD* 16 bis 18 mm, beim *ND* 15 bis 16 mm. Auf eine besonders sorgfältige Versteifung der Zylinderkörper durch stählerne Anker wurde großer Wert gelegt. Trotz der im Interesse größter Gewichtsersparnis sehr gering bemessenen Wandstärke ist bei diesen Booten niemals der Bruch eines Zylinders zu verzeichnen gewesen.

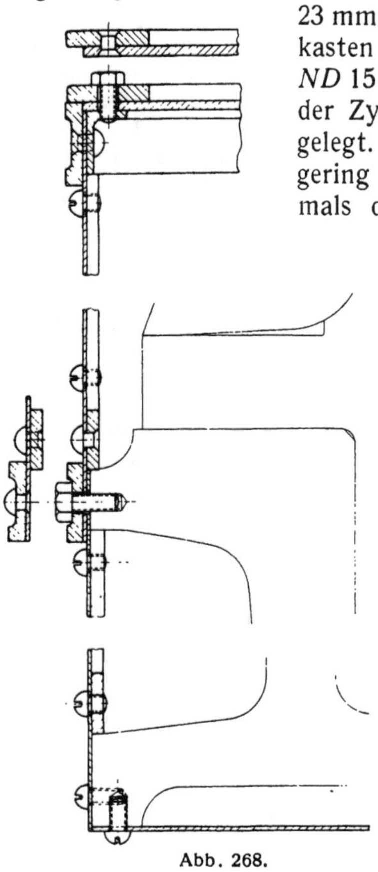

Abb. 268.

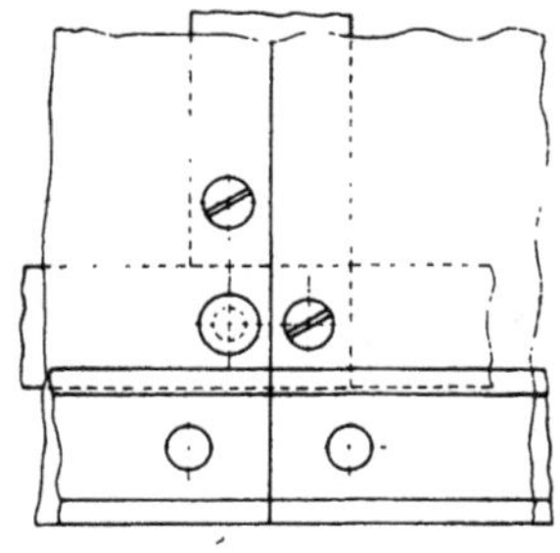

Wie aus den Abb. 263 bis 267 hervorgeht, sind die Zylinder mit Entwässerungs- und Anlaßvorrichtungen sowie mit Sicherheitsventilen reichlich ausgerüstet.

§ 110. **Isolierung der Zylinder.** Der zylindrische Teil der Dampfzylinder sowie die Schieberkasten werden in der Regel mit einer hauptsächlich aus Kieselgur (Infusorienerde) bestehenden Isolationsmasse belegt, deren Dicke je nach der Größe des Zylinders etwa zwischen 40 und 70 mm schwankt. Dieselbe wird im allgemeinen in breiigem Zustande aufgetragen und dann getrocknet, indem die Zylinder in der Werkstatt abgeschlossen und mit Dampf gefüllt werden. Manchmal werden zur Isolierung auch Streifen aus einer Korkmasse verwendet, welche unter Zuhilfenahme von Kieselgurbrei an der Zylinderoberfläche angebracht werden.

Vielfach werden die Zylinder aber auch auf kaltem Wege mit gebrannten Kieselgursteinen (Diatomit, Diatomeen u. dgl.) unter Zuhilfenahme von Kieselguraufstrichmasse bekleidet.

Bei Kriegsschiffen, namentlich deren *HD*-Zylindern, wird der Kieselgurbelag auch manchmal durch Asbestmatratzen von etwa 30 bis 50 mm Stärke ersetzt, bei *ND*-Zylindern eventuell auch durch Filzgewebe von etwa 40 bis 60 mm Stärke; mitunter mit einer Unterlage von Asbestpappe oder Asbesttuch.

Über die Wärmeschutzmasse wird ein Mantel aus verzinktem Eisenblech von $1\frac{1}{2}$ bis 2 mm Stärke gelegt; gelegentlich wird auch Glanzblech verwendet. Zwecks Befestigung am Zylinder sind oben und unten besondere ringförmige Flächen vorgesehen (vgl. Abb. 268). Die Bekleidungsbleche sind im Umfange so geteilt, daß sie sich bequem losnehmen lassen. Zur Befestigung an den Verbindungslaschen und am Zylinder werden, um das Festrosten zu vermeiden, Messing-Kopfschrauben verwendet.

Die Zylinderböden werden bei einfacherer Ausführung im allgemeinen gar nicht bekleidet, bei sorgfältigerer Herstellung, namentlich bei Kriegsschiffen und Heißdampfmaschinen mittels Asbestmatten und darübergelegter Blechbekleidung.

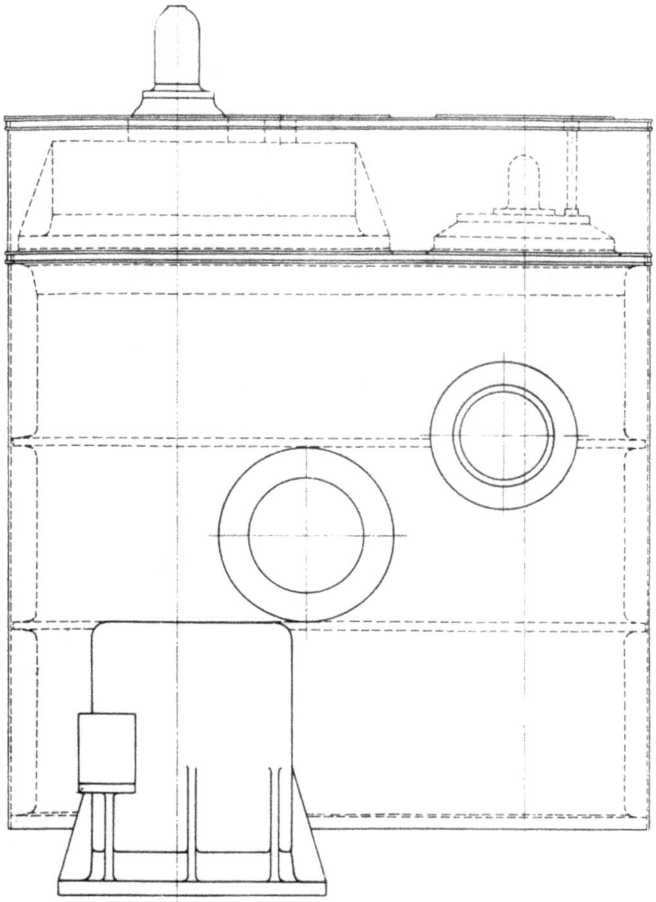

Abb. 269.

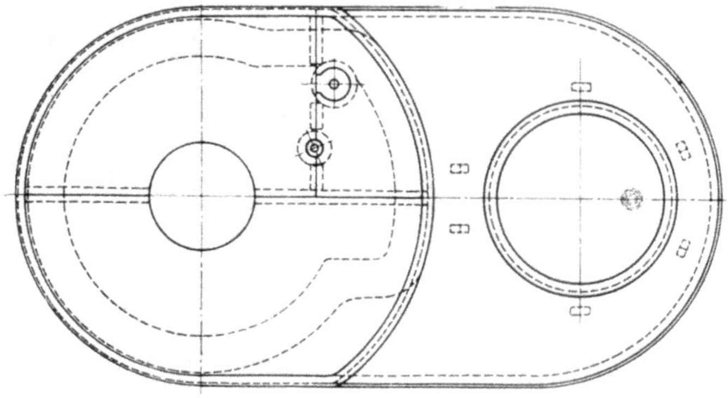

Abb. 270.

Bei den Zylinderdeckeln wird, außer wenn es sich um Heißdampf handelt, nur die Oberfläche mit Ausschluß des Flansches bekleidet, damit die Deckelschrauben jederzeit leicht zugänglich sind. Die Bekleidung erfolgt dadurch, daß auf die Oberfläche des Zylinderdeckels Kieselgur aufgetragen wird; diese wird durch eine leichte Blechbekleidung, oder bei großen Handelsschiffszylindern, deren Deckel begangen werden, durch eine 5 bis 6 mm starke Riffelblechbekleidung geschützt. Wenn die Zylinderdeckel nicht mit Dampfheizung versehen sind, werden auch die zwischen den Rippen verbleibenden Hohlräume mit Kieselgur ausgefüllt. Bei Heißdampfmaschinen werden die Deckel besser ganz und gar, also einschließlich der Flanschen, gegen Wärmeausstrahlung isoliert.

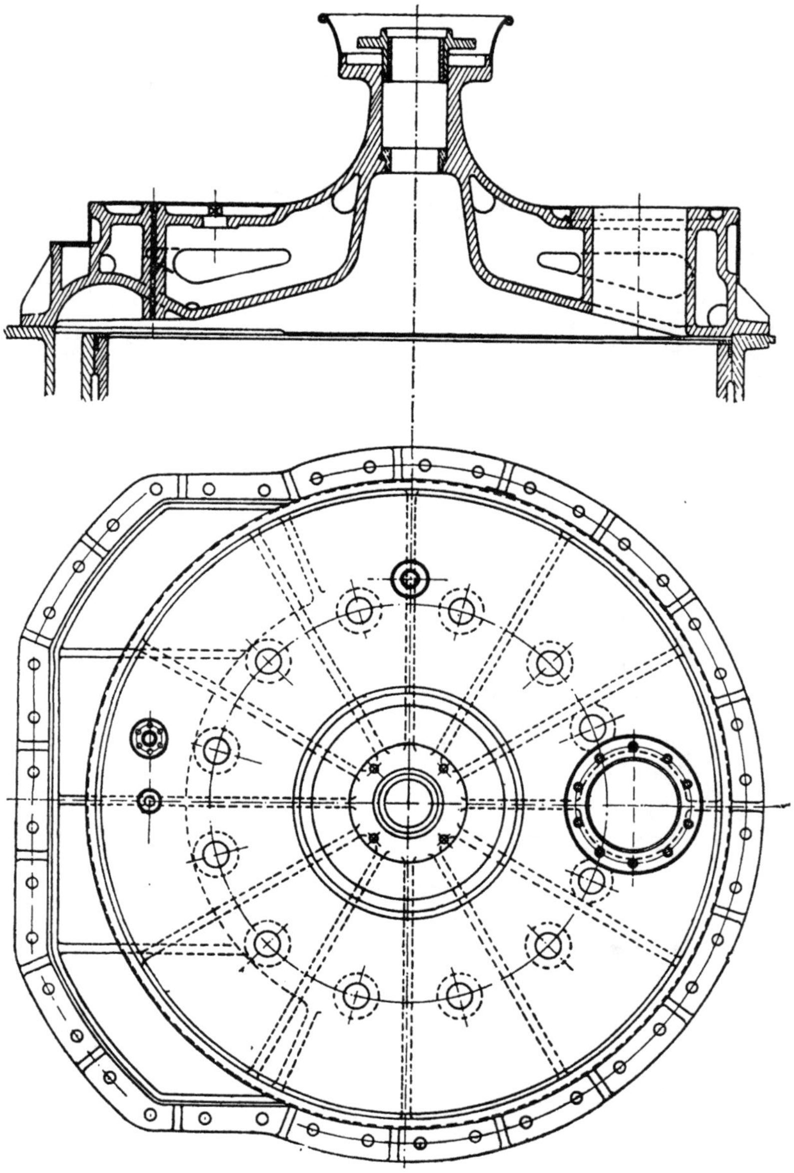

Abb. 271.

Man verwendet hierzu zweckmäßig Asbestmatratzen, welche im Innern eines leicht losnehmbaren Blechgehäuses untergebracht sind. Eine derartige Ausführung für einen modernen Frachtdampfer mit Heißdampfmaschinen geht aus Abb. 269 und 270 hervor.

Die Überströmrohre werden bei Handelsschiffsmaschinen im allgemeinen mit Wärmeschutzmasse und darübergelegter Drahtgaze bekleidet und sodann gestrichen. Bei Kriegsschiffen werden zur Bekleidung dieser Rohre Asbestschnüre mit leichter Blechbekleidung verwendet.

§ 111. **Zylinderdeckel.** Die Zylinderdeckel werden einwandig oder doppelwandig ausgeführt. Einwandige Zylinderdeckel werden entweder der Einfachheit und Billigkeit wegen oder, wie bei Kriegsschiffen, um Gewicht zu sparen, angewendet.

Doppelwandige Zylinderdeckel kommen bei größeren Handelsdampfern zur Verwendung, wo außer den Mänteln auch die Zylinderdeckel geheizt werden sollen. Gewöhnlich werden sie mit radial angeordneten Rippen versehen, welche Öffnungen zum Durchfluß des Kondenswassers und zur Verbindung der Kerne (s. Abb. 271 und 272) haben.

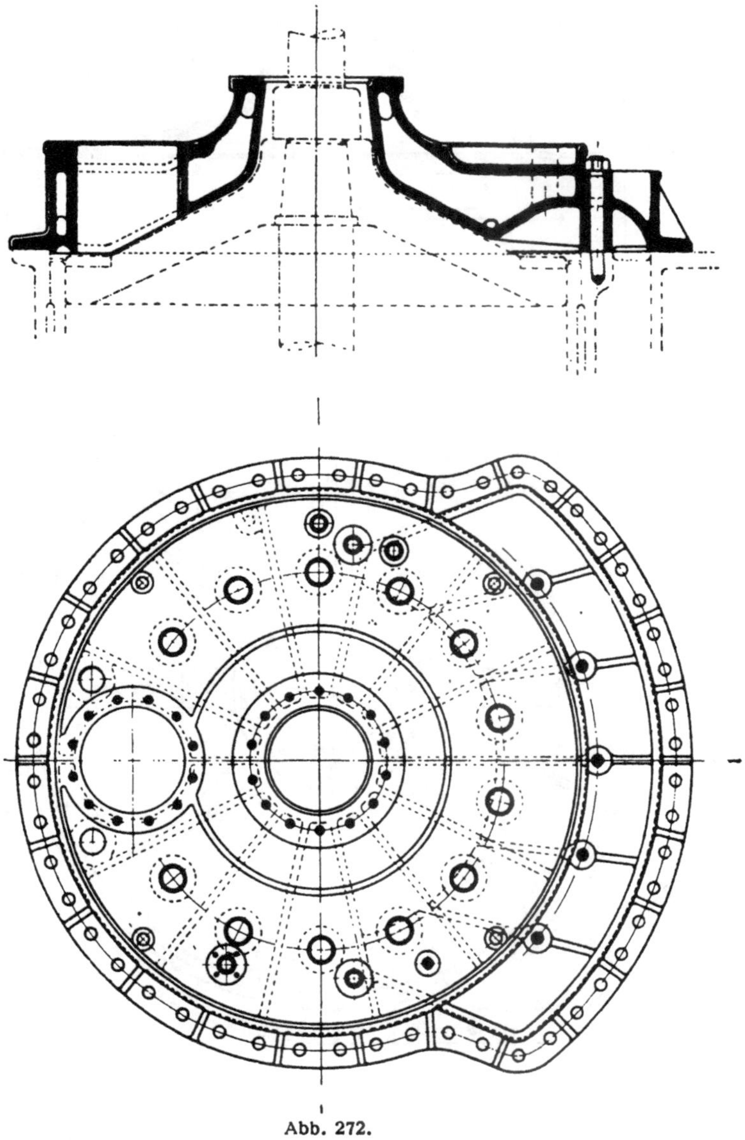

Abb. 272.

Bei einwandigen Deckeln erhalten die Rippen gewöhnlich T-förmigen Querschnitt. Von besonderer Wichtigkeit ist, daß der in der Mitte des Deckels für die Kolbenstangenmutter vorgesehene zylindrische oder kegelstumpfförmige Teil möglichst steif wird (s. Abb. 273).

Die Innenfläche des Zylinderdeckels muß sich je nach der Größe des Zylinders mit einem Zwischenraum von etwa 4 bis 18 mm (s. „Kolben") möglichst an die Form des Kolbens anschmiegen, um den schädlichen Raum gering zu halten. Weniger Spielraum kann wegen der unvermeidlichen Ungenauigkeiten in der Ausführung nicht gegeben werden.

Als Material wird bei Maschinen für Handelsschiffe meistens Gußeisen, bei Kriegsschiffen Stahlguß und bei ganz kleinen und sehr leichten Maschinen manchmal noch Bronze verwendet.

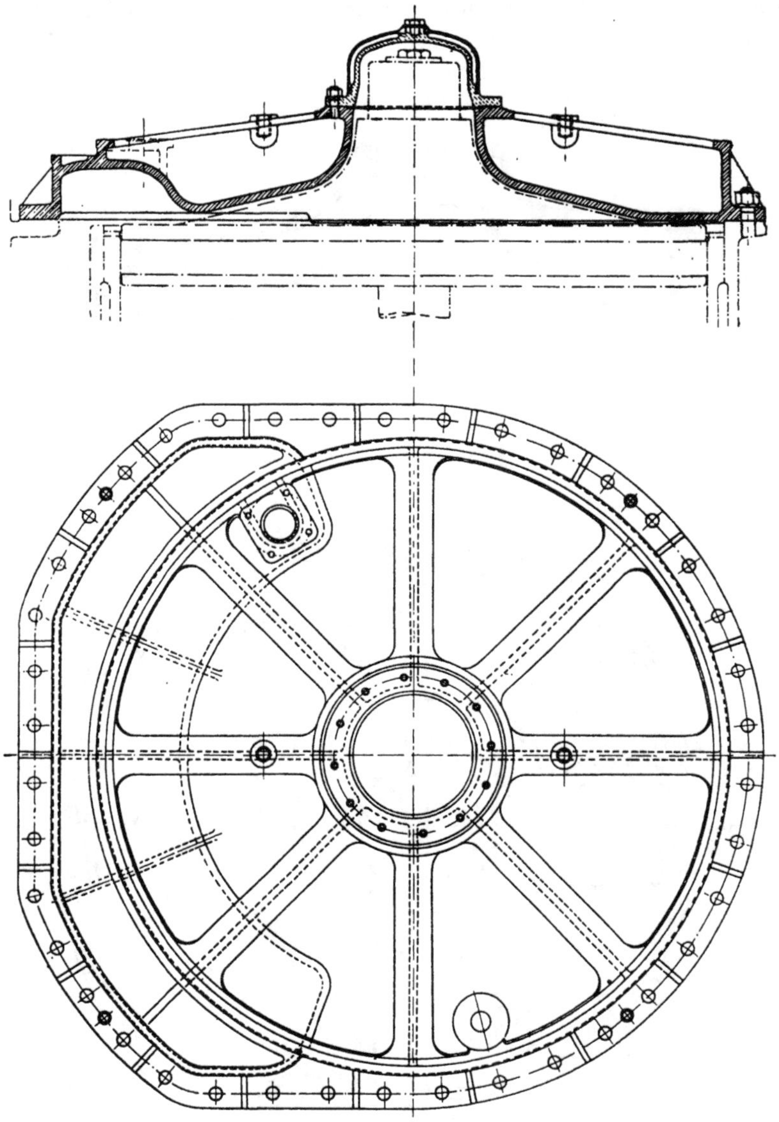

Abb. 273.

Da sich die Beanspruchung des Materials eines Zylinderdeckels bei dessen meist komplizierter Form nur sehr ungenau berechnen läßt, so ist man darauf angewiesen, die Abmessungen des Deckels nach bewährten Ausführungen zu bemessen.

Man findet die Wandstärke a für Gußeisen:

bei flachen, einwandigen Deckeln . . $a = 0{,}9\,\vartheta$ bis $0{,}95\,\vartheta$,
„ konischen, einwandigen Deckeln. . $a = 0{,}8\,\vartheta$ „ $0{,}85\,\vartheta$,
„ doppelwandigen Deckeln . . . . $a = 0{,}75\,\vartheta$ „ $0{,}85\,\vartheta$.

Hierin ist ϑ = Wandstärke des gußeisernen Zylindereinsatzes (s. Tabelle 28, § 95).

Zylinderdeckel aus Stahlguß werden meist einwandig ausgeführt und erhalten etwa 0,6 bis 0,65 der Wandstärke eines gleichen gußeisernen Deckels.

Die Höhe h der radialen Rippen bzw. die lichte Weite zwischen den Wänden bei doppelwandigen Zylinderdeckeln wird dabei etwa

$$h = 7a \text{ bis } 9a,$$

die Stärke der Rippen etwa

$$b = 0{,}9a$$

gemacht.

Die Stärke und Breite des Zylinderdeckelflansches hängt vom Durchmesser d_2 der Deckelschrauben, ab und zwar wird:

die Dicke des Flansches . . . . . $t = 1{,}15\ d_2$ bis $1{,}25\ d_2$,
die Breite . . . . $2{,}6\ d_2$ „ $3{,}3\ d_2$.
Stärke der Deckelschrauben (s. § 99).

Wenn die Kolbenstange zur Führung des Kolbens durch den Deckel reicht, dichtet man diese im Deckel entweder durch eine Stopfbüchse ab (s. Abb. 271, 272 bzw. 280) oder (bei kleinen Maschinen) man läßt sie in einer geschlossenen Haube aus Gußeisen laufen, welche unten mit einer langen Führungsbüchse aus Bronze versehen ist. Am oberen Ende der Büchse oder seitlich ist ein Dampfschmierhahn vorzusehen.

Große Zylinderdeckel von etwa 1400 mm Durchmesser an werden häufig mit besonderen, durch geeignete Deckel verschlossenen Mannlöchern versehen (s. Abb. 254, 271). Man kann dann den Kolben oder Zylinder untersuchen, ohne den großen Zylinderdeckel abzunehmen.

Größe der Mannlöcher entweder 380 bis 400 mm Durchmesser oder elliptisch ca. 280 × 380.

Zum bequemen Aufnehmen des Zylinderdeckels bzw. Mannlochdeckels sind im Deckelflansch 3 bis 5 Gewindelöcher für kräftige Abdrückschrauben vorzusehen. Ferner sind zwei kräftige Augbolzen einander diametral gegenüberliegend bzw. mit Rücksicht auf den einseitigen Flansch für den Dampfkanal (s. Abb. 273) in der Schwerpunktsachse anzubringen, um den Deckel mittels geeigneter Hebevorrichtung aufnehmen zu können.

Isolierung und Bekleidung s. § 110.

Bei Deckeln, welche geheizt werden, müssen die Kernlöcher sorgfältig verschlossen werden. Dies geschieht durch fest eingedrehte Verschlußschrauben mit feinem konischen Gewinde; weniger zuverlässig ist es, die Verschlußstücke ohne Gewinde konisch stramm einzusetzen und zu verbohren.

Das Sicherheitsventil für die Deckelseite des Zylinders wird entweder in der Mitte des Deckels (Abb. 262), seitlich (Abb. 273) oder im Mannlochdeckel (Abb. 254) angebracht. Ferner wird mitunter der Anschluß für den Indikator im Deckel vorgesehen, und zwar entweder oben (Abb. 273) oder auch seitlich. Für die Schmierung des Zylinders wird im Deckel gewöhnlich eine entsprechende Bohrung für ein Schmiergefäß oder für den Anschluß einer Schmierleitung vorgesehen.

§ 112. **Stopfbüchsen für Weichpackungen.** Am häufigsten werden Stopfbüchsen mit weichen Packungsmaterialien (für Dampf: Asbest- und Tuks-Packung u. dgl., häufig mit Metalldrahteinlage, für Wasser: eingefettete Baumwollflechten) angewandt. Die Packraumtiefe und die Dicke der Packung richtet sich hierbei nach dem Druck, gegen den die Stopfbüchse abdichten soll. Tab. 27 zeigt gebräuchliche Abmessungen solcher Stopfbüchsen für einen Druck von 10 bis 15 at.

Tabelle Nr. 29.

Stopfbüchsen für gewöhnliche Packung. Abb. 274.)

d Stangen-durchm. mm	*a* Dicke der Packung mm	*h* Tiefe des Packraums mm	h_1 Länge der Stopfbüchse mm	*n* Anzahl der Schrauben	d_1 Durchm. der Schrauben
15	8	40	15	2	$^3/_8$"
20	10	50	18	2	$^3/_8$"
25	11	60	22	2	$^1/_2$"
30	12	70	25	2	$^1/_2$"
35	13	80	30	2	$^5/_8$"
40	14	85	35	2	$^5/_8$"
50	16	95	40	2	$^3/_4$"
60	16	105	45	2	$^3/_4$"
70	18	120	55	2	$^7/_8$"
80	18	135	60	2	$^7/_8$"
90	20	150	70	3	$^7/_8$"
100	20	160	70	3	1"
110	22	170	80	3	1"
120	22	180	80	3	1"
130	25	190	90	3	$1^1/_8$"
140	26	200	90	4	$1^1/_8$"
150	28	210	100	4	$1^1/_8$"
160	30	220	100	4	$1^1/_8$"
170	32	230	100	4	$1^1/_4$"
180	32	245	110	4	$1^1/_4$"
190	35	260	110	4	$1^1/_4$"
200	35	275	110	4	$1^1/_4$"

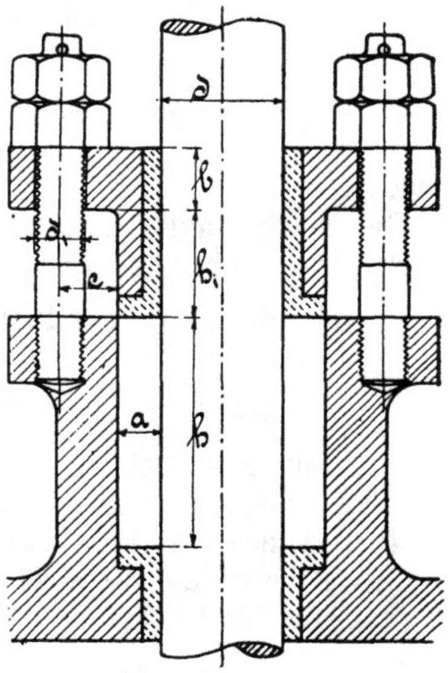

Abb. 274.

Bei Stopfbüchsen bis etwa 40 mm Stangendurchmesser werden die Stopfbüchsbrillen häufig ganz aus Bronze oder aus Flußeisen gepreßt mit Bronzebüchse hergestellt, während größere allgemein aus Gußeisen oder Stahlguß gemacht und mit Bronzebüchsen versehen werden. Die Bohrung der Stopfbüchsen und Grundbüchsen wird im Durchmesser um etwa $^1/_{120}$ des Stangendurchmessers größer als dieser ausgeführt.

Die Dicke des Flansches der Stopfbüchsbrille beträgt

$$b = 1{,}25\, d_1 \text{ bis } 1{,}3\, d_1,$$

wobei d_1 der Durchmesser der Stopfbüchsschrauben ist. Die Entfernung der Stopfbüchsschrauben von Mitte Stange ist so gering als angängig zu machen, um ein Biegen des Flansches der Stopfbüchsbrille möglichst zu verhindern. Gewöhnlich wird der Abstand c der Schraubenmittel vom inneren Rande des Packraumes etwa $c = 1{,}0\, d_1$ bis $1{,}25\, d_1$ angenommen (s. Abb. 274).

Um gleichmäßiges Anziehen der Stopfbüchsschrauben zu sichern, werden die Muttern häufig als Zahnräder ausgeführt, welche in einen gemeinschaftlichen Zahnkranz eingreifen und sich dadurch gleichzeitig drehen müssen (s. Abb. 275).

§ 113. **Stopfbüchsen mit Metallpackung.** In neuerer Zeit werden die Packräume gewöhnlicher Stopfbüchsen häufig mit Metallpackungen versehen, von denen eine große Anzahl verschiedener Ausführungen existiert.

Abb. 276 stellt die sog. Katzenstein-Packung dar, welche aus einer Anzahl zwei- oder dreiteiliger konischer Ringe besteht, von denen die an die Kolbenstange anschließenden Ringe aus Weißmetall, die dazwischenliegenden Ringe aus Bronze angefertigt sind. Um ein elastisches Andrücken der einzelnen Ringe zu erreichen, werden auf den obersten Ring eine oder zwei gewöhnliche Flechten gelegt, welche durch die Stopfbüchsbrille angezogen werden. Diese Stopfbüchsenpackung gestattet keine Seitenbewegung der abzudichtenden Stange.

Abb. 277 und 278 zeigt die sog. Philadelphia-Packung. Diese besteht aus zwei aufeinandergeschliffenen, vierteiligen Bronzeringen, von denen je zwei gegenüberliegende Teile mit Weißmetall ausgegossen sind, während die beiden anderen Teile massiv sind und an die beiden vorerwähnten Teile genau passen. Beide Ringe sind um 90° gegeneinander versetzt.

Das Andrücken der Ringe an die Stange geschieht durch seitliche Federn, welche in einem die inneren Ringe umschließenden Gehäuse gelagert sind.

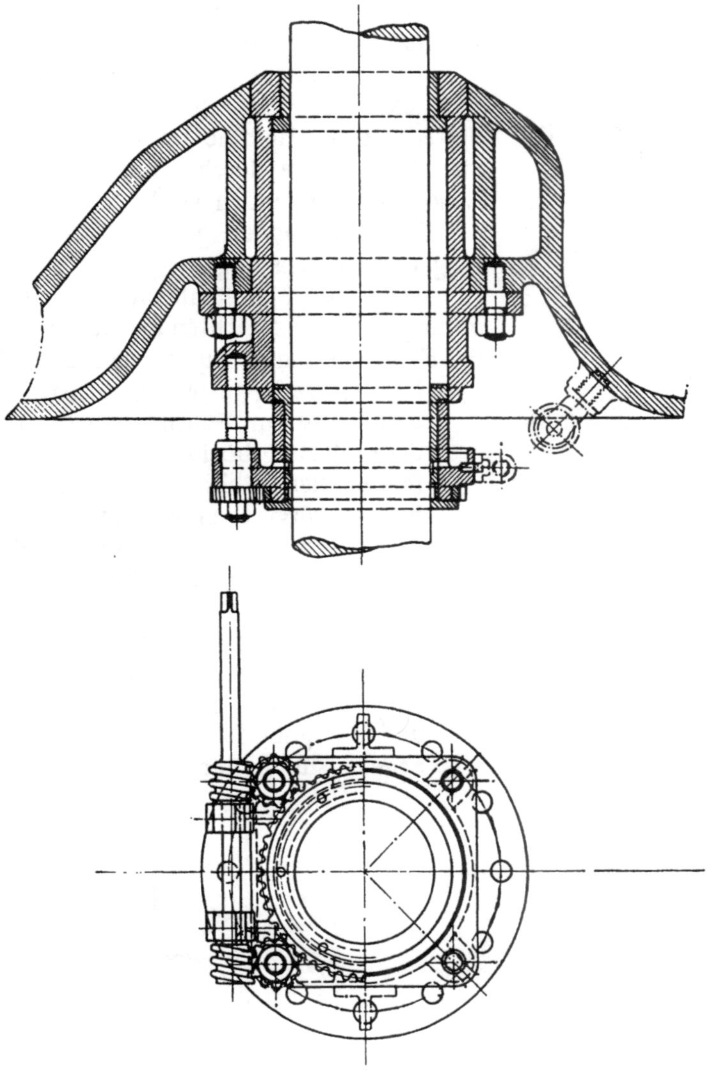

Abb. 275.

Unten sind die Ringe auf einen massiven Ring aufgeschliffen, welcher seinerseits wieder auf dem Stopfbüchsdeckel mittels einer kugelförmigen Fläche genau dichtet. Von oben her werden die Ringe durch Federn, welche sich gegen den Boden der Stopfbüchse legen, zusammengedrückt. Diese Packung gestattet geringe seitliche Bewegungen der Kolbenstange.

Im Stopfbüchsdeckel wird noch ein Entwässerungshahn angebracht, um das Kondenswasser nach dem Kondensator zu führen.

Abb. 279 zeigt die United Kingdom-Packung (auch „Uka"-Packung genannt). Diese besteht aus mehreren drei- oder vierteiligen, die Stange umschließenden Weißmetallringen *w*, welche in zwei bronzenen Hülsen gelagert sind. Das elastische Andrücken der Ringe geschieht durch stählerne Federn, welche in den Aussparungen der beiden mittleren bronzenen Ringe liegen. Um zu verhindern, daß beim Bruch einer Feder Splitter derselben an die Stange gelangen, ist jede Feder von einer in die Aussparung eingesetzten Messinghülse umgeben.

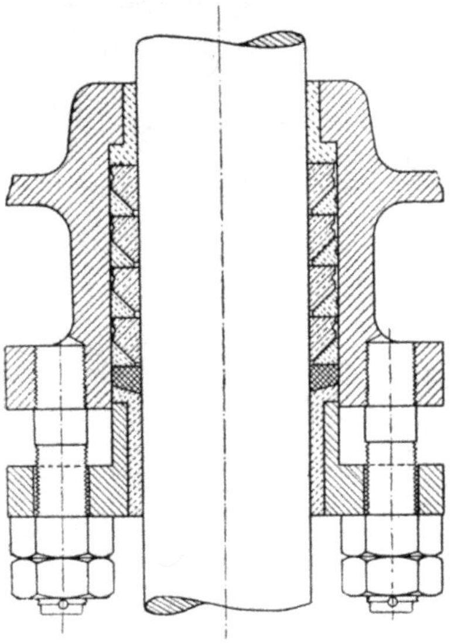

Abb. 276.

Eine ähnliche Einrichtung zeigen auch die „Duplex"- und die „Double Cowe"-Packung der United States Metallic Packing Co., welche ebenso wie viele andere durch Kombination verschiedener Packungen entstanden sind.

Diese Packungen gestatten eine seitliche Bewegung der Kolbenstange.

Wird eine Metallpackung, welche seitliche Bewegungen der abzudichtenden Stange zuläßt, bei der als Führungsstange durch den Zylinderdeckel geführten verlängerten Kolbenstange verwendet, dann muß zur Führung der Stange eine besondere Führungsbüchse, die zweckmäßig aus Weißmetall hergestellt wird, oberhalb der Stopfbüchse vorgesehen werden, siehe Abb. 280.

§ 114. **Metallpackungen für Heißdampf.** Als Packungsmaterial für Kolbenstangenstopfbüchsen, welche gegen überhitzten Dampf abdichten müssen, hat sich seither Gußeisen am besten bewährt. Die Kolbenstange muß hierbei vollkommen glatt und rund geschliffen sein, und die gußeisernen Packungsringe dürfen die Stange nur unter mäßigem Druck berühren.

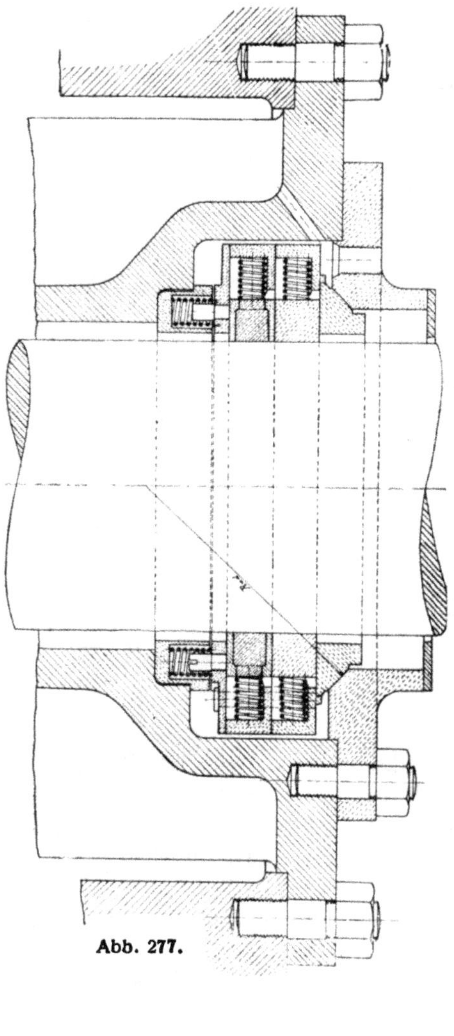

Abb. 277.

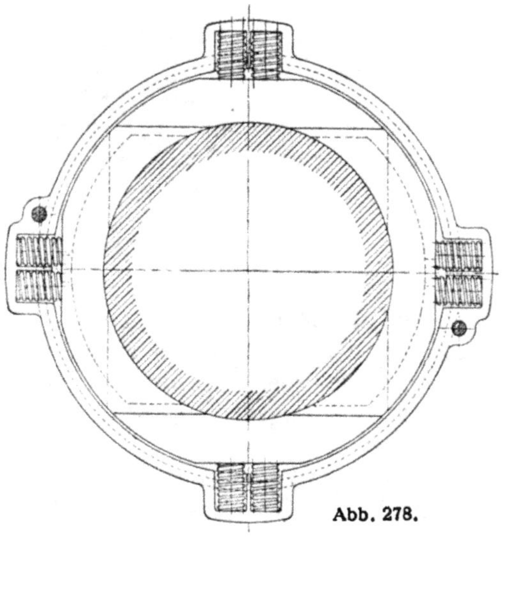

Abb. 278.

Abb. 280 und 281 zeigen die Heißdampfpackung System v. d. Osten u. Kreisinger, und zwar stellt Abb. 280 eine obere, Abb. 281 eine untere Stopfbüchse dar. Sie besteht aus etwa 7 bis 10 vierteiligen Ringen *A*, deren einzelne Teile genau zusammengepaßt sind und durch eine Schlauchfeder *B* zusammengehalten und gegen die Stange gedrückt werden. Die Teilfugen der einzelnen Ringe werden durch kleine Deckstücke *C* abgedichtet. Jeder dieser Ringe liegt in einem einteiligen Kammerring *D*, in welchem er reichliches radiales und etwa 0,2 mm axiales Spiel hat, wodurch die Ringe etwaigen seitlichen Bewegungen der Stange leicht folgen können. Sämtliche Kammerringe sind dampfdicht aufeinandergeschliffen und werden im Stopfbüchsentopf durch die Brille *E* zusammengepreßt und bei *F* und *G* durch Dichtungsringe aus Klingerit od. dgl. abgedichtet.

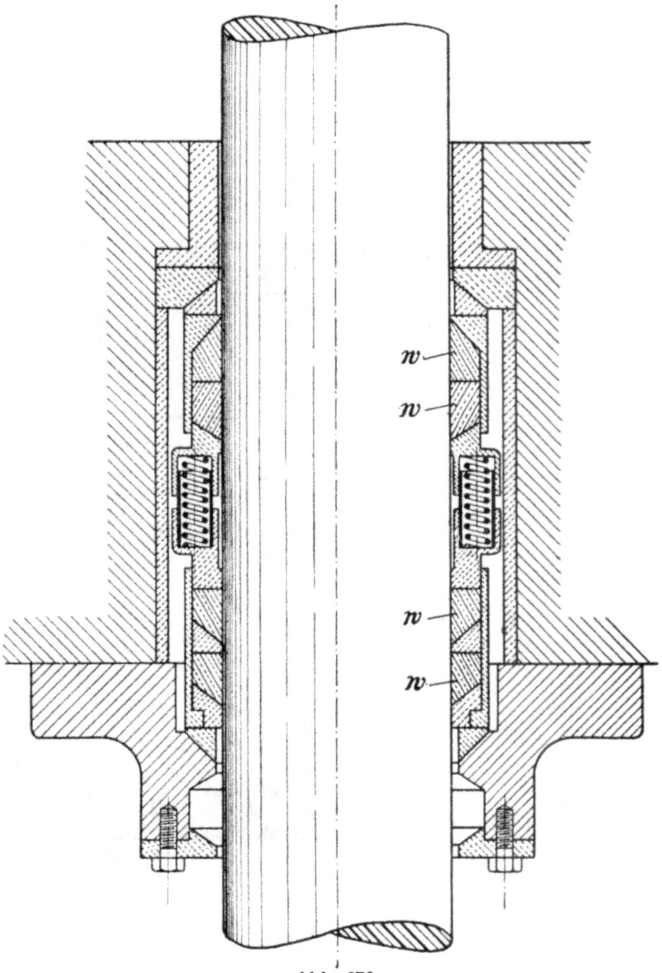

Abb. 279.

Durch die Bohrung *H* wird etwaiges Kondenswasser nach dem Kondensator oder dem Schwimmertank hin abgeleitet, während durch die Bohrung *J* Öl von einer Schmierpresse der Stopfbüchse zugeführt wird.

Weitere Heißdampf-Stopfbüchsenpackungen, welche alle ähnliche Konstruktionen aufweisen, sind die Packungen von Gall u. Seitz, Lenz, Proell u. a. m.

Die Mehrzahl dieser Packungen besteht aus einzeln oder paarweise in Kammerringen liegenden zwei oder mehrteiligen gußeisernen Ringen, welche durch Spiralfedern zusammengehalten werden. Mitunter werden die Ringe jedoch auch einteilig und mit ganz geringem Spiel auf die Stange passend, hergestellt.

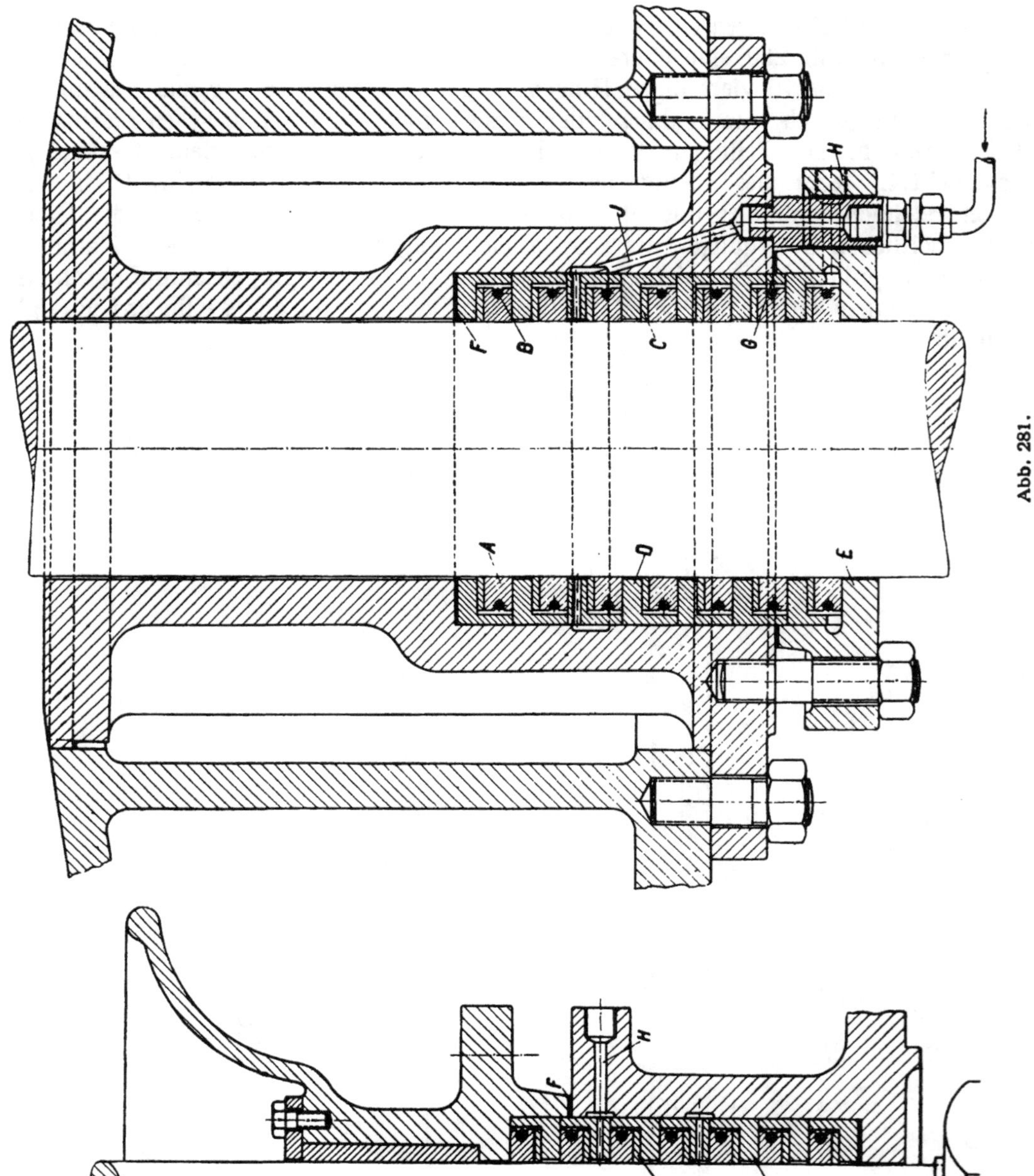

Abb. 281.

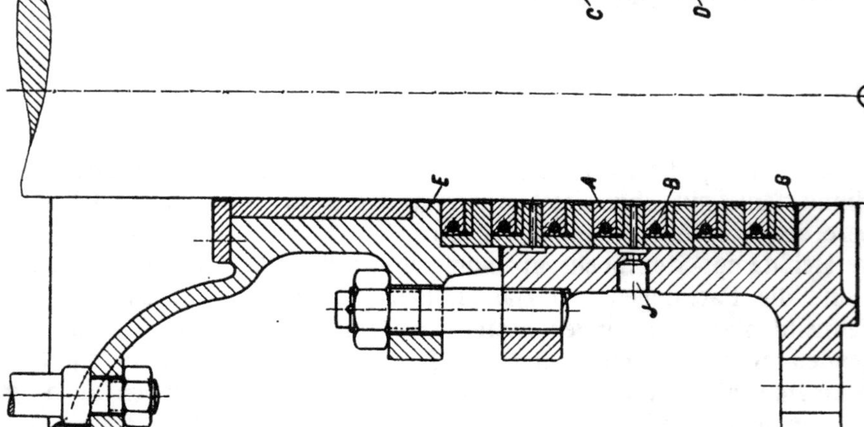

Abb. 280.

Schieber.

§ 115. **Allgemeines.** Zur Steuerung der Schiffsmaschinen werden fast ausschließlich Flach- oder Kolbenschieber verwendet. Flachschieber kommen gewöhnlich nur bei

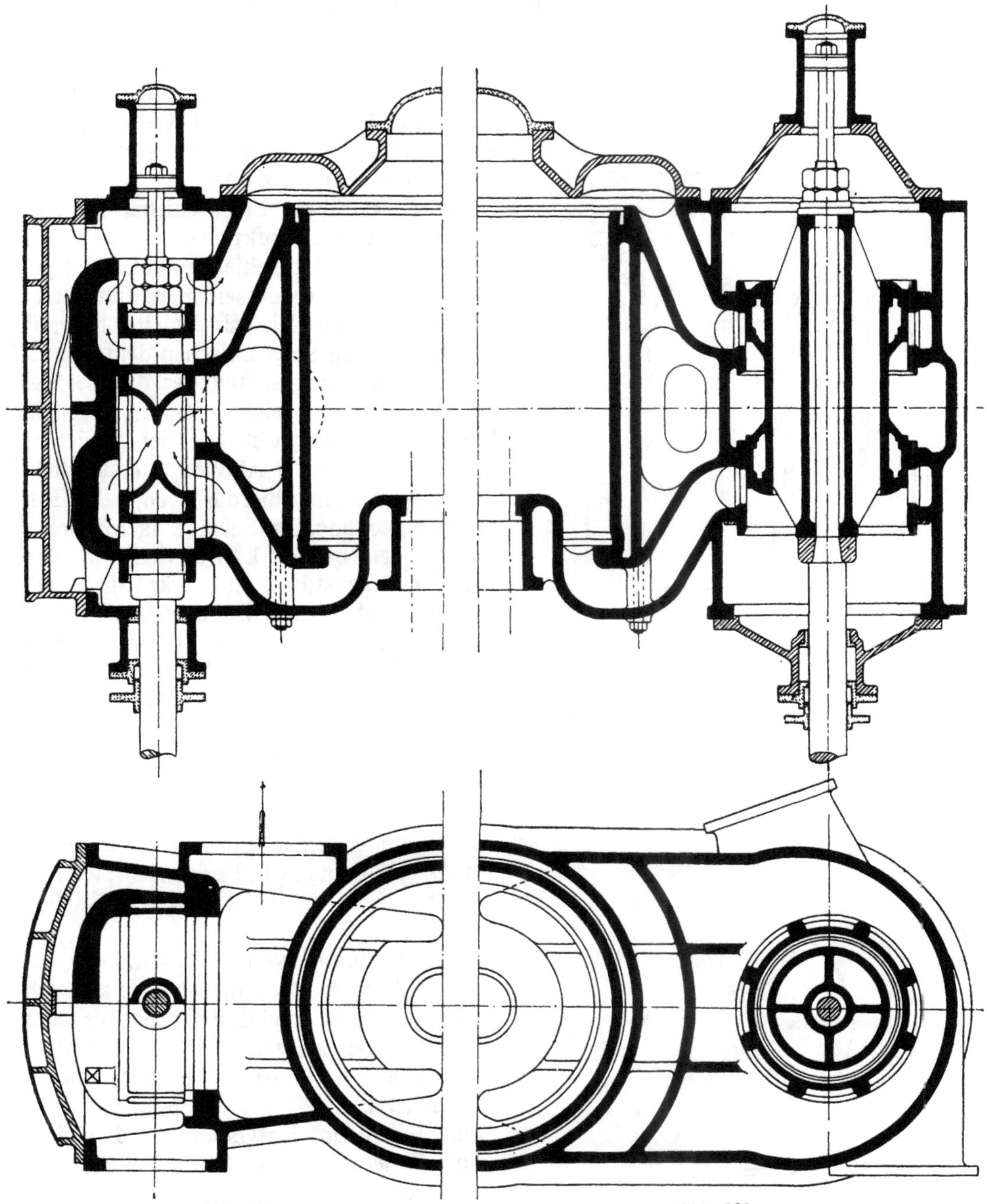

Abb. 282. Abb. 283.

Dampfdrücken bis etwa 8 at vor, während bei höheren Drücken in der Regel Kolbenschieber zur Anwendung kommen.

Da einfache Flachschieber zu ihrer Bewegung eine bedeutende Kraft erfordern, werden dieselben häufig mit einer Entlastungsvorrichtung versehen (Abb. 291). Dieselbe besteht darin, daß man einen durch Schleifring vom Schieberkasten abgeschlossenen Raum schafft, welcher in der Regel mit dem Kondensator verbunden ist (vgl. Zylinder-Abb. 258). Der Schleifring dichtet den Schieberrücken gegen den im Schieberkasten befindlichen Dampf ab, wodurch die Entlastung eintritt.

Um das Steuerungsgestänge beim Heben großer Flachschieber zu entlasten, versieht man das obere Ende der durchgehenden Schieberstange häufig mit einem Entlastungskolben, welcher in einem kleinen auf dem Schieberkasten befestigten Zylinder läuft. Der Raum über dem Kolben ist mit dem Kondensator verbunden. (Vgl. hierzu Abb. 254, ferner S. 366.)

Das Bestreben, Flachschieber zu entlasten, hat zur Konstruktion der — allerdings seltenen — sog. Dachschieber (Abb. 282) geführt. Der Schieber, dessen obere und untere Gleitfläche genau gleich sind, gleitet hier mit möglichst wenig Spiel zwischen dem eigentlichen Schieberspiegel und der darüber gestülpten Decke, welche genau dieselben Arbeitsflächen aufweist wie der Schieberspiegel. Wie aus der Abbildung ersichtlich, besitzt der Schieber hierdurch doppelte Ein- und Ausströmung. Das Schieberdach, welches sich an den beiden Längsseiten auf den Schieberspiegel stützt, muß so kräftig ausgeführt sein, daß es sich unter dem darauf lastenden Dampfdruck nicht durchbiegen kann. Es wird durch eine starke Feder vor dem Abklappen und durch zwei Knaggen an der Längsverschiebung gehindert.

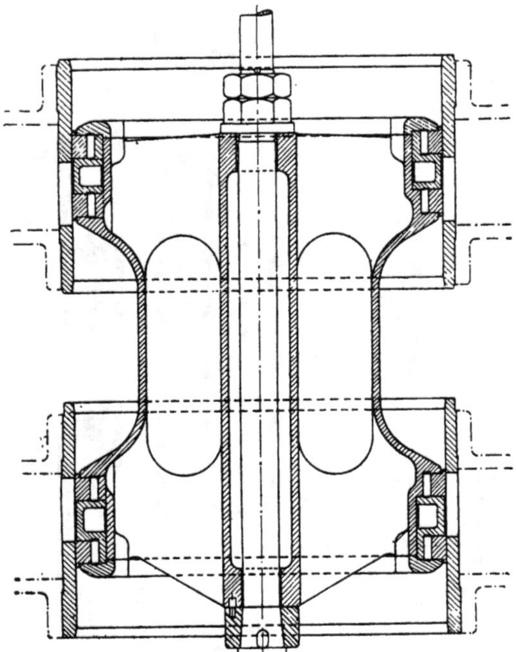

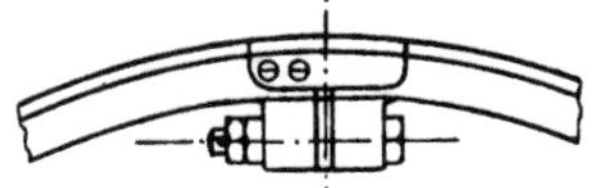

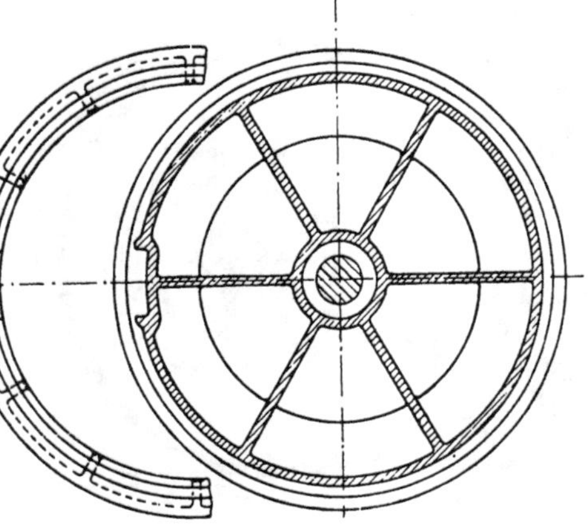

Abb. 284.

Die gebräuchlichsten Formen der Flachschieber und Kolbenschieber sind aus den zahlreichen Abbildungen von Dampfzylindern in § 109 zu ersehen; weitere sind in den Abb. 283, 284 und 288 bis 292 dargestellt.

Bei Anwendung von Flachschiebern ist darauf zu sehen, daß sowohl Schieber als auch Schieberspiegel sich infolge des Dampfdruckes nicht durchbiegen können und auch genügend große Gleitflächen zur Aufnahme des Druckes vorhanden sind.

Zur teilweisen Entlastung und gleichzeitigen Schmierung werden häufig entweder die Schieberspiegel oder die Schiebergleitflächen mit Nuten von 10 bis 15 mm Breite und 2 bis 3 mm Tiefe oder auch nur mit flachen Bohrungen von 15 bis 20 mm Durchmesser versehen, durch welche Dampf zwischen die gleitenden Arbeitsflächen treten kann. Mitunter wird auch eine Entlastung der Flachschieber dadurch bewirkt, daß man durch eine besondere kleine Rohrleitung Frischdampf in die Nuten eintreten läßt, welche in die Laufflächen des Schiebers eingefräst sind. und zwar so, daß in keiner Lage des Schiebers der Austritt des Frischdampfes aus diesen Nuten erfolgen kann. Kolbenschieber sind zwar nahezu vollkommen entlastet, besitzen jedoch den Übelstand, daß sie nicht so gut dicht halten wie gewöhnliche Flachschieber. Bei Anwendung von Kolbenschiebern mit federnden Ringen oder mit solchen, die durch Federn angedrückt werden, laufen sich die Schiebereinsätze tonnenförmig aus, weshalb in neuerer Zeit diese Schieber vielfach mit festen Ringen versehen werden. Dieselben sind

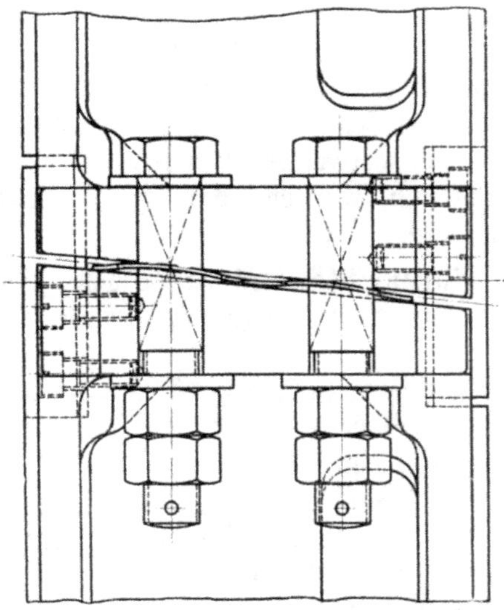
Abb. 285.

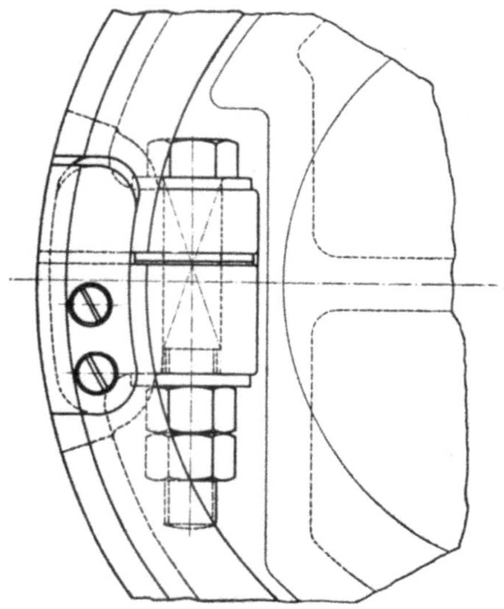
Abb. 287.

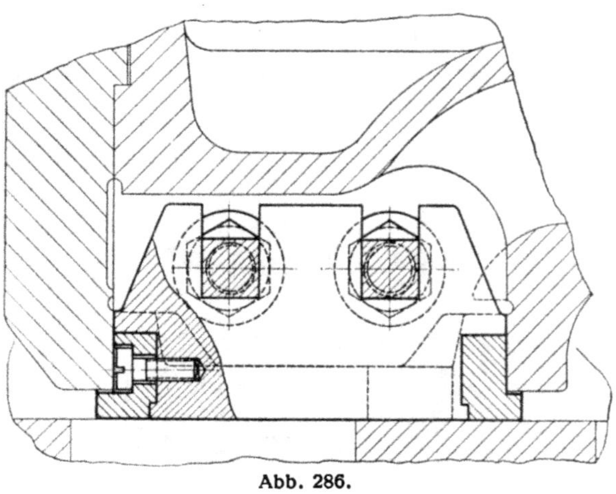
Abb. 286.

zwar weniger gut dicht als federnde Ringe, haben sich jedoch auf die Dauer sehr gut bewährt. Häufig werden die Ringe auch aufgeschnitten und dann die Enden durch Schrauben wieder fest verbunden. Hierdurch erreicht man, daß der Durchmesser des Ringes nach Bedarf durch Zwischenlagen von Blechpaßstücken vergrößert werden kann, um die Abnutzung auszugleichen (s. Abb. 284).

In die Trennungsfuge wird auch manchmal eine Blattfeder eingelegt (Abb. 285 bis 287) und die Verbindungsschrauben der Ringe werden so eingestellt, daß zwar die Ringe etwas zusammenfedern können, daß aber ein zu weites Ausdehnen und damit ein Festsetzen der Ringe nicht möglich ist.

Das Material des Flachschiebers sowie des Schieberspiegels ist gewöhnlich Gußeisen. Letzterer wird bei Flachschiebern häufig besonders aufgeschraubt. Die Befestigung des Schieberspiegels geschieht dann durch Kopfschrauben aus Stahl, Schmiedeeisen oder Deltametall[1]), deren Köpfe in den Schieberspiegel eingelassen sind (siehe Abb. 219).

Kolbenschieber arbeiten in der Regel in besonders eingesetzten gußeisernen Büchsen, in welche die Kanalöffnungen eingefräst sind (s. Abb. 218). Diese stramm eingepreßten

[1]) Schrauben aus Bronze jeder Zusammensetzung haben geringe Torsionsfestigkeit und reißen leicht ab, wenn sie beim Anziehen stark beansprucht werden.

Büchsen werden zur Sicherung gegen Verschieben gewöhnlich nur in der Längsachse verbohrt oder in der in Abb. 218 dargestellten Weise im Schiebergehäuse befestigt und gedichtet. Bei leichten Kriegsschiffen und namentlich Torpedobooten fertigte man früher die Kolbenschieberkörper, mit Ausnahme derjenigen für *HD*, häufig aus Bronzeguß an. Auch sehr leichte Aluminiumlegierungen fanden für *MD*- und *ND*-Kolbenschieberkörper bei Torpedobooten Verwendung in der Absicht, durch geringstes Gewicht der Schieber die Massendrücke zu verkleinern, welche einen unruhigen Gang der Steuerung verursachen können.

Für Heißdampfmaschinen gelten dieselben Konstruktionsregeln wie im vorstehenden erläutert. Für die Hochdruck-, besser auch Mitteldruck-Zylinder, dürfen nur Kolbenschieber verwendet werden. Die Federung der Ringe muß eng begrenzt sein, vgl. oben. Für die Ringschlösser darf Bronze nicht verwendet werden. Die Ringe sind aus mittelhartem, dichtem Gußeisen herzustellen, während die Schieberbüchsen aus hartem, feinkörnigem Gußeisen anzufertigen sind.

§ 116. **Öffnungen im Schieberspiegel.** Die Kanalbreite wird bei Flachschiebern meistens so groß gewählt, als es die Verhältnisse zulassen, um möglichst geringe Kanalhöhe zu erhalten.

Die Kanalbreite findet sich bei Flachschiebern bis etwa zu 0,85 bis 0,95 vom Durchmesser des Zylinders. Der effektive Querschnitt im Schieberspiegel wird gleich oder bis etwa 5 bis 10% größer als der Kanalquerschnitt gemacht. (Besonders bei doppelter Einströmung.)

Bei Kolbenschiebern wird die freie Öffnung im Einsatz gewöhnlich so bemessen, daß sie ca. 10 bis 30% größer als der Kanalquerschnitt wird, da die vielen Stege des Einsatzes dem Dampf größeren Widerstand bieten als glatte Kanalwände. Der freie Umfang des Einsatzes beträgt ca. 0,65 bis 0,75 vom inneren Umfang desselben, bei Torpedobooten bis 0,85 und mehr.

Der Austrittskanal ist so groß zu machen, daß auch bei der Totlage des Schiebers der effektive Durchgangsquerschnitt nicht kleiner als der Kanalquerschnitt wird.

§ 117. **Materialstärken.**

I. Flachschieber.

Einfacher Muschelschieber (Abb. 288):

Wandstärke des Schiebers: $\delta_1 = 0{,}5$ bis $0{,}6$ der Zylinderwandstärke,
Dicke der Schiebergleitfläche: $f = 0{,}8$ bis $0{,}9$ der Zylinderwandstärke.

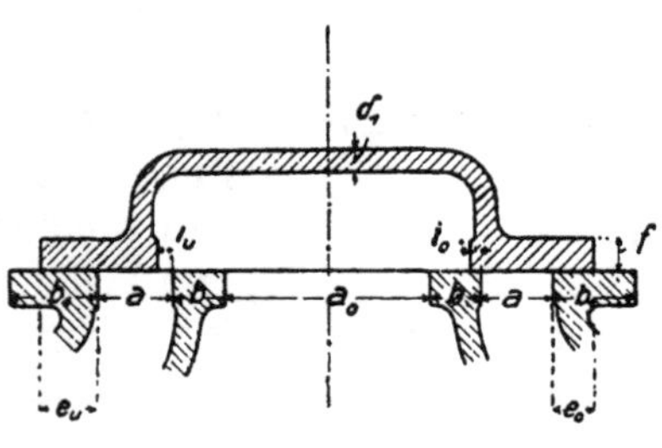

Abb. 288.

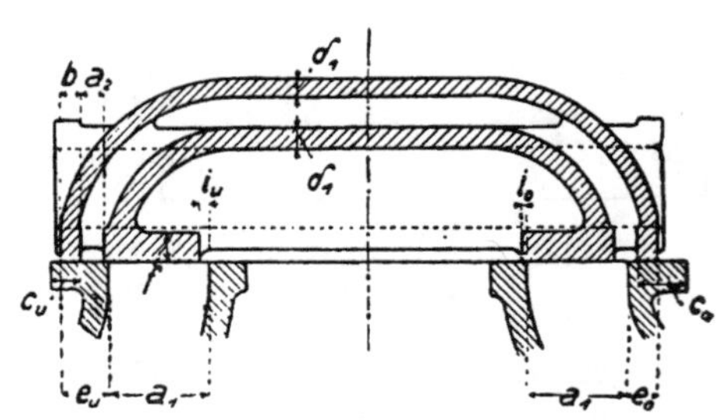

Abb. 289.

Trickschieber (Abb. 289):

$a_1 \leqq a + b$ (wobei a = Kanalhöhe für einen einfachen Muschelschieber),

$a_2 = \frac{a}{4}$ bis $\frac{a}{2}$ | $c_0 = e_u$

$b = 10$—20 mm | $c_u = e_0$

$\delta_1 = 0{,}5$—$0{,}6$ der Zylinderwandstärke

$f = 0{,}8$—$0{,}9$ „ „

Pennscher Schieber (Abb. 290 und 291):

$a_1 = r - e,$
$b = 20 - 40$ mm,
$d = r - i,$
$c = 2r + b,$
$\delta_1 = 0{,}5 - 0{,}6$ der Zylinderwandstärke,
$f = 0{,}8 - 0{,}9$ „ „
$\delta_2 = 1{,}0 - 1{,}1$ „ „

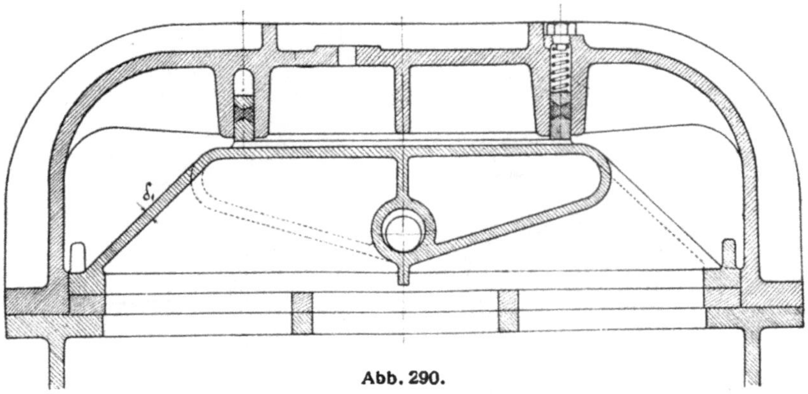

Abb. 290.

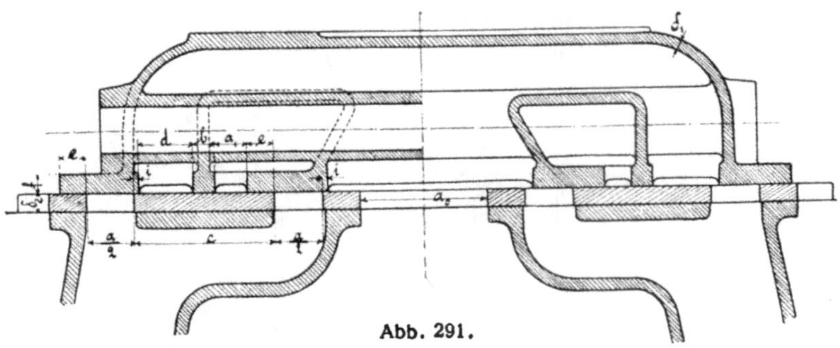

Abb. 291.

II. Kolbenschieber.

Einfacher Kolbenschieber:

Wandstärke des Schiebers:

$$\delta_1 = 0{,}35 - 0{,}55 \text{ der Zylinderwandstärke.}$$

Trickkolbenschieber (Abb. 292):

$a_1 \leqq a + b$ (wobei $a =$ Kanalhöhe für den einfachen Kolbenschieber)
$a_2 = \frac{a}{4} - \frac{a}{2}$
$b = 20$—30 mm
$c_0 = e_u$
$c_u = e_0$
$\delta_1 = 0{,}4$—$0{,}6$ der Zylinderwandstärke
$f = 0{,}6$—$0{,}8$ „ „

Die Wandstärke des Schiebereinsatzes wird etwa

$$s_1 = \frac{D}{30} + 10\text{ mm}$$

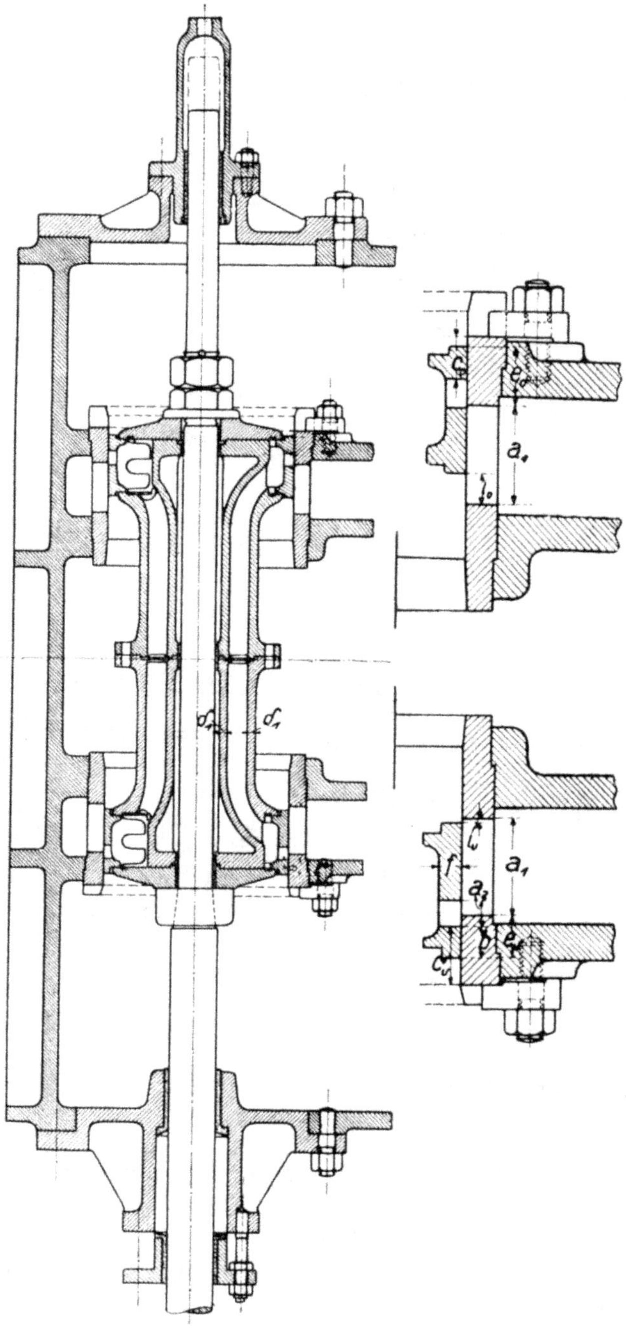

Abb. 292.

gemacht, wenn D der innere Durchmesser der Schieberbüchse ist. Bei Torpedobooten geht man bis auf

$$s_1 = \frac{D}{45} + 5\text{ mm}$$

herunter. Die Stege, welche sehr häufig unter einem Winkel von ca. 60° stehen (siehe Abb. 218) und abgerundete Kanten haben sollen, erhalten gewöhnlich eine Breite von etwa

$$s = s_1 \text{ bis } 1{,}5\, s_1,$$

wobei der erstere Wert für Maschinen leichter Bauart gilt.

§ 118. **Bezeichnungen für die Bestimmung der Schieberelemente.** Es ist im folgenden:

r = Exzentrizität,
δ = Voreilungswinkel,
a = Kanalhöhe im Schieberspiegel,
e = Eintrittsdeckung,
i = Austrittsdeckung.

(Siehe Abb. 288 usw.).

§ 119. **Schieberhub.** Da die Reibungsarbeit des Schiebers näherungsweise proportional dem Hub desselben ist, so wird dieser so klein gemacht, als aus praktischen Rücksichten zulässig erscheint. Um den Schieberhub zu verringern, werden bei größeren Zylindern Schieber mit geteilten Kanälen, sog. „Pennsche" Schieber (Abb. 290 und 291), verwendet, welche zwei- bis dreifache Kanäle erhalten. Schieber mit dreifachen Kanälen werden jedoch nur ausnahmsweise angewandt, da sie zu lange Schieber und Schieberkasten bedingen.

Um möglichst große und rasche Kanalöffnungen für den Dampfeintritt zu erhalten, werden statt einfacher Schieber vielfach sog. „Trick"-Schieber (Abb. 289 und 292) verwendet. Der Dampfaustritt findet bei diesem wie beim einfachen Muschelschieber statt.

§ 120. Die **Exzentrizität** bzw. der halbe Schieberhub beträgt etwa

$$r = a \text{ bis } 1{,}4\, a.$$

Sie wird im allgemeinen so gewählt, daß die größte Kanalöffnung für den Dampfeintritt (Mittelwert aus Boden- und Deckelseite) beträgt:

beim	*HD*-Schieber	etwa	0,7	bis	0,8	vom Kanalquerschnitt.
„	*MD*- „	„	0,6	„	0,75	
„	*ND*- „	„	0,6	„	0,7	

Bei Kolbenschiebern wird die größte mittlere Kanalöffnung für den Dampfeintritt wegen der vielen Stege gewöhnlich etwas größer genommen.

§ 121. **Zylinderfüllung.** Diese wird für ganz ausgelegte Steuerung angenommen (Mittel zwischen oben und unten):

im	*HD*-Zylinder	etwa	60	bis	78%,
„	*MD*- „	„	55	„	70%,
„	*ND*- „	„	50	„	65%.

Die Leistungen der einzelnen Zylinder werden, wenn nötig, durch Verstellen der einzelnen Steuerungen ausgeglichen. Bei Kulissensteuerung läßt sich die Füllung jedes Zylinders etwa um 20% während des Ganges der Maschine verändern (s. § 129).

Bei Compoundmaschinen mit Kurbeln unter 90° ist es angezeigt, die größte Füllung der Zylinder mindestens 60% zu nehmen, weil dann die Maschine durch in den Receiver geleiteten Hilfsdampf zum Anspringen gebracht werden kann. Werden die Füllungen kleiner als 60%, dann ist es nötig, den Hilfsdampf für den *ND*-Zylinder nach der Boden- bzw. Deckelseite zu führen (s. § 91).

§ 122. **Lineares Voreilen.** Man versteht darunter die Kanalöffnung (in mm) bei Totlage des Kolbens. Die Größe derselben schwankt zwischen 2 mm bei kleinen und ca. 30 mm bei großen Maschinen. Dieses Voröffnen wird gewöhnlich auf der Bodenseite etwa doppelt so groß als auf der Deckelseite gemacht, um möglichst gleiche Füllung oben und unten zu erhalten. Infolge des Einflusses der Pleuelstangenlänge wird nämlich die Füllung auf der Bodenseite um einige Prozente kleiner als auf der Deckelseite.

Bei ganz ausgelegter Steuerung wird das Voreilen gewählt.

beim *HD*-Zylinder $\begin{cases} \frac{r}{14} - \frac{r}{5} & \text{auf der Deckelseite} \\ \frac{r}{7} - \frac{r}{4} & \text{,, ,, Bodenseite} \end{cases}$

beim *MD*-Zylinder $\begin{cases} \frac{r}{13} - \frac{r}{5{,}3} & \text{,, ,, Deckelseite} \\ \frac{r}{6{,}5} - \frac{r}{3{,}9} & \text{,, ,, Bodenseite} \end{cases}$

beim *ND*-Zylinder $\begin{cases} \frac{r}{12} - \frac{r}{4{,}5} & \text{,, ,, Deckelseite} \\ \frac{r}{5{,}8} - \frac{r}{3{,}3} & \text{,, ,, Bodenseite.} \end{cases}$

Diesem linearen Voreilen entsprechen näherungsweise folgende Winkel α zwischen der Kurbelstellung, bei welcher die Eröffnung des Eintrittskanals beginnt, und dem Totpunkt:

beim *HD*-Zylinder $\alpha = \begin{cases} 4\text{—}10^0 & \text{auf der Deckelseite} \\ 8\text{—}13^0 & \text{,, ,, Bodenseite} \end{cases}$

,, *MD*- ,, $\alpha = \begin{cases} 5\text{—}11^0 & \text{,, ,, Deckelseite} \\ 9\text{—}15^0 & \text{,, ,, Bodenseite} \end{cases}$

,, *ND*- ,, $\alpha = \begin{cases} 6\text{—}12^0 & \text{,, ,, Deckelseite} \\ 10\text{—}18^0 & \text{,, ,, Bodenseite.} \end{cases}$

Hierbei ist zu beachten, daß die kleineren Werte für langsam laufende Maschinen mit 70 bis 80 Umdrehungen i. d. Minute, die größeren für solche mit 350 und mehr Umdrehungen i. d. Minute gelten. Für Maschinen mit anderen Umdrehungszahlen können entsprechende Zwischenwerte gewählt werden.

§ 123. **Vorausströmung.** Bei langsam laufenden Maschinen kann diese ebenfalls kleiner als bei schnell laufenden Maschinen sein, und zwar findet man hierfür

beim *HD*-Zylinder 7 bis 14%,
,, *MD*- ,, 9 ,, 18%,
,, *ND*- ,, 11 ,, 22%.

Es ist zweckmäßig, die Vorausströmung auf der Bodenseite etwas größer als auf der Deckselseite zu machen, damit der Dampf bei dem rascheren Hubwechsel im oberen Totpunkt unten schnell genug entweichen kann.

§ 124. **Kompression.** Diese wird so gewählt, daß ihre voraussichtliche Endspannung nicht größer ausfällt als der Anfangsdruck im Schieberkasten.

Die Kompression beträgt meistens

im *HD*-Zylinder 4 bis 11%,
,, *MD*- ,, 7 ,, 14%,
,, *ND*- ,, 10 ,, 20%.

Bei Verbundmaschinen kann die Kompression etwas größer als bei Dreifachexpansionsmaschinen genommen werden, weil bei ersteren der Unterschied zwischen Anfangs- und Enddruck in jedem Zylinder größer ist.

Die Kompression soll, ebenso wie die Vorausströmung, auf der Bodenseite größer als auf der Deckelseite sein. Da diese Erscheinungen jedoch für jede Kolbenseite unmittelbar so voneinander abhängen, daß eine kleine Vorausströmung eine große Kompression bedingt und umgekehrt, so sind dieselben für jeden einzelnen Fall miteinander in Einklang zu bringen.

§ 125. **Voreilungswinkel δ.** Besitzt der Schieber äußere Einströmung und äußere Überdeckung, wie dies bei den Flachschiebern der *MD*- und *ND*-Zylinder von Hauptmaschinen fast stets der Fall ist, so muß derselbe, wenn der Kolben im Totpunkt steht, sowohl um den Betrag der äußeren Überdeckung als auch um den des linearen Voreilens aus seiner Mittellage abgewichen sein. Das Exzenter muß also mit der Kurbel einen größeren Winkel als 90^0 einschließen. Der Überschuß über 90^0 wird Voreilungswinkel genannt und mit δ bezeichnet.

Wird der Schieber mit innerer Einströmung und innerer Überdeckung ausgeführt (*HD*- und *MD*-Kolbenschieber von Hauptmaschinen), so muß sein Exzenter um 180^0 gegenüber dem vorstehend beschriebenen verdreht sein. Der Aufkeilwinkel ist dann $270 + \delta$, der Voreilungswinkel wieder δ.

Wenn der Schieber (wie dies manchmal bei den Hilfsmaschinen mit vertauschbarer Ein- und Ausströmung geschieht, vgl. § 181), ohne die äußere und innere Überdeckung ausgeführt wird, so muß derselbe in dem Augenblick, in welchem der Kolben sich im Totpunkt befindet, genau in der Mittellage stehen. Wird die Exzenterstange wie üblich, als unendlich lang angesehen, so schließt der Exzenterradius in diesem Fall mit der Kurbel einen Winkel von 90^0 ein, d. h. der Voreilungswinkel ist dann $\delta = 0$.

§ 126. **Schieberdiagramme** für gewöhnliche Schiebersteuerungen — deren allgemeine Kenntnis im übrigen hier vorausgesetzt wird — dienen dazu, in möglichst bequemer Weise graphisch den Zusammenhang zwischen Schieber- und Kolbenstellung für jeden wichtigen Punkt des Kurbelkreises zu bestimmen. Am häufigsten benützt werden die Diagramme von Müller-Reuleaux und Zeuner. Die endliche Länge der Exzenterstange wird nicht berücksichtigt.

Es bedeutet im folgenden

a: Kanalhöhe im Schieberspiegel,
e_0 und e_u: Eintrittsdeckung oben bzw. unten,
i_0 „ i_u: Austrittsdeckung „ „ „
v_0 „ v_u: lineares Voreilen „ „ „
ε_0 „ ε_u: Füllung des Zylinders oben und unten.

§ 127. **Das Schieberdiagramm von Müller-Reuleaux.** Dasselbe beruht im Prinzip auf der folgenden Erwägung: Kolben und Schieber bewegen sich in paralleler, bei Schiffsmaschinen fast stets in vertikaler Richtung. Kurbel und Exzenter sind unter dem Winkel $90^0 + \delta$ bzw. $270 + \delta$ gegeneinander aufgekeilt, und zwar so, daß das Exzenter der zugehörigen Kurbel um diesen Winkel voreilt. Die Bewegungen beider vollziehen sich daher mit einem Phasenunterschied von $90 + \delta$ bzw. $270 + \delta$.

Zeichnet man zu einem Kurbelkreis das Indikatordiagramm und den zugehörigen Dampfkanal samt Schieber parallel zu ihren Lagen im Raum (vgl. Abb. 293), so entspricht der Kurbelstellung K_1 die Exzenterstellung E_1, und so weiter jeder Kurbelstellung die um $90 + \delta$ voreilende Exzenterstellung. Um nun diese Darstellung zu vereinfachen, denkt man sich die Schieberachse um $90 + \delta$ entgegen der Drehrichtung gedreht. Dann fällt der Punkt E_1 mit K_1 zusammen, d. h. es kann an einem Kurbelkreis, der zugleich als Exzenterkreis angesehen wird, gleichzeitig mit der Exzenterstellung auch die zugehörige Kurbelstellung abgelesen werden (Abb. 294). Kolben und Schieberwege können dann in der üblichen Weise für sämtliche Punkte durch Projektion auf die gedrehte Schieberweglinie festgestellt werden.

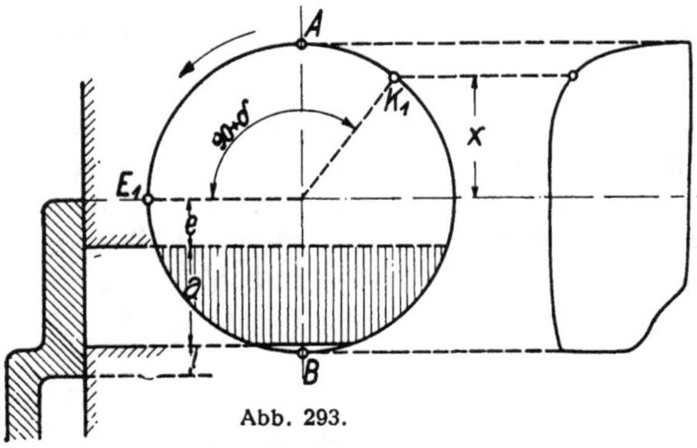

Abb. 293.

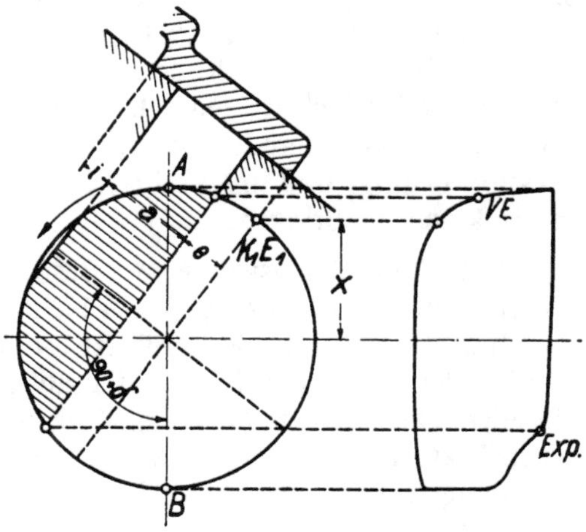

Abb. 294.

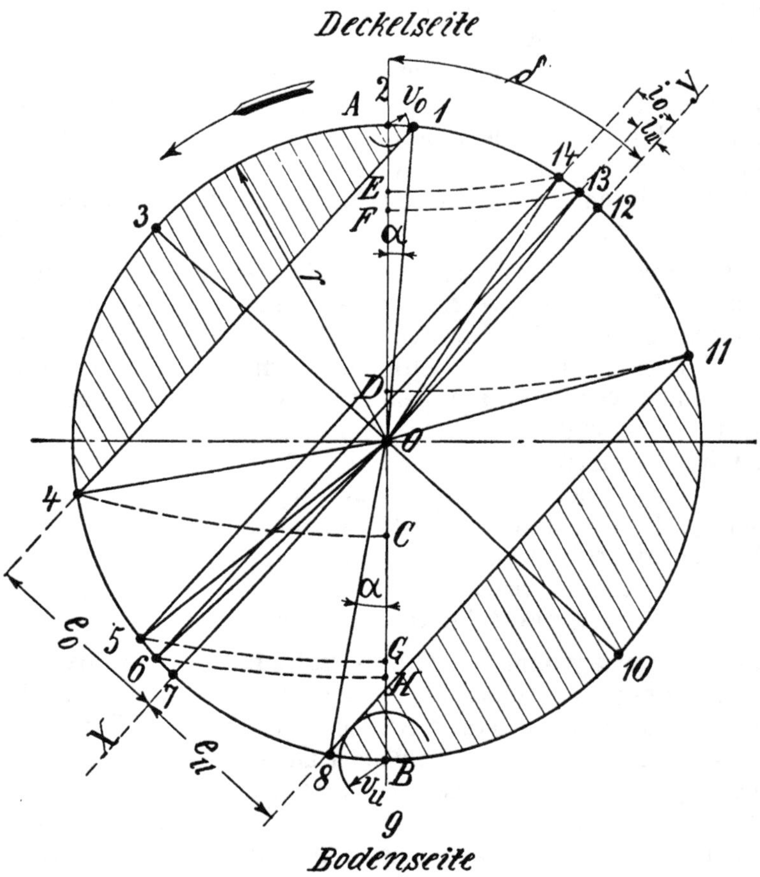

Abb. 295.

In der Regel ist beim Entwurf der Steuerung gegeben: die Kanalhöhe a, das lineare Voreilen des Schiebers oben und unten und die Füllung des Zylinders.

Dann wird die Exzentrizität gewählt und mit derselben als Halbmesser der Schieberkreis um 0 geschlagen (s. Abb. 295).

AOB sei die Richtung der Kolbenstange. In den Totpunkten A und B werden Kreise mit dem linearen Voreilen des Schiebers oben bzw. unten geschlagen; ferner wird die gewünschte Füllung auf einer Kolbenseite, z. B. oben, gleich AC in Prozenten des Durchmessers AB aufgetragen. Wird dann durch C mit der Pleuelstangenlänge (in demselben Verhältnis zur Exzentrizität wie Pleuelstangenlänge zur Kurbel) ein Bogen geschlagen, welcher den Schieberkreis schneidet, so erhält man in $O4$ diejenige Kurbelstellung, welche dem Beginn der Expansion auf der Deckelseite entspricht.

Zieht man durch Punkt 4 eine Tangente an den Kreis des linearen Voreilens im oberen Totpunkt und eine hierzu parallele Tangente an den Kreis des linearen Voreilens unten und ferner eine Parallele durch O, so erhält man in $O11$ die Kurbelstellung, welche der Füllung auf der Bodenseite entspricht, sowie den Voreilungswinkel $\delta = \sphericalangle AOY$.

Die Eintrittsdeckungen des Schiebers ergeben sich zu e_0 und e_u.

Die Austrittsdeckungen werden ebenfalls von der Mittellinie XY aus gemessen. Ist die Austrittsdeckung positiv, dann wird sie nach der entgegengesetzten Seite wie die Eintrittsdeckung für dieselbe Kolbenseite abgetragen, im anderen Falle nach derselben Seite hin wie die Eintrittsdeckung.

Wichtigste Kurbelstellungen.

Stellung 1: Beginn der Einströmung auf der Deckelseite.
„ 2: Kurbel im oberen toten Punkt, Kanal um das lineare Voreilen v_0 geöffnet.
„ 3: Größte Öffnung des Kanals auf der Deckelseite.
„ 4: Beginn der Expansion auf der Deckelseite.
„ 5: Beginn der Ausströmung auf der Deckelseite.
„ 7: Schieber in der Mittelstellung.
„ 14: Beginn der Kompression auf der Deckelseite.
„ 8: Beginn der Einströmung auf der Bodenseite.
„ 9: Kurbel im unteren toten Punkt, Kanal um das lineare Voreilen v_u geöffnet.
„ 10: Größte Öffnung des Kanals auf der Bodenseite.
„ 11: Beginn der Expansion auf der Bodenseite.
„ 12: Schieber in der Mittelstellung.
„ 13: Beginn der Ausströmung auf der Bodenseite.
„ 6: Beginn der Kompression auf der Bodenseite.

Es ist ferner:

$AC : 2r = \varepsilon_0 =$ Füllung auf der Deckelseite.
$BD : 2r = \varepsilon_u =$ Füllung auf der Bodenseite.
$BG : 2r =$ Vorausströmung auf der Deckelseite.
$AE : 2r =$ Kompression auf der Deckelseite.
$AF : 2r =$ Vorausströmung auf der Bodenseite.
$BH : 2r =$ Kompression auf der Bodenseite.

§ 128. **Schieberdiagramm nach Zeuner** (Abb. 296). Beim Aufzeichnen dieses Diagramms verfährt man in folgender Weise:

Es ist: AB die Richtung der Schieberstange,
O der Mittelpunkt des Diagramms.

Mit beliebigem Halbmesser wird ein Kreis um O geschlagen, von A aus die Füllung $AC = \varepsilon_0 \cdot AB$ abgetragen und mit Berücksichtigung der Pleuelstangenlänge die Kurbelstellung $O3$ gezeichnet, welche der Füllung auf der Deckelseite entspricht.

Dann wird die Kurbelstellung $O1$ gezeichnet, welche dem Beginn der Kanalöffnung auf derselben Seite entspricht, und der Winkel $1O3$ halbiert. Diese Halbierungslinie $2O6$ schließt mit dem zu AB senkrechten Durchmesser MN den Voreilungswinkel

$$\delta = \sphericalangle MO2 \text{ ein.}$$

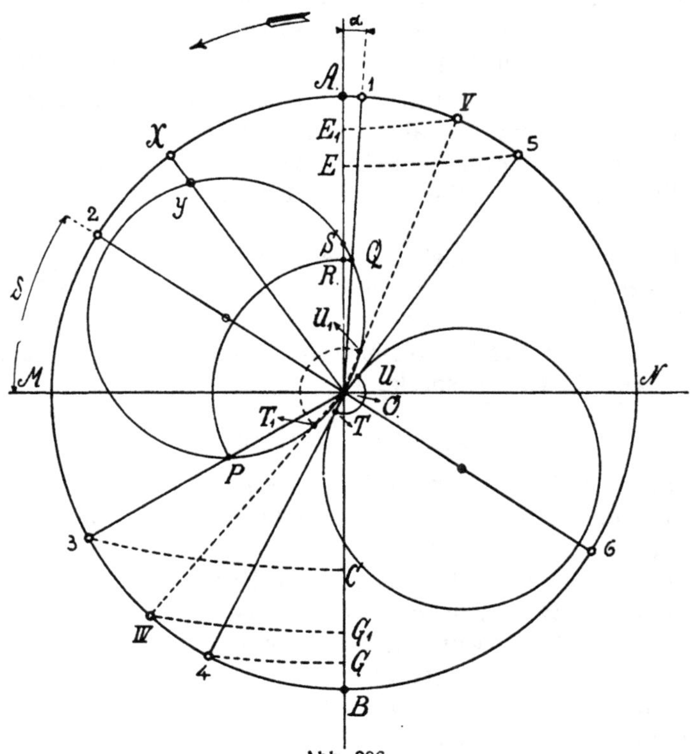

Abb. 296.

Mit der halben Exzentrizität als Halbmesser werden dann die sog. Exzenterkreise durch O geschlagen, deren Mittelpunkte auf dem Halbmesser $O2$ bzw. $O6$ liegen.

Für eine beliebige Kurbelstellung OX ist dann immer die durch den Schieberkreis auf der Kurbelstellung abgeschnittene Sehne OY die Entfernung des Schiebers aus seiner Mittelstellung. Daß dies der Fall ist, läßt sich an Hand der Abb. 297 leicht begründen. Die der Kurbelstellung K zugeordnete Exzenterstellung ist E und der letzterer entsprechende Schieberweg aus der Mittellage $\xi = OF$. Daß $OF = OD = \xi$, folgt aus Kongruenz der beiden schraffierten Dreiecke, denn

$$OC = OE = r$$
$$\sphericalangle OFE = \sphericalangle ODC = 90^0$$
$$\sphericalangle DOC = \sphericalangle EOF = 90^0 - \varepsilon - \delta.$$

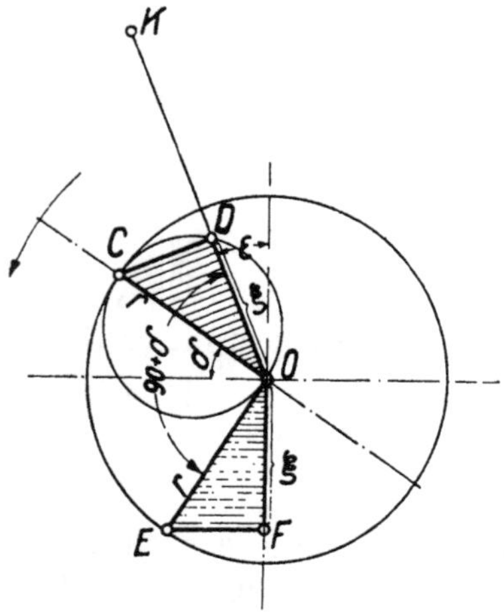

Abb. 297.

Der Abschnitt $OP = OQ$ auf der Kurbelstellung $O3$ bzw. $O1$ ergibt die Eintrittsdeckung und der Abschnitt RS das lineare Voreilen des Schiebers auf der Deckelseite.

Ist BG die Vorausströmung oben, so ist die daraus sich ergebende Kurbelstellung (mit Berücksichtigung der Pleuelstangenlänge) $O4$ und die zugehörige Austrittsdeckung $i_0 = OT = OU$.

Die Kurbelstellung $O\,5$ ist diejenige, bei welcher die Kompression auf der Deckelseite beginnt.

Ist die Austrittsdeckung $O\,T = O\,U$ des Schiebers (auf der Deckelseite) positiv, dann fällt der mit derselben als Halbmesser geschlagene Kreisbogen um O in den unteren Schieberkreis (wie gezeichnet), während derselbe bei negativer Austrittsdeckung in den oberen Schieberkreis fällt (wie punktiert angedeutet). Im letzteren Falle würde der Vorausströmung die Kurbelstellung $O\,I\,V$, der Kompression auf derselben Seite die Kurbelstellung $O\,V$ entsprechen.

Das Diagramm für die Bodenseite wird in derselben Weise verzeichnet.

§ 129. **Veränderung der Füllung.** Zur Veränderung der Zylinderfüllung wird bei Kulissensteuerung meistens die Kulisse verwendet, indem diese durch verschieben des Steines (Traverse) im Schlitz des Umsteuerhebels verstellt wird (s. § 178). Durch diese Verschiebung der Kulisse kann die Füllung eines Zylinders um etwa 15—20% verändert und eine kleinste Füllung von etwa 45% erreicht werden. Bei Kulissen- und anderen Steuerungen (Klug, Marshall usw.) kann eine Veränderung der Füllung, die sich durch Verstellung des Steines im Schlitzhebel der Umsteuerwelle nicht mehr erreichen läßt, durch Drehung der Umsteuerwelle in die betreffende Lage erzielt werden. Zu diesem Zwecke muß die Umsteuerwelle eine Feststellvorrichtung (Zahnsegment o. dgl.) erhalten.

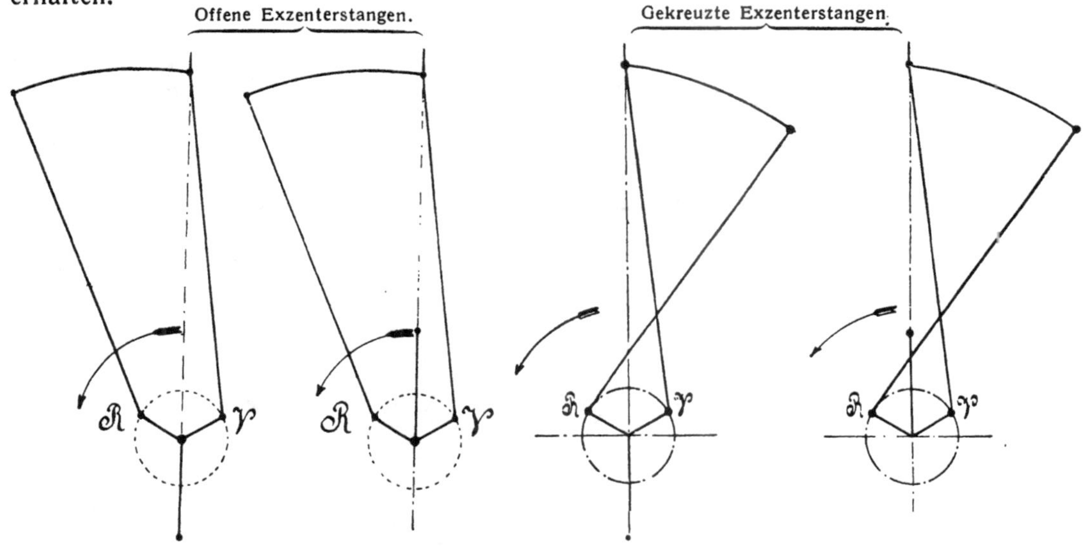

Abb. 298. Abb. 299. Abb. 300. Abb. 301.

Wird eine noch kleinere Füllung nötig, dann wird manchmal ein besonderer Expansionsschieber vorgesehen (Meyer oder Rider). Diese Schieber werden jedoch nur bei Torpedobooten angewendet; dort findet man beim *HD*-Zylinder mitunter einen Expansionsschieber, welcher bei den sog. ökonomischen Fahrten mit kleinen Leistungen von einigem Vorteil sein kann, dafür aber meist bei hohen Leistungen infolge der unvermeidlichen Drosselung des Dampfes die Ökonomie verschlechtert (s. § 135).

§ 130. **Kulissensteuerung von Stephenson.** Bei dieser ist für den Vorwärts- und den Rückwärtsgang der Maschine je ein besonderes Exzenter vorhanden. Exzentrizität und Voreilungswinkel werden so gewählt, wie sie sich aus dem Schieberdiagramm für die größte Füllung ergeben, und zwar werden beide in der Regel für den Vor- und Rückwärtsgang gleich gemacht.

In bezug auf die Verbindung der Exzenterstangen mit der Kulisse unterscheidet man offene Exzenterstangen (Abb. 298 und 299) und gekreuzte Exzenterstangen

(Abb. 300 und 301), wobei Abb. 298 und 300 für äußere Einströmung, Abb. 299 und 301 für innere Einströmung gilt. Der Unterschied zwischen beiden Systemen zeigt sich dann, wenn die beiden Exzenter so gestellt werden, daß die Exzentrizitäten nach der Kulisse hin gekehrt sind, wie dies aus den Abbildungen ersichtlich ist.

Ist die Steuerung ganz nach der einen oder der anderen Seite hin ausgelegt, dann kommt nur dasjenige Exzenter allein in Betracht, dessen oberes Stangenende mit dem Schieberstangenkopf zusammenfällt. Wird die Kulisse teilweise eingelegt, dann kommen

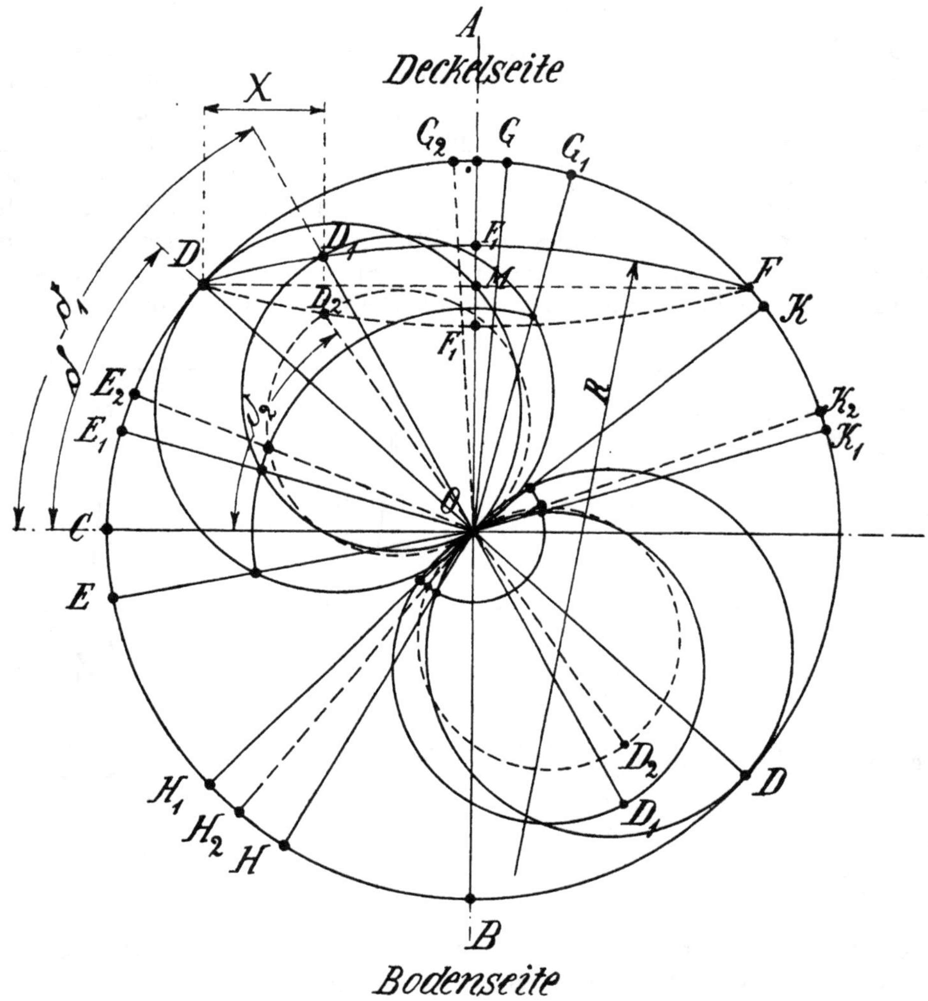

Abb. 302.

beide Exzenter zur Wirkung. Diese besteht darin, daß die Füllung und die größte Kanalöffnung verkleinert, Kompression und Vorausströmung vergrößert wird. Bei offenen Exzenterstangen wird ferner das lineare Voreilen vergrößert, bei gekreuzten Stangen verkleinert. Es ist jedoch bei einer bestimmten Kulissenstellung Füllung, größte Kanalöffnung, Vorausströmung und Kompression bei offenen Stangen größer als bei gekreuzten.

Die verschiedenen Schieberfunktionen lassen sich wie folgt angenähert ermitteln:

In Abb. 302 ist AB die Richtung der Schieberstange, $OD = r$ die Exzentrizität, $COD = \delta$ der Voreilungswinkel.

Durch die Punkte D, F und den Scheitelpunkt F_1, dessen Ermittlung im folgenden angegeben wird, wird eine Kurve gelegt, die man durch einen Kreisbogen ersetzen kann, dessen Mittelpunkt auf AB liegt. Auf dieser Kurve, im allgemeinen Scheitelkurve genannt, liegen dann die Miittelpunkte der „resultierenden Ersatzexzenter". Unter einem resultierenden Ersatzexzenter versteht man dabei dasjenige gedachte einfache Exzenter, welches bei irgendeiner Stellung des Kulissensteins dieselbe Schieberbewegung hervorbringen würde wie die beiden an der Kulisse wirksamen Exzenter zusammen. Die mittlere Exzenterschubrichtung für das erwähnte Ersatzexzenter ist als mit der Richtung des Schieberweges zusammenfallend vorausgesetzt. Man findet das resultierende Ersatzexzenter für jede Kulissenstellung durch geometrische Addition von zwei idealen Exzentern, ebenfalls in Schubrichtung des Kulissensteins wirkend gedacht, die sich dadurch ergeben, daß man die Bewegung des Kulissensteins einmal unter der Voraussetzung betrachtet, daß der eine Kulissenendpunkt, an dem z. B. das Rückwärtsexzenter angreift, festgehalten wird und nur das Vorwärtsexzenter wirksam ist und umgekehrt. Die resultierende Bewegung des Kulissensteins, die unter dem Einfluß von Vorwärts- und Rückwärtsexzenter zustandekommt, kann man sich dann durch ein in der Schubrichtung des Kulissensteins wirksam gedachtes sog. resultierendes Ersatzexzenter hervorgebracht denken, dessen Mittelpunkt auf der Scheitelkurve liegt.

Der Scheitelpunkt F_1 und der Krümmungshalbmesser R dieser Scheitelkurve findet sich aus der Gleichung

$$MF_1 = \frac{r \cdot \cos\delta}{\sqrt{\frac{4\,l^2}{c^2} - 1}} \quad \text{und} \quad R = \frac{r}{a} \cdot l \cdot \cos\delta$$

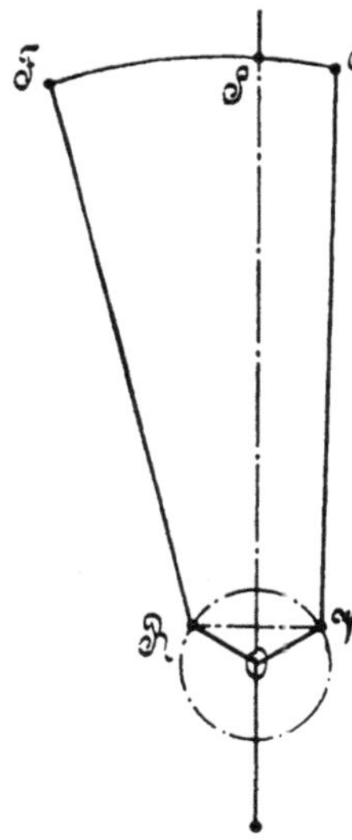

Abb. 303.

womit auch wieder die Lage von F_1 festgelegt ist.

Hierin ist l die Länge der Exzenterstange $= EV$ und a die Länge der Kulisse EF (Abb. 303).

Bei offenen Exzenterstangen ist die hohle Seite dieses Kreisbogens dem Mittelpunkt O zugewendet wie gezeichnet, bei gekreuzten Stangen von demselben abgewendet wie punktiert.

Der Endpunkt D_1 bzw. D_2 eines resultierenden Ersatzexzenters für eine beliebige Kulissenstellung, ergibt sich mit Bezug auf Abb. 302 und 303 aus

$$X = DF \cdot \frac{ES}{EF} = \frac{2r}{a} ES \cdot \cos\delta.$$

Es ist dann OD_1 die Exzentrizität und δ_1 der Voreilungswinkel eines resultierenden Exzenters, welchem die Bewegung des Schieberstangenendpunktes S bei offenen Stangen entspricht.

Bei der gezeichneten Kulissenstellung ist daher OE_1 diejenige Kurbelstellung, bei welcher die Expansion beginnt. Das lineare Voreilen, Vorausströmung und Kompression ergeben sich in der früher erläuterten Weise.

Sind die Stangen gekreuzt, dann ist OD_2 die resultierende Exzentrizität und δ_2 der zugehörige Voreilungswinkel.

Die entsprechenden Kurbelstellungen sind:

	bei ganz ausgelegter Kulisse	bei eingez. Kulisse und offenen Stangen	bei eingez. Kulisse und gekreuzten Stangen
Beginn der Einströmung	OG	OG_1	OG_2
„ „ Expansion	OE	OE_1	OE_2
„ „ Vorausströmung	OH	OH_1	OH_2
„ „ Kompression	OK	OK_1	OK_2

Verschiedene Steuerungen.

Neben der Kulissensteuerung von Stephenson werden bei Schiffsmaschinen noch folgende Steuerungen häufig ausgeführt:

§ 131. **Klugsche Steuerung.** Die Bewegung des Schiebers erfolgt hier durch ein Exzenter, welches in der Richtung der Kurbel liegt (s. Abb. 304).

Die Mittellinie OM wird in der Regel senkrecht zur Kolben- und Schieberstange angenommen oder weicht nur wenig davon ab. Ist es aus Raummangel nötig, der Mittellinie eine andere Richtung zu geben, dann muß auch das Exzenter denselben Winkel mit der Kurbel einschließen und die Übertragung der Bewegung von der Exzenterstange auf die Schieberstange durch geeignete Hebelanordnung erreicht werden.

In der Abb. 304 bedeutet:

O die Kurbelwelle,
U_1 die Umsteuerwelle,
OK die Kurbel,
$OE = r$ die Exzentrizität.

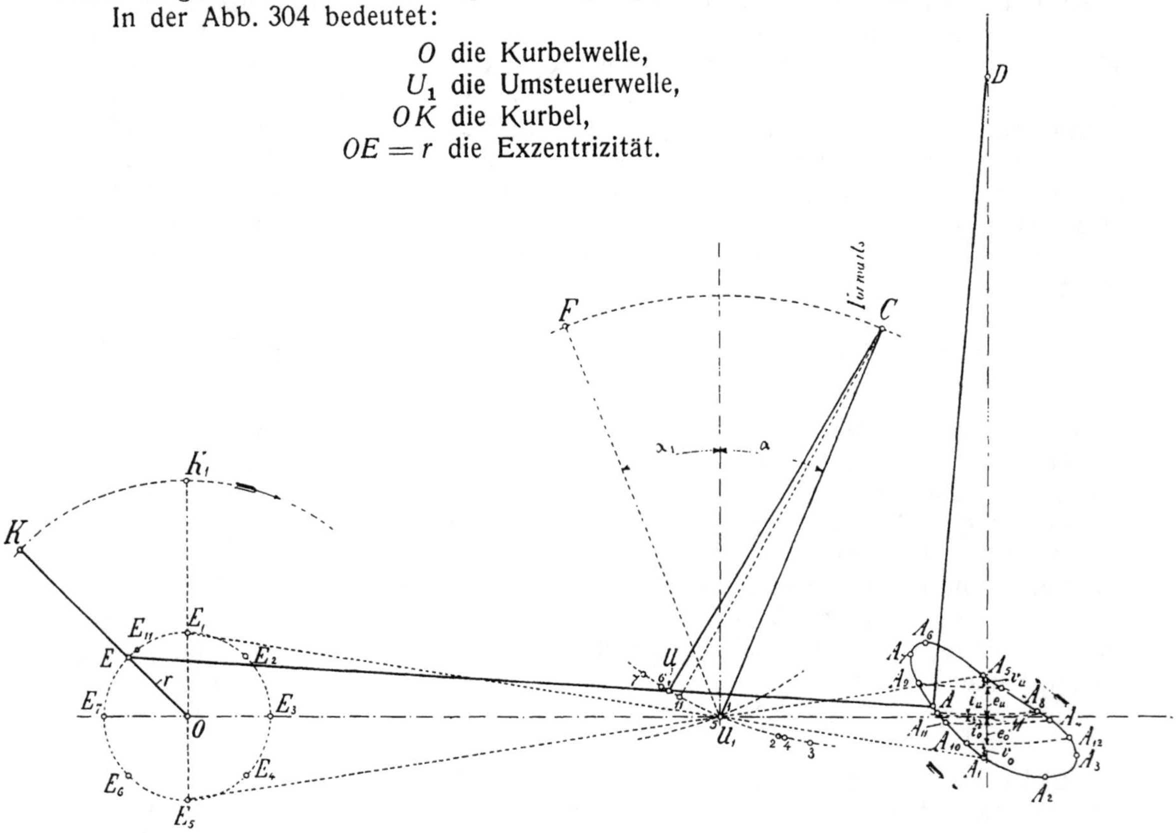

Abb. 304.

Gebräuchliche Verhältnisse der einzelnen Steuerungsteile sind:

$$O\,U_1 = 5\,r \text{ bis } 7\,r$$

$$\text{Exzenterstange } E\,U = E_1\,U_1 = \sqrt{r^2 + (O\,U_1)^2} \text{ bis } = O\,U_1$$

$$A\,U = A_1\,U_1 = \text{ca. } 0{,}5\,E\,U$$

$$C\,U_1 = C\,U = \text{ca. } 6\,r \text{ bis } 8\,r.$$

Der Ausschlagwinkel α der Umsteuerungswelle aus ihrer Mittellage beträgt gewöhnlich 15^0 bis 20^0.

Durch Verkleinerung des Ausschlagwinkels wird die Füllung verringert, während Kompression sowie Vorausströmung vergrößert werden und umgekehrt.

Die Voreilung des Schiebers bleibt konstant, wenn

$$E\,U = E_1\,U_1 = \sqrt{r^2 + O\,U_1^2}.$$

Die Ermittlung der Schieberfunktionen geschieht am einfachsten mit Hilfe eines Steuerungsmodells; in Ermangelung eines solchen können dieselben jedoch auch zeichnerisch gefunden werden.

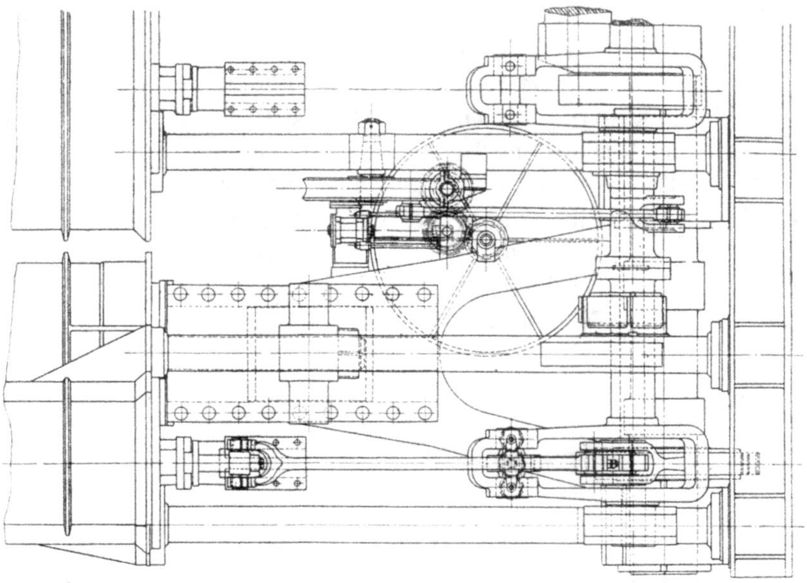

Abb. 306.

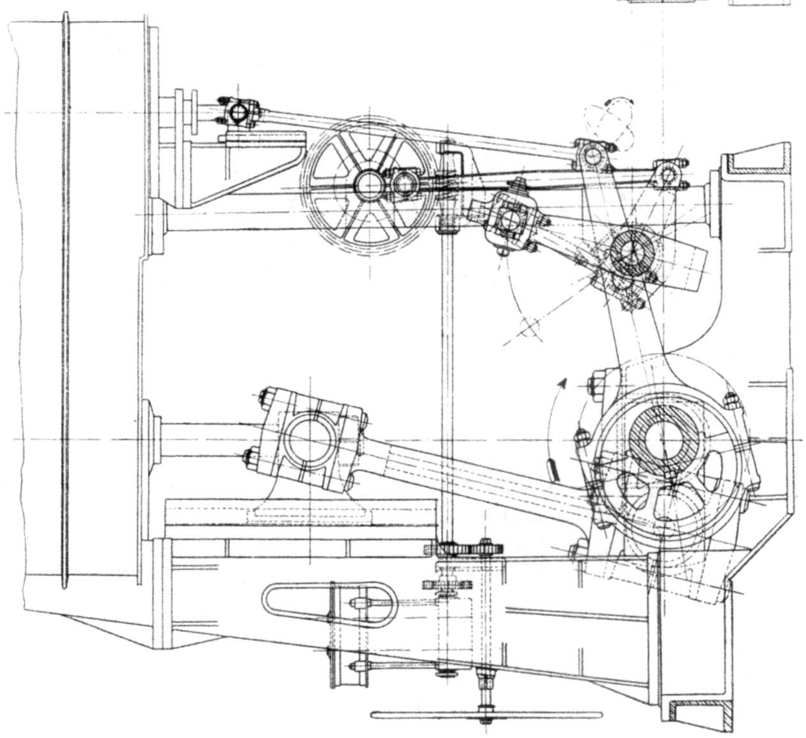

Abb. 305.

Es wird dann für verschiedene Stellungen des Umsteuerhebels U_1C die vom Endpunkt A der Exzenterstange beschriebene Kurve aufgezeichnet. Hierzu wird der Exzenterkreis in 8 bis 12 gleiche Teile geteilt und für jede dieser Exzenterstellungen die Lage des Punktes A gesucht. Durch Verbindung der einzelnen Punkte ergibt sich die gesuchte Kurve für eine bestimmte Stellung des Umsteuerhebels U_1C. Wird von den Stellungen A_1 und A_5 des Exzenterstangenendpunktes aus, welche den Totlagen der Kurbel entsprechen, das lineare Voreilen v_0 bzw. v_u parallel zur Richtung der Schieberstange abgetragen und durch diese Punkte mit AD als Halbmesser ein Kreisbogen geschlagen, dann ist, da M der Mittelstellung des Schiebers entspricht:

$$e_0 = \text{Eintrittsdeckung oben},$$
$$e_u = \text{Eintrittsdeckung unten}.$$

Die Austrittsdeckungen des Schiebers ergeben sich aus den für den Beginn der Vorausströmung auf der Deckel- und Bodenseite angenommenen Kurbel- oder Kolbenstellungen. Ferner entspricht den Stellungen des Exzenterstangenendpunktes:

A_8: Beginn der Einströmung auf der Bodenseite,
A_9: ,, ,, Expansion ,, ,, ,,
A_{10}: ,, ,, Einströmung ,, ,, Deckelseite,
A_{12}: ,, ,, Expansion ,, ,, ,,

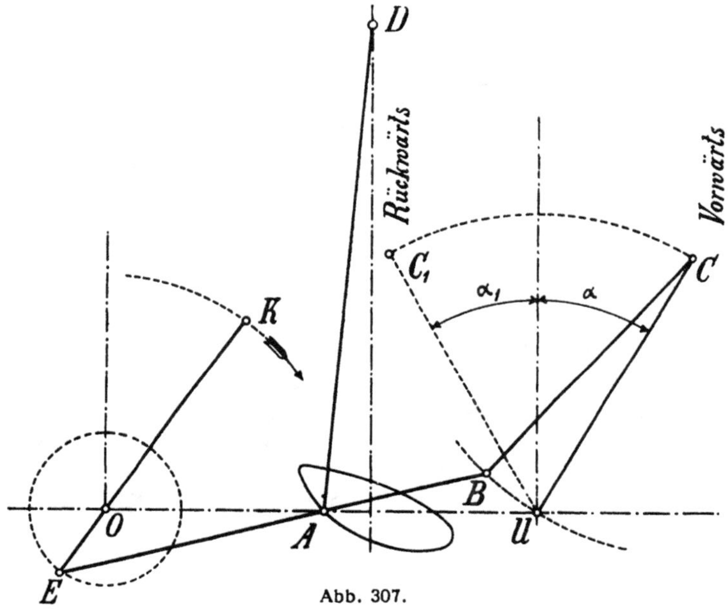

Abb. 307.

Aus diesen Punkten werden durch Rückwärtskonstruktion die zugehörigen Stellungen der Kurbel bzw. des Kolbens gefunden.

Es entspricht z. B. der Exzenterstellung E_4, bei welcher die Ausströmung auf der Deckelseite beginnen soll, die Stellung A_4 des Exzenterstangenendpunktes.

Wird durch A_4 mit dem Halbmesser AD ein Kreisbogen geschlagen, so schneidet dieser die Kurve auf der anderen Seite im Punkte A_{11}, welchem die Exzenterstellung E_{11} entspricht, bei welcher die Kompression auf der Deckelseite beginnt.

Der Abstand der beiden Kreisbogen durch M und A_4 ergibt die Austrittsdeckung i_0.

In derselben Weise wird die Austrittsdeckung i_u für die Bodenseite gefunden.

Zu beachten ist hierbei, daß die Austrittsdeckung negativ ist, wenn sie auf derselben Seite wie die Eintrittsdeckung für ein und dieselbe Kolbenseite liegt und umgekehrt. Die Umsteuerung erfolgt durch Umlegen der Umsteuerwelle bzw. des mit dieser fest verbundenen Hebels aus der Stellung U_1C in die Lage U_1F.

Die gezeichnete Abbildung ist für einen Schieber mit äußerer Einströmung bestimmt; soll der Schieber mit innerer Einströmung arbeiten, dann muß das Exzenter unter 180° zur Kurbel stehen.

Abb. 305 und 306 zeigt die Anordnung einer Klugschen Steuerung für ein Kriegsschiff. Die Mittellinien der Exzenterstange und der Schieberstange bilden hier einen stumpfen Winkel, wodurch die Füllungen kleiner, Kompression und Vorausströmen jedoch größer als bei rechtwinkliger Lage werden.

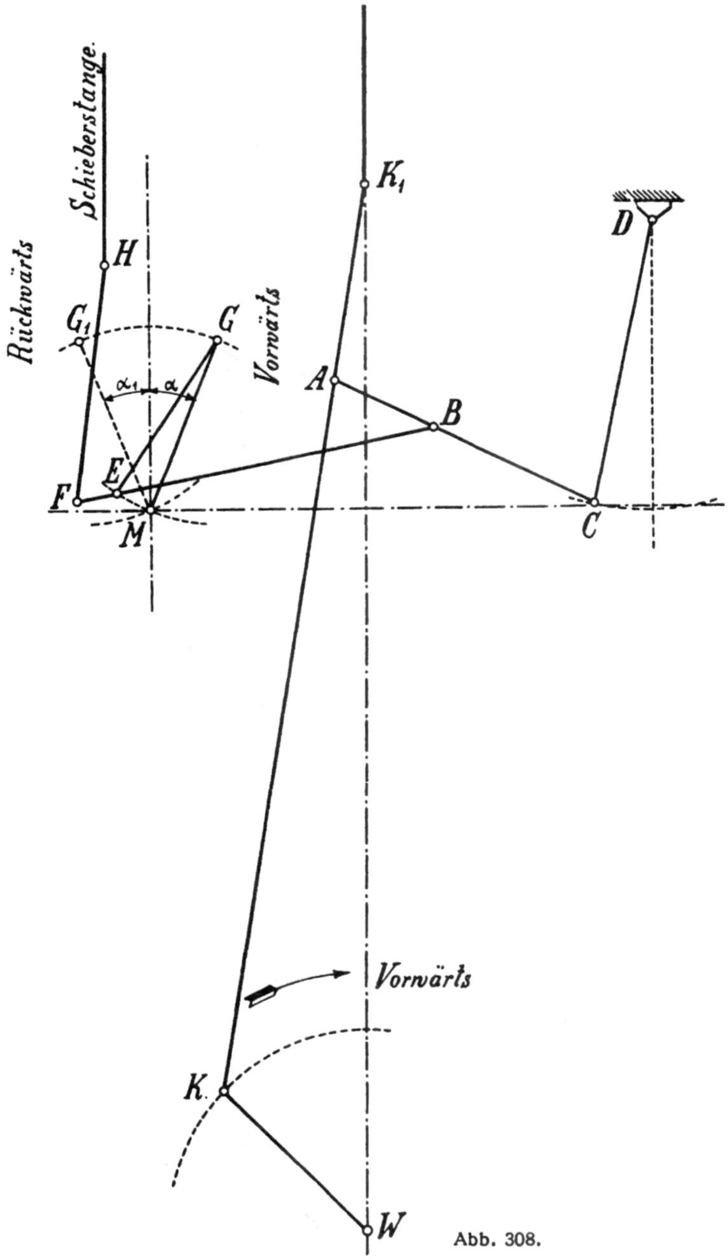

Abb. 308.

§ 132. **Steuerung von Marshall.** Diese ist der Klugschen Steuerung sehr ähnlich mit dem Unterschied, daß die Schieberschubstange nicht am Ende der Exzenterstange, sondern zwischen den Punkten B und E angreift (s. Abb. 307).

Das Exzenter bildet mit der Kurbel einen Winkel von 0° oder 180°. Die Ermittlung der Steuerungsfunktionen geschieht in derselben Weise, wie dies bei der Klugschen Steuerung näher beschrieben wurde.

§ 133. **Steuerung von Joy.** Der Antrieb des Schiebers erfolgt hier von einem Punkt der Pleuelstange aus (s. Abb. 308). Die Bestimmung der Steuerungsverhältnisse geschieht wie bei der Klugschen oder Marshall-Steuerung am besten mit Hilfe eines Modells oder auch durch Aufzeichnen der vom Punkt F beschriebenen Kurve.

Gebräuchliche Verhältnisse dieser Steuerung sind mit Bezug auf Abb. 308:

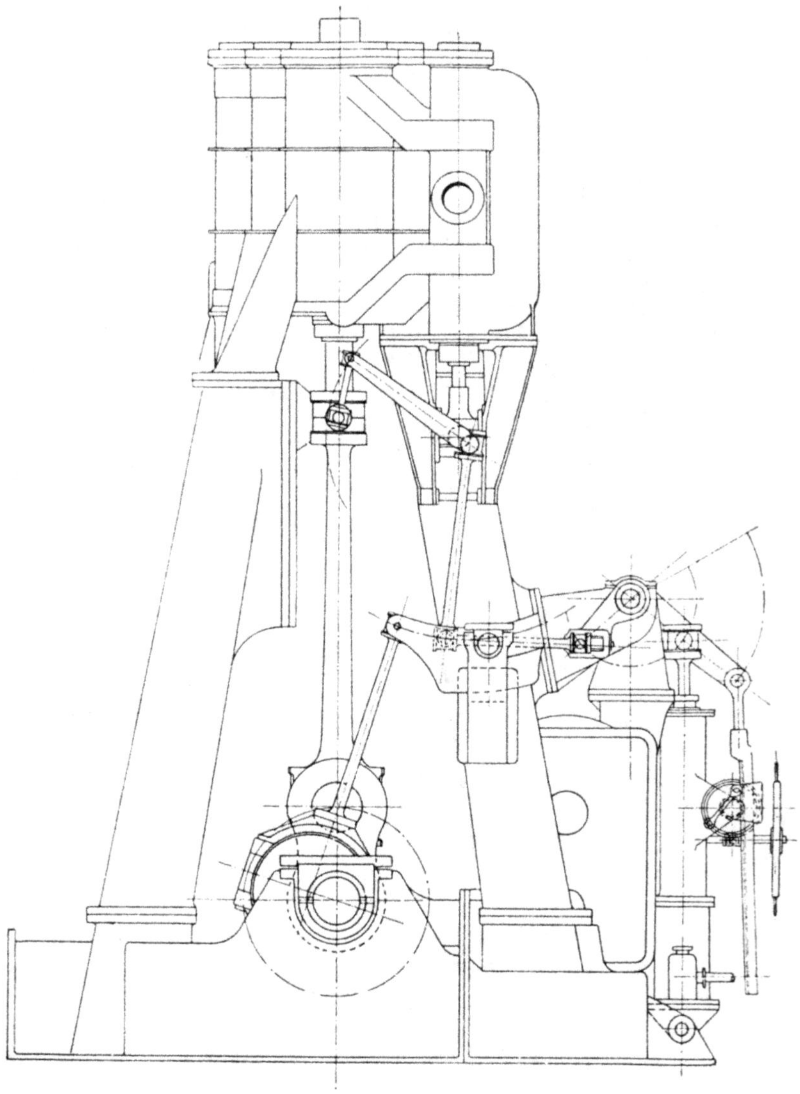

Abb. 309.

$$\frac{K_1 A}{K_1 K} = 0{,}20 \text{ bis } 0{,}23 \qquad \frac{BE}{KW} = 1{,}5 \text{ bis } 1{,}65$$

$$\frac{AC}{KW} = 1{,}4 \text{ bis } 1{,}5 \qquad \frac{EF}{KW} = 0{,}2 \text{ bis } 0{,}3$$

$$\frac{BC}{AC} = 0{,}5 \text{ bis } 0{,}6 \qquad \frac{EG}{KW} = 0{,}8 \text{ bis } 1{,}0$$

$$\frac{CD}{KW} = 1{,}4 \text{ bis } 1{,}5 \qquad \frac{FH}{KW} = 1{,}0 \text{ bis } 2{,}5.$$

In den Totlagen der Kurbel decken sich die Punkte E und M; es folgt hieraus, daß das lineare Voreilen des Schiebers für jede Lage des Umsteuerhebels MG konstant bleibt.

Durch Vergrößerung des Ausschlagwinkels α des Umsteuerhebels MG wird die Füllung vergrößert, Vorausströmung und Kompression verringert und umgekehrt.

Die Umsteuerung der Maschine erfolgt durch Umlegen des Hebels MG in die Stellung MG_1.

Der Winkel α bzw. α_1 beträgt etwa 15° bis 20°.

§ 134. **Steuerung von Heusinger.** Der Schieber wird hier gleichzeitig von einem auf der Kurbelwelle sitzenden Exzenter und einem mit dem Kreuzkopf der Maschine verbundenen Hebel angetrieben (s. Abb. 309).

Vom Exzenter wird eine um ihren Mittelpunkt schwingende Kulisse bewegt, welche nach einem Halbmesser gleich der Länge der Schieberschubstange gekrümmt ist und bei der Totlage des Kolbens in ihrer Mittelstellung steht.

Der obere Endpunkt der Schieberschubstange greift an einem Hebel an, welcher einerseits mit der Schieberstange, anderseits mittels einer Lenkstange mit dem Kreuzkopf verbunden ist.

Die Umsteuerung der Maschine erfolgt dadurch, daß der untere Endpunkt der Schieberschubstange in der schwingenden Kulisse von einer Seite des Drehpunktes nach der andern verschoben wird. Dies geschieht von einer für alle Zylinder gemeinschaftlichen Umsteuerwelle aus, welche ähnlich wie bei Kulissensteuerung mittels Umsteuerhebel und Zugstangen den Kulissenstein verschiebt.

Die Veränderung der Füllung wird durch teilweises Einziehen des Kulissensteines nach dem Drehpunkt der Kulisse hin erreicht.

Das lineare Voreilen bleibt für alle Lagen des Kulissensteines konstant.

§ 135. **Expansionssteuerungen.** Als solche werden bei Schiffsmaschinen (meist nur auf Kriegsschiffen zur Erzielung einer möglichst ökonomischen Marschgeschwindigkeit) mitunter Doppelschiebersteuerungen nach Meyer oder Rider verwendet, welche in ihrer Wirkungsweise einander prinzipiell gleich sind.

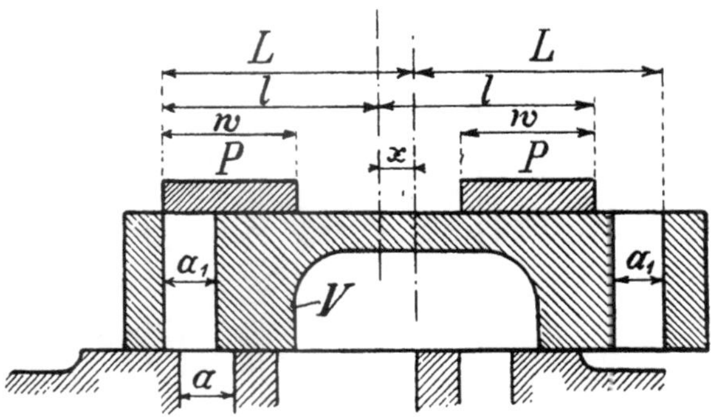

Abb. 310.

1. Bei der Meyerschen Steuerung ist der Verteilungs- oder Grundschieber V (Abb. 310) ein gewöhnlicher Muschelschieber, welcher in bekannter Weise durch eine Exzentersteuerung (oder eine andere der vorher beschriebenen Steuerungen) bewegt wird, bei dem jedoch der Dampf nicht direkt aus dem Schieberkasten, sondern durch die Kanäle a_1 des Schiebers in die Zylinderkanäle gelangt.

Auf dem Verteilungsschieber gleiten die beiden, durch eine Schraubenspindel mit Rechts- bzw. Linksgewinde verbundenen Platten P, welche durch ein besonderes Exzenter bewegt werden und die Kanäle a_1 des Verteilungsschiebers zeitweise absperren.

Beim Entwurf der Steuerung werden zuerst die Funktionen des Grundschiebers V (Exzentrizität, Voreilungswinkel, lineares Voreilen, Füllung, Vorausströmung und Kompression) für sich mit Hilfe des Diagramms von Zeuner oder Müller-Reuleaux festgelegt.

Dann wird für das Expansionsexzenter die Exzentrizität $r_1 = r$ bis 1,25 r gewählt, der Voreilungswinkel $\delta_1 = 90^0$[1]) angenommen und die Weite $a_1 \cdot b$ des Durchlaßkanals im Verteilungsschieber so bemessen, daß diese nicht kleiner als die größte Öffnung des Zylinderkanals durch den Verteilungsschieber wird.

Es ist dann nach dem Zeunerschen Diagramm Abb. 311

$Oa = r =$ Exzentrizität des Grundschieberexzenters,
$Ob = r_1 =$ „ „ Expansionsschieberexzenters,
$\delta =$ Voreilungswinkel des Grundschieberexzenters,
$\delta_1 = 90^0 =$ „ des Expansionsschieberexzenters.

Wird nun $Oc \,//\, ab$ und $ac \,//\, Ob$ gemacht, dann ist $Oc = r_2$: das sog. Relativexzenter nach Größe und Richtung.

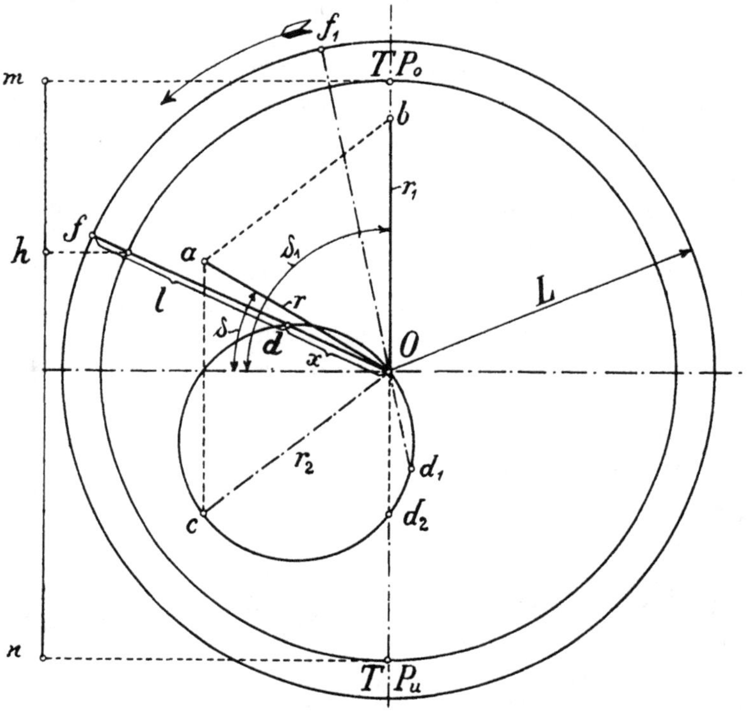

Abb. 311.

Wird ferner über Oc als Durchmesser ein Kreis geschlagen, dann gibt die auf der jeweiligen Kurbelstellung, z. B. Of, abgeschnittene Sehne $Od = x$ die relative Verschiebung des Expansionsschiebers auf dem Rücken des Grundschiebers aus der Mittelstellung an.

Im Augenblick des Abschlusses eines Kanals durch die Schieberplatte P ist nach Abb. 310: $l = L - x$.

Wird daher mit $Of = L$ ein Kreis um O geschlagen, dann ist, wenn z. B. in dieser Kurbelstellung der Kanal im Rücken des Verteilungsschiebers geschlossen werden soll:

$$l = Of - Od = fd^{2)}.$$

[1]) Der Voreilungswinkel δ_1 wird bei Schiffsmaschinen deshalb $= 90^0$ angenommen, damit sich für Vor- und Rückwärtsgang der Maschine die gleiche Dampfverteilung ergibt.

[2]) Ist L bzw. l für die Zeichnung zu groß, dann kann der Kreis um O anstatt mit L mit $L - z$ geschlagen werden; es ist dann zu der aus dem Diagramm gemessenen Länge l die Länge z, welche passend gewählt wird, zu addieren, um die wirkliche Länge l zu erhalten.

Der Füllungsgrad ist dann, wenn die Pleuelstangenlänge nicht berücksichtigt wird:

$$\varepsilon = \frac{m\,h}{m\,n}.$$

Bei sehr kleinen Füllungen wird x negativ und dann $l = L + x$, wie die strichpunktierte Kurbelstellung $0 f_1$ zeigt. In diesem Falle ist $l = f_1 d_1$.

Damit die Schieberplatte P bei sehr kleiner Füllung den Kanal nicht mit der Innenkante öffnen kann und dadurch event. zum zweiten Male Dampf in den Zylinder gelassen wird, muß die Länge w der Schieberplatte P sein: $w \geqq a_1 + r_2 + 0 d_2$.

Bei Kolbenschiebern sind die Expansionsschieberplatten zylindrisch und arbeiten in besonderen, in den Kolbenschieber eingesetzten und mit entsprechenden Kanalöffnungen versehenen Büchsen.

2. Der Rider-Schieber, Abb. 312 bis 316, beruht auf demselben Prinzip wie der Meyersche Schieber, nur wird die Veränderung der Länge l der Schieberplatten P durch Querverschiebung einer trapezförmigen ebenen Platte (flacher Riderschieber) oder meist durch Verdrehen des in einer zylindrischen oder halbzylindrischen Bohrung des Verteilungsschiebers laufenden Expansionsschiebers erreicht.

Abb. 313 zeigt die abgewickelte Innenfläche des Grundschiebers V, in welchem die Kanäle im Rücken schräg stehen, und den abgewickelten Expansions-

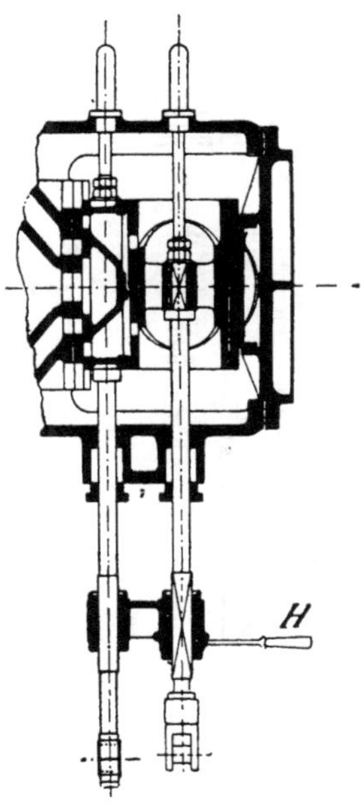

Abb. 312.

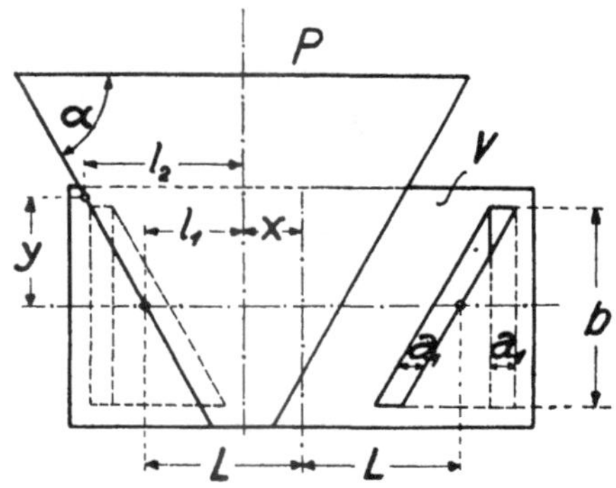

Abb. 313.

schieber P, dessen Kanten parallel zu den Kanälen im Schieberrücken sind. Die Längen L, l und a_1 werden in der Längsrichtung des Schiebers gemessen.

Die Schräge der Kanäle bzw. der Kanten des Expansionsschiebers richtet sich nach dem Grade der Verdrehung des Expansionsschiebers zwischen der größten und kleinsten Füllung. Diese Verdrehung beträgt etwa 40° bis 90°.

Ist l_1 (Abb. 313) die halbe Länge des Expansionsschiebers bei größter Füllung (Stellung wie gezeichnet), l_2 jene bei der kleinsten Füllung (nach dem Diagramm), dann ist die Verdrehung des Expansionsschiebers im Umfang desselben gemessen:

$$y = (l_2 - l_1)\ \mathrm{tg}\ \alpha.$$

Abb. 312 zeigt einen Riderschieber, bei dem der Grundschieber flach, der Expansionsschieber halbzylindrisch ausgeführt ist.

In Abb. 314 ist der Antrieb des Grundschiebers durch eine Stephensonsche Kulissensteuerung dargestellt, während der Expansionsschieber durch ein unter 180° zur Kurbel stehendes Exzenter angetrieben wird. Abb. 315 stellt den Querschnitt des Grund- und Expansionsschiebers in größerem Maßstabe dar. Wie ersichtlich, arbeitet der zylindrische Expansionsschieber zur besseren Führung in einer in den Grundschieber eingesetzten Büchse, welche auf der dem Zylinder zugewendeten Seite die schraubenförmig gewundenen Durchlaßkanäle enthält. Die Verbindung des Expansionsschiebers mit der Schieberstange ist keine feste, sondern gestattet eine gewisse Querverschiebung des Schiebers; die Verdrehung wird durch das Vierkant auf der Schieberstange bewirkt.

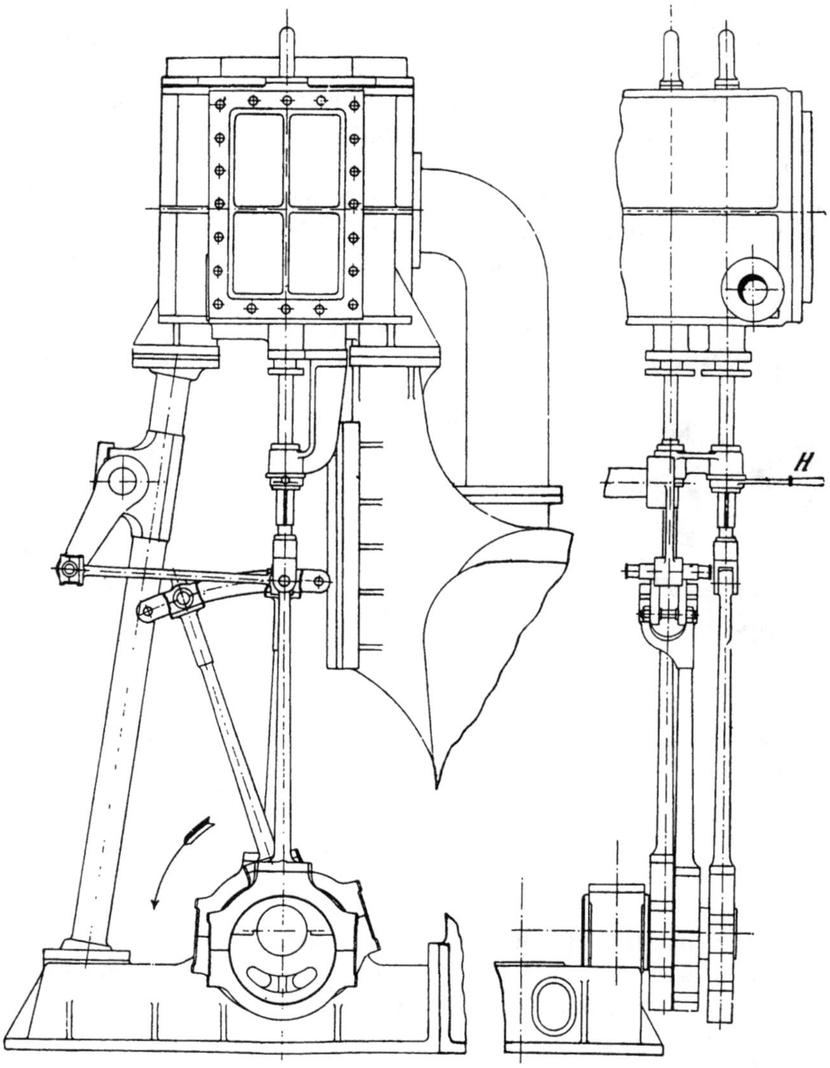

Abb. 314.

Die Verbindung des unteren Endes der Expansionsschieberstange mit der Gabel ist so eingerichtet, daß erstere sich in der Gabel während des Ganges der Maschine leicht drehen läßt.

Das Verdrehen des Expansionsschiebers geschieht mit Hilfe des feststellbaren Handhebels *H*, welcher auf einem Gradbogen die Füllung anzeigt. Die im Führungsbock gelagerte Nabe umfaßt die vierkantige Expansionsschieberstange, wodurch sie an der Drehung des Handhebels teilnehmen muß.

Als größte Füllung, welche durch den Expansionsschieber erreicht werden kann, wird in der Regel die durch den Grundschieber bedingte Füllung angenommen und die

Exzentrizität r_1 so gewählt, daß das Relativexzenter r_2 ungefähr in die Richtung der entsprechenden Kurbelstellung fällt.

Wird der Grundschieber nicht durch Exzenter direkt, sondern durch eine andere Steuerung, z. B. nach Klug oder Marshall usw., bewegt, so läßt sich die Relativbewegung beider Schieber nicht mehr in so einfacher Weise, wie vorher beschrieben, darstellen. Es ist dann zweckmäßig, den Verlauf der Grund- und Expansionsschieberbewegung in Form von Sinoiden auf einem abgewickelten Kurbelkreis übereinander zu zeichnen, wie Abb. 316 zeigt.

Es ist hierin der Kurbelkreis von beliebigem Durchmesser auf der Achse *a-b* von 1, 2, 3, 4 usw. bis 1 abgewickelt. Für jede dieser Kurbelstellungen wird die entsprechende Entfernung x_1 des Grundschiebers aus seiner Mittelstellung auf den in den Teilpunkten errichteten Senkrechten nach oben bzw. nach unten aufgetragen[1]).

Durch Verbindung der erhaltenen Punkte ergibt sich die Kurve I für den Grundschieber.

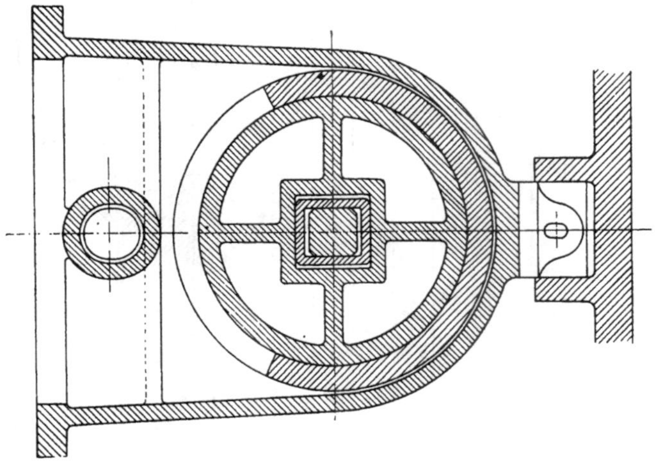

Abb. 315.

In derselben Weise wird die Kurve II für die Stellungen des Expansionsschiebers bei denselben Kurbelstellungen gezeichnet. Die auf jeder Ordinate zwischen beiden Kurven liegende Strecke stellt dann die relative Verschiebung x der beiden Schiebermittel gegeneinander dar.

Werden diese relativen Verschiebungen von einer anderen Achse *c-d* (der relativen Mittellage) auf denselben Ordinaten in den verschiedenen Kurbelstellungen nach oben bzw. nach unten aufgetragen, dann ergibt sich die Kurve III für die relativen Verschiebungen x des Expansionsschiebers gegen die Mittellinie des Grundschiebers.

So ist z. B. in der Kurbelstellung 3 die relative Verschiebung des Expansionsschiebers auf dem Grundschieber $x = 3\,m$ nach oben oder in Stellung 8 : $x = 8\,n$ nach unten usw.

Zieht man im Abstande L_0 oberhalb und L_u unterhalb der Mittellinie cd je eine Parallele fg und hi, so ergibt die Entfernung von Kurve III bis zur Parallelen die Länge l_0 bzw. l_u an, bei welcher in der entsprechenden Kurbelstellung der Durchlaßkanal im Grundschieber geschlossen wird, da in diesem Augenblick $l_0 = L_0 - x$ oder $l_u = L_u - x$ ist.

[1]) Der gezeichneten Grundschieberkurve *I* ist die Klugsche Steuerung Abb. 304 zugrunde gelegt, während für die Bewegung des Expansionsschiebers ein Exzenter angenommen wurde, welches unter 180° zur Kurbel steht. Die endliche Länge der Exzenterstange ist wegen ihres geringfügigen Einflusses vernachlässigt worden.

Um gleichzeitig die zugehörige Kolbenstellung zu erhalten, ist es zweckmäßig, auf denselben Ordinaten noch die Kolbenstellungen mit Berücksichtigung der Pleuel-

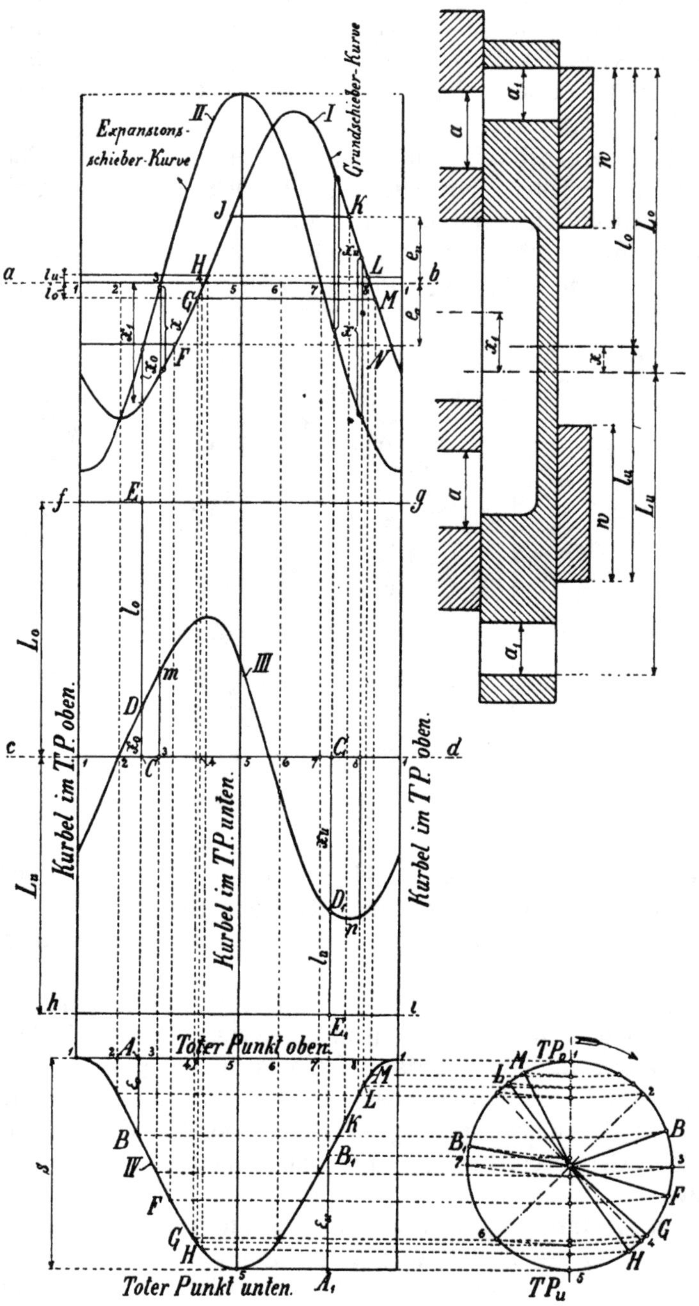

Abb. 316.

stangenlänge aufzutragen, wodurch man die Kurve IV erhält, mit welcher sich für jede beliebige Kolbenstellung, bei der die Expansion beginnen soll, die Länge l_0 bzw. l_u aus der darüberliegenden Kurve III bestimmen läßt.

Soll z. B. bei der Kurbelstellung B, entsprechend einer Füllung $\varepsilon_0 = \frac{AB}{s}$, die Expansion auf der Deckelseite beginnen, dann ist die erforderliche Länge $l_0 = L_0 - x_0 = CE - CD = DE$ oder auf der Bodenseite für die Kurbelstellung B_1: Füllung

$$\varepsilon_u = \frac{A_1 B_1}{s} \text{ und } l_u = L_u - x_u = C_1 E_1 - C_1 D_1 = D_1 E_1.$$

Sind die Längen l_0 und l_u für die gewählten Füllungen ε_0 und ε_u bestimmt, dann sind natürlich für alle anderen Längen l_0 bzw. l_u, welche beim Verstellen des Expansionsschiebers um gleiche Strecken zu- bzw. abnehmen, die Füllungen gegeben.

Werden in Kurve I von der Mittellage *a-b* aus noch die Ein- und Austrittsüberdeckungen des Grundschiebers e_0 und e_u bzw. i_0 und i_u eingetragen, so ergeben sich folgende wichtigste Kurbel- bzw. Kolbenstellungen:

Stellung 1: Kolben und Kurbel im oberen *TP*.
„ *B*: Beginn der Expansion auf der Deckelseite, Abschluß des oberen Grundschieberkanals durch den Expansionsschieber.
„ *F*: Abschluß des oberen Zylinderkanals durch den Grundschieber.
„ *G*: Beginn der Vorausströmung oben.
„ *H*: Beginn der Kompression auf der Bodenseite.
„ 5: Kolben und Kurbel im unteren *TP*.
„ B_1: Beginn der Expansion auf der Bodenseite, Abschluß des unteren Grundschieberkanals durch den Expansionsschieber.
„ *K*: Abschluß des unteren Zylinderkanals durch den Grundschieber.
„ *L*: Beginn der Vorausströmung unten.
„ *M*: Beginn der Kompression auf der Deckelseite.
„ 1: Kolben und Kurbel im oberen *TP*.

Kolbengestänge.

§ 136. **Maximalbelastung.** Der Berechnung des Kurbelgestänges, als: Kolben, Kolbenstange, Kreuzkopf, Pleuelstange und Kurbelwelle, legt man eine sog. Maximalbelastung zugrunde.

Diese ist: $P =$ Fläche des Hochdruckkolbens mal Überdruck im Kessel.

Nach dem Ergebnis dieser Berechnung werden die Gestänge aller einzelnen Zylinder bei Mehrzylindermaschinen dimensioniert, da dieselben des Vertauschens bei Havarien und der Ersparnis an Reserveteilen wegen einander gleich gemacht werden müssen. Nur bei sehr leicht gebauten Maschinen für Torpedoboote mit Massenausgleich nach Schlick werden die Gestänge für die außenliegenden geteilten Niederdruckzylinder, entsprechend ihrer geringeren Beanspruchung, leichter ausgeführt.

Wenn ein Kurbelgestänge von einem *ND*-Zylinder mit darüber sitzendem *HD*-Zylinder angetrieben wird, so wird die Maximalbelastung angenommen zu:

$P =$ Fläche des *HD*-Zylinders mal Überdruck im Kessel plus Fläche des *ND*-zylinders mal höchster Eintrittsspannung im *ND*-Zylinder in at. abs.

Die letztere kann bei den hier in Frage kommenden Dreifach-Expansionsmaschinen angenommen werden zu etwa 3,6 at. abs., bei Vierfach-Expansionsmaschinen zu etwa 2 at. abs.[1])

Beispiel: Bei einer Vierfach-Expansionsmaschine sei jede der beiden mittleren Kurbeln von je einem *ND*-Zylinder und je einem *HD*-Zylinder in „Tandem"-Anordnung angetrieben, während die Mitteldruckzylinder über den beiden äußeren Kurbeln angeordnet sind.

[1]) In ähnlicher Weise geht man vor, wenn der *HD*-Zylinder über einem anderen Zylinder sitzt.

Es sei *HD*-Zylinderdurchmesser = 800 mm. *ND*-Zylinderdurchmesser = 2400 mm, Überdruck im Kessel = 15 at.

Dann ist die Maximalbelastung in kg

$$P = \frac{80^2 \pi \cdot 15}{4} + \frac{240^2 \pi \cdot 2}{4} = 75000 + 90000 = 165000 \text{ kg}.$$

Diese Kraft P wird der Berechnung aller vier Kurbelgestänge, auch der *MD*-Zylinder, zugrunde gelegt.

Dampfkolben.

§ 137. Die Dampfkolben werden bei Handelsschiffen jetzt meistens aus Stahlguß und einwandig, bei Kriegsschiffen aus geschmiedetem Stahl hergestellt. Doppelwandige Kolben aus Gußeisen werden heute nur noch selten verwendet.

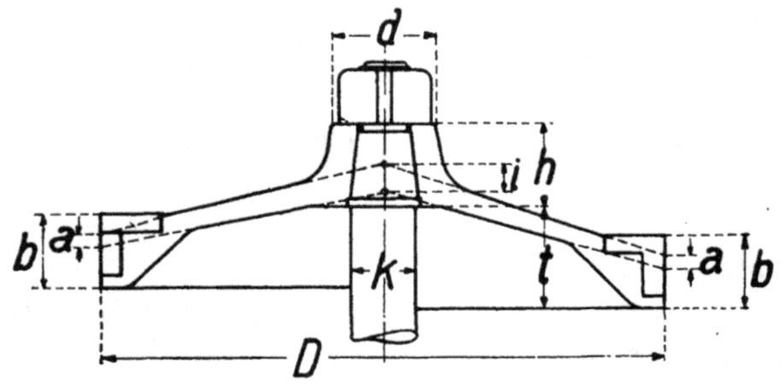

Abb. 317.

Stahlkolben. Die Grundform des Kolbens ist meistens ein Kegel, da ein Kolben von dieser Form eine viel größere Festigkeit besitzt als ein ebener Kolben. Auch die Zylinderböden und -deckel, welche sich der Form des Kolbens anschließen, werden dadurch fester.

Typische Form siehe Abb. 317.

Dicke der Nabe oben

$$d = 1{,}5\,k - 1{,}7\,k.$$

Dabei wähle man 1,7 k bei kleinen Kolben überhaupt und bei den Kolben von schwer gebauten Maschinen, 1,5 k bei großen Kolben und bei leichten Maschinen.

Nabenhöhe $h = 1{,}1\,k$.

Die Stärke i des Stahlkolbens in der Mitte erhält man aus der Formel $i = k \cdot c$. Der Wert k ergibt sich aus Tabelle Nr. 30, während der Koeffizient c zu wählen ist:

$c = 1$ für ebene Kolben oder solche mit sehr geringer Neigung $\alpha = 0^0 - 6^0$, innen gemessen,
$c = 0{,}85 - 0{,}95$ für schwach konische Kolben ($\alpha = 6^0 - 18^0$),
$c = 0{,}75 - 0{,}85$ für mäßig konische Kolben ($\alpha = 18^0 - 28^0$),
$c = 0{,}65 - 0{,}75$ für stark konische Kolben ($\alpha = 28^0 - 35^0$).

Tabelle Nr. 30.

Stärke von Stahlkolben. Werte von k.

Zylinder-Durchmesser	1—2 at	2—4 at	4—6 at	6—8 at	8—10 at	10—12 at	12—14 at	14—16 at
400— 600	25	30	35	40	45	50	55	65
600— 800	35	40	45	50	65	70	75	85
800—1000	40	45	50	65	80	90	95	100
1000—1200	45	50	60	75	90	100	105	
1200—1400	50	55	70	80	95	105		
1400—1600	60	65	80	90	100	110		
1600—1800	65	75	85	100	110			
1800—2000	70	80	90	105				
2000—2200	75	85	95	110				
2200—2400	75	90	100					
2400—2600	80	90						
2600—2800	85	95						

Die Stärke a in der Zylinderbohrung gemessen (Abb. 317) erhält man aus der Gleichung

$$a = 0{,}45\,i \text{ bis } 0{,}55\,i.$$

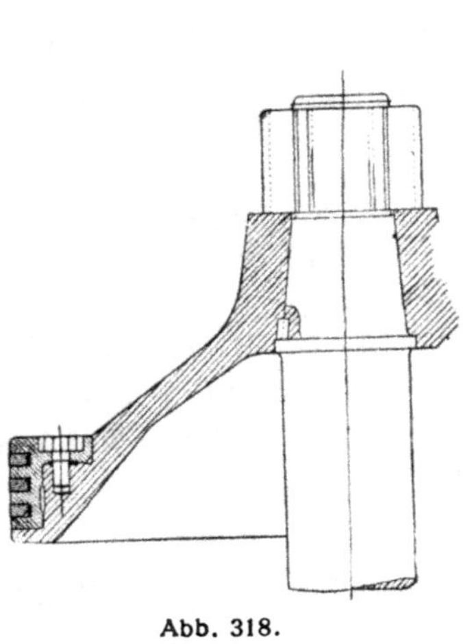

Abb. 318.

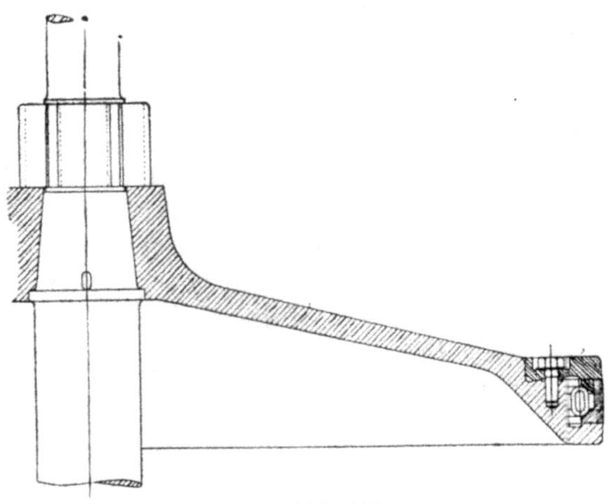

Abb. 319.

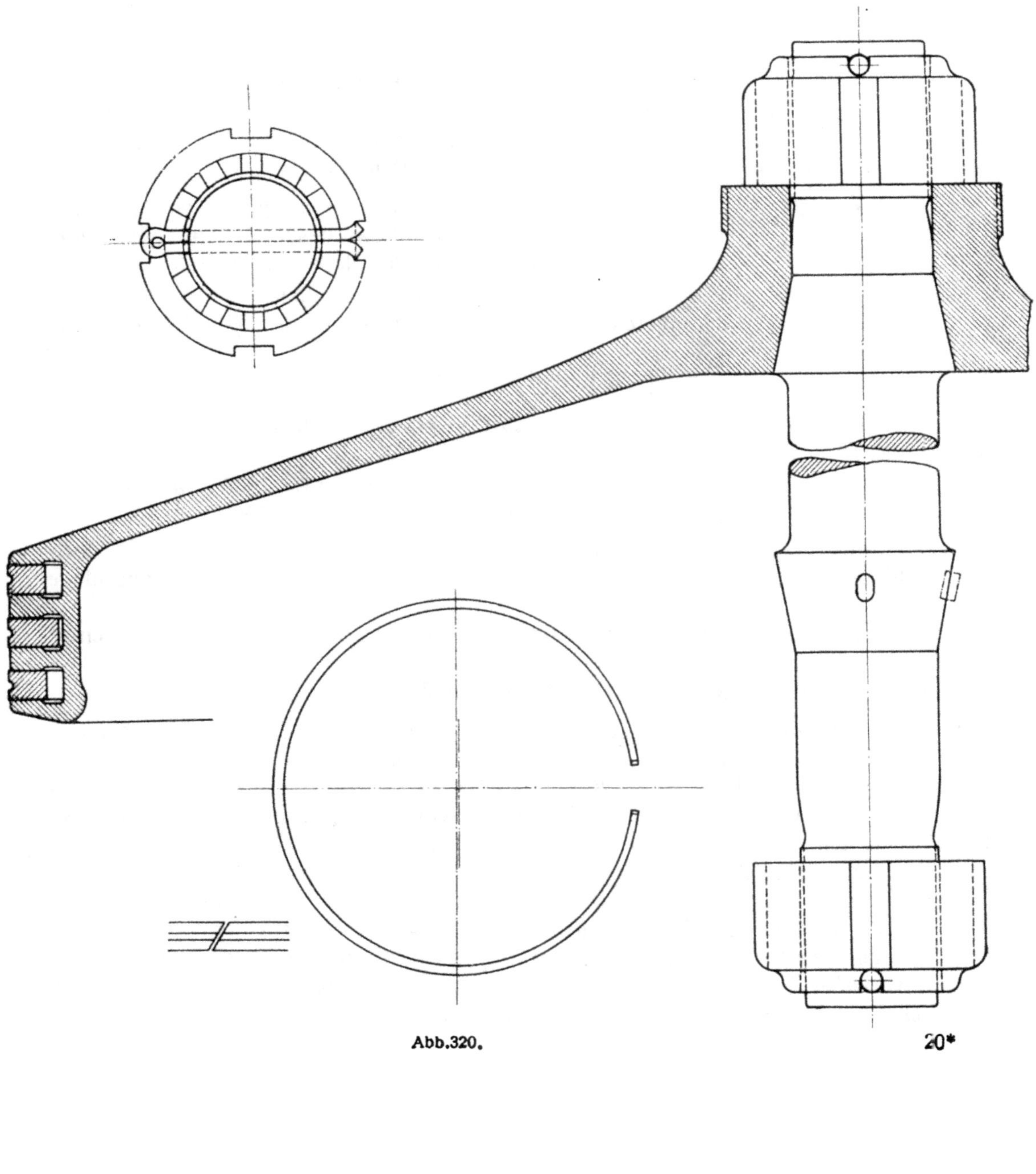

Abb.320.

Bei Maschinen mit mehreren Zylindern wählt man meistens die Maße t, h und b (Abb. 317), ganz gleich für *HD*-, *MD*- und *ND*-Zylinder; nimmt man für den größten Kolben eine Neigung der inneren Kontur von 1 : 5,5 — 6,5 an, so erhält man normale Verhältnisse für alle Kolben.

In Tabelle Nr. 30 sind die Dampfdrücke als absolute Eintrittsspannungen aufzufassen; die Tabelle ist nicht mehr verwendbar für Kolben, deren innere Kontur mehr als 35° gegen die Horizontale geneigt ist.

Kolben aus Stahlguß für einen größeren Handelsdampfer siehe Abb. 318 und Abb. 319.

Den geschmiedeten Kolben eines Torpedoboots nebst Befestigung der Stange zeigt Abb. 320. Derselbe ist für den Mitteldruckzylinder einer 6000pferdigen Maschine, welche mit 320 Umdrehungen und 18½ at. Überdruck im Kessel arbeitet, bestimmt.

Material der Stahlkolben:

Für gegossene Kolben: S.-M.-Stahl von 40 bis 45 kg/qmm Festigkeit, 18 bis 20% Dehnung bei 200 mm Länge des Probestabes.

Für geschmiedete Kolben: S.-M.-Stahl von 55 bis 60 kg/qmm Festigkeit bei 18% Dehnung auf 200 mm.

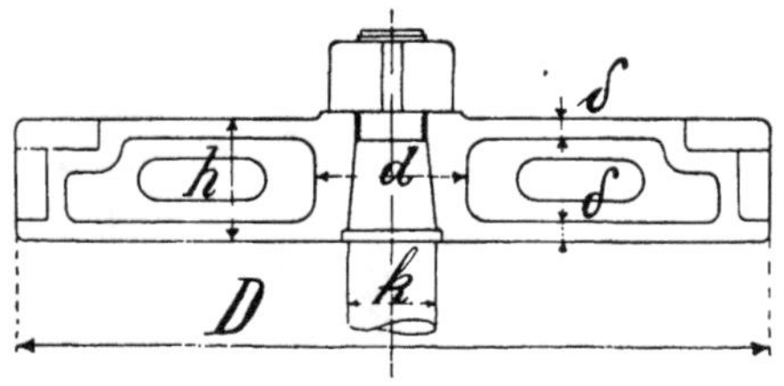

Abb. 321.

§ 138. **Gußeiserne Kolben.**

Typische Form (Abb. 321, 326 und 327.
Dicke der Nabe $d = 1{,}5 - 1{,}7\,k$.
Kolbenhöhe $h = \text{ca. } 1{,}4\,k$.

Die Nabendicke kann gleich der bei Stahlkolben gemacht werden, weil die obere und untere Wand die Nabe verstärkt.

Die Kolbenhöhe macht man ungefähr gleich der Nabenhöhe.

Die Wandstärke δ der oberen und unteren Wand sowie der Rippen wird etwa

$$\delta = \frac{D}{60} + 10 \text{ mm bis } \frac{D}{40} + 10 \text{ mm}.$$

Die größeren Werte gelten für *HD*- und *MD*-Kolben, die kleineren für *ND*-Kolben.

Anzahl der Rippen:

$z = 4$	für 300— 600 Durchm.	$z = 8$	für 1000—1500 Durchm.
$z = 6$	„ 600—1000 „	$z = 10—12$	„ 1500—2000 „

Die Wandstücke zwischen den Rippen müssen den größten absoluten Druck aushalten, der auf den Kolben kommt. Bei zu großer Beanspruchung derselben muß obige Anzahl der Rippen erhöht werden.

Die Kernlochverschraubungen sind auf der oberen Seite vorzusehen, um sie leichter beobachten zu können.

Befestigung der Stange im Kolben s. Kolbenstange S. 314 u. f.

§ 139. **Kolbendichtungen.** 1. Ramsbottom-Ringe (Abb. 318, 320 und 322 bis 324) (für sämtliche Drücke sowie Naß- und Heißdampf verwendbar). Sie sind am einfachsten und daher in den meisten Fällen am zweckmäßigsten. Die Ringe sind fast stets aus Gußeisen, exzentrisch und am schwachen Ende schräg aufgeschnitten, damit sich an der Teilungsstelle keine Rille in den Zylinder einarbeiten kann.

Die Ringe (Abb. 322) werden zuerst im äußeren Durchmesser um 2 bis 4 mm größer, im inneren exzentrisch um ebensoviel kleiner gedreht als in der Tabelle Nr. 31 unter D_1 und D_2 angegeben ist. Dann wird aus dem Ring das Stück a herausgeschnitten, der Ring dann mit einem Ziehband zusammengezogen und an der Teilstelle zusammengelötet, worauf er dann auf den äußeren Durchmesser D und den inneren Durchmesser d (s. Tabelle Nr. 31) abgedreht wird, so daß dann der Ring die Stärken s und s_1 erhält.

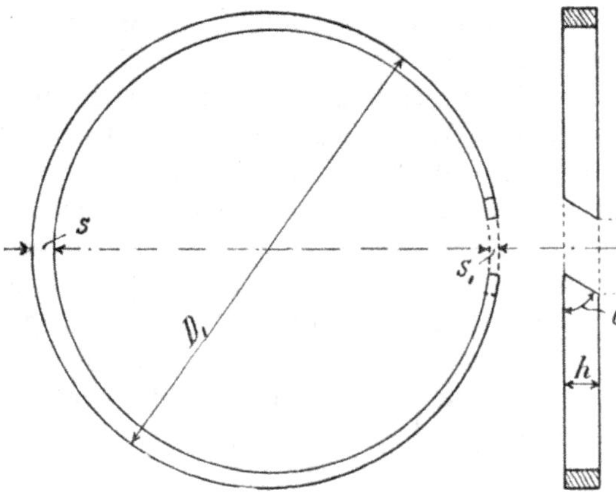

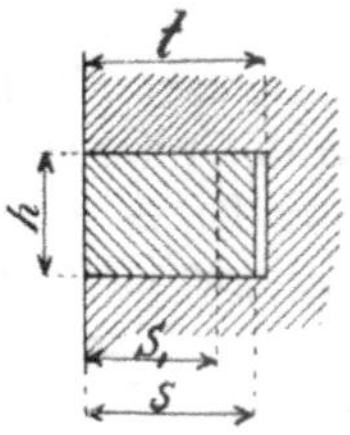

Abb. 322.

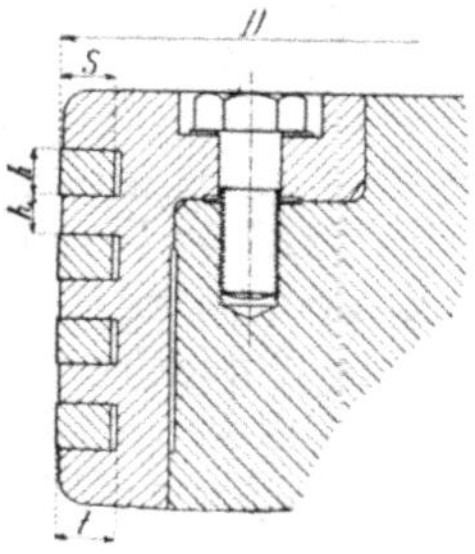

Abb. 323.

Tabelle Nr. 31.

Gußeiserne Ramsbottomringe.

Zyl. ϕ bzw. Durchmesser des fertigen gespannten Ringes	Innerer Durchmesser des fertigen gespannten Ringes	Durchmesser des fertigen, ungespannten Ringes		Stärke des fertigen Ringes			Länge des Ausschnittes	Tiefe der Ringnut
		außen	innen					
D	d	D_1	D_2	s	s_1	h	a	t
120	111	125	116	4,5	4,5	5— 7	16	6
150	138	156	144	6	6	7— 8	21	8
200	186	207	193	7	7	8—10	24	9
250	233	259	242	9	8	10—12	29	11
300	280	310	290	11	9	12—14	34	13
350	327	362	339	13	10	13—15	39	15
400	375	413	388	14	11	14—16	43	16
450	422	464	436	16	12	16—18	47	18
500	470	515	485	17	13	18—20	50	19
550	517	567	534	19	14	18—20	55	21
600	565	618	583	20	15	20—22	58	22
650	612	669	631	22	16	20—22	63	24
700	660	720	680	23	17	21—23	66	25
750	708	771	729	24	18	21—23	69	26
800	755	823	778	26	19	22—24	74	28
850	803	874	827	27	20	22—24	77	29
900	851	925	776	28	21	22—24	80	30
950	899	976	925	29	22	22—25	83	31
1000	947	1027	974	30	23	22—25	86	32
1050	995	1079	1024	31	24	22—25	90	34
1100	1044	1130	1074	32	24	22—25	95	35
1150	1092	1182	1124	33	25	22—25	100	36
1200	1140	1233	1173	34	26	23—25	105	37
1250	1188	1285	1223	35	27	23—26	110	38
1300	1236	1337	1273	36	28	23—26	115	39
1350	1285	1388	1323	37	28	23—26	120	40
1400	1333	1440	1373	38	29	23—26	125	41
1450	1382	1492	1424	39	29	23—26	130	42
1500	1430	1543	1473	40	30	23—26	135	43
1550	1478	1595	1523	41	31	24—27	140	44
1600	1526	1646	1572	42	32	24—27	145	45
1650	1574	1698	1622	43	33	24—27	150	46
1700	1622	1750	1672	44	34	24—27	155	47
1750	1670	1801	1721	45	35	24—27	160	48
1800	1719	1853	1772	46	35	24—27	165	49
1850	1767	1904	1821	47	36	25—28	170	50
1900	1815	1956	1871	48	37	25—28	175	51
1950	1863	2007	1920	49	38	25—28	180	52
2000	1912	2059	1971	50	38	25—28	185	53

Sehr große Ringe werden gleich fertig gedreht und nach dem Herausschneiden des Stückes *a* im Zylinder durch vorsichtiges Hämmern genau rund gemacht.

Bei größeren Kolben werden die Ringe nicht unmittelbar in Rillen des Kolbenkörpers eingelegt, sondern in einem besonders eingesetzten gußeisernen Ring (Abb. 318, 323 und 324) untergebracht, um die Ringe leichter überholen zu können.

Bei *HD*-Zylindern wendet man schon für kleinere Durchmesser 4 Ringe an, welche dann, wenn nötig, etwas niedriger angenommen werden als in der Tabelle angegeben.

Der Querschnitt des Ringes ist meistens ein volles Rechteck; mitunter wird jedoch in den äußeren Umfang eine Rille eingedreht und werden einige radiale Bohrungen vorgesehen, wie Abb. 324 zeigt. Die Rille soll das Schmieren des Ringes begünstigen, während die Bohrungen einen gewissen Druckausgleich ermöglichen.

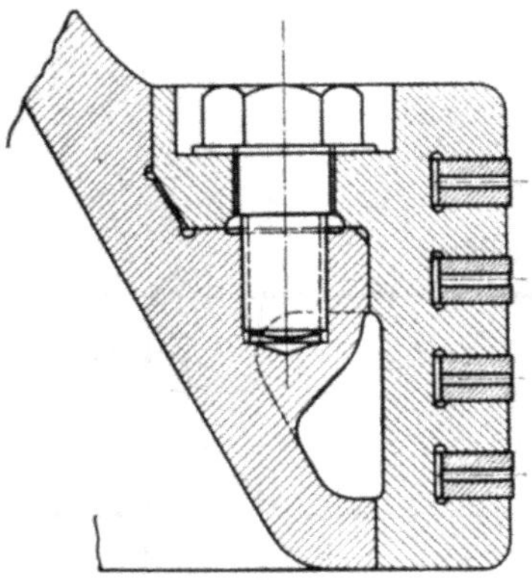

Abb. 324.

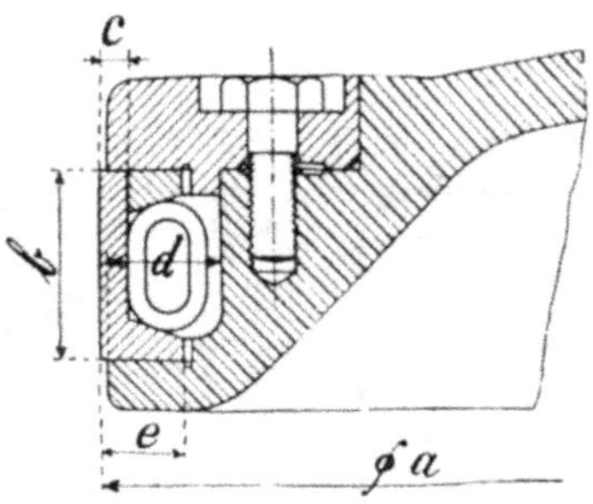

Abb. 325.

Bei Kolben mit Ramsbottom-Dichtung ist darauf zu achten, daß der Kolben am unteren Zylinderende nicht soweit herabgelassen werden kann, daß der unterste Ring sich in der Ausdehnung am unteren Ende der Lauffläche festsetzen kann. Es ist überhaupt zweckmäßig, wenn der Zylinder vom unteren Ende der Lauffläche ab schwach konisch verläuft, ebenso wie am oberen Ende, damit ein Einhaken der Ringe in den Ausdrehungen nicht vorkommen kann.

Überlauf der Kolbenringe oben etwa 0 bis 3 mm, unten etwa 0 bis 1 mm. Wird der Überlauf zu groß gemacht, dann schlagen die Ringe in den Totpunkten, weil sie vom Dampfdruck zusammengedrückt werden.

2. Eine sehr gebräuchliche Dichtung für *ND*-Kolben ist der Buckley-Ring (Abb. 325). Eine flache Spiralfeder drückt sowohl den Ring an die Bohrung als auch, durch ihre Anlage an den schrägen Flächen, die Ringe axial an den Kolbenkörper und Kolbendeckel.

Die Ringstärke *c* ist ringsum gleich. Abmessungen der Buckley-Kolbendichtung vgl. Tabelle Nr. 32.

3. Für *ND*- und *MD*-Kolben verwendet man häufig die Pecksche Kolbendichtung. Diese besteht im wesentlichen aus zwei übereinander liegenden, in viele Stücke zerschnittenen Ringen aus Gußeisen, welche durch Federn gegen die Zylinderwandung gedrückt werden. Je ein Stück des oberen und des unteren Ringes sind gegeneinander versetzt zusammengenietet, damit der Dampf nicht direkt durch den Stoß der Stücke durchtreten kann. Hinter den gußeisernen Ringstücken liegen ebensolche aus Bronze, auf welche Federn aus Flachstahl von 2 bis 3 mm Stärke und ca. 100 bis 120 mm Länge drücken. Vgl. Abb. 326 und 327 (linke Hälfte). Über den gußeisernen Ringen liegt ein hoher Deckelring mit eingedrehten Rillen. Stärke der gußeisernen Ringstücke 15 bis 20 mm. Diese Konstruktion wird meist nur für Kolben von über 1200 mm Durchm. ausgeführt.

Tabelle Nr. 32.

Buckley-Kolbendichtung.

Zylinder-bohrung *a*	Ringhöhe *b*	Ringdicke *c*	Aus-sparung *d*	untere Ringdicke *e*
530— 570	48	16	38	24
570— 620	52	16	40	25,5
620— 700	55	18	42	27
700— 780	57	18	45	29
780— 850	60	18	48	30,5
850— 920	63	18	50	32
920—1000	67	18	52	33,5
1000—1100	70	20	54	35
1100—1200	73	20	57	37
1200—1300	76	20	60	38
1300—1400	79	20	62	40
1400—1500	83	20	64	41
1500—1700	86	20	67	43
1700—1900	89	22	70	45
1900—2100	92	22	73	46
2100—2300	95	22	76	48
2300—2500	98	22	80	50
2500 u. mehr	102	22	83	51

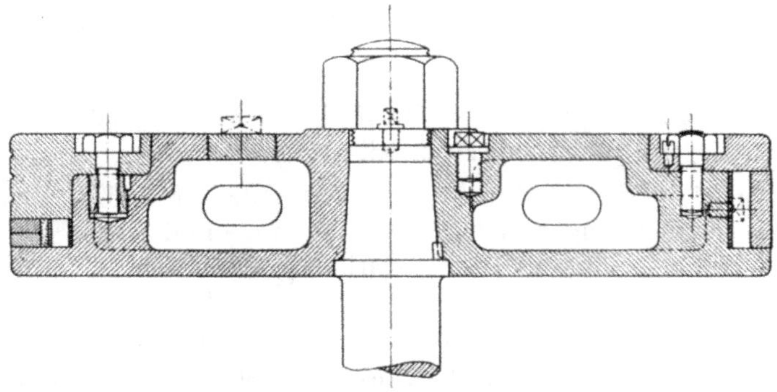

Abb. 326.

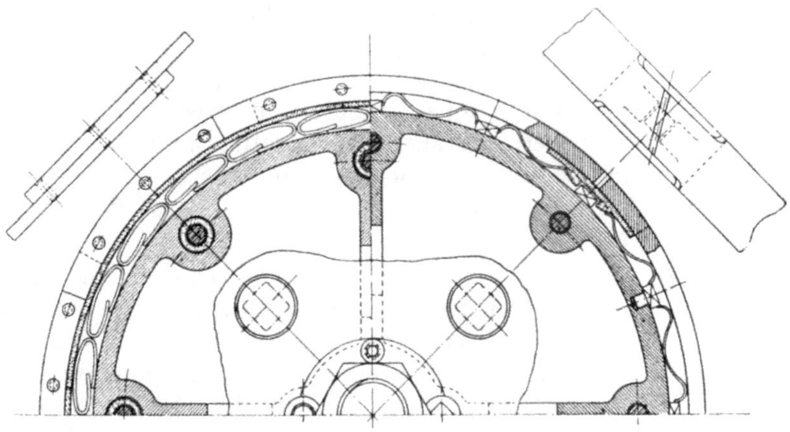

Abb. 327.

Mitunter werden die Federn beim Peck-Kolben auch durch einen selbstspannenden Ring aus Gußeisen ersetzt.

Sowohl für hohen als auch für niedrigen Druck werden häufig noch folgende Kolbendichtungen angewandt:

4. Dichtungsring mit einfacher Spannfeder. Hinter dem gußeisernen, ringsum gleich starken flachen Kolbenringe (es sind auch manchmal deren zwei) liegt eine ringförmige Stahlfeder, welche am aufgeschnittenen Ende wesentlich schwächer ist.

Dieser Kolben wird nur für Hilfsmaschinen, allerdings dort sehr häufig, verwendet (vgl. Abb. 328 bis 330).

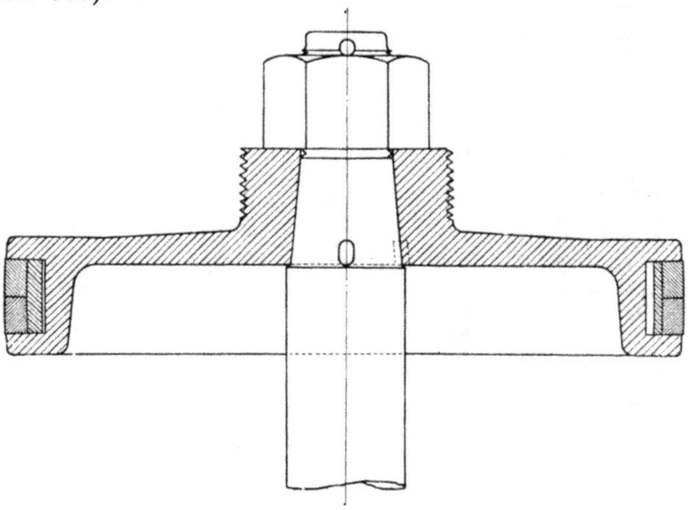

Abb. 328.

Bei kleinen Kolben, bei denen sich die Ringe nicht mehr überstreifen lassen, wird zweckmäßig die Konstruktion nach Abb. 330 ausgeführt.

5. Dichtungsring mit Spannfedern (Abb. 326 und 327, rechte Hälfte).

Diese alte Kolbendichtung, welche für die Montage und Reparatur sehr bequem ist, besteht aus einem hohen, überall gleich starken gußeisernen Ring, der an einer Stelle schräg aufgeschnitten und mit einem genau eingepaßten Schloß versehen ist. Die Form der Federn bringt den Nachteil mit sich, daß bei den unvermeidlichen radialen Bewegungen des Kolbenringes während des Ganges der Maschine an den Berührungspunkten zwischen Feder und Ring ein Gleiten stattfindet, wodurch sich sowohl die Federn als auch der Dichtungsring stark abnutzen. Höhe des gußeisernen Ringes etwa so wie beim Buckley-Ring; Stärke des Ringes für hohen Druck etwas größer als dort angegeben.

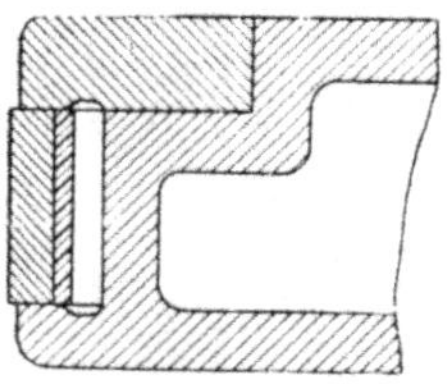

Abb. 329.

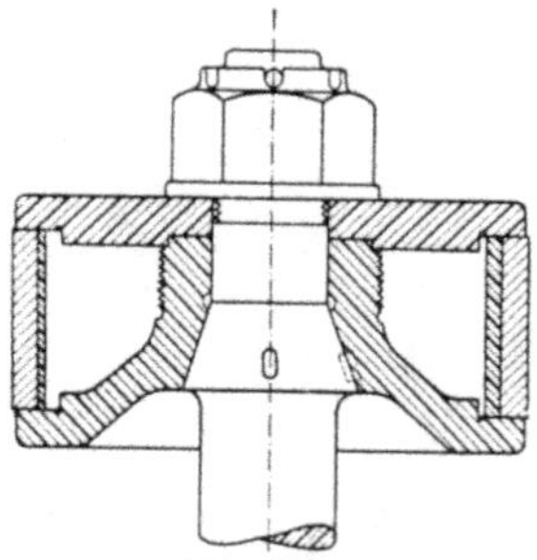

Abb. 330.

Bemerkungen für sämtliche Kolbendichtungen: Kleinere und schmale Kolbenringe werden, um ein direktes Durchblasen des Dampfes zu verhiudern, häufig in der Art aufgeschnitten wie Abb. 331 zeigt; dies hat jedoch nur dann einen Zweck, wenn hinter dem Dichtungsring ein Federring nach Abb. 328 bis 330 liegt, weil sonst der Dampf durch den einen Spalt hinter den Ring und durch den anderen Spalt aus dem Raum hinter dem Ring auf die andere Kolbenseite treten kann, genau so als ob der Ring nur einen geraden, ununterbrochenen Spalt hätte. Größere Kolbenringe bekommen ein sog. Kolbenschloß. Dieses besteht meist aus einem Metallschuh, welcher an einem Ringende festgenietet ist, und in welchem sich das andere Ringende verschieben kann (s. Abb. 327 rechts).

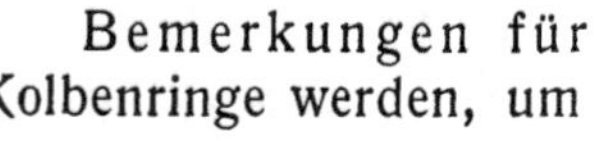

Abb. 331.

Um ein durch ungleichmäßige Erwärmung oder durch Unrundziehen des Zylinders bedingtes Klemmen des Kolbenkörpers im Zylinder zu verhüten, wird der Kolbenkörper im Durchmesser um ein gewisses Maß kleiner gemacht als die Zylinderbohrung. Dieses Maß beträgt:

bei Zylindern für Naßdampf etwa 1/1000 bis 1,5/1000,
bei Zylindern für Heißdampf etwa 1,5/1000 bis 2/1000

des Zylinderdurchmessers.

§ 140. **Spielraum zwischen Kolben und Boden bzw. Deckel des Zylinders.** In der Regel macht man den Spielraum zwischen Kolben und Zylinderboden größer als den zwischen Kolben und Deckel, da durch die Abnutzung der Lager der Kolben im Laufe der Zeit wesentlich tiefer zu stehen kommt. Man gibt größeren Spielraum bei unbearbeiteten Kolben (Gußeisen) als bei bearbeiteten (Stahlguß). Manchmal werden auch die Zylinderdeckel innen bearbeitet; auf alle Fälle ist es gut, unbearbeitete Deckel und Kolbenkörper auf der Drehbank zu untersuchen, ob sie nicht einseitige Verdickungen zeigen, welche später — bei der Montage — schwierige Nacharbeiten verlangen, um den nötigen Kolbenspielraum zu erzielen (s. Tabelle Nr. 33).

Tabelle Nr. 33.

Spielraum des Kolbens.

Zylinder-Durchmesser	Spielraum am Boden	Spielraum[1]) am Deckel
400— 600	6—10	4— 7
600—1000	8—12	7—10
1000—1500	12—15	10—12
1500—2000	15—18	12—14
2000—2500	18—20	14—16
über 2500	20—22	16—18

§ 141. **Kolbendeckel.** Die Stärke desselben muß so bemessen sein, daß der herausgenommene Deckelring (Abb. 325) eine hinreichende Steifigkeit besitzt, um sich nicht allzu leicht zu verbiegen oder zu zerbrechen. Ist derselbe aus Gußeisen, so genügt bei Kolben unter 1000 mm Durchm. eine Stärke von 30 bis 40 mm, bei größeren Kolben von 40 bis 60 mm. Stahlringe können schwächer gemacht werden.

Im Kolbendeckel müssen Gewindelöcher zum Abdrücken und Abnehmen angebracht sein, und zwar bei großen Kolben mindestens 3 bis 4, damit der Deckel beim Abdrücken nicht zerbrochen wird. Die Gewindelöcher sind durch versenkte und gut gesicherte stählerne Kopfschrauben zu verschließen.

Kolbendeckelschrauben werden meist als Kopfschrauben ausgeführt. Man wählt das Gewinde möglichst stark und die Köpfe entweder vierkantig oder sechskantig. Runde Köpfe mit Schlitzen sind unzweckmäßig, da diese bei öfterem Losnehmen meist verdorben werden. Als Material wird Siemens-Martinstahl verwendet.

Stärke der Deckelschrauben:

für 400— 600 Durchmesser etwa $^7/_8{}''$—1'',
„ 600—1000 „ „ 1''—$1^1/_8{}''$,
„ 1000 Durchmesser und darüber „ $1^1/_8{}''$—$1^1/_4{}''$.

Die Teilung der Kolbendeckelschrauben ist zu wählen:

für *HD*-Kolben = 5—7 facher Bolzen-Durchmesser,
„ *MD*- „ = 6—8 „ „ „
„ *ND*- „ = 7—10 „ „ „

[1]) Hier ist die Packung unter dem Deckel mit eingerechnet.

Um ein Festrosten der Kolbendeckelschrauben im Kolbenkörper zu vermeiden, schraubt man sie häufig in Metallfutter ein, welche ihrerseits mit feinem Gewinde fest in den Kolbenkörper eingesetzt sind. Bei Stahlgußkolben werden die Schrauben meistens unmittelbar in den Kolbenkörper eingeschraubt.

Die Kolbendeckelschrauben sind in einfacher Weise (etwa durch eine neben den Kopf gebohrte Schraube, welche ein Zurückdrehen desselben verhindert) zu sichern. Vielfach wird unter den Kopf der Kopfschraube nur ein Ring aus Messing- oder Kupferblech gelegt, welcher im warmen Zustande durch die sehr starke Vergrößerung der gleitenden Reibung zwischen Unterlegscheibe und Schraubenkopf bzw. Kolbendeckel ein selbsttätiges Lösen der Schraube mit Sicherheit verhindert. Bei schnellaufenden Hilfsmaschinen werden die nicht eingelassenen Kopfschrauben mitunter durch Blechstücke gesichert, welche mit sechskantigen Ausschnitten zwei oder mehrere Köpfe fassen und die mit Stiftschrauben, welche vierkantigen Schaft, Mutter und Splint besitzen, befestigt sind.

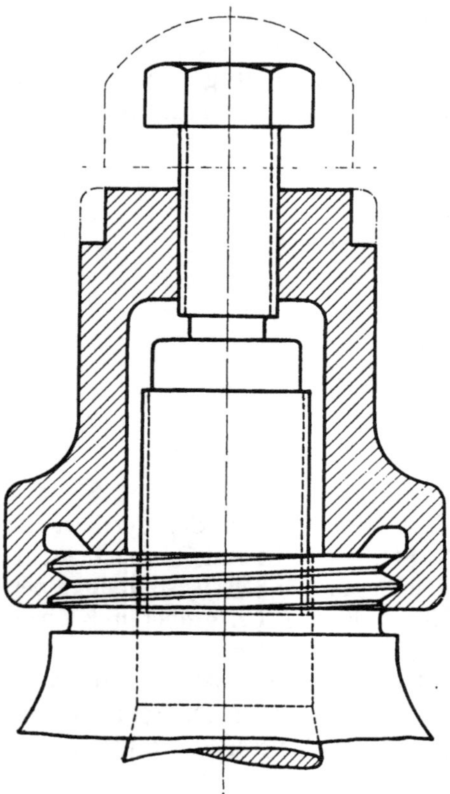

Abb. 332.

§ 142. **Bemerkungen.** Sämtliche Schrauben und Sicherungen an den Kolben müssen sehr solide und so dimensioniert sein, daß sie durch öftere Demontage nicht leiden. Die Kolbenringe müssen sauber zwischen Deckel und Körper eingepaßt sein, besonders wenn ihre Anlagefläche an Deckel und Körper nur schmal ist. Die Ringe müssen sich von vornherein der Bohrung genau anschmiegen. Zum Abdrücken der Kolben von der Stange bringt man im Körper zwei starke Gewindelöcher an. In diese werden Stifte eingeschraubt, durch welche ein Spanneisen so fest auf den Spiegel der Stange gedrückt werden kann, daß der Kolben lose wird.

Sehr fest sitzende Kolben kann man häufig nur dadurch von der Stange abziehen, daß man zwischen Kolben und Kreuzkopfmutter ein starkes Rohr setzt und dieses anwärmt. Durch die Wärmeausdehnung desselben wird der Kolben vom Konus losgedrückt. Mitunter wird die Kolbennabe mit Gewinde versehen (Abb. 320, 328 und 330), auf welches eine Haube mit Druckschraube (Abb. 332) aufgeschraubt wird mit welcher der Kolben abgezogen werden kann.

Zum Abheben der Kolbendeckelringe im Innern großer Zylinder, welche durch ein Mannloch befahren werden können, bringt man auf der Unterseite des Zylinderdeckels manchmal Gewindelöcher für Augbolzen an. Diese sind besonders dann nötig, wenn über dem betreffenden großen Zylinder noch ein Hochdruckzylinder sitzt, dessen Demontage sonst bei jedem Überholen des Kolbens im unteren Zylinder nötig wäre.

§ 143. **Kolbenstange.** In der Regel wird bei größeren Maschinen der Kreuzkopf mit der Kolbenstange nicht aus einem Stück geschmiedet; bei kleinen Maschinen dagegen, und wenn Gewichtsersparnis von Bedeutung ist, bestehen Kolbenstange und Kreuzkopf aus einem Schmiedestück. Bei Hilfsmaschinen wird manchmal auch Kolben und Stange aus einem Stück geschmiedet.

Getrennte Kolbenstangen pflegt man sowohl in den Kreuzkopf als auch in den Kolben konisch einzusetzen und durch eine Mutter festzuziehen. Man verwendet am Kolbenende einen Konus von

1 : 5 bis 1 : 7 wenn man keinen Wert auf leichte Losnehmbarkeit der Stange legt (Handelsdampfer usw.);

1 : 3 bis 1 : 4 wenn die Stange beim Nachsehen des Kolbens usw. von diesem getrennt werden muß (Maschinen unter Panzerdeck, obere Kolben von Tandemmaschinen usw., und wenn Stange und Kreuzkopf aus einem Stück bestehen).

Dementsprechend wählt man für das Kreuzkopfende häufig einen Konus von 1 : 3 bis 1 : 4, weil dieses Ende öfter losgenommen wird. Häufig wird der Konus im Kolben gleich demjenigen im Kreuzkopf gemacht, wie Abb. 333 zeigt. Man findet auch Kolbenstangen, welche zylindrisch in den Kreuzkopf eingesetzt sind; bei sorgfältiger Ausführung ist auch diese Verbindung zuverlässig. Zwischen den Kreuzkopf und den Absatz an der Kolbenstange wird dann ein genau aufgepaßter stählerner Ring gelegt, welcher auf der Unterseite kugelförmig gedreht ist und genau in eine dementsprechende Ausdrehung des Kreuzkopfes paßt.

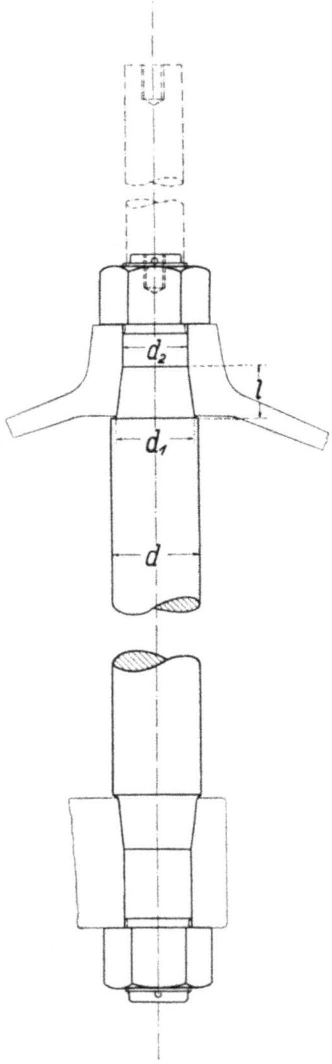

Abb. 333.

Der Schaft der Stange wird etwa 6 bis 12 mm stärker gehalten als der größte Durchmesser d_1 des Konus, damit beim Nachdrehen des Schaftes der Konus nicht berührt wird; man bringt am Kolbenende manchmal unter dem Konus einen Bund an, wenn man die Kolbenstange im Schaft nicht übermäßig stark machen will (vgl. Abb. 334). Mitunter, namentlich bei leichten Kriegsschiffen, wird jedoch auch der Bundring fortgelassen, wie dies Abb. 320 und 330 zeigt. Beim Einpassen der Kolbenstange in den Kolben bzw. Kreuzkopf ist darauf zu achten, daß bei fest angezogener Mutter nur der Konus trägt, daß also zwischen Kolben und Bundring bzw. Absatz der Kolbenstange noch einige Millimeter Luft bleiben.

Die Kolbenstangenmuttern macht man aus weichem Flußeisen und sechskantig oder rund mit Nuten; man sichert sie durch eine neben die Mutter gebohrte Kopfschraube (s. Abb. 326 und 327) oder durch ein Paßstück, welches mittels einer oder zweier durch Splint gesicherte Kopfschrauben befestigt wird (Abb. 335). Für runde Muttern mit Längsnuten verwendet man häufig eine Sicherung nach Abb. 336. Bei Hilfsmaschinen sichert man

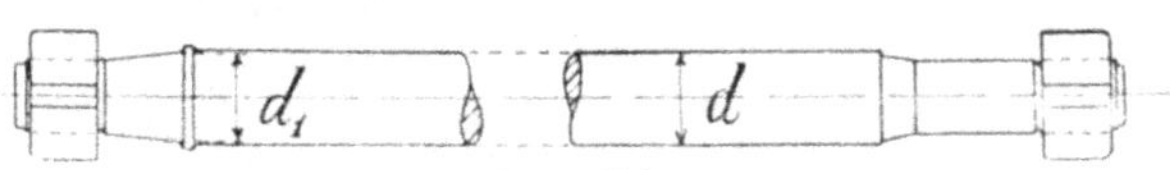

Abb. 334.

die Kolbenstangenmuttern häufig auch nur durch eine untergelegte Messingscheibe von 1 bis 2 mm Dicke, welche im warmen Zustande ein Lösen der Mutter verhindert. Eine gute Sicherung bei schnellaufenden Maschinen ist die Kronenmutter mit eingelassenem Splint (Abb. 337). Wird die Mutter nachgezogen, so muß für den Splint eine neue Vertiefung in deren Ansatz eingefeilt werden, oder man versieht die Mutter schon von vornherein mit 6 bis 8 Schlitzen und die Stange mit 2 bis 3 Bohrungen für den Splint.

Damit sich der Kolben auf der Stange nicht drehen kann, versieht man die Stange am oberen Konus manchmal mit einer kurzen Feder.

Abmessungen der Kolbenstange. Der Durchmesser des Gewindekernes wird so bemessen, daß derselbe für die Maximalbelastung etwa beansprucht wird:

bei Frachtdampfern	mit	400—500 kg/qcm
„ Postdampfern	„	500—600 „
„ Kriegsschiffen	„	550—700 „
„ leichten Kreuzern und Torpedobooten	„	700—900 „

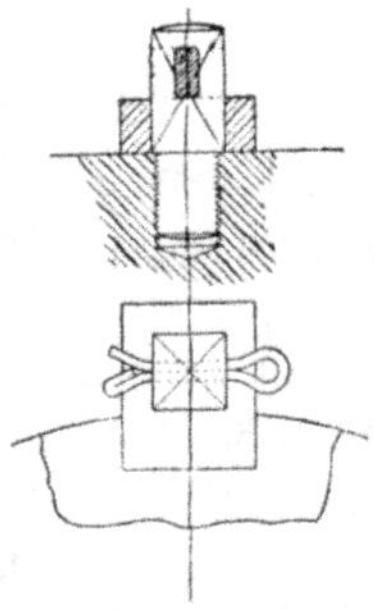

Abb. 336.

Im Schaft tritt nur ungefähr die Hälfte dieser Beanspruchung auf; man braucht sie dann auf Zerknickung in den gewöhnlichen Fällen nicht mehr zu berechnen.

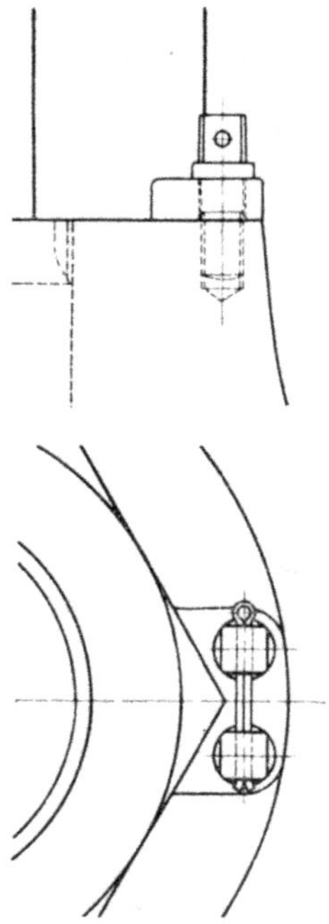

Abb. 335.

Führungsstange. Bei großen Kolben läßt man häufig die Stange durch den Deckel reichen, um dem Kolben eine möglichst gute Führung zu geben. Den Durchmesser der Führungsstange wählt man gleich dem Kerndurchmesser des Kolbenstangengewindes. Das obere Ende der Kolbenstange wird mit einem Gewindeloch für eine Augschraube versehen, um sowohl den Kolben samt Stange in den Zylinder einsetzen bzw. herausnehmen, als auch bei Arbeiten am Kurbelgestänge den Kolben samt Gestänge aufhängen zu können. Das Gewindeloch wird durch eine gut gesicherte Kopfschraube verschlossen.

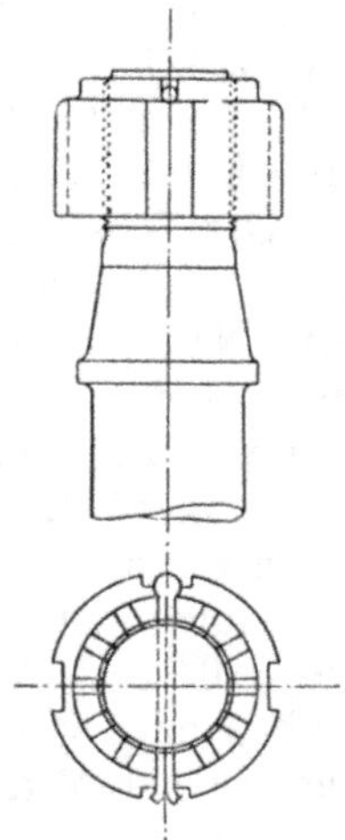

Abb. 337.

Material. Als Material wird fast ausschließlich Siemens-Martinstahl, manchmal auch Tiegelstahl oder Nickelstahl verwendet (bei Kriegsschiffen). Das Material muß ziemlich hart sein, damit die Stange sich nicht zu leicht abnutzt und riefig wird. DieFestigkeit bzw. Dehnung beträgt etwa

bei S.M.Stahl	50—60 kg/qmm Festigkeit	und mindestens	18% Dehnung	auf 200 mm
„ Tiegelstahl	45—50 „ „	„ „ „	20% „	„ 200 „
„ Nickelstahl (2–3% Ni).	50—60 „ „	„ „ „	20% „	„ 200 „

Pleuelstange und Kreuzkopf.

§ 144. **Die Länge der Pleuelstange** wählt man immer so groß wie möglich, um den Druck des Kreuzkopfes auf die Gleitbahn möglichst klein zu machen. Fast niemals findet man Pleuelstangen, bei denen das Verhältnis der Länge zum Kurbelradius kleiner ist als 4 : 1; anderseits läßt die beschränkte Höhe der Schiffsmaschinen selten ein größeres Verhältnis als 4,5 : 1 zu.

Die gebräuchlichsten Formen sind in Abb. 338 bis 340 dargestellt.

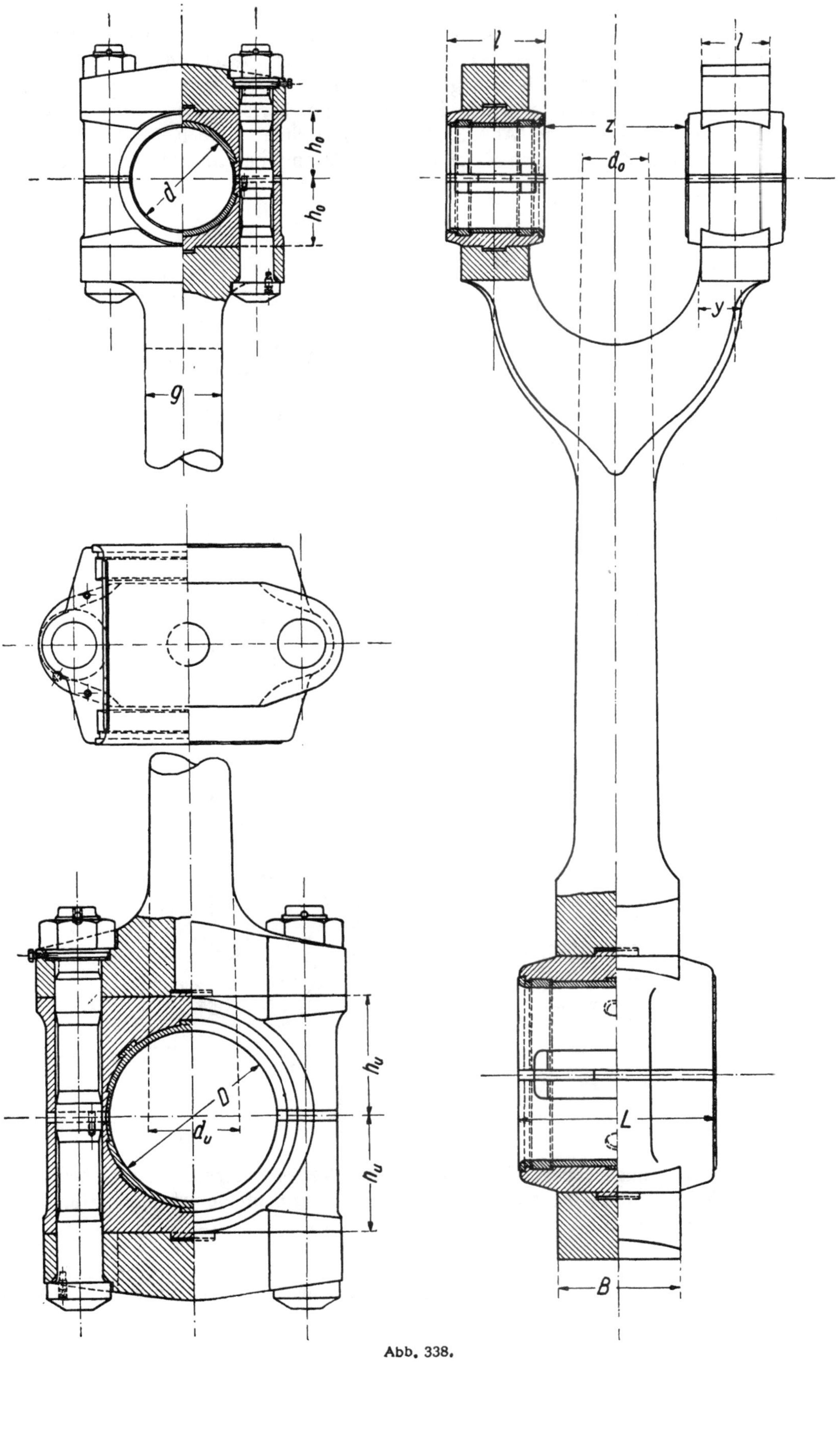

Abb. 338.

Bei den Maschinen für Handelsschiffe meistens, und sehr häufig auch bei Kriegsschiffsmaschinen, bringt man das Kreuzkopflager an der Pleuelstange an.

Wenn Kreuzkopf und Kolbenstange aus einem Stück geschmiedet sind, legt man gewöhnlich das Kreuzkopflager in den Kreuzkopf und befestigt den Kreuzkopfzapfen als Gabelzapfen an der Stange (Abb. 339). Man verwendet diese Konstruktion häufig bei Kriegsschiffen und bei kleinen Maschinen, wie Dampfpinassen, Hilfsmaschinen usw.

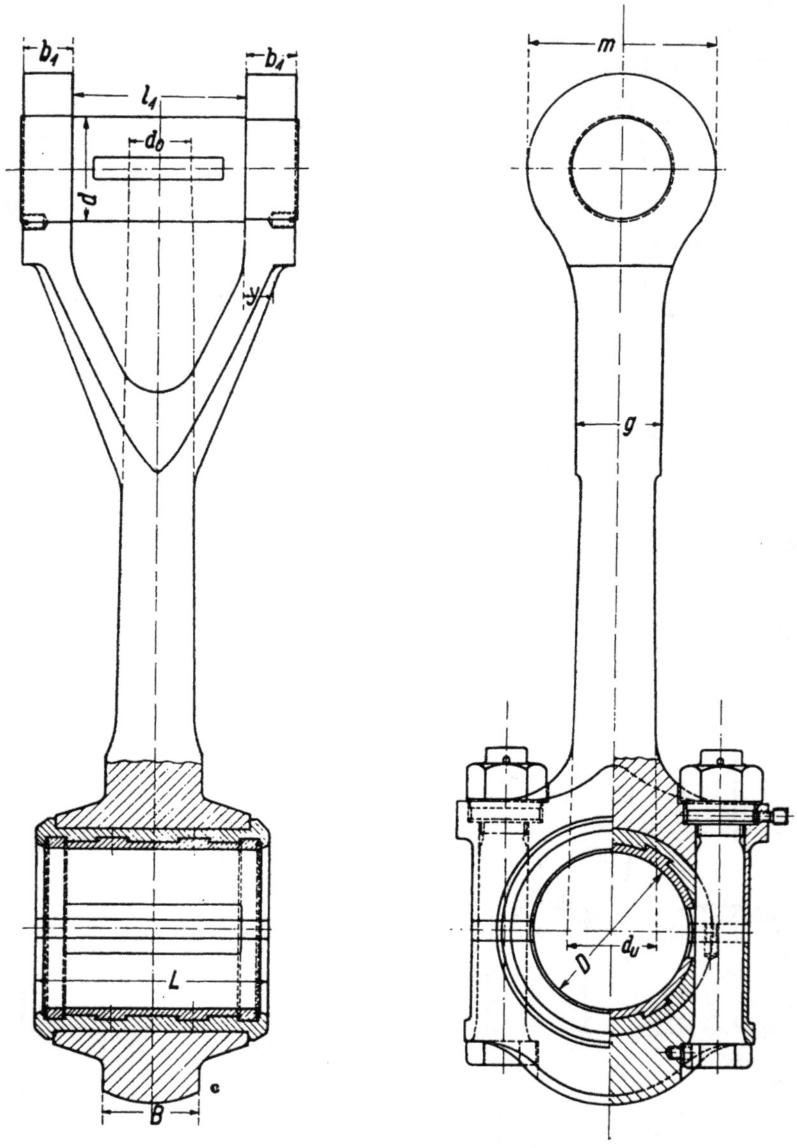

Abb. 339.

§ 145. **Pleuelstangenschaft.** Die Stärke des Schaftes unterhalb der Gabel wählt man meist gleich dem Kolbenstangendurchmesser. Demzufolge wird die Stärke des verlängerten Schaftes (Abb. 338) ungefähr

$$d_0 \approx 0{,}75\, k,$$

wenn k den Kolbenstangendurchmesser im Schaft bedeutet. Nach unten zu wird der

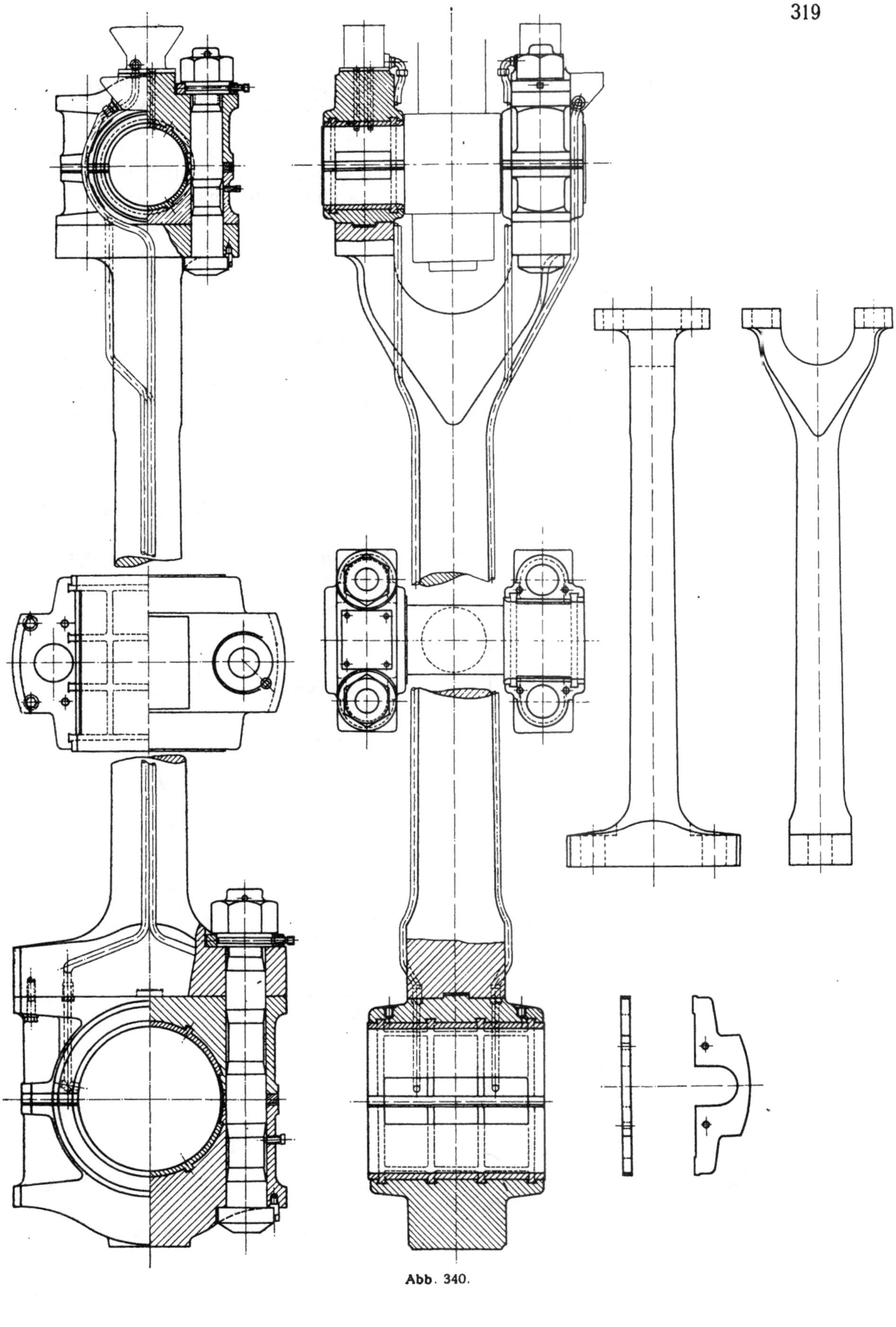

Abb. 340.

Schaft dicker gemacht, damit er sich besser an den großen unteren Kopf anschließt, gleichzeitig aus Rücksicht auf die Festigkeit der Stange. Ist D der Durchmesser des Kurbelzapfens, dann erhält man für den Durchmesser d_u meist passende Werte, wenn man setzt

$$d_u \approx 0{,}6\,D.$$

Hin und wieder findet man Pleuelstangen mit ausgebohrtem Schaft; doch ist das Ausbohren der Stange für die Festigkeit der Gabel nicht unbedenklich.

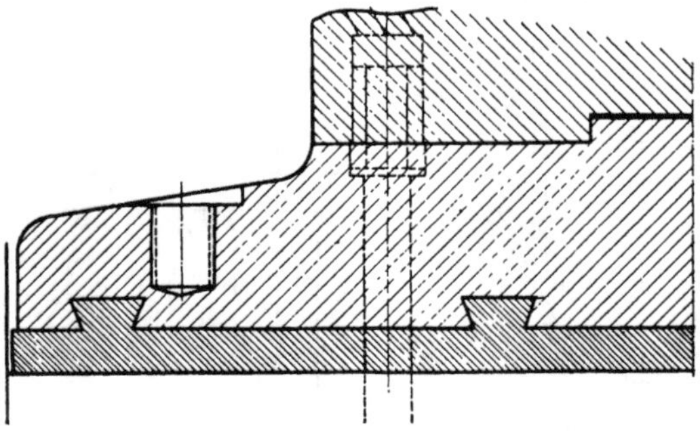

Abb. 340a.

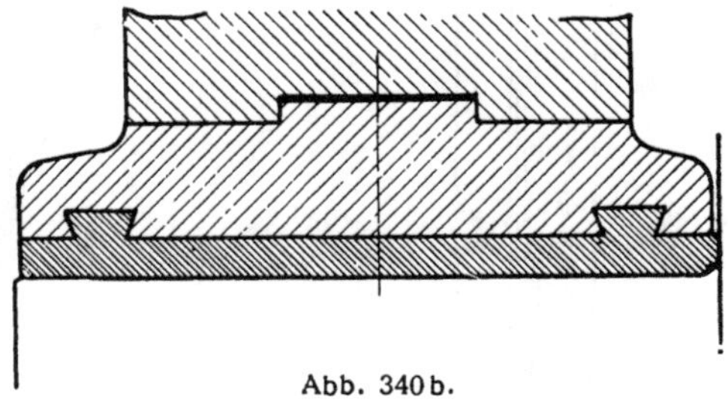

Abb. 340b.

§ 146. **Pleuelstangengabel.** Die Gabel ist der gefährlichste Teil der Stange und sollte wenigstens überschlagsweise, wie folgt, berechnet werden.

Die Querschnitte bei I und II sind beansprucht auf Zug oder Druck und Biegung (s. Abb. 341).

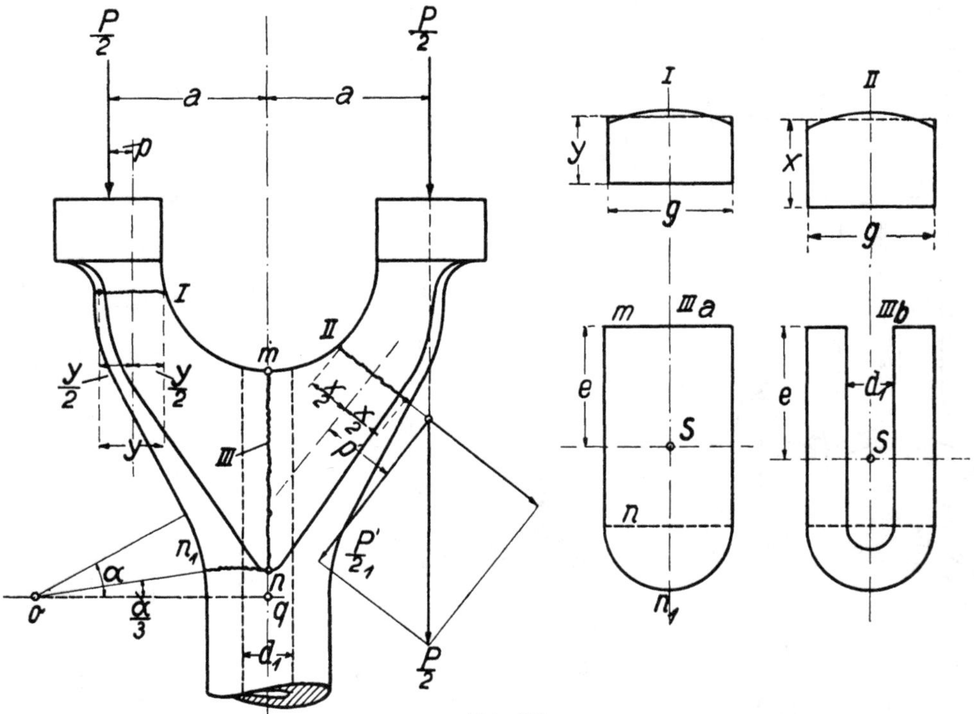

Abb. 341.

Die Querschnitte sind zwar keine Rechtecke, da die Gabel auf der Drehbank hergestellt wird und die Querschnitte daher an den Außenkanten kreisförmig bzw. nach einem Kegelschnitt begrenzt sind; der Fehler in der Bestimmung des Widerstandsmomentes ist jedoch nur unbedeutend, wenn man der Berechnung eine mittlere Höhe y bzw. x (s. Abb. 341) zugrunde legt.

Demnach wird die größte Zug- oder Druckbeanspruchung des Querschnittes I:

$$S = \frac{\frac{P}{2}}{y \cdot g} + \frac{\frac{P}{2} \cdot p}{\frac{y^2 \cdot g}{6}} = \frac{P}{2\,y \cdot g}\left(1 + \frac{6\,p}{y}\right).$$

Der erste Summand ist die Zug- oder Druckbeanspruchung durch die Maximalbelastung $\frac{P}{2}$; der zweite die größte Zug- oder Druckspannung, hervorgerufen durch das Moment $\frac{P}{2} \cdot p$ in den äußersten Fasern des Querschnittes I.

Ebenso berechnet man irgendeinen Querschnitt II der Gabel. Die Maximalbelastung $\frac{P}{2}$ liefert eine Komponente $\frac{P'}{2}$, welche ein Biegungsmoment von der Größe $\frac{P'}{2} \cdot p'$ auf den Querschnitt ausübt und zugleich den Querschnitt auf Zug resp. Druck beansprucht. Die größte Zug- oder Druckspannung im Querschnitt II ist somit

$$S = \frac{\frac{P'}{2}}{x \cdot g} + \frac{\frac{P'}{2} \cdot p'}{\frac{x^2 \cdot g}{6}}.$$

Durch Berechnung einiger Querschnitte der Gabel ist deren Form festgelegt.

Für Siemens-Martinstahl erhält man bei $S = 400$—800 kg/qcm die üblichen Gabeldimensionen; dabei gelten die höheren Zahlen für leicht gebaute Schiffe. Bei kleinen Stangen findet man meist $S = 500$—700 kg, wenn es nicht auf Gewichtsersparnis ankommt; indessen findet man auch Stangen für sehr große und für kleine Maschinen, bei denen die kombinierte Beanspruchung für Zug und Biegung bis 1000 kg/qcm beträgt (bei Torpedobooten bis 1100 kg/qcm).

Die Festigkeit der Gabel gegen Aufreißen (infolge Wasserschlag o. dgl.) in der Mitte läßt sich in folgender Weise angenähert feststellen (s. Abb. 341).

Schätzungsweise würde die Gabel bei übermäßiger Belastung etwa nach der Bruchlinie III $= m n n_1$ auseinanderbrechen. Denkt man sich diese Bruchfläche in eine Ebene ausgestreckt, so erhält man bei ungebohrtem Schaft die in Abb. 341 unter IIIa, bei gebohrtem Schaft die unter IIIb abgebildete Figur.

Der Punkt n ergibt sich, wenn man von der durch den Krümmungsmittelpunkt O gezogenen Horizontalen $o\,q$ etwa ein Drittel des Krümmungsbogens nach oben abträgt. Man erhält dann den Punkt n_1 und durch die Horizontale $n_1\,n$ den Punkt n.

Das Biegungsmoment M ist

$$M = \frac{P}{2} \cdot a.$$

Ist J das Trägheitsmoment des Querschnittes, e der Abstand der oberen Kante m von der neutralen Achse, so ist die Beanspruchung der Gabel in der oberen Kante

$$S = \frac{M \cdot e}{J} = \frac{P}{2} a \cdot \frac{e}{J}.$$

Die hiernach berechnete Beanspruchung der Gabel gegen Aufreißen findet man je nach der Gabel und der Konstruktion der angestrebten Gewichtsersparnis zu etwa 200 bis 800 kg/qcm.

Gabelzapfen. Bei kleineren schnell laufenden Maschinen sowie bei leicht gebauten Kriegsschiffsmaschinen jeder Leistung legt man das obere Pleuelstangenlager in den Kreuzkopf (vgl. § 148) und versieht die Pleuelstangengabel mit einem kräftigen Zapfen. Länge dieses Gabelzapfens ungefähr gleich $1\frac{1}{2}$ Durchmesser desselben. Die Dimensionen ergeben sich im übrigen aus den im folgenden angegebenen Flächendrücken. Selbstverständlich muß der Zapfen gegen Biegung die nötige Festigkeit aufweisen.

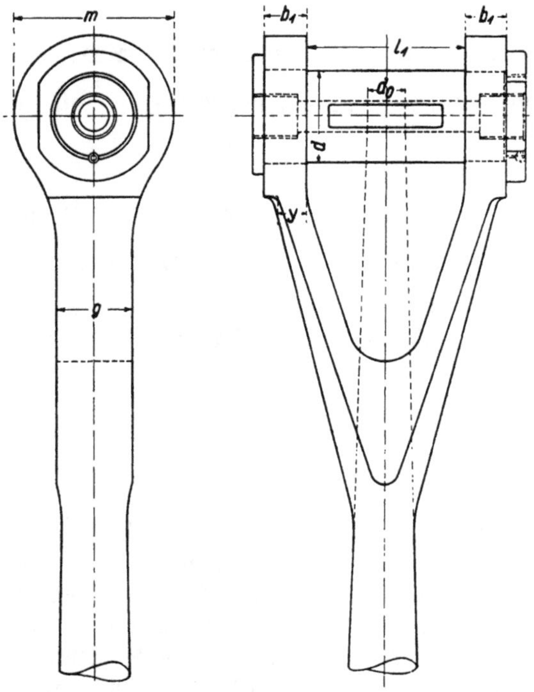

Abb. 342.

Der Zapfen kann durchbohrt werden, wenn Gewichtsersparnis erwünscht ist. Das Einsetzen des Zapfens in die Gabel geschieht durch hydraulischen Druck oder durch Einsetzen bei erwärmter Gabel. Man verbohrt den Zapfen meistens axial durch eine kräftige Schraube. Um das Einziehen zu erleichtern, macht man den Zapfen um 1 bis 2 mm stärker als das eine und um ebensoviel schwächer als das andere Ende in der Gabel.

Zur Dimensionierung der Gabel wähle man (Abb. 339 und 342):

$$m \approx 1{,}8\,d \text{ bis } 2\,d$$
$$l_1 \approx 1{,}5\,d \text{ bis } 2\,d$$
$$b_1 \approx 0{,}6\,d.$$

Die Breite g macht man etwas größer als den Schaftdurchmesser unmittelbar unter der Gabel; die Stärke y berechnet man auf Zug und Biegung wie oben angegeben.

Eine Gabelform, welche sich für leichteste Bauart sehr empfiehlt, ist in Abb. 342 dargestellt. Der Zapfen bildet mit den beiden Schenkeln ein Dreieck, letztere sind fast nur auf Zug und Druck beansprucht und können mit 400 bis 500 kg/qcm Beanspruchung auf Zug berechnet werden.

§ 147. **Kurbellager und Kreuzkopflager.** Die Abmessungen des Kurbellagers ergeben sich aus dem Durchmesser des Kurbelzapfens (vgl. § 153) unter Berücksichtigung des zulässigen Flächendruckes bei der Maximalbelastung. (Vgl. Tabelle Nr. 34.)

Die Bestimmung der Abmessungen der Kreuzkopflager bzw. Kreuzkopfzapfen erfolgt meist nur mit Rücksicht auf den zulässigen Flächendruck. (Siehe Tabelle Nr. 34.)

Tabelle Nr. 34.

Zulässiger Flächendruck p für Kurbellager, Kreuzkopflager und Gleitschuh in kg/qcm.

Schiffstyp	Kurbellager p	Kreuzkopflager p	Gleitschuh p
Frachtschiffe	25—35	50— 70	3,5—4,5
Fracht- und Passagierdampfer	30—40	60— 70	4,0—5,0
Schnelldampfer, Panzerschiffe	40—50	70— 90	4,0—5,8
Kleine Kreuzer etc.	50—60	90—120	6,0—7,0
Torpedoboote und Torpedojäger	60—70	120—150	7,0—8,5

Kurbel- und Kreuzkopflager erhalten heute gewöhnlich die in Abb. 340 dargestellte Form, bei welchen der Lagerdeckel gleichzeitig die Lagerschale bildet und entsprechend kräftig aus Stahlguß hergestellt wird.

Mitunter werden jedoch, wie Abb. 338 zeigt, die beiden Lagerschalen jedes Zapfens gleich gemacht und ein besonderer Lagerdeckel aus Siemens-Martinstahl aufgesetzt (ältere Konstruktion).

Bei sehr leicht gebauten Maschinen (für Kriegsschiffe) findet man häufig auch Pleuelstangenköpfe mit runden Schalen aus Bronze (Abb. 339) und besonders aufgesetzten Lagerdeckeln aus Siemens-Martinstahl.

Die Laufflächen werden mit Weißmetall ausgegossen, nur bei kleinen Pleuelstangen findet man mitunter Bronzeschalen ohne Weißmetalleinlage, besonders für den Kreuzkopfzapfen.

Passende Abmessungen für die Kreuzkopfzapfen erhält man, wenn man bei Ausführung nach Abb. 338 oder 340 wählt:

$$d \text{ etwa} = \sqrt{\frac{P}{2p}} \quad \text{und} \quad l = 0{,}95\ d \ \text{bis} \ 1{,}15\,d$$

ferner bei Ausführung nach Abb. 338:

$$h_0 = 0{,}65\ d \ \text{bis} \ 0{,}7\ d$$
$$h_u = 0{,}65\ D \ \text{bis} \ 0{,}7\ D$$

für Schalen aus Stahlguß mit Weißmetall oder Bronze ohne Weißmetall, und

$$h_0 = 0{,}675\,d \ \text{bis} \ 0{,}75\,d$$
$$h_u = 0{,}675\,D \ \text{bis} \ 0{,}75\,D$$

für Schalen aus Bronze mit Weißmetall, und zwar nimmt man den größeren Wert für kleinere, den kleineren Wert für größere Zapfen.

Die Dicke des Weißmetalls wähle man mit:

$W = 18$—20 mm	für Zapfendurchmesser	von	500—600	mm
$W = 16$—18	„ „	„	400—500	„
$W = 14$—16	„ „	„	300—400	„
$W = 12$—14	„ „	„	200—300	„
$W = 9$—12	„ „	„	150—200	„
$W = 6$—9	„ „	„	80—150	„
$W = 5$—6	„ „	kleiner als	80	„

Damit das Weißmetall nicht lose werden kann, bringt man in der Schale schwalbenschwanzförmig begrenzte Vertiefungen an (in Form von rings umlaufenden Rillen oder von runden Aussparungen). Eine am Rande ringsum verlaufende Eindrehung muß das Weißmetall vor dem Heraustreten schützen. Die Schalen werden vor dem Ausgießen verzinnt.

Zwischen die Schalen legt man hufeisenförmige Zwischenstücke von 4 bis 30 mm Stärke, je nach der Zapfendicke und außerdem noch Bleche von $^1/_5$ bis $^1/_2$ mm Dicke, um die Lagerschalen durch Herausnehmen oder Austauschen passender Bleche leicht nachstellen zu können. Werden z. B. fünf verschiedene Bleche von 0,25, 0,5 1,2 und 4 mm Stärke verwendet, so kann durch Auswechseln derselben das Lager um 7,5 mm in Abstufungen von je 0,25 mm nachgestellt werden. Man gibt dem Zapfen in den Schalen bei Montage einen Spielraum von etwa $\frac{1}{1000}$ bis $\frac{1}{800}$ seines Durchmessers; die Schalen des Kurbellagers bekommen ferner einen seitlichen Spielraum von $\frac{1}{2}$ bis 3 mm auf beiden Seiten.

Die Lagerschalen greifen mit starken Zentrierungszapfen oder (weniger gut) mit Nuten parallel zum Zapfenmittel (s. Abb. 343) in den Schaft resp. in den Lagerdeckel ein.

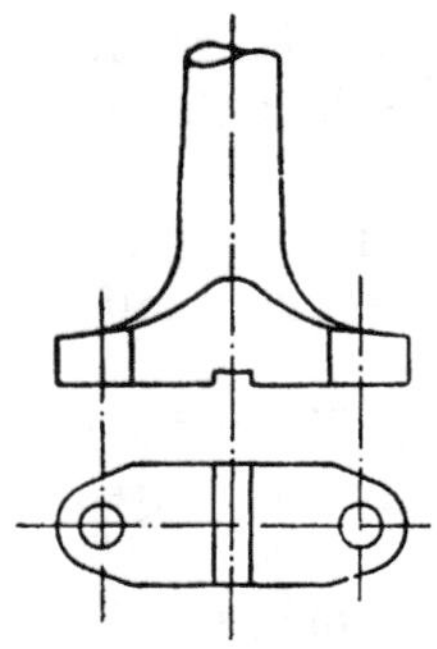
Abb. 343.

Bei Anwendung runder Schalen müssen die Zwischenstücke sehr kräftig sein, da sie die Schalen am Drehen verhindern müssen. Warzen, welche am Scheitel der Schale zu diesem Zweck ange bracht werden, lassen sich sehr schwer sauber in den Pleuelstangenkörper einpassen.

Lagerdeckel. Wird der Lagerdeckel aus Siemens-Martinstahl hergestellt, dann erhält er entweder die in Abb. 344 dargestellte Form (wegen etwaiger Gewichtsersparnis) oder auch parallele Ober- und Unterseiten.

Man erhält die üblichen Dimensionen, wenn man denselben auf Biegung durch gleichmäßige Belastung berechnet.

Ist P die Maximalbelastung, als gleichmäßig verteilte Last aufgefaßt, h die Höhe des Deckels in der Mitte, b die Breite desselben, so ist mit Bezug auf Abb. 344 das Biegungsmoment $M = \frac{P \cdot 2a}{8} = \frac{P \cdot a}{4}$, das Widerstandsmoment

$$W = \frac{b \cdot h^2}{6}, \text{ so daß}$$

$$b \cdot h^2 = 1{,}5 \frac{P \cdot a}{S} \text{ cm}^3$$

$$\text{oder } h = 1{,}225 \sqrt{\frac{P \cdot a}{S \cdot b}} \text{ cm.}$$

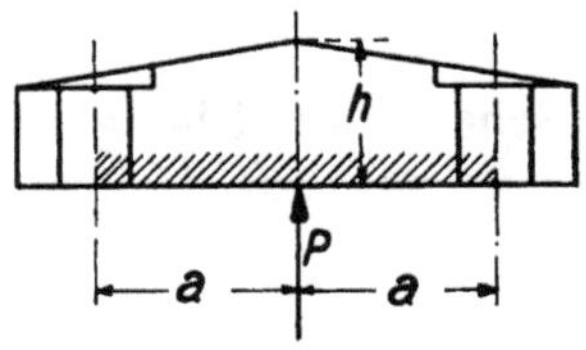

Abb. 344.

Man wähle die Beanspruchung S mit

$$S = 400 \text{ bis } 750 \text{ kg/qcm},$$

und zwar den größeren Wert für Maschinen mit beschränktem Gewicht.

Wird die Lagerschale mit dem Deckel aus einem Stahlgußstück nach Abb. 340 hergestellt, so kann die Biegungsbeanspruchung S zu 300 bis 700 kg/qcm gewählt werden.

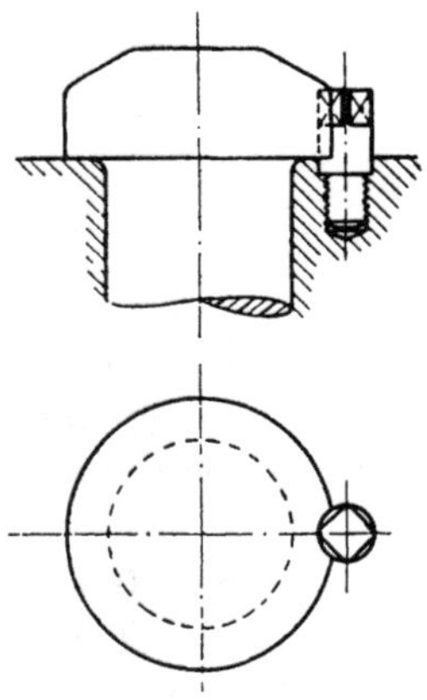
Abb. 345.

Die Breite des Lagerdeckels wird

unten etwa $B = d_u$, oben etwa $b = 0{,}7\, l$ bis $0{,}8\, l$.

Bei besonders langen Zapfen kann man B bzw. b breiter wählen, damit die sog. Schnauze der Stange nicht zu schwach wird.

Lagerbolzen. Man setzt die Lagerbolzen so nahe als irgend möglich zusammen. Um den Kern im Gewinde möglichst wenig zu schwächen, verwendet man meist feines Gewinde. Die Muttern bekommen meistens Pennsche Sicherung. Bei kleinen Stangen verwendet man Doppelmuttern mit Splint oder Kronenmuttern mit Splint.

Man legt immer die Mutter nach oben, den Bolzenkopf nach unten, weil die Muttern oben besser zugänglich sind.

Beanspruchung der Bolzen im Gewindekern für die Maximalbelastung unter Verwendung von bestem Siemens-Martinstahl:

350—500 kg/qcm bei Frachtdampfern,
500—600 ,, ,, Passagierschiffen und Panzern,
600—800 ,, ,, leichten Kriegsschiffen und
800—900 ,, ,, Torpedobooten unter Anwendung von Nickelstahl von 60 bis 70 kg Festigkeit bei mindestens 18% Dehnung.

Die Bolzen werden durch eine Nase oder, da diese den Schaft immer schwächt, besser durch eine in den Umfang des Bolzenkopfes eingreifende Stiftschraube (Abb 345.) am Drehen verhindert; am Kurbellager bekommen sie oben Gewinde zum Einschrauben eines Augbolzens zur Erleichterung der Demontage. Die Bolzen des Kurbellagers werden in den Lagerdeckel bzw. in die untere Lagerschale fest eingepaßt, erhalten dagegen Spiel in beiden Schalen bzw. in der oberen Lagerschale bei Ausführung nach Abb. 340. Neben die Muttern wird, wie Abb. 346 zeigt, meistens eine Einteilung auf den Lagerdeckel aufgeschlagen, damit man sofort ersehen kann, wie weit sie angezogen sind.

§ 148. **Kreuzkopf.** Bei großen Maschinen für Handelsdampfer besteht der Kreuzkopf in der Regel aus einem vierkantigen Stahlklotz mit angeschmiedetem Zapfen. Die Gleitschuhe, meist aus Gußeisen oder Stahlguß, sind aufgeschraubt, die Kolbenstange mittels Konus eingesetzt. Bei kleinen Maschinen und, wo Gewichtsersparnis nötig ist, schmiedet man Kolbenstange, Kreuzkopf und Gleitschuh aus einem Stück und setzt auf den letzteren nur eine Gleitplatte aus Gußeisen, Bronze oder Stahl mit Weißmetallfutter auf.

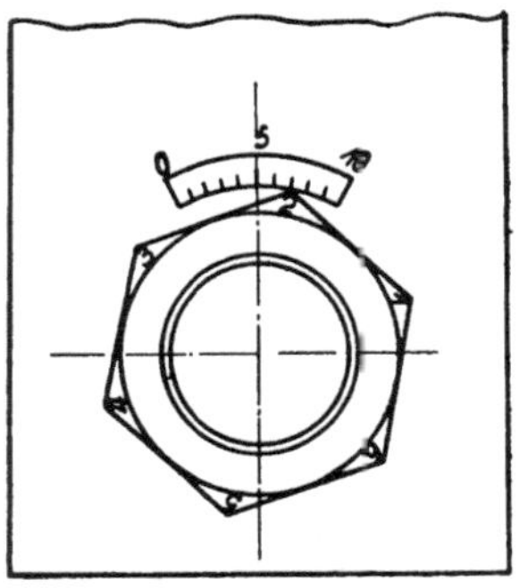

Abb. 346.

Der Kreuzkopf erhält entweder zweiseitige oder einseitige Führung. Bei zweiseitiger Geradführung erhält der Kreuzkopf auch zwei in der Regel ganz gleiche Gleitschuhe, die auf den an die beiden Ständer jedes Zylinders geschraubten Geradführungen gleiten; die eine derselben kommt beim Vorwärtsgang, die andere beim Rückwärtsgang zur Wirkung.

Bei ganz großen Maschinen, deren Zylinder auf je vier Ständern stehen, erhält der Kreuzkopf vier Gleitschuhe bzw. Geradführungen, wie Abb. 348 bis 350 zeigt.

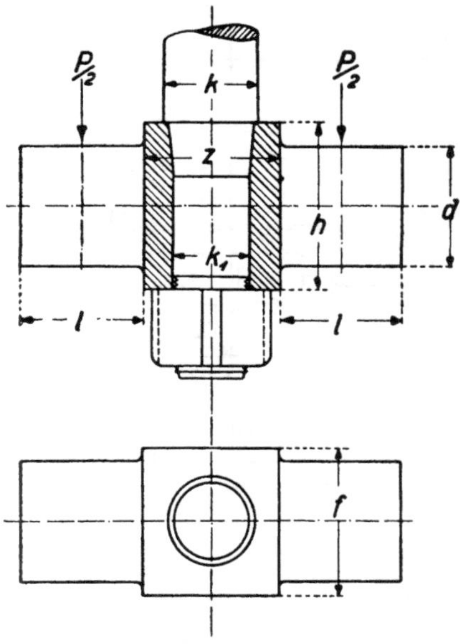

Abb. 347.

Hat der Kreuzkopf nur einseitige Geradführung, dann wird diese auf demjenigen Ständer befestigt, gegen welche beim Vorwärtsgang der Kreuzkopfdruck wirkt. Bei rechtsgängiger Schraube wird sie daher an den BB.-Ständern, bei linksgängiger Schraube an den St.B.-Ständern befestigt.

Der beim Rückwärtsgang auftretende Gleitbahndruck wird hier durch besondere Gleitschienen aufgenommen.

Ist die Entfernung von Mitte Kolbenstange bis Gleitbahn verhältnismäßig groß, dann wird bei angewärmter Maschine dieses Maß (vergl. S. 333) merklich größer als das entsprechende Maß am Kreuzkopf. Bei zweiseitiger Geradführung müssen daher nach dem Anwärmen der Maschine entsprechend starke Beilagenbleche zwischen Kreuzkopf und Gleitschuh eingeschoben werden, um ein Schlagen des Kreuzkopfes in der Geradführung zu verhüten. Vor dem Abkühlen der Maschine sind diese Beilagen jedoch wieder herauszunehmen, weil sonst der Kreuzkopf festgeklemmt wird.

Bei einseitiger Geradführung kann schon bei der Montage auf die Wärmeausdehnung Rücksicht genommen werden, so daß bei angewärmter Maschine die Kolbenstange ihre richtige Lage hat; in kaltem Zustand steht sie dann etwas schräge.

Mit Bezug auf Abb. 347 wird gewöhnlich:

$$z = \text{etwa } 2 \cdot k_1$$

und

$$h = \text{etwa } 1{,}2\, d$$

gemacht. Das Biegungsmoment im mittleren Querschnitt ist:

$$M_b = \frac{P}{2}\left(\frac{l}{2} + \frac{z}{2}\right) = \frac{P\,(l+z)}{4}$$

und die Beanspruchung

$$S = \frac{\frac{P\,(l+z)}{4}}{\frac{(f-k_1)\,h^2}{6}} = 1{,}5\,\frac{P\,(l+z)}{h^2\,(f-k_1)}.$$

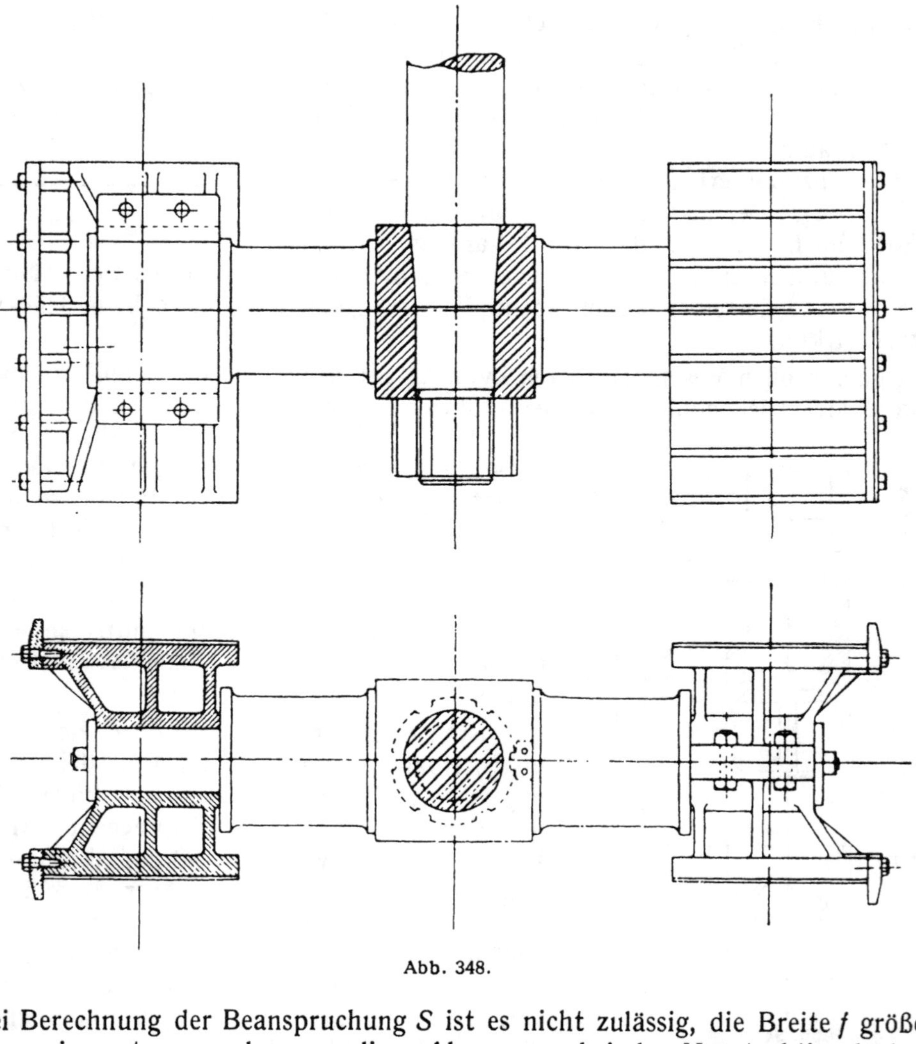

Abb. 348.

Bei Berechnung der Beanspruchung S ist es nicht zulässig, die Breite f größer als etwa $= z$ einzusetzen, auch wenn diese Abmessung bei der Konstruktion bedeutend größer ausfällt, weil das weiter von der Bohrung abliegende Material doch nicht mehr so beansprucht wird, wie es bei der obigen Gleichung vorausgesetzt ist.

Die Beanspruchung S kann zu 500 bis 700 kg/cm², je nach der Art der Maschine, angenommen werden; bei Torpedobooten bis etwa 800 kg/cm².

Da das Verhältnis der Zapfenlänge zum Zapfendurchmesser meistens nur wenig von 1 abweicht, ist die Biegungsbeanspruchung des Zapfens an der Wurzel rund

$$k = 5 \cdot p \text{ kg/cm}^2$$

wenn p den Flächendruck auf 1 cm² bedeutet.

Die Biegungsbeanspruchung beträgt daher, entsprechend den in Tabelle Nr. 34 angegebenen Flächendrücken $k = 250$ bis 750 kg/cm^2.

Da der Kreuzkopfzapfen nur oben bzw. unten belastet wird, sich also auch nur hier abnutzt, so wird derselbe meistens an den Seiten etwas abgeflacht, um ein Unrundwerden des Zapfens zu verhüten.

Die Druckfläche der Gleitschuhe für den Vorwärtsgang wird nach dem zulässigen Flächendruck auf den qcm bemessen (s. Tabelle Nr. 34, S. 322). Das Verhältnis von Höhe zu Breite der Gleitfläche wird etwa auf 1,2 bis 1,5 bemessen.

Der Bestimmung des Flächendruckes wird der maximale Gleitbahndruck Q zugrunde gelegt, der sich (vgl. § 66) zu

$$Q = P \cdot \frac{r}{l}$$

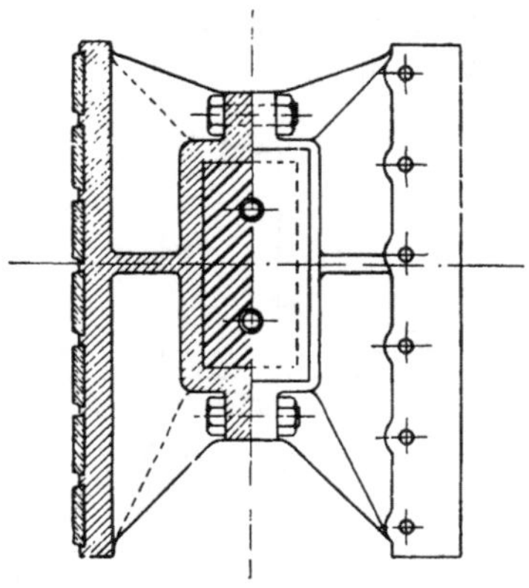

Abb. 349.

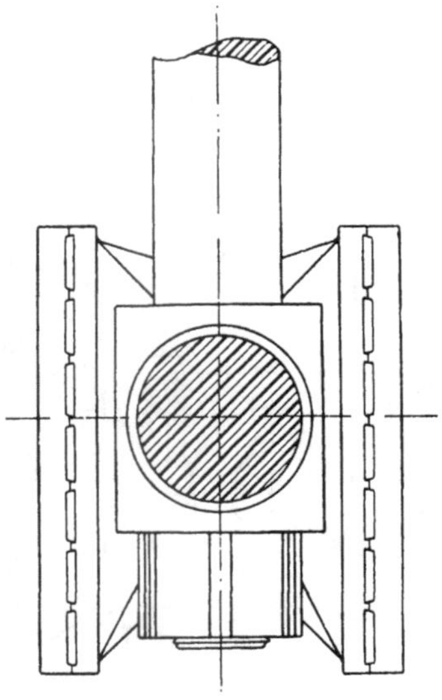

Abb. 350.

ergibt, worin r = Kurbelradius, l = Länge der Pleuelstange bedeutet.

Bei einseitiger Geradführung wird für den Rückwärtsgang ein etwa 1,5 bis 1,8mal so hoher Flächendruck zugelassen wie für den Vorwärtsgang. Die Gesamtbreite der Rückwärts-Gleitfläche wird demnach nur auf etwa das 0,55 bis 0,66fache von derjenigen für Vorwärtsgang bemessen. Der höhere Flächendruck bei Rückwärtsgang ist unbedenklich, da die Maschine stets nur kurze Zeit (beim Manövrieren) rückwärts arbeitet.

Ausführungen mit zweiseitiger Geradführung. Siehe hierzu Abb. 348 bis 352.

Die Gleitschuhe werden aus Gußeisen oder Stahlguß hergestellt und die Gleitflächen entweder mit einer aufgegossenen Weißmetallplatte versehen, welche durch schwalbenschwanzförmige Nuten gehalten wird, oder es werden einzelne, vorher gegossene und bearbeitete Weißmetallstreifen in durchlaufende schwalbenschwanzförmige Nuten stramm eingesetzt.

An den Längsseiten des Vorwärtsgleitschuhes werden gewöhnlich noch Gleitschienen angebracht, um den Schuh seitlich zu führen; diese Seitenleisten haben auf jeder Seite jedoch etwa 1 bis 2 mm Luft. Sie haben zugleich den Zweck, die eingesetzten Weißmetallstreifen vor dem Herausschieben zu sichern. Die Leisten werden durch versenkte gesicherte Kopfschrauben befestigt.

Die Gleitschuhe müssen zwar sicher mit dem Kreuzkopf verbunden sein, jedoch soll sich die Verbindung auch bequem lösen lassen, um behufs Nachstellung Beilagebleche leicht einschieben zu können.

Bei dem Kreuzkopf nach Abb. 352 werden die Gleitschuhe von der Seite her eingeschoben und durch je vier Kopfschrauben befestigt. Das Einschieben von Paßblechen läßt sich bei dieser Konstruktion leicht vornehmen, weil die Teilfugen zwischen Kreuzkopf und Gleitschuh seitlich nicht vom oberen Lager der Pleuelstange verdeckt werden.

Bei dem Kreuzkopf nach Abb. 351 werden die Gleitschuhe von unten her eingesetzt und oben durch eine übergelegte, mittels kräftiger Schrauben befestigte Leiste gehalten. Außerdem sind die Gleitschuhe durch starke, gut gesicherte Kopfschrauben mit dem Kreuzkopf verbunden.

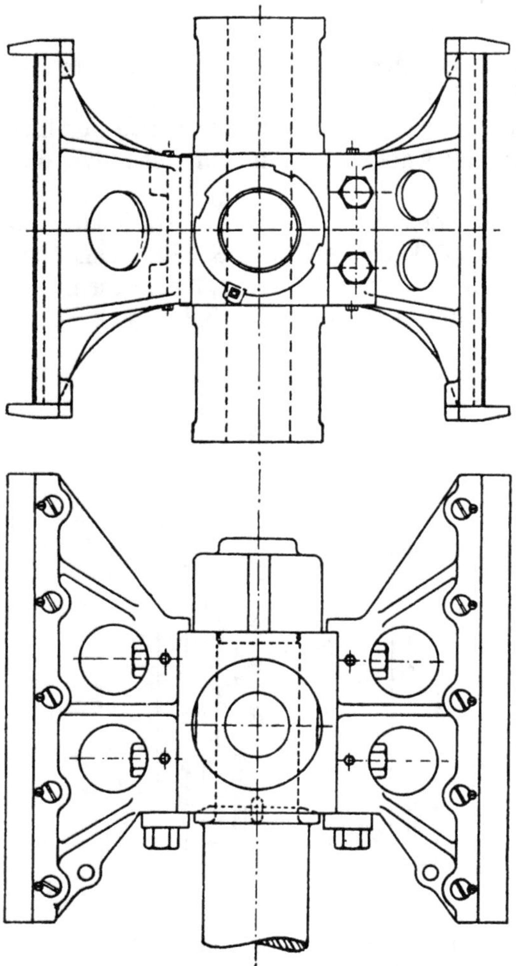

Abb. 351.

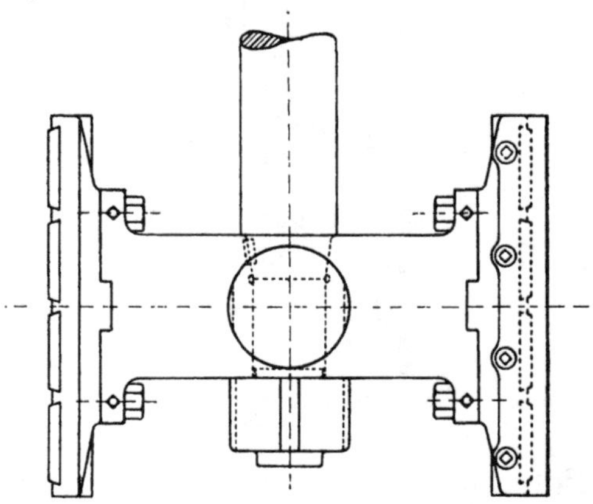

Abb. 352.

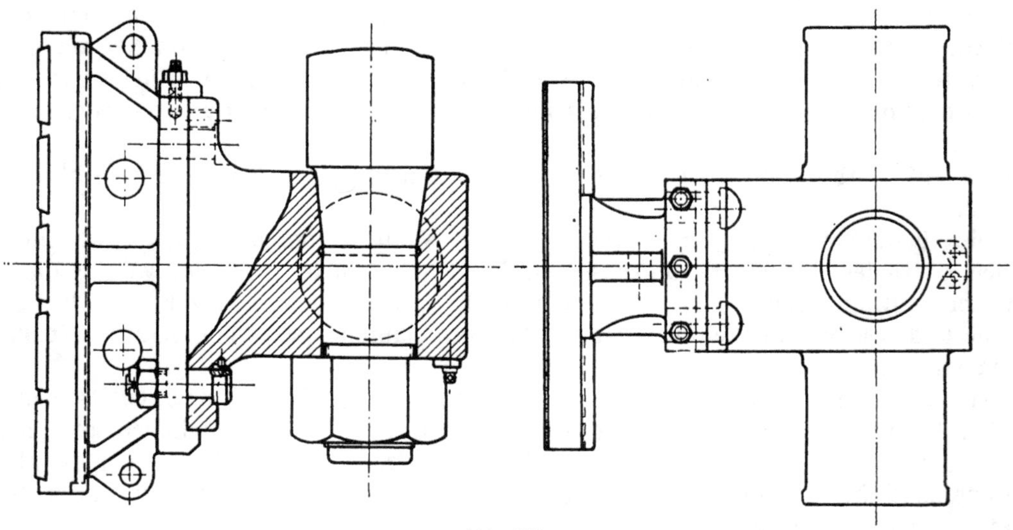

Abb. 353.

Um die Gleitschuhe behufs Überholung usw. bequem herausnehmen zu können, ist es zweckmäßig, auf der Oberseite ein angegossenes Auge oder eine Warze mit Ge-

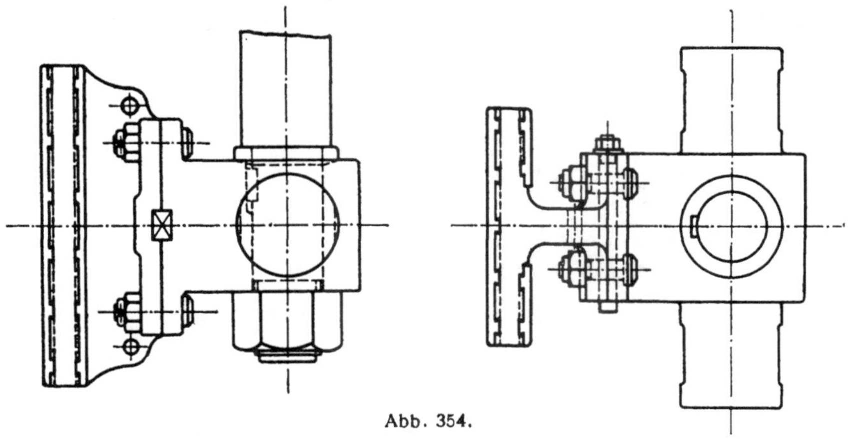

Abb. 354.

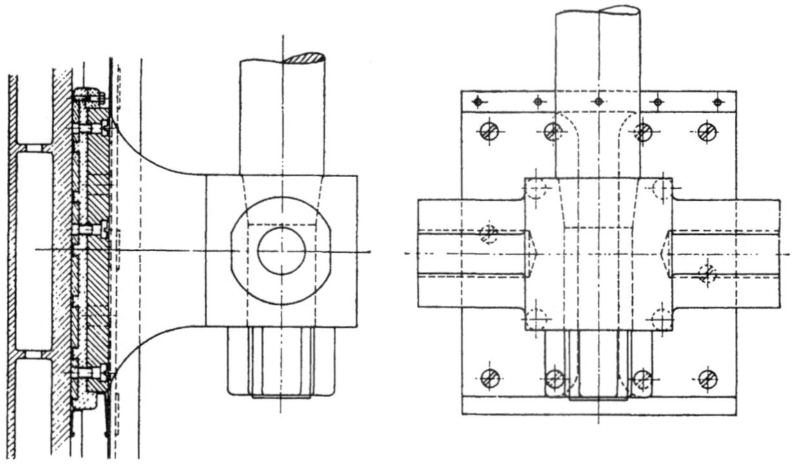

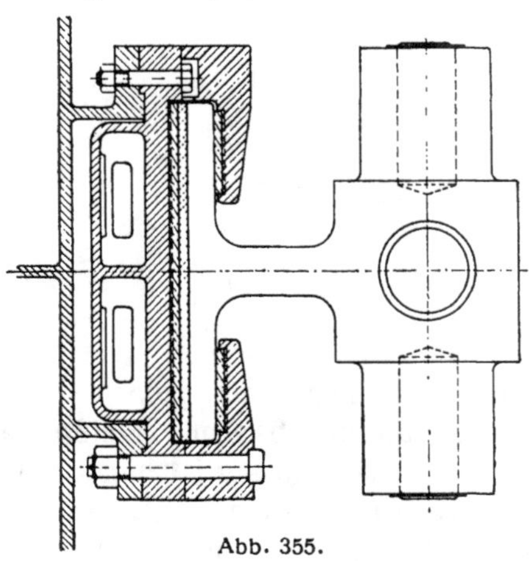

Abb. 355.

winde für eine kräftige Augschraube vorzusehen, damit ein Flaschenzug oder dgl. leicht angeschlagen werden kann.

Ebenso sind auf der Unterseite angegossene Augen oder Gewinde für Augschrauben vorzusehen, um einen Flaschenzug oder dgl. zum Heben der unteren Lagerschale des Kurbellagers bei Überholungsarbeiten einhängen zu können.

Ausführungen mit einseitiger Geradführung. Siehe die Abb. 353, 354, 355 und 356, von denen die beiden ersteren Ausführungen für Handelsschiffe, die beiden letzteren solche für Kriegsschiffe veranschaulichen.

Der Kreuzkopf (Abb. 353) ist mit den beiden Zapfen aus einem Stück geschmiedet und die Kolbenstange mittels Konus und Mutter befestigt. Der Gleitschuh ist aus Stahlguß hergestellt und mittels 4 Mutterschrauben am Kreuzkopf befestigt. Die Vorwärtsgleitfläche wird durch fest eingeschobene Weißmetallstreifen gebildet, während die Rückwärtsgleitflächen aus Bronze hergestellt, mit Weißmetall ausgegossen und mittels versenkter Kopfschrauben am Gleitschuh befestigt sind. Zur Sicherung des Gleitschuhes in vertikaler Richtung ist unten am Kreuzkopf ein Vorsprung angebracht, während oben eine aufgeschraubte Leiste vorgesehen ist.

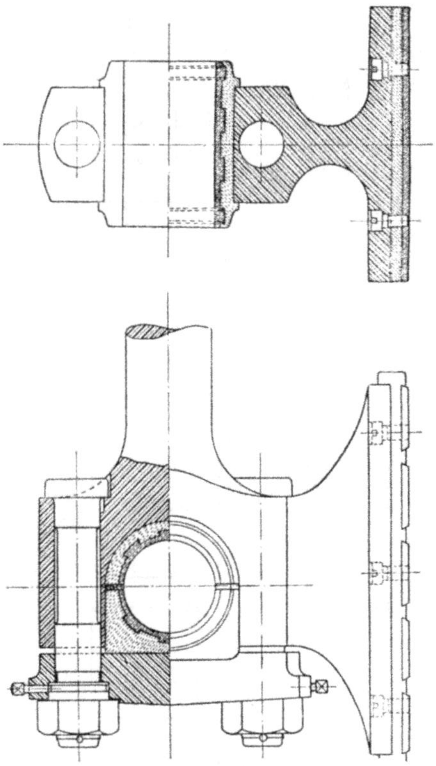

Abb. 356.

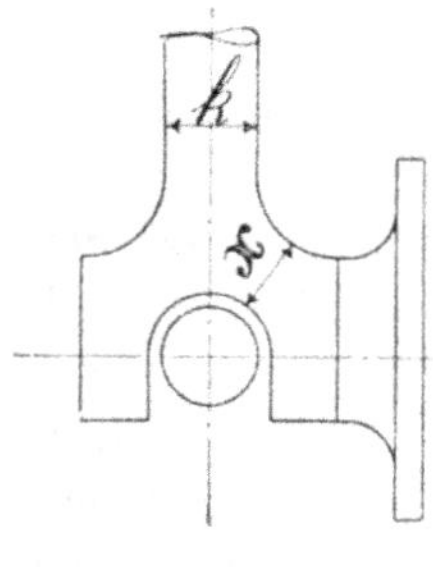

Abb. 357.

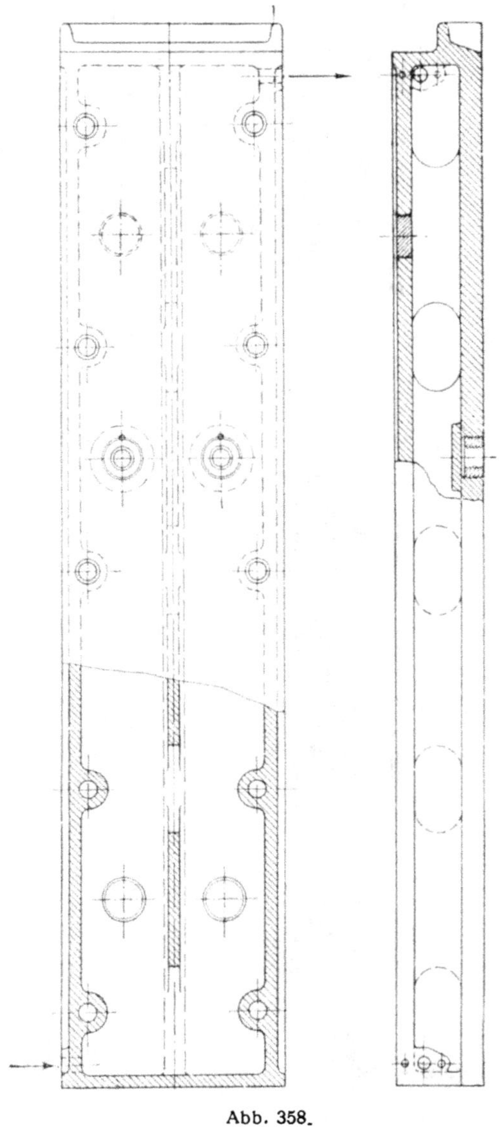

Abb. 358.

Der in Abb. 354 dargestellte Kreuzkopf hat ähnliche Bauart, jedoch sind sowohl die Vorwärts- als auch die Rückwärtsgleitflächen unmittelbar mit Weißmetall ausgegossen. Zur Sicherung des Gleitschuhes in vertikaler Richtung ist hier ein Querkeil mit geringem Anzug vorgesehen, der jedoch nur oben und unten trägt. Nach Herausnahme desselben kann der Gleitschuh nach unten herausgenommen werden.

Bei dem in Abb. 355 dargestellten Kreuzkopf für einen großen Kreuzer ist der Gewichtsersparnis wegen der Gleitschuh mit dem Kreuzkopf und seinen beiden Zapfen aus einem Stück geschmiedet und die Kolbenstange mittels Konus und Mutter befestigt. Die Vorwärtsgleitfläche ist aus Bronze hergestellt, mit Weißmetall ausgegossen und mit gut gesicherten, versenkten Kopfschrauben am Gleitschuh befestigt. Die Rückwärtsgleitfläche ist hier nicht mit Weißmetall versehen, sondern die Rückwärtsgleitschienen sind damit ausgegossen.

Der in Abb. 356 dargestellte Kreuzkopf kommt bei Torpedobootsmaschinen und ähnlichen leicht gebauten Maschinen zur Anwendung. Kolbenstange, Kreuzkopf und Gleitschuh sind hier, ebenfalls der Gewichtsersparnis wegen, aus einem Stück geschmiedet. Das Lager für den Gabelzapfen der Pleuelstange ist in den Kreuzkopf eingelassen und wird durch die beiden Deckelschrauben und den Deckel in demselben festgehalten.

Die Vorwärtsgleitfläche ist aus Bronze hergestellt, mit eingeschobenen Weißmetallschienen versehen und durch versenkte Kopfschrauben mit dem Gleitschuh verbunden. Die Rückwärtsgleitfläche ist nicht mit Weißmetall versehen, jedoch werden in diesem Falle die Rückwärts-Gleitschienen aus Bronze hergestellt.

Die Abmessungen der Bolzen und des Lagerdeckels werden in genau derselben Weise festgelegt wie bei der Pleuelstange angegeben.

Die Abmessung X in Abb. 357 ist möglichst groß zu machen, damit beim strammen Einsetzen der Lagerschalen der Gleitschuh nicht schräg zur Kolbenstange zu stehen kommt.

Die Lagerschalen werden aus Bronze oder Stahlguß hergestellt und mit Weißmetall ausgegossen, deren Abmessungen, wie bei der Pleuelstange angegeben, gewählt werden.

§ 149. **Gleitbahn.** Als Material für die Gleitbahn wird ausnahmslos Gußeisen verwendet.

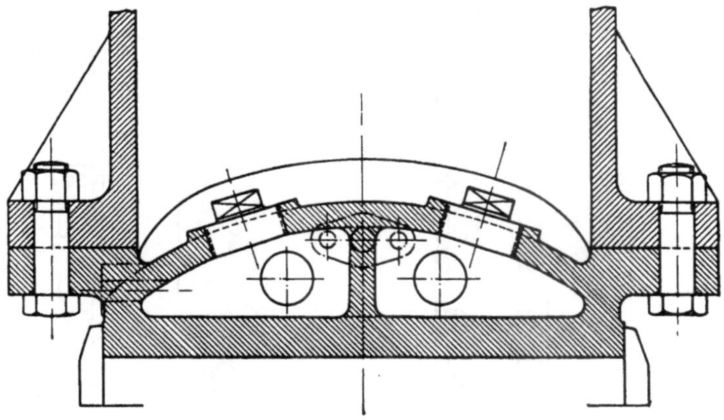

Abb. 359.

Bei älteren Maschinen wurden die gußeisernen Ständer unmittelbar mit einer Gleitbahn versehen, während diese jetzt, mit Ausnahme kleiner Maschinen, besonders gegossen und an den Ständer geschraubt werden. Da die Gleitbahn meistens mit innerer Wasserkühlung versehen wird, wird sie als Hohlgußkörper ausgeführt, in welchen das Kühlwasser unten eingeführt und aus dem es am oberen Ende wieder abgeführt wird. Man hat früher auch manchmal, um die Hinterwand dieses Hohlgußkörpers zu sparen, die Gleitbahn als hinten offenen Kasten ausgeführt und als Rückwand die vordere Ständerfläche benutzt. Diese Konstruktion ist aber wegen des Anrostens der Ständer und der unbequemen Leckagen verlassen worden.

Die Lauffläche wird mit einigen Quernuten versehen, um das am oberen Ende der Gleitbahn zugeführte Schmieröl etwas zurückzuhalten, während am unteren Ende ein Ölfänger angebracht wird, aus welchem ein am Kreuzkopf angebrachter Schmierkamm das abgelaufene Öl wieder mit nach oben nimmt.

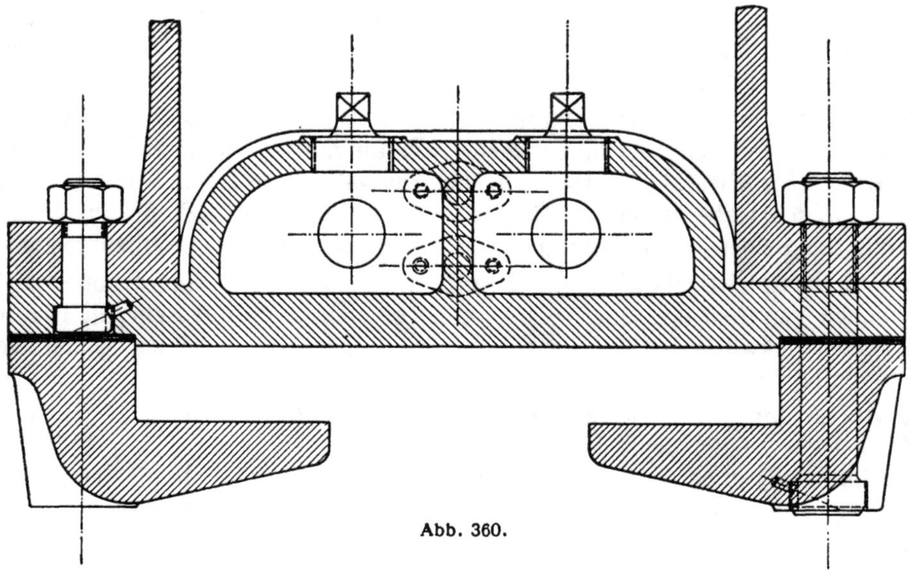

Abb. 360.

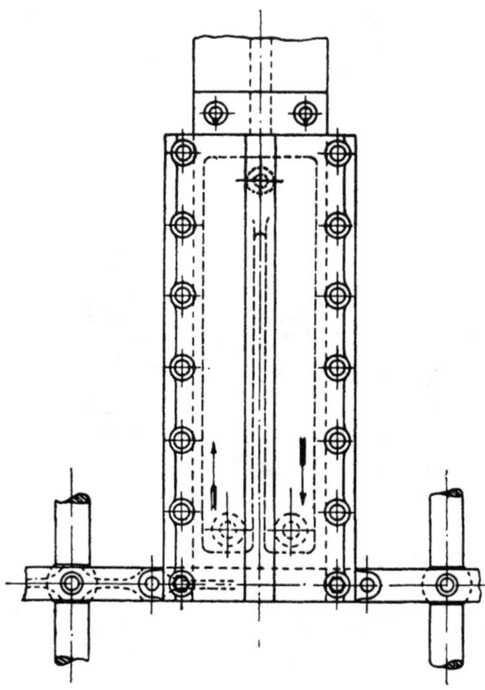

Abb. 361.

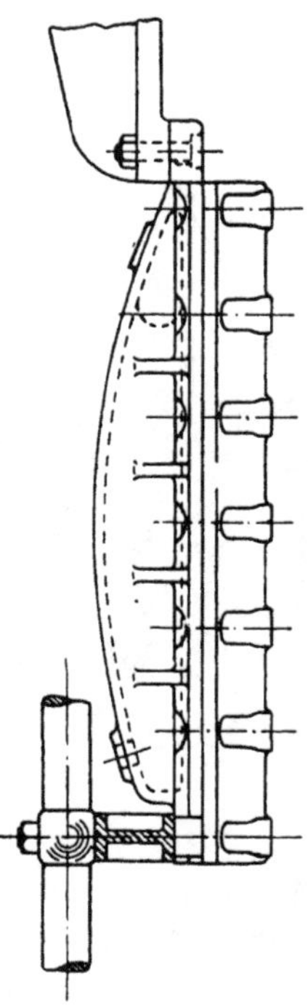

Abb. 362.

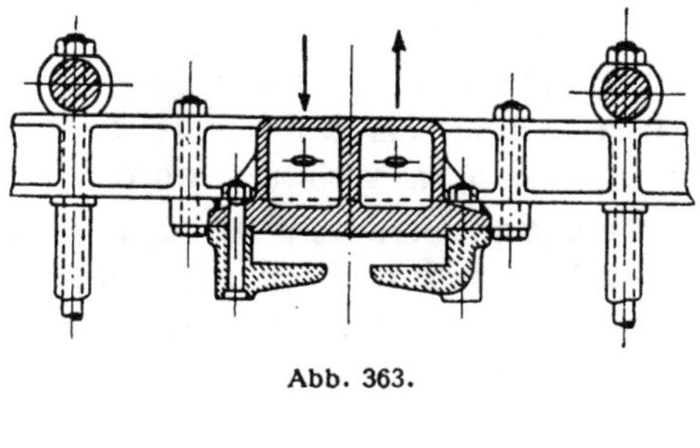

Abb. 363.

Bei großen Maschinen wird beim Aufbau in der Werkstatt die Gleitbahn in der Regel oben etwas enger gelassen als am unteren Ende, damit sie nach dem Warmwerden des Zylinders ihre richtige Stellung bekommt.

Um bei Überholungsarbeiten an der Pleuelstange den Kolben samt Kreuzkopf in der obersten Lage festhalten zu können, wird eine kräftige Traverse auf der Geradführung befestigt, auf die sich der Kreuzkopf aufsetzen kann. Bei zweiseitigen Geradführungen wird diese Traverse durch zwei Kopfschrauben unmittelbar auf der Gleithahn befestigt, während sie bei eingleisiger Geradführung durch zwei Befestigungsschrauben für die Rückwärtsgleitschienen gehalten wird.

Abb. 358 zeigt eine Gleitbahn für zweiseitige Führung. Der kastenförmige Hohlgußkörper liegt mit den auf der Hinterseite vorgesehenen Arbeitsleisten auf der ebenfalls mit Arbeitsleisten versehenen ebenen Fläche des Ständers auf und wird durch eine

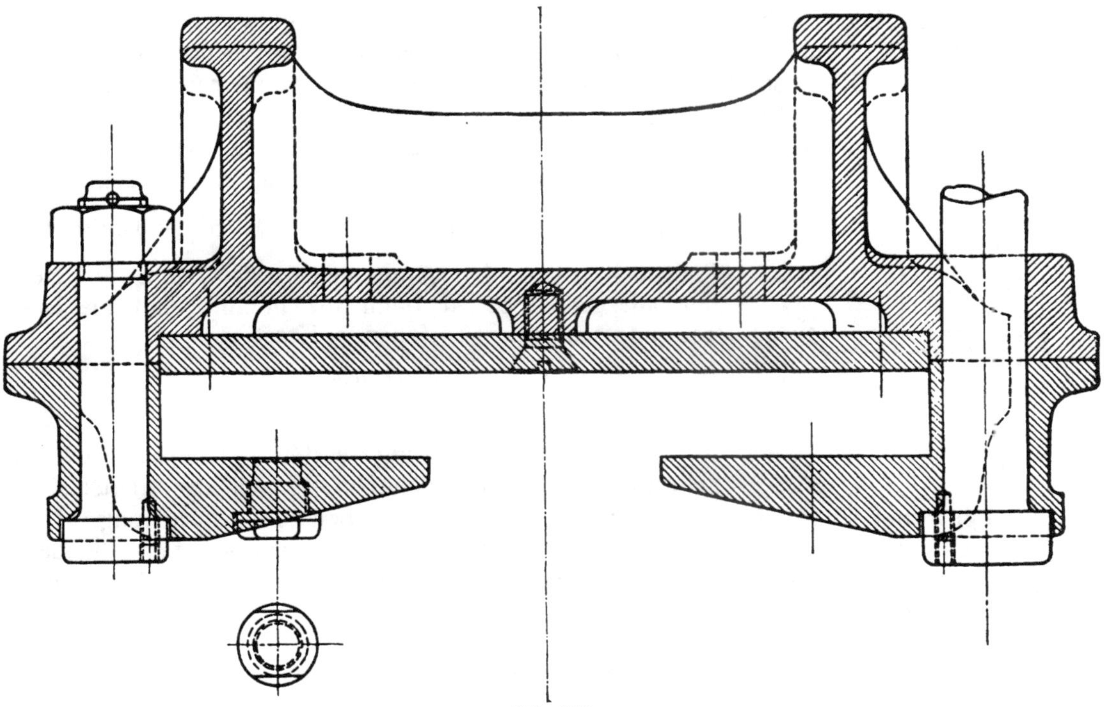

Abb. 364.

Anzahl versenkter Kopfschrauben mit diesem verbunden. Bei dem in Abb. 359 dargestellten Ständer ist die Rückwand der Gleitbahn gewölbt ausgeführt und trägt an den beiden Längsseiten Flanschen, mit denen sie mittels Durchsteckschrauben am Ständer befestigt wird. Wenigstens zwei dieser Schrauben werden als Paßbolzen ausgeführt, um die genaue Lage der Gleitbahn zu sichern.

Abb. 360 zeigt die Gleitbahn für einen einseitig geführten Kreuzkopf eines Handelsschiffes. Die hohle Vorwärtsgleitbahn trägt, wie die Gleitbahn in Abb. 359, beiderseits Flanschen, mit denen sie durch einige versenkte Durchsteckschrauben, die als Paßbolzen ausgeführt werden, am Ständer befestigt wird. Die Rückwärtsgleitschienen werden aus Stahlguß hergestellt und durch eine genügende Anzahl langer Bolzen unmittelbar mit dem Ständer verbunden. Bei dieser Konstruktion bleibt die Gleitbahn fest, wenn die Rückwärts-Gleitschienen abgenommen oder gelöst werden um Zwischenbleche auszuwechseln. Zu beachten ist, daß die Rückwärtsgleitschienen nach der Seite hin abgenommen werden können, um die Gleitflächen zu überholen.

Bei sehr leicht gebauten Maschinen (für Torpedoboote usw.), deren Dampfzylinder ganz auf stählernen Säulen stehen, werden ausnahmslos einseitige Geradführungen vorgesehen. Diese werden dann, wie die Abb. 361 bis 363 zeigen, am oberen Ende an einem mit dem Zylinderboden zusammengegossenen und durch Rippen gut versteiften Flansch befestigt. Am unteren Ende werden sie in ähnlicher Weise an einer, an den Säulen angebrachten Traverse festgeschraubt.

Die beiden unteren Warzen an der Hinterseite der Gleitbahn (Abb. 361 und 362) sind für Kühlwasser-Ein- und Austritt bestimmt, während die obere für einen Entlüftungshahn vorgesehen ist.

Eine Form der Gleitbahn, welche für besonders leicht gebaute Torpedobootsmaschinen verwendet worden ist, zeigt Abb. 364 im Querschnitt. Der Gleitbahnträger selbst ist als Stahlrippenguß ausgeführt. Auf der Vorderseite desselben ist mit versenkten Kopfschrauben eine gußeiserne Gleitplatte befestigt. Zwischen letzterer und dem Gleitbahnträger ist ein schmaler Raum für die Zirkulation des Kühlwassers vorgesehen. Die Rückwärts-Gleitschienen aus Bronze sind in üblicher Weise aufgeschraubt. Auf die Wiedergabe der Seitenansicht ist hier verzichtet, da sich dieselbe von der üblichen Form, vgl. Abb. 362, kaum unterscheidet.

Bezeichnet man mit Q den Druck auf die Gleitbahn, so ist die bei Rückwärtsgang auftretende maximale Belastung einer Rückwärts-Gleitschiene $\frac{Q}{2}$, welche Kraft in der Mitte der Breite der Gleitfläche wirkend angenommen werden kann. Mit Bezug auf Abb. 365 ist dann die gesamte auf die Befestigungsschrauben entfallende Kraft

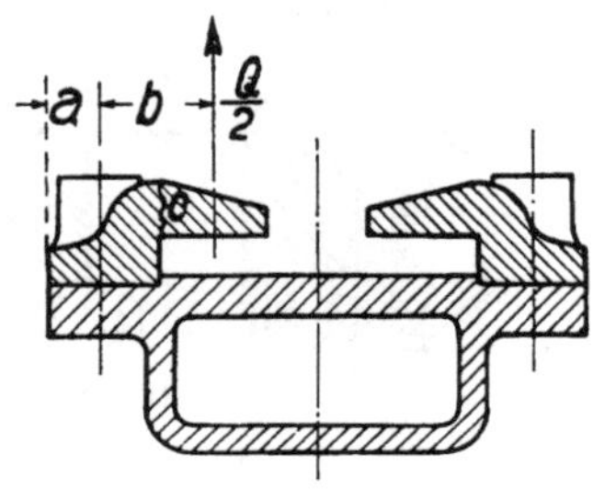

Abb. 365.

$$z = \frac{Q}{2}\,\frac{a+b}{a}.$$

Diese Gesamtbelastung verteilt sich auf soviele Schraubenbolzen als solche im Bereich der Gleitschuhlänge angeordnet sind. Hieraus ergibt sich deren Stärke bzw. Beanspruchung. Die Beanspruchung der Gleitschiene im Bruchquerschnitt c läßt sich aus vorstehenden Angaben leicht bestimmen, wobei als Breite des Bruchquerschnittes die Länge des Gleitschuhes genommen wird.

Kurbelwelle.

§ 150. **Schaft der Kurbelwelle.** Die Kurbelwellen von Schiffsmaschinen sind ausnahmslos gekröpfte Wellen, deren Wellenzapfen unmittelbar neben den Kurbelarmen gelagert sind. Die Welle wird daher hauptsächlich auf Torsion beansprucht und danach berechnet. Besteht die Kurbelwelle aus mehreren Teilen, so werden diese der Auswechselbarkeit wegen häufig gleich ausgeführt und so bemessen wie die hinterste Kurbel, welche das gesamte Drehmoment zu übertragen hat.

Das mittlere Gesamtdrehmoment in der Kurbelwelle ist

$$M = 71\,620\,\frac{N}{n}\ \text{cm/kg},$$

wenn N die indizierte Leistung der Maschine und n die Drehzahl derselben in der Minute ist.

Ist S die Torsionsbeanspruchung auf 1 qcm, dann ist der Durchmesser der Kurbelwelle bei vollem Querschnitt

$$d = 1{,}72\sqrt[3]{\frac{M}{S}}\ \text{cm}$$

oder, wenn die Welle eine Bohrung vom Durchmesser b besitzt:

$$d = 1{,}72 \sqrt[3]{\frac{M}{S} \cdot \frac{1}{1 - \left(\frac{b}{d}\right)^4}} \text{ cm.}$$

Die Beanspruchung auf Torsion findet sich zu

$S =$ 240—320 kg/qcm bei Fracht- und Passagierdampfern,
350—400 „ „ schwer gebauten Kriegsschiffen,
400—480 „ „ leicht gebauten Kriegsschiffen,
480—580 „ „ Torpedobooten.

Diese Beanspruchungen erscheinen niedrig, dürfen jedoch in Anbetracht der Schwankungen des Drehmomentes während jeder Umdrehung (vgl. § 68), ferner der auftretenden zusätzlichen Biegungsbeanspruchungen, welche sich rechnungsmäßig nicht gut feststellen lassen und die sich bei ungleichmäßig ausgelaufenen Lagern, Durchgehen der Maschine bei hohem Seegange usw. noch besonders steigern, nicht höher gewählt werden.

Legt man der Berechnung das größte, aus dem Tangentialdruckdiagramm ermittelte Drehmoment zugrunde, so nehmen die Torsionsbeanspruchungen einen etwa 1,2 bis 1,5mal so hohen Wert an als vorstehend angegeben. Über die Beanspruchungen durch Torsionsschwingungen siehe Anhang V.

Wo es auf besondere Gewichtsersparnis ankommt (hauptsächlich bei Kriegsschiffen), werden häufig trotz der damit verbundenen Kosten sowohl die Wellenzapfen als auch die Kurbelzapfen ausgebohrt. Man wählt

$$\frac{b}{d} = \text{etwa } 0{,}4 - 0{,}6.$$

Die Bohrung bietet auch den Vorteil, daß die Teile auf Materialfehler hin besser untersucht werden können. Die Bohrungen werden jedoch zweckmäßig wieder durch aufgeschraubte Deckel verschlossen, um ein Anrosten der Kurbelzapfen von innen zu berhüten und um zu verhindern, daß durch die Bohrung Wasser von innen zwischen die Kupplungsflanschen tritt und diese anrosten.

Die Kurbelwellen für Handelsschiffe werden meistens nicht nach den vorstehend angegebenen Formeln berechnet, sondern nach den von den verschiedenen Klassifikationsgesellschaften aufgestellten Formeln, deren wichtigste nachstehend angeführt sind.

§ 151. **Vorschriften des Germanischen Lloyd.** Der Durchmesser der Kurbelwelle wird nach einer der beiden folgenden Formeln berechnet:

$$d = \sqrt[3]{\frac{P \cdot R \cdot n_1 \cdot D_1^2}{C_1}}$$

oder

$$d = \sqrt[3]{\frac{P \cdot R \cdot n \cdot D^2}{C}}.$$

Hierin bedeutet:

d den Durchmesser der Kurbelwelle in cm,
P den absoluten Kesseldruck in kg/cm²,
R den Kurbelradius in cm,
D_1 den Durchmesser des *HD*-Zylinders in cm,
D den Durchmesser des *ND*-Zylinders in cm,
n_1 die Anzahl der *HD*-Zylinder,
n die Anzahl der *ND*-Zylinder.

C_1- und C-Konstanten nach folgenden Angaben:

1. Zweifach-Expansionsmaschinen.

a) 2 Kurbeln unter 90°.

$$C_1 = 115, \text{ wenn } \frac{D^2}{D_1^2} < 3{,}478,$$

$$C = 400, \text{ wenn } \frac{D^2}{D_1^2} > 3{,}478.$$

b) 3 Kurbeln unter 120° (zwei gleiche *ND*-Zylinder).

$$C_1 = 105, \text{ wenn } \frac{2\,D^2}{D_1^2} < 4{,}285,$$

$$C = 450, \text{ wenn } \frac{2\,D^2}{D_1^2} > 4{,}285.$$

2. Dreifach-Expansionsmaschinen.

a) 3 verschiedene Zylinder und 2 Kurbeln unter 90°. Zwei von den Zylindern übereinander.

$$C_1 = 70, \text{ wenn } \frac{D^2}{D_1^2} < 8{,}028,$$

$$C = 562, \text{ wenn } \frac{D^2}{D_1^2} > 8{,}028.$$

b) 4 Zylinder und 2 Kurbeln unter 90°. Die beiden gleichen *HD*-Zylinder stehen über den anderen Zylindern.

$$C_1 = 98, \text{ wenn } \frac{D^2}{2\,D_1^2} < 6{,}582,$$

$$C = 645, \text{ wenn } \frac{D^2}{2\,D_1^2} > 6{,}582.$$

c) 3 verschiedene Zylinder und 3 Kurbeln unter 120°.

$$C_1 = 96, \text{ wenn } \frac{D^2}{D_1^2} < 6{,}604,$$

$$C = 634, \text{ wenn } \frac{D^2}{D_1^2} > 6{,}604.$$

d) 5 Zylinder und 3 Kurbeln unter 120°. Hochdruckzylinder gleich und auf den ebenfalls gleichen Niederdruckzylindern angeordnet.

$$C_1 = 93, \text{ wenn } \frac{D^2}{D_1^2} < 6{,}796,$$

$$C = 632, \text{ wenn } \frac{D^2}{D_1^2} > 6{,}796.$$

3. Vierfach-Expansionsmaschinen.

a) 4 verschiedene Zylinder. 2 Kurbeln unter 90°. Je 2 Zylinder übereinander.

$$C_1 = 70, \text{ wenn } \frac{D^2}{D_1^2} < 8{,}028,$$

$$C = 562, \text{ wenn } \frac{D^2}{D_1^2} > 8{,}028.$$

b) 4 verschiedene Zylinder. 4 Kurbeln unter 90°.

$$C_1 = 82, \text{ wenn } \frac{D^2}{D_1^2} < 9{,}171,$$

$$C = 752, \text{ wenn } \frac{D^2}{D_1^2} > 9.171.$$

Hiernach berechnete Kurbelwellen können eine Bohrung von 0,4 d besitzen. Bei größerer Bohrung ist eine entsprechende Vergrößerung von d nötig.

Bei besonders gut ausbalancierten Maschinen können obige Durchmesser nach Vereinbarung mit dem Vorstande des Germanischen Lloyd bis zu 4% verringert werden.

Als Material für die Kurbelwelle ist hierbei geschmiedeter S.-M.-Stahl vorausgesetzt, welcher eine Zerreißfestigkeit von 40—50 kg/qmm und eine Dehnung von mindestens 20% auf 200 mm Länge besitzt. Ein Probestab von 30 × 30 mm ist ferner einer Härtungsbiegeprobe zu unterwerfen, d. h. der Probestab muß bis zur Dunkelrotglühhitze erwärmt, dann in Wasser von 28° C abgekühlt werden; der Probestab muß sich dann nach einem Halbmesser von 1,5 mal Probestabdicke um 180° biegen lassen, ohne Risse zu zeigen. — Laufwellen können im Durchmesser um 5% schwächer sein als der Rechnungsbetrag für die Kurbelwellen.

§ 152. **Vorschriften des Britischen Lloyd.** Nach diesen Vorschriften wird der Durchmesser der Kurbelwelle aus demjenigen der Laufwellen bestimmt, und zwar muß er mindestens 5% stärker als der aus den nachstehenden Formeln sich ergebende Laufwellendurchmesser gemacht werden.

1. Bei Verbundmaschinen mit 2 Kurbeln unter rechtem Winkel ist:

$$d = (0{,}04\, A + 0{,}006\, D + 0{,}02\, S)\sqrt[3]{P} \text{ in Zoll}$$

oder

$$d = (0{,}0969\, A + 0{,}0145\, D + 0{,}0485\, S)\sqrt[3]{P} \text{ in mm.}$$

2. Bei Dreifach-Expansionsmaschinen mit 3 Kurbeln unter gleichen Winkeln ist:

$$d = (0{,}038\, A + 0{,}009\, B + 0{,}002\, D + 0{,}0165\, S)\sqrt[3]{P} \text{ in Zoll}$$

oder:

$$d = (0{,}0922\, A + 0{,}0218\, B + 0{,}00485\, D + 0{,}04\, S)\sqrt[3]{P} \text{ in mm.}$$

3. Bei Vierfach-Expansionsmaschinen mit 2 Kurbeln unter rechtem Winkel:

$$d = (0{,}034\, A + 0{,}011\, B + 0{,}004\, C + 0{,}0014\, D + 0{,}016\, S)\sqrt[3]{P} \text{ in Zoll}$$

oder:

$$d = (0{,}0825\, A + 0{,}0267\, B + 0{,}0097\, C + 0{,}0035\, D + 0{,}0388\, S)\sqrt[3]{P} \text{ in mm.}$$

4. Bei Vierfach-Expansionsmaschinen mit 3 Kurbeln:

$$d = (0{,}028\, A + 0{,}014\, B + 0{,}006\, C + 0{,}0017\, D + 0{,}015\, S)\sqrt[3]{P} \text{ in Zoll}$$

oder:

$$d = (0{,}0679\, A + 0{,}0339\, B + 0{,}0145\, C + 0{,}0041\, D + 0{,}0364\, S)\sqrt[3]{P} \text{ in mm.}$$

5. Bei Vierfach-Expansionsmaschinen mit 4 Kurbeln:

$$d = (0{,}033\, A + 0{,}01\, B + 0{,}004\, C + 0{,}0013\, D + 0{,}0155\, S)\sqrt[3]{P} \text{ in Zoll}$$

oder:

$$d = (0{,}08\, A + 0{,}0242\, B + 0{,}0097\, C + 0{,}0032\, D + 0{,}0376\, S)\sqrt[3]{P} \text{ in mm.}$$

In diesen Formeln bedeutet:

A	den	Durchmesser	des	HD-Zylinders	in	Zoll	bzw.	mm,	
B	„	„	„	MD I-	„	„	„	„	„
C	„	„	„	MD II-	„	„	„	„	„
D	„	„	„	ND-	„	„	„	„	„

S den Kolbenhub in Zoll bzw. mm,
P den Kesselüberdruck in Pfund engl. pro □-Zoll bzw. kg/qcm.

Als Material ist hierbei geschmiedeter Siemens-Martin-Stahl vorausgesetzt, dessen Zugfestigkeit in den Grenzen zwischen 28 und 32 tons pro □″ liegt, bei einer Dehnung des vorschriftsmäßigen Probestabes von nicht weniger als

29% bei 28 t/□″ (44,1 kg/qmm) Festigkeit,
25% bei 32 t/□″ (50,4 kg/qmm) Festigkeit.

Beispiel: Berechnung der Kurbelwelle einer Frachtdampfermaschine mit dreifacher Expansion.

1. Berechnung der Kurbelwelle nach dem Germanischen Lloyd.

Es ist

D = Durchmesser des Niederdruckzylinders = 214 cm,
D_1 = Durchmesser des Hochdruckzylinders = 80 cm,
R = Kurbelradius = 76 cm,
P = absoluter Druck = 15,5 kg/qcm,
n = Anzahl der Niederdruckzylinder = 1.

$\frac{D^2}{D_1^2} = \frac{214^2}{80^2} = 7{,}16$; da $7{,}16 > 6{,}604$, gilt Formel 2.

Kurbelwellendurchmesser $d = \sqrt[3]{\frac{P \cdot R \cdot n \cdot D^2}{C}} = \sqrt[3]{\frac{15{,}5 \cdot 76 \cdot 1 \cdot 214^2}{634}} = 44{,}0$ cm.

2. Berechnung der Kurbelwelle nach dem Britischen Lloyd.

A = Hochdruckzylinder-Durchm. = 800 mm = 31,5″,
B = Mitteldruckzylinder-Durchm. = 1330 mm = 52,375″,
C = Niederdruckzylinder-Durchm. = 2140 mm = 84,25″,
S = Kolbenhub = 1520 mm = 59,875″,
P = Kesselüberdruck = 14,5 kg/qcm = 206,24 Pfund engl./Quadr.-Zoll,

Laufwellendurchmesser $= d_1 = (0{,}038\,A + 0{,}009\,B + 0{,}002\,D + 0{,}0165\,S) \cdot \sqrt[3]{P}$

$= (0{,}038 \cdot 31{,}5 + 0{,}009 \cdot 52{,}375 + 0{,}002 \cdot 84{,}25 + 0{,}0165 \cdot 59{,}875) \cdot \sqrt[3]{206}$,

$d_1 = 16{,}61'' = 422{,}3$ mm,
Durchmesser der Kurbelwelle, also $d = 1{,}05 \cdot 422{,}3 = 44{,}34$ cm.
Ausgeführt wurde die Kurbelwelle mit einem Durchmesser von 450 mm.

Die Torsionsbeanspruchung der Kurbelwelle ist $k_d = \frac{M_d \cdot 16}{\pi \cdot d^3}$, wobei das Moment

$$M_d = \frac{N}{n}\, 71\,620 = \frac{4400}{72}\, 71\,620 = 4\,380\,000 \text{ cm/kg}$$

sodaß also

$k_d = \frac{4\,380\,000 \cdot 16}{\pi \cdot 45^3} = 244$ kg/qcm für die Ausführung,
$k_d = \quad = 262$ „ nach dem Germanischen Lloyd,
$k_d = \quad = 256$ „ „ „ Britischen Lloyd sich ergibt.

§ 153. **Kurbelzapfen.** Den Durchmesser des Kurbelzapfens macht man meist gleich dem Durchmesser der Welle; manchmal auch aus Rücksichten auf den Flächendruck etwas stärker.

Die Länge des Kurbelzapfens richtet sich nach den bei „Pleuelstange", § 147, Tab. Nr. 34 angegebenen Flächendrücken; man vermeidet jedoch lange Kurbelzapfen, wenn irgend möglich, da die Festigkeit der Kurbelwelle dadurch wesentlich leidet. Es wird nämlich hierdurch die Biegungsbeanspruchung der Zapfen und Wellenteile größer, und es steigt auch die Torsionsbeanspruchung der hinteren Wange *A*, welche von der Welle und der vorderen Wange *B* mitgenommen wird (Abb. 366 und 367).

Bei sehr schnell laufenden Maschinen (Torpedobootsmaschinen) läßt es sich allerdings in der Regel nicht vermeiden, daß die Zapfen verhältnismäßig lang werden, da zwar die auf die Gestänge wirkenden Kolbenkräfte und damit die Flächendrücke groß, die Wellendurchmesser jedoch wegen der großen Umdrehungszahl verhältnismäßig klein werden. Man kann die Länge der Zapfen einschränken, wenn man dieselben etwas stärker nimmt als die Welle und der Gewichtsersparnis wegen ausbohrt.

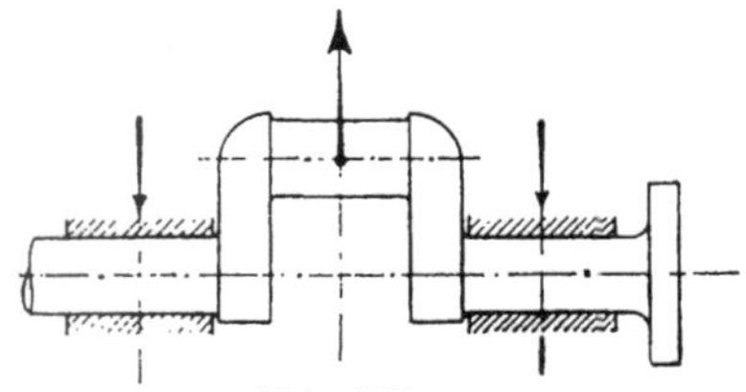

Abb. 366.

Das Verhältnis von Zapfenlänge zum Zapfendurchmesser findet man

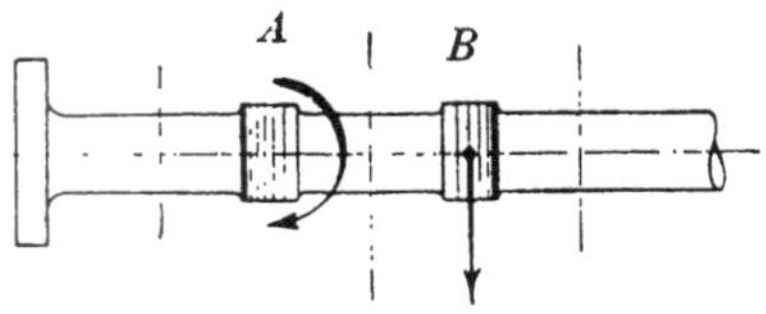

Abb. 367.

bei Handelsschiffen . . . . . 0,9—1,2
schweren Kriegsschiffen . . . 1,1—1,3
leichten Kreuzern . . . . . . 1,2—1,4
Torpedobooten . . . . 1,4—1,6.

Bei Torpedobootsmaschinen mit zwei *ND*-Zylindern nach dem in § 78 erläuterten System sind natürlich die Zapfenlängen der *ND*-Kurbeln erheblich kleiner, und zwar etwa gleich dem Zapfendurchmesser.

§ 154. **Gebaute Kurbelwellen.** Man verwendet solche immer dann, wenn man nicht gezwungen ist, ganz besonderen Wert auf Gewichtsersparnis zu legen, also fast immer bei Handelsschiffen (vgl. Abb. 368 bis 371 und 378), sehr selten dagegen bei Kriegsschiffen.

Mit Bezug auf Abb. 368 wird gewählt:

die Wangenhöhe $D = 1{,}9$—$2\,d$ und

die Wangendicke $w = 0{,}6$—$0{,}7\,d$.

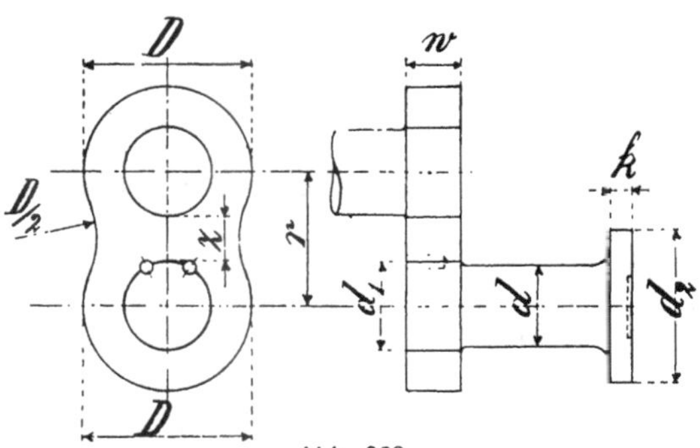

Abb. 368.

Das in der Wange steckende Wellenende verstärkt man meist um etwa 2—3%, damit eine kleine Hohlkehle entsteht und ein allmählicher Übergang von der Wange in die Welle gebildet wird.

Den Zwischenraum z zwischen beiden Zapfen wähle man nicht kleiner als 0,45 bis 0,5 d; man hat sonst ein Losewerden der Zapfen zu befürchten, da sich in dem Querschnitt $w \cdot z$ die beiden Spannungen addieren, welche in dem Material um beide Zapfen herum durch das Einziehen derselben entstehen. Nimmt man also z zu klein, so kann eine Dehnung des Teiles zwischen den Zapfen eintreten. Dem Kurbelzapfen gibt man in den Wangen entweder gar keine oder nur eine geringe Verdickung. Die fertig gedrehten Zapfen werden in die Wangen eingezogen, während letztere erwärmt sind.

Mitunter werden die Zapfen auch hydraulisch in die Wangen eingepreßt. In beiden Fällen wird der Zapfen um 0,1 % der Bohrung stärker als diese gemacht. Die Wellenenden werden in den Wangen gewöhnlich durch runde Dübel gesichert; es ist zweckmäßig, zwei kleinere Dübel statt eines größeren zu verwenden und sie seitlich von der Mittellinie (Abb. 368) anzuordnen, um den Querschnitt zwischen den Zapfen nicht zu schwächen.

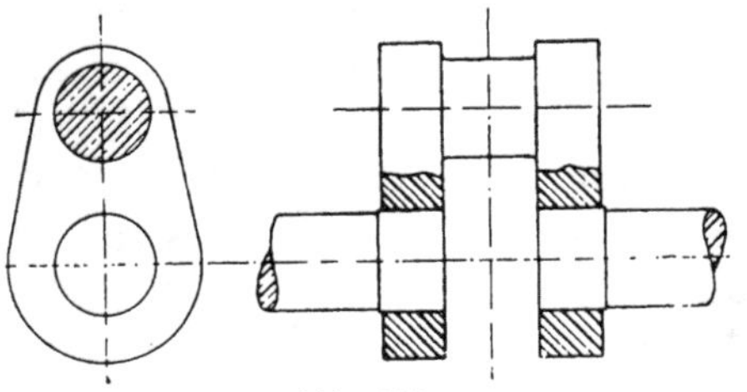

Abb. 369.

Man treibt die Dübel auf ca. 0,7 w Länge in die Wange ein; mitunter werden sie auch mit Gewinde stramm eingeschraubt (vgl. Abb. 379). Durchmesser derselben (bei Anwendung eines Dübels) $\frac{d}{15} + 10$ mm bei Wellen von 100 mm Durchm. aufwärts. Auch der Kurbelzapfen wird manchmal — aber unnötigerweise — verdübelt.

Bei der Herstellung zusammengebauter Kurbelwellen wird meistens in der Weise vorgegangen, daß zuerst in je eine Wange ein Wellenzapfen eingezogen wird und nachträglich in beide Teile gleichzeitig der Kurbelzapfen; es kann aber auch zuerst der Kurbelzapfen in die Wangen eingezogen werden und nachträglich die beiden Wellenzapfen.

In jedem Falle ist besonders darauf zu achten, daß die Achsen der Wellenzapfen und des Kurbelzapfens ganz genau parallel laufen.

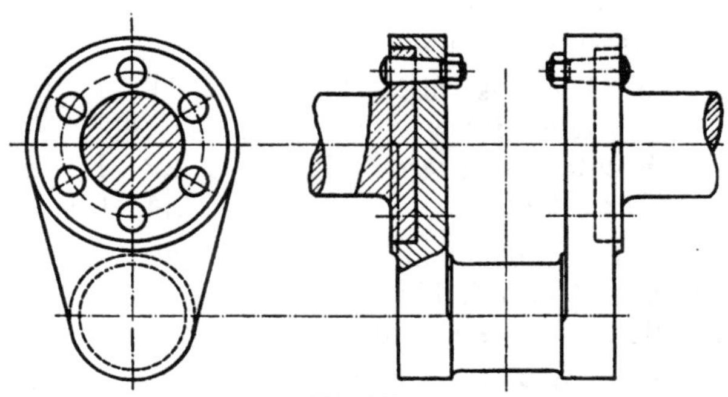

Abb. 370.

Mitunter findet man Kurbelwellen, bei welchen der Kurbelzapfen und die Wangen aus einem Stück geschmiedet und nur die Wellenenden eingezogen sind. Nachteil: schwierige und teure Fabrikation, kompliziertes Schmiedestück. Vorteil: Gewichts- und Raumersparnis (s. Abb. 369).

Eine ähnliche Konstruktion zeigt Abb. 370, bei welcher die beiden Wellenzapfen durch in die Wangen eingelassene Kupplungsflanschen mit den Kurbelwangen verbunden sind.

Ebenfalls nicht häufig findet man Kurbelwellen, bei denen der Kurbelzapfen und ein Wellenzapfen warm in die Kurbelwangen eingezogen sind, während der zweite Wellenzapfen mittels eines in die zweite Kurbelwange eingelassenen Kupplungsflansches mit dieser verbunden ist (Abb. 371). Man spart zwar den Platz für die Flanschen, schwächt aber die Wange bedenklich. Höchstens für die vorderste und die dieser folgende Kurbel ist diese Anordnung zweckmäßig, weil hier die zu übertragenden Kräfte geringer sind als bei der hintersten Kurbel.

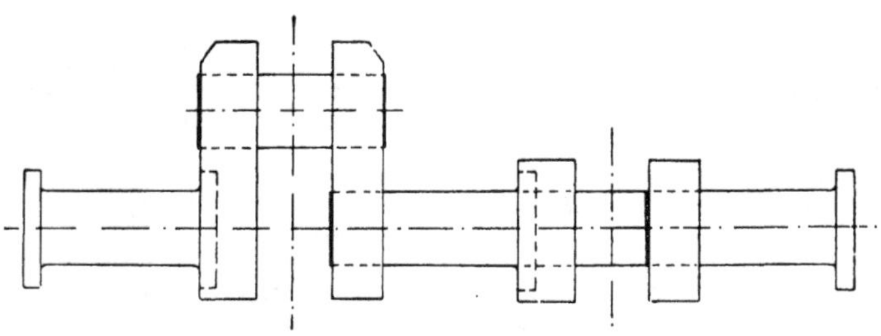

Abb. 371.

§ 155. **Kurbelwellen mit angeschmiedeten Wangen.** Diese sind bedeutend leichter als gebaute Kurbelwellen, dafür aber schwieriger herzustellen. Bei großen Wellen könnte auch das Bedenken auftauchen, daß die Struktur des komplizierten Schmiedestückes für die Festigkeit weniger günstig ist. Sie werden wegen des geringen Gewichtes ausschließlich benutzt bei Kriegsschiffen, Jachten und Dampfpinassen, sonst nur bei kleineren oder leicht gebauten Maschinen. Bei kleinen Torpedobooten und Dampfbeibooten, wo die Gewichtsreduktion auf das Äußerste getrieben ist, findet man mitunter Kurbelwellen, welche mit allen Kurbeln und den Exzenterscheiben aus einem Stück geschmiedet sind; die Herstellungskosten und das Risiko der Fabrikation solcher Wellen sind jedoch sehr groß.

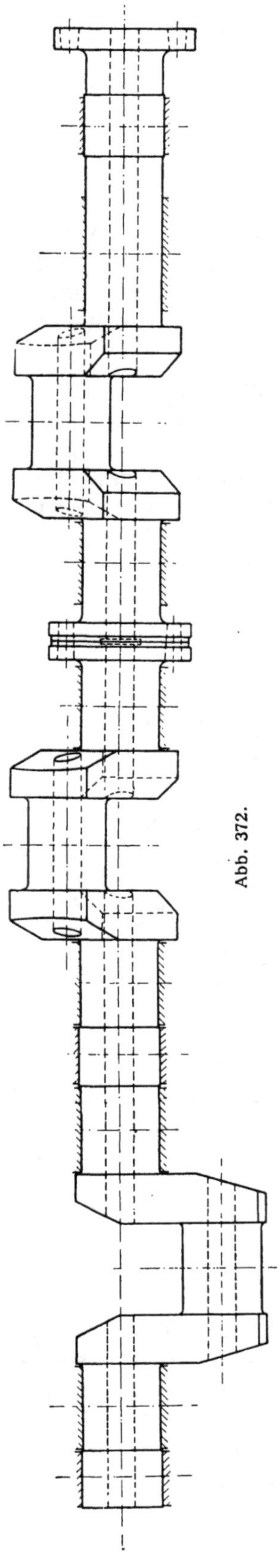

Abb. 372.

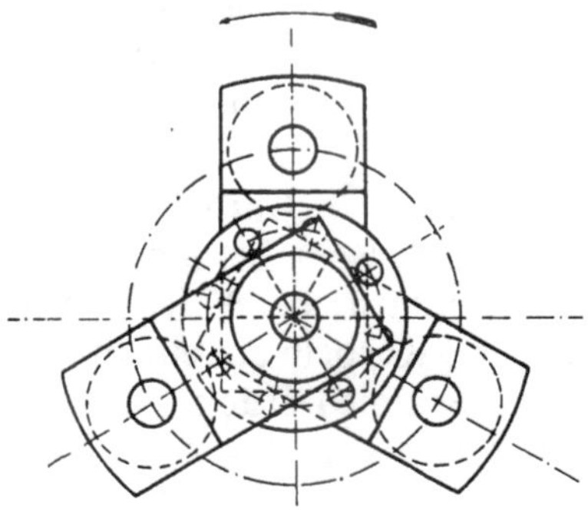

Abb. 373.

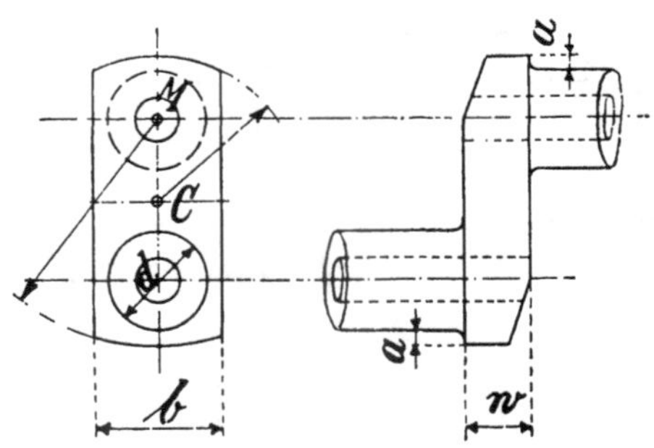

Abb. 374.

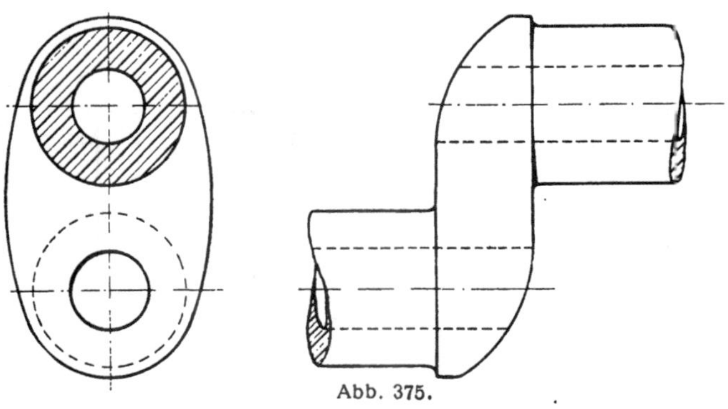

Abb. 375.

Abb. 372 und 373 zeigt eine geschmiedete Kurbelwelle für die Dreifach-Expansionsmaschine eines Linienschiffes, bei welcher die beiden vorderen Kurbeln zusammen aus einem Stück hergestellt sind. Die hinterste Kurbel ist für sich aus einem Stück hergestellt und mittels eines Kupplungsflansches mit dem vorderen Kurbelwellenstück verbunden.

Für die Stärke des Zapfens gilt dasselbe wie oben; die Wangenstärke wählt man wie oben zu $w = 0{,}6$ bis $0{,}7\,d$.

Die Breite der Wange wird mindestens $b = d + 2\left(5\text{ mm} + \frac{d}{40}\right)$, so daß also der Anlauf a mindestens $5\text{ mm} + \frac{d}{40}$ wird.

Man rundet die Wangen meist oben und unten auf der Drehbank durch einen Kreisbogen ab, dessen Mittelpunkt in M oder in C (s. Abb. 374) liegt. Sehr häufig werden die Wangen an den Enden abgeschrägt, meist jedoch nur bis zur Zapfen- resp. Wellenmitte, damit nicht die Verbindung von Wange und Zapfen geschwächt wird. Häufig findet sich auch bei Torpedobootsmaschinen die in Abb. 375 dargestellte Konstruktion.

Welle und Zapfen sind bei den geschmiedeten Kurbelwellen der Kriegsschiffe fast immer ausgebohrt.

§ 156. **Allgemeines über Kurbelwellen.** In der Regel macht man bei Handelsschiffen für jeden Zylinder ein besonderes Kurbelwellenteil und schraubt diese Teile mittels Flanschen zusammen; bei Kriegsschiffen schmiedet man nicht selten die ganze Kurbelwelle mit 2 oder 3 Kurbeln aus einem Stück oder vereinigt bei Vierkurbelmaschinen 2 Kurbeln zu einem Schmiedestück. Das Zusammenschmieden zweier Kurbeln hat keinen Vorteil außer den der Gewichts- und Raumersparnis durch den Fortfall der Flanschen; anderseits erschwert es das Mitführen und Einsetzen einer Reservewelle und macht die Fabrikation wesentlich teurer und umständlicher.

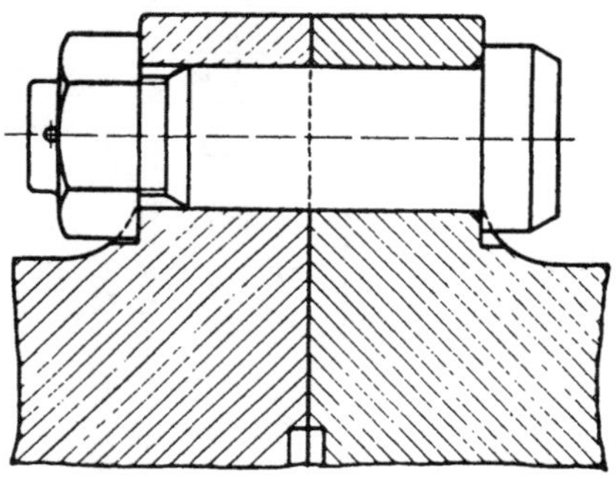

Abb. 376.

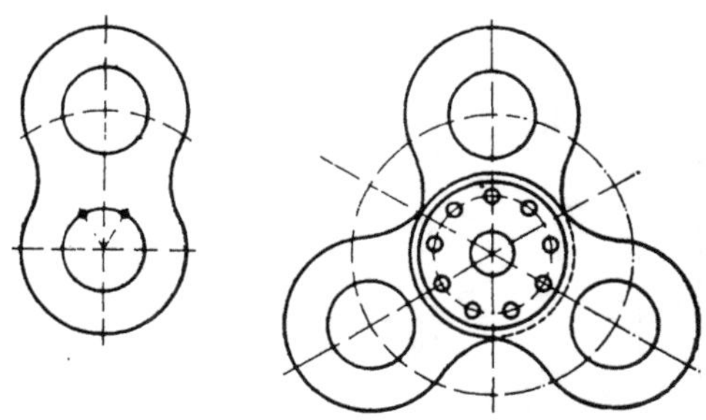

Abb. 377.

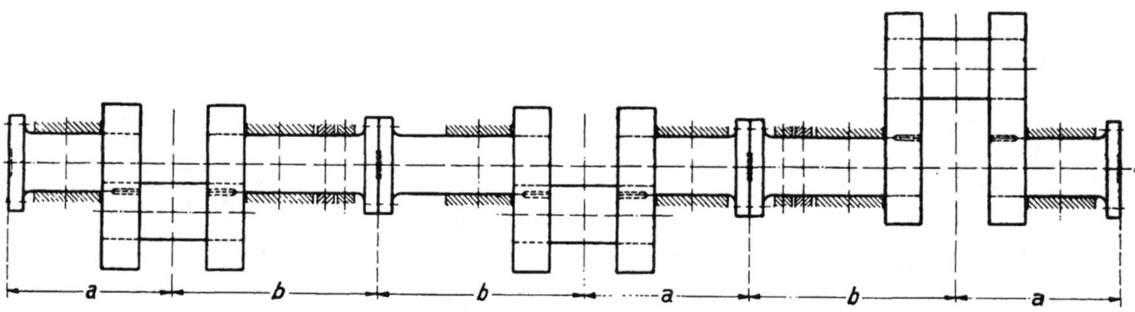

Abb. 378.

Die einzelnen Kurbelwellenteile der Handelsschiffsmaschinen müssen meist einander ganz gleich sein, so daß man dieselben gegenseitig auswechseln kann und nur ein Reservewellenteil braucht. Man kann auch bei verschiedenen Zylinderentfernungen dieser Forderung gerecht werden, indem man ein langes und ein kurzes Wellenende an jedem Kurbelwellenteil anordnet (s. Abb. 376 bis 379 für eine Maschine mit 3 Kurbeln).

Wahl der Kurbelwinkel. Hierüber siehe unter „Massenausgleich" § 70 u. f. und „Gleichförmigkeit der Drehmomente".

In der Regel versetzt man bei Zweikurbelmaschinen die Kurbeln unter 90^0, bei Dreikurbelmaschinen unter 120^0, bei Vierkurbelmaschinen unter 90^0 oder nach dem Schlickschen Massenausgleich (siehe Anordnung der Maschine § 88 c).

§ 157. **Kupplung der Kurbelwellenteile.** Die einzelnen Kurbelwellenteile werden ausschließlich durch Flanschen verbunden; bei Kriegsschiffen kommen mitunter noch ausrückbare Kupplungen zwischen der Kurbel welle und der Druckwelle vor (s. dort), doch hat man diese Konstruktion jetzt meist verlassen.

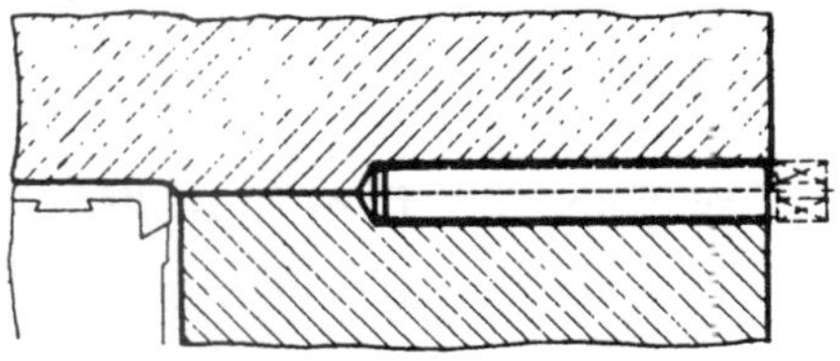

Abb. 379.

Durchmesser des Flansches je nach Wahl der Bolzen: $d_2 =$ ca. $1{,}7\,d$ bis $1{,}9\,d$.
Stärke des Flansches: $k = 0{,}25\,d - 0{,}28\,d$ (s. Abb. 368).

Die Kupplungsbolzen werden konisch, Abb. 380, oder zylindrisch, Abb. 376, hergestellt. Konus: 1 : 15 — 1 : 25. In jedem Falle müssen die Bolzenlöcher genau geradlinig zusammen aufgerieben werden, wozu in den Werkstätten besondere Aufreibevorrichtungen mit mechanischem Antrieb benutzt werden. Die konischen Bolzen müssen dann beim Einpassen auf der ganzen Länge gleichmäßig anliegen, während die zylindrischen Bolzen sich stramm eintreiben lassen müssen.

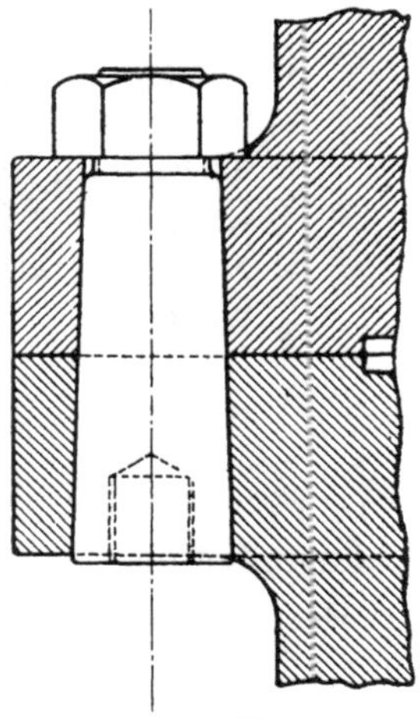

Abb. 380.

Der mittlere Durchmesser wird auf Abscherung berechnet. Das mittlere Drehmoment in der Welle ist

$$M = \frac{N}{n} \cdot 71\,620 \text{ cmkg}.$$

Ist r der Radius des Bolzenlochkreises, so ist die abscherende Kraft

$$P = \frac{M}{r}$$

und das Gesamtareal der mittleren Bolzenquerschnitte

$$F = \frac{M}{r} \cdot \frac{1}{S}.$$

Man bemesse die Beanspruchung S ungefähr gleich der Torsionsbeanspruchung der Kurbelwelle (s. oben). Wählt man viele kleine Bolzen, so bekommt man kleine Flanschen, wie dies für Kriegsschiffe erwünscht ist; nimmt man wenige, aber große Bolzen, so werden die Flanschen groß; letztere Konstruktion ist sicherer und für das Zusammenbauen und Auseinandernehmen bequemer; sie wird infolgedessen gewöhnlich bei Handelsschiffen angewendet. Man findet meistens

$$\text{Bolzendurchmesser in Mitte des Konus} = \frac{d}{4} \text{ bis } \frac{d}{6}.$$

Die Bolzen werden mittels Gewinde und Mutter festgezogen; man setzt das Gewinde gegen den Konus stark ab, um nicht zu große Muttern zu bekommen; die Auflagerfläche derselben darf jedoch nicht zu klein werden.

Die meist ziemlich niederen Muttern versieht man mit Sicherung und Splint.

Bei Einteilung der Bolzenlöcher ist darauf zu achten, daß sie eine solche Stellung bekommen, daß alle Kurbelwellenteile gleich werden und die Reservekurbel mit ihren vorgebohrten Löchern für jeden Zylinder paßt.

Die Bolzen müssen sich aus der Kupplung entfernen lassen, ohne daß eine umständliche Demontage von Maschinenteilen nötig wird; es ist jedoch oft nicht zu vermeiden, daß der Deckel des nächstliegenden Lagers entfernt werden muß.

Um die Kupplungsbolzen der Kurbelwellenflanschen leichter herausziehen zu können, werden sie manchmal am dicken Ende des Konus mit einem Gewindezapfen und Mutter versehen, oder der Bolzen erhält ein Gewindeloch zum Einschrauben einer besonderen Stift- oder Kopfschraube (Abb. 380).

Der Kupplungsflansch schließt sich mit einem Radius von etwa $\frac{d}{10}$ an die Welle an; die Bolzen rückt man so nahe als möglich an den Wellenschaft, so daß der Raum für die Muttern meist durch Einfräsen einer Vertiefung in die Ausrundung gewonnen wird.

Häufig findet man Vertiefungen für Zentrierungsscheiben in den Flanschen. Diese Scheiben werden nur zur Erleichterung des Zusammenpassens beim Aufreiben eingelegt, müssen aber beim endgültigen Zusammenbauen der Welle fortgelassen werden, um später, falls erforderlich, ein einzelnes Kurbelwellenteil herausnehmen zu können.

§ 158. **Material der Kurbelwellen** (vgl. auch die vorstehend gegebenen Vorschriften der Klassifikationsgesellschaften).

1. Schmiedeeisen wird heutzutage nicht mehr verwendet;
2. Siemens-Martin-Stahl, 40 bis 50 kg Festigkeit bei mindestens 20% Dehnung (auf 200 mm Meßlänge des Probestabes bezogen) für Kriegsschiffe und Handelsschiffe von normaler Bauart;
3. Nickelstahl, 55 bis 65 kg Festigkeit, mindestens 18% Dehnung, für Schnelldampfer, Panzerschiffe usw.;
4. Tiegelstahl für Kriegsschiffe bei sorgfältigster Ausführung, 45 bis 50 kg Festigkeit, 20 bis 25% Dehnung.
5. Siemens-Martin-Spezialstahl, sehr häufig für Torpedobootsmaschinen verwendet, 56 bis 63 kg Festigkeit, 18% Dehnung.

Grundplatte.

§ 159. Die **Grundplatte** besteht aus ebensovielen Querträgern oder Lagerbalken, als Lager vorhanden sind; diese Querträger sind durch Längsträger verbunden.

Bei kleineren Maschinen (bis ca. 1000 PSi) für Fracht- und Passagierdampfer, Schleppdampfer, Pinassen usw. gießt man die ganze Grundplatte aus einem Stück, auch wenn mehrere Kurbeln vorhanden sind oder man teilt sie um Gußschwierigkeiten zu vermeiden etwa in der Mitte ihrer Länge. Der Querschnitt der Längs- und Querträger ist ⊤-förmig, _⌈‾-förmig, [-förmig, I-förmig oder _⌈‾⌉_-förmig.

Bei Maschinen für größere Handelsschiffe gießt man für jede Kurbel ein besonderes Grundplattenstück, bestehend aus zwei verbundenen Querträgern. Die einzelnen Stücke werden mit Flanschen verschraubt (s. Abb. 384 bis 386). Der Querschnitt der Quer- und Längsträger ist meistens _⌈‾⌉_-förmig, seltener [- oder I-förmig.

Bei der üblichen Konstruktion für Handelsschiffe (vgl. Abb. 384 u. f.) wird, wo es angängig ist, die Höhe des Wellenmittels über Unterkante Bodenflansch stets so groß gemacht, daß der unterste Punkt der Pleuelstange nicht tiefer als Unterkante Grundplatte, sondern eher 50 bis 100 mm darüber schlägt.

Bei Maschinen mit eingebautem Kondensator werden die Längsträger der einen Seite häufig durch den angeschraubten Kondensator ersetzt (s. dort bzw. Abb. 143, 144 und 151, 152).

Die Abb. 381 bis 383 zeigen eine aus einem Stück aus Gußeisen gegossene Grundplatte einer Maschine von etwa 2200 PSi für einen Frachtdampfer, deren Kurbelwelle

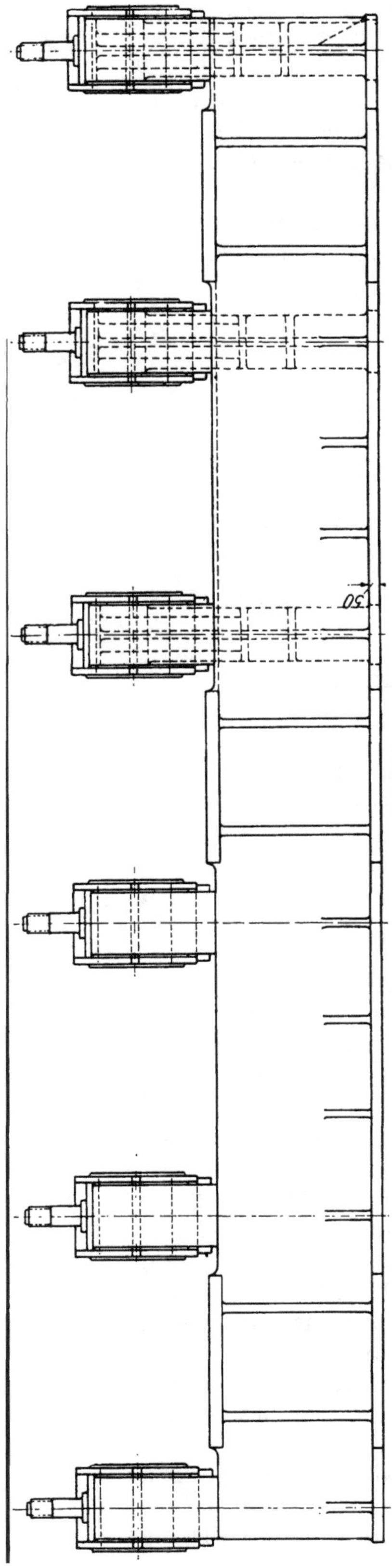

Abb. 381.

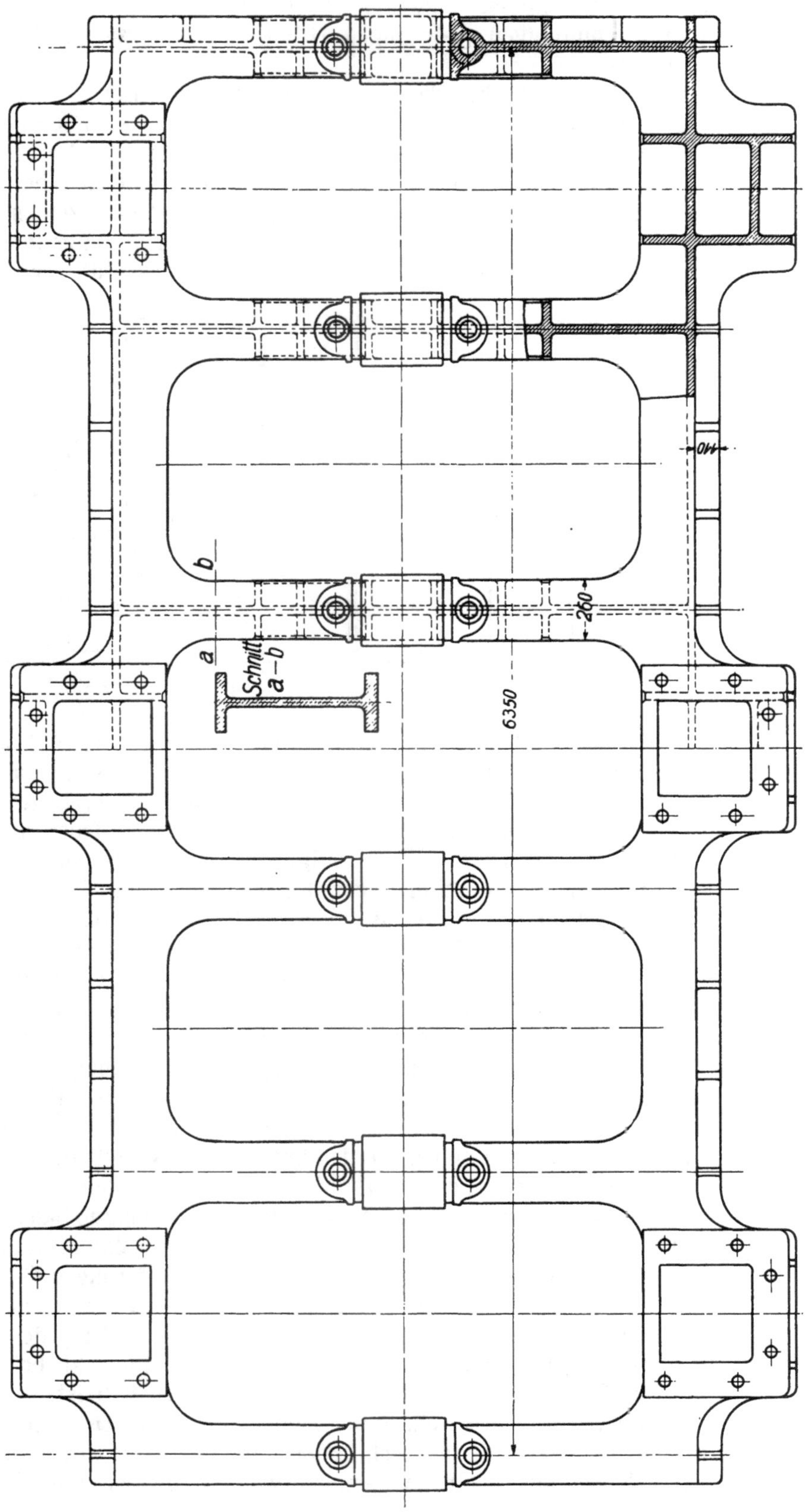

Abb. 382.

330 mm Durchmesser hat. Der Querschnitt der Lagerbalken ist ⌶-förmig, derjenige der Längsverbindungen [-förmig. Grundplatten dieser Größe aus einem Stück findet man selten.

In Abb. 384 bis 386 ist die typische gußeiserne Grundplatte für eine Frachtdampfermaschine von etwa 4000 PSi dargestellt, deren Kurbelwelle einen Durchmesser von 450 mm besitzt. Die Grundplatte besteht aus drei miteinander verschraubten Teilen, von denen jedes aus zwei Lagerbalken mit den beiden Längsträgern besteht. Um eine sichere, unverrückbare Verbindung der einzelnen Grundplattenteile zu erreichen, ist es erforderlich, daß in jedem Verbindungsflansch mindestens zwei von den Verbindungsschrauben als Paßschrauben ausgeführt werden.

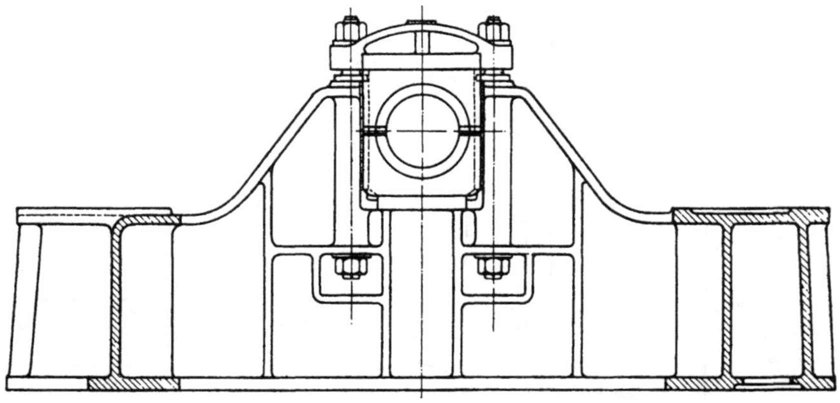

Abb. 383.

Bei den großen und verhältnismäßig leichtgebauten Schnelldampfermaschinen werden die Lagerbalken häufig aus Stahlguß angefertigt. Da es Schwierigkeiten macht komplizierte Stücke aus Stahl zu gießen, werden die Lagerbalken einzeln hergestellt und durch Zwischenstücke miteinander verbunden. Querschnitt der Lagerbalken und Zwischenstücke meist _⊓_-förmig; sie erhalten in den Wänden große Aussparungen zum raschen Herausnehmen der Kerne nach dem Guß, wie dies bei Stahlguß des starken Schwindens wegen nötig ist (vgl. Abb. 189 bis 193).

Bei Kriegsschiffen fertigt man die Lagerbalken meist einzeln aus Stahlguß an und verbindet diese durch Zwischenstücke (Abb. 387 bis 391) oder durch zwei durchlaufende Längsbalken von L- oder [-förmigem Querschnitt (z. B. Abb. 174 bis 182). Letztere Aufnahmen sind in der Montagehalle gemacht; die gußeisernen Unterlagen, welche unter den Stahlgußlagerbalken liegen, dienen nur zu Montagezwecken und werden im Schiff durch die Querträger des Maschinenfundamentes ersetzt. Zu bemerken ist hierzu, daß bei dieser Lagerbalkenkonstruktion die ganze Kolbenkraft vom Fundament aufgenommen werden muß. Dieses muß daher entsprechend kräftig gebaut, und müssen auch die Fundamentschrauben dementsprechend bemessen sein.

Die seitlichen Längsbalken bestehen aus Stahlguß oder bei leichten Fahrzeugen, Torpedobooten usw. aus geschmiedetem resp. gewalztem Stahl (Abb. 161 u. folg.). Die Lagerbalken haben hier ebenfalls _⊓_- oder ⌶-förmigen Querschnitt; sie sind jedoch, da sie in der Mitte meistens freitragen, nach unten durchgebogen, um das erforderliche Widerstandsmoment zu erhalten. Es ist sehr zweckmäßig, den nach unten durchhängenden Teil des Lagerbalkens auch noch am Fundament zu befestigen, wie dies bei den in Abb. 263 u. 267 dargestellten Maschinen der Fall ist.

Die vorstehend beschriebene Konstruktion der Grundplatte wird gewöhnlich dann angewandt, wenn die längsschiffs verlaufenden Fundamentträger aus Rücksicht auf die Steifigkeit möglichst hoch gemacht werden müssen und die Wellenmitte gleichzeitig

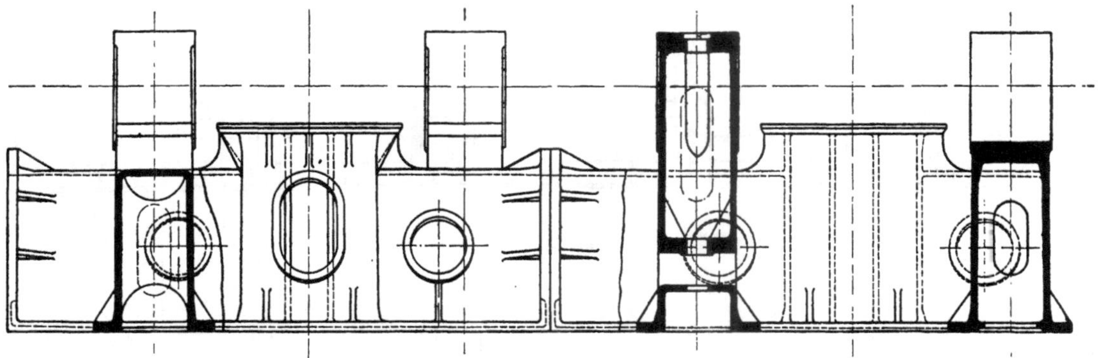

Abb. 384.

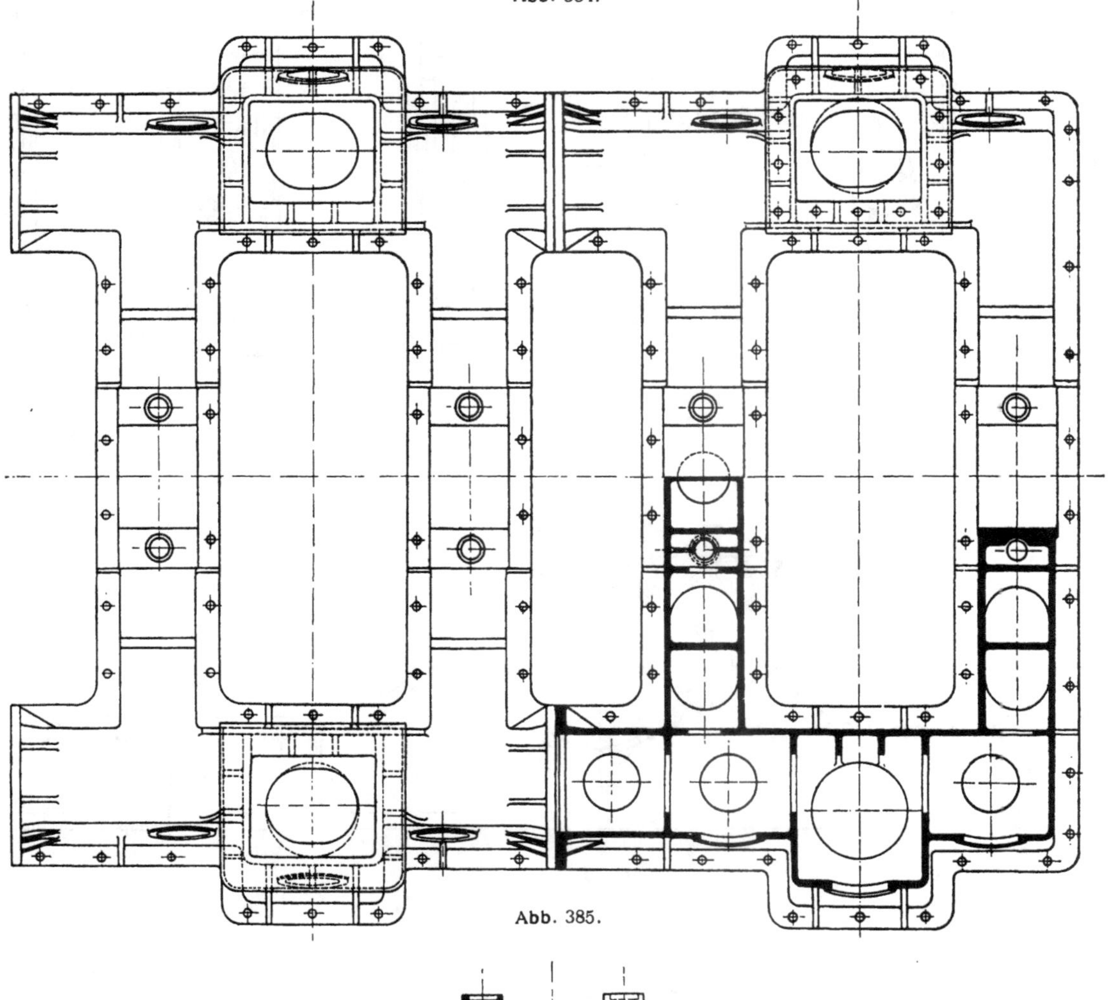

Abb. 385.

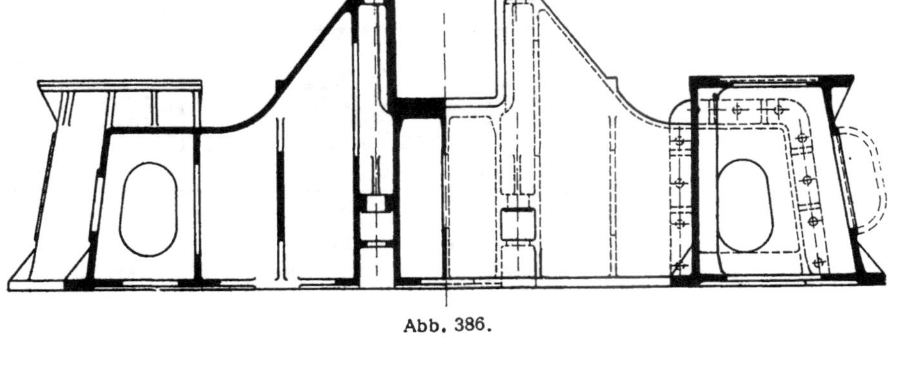

Abb. 386.

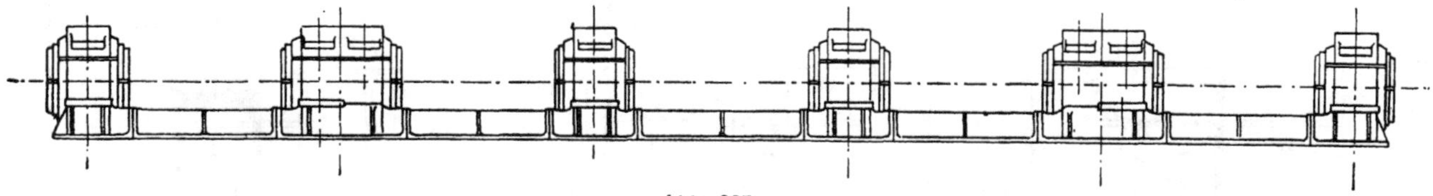

Abb. 387.

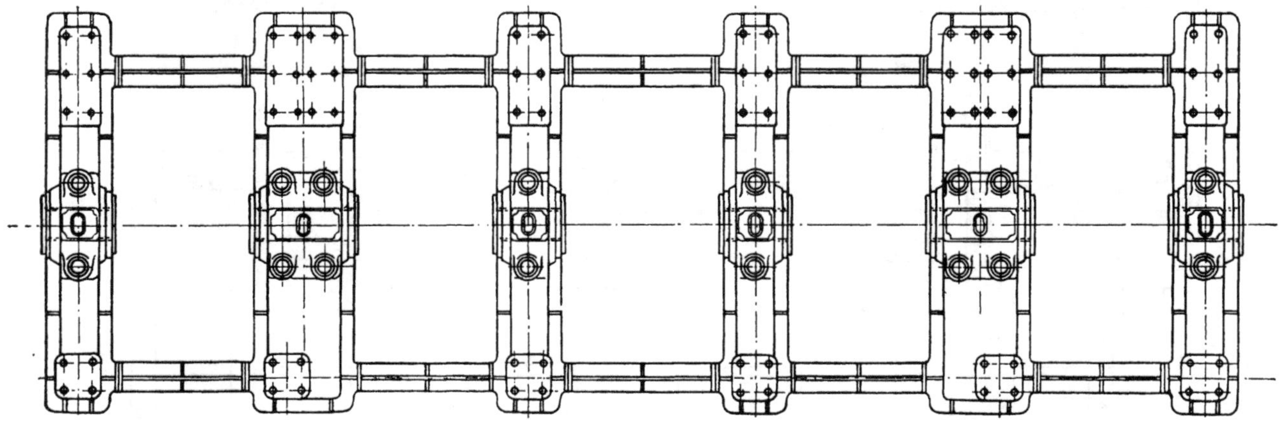

Abb. 388.

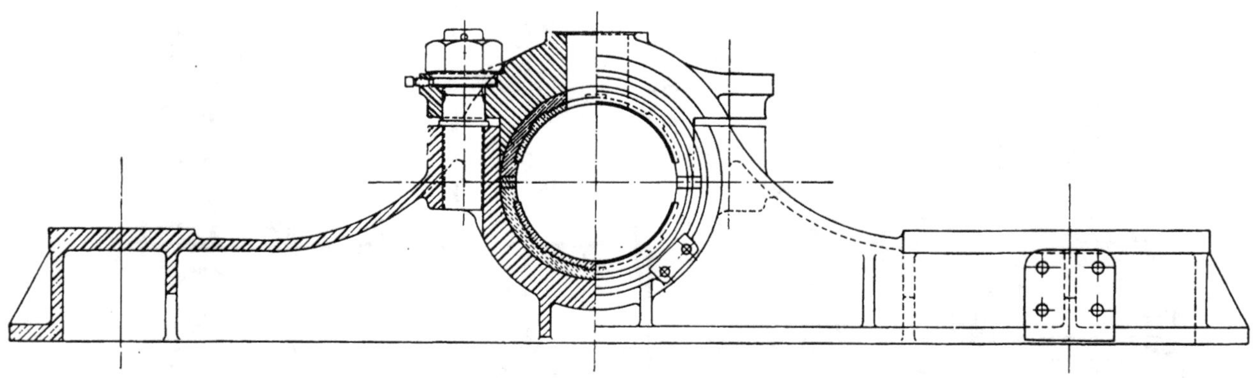

Abb. 389.

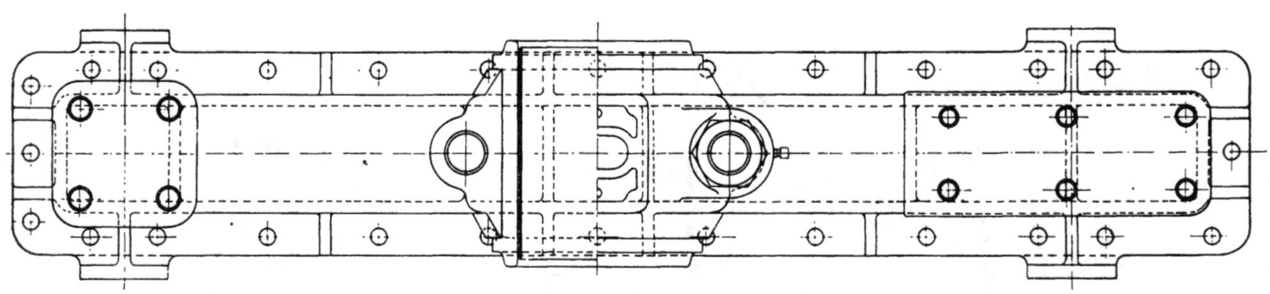

Abb. 390.

tief liegen muß. Auch bei Maschinen für Handelsschiffe wird diese Konstruktion der Lagerbalken manchmal angewandt, wie Abb. 465 (Schnelldampfer) und 461 zeigen. Bei ersterer sind die Lagerbalken aus Stahlguß und unten mit dem Fundament verschraubt, bei letzterer sind sie aus Gußeisen und freitragend.

Die Wandstärke der Grundplatte wird bei Ausführung in Gußeisen, wenn d der Wellendurchmesser in Millimeter ist, etwa genommen:

$$\delta = \frac{d}{30} + 12\,\text{mm}.$$

Stärke der Flanschen für Gußeisen mit Rücksicht auf die Bearbeitung bei ungenauem Guß etwa

$$\delta_1 = 1{,}9\,\delta - 2\,\delta.$$

Die Flanschen werden durch starke Paßbolzen verbunden, deren Durchmesser etwa $d_1 = 1{,}5\,\delta$ bis $1{,}7\,\delta$ gemacht wird.

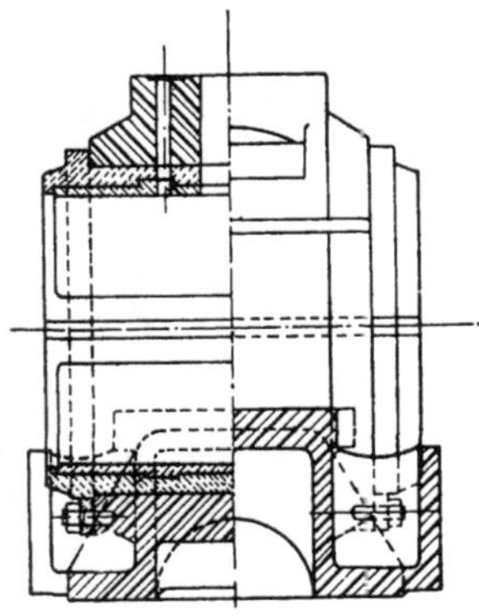

Abb. 391.

Die Wandstärke der Grundplatten aus Stahlguß wird bei Handelsschiffen und großen Kriegsschiffen etwa bemessen auf:

$$\delta = \frac{d}{50} + 12\,\text{mm},$$

bei Torpedobooten etwa

$$\delta = \frac{d}{30} + 8\,\text{mm}.$$

Flanschstärke etwa

$$\delta_1 = 1{,}6\,\delta \text{ bis } 1{,}8\,\delta.$$

§ 160. **Befestigung der Grundplatte.** Die Grundplatte wird entweder auf eine Lage von hartem Holz gesetzt und bleibt dann manchmal unten roh, oder man setzt sie auf gußeiserne oder stählerne Paßstücke, wobei die Platte dann unten meist bearbeitet wird. Die Fundamentschrauben werden gewöhnlich durch die Paßstücke gesteckt und zwischen letztere hartes Holz untergekeilt.

Stärke der Fundamentbolzen:

$^3/_4''$—$^7/_8''$	unter 100 mm	Wellendurchmesser,
$^7/_8''$—$1''$	für 100—200 mm	,,
$1''$—$1\,^1/_4''$	,, 200—400 mm	,,
$1\,^1/_4''$—$1\,^3/_4''$	,, 400—600 mm	,,

Die Teilung der Fundamentschrauben wird bei Grundplatten mit ringsum laufendem Flansch etwa gleich dem zehnfachen Bolzendurchmesser gemacht.

Die Fundamentschrauben müssen so stark sein, daß sie die nach oben gerichtete Rückwirkung des größten vertikalen Beschleunigungsdruckes der Gestänge (s. S. 154 u. f.) reichlich aushalten, wobei allerdings das Maschinengewicht von dem Beschleunigungsdruck abzuziehen ist. Ferner müssen sie die Grundplatte so fest auf die Unterlage pressen, daß die entstehende Reibung größer ist als der Propellerschub, falls das Drucklager nicht getrennt von der Grundplatte der Maschine auf einem besonderen Fundament befestigt ist; außerdem muß die Reibung noch den horizontalen Beschleunigungsdruck der Gestänge und die seitliche Komponente des Maschinengewichtes, welche beim Überholen des Schiffes entsteht (Neigung der Maschine bis etwa 15° aus der vertikalen Stellung) überwiegen (Abb. 392). Die Schrauben werden gewöhnlich sehr stark und ohne Rücksicht nachgezogen und müssen daher immer so kräftig wie möglich sein. Bei

Maschinen, deren Schwerpunkt weit oben liegt, kann es beim Überholen des Schiffes vorkommen, daß das Lot vom Schwerpunkt über die Grundplatte hinausfällt; die Schrauben müssen dann auch noch das Kippen der Maschine um die eine Grundplattenkante verhindern. Zur Entlastung der Schrauben hat man daher bei Torpedobootsmaschinen mitunter seitliche Ansätze an den Grundplatten angebracht, welche dieses Kippen verhindern sollen.

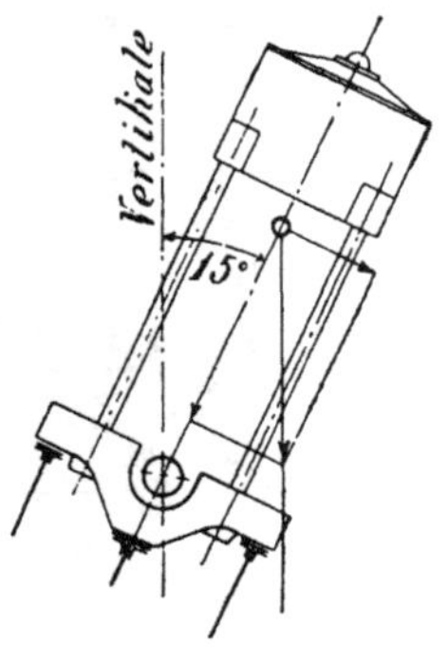

Abb. 392.

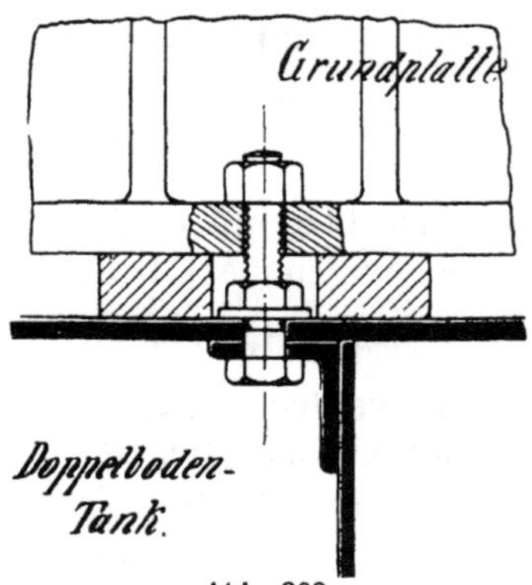

Abb. 393.

Wird die Grundplatte auf einem Fundament befestigt, welches auf dem Doppelboden des Schiffes aufgebaut ist, dann sind die Fundamentschrauben gewöhnliche Mutterschrauben, oder falls der Schraubenkopf nicht genügend Platz hat, gewöhnliche Stiftschrauben.

Steht die Grundplatte hingegen unmittelbar auf der Decke des als Wasser- oder Öltank benutzten Doppelbodens auf, dann müssen die Fundamentschrauben in der Decke des Doppelbodens abgedichtet werden, wie dies in den Abb. 393, 394 und 395 dargestellt ist.

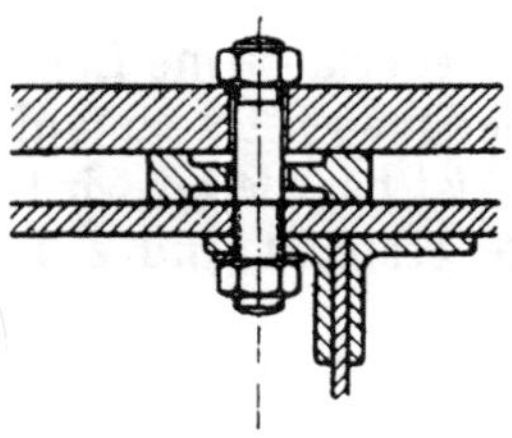

Abb. 394.

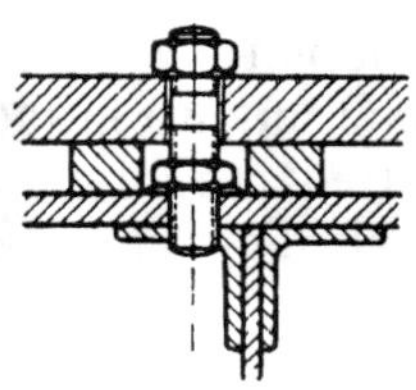

Abb. 395.

§ 161. Die **Längsträger** der Grundplatte müssen zusammen mit den Längsträgern des Maschinenfundamentes so stark und steif sein, daß sie die durch die Massendrücke der einzelnen Kolbengestänge auftretenden Biegungsbeanspruchungen aufnehmen können, ohne sich in nachteiligem Maße durchzubiegen (vgl. Massenausgleich). Dies kann in der Hauptsache nur durch ein starkes Maschinenfundament erreicht werden. Man macht daher häufig, besonders bei Maschinen für leichte Kriegsschiffe, die Längsträger der Grundplatte verhältnismäßig schwach, so daß sie in der Hauptsache nur als Distanzstücke beim Ausrichten der Lagerbalken dienen, und bildet das Maschinenfundament so kräftig aus, daß es die auftretenden Biegungsbeanspruchungen aufnehmen kann (vgl. Maschinenfundament).

§ 162. **Grundlager.** Durchmesser derselben siehe Kurbelwelle. Die Länge richtet sich nach dem spezifischen Flächendruck bei der Maximalbelastung, welcher die in folgender Tabelle angegebenen Werte nicht überschreiten soll.

Flächendruck im Grundlager:

Gewöhnliche Frachtdampfer	14—16	kg/cm^2
Passagierdampfer, Schnelldampfer . . .	16—22	„
Panzerschiffe, große Kreuzer	18—24	„
Kleiner, leichter Kreuzer	24—28	„
Torpedoboote, Dampfbeiboote	28—38	„

Bei Maschinen mit mehreren Kurbeln nimmt man an, daß auf jede derselben die Maximalbelastung des *HD*-Zylinders wirkt. Bei ungleich langen Grundlagern gibt man denselben eine derartige Gesamtlänge, daß die Gesamtbelastung, dividiert durch die Gesamtdruckfläche, den spezifischen Flächendruck obiger Tabelle ergibt, wobei man jedoch darauf achten muß, daß auch der Druck jedes einzelnen Lagers die angegebenen, Werte nicht wesentlich überschreitet. Lager bei denen auf jeder Seite Kurbeln liegen, die unter 180° versetzt sind, können etwas höhere Flächendrücke erhalten.

Im allgemeinen macht man bei normaler Ausführung die Grundlager möglichst gleich lang, und zwar gleich denen für die Hochdruckkurbel, und legt sie so nahe wie irgend möglich neben die Kurbelwangen; letztere müssen zwischen den Lagern nur so viel Spielraum haben, daß bei Abnutzung der Druckringe und bei Wärmeausdehnung der Welle die Wangen nicht gegen die Lager gedrückt werden. Bei sehr großen Leistungen wird mitunter das hinterste Lager länger gemacht als die übrigen weiter vorn liegenden, da die letzten Lager sich häufig stärker abnutzen als die vorderen, weil die letzten Wellenzapfen unter der Einwirkung des von den vorderen Kurbeln übertragenen Drehmomentes die Lager ungünstiger beanspruchen. Beim vorletzten Lager ist diese Maßnahme wegen der Platzverhältnisse meist nicht möglich.

B e i s p i e l. Für die Dreifach-Expansionsmaschine von 4400 PSi eines Frachtdampfers von 800 · 1330 · 2140 mm Zylinderdurchmesser, 1520 mm Hub, 72 Umdrehungen pro Min. und 14,5 at Kesselüberdruck sollen die Dimensionen der Grundlager bestimmt werden. Der Wellendurchmesser beträgt, vgl. § 152, 450 mm. Der maximale Kolbendruck ist

$$P = \frac{80^2 \pi}{4} \cdot 14{,}5 = 72\,800 \text{ kg}.$$

Wir wählen, (vgl. vorstehende Tabelle), einen spezifischen Flächendruck von 15 kg pro cm². Hieraus ergibt sich die Länge der Kurbelwellenlager zu

$$l = \frac{P}{2 \cdot 15 \cdot 45} = \frac{72\,800}{1350} = 54 \text{ cm}.$$

Diese Länge erhalten auch die Grundlager der *MD*- und *ND*-Kurbeln. Vgl. hierzu Abb. 378, § 156.

L a g e r s c h a l e n. Bei großen Handels- und Schnelldampfern findet man gewöhnlich eckige Unter- und Oberschalen. Mitunter wird jedoch die untere Lagerschale rund, die obere eckig ausgeführt. Bei Kriegsschiffen findet man auch runde Ober- und Unterschalen (Abb. 389 u. 391).

E c k i g e O b e r- u n d U n t e r s c h a l e n (Abb. 396 u. 397) müssen ganz stramm in den Lagerbalken eingepaßt sein; ist dies der Fall, so hat man bei solchen Schalen ein Losewerden im Betrieb weniger als bei den andern Konstruktionen zu befürchten. Bei großen Lagern macht man die Schalen hohl und läßt Kühlwasser durch dieselben zirkulieren. Eckige Unterschalen bieten den Vorteil, daß sie sich durch Unterlegen von Blechen entsprechend der Abnutzung der Unterschalen heben lassen. Man läßt zu diesem Zweck mitunter die eine oder beide unteren Führungsleisten der Unterschale fort, um das Unterlagsblech nach geringem Anheben der Schale einschieben zu können (siehe Abb. 396).

M a t e r i a l: Gußeisen bei Handelsschiffen, Bronze oder Stahlguß bei Kriegsschiffen, stets mit Weißmetalleinlage, welche durch Rillen und Aussparungen gehalten wird. Die Schalen werden vor dem Ausgießen verzinnt. Um die Lagerlänge möglichst auszunutzen, wird das Weißmetall häufig bis zur Außenkante der Lagerschalen durchgeführt und durch eine Ringnut festgehalten. (Vgl. Abb. 397).

Zwischen den Schalen liegen meist Zwischenstücke aus Bronze oder Gußeisen (die jedoch bei eckigen Schalen keinen ausgesprochenen Zweck haben); außerdem werden noch einige verschieden starke Messingbleche zwischengelegt, welche zum Auswechseln beim Nachpassen des Lagers dienen. Die Zwischenstücke und Messingblechbeilagen werden durch zwei Stifte, welche in der Unterschale sitzen und bis in die Oberschale reichen, gehalten. Bei größerem Wellendurchmesser werden die Oberschalen gewöhnlich mit einem Handloch, etwa 120 · 75, versehen, um durch den Deckel hindurch die Welle anfühlen und deren Temperatur beobachten zu können.

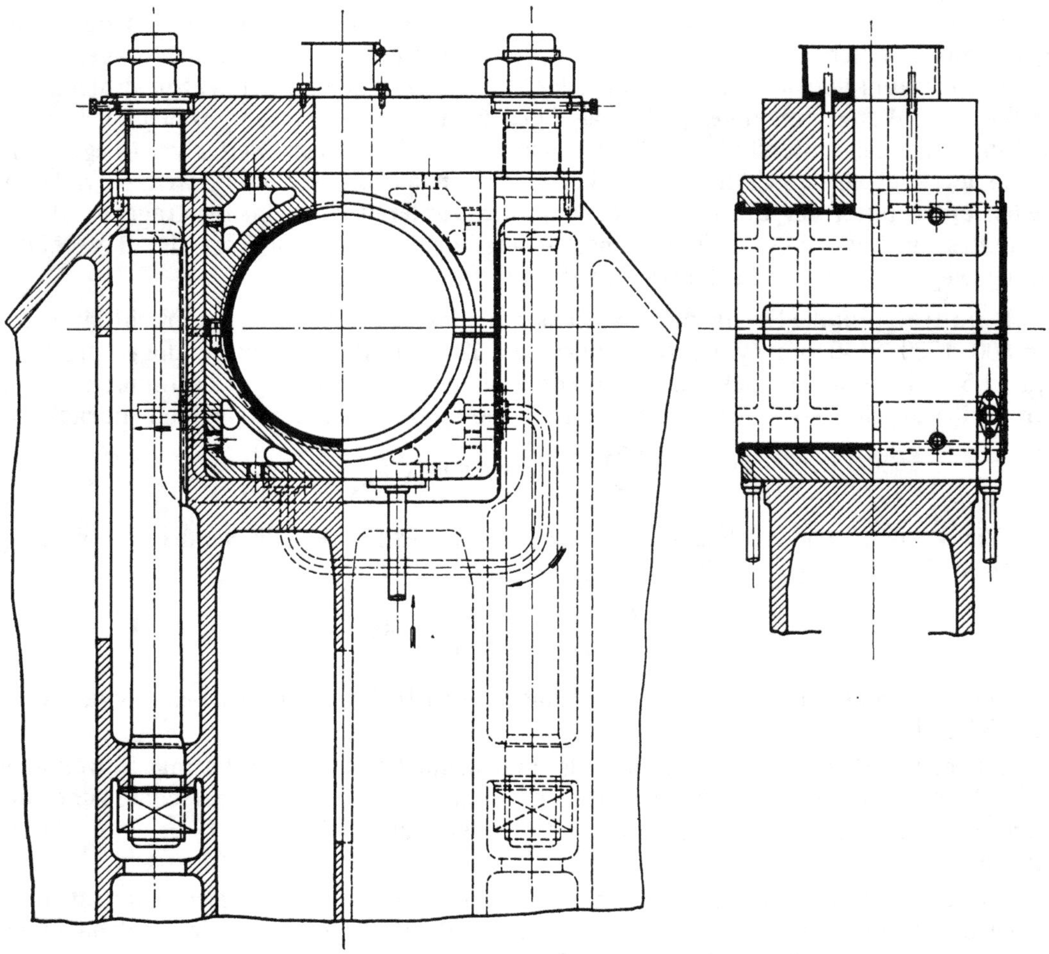

Abb. 396 und Abb. 397.

Zum Herausziehen der Lagerschalen sind sowohl in der Oberschale als auch in der Unterschale Gewindelöcher für Augschrauben vorzusehen.

Damit die sämtlichen Lager genau in einer Linie liegen, werden dieselben nach dem Verbinden der Grundplatten bei der Montage „ausvisiert". Man läßt das Weißmetall in den Lagern ungebohrt und verschließt bei allen Lagern beide Lagerenden durch eine Holzscheibe, in deren Mitte ein Stück Blech mit einem ganz kleinen Loch angebracht ist. Die Bleche werden so lange verschoben, bis man durch die sämtlichen kleinen Löcher den Schein eines Lichtes sehen kann, welches an einem Ende der Maschine im Wellenmittel angebracht ist. Man setzt dann in das Loch im Blech die Zirkelspitze ein und zeichnet das Lager durch Schlagen eines Kreises zum Ausbohren vor.

Die runden Unterschalen (Abb. 398) gewähren den Vorteil, daß man sie herausnehmen kann, ohne erst die Kurbelwelle hochheben zu müssen. Man kann z. B. nach dem Warmlaufen eines Lagers die Unterschale herausdrehen, nachschaben und die zugestrichenen Schmiernuten wieder nachhauen. Die Welle wird zu diesem Zweck etwas in die Höhe gekeilt und das Herausdrehen der Schale mit einem Hakenschlüssel bewirkt. Wenn Ober- und Unterschale rund sind, müssen die Zwischenstücke durch den Deckel festgeklemmt oder sonst in geeigneter Weise gesichert werden, damit sich die Schalen nicht drehen können.

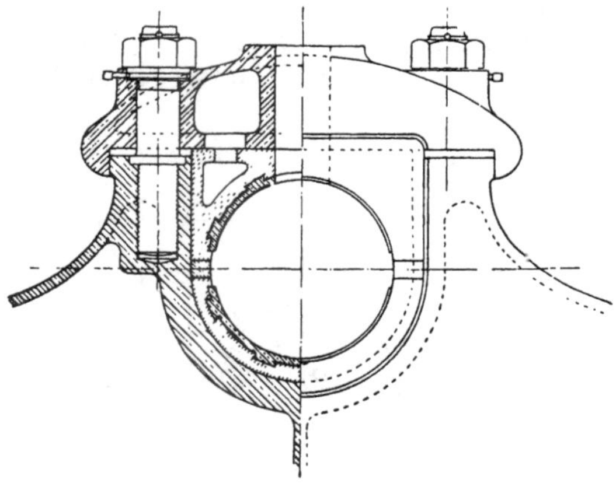

Abb. 398.

Um die Lage der Welle, d. h. die Abnutzung der Lager, jederzeit feststellen zu können, werden nach Beendigung der Montage in der Werkstatt Blechschablonen nach Abb. 399 oder Stichmaße nach Abbildung 400 angefertigt und dem Schiff mitgegeben.

Mitunter werden zu diesem Zweck auch Stichmaße benutzt, welche von zwei unter etwa 45° zur Wellenmitte gelegenen festen Punkten am Lagerbalken bis zur Welle reichen.

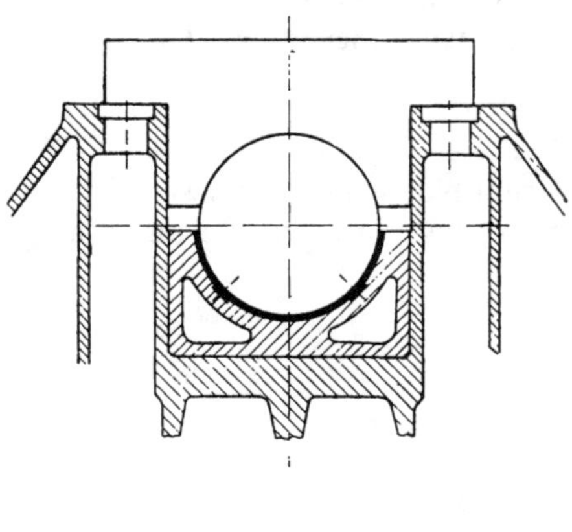

Abb. 399.

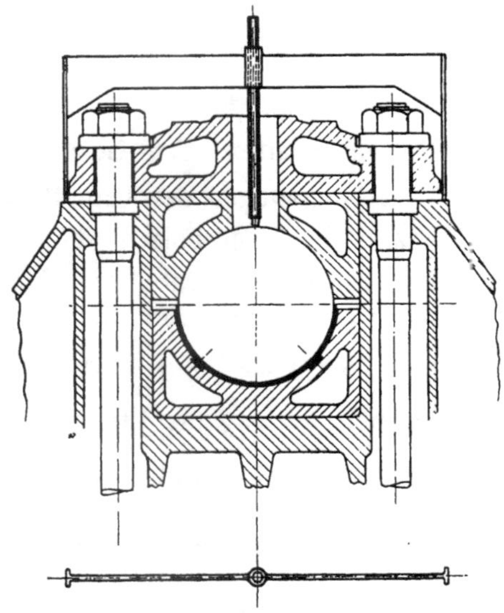

Abb. 400.

§ 163. **Lagerdeckel.** Wenn die obere Schale rund ist, macht man den Deckel aus Gußeisen oder Stahlguß (vgl. Abb. 389); bei eckiger Oberschale verwendet man als Deckel meist eine stählerne Platte oder einen Stahlgußkörper (Abb. 396 u. 383). Dimensionen siehe § 166. Im Deckel wird ein durch die Oberschale reichendes Handloch, etwa 120 · 75 mm groß, angebracht, durch welches dem Lager konsistentes Fett zugeführt und die Temperatur desselben gefühlt werden kann. Über dem Handloch sitzt meist ein Schmierkasten mit zwei Fächern, von denen das eine Fach eine Öffnung für genanntes Handloch besitzt, das andere aber für Öldochtschmierung eingerichtet ist.

Häufig wird der Deckel mit der Oberschale durch besondere Schrauben verbunden, welche ermöglichen, daß beide Teile zugleich gehoben werden können; außerdem sind oben im Deckel Gewindelöcher für Augschrauben angebracht. Bei kleineren Maschinen wird mitunter die Oberschale ganz weggelassen und der Deckel mit Weißmetall ausgegossen.

§ 164. **Lagerbolzen.** Gewöhnlich werden 2, bei sehr breiten Lagern 4 Stück Lagerbolzen angeordnet. Wenn angängig, verwendet man Bolzen mit Muttern an beiden Enden, unten häufig eine nicht drehbare Vierkantmutter (Abb. 396 und 397). Seltener kommen Bolzen mit Köpfen unten vor. Jedenfalls soll das Auswechseln der Bolzen immer möglichst leicht bewerkstelligt werden können. Die Bolzen mit Muttern oben und unten erhalten über der Platte gewöhnlich einen eingelassenen Bund, so daß sie fest in derselben sitzen. Man achte auf gehörige Versteifung der Platte am Angriffspunkt der Bolzen (vgl. Abb. 383).

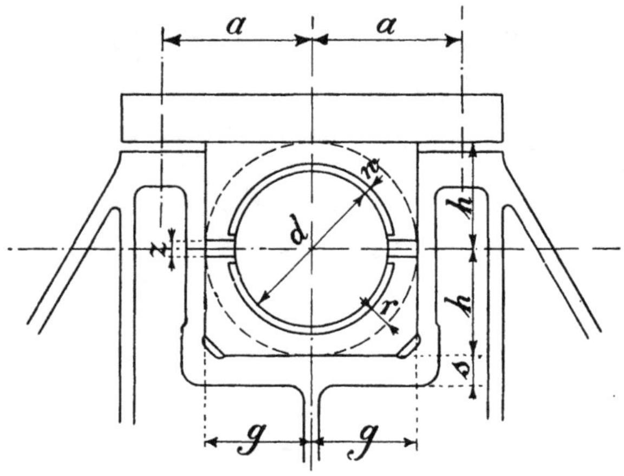

Abb. 401.

Bei kleineren Lagern verwendet man Stifte bis etwa 3″ Durchmesser. Diese haben den Nachteil, daß sie schwer zu erneuern sind, besonders wenn sie unten am Bund abbrechen.

Die Bolzen oder Stifte erhalten feines Gewinde und oben bei größeren Maschinen Pennsche Muttern, bei kleinen Maschinen Doppelmuttern.

Bei ersteren versieht man die Deckel mit einer aufgeschlagenen Teilung, damit man den Grad des Anzuges feststellen kann (siehe Abb. 346).

Die Bolzen erhalten oben Gewindelöcher für Augschrauben zum Herausnehmen.

§ 165. **Abmessungen der Grundlager** (s. Abb. 401).

Abstand der Lagerbolzen von Mitte Lager:

$a =$ ca. 0,85 bis 0,9 d für Schale und Grundplatte aus Gußeisen.

$a =$ ca. 0,75 bis 0,85 d für Schalen aus Bronze und Grundplatte aus Stahlguß.

Lagerbreite $g = \frac{d}{2} + r + w$.

Lagerhöhe $h = g$ bis 1,05 g.

Weißmetallstärke etwa $w = \frac{d}{35} + 5$ mm.

do. bei Torpedobooten etwa $w = \frac{d}{80} + 5$ mm.

Zwischenstückdicke etwa „ $z = \frac{d}{15} + 5$ mm.

Stärke der runden Schalen ohne Einrechnung des Weißmetalls $\left\}\begin{array}{l} r = 0{,}07 \text{ bis } 0{,}09\, d + 3 \text{ mm für Bronze.} \\ r = 0{,}11 \text{ bis } 0{,}12\, d + 5 \text{ mm für Gußeisen.}\end{array}\right.$

do. bei Torpedobooten . . . $r = 0{,}06\, d + 5$ mm für Stahlguß u. Bronze.

Stärke der Grundplatte unter der Schale $\left\}\begin{array}{l} s = 0{,}20 \text{ bis } 0{,}28\, d \text{ für Gußeisen.} \\ s = 0{,}12 \text{ bis } 0{,}16\, d \text{ für Stahlguß.}\end{array}\right.$

do. für Torpedoboote . . . $s = 0{,}09$ bis 0,11 d für Stahlguß.

Stärke der Lagerbolzen usw. Verteilt man die Maximalbelastung der Kurbel auf die Bolzen der beiden Lager neben der betreffenden Kurbel, so findet man eine Beanspruchung von etwa

$S = 220$—300 kg/cm² bei Handelsschiffen,

$S = 300$—450 „ „ Kriegsschiffen,

$S = 450$—580 „ „ Torpedobooten.

Liegt ein einziges Lager zwischen zwei Kurbeln, so versieht man es meist mit vier Bolzen oder mit zwei stärkeren Bolzen. Man ist jedoch im allgemeinen stets bestrebt, sämtliche Bolzen gleichstark zu machen.

§ 166. **Stärke der Lagerdeckel.** (Vgl. Abb. 402.) Diese werden meist als durch die halbe Maximalbelastung $\frac{P}{2}$ gleichmäßig belastete Träger berechnet, welche in den Bolzenmitteln frei aufliegen. Biegungsbeanspruchung S meist etwas geringer als für die Pleuelstangenlagerdeckel oben angegeben.

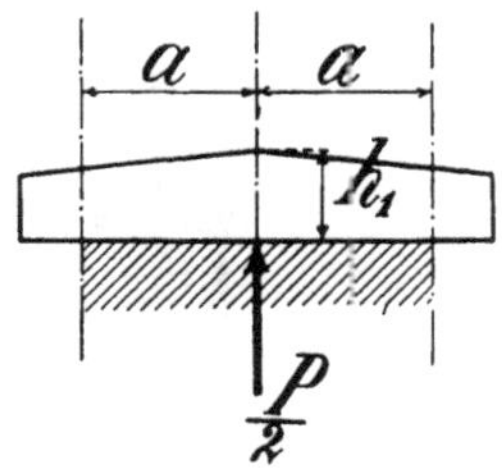

Abb. 402.

Liegt nur ein Lager zwischen zwei Kurbeln, so macht man den Deckel entweder etwa $^4/_3$ bis $^3/_2$ so stark, oder entsprechend breiter als bei den andern Lagern.

Breite der Lagerdeckel etwa $b = 0{,}6 - 0{,}9$ mal Lagerlänge.

Die Höhe ergibt sich dann aus obigen Werten für S aus der Formel:

$$S = \frac{\frac{P}{2} \cdot 2a \cdot \frac{1}{8}}{\frac{b \cdot h_1^2}{6}} \quad \text{zu} \quad h_1 = \frac{1}{2}\sqrt{\frac{3P \cdot a}{b \cdot S}}.$$

Maschinenständer.

§ 167. Die **Anordnung der Maschinenständer** beeinflußt die Konstruktion der Maschine wesentlich und ist für den Typus derselben charakteristisch.

Kleine gewöhnliche Handelsschiffe. Ständer aus Gußeisen, Rippenguß oder Hohlguß mit angegossener Gleitbahn. 2 Ständer für jeden Zylinder, oder vorn Säulen, hinten Ständer. Häufig werden die Ständer einer Seite mit dem Kondensator aus einem Stück gegossen; ebenso findet man häufig die Lager für Umsteuerungswelle und Luftpumpenhebel und oft (bei Einspritzkondensation) auch die Luftpumpe an die Ständer angegossen. Typische Form Abb. 143 bis 152.

Wandstärke für Rippenguß und Hohlguß . . . . . $\delta = \frac{d}{30} + 12$ mm
Flanschdicke . . . . $\delta_1 = 2{,}0$ bis $2{,}2\,\delta$
Stärke der Gleitbahn . . . . $\delta_2 = 1{,}5$ bis $1{,}7\,\delta$

wobei d der Wellendurchmesser der Maschine ist.

Große, schwergebaute Handelsschiffe. Gußeiserne Hohlgußständer von viereckigem Querschnitt, zwei Stück für jeden Zylinder. Wird der Kondensator in die Maschine eingebaut, dann stehen die hinteren Ständer auf dem Kondensator, soweit dieser die Länge der Maschine einnimmt. Typische Form s. Abb. 157 bis 160, 172, 173, 183 und 403 bis 405. Die Gleitbahn wird angeschraubt und meist mit indirekter Wasserkühlung versehen, s. bei „Gleitbahn".

Neuerdings wird auch bei diesen Maschinen der Kondensator nicht mehr in die Maschine eingebaut, sondern aus Gußeisen oder Flußeisenblechen hergestellt und entweder mittels Konsolen an den hinteren Ständern befestigt, oder auf einem Fundament gelagert, welches sich einerseits auf die hinteren Maschinenständer, anderseits mittels Säulen auf den Doppelboden stützt. Siehe Abb. 157 bis 159, 173, 184.

Wandstärke des Ständers . . . . $\delta = \frac{d}{30} + 12$ mm
Flanschdicke . . . . $\delta_1 = 2{,}0$ bis $2{,}2\,\delta$.

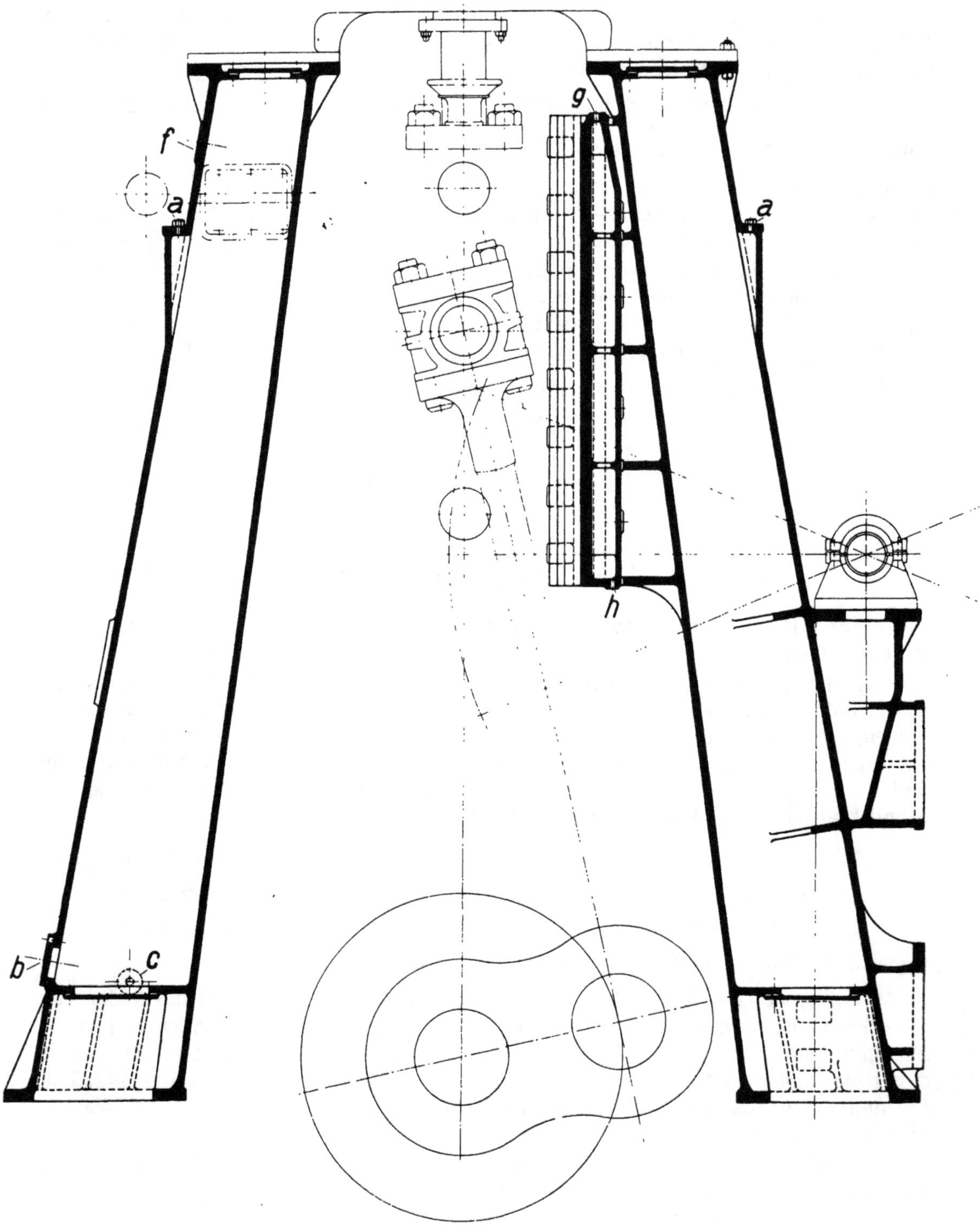

Abb. 403.

Die Flanschen werden durch kräftige Rippen verstärkt.

Bei großen Maschinen werden die langen Ständer unten sehr häufig gegabelt, so daß sie die Form eines umgekehrten *Y* erhalten. Durch diese Konstruktion wird die

Stabilität der Maschine erhöht; außerdem lassen sich hierbei die Ständer näher an die Welle legen, da die Kurbel zwischen den Beinen des Ständers frei geht. Typische Form s. Abb. 406 und 407, sowie Abb. 171 und 185.

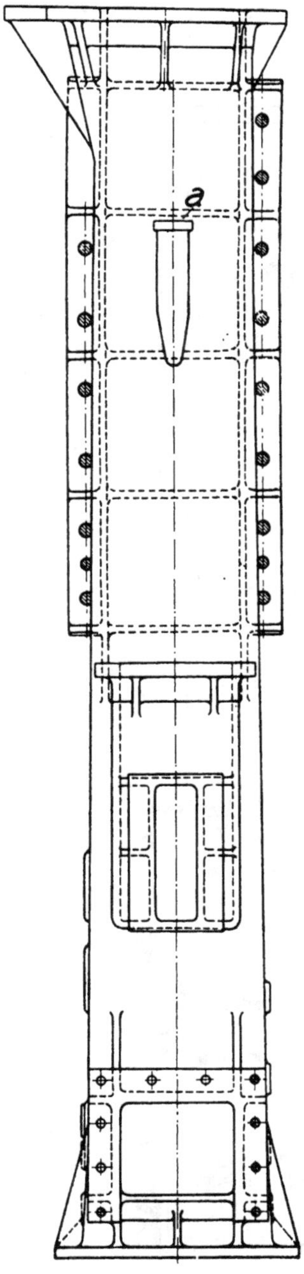

Abb. 404.

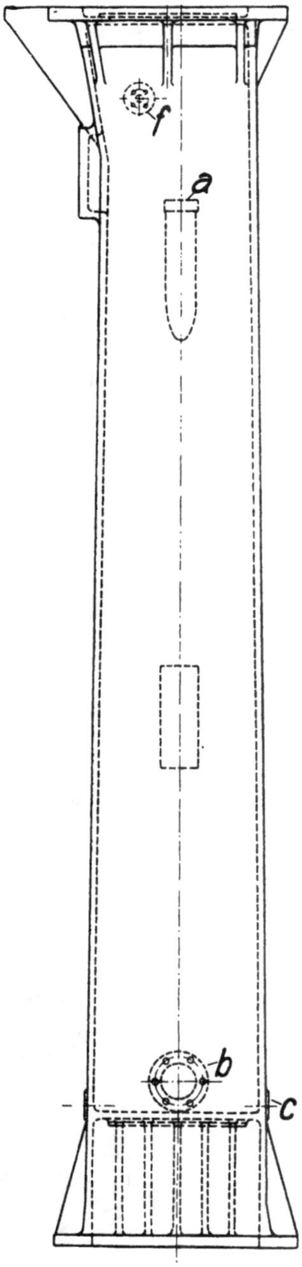

Abb. 405.

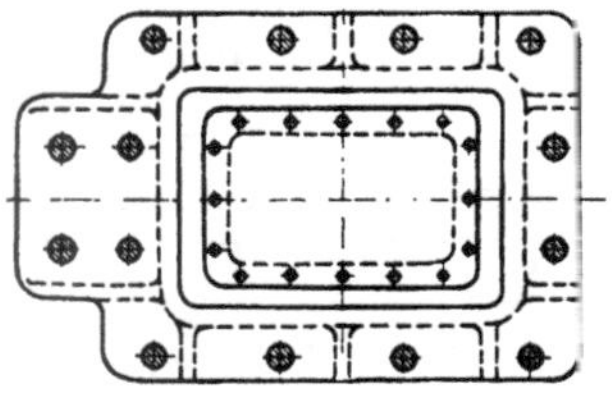

Abb. 405a.

Für Bearbeitung und Montage ist es nicht vorteilhaft, die Lager für Umsteuerungswelle, Luftpumpenhebel usw. an die Ständer anzugießen; man beschränkt sich daher darauf, nur die nötigen Arbeitsflächen für diese Teile, ebenso wie für Hahnzüge, Umsteuermaschine, Pumpen usw. vorzusehen.

Sehr häufig erhalten die Ständer oben Arbeitsflächen oder Flanschen zur Anbringung von Zwischenstücken oder Ankern, welche die Ständer gegenseitig abstützen. Verschiedene Ausführungsformen dieser Verbindung siehe die betreffenden Abbildungen von Hauptmaschinen in § 89.

Der Hohlraum der Ständer wird oft als Öltank verwendet, Abb. 403; manchmal leitet man bei kleineren Maschinen auch den Abdampf des *ND*-Zylinders durch den Ständer direkt in den Kondensator.

S c h n e l l d a m p f e r. G r o ß e K r i e g s s c h i f f e. Der Kondensator wird hier meist entweder als besonderes Gußeisen- (früher auch Bronze-)gußstück oder aus Eisen- (früher häufig Messing- oder Kupfer-)blech ausgeführt und getrennt von der Maschine aufgestellt. Man verwendet daher lauter lange Ständer, meist aus Stahlrippenguß oder mitunter aus Stahlhohlguß, und zwar 2 oder 4 Stück für jeden Zylinder. Letztere Konstruktion z. B. bei dem englischen Kreuzer Powerful und den früheren Schnelldampfern des Norddeutschen Lloyd und der Hamburg-Amerika-Linie mit Kolbenmaschinen. Vgl. Abb. 408 und 179 bis 182. Anordnung der Gleitbahn und des Kreuzkopfes s. § 148 u. f.

Vgl. auch „Anordnung der Hauptmaschine".

Wandstärke für Stahlguß . . . . $\delta = \frac{d}{40} + 12$ mm bis $\frac{d}{35} + 12$ mm

Flanschstärke für Stahlguß . . . $\delta_1 = 2{,}2$ bis $2{,}8\,\delta$.

Dabei ist d der Kurbelwellendurchmesser in mm.

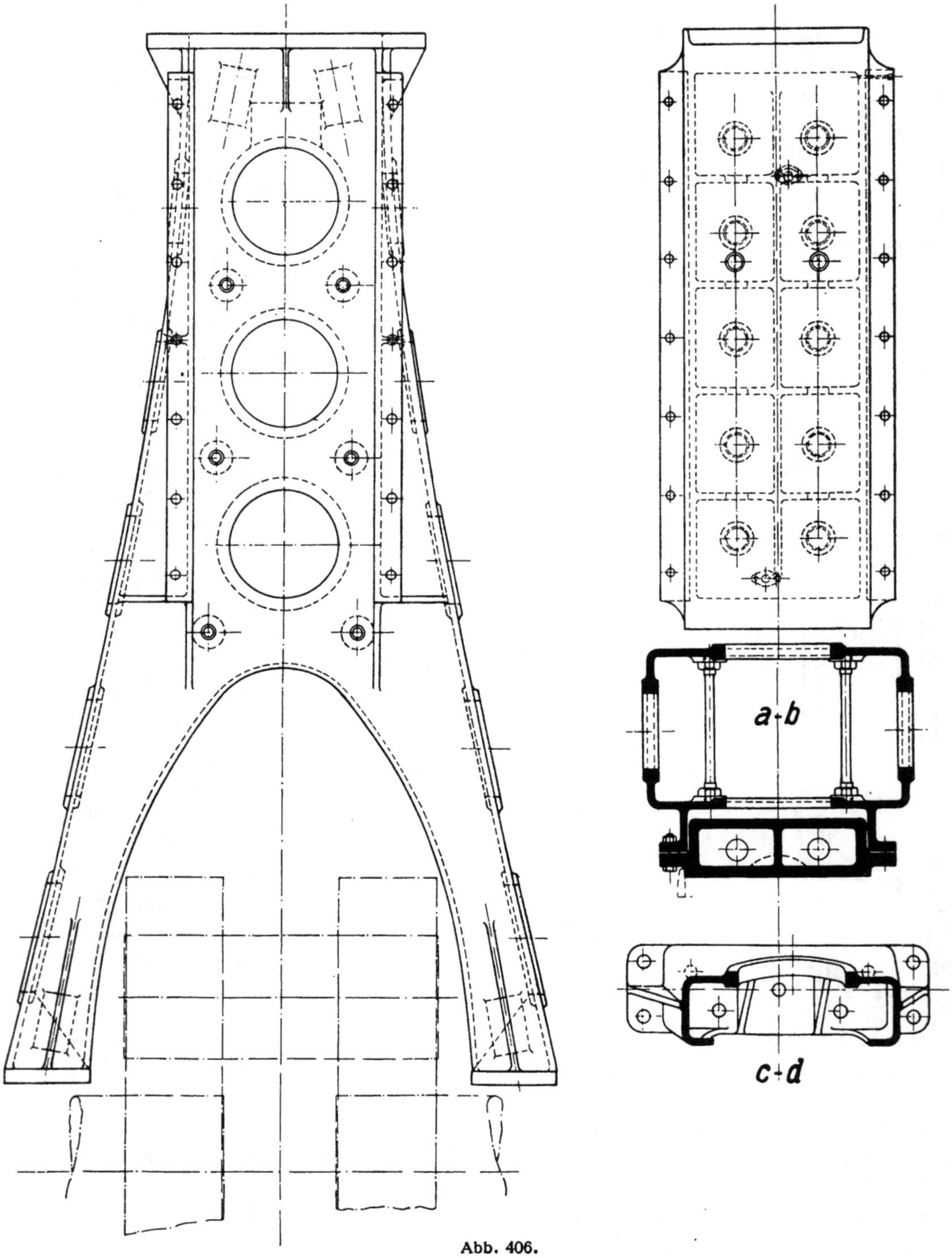

Abb. 406.

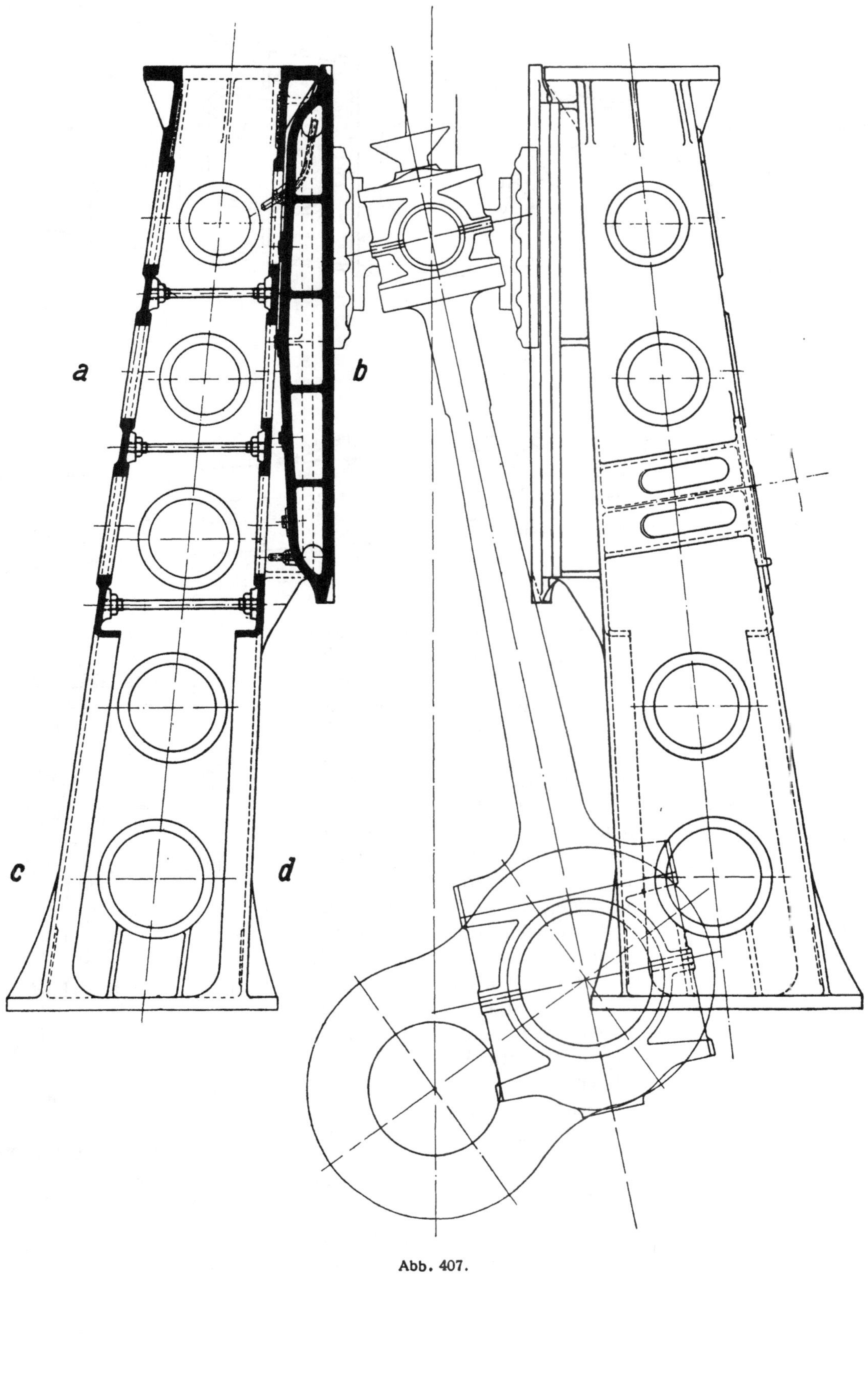

Abb. 407.

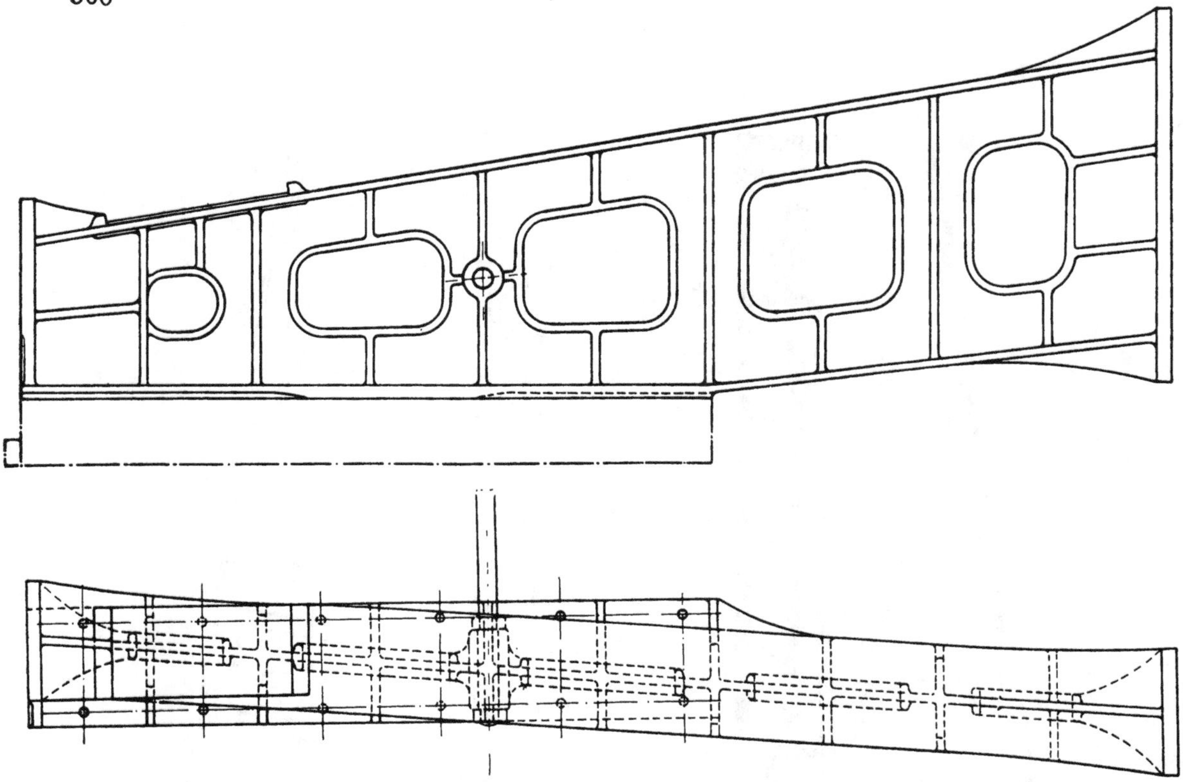

Abb. 408.

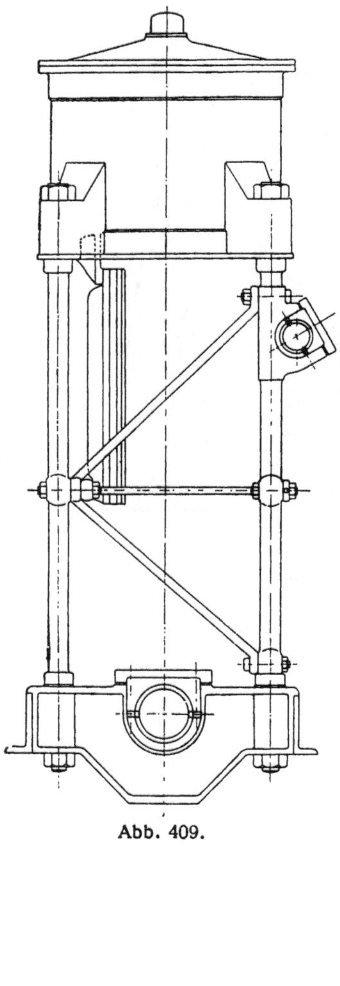

Abb. 409.

Kriegsschiffe im allgemeinen (ausgenommen Torpedoboote) erhalten meist auf der einen Seite für jeden Zylinder zwei Säulen und auf der Seite der Vorwärtsgleitbahn entweder einen kräftigen oder zwei leichtere Stahlgußständer (vgl. Abb. 167 und 168), an welchen die gußeiserne Gleitbahn befestigt ist. Mitunter werden auch bei ganz großen Maschinen die Zylinder nur auf Säulen gestellt, welche gut durch Diagonalen verstrebt sind (siehe unten).

Die Umsteuerwellenlager werden an die Ständer oder Zylinder angeschraubt, oder sie werden in angeschmiedete Vorsprünge der Säulen gelegt.

Stärken der Ständer wie oben.

Bei ganz leichten Maschinen, wie Torpedobooten, Yachten, Dampfpinassen usw., stellt man die Dampfzylinder nur auf stählerne Säulen, welche in geeigneter Weise untereinander verstrebt sein

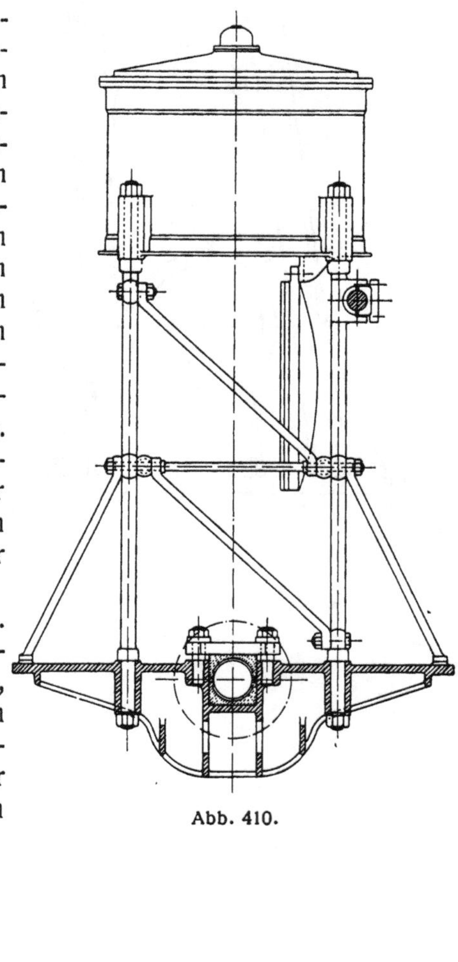

Abb. 410.

müssen, um die im Maschinengestell auftretenden Kräfte aufnehmen zu können. Bei größeren Maschinen dieser Art ordnet man meist für jeden Zylinder 4 Säulen an, von denen je 2 hintereinander liegende durch Diagonalen fest miteinander verbunden sind. Die so entstehenden Träger werden sodann durch Längsanker oder besser auch noch durch Diagonalen in der Maschinenlängsrichtung verbunden (Abb. 201).

Typische Systeme s. Abb. 409, 410 und 177. Abbildungen von Maschinen auf Säulen s. Abb. 136 bis 139, 161 bis 165, 174 bis 177, 264 bis 267. Maschinen auf schrägen Säulen Abb. 175 und 205.

Die Säulen erhalten entweder oben und unten einen Bund und Gewinde mit Mutter, wodurch sie in möglichst hohen und kräftig mit Zylinder resp. Grundplatte verbundenen Augen befestigt werden oder an einem Ende, manchmal auch an beiden Enden, angeschmiedete Flanschen.

Mitunter werden auch bei großen Maschinen für Handelsschiffe die Dampfzylinder ganz auf Säulen gestellt; diese bieten den Vorteil der leichten Zugänglichkeit und Übersichtlichkeit.

§ 168. **Beanspruchung der Ständer und Säulen.** Die an den Ständern bzw. Säulen angreifenden Kräfte sind die folgenden:

1. Gewicht der Zylinder,
2. Die Gegenkraft des resultierenden Dampfdruckes auf den Kolben,
3. Gleitbahndruck,
4. Lagerdruck der Umsteuerwelle,
5. Druck der Expansionsstopfbüchsen der Überströmrohre und des Hauptdampfrohres,
6. die beim Überholen des Schiffes auftretenden Kräfte.

Der Einfachheit wegen pflegt man jedoch die Ständer nur auf Zugbeanspruchung durch die Maximalbelastung zu berechnen; man wählt aber dann nur sehr geringe Beanspruchungen, und zwar:

für	Gußeisenständer	bei Handelsschiffen . . .	25—45 kg/cm²,
„	Stahlgußständer	„ Schnelldampfern . .	90—100 „
„	„	„ Kriegsschiffen . . .	100—130 „
„	Stahlsäulen	„ „ . . .	150—180 „
„	„	bei Torpedobooten im Gewindekern	500—700 „
		bei Verwendung von Spezialstahl . . .	700—1000 „

Bei Maschinen, deren Dampfzylinder nur auf Säulen stehen, kann man die Beanspruchungen rechnerisch genauer festlegen.

Beispiel: Berechnung der in den Säulen und Diagonalen der Maschine eines Torpedojägers durch den Gleitbahndruck auftretenden Spannungen.

Anordnung s. Abb. 409.

Die Maximalbelastung des Kolbens sei 34500 kg. Der größte Gleitbahndruck ist somit (Pleuelstangenlänge = 4 mal Kurbelradius)

$$Q = \frac{34\,500}{4} = 8630 \text{ kg}.$$

Dieser tritt auf, wenn der Kreuzkopf ungefähr in der Mitte des Hubes steht. Es kommt also auf das obere und untere Auflager der Gleitbahn der Druck $\frac{Q}{2}$ und auf jede Ständerseite am oberen und unteren Ende der Gleitbahn (in *I* und *II* Abb. 411) der Druck $\frac{Q}{4} = 2160$ kg.

Der horizontale Druck am oberen Gleitbahnende kann von dem Stab *I — II* nicht aufgenommen werden, da dieser sich durchbiegen würde; dagegen überträgt der Zylinder den Druck auf Knotenpunkt *IV*. Außerdem kann der Stab *II — V* keine nennenswerte Kraft übertragen, da sich sonst die Säule *IV — V — VI* durchbiegen würde. Für die Übertragung der Horizontalkraft *Q* bleibt somit nur das Stabgerüst Abb. 412 übrig. Die Belastung der einzelnen Stäbe erhält man durch das Kräftepolygon Abb. 413.

Für die angenommene Druckrichtung des Gleitbahndruckes entsteht in:

Stab	*II — IV*	2940 kg	Druck
„	*IV — V* und *V — VI* .	2000 „	Zug
„	*II — III*	5530 „	Druck
„	*II — VI*	5580 „	Zug.

Bei Rückwärtsgang der Maschine ändert sich die Richtung des Gleitbahndruckes und somit die Richtung sämtlicher Spannungen.

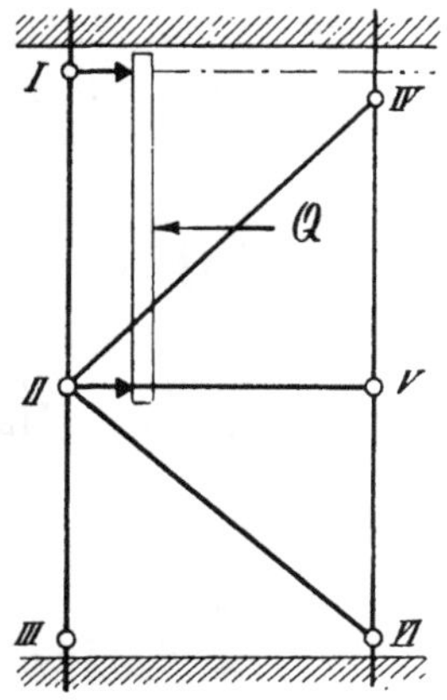

Abb. 411.

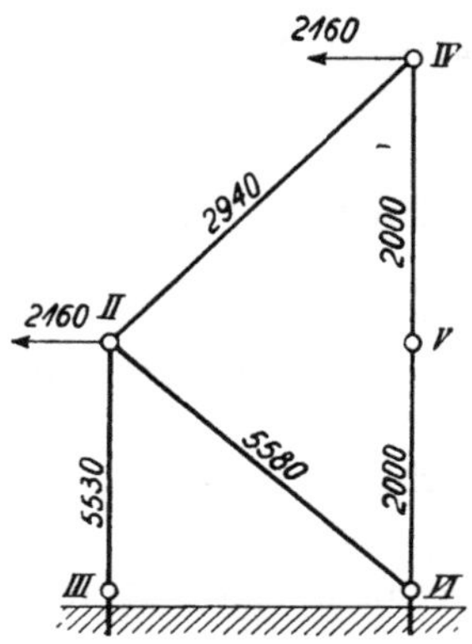

Abb. 412.

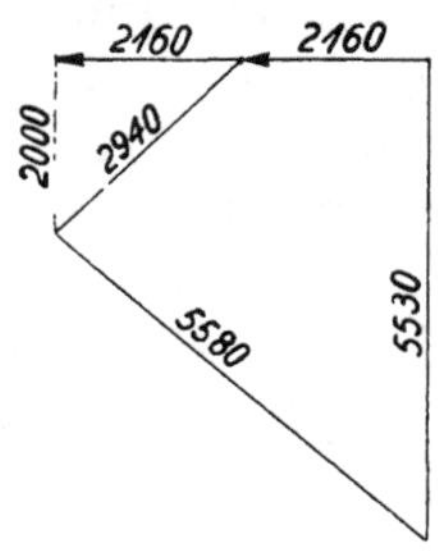

Abb. 413.

§ 169. **Befestigung der Ständer.** Die Ständer werden oben und unten durch Schrauben befestigt, von denen in jedem Flansch wenigstens zwei als Paßbolzen ausgeführt sind; wenn nur Stifte verwendet werden können, was sich manchmal bei Kriegsschiffen nicht vermeiden läßt, müssen außer diesen noch einige sauber passende Dübel eingeschlagen werden.

Zugbeanspruchung der oberen Ständerbolzen im Kern 250—400 kg/m², je nach Art der Maschine.

Die unteren Bolzen werden zweckmäßig bedeutend stärker als die oberen gemacht, weil dieselben durch die Kräfte senkrecht zur Kolbenstangenrichtung (Gleitbahndruck usw.) beansprucht werden.

Die Stahlsäulen und die horizontalen Zwischenstücke zwischen den Ständern macht man in der Regel zunächst zu kurz und schiebt dann an einem Ende ein Paßstück von etwa 5—15 mm Dicke ein, welches bei der Montage genau eingepaßt wird.

Steuerungsgestänge.

§ 170. **Kraft zur Bewegung des Schiebers.** Es ist schwierig, sich über die zur Bewegung des Schiebers nötige Kraft und die Beanspruchung des Schiebergestänges Anhaltspunkte zu verschaffen. Bei Flachschiebern hängt dieselbe vom Reibungskoeffizienten und dem variablen Dampfdruck ab, beim Kolbenschieber außer von diesen Faktoren noch von der Spannung der Dichtungsringe bzw. von der Genauigkeit der Montage.

Bei Mehrzylindermaschinen berechnet man das Gestänge für die Kraft, welche notwendig ist, um den am meisten belasteten Flachschieber der Maschine zu bewegen, und bemißt dann die Schiebergestänge für die übrigen Zylinder ebenso wie dieses.

Man nehme den Überdruck p auf den Schieber nach folgender Tabelle an (p_1 = absolute Kesselspannung):

Art der Maschine	Zweifache Expansion		Dreifache Expansion			Vierfache Expansion			
	HD	*ND*	*HD*	*MD*	*ND*	*HD*	*MD I*	*MD II*	*ND*
Handelsschiffe und große Kriegsschiffe	p_1	0,3 p_1	p_1	0,4 p_1 bis 0,5 p_1	0,12 p_1 bis 0,2 p_1	p_1	0,45 p_1	0,16 p_1	0,08 p_1
Leichte Kriegsschiffe und Torpedoboote	—	—	p_1	0,55 p_1	0,25 I_1	—	—	—	—

Den Reibungskoeffizienten wähle man mit

$$f = 0{,}15 \text{ für } ND\text{-Zylinder,}$$
$$f = 0{,}2 \text{ für } MD\text{- und } HD\text{-Zylinder.}$$

Als gedrückte Fläche nehme man die gesamte Rückenfläche des Schiebers an, ohne Berücksichtigung der Ausschnitte für den Dampfdurchtritt und ohne Rücksicht auf eine etwa vorhandene Entlastungsvorrichtung; letzteres aus dem Grunde, weil das Schiebergestänge auch stark genug sein muß, um den Schieber zu bewegen, wenn die Entlastung nicht funktioniert.

Man legt somit der Berechnung des Schiebergestänges eine Maximalkraft Q zugrunde, welche sich zusammensetzt wie folgt:

$$Q = f \cdot L \cdot B \cdot p,$$

wobei L die äußere Länge, B die äußere Breite des Schiebers in cm bedeutet.

Beispiel. Der Flachschieber des MD-Zylinders einer Dreifach-Expansionsmaschine sei 1,2 m breit und 1 m lang. Absolute Kesselspannung = 10 at. Dann ist nach obiger Tabelle $p = 0{,}4\ p_1 = 4$ at. Hieraus

$$Q = 0{,}2 \cdot 100 \cdot 120 \cdot 4 = 9600 \text{ kg.}$$

Wenn bei einer Maschine nur Kolbenschieber vorhanden sind, geht man bei der Dimensionierung des Schiebergestänges vom Kerndurchmesser d des Gewindes der Schieberstange aus, welcher nur empirisch bestimmt werden kann.

Der Kerndurchmesser d ist bei Kolbenschiebern:

$$d = C \cdot D,$$

wobei D der Durchmesser des Schiebers und

$$C = 0{,}09 \text{ bis } 0{,}20 \text{ bei } HD\text{-Zylindern (8 bis 15 at),}$$
$$C = 0{,}08 \text{ bis } 0{,}15 \text{ bei } MD\text{-Zylindern (3 bis 8 at),}$$
$$C = 0{,}07 \text{ bis } 0{,}11 \text{ bei } ND\text{-Zylindern (1 bis 3 at).}$$

Dabei gelten die größeren Werte von C für höheren Druck, kleine Schieber und schwer gebaute Schiffe, die kleineren Werte für niedrigeren Druck, große Schieber (700 bis 1200 Durchmesser) und für leicht gebaute Schiffe.

Die Kraft Q, welche man der Berechnung der übrigen Gestängeteile zugrunde legt, ergibt sich dann durch Multiplikation des Kernquerschnittes mit der für den betreffenden Maschinentypus üblichen Beanspruchung des Gewindekernes der Schieberstange (s. unten).

Außer vorstehender rein empirischer Rechnungsweise liefert auch folgende Methode passende Werte:

Man nimmt an, daß der Dampfdruck im Schieberkasten auch hinter den Dichtungsringen des Schiebers wirkt; dann ergibt sich die Schieberstangenkraft Q zu

$$Q = D\pi (a + b)\, p \cdot f = 0{,}5\, D p\, (a + b).$$

Hierin ist der Reibungskoeffizient f zu 0,16 angenommen und D = lichter Durchmesser der Schieberbüchse in cm, a und b die äußere Breite der Schieberdichtungsringe in cm, p = Dampfüberdruck im Schieberkasten in kg/qcm.

Bei Maschinen mit geringer Umdrehungszahl (Handelsschiffe, große Kriegsschiffe) genügt es, mit der in vorstehender Weise berechneten Schieberstangenkraft zu rechnen. Bei schnellaufenden Maschinen mit verhältnismäßig großem Schieberhub (Torpedoboote usw.) kommt zum Reibungswiderstand noch die nicht unbeträchtliche Beschleunigungskraft des Schiebers und des Gestänges hinzu.

Diese kann unter Umständen größer sein als der gerechnete Reibungswiderstand und ist:

$$B = \frac{G v^2}{g r} = \frac{G \cdot s \cdot n^2}{1790} \text{ kg.}$$

Hierin ist:

B = Beschleunigungsdruck in kg,
G = Gewicht des Schiebers und der Schieberstange in kg,
s = Hub des Schiebers in m,
n = Umdrehungszahl pro Minute.

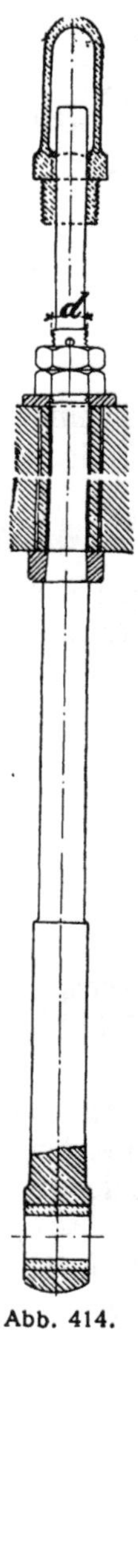

Abb. 414.

Die größte in der Schieberstange bzw. in dem anschließenden Gestänge wirkende Kraft ist dann:

$$Q_1 = Q + B.$$

Beispiel. Der HD-Schieber einer Torpedobootsmaschine habe einen Durchmesser von $D = 340$ mm und $s = 150$ mm Hub. Die Breite der Schieberringe sei oben $a = 90$ mm, unten $b = 100$ mm, der Dampfüberdruck $p = 8$ kg/qcm. Ferner ist $n = 360$ in der Minute und das Gewicht des Schiebers $G = 80$ kg; dann ist der von der Reibung herrührende Schieberwiderstand:

$$Q = 0{,}5\, D \cdot p \cdot (a + b) = 0{,}5 \cdot 34 \cdot 8\, (9 + 10) = 2590 \text{ kg.}$$

Ferner ist der Beschleunigungsdruck im TP:

$$B = \frac{G \cdot s \cdot n^2}{1790} = \frac{80 \cdot 0{,}15 \cdot 360^2}{1790} = 870 \text{ kg,}$$

die größte im Gestänge auftretende Kraft ist also

$$Q_1 = Q + B = 2590 + 870 = 3460 \text{ kg.}$$

§ 171. **Schieberstange.** Der Schieber legt sich unten gegen einen starken Bund und wird oben durch eine Mutter mit Sicherung gehalten. Der Schieber muß sich zwischen Bund und Mutter seitlich verschieben können; beim Flachschieber, um dem Dampfdruck ein Anpressen des Schiebers gegen das Schiebergesicht zu ermöglichen, ohne die Schieberstange biegen zu müssen, beim Rundschieber, damit er sich der Schieberbohrung möglichst gut anpassen kann.

Man setzt deswegen die obere Mutter durch Gegenmutter mit Splint fest oder legt ein Distanzrohr um die Stange (Abb. 414).

Die Stange muß sich von unten durch die Stopfbüchse schieben lassen, wenn der Stangenkopf angeschmiedet oder ein Einstecken von oben unmöglich ist (Panzerdeck). Man wendet daher meist statt eines festen Bundes einen Ring an, welcher sich auf einen Konus stützt (Abb. 414). Da beim Einstellen des Schiebers — um ihn tiefer zu legen — dieser Ring abgedreht werden muß, empfiehlt es sich, über denselben einen zylindrischen Ring zu legen oder den konischen Ring mit einer zylindrischen Verlängerung zu versehen (s. Abb. 415). Es kann dann beim Einstellen des Schiebers der konische Ring intakt bleiben und der zylindrisch ausgebohrte Teil über demselben abgedreht werden.

Man findet die Beanspruchung der Schieberstange durch die Kraft Q im Gewindekern (Kerndurchmesser $= d$) zu

$S = 120$ bis 250 kg/qcm bei Handelsschiffen,
$S = 360$ bis 400 kg/qcm bei Kriegsschiffen.

Den Schaft, welcher in der Stopfbüchse bzw. in der unteren Schieberstangenführung läuft, dimensioniert man entsprechend stärker, teils wegen des oben erwähnten Konus, teils aus Rücksicht auf späteres Nachdrehen.

Durchmesser in der Stopfbüchse 1,7 d bis 1,9 d,
,, ,, ,, Führung 1,8 d ,, 2 d,
Konizität des Ringes unter dem Schieber 1 : 6.

Bei kleinen Maschinen mit Klugscher oder ähnlicher Steuerung, bei welchen die Lenkstange direkt an der Schieberstange angreift, besteht der Schieberstangenkopf häufig nur aus einem Auge, in welches eine Metallbüchse zur Lagerung des Gabelbolzens der Lenkstange eingezogen ist (vgl. Abb. 414). Manchmal macht man diese Büchse auch zweiteilig, so daß man sie mittels eines Keiles nachziehen kann.

Bei großen Maschinen und wenn der Schieberstangenkopf am Kulissenstein angreift, gibt man diesem die Form eines Pleuelstangenkopfes. Man findet gewöhnlich runde, mitunter auch eckige Bronzelager mit Zwischenstücken, meist ohne Weißmetalleinlage. Häufig ist die Schieberstange, wie Abb. 414 zeigt, mit dem Lagerkopf aus einem Stück geschmiedet; sie muß dann erforderlichenfalls nach Abnahme des Steuerungsgestänges nach unten heraus gezogen werden.

Wenn Wert darauf gelegt wird, die Schieberstange nebst Schieber leicht nach oben herausziehen zu können, wird sie, wie Abb. 415 zeigt, mitunter geteilt ausgeführt und mittels Querkeil mit dem in der Führung laufenden Teil verbunden.

Flächendruck im Lager $= 40$ bis 70 kg/qcm (bei Torpedobooten bis 100 kg/qcm).

Die Länge des Lagers macht man bei Kulissensteuerung möglichst gering, damit die Exzenterstangengabeln nicht zu weit werden.

Die Schieberstange bekommt möglichst nahe unter dem Schieber und möglichst nahe über der Kulisse bzw. dem antreibenden Hebel usw. eine solide Führung. Die letztere besteht meist aus einem einfachen Bock aus Gußeisen oder Stahlguß mit eingesetzten Lagerschalen. Diese Lagerschalen werden entweder aus Bronze hergestellt

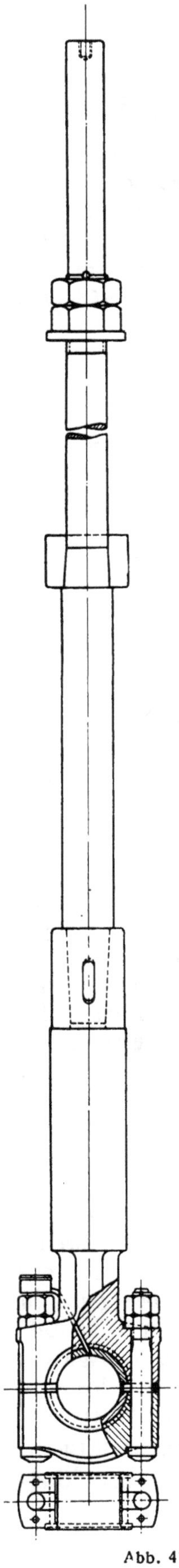

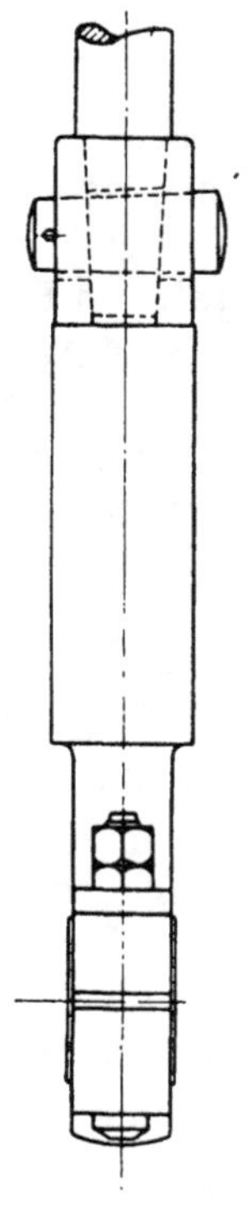

Abb. 415.

oder auch aus Gußeisen oder Stahlguß und mit Weißmetall ausgegossen. Sie werden zwecks leichterer Demontage der Stange und leichtem Nachpassen nach Abnutzung der Lagerschalen zweiteilig ausgeführt (siehe Abb. 420). Bei Torpedobooten wird häufig, um nicht gezwungen zu sein, allzu kurze Exzenterstangen anzuordnen und um die Biegungsbeanspruchung der Schieberstange zu vermeiden, der Schieberstangenkopf in einer zweigleisigen Gleitbahn geführt, welche zwischen den beiden Kulissenbalken liegt, wie dies aus den Abb. 161 und 162 zu ersehen ist. Die Kulissenbalken müssen dann entsprechend länger ausgeführt werden. Bei Klugscher Steuerung

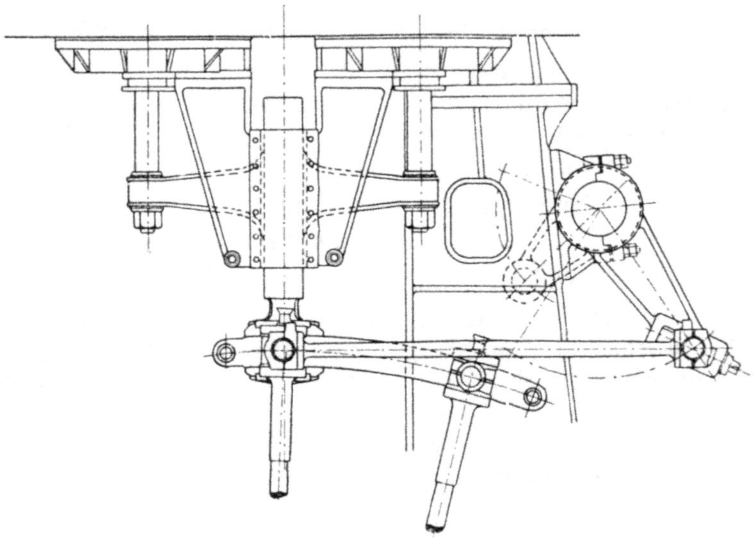

Abb. 416.

finden sich meistens einseitige Gleitbahnen (vgl. Abb. 140 und 264, 265). Werden bei großen Zylindern zwei nebeneinanderliegende Kolben- oder Flachschieber angeordnet, dann werden sie durch einen Kreuzkopf aus Stahl oder Stahlguß (siehe Abb. 416) bewegt, welcher einen gleichen Lagerkopf für den Angriff der Kulisse trägt wie die übrigen Schieberstangen. Der Kreuzkopf wird in kräftigen Böcken aus Stahlguß geführt. Die Stangen erhalten in den Augen der Traverse etwas Spielraum, um der Wärmeausdehnung des Zylinders und etwaigen Montage-Ungenauigkeiten Rechnung zu tragen. Oben ist die Stange meist nur in einer Bronzehülse geführt (Abb. 414).

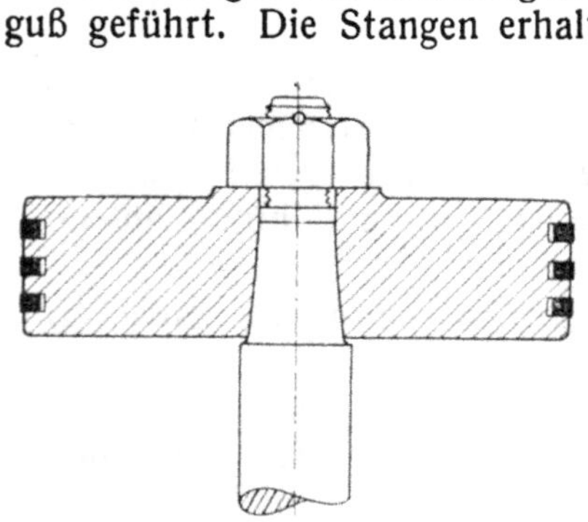

Abb. 417.

Entlastungskolben (siehe Schieber und Schieberkasten). Der Kolben des Entlastungszylinders dient ebenfalls oft als obere Schieberführung. Man wählt den Entlastungskolben so groß, daß das Gewicht des Schiebers von demselben eben getragen wird. Die Kraft im Gestänge ist dann beim Aufgang und Niedergang des Schiebers ungefähr gleich. Der Entlastungszylinder — über dem Kolben — steht mit dem Kondensator in Verbindung, so daß in demselben Vakuum herrscht.

Man wendet Entlastungskolben bei sehr schweren Rund- und Flachschiebern an.

Konstruktion: Gußeiserner Kolben mit Ramsbottomringen aus Stahl oder Gußeisen (Abb. 417) oder mit einem breiten Ring.

Um die Beanspruchung des Schiebergestänges zu vermindern und besonders, um ruhigen Gang desselben zu erzielen, wird manchmal der Hilfszylinder von Joy[1]) (Joys assistant cylinder) angewendet.

Derselbe ist wie ein Entlastungszylinder oben auf dem Schieberkasten angebracht. Kurz bevor der Schieber und damit der Entlastungskolben die oberste oder unterste Stellung erreicht hat, wird über bzw. unter den Entlastungskolben frischer Dampf aus dem Hauptdampfrohr eingeführt. Dieser nimmt den Stoß beim Druckwechsel des Schiebergestänges auf und leistet nach dem Hubwechsel Arbeit zur Bewegung desselben. Der Abdampf des Hilfszylinders führt in den Schieberkasten, zu welchem der Hilfszylinder gehört. Um dem Gewicht des Schiebers Rechnung zu tragen, läßt man den Dampf auf der unteren Seite des Kolbens früher eintreten und später entweichen als auf der oberen Seite. Der Entlastungszylinder ist gegen den Schieberkasten durch eine möglichst genau an die Stange anschließende Führungsbüchse (mit eingedrehten Rillen) abgedichtet.

Bei Schiebern, welche von Hand bewegt werden müssen, wie z. B. bei Hilfsschiebern, bei den Wechselschiebern von Steuermaschinen, den Schiebern von Umsteuermaschinen usw., ferner bei den entlasteten Schiebern von Pumpen — wenn diese nicht zwangläufig mit dem Gestänge verbunden sind — muß darauf geachtet werden,

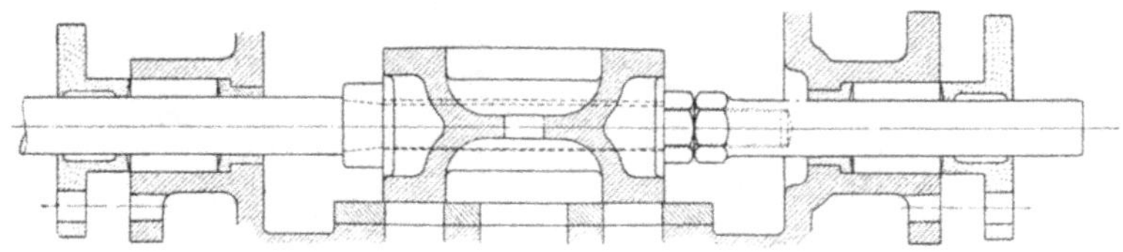

Abb. 418.

daß (vgl. Abb. 418) der durch die Stopfbüchse reichende Führungsfortsatz denselben Durchmesser erhält wie die Schieberstange. Es wirkt sonst der Dampfdruck auf die Differenz der Stangenquerschnitte in Richtung der Stange, welcher bei von Hand bewegten Schiebern die Handhabung erschweren und bei den oben erwähnten Pumpenschiebern die Pumpe zum plötzlichen Stillstand bringen kann.

§ 172. **Schieberhebel.** Die Kraft zur Bewegung des Schiebers muß häufig in rechtem oder spitzem Winkel zur Maschinenlängsachse übertragen werden, wenn bei Kulissensteuerung der Schieber für irgendeinen Zylinder zwecks Verkürzung der Maschine nicht über der Wellenmitte, sondern seitlich davon angeordnet wird. Dies geschieht durch doppelarmige Hebel aus Stahlguß oder geschmiedetem Stahl. Bei Anwendung solcher Hebel ist an folgende Punkte zu erinnern:

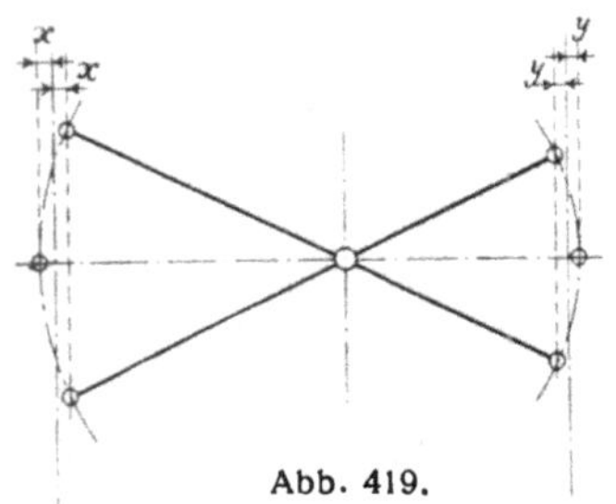

Abb. 419.

1. Die Schieberstange ist so anzuordnen, daß die Bogenabweichung durch deren Zugrichtung halbiert wird (Abb. 419).

2. Das Lager im Stangenkopf muß verschiebbar sein, um der Bogenabweichung Rechnung zu tragen (Abb. 420).

3. Für sichere Führung der Stange möglichst nahe am Angriffspunkt des Hebels ist durch Anwendung eines kleinen Kreuzkopfes mit Gleitschuh oder von Führungsbüchsen (Abb. 420) Sorge zu tragen.

---

[1]) Vgl. Engineering 1898, II, s. 781.

4. Es ist zu beachten, daß sämtliche Zapfenmittel des Übertragungshebels, von oben gesehen, in einer Geraden liegen müssen, um ungünstige Beanspruchungen der Zapfen tunlichst zu vermeiden.

5. Der Zapfen A, an welchem die Schieberstange angreift, ist beansprucht durch die Kraft Q; der Zapfen B ist beansprucht durch $Q \cdot \frac{a}{b}$ und der Zapfen C durch $Q\left(1 + \frac{a}{b}\right)$ (s. Abb. 421).

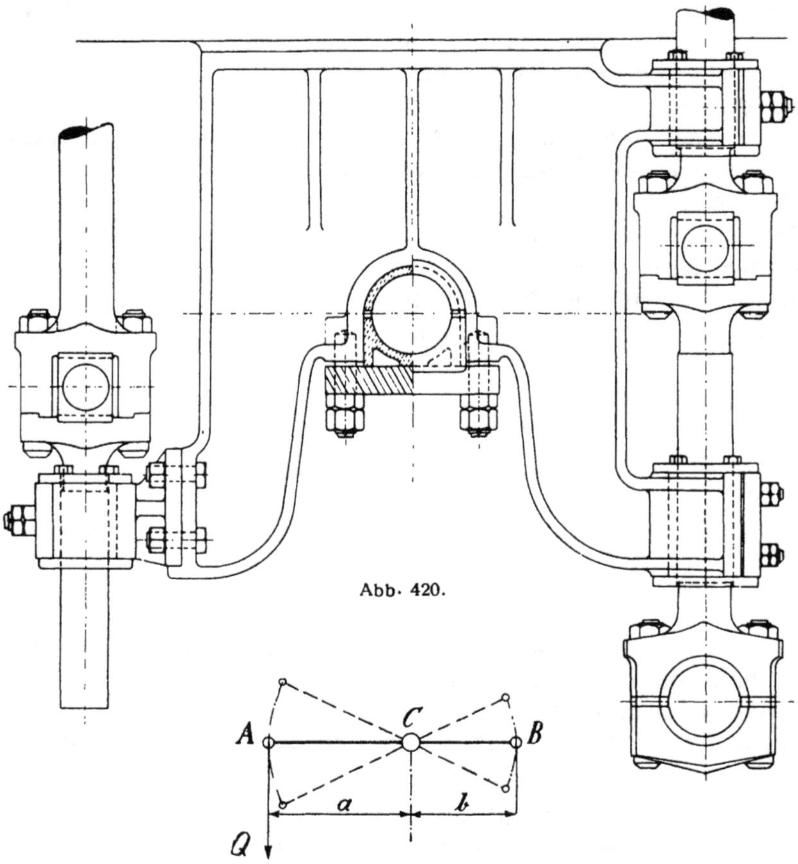

Abb. 420.

Abb. 421.

§ 173. **Kulisse von Stephenson.** Die Kulisse besteht meist aus zwei krummen Balken, deren mittlerer Radius gleich der Exzenterstangenlänge ist. Beide Kulissenbalken sind von rechteckigem Querschnitt und an den Enden durch kräftige Schrauben mit Zwischenstücken verbunden; zwischen den Balken gleitet der Stein; außen an den Balken sind die Zapfen für die Exzenter- und Hängestangen angebracht (s. Abb. 422 und 423).

Material: Stahlguß (heute kaum noch verwendet), besser geschmiedeter Stahl.

Die Entfernung der Exzenterstangenzapfen macht man gleich der 5- bis 6fachen Exzentrizität.

Die Länge der Gleitfläche der Kulisse sowie die Entfernung der Zwischenstücke voneinander bemißt man so, daß sie der Verschiebung des Steines beim Gang der Maschine vorwärts und rückwärts entspricht. Diese Verschiebung läßt sich durch Aufzeichnen der Schleifen, welche die äußersten Punkte der Kulisse beschreiben, ermitteln. Die Aufhängung erfolgt gewöhnlich am Zapfen für Vorwärtsgang (Abb. 416), wie dies bei Handelsschiffen durchweg gebräuchlich ist; bei Kriegsschiffen wird nicht selten

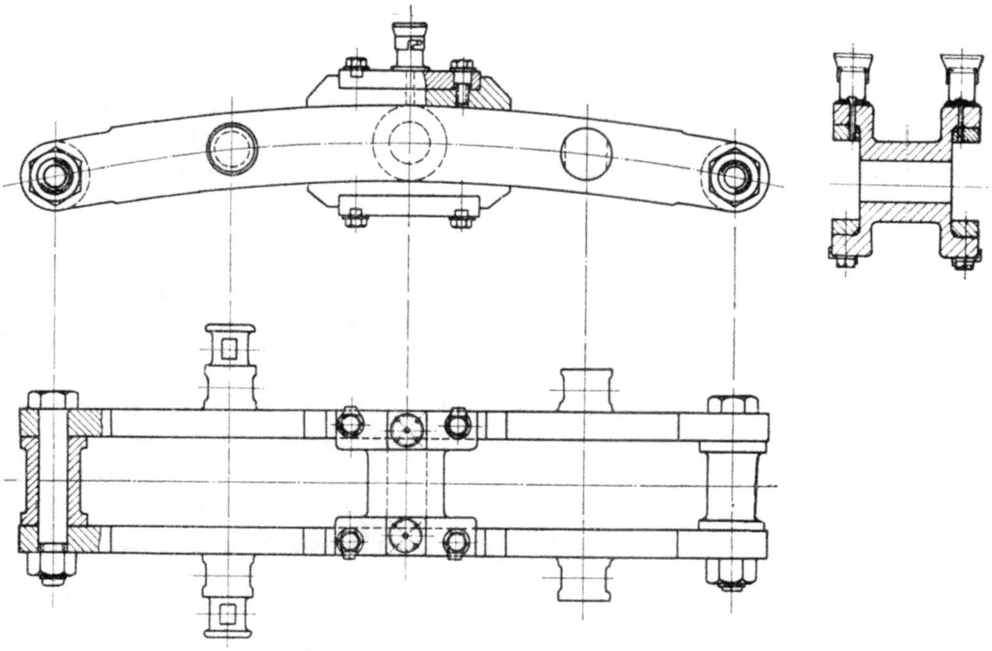

Abb. 422.

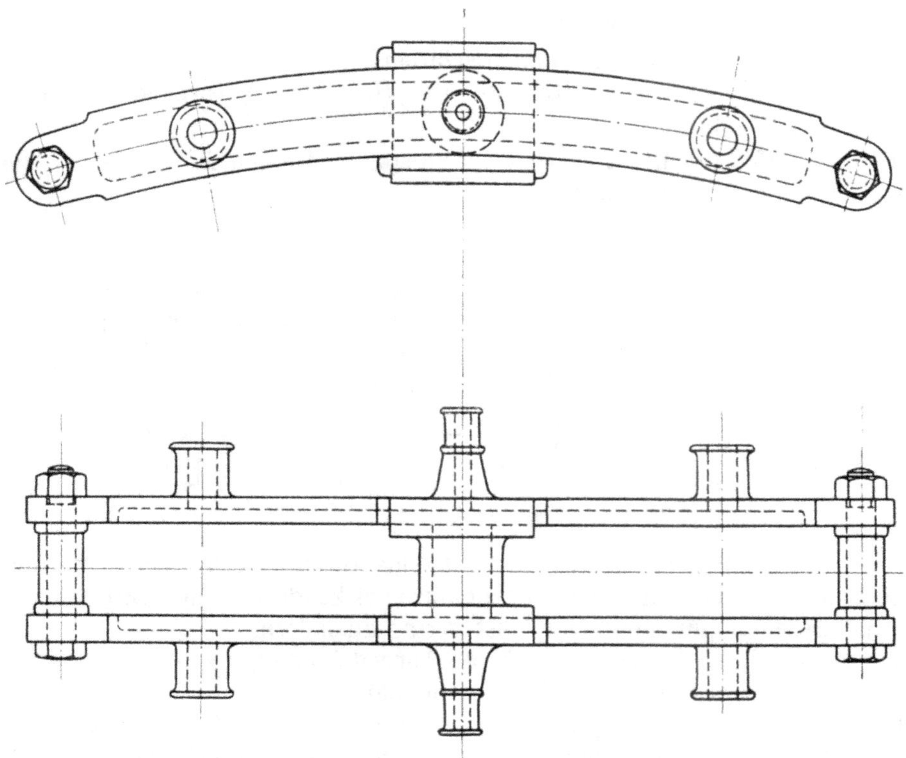

Abb. 423.

der Aufhängungspunkt in die Mitte der Kulisse gelegt (Vgl. Abb. 423), damit die Dampfverteilung für Rückwärts- und Vorwärtsgang dieselbe wird. Häufig beeinflußt auch die Unterbringung der Aufhängung in der Maschine, d. h. die Lage der Umsteuerwelle, die Wahl des Angriffspunktes an der Kulisse.

Der Kulissenstein besteht aus dem Zapfen für den Schieberstangenkopf und zwei Gleitstücken, welche meist mit dem Zapfen aus einem Stück geschmiedet sind. Die Gleitstücke sind oben und unten mit Bronzeschuhen versehen (Abb. 422). Der Zapfen selbst wird so kurz wie möglich gehalten, damit die Exzenterstangengabeln nicht zu weit werden.

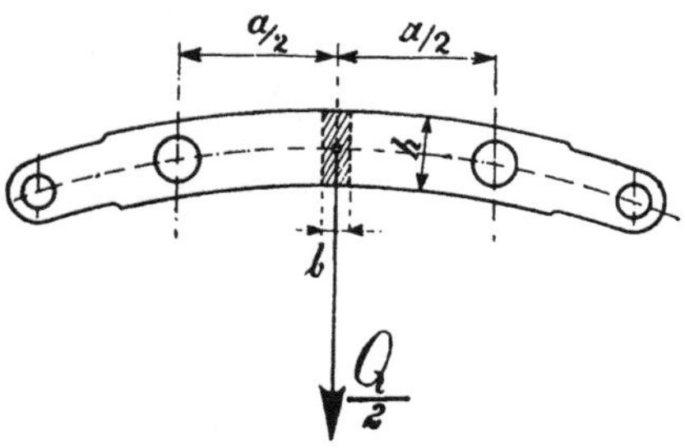

Abb. 424.

Flächendruck auf den Zapfen des Kulissensteins: $P = 40$ bis 70 kg/qcm (bei Torpedobooten bis 90 kg/qcm).

Flächendruck auf die Gleitflächen des Steins:

15 bis 25 kg/qcm bei Handelsschiffen,
25 „ 45 „ „ Kriegsschiffen (bis 65 bei Torpedobooten).

Man macht jeden der beiden Kulissenbalken so stark, daß derselbe, durch die Schieberstangenkraft $\frac{Q}{2}$ in der Mitte belastet, eine mäßige Biegungsbeanspruchung erfährt (s. Abb. 424).

Die Abmessungen des Querschnitts der Kulissenbalken ergeben sich aus der Beziehung:

$$b \cdot h^2 = 0{,}75 \frac{Q \cdot a}{S}.$$

Man wählt die Biegungsbeanspruchung zu

$S = 250$ bis 600 kg/qcm bei Handelsschiffen,
$S = 400$ „ 700 „ „ Kriegsschiffen (bis 800 bei Torpedobooten).

Ferner ist $h = 2{,}5b$ bis $3b$.

Um bei Kriegsschiffen möglichst an Gewicht zu sparen, werden die Kulissenbalken mitunter ausgefräst, wie Abb. 423 zeigt.

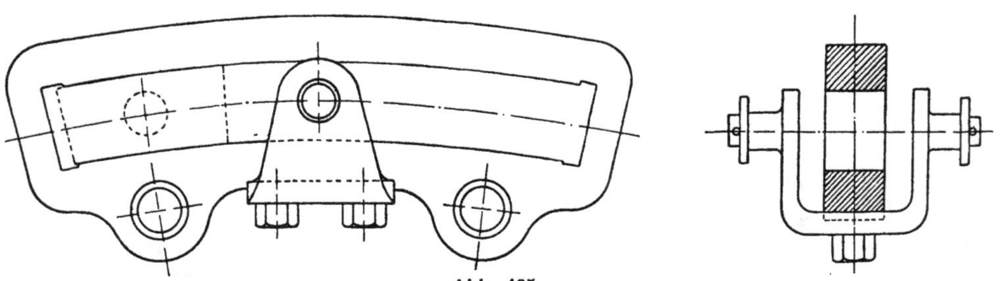
Abb. 425.

Exzenterstangenzapfen: angeschmiedet, meist ohne Bund. Sie werden verhältnismäßig kurz gemacht, um das auf die Kulissenbalken wirkende und die Verbindungsbolzen beanspruchende Kippmoment möglichst gering zu halten.

Flächendruck: 45 bis 75 kg/qcm (bis 85 bei Torpedobooten).

Zapfendurchmesser = ca. 1,2 bis 1,3mal Zapfenlänge.

Der Hängestangenzapfen wird (vgl. oben) entweder als Fortsetzung des einen Exzenterstangenzapfens ausgebildet oder in Mitte der Kulisse angebracht und hat außen einen Bund. Der Flächendruck berechnet sich aus der in der Hängestange wirkenden Kraft (s. S. 379).

Geschlitzte Kulisse (Abb. 425). Diese wird in der Regel nur bei kleineren Schiffsmaschinen angewandt.

Die Dimensionierung geschieht nach denselben Gesichtspunkten wie bei der Balkenkulisse; doch liegt schon in der Konstruktion begründet, daß die Schlitzkulisse sich für Übertragung großer Kräfte nicht so gut eignet.

Aufhängung wie oben in der Mitte oder am Vorwärtsende.

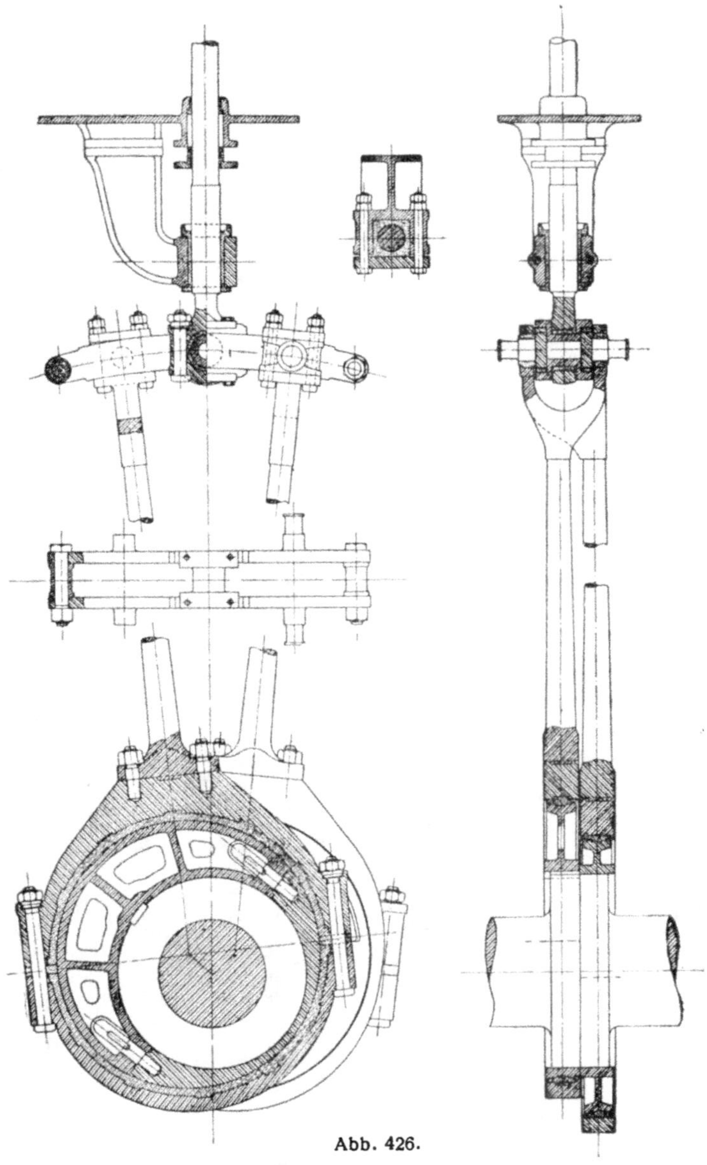

Abb. 426.

Der Stein besteht meist aus einem einfachen Stahlstück mit Bronzebüchse für den Schieberstangenbolzen oder aus einem Bronzestück; die Gleitflächen werden besonders aufgesetzt oder es wird der Stein mitunter direkt mit Weißmetall ausgegossen.

§ 174. **Exzenterstange.** Die Lager zeigen dieselbe Konstruktion wie die der Pleuelstangen; man findet entweder Lagerschalen aus Bronze, meist ohne Weißmetall oder Lagerschalen aus Stahlguß mit Weißmetall. Schalen eckig oder rund (s. Abb. 426).

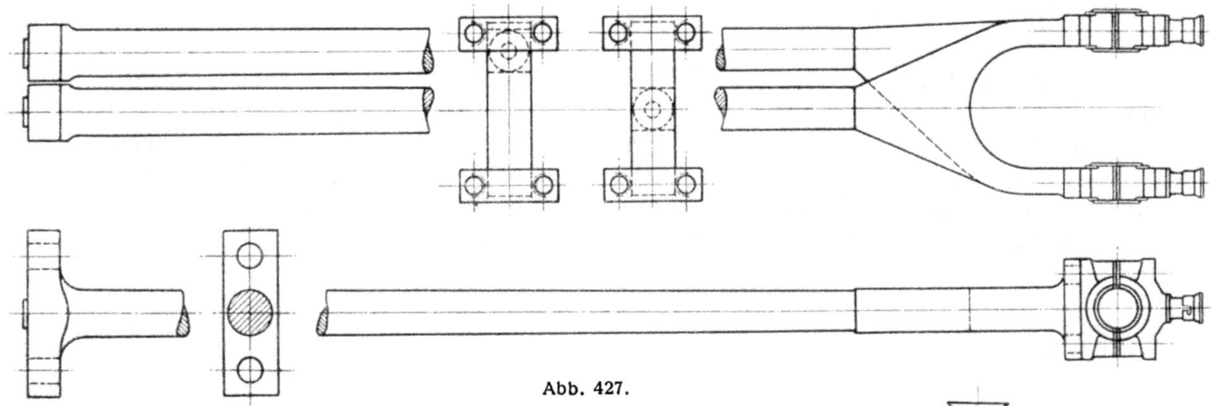
Abb. 427.

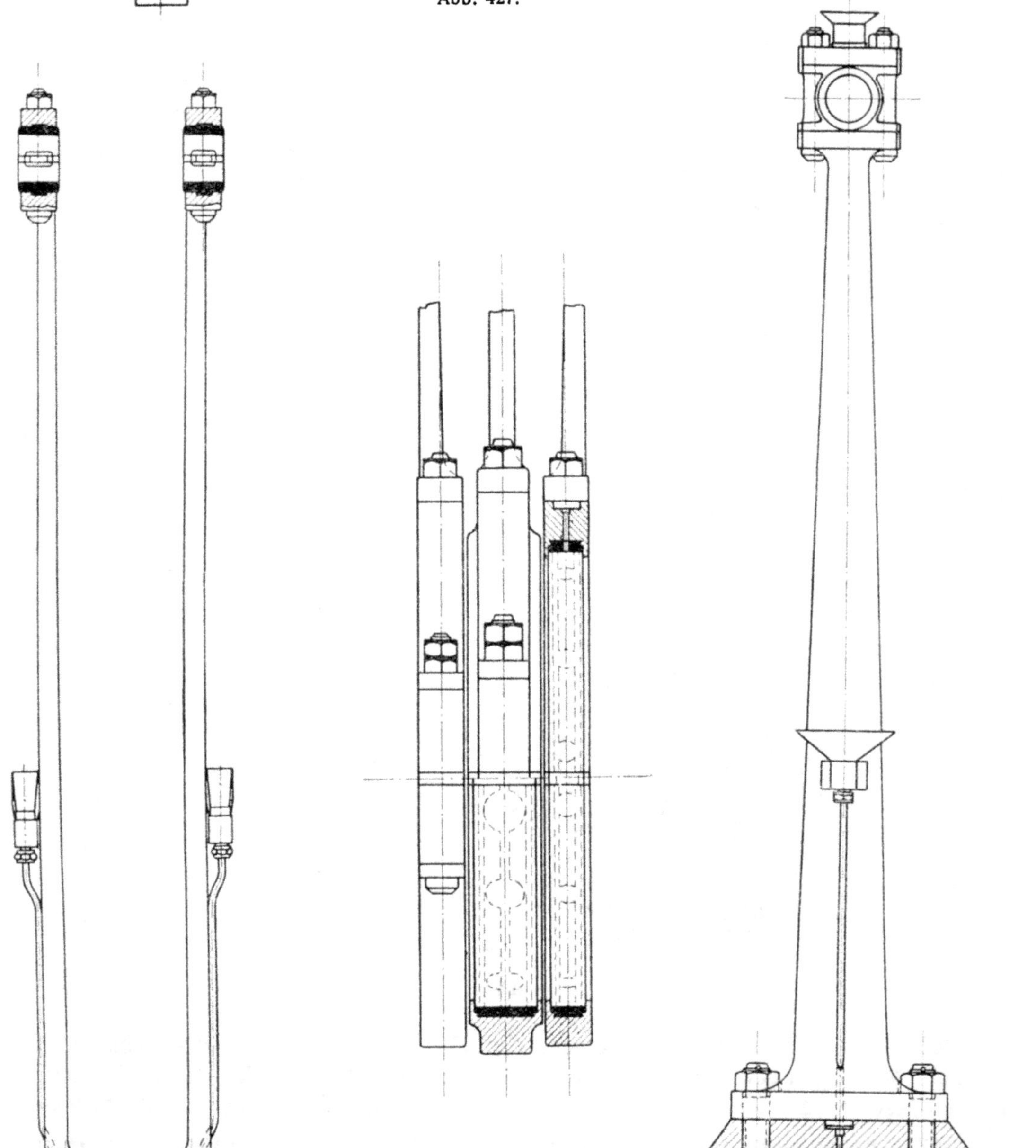
Abb. 428.

Der obere schmiedeeiserne Deckel bleibt oft weg, und man macht die Oberschale dafür entsprechend stärker (s. Abb. 427).

Die Gabeln der Vorwärtsstangen macht man meist symmetrisch; dann muß die Gabel der Rückwärtsstange mehr oder minder einseitig werden. Mitunter wird auch die Rückwärtsstange gleich über dem Bügel gekröpft, so daß auch deren Gabel symmetrisch wird, die Exzenterstange jedoch schräg gerichtet ist.

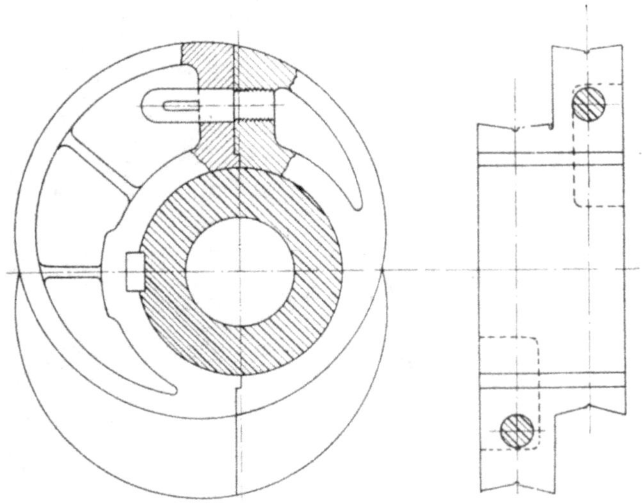

Abb. 429.

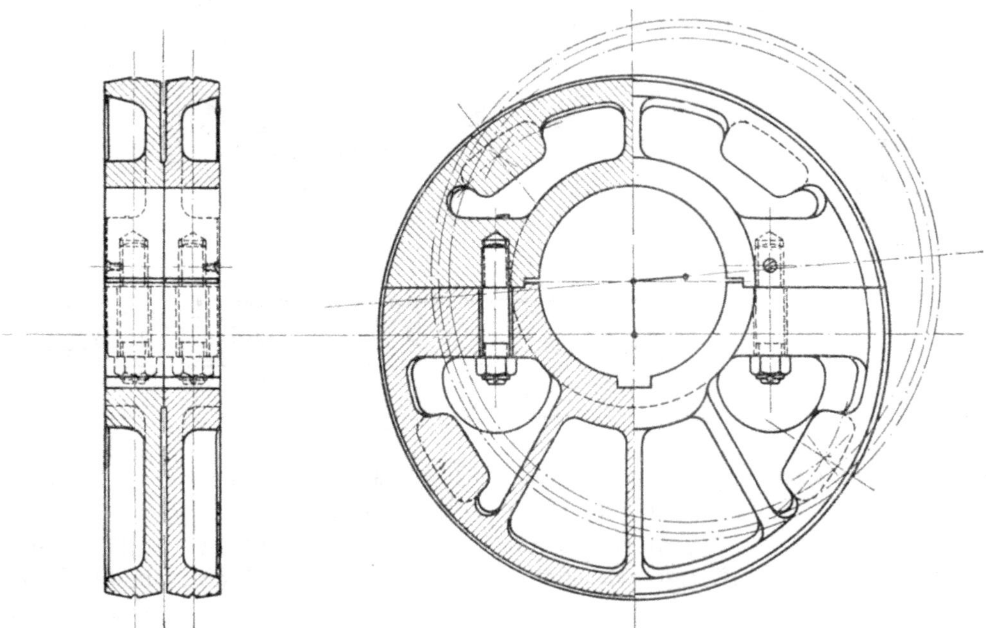

Abb. 430.

Um die einseitige Gabel der Rückwärtsexzenterstange zu vermeiden, werden bei Kriegsschiffen mitunter an Stelle eines Rückwärtsexzenters deren zwei, je eines vor und hinter dem Vorwärtsexzenter angeordnet. An Stelle einer Rückwärtsexzenterstange werden dann deren zwei angeordnet (s. Abb. 428).

Berechnung der Gabel s. „Pleuelstange“.

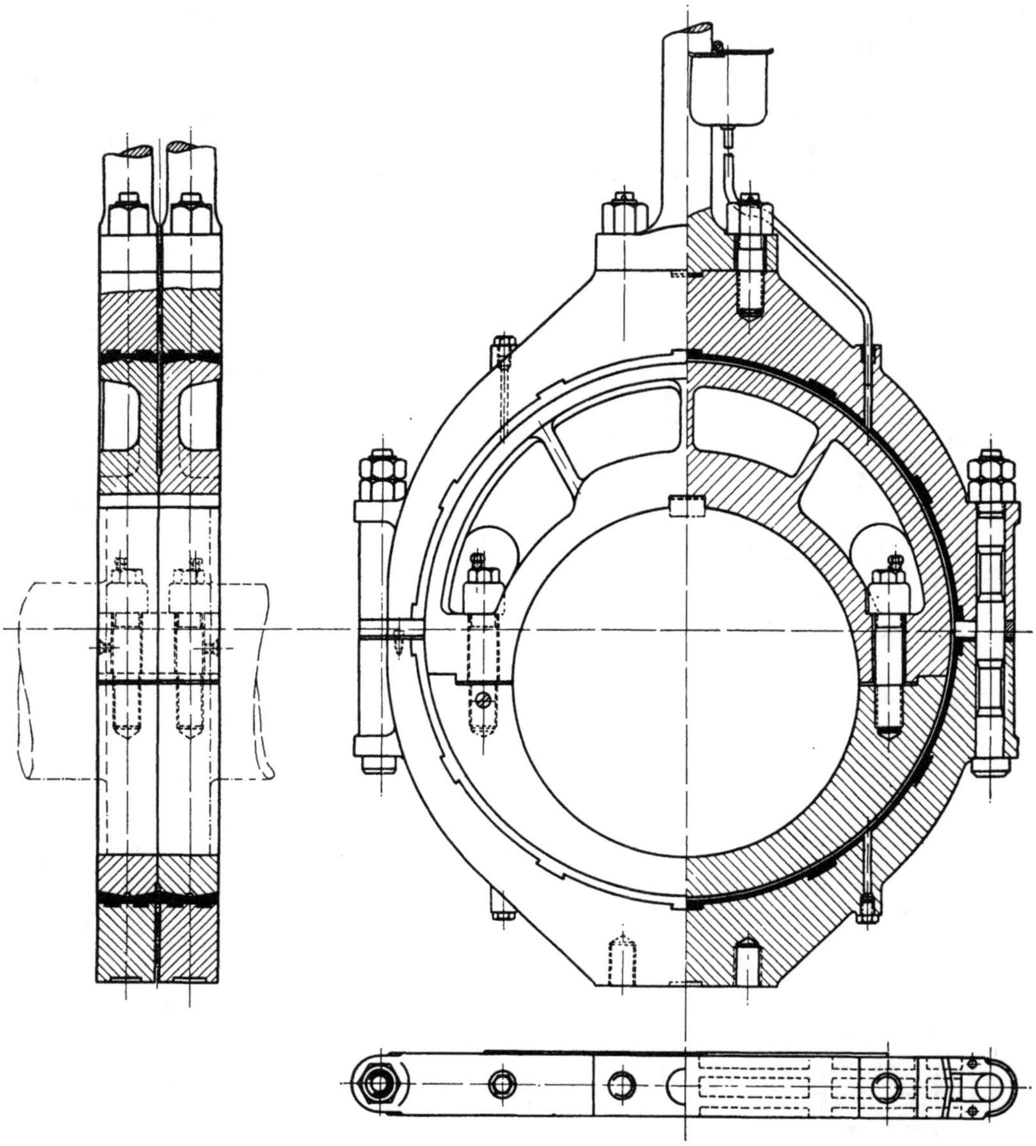

Abb. 431.

Wenn irgend möglich macht man je alle Rückwärts- und Vorwärtsstangen einander gleich, damit für jede Sorte nur eine Reservestange nötig wird.

Die Stange wird am Exzenterbügel durch einen Flansch mit zwei Stiftschrauben befestigt. Bei kleinen, leichtgebauten Maschinen bilden Stange und Oberteil des Exzenterbügels oft ein Schmiedestück (vgl. Abb. 161); bei größeren Maschinen vermeidet man diese Konstruktion, da sie für die Fabrikation und Montage unzweckmäßig ist.

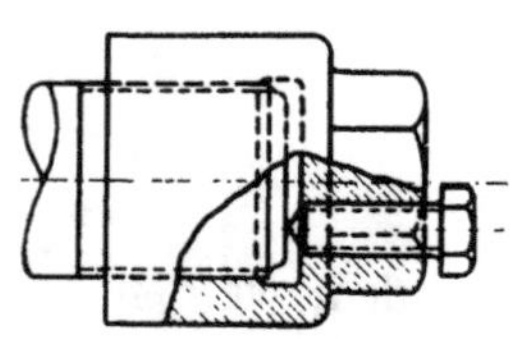

Abb. 432.

Am einfachsten sind runde Stangen; bei Kriegsschiffsmaschinen findet man indes häufig flache Stangen vor.

Beanspruchung der Exzenterstange direkt unter der Gabel: 100 bis 250 kg/qcm (bis 300 bei Torpedobooten).

Querschnitt unten:

1,8- bis 2mal Querschnitt oben (bei langen Stangen),

1,4- bis 1,6mal Querschnitt oben (bei kurzen Stangen).

Länge der Exzenterstange: So lang wie möglich; es muß jedoch außer der Rücksicht auf bequeme Zugänglichkeit der Stopfbüchse noch reichlich Platz für eine gute Führung der Schieberstange über der Kulisse verbleiben (s. Abb. 416 und 426).

Beanspruchung der Lagerbolzen und der Stiftschrauben im Bügel 150 bis 400 kg/qcm, je nach der Bauart des Schiffes (bei Torpedobooten bis 500 kg/qcm).

§ 175. **Exzenter.** Man macht in der Regel den Exzenterdurchmesser möglichst klein und setzt deswegen das Exzenter, wenn angängig, auf die Welle; häufig jedoch läßt es sich nicht vermeiden, einige oder alle Exzenter der Maschine auf die Kupplungsflanschen zu setzen.

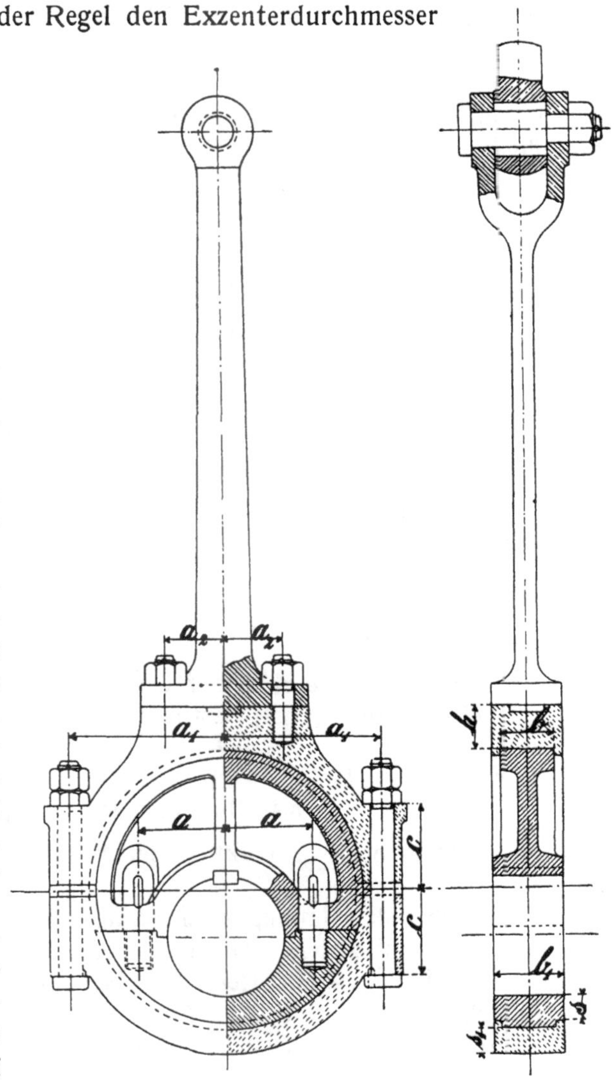

Abb. 433.

Vorwärts- und Rückwärtsexzenter macht man entweder gleich breit oder die letzteren etwas schmäler; sonst gilt, wie bei den übrigen Steuerungsteilen die Regel, alle Exzenter einander genau gleich zu machen, da dies die Fabrikation verbilligt und die Beschaffung von Reserveteilen erleichtert.

Bei kleineren Maschinen findet man häufig Vorwärts- und Rückwärtsexzenter zusammengegossen (Abb. 281).

Fast immer müssen die Exzenterscheiben zweiteilig sein. Die Verbindungsbolzen macht man so stark wie irgend möglich, mindestens so stark wie die Bügelbolzen. Die Bolzen werden zum Anziehen entweder mit gewöhnlichen Muttern (Abb. 430), mit Kapselmutter (Abb. 431 und 432) oder mit Keil (s. Abb. 426 und 429), letzteres, wenn kein Platz für eine Mutter vorhanden ist, versehen.

Material: Beide Hälften aus Gußeisen, insbesondere bei großen Exzentern auf kleiner Welle. Solche kommen bei Maschinen vor, bei denen ein Teil der Exzenter auf der Kupplung und ein Teil auf dem Schaft sitzt und welche trotzdem gleichgroße Bügel haben. Sonst macht man häufig die größere Hälfte aus Gußeisen, die andere aus Stahlguß oder geschmiedetem Stahl; mitunter, namentlich bei Kriegsschiffen werden auch beide Hälften aus Stahlguß hergestellt.

Geringster Querschnitt am Scheitel (Abb. 433):

$$s \cdot b = c \text{mal Querschnitt beider Exzenterbolzen.}$$

Dabei wähle man

$c = 3{,}5$ bis 5 für Gußeisen,
$c = 1{,}8$ „ 2,5 „ Stahlguß,
$c = 1{,}5$ „ 1,8 „ geschmiedeten Stahl.

In der Regel gibt man den beiden Exzenterhälften einen kleinen Versatz an der Teilungsstelle, damit sie leichter passend gedreht werden können; überhaupt muß das Aufpassen der Exzenter auf die Welle mit großer Genauigkeit geschehen, damit ein Losewerden ausgeschlossen ist.

Werden anstatt eines Rückwärtsexzenters deren zwei, zu beiden Seiten des Vorwärtsexzenters, angeordnet, dann können sie entsprechend schmäler gemacht werden (s. Abb. 428) (vgl. oben unter Exzenterstange).

Da die Aussparungen der Exzenter bzw. Bügel beim Gange der Maschine scherenartig wirken und daher beim Nachfühlen gefährlich werden können, ist es zweckmäßig, die gegeneinandergekehrten Aussparungen der Exzenter und Bügel mit Blech zu bekleiden oder an den Exzenterbügeln kleine Schutzwinkel anzubringen, um die Aussparungen zu verdecken. Man kann auch die Aussparungen nach außen kehren, siehe Abb. 431.

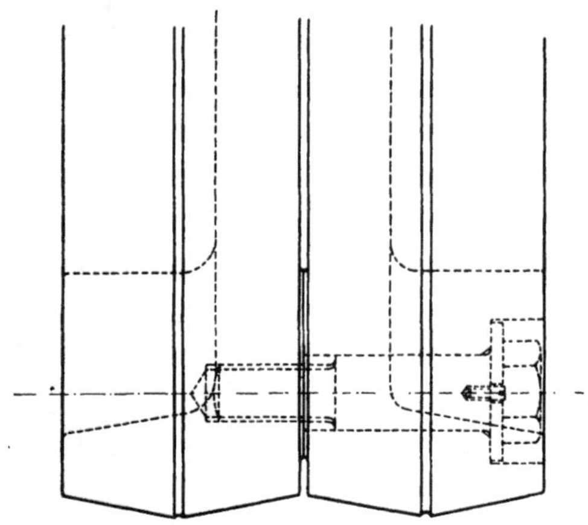

Abb. 434.

Die Befestigung auf der Welle geschieht durch eine breite Feder, meist am Scheitel des großen Teils; häufig findet man noch eine Stellschraube, welche eine seitliche Verschiebung des Exzenters verhindern soll. Gewöhnlich verbindet man jedoch Rückwärts- und Vorwärtsexzenter durch Schraubenbolzen (Abb. 434), damit die Feder des einen Exzenters das andere vor seitlicher Verschiebung schützt und um die Federn beider Exzenter zu entlasten.

Nachdem der Durchmesser des Exzenters durch Bestimmung des Querschnittes am Scheitel festgelegt ist, bestimmt man die Exzenterbreite aus dem größten zulässigen Flächendruck.

Dieser beträgt

5 bis 10 kg/qcm (bis 17 kg/qcm bei Torpedobooten),

je nachdem es bei Konstruktion der Maschine auf Gewichts- und Raumersparnis ankommt.

Je größer die Umfangsgeschwindigkeit des Exzenters wird, desto niedriger wähle man unter sonst gleichen Umständen den spezifischen Flächendruck, da sich mit der Gleitgeschwindigkeit die Reibungsarbeit in der Zeiteinheit und damit die Erwärmung steigert. Man findet dementsprechend fast niemals für das Produkt aus spezifischem Flächendruck und Umfangsgeschwindigkeit des Exzenters einen höheren Wert als 120 (bei Torpedobooten), während sich dieser Wert bei Handelsschiffen etwa zwischen den Grenzen von 15 bis 30 hält.

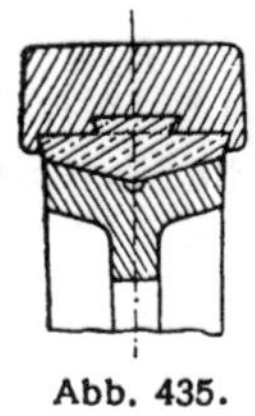

Abb. 435.

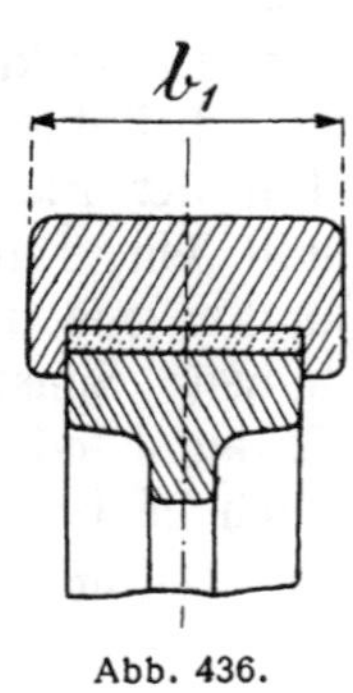

Abb. 436.

Damit der Exzenterbügel seitlich geführt ist, macht man entweder die Gleitfläche nach beiden Seiten konisch (Abb. 431 und 435), oder man bringt an Exzenter oder Bügel vorspringende Ränder an (Abb. 436). Letztere Konstruktion hat den Übelstand, daß sich die Ränder wegen der mangelhaften Schmierung an dieser Stelle bald ablaufen und dadurch Exzenter oder Bügel unbrauchbar werden.

§ 176. **Exzenterbügel.** Bei kleinen Schiffen findet man häufig Exzenterbügel aus Bronze; bei größeren fast durchweg solche aus Stahlguß mit Weißmetalleinlage; hin und wieder auch Gußeisen mit Bronzefutter, welche Konstruktion aber schwer und wenig fest ist. Bei sehr leichten Kriegsschiffen findet man häufig auch Bügel ganz aus geschmiedetem Stahl (Abb. 437), wobei zuweilen (nach Art der Lokomotivkonstruktion) das Oberteil mit der Stange aus einem Stück geschmiedet ist (Abb. 161). Über die Verbindung von Exzenterbügel und Stange siehe „Exzenterstange".

Der obere Teil, an welchem die Stange angreift, muß in der Mitte so stark sein, daß er sich nicht merklich verbiegen und dadurch von der Scheibe abheben kann. Man wähle daher h möglichst groß.

Widerstandsmoment in h (vgl. Abb. 433).

$$W = \frac{b_1 \cdot h^2}{6} = \frac{Q \cdot a_1}{2S}$$

wobei $S = 300$ bis 600 für Schmiedeeisen oder Stahl bzw. Stahlguß,

$S = 80$ bis 300 für Gußeisen;

man findet sogar manchmal bei Ausführungen aus Stahlguß Werte von S bis 1000 kg/qcm. Bei solchen Beanspruchungen findet jedoch leicht ein Warmlaufen des Exzenters statt, weil der Bügel dann seitlich zusammenfedert.

Ist das Oberteil kräftig genug (Abb. 426 und 438), um letzteres zu verhindern, dann braucht das Unterteil nur mehr als Band zu wirken. In der Regel wird das Unterteil am Scheitel bei s_1 jedoch etwas stärker gemacht als an den Seiten.

Mitunter wird das Unterteil gleich dem Oberteil gemacht, weil sich dieses stärker abnutzt als das Unterteil und letzteres dann nötigenfalls als Oberteil verwendet werden kann.

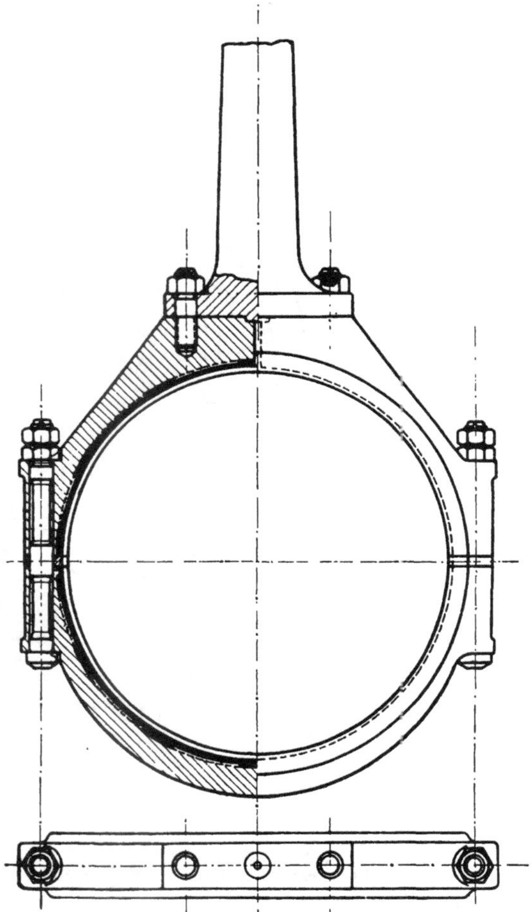

Abb. 437.

Exzenterbügel aus Stahlguß, bei denen der Querschnitt im unteren Scheitel das Doppelte des Gesamtkernquerschnittes beider Bügelschrauben betrug, erwiesen sich als stark genug. Meistens findet man

$s_1 b_1 = 2$ bis $2{,}5\,F$ für Stahlguß,

$s_1 b_1 = 1{,}8$ „ $2\,F$ „ geschmiedeten Stahl,

wobei F der Gesamtkernquerschnitt beider Bügelschrauben ist.

Die Exzenterbügelschrauben setzt man möglichst nahe zusammen, wenn dadurch auch die Augen für dieselben eine beträchtliche Höhe annehmen.

Die Stärke der Schrauben wählt man so, daß sie durch die Schieberkraft Q mit 150 bis 200 kg/qcm bei Handelsschiffen und etwa 250 bis 400 kg/qcm bei Kriegsschiffen bzw. Torpedobooten beansprucht werden. Die Bolzen erhalten Doppelmuttern oder Pennsche Muttern und Splint (zweckmäßig feines Gewinde).

Zwischen Ober- und Unterteil des Exzenterbügels legt man Paßstücke aus Bronze oder Gußeisen nebst einigen Paßblechen zum leichten Nachpassen. Gewöhnlich werden

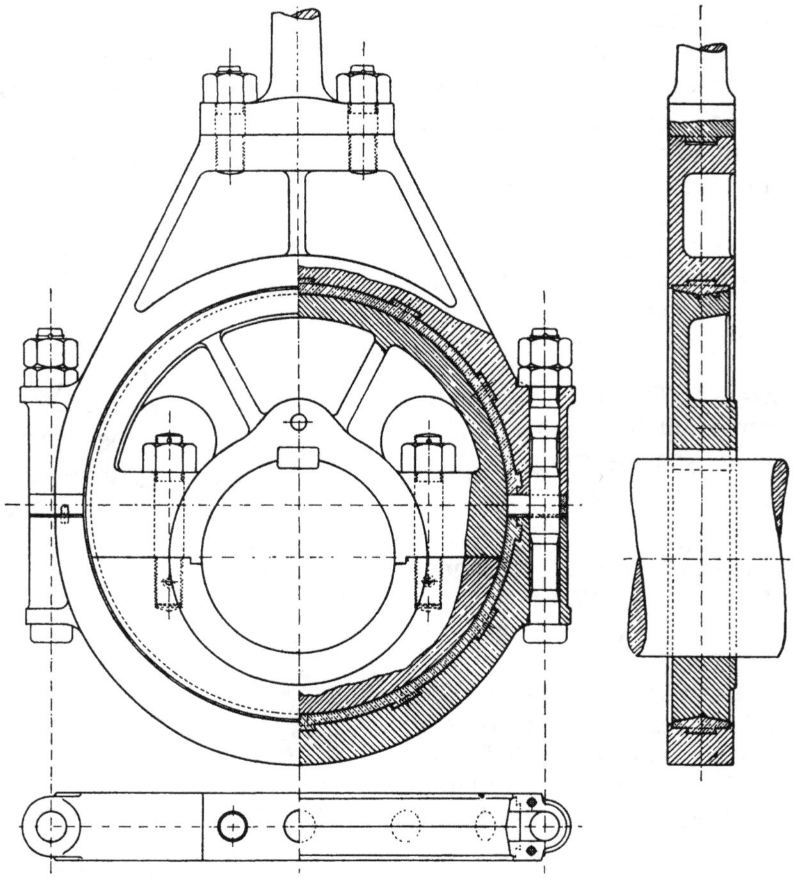

Abb. 438.

diese für den Bolzen derart ausgespart, daß man sie von der Seite herausnehmen kann (Abb. 439).

Das Weißmetall wird gewöhnlich seitlich durch einen vorstehenden Rand, oder durch schwalbenschwanzförmige, ringsumlaufende Nuten, vor dem Herauspressen geschützt und außerdem durch einige Nuten gehalten (Abb. 431 und 435). Bei Ausführung nach Abb. 431 wird die ganze Breite des Exzenterbügels als Gleitfläche ausgenutzt.

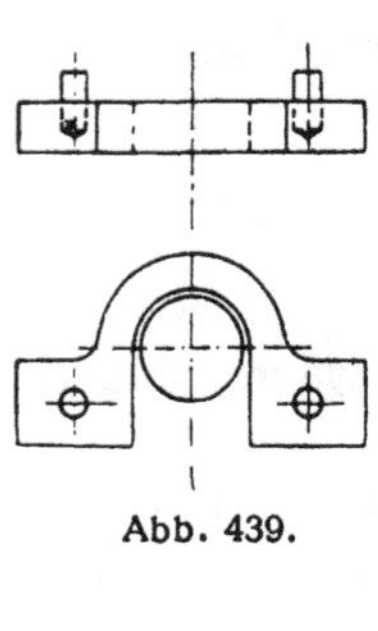

Abb. 439.

§ 177. **Schlußbemerkung.** Im vorstehenden ist zwar nur die Kulissensteuerung von Stephenson behandelt; nach den hierbei besprochenen Gesichtspunkten wird man jedoch ohne Schwierigkeiten auch die Gestängeteile anderer Steuerungen unter Zugrundelegung der Schieberkraft Q konstruieren können.

Umsteuerung.

§ 178. **Umsteuerwelle und Umsteuerhebel.** Die Umsteuerwelle liegt parallel zur Kurbelwelle und trägt für jede Steuerung einen Umsteuerhebel. In demselben ist, meist verstellbar, eine Traverse befestigt, welche durch die Hängestangen mit der Kulisse verbunden ist.

Auf der Umsteuerwelle sitzt auch der Hauptumsteuerhebel, welcher von der Umsteuervorrichtung bewegt wird. Dieser Hebel liegt zweckmäßig ungefähr in der Mitte der Welle, um eine möglichst günstige Beanspruchung auf Verdrehung und möglichst geringe Federung der Welle zu erzielen.

Die Lager, in denen die Umsteuerwelle ruht, sollen möglichst nahe bei den einzelnen Umsteuerhebeln liegen. Dieses läßt sich nicht immer erreichen, und es wird daher die Welle außer auf Verdrehung häufig auch auf Biegung beansprucht, was bei Bestimmung ihres Durchmessers zu berücksichtigen ist. Bei letzterer ist von der Kraft auszugehen, welche nötig ist, um eine Kulisse unter vollem, auf dem Schieber lastenden Dampfdruck umzusteuern.

Es bedeute:

- r die Exzentrizität in cm,
- R die Länge des Umsteuerhebels in cm,
- a die gegenseitige Entfernung der Exzenterstangenzapfen an der Kulisse in cm, Abb. 424,
- Q die größte Schieberstangenkraft in kg (s. S. 363),
- P die größte Kraft, welche zum Umsteuern einer Kulisse erforderlich ist, in kg.

Dann ist angenähert:

$$P = 2{,}1\, Q \frac{r}{a}.$$

Diese Kraft verteilt sich auf zwei Hängestangen, welche die Kulisse mit der Traverse des Umsteuerhebels verbinden.

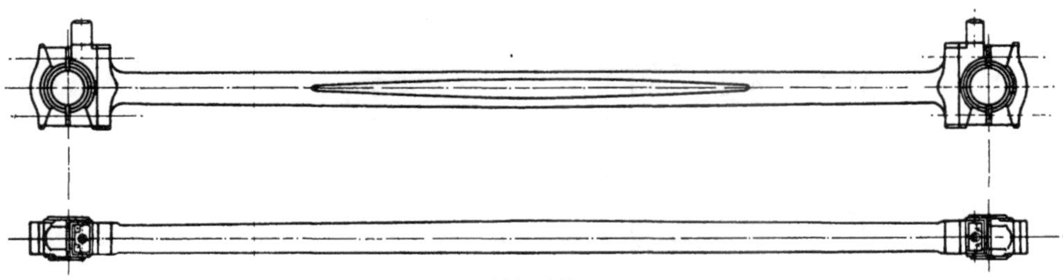

Abb. 440.

Die Beanspruchung der Hängestangen (Abb. 440 und 441) im schwächsten Teile ist gewöhnlich nur sehr gering, und zwar etwa 80 bis 100 kg/qcm. Die Beanspruchung der Lagerschrauben der Hängestangen ist etwa 250/400 kg/qcm, bei Torpedobooten bis 650 kg/qcm.

Die Hängestangen werden meistens rund hergestellt und an beiden Enden mit nachstellbaren Lagerköpfen versehen. Die Lagerschalen werden entweder ganz aus Bronze hergestellt oder aus Stahlguß und mit Weißmetall ausgegossen.

Die Hängestangenzapfen, deren Länge nur wenig größer als ihr Durchmesser gemacht wird, weisen meistens nur einen Flächendruck von 30 bis 60 kg/qcm auf.

Der Durchmesser der Umsteuerwelle ist in cm:

$$d = 1{,}72 \sqrt[3]{\frac{c \cdot P \cdot R}{k}}.$$

Hierin ist bei Maschinen mit 1 Kurbel . . . . $c = 1{,}0$,
„ 2 Kurbeln unter 90° . . . . $c = 1{,}3$,
„ 3 „ „ 120° . . . . $c = 1{,}85$,
„ 4 „ „ 90° . . . . $c = 2{,}4$.

Die Beanspruchung k auf Verdrehung findet sich gewöhnlich zu 250 bis 300 kg/qcm (bis 400 kg/qcm für Torpedoboote); treten auch Biegungen auf, dann ist die Beanspruchung geringer zu nehmen. Soll an Gewicht gespart werden, dann ist es zweckmäßig, die Umsteuerwelle auszubohren.

Die Beanspruchung der Umsteuerwelle und die dadurch bedingte Federung wird vermindert, wenn man die Umsteuerhebel für die Kulissen möglichst kurz ausführt. Für eine gegebene Kulissenlänge wird dies durch möglichst großen Ausschlag der Umsteuerwelle erreicht, der jedoch gewöhnlich nicht über 90° genommen wird.

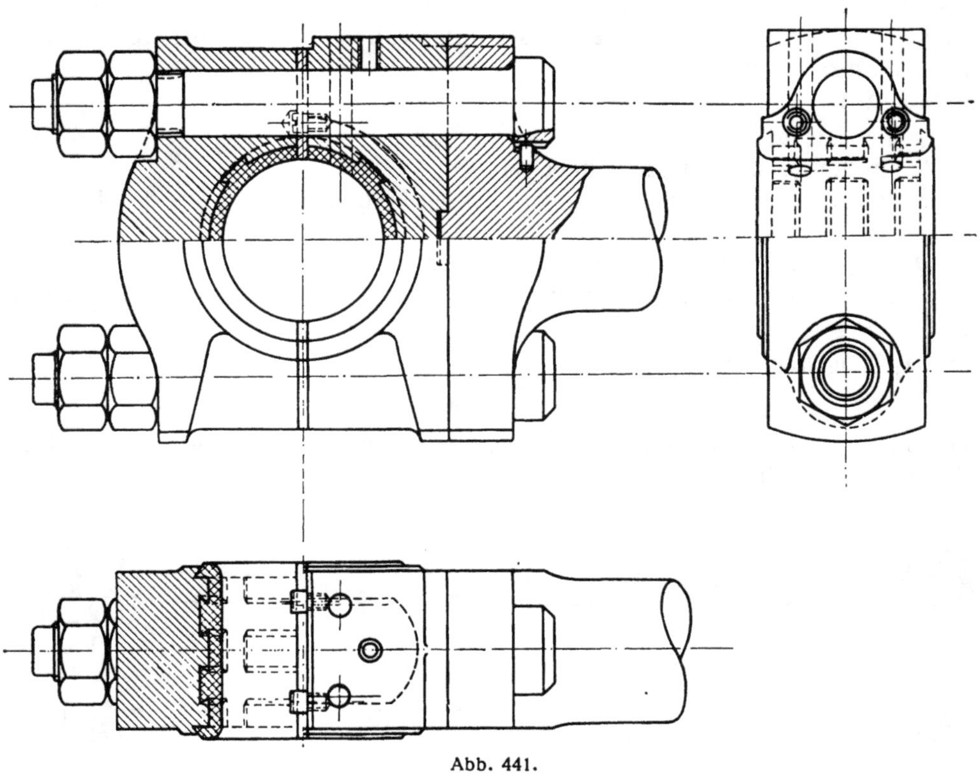

Abb. 441.

Bei Maschinen über 100 PS erhält gewöhnlich jeder Umsteuerhebel einen Schlitz, in welchem sich die Traverse, an der die Kulissenhängestangen angreifen, verstellen läßt. Die Verschiebung der Traverse geschieht durch eine Schraubenspindel aus Stahl (s. Abb. 442). Die auf der Traverse sitzende Mutter mit Unterlagscheibe dient zum Feststellen der Traverse.

Man kann mit dieser Einrichtung bei jedem Zylinder den Füllungsgrad und die Leistung in gewissen Grenzen (um ca. 12 bis 16%) verändern und so den günstigsten Füllungsgrad leicht einstellen. Der Schlitz ist so zu stellen, daß er bei Rückwärtsgang der Maschine parallel zur Schieberstange steht, so daß dann die Kulisse, unabhängig von der Stellung der Traverse im Schlitz, immer ganz ausgelegt ist; denn bei jeder Gangart der Maschine wird Wert auf hohe Rückwärtsleistung gelegt (s. Abb. 443).

Es ist zweckmäßig, den Ausschlag der Umsteuerwelle bzw. der Umsteuerhebel zu 90° anzunehmen, weil dann bei Vorwärtsgang der Maschine der Schlitz senkrecht zur Richtung der Schieberstange steht; es ist in diesem Fall die Verschiebung der Traverse im Hebel gleich der Verschiebung der Kulisse. Außerdem werden dann die einzelnen Hebel kürzer als bei kleinerem Ausschlagwinkel und dadurch die Beanspruchung der Umsteuerwelle geringer.

Der Ausschlag s des Umsteuerhebels ist meistens gleich oder etwas kleiner als der gegenseitige Abstand der Exzenterstangenzapfen an der Kulisse.

Die Umsteuerwelle und die Traversen werden aus geschmiedetem Stahl, die Umsteuerhebel mitunter aus Gußeisen, meistens jedoch aus Stahlguß für Handelsschiffe und aus geschmiedetem Stahl für Kriegsschiffe ausgeführt.

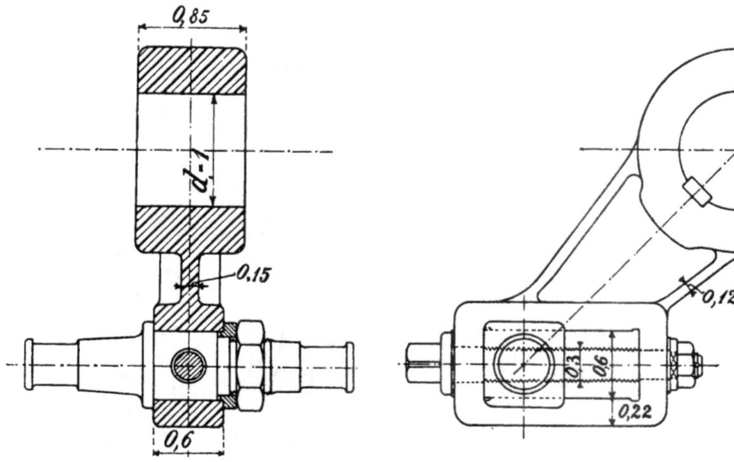

Abb. 442.

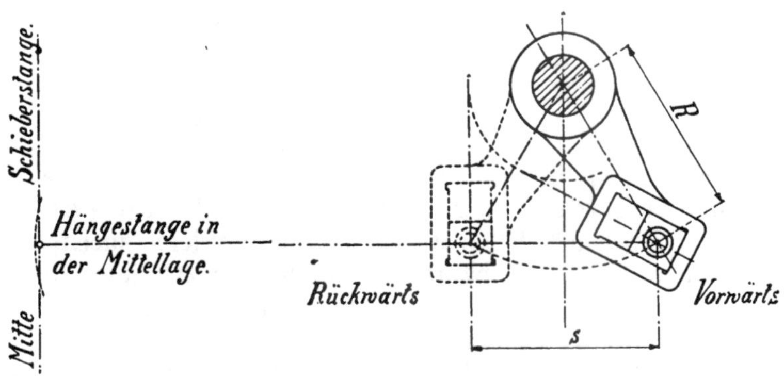

Abb. 443.

In Abb. 442 sind die gebräuchlichen Abmessungen bezogen auf $d = 1$ für Stahlguß angegeben.

Bei Ausführung in Gußeisen sollten die Dimensionen der Hebel um etwa 10 bis 15% stärker genommen werden.

Der Hauptumsteuerhebel ist bedeutend kräftiger als die einzelnen Umsteuerhebel auszuführen.

Aus Stahl geschmiedete Hebel (fast immer bei Kriegsschiffsmaschinen) erhalten gewöhnlich die in Abb. 444 dargestellte Form.

Die Befestigung der Hebel auf der Umsteuerwelle geschieht durch Aufpressen oder Warmaufziehen; außerdem zugleich durch starke Federn.

Um eine Bewegung der Umsteuerwelle während des Ganges der Maschine zu verhindern, wird dieselbe häufig mit einer Feststellvorrichtung versehen. Bei Handumsteuerung wird hierfür gewöhnlich eine Klemmvorrichtung angewandt. Bei Dampfumsteuerung sind Klemmvorrichtungen nicht zweckmäßig, weil sie bei plötzlich auszuführenden Manövern zu lange Zeit zur Auslösung bedürfen; es ist besser, einen festen Anschlag anzubringen, gegen welchen sich bei Vorwärtsgang der Maschine entweder ein Umsteuerhebel oder ein besonders dazu angebrachter Hebel stützt, wie dies aus der Abb. 445 zu ersehen ist.

§ 179. **Umsteuerungsvorrichtungen.** Maschinen bis ca. 150 PSi können durch einen Handhebel, welcher auf der Umsteuerwelle aufgekeilt ist, umgesteuert werden, vgl. Abb. 136 und 140.

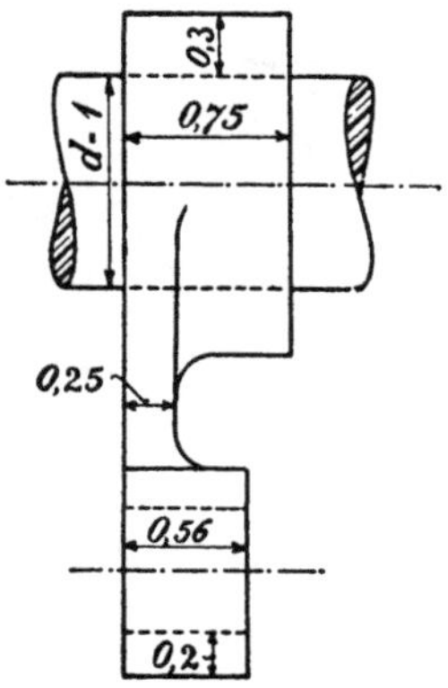

Abb. 444.

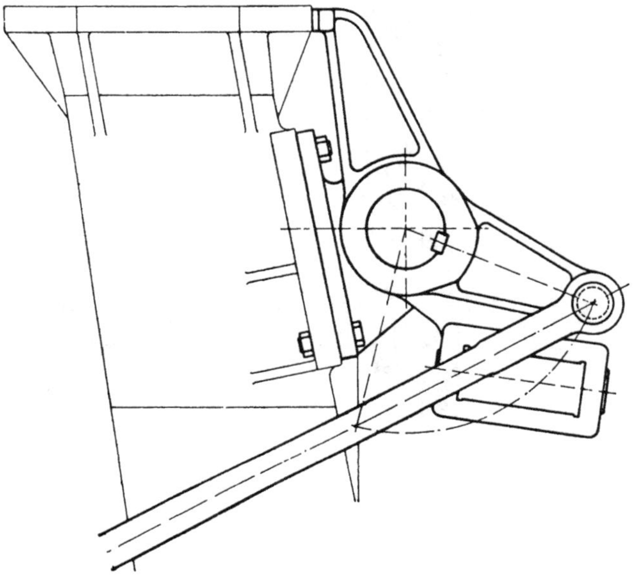

Abb. 445.

Bei größeren Maschinen bis ca. 500 PSi wird die Umsteuerwelle gewöhnlich durch Handrad und Schneckengetriebe oder Schraubenspindel bewegt (vgl. Abb. 143 und 144). Bei Maschinen über 500 PSi wird für das Manövrieren meistens eine Dampfumsteuerung vorgesehen; für den Notfall ist jedoch außer dieser noch eine Handumsteuerung vorhanden. Dampf- und Handumsteuerung werden häufig in geeigneter Weise verbunden (siehe weiter unten). Die Umsteuerungsmaschinen werden entweder als „direktwirkende" oder als „Rundlauf-Umsteuermaschinen" ausgeführt.

§ 180. Die **direktwirkenden Umsteuermaschinen** (System Brown) besitzen einen Dampfzylinder und einen mit Öl oder Wasser gefüllten Bremszylinder, die beide in einer Achse angeordnet sind (s. Abb. 446 bis 451). Der Bremszylinder ist nötig, um eine stoßweise oder zu rasche Bewegung der Steuerungsteile der Maschine zu verhüten. Bei der dargestellten Umsteuermaschine bewegt der auf der Kolbenstange befestigte Kreuzkopf mittels zweier Zugstangen die auf der Umsteuerwelle sitzenden Umsteuerhebel, während die Umsteuermaschine feststeht. Bei der in Abb. 450 und 451 dargestellten Umsteuermaschine ist nur eine Lenkstange vorgesehen, welche an einem Auge der verlängerten Kolbenstange des Bremszylinders angreift. Bei einfacheren Ausführungen ist das obere Ende der aus dem Bremszylinder austretenden Kolbenstange mit einem Auge versehen und greift unmittelbar an dem Zapfen des Hauptumsteuerhebels an. Die Umsteuermaschine steht dann nicht fest, sondern kann um einen unten vorgesehenen Zapfen schwingen, welcher mit der Grundplatte der Maschine fest verbunden ist.

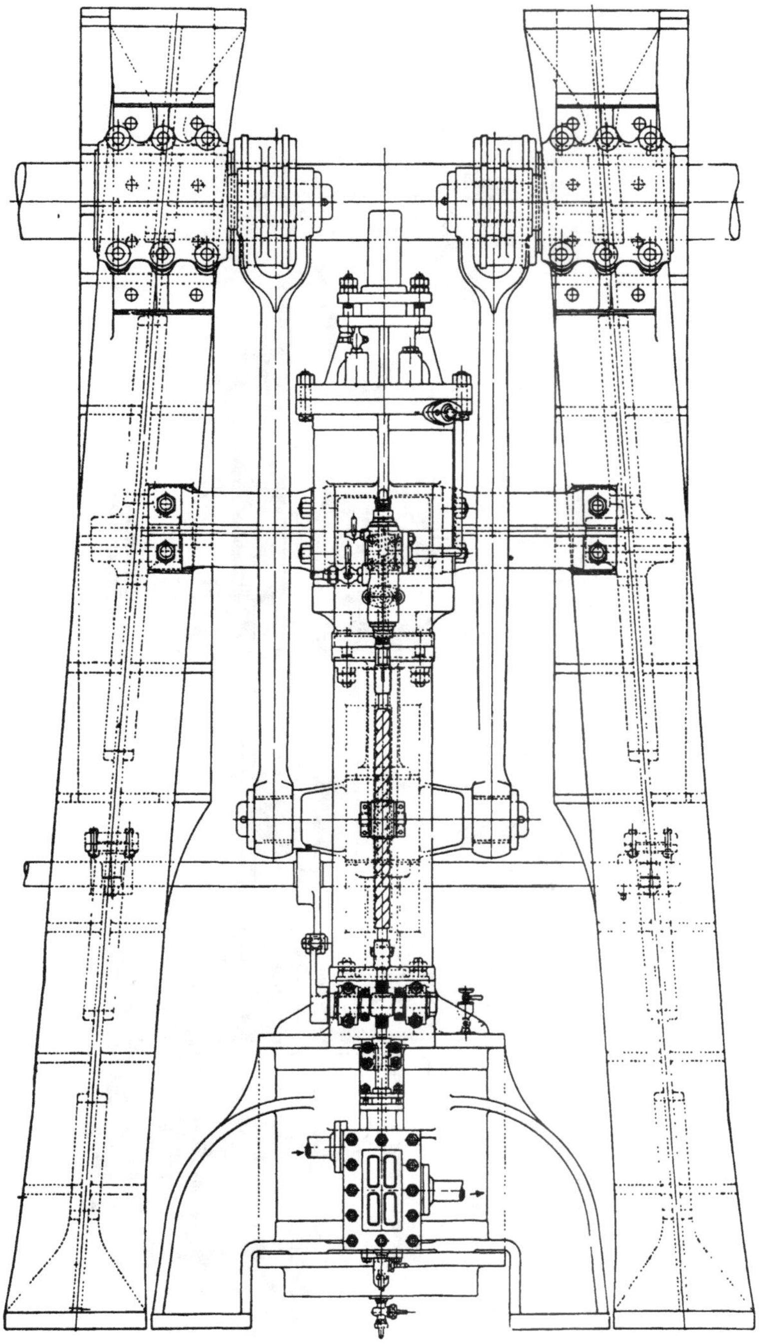

Abb. 446.

Die Steuerung des Dampfzylinders erfolgt durch einen gewöhnlichen Muschelschieber mit sehr geringer äußerer und innerer Deckung, während der Bremszylinder durch Kolbenschieber oder Ventile gesteuert wird (s. Abb. 448 und 449).

Beide Steuerungen sind miteinander verbunden und werden durch einen Handhebel vom Maschinistenstande aus bewegt. Sobald die Bewegung der beiden Schieber

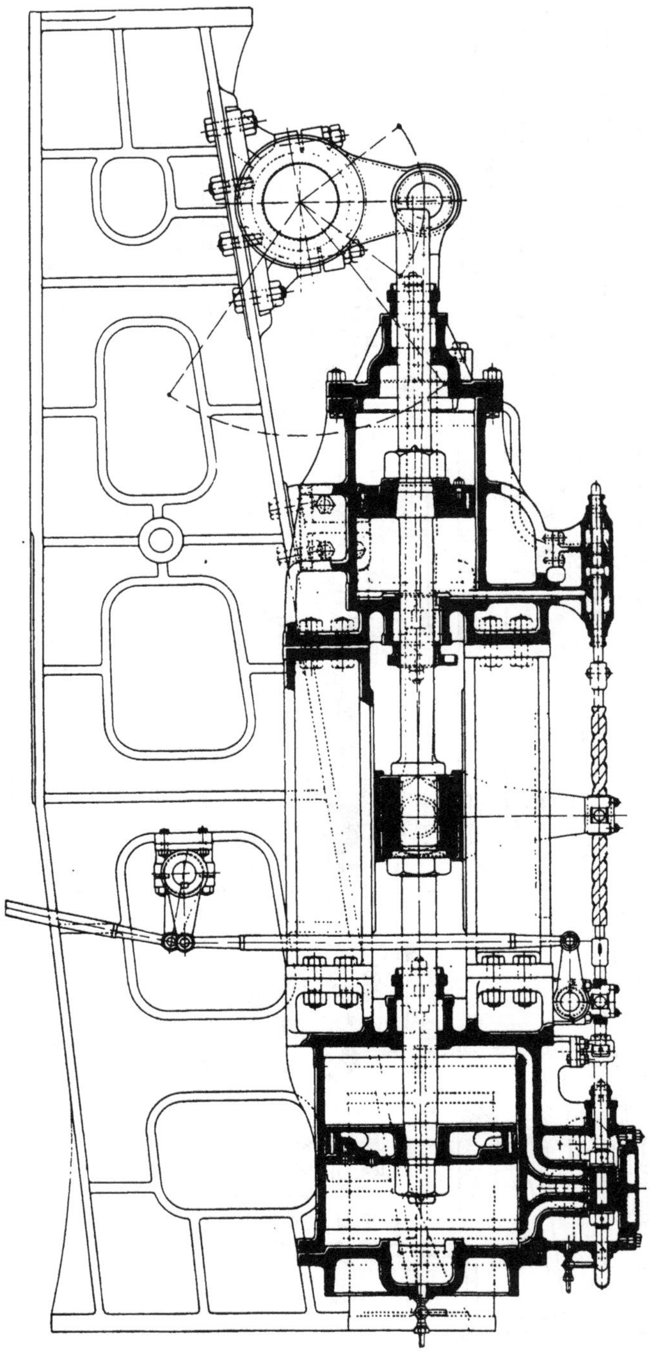

Abb. 447.

erfolgt ist und Dampf in den Zylinder einströmt, bewegt sich die Kolbenstange der Umsteuermaschine mit dem Querhaupt, an welchem die Umsteuerungszugstangen angreifen. An diesem Querhaupt ist noch ein Arm angebracht, welcher eine nicht drehbare Mutter enthält. Diese schiebt sich über eine parallel zur Kolbenstange liegende Spindel mit sehr steilem Gewinde und versetzt letztere in Drehung. Da die Spindel an ihrem unteren Ende mit Gewinde durch eine Mutter im Hebel, welcher die Schieberstange bewegt, geführt ist, und dieser Hebel nunmehr feststeht, verschiebt sich die Spindel bei ihrer Drehung mit der daran befestigten Schieberstange und bringt so den Schieber wieder in seine Mittellage. Die Umsteuermaschine kommt also zum Stehen, sobald der Maschinist den Handhebel nicht mehr bewegt. Diese Rückstellvorrichtung kann statt durch eine Schraubenspindel auch durch ein System von Hebeln bewirkt werden.

Umsteuermaschinen, bei denen die Rückstellvorrichtung durch Hebel betätigt wird, lassen sich leichter regieren als solche mit Gewindespindeln, da bei letzteren die Reibung im Gewinde ziemlich viel Kraftaufwand erfordert.

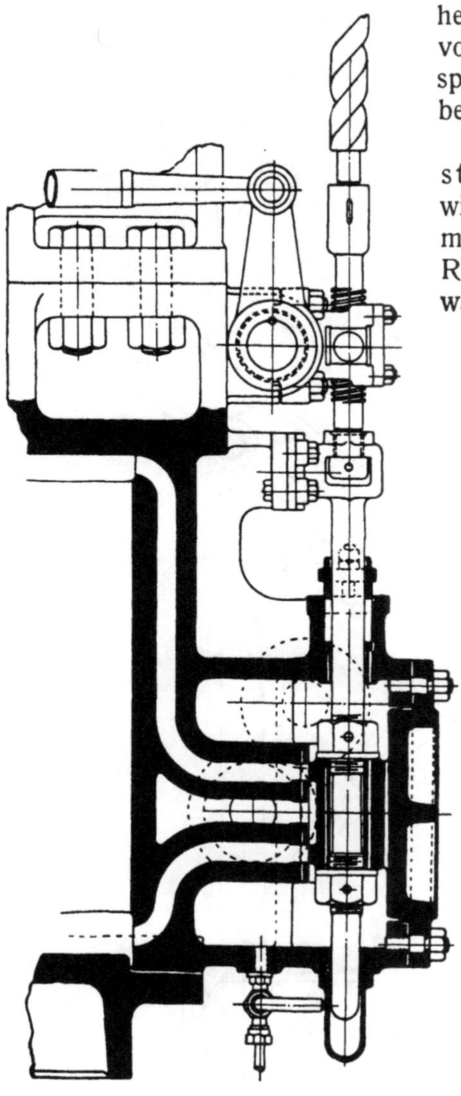

Abb. 448.

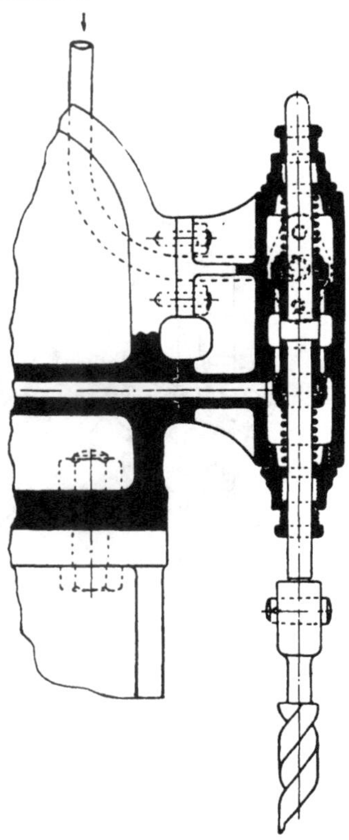

Abb. 449.

Eine Ausführung mit Hebeln zeigt Abb. 450 und 451. Zunächst wird durch den Handhebel *H*, die Zugstange *a* und den Hebel *ABC* die Dampfschieberstange *S* mit dem Dampfschieber bewegt. Dieser veranlaßt die Bewegung der Kolbenstange; da jetzt der Angriffspunkt *A* des Hebels *ABC*, auf welchen der Handhebel wirkt, feststeht, wird durch die Zugstange *DC* der Schieber nun wieder in seine Mittelstellung zurückgestellt.

Die Steuerung des Bremszylinders besteht hier aus einem kleinen Drehschieber *E*, welcher durch den Hebel *h* und die Zugstange *b* mit der Dampfschieberstange verbunden ist.

Der Bremszylinder kann auch ohne besondere Steuerung ausgeführt werden und erhält dann nur einen Kanal, welcher die beiden Kolbenseiten miteinander verbindet

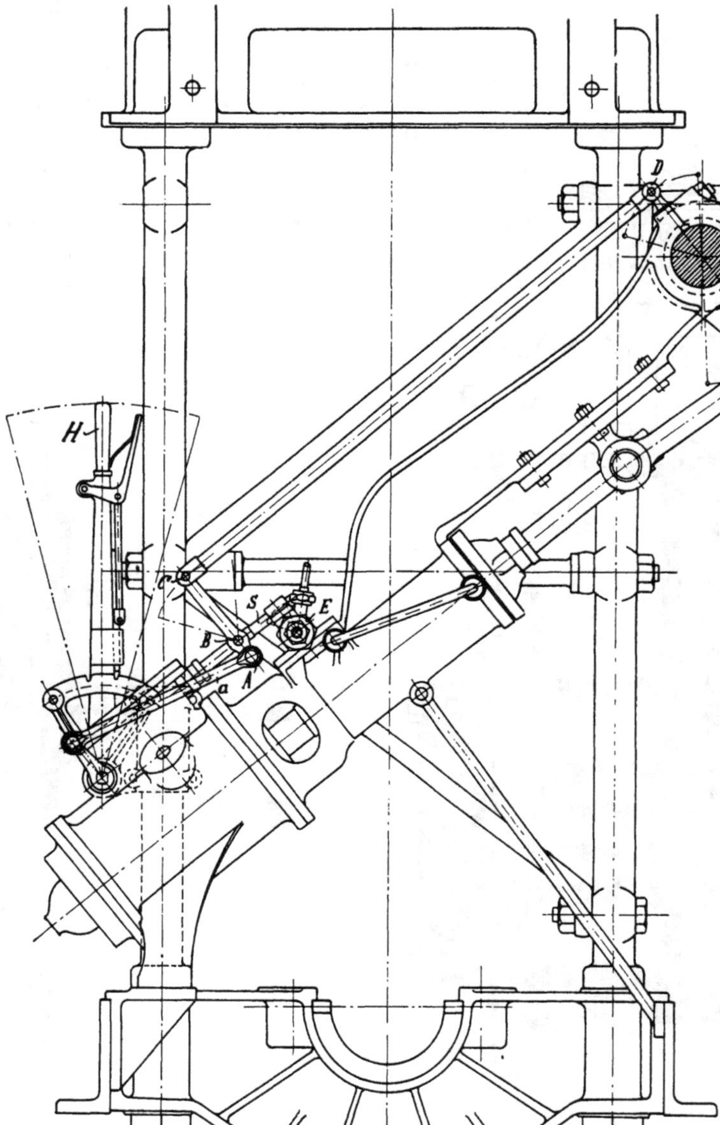

Abb. 450.

und durch einen Hahn oder ein Ventil ganz oder teilweise abgeschlossen werden kann. Mitunter erhält der Bremskolben nur eine kleine Bohrung oder der Verbindungskanal nur eine Drosselschraube, durch welche der Übertritt des Wassers von der einen auf die andere Kolbenseite eingestellt werden kann.

Der Dampfkolben wird als normaler gußeiserner Kolben ausgeführt. Der Bremskolben erhält entweder gewöhnliche Metalldichtungsringe oder doppelte Ledermanschetten (s. Abb. 452) mit zwischenliegendem Schleifring aus Weißmetall.

Der Durchmesser des Bremszylinders wird etwa 0,6 bis 0,7 vom Durchmesser des Dampfzylinders gemacht. Es ist daher die größte im Bremszylinder auftretende Pressung ca. 2 bis 2,8mal so groß wie die größte Dampfspannung im Dampfzylinder der Umsteuermaschine.

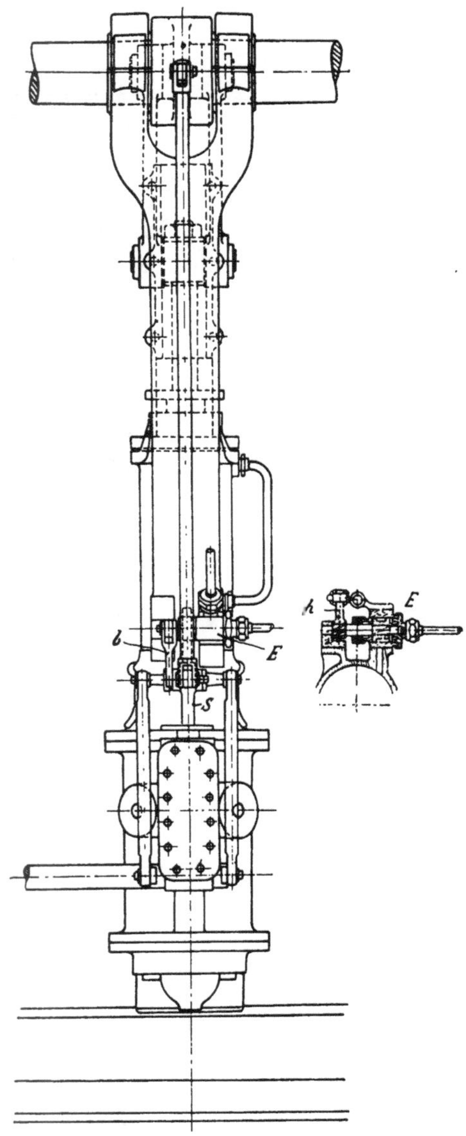

Abb. 451.

Während der Dampfkolben meistens nur eine einseitige Kolbenstange erhält, wird der Bremskolben mit durchgehender Kolbenstange versehen, und zwar von gleichem Durchmesser auf beiden Seiten. Hierdurch wird ein Expansionsgefäß, welches die von der einseitigen Kolbenstange verdrängte Flüssigkeitsmenge aufnehmen bzw. hergeben muß, entbehrlich.

Der Aufstellungsort der Umsteuermaschine ist so zu wählen, daß dieselbe möglichst unmittelbar an dem Hauptumsteuerhebel angreift.

Das Gestänge, durch welches der Steuerschieber von Hand bewegt wird, wird unter Verwendung von Gelenken oder Wellen mit Hebeln nach dem Maschinistenstande geführt.

Bei der Dimensionierung des Umsteuerschiebers bzw. des zugehörigen Gestänges ist darauf zu achten, daß die zum Umsteuern nötige Kraft am Handhebel nicht zu groß ausfällt und daß das Gestänge nicht infolge Biegung oder Verdrehung zu stark nachgibt, so daß toter Gang entsteht; man verlegt das Gestänge daher so einfach wie möglich.

Der Dampf für die Umsteuermaschine soll nicht nur der Hauptdampfleitung, sondern auch der Hilfsdampfleitung entnommen werden können, um die Umsteuermaschine auch bei abgestellter Hauptdampfleitung probieren zu können. Der Abdampf wird meistens nur in den Kondensator geleitet.

Um die Umsteuerung im Notfall auch von Hand bewegen zu können, wird meistens neben der direkt wirkenden Dampfumsteuermaschine noch eine Handumsteuervorrichtung vorgesehen. Sie besteht häufig, wie Abb. 186 und 453 zeigen, aus einem durch Handrad und Schnecke angetriebenen Schneckenrad, welches durch eine Zahnstange mit Zugstange die Umsteuerwelle bewegt. Die Schnecke oder das kleine Stirnrad müssen sich ausrücken lassen. Bei sehr großen Maschinen kann diese Hilfsumsteuervorrichtung auch durch eine kleine Dampfmaschine angetrieben werden.

Erfolgt die Steuerung des Bremszylinders durch einen Schieber, dann wird als Handumsteuerung mitunter eine kleine Handpumpe angeordnet, welche aus dem Ausströmungsraum des Schiebers saugt und in den Schieberkasten drückt. Das Umsteuern erfolgt dann in der Weise, daß erst der Handumsteuerhebel in die der beabsichtigten Drehrichtung der Maschine entsprechende Endstellung gebracht und dann die Handpumpe betätigt wird. Die Bremsflüssigkeit (Wasser oder Öl) wird dann von der einen Kolbenseite abgesaugt und auf die andere Seite gedrückt.

§ 181. Die sog. **Rundlauf-Umsteuermaschinen** sind gewöhnliche ein- oder zweizylindrige Dampfmaschinen, auf deren Kurbelwelle eine Schnecke sitzt, welche ein Schneckenrad treibt. Die Gesamtanordnung der Rundlauf-Umsteuermaschine ist aus den Abb. 148, 154 u. a. zu ersehen.

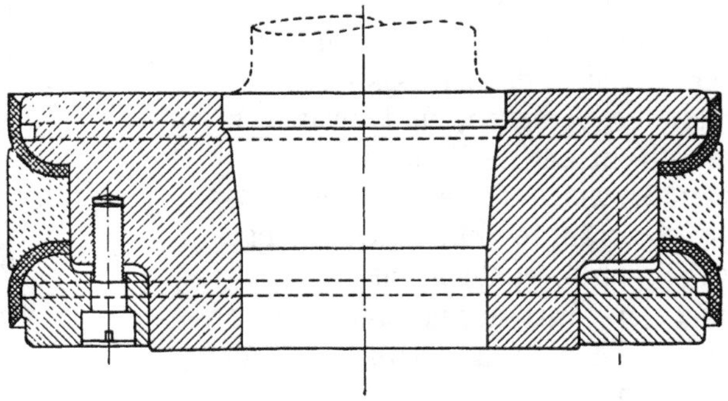

Abb. 452.

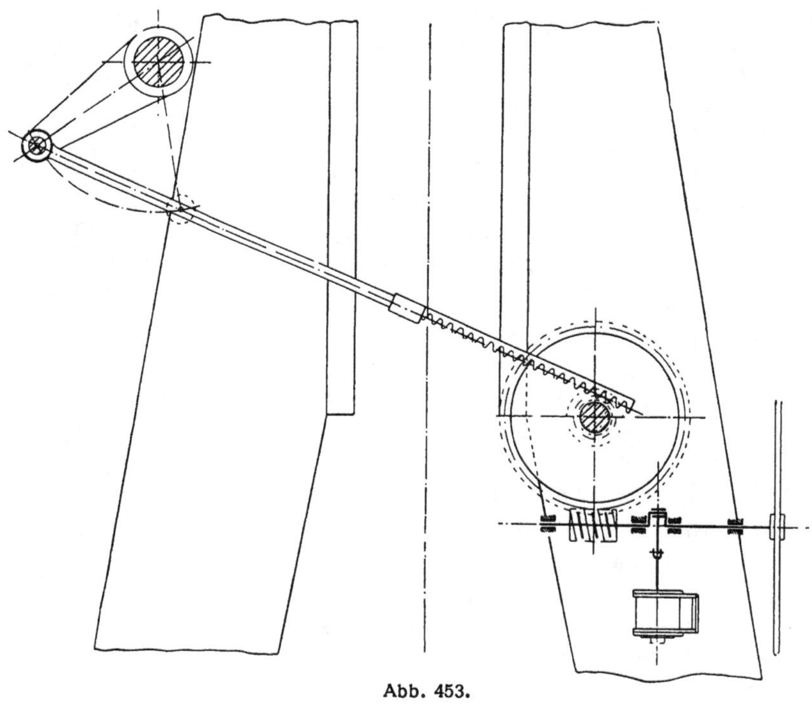

Abb. 453.

Eine auf der Welle des Schneckenrades sitzende Kurbel oder ein direkt am Schneckenrade sitzender Kurbelzapfen (s. Abb. 154) bewegt durch eine Pleuelstange die Umsteuerwelle.

Die Zusammenstellung einer zweizylindrigen Rundlauf-Umsteuermaschine zeigen Abb. 454 bis 456.

In allen Fällen kann die Umsteuermaschine selbst ebenfalls umgesteuert werden, was entweder durch einen drehbaren Verteilungsschieber, wie in Abb. 454 bis 456 dargestellt, oder auch durch einen Wechselschieber, wie aus Abb. 457 bis 459 ersichtlich, geschehen kann.

Abb. 454.

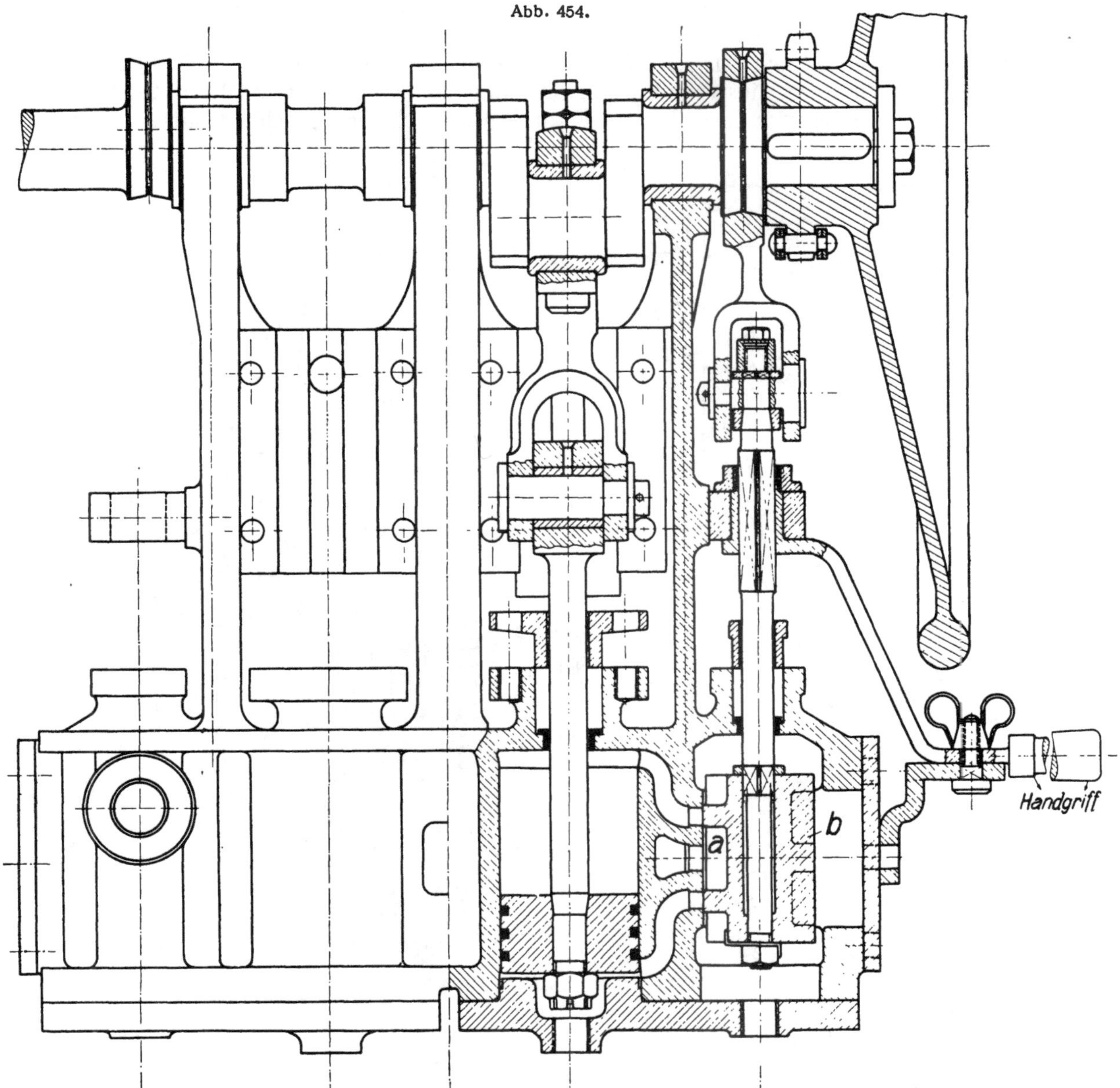

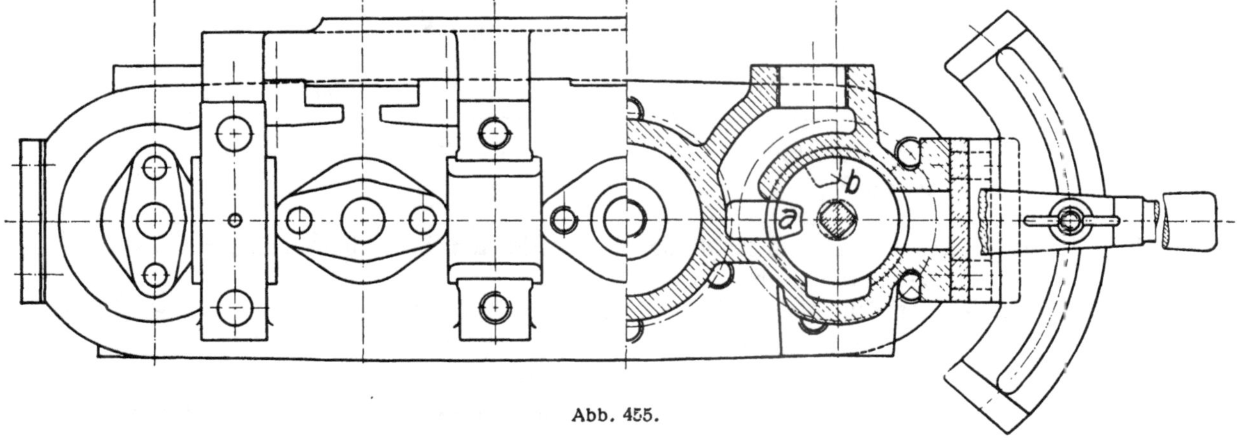

Abb. 455.

Der um seine Längsachse drehbare Verteilungsschieber (Abb. 454) ist so eingerichtet, daß er auf der einen Seite (*a*) als gewöhnlicher Muschelschieber mit äußerer Einströmung, auf der anderen Seite (*b*) als sog. *E*-Schieber (wegen seiner Ähnlichkeit mit einem *E*) mit innerer Einströmung arbeitet, während er in seiner mittleren Stellung alle Kanäle ganz geschlossen hält. Das Verdrehen des Schiebers geschieht mittels eines

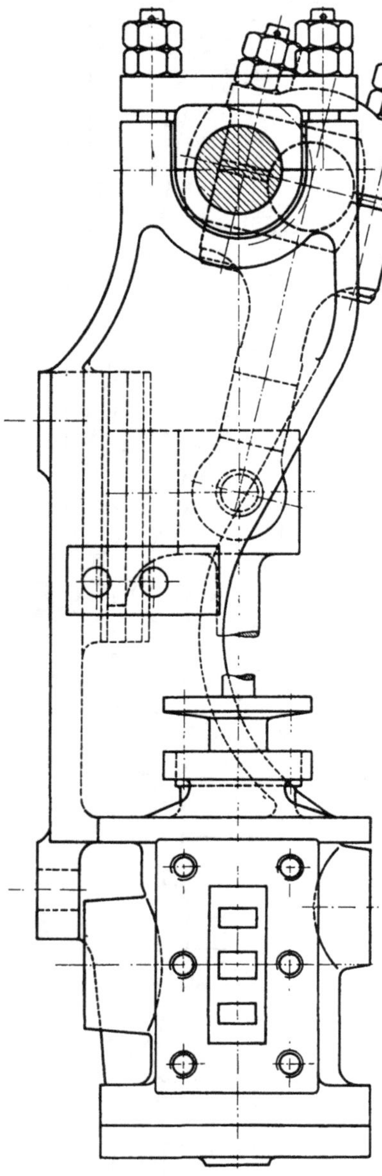

Abb. 456.

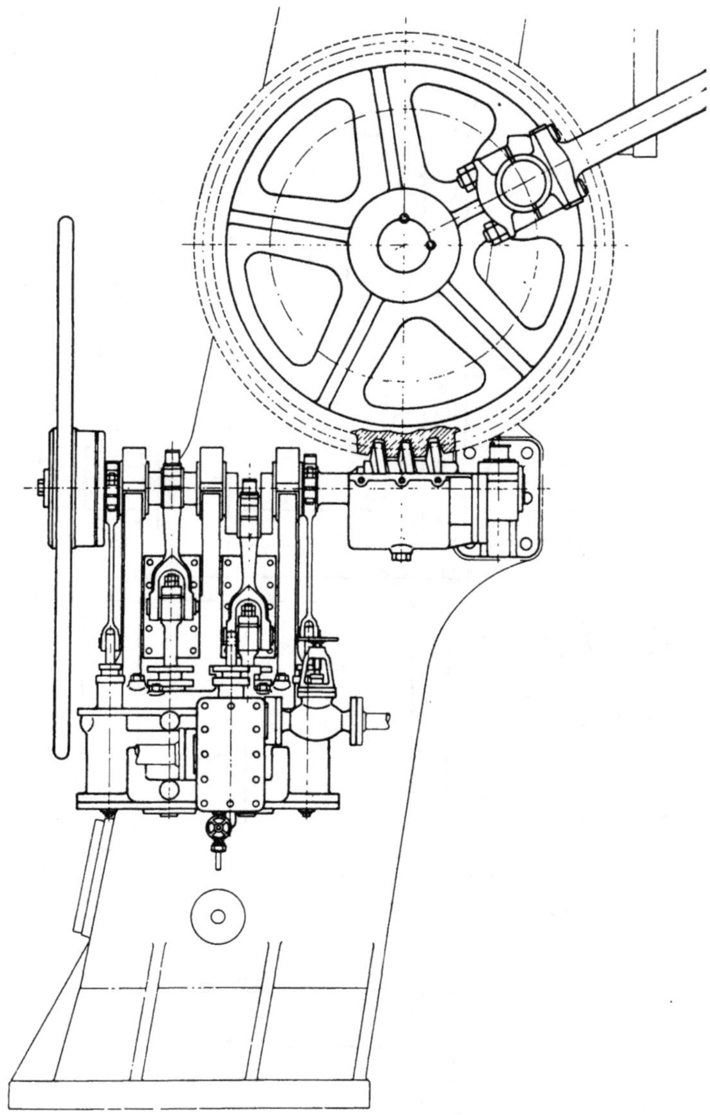

Abb. 457.

Handhebels, in welchem der außerhalb des Schieberkastens befindliche Teil der Schieberstange in einem Vierkant geführt ist.

Der Antrieb der Schieber geschieht durch je ein Exzenter, welches mit der Kurbel einen Winkel von 90° einschließt.

Bei Umsteuerung durch Wechselschieber werden die Verteilungsschieber als gewöhnliche Kolbenschieber ausgeführt und ebenfalls durch je ein unter 90° zur Kurbel stehendes Exzenter bewegt. Der in einem besonderen Schieberkasten befindliche Wechselschieber wird von Hand vom Maschinistenstande aus gesteuert und bewirkt die Vertauschung des Dampfein- resp. Austrittes der Verteilungsschieber; infolgedessen arbeiten diese einmal mit innerer, das andere Mal mit äußerer Einströmung, wodurch die Drehrichtung der Umsteuermaschine umgekehrt wird.

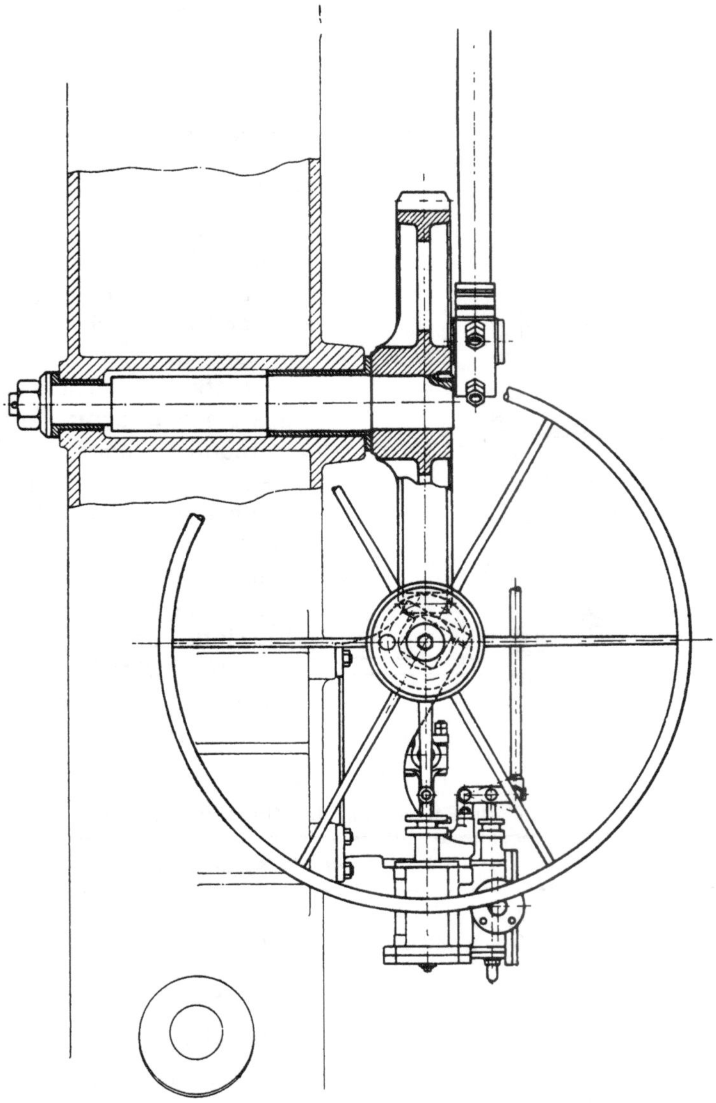

Abb. 458.

In beiden Fällen haben die Verteilungsschieber nur sehr geringe äußere und innere Überdeckung, weil die Exzenter wegen der Umsteuerbarkeit ohne Voreilwinkel zur zugehörigen Kurbel stehen müssen.

Auf der Kurbelwelle der Umsteuermaschine wird gewöhnlich ein Schwungrad angebracht, welches gleichzeitig als Handrad dient, um die Hauptmaschine auch von Hand umsteuern zu können. Es erhält, je nach der Größe der Maschine, einen Durchmesser von ca. 800 bis 1600 mm und wird bei kleineren Dimensionen ganz aus Gußeisen, bei größeren mit Kranz und Armen aus Schmiedeeisen und gußeiserner Nabe hergestellt. Nach außen vorstehende Griffe sind zu vermeiden, um Verletzungen des Personals zu verhüten. Kranzquerschnitt bei Gußeisen elliptisch, bei Schmiedeeisen meistens rund von 40 bis 50 mm Durchmesser, bei leichter Ausführung auch aus gebogenem Rohr. Häufig wird das Handrad nur lose aufgesetzt und läßt sich dann durch einen Bolzen mit der Kurbelwelle kuppeln. Beim Umsteuern mit Dampf braucht dann das Handrad nicht mitzulaufen.

§ 182. Die **Hauptdimensionen der Umsteuermaschine** ergeben sich aus folgenden Formeln:

1. $f \cdot s = c_1 \frac{Q \cdot r}{p}$ bei direkt wirkender Umsteuermaschine,

2. $f \cdot s = c_2 \frac{Q \cdot r}{p \cdot n}$ bei Rundlauf-Umsteuermaschinen.

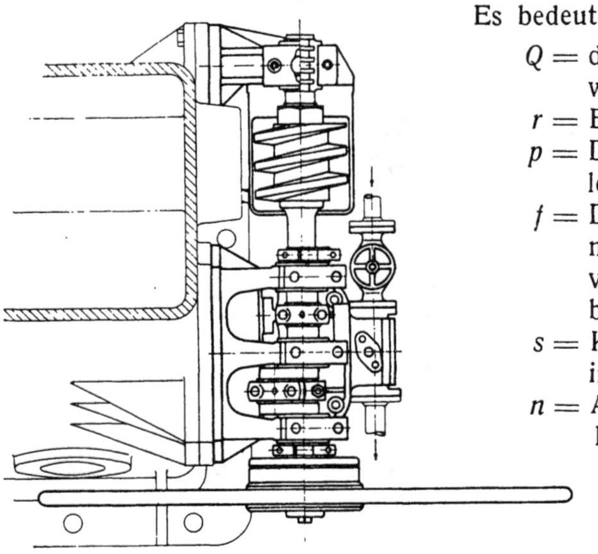

Abb. 459.

Es bedeutet hierin:

Q = die größte in einer Schieberstange wirkende Kraft in kg,
r = Exzentrizität in cm,
p = Dampfüberdruck in der Zudampfleitung in kg/qm,
f = Dampfkolbenfläche der Umsteuermaschine in qcm; sind zwei Zylinder vorhanden, dann ist f die Summe beider Kolbenflächen,
s = Kolbenhub der Umsteuermaschine in cm,
n = Anzahl der Umdrehungen einer Rundlauf-Umsteuermaschine, welche nötig sind, um von „Vorwärts" auf „Rückwärts" umzusteuern.
c_1 und c_2 = Koeffizienten nach folgender Tabelle:

Tabelle Nr. 35.

Koeffizienten zur Berechnung der Umsteuermaschinen.

c_1	c_2	Art der Hauptmaschine
2,7	6,7	Einzylinder-Maschine,
3,8	9,3	Zweizylinder- „ mit 2 Kurbeln unter 90°,
5,4	13,4	Dreizylinder- „ „ 3 „ „ 120°,
7,6	18,6	Vierzylinder- „ „ 4 „ „ 90°.

Die einzelnen Abmessungen der Umsteuermaschine sind unter Annahme des vollen Kesseldruckes zu bestimmen. Zapfen, Zugstangen usw. aus Schmiedeeisen oder Stahl werden mit 300 bis 500 kg/qcm, die Zähne bei Schneckenrädern aus Gußeisen mit 200 bis 250 kg/qcm, bei Bronze und Stahlguß mit 250 bis 300 kg/qcm beansprucht unter der Annahme, daß zwei Zähne den ganzen Zahndruck übertragen. Hierbei wird von dem in der Umsteuerwelle wirkenden Torsionsmoment $\frac{d^3}{10} \cdot k$ ausgegangen. Die Schneckenräder erhalten je nach der Größe der Maschine 20 bis 60 Zähne mit Teilungen von 35 bis 75 mm. Die zugehörigen Schnecken werden entweder aus Stahl und mit der Welle aus einem Stück hergestellt, oder aus Bronze gemacht und auf die Welle aufgekeilt.

Es ist darauf zu achten, daß eine bronzene Schnecke am besten mit einem Rad aus Gußeisen oder Stahlguß, eine stählerne Schnecke am besten mit einem Rad aus Gußeisen oder Bronze zusammenarbeitet.

Um möglichst wenig toten Gang in den Zähnen zu erhalten, ist es vorteilhaft, das Schneckenrad mittels Schneckenfräser zu schneiden; dann ist jedoch eine sehr genaue Montage der Schnecke gegen das Rad notwendig, um einen richtigen Eingriff der Zähne zu erhalten.

Um diese Schwierigkeit zu vermeiden und auch wegen billigerer Herstellung werden die Zähne auch häufig nur genau gegossen, gerade gemacht und der Steigung entsprechend schräggestellt.

Der Durchmesser des Teilzylinders der Schnecke wird bei Stahlschnecken ca. 1,8 *t* bis 2,5 *t*, bei aufgesetzten Bronzeschnecken 2,5 *t* bis 3,5 *t* gemacht, wenn *t* die Teilung bedeutet. Die Flanken der Schneckenzähne werden der leichteren Herstellung wegen gerade ausgeführt, während die Zähne des Rades Evolventenform erhalten.

Länge der Schnecke 3 *t* bis 3,5 *t*.

Kranzbreite des Schneckenrades 0,6 bis 0,8 vom Durchmesser des Teilzylinders der Schnecke.

Um geringe Abnutzung der Zähne zu erzielen, ist für ausgiebige Schmierung derselben zu sorgen, was am besten durch einen Öltrog erreicht wird, in welchen die Zähne der Schnecke oder des Rades eintauchen (s. Abb. 457).

Maschinen-Drehvorrichtung.

§ 183. **Allgemeines.** Um die Hauptmaschine bei Überholungsarbeiten usw. drehen zu können, muß eine geeignete Drehvorrichtung vorgesehen werden. Maschinen mit

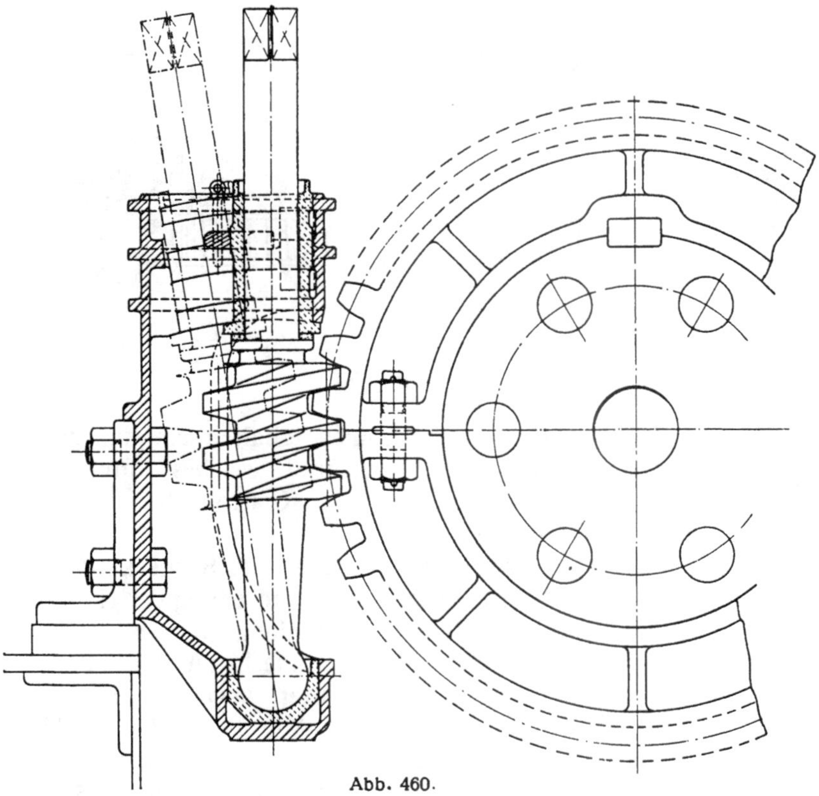

Abb. 460.

einem Kolbenhub bis etwa 350 mm können durch einen Handhebel direkt gedreht werden. Dieser wird entweder auf das vorderste Wellenende aufgesetzt oder in Bohrungen eingesteckt, welche sich im Umfange eines Kupplungsflansches oder eines besonders aufgesetzten kleinen Rades befinden.

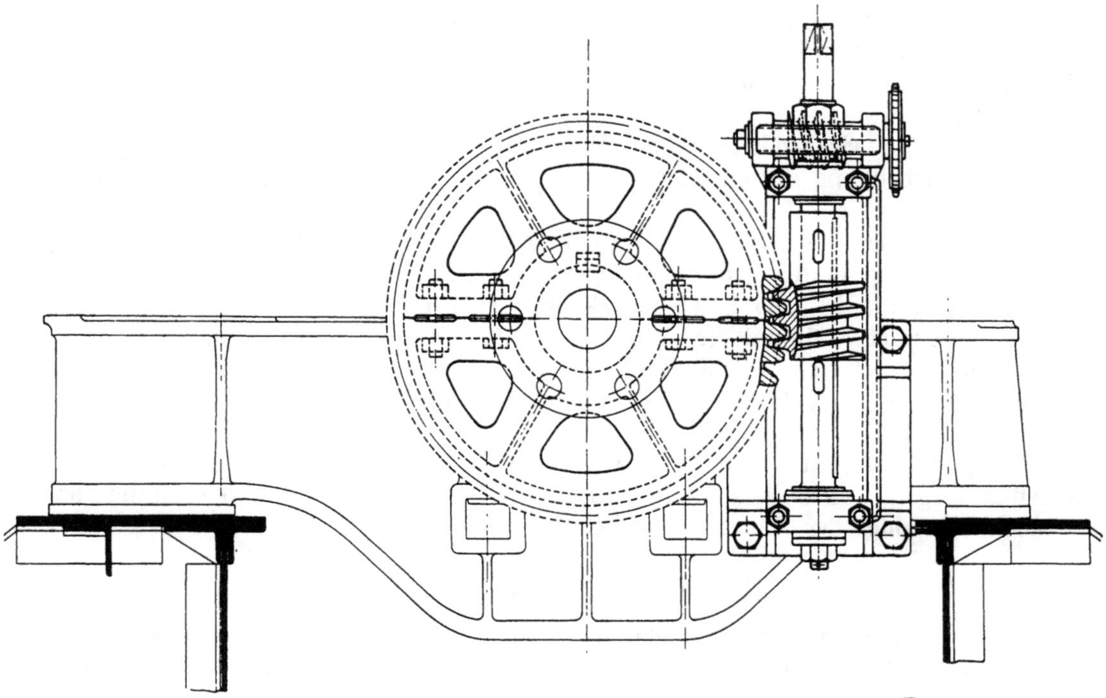

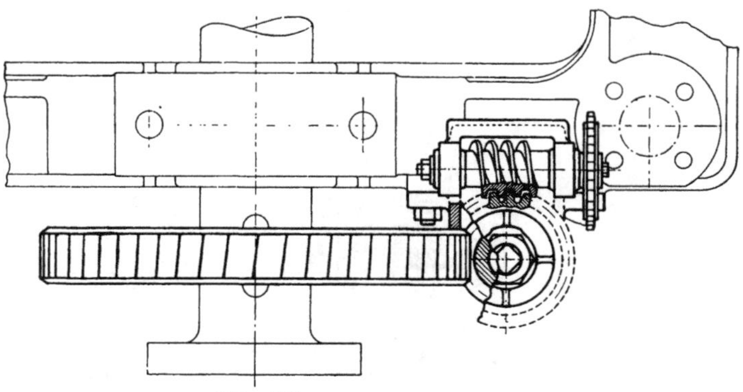

Abb. 461.

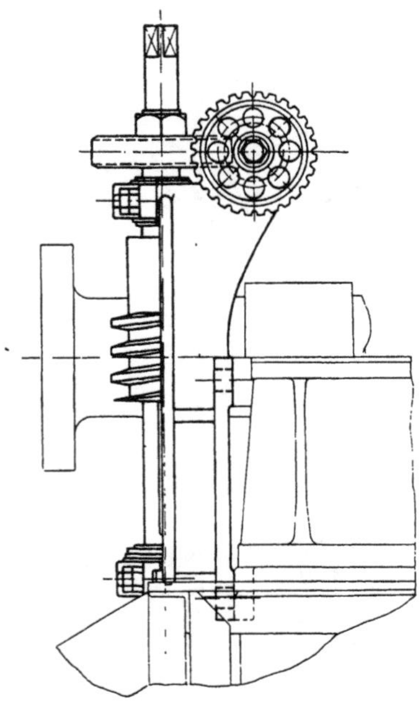

Abb. 462.

Größere Maschinen erhalten ein auf die Kurbelwelle aufgesetztes Schneckenrad, welches durch eine Schnecke mittels Handhebels bzw. Knarre gedreht wird (S. Abb. 147, 175 und 460).

Wird die zum Drehen der Schnecke von Hand nötige Kraft oder die zu einer Umdrehung der Hauptmaschine erforderliche Zeit zu groß, dann wird ein Zahnradvorgelege oder ein besonderes Schneckengetriebe und eine kleine Dampfmaschine, mitunter auch ein Elektromotor zum Drehen vorgesehen. (S. Abb. 166, 171 und 173.)

Anstatt eine besondere Drehvorrichtungsmaschine aufzustellen, läßt sich häufig auch die Umsteuermaschine oder die Zentrifugalpumpenmaschine usw. hierzu verwenden. Die Kraftübertragung erfolgt dann mittels Riemen, Seil oder zweckmäßiger durch eine Gelenkkette. (S. Abb. 149, 155 und 461/462.)

Zum Umsteuern von Drehvorrichtungsmaschinen wird häufig ein verschiebbares Exzenter benützt (vgl. Abb. 463 sowie Abb. 136 bis 139 § 86). Durch einen Handhebel wird ein Zapfen axial verschoben. Ein quer durch denselben gesteckter Bolzen, welcher mittels Steinen in Schlitze im Exzenter eingreift, verschiebt dasselbe so, daß sein Voreilungswinkel entsprechend der Drehrichtung verändert wird.

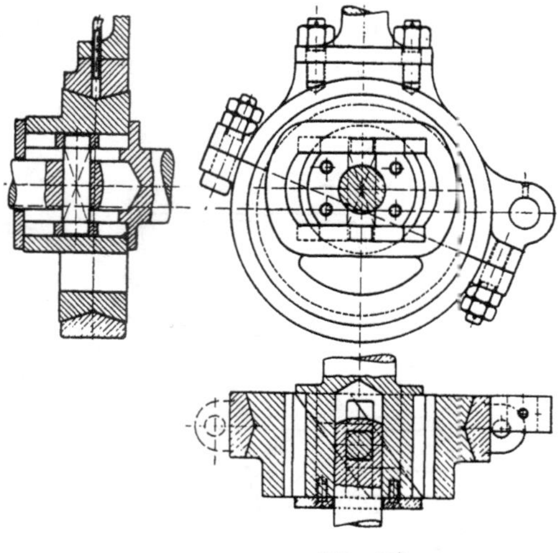

Abb. 463.

Das zum Drehen der Hauptmaschine nötige Drehmoment M_1 an der Kurbelwelle derselben ist ungefähr:

$$M_1 = C \frac{N}{n} D \text{ kg/cm.}$$

Hierin ist:

N die Leistung der Hauptmaschine in PSi,
n die Drehzahl derselben in der Minute,
D der Durchmesser der Kurbelwelle in cm,
C ein Koeffizient, welcher bei sehr leicht gebauten Maschinen ca. 125, bei sehr schwer gebauten Maschinen ca. 250—300 ist.

Genauer läßt sich das erforderliche Drehmoment M_1 nach folgender Gleichung bestimmen:

$$M_1 = \frac{D}{10} (2\,G_1 + G_2).$$

Hierin bedeutet:

G_1 das Gesamtgewicht aller Kurbelgestänge (Kolben, Kolbenstangen, Kreuzköpfe und Pleuelstangen) in kg,
G_2 das Gesamtgewicht der Wellenleitung mit Schraube, einschl. Kurbelwelle in kg.

Bezeichnet ferner mit Bezug auf Abb. 464:

z_1 die Zähnezahl des Schneckenrades A auf der Kurbelwelle der Hauptmaschine,
z_2 die Zähnezahl des Rades B auf der Schneckenspindel,

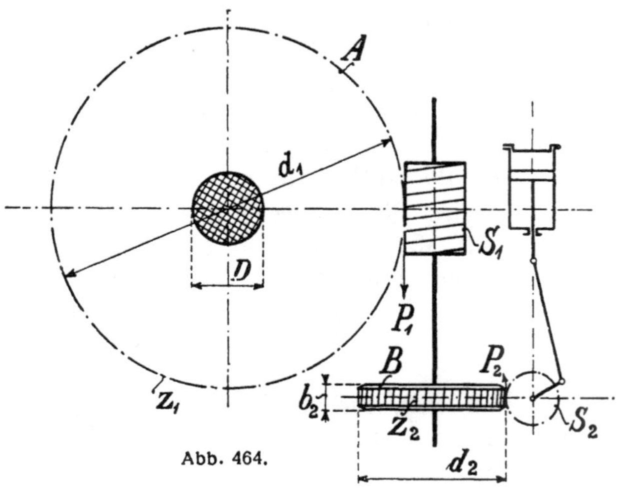

Abb. 464.

f die Kolbenfläche der Drehmaschine in qcm (sind zwei gleiche Zylinder vorhanden, dann ist f die Summe beider Kolbenflächen),
s der Kolbenhub derselben in cm,
p der Dampfdruck in kg/qcm (Überdruck),
i die Gesamtübersetzung von der Kurbelwelle der Drehmaschine auf die Kurbelwelle der Hauptmaschine, dann ist unter Voraussetzung eingängiger Schnecken S_1 und S_2

$$i = z_1 \cdot z_2 \text{ und } f \cdot s = 150 \frac{M_1}{i \cdot p}.$$

Die Gesamtübersetzung i schwankt zwischen 1500 bis 4000, und da die Drehmaschine gewöhnlich 250 bis 400 Umdrehungen in der Minute macht, so sind zu einer Umdrehung der Hauptmaschine etwa 4 bis 16 Minuten erforderlich.

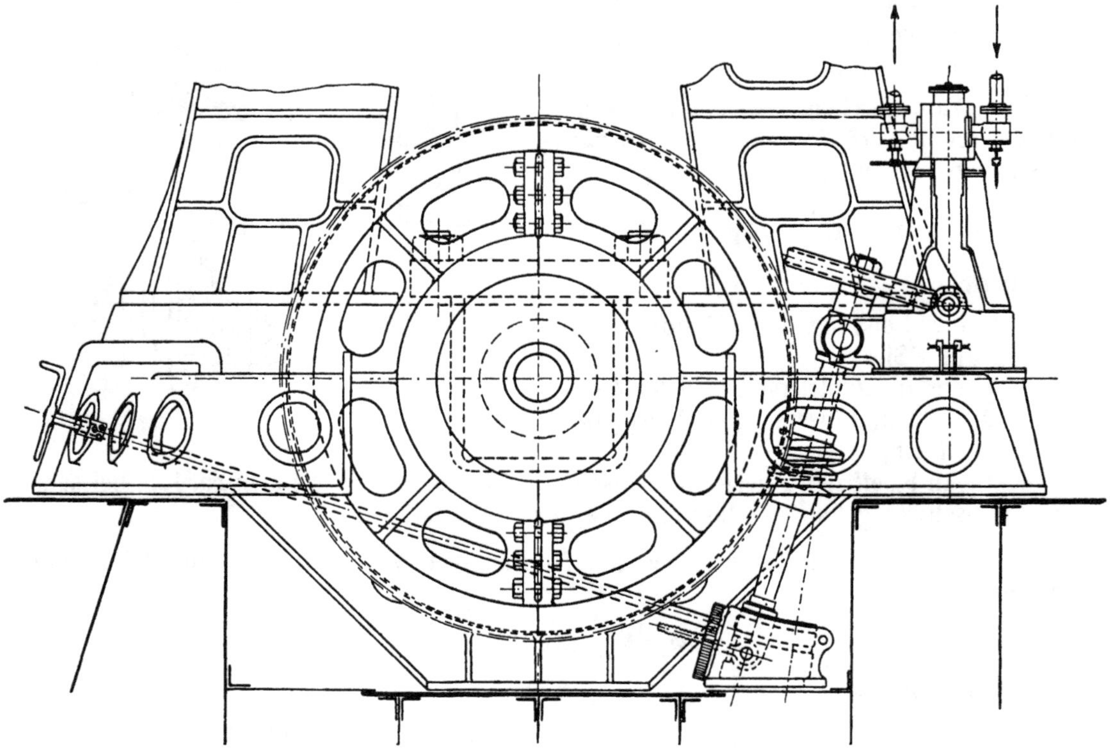

Abb. 465.

Der Teilkreisdurchmesser des Schneckenrades auf der Kurbelwelle wird etwa 1,2- bis 1,6mal so groß wie der Kolbenhub der Hauptmaschine gemacht.

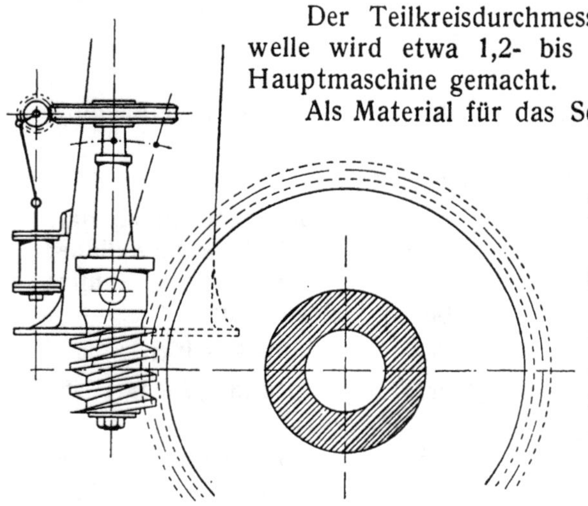

Abb. 466.

Als Material für das Schneckenrad wird meistens Gußeisen oder Stahlguß, seltener — nur bei Kriegsschiffen — Bronze oder Stahl mit Bronzekranz verwendet. Die zugehörige Schnecke wird ausBronze, Gußeisen oder Stahl hergestellt; man wählt das Material so, daß Stahl mit Bronze oder Gußeisen, Bronze mit Gußeisen oder Stahlguß zusammenarbeiten. Stahl auf Stahlguß ist wegen zu leichten Anfressens unzulässig.

Wird die Schnecke aus Stahl hergestellt, dann besteht sie gewöhnlich mit der Spindel aus einem Stück. Wird sie aus Gußeisen oder Bronze angefertigt, dann wird sie mittels Querkeils oder besser mit Feder und Mutter auf der stählernen Spindel festgehalten.

Um die Drehvorrichtung auszukuppeln, muß entweder die Schnecke (Abb. 462 und 464) axial auf der Spindel verschoben werden können, oder es muß sich die Schnecke samt Spindel vom Rade entfernen lassen.

Letzteres ist bei den in den Abb. 460 und 465 bis 467 dargestellten Drehvorrichtungen der Fall.

Bei den in Abb. 460 und 466 dargestellten Drehvorrichtungen geschieht das Aus- und Einrücken der Schnecke direkt mit der Hand.

Bei Abb. 465 geschieht das Ausrücken durch eine Handkurbel, welche mittels Zahnradvorgelege eine Schraubenspindel und damit das untere Lager der Schneckenspindel bewegt.

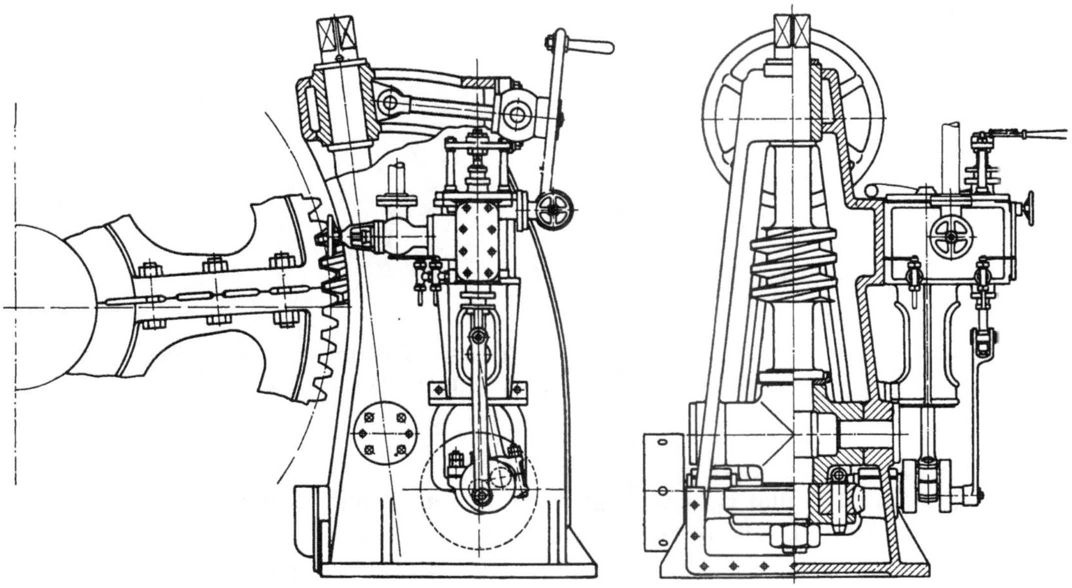

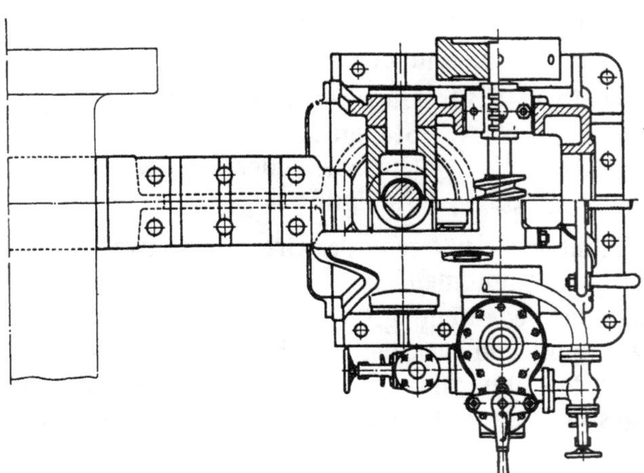

Abb. 467.

Abb. 467 zeigt die Drehvorrichtung für eine große Frachtdampfermaschine von etwa 4000 PSi. Das Aus- bzw. Einrücken der Schnecke geschieht mittels Handrad und Schraubenspindel, durch welche das obere Lager der Spindel verschoben wird. Das von der Drehmaschine angetriebene untere (kleine) Schneckenrad sitzt frei drehbar auf der Schneckenspindel, kann jedoch durch einen lose eingesteckten Kupplungsbolzen mit dieser gekuppelt werden. Beim Drehen von Hand mittels eines auf das obere Vierkant aufgesetzten Knarrhebels wird das untere Schneckenrad ausgekuppelt; man vermeidet durch diese Konstruktion, daß beim Drehen von Hand die Kurbelwelle nebst Schnecke des kleinen Rades demontiert werden muß.

Das Schneckenrad auf der Kurbelwelle soll mit Rücksicht auf etwaiges Auswechseln der Druckwelle oder der hinteren Kurbel, wenn es möglich ist, auf einer Kupplung sitzen. Es wird in der Regel zweiteilig hergestellt, um es aufbringen und leicht abnehmen zu können.

§ 184. **Berechnung der Räder.** Es bedeutet im folgenden mit Bezug auf Abb. 464:

P_1: Tangentialkraft im Teilkreise des großen Schneckenrades A in kg,
d_1: Teilkreisdurchmesser desselben in cm,
t_1: Teilung desselben in cm,
b_1: Breite desselben in cm,
P_2: Tangentialkraft im Teilkreise des kleinen Schneckenrades B in kg,
d_2: Teilkreisdurchmesser desselben in cm,
t_2: Teilung desselben in cm,
b_2: Breite desselben in cm,
c_1 und c_2: Konstanten,
z_1: Zähnezahl des Rades A,
z_2: Zähnezahl des Rades B,

dann ist:

$$P_1 = 2\frac{M_1}{d_1}$$

$$b_1 t_1 = \frac{P_1}{c_1}$$

$$P_2 = \frac{6 M_1}{z_1 d_2}$$ (bei Wirkungsgrad = 1/3 und eingängiger Schnecke S)

$$b_2 t_2 = \frac{P_2}{c_2}.$$

Die Konstanten c_1 und c_2 gelten unter der Voraussetzung, daß zwei Zähne gleichzeitig tragen, mit Bezug auf beistehende Abb. 468:

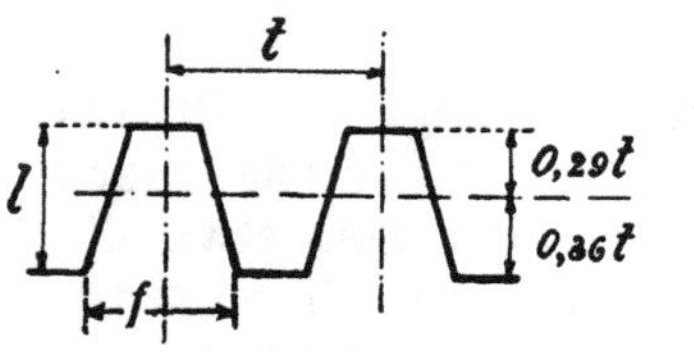

Abb. 468.

Zahnkopfhöhe $\alpha = 0{,}25\,t$ bis $0{,}3\,t$,
Zahnfußhöhe $\beta = 0{,}3\,t$ bis $0{,}36\,t$,
Zahnfußstärke $f =$ mindestens $0{,}6\,t$.

Die Konstanten c_1 und c_2 sind:

$c_1 =$ etwa 45 für Gußeisen oder Bronze,
$c_1 =$ „ 63 „ Stahlguß,
$c_2 =$ „ 25 „ Gußeisen oder Bronze,
$c_2 =$ „ 35 „ Stahlguß.

Hierbei ist die Beanspruchung der Zähne aus Gußeisen oder Bronze zu etwa 250 kg, bei solchen aus Stahlguß zu etwa 350 kg angenommen.

Da die Abnutzung der Schneckenzähne bedeutend größer als diejenige der Radzähne ist, so ist es besonders bei Verwendung von bronzenen Schnecken zweckmäßig, die Zahnstärke derselben größer als die der Radzähne zu machen. Werden die Schneckenräder mit einem Schneckenfräser hergestellt, dann braucht der Spielraum zwischen den Zähnen nur ca. 0,05 t bis 0,03 t zu sein.

Die Räder erhalten entweder Wurmzähne (richtige Schneckenzähne) oder sie werden gerade gemacht und der Steigung der Schraube entsprechend schräg gestellt. Vielfach werden die Zähne nicht bearbeitet, sondern nur sauber gegossen.

Wurmzähne erfordern sehr genaue Montage der zugehörigen Schraube, weil die Zähne sonst nur an einer Ecke zum Tragen kommen; jede axiale Verschiebung des Rades bzw. der Kurbelwelle beeinträchtigt daher das genaue Zusammenarbeiten der Zähne.

Die Dicke des Zahnkranzes (auch wenn derselbe besonders aufgesetzt ist) wird etwa 0,5 t, die Wandstärke der Arme und Rippen etwa 0,4 t bis 0,45 t gemacht.

Die Breite des Zahnkranzes wird

$$b_1 = 2{,}4\ t_1 \text{ bis } 2{,}8\ t_1,$$
$$b_2 = 2{,}4\ t_2 \text{ bis } 2{,}8\ t_2$$

genommen.

Die Nabe erhält meistens dieselbe oder eine etwas größere Breite als der Zahnkranz.

Die Stärke der Nabe findet sich:

bei Rädern aus Gußeisen zu etwa 1,2 t bis 1,5 t,
" " " Stahlguß " " 0,75 t " 0,95 t.

Der Durchmesser des Teilzylinders der Schnecke wird:

1,5 t bis 2,5 t bei solchen, welche mit der Spindel aus einem Stück hergestellt sind,

2,5 t bis 3,5 t bei aufgesetzten Schnecken. Wandstärke des Schraubenkernes etwa:

0,5 t bis 0,6 t.

Die Länge der Schnecke soll wenigstens gleich 3 t bis 3,5 t sein.

Gleichstrom und Ventilmaschinen.

§ 185. **Einleitung.** Über die Konstruktion dieser Maschinen, welche allerdings zum Schiffsantrieb nur selten verwendet worden sind und sich auch bis heute dort nur in sehr geringem Umfange eingebürgert haben, sollen im nachstehenden einige Bemerkungen folgen; der relativ geringen Rolle, welche diese Maschinen im Schiffsmaschinenbau spielen, entsprechend, kann denselben indessen hier kein größerer Raum gewidmet werden. Vgl. hierzu auch die Bemerkungen in den §§ 15 und 16 sowie 25 und 27 enthaltend kurze theoretische Betrachtungen über derartige Maschinen.

§ 186. **Beschreibung der Gleichstrommaschine System Stumpf für einen Transportdampfer.** Vgl. hierzu die Diagramme Abb. 42 und 43, welche von dieser Maschine entnommen sind.

Abb. 469 zeigt schematisch die Seitenansicht der Maschine, welche zwei gleiche Zylinder von 580 mm Durchmesser und 600 mm Hub und zwei unter 90° stehende Kurbeln besitzt. Die Maschine arbeitet mit Dampf von 12 Atm. Überdruck im Kessel und geringer Überhitzung; sie leistet bei 100 Umdrehungen in der Minute ca. 400 PS. Den Schnitt durch einen Zylinder zeigt Abb. 470.

Der eintretende Dampf wird durch Ventile gesteuert, welche durch eine Klugsche Steuerung unter Zwischenschaltung von Gleitkurven bewegt werden. Der Dampfaustritt wird durch den Kolben selbst gesteuert.

Die eigentlichen Arbeitszylinder sind besondere Gußstücke und oben und unten mit den Deckel- bzw. Bodenstücken verschraubt, welche die Steuerventile für den Eintritt des Dampfes über bzw. unter den Kolben enthalten. Der Austritt des Dampfes erfolgt durch die in halber Höhe des Arbeitszylinders ringsum vorgesehenen Öffnungen, welche durch den Kolben kurz vor Ende des Kolbenhubes geöffnet und kurz nach Beginn des nächsten Hubes wieder geschlossen werden. Diese Austritts-Öffnungen münden in einen rings um den Arbeitszylinder laufenden Ausströmungskanal, von dem der Dampf nach dem Kondensator abgeleitet wird.

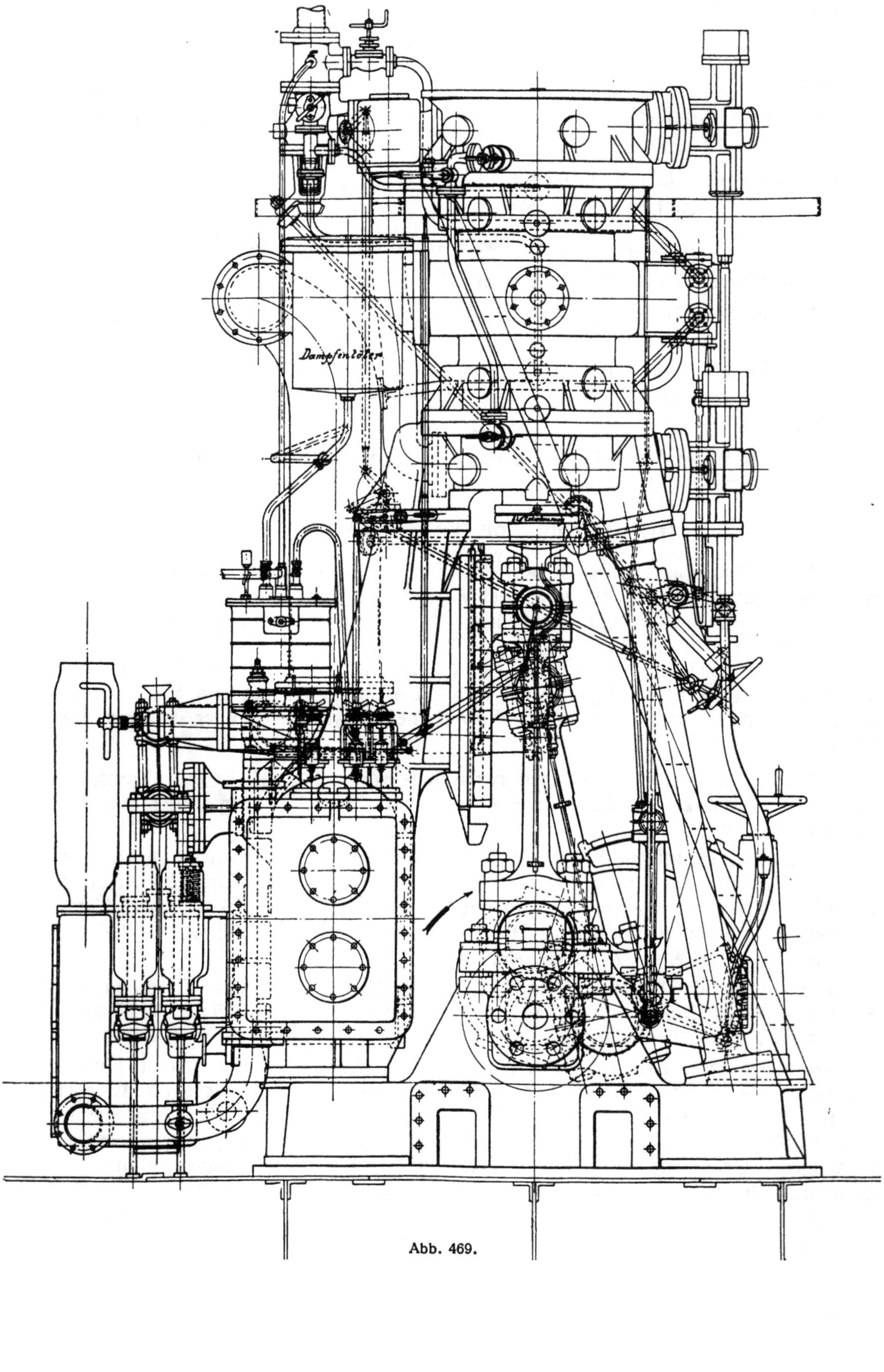

Abb. 469.

Die Anordnung der Dampfeintrittsventile geht aus Abb. 471, welche einen Längsschnitt durch den Zylinder darstellt, hervor. Die Ventile sind horizontal angeordnet und so nahe an den Arbeitsraum des Dampfzylinders gelegt, daß nur verhältnismäßig kleine schädliche Räume entstehen.

Die als Doppelsitzventile ausgebildeten Ventile sind in Abb. 472 dargestellt. Der Ventilkörper *A* ist aus S. M.-Stahl hergestellt und in das Deckel- bzw. Bodenstück eingesetzt. Die Laterne wird durch ein Zwischenstück und den Ventildeckel fest-

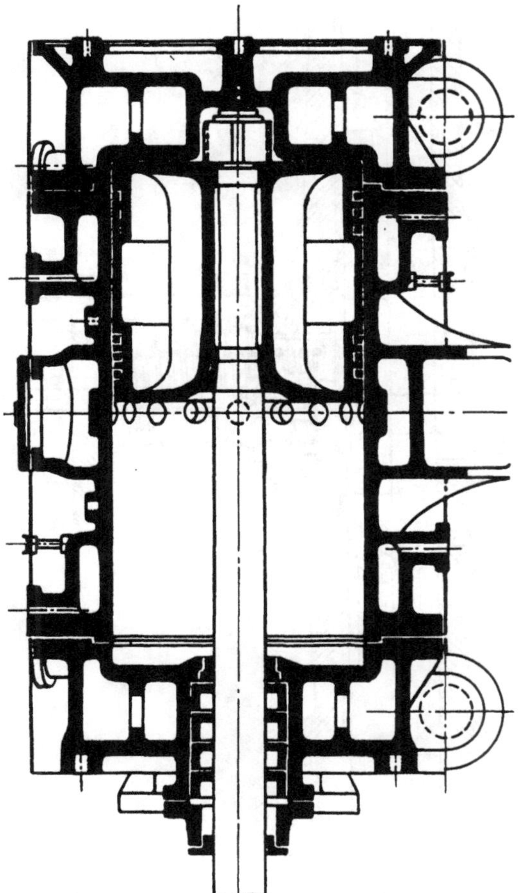

Abb. 470.

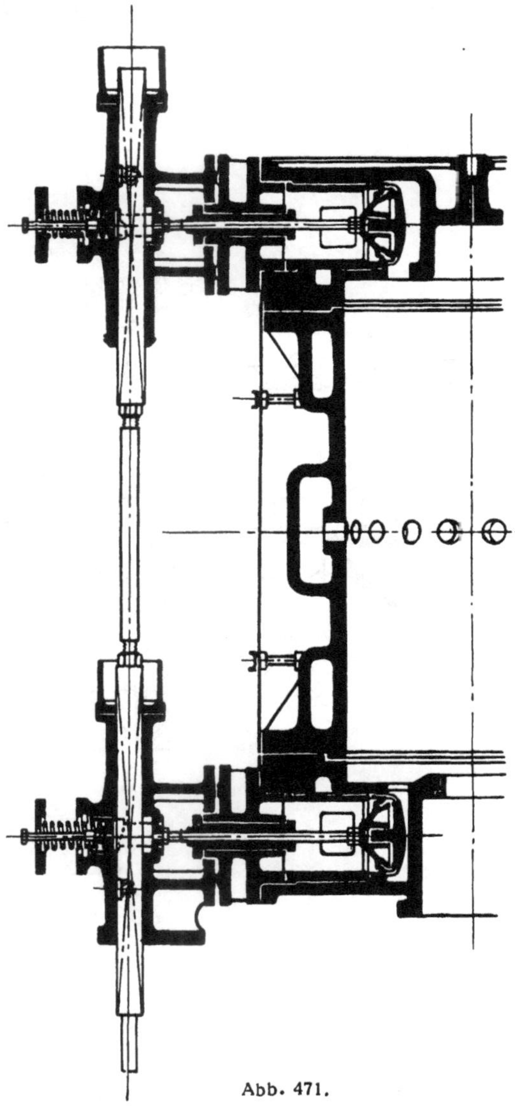

Abb. 471.

gehalten. Die gehärtete und geschliffene, mit Labyrinthnuten versehene Ventilspindel *B*, welche durch eine ebenfalls geschliffene, in den Deckel fest eingesetzte gußeiserne Büchse *C* nach außen tritt, ist hier mit einem ausgeschnittenen Zwischenstück *D* verbunden. Dieses Zwischenstück ist im Oberteil des Deckels geführt und durch eine Feder belastet, welche immer auf Schließen des Ventils hinwirkt. Im Ausschnitt des Zwischenstückes ist das Kurvenstück *E* mittels einer Schraube befestigt.

Quer durch das durchbrochene Zwischenstück, also parallel zur Zylinderachse, ist die Steuerstange *F* hindurchgeführt, die in einer Ausfräsung, welche gleichzeitig als Ölbehälter dient, eine gehärtete Stahlrolle *G* trägt. Dieselbe rollt beim Auf- und Abgehen der Steuerstange auf dem Kurvenstück *E* ab und bewegt dabei die Ventilspindel in axialer Richtung. Die beiden Steuerstangen der übereinanderliegenden Ventile sind miteinander verbunden und unten mit der Schubstange der Klugschen Umsteuerung gekuppelt, so daß sie genau dieselbe Bewegung ausführen, die sonst der damit verbundene Schieber machen würde.

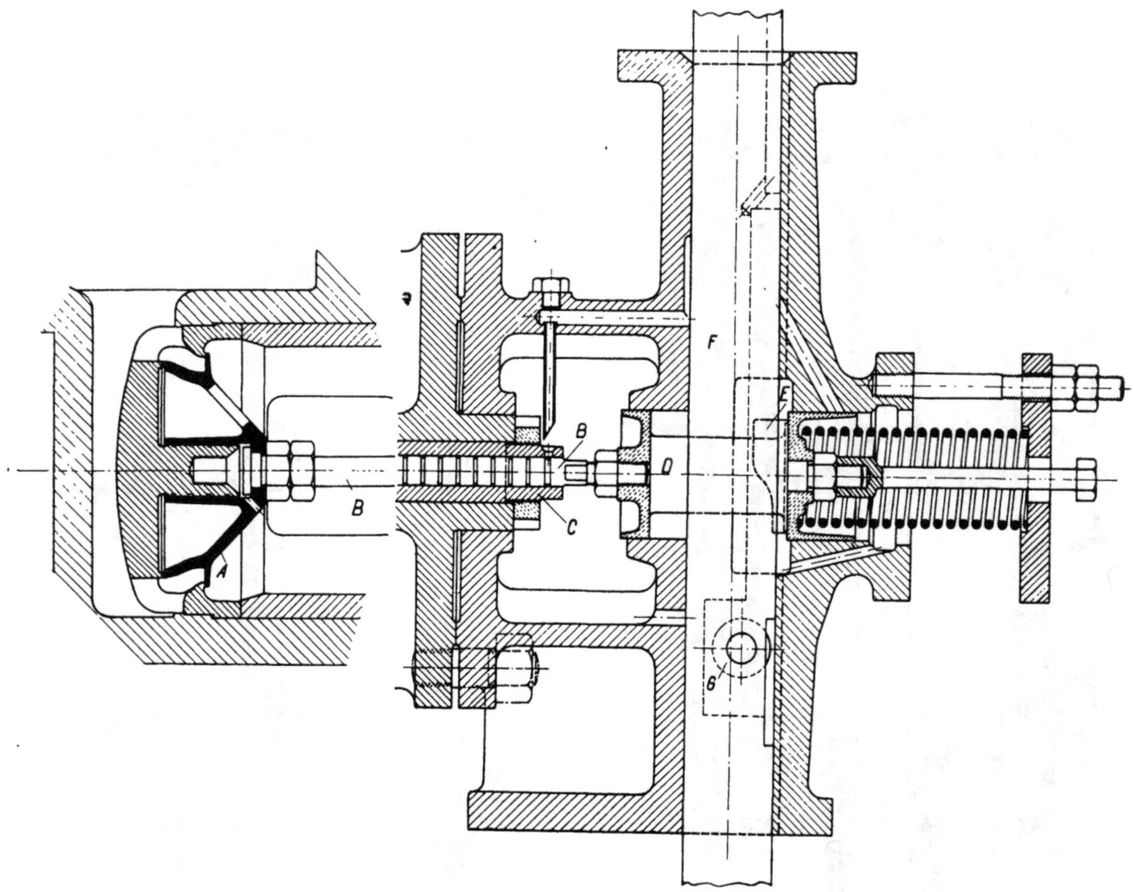

Abb. 472.

§ 187. **Die Schmidsche Gleichstrom-Schiffsmaschine** ist in Abb. 473 dargestellt. Sie wird, um ein sofortiges Anspringen zu sichern, mit vier Zylindern ausgeführt, in welchen einfachwirkende Tauchkolben arbeiten, die durch unmittelbar mit denselben verbundene Pleuelstangen auf die vierfach gekröpfte Kurbelwelle wirken.

Der Eintritt des Dampfes erfolgt in der Mitte des Zylinderdeckels durch ein Ventil, welches mittels Winkelhebel von einer Nockenwelle aus gesteuert wird. Der Auslaß des expandierten Dampfes wird durch den Kolben selbst gesteuert, welcher die am unteren Ende des Zylinders angebrachten Auslaßschlitze öffnet, wenn der Kolben etwa $^9/_{10}$ seines Hubes nach unten vollendet hat. Beim Aufgang des Kolbens wird der zurückbleibende Dampf dann bis etwa zur Eintrittsspannung des Frischdampfes komprimiert. Der Austritt des Dampfes erfolgt in den oberen Teil des Kurbelgehäuses, in welches der untere Teil des Arbeitszylinders hineinragt und welches

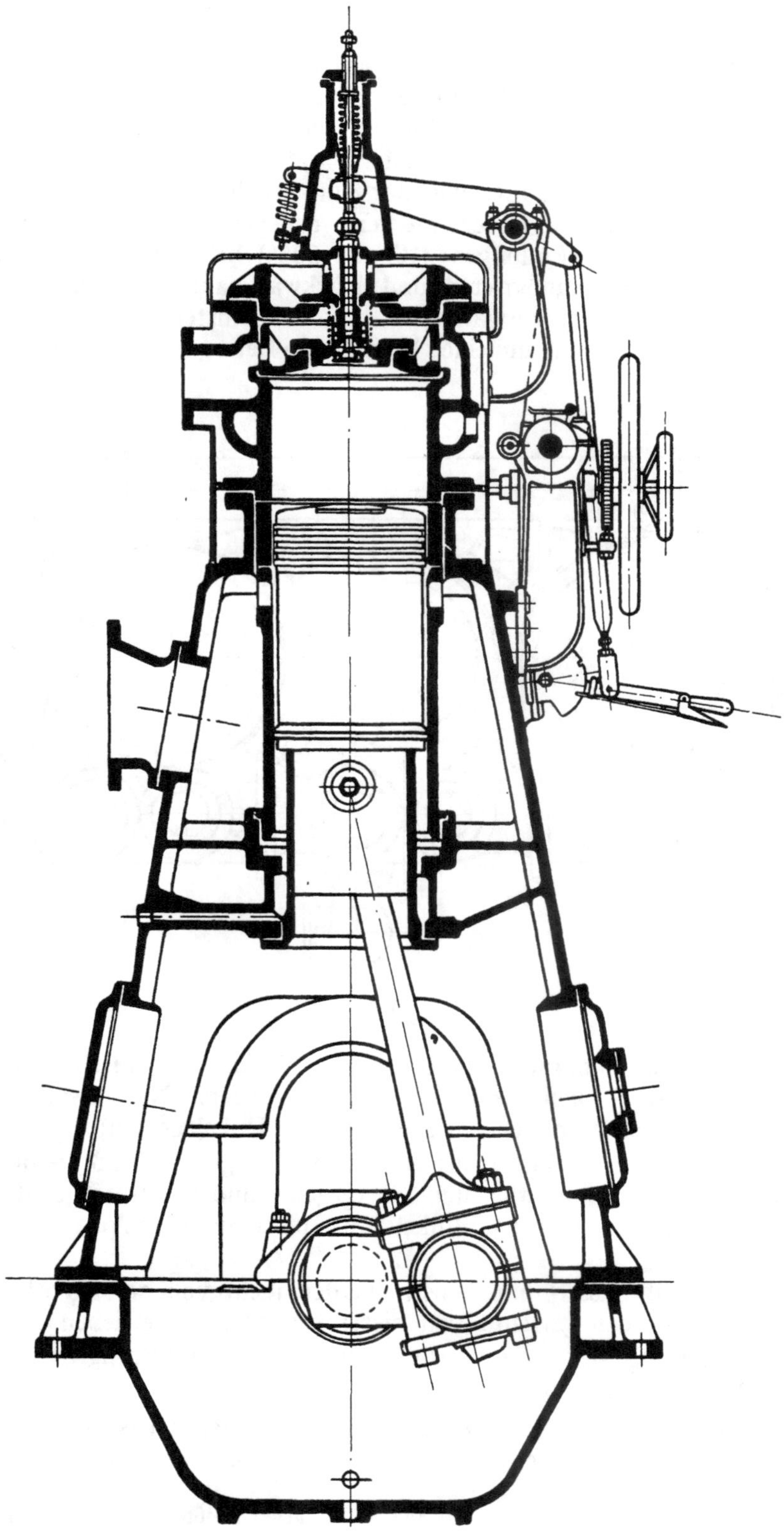

Abb. 473

gegen den übrigen Teil des Kurbelgehäuses durch eine wassergekühlte Kammer abgeschlossen ist. Aus diesem Abdampfraum gelangt der Dampf nach dem Kondensator. Mitunter wird der letztere auch in die Maschine eingebaut, so daß der Dampf auf dem kürzesten Wege zu den Kühlrohren gelangen kann und die Druckdifferenz zwischen Dampfzylinder und Kondensator nur sehr gering wird.

Die etwa in halber Höhe der Zylinder parallel zur Kurbelwelle gelagerte Nockenwelle wird durch Schraubenräder von der Kurbelwelle aus angetrieben und trägt für jeden Steuerhebel bzw. Zylinder mehrere nebeneinanderliegende Nockenscheiben, welche für verschiedene Füllungen (10, 15, 20%) bei Vorwärtsgang bestimmt sind, außerdem je eine für Manövrieren und Rückwärtsfahren (ca. 65% Füllung). Das Verändern der Füllung bei Vorwärtsfahrt bzw. das Umsteuern erfolgt durch einfaches Verschieben der Nockenwelle um einen bestimmten Betrag mittels eines am Maschinisten-

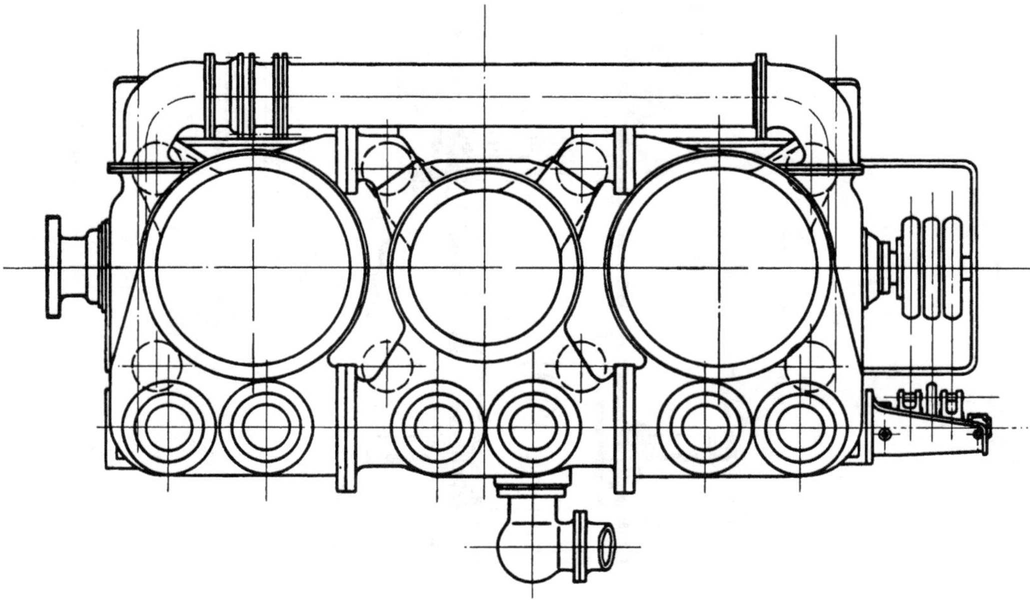

Abb. 474.

stand vorgesehenen Handrades, nachdem die Ventilhebel durch einen besonderen Klinkhebel von den Nockenscheiben abgehoben wurden. Nach dem Verschieben der Nockenwelle wird der Klinkhebel wieder in seine Ruhelage zurückgestellt.

Die Kurbeln sind des Massenausgleichs wegen so gestellt, daß die beiden vorderen, ebenso wie die beiden hinteren um 180° gegeneinander versetzt sind, während das vordere Kurbelpaar im rechten Winkel zum hinteren Kurbelpaar steht. Vgl. § 74 (Massenausgleich).

Luft- und Kühlwasserpumpen usw. werden nicht von der Hauptmaschine angetrieben, sondern werden getrennt von dieser besonders angetrieben.

Die Schmierung der Lager erfolgt durch Spülschmierung, wie dies bei gekapselten Maschinen gebräuchlich ist.

§ 188. **Ventilsteuerung System Lentz.** Dieses Steuerungssystem ist wiederholt, wenn auch ziemlich vereinzelt, ausgeführt worden[1]). Als Beispiel einer derartigen

[1]) Vgl. Marine-Rundschau 1910, S. 853 u. f. »Die Heißdampfventil-Maschinenanlage des Artillerietenders »Drache«, sowie Momber, Die Entwicklung des deutschen Seeschiffsmaschinenbaues. Z. d. V. d. I. 1914, S. 1074.

Anlage soll diejenige des Artillerietenders »Drache« in kurzen Worten beschrieben werden:

Es handelt sich bei diesem Fahrzeug um 2 Maschinen, welche zusammen eine Höchstleistung von ca. 1600 PS entwickelt haben. Die Maschinen sind als Compoundmaschinen mit geteiltem Niederdruckzylinder ausgeführt, d. h. also mit 3 Kurbeln. Die Anordnung der Ventile geht aus Abb. 474 (Ansicht des Zylinders von oben), und Abb. 475 (Längsschnitt durch Zylinder und Ventile) hervor. Die Ventile werden

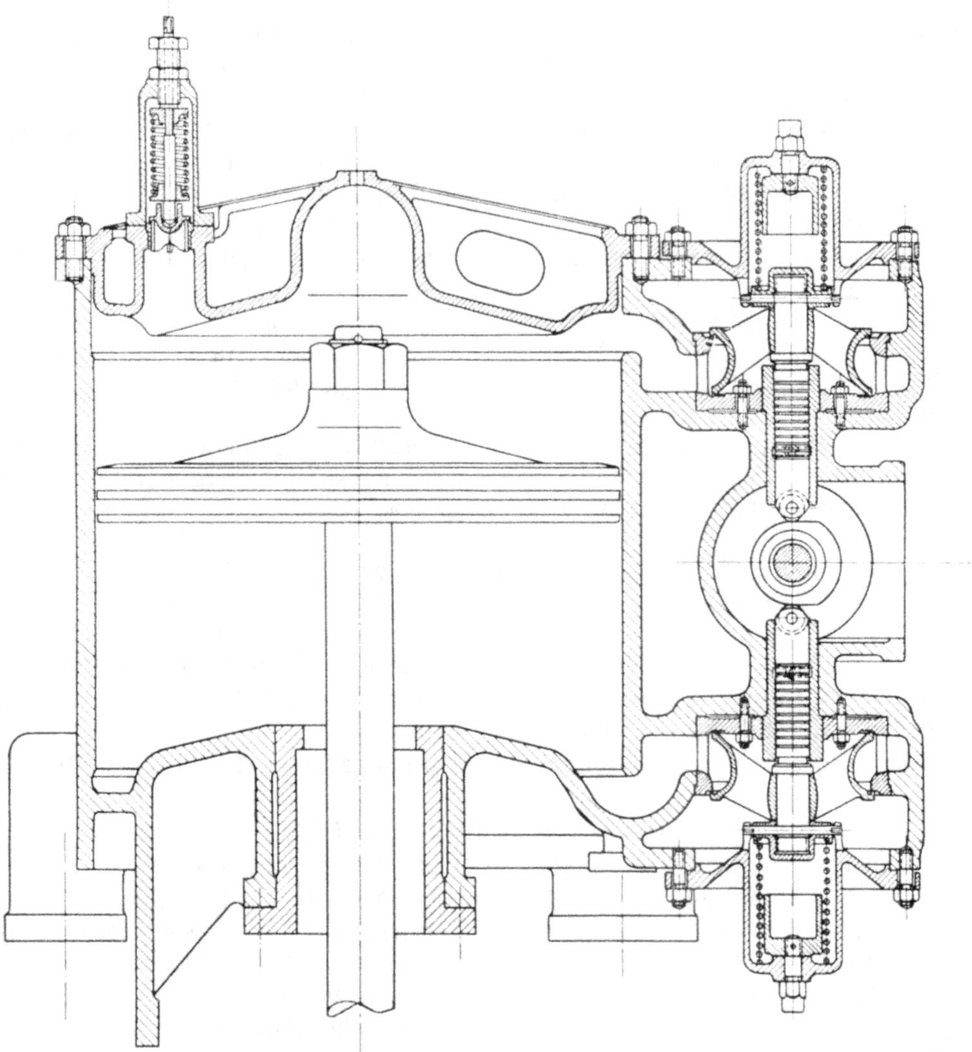

Abb. 475.

durch starke Federn auf ihren Sitz gepreßt; das Öffnen derselben erfolgt durch Daumenscheiben, welche auf an den Enden der Ventilspindeln sitzende Rollen wirken. Die Daumenscheiben werden durch Steuerwellen bewegt; für jeden Zylinder ist eine besondere Steuerwelle vorgesehen. Die 3 Steuerwellen, welche ineinandergeschoben sind, werden durch 3 Exzenter, eines für jeden Zylinder, angetrieben. Die Umsteuerung erfolgt, indem die Exzenter durch eine geeignete Vorrichtung von Hand verschoben werden. (Vgl. S. 395 betreffend verschiebbare Exzenter.)

Kondensatoren.

1. Oberflächenkondensatoren.

§ 189. **Allgemeines.** An dieser Stelle sollen nur die für Kolbenmaschinenschiffe üblichen Konstruktionen behandelt werden. Spezialkonstruktionen für Turbinenschiffe s. Bd. II. Theorie der Kondensationsanlagen und Ermittelung ihrer Hauptabmessungen s. Abschnitt II § 56.

Der zu kondensierende Dampf wird meistens von oben her zwischen die Kühlrohre geleitet, wobei dafür zu sorgen ist, daß er sich mit Sicherheit über die ganze Länge der Rohre verbreiten kann. Um dies zu erreichen, wird unmittelbar unter der Einströmöffnung des Dampfes eine durchlöcherte Platte aus verzinktem Eisenblech oder auch aus Messingblech angebracht (s. Abb. 482), welche auch gleichzeitig das direkte Aufstoßen des Dampfes auf die Kühlrohre verhindert. Diese Platte muß steif genug sein, um durch den stoßweise eintretenden Dampf nicht in Schwingungen zu geraten, weil sie sonst die oberste Rohrreihe beschädigen könnte.

Mitunter werden im oberen Rohrbündel durch Fortlassen von Kühlrohren Gassen gebildet, um dem Dampf den Eintritt zwischen die Rohre zu erleichtern (s. Abb. 479, 481, 487 und 490).

Das Kühlwasser wird meistens zweimal durch die Rohre geleitet, d. h. dasselbe wird durch die eine Hälfte der Kühlrohre hin-, durch die andere Hälfte zurückgeleitet. Hierbei ist es in bezug auf das erzeugte Vakuum ziemlich gleichgültig, ob das Kühlwasser unten ein- und oben ausströmt oder umgekehrt.

Tritt das Kühlwasser unten ein, so wird jedoch die Temperatur des Kondenswassers niedriger, als wenn das Kühlwasser den umgekehrten Weg nimmt, weil im ersteren Falle das herabtropfende Kondenswasser über die kältesten Kühlrohre zuletzt rieseln muß.

Oberflächenkondensatoren, bei denen das Kühlwasser um die Rohre zirkuliert, während der zu kondensierende Dampf in die Kühlrohre eintritt, werden in neuerer Zeit nicht mehr ausgeführt.

Die Luftpumpe saugt Kondensat und Luft aus dem untersten Teil des Kondensators; ist die Luftpumpe getrennt vom Kondensator aufgestellt, so wird sie durch eine genügend weite Saugleitung mit diesem verbunden.

Mitunter wird auch Kondensat und Luft getrennt abgesaugt. Siehe zweiter Teil Abschnitt II.

Über die Größe des Saugrohres der Luftpumpe s. § 200.

Über die Größe der Kühlwasserein- und Austrittsrohre s. § 208.

Bei Anwendung von Kolbenkühlwasserpumpen ist es angezeigt, den Kondensatordeckel an derjenigen Seite, wo das Kühlwasser eintritt, mit einer nach unten offenen Luftkammer zu versehen. Dadurch werden Wasserstöße und die hierdurch bedingten schädlichen Beanspruchungen des Kondensatorgehäuses vermieden.

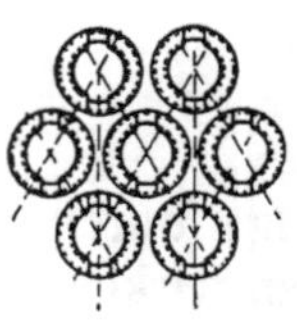
Abb. 476.

In bezug auf die Aufstellung des Kondensators ist zu beachten, daß auf einer Seite desselben genügend freier Raum vorhanden ist, um die Kühlrohre herausziehen bzw. einsetzen zu können. Dieser Raum darf durch Maschinenteile, Rohrleitungen usw. nicht beengt werden. Ist nicht genügend Maschinenraumlänge vorhanden, so muß ein Loch mit aufgeschraubter Platte im Schott angeordnet werden, um die Rohre durch dieses ziehen zu können.

§ 190. **Kühlfläche.** Über die Bemessung derselben siehe Abschnitt II § 56.

Als Kühlfläche wird die äußere Oberfläche der Kühlrohre gerechnet; letztere werden wie in Abb. 476 dargestellt angeordnet.

§ 191. **Kühlrohre und Rohrplatten.** Die Kühlrohre sind nahtlos gezogene Messingrohre von ca. 60% bis 75% Kupfer- und 40% bis 25% Zinkgehalt (gut bewährt hat sich eine Legierung von 70% Kupfer, 29% Zink und 1% Zinn) und werden häufig innen sowie außen verzinnt. Bei Kriegsschiffen werden die Kühlrohre vielfach aus Kupferbronze gezogen. Diese Legierung muß mindestens 97% Kupfer, etwa 2% Zinn und nicht mehr als 1% fremde Beimengungen enthalten. Die Kühlrohre sind infolge chemischer (elektrolytischer) Einflüsse der Gefahr von Anfressungen und Zerstörung ausgesetzt. Über den heutigen Stand dieser wichtigen Frage soll in einem Anhang des II. Bandes (Dampfturbinen) berichtet werden.

Der äußere Durchmesser der Rohre schwankt zwischen 16 mm bis 20 mm, während die Wandstärke 0,75 mm bis 1,3 mm beträgt. Mitunter erhalten die Rohre in den obersten, vom Dampf zuerst getroffenen Reihen bis 1,75 mm Wandstärke, da dortselbst unter Umständen Schwingungen der Rohre zu befürchten sind.

Die Länge der Kühlrohre zwischen den Rohrplatten wird höchstens etwa 6000 mm gemacht. Wird die freie Länge derselben zwischen den Rohrwänden größer als der 80- bis 100fache äußere Rohrdurchmesser, dann sind die Rohre durch besondere Stützplatten aus Messingblech von 5 bis 10 mm, mitunter auch aus verzinktem Eisenblech von 12 bis 15 mm Dicke zu unterstützen Man macht die Entfernungen der Stützplatten voneinander mitunter verschieden groß, um zu verhindern, daß sich in den Rohren Resonanzschwingungen ausbilden.

Die Entfernung t der Rohrmittel voneinander wird wenigstens

$$t = d + 9 \text{ mm}$$

gemacht, wenn d der äußere Durchmesser der Kühlrohre ist.

Tabelle Nr. 36 gibt die Rohrplattenfläche für ein Rohr, sowie die Anzahl der rohre für 1 qm Rohrwandfläche bei verschiedenen Rohrteilungen an.

Tabelle Nr. 36.

Rohrplattenfläche für ein Kühlrohr und Kühlrohrzahl auf 1 qm Rohrplatte.

Teilung t der Rohre in mm	Rohrplattenfläche für ein Rohr in qcm	Anzahl der Kühlrohre auf 1 qm Rohrplatte, abgerundet
25	5,42	1849
26	5,85	1710
27	6,31	1586
28	6,78	1474
29	7,28	1373
30	7,79	1284
31	8,32	1204
32	8,87	1128

Tabelle Nr. 37 zeigt die Kühlfläche eines Rohres von 1 m Länge in qcm bei verschiedenen äußeren Durchmessern.

Tabelle Nr. 37.

Kühlfläche für 1 m Kühlrohr.

Äußerer Rohrdurchmesser in mm	16	17	17,5	18	19	20
Kühlfläche eines Rohres von 1 m Länge in qcm	503	534	550	566	597	628

Aus Tabelle Nr. 38 ist die Größe der Kühlfläche für 1 cbm Rohrbündel bei verschiedenen Rohrdurchmessern und Teilungen zu entnehmen.

Tabelle Nr. 38.

Kühlfläche von 1 cbm Rohrsystem in qm.

Teilung t der Rohre in mm	Äußerer Rohrdurchmesser in mm					
	16	17	17,5	18	19	20
25	93,0					
26	86,1	91,3				
27	79,8	84,7	87,2	89,7		
28	74,2	78,7	81,0	83,4	88,0	
29	69,1	73,4	75,5	77,7	82,0	86,2
30		68,6	70,6	72,7	76,6	80,7
31				68,0	71,7	75,5
32					67,4	70,4

Die Rohrplatten werden nur selten noch aus Bronze gegossen, sondern meistens aus gewalzten Messing- oder Muntzmetallplatten (60 % Kupfer, 40 % Zink) hergestellt und erhalten etwa 20 bis 26 mm Stärke.

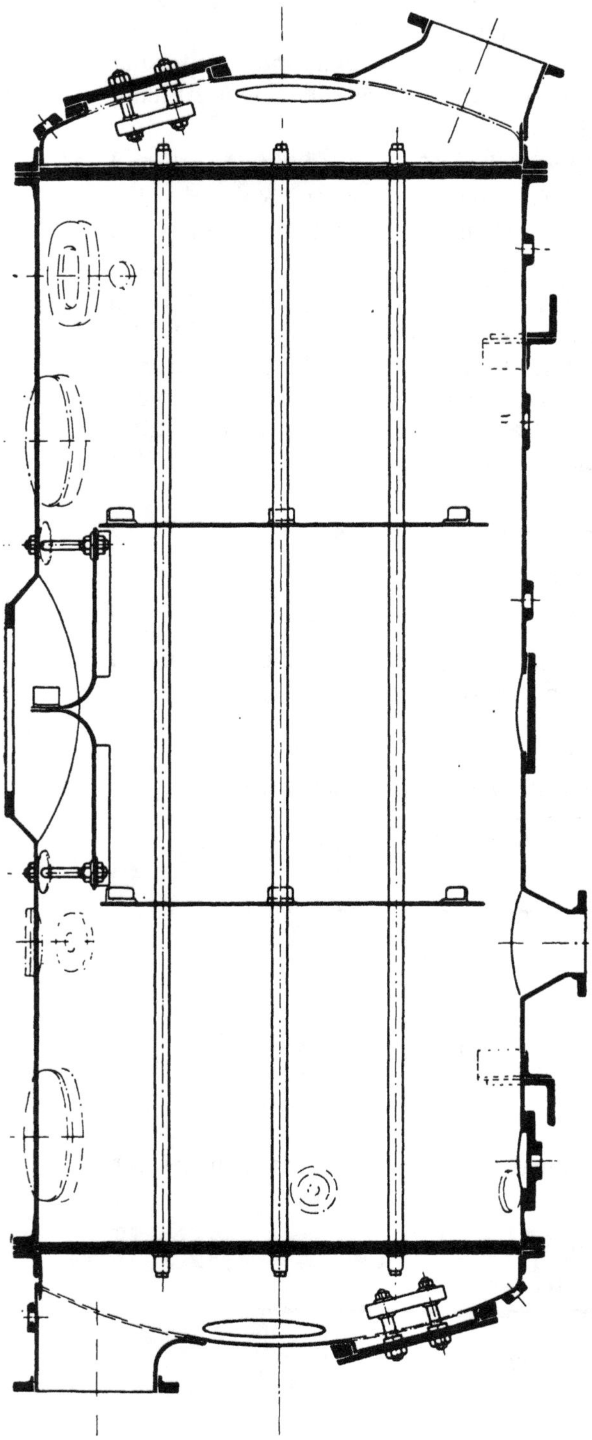

Abb. 478.

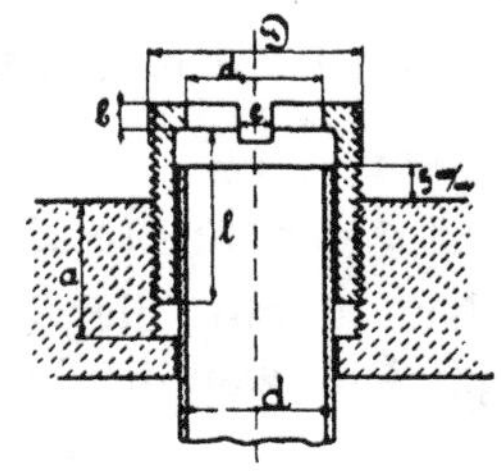

Abb. 477.

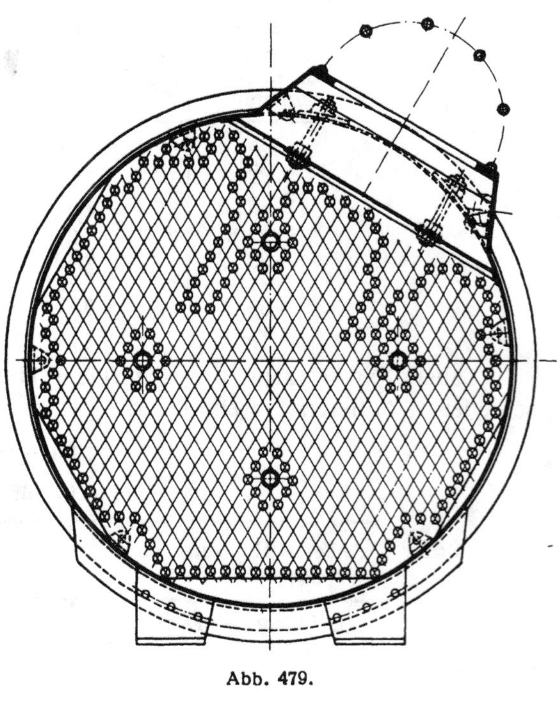

Abb. 479.

Die Dichtung und Befestigung der Kühlrohre in den Rohrwänden geschieht meistens durch kleine Stopfbüchsen und eingelegte Baumwollschnur, wie in Abb. 477 dargestellt.

Gebräuchliche Abmessungen der Rohrstopfbüchsen sind nach Abb. 477:

$$a = 0{,}85\,d \text{ bis } 1{,}2\,d,$$
$$D = d + 6 \text{ mm bis } d + 8 \text{ mm},$$
$$d_1 = d - 3 \text{ mm bis } d - 2 \text{ mm},$$
$$l = 0{,}95\,d \text{ bis } 1{,}1\,d,$$
$$b = 4 \text{ bis } 5 \text{ mm},$$
$$c = 4 \text{ bis } 5 \text{ mm}.$$

Die Anzahl der Gewindegänge beträgt ca. 14 bis 18 auf 1″ engl.

Der nach innen überstehende Rand b hat den Zweck, ein Herausschieben der Kondensatorrohre nach der einen oder anderen Seite zu verhindern.

Rohrplatten von großen Abmessungen sind zur Erzielung genügender Widerstandsfähigkeit durch Stützanker, welche ca. 400 bis 500 mm voneinander entfernt sind, zu versteifen (s. Abb. 487 bis 489).

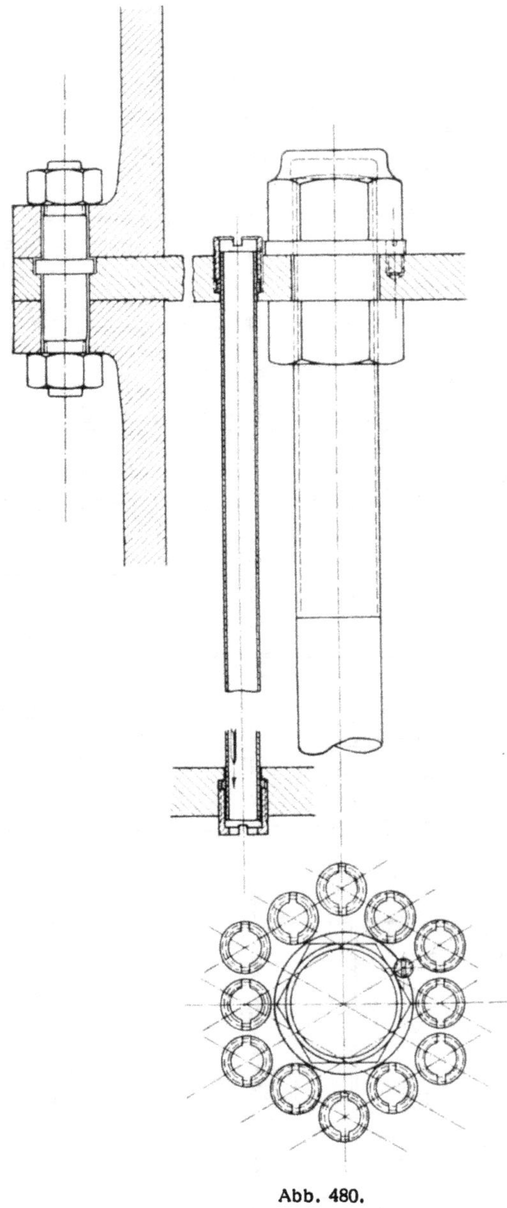

Abb. 480.

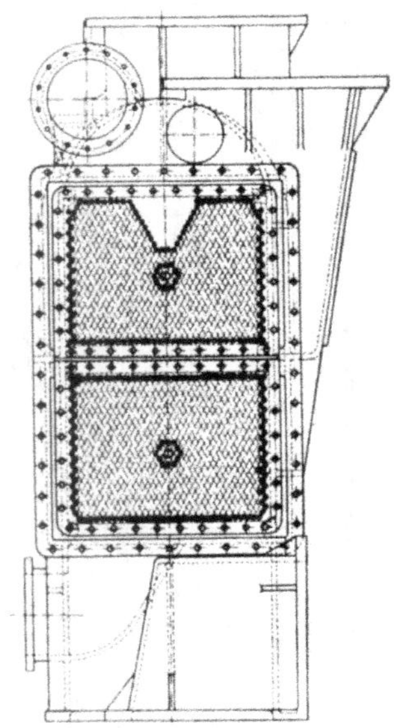

Abb. 481.

Die Stützanker sind entweder starkwandige Messingrohre, welche genau zwischen die Rohrplatten gepaßt sind und an jedem Ende durch eine Kopfschraube, welche durch die Rohrplatte geht, befestigt werden (Abb. 478 und 482); oder sie werden aus Rundmessing oder verzinktem Rundeisen hergestellt, an beiden Enden mit Gewinde versehen und mittels je einer bronzenen oder verzinkten eisernen Mutter von innen und einer bronzenen Kapselmutter von außen in den Rohrplatten befestigt (s. Abb. 480).

§ 192. **Kondensatorgehäuse.** Dieses wird entweder direkt in die Maschine eingebaut und bildet dann einen Teil des Maschinengestells oder der Kondensator wird getrennt von der Maschine aufgestellt. Eingebaute Kondensatoren erhalten etwa rechteckigen, oben abgerundeten Querschnitt (Abb. 481, 482 und 483), getrennt aufgestellte, meistens

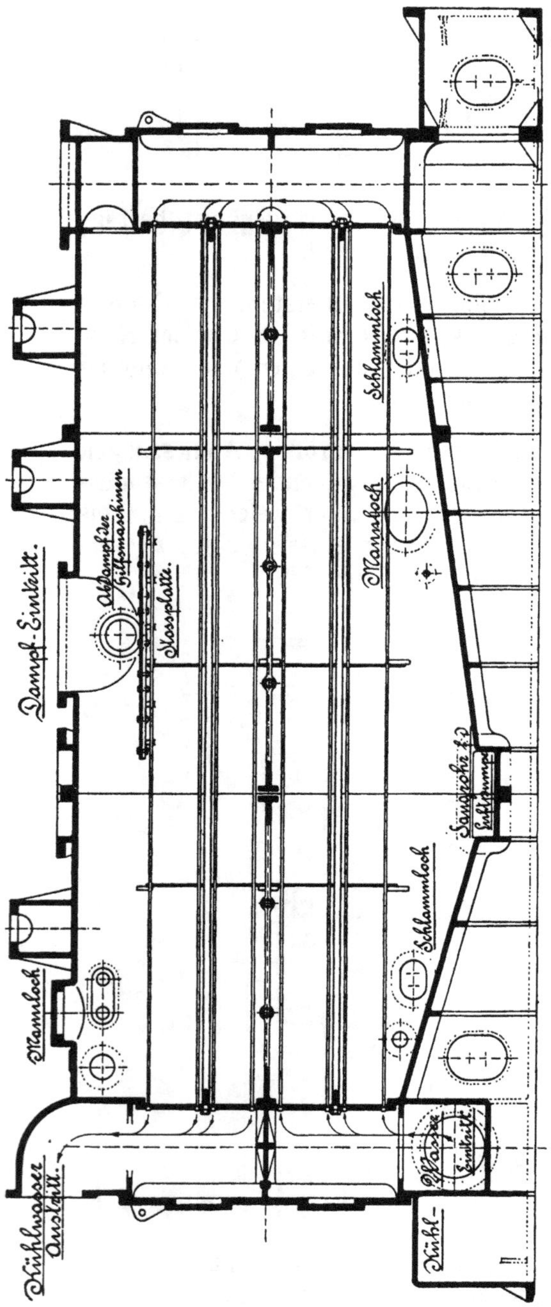

Abb. 482.

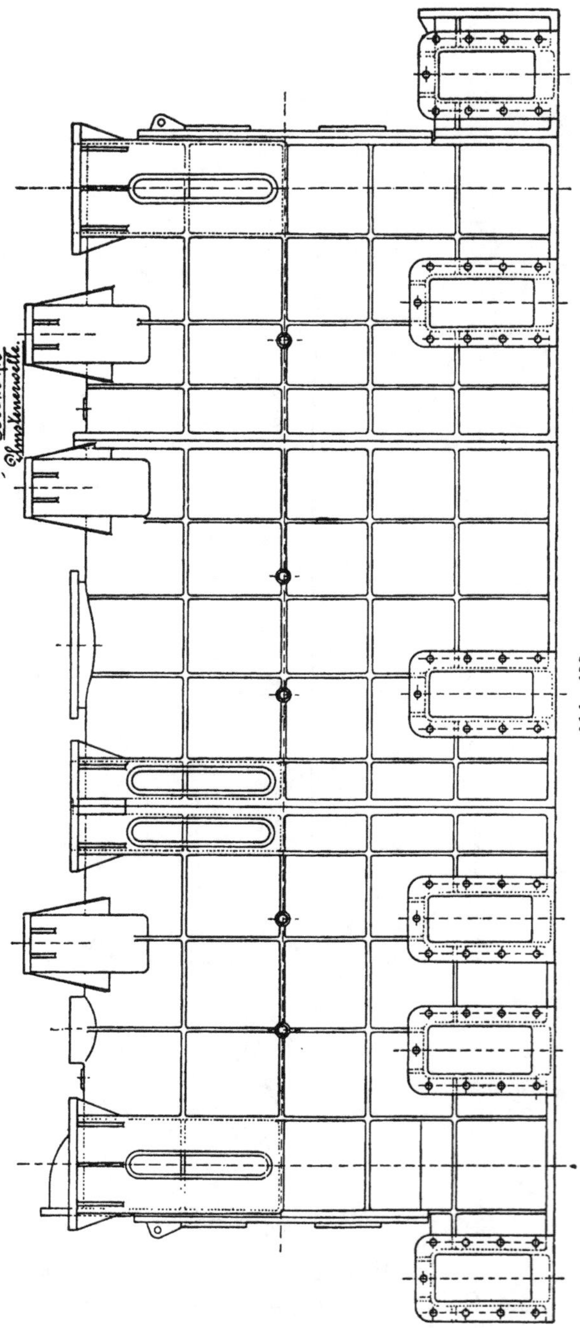

Abb. 483.

runden, bei Kriegsschiffen nicht selten ovalen Querschnitt (Abb. 478, 479, 484 bis 487 bzw. 488 und 489), deren flache Teile dann verankert sind. Neuerdings ist vielfach eine birnen- oder eiförmige Anordnung (unten spitz) zur Anwendung gekommen (vgl. hierzu § 64), doch hat sich diese Praxis meist auf Turbinenschiffe beschränkt.

Eingebaute Kondensatoren werden stets aus Gußeisen, getrennte entweder aus Gußeisen oder aus Eisenblech (Kupferblech, Messingblech oder Bronzeguß fast nur für Kriegsschiffe) hergestellt. Bei eingebauten Kondensatoren wird der Boden so geformt,

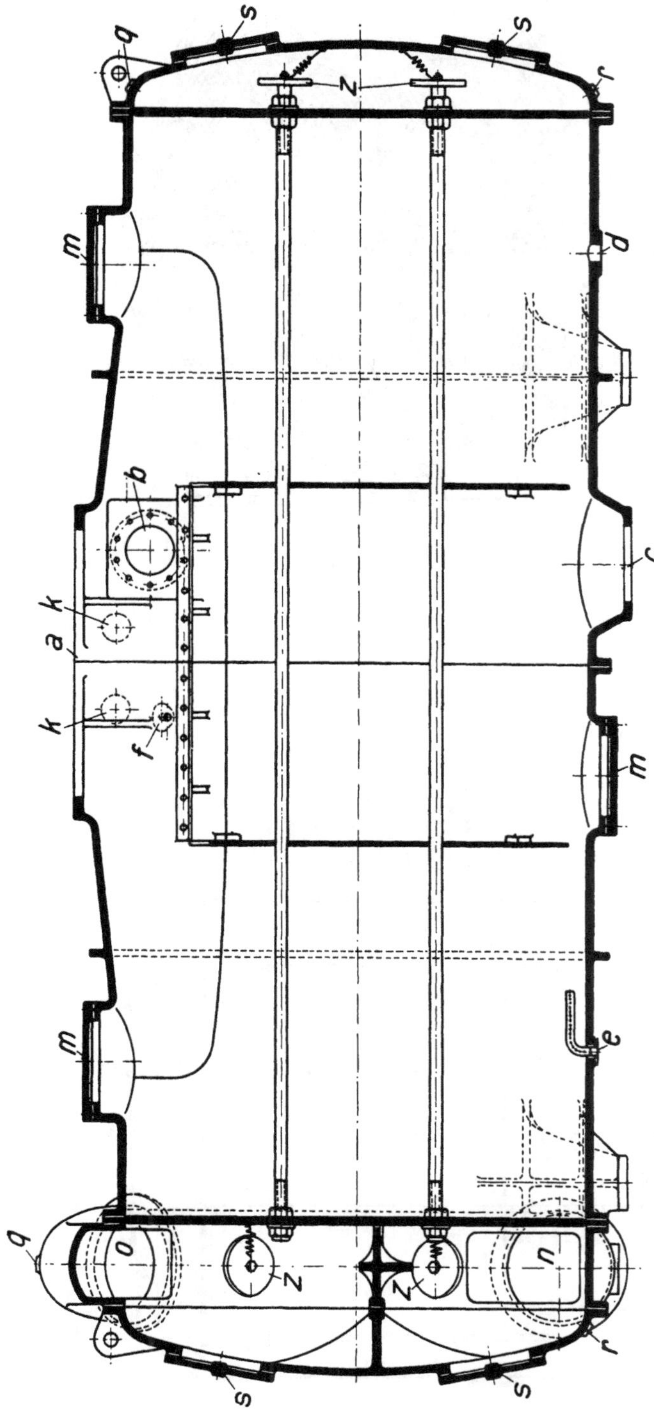

Abb. 484.

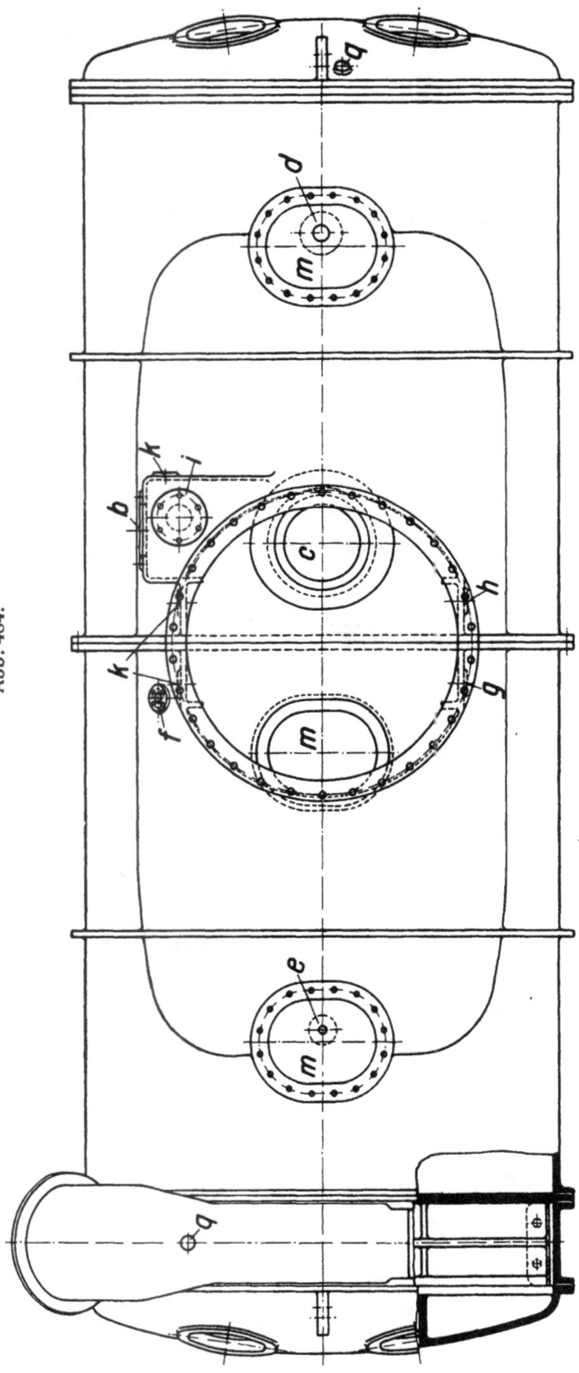

Abb. 485.

daß das kondensierte Wasser leicht nach dem Luftpumpensaugrohr fließen kann (s. Abb. 482). Die getrennt aufgestellten Kondensatoren werden zu diesem Zwecke mitunter nach der Seite hin geneigt angeordnet, an welcher das Luftpumpensaugrohr anschließt.

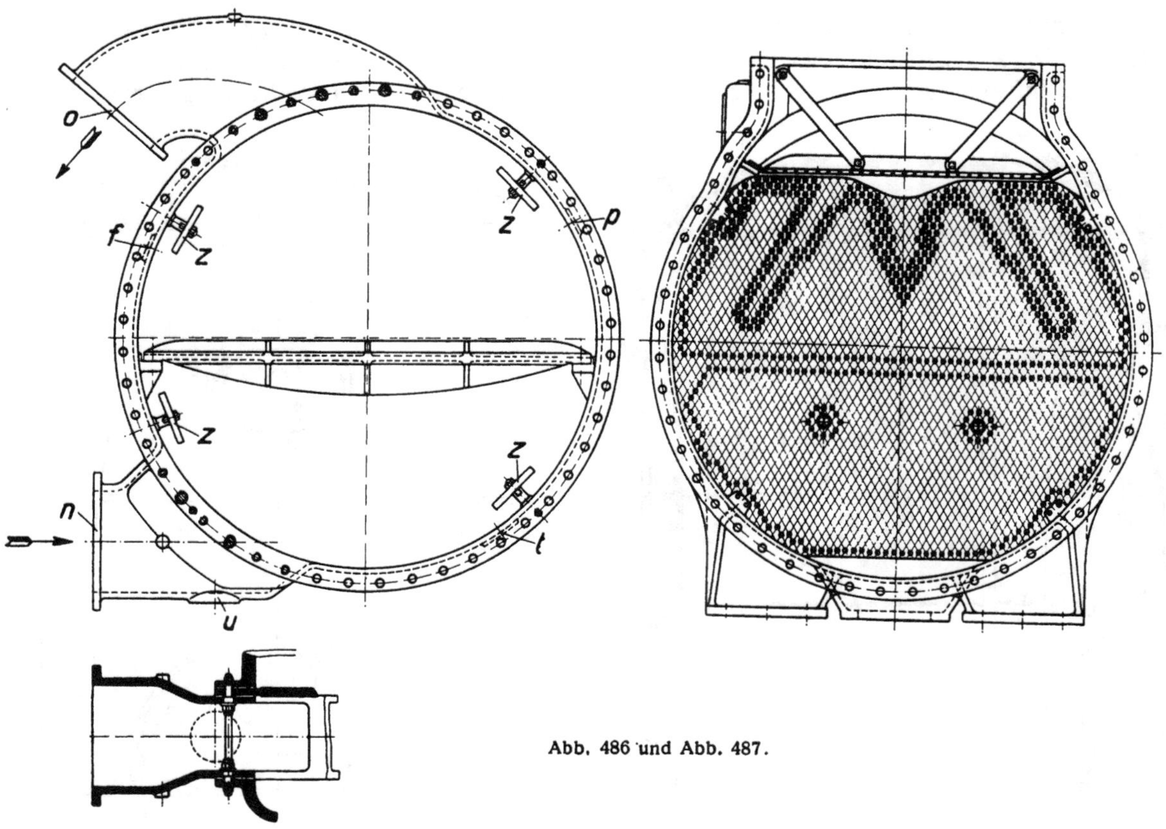

Abb. 486 und Abb. 487.

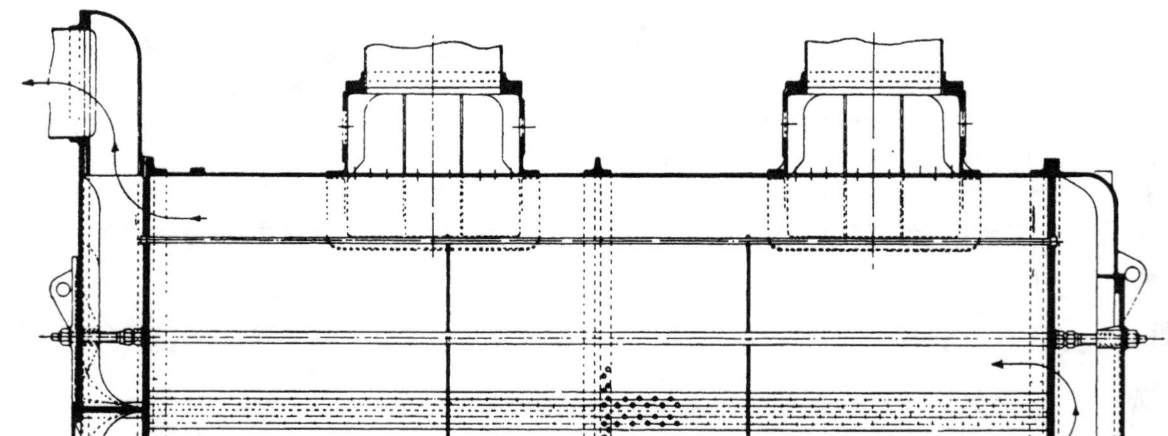

Abb. 488.

Runde Kondensatoren vom lichten Durchmesser d in mm erhalten eine Wandstärke s von

$s = \text{ca. } \frac{d}{180} + 10\,\text{mm}$ bei Gußeisen, $s = \text{ca. } \frac{d}{300} + 5\,\text{mm}$ bei Bronze,

$s = \text{ca. } \frac{d}{400} + 5\,\text{mm}$ bei Schmiedeeisen, $s = \text{ca. } \frac{d}{350} + 1\,\text{mm}$ bei Kupfer- oder Messingblech.

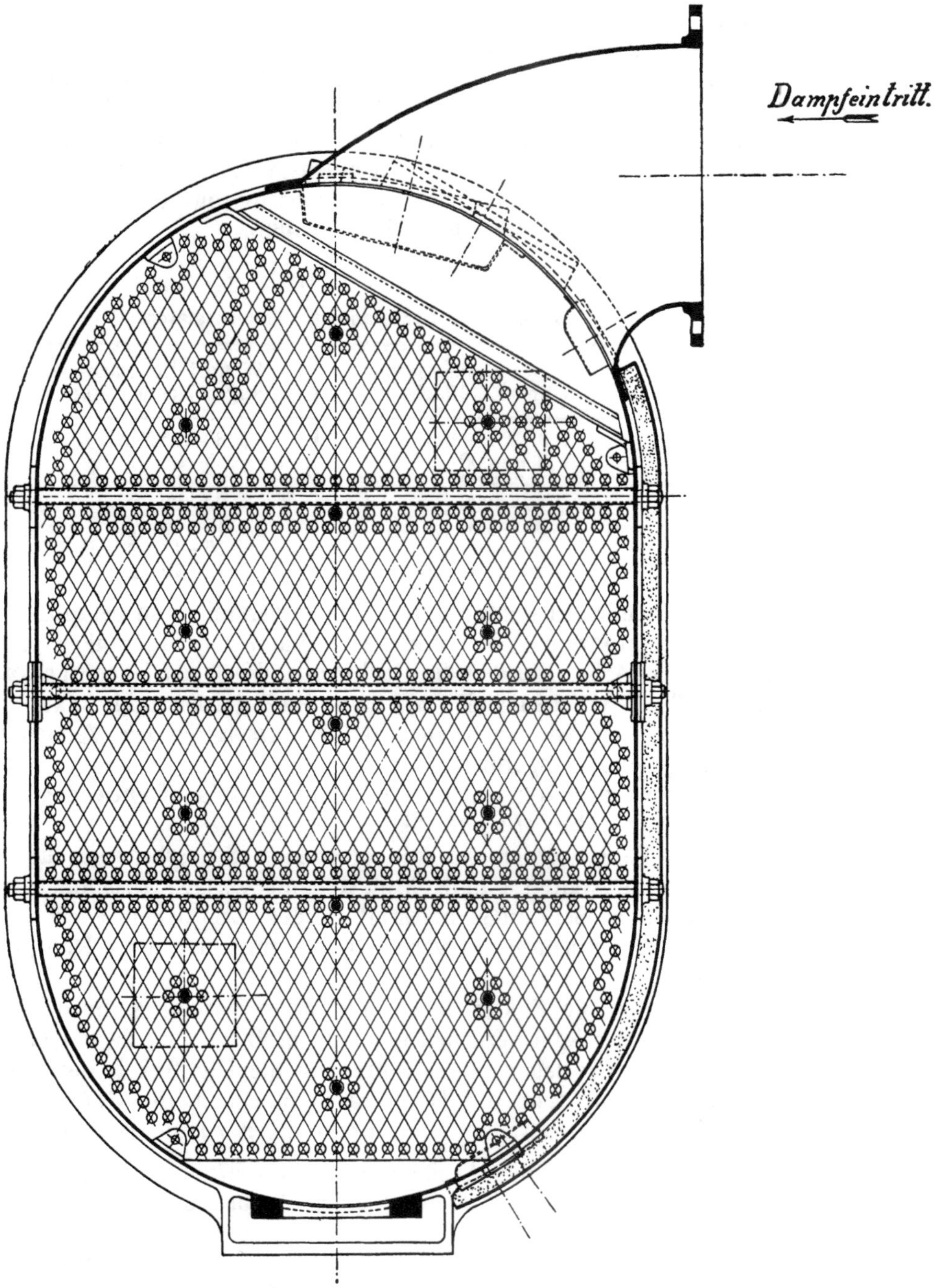

Abb. 489.

Zur Versteifung und um die runde Form zu sichern, werden einige ringsum laufende Rippen angeordnet. Bei Gehäusen aus Kupfer-, Messing- oder Eisenblech erhalten diese Rippen gewöhnlich T-Form und werden aufgenietet. Die flachwandigen, gußeisernen Gehäuse eingebauter Kondensatoren erhalten gewöhnlich eine Wandstärke *s*, welche aus Tabelle Nr. 39 zu entnehmen ist.

Die flachen Wände werden durch Rippen, welche in einem Abstande von ca. 20 *s* voneinander angeordnet werden, verstärkt. Höhe derselben ca. 4 *s*.

Bei großen Kondensatoren dieser Art werden die beiden vertikalen Längswände auch mitunter durch eingesetzte Stützanker (zwischen den Rohrbündeln) gegeneinander abgestützt (Abb. 89, 482, 483 und 489).

Die Vorlagen bzw. deren Deckel werden bei runden Kondensatoren aus Gußeisen (Bronze oder Kupferblech fast nur bei Kriegsschiffen) hergestellt. Die Deckel müssen bei Arbeiten an den Rohrplatten oder Rohrstopfbüchsen ganz abgenommen werden. Um dies zu vermeiden, werden große Kondensatordeckel mit einigen kleineren aufgeschraubten Deckeln zum Besichtigen der Rohrstopfbüchsen oder zum Reinigen der Vorlagen versehen (s. Abb. 478, 482, 484 und 488).

Tabelle Nr. 39.

Wandstärke flachwandiger Kondensatoren.

Größe des Kondensators in qm Kühlfläche	Wandstärke flachwandiger Kondensatoren
über 500 qm	30—35 mm
300—500 „	25—28 „
200—300 „	22—25 „
150—200 „	20—22 „
100—150 „	18—20 „
50—100 „	16—18 „
unter 50 „	13—16 „

Flache Vorlagendeckel werden durch Rippen versteift und bei großen Deckeln auch noch durch einige bronzene Anker mit den vorhandenen Stützankern der Rohrplatten verbunden (s. Abb. 488). Werden die Deckel oder Vorlagen jedoch gewölbt ausgeführt (mit einem Halbmesser etwa gleich *d*), dann sind Rippen und Anker unnötig. Vorlagen aus Kupferblech, wie sie bei leichten Kriegsschiffen zur Verwendung kommen, werden immer gewölbt ausgeführt.

Die Befestigung der Rohrplatten im Gehäuse geschieht entweder wie in Abb. 481 und 482 oder wie in Abb. 478 und 480 dargestellt.

Im ersteren Falle werden sie mit bronzenen Stiftschrauben und Muttern befestigt, während im zweiten Fall Rohrplatte und Vorlage zusammen mit bronzenen oder schmiedeeisernen Schrauben befestigt werden, von denen jedoch mindestens jede zweite Schraube mit einem Bund versehen sein muß, damit die Rohrplatte gesondert festgehalten wird.

Zur Prüfung der Dichtigkeit des Kondensators wird derselbe mit einem Wasserdruck von 1 kg bis 1,5 kg Überdruck pro qcm probiert, und zwar erst das ganze Gehäuse allein mit den Vorlagen ohne Rohre, um die Dichtigkeit des Mantels und der Vorlagen nachzuweisen, dann der Dampfraum, nachdem die Rohre eingezogen sind, um die Dichtigkeit der Rohre und Verschraubungen zu untersuchen.

§ 192a. **Beschreibung der Abbildungen.** Abb. 478 bis 479 zeigt einen Kondensator mit einfachem Wasserweg eines kleinen Torpedobootes aus neuerer Zeit mit Kolbenmaschinenantrieb.

In Abb. 481 bis 483 ist der eingebaute Kondensator eines großen Frachtdampfers älteren Typs dargestellt, während Abb. 484 bis 487 den freistehenden Kondensator eines ganz modernen großen Frachtdampfers zeigt. Beide Ausführungen haben zweifachen Wasserweg, gußeiserne Gehäuse und sind dem Schiffstyp entsprechend in allen Teilen sehr kräftig dimensioniert.

Der Kondensator eines älteren Kreuzers mit Kolbenmaschinenantrieb ist aus Abb. 488 ersichtlich; Blechmantel, verhältnismäßig dünne Rohrplatten und Böden zeigen deutlich das Streben nach Gewichtsersparnis. Der Wasserweg ist zweifach.

In Abb. 489 ist der Kondensator eines älteren Linienschiffs mit Kolbenmaschinenantrieb im Schnitt dargestellt. Die Isolierung soll die Erwärmung der Luft im Maschinenraum vermindern.

§ 193. **Armaturen und Anschlüsse.** Außer den Anschlußstutzen für den Eintritt des Abdampfes der Hauptmaschine, für den Ein- bzw. Austritt des Kühlwassers und für den Anschluß des Luftpumpensaugrohres werden am Kondensator meistens noch, soweit erforderlich, folgende Anschlüsse vorgesehen:

für den Abdampf der Hilfsmaschinen,
„ „ „ „ elektrischen Maschinen,
„ „ „ „ Umsteuermaschine,
„ die Entwässerung der Dampfzylinder und Schieberkasten.

Ferner erhält der Kondensator im oberen Teil gewöhnlich ein Mannloch, während sich im unteren Teil ein oder mehrere Schlammlöcher befinden.

Im unteren Teil des Kondensators wird ein Ventil mit Einsteckrohr von 15 bis 50 mm l. Durchm. zum Auskochen desselben mit Dampf angebracht. Außerdem wird an geeigneter Stelle ein Hahn oder ein Ventil von 10 bis 25 mm l. Durchm. für Zusatzwasser vorgesehen, welches in neuerer Zeit gewöhnlich nur dem Reservespeisewassertank entnommen wird, und mitunter auch ein Hahn von ca. 15 mm l. Durchm. mit Trichter oder Schlauch zum Zusetzen von Sodalösung.

Im tiefsten Punkt des Kondensators oder am Saugrohre der Luftpumpe wird je nach der Größe desselben gewöhnlich noch ein Ventil von 40 bis 80 mm l. Durchm. angebracht, durch welches derselbe beim Stillstand der Luftpumpe mittels einer Dampfpumpe entleert werden kann.

Entwässerungsschrauben oder Hähne werden im unteren Teil des Kondensators nach Bedarf vorgesehen.

Mitunter wird auch noch ein besonderes Ventil angebracht, um den Kondensator von See aus leicht füllen zu können. Um Anfressungen der Kühlrohre und Kondensatorvorlagen zu verhüten, werden im Kühlwasserraum derselben häufig Zinkschutzplatten untergebracht (s. Abb. 478, 484 und 486).

Bei dem in Abb. 484 bis 487 dargestellten gußeisernen Kondensator von 550 qm Kühlfläche sind folgende Anschlüsse vorhanden:

a für den Abdampf der Hauptmaschine,
b „ „ „ „ Hilfsmaschinen,
c „ das Saugrohr der Luftpumpe,
d zum Auffüllen und Entleeren,
e „ Auskochen,
f für Zusatzwasser,
g „ Vakuummeter,
h „ den Sodahahn,
i Schauloch für den Dampfraum,
k für Reserveanschlüsse,
m Mann- bzw. Schaulöcher im Dampfraum,
n für Kühlwassereintritt,
o „ Kühlwasseraustritt,
p „ Saugeleitung der Verdampferpumpe,
q „ Lufthähne,
r „ Entwässerungshähne,
s Schaulöcher in den Vorlagen,
t für die Kühlleitung der Hauptmaschine,
u Reserveflächen im Wasserraum,
z Zinkschutzplatten.

§ 194. **Vorschriften des Germanischen Lloyd für die Prüfung von Kondensatorrohren. (Entwurf 1919.)** Kondensatorrohre aus Kupferbronze oder Messing sind, auf Maß geschnitten, vorzulegen und werden folgenden Prüfungen unterworfen:

1. Besichtigung. Sämtliche Rohre sind innen und außen zu besichtigen. Sie müssen eine glatte Oberfläche ohne Riefen, Schiefer, Risse und sonstige Fehler aufweisen.

   Werden die Rohre verzinnt, so sind sie auch nach dem Verzinnen innen und außen zu besichtigen. Die Zinnschicht muß gleichmäßig verteilt, glatt und ohne Risse sein.

   Von etwa je 500 Rohren ist je ein Rohr verzinnt und unverzinnt der Länge nach aufzuschneiden, um die innere Rohrwand und die Verzinnung genauer prüfen zu können.

   Etwa 5% der Rohre sind auf äußeren Durchmesser und Länge zu untersuchen. Das zulässige Untermaß des Durchmessers soll nicht mehr als 1% betragen, ein Übermaß ist nicht erlaubt. Die Länge darf nicht unterschritten und höchstens um 5 mm überschritten werden.
2. Zähigkeitsprobe. Rohrabschnitte sind ungeglüht über eine Einlage von der 4—5fachen Rohrwanddicke flach zusammenzuschlagen, an den gebogenen Stellen dürfen Risse oder Brüche nicht auftreten. Auf je 500 Rohre entfällt eine Probe.
3. Wasserdruckprobe. Alle Rohre sind einer inneren Wasserdruckprobe von 20 kg/qcm Überdruck zu unterwerfen. Werden die Rohre verzinnt, so ist die Probe vor dem Verzinnen vorzunehmen.

Dem Ermessen des Abnahmebeamten ist es anheimgestellt, die vorstehenden Besichtigungen und Proben je nach Lage der Verhältnisse einzuschränken oder auszudehnen.

Die sämtlichen Rohre werden zurückgewiesen, wenn bei der Besichtigung und Druckprobe zusammen mehr als 25% der Rohre ausgeschieden werden mußten, oder wenn bei der Verzinnungs- und Zähigkeitsprobe drei nacheinander vorgenommene Probesätze versagten.

2. Mischkondensatoren.

§ 195. **Mischkondensatoren.** Diese werden in neuerer Zeit nur noch auf Flußdampfern verwendet. Die Einrichtung wird hierbei so getroffen, daß im Ausströmungsrohr, im unteren Teil des Maschinenständers, durch welchen die Ausströmung erfolgt, oder in einem besonderen hierfür vorgesehenen Gehäuse (s. Abb. 490) ein Brauserohr angebracht wird, durch welches das von außenbord entnommene Wasser eingespritzt wird. Einspritzwasser, Kondensat und Luft werden durch die Luftpumpe nach außenbord gefördert.

Im Notfall kann das Einspritzwasser auch durch einen besonderen Hahn aus der Maschinenbilge entnommen werden (sog. Notinjektion).

Zur Regulierung der Einspritzwassermenge wird in die Zuleitung ein Hahn oder Schieber eingebaut, welcher sich mittels Gestänge vom Maschinistenstande aus bequem bewegen läßt.

Zu bemerken ist hierzu, daß bei Maschinen mit Mischkondensation beim Manövrieren stets darauf geachtet werden muß, daß das Kühlwasser kurz vor dem Anhalten der Maschine abgesperrt werden muß und erst wieder kurz nach dem Ingangsetzen der Maschine angestellt werden darf, damit niemals der Kondensator überfüllt wird.

Der Querschnitt des Einspritzrohres wird pro PSi genommen:

bei Verbundmaschinen . . . . 0,16 qcm bis 0,2 qcm,
„ Dreifachexpansionsmaschinen . . . . . . 0,12 „ „ 0,16 „

Die Bohrungen des Brauserohres erhalten ca. 4 bis 5 mm Durchm. und besitzen einen Gesamtquerschnitt, der etwa 0,5 vom Querschnitt des Einspritzrohres beträgt. Liegt die Gefahr einer Verstopfung der kleinen Bohrungen durch unreines Wasser vor, dann wird das Sieb fortgelassen und das Wasser nur in einem breiten Überfall zugeführt. Am Boden des Kondensators wird mitunter ein Überdruckventil angebracht, welches nur durch den äußeren Luftdruck geschlossen gehalten wird und den Zweck hat, den Kondensator beim Stillstand der Maschine, nachdem kein Vakuum mehr im Kondensator herrscht, selbsttätig vom Wasser zu entleeren.

Abb. 490 sowie Abb. 140 und 141 zeigt die Mischkondensationsanlage eines kleinen Flußschleppdampfers. Der Abdampf des *NDr*-Zylinders strömt bei *a* in das zylindrische Gefäß *b*, in welches das Brauserohr *c* eingebaut ist. Das von außenbord entnommene Kühlwasser tritt durch den Regulierhahn *d* ein, welcher durch ein Gestänge vom Maschinistenstand aus bequem geöffnet oder geschlossen werden kann.

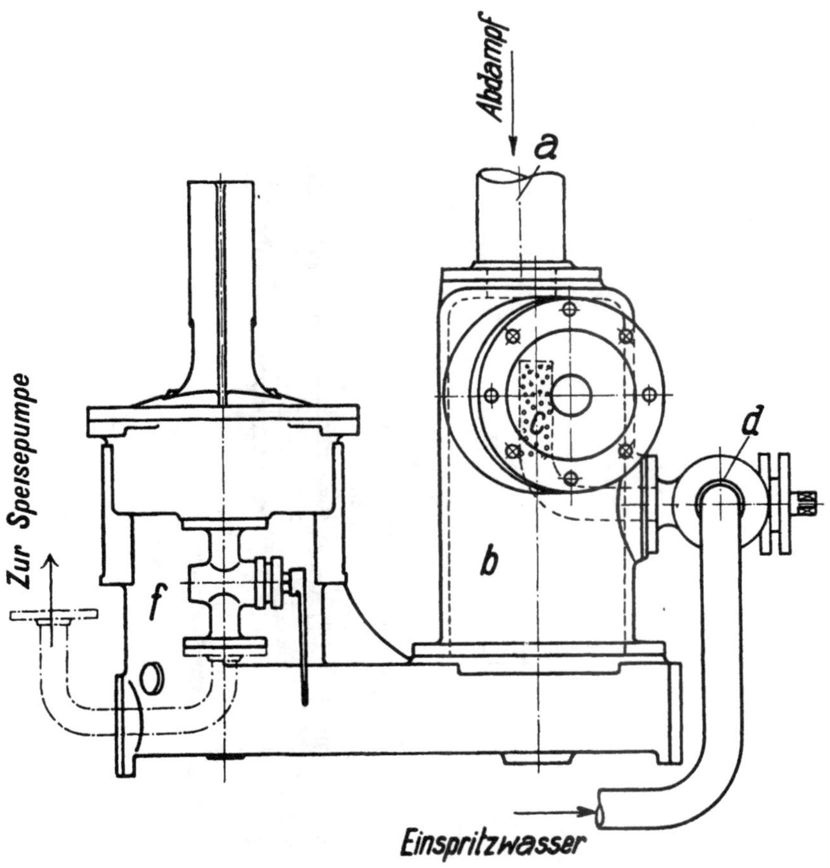

Abb. 490.

Das Gemisch aus Kühlwasser, kondensiertem Dampf und Luft gelangt dann durch einen Kanal unter die Saugventile der Luftpumpe *f*, welche es durch ein Ausgußventil nach außenbord befördert.

Die angehängte Speisepumpe saugt einen Teil des Gemisches aus dem Druckraum der Luftpumpe und drückt es nach dem Kessel.

Angehängte Pumpen.

§ 196. **Allgemeines.** Alle diejenigen Pumpen, welche während der Fahrt des Schiffes auf jeden Fall in Betrieb sein müssen, werden bei Maschinen bis etwa 2000 PS_i gewöhnlich an die Hauptmaschine angebaut. Sie werden meistens stehend angeordnet und durch einen Schwinghebel, der durch Lenkstangen mit einem Kreuzkopf der Maschine verbunden ist, angetrieben.

Es werden demnach folgende Pumpen an die Hauptmaschine angehängt:

1. Luftpumpe,
2. Kühlwasserpumpe,
3. Speisepumpen,
4. Lenzpumpen,
5. Spülwasserpumpe,

mitunter auch:

6. Verdampferpumpe,
7. Ölwasserpumpe.

Bei Schiffen mit größeren Maschinen werden heutzutage gewöhnlich die Kühlwasserpumpen und vielfach auch die Speisepumpen als besondere dampfangetriebene

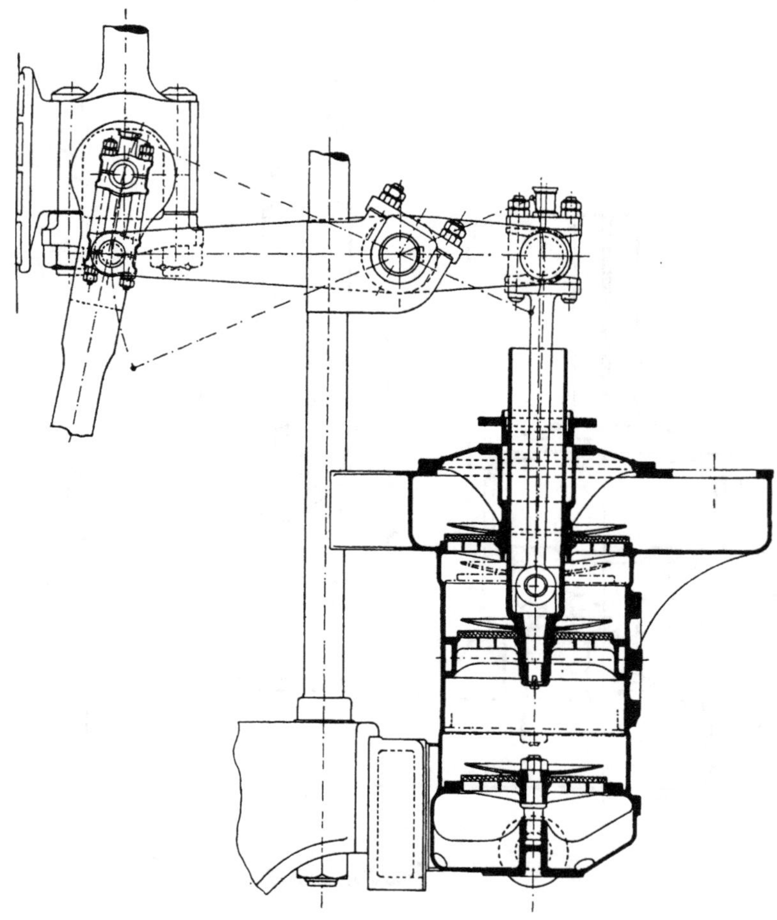

Abb. 491.

Hilfsmaschinen ausgeführt und nur die Luftpumpe, die Lenzpumpen und Spülwasserpumpen sowie Verdampferpumpe und Ölwasserpumpe von der Hauptmaschine anbetrieben. Bei sehr großen Anlagen werden heute meist auch die Luftpumpen als besonders angetriebene Hilfsmaschinen ausgeführt. Der getrennt von der Hauptmaschine erfolgende Antrieb der Kühlwasser- und Luftpumpe bietet den Vorteil, daß auch bei längerem Stillstand der Hauptmaschine während des Manöverierens, der in den Kondensator gelangende Abdampf der Hilfsmaschinen kondensiert, der Kondensator kalt gehalten wird und das Vakuum erhalten bleibt; letzterer Umstand ist für das leichte und rasche Anspringen der Maschine von besonderer Wichtigkeit.

§ 197. **Angehängte Luftpumpen**[1]**.** In der Regel wird an jede Hauptmaschine nur eine Luftpumpe angebaut. Früher wurden bei großen Maschinen oder solchen für

[1]) Die separaten Luftpumpen werden in einem späteren Bande behandelt.

Kriegsschiffe deren zwei angeordnet. Sauge- und Druckleitungen wurden dann so mit Absperrschiebern oder Ventilen versehen, daß jede Luftpumpe bei Havarien unabhängig von der andern benutzt werden konnte.

Angehängte Luftpumpen sind immer sog. Naßluftpumpen, da sie außer der zu entfernenden Luft auch gleichzeitig das Kondenswasser aus dem Kondensator saugen. Sie werden immer einfachwirkend ausgeführt.

§ 198. **Arten der angehängten Luftpumpen.** a) Gewöhnliche Saugluftpumpen. Diese sind, wie die Abb. 491 bis 494 zeigen, mit Saugventilen, Kolbenventilen und Druckventilen versehen. Beim Aufgang des Kolbens wird unterhalb desselben ein Unterdruck erzeugt, welcher die unter den Saugventilen befindliche Luft und das Kondensat veranlaßt, über die Saugventilgräting zu treten. Während des Niedergangs des Kolbens stellt sich auf beiden Seiten des Kolbens nahezu der gleiche Druck ein, welcher unterhalb desselben nur um den Widerstand in den Kolbenventilen größer ist als oberhalb. Es tritt dabei erst Luft und Dampf und schließlich auch das Wasser über den Kolben.

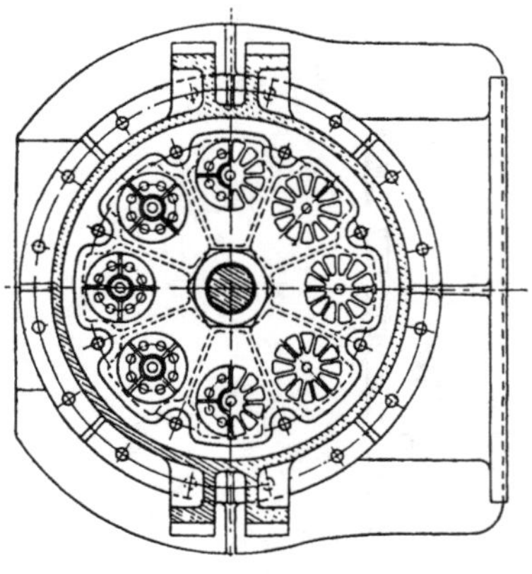

Abb. 492.

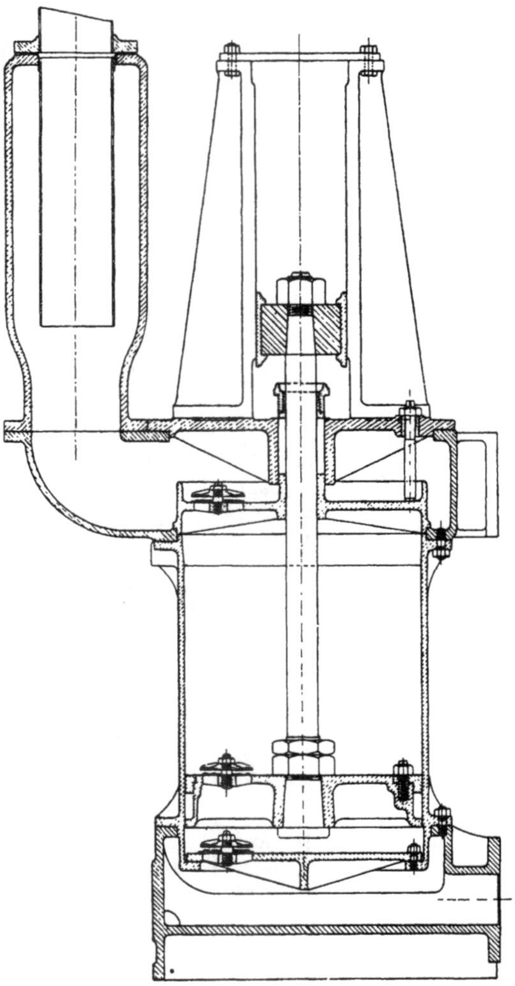

Abb. 493.

Beim Aufgang des Kolbens wird Luft und Dampf komprimiert, bis sich schließlich die Druckventile öffnen und erst Luft und Dampf und zuletzt das Wasser in den Druckraum übertreten.

Die Größe des sog. schädlichen Raumes zwischen Saugventilsitz und Kolben einerseits, sowie Kolben und Druckventilsitz anderseits, hat auf das entstehende Vakuum bzw. auf den Wirkungsgrad nur ganz geringfügigen Einfluß, weil er bei der gewöhnlichen Anordnung der Pumpe immer mit Wasser ausgefüllt ist und beim Arbeiten derselben immer zuerst die Luft und zuletzt das Wasser durch die Ventile tritt, so daß in der Totlage des Pumpenkolbens sich keine Luft mehr im schädlichen Raum befindet.

b) Edwards-Luftpumpe. Bei dieser Bauart, welche in Abb. 495 dargestellt ist, kommen keine Saugventile und Kolbenventile, sondern nur Druckventile zur Anwendung. Der Eintritt des Wassers und der Luft in den Pumpenzylinder erfolgt hier durch einen Ringkanal, welcher durch den Kolben gesteuert wird. Beim Niedergang des letzteren entsteht über diesem das höchste, bei der betreffenden Temperatur bzw. dem Luftgehalt erreichbare Vakuum. Kommt der Kolben in die Nähe des unteren Tot-

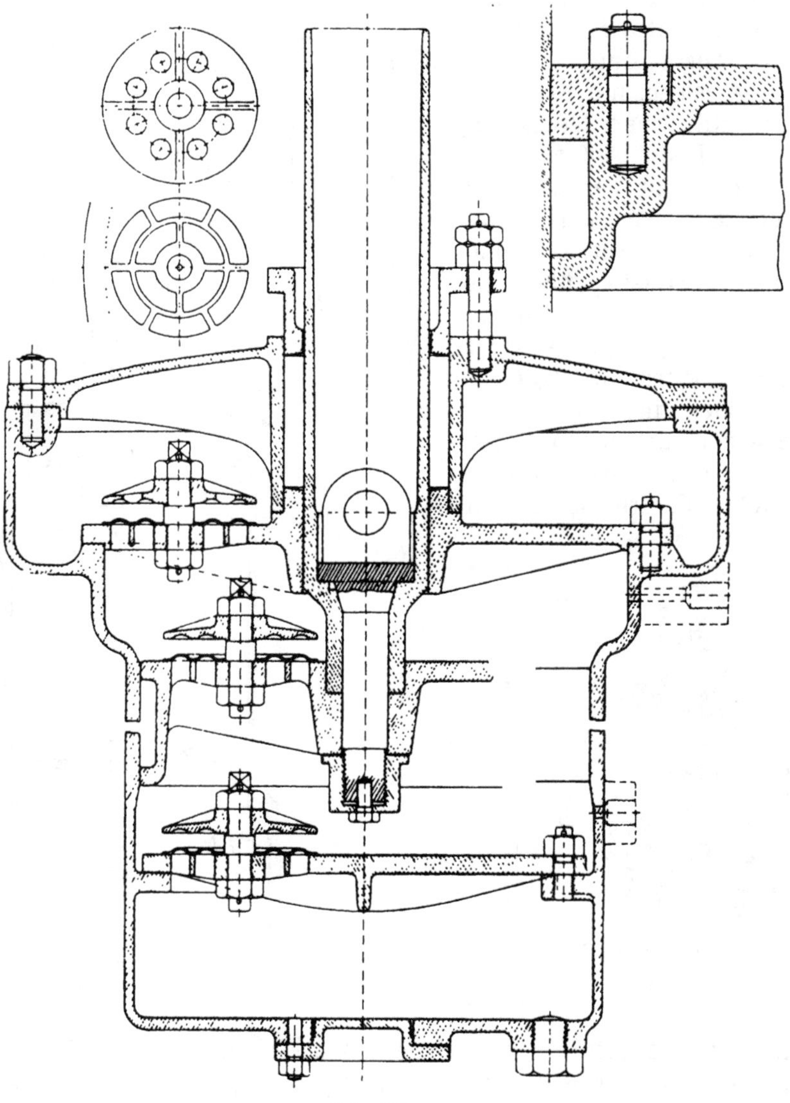

Abb. 494.

punktes, dann öffnet er den im Zylindereinsatz vorgesehenen Ringkanal, durch welchen während der kurzen Zeit des Offenseins Luft, Dampf und das unterhalb des Kolbens angesammelte und durch diesen nach oben verdrängte Wasser in den Pumpenzylinder stürzen, was durch das etwas höhere Vakuum im Pumpenzylinder gegenüber demjenigen im Kondensator bedingt wird.

Der Eintritt des Wassers wird noch durch die konische Form der Unterseite des Kolbens und des Gehäusebodens, sowie durch die bauchige Form des Mantels unterhalb des Ringschlitzes begünstigt. Beim Hochgehen des Kolbens wird der Ringschlitz geschlossen und zuerst die Luft und schließlich das Wasser durch die Druckventile in den Luftpumpendruckraum gedrückt.

§ 199. **Hauptabmessungen der Luftpumpe.** Die Größe der Luftpumpe bzw. ihr Hubvolumen, läßt sich, wie in § 60 näher ausgeführt, auf rein theoretischem Wege nur finden, wenn über die in der Zeiteinheit zu bewältigende Luftmenge Annahmen gemacht werden, welche mehr oder weniger von den Betriebsverhältnissen (Luftgehalt des in die Kessel geförderten Speisewassers, Dichtigkeit der unter Vakuum stehenden Stopfbüchsen, Flanschen usw.) abhängig sind.

Legt man die von der Luftpumpe in der Zeiteinheit zu fördernde Kondensatmenge Q in Litern, die sich mit ziemlicher Sicherheit vorher bestimmen läßt, zugrunde, so findet man, daß das Hubvolumen der Luftpumpe etwa mit $C_1 = 20$ bis $80\,Q$ ausgeführt zu werden pflegt.

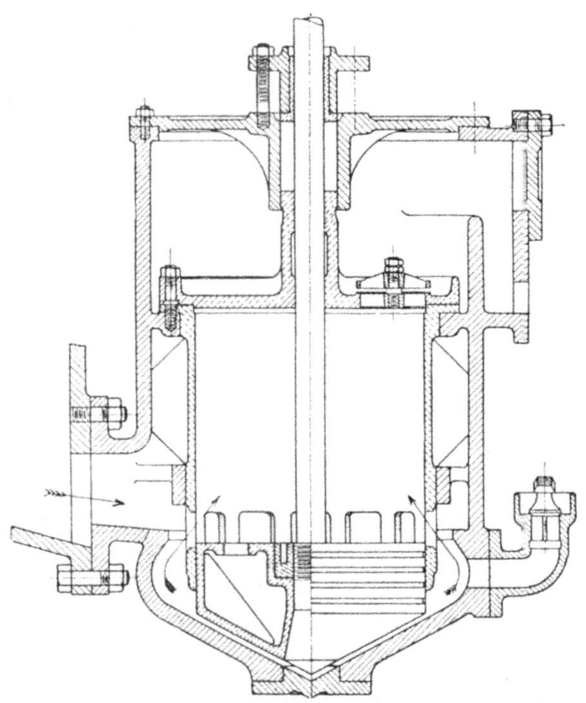

Abb. 495.

Bedeutet im folgenden:

- f den Querschnitt des Pumpenzylinders in dm^2,
- s den Kolbenhub der Luftpumpe in dm,
- N_i die indizierte Leistung der Maschine,
- n die Drehzahl in der Minute,
- q die Kondensatmenge (einschließlich Hilfsmaschinen), die für je 1 PS_i in der Stunde abgesaugt werden muß, in Kilogramm, und
- C_1 eine Konstante, gleich dem Verhältnis des Fördervolumens der Luftpumpe zum geförderten Wasservolumen,

dann ist

$$f \cdot s = C_1 \frac{q \cdot N_i}{60 \cdot n}\ dm^3.$$

Als passender Mittelwert kann $C_1 = 40$ bis 60 genommen werden. Bei Mischkondensation wird C_1 etwa gleich 80 bis 100 gewählt.

Meistens hat man sich in der Praxis bei der Bemessung der Größe der Luftpumpe jedoch nach der Größe des Niederdruckzylinders der Maschine gerichtet und bewährte Verhältnisse zugrunde gelegt.

Ist V das Hubvolumen des Niederdruckzylinders der Maschine in dm^3, C_2 das Verhältnis des Hubvolumens des Niederdruckzylinders zu demjenigen der Luftpumpe, dann ist

$$f \cdot s = \frac{V}{C_2}.$$

Sowohl bei Handels- als auch bei Kriegsschiffen schwankt C_2 etwa zwischen 18 und 24. Werden anstatt einer Luftpumpe deren zwei angeordnet, dann erhält jede etwa 0,6 des angegebenen Hubvolumens.

Die Kolbengeschwindigkeit wird bei den von der Hauptmaschine angetriebenen Pumpen meistens etwa halb so groß bemessen wie diejenige der Hauptmaschine, entsprechend einem Hebelverhältnis von etwa 1 : 2. Die mittlere Geschwindigkeit c findet sich also:

bei Handelsschiffen bis etwa $c = 1{,}0$ bis 1,8 m/Sek.,
„ Kriegsschiffen „ „ $c = 1{,}5$ „ 2,7 „

Der Pumpenzylinder wird stehend und wenigstens so tief angeordnet, daß die Saugventile bzw. die Oberkante des Ringkanals bei Edwards-Pumpen nicht höher als der tiefste Punkt des Kondensators zu liegen kommen.

Der freie Querschnitt der Ventilsitze ist so zu bemessen, daß die mittlere Wassergeschwindigkeit in denselben höchstens etwa 4 bis 5 m pro Sekunde beträgt. Die radiale Austrittsgeschwindigkeit am Umfang der Ventile wird höchstens zu 6 bis 10 m pro Sekunde angenommen.

Die Ventile sind sehr verschiedener Art; am häufigsten werden biegsame Gummiklappen (Abb. 491) verwendet, welche 12 bis 16 mm stark sind. Sehr oft werden auch Ventile von Beldam (s. Abb. 496) angewandt, welche aus einer etwa 2 bis 5 mm starken, gewellten Messingplatte bestehen und einen entsprechend geformten Ventilfänger besitzen.

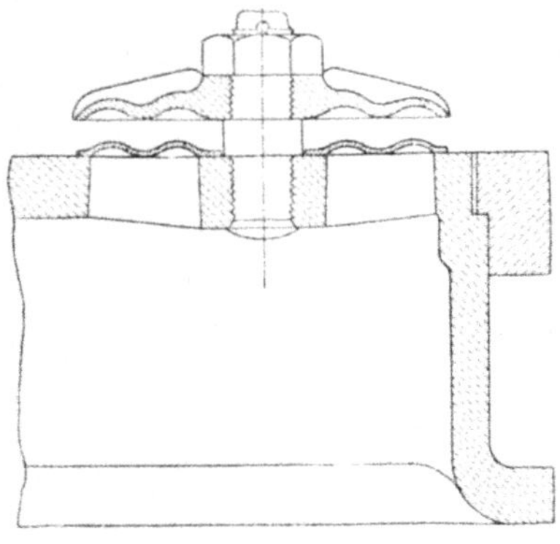

Abb. 496.

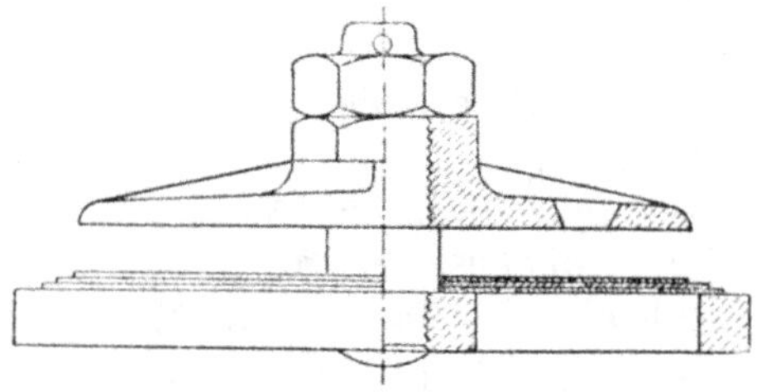

Abb. 497.

Die Kinghornschen Ventile (Abb. 497) bestehen aus drei lose übereinanderliegenden Messingblechscheiben von etwa 1 bis 1,5 mm Stärke, von denen die beiden unteren Scheiben mit gegeneinander versetzten Löchern von etwa 4 mm Durchmesser versehen sind. Es ist wohl darauf zu achten, daß die Ventile nicht zu schwach sind, da sonst der Fall eintreten kann, daß sie sich deformieren und hierdurch undicht werden.

Gewöhnliche Gummiklappen werden in der Mitte mit etwas Spiel festgehalten und heben sich am Umfange vermöge ihrer Elastizität um 15 bis 20 mm. Die Ventile nach Beldam und Kinghorn stecken lose auf der Ventilspindel und verschieben sich auf dieser. Der Hub derselben beträgt nur etwa 3 bis 12 mm.

Der Hub der Ventile ist um so kleiner zu wählen, je größer die Hubzahl des Kolbens pro Minute ist.

Die freien Öffnungen zwischen den Rippen der Ventilsitze sollen nur etwa 30 × 30 mm Weite besitzen, während die Rippen an ihrer oberen Fläche mindestens 5 mm breit sein sollen.

Ventilsitze und Ventilfänger werden aus Bronze, die Ventilspindeln aus geschmiedeter Bronze hergestellt. Die Spindeln werden am besten in die Sitze eingeschraubt und vernietet, während die Ventilfänger aufgeschraubt und mit Gegenmutter und Splint gesichert werden.

Der Druckventilsitz ist mit einem erhöhten ringsumlaufenden Rande zu versehen oder auch das Gehäuse, etwa wie Abb. 495 zeigt, so einzurichten, daß die Ventile immer unter Wasser zu liegen kommen, da sonst bei nicht ganz dichten Druckventilen leicht Luft in den Pumpenzylinder zurücktreten kann, wodurch der Wirkungsgrad der Pumpe verschlechtert wird.

§ 200. **Saug- und Druckrohre.** Bei Oberflächenkondensation wird der Querschnitt des Saugrohres oder der Anschlußöffnung an den Kondensator so bemessen, daß die mittlere Geschwindigkeit des Gemisches in demselben bis 5 m beträgt; ausnahmsweise findet man auch Geschwindigkeiten bis 10 m pro Sekunde.

Die Geschwindigkeit im Druckrohr der Luftpumpe, bezogen auf das Hubvolumen, wird auf etwa 8 bis 10 m, manchmal auch auf 15 m pro Sekunde bemessen und danach der Querschnitt desselben bestimmt. Bei Torpedobooten findet man bis 25 m pro Sekunde.

Bei Mischkondensation werden die Geschwindigkeiten in den Saug- und Druckrohren nur etwa halb so groß wie bei Oberflächenkondensation gewählt.

Da Seeschiffe jetzt nicht mehr mit Einrichtung für Mischkondensation versehen werden, so ist ein Ausgußventil für die Luftpumpe an der Außenhaut nicht erforderlich; das Druckrohr der Luftpumpe mündet vielmehr frei in den Maschinenraum, während das von der Luftpumpe geförderte Wasser entweder in einen Speisewassertank fließt oder von den Maschinenspeisepumpen unmittelbar aus dem Druckraum der Pumpe abgesaugt wird. Damit die aus dem Kondensator gesaugte Luft, welche immer mehr oder weniger übelriechend ist, nicht in den Maschinenraum dringt, wird das Druckrohr häufig am oberen Ende durch eine leichte Klappe oder ein Ventil verschlossen (Abb. 498) und die Luft durch ein Luftrohr bis über Deck geleitet. Auch wenn ein derartiges Luftrohr vorgesehen wird, kann der Druckrohrstutzen mit Klappe nicht entbehrt werden.

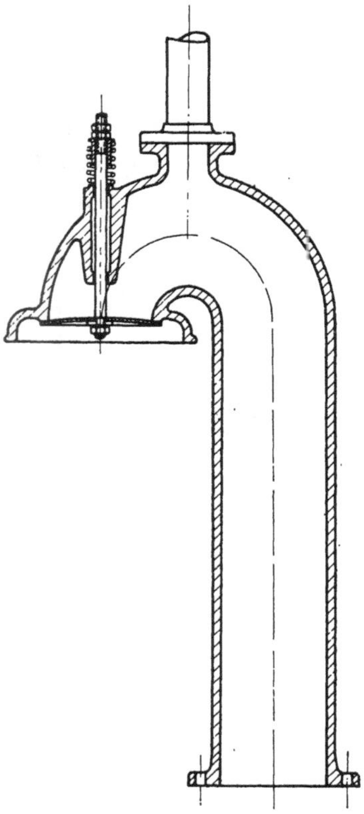

Abb. 498.

Das Druckrohr muß zur Sicherheit vorgesehen werden, da es bei raschem Ingangsetzen der Maschine nach einem längeren Stillstand vorkommen kann, daß das während desselben im Kondensator angesammelte Kondenswasser durch die dann voll fördernde Luftpumpe so schnell in den Druckraum gefördert wird, daß es aus diesem nicht schnell genug abfließen kann. Das überschüssige Wasser muß dann durch das Luftpumpendruckrohr nach dem Maschinenraum hin entweichen können. Für diesen Ausnahmefall ist die Größe des Druckrohres zu bemessen.

Der Durchmesser des Luftrohres wird zu etwa 0,2 bis 0,3 vom Durchmesser des Druckrohres angenommen. Unmittelbar am Luftpumpendruckraum wird mitunter noch ein Windkessel angebracht, dessen Inhalt etwa 0,3 bis 0,5 vom Inhalt des Pumpenzylinders ist. Es kann jedoch auch im Oberteil des Luftpumpendruckraumes durch geeignete Einbauten ein ausreichendes Luftkissen geschaffen werden.

§ 201. **Pumpengehäuse.** Bei Handelsschiffen wird das Gehäuse der Luftpumpe aus Gußeisen, der Arbeitszylinder aus Bronze gegossen und besonders eingesetzt. Bei größeren Luftpumpen wird auch manchmal der bronzene Pumpenzylinder zwischen den gußeisernen Saug- bzw. Druckkasten geschraubt (s. Abb. 493).

Auf Kriegsschiffen wird der Pumpenzylinder nebst Saug- und Druckkasten gewöhnlich ganz aus Bronze und in einem Stück hergestellt (s. Abb. 491, 494 und 499).

Um bei größeren Luftpumpen die Kolben- bzw. Saugventile leichter nachsehen zu können, erhält der Pumpenzylinder seitlich ein rundes Mannloch von etwa 250 bis

300 mm Durchmesser; der Deckel muß sich natürlich genau der Zylinderbohrung anschließen, d. h. einen Teil derselben bilden (s. Abb. 491 und 499).

In ähnlicher Weise werden in den seitlichen Wandungen des Druckkastens Handlochdeckel oder ein großes Mannloch angebracht, um auch die Druckventile leicht nachsehen zu können, ohne den großen Deckel der Luftpumpe aufnehmen zu müssen.

Die Wandstärke s des bronzenen Pumpenzylinders wird bemessen auf:

$$s = \text{etwa } 0{,}015\ D + 6 \text{ mm und}$$
$$s = \text{etwa } 0{,}01\ D + 4 \text{ mm bei Torpedobooten,}$$

wenn D der Durchmesser der Luftpumpe in mm ist.

Das gußeiserne Gehäuse erhält eine Wandstärke von etwa

$$s_1 = 0{,}015\ D + 10 \text{ mm.}$$

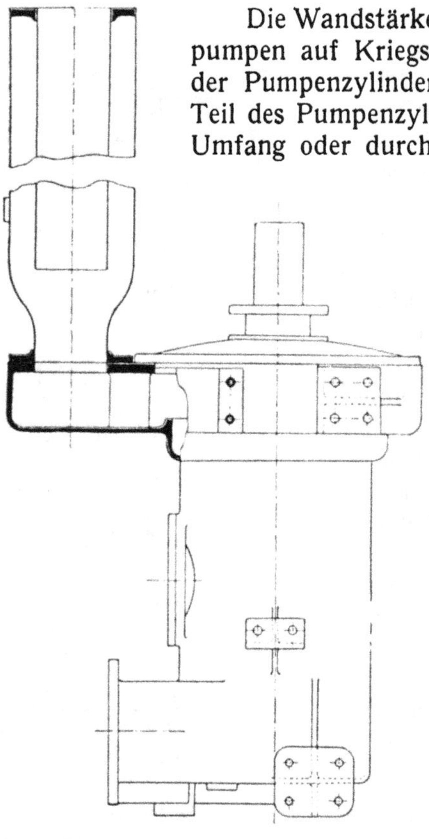

Abb. 499.

Die Wandstärken der bronzenen Saug- und Druckkasten der Luftpumpen auf Kriegsschiffen werden etwa 2 bis 4 mm schwächer als der Pumpenzylinder gemacht. Der Saugventilsitz wird im unteren Teil des Pumpenzylinders entweder durch mehrere Stiftschrauben am Umfang oder durch einen entsprechend kräftigen Bolzen in der Mitte befestigt (vgl. Abb. 491, 493 und 494).

Der Druckventilsitz wird in der Mitte gewöhnlich durch die Stopfbüchsenpackung der Kolbenstange und am Umfang entweder durch Stiftschrauben oder durch einige bronzene Druckschrauben, welche durch den oberen Deckel geschraubt werden, festgehalten und gegen den Pumpenzylinder abgedichtet (Abb. 493).

Die Dicke der Ventilsitzplatte wird etwa:

$$s_2 = 1{,}1\ s \text{ bis } 1{,}2\ s \text{ gemacht und}$$

durch radiale Rippen verstärkt.

Edwards Luftpumpen erhalten am Saugeraum ein Überdruckventil, dessen lichter Durchmesser ungefähr

$$d = 0{,}12\ D \text{ beträgt (s. Abb. 495).}$$

Bei diesen Pumpen wird vor der Einmündung des Saugrohres in den wulstförmigen Saugraum des Gehäuses ein Absatz geschaffen, in dem sich etwaige Fremdkörper absetzen können, um nicht in den Pumpenzylinder gelangen und Beschädigungen hervorrufen zu können.

Ebenso empfiehlt es sich, bei schnellaufenden Maschinen über der Druckventilgrätung ein Sicherheitsventil anzubringen.

§ 202. **Der Pumpenkolben** nach Abb. 491, 493 und 494 wird aus Bronze hergestellt und erhält im flachen Teil eine Wandstärke von etwa

$$s_3 = 0{,}02\ D + 6 \text{ mm und von}$$
$$s_3 = 0{,}015\ D + 4 \text{ mm bei Torpedobooten.}$$

Zur Versteifung wird derselbe mit radialen Rippen, welche zwischen den einzelnen Ventilsitzöffnungen liegen, versehen. Die Stärke derselben wird zu etwa 0,5 s_3 angenommen.

Als Dichtung wird bei Ventilkolben gewöhnlich Baumwoll- oder Hanfpackung verwendet, welche bei kleinen Kolben in den Packraum gewickelt, bei großen in den Packraum gelegt und durch einen aufgesetzten Ring zusammengepreßt wird (s. Abb. 493, 494 und 496). Der Ring soll nicht zum Nachziehen der Kolbenpackung dienen, sondern durch die Schrauben fest gegen den Kolbenkörper angezogen werden, damit er nicht lose werden kann.

Die Höhe des Packraumes ist $h =$ etwa $0{,}1\,D + 35$ mm, die Dicke der Packung etwa gleich $\frac{h}{4}$ bis $\frac{h}{5}$.

Bei Edwards-Pumpen wird der Kolben hohl hergestellt und entweder ganz aus Bronze gegossen (Abb. 495), oder er bildet ein eisernes Gußstück, welches am Umfang mit Weißmetall umgossen wird, wie Abb. 500 zeigt. Zur Abdichtung werden in beiden Fällen nur einige Wasserrillen in die Mantelfläche eingedreht.

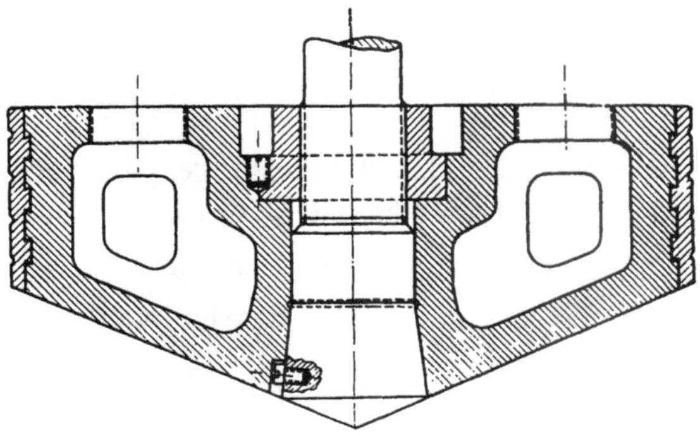

Abb. 500.

§ 203. **Die Kolbenstange** wird entweder aus geschmiedeter Bronze oder aus Stahl hergestellt.

Die Befestigung der Kolbenstange im Pumpenkolben bzw. im Kreuzkopf geschieht durch Konus und Mutter, und zwar wird die Kolbenstange gewöhnlich von unten durch den Kolben gesteckt und erhält oben eine bronzene, gut gesicherte Mutter.

Zweckmäßig ist es, bei großen Pumpen nach Abb. 493 oder 494 in der Mitte des Saugventilsitzes einen Anschlag vorzusehen, auf den sich die Kolbenstange aufsetzen kann, ohne daß der Luftpumpenkolben auf die Saugventile stößt, wenn die Kolbenstange vom Pumpenkreuzkopf gelöst wird.

Der Durchmesser der Luftpumpenkolbenstange wird

im Schaft auf etwa: $d = 0{,}12\,D + 12$ mm,

im Gewindekern auf etwa: $d_1 = 0{,}085\,D$ bis $0{,}1\,D$ bemessen.

Die Maximalbelastung des Luftpumpenkolbens kann zu etwa 2 at angenommen und danach der Gewindedurchmesser der Kolbenstange bzw. die Abmessungen der übrigen Einzelteile des Gestänges berechnet werden. Die Beanspruchung kann zu etwa 200 bis 300 kg/cm² angenommen werden.

Kann wegen Raummangels oberhalb der Luftpumpe keine Kolbenstangenführung angebracht werden, dann wird der Pumpenkolben mit einem Trunk versehen, an dessen unterem Ende eine Lenkstange angreift (s. Abb. 491 und 494).

Angehängte Kühlwasserpumpen[1].

§ 204. **Allgemeines.** Bei kleineren Maschinen bis etwa 200 PS_i wird die Kühlwasserpumpe einfachwirkend ausgeführt und mit Saugventilen, Kolbenventilen und Druckventilen versehen. Die Einrichtung ist dann eine ähnliche wie bei der in Abb. 491 dargestellten Luftpumpe.

[1]) Die Zentrifugal-Zirkulationspumpen werden in einem der späteren Bände behandelt.

Bei größeren Maschinen wird die Kühlwasserpumpe immer doppeltwirkend ausgeführt, um eine gleichmäßigere Wasserströmung und verhältnismäßig kleine Saug- und Druckrohre zu erhalten.

Meistens ist die Kühlwasserpumpe so eingerichtet, daß sie durch den Kondensator drückt. Sie wird gewöhnlich unmittelbar neben der Luftpumpe angeordnet, damit beide Pumpen durch dasselbe Gestänge betrieben werden können (Abb. 146).

§ 205. **Kühlwassermenge** (s. auch § 58). Für Projekte und überschlägige Rechnungen kann man die für eine PS_i-Stunde erforderliche Kühlwassermenge wie folgt annehmen:

Bei Verbundmaschinen etwa . . . . $q = 250 - 300$ kg,
bei 3fach und 4fach Expansionsmaschinen etwa . . . . $q = 200 - 250$ „
bei Heißdampfmaschinen etwa . . . . $q = 150 - 200$ „

Bei Schiffen, welche in den Tropen, also in sehr warmem Wasser fahren, empfiehlt es sich, die Kühlwassermenge etwa 10 bis 20% höher anzunehmen.

§ 206. **Hauptabmessungen.** Die Hauptabmessungen einer doppeltwirkenden Kühlwasserpumpe ergeben sich aus der Bedingung, daß die stündliche Kühlwassermenge:

$$q \cdot N_i = \eta \cdot 2 \cdot f \cdot s \cdot 60 \cdot n$$

woraus sich bei einem Wirkungsgrad $\eta = 0{,}83$ das Hubvolumen ergibt zu:

$$f \cdot s = \frac{N_i \cdot q}{100 \cdot n}.$$

Das Hubvolumen einer einfachwirkenden Kühlwasserpumpe ergibt sich dementsprechend zu:

$$f \cdot s = \frac{N_i \cdot q}{50 \cdot n}.$$

Hierin ist:

$f =$ Kolbenfläche in dm^2,
$s =$ Kolbenhub in dm,
$n =$ Anzahl der Doppelhübe in der Minute.
$q =$ Kühlwassermenge pro PS_i und Stunde in Litern,
$N_i =$ indizierte Leistung der Maschine.

§ 207. **Ventile.** Die Saug- und Druckventile, meist als Gummiklappen ausgeführt, sind so zu bemessen, daß die mittlere axiale Wassergeschwindigkeit im freien Querschnitt der Ventilsitze etwa 2,5 bis 3 m in der Sekunde beträgt.

Die mittlere Austrittsgeschwindigkeit am Umfang der Ventile ist nicht größer als etwa 4 bis 4,5 m/Sek. anzunehmen. Die Gummiklappen erhalten zweckmäßig in der Mitte etwa 3 bis 5 mm Hub, damit sie sich am äußeren Umfang nicht zu stark hochbiegen müssen, um den erforderlichen äußeren Hub von etwa 12 bis 20 mm zu ergeben. Der Ventilbolzen wird aus geschmiedeter Bronze hergestellt und in der Ventilgräting vernietet, um ein Lösen zu verhindern. Ventilsitze sowie Klappenfänger werden aus Bronze gegossen.

Die freien Öffnungen zwischen den Rippen des Ventilsitzes werden zweckmäßig nicht größer als etwa 30 × 30 mm und die obere Breite der Rippen etwa 5 bis 6 mm gemacht.

In Abb. 501 sind die Gummiklappen einer doppeltwirkenden Kühlwasserpumpe für eine 3fach Expansionsmaschine von etwa 600 PS_i dargestellt. Der Kolbendurchmesser beträgt 250 mm, der Hub 350 mm. Die bronzenen Sitze je zweier einander gegenüberliegenden Saug- bzw. Druckventile werden durch eine zwischen beiden angebrachte

Druckschraube in den Trennungswänden zwischen Saug- und Druckraum festgehalten. Nach Lösen der Druckschraube können beide Sitze samt Ventilen durch die seitlich angebrachte Öffnung herausgenommen werden.

Um Wasserstöße zu vermeiden, werden zwischen den Saug- und Druckventilen Schnüffelventile und unmittelbar hinter den Druckventilen ein Windkessel angebracht, dessen Inhalt mindestens gleich dem Inhalt des Pumpenzylinders gemacht wird.

§ 208. **Saug- und Druckrohre.** Die mittlere Wassergeschwindigkeit in den Saug- und Druckrohren der Kühlwasserpumpen wird zu etwa 2,5 bis 3,5 m angenommen; sie soll bei verhältnismäßig engen und langen Rohren geringer als bei weiten und kurzen Rohren sein. Um Wasserschläge in der Pumpe möglichst zu vermeiden, ohne die Schnüffelventile öffnen zu müssen, ist es zweckmäßig, unmittelbar vor der Pumpe einen Saugwindkessel einzuschalten. Um im Notfall durch die Kühlwasserpumpen Wasser aus dem Schiff saugen zu können, erhält die Saugleitung von See eine Abzweigung, welche auf Handelsschiffen in die Maschinenraumbilge führt, auf Kriegsschiffen an das Hauptlenzrohr des Schiffes anschließt, wenn ein solches vorhanden ist. Dieser Anschluß ist durch ein Ventil mit losem Kegel absperrbar einzurichten.

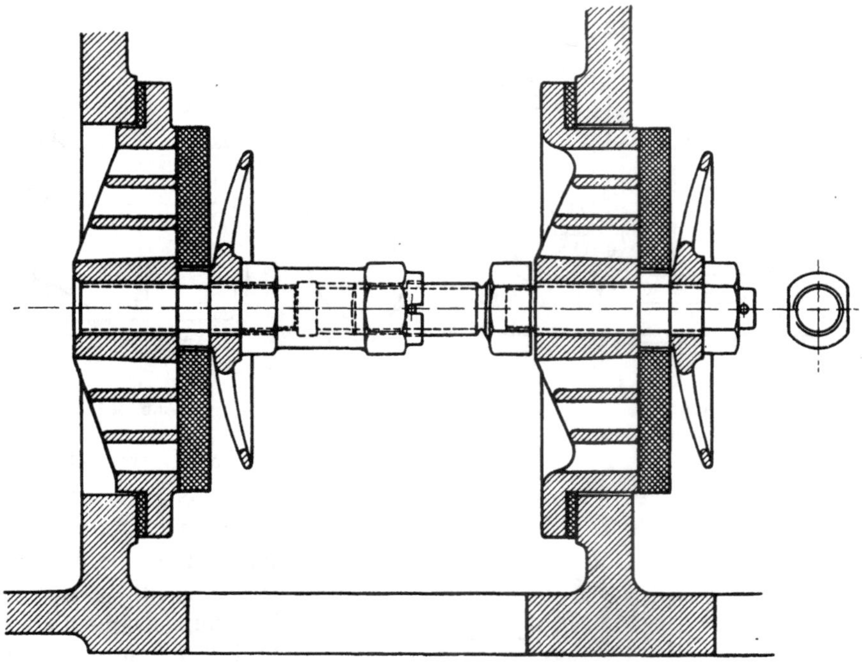

Abb. 501.

Der Durchmesser dieser Notlenzleitung wird etwa 0,6 bis 0,8 vom Durchmesser der Saugleitung der Pumpe ausgeführt. In der Druckleitung der Pumpe nach dem Kondensator ist zweckmäßig ein reichlich bemessenes Überdruckventil vorzusehen, um bei etwaigem Verstopfen der Kondensatorrohre Brüche am Gestänge oder am Gehäuse zu verhindern.

§ 209. **Das Gehäuse** der Kühlwasserpumpen wird aus Gußeisen mit etwa derselben Wandstärke wie dasjenige des Luftpumpengehäuses ausgeführt und erhält einen bronzenen Zylindereinsatz, dessen Wandstärke auf ungefähr

$$s = 0{,}015\ D + 6\ \text{mm}$$

bemessen wird, wobei D der Durchmesser des Pumpenzylinders in mm ist.

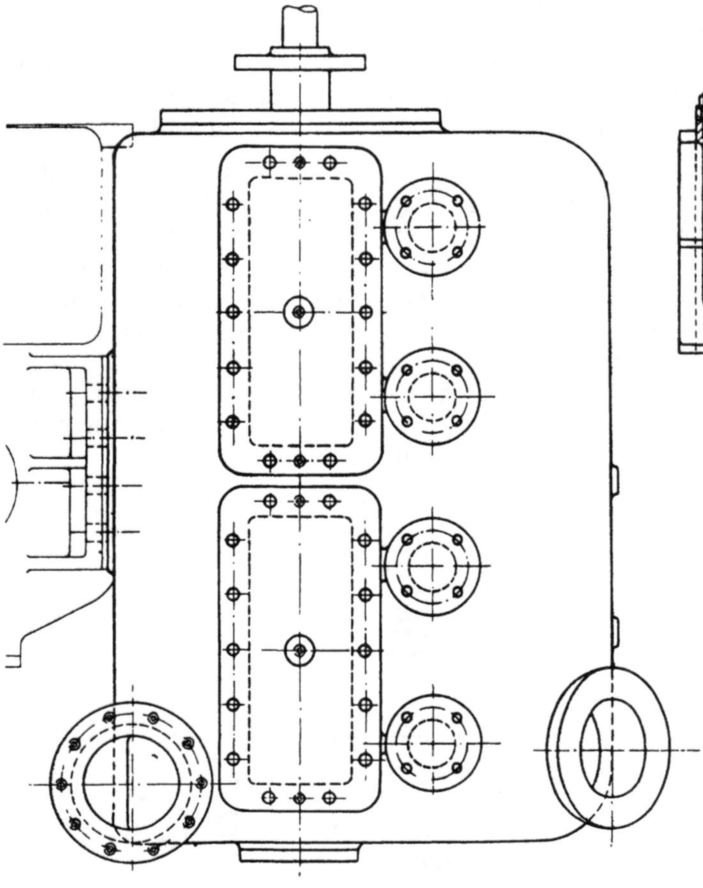

Abb. 502.

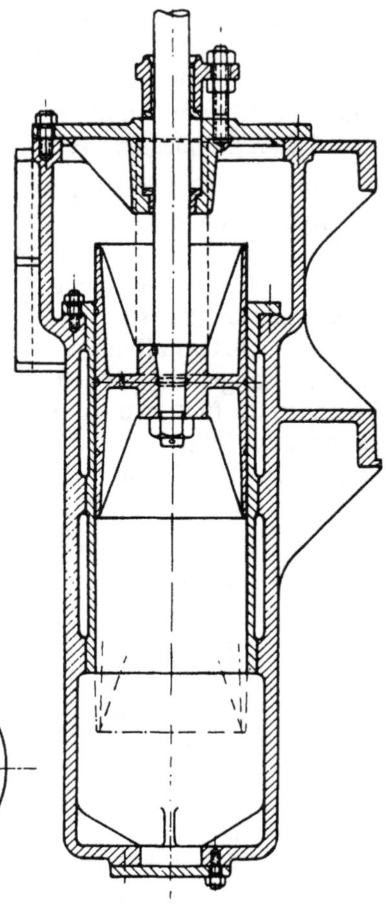

Abb. 503.

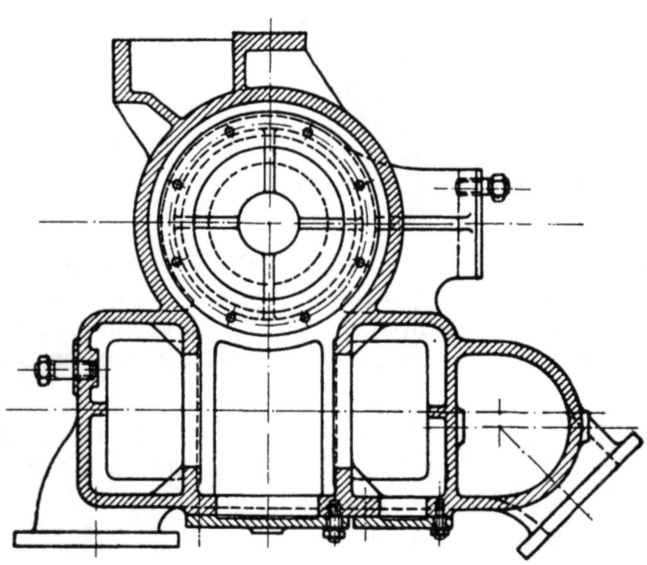

Abb. 504.

Abb. 502 bis 505 zeigt das Gehäuse der oben erwähnten doppeltwirkenden Kühlwasserpumpe. Die Ventile sind in den vertikalen Trennungswänden angeordnet und durch große, viereckige, durch Deckel verschlossene Öffnungen zugänglich. Der Druckwindkessel ist auf der Seite der Druckventile ins Gehäuse eingebaut.

§ 210. **Kolben und Kolbenstange.** Bei einfachwirkenden Kühlwasserpumpen wird der Kolben, wie bereits erwähnt, als Ventilkolben mit meistens nur einer Gummiklappe ausgeführt in ähnlicher

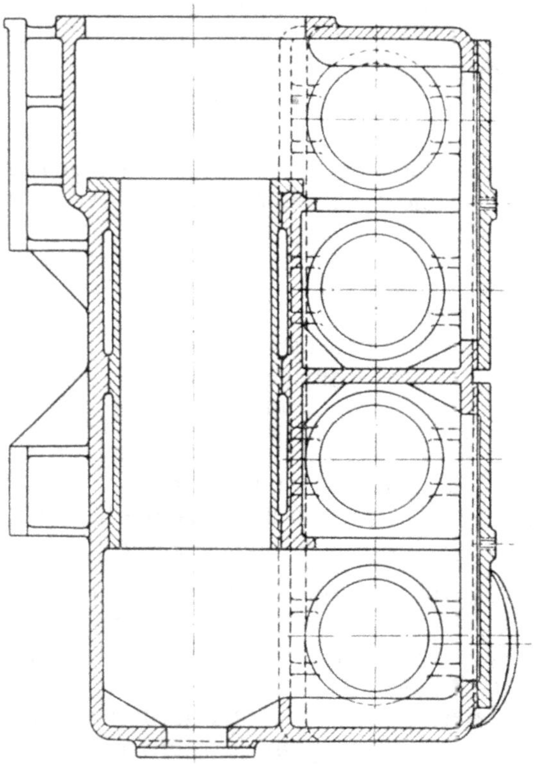

Abb. 505.

Art, wie in Abb. 491 dargestellt. Er erhält am Umfang meist nur eine eingedrehte Rille, in welche eingefettete Baumwollpackung gewickelt wird.

Bei doppeltwirkenden Kühlwasserpumpen wird der Kolben voll und in der Regel ohne jede Packung ausgeführt, jedoch verhältnismäßig hoch gemacht, wie in Abb. 503 dargestellt, und nur mit einigen Wasserrillen zur Schmierung versehen.

Die Kolbenstange wird aus geschmiedeter Bronze hergestellt, in üblicher Weise mittels Konus eingesetzt und mit gut gesicherter Mutter befestigt.

Maschinen-Speisepumpen[1]).

§ 211. **Allgemeines.** Bei Maschinen bis etwa 4000 PS_i wird das erforderliche Speisewasser vielfach durch vom Schwinghebel der Maschine angetriebene Speisepumpen in die Kessel gefördert. Bei Maschinen bis etwa 100 PS_i wird gewöhnlich eine, bei größeren Maschinen werden immer zwei Maschinen-Speisepumpen angeordnet.

Nach den gesetzlichen Vorschriften[2]) gelten die von der Hauptmaschine angetriebenen Speisepumpen nur als eine Speisevorrichtung, auch wenn zwei Pumpen vorgesehen sind. Als zweite unabhängige Speisevorrichtung muß daher bei kleinen Anlagen mindestens noch ein Injektor, bei größeren Anlagen eine Dampfpumpe vorhanden sein. Bei Anlagen, bei denen für elektrische Beleuchtung, Winden u. dgl. auch bei Stillstand der Hauptmaschine Dampf gebraucht wird, müssen auch für diesen Fall mindestens zwei voneinander unabhängige Speisevorrichtungen vorhanden sein.

§ 212. **Größe der Maschinen-Speisepumpen.** Den gesetzlichen Vorschriften entsprechend muß jede unmittelbar von der Hauptmaschine angetriebene Speisevorrichtung so groß bemessen sein, daß sie imstande ist, dem Kessel $1\frac{1}{2}$mal soviel Wasser zuzuführen, als seiner normalen Verdampfungsfähigkeit entspricht.

Als normale Verdampfungsfähigkeit eines Schiffskessels werden z. B. von der Hamburger Baupolizei bei natürlichem Zug 600 kg, bei künstlichem Zug 800 kg für jeden Quadratmeter Rostfläche und Stunde angenommen.

Die Größe der angehängten Speisepumpen kann auch nach dem stündlichen Dampfverbrauch der Haupt- und Hilfsmaschinen bemessen werden. Dieser kann einschließlich der für Nebenzwecke benötigten Dampfmenge erfahrungsgemäß für die indizierte Pferdestärke angenommen werden zu:

$q =$ etwa 9 kg/Std. bei Verbundmaschinen,
$q =$ etwa 7 bis 7,5 kg/Std. bei 3fach Expansionsmaschinen,
$q =$ etwa 6,5 bis 7 kg/Std. bei 4fach Expansionsmaschinen,
$q =$ etwa 6 bis 6,5 kg/Std. bei Heißdampfmaschinen.

[1]) Vgl. hierzu „Dampfspeisepumpen", welche in einem der folgenden Bände behandelt werden.
[2]) Vgl. Bd. II (Dampfkessel).

Werden, wie dies meistens üblich ist, zwei Maschinen-Speisepumpen angeordnet, dann wird jede derselben so groß bemessen, daß sie das 1½fache der für die Maschine benötigten Speisewassermenge dem Kessel zuführen kann; der Zuschlag von 50% wird der Sicherheit wegen (Undichtigkeiten, plötzlicher Wassermangel im Kessel u. dgl.) vorgesehen.

Da die angehängten Speisepumpen immer als Tauchkolbenpumpen ausgeführt werden und daher einfachwirkend sind, erhält man das Hubvolumen jeder Pumpe aus:

$$f \cdot s = 1{,}5 \cdot q \frac{N_i}{60 \cdot n} = \frac{q \cdot N_i}{40 \cdot n}.$$

Hierin ist:

N_i = indizierte Leistung der Hauptmaschine in PS_i,
f = Kolbenquerschnitt in dm^2,
s = Kolbenhub der Pumpe in dm.

Bei Doppelschraubendampfern werden die Pumpen jeder Maschine so bemessen, daß jede der vier Pumpen imstande ist, die 1½fache Speisewassermenge zu fördern, welche für eine Maschine erforderlich ist, indem auch hier sicherheitshalber ein Zuschlag von 50% als notwendig erachtet wird.

§ 213. **Anordnung der Speisepumpen.** Die Pumpen werden meistens unmittelbar neben der Luft- bzw. Kühlwasserpumpe angebracht, so daß sie von dem für alle angehängten Pumpen gemeinschaftlichen Querhaupt angetrieben werden können (siehe Abb. 509—511).

Bei Maschinen, welche mehr als etwa 200 Umdrehungen in der Minute machen, werden die Speisepumpen häufig mittels Schnecke und Schneckenrad von der Kurbelwelle aus angetrieben. Die Pumpenzylinder werden dann in der Längsrichtung der Maschine horizontal oder schrägliegend angeordnet.

Werden zwei Maschinen-Speisepumpen vom gemeinschaftlichen Querhaupt aus angetrieben, dann werden sie zweckmäßig symmetrisch zum Antriebsgestänge angeordnet, um eine gleichmäßige Beanspruchung desselben zu erhalten.

Die angehängten Speisepumpen saugen meistens unmittelbar aus dem Druckraum der Luftpumpe, mitunter jedoch auch aus einem mit Filtereinrichtung versehenen Speisewassersammeltank, in welchen das von der Luftpumpe geförderte Kondensat abfließt. In der Regel wird jedes einzelne Saugrohr ebenso wie jedes einzelne Druckrohr mit Absperrvorrichtungen versehen, um jede Pumpe ausschalten und während der Fahrt überholen zu können. Auch wird die Saugleitung der Pumpen meistens so eingerichtet, daß sie beim Versagen der Luftpumpe unmittelbar aus dem Kondensator saugen können.

§ 214. **Pumpenzylinder und Ventilkasten** werden in der Regel aus Gußeisen, seltener aus Bronze, hergestellt und als getrennte Gußstücke ausgeführt, welche durch kräftige Flanschen miteinander verbunden werden. Bei Beschädigung eines Teiles ist dann nur dieser zu erneuern (Abb. 506).

Meistens wird der gußeiserne Pumpenzylinder im Durchmesser nur um etwa 1 bis 2 mm größer als der Tauchkolben gemacht und der Ventilkasten am unteren Ende angebracht, wie Abb. 506 zeigt. Mitunter wird der Pumpenzylinder jedoch unterhalb der Stopfbüchse beträchtlich erweitert. Dann muß entweder Saug- und Druckventil am oberen Ende des verbleibenden Spielraumes angeordnet werden, oder es wird am unteren Ende nur das Saugventilgehäuse, am oberen Ende nur das Druckventilgehäuse angebracht. Diese Anordnung ist nötig, damit die in den Pumpenzylinder gelangende Luft am oberen Ende desselben durch das Druckventil herausgedrückt werden kann und dadurch die Bildung eines Luftsackes verhindert wird.

Die Wandstärke δ des Pumpenzylinders wird etwa gemacht:

$$\delta = \frac{d_1}{10} + 7 \text{ mm bei Ausführung aus Gußeisen oder}$$

$$\delta = \frac{d_1}{12} + 4 \text{ mm bei Ausführung aus Bronze.}$$

Hierin ist d_1 der innere Durchmesser des Pumpenzylinders in mm.

Die Wandstärke des Ventilkastens wird mindestens gleich derjenigen des Pumpenzylinders gemacht. Der nach unten oder oben gewölbte Ventilkastendeckel wird durch 4 bis 8 kräftige Stiftschrauben befestigt und häufig (bei größeren Ausführungen) zur sicheren Abdichtung mit einem Versatz versehen, durch welchen ein etwaiges Herausdrücken des Dichtungsmaterials verhindert wird.

Um für den Fall, daß die Speiseleitung aus irgendeinem Grunde abgesperrt wird, übermäßig hohe Drücke und Brüche an den Pumpen zu verhindern, wird an jeder Pumpe ein Sicherheitsventil angebracht, und zwar entweder am Pumpenzylinder oder am Ventilkasten zwischen Saug- und Druckventil. Die Belastungsfeder dieses Ventils wird so gespannt, daß es sich etwa bei dem 1,3fachen Kesseldruck öffnet.

§ 215. **Pumpenkolben.** Diese werden meistens aus Stahl, mitunter jedoch auch aus Bronze hergestellt und auf der durchgehenden Kolbenstange mittels gut gesicherter Kapselmutter befestigt. Häufig wird auch der obere Teil, welcher zur Befestigung im Pumpenquerhaupt dient, mit Gewinde in den bronzenen Pumpenkolben eingeschraubt und vernietet, wie Abb. 512 zeigt.

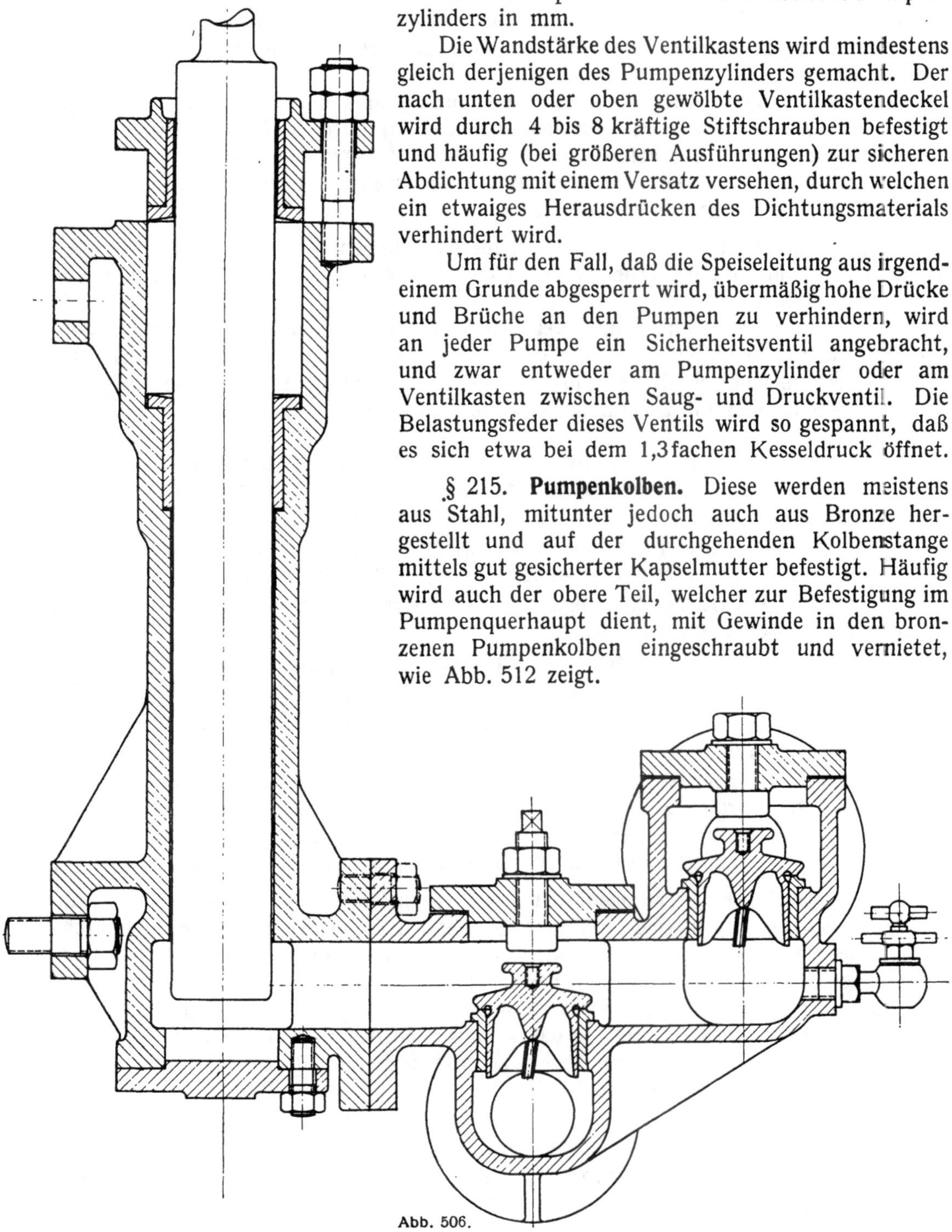

Abb. 506.

Die Abdichtung des Tauchkolbens geschieht durch eine gewöhnliche Stopfbüchse mit Baumwoll- oder Metallpackung (s. Abb. 506).

Jede Maschinen-Speisepumpe wird unmittelbar am Druckventilkasten mit einem Windkessel versehen, dessen Inhalt etwa gleich dem 2,5 fachen Hubvolumen ist. Wird der Wasseraustritt am oberen Ende des Windkessels angeordnet, dann muß ein kräftiges (nicht zusammendrückbares) Einhängerohr in demselben vorgesehen werden, welches möglichst tief nach unten reicht und entweder am unteren Ende offen ist oder unten abgeschlossen wird und am Umfang Schlitze von reichlichem Querschnitt erhält.

Zwischen Saug- und Druckventil wird häufig ein kleines Schnüffelventil angebracht, um Wasserschläge zu verhüten, während im unteren Teil des Windkessels zweckmäßig ein kleiner Lufthahn vorgesehen wird, welcher mit der Luftpumpenzisterne verbunden ist, um einerseits die angesaugte Luft wieder entweichen zu lassen und anderseits Wasserverluste zu vermeiden.

§ 216. **Ventile.** Diese werden bei kleineren Pumpen als Kegelventile bis etwa 60 mm l. Durchmesser, bei größeren als Kinghornventile (s. Abb. 497) oder ähnliche Ventile ausgeführt.

Werden größere Pumpen mit Kegelventilen oder Ringventilen versehen, dann werden anstatt eines großen Ventils mehrere kleine verwendet, um neben dem erforderlichen Durchgangsquerschnitt und möglichst geringem Gewicht nur einen geringen Hub von höchstens 3 bis 4 mm zu erhalten und das Schlagen der Ventile beim Hubwechsel möglichst zu verringern.

Um rasches Schließen der Ventile beim Hubwechsel zu erzielen, werden sie mitunter auch mit Spiralfedern aus Deltametall belastet.

Die Breite der Ventilsitze wird etwa 3 bis 4 mm gemacht.

Der freie Querschnitt in den Ventilsitzen wird so bemessen, daß die mittlere axiale Wassergeschwindigkeit in denselben etwa 2 bis 2,5 m/Sek. beträgt.

Die radiale Austrittsgeschwindigkeit des Wassers am Umfang des Ventils wird bis zu 6 bis 8 m/Sek. angenommen.

§ 217. **Saug- und Druckrohre.** Der Durchmesser derselben wird so bemessen, daß die mittlere Geschwindigkeit etwa 2 m bzw. 3 m in der Sekunde beträgt. Die Rohre sind gut zu haltern, da sie bei auftretenden Wasserschlägen starken Erschütterungen ausgesetzt sind.

Bemerkung. Bei der Berechnung der verschiedenen Durchgangsquerschnitte der Ventile und Rohre ist zu beachten, daß die Pumpen nur einfachwirkend sind, die Querschnitte also nicht aus der minutlichen oder stündlichen Liefermenge, sondern aus dem Kolbenquerschnitt und der mittleren Kolbengeschwindigkeit zu berechnen sind.

§ 218. **Maschinen-Lenzpumpen.** Diese haben meistens dieselbe Bauart wie die Maschinen-Speisepumpen und erhalten gewöhnlich auch denselben Kolbendurchmesser. Bei Maschinen bis zu 70 PS_i wird gewöhnlich nur eine Lenzpumpe angeordnet, während größere Maschinen deren zwei erhalten müssen. Die eine derselben saugt dann unmittelbar aus der Maschinenraumbilge; die zweite wird an die allgemeine Lenzleitung des Schiffes angeschlossen, so daß sie aus allen Abteilungen des Schiffes saugen kann. Die Pumpen müssen ferner so eingerichtet sein, daß die eine Pumpe überholt werden kann, während die andere in Tätigkeit ist.

Pumpengehäuse und Ventilkasten werden meist aus Gußeisen, ausnahmsweise auch aus Bronze hergestellt und zusammengeschraubt.

Die Ventilsitze werden aus Bronze gemacht und eingesetzt und die Ventile entweder als Gummiklappen oder als bronzene Kegelventile mit geringem Hub ausgeführt.

Saug- und Druckventile werden häufig nicht unmittelbar übereinander, sondern nebeneinander angeordnet. Diese Anordnung hat den Vorteil, daß das Saugventil, welches der Verschmutzung mehr ausgesetzt ist, leichter nachgesehen werden kann.

Der Tauchkolben wird aus Bronze, hohl, hergestellt und entweder mit durchgehender stählerner Kolbenstange ausgeführt, welche am unteren Ende mit gut gesicherter Kapselmutter versehen ist (ähnlich Abb. 507), oder es wird die stählerne Kolbenstange mit starkem Gewindezapfen versehen und nur in das obere Ende des bronzenen Tauchkolbens eingeschraubt und durch Verstemmen gesichert (s. Abb. 512). Diese Art der Befestigung der Kolbenstange hat den Vorteil, daß die am unteren Ende des Tauchkolbens befindliche Kapselmutter fortfällt und bei einer etwa auftretenden Erhitzung des bronzenen Tauchkolbens ein Recken und Losewerden der Kolbenstange nicht zu befürchten ist. Die Befestigung des Tauchkolbens am gemeinschaftlichen Pumpenquerhaupt erfolgt durch einen Zapfen mit gut gesicherter Mutter. Als Stopfbüchsenpackung wird entweder irgendeine Weichpackung oder Katzenstein-Packung vorgesehen. Der aus Gußeisen hergestellte Windkessel erhält, wie bei den Maschinen-Speisepumpen, einen Inhalt, welcher etwa gleich dem 2,5fachen Hubvolumen des Kolbens ist.

Das vom Windkessel nach dem an der Außenhaut angebrachten Ausgußventil führende Druckrohr wird bei größeren Schiffen am Windkessel häufig mit einem, in geöffnetem Zustand feststellbaren, Rückschlagventil versehen, damit beim Öffnen des Ventilkastens das im Ausgußrohr befindliche Wasser nicht zurückfließen kann. Dieses Ventil muß sich jedoch durch den von der Pumpe ausgeübten Druck jederzeit frei öffnen können.

Ein Sicherheitsventil am Pumpenzylinder oder Ventilkasten ist nicht unbedingt erforderlich; es dürfen dann jedoch in die Druckleitung keine festen Absperrvorrichtungen, sondern nur selbsttätig sich öffnende Ventile eingebaut werden.

§ 219. **Maschinen-Spülwasserpumpe.** Diese wird entweder, ebenso wie die übrigen angehängten Pumpen, vom gemeinschaftlichen Pumpenquerhaupt angetrieben, oder falls das nicht möglich ist, von einem Zapfen aus betätigt, der unmittelbar am Schwinghebel angebracht ist.

Bei Frachtdampfern werden die Abmessungen bzw. die stündliche Liefermenge hier ebenso groß gewählt wie bei den Speisepumpen; bei Personendampfern wird aber meistens eine größere Spülwassermenge gebraucht, welche entsprechend größere Abmessungen der Pumpe bedingt.

Auf kleineren Schiffen, bei denen die Maschine außer den beiden Speisepumpen auch zwei Lenzpumpen antreibt, wird gewöhnlich die eine Lenzpumpe so eingerichtet, daß sie entweder als Lenzpumpe oder als Spülpumpe benutzt werden kann. Die Bauart des Pumpengehäuses und des Ventilkastens usw. ist in der Regel die gleiche wie bei den Lenzpumpen. An einem der beiden Teile ist ein Überdruckventil vorzusehen, dessen Belastungsfeder je nach der Höhe des Schiffes auf einen Druck von etwa 2 bis 6 at zu spannen ist.

Um die Wasserbewegung in den oft sehr langen Druckleitungen möglichst gleichmäßig zu gestalten, werden die Spülwasserpumpen auf größeren Schiffen häufig als Differentialpumpen (Abb. 507) ausgeführt. Bei diesen schließt an den Kolben vom Durchmesser D eine Kolbenstange an, deren Durchmesser $d = 0{,}71\ D$ gemacht wird, d. h. deren Querschnitt halb so groß wie die Kolbenfläche vom Durchmesser D ist.

Der Raum unterhalb des Kolbens steht in üblicher Weise mit einem Ventilkasten, welcher ein Saug- und ein Druckventil enthält, in Verbindung, während der Raum über dem Kolben nur mit dem Druckraum des Ventilkastens verbunden ist.

Bewegt sich der Kolben nach oben, dann wird unterhalb desselben Wasser angesaugt, während gleichzeitig das über dem Kolben befindliche Wasser durch den Kanal in die Druckleitung gefördert wird. Geht der Kolben nach unten, dann wird das angesaugte Wasser durch das Druckventil gedrückt, während gleichzeitig ein Teil desselben in den Raum über dem Kolben zurücktritt und das übrige Wasser in die Druckleitung gedrückt wird.

Da der Querschnitt der Kolbenstange halb so groß ist wie die Kolbenfläche, so fördert die Pumpe bei jedem Hub die gleiche Wassermenge in die Druckleitung, während sie nur beim Kolbenaufgang saugt. Der Querschnitt des Saugrohres muß daher mindestens doppelt so groß sein wie jener des Druckrohres.

Pumpenzylinder und Ventilkasten werden entweder aus Gußeisen mit bronzenem Einsatz bzw. bronzenen Ventilsitzen und Ventilen gemacht oder mitunter auch ganz aus Bronze hergestellt. Der Tauchkolben bzw. die Kolbenstange wird immer aus Bronze angefertigt. Bei Differentialpumpen wird als Kolbendichtung gewöhnlich ein fester Weißmetallring verwendet.

Bezüglich der Befestigung der stählernen Kolbenstange im bronzenen Tauchkolben gilt hier dasselbe wie bei den Lenzpumpen.

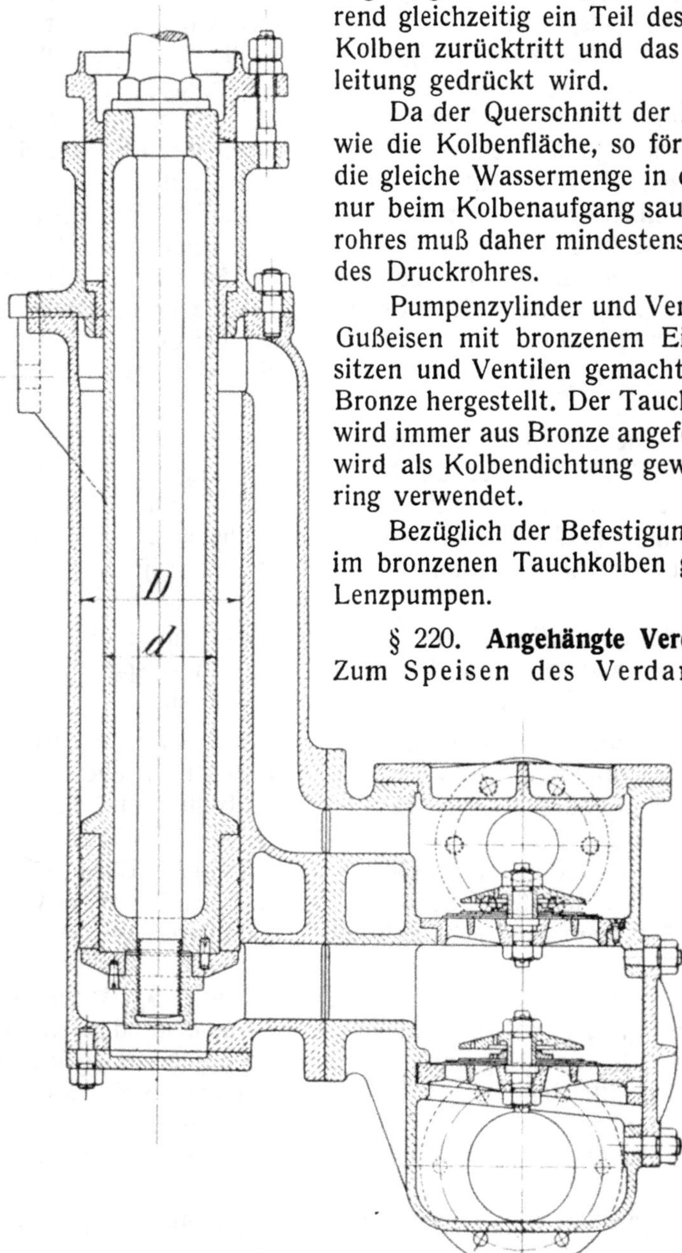

Abb 507.

§ 220. **Angehängte Verdampfer- und Ölwasserpumpe.** Zum Speisen des Verdampfers wird gewöhnlich eine kleine Tauchkolbenpumpe vorgesehen, die entweder, wie die übrigen Pumpen, vom gemeinschaftlichen Pumpenquerhaupt oder von einem am Schwinghebel angebrachten Zapfen betätigt wird. (Vgl. Abb. 158). Letzteres wird meistens vorgezogen, weil die zu liefernde Wassermenge nur verhältnismäßig gering ist (etwa gleich der 2- bis 3fachen Verdampferleistung) und der Tauchkolben daher wegen des großen Pumpenhubes nur einen verhältnismäßig geringen Durchmesser erhält. Gehäuse und Ventilkasten werden meistens aus Gußeisen, die Ventile und Sitze aus Bronze hergestellt. Der Kolben wird entweder ganz aus Bronze hergestellt oder der eiserne Kern desselben mit Bronze umgossen. Am Ventilkasten oder am Pumpenzylinder ist ein Überdruckventil anzubringen.

Die sog. Ölwasserpumpe dient dazu, das im Abdampfentöler der Hauptmaschine (wie solche bei Heißdampfmaschinen meist vorgesehen werden) abgeschiedene ölhaltige

Kondenswasser aus diesem absaugen und in einen Ölklärbehälter zu drücken, um das vom Öl befreite Kondensat, welches in den Filtertank der Hauptmaschine geleitet wird, wieder verwenden zu können. Die Bauart der Pumpe ist zweckmäßig die gleiche wie

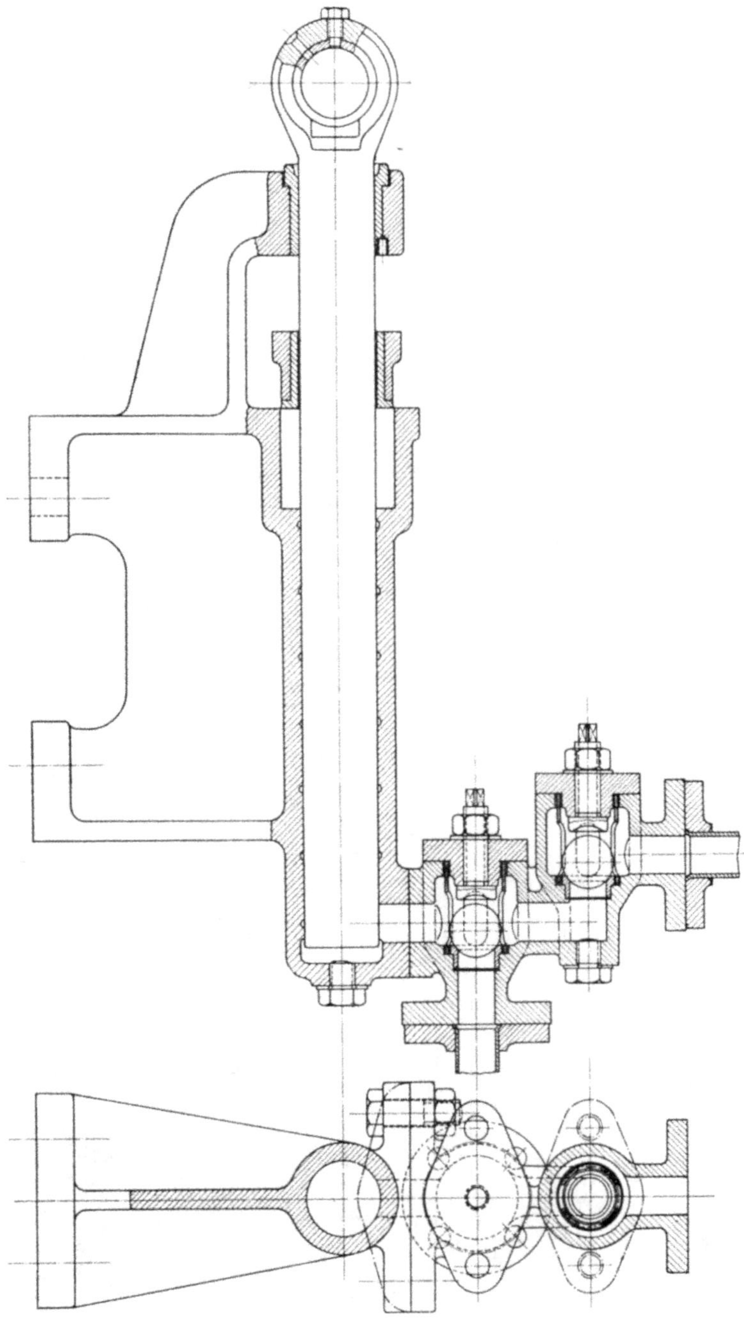

Abb. 508.

bei der Verdampferpumpe. Kolben und Innenteile der Pumpe können aber, da sie nur mit ölhaltigem Kondensat in Berührung kommen, aus Stahl hergestellt werden. Das Hubvolumen der Pumpe wird etwa zu 0,06 bis 0,08 desjenigen der angehängten

Speisepumpe angenommen. Das Saugrohr der Pumpe ist verhältnismäßig groß zu machen und so zu verlegen, daß sich nirgends ein Wassersack bilden kann, weil sonst die durch Undichtheiten eingetretene und nach dem Abdampfentöler zurückströmende

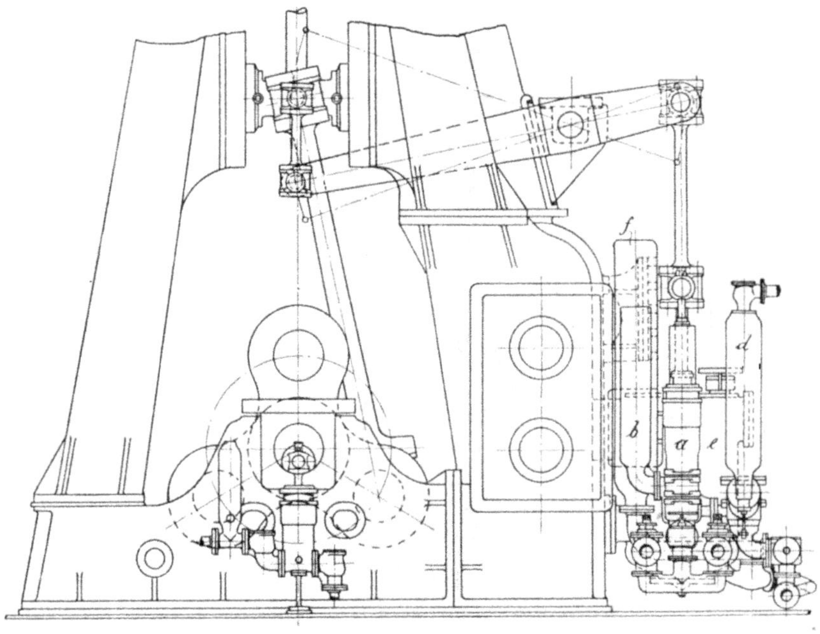

Abb. 509.

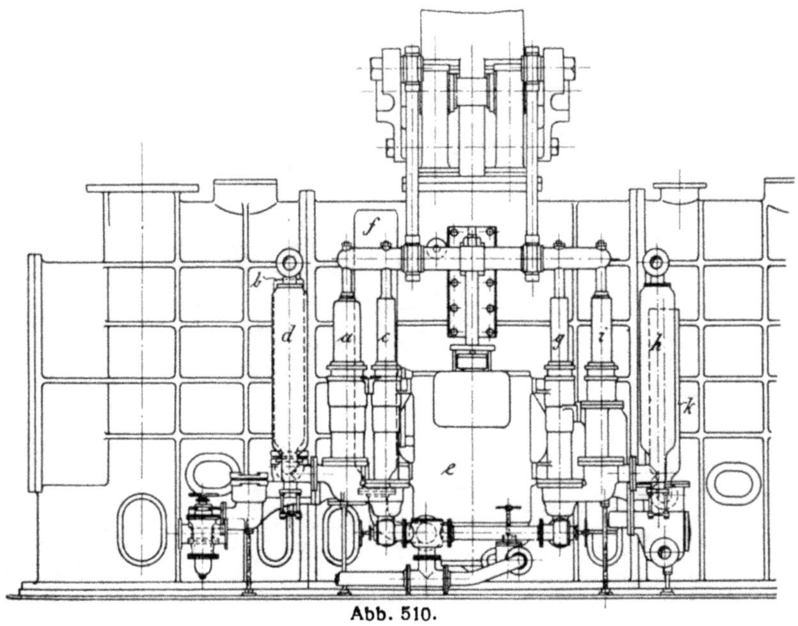

Abb. 510.

Luft das Ansaugen der Pumpe leicht verhindern kann. In Abb. 508 ist eine vom Schwinghebel angetriebene Ölwasserpumpe dargestellt.

§ 221. **Anordnung der angehängten Pumpen.** Die von der Hauptmaschine durch Schwinghebel angetriebenen Pumpen werden auf der dem Maschinistenstande abgewendeten Seite der Maschine angeordnet. Die Schwinghebel liegen zu beiden Seiten eines Maschinenständers und werden durch Lenkstangen angetrieben, die mit den am Kreuzkopf der Maschine vorgesehenen Antriebzapfen verbunden sind. Das andere Ende der Hebel treibt durch ähnliche Lenkstangen das Querhaupt für die Pumpen an. In den Abb. 509—511 ist die Anordnung der Pumpen einer Handelsschiffsmaschine von etwa 4500 PS_i mit eingebautem Oberflächenkondensator dargestellt; in diesem Falle wurden die Pumpen an der vertikalen Längswand des Kondensators befestigt. In der Mitte des Querhauptes ist die Kolbenstange für die Luftpumpe *e* befestigt; rechts und links von dieser sind die beiden Speisepumpen *c* und *g* und weiter nach außen die Lenzpumpe *a* und die Spülwasserpumpe *i* angeordnet. Zur Führung des Pumpenquerhauptes ist hier an der Kondensatorwand eine Kreuzkopfgleitbahn vorgesehen.

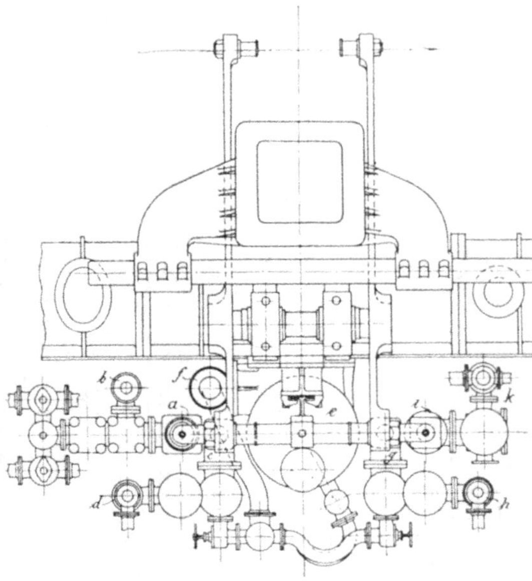

Abb. 511.

Aus Abb. 154 und 156 ist die Anordnung der Pumpen bei einer Maschine von etwa 600 PS_i ersichtlich, bei welcher der Kondensator getrennt von der Maschine aufgestellt ist und die Pumpen an einem der hinteren Maschinenständer befestigt sind. Bei dieser Maschine ist neben der Luftpumpe noch die doppeltwirkende Kühlwasserpumpe angeordnet. Die Führung des Pumpenquerhauptes wird hier durch eine runde Führungsstange bewirkt, welche in einer, in einem Bock befestigten Büchse gleitet.

§ 222. **Pumpengestänge.** Als Ausgangspunkt für die Ermittlung der Abmessungen des Gestänges für den Antrieb der Pumpen dient die auf den Luftpumpenkolben wirkende Kraft. Diese kann einschließlich der Stopfbüchsenreibung, Kolbenreibung und etwa auftretender Stöße zu etwa 2 kg auf 1 cm^2 der Kolbenfläche angenommen werden. Ist außer der Luftpumpe noch eine Kühlwasserpumpe vorhanden, dann wird bei dieser dieselbe Kraft wie bei der Luftpumpe zugrunde gelegt.

Die Beanspruchung der Lagerbolzen der Lenkstangen wird zu etwa 250 bis 450 kg/cm^2 angenommen.

Die auf Biegung beanspruchten Schwinghebel können mit etwa 300 bis 350 kg/cm^2 beansprucht werden. Die Abmessungen der Lagerzapfen werden so gewählt, daß der Flächendruck auf dieselben etwa 30 bis 50 kg/cm^2 beträgt. Zapfendurchmesser und Länge werden ungefähr gleich groß gemacht.

Das Pumpenquerhaupt wird hauptsächlich auf Biegung beansprucht sowohl durch die in der Luft- und Kühlwasserpumpen-Kolbenstange, als auch durch die in den Speise-Lenz- und Spülwasserpumpen auftretenden Kräfte.

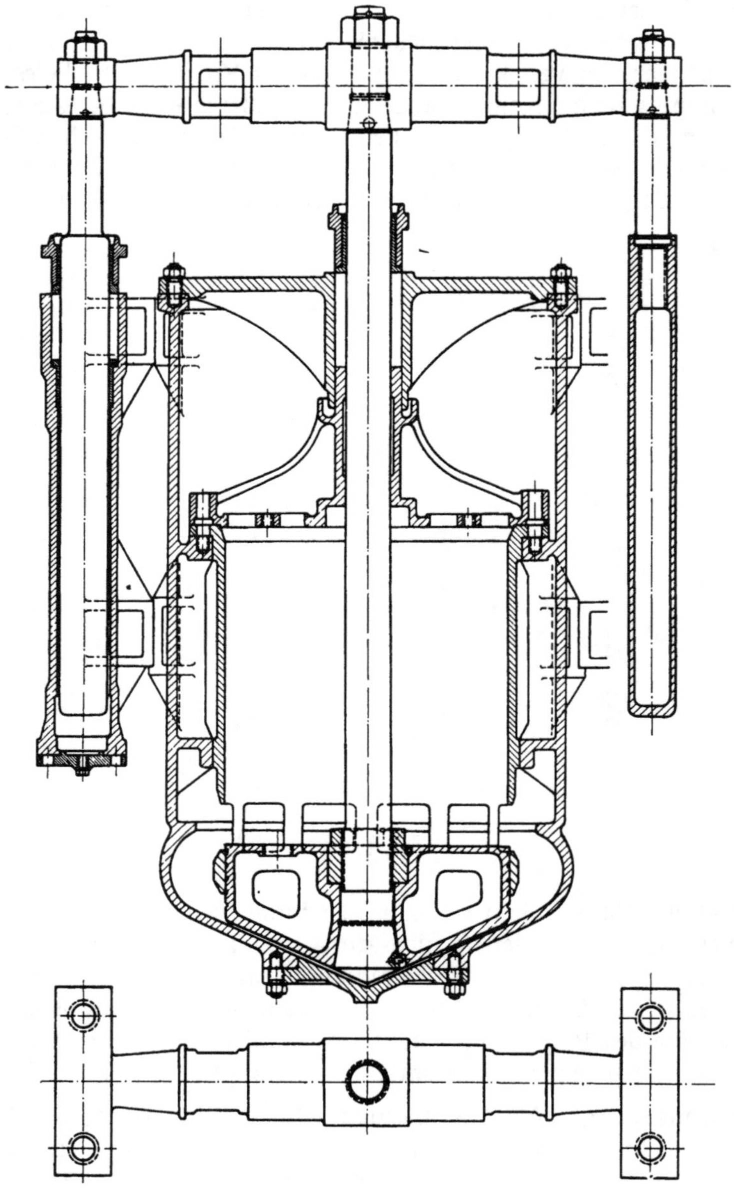

Abb. 512.

Mitunter werden die Speise- und Lenzpumpen so angeordnet, daß das Pumpenquerhaupt die in Abb. 512 dargestellte Form erhält. Dann ist es zweckmäßig, die beiden Lenzpumpen und die beiden Speisepumpen einander diagonal gegenüberliegend anzuordnen, um eine gleichmäßigere Beanspruchung des Antriebsgestänges zu erzielen.

Vierter Teil.

Wellenleitung.

Abschnitt I.

Druckwelle und Drucklager. Wellenleitung.

§ 223. **Der axiale Schub des Propellers** wird bei den Schraubenschiffsmaschinen durch eine in die Welle eingeschaltete sog. Druckwelle aufgenommen, deren Druckringe den Propellerschub auf die Tragflächen des Drucklagers und damit auf den Schiffskörper übertragen

Druckwelle und Drucklager pflegt man einer alten Übung entsprechend bei Kolbenmaschinenanlagen nach dem sog. „indizierten Schube" zu berechnen, d. h. dem axialen Schub, welchen der Propeller erzeugen würde, wenn die Leistung der Maschine in indizierten Pferdestärken ohne Verluste zur Vorwärtsbewegung des Schiffes nutzbar gemacht würde.

Ist N_i die Leistung der Maschine in PS_i,
n die Umdrehungszahl in der Minute,
H die Schraubensteigung,
P_i der indizierte Schub, so besteht die Gleichung:

$$\frac{N_i}{n} \cdot 75 \cdot 60 = P_i \cdot H,$$

d. h. die Arbeit bei einer Umdrehung der Maschine muß gleich sein der Arbeit des Schubes für eine Umdrehung der Schraube, während welcher also der Schub über einen Weg gleich der Schraubensteigung wirkt.

Aus obiger Gleichung ergibt sich

$$P_i = \frac{N_i \cdot 4500}{n \cdot H}.$$

Über den tatsächlichen Propellerschub siehe Fünfter Teil § 260.

§ 224. **Druckwelle.** Bei allen größeren Schiffen — mit Maschinen von über etwa 100 PS_i — bringt man die Druckringe an einem besonders hierfür in die Wellenleitung eingeschalteten möglichst kurzen Wellenstücke an. Diese Konstruktion erleichtert die Herstellung sowie die Beschaffung und Aufbewahrung einer Reservedruckwelle. Man macht dementsprechend meistens die Druckwelle nur so lang, daß die Druckringe, zwei Traglager und die Muttern der Kupplungsbolzen für die Flanschen bequem Platz finden.

Der Durchmesser d der Druckwelle (Abb. 513) wird vielfach gleich dem der Laufwellen (siehe S. 337) gemacht; richtiger ist es jedoch, denselben stärker und zwar gleich dem der Kurbelwelle zu machen, da die Druckwelle durch die von der Kurbelwelle herrührenden Biegungen mehr gefährdet ist als die Laufwellen.

Durchmesser der Ringe etwa $D = 1{,}6\,d - 1{,}9\,d$.

Höhe der Ringe: $b = 0{,}13\,d - 0{,}16\,d$ bei sehr leichtgebauten Maschinen oder bei sehr starken Wellen und $b = 0{,}15\,d - 0{,}2\,d$ bei schwergebauten oder bei kleinen Maschinen.

Zwischenraum z zwischen den Ringen siehe unten bei „Druckbügel".

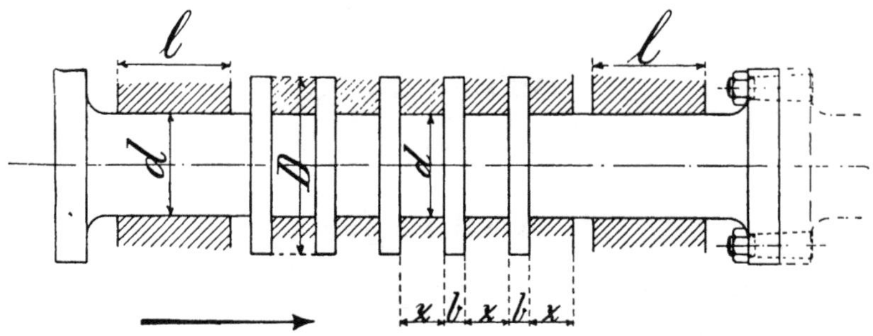

Abb. 513.

Die Anzahl der Bügel wird so gewählt, daß der Flächendruck, welchen der indizierte Schub auf die effektive Druckfläche derselben (s. unten) ausübt, folgenden Wert erreicht:

$p = 3$ bis 4 kg/qcm für Frachtdampfer,
$p = 4$ „ 5,5 „ „ Personendampfer,
$p = 5$ „ 6 „ „ Kriegsschiffe,
$p =$ bis 7 „ „ Torpedoboote.

Die effektive Druckfläche beträgt, wenn D der äußere Durchmesser der Gleitfläche, d_1 der innere Durchmesser der Gleitfläche und n die Anzahl der Druckringe bzw. Druckbügel ist:

Bei geschlossenem Drucklager nach Abb. 523

$$F = \frac{\pi}{4}(D^2 - d_1^2) \cdot n.$$

Bei einem Drucklager mit hufeisenförmigen Bügeln nach Abb. 514 bis 520.

$$F = 0{,}65 \cdot \frac{\pi}{4}(D^2 - d_1^2)\,n \text{ bis } 0{,}7 \cdot \frac{\pi}{4}(D^2 - d_1^2)\,n.$$

Die Kupplungsflanschen der Druckwelle werden wie die der Kurbelwellen ausgeführt. Als Material für die Druckwelle wird meist das gleiche wie für die Kurbelwelle gewählt.

§ 225. **Drucklager bei größeren Schiffen.** Hier ist der Lagerkörper (s. Abb. 514 bis 517 für ein Handelsschiff) meist ein viereckiger Trog aus Gußeisen oder Stahlguß (bei leichten Kriegsfahrzeugen mitunter unten halbrund, s. Abb. 518 bis 520, welche das Drucklager eines kleinen Doppelschraubenkreuzers von 3800 PS_i Leistung pro Maschine zeigt), der an beiden Enden mit Traglagern versehen ist. Zu beiden Seiten sind an demselben zwei Spindeln befestigt, auf welchen die Druckbügel aufgereiht und mittels Muttern festgehalten werden. Durch diese Bügel wird der Druck auf die Spindeln, durch letztere auf das Drucklager und das Schiff übertragen. Die zwischen den Druckringen liegenden Druckbügel (s. Abb. 514 bis 520) werden bei größeren Schiffen meist als Hohlguß hergestellt. Die Druckflächen zu beiden Seiten

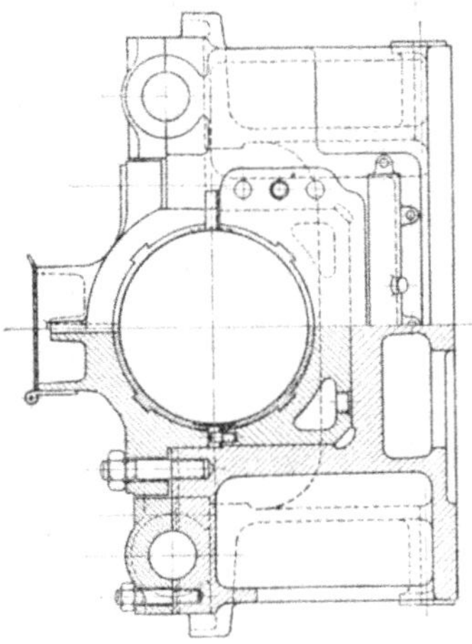

Abb. 515.

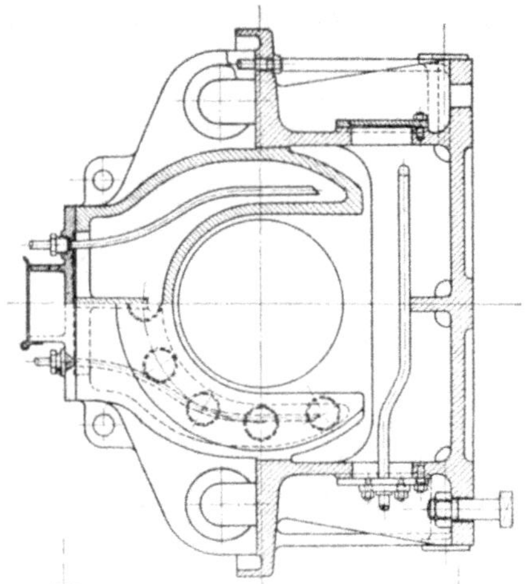

Abb. 517.

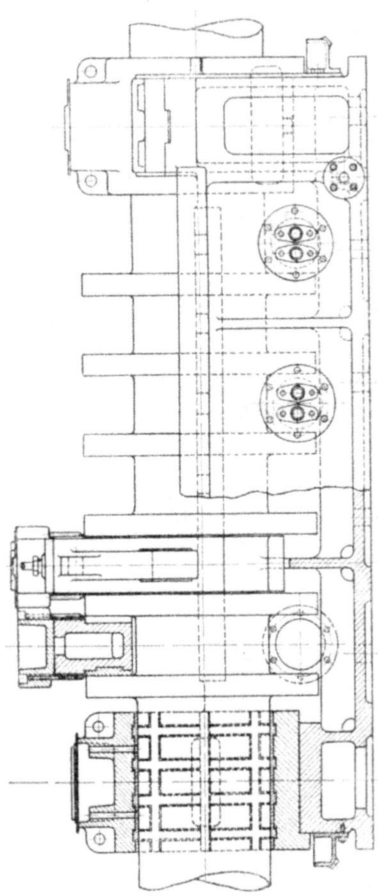

Abb. 514.

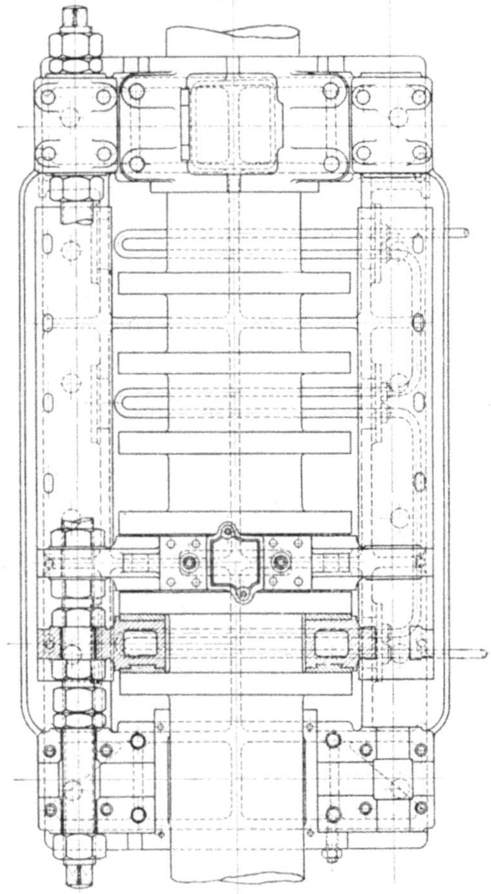

Abb. 516.

sind in üblicher Weise mit Weißmetall ausgegossen; manchmal wird auch die eine Weißmetalldruckfläche aufgeschraubt, um nach eingetretener Abnutzung dünne Bleche unterlegen und die Abnutzung ersetzen zu können. Durch den Hohlraum fließt Kühlwasser (vgl. Kühlleitung § 250). Oben auf dem Bügel befindet sich noch ein Schmiergefäß, von welchem das Öl zwischen Druckring und Bügel fließt.

Die Druckringe müssen so stark sein, daß der Schub dieselben nicht merklich durchbiegen kann; es ist daher zu beachten, daß bei der Dimensionierung nur sehr geringe

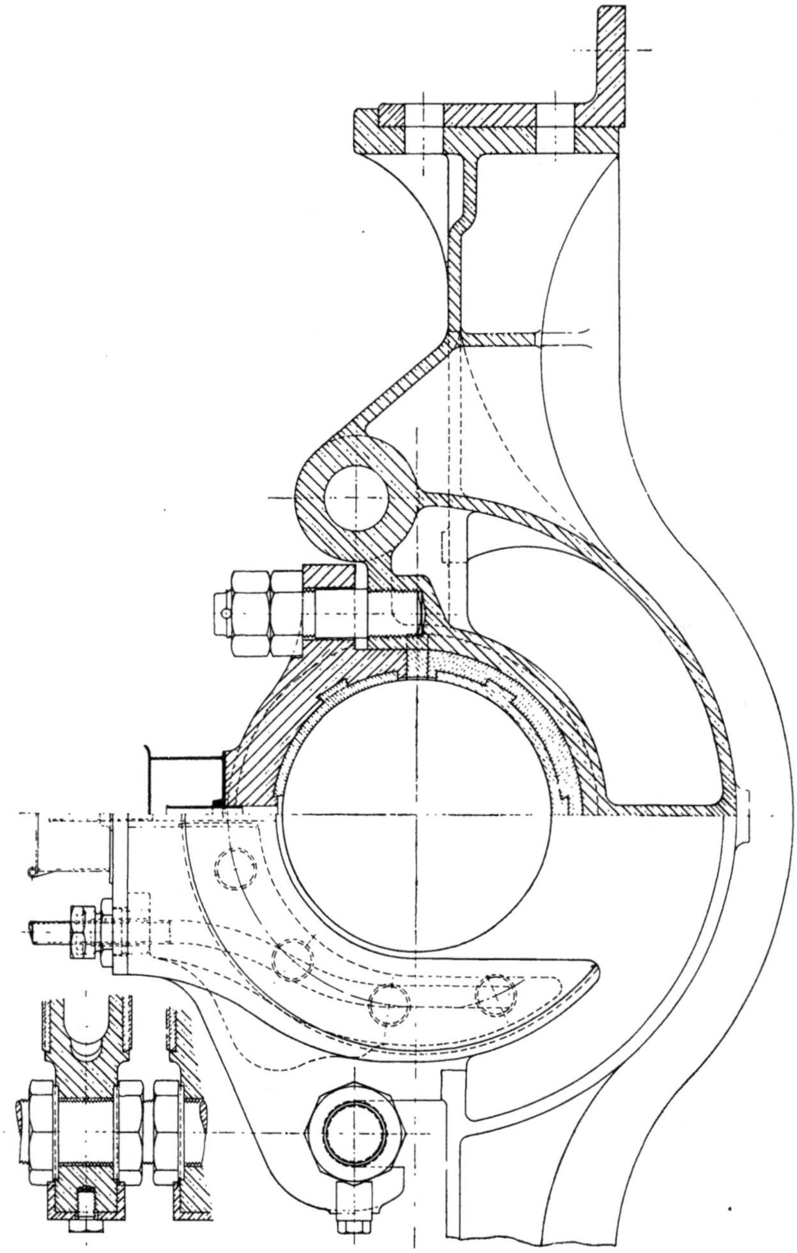

Abb. 518.

Beanspruchungen gewählt werden, da oft nur ein Teil der Bügel den Druck aufnehmen muß. Die Ohren, mittels welcher die Bügel über die Spindel greifen, sind so zu legen, daß die Verbindungslinie der Spindelmittel durch den Schwerpunkt der Druckfläche geht; letztere ist bei der in Abb. 517 und 518 dargestellten üblichen Konstruktion für größere Maschinen hufeisenförmig. Größere Bügel werden meist oben mit zwei

Augen für Schäkel versehen, um dieselben durch einen Flaschenzug bequem herausnehmen bzw. einsetzen zu können.

Material der Bügel: Stahlguß oder Gußeisen, seltener (bei kleinen Kriegsschiffen manchmal verwendet) Bronze. Stärke der Bügel:

$$z = 2b \text{ bis } 2{,}5b \text{ bei vollen Bügeln,}$$
$$z = 2{,}5b \text{ bis } 3b \text{ bei hohlen Bügeln.}$$

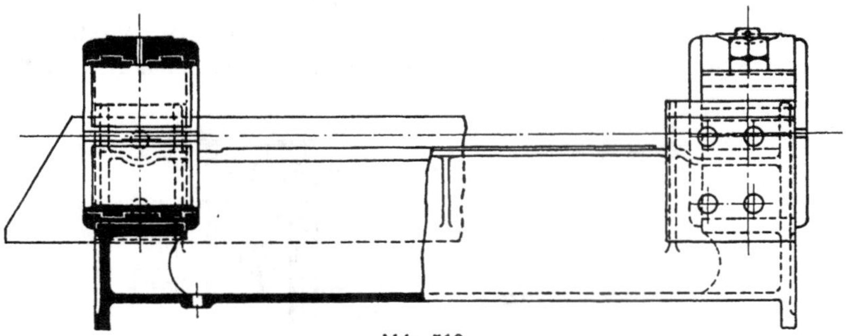

Abb. 519.

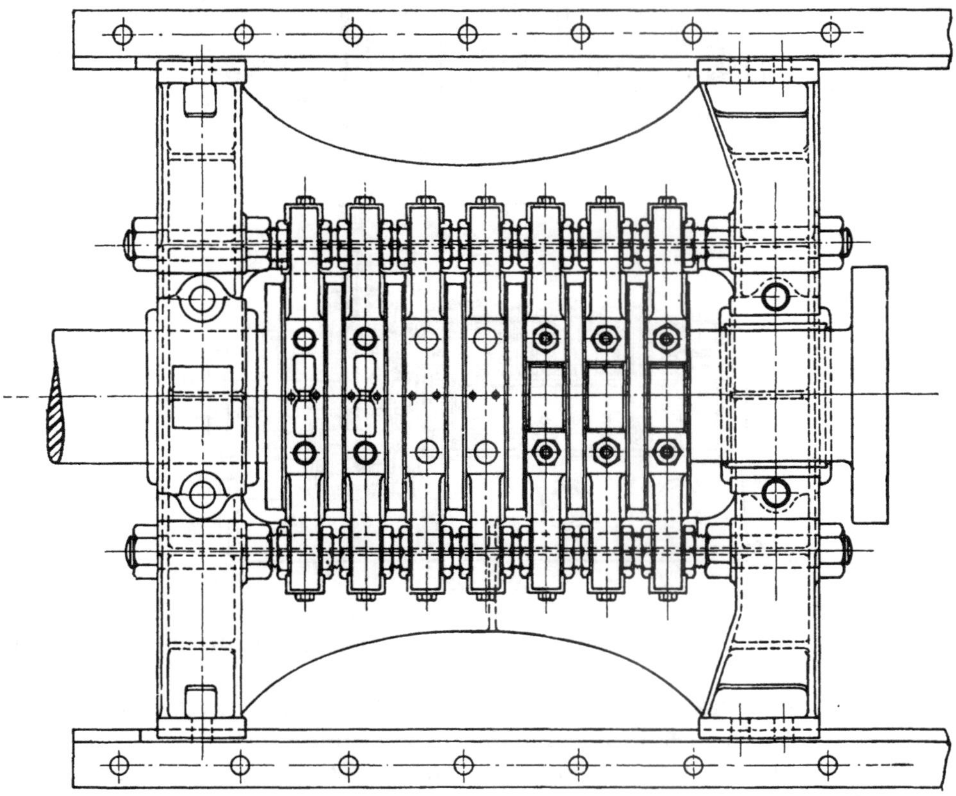

Abb. 520.

Stärke des eingegossenen Weißmetallbelages etwa:

$$W = \frac{b}{6} + 2 \text{ mm.}$$

Wird die Lauffläche aufgeschraubt, dann geschieht dies durch versenkte bronzene Kopfschrauben; der Weißmetallbelag wird dann etwa 18 bis 20 mm stark gemacht.

Die Druckspindel fertigt man aus Stahl an und versieht sie mit feinem Gewinde. Die Muttern, zwischen denen jeder Druckbügel festgeklemmt ist, macht man aus Bronze oder Flußeisen. An beiden Enden werden die Druckspindeln in starken Augen des Lagerkörpers durch Muttern gehalten.

Beanspruchung der Druckspindeln im Kern (auf den indizierten Schub berechnet)

$$S = 400 \text{ bis } 600 \text{ kg/qcm.}$$

Die Bügel läßt man zweckmäßig entweder an den Ohren oder sonstwie auf den Seiten des Drucklagertroges aufliegen (vgl. Abb. 517 und 518); vielfach werden die Bügel auch durch Schrauben festgehalten, welche durch die seitlichen Längsflanschen

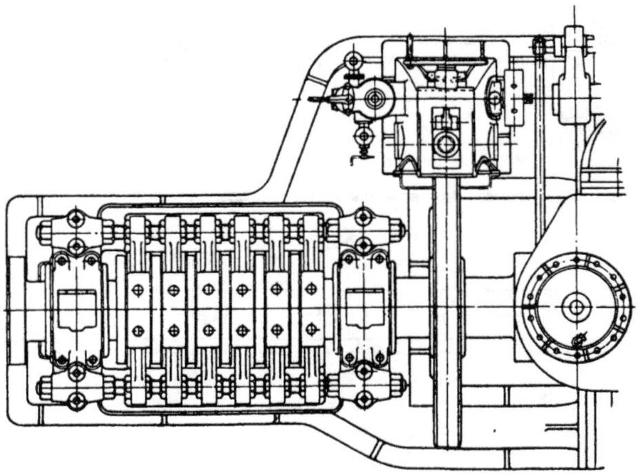

Abb. 521.

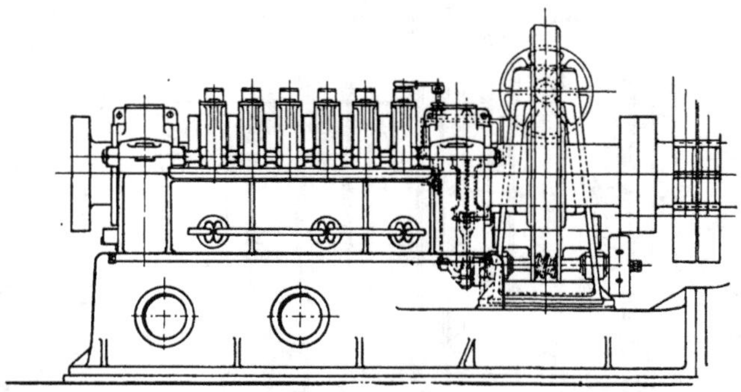

Abb. 522.

des Drucklagerkörpers reichen, s. Abb. 517 für ein Handelsschiff mit einer Maschine von etwa 4000 PS_i.

Traglager des Drucklagers: Länge $l = 0{,}8d$ bis $1{,}2d$; Unterschalen rund oder viereckig, aus Gußeisen oder Bronze mit Weißmetalleinlage. Mitunter werden sie so eingerichtet, daß sich die viereckigen Unterschalen axial herausziehen lassen, ohne die Druckwelle hochnehmen zu müssen (s. Abb. 514).

Die Verbindung des Drucklagers mit dem Schiff muß möglichst solide sein; entweder wird dasselbe mit der Grundplatte der Hauptmaschine verbunden um deren Fundamentbolzen zur Aufnahme des Schubes heranzuziehen, oder es wird getrennt von der Maschine aufgestellt. In ersterem Falle stellt man häufig das Drucklager auf einen besonderen Untersatz, welcher seinerseits mit der Grundplatte verbunden ist und auf welchem das Drucklager durch Querkeile und Schrauben befestigt wird (s. Abb. 521 und 522).

Wird das Drucklager getrennt von der Maschine aufgestellt, dann wird es häufig unmittelbar auf einem schmiedeeisernen, genieteten Fundament, auf eisernen Paßstücken durch eine genügende Anzahl kräftiger Schrauben befestigt; mitunter wird es jedoch auch auf eine glatte gehobelte Unterlage gesetzt, welche ihrerseits mit dem schmiedeeisernen Fundament in der angegebenen Weise verbunden ist.

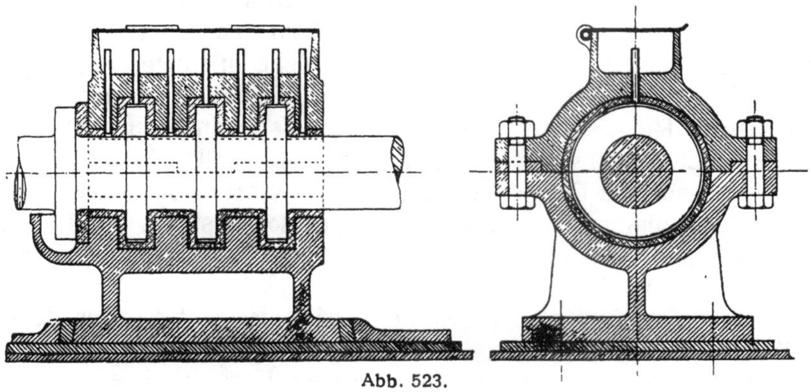

Abb. 523.

In jedem Falle ist der Schub durch angegossene bzw. angenietete Knaggen und Paßstücke auf das Fundament zu übertragen (Abb. 522 und 523).

§ 226. **Drucklager bei kleinen Schiffen.** Diese werden ohne besondere Traglager und meist auch ohne Verbindung mit der Maschinengrundplatte hergestellt. Der Druck wird hier durch zweiteilige Bronzeringe aufgenommen, welche in Rillen des Lagerkörpers

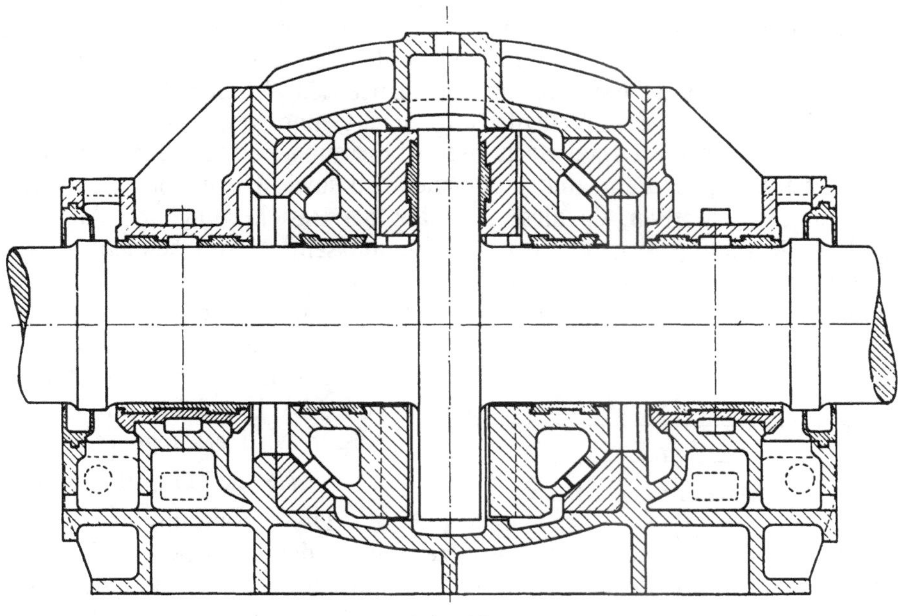

Abb. 524.

und des Deckels passen. Letzterer muß mit Knaggen in das Lagerunterteil eingreifen, um den Axialschub aufnehmen zu können. Lagerkörper aus Bronze oder Gußeisen. Die Ringe müssen gegen Drehung gesichert sein.

Bei sehr kleinen Maschinen findet man auch Drucklager aus Gußeisen oder Bronze, aus Ober- und Unterschale mit Weißmetallfutter bestehend. Die Rillen für die Druckringe sind direkt in die Weißmetalleinlage eingedreht. Damit auch der auf den Deckel wirkende axiale Druck auf das Fundament übertragen wird, muß auch hier der Deckel mit Knaggen in das Unterteil des Lagers eingreifen oder es müssen wenigstens die Deckelbolzen ganz genau eingepaßt sein (Abb. 523).

§ 227. **Drucklager mit beweglichen Druckflächen und Preßschmierung.** In neuerer Zeit sind, namentlich in Verbindung mit Dampfturbinenantrieb, Drucklager häufig zur Ausführung gekommen, bei welchen der Schub nicht von festen Druckringen aufgenommen wird, sondern von Druckplatten, welche in einem festen Gehäuse leicht beweglich montiert sind und sich mit einer Gleitfläche gegen einen fest mit der Welle verbundenen Ring stützen. Obwohl bei Kolbenmaschinenanlagen derartige Lager wohl erst selten zur Ausführung gelangt sind, soll schon hier die typische Konstruktion eines solchen Drucklagers mit kurzen Worten beschrieben werden; eine ausführlichere Behandlung dieser Lager soll indessen erst im II. Bande gebracht werden im Zusammenhang mit der für die Konstruktion solcher Lager maßgebenden neuzeitlichen Theorie der Schmierung.

Abb. 524 zeigt ein für Kolbenmaschinenantrieb geeignetes Lager derartiger Konstruktion (Mitchel-Lager).

In der letzten Zeit ist die Konstruktion dieser Lager noch erheblich verbessert worden, indem man den Druckplatten eine Bewegungsmöglichkeit nach verschiedenen Seiten gegeben hat, worüber an der vorher bezeichneten Stelle Ausführlicheres gebracht werden soll.

Laufwellen und Traglager.

§ 228. **Laufwellen.** Diese schließen sich an die Druckwelle an und führen das von der Maschine ausgeübte Drehmoment der Schraubenwelle zu. Demgemäß sind dieselben auf Torsion und Druck beansprucht; da sie aber weniger Stößen und Biegungen ausgesetzt sind als Kurbelwelle und Propellerwelle, so werden sie meistens schwächer gemacht als diese. (Vgl. Klassifikations-Vorschriften für Wellen § 151 und 152.)

Die einzelnen Stücke der Wellenleitung macht man gewöhnlich gleich lang; im übrigen richtet sich deren Länge nach den Abmessungen und nach der Bauart des Schiffes. Auf bequemes Herein- und Herausnehmen sowie Hochheben der Wellen muß Rücksicht genommen werden, da diese Arbeiten bei Besichtigung und Auswechselung der Propellerwelle häufig vorgenommen werden müssen. Hauptsächlich ist dieses bei der letzten Laufwelle der Fall, welche entweder hochgehoben oder zur Seite gerollt werden muß, wenn die Propellerwelle (insbesondere bei Einschraubenschiffen) nach innen gezogen wird.

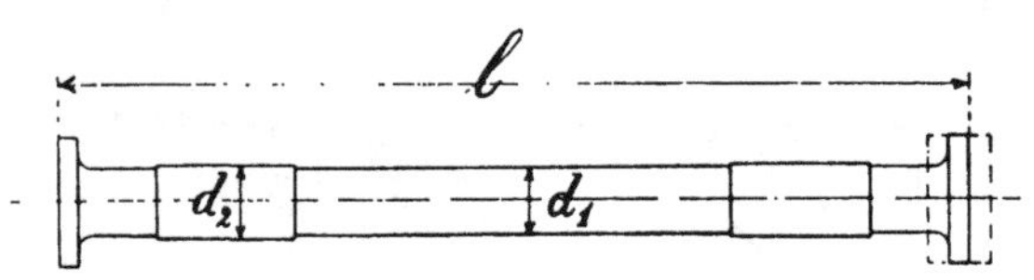

Abb. 525.

Die Länge der einzelnen Wellen von 250 bis 600 mm Wellendurchmesser wird etwa genommen:

$$l = 5000 \text{ bis } 7500 \text{ mm}.$$

Die Verbindung der Wellenstücke geschieht durch Flanschen und Kupplungsbolzen wie bei der Kurbelwelle. (Vgl. § 156 u. f.)

Häufig werden die Laufwellen, wenn es auf Gewichtsersparnis besonders ankommt, durchbohrt; das Bohrungsverhältnis wird wie bei Kurbelwellen genommen.

Wegen der Abnutzung wird der Durchmesser d_2 an der Lagerstelle um einige Millimeter größer als d_1 gemacht.

Bei einer der Laufwellen, der sog. Paßwelle, läßt man zu Anfang der Bearbeitung einen Flansch sehr stark, durch Nachdrehen desselben (s. Abb. 525) können die unvermeidlichen Ausführungsfehler in der Länge zwischen Vorderende Stevenrohr und Hinterende Druckwelle ausgeglichen werden.

Als Paßwelle wird entweder die an die Propellerwelle oder die an die Druckwelle anschließende Laufwelle genommen. Wird die hintere Laufwelle gewählt, dann wird zweckmäßig der vordere Flansch, wird die vordere Laufwelle gewählt, der hintere Flansch als Paßflansch genommen.

Die hinterste Laufwelle (oder die Propellerwelle) versieht man manchmal mit einem Anlauf auf der vorderen Seite des hintersten Traglagers, um ein Herausrutschen der Wellenleitung bei gebrochener oder abgekuppelter Wellenleitung zu verhindern.

§ 229. **Traglager.** Die Länge des Traglagers wird etwa ausgeführt:

$$l = 0{,}8 d_2 \text{ bis } 1{,}2 d_2.$$

Die Entfernung der Traglager richtet sich nach der Dicke der Welle; bei großen Handelsschiffen und Schnelldampfern wird jedes Wellenstück gewöhnlich in der Nähe jedes Kupplungsflansches durch ein Traglager getragen.

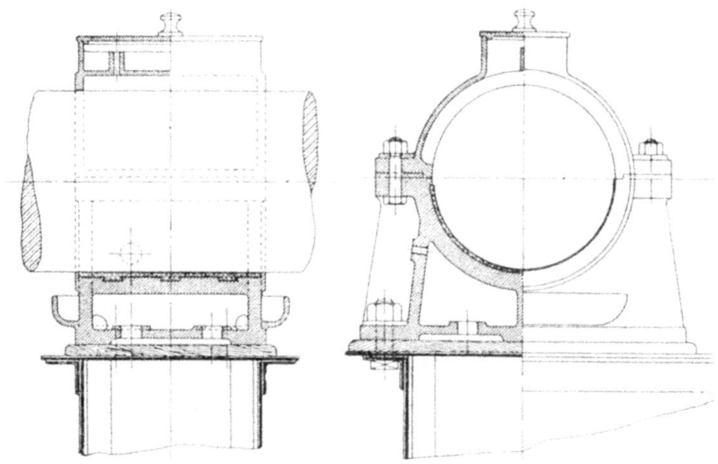

Abb. 526.

Material für Handelsschiffe: Gußeisen mit Weißmetall.

Für Kriegsschiffe: Gußeisen oder Stahlguß mit Weißmetall.

Da im Traglager keine Kraft nach oben wirkt, braucht nur das Lagerunterteil kräftig gebaut und mit Weißmetall ausgegossen zu sein; das Oberteil dagegen kann man als Schutzdeckel ausbilden und ganz dünn halten. Oben auf dasselbe setzt man ein großes Schmiergefäß, geeignet für Öldochtschmierung, und eine Öffnung zum Befühlen und Zuführen von konsistentem Fett; Abb. 526 zeigt diese Ausführung, wie sie auf Handelsschiffen vielfach zur Anwendung kommt.

Bei größeren Maschinen wird das Lagerunterteil als hohler Kasten ausgebildet, durch welchen Kühlwasser geleitet werden kann.

Abb. 527 bis 529 zeigt ebenfalls ein für Handelsschiffe verwendetes Traglager, welches als Ringschmierlager ausgebildet ist. In der Mitte seiner Länge ist dieses mit einer ringsum laufenden Kammer versehen, deren unterer Teil als Ölbehälter dient, in welchen der über die Welle gehängte messingene Schmierring eintaucht. Das aus dem Lager ablaufende Öl wird durch die an den Enden angebrachten Öltaschen aufgefangen und durch zwei Bohrungen in die mittlere Kammer zurückgeleitet.

Der äußere Lagerkörper ist zur Kühlung des Öles hohl ausgeführt und für den Durchfluß von Kühlwasser eingerichtet.

Abb. 530 und 531 zeigt ein Traglager für das vordere Ende einer Propellerwelle. Man macht den Durchmesser gleich dem des Wellenbezuges, um die Propellerwelle ohne Wegnahme des Lagers nach innen ziehen zu können. Dies ist zweckmäßig, weil dann die genaue Lage des vorderen Endes der Propellerwelle jederzeit gesichert bleibt. Da

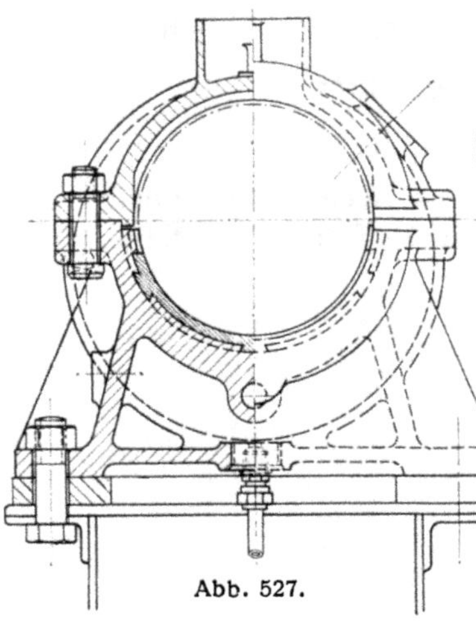

Abb. 527.

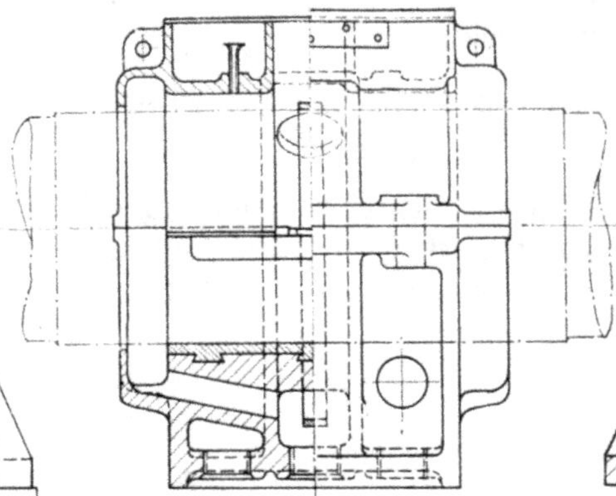

Abb. 528.

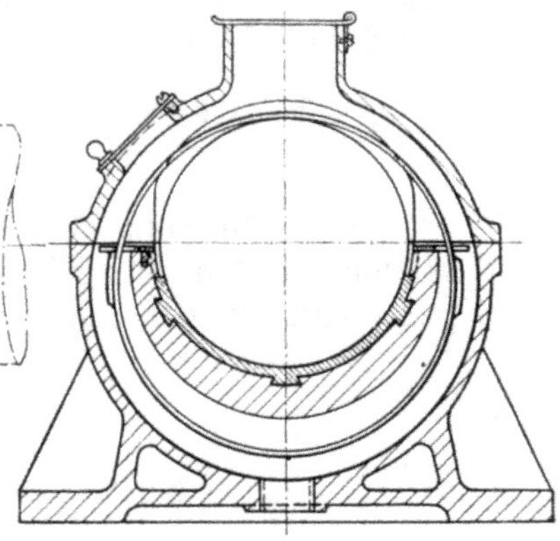

Abb. 529.

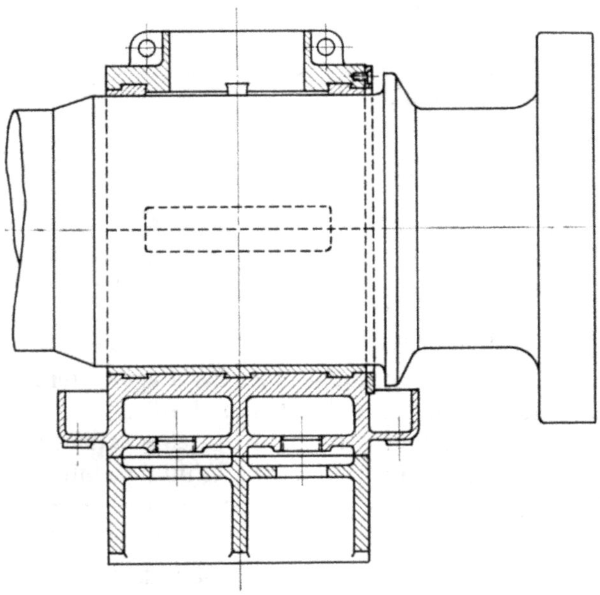

Abb. 530.

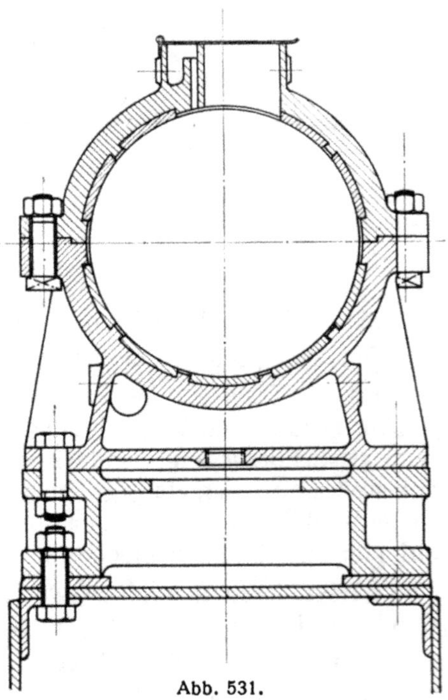

Abb. 531.

dieses Lager bei schwerem Wetter stark beansprucht wird, wird es auch im Deckel mit Weißmetall versehen. Auch die Vorderfläche des Lagers ist mit einer Weißmetall-Gleitfläche ausgerüstet. Die Propellerwelle trägt einen Bund, um ein Verschieben derselben nach hinten zu verhindern. falls eine Laufwelle bricht oder eine Kupplung gelöst wird.

§ 230. **Schottstopfbüchsen.** An den Stellen, wo die Wellenleitung durch wasserdichte Schotten geht, wird eine zweiteilige Schottstopfbüchse angeordnet, welche losgenommen werden kann, wenn man die Welle hochheben will. Die Verschlußplatte der Schottöffnung wird mit der Stopfbüchse zusammen meistens aus Gußeisen hergestellt. Bei leichter Ausführung wird die Verschlußplatte aus Blech gemacht und die Stopfbüchse darauf befestigt. Grundringe aus Bronze werden nicht vorgesehen; es wird jedoch rings um die Welle reichlich Spiel, etwa 3 mm, gelassen.

§ 231. **Wellenbremse.** An einer geeigneten Stelle im Wellentunnel bringt man häufig eine starke Bandbremse zum Festklemmen der Welle an. Dies geschieht, wenn letztere aus irgendeinem Grunde von der Maschine losgekuppelt werden muß und somit durch die Fahrt des Schiffes von der Schraube in Drehung versetzt würde. Die Bandbremse wird gewöhnlich an einem Kupplungsflansch angebracht. Bei der

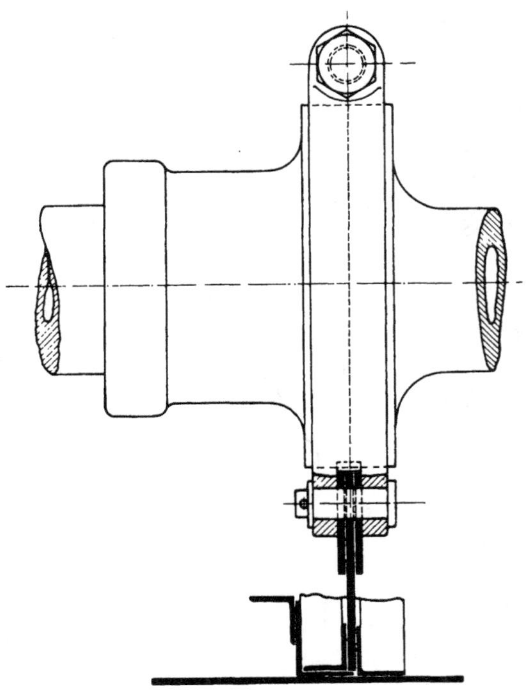

Abb. 532.

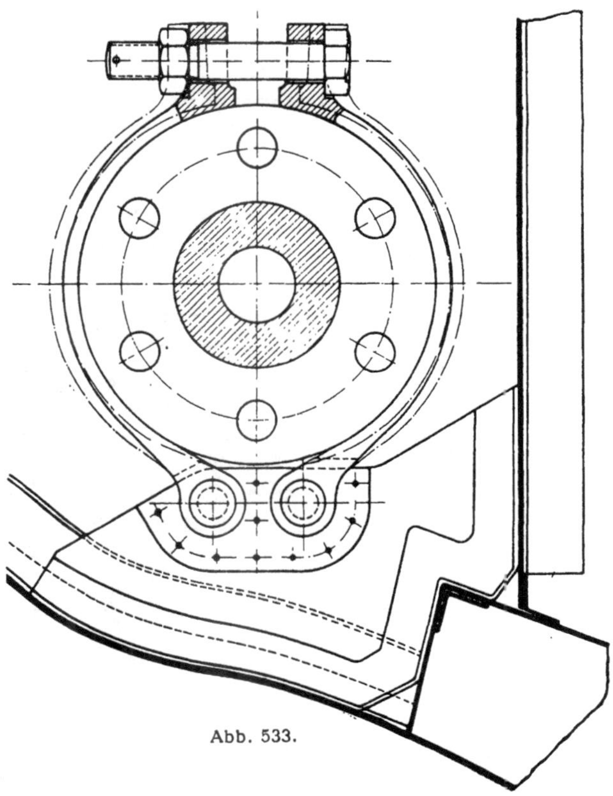

Abb. 533.

in Abb. 532 und 533 dargestellten Bremse sind die beiden Bremsbänder an einem an die Außenhaut genieteten verstärkten Stegblech mittels Bolzen drehbar befestigt. Hierzu kann jedoch auch eine mit entsprechenden Augen versehene Sohlplatte aus Gußeisen oder Stahlguß verwendet werden, welche auf einem hierfür vorgesehenen Fundament mit Schrauben befestigt wird.

Die freien Enden der Bremsbänder werden gewöhnlich durch eine einfache kräftige Schraube mit Mutter zusammengezogen. Um die Bremsbänder im geöffneten Zustand wieder feststellen zu können, wird über den Bolzen ein hufeisenförmig gebogenes Blech von entsprechender Länge gehängt und dann die Mutter angezogen.

Wellenkupplungen.

§ 232. **Feste Kupplungen.** Die Verbindung der einzelnen Laufwellen untereinander erfolgt ausnahmslos durch Flanschen, welche wie bei den Kupplungen der Kurbelwellenteile mittels konischer oder zylindrischer Bolzen fest miteinander verbunden werden. Die Abmessungen der Flanschen und Bolzen werden in derselben Weise bestimmt wie bei denjenigen der Kurbelwelle (siehe § 157).

§ 233. **Abnehmbare Wellenkupplungen.** Bei Zweischraubenschiffen pflegt man die Propellerwelle zum Zwecke der periodischen Besichtigungen bzw. Neuausfütterung des Stevenrohres oder auch zwecks Auswechselung gegen die Reservewelle nach hinten herauszuziehen. Dies ist nur möglich, wenn die Propellerwelle nicht mit einem festen Flansch, sondern mit einer losnehmbaren Kupplung versehen ist. Man benutzt dann entweder eine abnehmbare Flanschkupplung oder eine sog. Schalen- oder Klemmkupplung.

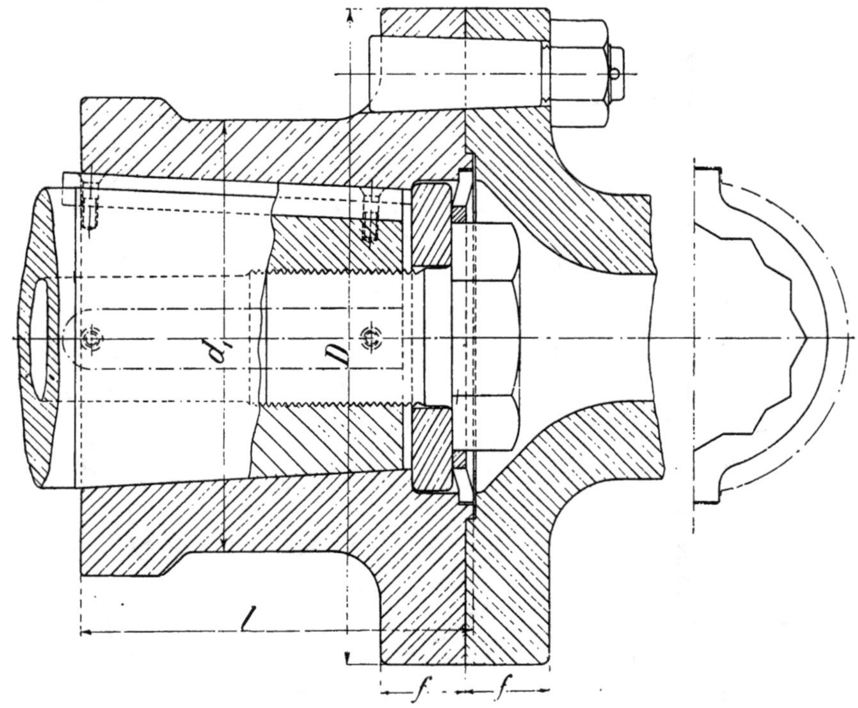

Abb. 534.

1. Abnehmbare Flanschkupplung. Bei der in Abb. 534 dargestellten Kupplung wird ein aus geschmiedetem Stahl oder Stahlguß hergestellter Flansch auf das konische Wellenende gesetzt. Die Befestigung des Flansches geschieht entweder durch eine starke Kopfschraube oder durch eine Mutter, welche auf den angedrehten Gewindezapfen geschraubt wird. Die Drehung wird durch eine oder zwei einander gegenüber liegende kräftige Federn übertragen.

Ist d der Durchmesser der Propellerwelle, dann ist:

Nabendurchmesser	d_1 =	etwa 1,5 d:
Flanschdurchmesser	D =	„ 2,25 d.
Länge der Nabe	l =	„ d bis 1,5 d.
Durchmesser der Befestigungsschraube . . .	=	„ 0,5 d bis 0,7 d.
Konizität	=	„ 1 : 6 bis 1 : 10.
Flanschstärke	f =	0,25 bis 0,3 d.

2. Schalen- oder Klemmkupplung (Abb. 535). Diese besteht aus zwei Schalen von geschmiedetem Stahl oder Stahlguß, welche mittels vieler starker Bolzen (gewöhnlich 12 Stück) die beiden Wellenenden zusammenklemmen. Jedes Wellenende ist in den beiden Schalen durch eine starke Feder gehalten.

Ferner wird jedes Wellenende mit einer Ringnut versehen, in welche je ein vorspringender Ring der beiden Kupplungshälften eingreift, um die in der Wellenleitung auftretenden axialen Kräfte aufzunehmen.

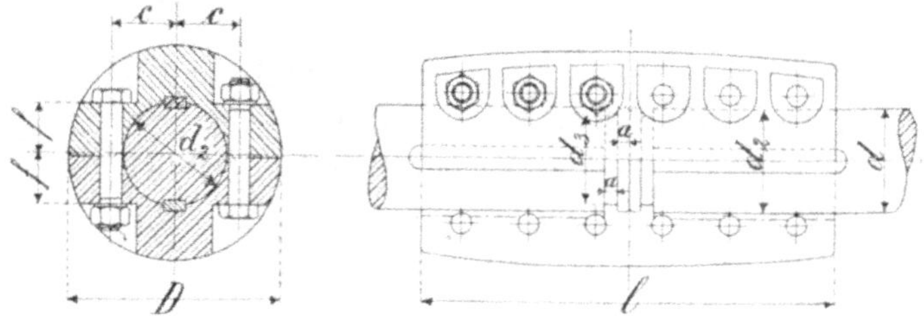

Abb. 535.

Die Schalen werden mit etwas Spielraum zwischen den Flanschen hergestellt, damit sie durch die Bolzen zusammengeholt werden können und so die Wellenenden fest umschließen.

Dimensionen:

Durchmesser der Propellerwelle	$= d.$
Länge der Kupplung	$l = 3d$ bis $3{,}8d.$
Bohrung der Kupplung	$d_2 = 0{,}95d$ bis $0{,}975d.$
Äußerer Durchmesser	$D = 1{,}8d$ bis $2d.$
Stärke des Bundes an der Welle und der Eindrehung	$a = 0{,}12d$ bis $0{,}15d.$
Eindrehung für den Ring	$d_3 = d - a.$
Flanschdicke	$f =$ etwa $0{,}6d.$

Die Stärke der Bolzen erhält man wie folgt:

Unter der Voraussetzung, daß die beiden, die Wellenenden umschließenden Schalen sehr kräftig bemessen sind, kann man annehmen, daß das durch die Welle mittels der beiden Federn auf die beiden Schalen übertragene Drehmoment sich gleichmäßig über die ganze Länge verteilt und daher auch die Verbindungsbolzen gleichmäßig beansprucht werden.

Ist das Drehmoment der Maschine:

$$M = 71\,620 \frac{N}{n} \text{ cm/kg}$$

n_1 die Gesamtzahl der Bolzen,
c die Entfernung derselben von Mitte Welle,
Q die Belastung einer Schraube in kg,

dann ist die im Abstande c wirkende Umfangskraft

$$P = \frac{M}{c},$$

welche sich auf die halbe Anzahl der vorhandenen Schrauben verteilt. Die Belastung einer Schraube ist daher:

$$Q = \frac{2\,M}{c \cdot n_1} \text{ kg.}$$

Die Beanspruchung der Schrauben wird etwa zu 400 bis 500 kg/qcm angenommen.

Wird die äußere Form der Schalen nicht rund oder zylindrisch, sondern prismatisch nach Abb. 536 gemacht, so bemißt man die Wandstärke etwa zu

$$s_1 = 0{,}2d \text{ bis } 0{,}25d.$$

Ferner findet man für die

Breite der Feder . . . . $b = \frac{d}{6} + 15$ mm.

Dicke der Feder . . . . $s = 0{,}5b$ bis $0{,}6b$.

Die Entfernung c der Bolzen vom Wellenmittel wird so klein wie irgendmöglich gewählt: häufig werden die Bolzen auch seitlich in die Welle etwas eingelassen, damit in Anbetracht des meistens sehr geringen zur Verfügung stehenden Raumes die Außenabmessungen der Kupplung nicht zu groß werden.

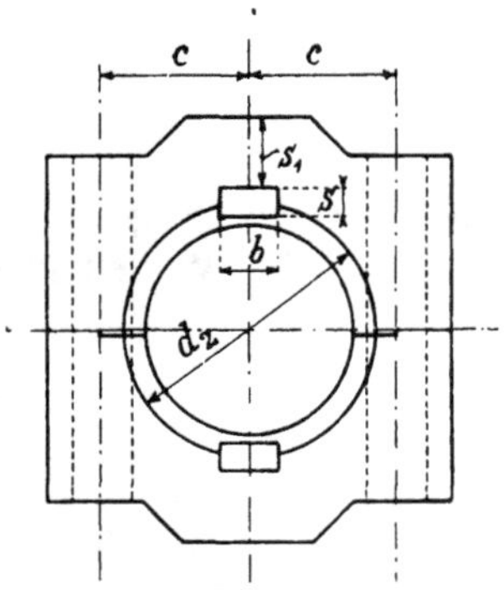

Abb. 536.

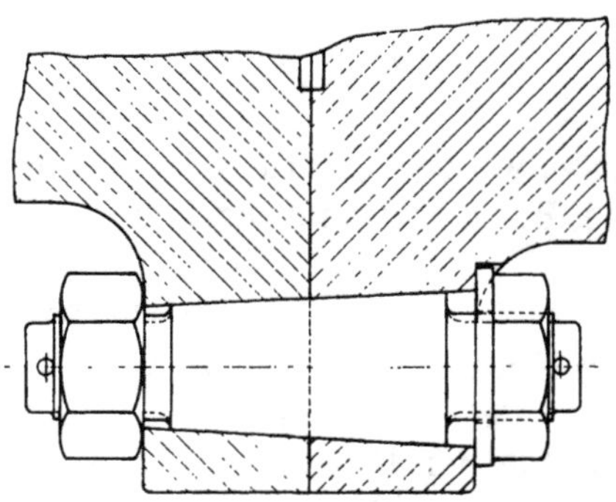

Abb. 537.

§ 234. **Ausrückbare Kupplungen.** Solche werden mitunter bei Kriegsschiffen mit mehreren Maschinen in die Wellenleitungen eingebaut, um bei langsamer Fahrt eine Wellenleitung leicht auskuppeln und leer mitlaufen lassen zu können. Dies ist besonders bei Dreischraubenschiffen manchmal erwünscht, wenn aus Gründen der Ökonomie nur mit den beiden äußeren oder nur mit der mittleren Schraube gefahren werden soll.

Solche Kupplungen werden zwischen Kurbelwelle und Drucklagerwelle angeordnet und entweder als Klauenkupplungen, als Flanschkupplungen mit zylindrischen, zurückziehbaren Bolzen oder als gewöhnliche Flanschenkupplungen mit konischen Bolzen ausgeführt.

Im allgemeinen ist es nicht zweckmäßig, Klauenkupplungen oder solche mit zylindrischen Bolzen anzuwenden, da sie auch bei der sorgfältigsten Ausführung einen schwachen Punkt der Wellenleitung bilden und häufig bei einer bestimmten Drehzahl der Maschine infolge von Torsionsschwingungen der Welle zu schlagen beginnen.

Zweckmäßiger ist es, eine gewöhnliche Flanschenkupplung mit konischen Bolzen zu verwenden, welche so eingerichtet sind, daß sie sich ohne besondere Schwierigkeiten schnell herausziehen lassen. Eine solche Kupplung ist in Abb. 537 dargestellt. Die Bolzen erhalten eine Konizität von etwa 1 : 10 und an beiden Enden Muttern. Mit der am dicken Ende des Bolzens vorgesehenen Mutter kann derselbe leicht gelöst und dann herausgenommen werden.

Mitunter wird zu diesem Zweck auch das dicke Ende des konischen Bolzens mit einem Gewindeloch versehen, in welches eine Kopfschraube eingedreht werden kann, welche sich auf einen übergesetzten kräftigen Bügel stützt. (Vgl. Abb. 380, § 157.)

§ 235. **Notkupplungen.** Um beim Bruch einer Laufwelle die gebrochenen Teile notdürftig wieder miteinander verbinden zu können, wird mitunter eine sog. Notkupplung mitgeführt, wie sie in Abb. 538 bis 540 dargestellt ist. Sie ist nach denselben Gesichtspunkten wie die Klemmkupplung gebaut, aus Gußeisen hergestellt und in der Mitte ihrer Länge so ausgespart, daß sie auch über einen Kupplungsflansch gesetzt werden kann, für den Fall, daß die Welle unmittelbar am Flansch gebrochen ist.

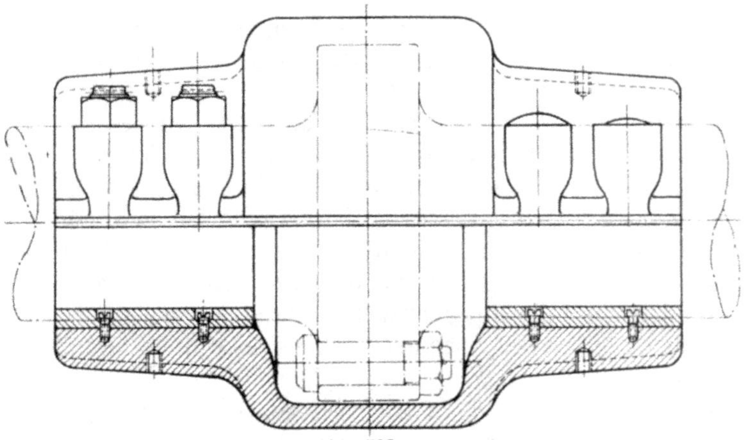

Abb. 538.

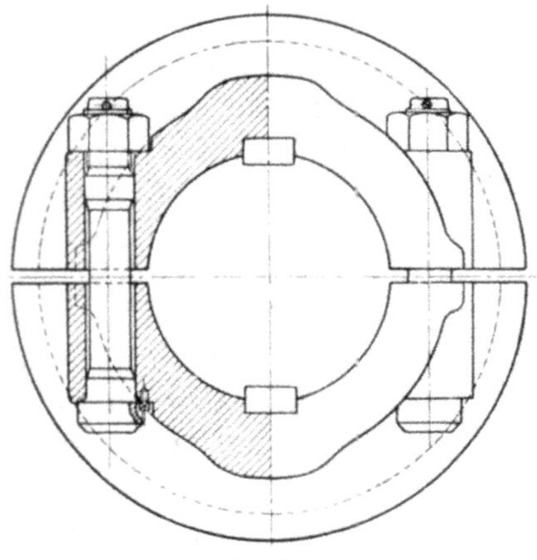

Abb. 539.

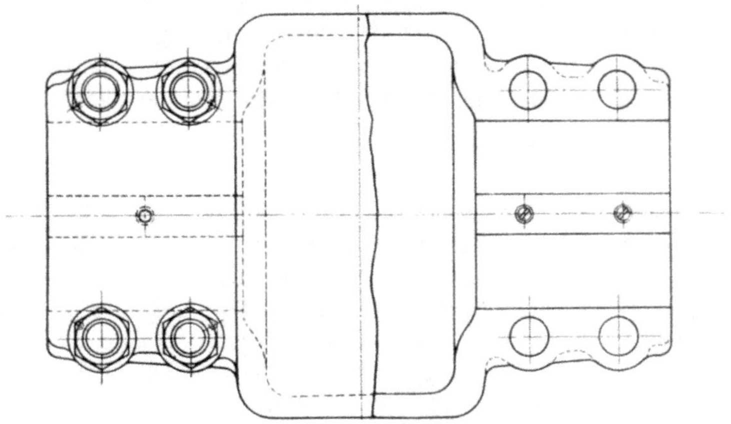

Abb. 540.

Abschnitt II.
Propellerwelle und Stevenrohr.

§ 236. **Propellerwelle.** Der Durchmesser derselben wird immer größer als derjenige der Kurbelwelle gemacht, da sie durch Anschlagen der Propellerflügel an feste Gegenstände unter Umständen sehr starken Stößen ausgesetzt ist und durch die freitragende Schraube, besonders bei Verlust eines Flügels, stark auf Biegung beansprucht wird.

Bei Handelsschiffen wird der kleinste Durchmesser d_2 der Propellerwelle nach den Vorschriften der in Betracht kommenden Klassifikationsgesellschaft bemessen.

1. Nach den Vorschriften des Germanischen Lloyd:

$$d = 0{,}6\, d_k + 0{,}03\, S \text{ cm};$$

Hierin ist: d_k der Durchmesser der Kurbelwelle in cm,
S „ „ des Propellers „ „

d darf jedoch nicht kleiner als $1{,}02\, d_k$ sein.

2. Nach den Vorschriften des Britischen Lloyd:

$$d = T\left(0{,}63 + \frac{0{,}03\,P}{T}\right) \text{ Zoll engl. bzw. cm.}$$

Hierin ist: T der Durchmesser der Laufwellen in Zoll bzw. cm,
P „ „ des Propellers „ „ „ „
d darf nicht kleiner als 1,07 T sein.

Kommt es sehr auf Gewichtsersparnis an, so werden die Propellerwellen auch mit einer Bohrung versehen wie Kurbel- oder Laufwellen, deren Durchmesser etwa auf 0,4 des Wellendurchmessers bemessen wird.

Die Länge der Propellerwelle ergibt sich aus der durch die Form des Schiffes bedingten Länge des Wellenrohres. Im Interesse der einfacheren Herstellung, des leichteren Auswechselns und Überholens sowie der Verbilligung der Reservewelle ist es zweckmäßig, die Propellerwelle so kurz wie möglich zu machen. Bei sehr scharfen Schiffen mit zwei Schrauben, bei welchen die Propellerwelle außerhalb des Wellenrohres noch in einem weiter hinten angebrachten Wellenbock gelagert wird, ist man jedoch mitunter genötigt, unmittelbar hinter dem Austritt der Welle aus dem Wellenrohr eine abnehmbare Kupplung einzubauen, um zweckmäßige Längen der einzelnen Wellenstücke zu erhalten. Näheres hierüber siehe Bd. II: Turbinenantrieb.

Wenn die Propellerwelle im Wellenrohr (s. § 238) in Büchsen aus Weißmetall gelagert wird, erhält die Welle entweder keine Überzüge oder solche aus Nickelstahl, weil die Lagerflächen dann mit Öl geschmiert werden. Läuft die Propellerwelle hingegen in Pockholzbüchsen, so muß sie wenigstens an den Lagerstellen mit warm aufgezogenen Bronzebezügen versehen sein, da sie in diesem Falle nur mit Seewasser geschmiert wird.

Die Dicke der Bronzebezüge wird bei Wellen über 250 mm Durchm. etwa gemacht:

$$\vartheta = \frac{d}{50} + 15 \text{ mm.}$$

Ist das Wellenrohr nur verhältnismäßig kurz, so wird die Propellerwelle gewöhnlich nur mit einem einzigen, über die ganze Länge des Wellenrohres sich erstreckenden Bronzebezug versehen. (Abb. 543 bis 546.) Zwischen den Lagerstellen wird dann häufig der Überzug im Durchmesser etwas kleiner gedreht als in den Lagerstellen selbst. Wenn wegen zu großer Länge des Wellenrohres die Herstellung eines in einem Stück hergestellten Bronzeüberzuges nicht mehr möglich ist, erhalten gewöhnlich nur die Lagerstellen Bronzebezüge (Abb. 549), während der dazwischen liegende Teil der Welle mit einem Gummibezug von etwa 5 bis 7 mm Dicke versehen wird, um die Welle vor Anfressungen zu schützen.

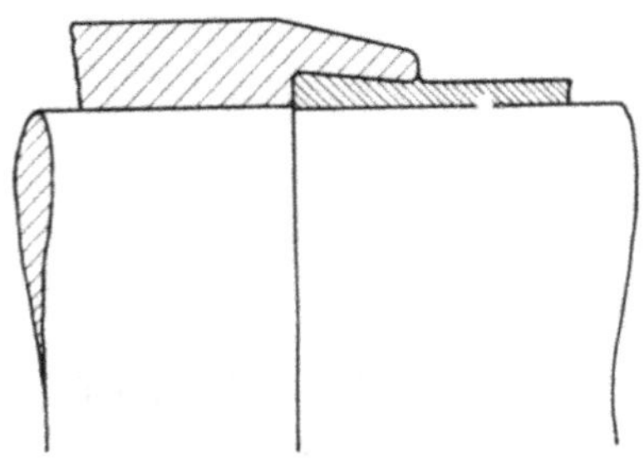

Abb. 541.

Die Verbindung des Gummibezuges mit dem bronzenen Wellenbezug erfolgt zweckmäßig in der in Abb. 541 dargestellten Weise. Die Gummimasse wird von Spezialfirmen in kaltem und weichem Zustande auf die fertige Welle aufgebracht und dann durch Erhitzen in einem Dampfbad vulkanisiert, wodurch sie hart und widerstandsfähig wird.

Damit der Gummiüberzug beim Transport der Welle oder bei Überholungsarbeiten nicht leicht beschädigt werden kann, wird er mitunter noch mit einem dünnen verzinkten Drahtseil von etwa 3 mm Durchmesser dicht umwickelt und mit Farbe gut gestrichen.

Mitunter wird, um den langen empfindlichen Gummibezug zwischen den Lagerstellen zu vermeiden, auf diesen Teil der Welle ein dünner Bronzeüberzug von etwa

8 bis 10 mm Dicke warm aufgezogen, der jedoch an jedem Ende noch etwa 200 mm von den Lagerüberzügen absteht. Es brauchen dann nur diese kurzen Zwischenräume mit einem Gummibezug versehen werden.

Manchmal wird der Gummi- oder Bronzebezug ganz fortgelassen und statt dessen dieser Teil der Welle nur mit Marlleine fest umwickelt und mit Farbe gestrichen.

Der Teil der Welle, welcher, besonders bei Kriegsschiffen, zwischen Wellenaustritt und Propellerbock frei im Wasser liegt, wird ebenfalls meistens mit einem Gummibezug versehen und außerdem durch Bewickelung oder einen Blechmantel oder durch beides vor Beschädigungen geschützt.

Mitunter wird die Propellerwelle — besonders dann, wenn sie verhältnismäßig kurz ist — unmittelbar vor der Wellenrohr-Stopfbüchse noch in einem besonderen Lager getragen (vgl. § 229). Die Welle wird dann an dieser Stelle im Durchmesser so groß gemacht wie in den Lagerstellen im Wellenrohr, um die Welle bei Besichtigungen leicht nach innen ziehen zu können, ohne dieses Lager fortnehmen zu müssen.

§ 237. **Befestigung des Propellers.** Die Verbindung der Propellernabe bzw. des Propellers mit der Propellerwelle erfolgt immer mittels Konus und Mutter sowie durch eine oder zwei starke Federn.

Die Konizität wird etwa zu 1 : 10 bis 1 : 16, meistens jedoch 1 : 15, die Länge des Konus mit Rücksicht auf die erforderliche Länge der Propellernabe (s. auch Propeller) zu $L =$ etwa $2{,}3\,d$ bis $2{,}6\,d$ bemessen.

Zur Übertragung des Drehmomentes wird eine starke Feder vorgesehen oder bei Kriegsschiffen mitunter auch deren zwei; eine Feder ist jedoch auch bei den größten Schrauben genügend.

Die Abmessungen der Feder werden gewählt wie folgt:

$$\text{Breite der Feder } b = \text{etwa } \frac{d}{6} + 15 \text{ mm},$$

$$\text{Stärke der Feder etwa} = 0{,}5\,b \text{ bis } 0{,}6\,b.$$

Sind zwei Federn vorhanden, so können die Abmessungen auf etwa 0,8 der vorstehend angegebenen reduziert werden.

Die Feder soll zweckmäßig über die ganze Länge der Nabe reichen, weil ihre Beanspruchung dann in annehmbaren Grenzen bleibt und ihr genaues Passen mit Sicherheit kontrolliert werden kann. Mitunter wird sie jedoch nur halb so lang gemacht, muß aber dann unbedingt auf dem dicken Teil des Konus angebracht werden.

Die Feder muß in Konus und Nabe an ihren Seiten ganz genau passen; oben kann sie etwas Spiel haben.

Man paßt in der Werkstatt zuerst die Nabe ohne Feder ganz genau auf, nimmt dann die Nabe wieder ab, setzt die Feder ein und zieht nun die Nabe wieder auf; sie muß sich dann ebensoweit auf den Konus aufschieben lassen wie ohne Feder.

Zur Befestigung der Nabe bzw. der Schraube auf der Welle wird letztere mit feinem Gewinde, meistens 3 Gänge auf 1″ für alle Durchmesser, versehen, um eine Mutter aus weichem Flußeisen oder Stahlguß aufschrauben zu können. Die Mutter erhält am Umfang entweder Längsnuten oder zwei bis vier Knaggen (vgl. Fünfter Teil). Die Hauptabmessungen werden gewählt wie folgt:

$$\text{Durchmesser der Mutter } d_1 \text{ etwa} = 1{,}7\,d_a \text{ bis } 1{,}5\,d_a$$

$$\text{Höhe der Mutter } h_1 \text{ etwa} = 0{,}75\,d_a \text{ bis } 0{,}85\,d_a,$$

worin d_a den äußeren Gewindedurchmesser bedeutet. Die kleineren Werte gelten für größere Muttern. Diese Zahlen gelten für Wellen von über 120 mm Gewindedurchmesser; bei kleineren Durchmessern wählt man d_1 nach der Schraubentabelle gleich dem Flachkant der Sechskantmutter.

Während früher dem Gewinde auf der Propellerwelle immer die entgegengesetzte Steigung gegeben wurde, wie dem Propeller, um ein sonst befürchtetes Losdrehen der Mutter bei Vorwärtsgang zu verhindern, wird neuerdings das Gewinde ohne Rücksicht auf die Steigung der Schraube vielfach nur rechtsgängig ausgeführt und die Mutter auf der Nabe (s. Propeller) gut gesichert, in der Erkenntnis, daß die Mutter sich nur dann auf der Welle drehen kann, wenn der Propeller dies ebenfalls tut. Dies kann aber nur dann geschehen, wenn die Feder abgeschert würde, was bei ordentlicher Arbeitsausführung ausgeschlossen ist.

Die Abdichtung der Nabe gegen den Wellenbezug erfolgt meistens durch einen weichen Gummiring, der vor dem Aufsetzen des Propellers gegen den Wellenbezug gelegt und durch die aufgeschobene Nabe dann zusammengepreßt wird. Zu beachten ist hierbei, daß das vordere Ende der glatt abgeschnittenen Feder bei fest aufgesetzter Nabe möglichst genau mit dem Ende der Eindrehung der Nabe (s. Propeller) abschneidet.

§ 238. **Wellenrohr. Allgemeines.** Die Schraubenwelle tritt durch das sog. Wellenrohr oder Stevenrohr nach außen, welches gleichzeitig zur Lagerung der Welle und Abdichtung ihrer Durchtrittsöffnung dient. Bei mittschiffs liegender Wellenleitung wird, wie Abb. 543 bis 546 zeigt, das vordere Ende des Stevenrohres im hinteren Tunnelschott und das hintere Ende im Hintersteven des Schiffes gelagert und solide befestigt. Bei seitlich liegenden Wellen wird das hintere Ende des Wellenrohres in einer entsprechend verstärkten Ausbuchtung des Schiffskörpers gelagert. Verhältnismäßig lange Wellenrohre werden mitunter auch noch ungefähr in der Mitte ihrer Länge unterstützt. Lange Wellenrohre werden aus zwei, mitunter auch aus drei Teilen zusammengesetzt, um die Herstellung zu erleichtern. Vorn und hinten, bei sehr langen Wellenrohren mitunter auch noch in der Mitte, werden in das Rohr lange Lagerbüchsen eingesetzt, in denen die Welle läuft. In den meisten Fällen hat das Wasser zu diesen Lagerstellen ungehindert Zutritt von See aus und dient zur Schmierung und Kühlung derselben. Um einen Wasserumlauf im Rohr zu erreichen, wird entweder am vorderen Ende unmittelbar hinter der Stopfbüchse Wasser nach der Bilge abgelassen, oder es wird durch eine hier angeschlossene Wasserleitung reines Spülwasser hineingedrückt. Letzteres ist zweckmäßiger, weil dadurch verhindert wird, daß Sand oder sonstige Unreinigkeiten ins Wellenrohr bzw. zu den Lagerstellen gelangen. Mitunter wird in das Wellenrohr auch anstatt reinen Wassers das in den Kurbelbilgen usw. sich ansammelnde ölige Wasser gedrückt, um die Lagerstellen zu schmieren.

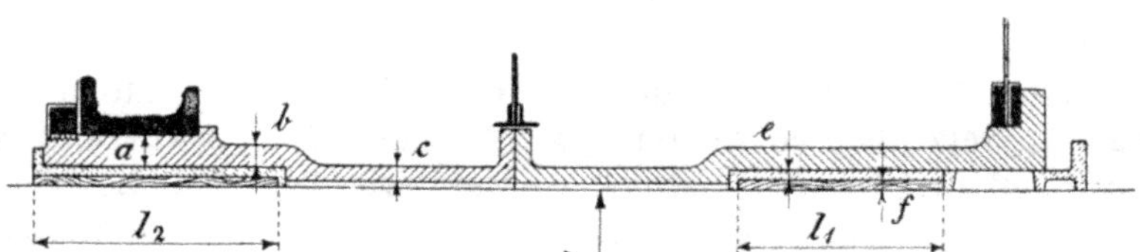

Abb. 542.

Am vorderen Ende des Wellenrohres befindet sich eine vom Wellentunnel aus zugängliche Stopfbüchse, welche verhindert, daß das Wasser aus dem Rohre in den Wellentunnel tritt.

Die Länge des Wellenrohres ergibt sich aus der Entfernung von Hinterkante Wellenaustritt bis zum hinteren Tunnelschott. Die Lage des letzteren richtet sich nach der Form des Schiffes und wird mit Rücksicht auf die Zugänglichkeit der Stopfbüchse bestimmt. Scharfe Schiffe haben daher meistens längere Wellenrohre als völlige.

Wellenrohre für Einschraubenschiffe werden immer von vorn eingesetzt (da hinten der Steven im Wege steht) und erhalten daher am vorderen Ende einen Flansch zur Befestigung am hinteren Tunnelschott, während die Befestigung im Hintersteven mittels einer Mutter aus Schmiedeeisen oder Stahlguß erfolgt. Bei seitlich liegenden Wellen kann das Wellenrohr entweder von hinten oder von vorne eingesetzt werden. Erstere Konstruktion hat den Vorteil, daß sich das Rohr im Dock bzw. auf der Helling bequem von außen einsetzen bzw. herausziehen läßt. Die Wandstärken des gußeisernen Wellenrohres werden unter Bezugnahme auf Abb. 542 genommen:

$$a \text{ etwa } 1{,}5\,c \text{ bis } 1{,}8\,c,$$
$$b \;\;,,\;\; 1{,}2\,c \;\;,,\;\; 1{,}5\,c.$$
$$c \;\;,,\;\; \frac{d}{20} + 20 \text{ mm},$$

§ 239. **Wellenrohrlager.** Die Länge der Lagerungen im Wellenrohr wird, wenn d der Durchmesser der Welle zwischen den Lagerstellen ist, ausgeführt:

$$\text{vorn, } l_1 = \text{etwa } 3{,}0\,d \text{ bis } 4{,}0\,d,$$
$$\text{hinten, } l_2 = \text{etwa } 4{,}0\,d \text{ bis } 5{,}5\,d.$$

Bei Schiffen, deren seitlich liegende Propellerwellen hinter dem Wellenrohraustritt noch in einem besonderen, weiter hinten befindlichen Bock gelagert sind, macht man die Lager im Wellenrohr meistens etwas kürzer, und zwar:

vorn	$l_1 =$ etwa 2,0 d bis 3,0 d,
im Wellenaustritt	$l_2 =$ „ 3,0 d „ 4,0 d,
im Wellenbock	$l_3 =$ „ 4,5 d „ 5,5 d.

Wird die Propellerwelle unmittelbar vor der Stopfbüchse in einem besonderen Traglager gehalten, dann braucht die Länge l_1 der vorderen Lagerung nur etwa gleich d bis 1,5 d gemacht werden, weil sie nicht zum eigentlichen Tragen der Welle während des Betriebes dient, sondern nur als Führung derselben beim Herausziehen behufs Besichtigung.

Wenn die Welle, wie meistens üblich, in den Lagerstellen des Wellenrohres in Wasser läuft, dann wird als Lagermaterial Pockholz verwendet, welches in einzelnen Streifen in eine bronzene, ins Wellenrohr eingesetzte und gut befestigte Büchse eingesetzt wird, wie die Abb. 543 bis 546 bzw. 549 zeigen. Der untere Teil der Lagerbüchse wird hierbei zweckmäßig mit Hirnholz gefüttert. Das Pockholz wird durch einige Längsschienen aus Bronze in der Büchse festgehalten, die jedoch nicht in der unteren Hälfte sitzen dürfen, damit die Welle auch nach Abnutzung des Holzes nicht darauf reiben kann (s. Abb. 544 bzw. 549).

Pockholz wird in der Regel verwendet, weil es absolut wasserbeständig ist, sich nur wenig abnutzt und infolge seines natürlichen Fettgehaltes selbst schmiert und den Bronzebezug der Welle nicht angreift. In der Längsrichtung werden die Pockholzstäbe etwa 8 bis 12 mm kürzer gemacht, damit sie sich beim Aufquellen im Wasser leicht dehnen können. Um das Herausziehen bzw. Einziehen der bronzenen Lagerbüchsen zu erleichtern, werden sie mitunter in der Längsrichtung, etwas schräg zur Längsachse, geteilt hergestellt. Unter Bezugnahme auf Abb. 542 wird bei Wellen von 200 bis 600 mm Durchmesser die Wandstärke der bronzenen Büchse $e =$ etwa 15 bis 25 mm, die Stärke des Pockholzes $f =$ etwa 20 bis 30 mm gemacht.

Bei Schiffen einfachster und billigster Ausführung, die nur in Süßwasser fahren, wird mitunter an Stelle der Bronzebüchse und des Pockholzes nur eine Büchse aus Gußeisen eingesetzt (s. Abb. 547), welche nur einige Längsnuten für den Wasserzutritt erhält.

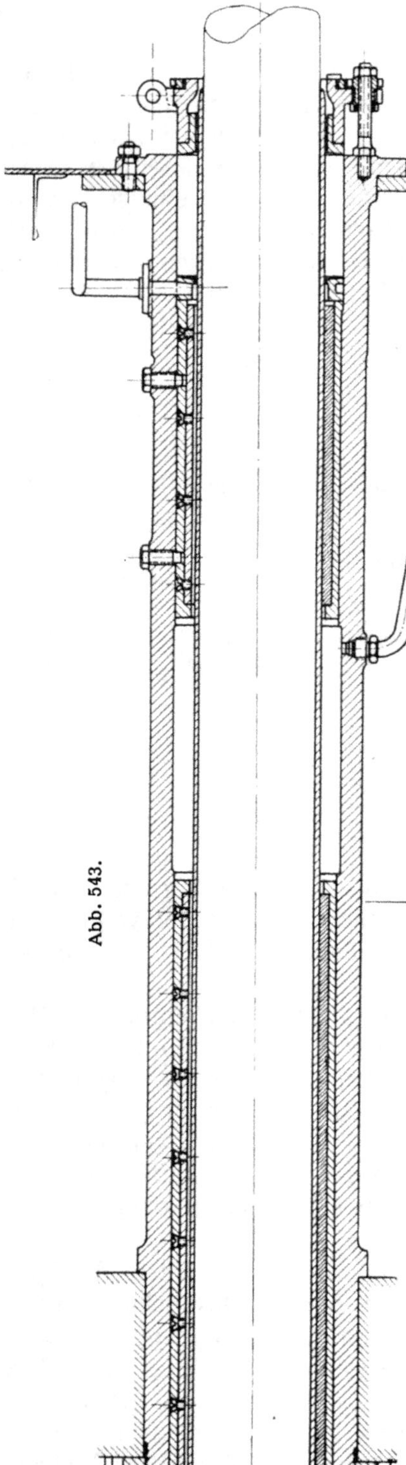

Abb. 543.

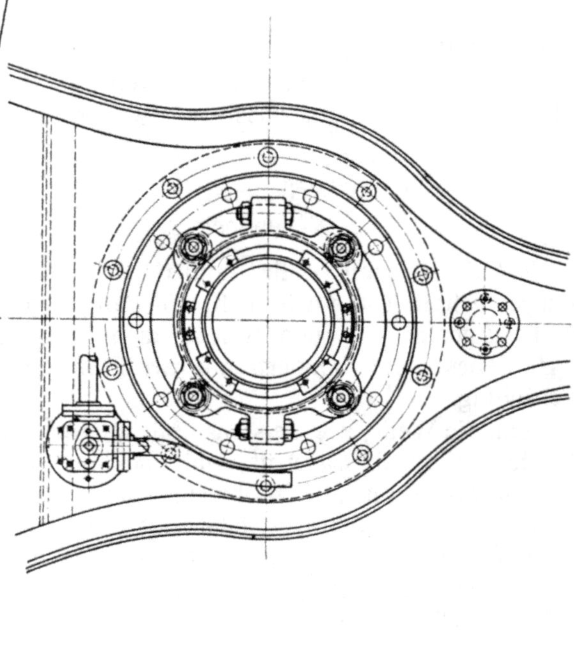

Abb. 545.

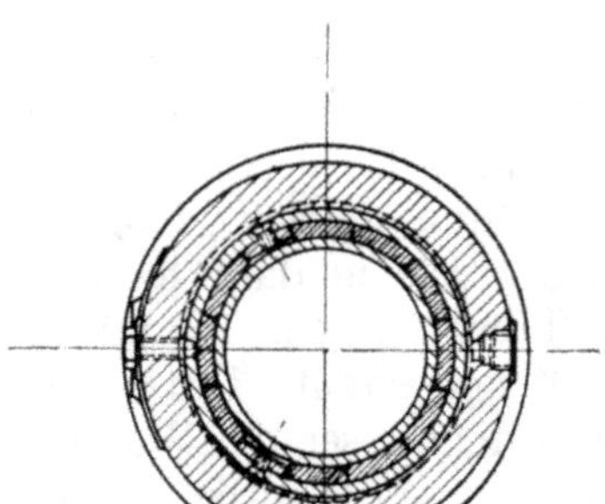

Abb. 544.

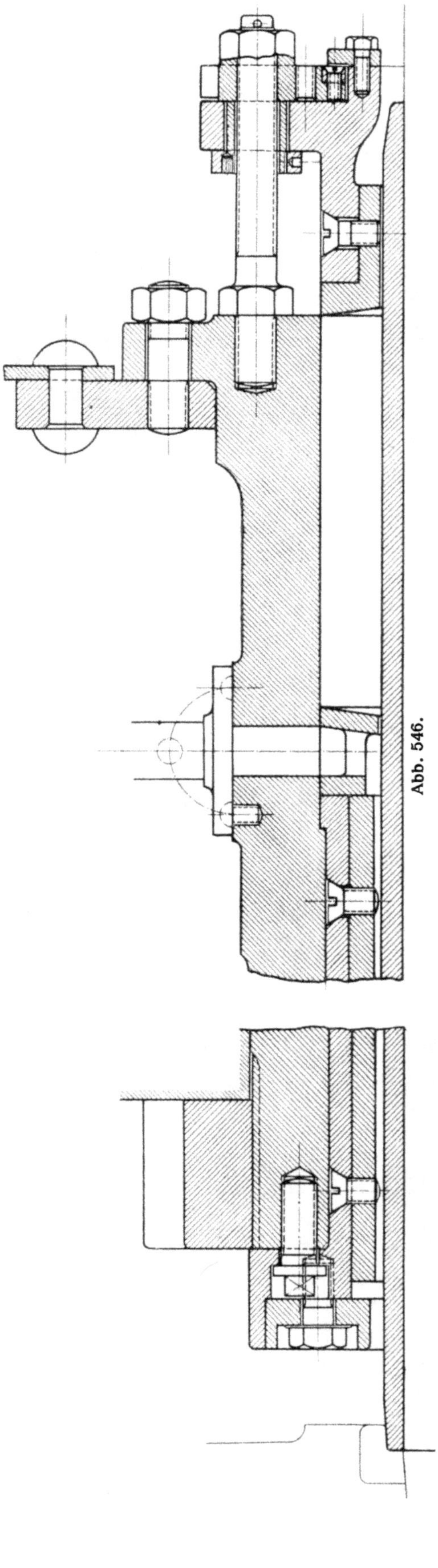

Abb. 546.

Die Welle erhält dann keinen Bronzebezug; die Schmierung erfolgt in diesem Falle meistens mittels Staufferfett, welches vom hinteren Tunnelschott aus durch Kanäle und Bohrungen in die hintere Laufbüchse gepreßt wird, wie Abb. 547 zeigt.

Vielfach verwendet man statt der Pockholzstreifen auch solche aus Weißmetall, oder man zieht auch ganze Büchsen aus seewasserbeständigem Weißmetall als Lager ins Wellenrohr ein (wie in Abb. 548 bzw. 550). Dicke der Weißmetallbüchsen etwa 20 bis 30 mm.

Bei Einschraubenschiffen muß wegen des Ruderstevens die Schraubenwelle fast immer von vorn eingesetzt bzw. bei Besichtigungen nach innen gezogen werden. Der Durchmesser der Lagerstellen wird daher in der Regel vorn um etwa 4 bis 6 mm größer gemacht als hinten.

Wird die Schraubenwelle bei seitlich liegenden Wellen von außen eingesetzt bzw. bei Besichtigungen nach außen gezogen, so wird die hintere Lagerstelle im Durchmesser etwas größer gemacht als die vordere. Soll es jedoch möglich sein, die Welle sowohl nach innen als auch nach außen zu ziehen, dann werden die Durchmesser der Lagerstellen gleich groß bemessen.

Die genaue Lage der Wellenrohrachse wird durch Ausvisieren der Wellenleitung festgestellt und danach der Hintersteven und das Tunnelschott ausgebohrt. In die Bohrung wird das Wellenrohr stramm eingezogen.

Das hintere Tunnelschott, in welchem das vordere Ende des Wellenrohres befestigt wird, wird meistens durch einen aufgenieteten schmiedeeisernen Ring verstärkt, welcher beim Ausbohren der Wellenaustrittsöffnung mit ausgebohrt und abgedreht wird, um eine genaue Auflage für das Wellenrohr zu erhalten.

§ 240. **Wellenrohre für leichte Kriegsschiffe** werden entweder aus Bronze oder aus flußeisernen Rohren hergestellt und der leichteren Herstellung wegen mitunter aus mehreren Teilen zusammengesetzt. Die Pockholzstreifen oder die Laufbüchsen aus Weißmetall werden vielfach unmittelbar ins Rohr eingesetzt. Bei Ausführung der Rohrenden aus Bronze wird das Verbindungsstück häufig nur aus einem verhältnismäßig leichten Rohr aus Bronzeblech hergestellt. Die Wandstärke des bronzenen Wellenrohres wird etwa halb so stark als die des gußeisernen Wellenrohres ausgeführt.

Abb. 594 zeigt das Wellenrohr eines geschützten Kreuzers, welches ganz aus Bronze besteht. Das

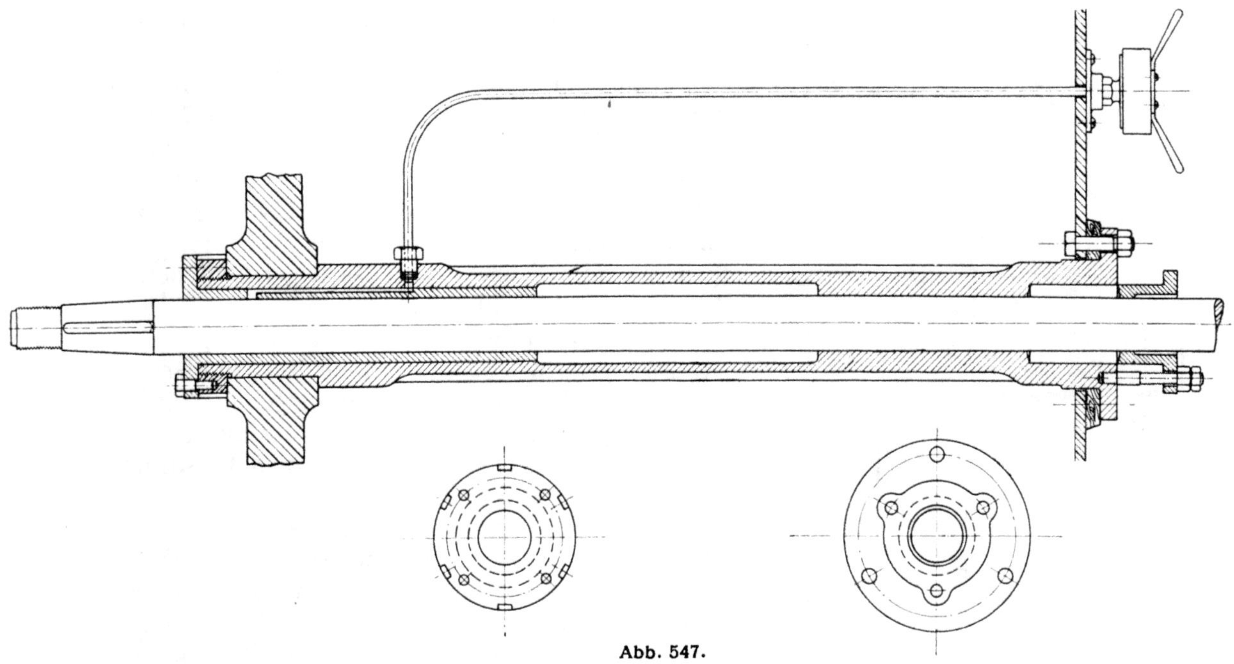

Abb. 547.

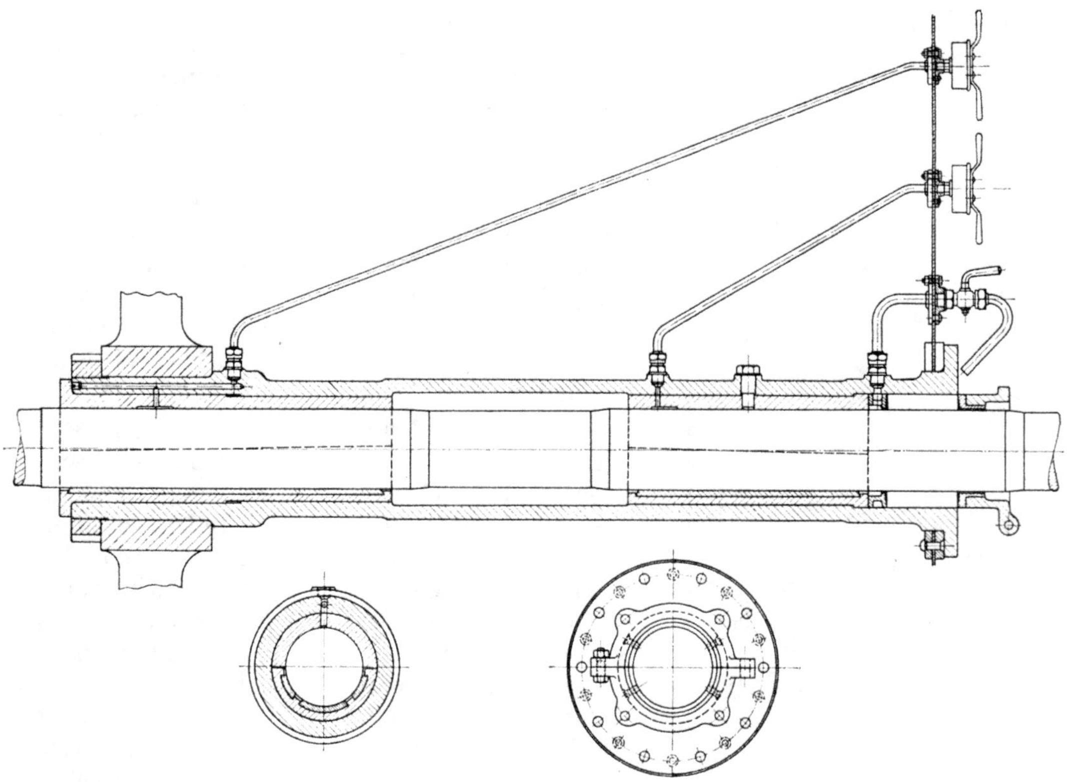

Abb. 548.

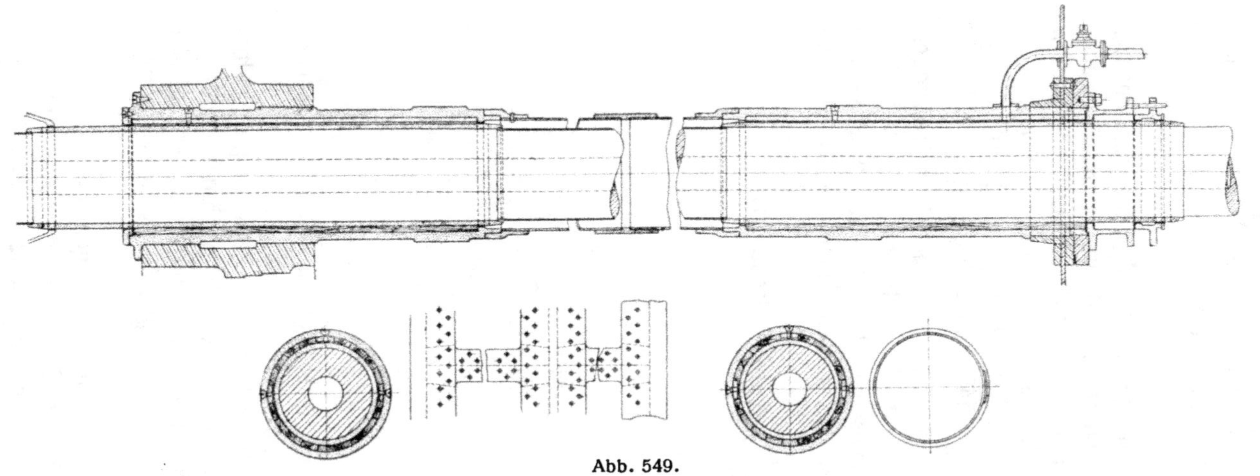

Abb. 549.

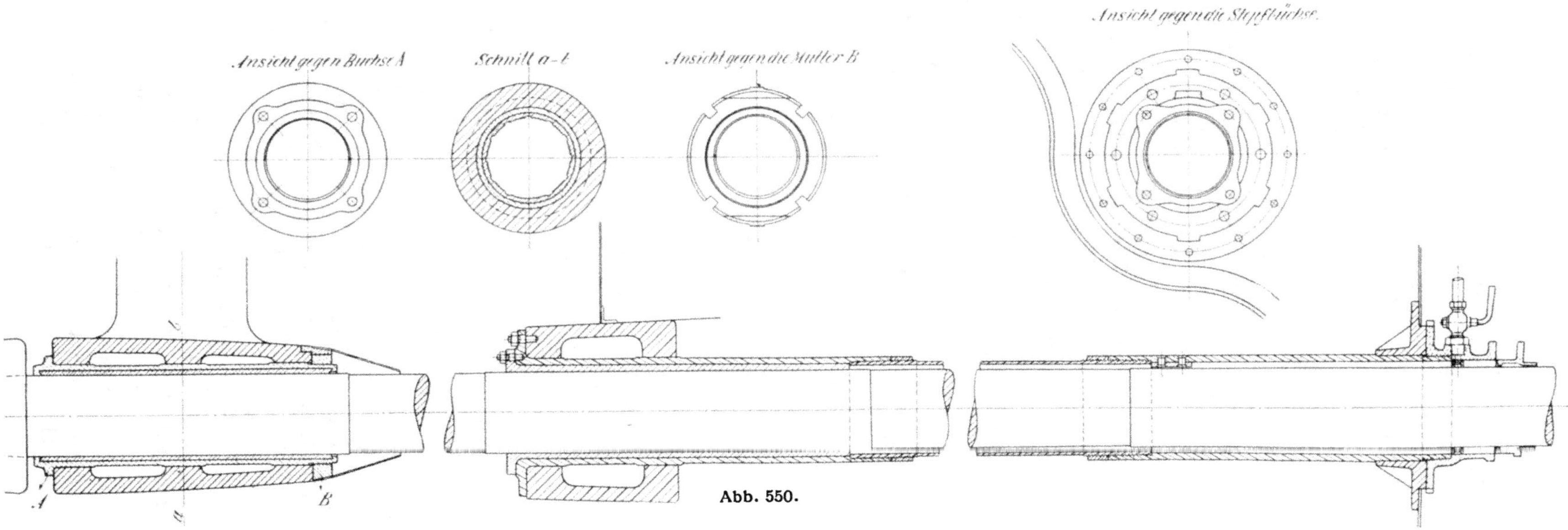

Abb. 550.

Mittelstück ist aus Bronzeblech zusammengenietet und mit den beiden bronzenen Endstücken, welche die Pockholzlagerungen enthalten, verschraubt.

Bei Torpedobooten verwendet man als Wellenrohr auch wohl ein Stahlrohr, in welches die Lagerbüchsen aus Bronze oder Weißmetall eingezogen sind.

Abb. 550 zeigt das Wellenrohr für einen Torpedojäger. Es ist aus einzelnen Stahlrohren zusammengebaut und von hinten ins Schiff eingesetzt. Weiter hinten ist die Propellerwelle noch in einem Bock gelagert. An den Lagerstellen sind Weißmetallbüchsen eingesetzt, in welchen die aus Siemens-Martinstahl bestehende Welle ohne Überzüge läuft.

§ 241. **Wellenrohr-Stopfbüchsen** (s. Abb. 543 bis 550). Erfolgt die Abdichtung der Welle durch Weichpackung (eingefettete Baumwollzöpfe), dann erhält der Packraum je nach dem Durchmesser der Welle eine lichte Weite von etwa 20 bis 40 mm. Die Tiefe desselben wird etwa auf 0,8 d bis 1,5 d bemessen, wobei die kleinere Zahl für starke Wellen gilt. Bei solchen wird gewöhnlich eine Einrichtung zum gleichmäßigen Anziehen der Stopfbüchsmuttern vorgesehen (s. Abb. 545 und 546).

§ 242. **Wellenrohrstopfbüchsen mit Ölschmierung.** Man hat auch Konstruktionen ersonnen, um die Lagerstellen der Propellerwelle nur mit Öl zu schmieren. Das Wellenrohr erhält dann auch am hinteren Austrittsende zwischen Propellernabe und Wellenrohr eine Abdichtung, um Ölverluste möglichst zu vermeiden. Heute kommen derartige Abdichtungen kaum mehr zur Verwendung.

Abb. 551 u. 552 zeigen die Abdichtung nach System Toussaint.

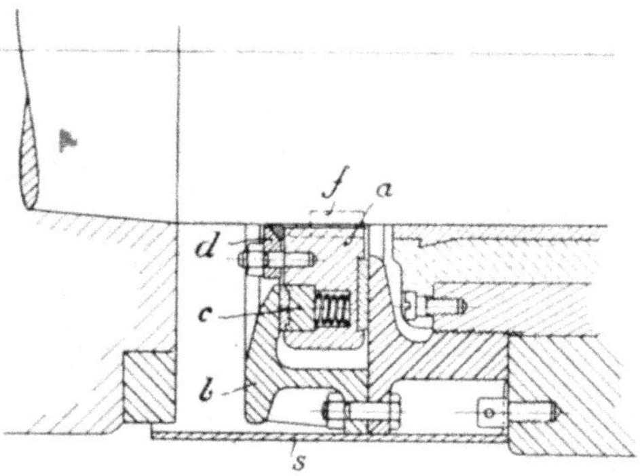

Abb. 551.

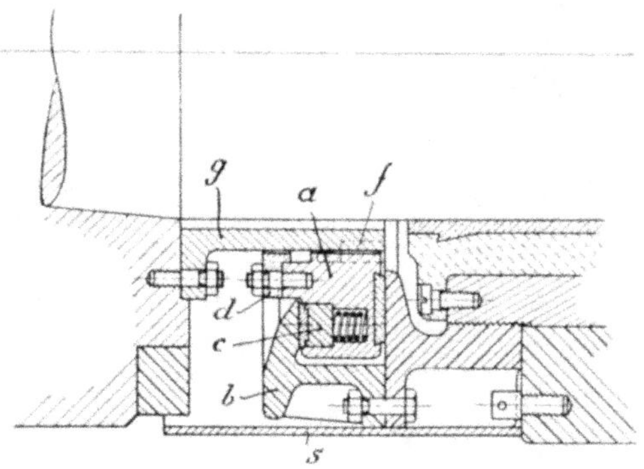

Abb. 552.

Bei Abb. 551 ist auf die Propellerwelle der bronzene Ring a aufgeschoben, welcher durch eine eingelegte Feder f mit der Welle verbunden ist.

Der Ring läuft in dem bronzenen, mit dem Wellenrohr fest verbundenen, geschlossenen Gehäuse b, in welchem er an den beiden Stirnseiten durch Weißmetalleinlagen abdichtet. Das elastische Andrücken der Gleitflächen geschieht durch die hinter den losen Ring c gelegten Federn. Die Abdichtung des Ringes a gegen die Welle wird durch den Ring d und eine unterlegte Packung bewirkt.

Bei der Konstruktion nach Abb. 552 wird der Ring a nicht gegen die Welle, sondern gegen eine mit der Propellernabe fest verbundene Schutzhülse g gedichtet.

Da die Propellerwelle bei Temperaturschwankungen ihre Länge gegenüber dem Schiffskörper unter Umständen bis zu etwa 15 mm ändern kann, so muß die Nut für die eingelegte Feder entsprechend länger als diese gemacht werden.

Abb. 553 zeigt die Abdichtung nach System Cederwall. Das mit der Propellernabe fest verbundene bronzene Gehäuse b enthält hier den mit Weißmetall ausgegossenen Dichtungsring a, welcher durch hinterlegte Federn gegen die Wellenrohrmutter oder auch unmittelbar gegen die Wellenbüchse gedrückt wird. Zur Abdichtung des

Ringes *a* sind die angeschraubten Ringe *d* mit untergelegter Packung versehen. Die Federn müssen genügend lang sein, damit bei Längenänderungen der Propellerwelle der Dichtungsring *a* immer gegen die Gleitfläche gedrückt wird.

Zum Schutz der Stopfbüchse wird in jedem Falle eine zweiteilige Schutzhülse *s*, welche gewöhnlich am Hintersteven bzw. am Wellenaustritt befestigt wird, vorgesehen.

Das vordere Ende des Wellenrohres wird entweder durch eine gewöhnliche Stopfbüchse abgedichtet oder mit einer ähnlichen Dichtung wie am hinteren Ende versehen.

Das Öl zur Schmierung wird am vorderen Ende des Wellenrohres unmittelbar hinter der Stopfbüchse durch eine Handpumpe, einen Mollerup-Schmierapparat oder aus einem über der Wasserlinie des Schiffes an geeigneter Stelle aufgestellten Öltank durch eine Rohrleitung selbsttätig zugeführt.

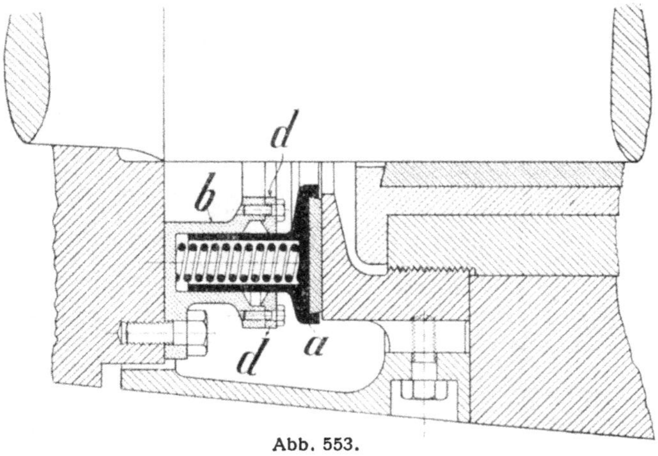

Abb. 553.

Bei Ölschmierung erhält die Propellerwelle keine bronzenen Überzüge an den Laufstellen, sondern wird an denselben nur verdickt, um ev. ein Nachdrehen zu gestatten; die Lagerbüchsen werden dann entweder ganz aus Weißmetall oder aus Bronze hergestellt und mit Weißmetall ausgegossen.

§ 243. **Heizung des Wellenrohres.** Um im Winter während des Stilliegens im Hafen das Wellenrohr vor dem Einfrieren und den dadurch bedingten Beschädigungen zu schützen, wird es mittels Dampf geheizt. Vielfach wird zu diesem Zweck durch die Kühlwasserleitung, welche mit einem Anschluß an die Hilfsdampfleitung versehen ist, Dampf unmittelbar ins Rohr eingeleitet und dieses dadurch erwärmt bzw. warm gehalten.

Neuerdings wird der Heizdampf nicht unmittelbar ins Rohr eingeführt, sondern durch eine Heizschlange geleitet (s. Abb. 554), welche in mehreren Windungen auf der unteren Seite des Wellenrohres befestigt ist. Hierdurch wird das Wellenrohr in seiner ganzen Länge von unten her gleichmäßig erwärmt. Als Dampfzuleitung wird gewöhnlich die Kühlwasserleitung benutzt, welche dann mit entsprechenden Absperrorganen und einem Sicherheitsventil versehen sein muß. Das Kondenswasser aus der Heizschlange wird entweder durch einen Hahn nach außenbord oder in die Bilge geleitet.

§ 244. **Die Revision der Propeller, Propellerwelle und deren Lagerung** sowie die Erledigung der sich dabei als notwendig herausstellenden Reparaturarbeiten bildet einen besonders wichtigen Teil der an Schiffen laufend vorkommenden Instandsetzungsarbeiten.

Dementsprechend haben auch die Klassifikations-Gesellschaften das sog. „Ziehen der Welle zur Besichtigung“ unter die Arbeiten aufgenommen, welche für die periodische

„Reklassifikation" (Neuausstellung des Klassifikationszeugnisses nach längerer Fahrtperiode) vorgeschrieben sind. Unter „Ziehen der Welle zur Besichtigung" versteht man das Abnehmen des Propellers, das Hineinziehen der Welle in das Schiffsinnere (bei Einschraubenschiffen) bzw. das Herausziehen der Propellerwellen nach außen im Dock, wie es häufig bei Zweischraubenschiffen vorgesehen ist. Nachdem auf diese Weise Wellenrohr und Welle sowie Propellernabe zur Besichtigung freiliegen, werden in erster Linie geprüft:

Der Zustand der Nabenbohrung, namentlich daraufhin, ob der Propellerkonus richtig getragen hat und ob die Abdichtung desselben genügend war, um das Eintreten von Wasser und damit Korrosionen zu vermeiden.

Ferner wird festgestellt, ob die Flügelmuttern fest sind.

An der Propellerwelle wird zunächst besichtigt:

Der Konus auf Anfressungen, welche gewöhnlich zwischen dem hinteren Ende des Wellenbezuges und im Konusansatz auftreten.

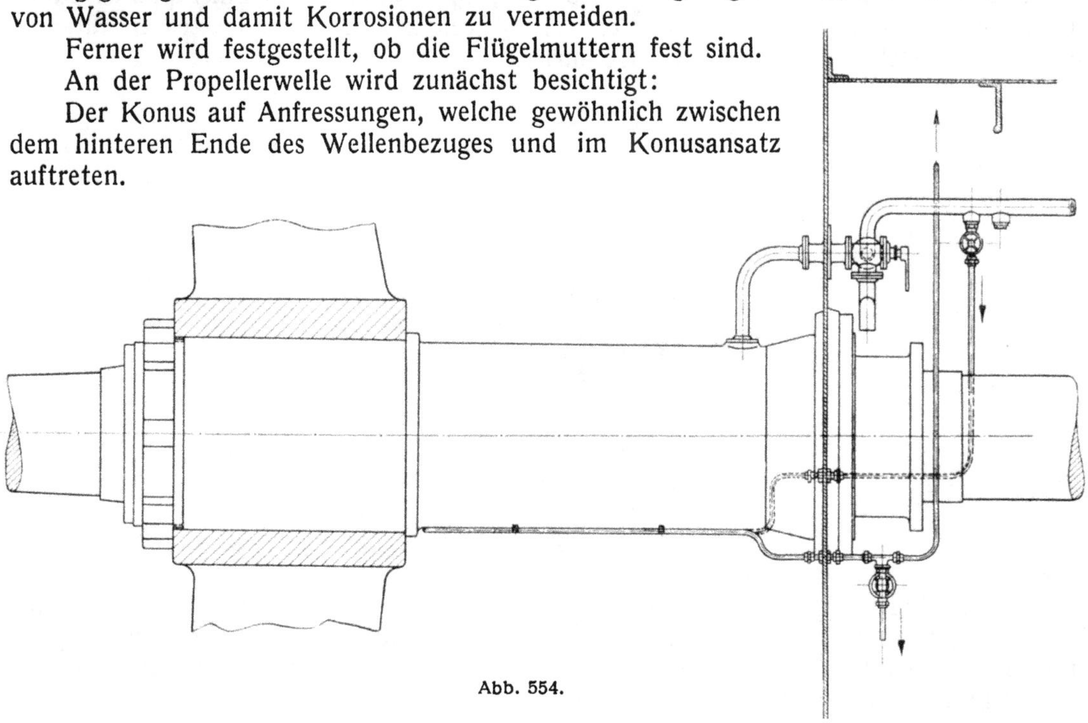

Abb. 554.

Des weiteren wird untersucht, ob die Bezüge besonders an den Enden fest aufliegen und ob sich irgendwo Einbrüche oder Risse an denselben zeigen, insbesondere wird durch Abklopfen der Bezüge festgestellt, ob dieselben auch überall fest aufliegen oder ob hohle Stellen zwischen Welle und Bezug zu bemerken sind. Sind zwei Bezüge vorhanden, zwischen welchen die Welle frei liegt, so ist häufig dieser ungeschützte Teil durch Umwickeln mit Segeltuch und Marlleine geschützt (vgl. § 236). Bei Besichtigung wird dieses entfernt und die Welle auf Anfressungen, Risse usw. untersucht. Ist zwischen den Bezügen Gummi vorgesehen, so beschränkt sich die Besichtigung darauf, ob der Gummibelag unbeschädigt ist und namentlich, ob er an den Bezügen gut anschließt.

Am Wellenrohr erstreckt sich die Untersuchung in erster Linie auf die Pockholzausfütterung; dieselbe muß unbedingt erneuert werden, wenn der Spielraum im Durchmesser gemessen bei Wellen von mittlerem Durchmesser (350 bis 500 mm) mehr als 6 mm beträgt. Ferner wird untersucht, ob die Pockholzstäbe fest am Wellenrohr anliegen; es kommt nämlich manchmal vor, daß sich die Stäbe durch starkes Quellen so sehr geworfen haben, daß ein gleichmäßiges Aufliegen der Welle nicht mehr gesichert ist.

Die Klassifikationsgesellschaften (Germanischer Lloyd, Lloyds Register usw.) haben ziemlich übereinstimmende Vorschriften in dieser Hinsicht erlassen. Denselben entsprechend ist die Schraubenwelle jährlich zu besichtigen und in Zwischenräumen von nicht über 2 Jahren zu ziehen. Letztere Zeitdauer erhöht sich auf 4 Jahre für den Fall, daß zwischen den beiden Wellenbezügen Gummibelag vorgesehen, oder daß der Bronzebezug zwischen den Lagerstellen durchlaufend hergestellt ist.

Abb. 555.

Außerdem muß nach jeder Grundberührung eine Besichtigung des Hinterschiffs stattfinden und auf Verlangen des Vertreters der Klassifikations-Gesellschaft das Ziehen der Welle vorgenommen werden.

Die Photographie Abb. 555 veranschaulicht die Demontage des vierflügeligen Propellers eines Frachtdampfers. Zum Zweck der Erneuerung der Pockholzausfütterung des hinteren Stevenrohrlagers ist der Propeller abgenommen und mittels Flaschenzuges auf den Boden des Docks niedergelassen. Die Propellerwelle, deren Ende noch

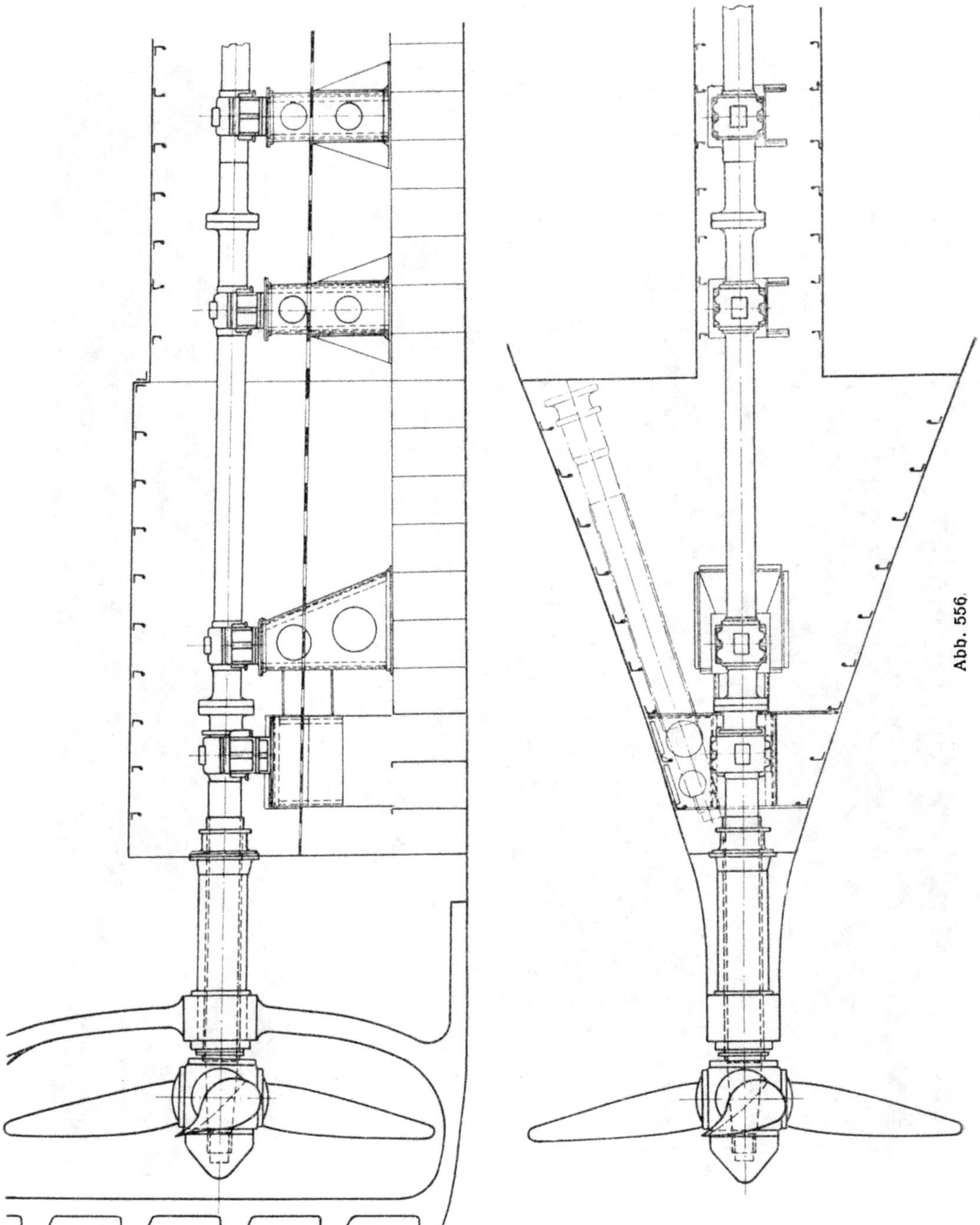

Abb. 556.

aus dem Stevenrohr herausragt, muß, wie stets bei Einschraubenschiffen, noch nach innen gezogen werden. Bemerkenswert ist der starke Besatz des Propellers mit Muscheln usw., herrührend von einer langen Liegezeit des Schiffes im Hafen.

§ 245. **Anordnung der Wellenleitung.** Erhält das Schiff nur eine Antriebsmaschine, so liegt die Schraubenwelle mittschiffs. (Vgl. Abb. 556—560.) Die Schraube ist dann in den meisten Fällen rechtsgängig.

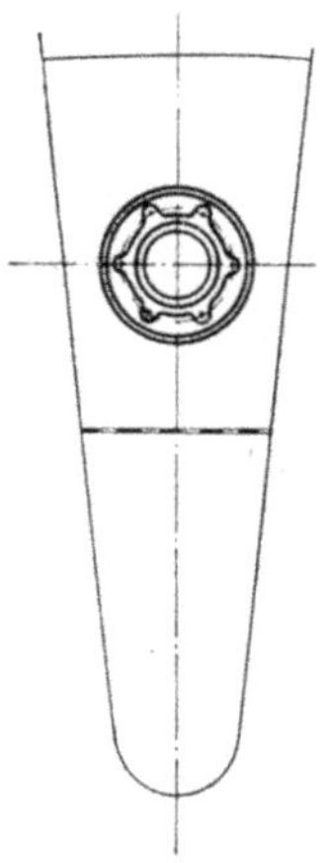

Abb. 557.

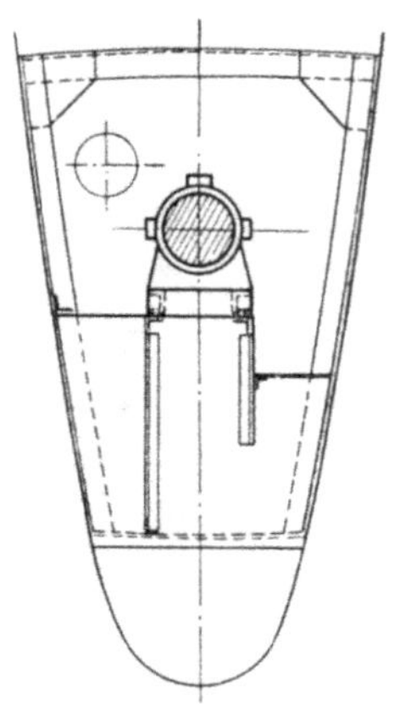

Abb. 558.

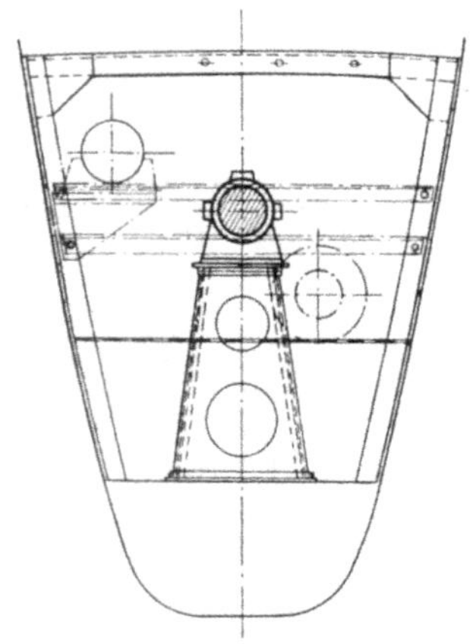

Abb. 559.

Wird die erforderliche Maschinenleistung auf zwei Maschinen bzw. 2 Wellen verteilt, dann liegen die beiden Maschinen symmetrisch zur Schiffsmitte. (Vgl. Abb. 561—564.) Die Wellen liegen meistens entweder parallel zu Mitte Schiff, oder sie divergieren nach hinten.

Die Mitten der Schrauben werden in seitlicher Richtung so angeordnet, daß die Flügelspitzen von der Außenhaut des Schiffes ziemlich weit entfernt bleiben, um die durch die Flügel verursachten Erschütterungen des Hinterschiffs möglichst gering zu halten. (Abb. 565.) Als geringstes Maß können, je nach der Größe des Schiffes, 100 bis 250 mm Abstand angenommen werden.

Bei Doppelschraubenschiffen mit Kolbenmaschinen sind die Wellenmitten vorn so weit aus Mitte Schiff zu legen, daß zwischen den Handrädern der Umsteuermaschinen mindestens 1200 bis 1400 mm freier Durchgang verbleibt.

Um bei verhältnismäßig großen Schrauben die Flügelspitzen außen nicht zu weit von der Schiffsmitte abstehen zu lassen (wegen der Gefahr der Beschädigung an Hafenmauern, in Schleusen usw.), hat man auch schon die Wellenmitten hinten so nahe zusammengelegt, daß die beiden Schraubenkreise sich teilweise überschneiden; damit die Propeller trotzdem voneinander frei gehen, wurde die eine Schraube um ein gewisses Maß hinter der andern angeordnet, die beiden Wellenleitungen also verschieden lang gemacht.

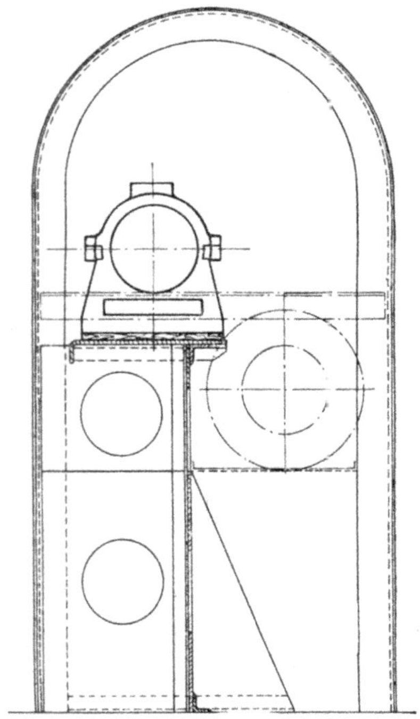

Abb. 560.

In letzter Zeit sind auch Anlagen ausgeführt worden (vgl. Abb. 566) bei welchen die beiden Wellen nach hinten konvergieren, und zwar unter Anwendung von Turbinenanlagen mit Zahnradgetriebe, welche sich ganz nahe an der Bordwand anordnen lassen. Es ergibt sich hieraus der Vorteil, daß der Raum zwischen den beiden Wellentunneln als Frachtraum

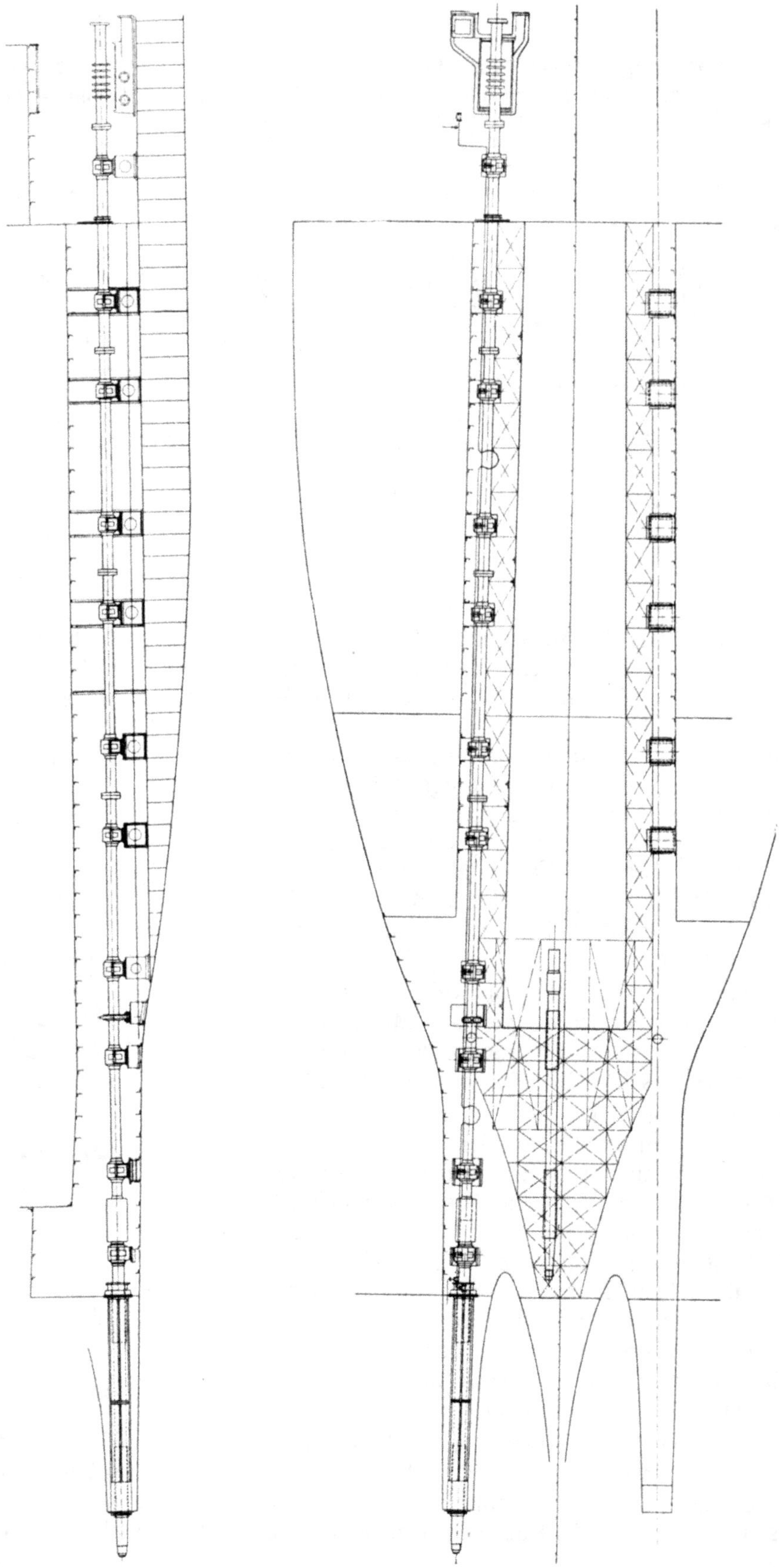

Abb. 561.

besonders gut ausgenutzt und das Löschen und Laden schneller bewerkstelligt werden kann.

Die beiden Propellerwellen werden stets gleich lang gemacht, um eine Reservewelle für beide Seiten verwenden zu können.

Die beiden Schrauben drehen sich in entgegengesetzten Richtungen, und zwar ist meistens die St.B.-Schraube rechtsgängig, die B.B.-Schraube linksgängig, d. h. die Schraubenflügel schlagen, von hinten gesehen, bei Vorwärtsgang oben nach außen;

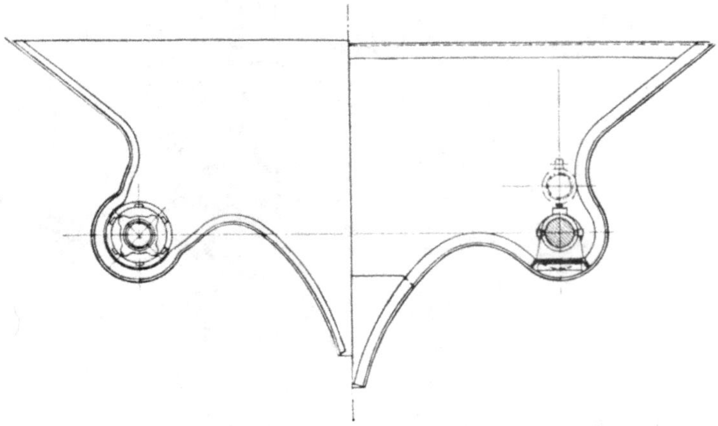

Abb. 562.

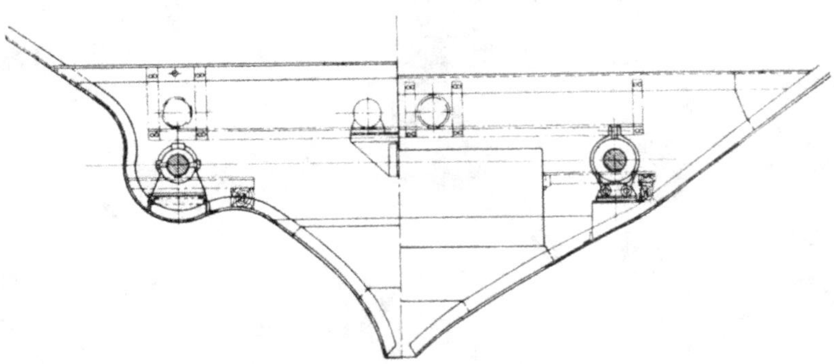

Abb. 563.

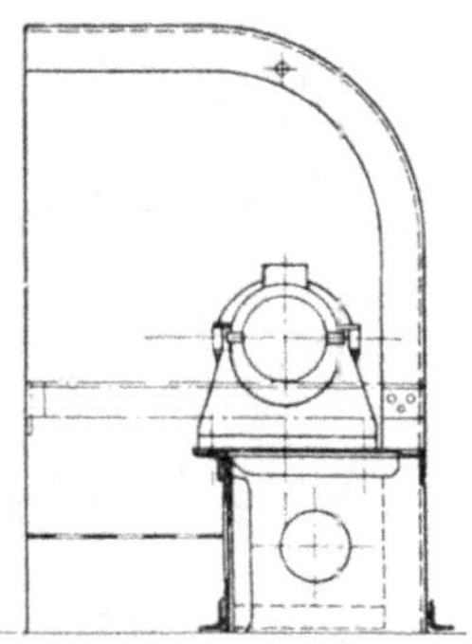

Abb. 564.

sehr selten wird die Drehrichtung umgekehrt wie vorstehend angegeben angenommen (vgl. § 256).

Bei Anlagen mit 3 Wellen (vgl. Abb. 567) liegt die Mittelwelle mittschiffs, die beiden anderen Wellen symmetrisch dazu auf B.B. und St.B. Die Drehrichtung der Seitenschrauben ist dieselbe wie oben angegeben, die Mittelschraube meistens linksgängig, d. h. mit der B.B.-Schraube gleich; die beiden Seitenschrauben liegen etwas vor der Mittelschraube.

Sind die auf die drei Wellen entfallenden Leistungen gleich groß, dann werden auch die Propellerwellen untereinander gleich gemacht, um nur eine Reservewelle zu benötigen; wenn die Drehzahl der Mittelwelle oder die auf dieselbe entfallende Leistung, wie dies namentlich bei Abdampfturbinenanlagen der Fall ist, von derjenigen der Außenwellen wesentlich abweicht, dann erhält sie dementsprechend auch andere Abmessungen.

Abb. 565.

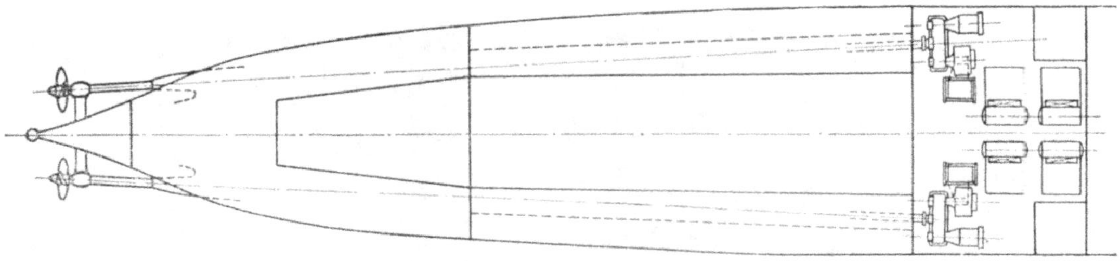

Abb. 567.

Abb. 568.

Abb. 569.

Muß wegen der Größe der Maschinenleistung oder der Schrauben die Gesamtleistung auf vier Wellen verteilt werden, so liegen je zwei Wellen symmetrisch zur Schiffsmitte, wenn möglich parallel. Die Drehrichtung der Wellen wird dann so gewählt, daß die beiden St.B.-Schrauben rechtsgängig, die beiden B.B.-Schrauben linksgängig sind. Die Schrauben werden mit Rücksicht auf ihre Lage zum Schiffskörper in der Längsrichtung des Schiffes versetzt so angeordnet, daß die beiden Innenschrauben möglichst weit hinten liegen wie bei Zweischraubenschiffen, die beiden Außenschrauben aber entsprechend weiter vorn zu liegen kommen (vgl. Abb. 568 und 569, Imperator). Die Propellerwellen werden auch hier mit Rücksicht auf die Reservewelle, wenn es irgend angängig ist, mit den gleichen Abmessungen hergestellt.

Die Höhenlage der Wellenleitung wird so gewählt, daß die Schraube so tief wie möglich unter Wasser liegt, damit die Flügelspitzen bei unbeladenem Schiff nicht zu weit austauchen, bzw. beim Stampfen des Schiffes nach Möglichkeit nicht über Wasser kommen, wodurch ein mehr oder weniger heftiges, für die Maschine unter Umständen gefährliches „Durchgehen" derselben eintreten kann. Wenn nicht besondere

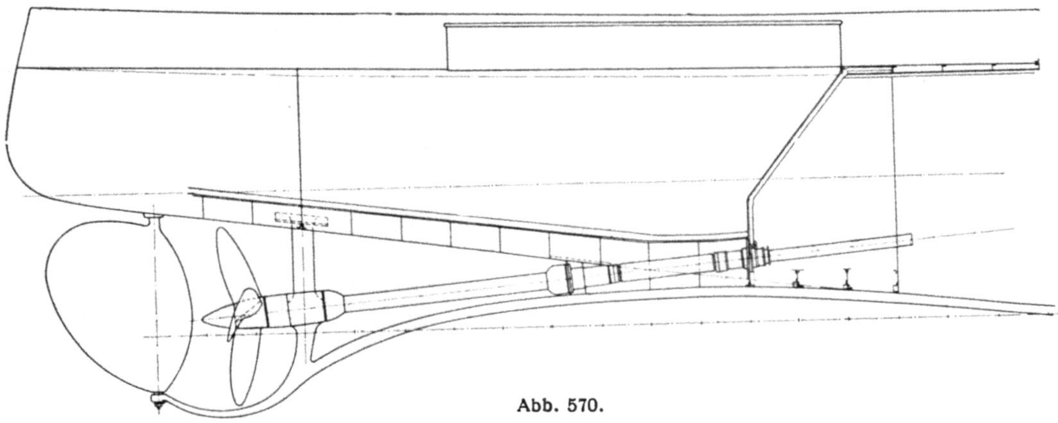

Abb. 570.

Gründe es notwendig machen, dann wird bei Einschraubenschiffen die Propellermitte so hoch gelegt, daß die Flügelspitzen unten noch etwa 80 bis 100 mm vom Schraubenrahmen frei gehen. Bei zwei und mehr Schrauben liegen die Schraubenkreise unten mindestens 100 bis 200 mm über Unterkante Kiel.

Bei kleineren Fahrzeugen mit verhältnismäßig großen Schrauben kommt es vor, daß sich der Propeller nicht anders unterbringen läßt als so, daß seine Flügelspitzen tiefer schlagen als Unterkante Kiel. Bei Einschraubenschiffen ist es in diesem Falle nötig, den Hintersteven so weit herunterzuziehen, daß sein horizontaler unterer Teil von den Flügelspitzen frei geht. Hierdurch werden dieselben auch vor der Berührung des Grundes geschützt. Vgl. hierzu Abb. 570. Selbstverständlich wird diese Konstruktion, wo immer angängig, vermieden.

Bei ganz flachgehenden Flußfahrzeugen, bei welchen sich die Propeller überhaupt nicht so unterbringen lassen, daß sie einerseits vom Grunde frei gehen, anderseits unter der Wasseroberfläche bleiben, ordnet man die Propeller auch in einer Art von tunnelartigen Aushöhlungen am Hinterteil des Schiffes an, welche sich bei der Fahrt mit Wasser füllen, so daß das Wasser in denselben höher steht als die Wasseroberfläche des Gewässers. Abb. 571 und 572 zeigt schematisch das Schiffshinterteil eines derartigen Fahrzeuges[1]).

[1]) Vgl. hierzu Z. d. V. d. Ing., 1913. Doppelschrauben-Flußkanonenboot für China, erbaut von den Vulkanwerken Hamburg und Stettin, A.-G.

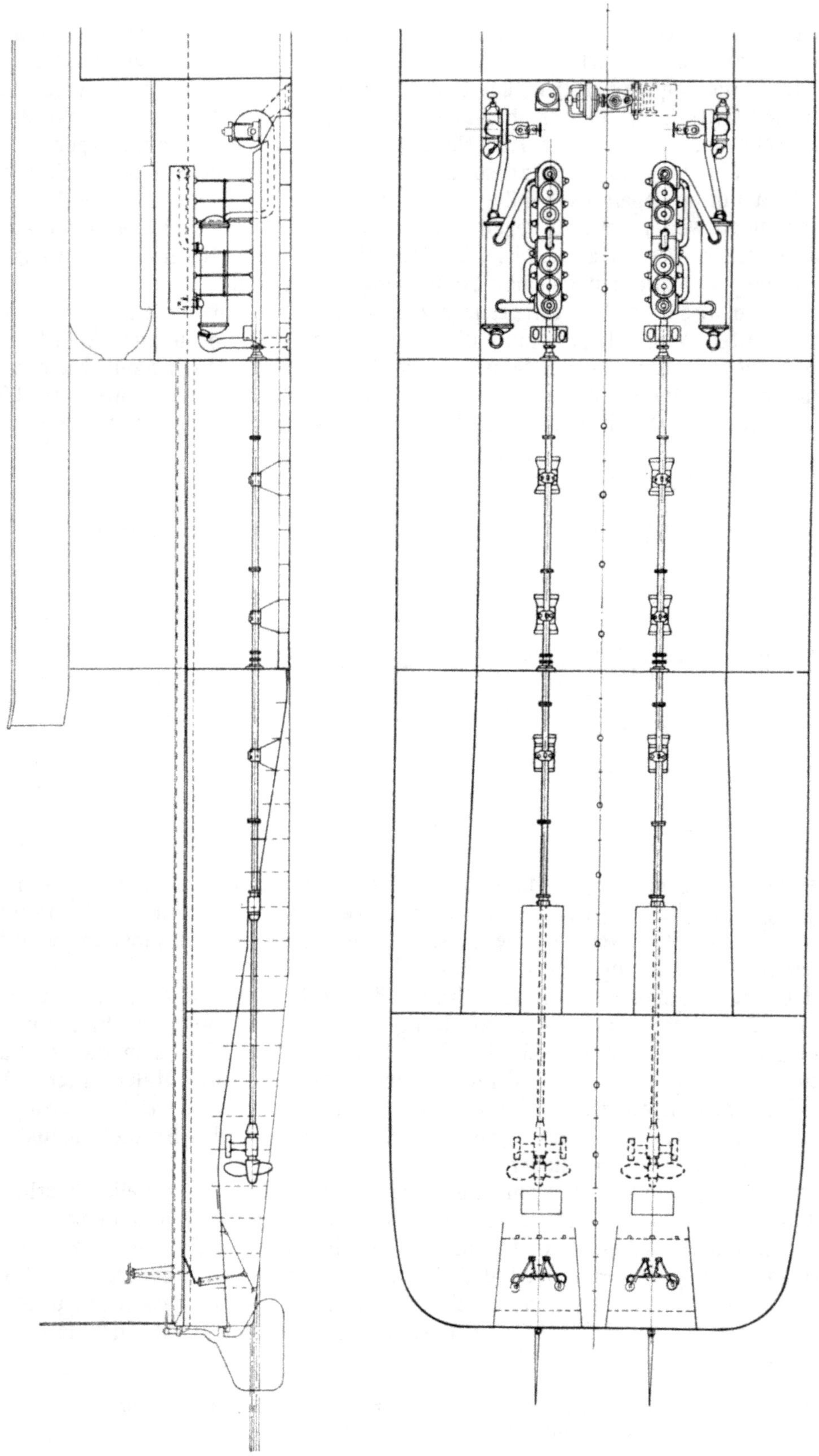

Fahrzeuge mit diesem sog. Tunnelheck sind meistens schlecht manövrierfähig, da der Tunnel, insbesondere beim Umsteuern, leicht leer läuft und die Schraube dann einige Zeit in der Luft arbeitet. Außerdem gehorchen diese Fahrzeuge meistens auch schlecht dem Ruder, besonders bei Rückwärtsfahrt, weshalb man häufig ein Bugruder anordnet.

Die Höhenlage des vorderen Endes der Wellenleitung wird durch die Art der Maschinenanlage bedingt. Zunächst ist man bestrebt, die Welle möglichst tief zu legen, damit der Schwerpunkt der Maschine nicht unnötig hoch zu liegen kommt. Kolbenmaschinen werden daher mit der Grundplatte meistens unmittelbar auf den verstärkten Doppelboden gestellt. Die Wellenleitung liegt dann (bei großen Schrauben) mitunter sogar hinten etwas höher als vorn.

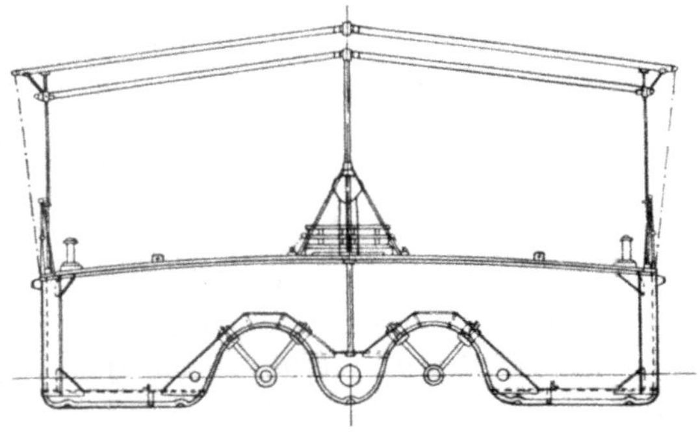

Abb. 572.

Bei Schiffen mit Turbinenantrieb, namentlich solchen mit untenliegendem Kondensator, liegt die Welle hingegen meistens vorn höher als hinten. Besonders bei Torpedobooten mit direkt wirkendem Turbinenantrieb wird diese Wellenanordnung meist erforderlich; da bei diesen Fahrzeugen wegen der geringen Schiffsbreite häufig die eine Turbine weiter nach vorn gelegt ist als die andere, wird in solchem Falle die Welle der hinteren Turbine stärker nach hinten geneigt als die der vorderen. Es finden sich hier Neigungen bis zu einer Schräge von 1 : 15, ohne daß indessen hierdurch eine nachweisbare Verschlechterung des Schraubenwirkungsgrades eingetreten ist.

Die in den Abb. 559, 560, 563 und 564 strichpunktiert eingezeichneten, querschiffs liegenden Träger werden eingesetzt, wenn eine Laufwelle zur Seite gerollt werden muß, falls die Propellerwelle zwecks Besichtigung etc. aus dem Wellenrohr herausgezogen oder die Reserve-Propellerwelle eingesetzt werden soll.

§ 246. **Wellentunnel.** Der Wellenleitung entlang bis zu dem hintersten zugänglichen Querschott, an welchem die Stevenrohrstopfbüchse sitzt, führt ein Gang, der Wellentunnel, welcher durch Seitenwände und Decke von den umgebenden Räumen wasserdicht getrennt ist und durch Laufplanken bzw. eine Plattform zugänglich gemacht ist (Abb. 560 und 564). An der Decke werden Vorrichtungen zum Heben der Laufwellen und ihrer Lager angebracht; diese werden gebraucht, wenn zwecks Überholung des hintersten Wellenrohrlagers und der Propellerwelle diese in das Schiff zurückgezogen werden muß.

Fünfter Teil.

Schmierung und Kühlung der Kolbenmaschinen.

§ 247. **Allgemeines betr. Schmierung.** Die Schmierung der Schiffskolbenmaschine erfolgt auch heute noch in der hergebrachten Weise, ohne daß sich neuere Methoden, wie z. B. Druckölschmierung, Einkapselung der Maschinen oder dgl. eingebürgert hätten. Auch werden im allgemeinen die auf wissenschaftlichen Untersuchungen begründeten Prinzipien rationeller Lagerschmierung noch nicht allgemein beachtet, was angängig ist, da in fast allen großen und stark beanspruchten Lagern der Kolbenmaschinen ein ständiger Wechsel in der Richtung des Lagerdruckes stattfindet, im Gegensatz zu den Wellenlagern z. B. der Turbinen, bei welchen der Druck immer auf der Unterschale ruht. Näheres über die neueren Theorien der Schmierung soll daher erst in Band II »Dampfturbinen« gebracht werden.

An die für die Kolbenmaschinen zu verwendenden Schmieröle sind folgende Ansprüche zu stellen:

a) Mineralöl zur Schmierung der Zylinder.

	Für Naßdampfmaschinen	Für Heißdampfmaschinen
Spez. Gewicht, etwa	0,97	0,92
Viskosität bei 100°, etwa	5,5	6
Flammpunkt, etwa	220°	320°
Brennpunkt, etwa	250°	350°
Erstarrungspunkt, etwa	— 5°	— 5°

b) Öl zur Schmierung der Lager.

Als solches wird ebenfalls Mineralöl (mitunter gemischt mit Pflanzenöl) verwendet, mit:

Spez. Gewicht, etwa	0,92
Viskosität bei 50°, etwa	5
Flammpunkt, etwa	200.

§ 248. **Schmierung der Hauptmaschine.** 1. Schmierung der inneren Teile (vergl. hierzu die Abb. 573 bis 575). Die inneren Teile der Maschine müssen, ganz besonders bei Heißdampfmaschinen, ausreichend geschmiert werden, um ein Anfressen oder zu starke Abnutzung der gleitenden Teile (Kolbenringe, Schieber, Kolben- und Schieberstangen) zu verhüten.

Das Öl wird durch sogenannte Schmierpressen (Mollerup- oder ähnliche Apparate), welche in geeigneter Weise von der Hauptmaschine angetrieben werden in eine Schmierleitung gedrückt, welche entweder nur an die Hauptdampfleitung vor dem Manövrierventil der Maschine angeschlossen ist oder außerdem auch noch nach den einzelnen Schieberkasten oder Zylindern führt. Der Anschluß an das Hauptdampfrohr erfolgt dann nur mittels eines kleinen Rückschlagventiles, um ein Zurücktreten von

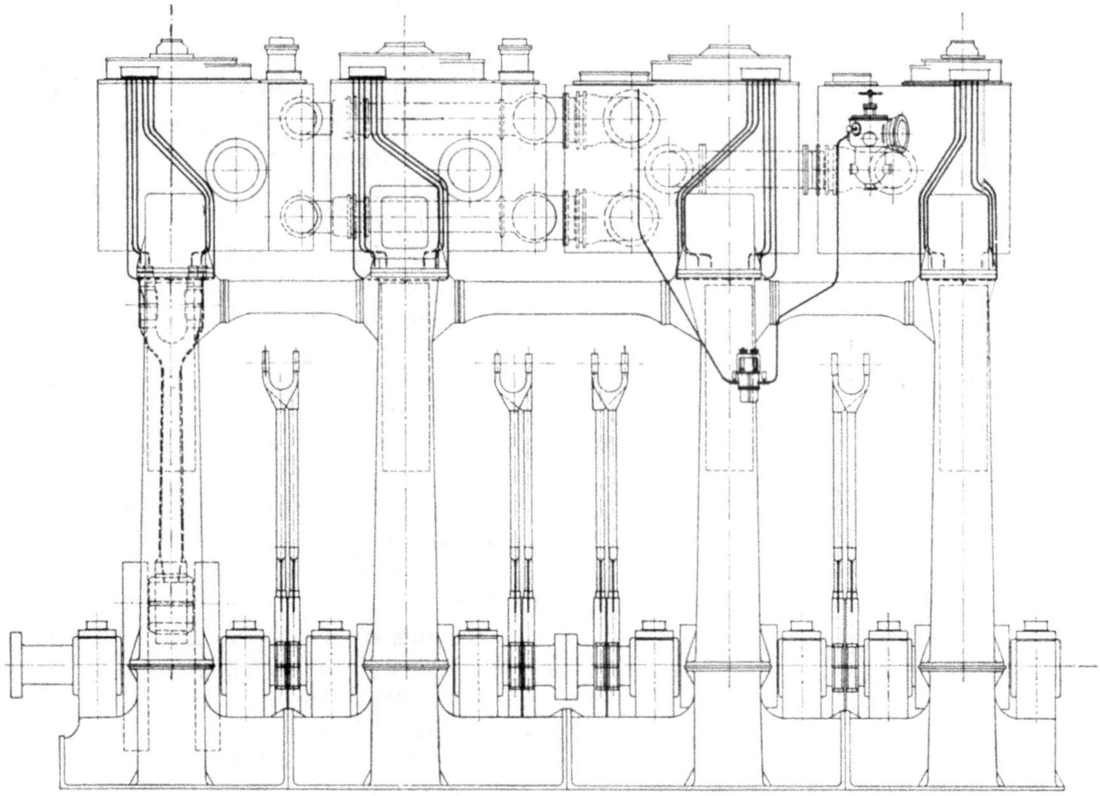

Abb. 573.

Hochdruckdampf in die Ölleitung zu verhindern. Der Anschluß an die einzelnen Zylinder oder Schieberkasten erfolgt durch kleine Absperrventile, von denen nur das eine oder

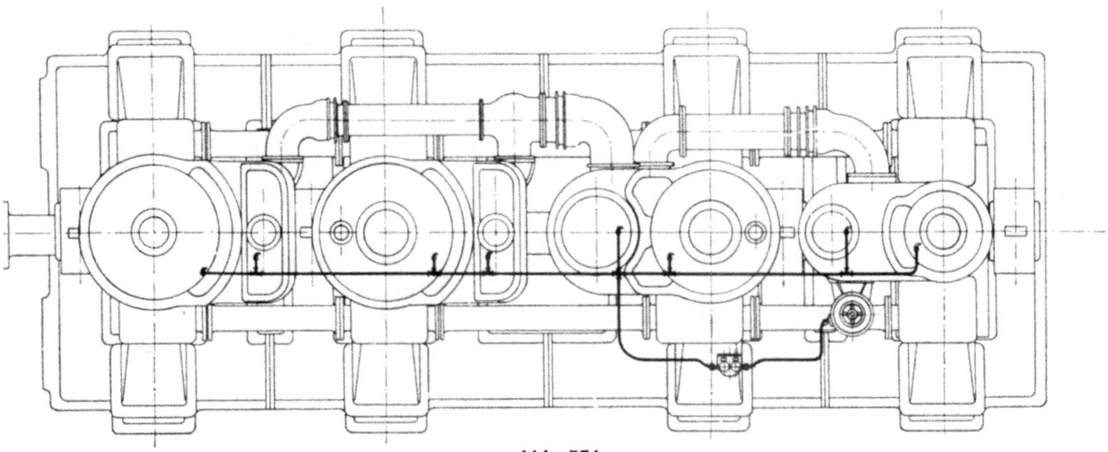

Abb. 574.

andere im Bedarfsfalle zeitweise geöffnet wird, um den betreffenden Zylinder unmittelbar zu schmieren, während das Schmieröl sonst nur dem Dampf vor dem Manövrierventil zugeführt wird.

Vielfach wird jedoch zum unmittelbaren Schmieren der einzelnen Schieber und Zylinder eine zweite Schmierpresse aufgestellt, welche entweder auch von der Maschine angetrieben wird oder nur für Handbetrieb eingerichtet ist.

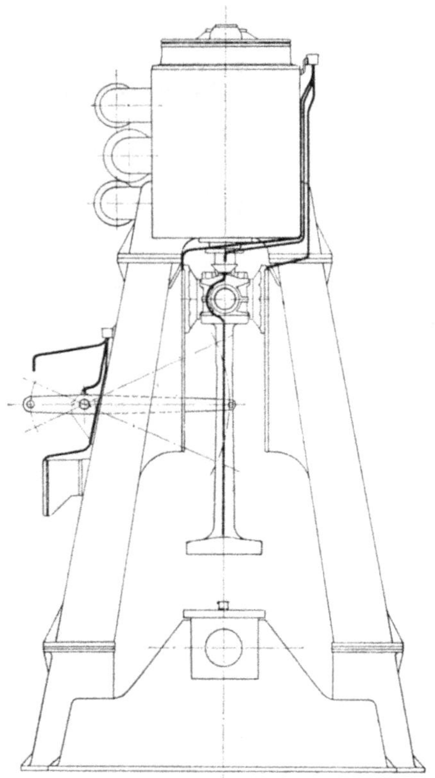

Abb. 575.

Um den verschiedenen Räumen periodisch Schmieröl zuführen zu können, werden mitunter auch einfache Schmiergefäße mit Doppelküken oder ähnliche Apparate angewendet.

Die dauernd schmierenden Schmierpressen sind immer so eingerichtet, daß sich deren Liefermenge während des Ganges der Maschine in weiten Grenzen ändern und dem jeweiligen Bedarf anpassen läßt (Sperrad mit Klinkhebel oder dgl.).

Die Kolben- und Schieberstangen werden in der Regel von Zeit zu Zeit mit Mineralöl gepinselt, welches sich für kurze Zeit in der am Ende der Packung mitunter vorgesehenen Weichpackung bzw. in den Dichtungsringen hält.

Bei Heißdampfmaschinen wird den Stopfbüchsen, besonders derjenigen der HD-Kolbenstange, mitunter unmittelbar durch eine besondere Schmierpresse Öl zugeführt.

§ 249. **Schmierung der Lager.** Zur Schmierung aller Lager, Geradführungen, Zapfen usw. wird jetzt fast allgemein Mineralöl benutzt. Kleine Zapfen oder weniger wichtige Lager werden meistens nur zeitweise von Hand geschmiert, während alle wichtigen Lager und Geradführungen ununterbrochen entweder mittels Dochtschmiergefäßen oder durch automatische Schmiervorrichtungen mit den nötigen Ölmengen versehen werden.

Bei den stillstehenden Lagern fließt das Öl aus dem Schmierkasten oder dem Tropfgefäß unmittelbar ins Lager. Die bewegten Lager werden von einem feststehenden

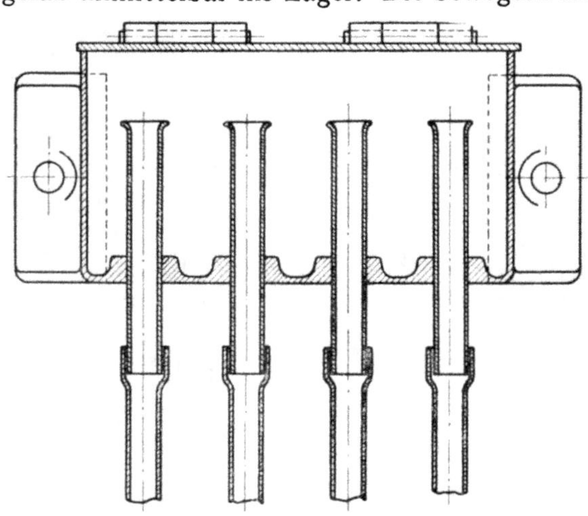

Abb. 576.

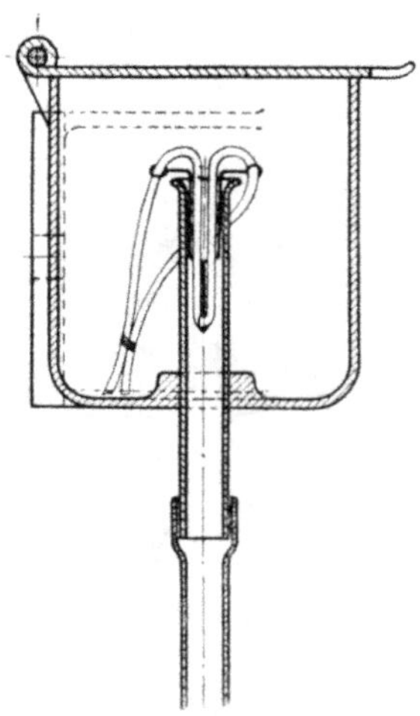

Abb. 577.

Ölkasten aus geschmiert (vgl. Abb. 573), von welchem Schmierrohre nach den einzelnen zu schmierenden Teilen führen und unmittelbar über dem betreffenden, am bewegten

Teil befestigten Ölauffanggefäß endigen, oder es werden die Öltropfen in geeigneter Weise durch eine Feder oder Bürste vom Schmierrohr abgestreift, um Ölverluste durch Verspritzen zu vermeiden. Die Ölkasten werden, wie Abb. 576 bis 578 zeigt, meistens für Dochtschmierung eingerichtet, an bequem zugänglichen Stellen und in entsprechender Höhe über den Schmierstellen angebracht (vgl. Abb. 573 u. 575) und enthalten, je nach ihrer Bestimmung, bis zu 12 oder 14 Rohranschlüsse, von denen die Schmierrohre nach den einzelnen Schmierstellen führen. Die Ölrohre sind überall mit einem so starken Gefälle zu verlegen, daß auch bei einer Schräglage des Schiffes bis zu ca. 10° noch ein solches bestehen bleibt.

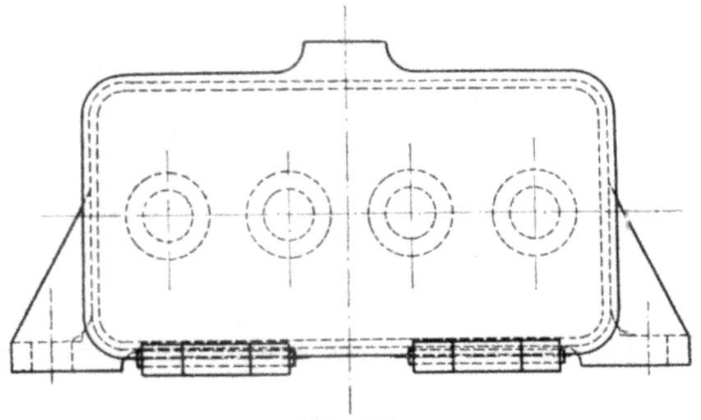

Abb. 578.

An Stelle von Zentraldochtschmierkasten kommen auch vielfach Apparate in Anwendung, welche das Schmieröl mittels kleiner Pumpen, deren Liefermenge sich beliebig einstellen läßt, den einzelnen Schmierstellen durch Kupferrohrleitungen von etwa 3 bis 4 mm lichtem Durchmesser zuführen. Diese Apparate werden dann in geeigneter Weise, mittels Hebel und Sperrad, von der Hauptmaschine angetrieben.

Bei dem sogenannten Bosch-Öler sind eine Anzahl kleiner Ölpumpen rings um eine vertikale Spindel angeordnet. Die axiale Verschiebung der einzelnen Pumpenkolben erfolgt durch eine gemeinschaftliche, auf dieser Spindel befestigte sogenannte

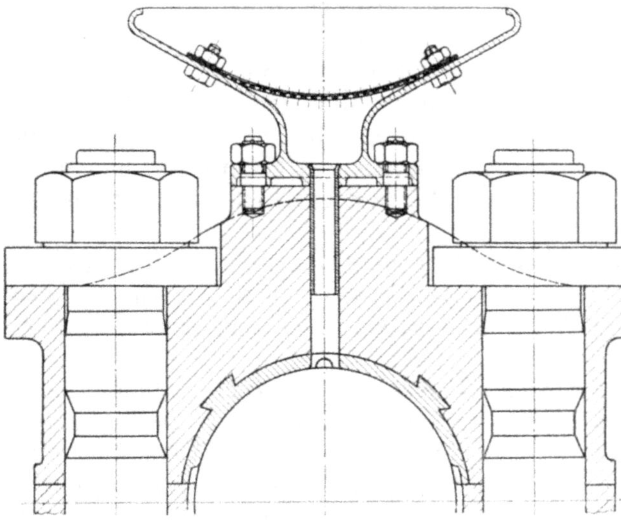

Abb. 579.

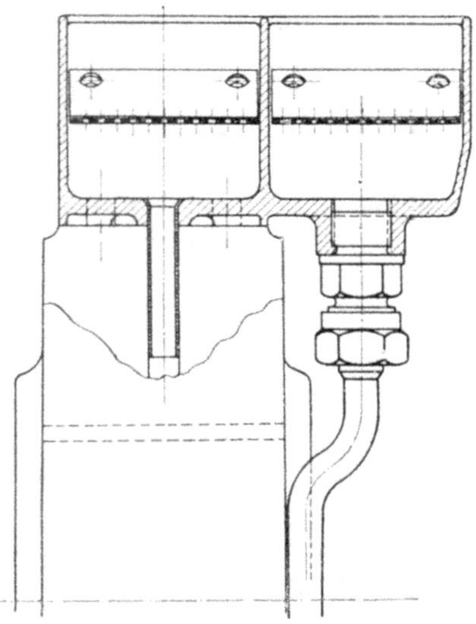

Abb. 580.

Schwenkscheibe, welche mittels Schnecke und Sperrad von der Hauptmaschine angetrieben wird. Die einzelnen Pumpen besitzen keine Sauge- bezw. Druckventile, sondern es wird der Ein- bezw. Austritt des Öles durch je einen besonderen kleinen Kolben gesteuert, welche ebenfalls durch eine gemeinschaftliche Schwenkscheibe bewegt werden. Die Ölmenge, welche jede einzelne Pumpe fördert, kann während des Ganges durch Veränderung des Kolbenhubes mittels einer Stellschraube geregelt werden. Das ganze System ist vom Ölbehälter umgeben, aus dem die einzelnen Pumpen unmittelbar saugen und das Öl durch die einzelnen angeschlossenen Leitungen den verschiedenen Schmierstellen zuführen.

Bei den auf- und abgehenden Teilen, z. B. Kreuzköpfen, wird die Einrichtung so getroffen, daß die in das Auffanggefäß fallenden Tropfen nicht wieder abgeschleudert werden. Zu diesem Zweck werden die Auffanggefäße oben durch ein gelochtes Blech oder besser noch durch feinmaschige Drahtgaze abgeschlossen, wodurch der auffallende Tropfen festgehalten und Unreinigkeiten abgehalten werden (s. Abb. 579 und 580, Pleuelstangen-Schmiergefäß).

Die Schmiergefäße an den bewegten Teilen sind gut anzuschrauben, damit sie nicht lose und abgeschleudert werden können, selbst wenn die Maschine bei schwerem Wetter durchgeht; auch die Schmierrohre sind durch Schellen gut zu befestigen.

Die wichtigsten Teile, wie Kurbellager und Kurbelwellenlager, erhalten außer den üblichen Schmiergefäßen noch Einrichtungen zum bequemen Schmieren von Hand. Die von den Schmiergefäßen nach unten führenden Schmierrohre müssen bis in die Lagerschale reichen, damit das Öl mit Sicherheit dem Zapfen zugeführt wird.

Tabelle Nr. 40. Durchmesser der Schmierrohre (lichter Durchmesser).

	Kurbellager und Grundlager	Steuerungsteile etc.
Maschinen unter 1000 PS.	5 bis 10 mm	5 bis 8 mm
„ 1000 bis 3000 PS.	8 „ 14 „	6 „ 12 „
„ 3000 „ 7000 „	12 „ 18 „	10 „ 15 „
„ 7000 und darüber	10 „ 20 „	12 „ 16 „

In den Lagern selbst verteilt sich das Öl durch Schmiernuten, welche in die Lauffläche eingearbeitet sind. Je nach der Größe des Lagers werden dieselben etwa 5 bis 20 mm breit und etwa halb so tief ausgeführt. Von Wichtigkeit ist, daß die Kanten der Schmiernuten gut abgerundet werden, um dem Schmieröl Gelegenheit zu geben, zwischen Zapfen und Lagerschale zu gelangen, weil scharfe Kanten das Öl abstreifen. An den Teilfugen der Lagerschalen werden sogenannte Öltaschen vorgesehen, deren Kanten ebenfalls gut abgerundet außerdem und auch auf eine gewisse Strecke nach dem Scheitel der Schale hin freigeschabt werden. Das aus den Lagern austretende Öl gelangt in die Bilge und wird meistens mit dem Bilgewasser durch die Lenzpumpen nach außenbord gepumpt.

Mitunter wird rings um die Grundplatte der Hauptmaschine ein hohes Winkeleisen öldicht aufgenietet und das sich innerhalb desselben ansammelnde Öl mittels einer kleinen Handpumpe einem Reiniger zugeführt. Das gereinigte Öl wird dann für untergeordnete Schmierzwecke wieder verwendet.

Die Lager der Wellenleitung werden vielfach außer mit Öl auch noch mit konsistentem Fett geschmiert. Mitunter werden sie mit Umlaufschmierung versehen. Es wird dann das aus den einzelnen Lagern abfließende und in den Öltaschen der Lauflager aufgefangene Öl durch Rohrleitungen einem tiefliegenden Sammeltank zugeführt, aus dem es durch eine kleine Dampfölpumpe abgesaugt und in einen möglichst hoch angebrachten Tank gedrückt wird. Aus diesem Tank gelangt das Öl durch eine Rohrleitung nach den Lagern, wo die Menge des zufließenden Öles durch je einen kleinen Hahn eingestellt wird.

§ 250. **Kühlleitung der Hauptmaschine** (s. Abb. 581 bis 583 sowie Abb. 561). Um das Heißlaufen der wichtigeren Lager nach Möglichkeit zu verhindern oder übermäßig erhitzte Lager abzukühlen, werden in der Regel besondere Kühlleitungen vorgesehen.

Die Kühlung geschieht mit Seewasser, indem damit entweder das betreffende Lager von außen gekühlt (direkte Kühlung) oder das Kühlwasser durch Hohlräume des Lagers geleitet wird, um die entwickelte Wärme abzuführen (indirekte Kühlung).

Zweckmäßiger ist die indirekte Kühlung, weil durch diese die Schmierung mit Öl nicht beeinträchtigt wird. Sie wird bei größeren Maschinen für Kurbelwellenlager, Gleitbahnen, Druckbügel und Wellenlager angewandt. Außerdem wird jedoch für den

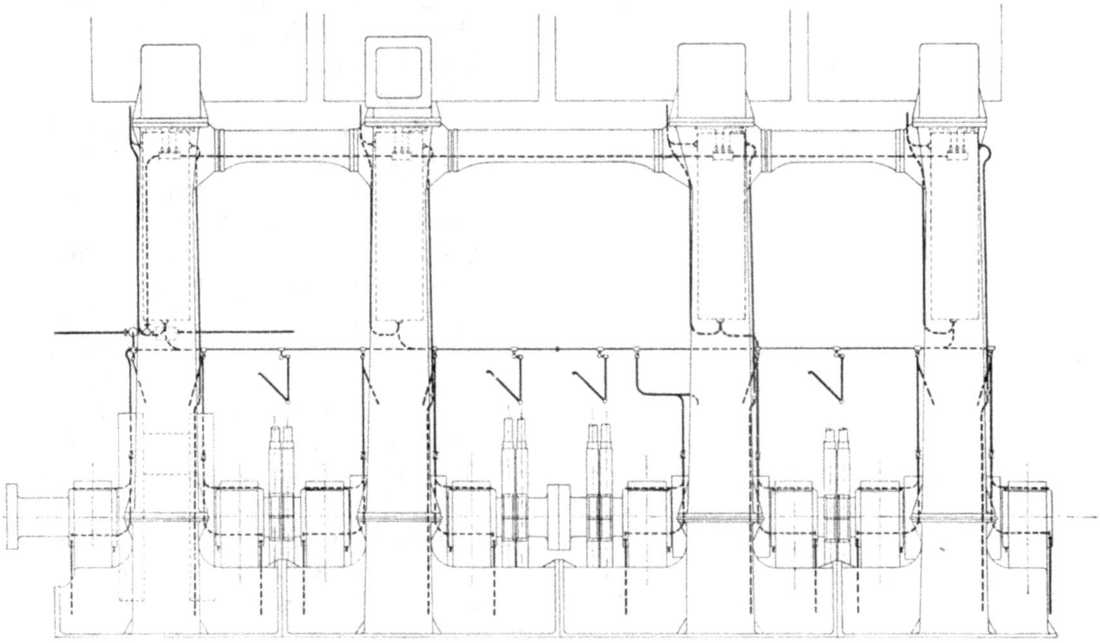

Abb. 581.

Notfall noch bei allen diesen Lagern und bei den Exzentern direkte Wasserkühlung vorgesehen. Die Einrichtung wird hierbei vielfach so getroffen, daß vom Hauptkühlleitungsrohr einzelne Gelenkrohre abzweigen, die durch Hähne oder Ventile absperr-

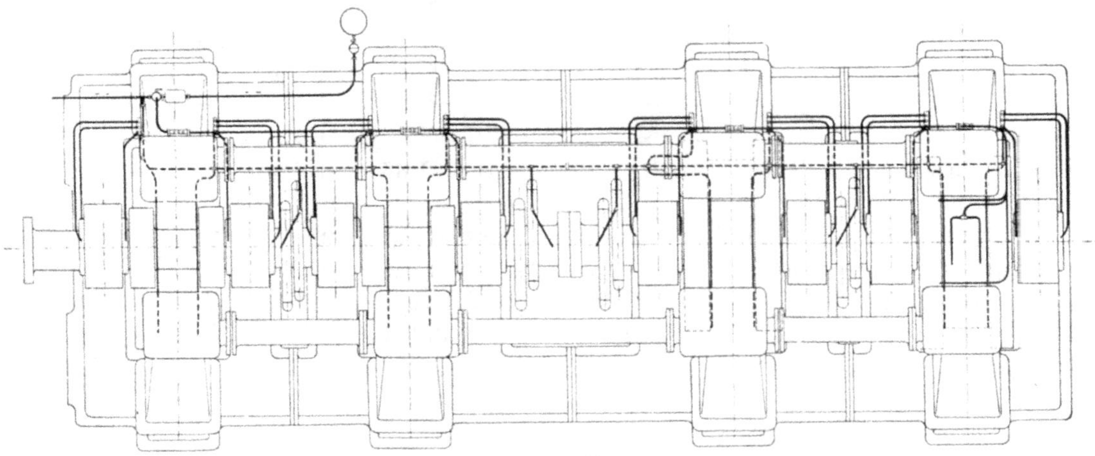

Abb. 582.

bar sind. Für benachbarte Lager wird in der Regel nur ein solches Gelenkrohr vorgesehen, da nicht anzunehmen ist, daß mehrere nebeneinanderliegende Lager gleichzeitig gekühlt werden müssen.

Die indirekte Kühlung bleibt immer angestellt; das Kühlwasser wird entweder der Druckleitung der Hauptkühlwasserpumpe oder, besonders für die hochliegenden Teile

(Geradführungen), der Druckleitung der Spülpumpe entnommen. An der Abzweigung ist zweckmäßig ein Siebkasten einzubauen, um Unreinigkeiten zurückzuhalten, welche die kleineren Leitungen verstopfen könnten. Das abfließende Wasser wird entweder in eine gemeinschaftliche Sammelleitung geführt, welche an die Saugeleitung der Hauptkühlwasserleitung anschließt, oder es wird in die Bilge abgelassen. Letzteres ist zweckmäßiger, weil sich dann die Menge des durchfließenden Kühlwassers kontrollieren läßt. Die einzelnen Abflußrohre werden dabei gewöhnlich in einen, in geeigneter Höhe angebrachten Trichter geleitet, in welchem das abfließende Wasser beobachtet werden kann. Vom Trichter aus führt dann ein gemeinschaftliches Rohr nach einem Seitengraben, von wo das Wasser durch die Lenzpumpen nach Außenbord gefördert wird. Für den Notfall werden an geeigneten Stellen der Hauptleitung noch Schlauchhähne für Kühlschläuche vorgesehen, um bei Bedarf reichlich direktes Kühlwasser geben zu können.

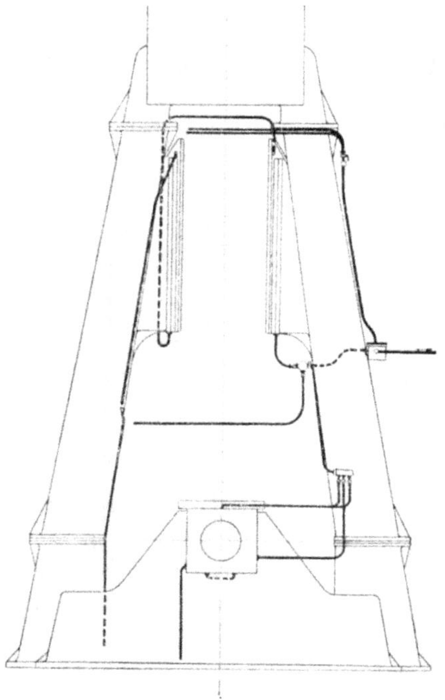

Abb. 583.

Bei ganz großen Anlagen wird die Kühlleitung mitunter geteilt, d. h. es erhalten z. B. Drucklager und Wellenleitung eine besondere Leitung, oder es wird die direkte von der indirekten Kühlleitung getrennt.

Der Durchmesser des Hauptrohres der Kühlleitung für indirekte und direkte Kühlung einer Maschine, für Drucklager, Wellenleitung und Hauptmaschine zusammen wird etwa wie folgt gewählt:

für Maschinen von ca.	10 000—15 000	PS_i:	90—110	mm	l. Durchm.
„ „ „ „	7 000—10 000	„	75— 90	„	„ „
„ „ „ „	4 000— 7 000	„	60— 75	„	„ „
„ „ „ „	1 000— 4 000	„	50— 60	„	„ „
„ „ „ „	300— 1 000	„	30— 50	„	„ „

Die einzelnen Zweigrohre erhalten je nach der Größe der Maschine 10—20 mm l. Durchm.

Die verschiedenen Kühlrohre werden fast immer aus Kupfer angefertigt und erhalten je nach ihrem Durchmesser 1,5—3,5 mm Wandstärke, während alle Armaturen aus Bronze hergestellt werden. Bei einfacher Ausführung wird für die dickeren Kühlrohre auch manchmal Flußeisen (verzinkt), für Krümmer und Zweigstücke Gußeisen verwendet.

Sechster Teil.

Schiffswiderstand und Propeller.

Abschnitt I.

Die Ermittlung des Schiffswiderstandes mit Hilfe von Schleppversuchen.

§ 251. **Allgemeines.** Die Bestimmung des Schiffswiderstandes wird im allgemeinen als eine Aufgabe der Schiffbautechnik betrachtet; dies ist auch insofern gerechtfertigt, als diese Frage eng mit der Formgebung des Schiffes zusammenhängt. Eine eingehende Behandlung dieses Gegenstandes ist in der schiffbaulichen Literatur zu finden[1]).

Trotzdem erscheint es unerläßlich, hier auf die heute am häufigsten verwendete und für am zuverlässigsten erachtete Methode der Bestimmung des Schiffswiderstandes in kurzem einzugehen, nämlich die Schleppversuchsmethode, und zwar hauptsächlich deswegen, weil dieselbe seit längerer Zeit auch auf die Untersuchungen der Schiffsschraube ausgedehnt worden ist, und damit in das Gebiet des Schiffsmaschinenbaues einschlägt.

§ 252. **Die Schleppversuchsmethode** stützt sich auf das Gesetz der hydraulischen Ähnlichkeit. (Vgl. hierzu Anhang VIII, in welchem das Wichtigste über die Prinzipien der Ähnlichkeitsmechanik zusammengestellt ist, ferner Anh. Nr. IX, wo die Apparate der Schleppversuchsanstalten beschrieben sind.)

Dem hydraulischen Ähnlichkeitsgesetz gehorcht nur der Formwiderstand (W_f für das Schiff, w_f für das Modell), dagegen nicht der Reibungswiderstand (W_r für das Schiff, w_r für das Modell). Während ersterer Widerstand sich mit dem Quadrat der Geschwindigkeit ändert, variiert der letztere nur mit der etwa 1,8. Potenz derselben.

Man geht bei der Bestimmung des Schiffswiderstandes durch Schleppversuche in folgender Weise vor: Man bestimmt zunächst den gesamten Schleppwiderstand des Modells w bei der Vergleichsgeschwindigkeit $v = V \cdot \frac{1}{\sqrt{\alpha}}$ durch Messung. Hierin bedeuten V bzw. v die Geschwindigkeit des Schiffes bzw. des Modells in Meter pro Sek., α das Verhältnis der linearen Abmessungen von Schiff und Modell. Von diesem Schleppwiderstand bringt man den Reibungswiderstand w_r in Abzug und bestimmt aus dem verbleibenden Wert $w_f = w - w_r$ nach dem Ähnlichkeitsgesetz den Formwiderstand des Schiffes. Man erhält so $W_f = (w - w_r) \cdot \alpha^3 \cdot \frac{\Gamma}{\gamma}$, wobei Γ das spezifische Gewicht des Seewassers und γ das spezifische Gewicht des Bassinwassers bedeutet.

[1]) Vgl. z. B. Johow-Foerster, 4. Aufl., S. 304 u. ff.

Ist auf diese Art der Formwiderstand des Schiffes W_f bestimmt, so hat man hierzu nur den durch Rechnung ermittelten Reibungswiderstand des Schiffes W_r zu addieren, um den gesamten Widerstand des Schiffes $W = W_f + W_r$ zu erhalten.

Die rechnerische Bestimmung der Reibungswiderstände w_r bzw. W_r erfolgt mittels der Gleichungen

$$w_r = \gamma \cdot f \cdot v^{1,825} \cdot \lambda \text{ für das Modell, bzw.}$$

$$W_r = \Gamma \cdot F \cdot V^{1,825} \cdot \Lambda \text{ für das Schiff.}$$

Hierbei bedeutet:

f die benetzte Fläche des Modells in qm,
F diejenige des Schiffes in qm,
λ den Reibungskoeffizienten des Modells,
Λ denjenigen des Schiffes.

Die Werte für diese Reibungskoeffizienten gehen aus den Tabellen 41 bzw. 42 hervor.

Tabelle Nr. 41[1]).

λ für glatte Paraffinmodelle bei 15° C Wassertemperatur (l = Modellänge in m).

l	λ	l	λ	l	λ	l	λ
0,50	0,2280	2,50	0,1903	4,50	0,1752	6,50	0,1672
0,75	0,2198	2,75	0,1879	4,75	0,1739	6,75	0,1664
1,00	0,2132	3,00	0,1857	5,00	0,1727	7,00	0,1658
1,25	0,2079	3,25	0,1836	5,25	0,1716	7,25	0,1651
1,50	0,2034	3,50	0,1817	5,50	0,1706	7,50	0,1645
1,75	0,1994	3,75	0,1799	5,75	0,1696		
2,00	0,1960	4,00	0,1782	6,00	0,1687		
2,25	0,1930	4,25	0,1767	6,25	0,1679		

Tabelle Nr. 42[1]).

Λ für unbewachsene Schiffe mit gutem Anstrich (L = Schiffslänge in m).

L	Λ	L	Λ	L	Λ	L	Λ
10	0,1590	60	0,1439	120	0,1415	220	0,1386
15	0,1537	65	0,1436	130	0,1412	230	0,1383
20	0,1508	70	0,1434	140	0,1408	240	0,1380
25	0,1488	75	0,1432	150	0,1405	250	0,1378
30	0,1474	80	0,1430	160	0,1402	260	0,1376
35	0,1464	85	0,1428	170	0,1399	270	0,1374
40	0,1457	90	0,1426	180	0,1396	280	0,1372
45	0,1450	95	0,1424	190	0,1394	290	0,1369
50	0,1446	100	0,1422	200	0,1391	300	0,1367
55	0,1442	110	0,1418	210	0,1388		

Die Umrechnung auf andere Temperaturen des Bassinwassers erfolgt gewöhnlich (nach Gümbel und Schlichting), indem die Werte von λ für höhere Wassertemperatur pro 1° C um 0,43% vermindert, für niedrigere Wassertemperatur pro 1° C ebensoviel erhöht werden.

Aus den vorerwähnten Formeln ergibt sich der Schiffswiderstand zu

$$W = W_f + W_r = \alpha^3 \frac{\Gamma}{\gamma} w_f + \Gamma \Lambda F V^{1,825}$$

und hieraus die sog. Schleppleistung (E. P. S.) aus der Formel

$$EPS = W \cdot \frac{V}{75}.$$

[1]) Entnommen aus R. Schaffran. Die Versuchsmethoden der Kgl. Versuchsanstalt für Wasserbau und Schiffbau, Berlin. Schiffbau 1915.

Die Schleppversuche beseitigen also die Notwendigkeit der Benutzung von Erfahrungswerten nicht völlig; sie ermöglichen lediglich die sonst schwer durchführbare Bestimmung des Formwiderstandes experimentell, während die Bestimmung des Reibungswiderstandes von Modell und Schiff auf Grund von Erfahrungszahlen, welche seinerzeit schon von Froude ermittelt und durch viele Versuche in andern Schleppanstalten bestätigt und erweitert wurden, nach wie vor erforderlich bleibt.

§ 253. **Beispiel.** Zur Erläuterung des Verfahrens ist im nachstehenden die von der Versuchsanstalt für Wasserbau und Schiffbau, Berlin, durchgeführte Bestimmung des Schiffswiderstandes und der Maschinenleistung eines Frachtdampfers unter Wiedergabe der zugehörigen Kurven ausführlich beschrieben; der Leser kann hieraus ein klares Bild über die in Rede stehende Methode gewinnen.

Es handelt sich um einen modernen Frachtdampfer des Norddeutschen Lloyd von folgenden Hauptabmessungen:

Länge zwischen den Perpendikeln	109,50 m,
Länge in der Wasserlinie	109,50 m,
Breite in der Wasserlinie	15,50 m,
Mittlerer Tiefgang (ohne Kiel)	7,12 m,
Deplacement auf Spanten	9360 cbm,
Deplacement in See	9594 t,
Benetzte Oberfläche	2747 qm,
Eingetauchtes Hauptspant-Areal	109,9 qm.

$$\text{Völligkeitsgrad} = \frac{\text{Deplacement auf Spanten}}{\text{Länge} \cdot \text{Breite} \cdot \text{mittl. Tiefgang}} = \frac{93\ 0}{109{,}5 \cdot 15{,}5 \cdot 7{,}12} = 0{,}775,$$

$$\text{Völligkeit des Hauptspants} = \frac{\text{Hauptspant-Areal}}{\text{Breite} \cdot \text{mittl. Tiefgang}} = \frac{109{,}9}{15{,}5 \cdot 7{,}12} = 0{,}996.$$

Der Modellmaßstab betrug $1/\alpha = 1/35$.
Das Schleppen erfolgte ohne Ruder.
Material des Modells: Paraffin.
Bassintiefe 4 m, Bassinbreite 8,20 m.
Spezifisches Gewicht des Bassinwassers 1,0.
Spezifisches Gewicht des Seewassers 1,025.
Temperatur des Bassinwassers 17° C.

Die Reibungskoeffizienten wurden wie folgt angenommen:

für das Modell (umgerechnet für 17° C)	0,18302
für das Schiff	0,14185

Es ergeben sich bei dem oben angegebenen Verkleinerungsmaßstab folgende Daten für das Modell:

Länge zwischen den Perpendikeln	31,30 dm,
Länge in der Wasserlinie	31,30 dm,
Breite in der Wasserlinie	4,43 dm,
Mittlerer Tiefgang	2,033 dm,
Deplacement auf Spanten	218,31 cdm,
Benetzte Oberfläche f	224,24 qdm.

Es wurden Schleppversuche angestellt für 7 verschiedene Schiffsgeschwindigkeiten, und zwar für 7, 8, 9, 10, 10,4, 11 und 12 Knoten. Die Resultate derselben sowie die durch Rechnung ermittelten Widerstands- und Leistungswerte gehen aus der nachstehenden Tabelle Nr. 43 hervor.

Tabelle Nr. 43.

Frachtdampfer von 6300 t Tragfähigkeit. Schleppversuche mit dem Schiffsmodell allein.

1	2	3	4	5	6	7	8	9	10	11	12	13
v	w	$v^{1,825}$	w_r	w_f	V_{kn}	V	$V^{1,825}$	W_R	W_f	*EPS* Reibung	*EPS* Form	*EPS* total
m/sek	kg		kg	kg	Knoten	m/sek		kg	kg	PS	PS	PS
0,608	0,192	0,403	0,165	0,027	7	3,59	10,35	4135	1185	198	56	254
0,695	0,254	0,514	0,212	0,042	8	4,12	13,25	5290	1845	290	102	292
0,782	0,324	0,637	0,262	0,062	9	4,63	16,38	6545	2715	404	167	571
0,869	0,406	0,7745	0,318	0,088	10	5,14	19,90	7940	3870	544	265	809
0,904	0,446	0,832	0,342	0,104	10,4	5,36	21,45	8530	4570	610	327	937
0,956	0,515	0,920	0,378	0,137	11	5,66	23,60	9425	6015	712	453	1165
1,043	0,639	1,080	0,444	0,195	12	6,18	27,62	11040	8580	911	707	1618

In Spalte 1 sind die den Schiffsgeschwindigkeiten V_{kn} bzw. V (Spalte 6 und 7) entsprechenden Modellgeschwindigkeiten v angeführt. Die zugehörigen Werte des gemessenen Modellwiderstandes w sind aus Spalte 2 ersichtlich. Spalte 3 zeigt die Werte von $v^{1,825}$, welche zur Berechnung des Reibungswiderstandes für das Modell w_r (Spalte 4) nötig sind. Durch Subtraktion letzteren Wertes von w erhält man w_f in Spalte 5. Spalte 8 gibt die Hilfswerte $V^{1,825}$ für die Berechnung des Reibungswiderstandes W_R für das Schiff. Spalte 9 enthält die Reibungswerte W_R, Spalte 10 den Formwiderstand des Schiffes W_f aus w_f bestimmt, Spalte 11, 12 und 13 die Schlepp-Pferdestärken für Reibungswiderstand, Formwiderstand und für den Gesamtwiderstand.

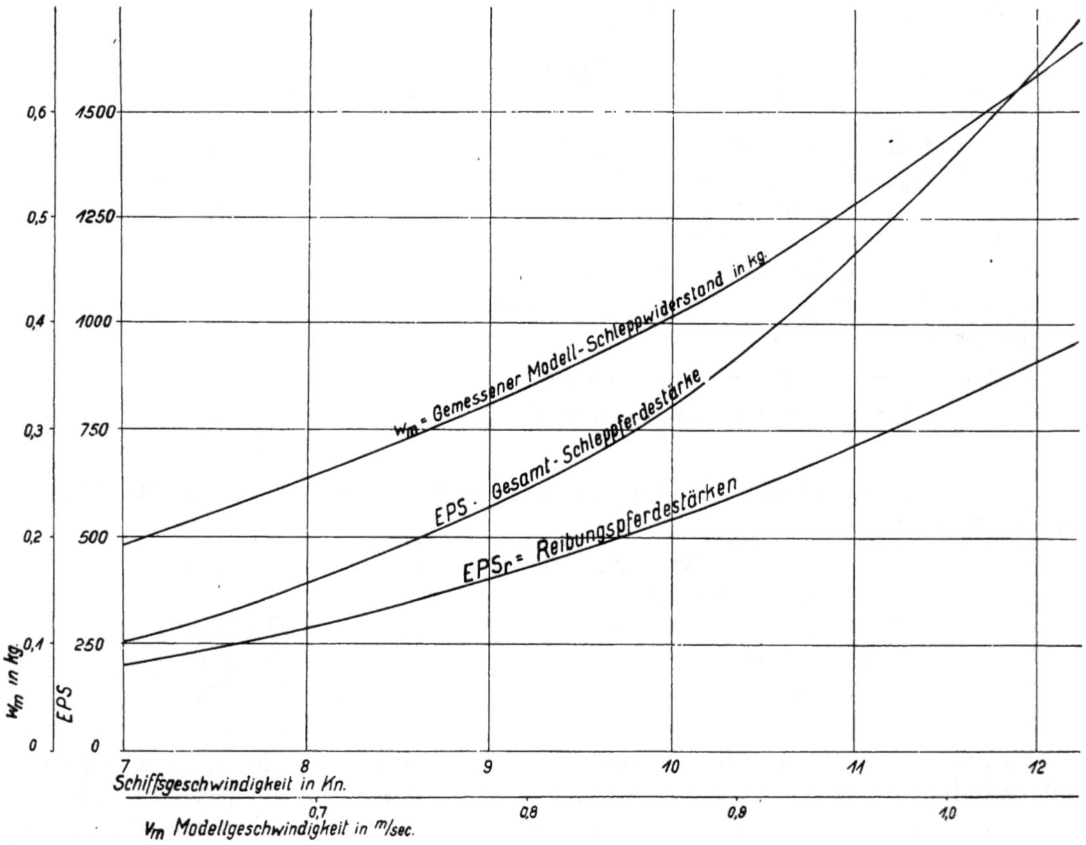

Abb. 584.

Die Ergebnisse der Versuche sind in Abb. 584 in Kurvenform über der Geschwindigkeit aufgetragen dargestellt.

Auf die Ermittelung der Maschinenleistung durch Schleppversuche soll hier zunächst noch nicht weiter eingegangen werden. Infolge der Rückwirkung, welche die Schiffsschraube auf den Schiffswiderstand ausübt, kann hierauf erst bei Behandlung des Propellers zurückgekommen werden. Vgl. § 274.

Für die Beurteilung der Zuverlässigkeit der Schleppmethode ist es notwendig, die hierzu verwendeten Apparate zu kennen; infolgedessen wurde es für nützlich gehalten, im Anhang IX eine kurze Erläuterung derselben an Hand von Abbildungen folgen zu lassen.

Abschnitt II.

Die Schiffsschraube.

§ 254. **Einleitung.** Das Problem der Schiffsschraube hat seit der Existenz dieses Antriebes vielfach eine theoretische Behandlung erfahren; eine Lösung desselben ist jedoch, wie dies in der Natur dieser Aufgabe liegt, auf rein theoretischem Wege bisher nicht gelungen und wird auch angesichts der verwickelten hydrodynamischen Vorgänge, welche sich beim Arbeiten der Schiffsschraube abspielen, nicht möglich sein.

Dagegen haben theoretische Betrachtungen zur Aufklärung des Vorganges wertvolle Beiträge geliefert und namentlich in jüngster Zeit, unterstützt durch Versuche an Modellen, auch für die praktische Berechnung des Propellers großen Nutzen gebracht.

Nach vorstehendem liegt es in der Natur der Sache, daß die nun folgenden Ausführungen über die Berechnung der Schiffsschraube sich nicht in die Form eines direkt zum Ziele führenden Berechnungsganges kleiden lassen können. Ein solcher existiert auch heute noch nicht. Der Leser wird zunächst einige Erklärungen der für die Theorie der Schiffsschraube wichtigsten Begriffe finden § 255 u. 256. Hieran schließt sich eine Wiedergabe der alten, für die überschlägige Berechnung der Schiffsschraube verwendbaren empirischen Formeln, welche immer noch ganz gute Dienste tun, wo es nicht auf größere Feinheiten des Problems ankommt und hinreichende Erfahrungszahlen vorliegen, um den genauen Wert der Koeffizienten zu kontrollieren.

Es folgen dann in § 262 u. 263 die alten Flügelblatttheorien von Rankine und Froude, sowie Bemerkungen über die Strahltheorie und die Turbinentheorie des Propellers § 264 u. 265.

Wichtig für denjenigen, welcher sich mit der Berechnung der Propeller auf rein empirischem Wege nicht begnügen will, sondern alle Hilfsmittel der heutigen Technik heranzuziehen bestrebt ist, um sich nähere Rechenschaft über die zu wählenden Dimensionen zu geben, sind die Kapitel über die Versuche mit Modellpropellern und deren Verwertung zur Schraubenberechnung § 266 u. f., wobei die in Deutschland und Amerika verwendeten Methoden behandelt werden.

Für das Verständnis der Vorgänge im Turbinenpropeller und die Berechnung desselben ist des ferneren erforderlich die Kenntnis der Kavitationserscheinungen § 281 u. f.

Den Abschluß bilden Ausführungen über die Festigkeit der Propellerflügel und rein konstruktive Angaben über den Aufbau der Schrauben mit vielen Abbildungen.

Besonders sei noch hingewiesen auf die Tabellen ausgeführter Propeller (Tab. Nr. 50 u. f. § 297), in welcher die Hauptabmessungen der Schiffsschrauben für eine große Anzahl der verschiedensten Schiffstypen zusammengestellt sind; in derselben kann fast für jeden vorkommenden Fall ein Beispiel gefunden werden, welches eine Kontrolle der zu wählenden Abmessungen wenigstens insoweit gestattet, daß ganz grobe Fehlschläge ausgeschlossen sind.

Im Anhang ist noch eine Beschreibung der Schleppversuchseinrichtung, ferner eine kurze Darlegung über das Ähnlichkeitsgesetz und den Einfluß der Wassertiefe auf den Schiffswiderstand zu finden, welche Kapitel ebenfalls mit der Propellerfrage zu tun haben. Auch einige erläuternde Bemerkungen über die Wirbeltheorie des Propellers sind in den Anhang aufgenommen.

§ 255. **Durchmesser und Steigung.** Unter Schraubendurchmesser versteht man, wenn nichts anderes bemerkt ist, den Durchmesser des Kreises, welchen die Flügelspitzen beschreiben, in Abb. 585 mit „*D*“ bezeichnet.

Im allgemeinen ist die Druckfläche des Propellers eine mathematische Schraubenfläche, wie sie durch Rotation einer Geraden (der Erzeugenden) um eine dieselbe unter einem bestimmten Winkel schneidende Achse bei gleichzeitigem Fortschreiten des Schnittpunktes auf der Achse mit konstanter Geschwindigkeit und bei konstanter

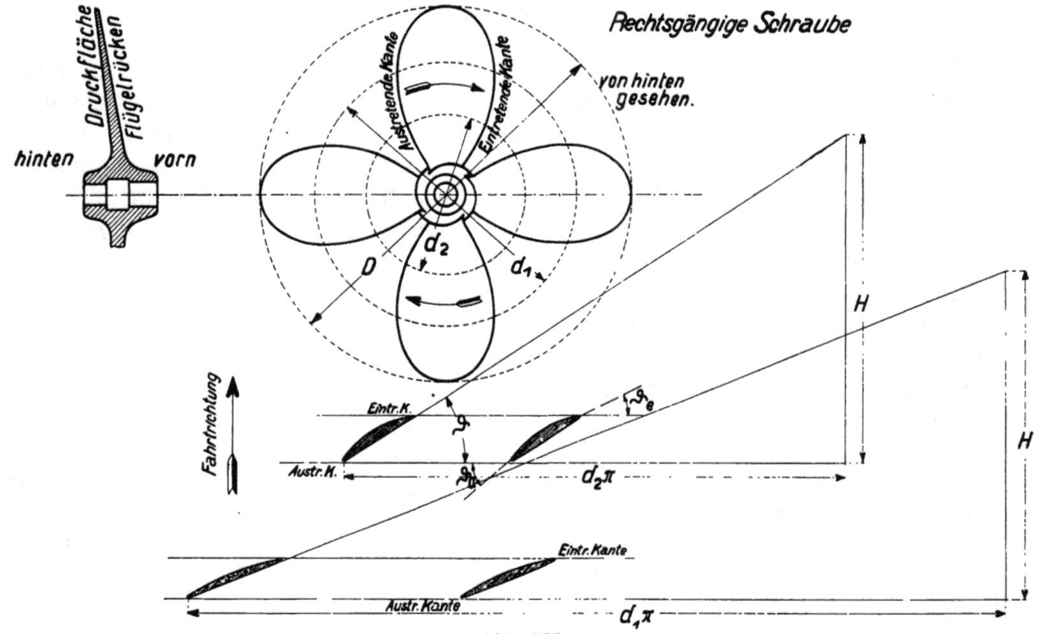

Abb. 585.

Neigung der Geraden gegen die Achse erzeugt wird. Man versteht dann unter Steigung „*H*“ die Strecke, welche dieser Schnittpunkt in der gleichen Zeit zurücklegt, in welcher die Gerade eine volle Drehung um die Achse ausgeführt hat. Jeder Punkt der Schraubenfläche würde sich also, bei einer Drehung des Propellers in einer festgehaltenen Mutter, bei einer Umdrehung um den Betrag der Steigung „*H*“ in axialer Richtung verschieben.

Denkt man sich den Propeller durch einen mit der Achse konzentrischen Kreiszylinder geschnitten und sodann den Zylinder abgewickelt, so entstehen abgewickelte Flügelschnitte, in welchen die Druckfläche, sofern sie eine mathematische Schraubenfläche ist, als gerade Linie erscheint, welche mit der Senkrechten zu den Zylinder-Erzeugenden (also der Umfangsrichtung) den sog. Steigungswinkel ϑ einschließt.

Je nachdem die Gerade senkrecht oder schräg zur Achse steht, unterscheidet man Propeller mit senkrechter oder geneigter Erzeugenden (z. B. Abb. 662 bzw. 660).

Da der Propeller sehr bedeutende Kräfte zu übertragen hat, müssen seine Flügel nicht unbeträchtliche Materialstärken aufweisen und weichen daher stark von einer mathematischen Fläche ab. Teils der Einfachheit der Herstellung wegen, namentlich aber in der Annahme, daß der Propeller günstig arbeitet, wenn die auf das Wasser drückende Fläche (Druckfläche) im wesentlichen die Form einer Schraubenfläche besitzt, ordnet man das Material auf der dem Schiff zugekehrten Seite der Schraubenfläche an, wodurch eine mehr oder minder stark konvexe Rückenfläche entsteht.

Man hat mit Recht vielfach darauf hingewiesen, daß hierdurch die wirksame Steigung einen von derjenigen der Druckfläche abweichenden Wert erhält. Denn die bei der Umdrehung der Schraube voraufgehende Kante (sog. Eintrittskante) trifft mit der Fläche, welche durch die Halbierende des die Kante bildenden Winkels gelegt ist, das Wasser in einer anderen Richtung als die Druckfläche selbst. Ein gleiches gilt von der austretenden Kante, deren Winkelhalbierende ebenfalls von der Richtung, in welcher sich die Druckfläche in einer Mutter weiterbewegen würde, je nach der Dicke des Flügels mehr oder weniger stark abweicht. Indessen haben Bestrebungen, statt der Steigung der Druckfläche eine anders definierte Steigung einzuführen, bisher keinen Bestand gehabt. So hat z. B. Froude vorgeschlagen, als wirksame Steigung diejenige in Rechnung zu setzen, welche bei dem Schub Null auch den Slip Null ergibt. Jedenfalls soll im folgenden an der üblichen Bezeichnung festgehalten werden und unter Steigung „H" stets die Steigung der Druckfläche verstanden sein.

Veränderliche Steigung. Man unterscheidet zwischen axial veränderlicher und radial veränderlicher Steigung; erstere entsteht, wenn die Druckfläche der Schraube an der eintretenden Kante eine andere Steigung besitzt als an der austretenden. Bezieht man, wovon, wie oben erwähnt, bei unseren späteren Ausführungen abgesehen werden soll, die Steigung nicht auf die Druckfläche, sondern auf die Verbindungskurve der Winkelhalbierenden von eintretender und austretender Kante, so haben nach obigem alle Propeller, wenn auch deren Druckfläche eine mathematische Schraubenfläche ist, axial veränderliche Steigung.

Radial veränderliche Steigung entsteht, wenn von der Nabe ausgehend gegen die Spitzen hin sich die Steigung der Druckfläche ändert, während sie für jeden abgewickelten Flügelschnitt selbst konstant bleibt, also nicht axial veränderlich ist. — Beide Arten von veränderlicher Steigung werden nur selten und mit sehr bestrittenem Erfolg verwendet.

§ 256. **Flügelzahl. Gang der Schraube.** Man verwendet nur 2-, 3- und 4flügelige (also 2-, 3- und 4gängige) Propeller.

Erstere findet man heute nur bei kleinen Fahrzeugen mit umsteuerbaren Flügeln bzw. bei Seglern, welche längere Zeit auf den Schraubenantrieb zu verzichten vermögen; man stellt dann den zweiflügeligen Propeller so ein, daß die Flügel nach oben und unten zeigen und, von dem Hintersteven gedeckt, der Fahrt nur geringen Widerstand entgegensetzen. Als noch Kriegsschiffe neben dem Dampfantrieb mit Segeln ausgerüstet wurden, verwandte man zweiflügelige Schrauben, um dieselben zwecks Reduktion des Schiffswiderstandes beim Setzen der Segel nach Abkuppeln von der Welle durch den „Schraubenbrunnen" im Heck an Deck heißen zu können.

Dreiflügelige Propeller findet man meist bei Kriegsschiffen, vierflügelige fast ausschließlich bei Handelsschiffen. Eine allgemeine Regel, wo und warum drei- oder vierflügelige Propeller vorzuziehen wären, läßt sich nicht angeben. Rücksichten auf Torsionsschwingungen (vgl. Anhang V) können bestimmend sein.

Bei Schiffen mit einer Schraube führt man diese fast ausnahmslos rechtsgängig aus; bei Doppelschraubenschiffen den B.B.-Propeller links-, den St.B.-Propeller rechtsgängig, so daß die Flügel oben nach außen schlagen. Manchmal ist man von letzterer Praxis bei Zweischraubenschiffen abgewichen.[1]) Man muß jedoch hierbei stets den

[1]) Vgl. M. Walter, Einfluß der Drehrichtung der Schrauben bei Doppelschraubendampfern auf die Manövrierfähigkeit bei stilliegendem Schiff. Jahrb. d. Schiffbautechn. Ges. 1912.

Einfluß des Ganges der Schrauben auf die Wirkung des Steuerruders berücksichtigen und im Auge behalten, daß je nach Lage der Wellenhose, der Wirkungsgrad erheblich von der Drehrichtung der Schraube abhängt, vgl. § 275.

§ 257. **Flügelfläche und Form des Flügelblattes.** Man unterscheidet die projizierte und die abgewickelte Fläche. Erstere ist die Fläche, welche von der auf eine Ebene senkrecht zur Welle projizierten Kontur des Flügels eingeschlossen wird; unter letzterer versteht man die Fläche, welche durch Ausbreitung der Druckfläche des Flügelblattes in die Ebene (Abwicklung) gewonnen wird.

Diese Abwicklung ist nur näherungsweise möglich. Über die Methoden derselben siehe Anhang VII.

Die Form des Flügelblattes wird meistens so gewählt, daß sie in der Abwicklung annähernd elliptisch erscheint, wie dies bei den ausgeführten Propellern Abb. 659 u. 666 zu ersehen ist. Man findet aber öfter auch Flügelblätter, deren Umrißformen sich sehr wesentlich von dieser üblichen Form unterscheiden. Betrachtet man die axialen Projektionen solcher Flügel, so kann man einzelne charakteristische Formen unterscheiden; so sind z. B. die Flügel manchmal gegen die Nabe, manchmal gegen den Umfang hin verbreitert, mit gerader Eintritts- bzw. Austrittskante ausgeführt, im Drehsinn oder diesem entgegengesetzt gekrümmt usw.

§ 258. **Allgemeines über die verschiedenen Propellerformen.** Die großen Schwierigkeiten, welche die analytische Lösung des Propellerproblems bereitet, und die Möglichkeit, zahlreiche charakteristische Größen, als da sind Flügelform, Steigung, Gestalt und Lage der Erzeugenden usw. beliebig zu variieren, boten seit Einführung des Schraubenantriebes Erfindern aller Art den Anreiz, nach Verbesserungen zu suchen. Die Zahl der so entstandenen Konstruktionen ist entsprechend der großen Zahl von möglichen Kombinationen fast unübersehbar, ohne daß es bisher gelungen wäre, Formen zu finden, welche sich gegenüber der üblichen Ausführung durch günstigen Wirkungsgrad nennenswert auszeichnen. Die Patentliteratur ist voll von Beschreibungen dieser mehr oder weniger durchdachten, vielfach wertlosen Schöpfungen.

Einige dieser Schraubenkonstruktionen haben immerhin eine größere Verbreitung gefunden oder sonst von sich reden gemacht und sollen — teilweise des historischen Interesses wegen — hier kurz erwähnt werden.

Der Griffith-Propeller (England) war gekennzeichnet durch eine große, ziemlich kugelförmige Nabe, deren Durchmesser ¼ bis ⅓ des Schraubendurchmessers betrug und welche mit den verschiedensten Flügelformen kombiniert wurde.

Die Mangin-Schraube (Frankreich) hatte an Stelle jedes der üblichen Flügel je 2 auf der gleichen Nabe hintereinander sitzende sehr schmale Flügel mit veränderlicher Steigung.

Die Hirsch-Schraube (England) hatte axial veränderliche Steigung und als Erzeugende ein Stück einer Kurve (meist einer archimedischen Spirale).

Die vorgenannten drei Schraubenkonstruktionen stammen aus der Mitte des vorigen Jahrhunderts und sind gänzlich verlassen.

Neuere Schraubenkonstruktionen sind, um einige Beispiele herauszugreifen, diejenigen von Thornycroft und Zeise, welche neben der üblichen Ausführungsform seit einigen Jahrzehnten manchmal verwendet werden.

Die Thornycroft-Schraube besitzt eine stark nach hinten geneigte Erzeugungskurve, eine ziemlich völlige Flügelblattform und axial veränderliche Steigung.

Der Zeise-Propeller hat radial veränderliche Steigung und eine stark nach hinten geneigte Erzeugende, welche windschief zur Achse steht. Das Flügelblatt ist unsymmetrisch, der größere Teil der Fläche gegen die Austrittskante verlegt.

§ 259. **Slip. Nachstrom. Sog.** Da sich der Propeller nicht in einer festen Mutter, sondern im Wasser bewegt, ist er nicht imstande, das Schiff während einer Umdrehung um den vollen Betrag der Steigung gegenüber dem umgebenden Wasser vorwärts zu schieben.

Würde letzteres der Fall sein, so würde die Schiffsgeschwindigkeit einen Betrag von $\frac{n \cdot H}{60} = n_s \cdot H$ in m pro Sek. ausmachen, wobei n die minutliche und n_s die sekundliche Umdrehungszahl bedeutet.

Bezeichnen wir die Schiffsgeschwindigkeit in Metern pro Sekunde mit v, so wird das Verhältnis $s_s = \frac{n_s \cdot H - v}{n_s \cdot H}$ der Slip des Propellers genannt, und zwar in Anbetracht der nachstehend zu schildernden Umstände der scheinbare Slip.

Infolge der Reibung und anderer Umstände folgt nämlich das Wasser dem Schiff mit einer gewissen Geschwindigkeit nach, so daß also die relative Geschwindigkeit zwischen Schiff und umgebendem Wasser um einen gewissen Betrag geringer wird als zwischen Schiff und ruhendem (unendlich weit entferntem) Wasser. Man nennt diese Erscheinung den Nachstrom (von vielen Autoren auch Vorstrom genannt). Bezogen auf die relative Geschwindigkeit der Schraube zu diesem nachströmenden Wasser erhält der Slip einen anderen Wert als durch obige Gleichung definiert. Die Größe des Nachstromes wird in der Regel durch den Nachstrom-Koeffizienten w gekennzeichnet; derselbe gibt den Unterschied zwischen der Geschwindigkeit v des Schiffes gegenüber dem ruhenden Wasser und der axialen Komponente v_e der Relativgeschwindigkeit zwischen der Schraube und dem dieselbe rings umgebenden Wasser, bezogen auf die Schiffsgeschwindigkeit v an. Wir haben also $w = \frac{v - v_e}{v}$ und $v_e = v\,(1 - w)$. Hierbei ist zu beachten, daß die Nachstromgeschwindigkeit innerhalb der Schraubenkreisfläche nicht überall gleich groß ist, sondern eine zur Mittschiffsebene symmetrische Strömung darstellt. Dieselbe hat in der Mittschiffsebene ihre Maximalwerte und zeigt im allgemeinen in der Nähe der Wasseroberfläche wegen der völligeren Hinterschiffsform größere Werte als unten in der Nähe des Kiels; vgl. § 275.

Der Nachstromkoeffizient w ist daher nicht nur abhängig von der Schiffsform sondern auch von der Lage des Propellers am Schiff und vom Propellerdurchmesser.

Bezieht man den Slip nicht auf v, sondern auf v_e, so erhält man den sog. tatsächlichen oder nominellen[1]) Slip. Derselbe ist:

$$s_n = \frac{n_s \cdot H - v\,(1 - w)}{n_s \cdot H} = 1 - (1 - s_s)\,(1 - w),$$

woraus

$$1 - w = \frac{1 - s_n}{1 - s_s}.$$

Weitere Bemerkungen über den Nachstrom vgl. § 275 u. a. O.

Sog. Der Propeller erzeugt beim Arbeiten einen kleinen Unterdruck auf seiner Vorderseite (vgl. § 264 Strahltheorie), wodurch auf den Schiffskörper eine der Fahrtrichtung entgegengesetzte Kraft (Ansaugwirkung) ausgeübt wird, welche man mit „Sog" bezeichnet. Dieser Sog ist also gleich der Differenz zwischen dem Widerstande des mit (arbeitenden) Schrauben ausgerüsteten Schiffes, d. h. dem Schraubenschub S

[1]) Der Ausdruck „nomineller Slip" rührt daher, daß derselbe auf die von einigen Autoren als „nominelle Steigung" bezeichnete Steigung der Druckfläche bezogen ist, während dieselben als eigentliche Steigung, die sich aus der Winkelhalbierenden der Flügelspitze am Austritt ergebende Steigung bezeichnen vergl. § 255.

und dem Schiffswiderstande (mit Anhängen) ohne Propeller. Man pflegt als Maß des Sogs den sog. Sogkoeffizienten σ einzuführen und definiert diesen Wert durch das Verhältnis

$$\sigma = \frac{\text{Sog}}{\text{Schraubenschub}}.$$

Näheres über den Sog siehe § 276.

§ 260. **Wirkungsgrade des Propellers und der Propulsion.** Betrachtet man den Wirkungsgrad des Propellers ganz für sich allein, d. h. also ohne jeden Einfluß seiner Anordnung hinter dem Schiff in gestörtem Wasser, so ist sein Wirkungsgrad ausgedrückt durch das Verhältnis

$$\eta = \frac{\text{Schraubenschub} \times \text{Geschwindigkeit seiner axialen Fortbewegung}}{\text{an die Welle abgegebene Antriebsleistung}} = \frac{S \cdot v}{N_e \cdot 75}.$$

Nun ist, wie wir gesehen haben, hinter dem Schiff das Wasser nicht ruhig, sondern in einer nach vorn gerichteten Strömung (Vorstrom) begriffen. Die Relativgeschwindigkeit dieser Strömung zum Propeller in axialer Richtung ist im vorstehenden mit v_e bezeichnet. Der Wirkungsgrad des hinter dem Schiff arbeitenden Propellers ist also

$$\eta = \frac{S \cdot v_e}{N_e \cdot 75}.$$

Dieser Wirkungsgrad wird im allgemeinen mit Propellerwirkungsgrad η bezeichnet.

Für die Beurteilung der Vorteilhaftigkeit der gesamten Antriebsverhältnisse des Schiffes ist indessen dieser Propellerwirkungsgrad allein nicht maßgebend. Wenn der Propeller ganz oder zum größten Teil in dem nach vorn strömenden Wasser arbeitet, wird dadurch ein Teil des Vorstroms wieder für die Propulsion ausgenutzt, so daß also in diesem Falle hierdurch der Wirkungsgrad der Propulsion, in der Totalität betrachtet, verbessert wird. Anderseits entsteht, wie oben erläutert, zwischen Propeller und Schiff ein Unterdruck, der sog. Sog, welcher den Schiffswiderstand erhöht und infolgedessen die Güte der Propulsion beeinträchtigt.

Man spricht daher von einem Wirkungsgrad der Propulsion, welchen wir mit η_P bezeichnen. Derselbe ist

$$\eta_P = \frac{\text{Schlepp-Pferdestärken}}{\text{Wellen-Pferdestärken}} = \frac{\text{EPS}}{\text{WPS}} = \frac{W \cdot v}{N_e \cdot 75}.$$

Nun ist der Schleppwiderstand W ohne Schrauben um den Sog kleiner als der Schraubenschub, d. h. also $W = S\,(1 - \sigma)$. Ferner haben wir

$$v_e = v\,(1 - w);$$

durch Einsetzen ergibt sich

$$\eta_P = \frac{S \cdot v_e}{N_e \cdot 75} \frac{(1 - \sigma)}{(1 - w)}$$

oder

$$\eta_P = \eta \frac{(1 - \sigma)}{(1 - w)}.$$

Im allgemeinen ist der Wert $\frac{1 - \sigma}{1 - w}$ nicht viel von 1 verschieden, indessen ist es notwendig, bei der Beurteilung des Wertes dieses Quotienten vorsichtig zu sein, wie die in § 276 wiedergegebenen Versuche von Luke ergeben. Vgl. hierzu auch Tabelle Nr. 46, enthaltend die Schleppresultate des Schiffsmodells mit Schrauben für einen Frachtdampfer.

§ 261. **Empirische Berechnung der Schiffsschraube.** Zur Berechnung der Schiffsschraube benutzte man früher ausschließlich empirische Formeln[1]), welche sich indessen auf die hydraulischen Grundgleichungen des Problems zurückführen lassen[2]). Die wichtigste dieser Formeln ist:

$$D = K_1 \sqrt{\frac{N_i}{\left(\frac{n \cdot H}{100}\right)^3}}.$$

Dabei ist D und H in Metern, N_i in Pferdestärken einzusetzen.

Die Konstante K_1 ergibt sich aus folgender Tabelle (nach Seaton).

Tabelle Nr. 44.

Koeffizienten K_1 zur Schraubenberechnung nach Seaton, Pocket-book of marine engineering.

Art des Schiffes	Geschwindigkeit V in Knoten	Anzahl der Schrauben	Anzahl der Flügel	K_1	Material der Flügel
1. Völlige Frachtdampfer . .	8—10	1	4	0,87—0,90	Gußeisen
2. Frachtdampfer mit mäßig völligen Linien	10—13	1	4	0,92—0,97	Gußeisen
3. Post- und Passagierdampfer mit feinen Linien	13—17	1	4	1,00—1,05	Bronze oder Stahlguß
4. ditto.	13—17	2	4	1,05—1,10	Bronze oder Stahlguß
5. Post- und Passagierdampfer mit sehr feinen Linien . .	17—22	1	4	1,08—1,13	Bronze
6. ditto.	17—22	2	3	1,13—1,18	Bronze
7. Kriegsschiffe mit sehr feinen Linien	16—22	2	4	1,08—1,15	Bronze
8. ditto	16—22	2	3	1,13—1,21	Bronze
9. Torpedoboote.	20—26	1	3	1,23—1,38	Bronze
10. ditto.	25—30	2	3	1,3 —1,45	Bronze

Schnelldampfer mit 2 Schrauben zu je 4 Flügeln fallen zwischen die 6. und 7. Spalte.

Beispiel: Doppelschrauben-Schnelldampfer „Kaiser Wilhelm der Große".

Es sei gegeben (durch Berechnung des Schiffswiderstandes) $N_i = 2 \cdot 14000$, Geschwindigkeit 22 Knoten, ferner angenommen nach ähnlichen Schiffen der scheinbare Slip zu $s_s = +10\,\%$, weiterhin angenommen $n = 76$. Jede Schraube habe 4 Flügel.

Steigung und Durchmesser seien zu berechnen. Die Steigung wird bestimmt aus

$$H = \frac{v}{\frac{n}{60}(1 - s_s)}.$$

Es ergibt sich

$$H = \frac{22 \cdot 0{,}515}{1{,}27 \cdot 0{,}9} = 9{,}9 \text{ m}.$$

(Ausgeführt ist $H = 10$ m).

[1]) Ähnliche Formeln siehe Fliege, Z. d. V. d. I., 1893, S. 1552.

[2]) Die Gleichung läßt sich in die Form bringen $M = c \cdot D^2 n^2 H^3$, wobei M das auf den Propeller ausgeübte Drehmoment ist. In dieser Form deckt sie sich mit der aus der hydraulischen Ähnlichkeit abgeleiteten Gleichung für M siehe § 265.

Nach obiger Formel für D wird

$$D^2 = K_1^2 \frac{N_i}{\left(\frac{n \cdot H}{100}\right)^3}.$$

Durch Einsetzen des Wertes für $H = 9{,}9$ wird

$$D^2 = K_1^2 \frac{14000}{\left(\frac{76 \cdot 9{,}9}{100}\right)^3},$$

woraus unter Benutzung des Wertes $K_1 = 1{,}16$ aus Tabelle Nr. 44 wird:

$$D^2 = 1{,}16^2 \frac{14000}{426}$$

$$D = 6{,}64 \text{ m}.$$

(Ausgeführt ist $D = 6{,}5$ m.)

Die abgewickelte Flügelfläche wird überschlägig am zuverlässigsten bestimmt, indem man von einem bei bewährten Ausführungen ähnlicher Schiffstypen gefundenen Flächendruck pro qm Flügelfläche ausgeht.

Aus einer großen Anzahl von Ausführungen haben sich folgende Werte für das Verhältnis

$$K_2 = \frac{\text{Indizierter Schub}}{\text{Abgewickeltes Areal der Schraube}} = \frac{\frac{N_i \cdot 75 \cdot 60}{n \cdot H}}{F_a}$$

ergeben:

Torpedoboote mit Kolbenmaschinen. .	0,7	bis 0,9	kg/qcm
$v = 25$—30 Knoten, $n = 300$—400,			
Schnelldampfer mit Kolbenmaschinen .	0,6	„ 0,75	„
$v = 19$—23 Knoten, $n = 75$—90,			
Dampfer für Fracht und Passagiere. .	0,3	„ 0,5	„
$v = 14$—18 Knoten, $n = 75$—80,			
Frachtdampfer	0,2	„ 0,4	„
$v = 9$—13 Knoten, $n = 65$—75,			

dabei gelten die größeren Werte für die größeren Geschwindigkeiten und umgekehrt[1]).

Propeller für Turbinenschiffe. Alle vorstehenden Zahlen gelten nur für die üblichen Ausführungen mit Kolbenmaschinen (für Propeller, angetrieben durch Turbinen mit Übersetzungsgetrieben, deren Tourenzahl im Bereich des bei Kolbenmaschinen Üblichen liegt, können natürlich auch die obigen Formeln verwendet werden), sind dagegen nicht zu verwenden bei Schiffen mit direktem Turbinenantrieb, deren Schrauben in der Nähe des Kavitationsbereiches arbeiten.

Die Erfahrungen, welche bisher mit den hochtourigen Propellern solcher Anlagen gemacht wurden, haben gezeigt, daß gewisse Grenzwerte des Verhältnisses Steigung zu Durchmesser, des Flächendruckes pro qcm Flügelfläche, der Umfangsgeschwindigkeit und des Verhältnisses der projizierten Fläche zur Kreisfläche nicht über- bzw. unterschritten werden dürfen, wenn man nicht einen sehr ungünstigen Wirkungsgrad, namentlich hervorgerufen durch Kavitation (vgl. § 281), in Kauf nehmen will. Da durch Erniedrigung der Umdrehungszahl sich alle vorgenannten Werte gleichzeitig

[1]) Nach dem Gesetz der hydraulischen Ähnlichkeit müßten die zulässigen Flächenbelastungen bei sonst gleichen Verhältnissen dem Quadrat der Schiffsgeschwindigkeit annähernd proportional sein, wie sich aus den Ausführungen des § 266 leicht zeigen läßt.

günstiger gestalten, besteht die Ermittelung der zu wählenden Umdrehungszahl darin, die höchste Umdrehzahl festzustellen, bei welcher die zulässigen Grenzwerte für die vorgenannten Konstruktionselemente des Propellers gewahrt sind. Diese Grenzwerte ergeben sich aus folgender Tabelle:

Tabelle Nr. 45.

Zulässige Grenzwerte (Höchstwerte) für die Konstruktion von Schiffsschrauben für Schiffe mit direktem Turbinenantrieb.

Schiffstyp	Umfangsgeschwindigkeit u der Flügelspitze m/sek Maximalwerte	Verhältnis Steigung zu Durchmesser $\frac{H}{D}$ Minimalwerte	Verhältnis der projizierten Fläche zur Kreisfläche α Maximalwerte	Schub in kg pro qcm der projizierten Fläche, wobei Schub $P = \frac{\text{Eff. Leistung} \cdot 4500}{\text{Umdrehzahl} \cdot \text{Steigung}}$ Maximalwerte
Torpedoboote über 34 Knoten Geschwindigkeit	75—80	1—1,15	0,6 —0,65	1,3 —1,6
Torpedoboote von 30—34 Knoten Geschwindigkeit	65—75	0,95—1,10	0,54—0,61	1,23—1,57
Torpedoboote von 25—30 Knoten Geschwindigkeit	55—65	0,92—0,98	0,52—0,58	1,12—1,40
Kleine Kreuzer von 22—26 Knoten Geschwindigkeit	52—58	0,85—0,95	0,52—0,58	1,06—1,40
Große Kreuzer von 20—24 Knoten Geschwindigkeit	50—53	0,85—0,92	0,52—0,58	1,03—1,12
Linienschiffe von 19—22 Knoten Geschwindigkeit	48—52	0,80—0,90	0,52—0,58	1,00—1,10
Handelsschiffe von 18—21 Knoten Geschwindigkeit	45—50	0,75—0,85	0,50—0,56	0,93—1,00

Schiffe mit geringerer Geschwindigkeit als 18 Knoten sind in der Tabelle nicht aufgeführt, weil bei dem heutigen Stand der Turbinentechnik sich hierfür der Einbau von direkt gekuppelten Turbinen nicht lohnt.

Je höher die Schiffsgeschwindigkeit ist, um so mehr verschieben sich die Grenzwerte derart, daß eine höhere Umdrehungszahl zulässig ist; dies gilt hier analog wie bei Kolbenmaschinen, wo man auch die Umdrehungszahl für Schiffe mit bedeutender Geschwindigkeit höher annehmen darf als für langsame Schiffe.

Meistens steht man bei der Festlegung der Hauptdimensionen von Turbinenanlagen zunächst vor der Frage, welche höchste Umdrehungszahl zulässig ist, und da die Größe des Propellers nach oben durch die Umfangsgeschwindigkeit, nach unten durch die Möglichkeit, die hinreichende Flügelfläche unterzubringen, um keinen zu hohen spezifischen Flächendruck zu erhalten, begrenzt ist, handelt es sich also darum, aus den in Tabelle Nr. 45 angegebenen Grenzwerten die zulässige Umdrehungszahl zu berechnen. Eine Gleichung hierfür ergibt sich aus folgenden Überlegungen. Es ist die Umfangsgeschwindigkeit

$$u = \frac{D \cdot \pi \cdot n}{60}, \quad \text{also } D = \frac{u \cdot 60}{\pi \cdot n},$$

ferner ist

$$\frac{n \cdot H \cdot 60}{1852} = \frac{v}{1 - s}, \quad \text{also } H = \frac{v}{(1 - s)} \frac{1852}{n \cdot 60}.$$

Hieraus

$$\frac{H}{D} = \frac{1852 \cdot \pi \cdot v}{3600 \cdot (1 - s) \cdot u} \text{ und wenn } \frac{v}{1 - s} = C, \text{ wird } \frac{H}{D} = 1{,}615 \frac{C}{u} \cdot$$

Aus dieser Gleichung sieht man zunächst, daß die Umfangsgeschwindigkeit und das Verhältnis Steigung zu Durchmesser voneinander abhängen, so daß also, wenn bei einer gegebenen Schiffsgeschwindigkeit und gegebenem Slip $\frac{H}{D}$ gewählt wird, gleichzeitig auch u festliegt.

Es ist ferner der Schub $S = \frac{4500 \cdot N_e}{n \cdot H}$ und die projizierte Fläche $A = \frac{D^2 \cdot \pi}{4} \cdot a$, somit der spezifische Druck pro qm Flügelfläche[1])

$$p = \frac{S}{A} = \frac{4 \cdot 4500\, N_e}{n \cdot H \cdot D^2 \cdot \pi \cdot a} = 5725 \cdot \frac{N_e}{n \cdot H \cdot D^2 \cdot a},$$

hieraus

$$n = 5725 \frac{N_e}{p \cdot H \cdot D^2 \cdot a}.$$

Nun ist

$$D^2 = \frac{u^2 \cdot 60^2}{\pi^2 \cdot n^2}$$

und

$$H = \frac{v}{(1 - s)} \cdot \frac{1852}{n \cdot 60}.$$

Durch Einsetzen dieser Werte in obige Gleichung für n erhält man

$$n = 5725 \frac{N_e}{p \cdot a} \cdot \frac{\pi^2 \cdot n^2 \cdot (1 - s) \cdot n \cdot 60}{u^2 \cdot 60^2 \cdot v \cdot 1852},$$

woraus

$$n^2 = 1{,}965 \frac{p \cdot a \cdot u^2 \cdot v}{N_e (1 - s)},$$

somit

$$n = 1{,}40 \cdot u \sqrt{\frac{p \cdot a \cdot v}{N_e (1 - s)}}.$$

Beispiel. Welches ist die zulässig höchste Umdrehungszahl für ein Torpedoboot von 33 Knoten Geschwindigkeit, welches durch 2 Turbinen von je 4500 PS_e angetrieben wird?

Wir haben also:

v = 33 Knoten,
N_e = 4500 PS_e,

ferner aus Tabelle Nr. 45

u = 70 m/sek,
a (Verhältnis der projizierten Fläche zur Kreisfläche) = 0,56,
Slip (angenommen nach den Probefahrtsresultaten ähnlicher Schiffe) 20%,
also $1 - s = 0{,}8$,
Schub pro qcm Projektionsfläche nach Tabelle Nr. 45 $P = 1{,}3$ kg/qcm.

---

[1]) In der folgenden Berechnung ist der Einfachheit wegen der spez. Druck p in kg/qm eingesetzt.

Wir erhalten unter Einsetzung dieser Werte in obige Formel die zulässige Umdrehungszahl

$$n = 1{,}40 \cdot 70 \sqrt{\frac{13000 \cdot 0{,}56 \cdot 33}{4500 \cdot 0{,}8}} = 800.$$

Die Tourenzahlen von Propellern für Ölmaschinen und Turbinen-Zahnradgetriebe mit einfacher Übersetzung liegen meistens zwischen denen von Kolbenmaschinen und Turbinenschiffen mit direktem Antrieb. Es ergeben sich in den meisten Fällen Umdrehungen von 100 bis 150 pro Minute, welche bei kleinen Schiffsgeschwindigkeiten für die Dimensionierung eines ökonomischen Propellers als zu hoch angesehen werden müssen.

Die Bemessung des Propellers nach den empirischen Formeln stößt insofern auf Schwierigkeiten, als einwandfreie Erfahrungszahlen für diese Maschinenanlagen in größerem Umfange heute kaum vorliegen. Es wird sich deshalb empfehlen, in den Fällen, wo die Betriebstourenzahlen für irgendwelche Anlagen weder in den Bereich der niedrigen Kolbenmaschinen-Tourenzahlen fallen, noch in jene für Turbinenschiffe mit direktem Antrieb, von der Berechnung mit empirischen Formeln abzusehen und die Resultate der systematischen Propellerversuche (siehe § 267) zu benutzen.

Das gleiche Verfahren wird sich empfehlen bei der Dimensionierung von Propellern für Schlepper und für U-Boote vgl. §§ 277 und 278. Bei diesen Fahrzeugen werden gewöhnlich zwei Bedingungen gestellt, denen die Propeller genügen müssen, nämlich: Eine Fahrt mit großer Geschwindigkeit und kleinem Schub (Freifahrt des Schleppers, Überwasserfahrt beim U-Boot) und ferner: Eine Fahrt mit großem Schub und kleiner Geschwindigkeit (Fahrt mit Anhang beim Schlepper, Unterwasserfahrt beim U-Boot).

§ 262. **Die Propellertheorie von Rankine.**[1]) Durch zwei mit der Achse des Propellers konzentrische Zylinderschnitte wird ein Element $O'O$ der Schraubenfläche von der Breite dr abgeteilt, dessen Radius r beträgt. Die Projektion der so ausgeschnittenen Ringfläche auf die Ebene senkrecht zur Achse besitzt einen Flächeninhalt von der

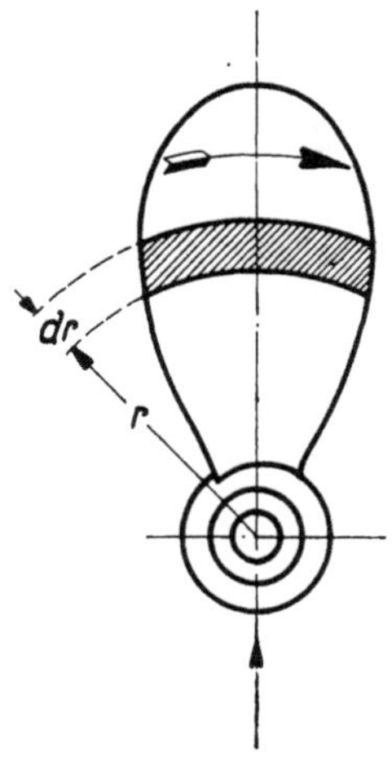

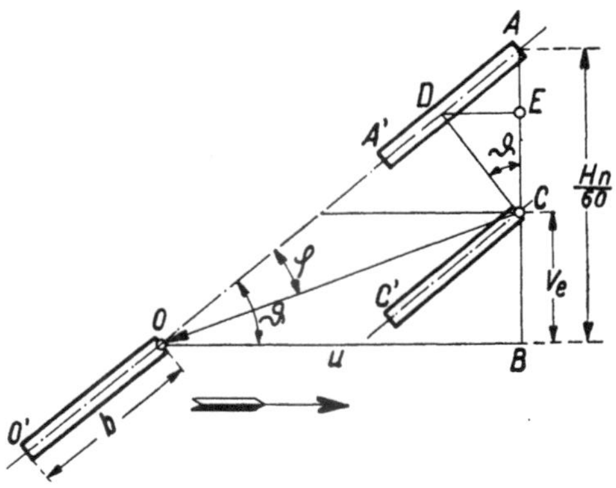

Abb. 586.

Größe $2\pi r\,dr$. Um das Wasservolumen, welches sekundlich durch diesen Ringquerschnitt strömt, sowie dessen Beschleunigung zu bestimmen, werden folgende Annahmen gemacht (vgl. Abb. 586):

Das Element des Propellers würde, wenn sich die Schraube in einem festen Medium bewegte, nach einer Umdrehung in die mit A bezeichnete Lage gekommen sein. Tatsächlich jedoch hat es (Slipwinkel φ) nur die Lage C erreicht. Da Reibung vorläufig

[1]) Dieser und der folgende Paragraph sind eine kurze Wiedergabe der Ausführungen Taylors in seinem Buche „Speed and power of ships".

ausgeschlossen sein soll, wird angenommen, daß das Flächenelement nur in Richtung seiner Normalen Kräfte auf das Wasser ausüben, d. h. dasselbe beschleunigen kann. Dementsprechend wird diese Beschleunigung (Geschwindigkeitsänderung pro Umdrehung) nur der senkrecht zum Element gerichteten Komponente des Slipweges CA, d. h. also CD gleichgesetzt. Die Axialkomponente dieses Geschwindigkeitszuwachses ist CE und somit die relative Geschwindigkeit des Wassers beim Austritt aus dem Propeller gleich EB.

Der rechnerische Ausdruck für diese Größen ergibt sich ohne weiteres aus Abb. 558. Wir erhalten, da

$$s = \frac{\frac{n}{60}H - v_e}{\frac{n}{60}H}$$

$$EB = \frac{Hn}{60}(1 - s\sin^2\vartheta)$$

und somit als Wassermenge, welche sekundlich das Propellerelement passiert, den Wert $EB\,2\pi r\,dr$. Die Geschwindigkeitsvermehrung, welche das Wasser in der Fahrtrichtung erhalten hat, ist $EB - v_e$, welche Größe sich, wie leicht einzusehen, aus der Gleichung

$$EB - v_e = \frac{s \cdot H \cdot n}{60}\cos^2\vartheta$$

bestimmt.

Nach dem Satz vom Antrieb ist der Schub, welchen das Schraubenelement ausübt, gleich der sekundlich bewegten Wassermasse multipliziert mit dem Geschwindigkeitszuwachs in Richtung des Schubes, also

$$\begin{aligned} dS &= \frac{\gamma}{g} BE\,2\pi r\,dr\,(BE - v_e) \\ &= \frac{\gamma}{g}\,2\pi r\,dr\,\frac{nH}{60}(1 - s\sin^2\vartheta)\,s\,\frac{nH}{60}\cos^2\vartheta \\ &= \frac{\gamma}{g}\frac{n^2H^2}{3600}\,s\,(1 - s\sin^2\vartheta)\cos^2\vartheta \cdot 2\pi r\,dr. \end{aligned}$$

Bezeichnen wir den Ausdruck

$$\cot\vartheta = \frac{2\pi r}{H} \text{ mit } q, \text{ dann ergibt sich}$$

$$2\pi r\,dr = \frac{H^2 q \cdot dq}{2\pi}, \quad \sin^2\vartheta = \frac{1}{1+q^2}, \quad \cos^2\vartheta = \frac{q^2}{1+q^2}$$

und somit

$$\begin{aligned} dS &= \frac{\gamma}{g}\frac{n^2H^2}{3600}\,s\left(\frac{q^2}{1+q^2} - s\frac{q^2}{(1+q^2)^2}\right)\frac{H^2}{2\pi}\,q\,dq \\ &= \frac{\gamma}{g}\frac{n^2H^2}{3600}\cdot\frac{H^2}{2\pi}\cdot s\left\{q\,dq - \frac{q\,dq}{1+q^2} - s\left(\frac{q\,dq}{1+q^2} - \frac{q\,dq}{(1+q^2)^2}\right)\right\}. \end{aligned}$$

Für das Element unmittelbar an der Achse wird $q = 0$. Bezeichnen wir von nun ab mit q die Cotangente des Steigungswinkels für das Element an der Flügelspitze, und vernachlässigen wir das Vorhandensein der Nabe, welches, wie eine einfache Überlegung zeigt, von sehr geringem Einfluß ist, so erhalten wir durch Integration des Ausdrucks für dS zwischen $q = 0$ und $q = q$

$$\begin{aligned} S &= \frac{\gamma}{g}\frac{n^2H^2}{3600}\cdot\frac{H^2}{2\pi}\cdot s\left\{\frac{q^2}{2} - \frac{\ln(1+q^2)}{2} - s\left(\frac{\ln(1+q^2)}{2} - \frac{1}{2}\cdot\frac{q^2}{1+q^2}\right)\right\} \\ &= \frac{\gamma}{g}\cdot\frac{n^2H^2}{3600}\cdot\frac{H^2q^2}{4\pi}\cdot s\left\{1 - \frac{\ln(1+q^2)}{q^2} - s\left(\frac{\ln(1+q^2)}{q^2} - \frac{1}{1+q^2}\right)\right\}. \end{aligned}$$

Für den Durchmesser an der Flügelspitze ergibt sich

$$qH = 2\pi \cdot r \quad \text{und} \quad \frac{q^2 H^2}{4\pi} = \frac{\pi D^2}{4},$$

wobei der Durchmesser an der Flügelspitze mit D bezeichnet wird. Unter Einsetzen dieser Werte ergibt sich

$$S = \frac{\gamma}{g}\frac{n^2 H^2}{3600} \cdot \frac{\pi D^2}{4} s \left\{1 - \frac{\ln(1+q^2)}{q^2} - s\left(\frac{\ln(1+q^2)}{q^2} - \frac{1}{1+q^2}\right)\right\}.$$

Das zur Erzeugung dieses Schubes aufzuwendende Drehmoment ist

$$M = \frac{H \cdot S}{2\pi}.$$ [1]

Um den **Wirkungsgrad des Propellers** festzustellen, müssen Reibungs- und Kantenwiderstand berücksichtigt werden. Bezeichnen wir mit ϱ den Reibungskoeffizienten und mit dA ein Flächenelement, so ist angenähert der Reibungswiderstand $= \varrho \cdot dA \cdot \overline{OA}^2$. Diese Vereinfachung ist zulässig, da der Slipwinkel φ in der Regel ziemlich klein ist. Wir machen ferner die Annahme, daß es zulässig sei, den Kantenwiderstand mit in den Reibungskoeffizienten ϱ einzuschließen und nehmen diesen nur soviel größer an, daß auch der Kantenwiderstand Berücksichtigung findet.

Nach Abb. 586 ist $dA = b \cdot dr$, ferner

$$\overline{OA}^2 = \frac{n^2 H^2}{3600 \sin^2 \vartheta} = \frac{n^2}{3600} H^2 (1 + q^2),$$

wobei, wie oben,

$$q = \frac{2\pi r}{H} \quad \text{und} \quad dr = \frac{H}{2\pi} dq.$$

Durch Einsetzen ergibt sich der Reibungswiderstand des Elementes (in Richtung desselben wirkend) zu

$$\begin{aligned} R &= \varrho \cdot dA \cdot \overline{OA}^2 \\ &= \varrho \cdot \frac{D \cdot b}{D} \cdot \frac{H}{2\pi} \cdot dq \cdot \frac{H^2 n^2}{3600}(1+q^2) \\ &= \varrho \cdot \frac{n^2 H^2}{3600} \cdot D \cdot \frac{H}{2\pi}\left\{\frac{b}{D}(1+q^2)\, dq\right\} \end{aligned}$$

Die in die Fahrtrichtung fallende Komponente, welche also den Schraubenschub vermindert, ist

$$R \sin \vartheta = \varrho \cdot \frac{n^2 H^2}{3600} \cdot D \cdot \frac{H}{2\pi} \cdot \frac{b}{D} \sqrt{1+q^2}\, dq = dS_\varrho$$

und die tangentiale Komponente

$$R \cos \vartheta = \varrho \cdot \frac{n^2 H^2}{3600} \cdot D \cdot \frac{H}{2\pi} \cdot \frac{b}{D} \cdot q\sqrt{1+q^2}\, dq = dT_\varrho.$$

Letztere Komponente erhöht das aufzuwendende Drehmoment um den Betrag

$$\begin{aligned} r \cdot R \cos \vartheta &= R \cos \vartheta \cdot \frac{H}{2\pi} \cdot q \\ &= \varrho \frac{n^2 H^2}{3600} \cdot D \cdot \frac{H^2}{4\pi^2}\left(\frac{b}{D} \cdot q^2 \sqrt{1+q^2} \cdot dq\right) = dM_\varrho. \end{aligned}$$

---

[1] Es sei hier noch speziell darauf hingewiesen, daß dieser Zusammenhang zwischen Schub und Moment nur unter den zu Anfang des Paragraphen angegebenen, der Wirklichkeit nicht entsprechenden Voraussetzungen besteht, daß der Flügel nur senkrecht zu seiner Druckfläche Kräfte auf das Wasser übertragen kann.

Durch Integration erhalten wir die durch die Reibung hervorgerufene Schubverminderung

$$S_\varrho = \varrho \cdot \frac{n^2 H^3}{3600} \cdot D \int \frac{b\sqrt{1+q^2}}{2\pi D} \cdot dq = \varrho \cdot \frac{n^2 \cdot H^3}{3600} Y$$

wobei

$$Y = \int \frac{b\sqrt{1+q^2}}{2\pi D} dq$$

und die infolge der Reibung erforderliche Erhöhung des Drehmoments

$$M_\varrho = \frac{H}{2\pi} \cdot \varrho \cdot \frac{n^2 H^3}{3600} \cdot D \int \frac{q^2 \cdot b\sqrt{1+q^2}}{2\pi D} dq$$

$$= \frac{H}{2\pi} \cdot \varrho \cdot \frac{n^2 H^3}{3600} \cdot D \cdot Z$$

wobei

$$Z = \int \frac{b}{2\pi \cdot D} \cdot q^2 \sqrt{1+q^2}\, dq.$$

Da für diejenigen Teile des Propellers, welche hauptsächlich an der Leistungsaufnahme beteiligt sind, der Wert $q > 1$ ist, wird in den praktischen Fällen Z wesentlich größer als Y, und man kann daher, ohne große Fehler zu machen, den ganzen Reibungsverlust auf die Erhöhung des aufzuwendenden Moments zurückführen.

Wenn man für den im allgemeinen mit r veränderlichen Wert $\frac{b}{D}$ einen als konstant anzusehenden Mittelwert annimmt (mittleres Breitenverhältnis $\times$ Flügelzahl), läßt sich ohne weiteres eine Kurve der Z-Werte über den Werten von q auftragen, indem man zunächst eine Kurve der $\frac{q^2\sqrt{1+q^2}}{2\pi}$ zeichnet und dann graphisch integriert.

Ebenso lassen sich für ausgeführte Propeller die Werte für Y und Z ohne Schwierigkeit bestimmen, indem über den Werten von q die Ausdrücke $\frac{b}{2\pi D}\sqrt{1+q^2}$ und $\frac{b}{2\pi D} q^2\sqrt{1+q^2}$ aufgetragen und graphisch integriert werden.

§ 263. **Die Propellertheorie von Froude.** Froude geht von der Anschauung aus, daß alle je auf demselben Radius r liegenden Flächenelemente der Propellerflügel zusammen ebenso auf das Wasser einwirken, wie eine einzige ebene Fläche von demselben Flächeninhalt, die mit der Geschwindigkeit OC in einer um den Winkel φ gegen ihre Ebene geneigten Richtung geradlinig durch das Wasser bewegt wird. Bei dieser Betrachtungsweise wird also keine Rücksicht darauf genommen, ob die Flügel infolge ihrer dichten Aufeinanderfolge und der Bewegung im Kreise herum mehr oder weniger dieselben Wasserteilchen beschleunigen und sich infolgedessen in ihrer Wirkung gegenseitig beeinflussen.

Wenn b jetzt die gesamte Breite aller Flügel des Propellers beim Radius r bezeichnet, so ist die gesamte Fläche der Flügelelemente bei diesem Radius $dF = b \cdot dr$. Die Kraft, welche eine Platte von dieser Größe senkrecht zu ihrer Fläche erfährt, wenn sie, um den kleinen Winkel φ geneigt, mit der Geschwindigkeit OC durch das Wasser fortschreitet, setzt Froude gleich

$$dW = c \cdot dF \cdot \overline{OC}^2 \cdot \sin\varphi,$$

worin c eine durch Versuche ermittelte konstante Erfahrungszahl ist. Daraus ergibt sich der axiale Schub des Elementes zu

$$dS = c \cdot b \cdot dr \cdot \overline{OC}^2 \cdot \sin\varphi \cos\vartheta.$$

Wenn wieder die Abkürzung $\frac{2\pi r}{H} = q$ eingeführt wird, ergibt sich aus der Figur

$$\overline{OC}^2 = (2\pi r n_s)^2 + v_s^2 = H^2 n_s^2 [q^2 + (1-s)^2].$$

$$\sin\varphi\cos\vartheta = \frac{DC}{OC}\cos\vartheta = \frac{s H n_s \cdot \cos^2\vartheta}{H n_s \cdot \sqrt{q^2 + (1-s)^2}} = \frac{s q^2}{(1+q^2)\sqrt{q^2+(1-s)^2}}$$

und somit

$$d S = c \cdot b \cdot d r H^2 n_s^2 \cdot s \frac{q^2 \sqrt{q^2 + (1-s)^2}}{1+q^2}.$$

Nach Einführung von dq und des Durchmessers $D = 2r$ ergibt sich durch einfache Umformung

$$d S = c D H^3 n_s^2 \frac{b}{D} \frac{s q^2}{1+q^2} \sqrt{q^2 + (1-s)^2} \frac{d q}{2\pi}$$

und durch Integration von der Achse bis zur Flügelspitze (unter Vernachlässigung der Nabe) der Schub des ganzen Propellers

$$S = c n_s^2 D H^3 s \int \frac{b}{D} \frac{q^2}{1+q^2} \sqrt{q^2 + (1-s)^2} \frac{d q}{2\pi}.$$

Das Integral muß durch graphische Auftragung bestimmt werden.

Die Beziehung zwischen Schub und Drehmoment wird ebenso wie bei Rankine

$$M = S \frac{H}{2\pi}.$$

§ 264. **Zur Strahltheorie des Propellers.** Die Bewegung des Wassers vor, in und hinter der Schiffsschraube ist eine außerordentlich komplizierte, wovon man sich bei Betrachtung des Schraubenwassers leicht überzeugen kann. Um sich jedoch in groben Zügen über die Wirksamkeit des Propellers ein Bild machen zu können, hat man über die Bewegung der von der Schraube erfaßten Wassermasse vereinfachende Annahmen gemacht und ist dadurch zu Gesichtspunkten gelangt, welche für die Beurteilung der Propellerfrage nicht ohne Wert sind. Die Veröffentlichungen hierüber liegen teilweise sehr weit zurück; neuerdings ist wesentlich Neues zu dieser Art der Betrachtung des Propellerproblems kaum beigetragen worden[1]).

In Abb. 587 bedeute P einen idealen Propeller, welcher über die ganze Fläche F eine Druckdifferenz Δp erzeugt. Den Propeller können wir uns etwa vorstellen wie das Rad einer Schraubenpumpe mit Schaufeln von sehr geringer Höhe. Wir denken uns diesen Propeller in axialer Richtung stillstehend und das Wasser mit der Geschwindigkeit v seinem Bereiche zuströmend, wobei diese Geschwindigkeit in so großem Abstand vom Propeller gemessen sein soll, daß letzterer noch keinerlei Einfluß auf diese Geschwindigkeit ausgeübt haben kann. Die Drucksteigerung Δp tritt in der Ebene des Propellers unvermittelt ein, d. h. es findet hier ein Drucksprung vom Betrage Δp statt. Die Druckerhöhung hinter dem Propeller veranlaßt das Wasser, dahin zu strömen, wo es freien Ausweg findet, d. h. also nach der Seite und nach hinten. Wir wollen uns aber vorstellen, daß das Wasser an der Ausbreitung nach allen Seiten etwa durch ein rohrartiges druckfestes Gehäuse verhindert ist, welches an der Stelle des Propellers P dessen Durchmesser besitzt und im übrigen die sich aus der Kontinuitätsgleichung ergebenden Querschnitte ergibt. Das Wasser muß dann infolge der Druckdifferenz Δp in der Richtung der Achse beschleunigt werden und mit einer Geschwindigkeit nach hinten abströmen, welche größer ist als v, und zwar soll diese letztere Geschwindigkeit an derjenigen Stelle, an welcher der gleichzeitig mit der fort-

[1]) Vgl. R. E. Froude, Trans. of the Inst. of Nav. Arch. 1889, ferner S. Finsterwalder, Zeitschr. f. Flugtechnik u. Motorluftschiffahrt 1910.

schreitenden Beschleunigung des Wassers allmählich sich vollziehende Druckausgleich mit der Umgebung (d. h. also dem ungestörten Wasser, in welchem der Druck p_0 herrscht) vollständig geworden ist, den Wert c annehmen. Wenn wir auf die in diesem gedachten rohrförmigen Gehäuse von überall kreisrundem Querschnitt von dem Propeller in Bewegung gesetzte Wassermasse die Kontinuitätsgleichung anwenden, so erhalten wir

$$F_1 \cdot v = F \cdot w = F_2 \cdot c,$$

wobei der Querschnitt F_1 der Zuströmungsgeschwindigkeit v des ungestörten Wassers und F_2 der erreichten Höchstgeschwindigkeit c entspricht, während w die Geschwindig-

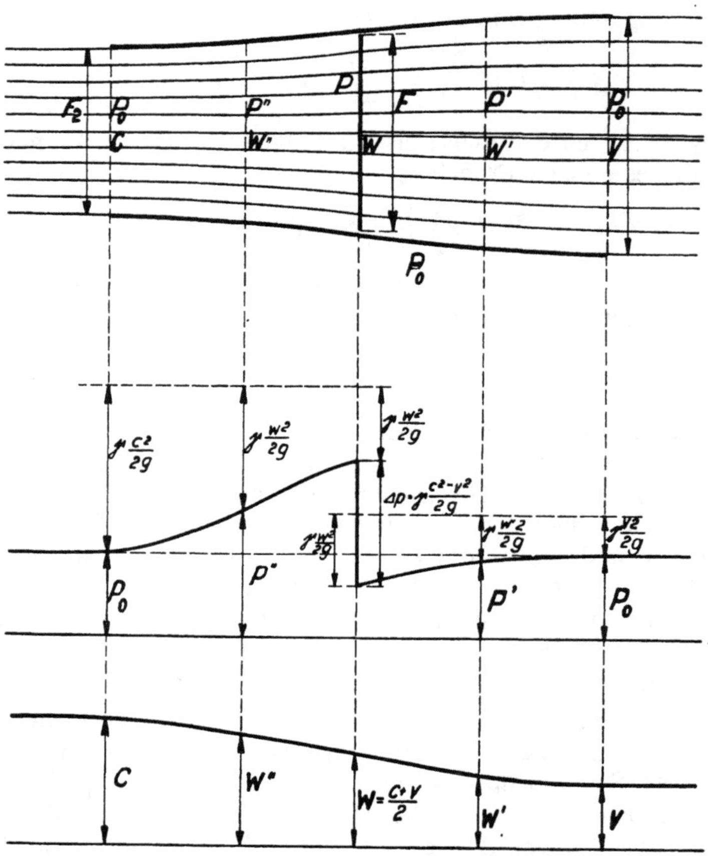

Abb. 587.

keit ist, welche der Strahl im Propeller selbst, also bei F, besitzt. Der Übergang dieser Querschnitte ineinander kann nur allmählich geschehen, so daß der Strahl nicht wohl eine andere Form annehmen kann, als in Abb. 587 dargestellt. Zu bemerken ist noch, daß Druck und Geschwindigkeit, über jeden kreisrunden Querschnitt des Strahles gemessen, konstant angenommen werden.

Wir müssen uns ferner vorstellen, daß die gesamte axiale Beschleunigung der von dem Propeller bewegten Wassermassen ausschließlich von letzterem erzeugt sei und somit von dem den Strahl einschließenden Rohr keinerlei resultierende Axialkräfte auf denselben ausgeübt werden bzw. daß letzteres insgesamt in axialer Richtung keinerlei resultierende Reaktionskraft aufzunehmen hat. Dies bedingt, daß der Propeller an einer genau bestimmten Stelle innerhalb des sich im Querschnitt von F_1 auf F verengenden Rohres angeordnet wird. Wir wenden nun den Satz vom Antrieb an, indem wir die vom Propeller erzeugte Druckkraft $S = F \cdot \Delta p$ gleichsetzen der sekundlich strömenden Wassermasse $\frac{\gamma}{g} \cdot F w$ multipliziert mit der Geschwindigkeitsänderung in axialer Richtung; es ist also

$$S = \frac{\gamma}{g} \cdot F \cdot w \cdot (c - v) \quad \ldots \ldots \ldots \ldots \quad \text{(Gl. 1)}$$

Ferner muß bei Annahme verlustloser Energieumsetzung die dem Wasser durch die Schraube zugeführte Leistung gleich sein der Änderung der lebendigen Kraft der pro Zeiteinheit strömenden Masse, woraus wir die Beziehung erhalten

$$S \cdot w = \frac{{}^1\!/_2\,\gamma}{g} \cdot F \cdot w\,(c^2 - v^2) \quad \ldots \ldots \ldots \ldots \quad \text{(Gl. 2)}$$

Wenn man Gl. (2) durch Gl. (1) dividiert, erhält man

$$w = \frac{c + v}{2},$$

d. h. unter den oben gemachten Annahmen muß der Propeller so in dem Rohr angeordnet sein, daß das Wasser die Hälfte seiner Geschwindigkeitssteigerung vor dem Propeller und die andere Hälfte hinter demselben erhält.

Die vorstehende Beziehung läßt sich, wie hier bemerkt werden soll, auch aus der Bedingung ableiten, daß auf das gedachte Rohr insgesamt keine Kraftwirkung infolge der Strahlreaktion und der statischen Drücke rings um das Rohr, sowie vor und hinter demselben auftreten soll.

Bedeutet R_I die gesamte auf den Teil des Rohres vor dem Propeller wirkende resultierende Kraft, so ist auf Grund des Satzes vom Antrieb, angewendet auf die sekundlich zwischen den Querschnitten F_1 und F strömende Wassermasse $F \cdot w \frac{\gamma}{g}$,

$$F w \frac{\gamma}{g} (w - v) = - R_I + F (p_0 - p_x)$$

oder da

$$p_0 - p_x = \frac{\gamma}{2 g} (w^2 - v^2)$$

$$R_I = F \frac{\gamma}{2 g} (w^2 - v^2 - 2 w^2 + 2 w v) = - \frac{F \gamma}{2 g} (w - v)^2;$$

analog ist für den Teil hinter dem Propeller

$$F w \frac{\gamma}{g} (c - w) = - R_{II} + F (p_x + \Delta p - p_0)$$

und

$$p_x + \Delta p - p_0 = \frac{\gamma}{2 g} (c^2 - w^2)$$

also

$$R_{II} = \frac{F \gamma}{2 g} (c^2 - w^2 - 2 w c + 2 w^2) = \frac{F \gamma}{2 g} (c - w)^2.$$

Da nun $R_I + R_{II} = 0$ sein soll, wird

$$- (w - v)^2 + (c - w)^2 = 0 \quad \text{oder}$$

$$+ 2 w v - v^2 + c^2 - 2 c w = 0$$

$$2 w (c - v) = c^2 - v^2$$

$$w = \frac{c + v}{2} \quad \text{wie oben gefunden.}$$

Die Drücke vor und hinter dem Propeller ergeben sich ferner aus der Überlegung, daß die Summe von Druck- und Geschwindigkeitshöhe in den Teilen der Strömung, welche keiner äußeren Kraft unterworfen sind, konstant bleiben muß. Wir haben hiernach

$$\frac{p'}{\gamma}+\frac{w'^2}{2g}=\frac{p_0}{\gamma}+\frac{v^2}{2g}$$

(Strömung vor dem Propeller), wobei p' und w' für einen beliebigen Querschnitt zwischen F_1 und F gelten sollen, und

$$\frac{p''}{\gamma}+\frac{w''^2}{2g}=\frac{p_0}{\gamma}+\frac{c^2}{2g}$$

(Strömung zwischen F und F_2), wobei p'' und w'' für einen beliebigen Querschnitt zwischen F und F_2 gelten. Der Verlauf von Druck und Geschwindigkeit ist in Abb. 587 ebenfalls graphisch dargestellt.

Den theoretischen Wirkungsgrad des Strahlpropellers erhält man in einfacher Weise, wenn man die tatsächlich zur Propulsion nutzbar gemachte Schubleistung, welche offenbar durch $S \cdot v$ gegeben ist, mit der vom Propeller auf den Strahl übertragenen Leistung vergleicht, die, wie bereits oben angeschrieben, durch $S \cdot w$ gegeben ist. Man erhält dann

$$\eta=\frac{S\cdot v}{S\,w}=\frac{v}{w}=\frac{2\,v}{v+c}=\frac{v}{v+\frac{c-v}{2}}.$$

Ähnliche Betrachtungen sind über den theoretischen Wirkungsgrad des Antriebes durch die Reaktion eines aus dem Fahrzeug ausgestoßenen kontinuierlichen Wasserstrahls (in der Erzeugung eines derartigen Strahles besteht, wie bereits aus den Betrachtungen der früheren Kapitel hervorgeht, im Prinzip die Aufgabe des Schiffsantriebes durch die Schraube) angestellt worden[1]). Das Resultat hinsichtlich des theoretisch erzielbaren Wirkungsgrades deckt sich natürlich mit der vorstehend für den Strahlpropeller gefundenen Beziehung. Da die Ableitung der Gleichungen von Taylor auf einem etwas anderen Wege als im vorigen Paragraphen für den Strahlpropeller durchgeführt ist, soll sie hier kurz wiedergegeben werden.

Ein Wasserstrahl vom Querschnitt F werde mit so großer Geschwindigkeit aus dem Schiff nach hinten ausgestoßen, daß, während dieses mit der Geschwindigkeit v vorwärtsfährt, seine nach hinten gerichtete Absolutgeschwindigkeit den Wert u besitzt. Dann ist die ausgestoßene Wassermenge sekundlich gleich $\gamma F\,(u+v)$ und deren Masse

$$\frac{\gamma}{g}F\,(u+v).$$

Der Reaktionsdruck oder Schub ist nach dem Satz vom Antrieb $S=M\cdot u$, wobei M die sekundlich ausgestoßene Wassermasse bedeutet, deren Größe oben bereits angeschrieben ist. Der Schub S ist somit

$$S=\frac{\gamma}{g}\cdot F\cdot(u+v)\cdot u \quad \ldots\ldots\ldots\ldots \quad \text{(Gl. 3)}$$

und die Schubleistung

$$S\cdot v=\frac{\gamma}{g}F\,(u+v)\,u\cdot v.$$

Es ist ferner leicht einzusehen, daß bei dieser Art des Antriebes durch eine ausgestoßene Wassermasse diejenige Leistung für die Propulsion verloren ist, welche der in dem Strahl enthaltenen Absolutgeschwindigkeit entspricht. Es ist also dieser Austrittsverlust

$$=\frac{\gamma}{g}F\,(v+u)\frac{u^2}{2}.$$

[1]) Vgl. Taylor, Speed and power of ships, S. 153.

Die gesamte aufzuwendende Leistung setzt sich somit zusammen aus der Schubleistung und diesem Verlust; sie ist also

$$= \frac{\gamma}{g} F \cdot (u + v)\, u \cdot v + \frac{\gamma}{g} \cdot F \cdot (u + v) \cdot \frac{u^2}{2},$$

somit der Wirkungsgrad η = Schubleistung dividiert durch aufzuwendende Leistung =

$$\eta = \frac{u \cdot v}{u \cdot v + \frac{u^2}{2}} = \frac{v}{v + \frac{u}{2}} .$$

Falls $u = 0$, d. h. also bei Vermeidung jeden Austrittsverlustes, wird $\eta = 1$. Dies würde für die Propulsion unendlich große Propeller ($F = \infty$) voraussetzen. Will man sich nun über den unter gewissen gegebenen Verhältnissen überhaupt erreichbaren Wirkungsgrad des idealen Propellers (nur vom Standpunkt der Strahltheorie aus) ein Bild machen, so hat man zunächst die absolute Austrittsgeschwindigkeit des Strahles u für gegebenen Schub S, gegebenen Durchmesser (d. h. Strahlquerschnitt im Propeller $F = D^2 \frac{\pi}{4}$) und gegebene Schiffsgeschwindigkeit zu bestimmen, was unter Zuhilfenahme von Gl. (3) für den Schub, wenn nach u aufgelöst, ohne weiteres möglich. Wir erhalten nämlich hierdurch

$$u = \sqrt{\frac{v^2}{4} + \frac{g \cdot S}{\gamma \cdot F}} - \frac{v}{2}$$

woraus durch Einsetzen in obige Gleichung für η sich ergibt

$$\eta = \frac{4}{3 + \sqrt{\frac{4 g S}{\gamma F v^2} + 1}} .$$

Um sich in jedem einzelnen Fall rasch einen Überschlag über diesen idealen Wirkungsgrad machen zu können, ist es bequem, statt des Schubes S die effektive Leistung einzuführen. Es ist die nutzbare Dreharbeit

$$N_s = \eta \cdot N_e = \frac{S \cdot v}{75}, \text{ also } S = 75 \cdot \eta \cdot \frac{N_e}{v} .$$

Durch Einsetzen dieses Wertes von S in obige Gleichung für η und entsprechende Umformung, bei welcher statt F der Durchmesser D eingeführt wird, erhalten wir

$$\frac{N_e}{D^2} \frac{16 \cdot 75\, g}{v^3 \cdot \pi \cdot \gamma} = \frac{16 - 24\,\eta + 8\,\eta^2}{\eta^3}$$

woraus, falls $\gamma = 1025$ kg/m³ (Seewasser),

$$\frac{N_e}{D^2 v^3} = 2{,}19 \cdot \frac{2 - 3\,\eta + \eta^2}{\eta^3} .$$

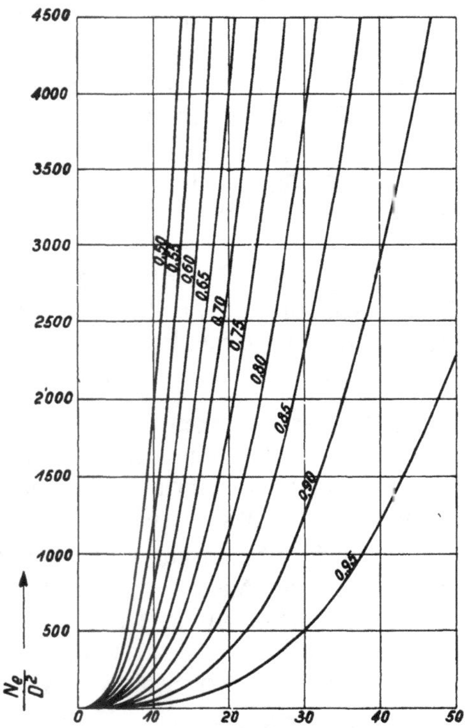

Abb. 588.

Das Kurvenblatt (Abb. 588) gibt über der Geschwindigkeit v und für $\frac{N_e}{D^2}$ als Ordinaten Kurven konstanten Wirkungsgrades[1]), welche nach obiger Formel errechnet sind. Bei Benutzung dieser Kurven ist N_e in PS_e, D in m und v in Knoten einzusetzen.

[1]) Dem Werke Taylors: „Speed and power of ships" unter Umrechnung auf metrische Verhältnisse entnommen.

Beispiel 1 (Schnelldampfer „Kaiserin Auguste Viktoria“):

Es ist:

die effektive Leistung pro Welle $N_e = 8212$ PS,
der Durchmesser $D = 6{,}5$ m,
somit $\frac{N_e}{D^2} = 194{,}3$ PS/m²,
die Schiffsgeschwindigkeit $V = 17{,}5$ Knoten.

Dies ergibt nach Abb. 588 einen Wirkungsgrad von ca. 92,5%.

Beispiel 2 (Torpedojäger):

$N_e = 17000$ PS,
$D = 2{,}7$ m,
somit $\frac{N_e}{D^2} = 2333$ PS/m²,
Schiffsgeschwindigkeit $V = 35$ Knoten.

Wirkungsgrad aus Abb. 588 ca. 89%.

Der geringere Wirkungsgrad in diesem zweiten Fall erklärt sich daraus, daß beim Torpedoboot infolge der Verwendung kleinerer Schrauben dem Wasser eine verhältnismäßig größere Absolutgeschwindigkeit erteilt werden muß, um den nötigen Schub zu erzielen, womit ein größerer Austrittsverlust verbunden ist. Jedenfalls ist hieraus zu ersehen, daß dieser Verlust, welcher nicht eigentlich den Eigenschaften des Schraubenpropellers zur Last gelegt werden darf, immerhin etwa den dritten Teil der Gesamtverluste des Propellerantriebes ausmachen kann. Zur Berechnung des Propellers können diese Betrachtungen kaum etwas beitragen, da man erst bei ganz extremen Abweichungen von den üblichen Werten für den Durchmesser auf einen starken Abfall des Wirkungsgrades stößt.

Zur ungefähren Orientierung über die bei diesen Propellern zu erwartenden Verhältnisse sei auf die Tabellen ausgeführter Propeller in § 297 hingewiesen, in welcher einige charakteristische Beispiele enthalten sind, aus welchen Schlüsse für ähnliche Fahrzeuge gezogen werden können.

§ 265. **Bemerkungen zur Turbinentheorie des Propellers.** Es liegt nahe, die Schiffsschraube als Umkehrung der Wasserturbine zu betrachten und zu versuchen, unter Benutzung und Umkehrung der für die Berechnung der letzteren üblichen Überlegungen die Hauptkonstruktionsdaten des Propellers zu ermitteln.

Es würde dies darauf hinauslaufen, die Geschwindigkeitsdreiecke für Eintritt in den Propeller und Austritt aus demselben zu entwerfen. Die Änderung der Tangentialkomponenten beim Austritt gegenüber dem Eintritt würde sodann einen Schluß auf die verbrauchte Leistung zulassen, während der Zuwachs an relativer Axialgeschwindigkeit auf den erzeugten Schub zu schließen gestatten würde.

Abb. 589 bis 591 zeigen solche Geschwindigkeitsdreiecke für drei verschiedene Flügelschnitte eines Propellers; in denselben ist bezeichnet mit:

v_e die axiale Eintrittsgeschwindigkeit,
u die Umfangsgeschwindigkeit,
w_e die relative Eintrittsgeschwindigkeit,
w_a die relative Austrittsgeschwindigkeit,
c die absolute Austrittsgeschwindigkeit,
v_a die axiale,
c_t die Tangentialkomponente derselben,

wobei zu berücksichtigen ist, daß der Propeller als stillstehend und das Wasser mit der Geschwindigkeit v_e in axialer Richtung zuströmend gedacht ist. Demgemäß ist v_a nicht in Wirklichkeit die Axialkomponente der absoluten Austrittsgeschwindigkeit, sondern letztere ergibt sich erst durch geometrische Subtraktion von v_e.

Beim Entwurf der Dreiecke ist die Annahme gemacht, daß die Beschleunigung des Wassers nur im Propeller selbst stattfindet. Es ist also von der tatsächlich vorhandenen Beschleunigung des Wassers vor und hinter dem Propeller abgesehen. Demnach liegt den Geschwindigkeitsdreiecken die Annahme gleichen Druckes am Eintritt und Austritt zugrunde.

Man ersieht aus den Abbildungen 589 bis 591, daß die Geschwindigkeitsverhältnisse für die verschiedenen Flügelquerschnitte sich je nach dem Durchmesser des

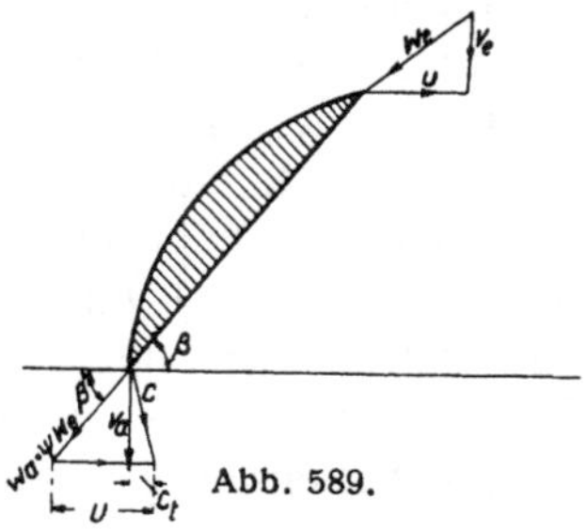

Abb. 589.

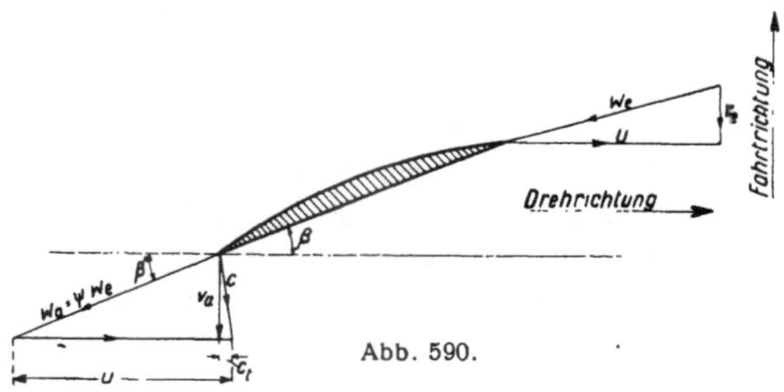

Abb. 590.

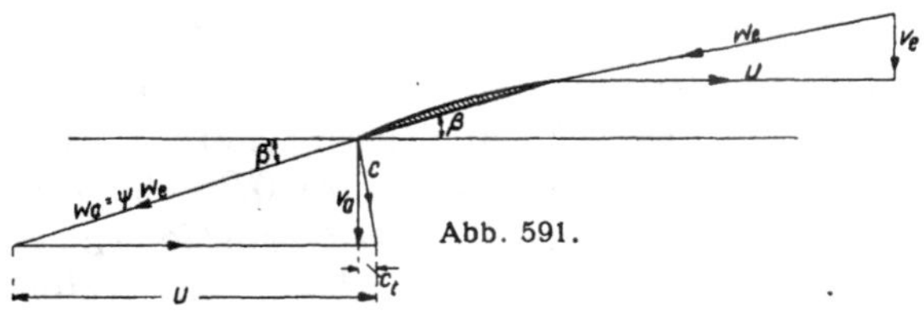

Abb. 591.

betreffenden Schnittes verschieden ergeben. Für die Aufstellung der Arbeitsgleichung für den Propeller, als Ganzes betrachtet, sollen der Einfachheit halber zunächst die Verhältnisse in einem mittleren Flügelschnitt als Mittelwerte zugrunde gelegt werden, und zwar ist dieser mittlere Schnitt erfahrungsgemäß auf 0,7 R anzunehmen.

Zur Bestimmung der Gleichung für Moment und Schub hätten wir nun den Flächensatz bzw. Satz vom Antrieb anzuwenden. Aus ersterem ergibt sich, daß bei stationärer Strömung das Moment gleich ist der unter der Einwirkung des Propellers sich ergebenden Änderung des statischen Moments der Bewegungsgröße für die sekundlich durchtretende Wassermasse $\frac{Q}{g}$; wir hätten also

$$M = r \cdot \frac{Q}{g} \cdot c_t$$

und somit die Leistung

$$M\,\omega = L = \frac{Q}{g} \cdot u \cdot c_t.$$

Der Axialschub S ergibt sich in ähnlicher Weise aus dem Satz vom Antrieb, und zwar ist $S =$ sekundliche Wassermasse mal Änderung der Axialgeschwindigkeit derselben, also

$$S = \frac{Q}{g} \cdot (v_a - v_e).$$

Die Benutzung dieser beiden Gleichungen, welche alles Wissenswerte, nämlich nötige Maschinenleistung, erzielbaren Schub, zur Leistungsaufnahme erforderliche Umdrehungszahl und Wirkungsgrad, ergeben würden, wenn die darin vorkommenden Größen bekannt wären bzw. wenn dieselben für jeden Zylinderschnitt durch die Schraube ermittelt und integriert werden könnten, stößt nun praktisch auf große Schwierigkeiten.

Vor allen Dingen ist die Wassermenge Q, welche durch den Propeller bzw. zwischen je 2 Zylinderschnitten durchströmt, schwer abzuschätzen; man kann annehmen, daß das Wasser mit der Geschwindigkeit v_e oder mit v_a oder daß es mit dem Mittelwert der Geschwindigkeiten v_e und v_a durch die Kreisfläche der Schraube strömt, welch letztere Annahme mit den Forderungen der Strahltheorie (vgl. § 264) sich decken würde.

Ferner drängt sich die Frage auf, welcher Austrittswinkel dem Entwurf der Geschwindigkeitsdreiecke bzw. der Rechnung zugrunde zu legen ist. Man könnte zunächst, wie bei der Theorie der Wasserturbinen üblich, die Winkelhalbierende zwischen Druckfläche und Rückenfläche an der austretenden Kante für maßgebend ansehen; es erscheint jedoch sehr fraglich, ob die gesamte Wassermasse zwischen den weit auseinanderliegenden Querschnitten sich in dieser Richtung einstellt. In der Regel hat man die Lösung dieser Frage auf empirischem Wege gesucht, indem man aus einer Reihe von Beispielen den die passendsten Werte ergebenden Austrittswinkel bestimmt und der weiteren Berechnung zugrunde gelegt hat. Es hat sich dabei gezeigt, daß die so errechneten Austrittswinkel nur wenig von dem Winkel der Druckfläche abweichen.

Die dritte Hauptschwierigkeit ist die Wahl des Verlustkoeffizienten ψ, welcher durch die Beziehung $\psi = \frac{w_a}{w_e}$ definiert ist. Auch dieser kann nur auf empirischem Wege dadurch festgestellt werden, daß man eine Anzahl von Beispielen durchrechnet und den passendsten Wert für diesen Koeffizienten ermittelt. Im allgemeinen ergeben sich brauchbare Werte, wenn dieser Koeffizient zu 0,96—0,98 gewählt wird.

Zur Erläuterung des Vorstehenden soll hier ein Beispiel folgen, und zwar sollen die Verhältnisse beim Propeller des Turbinen-Schnelldampfers „Imperator" betrachtet werden.

Beispiel. Die Meßdaten waren folgende: Die Gesamtleistung der 4 Wellen bei 23,6 Sm/Stde. betrug 75000 WPS bei $n = 172$. Der Propellerdurchmesser beträgt 5,08 m bei einer Steigung von 4,42. Nach den Schaffranschen systematischen Propellerversuchen ergibt sich hierzu bei einem Nachstrom von 31,5% ein Propellerwirkungsgrad η von 58,2%. Die Eintrittsgeschwindigkeit v_e ergibt sich zu $23{,}6 \cdot 0{,}515\,(1 - 0{,}315) = 8{,}3$ m/sek. Der Schub beträgt somit

$$S = \frac{75 \cdot N \cdot \eta}{v_e} = \frac{75 \cdot 18750 \cdot 0{,}582}{8{,}3} = 98600 \text{ kg.}$$

Es soll der Versuch gemacht werden, durch Nachrechnung der Probefahrtsresultate die durch den Propeller strömende Wassermenge sowie den Austrittswinkel und den Verlustkoeffizienten zu bestimmen.

Hierbei soll der Propeller als Ganzes behandelt und die Geschwindigkeiten für den mittleren Radius = 0,7 des Spitzenradius = 1,78 m errechnet werden; die Umfangsgeschwindigkeit ist somit $\frac{0{,}7 \cdot 5{,}08 \cdot \pi \cdot 172}{60} = 32{,}1$ m/sek, die relative Eintrittsgeschwindigkeit $w_e = \sqrt{v_e^2 + u^2} = 33{,}2$ m/sek.

Die Wassermenge sei berechnet in Übereinstimmung mit der Strahltheorie aus Kreisfläche mal $\frac{v_e + v_a}{2}$,

$$\text{Kreisfläche} = 5{,}08^2 \frac{\pi}{4} = 20{,}3 \text{ qm.}$$

Spezifisches Gewicht des Seewassers $\gamma = 1020$ kg/cbm.

Zur Erreichung des obengenannten Schubes ist eine Wassermenge notwendig, welche sich ergibt aus

$$S = 98600 = \frac{\gamma}{g} F \left(\frac{v_a + v_e}{2}\right)(v_a - v_e) = \frac{\gamma}{2\,g} \cdot F \cdot (v_a^2 - v_e^2)$$

$$= \frac{20{,}3 \cdot 1020}{2 \cdot 9{,}81} [v_a^2 - 69]$$

$$v_a^2 = 93{,}4 + 69 = 162{,}4$$

$$v_a = 12{,}74 \text{ m/sek.}$$

Die bewegte Wassermasse ist

$$\frac{20{,}3 \cdot 1020}{9{,}81} \cdot \frac{12{,}74 + 8{,}3}{2} = 22200 \text{ kg sek}^2/\text{m}.$$

Für den gewählten Radius beträgt die Tangente der Neigung des Austrittswinkels unter der Annahme, daß der wirksame Winkel derjenige der Druckfläche ist,

$$\operatorname{tg} \beta = \frac{H}{2\,\pi\,R} = 0{,}395$$

$$\beta = 21^0\,35'$$

daraus

$$\sin \beta = 0{,}368$$

$$\cos \beta = 0{,}930.$$

Es wird somit $w_a = \frac{v_a}{\sin \beta} = \frac{12{,}74}{0{,}368} = 34{,}6$ und der Geschwindigkeitskoeffizient aus dem Schub $\psi_1 = \frac{34{,}6}{33{,}2} = 1{,}04$. Dieser Wert ist aber nicht möglich, da ψ immer kleiner als 1 sein muß.

Aus der eingeleiteten Leistung ergibt sich ferner die Tangentialkomponente der absoluten Austrittsgeschwindigkeit

$$c_t = \frac{75\,N_e \cdot g}{u\,Q} = \frac{18750 \cdot 75}{22200 \cdot 32{,}1} = 1{,}97 \text{ m/sek.}$$

Ausgehend von der Leistung ergibt sich ψ_2 aus $c_t = u\,\psi_2\,w_e \cos \beta$ zu

$$\frac{u - c_t}{w_e \cdot \cos \beta} = \frac{32{,}1 - 1{,}98}{33{,}2 \cdot 0{,}93} = 0{,}972.$$

Dieser Wert erscheint wahrscheinlich. Um Übereinstimmung der ψ-Werte aus Schub und Leistung zu erzielen, ist es erforderlich, den Austrittswinkel β' so zu bestimmen, daß

$$\frac{v_a}{w_e \cdot \sin \beta'} = \frac{u - c_t}{w_e \cdot \cos \beta'}; \quad \operatorname{tg} \beta' = \frac{v_a}{u - c_t}$$

$$\operatorname{tg} \beta' = \frac{12{,}74}{32{,}1 - 1{,}97} = 0{,}423; \ \beta' = \sim 23^0; \ \sin \beta' \cong 0{,}39; \ \cos \beta' \cong 0{,}92$$

$$\psi \text{ wird dann } \frac{12{,}74}{33{,}2 \cdot 0{,}39} = 0{,}985 \cong \frac{32{,}1 - 1{,}97}{33{,}2 \cdot 0{,}92}.$$

Die geringe Änderung des Austrittswinkels von $21^0\,35'$ auf 23^0 genügt also, um den Koeffizienten ψ aus dem Schub von 1,04 auf 0,985 herunterzubringen.

Wie aus vorstehendem Beispiel ersichtlich, bringen kleine Variationen in den gemachten Annahmen schon so große Änderungen des aufzuwendenden Momentes bzw. erzielten Schubes mit sich, daß von einer scharfen Berechnung der Schiffsschrauben unter Benutzung der Turbinentheorie keine Rede sein kann. Man ist hier, ebenso wie bei der im vorstehenden erörterten Flügelblattheorie und Strahltheorie auf Erfahrungskoeffizienten angewiesen, welche nur dann einwandfreie Resultate ergeben, wenn sie aus zuverlässigen Resultaten ganz ähnlicher Schiffsschrauben bzw. Schiffe entnommen sind wie die, für welche die Neuberechnung erfolgen soll.

Ein System zur Berechnung der Propeller, welches die Turbinentheorie zur Grundlage besitzt, ist von Gümbel[1]) aufgestellt worden.

Die Erkenntnis, daß durch Anwendung der Lehrsätze der Mechanik ohne weitestgehende Verwendung von Erfahrungskoeffizienten eine zuverlässige Berechnung der Schiffsschraube nicht durchgeführt werden kann, hat in der neueren Zeit dazu geführt, dieselbe unter Benutzung des Ähnlichkeitsgesetzes ausschließlich auf Modellversuche zu begründen, wovon im folgenden die Rede sein soll.

§ 266. **Modellversuche und Anwendung des Ähnlichkeitsgesetzes[2]) auf die Berechnung der Schiffsschrauben.** Sämtliche Propellertheorien stimmen, da auf den hydrodynamischen Grundgleichungen beruhend, darin überein, daß die daraus abgeleiteten Formeln für den Schub die Umdrehungszahl n im Quadrat und die Größen Durchmesser D und Steigung H zusammen in der 4. Potenz, für das Drehmoment die Umdrehungszahl n im Quadrat, D und H zusammen in der 5. Potenz enthalten. Der ganze verbleibende Rest läßt sich in einen Faktor, welcher nur eine Funktion des Slips und lediglich von der Form, nicht den absoluten Abmessungen abhängiger Verhältniszahlen $\left(\frac{H}{D}, \frac{l}{D}, \cot\vartheta\right.$, vgl. § 262$\left.\right)$ ist, zusammenfassen. Dies gilt zunächst nur von denjenigen Gliedern vorgenannter Formeln, welche sich auf den reibungslosen Zustand beziehen. Aber auch die Summanden, welche die Reibungsglieder enthalten, sind zunächst hinsichtlich n sowie D und H von der gleichen Potenz wie die ersteren und enthalten im übrigen nur Faktoren, welche von den vorgenannten dimensionslosen Formfaktoren abhängig sind; dazu enthalten sie noch den Reibungskoeffizienten.

Wird dieser Koeffizient, was allerdings, wie wir sehen werden (vgl. § 279), bei strenger Betrachtung nicht zulässig ist, ebenfalls als Konstante betrachtet, so läßt sich der Schub ausdrücken durch die einfache Beziehung

$$S = \frac{\gamma}{g} n_s^2 D^2 \cdot H^2 \cdot f(s)$$

und das Drehmoment durch die Gleichung

$$M = \frac{\gamma}{g} n_s^2 D^2 \cdot H^3 \cdot \varphi(s).$$

Bei geometrisch ähnlichen Propellern sind die vorgenannten Formfaktoren, welche in den Funktionen $f(s)$ und $\varphi(s)$ stecken, konstante Ziffern; beim Modellpropeller sind also die Größen H/D, $\frac{l}{D}$ etc., genau die gleichen Zahlen wie beim Originalpropeller. Hieraus folgt, daß, falls für einen Propeller Schub oder Drehmoment bekannt ist, man beide Größen für einen anderen geometrisch ähnlichen Propeller bei gleichem Slip erhält, indem man die für den ersten geltenden Werte S und M im Verhältnis des Quadrates der Tourenzahl und der 4. Potenz der Abmessungen (beim Schub) bzw. der 5. Potenz (beim Drehmoment) umrechnet.

In der Regel handelt es sich darum, aus den Resultaten des Modellpropellers die Größen S und M für den zu untersuchenden Originalpropeller zu berechnen. Um dies

[1]) Siehe Gümbel, „Die Probleme des Schraubenpropellers", Jahrbuch der Schiffbautechn. Ges. 1914.

[2]) Über das Ähnlichkeitsgesetz vgl. Anhang VIII.

möglichst bequem ausführen zu können, trägt man über dem nominellen Slip als Abszisse die durch die Modellschleppversuche aus dem gemessenen Schub und Moment ermittelten Größen

$$f(s) = \frac{S}{\frac{\gamma}{g} \cdot n_s^2 D^2 H^2} \text{ bzw. } \varphi(s) = \frac{M}{\frac{\gamma}{g} \cdot n_s^2 D^2 H^3}$$

für den Modellpropeller als Kurven auf. Will man dann die Größen S und M für den zu berechnenden Propeller bei einem bestimmten Slip ermitteln, so hat man nur den Wert von $f(s)$ bzw. $\varphi(s)$ für den betreffenden Slip aus der Kurve abzugreifen und erhält dann durch Multiplikation mit dem Nenner, wobei jetzt n_s, H und D mit den Dimensionen des zu berechnenden Propellers einzuführen sind, die gesuchten Werte von S und M.

§ 267. **Bestimmung des Wirkungsgrades aus Modellschleppversuchen.** Die Tatsache, daß sowohl der Wert für den Schub als auch für das Drehmoment annähernd mit Hilfe des Prinzips der Ähnlichkeit aus Versuchen mit Modellpropellern hergeleitet werden können, ermöglicht es, auch den Wirkungsgrad des Propellers unmittelbar aus solchen Versuchen zu bestimmen. Nach § 260 ist der tatsächliche Wirkungsgrad

$$\eta = \frac{S \cdot v_e}{75 N_e} = \frac{S \cdot H \cdot n_s (1 - s)}{M \cdot n_s \cdot 2\pi}.$$

Durch Einsetzen der Werte für S und M aus den Gleichungen § 266 erhält man hieraus

$$\eta = \frac{f(s) \cdot H \cdot n_s (1 - s)}{\varphi(s) \cdot n_s \cdot 2\pi} = \frac{f(s)(1 - s)}{\varphi(s)\, 2\pi}.$$

Da das Verhältnis $\frac{H}{D}$ nur von der Form des Propellers abhängt, kann somit auch hier geschrieben werden $\eta = \psi(s)$, d. h. der Wirkungsgrad ist, abgesehen von der Form des Propellers, nur abhängig vom Slip s.

Modellschleppversuche geben daher — soweit man sich auf die Gültigkeit des Ähnlichkeitsgesetzes verlassen kann, vgl. § 279 — ein Mittel an die Hand, sich von vornherein über den zu erwartenden Wirkungsgrad eines in Aussicht genommenen Propellers ein Bild zu machen. Um die Resultate der Schleppversuche für diesen Zweck möglichst bequem zusammenzustellen, haben die verschiedenen Schleppversuchsanstalten auf Grund der schon weit zurückliegenden Arbeiten Froudes[1]) u. a. verschiedene Verfahren ausgearbeitet, welche sich indessen prinzipiell nicht voneinander unterscheiden.

§ 268. **Propeller-Untersuchungen im Modell-Versuchsbassin. Methode der Berliner Schleppanstalt[2]).** Die Versuchsanstalt benützt für die Auswertung der Modellversuche 2 Konstanten, d. h. Größen, welche für geometrisch ähnliche Propeller bei jedem bestimmten Slip einen konstanten Wert besitzen, also nichts anderes sind, als die im vorigen Paragraphen abgeleiteten Funktionen $f(s)$ und $\psi(s)$. Diese Größen sind die Schubkonstante

$$c_1 = \frac{S}{n_s^2 D^2 H^2}$$

und die Momentenkonstante

$$c_2 = \frac{M}{n_s^2 D^2 H^3}.$$

---

[1]) Vgl.: Transact. of the Inst. of Naval Architects 1886 und 1908.

[2]) Die nachstehenden Ausführungen sind den verschiedenen Veröffentlichungen des derzeitigen Leiters der Versuchsanstalt für Wasserbau und Schiffbau zu Berlin, Dr.-Ing. Schaffran, entnommen, vergleiche „Schiffbau“ 1916, 1919 u. a. O.

Man ersieht, daß c_1 und c_2 genau mit $f(s)$ und $\varphi(s)$ § 266 übereinstimmen, wobei nur der Wert $\frac{\gamma}{g}$ hier mit in die Funktion von s hereingezogen ist.

Die Meßresultate bei verschiedenen Slipwerten werden dadurch gewonnen, daß willkürlich durch Fahren mit verschiedenen Geschwindigkeiten des Schleppwagens bei konstant gehaltener Umdrehungszahl der gewünschte Slip herbeigeführt wird. Sämtliche Versuche werden im allgemeinen nur

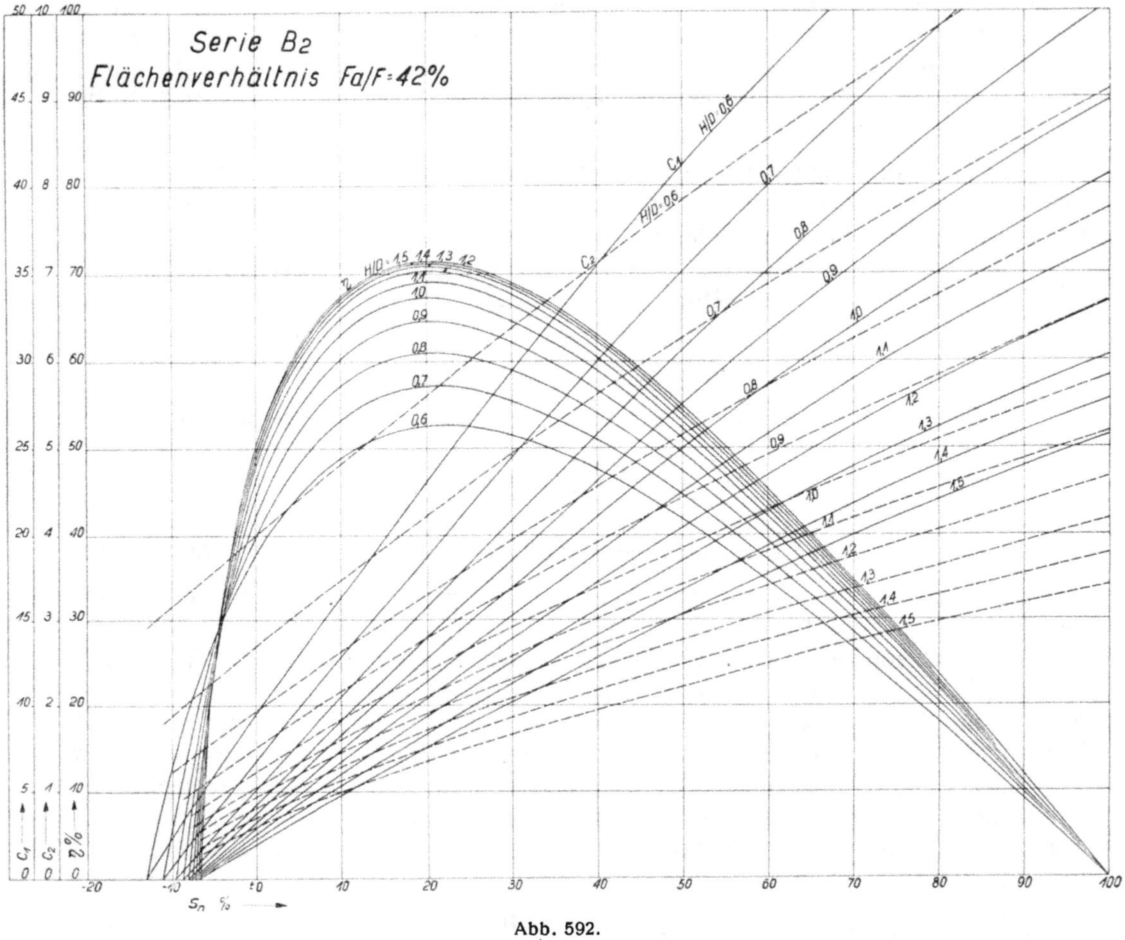

Abb. 592.

mit einer Propellergröße (120 mm Durchmesser) und einer Drehzahl (15 Umdrehungen pro Sek.) ausgeführt. Über den Einfluß von Propellergröße und Drehzahl vgl. § 279.

Die Resultate der Schraubenschleppversuche sind von der Berliner Schleppversuchsanstalt in einer großen Anzahl von Kurvenblättern für den praktischen Gebrauch zusammengestellt worden. Abb. 592 bis 594 zeigen die wichtigsten dieser Kurvenblätter für die Serie B_2 von dreiflügeligen Propellern, deren Form aus Abb. 595 ersichtlich ist. Die Kurvenblätter veranschaulichen den experimentell festgestellten Verlauf der Schubkonstante c_1 und Momentenkonstante c_2, sowie die Kurven des Propellerwirkungsgrades über den Werten des nominellen Slips als Abszissen, und zwar für verschiedene Steigungsverhältnisse ($H/D = 0{,}6$, 0,8, 1,0 und 1,2). Die Kurven gelten für Propeller, bei welchen das Verhältnis der abgewickelten Fläche zur Kreisfläche beziehentlich 42%, 56% und 70% und das Dickenverhältnis δ_i/D 5% beträgt (vgl. Abb. 595).

Abb. 596 bis 598 zeigen drei der Kurvenblätter für die Serie B_4 von vierflügeligen Propellern; die Form der Flügel geht ebenfalls aus Abb. 595 hervor. Das Verhältnis der abgewickelten Fläche zur Kreisfläche ist beziehentlich 37%, 56% und 75%, das Dickenverhältnis wieder 5%. Die Kurven gelten für Propeller, welche mit den Flügeln aus einem Stück gegossen sind; bei Propellern mit aufgesetzten Flügeln

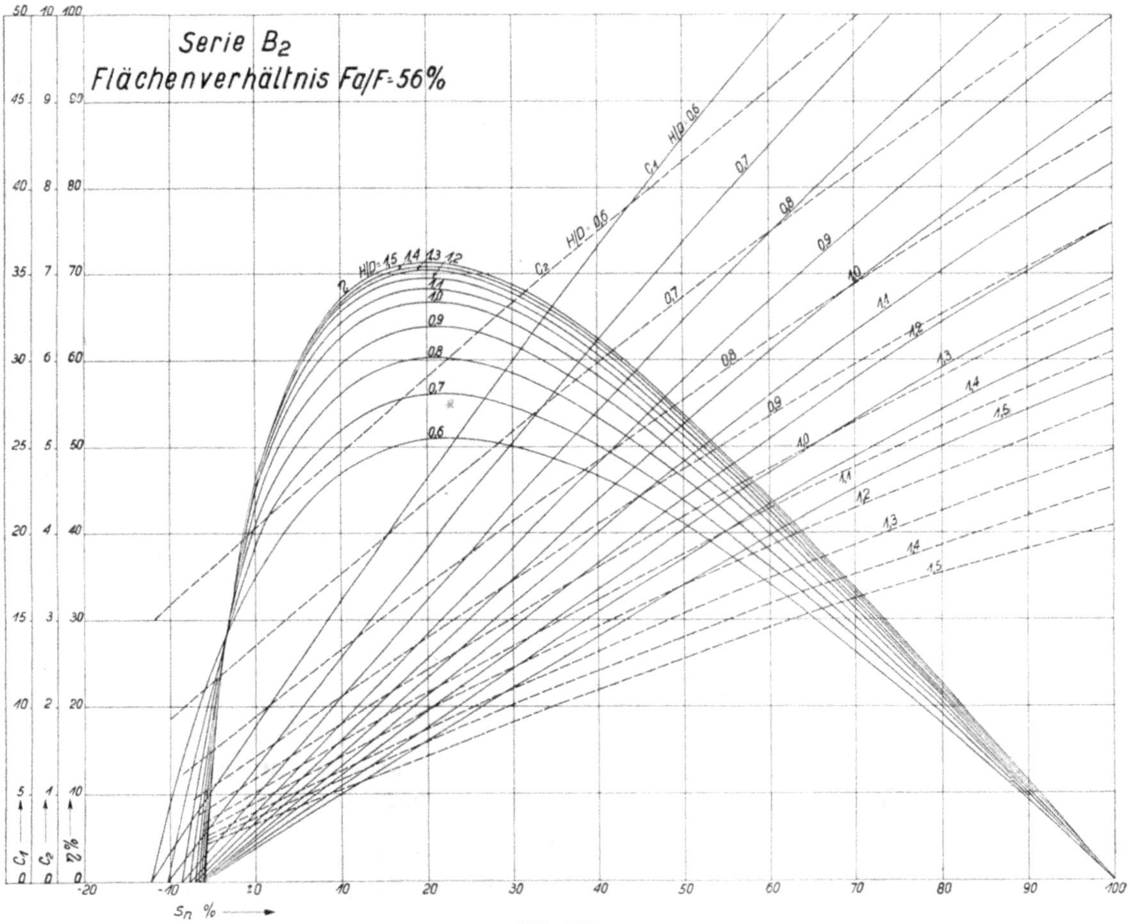

Abb. 593.

ändern sich die Konstanten etwas und der Wirkungsgrad wird, wie Vergleichsversuche zeigen, schlechter. Entsprechende systematische Versuchsserien fehlen noch.

Den Gebrauch der Kurvenblätter veranschaulichen einige in § 269 folgende Beispiele.

§ 269. **Beispiel 1. Bestimmung des Wirkungsgrades für den Propeller eines Handelsschiffes („George Washington" des Nordd. Lloyd).**

Die Resultate der Probefahrten haben ergeben:

$V_{kn} = 19{,}97$ Knoten,
Maschinenleistung indiziert: 2×10780 PS_i,
(effektive Pferdestärken bei 93% Wirkungsgrad: 2×10020 PS_e),
Umdrehungszahl pro Minute $n = 87{,}2$ ($n_s = 1{,}453$),
Scheinbarer Slip $s_s = +7\%$.

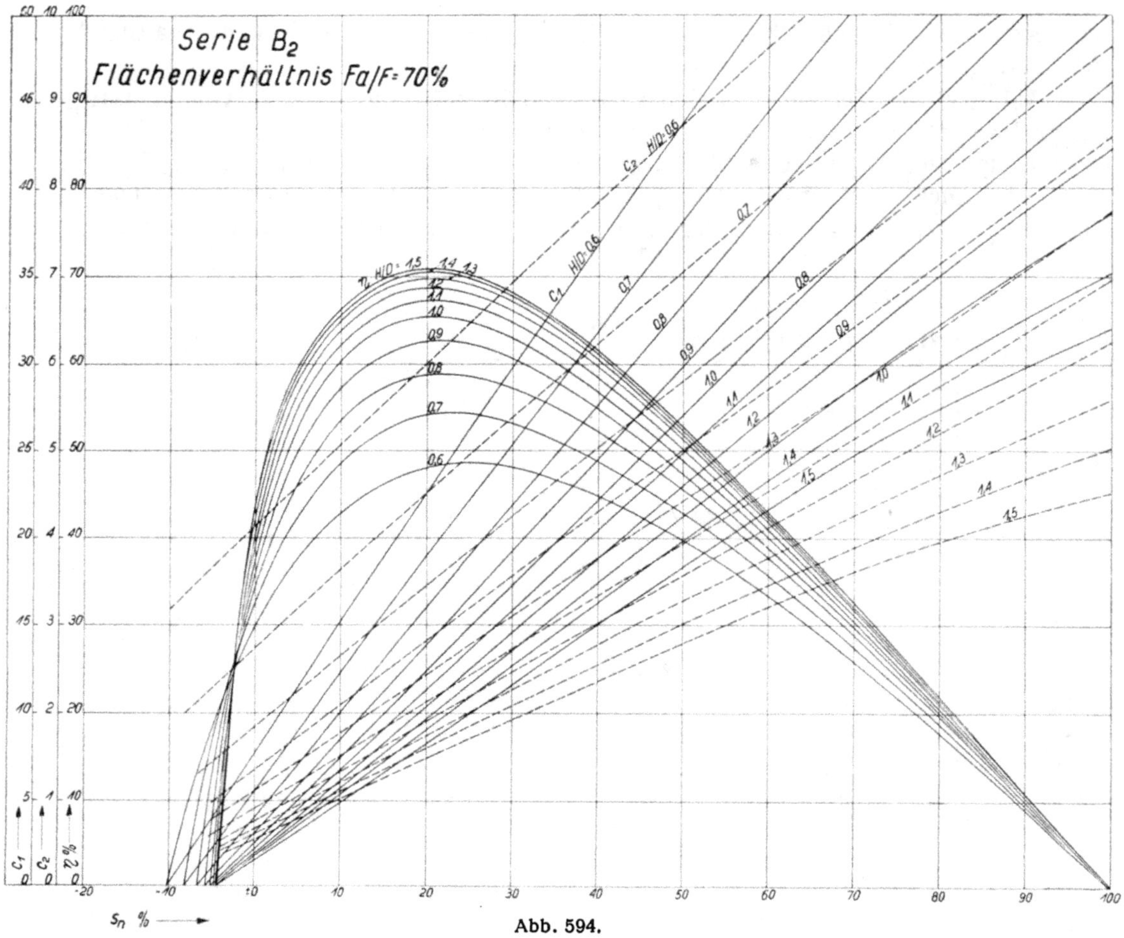

Abb. 594.

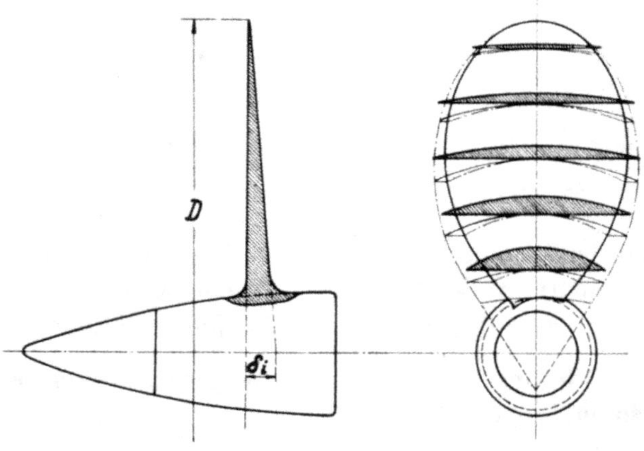

Abb. 595.

Es ist ferner:

Propellerdurchmesser 6,5 m,
Steigung 7,6 m,
H/D 1,17,
Flügelzahl 3,
Projizierte Flügelfläche 10,1 m²,
Abgewickelte Flügelfläche 12,05 m²,
F_a/F 36,3%.

Das Drehmoment M pro Welle ist

$$M \doteq \frac{10020}{87,2} \cdot 716,2 = 82300 \text{ mkg}.$$

Zur Untersuchung des Propellers benutzen wir das Kurvenblatt Abb. 592, da das demselben zugrunde liegende Flächenverhältnis von 42% dem hier vorliegenden am nächsten kommt. Wir berechnen nun die Momentenkonstante und erhalten:

$$c_2 = \frac{M}{n_s^2 \cdot D^2 H^3} = \frac{82300}{1,453^2 \cdot 6,5^2 \cdot 7,6^3} = 2,11.$$

Mit diesem Wert schneiden wir horizontal in die c_2-Kurve für $H/D = 1{,}17$ (dieselbe wird zwischen die Kurven $H/D = 1{,}1$ und 1,2 schätzungsweise eingezeichnet) ein; die Abszisse des Schnittpunktes ergibt einen nominellen Slip $s_n = 23{,}2\%$. Zur Bestimmung des Wirkungsgrades tragen wir uns zwischen den Wirkungsgradkurven für $H/D = 1{,}1$ und 1,2 ebenfalls schätzungsweise eine Kurve für $H/D = 1{,}17$ ein, deren Ordinate für den gefundenen Wert $s_n = 23{,}2\%$ einen Wirkungsgrad von ca. 69,5% ergibt. Der

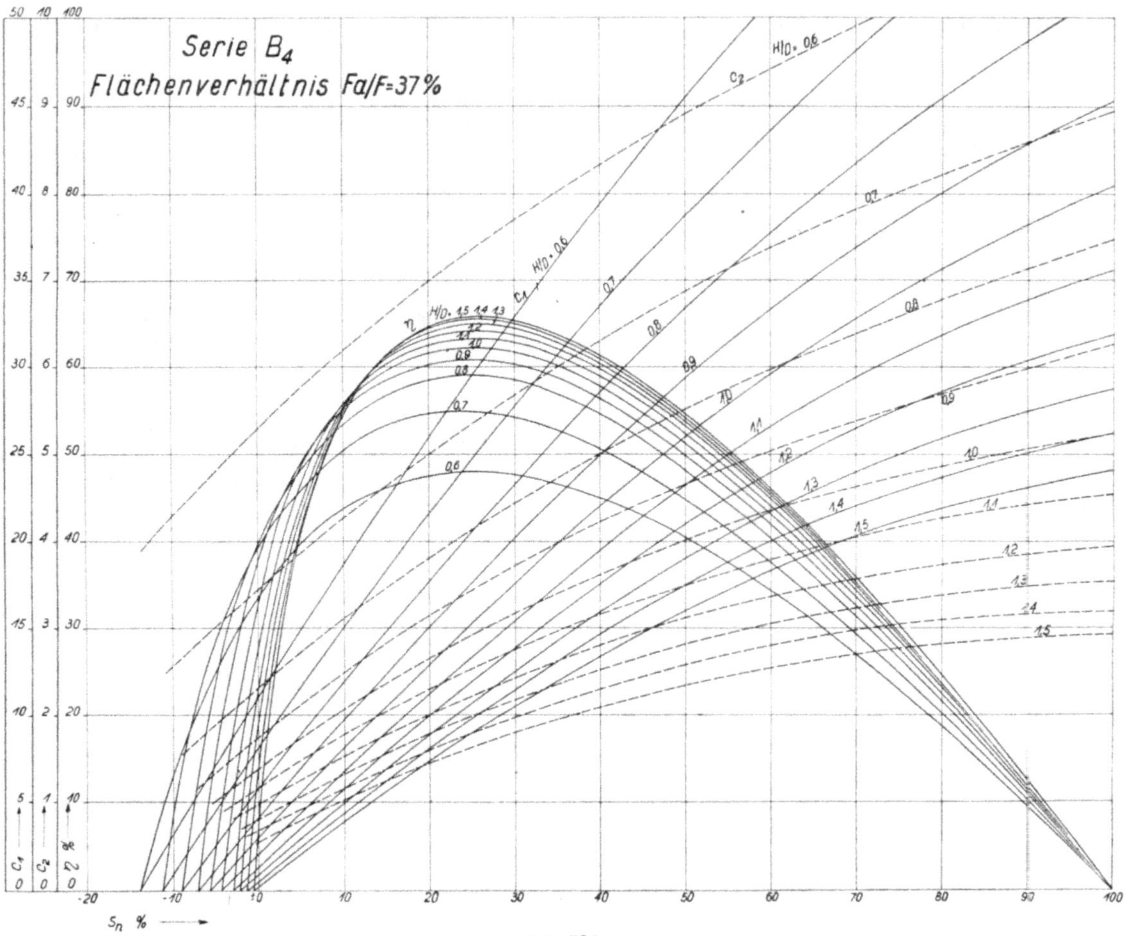

Abb. 596.

Propeller hat also nach diesem Kurvenblatt annähernd den günstigsten für dieses Steigungs- und Flächenverhältnis zu erwartenden Wirkungsgrad.

Wir können nun auch den Vorstrom berechnen, indem wir die Gleichung:

$$1 - w = \frac{1 - s_n}{1 - s_s}$$

benutzen. Wir erhalten

$$1 - w = \frac{0{,}768}{0{,}93} = 0{,}826$$

woraus $w = 17{,}4\%$.

Der Schub S, welchen die Schraube ausübt, läßt sich ebenfalls ohne weiteres aus dem Kurvenblatt bestimmen.

Wir entnehmen die Schubkonstante c_1 für $s_n = 23{,}2$ bei $H/D = 1{,}17$ aus Abb. 592 und erhalten dafür einen Wert von $c_1 = 11{,}9$. Nun ist

$$c_1 = \frac{S}{n_s^2 D^2 H^2}$$

also $S = 11{,}9 \cdot 1{,}453^2 \cdot 6{,}5^2 \cdot 7{,}6^2 = 61\,300$ kg.

§ 270. **Beispiel 2. Bestimmung der Propellerabmessungen für einen Frachtdampfer.** Für einen Einschrauben-Frachtdampfer von 136 m Länge, 17,5 m Breite, 7,5 m Tiefgang

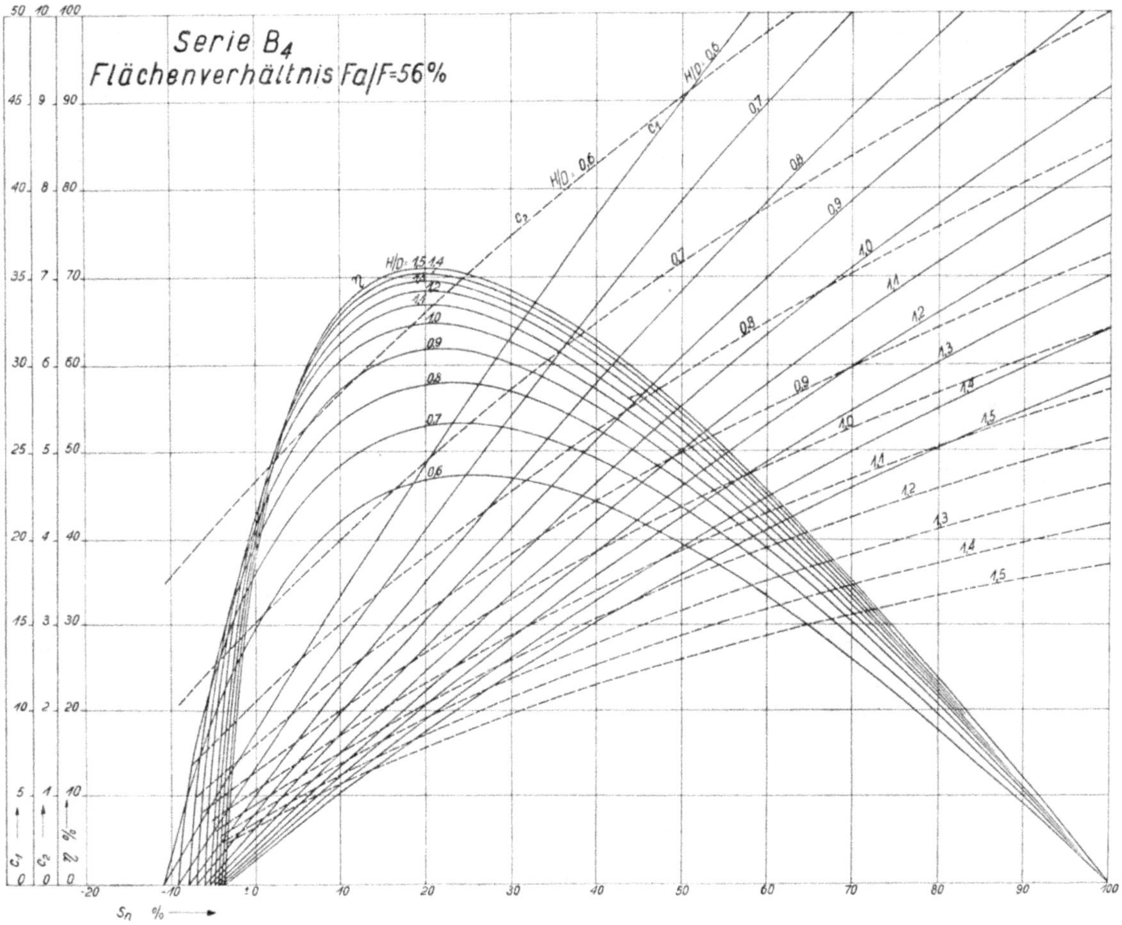

Abb. 597.

und 13 Knoten Geschwindigkeit ist die Leistung nach vorhandenen Erfahrungszahlen zu 4400 PS_i berechnet worden. Die Tourenzahl soll $n = 72$ betragen. Es soll ein vierflügeliger Propeller vorgesehen werden. Der bestmögliche Propeller ist zu entwerfen, welcher vorstehende Bedingungen erfüllt. Auf Grund von Messungen an ähnlichen Schiffen wird der mechanische Wirkungsgrad der Maschine η_m zu 90% angenommen. Hieraus ergibt sich die auf den Propeller übertragene Leistung zu 3960 PS_e. Die Nachstromziffer w wird auf Grund von Nachrechnungen der Fahrtresultate ähnlicher Schiffe zu 35% angenommen. Die Aufgabe soll zunächst gelöst werden für ein Flächenverhältnis von 37%, welches für Schiffe dieser Art als etwa üblich angesehen werden kann. Dadurch wird die Benutzung des Kurvenblattes Abb. 596 ermöglicht, welches auch auf ähnlicher Flügelform und Dickenverhältnis basiert, wie für diesen Propeller in Aussicht genommen.

Aus den obigen Daten ergibt sich:

$$v_e = 13 \cdot 0{,}515\,(1 - 0{,}35) = 4{,}35 \text{ m/sek}$$

$$M = \frac{3960}{72} \cdot 716{,}2 = 39400 \text{ mkg}$$

$$n_s = \frac{72}{60} = 1{,}20.$$

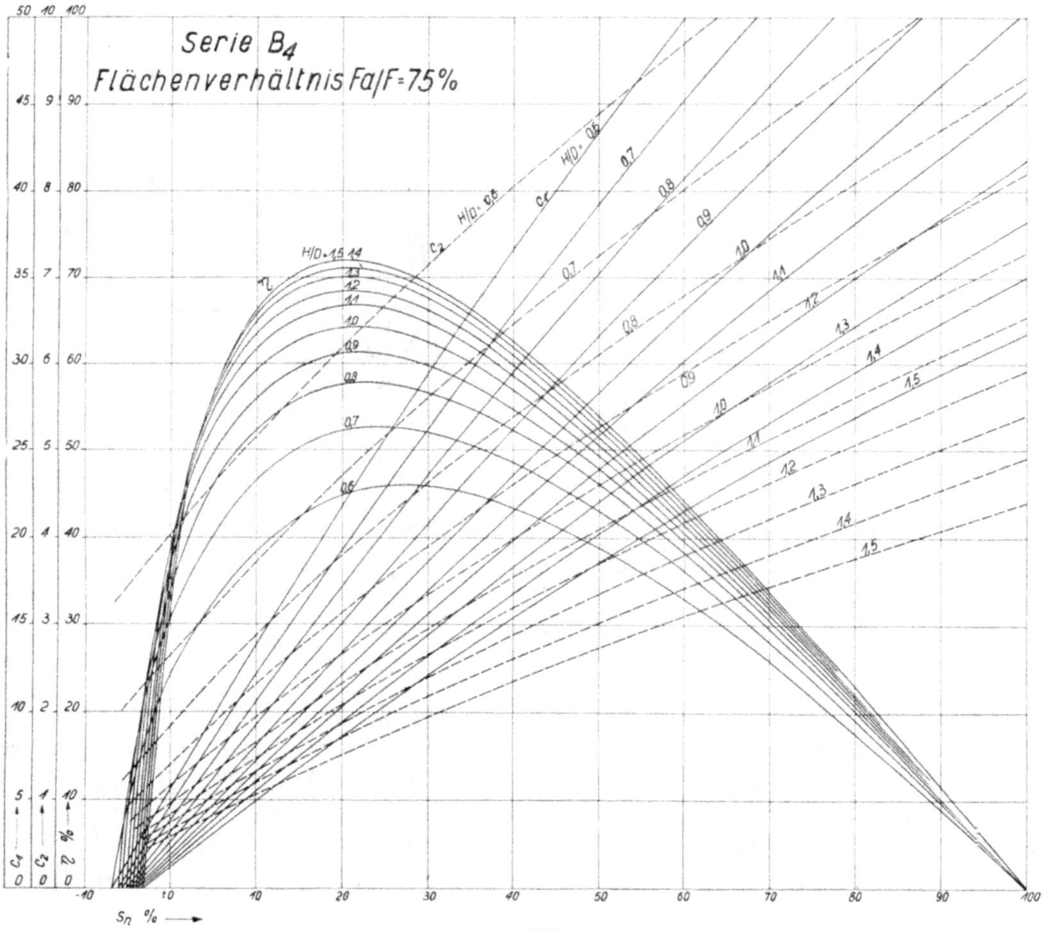

Abb. 598.

Aus der Beziehung $\qquad v_e = n_s H\,(1 - s_n)$

findet sich $\qquad H = \dfrac{v_e}{n_s\,(1 - s_n)}.$

Machen wir zunächst eine Annahme für s_n, so sind wir in der Lage, hiermit H zu bestimmen. Wir benutzen nunmehr die Momentenkonstante $c_2 = \dfrac{M}{n_s^2 \cdot D^2 \cdot H^3}$, welche für den vorliegenden Zweck besser in die Form

$$c_2 = \frac{M \cdot \left(\frac{H}{D}\right)^2}{n_s^2 \cdot H^5}$$

gebracht wird. Aus letzterer Gleichung ergibt sich für jeden Wert von H/D und das angenommene H ein Wert von c_2. Da wir aber von vornherein H aus einem bestimmten Wert von s_n ermittelt haben, werden die Bedingungen unserer Aufgabe nur erfüllt von demjenigen Wert von H/D, dessen Momentenkonstante für den angenommenen Slip den Wert besitzt, welcher sich aus vorstehender Formel errechnet. Mit andern Worten: Es ist notwendig, verschiedene Werte von H/D probeweise in obige Formel für c_2 einzusetzen, bis sich derjenige Wert ergibt, bei welchem der Schnittpunkt der Momentenkonstante für das angenommene H/D mit der Ordinate durch das angenommene s_n gerade den errechneten Wert von c_2 ergibt.

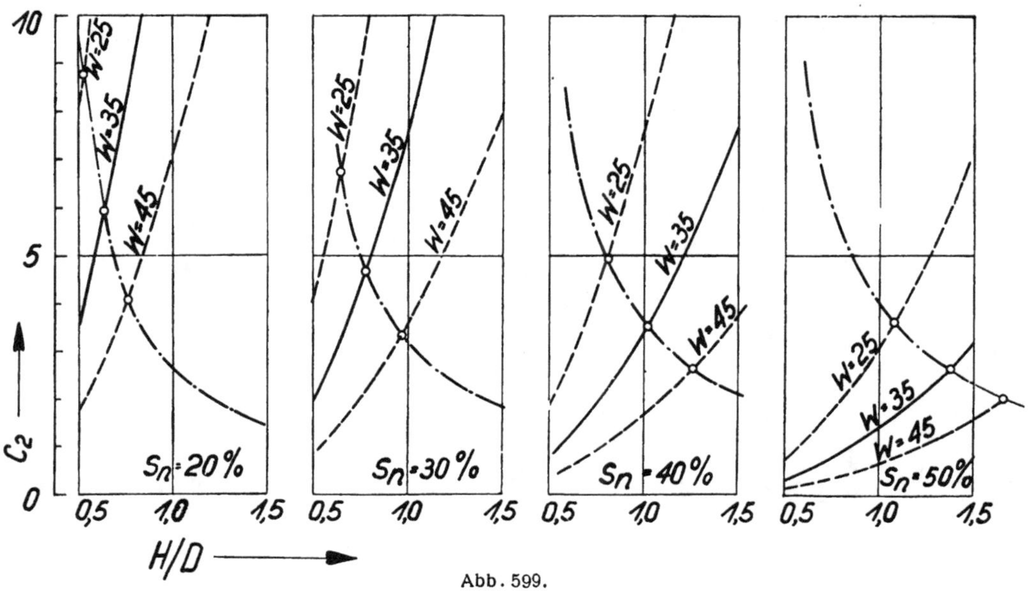

Abb. 599.

Dieses Verfahren wiederholt man für verschiedene Werte von s_n und erhält für jeden Slipwert einen andern Wert von H/D, welcher die an den Propeller gestellten Bedingungen erfüllt. Für jeden dieser zusammengehörigen Slip- und H/D-Werte findet man aus dem Kurvenblatt Abb. 596 einen bestimmten Wirkungsgrad und ist somit in der Lage, denjenigen Wert von H/D, welcher den günstigsten Wirkungsgrad besitzt, zu wählen, wodurch also s_n und hiermit H und D für den günstigsten Propeller festliegen. Um sich das Probieren zu erleichtern, kann man die in Abb. 599 dargestellten Hilfskurven benutzen. Wir tragen für verschiedene Slipwerte, z. B. 20%, 30%, 40% und 50%, die Werte von c_2, wie sie sich aus dem Kurvenblatt (Abb. 596) ergeben, über den Steigungsverhältnissen auf (strichpunktiert gezeichnet), ebenso die Werte von c_2, welche aus unserer obigen Formel für verschiedene H/D hervorgehen (voll gezeichnet). Der Schnittpunkt beider Kurven ist der oben gekennzeichnete Wert von c_2, welcher für den betreffenden Slip die Bedingungen der Aufgabe erfüllt. Wir erhalten so für jeden der vier Slipwerte einen Wert von H/D, für welchen wir den Wirkungsgrad aus dem Kurvenblatt (Abb. 596) entnehmen und über dem Slip graphisch auftragen können (vgl. Abb. 600). Das Maximum des Wirkungsgrades liegt in diesem Falle etwa bei einem nominellen Slip von ca. 36%. Der zugehörige Wert von H/D ergibt sich aus der gleichen Abbildung zu ca. 0,905 und η mit 58,6%. Die Steigung, welche diesem Slipwert entspricht, ist $H = 5,65$ m, der Durchmesser somit 6,25 m. — Ausgeführt wurde der Propeller mit $D = 6,3$ m und $H = 5,7$ m.

Würde man sich mit dem erreichten Wirkungsgrad nicht zufrieden geben, so müßten die Grundbedingungen der Aufgabe geändert werden, d. h. also z. B. eine

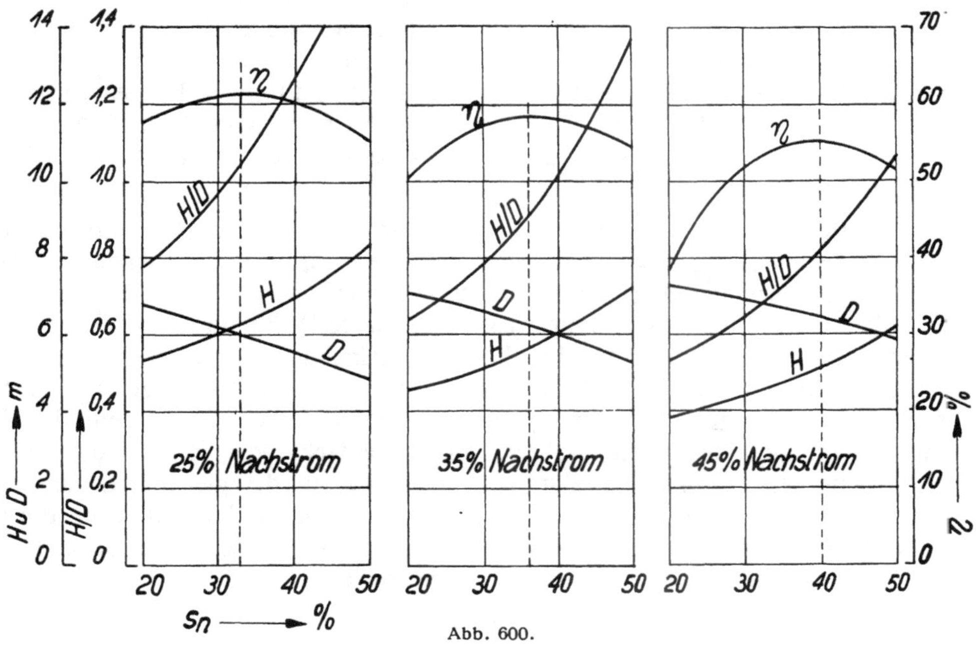

Abb. 600.

andere (in diesem Falle niedrigere Tourenzahl) gewählt werden. Um eine nennenswerte Verbesserung des Wirkungsgrades zu erreichen, müßte dieselbe indessen nicht unerheblich vermindert werden, was aus andern Rücksichten nicht tunlich ist.

Um zu zeigen, welchen Einfluß Fehler in der Schätzung des Nachstroms auf das Resultat der Berechnung haben, ist dieselbe auch noch für einen Nachstrom von 25% und 45% durchgeführt worden. Die entsprechenden c_2-Kurven sind in Abb. 599 gestrichelt eingezeichnet. Die Schnittpunkte der c_2-Kurven ergeben wieder für jeden der beiden Nachstromwerte den Verlauf des Wirkungsgrades über dem Slip (Abb. 600) für 25% und für 45% Nachstrom. Die maximalen Wirkungsgrade ergeben sich bei ca. 33% Slip für 25% Nachstrom und bei ca. 40% Slip für 45% Nachstrom. In Abb. 601 sind die Werte von D, H, H/D, η und s_n für die maximalen Wirkungsgrade als Funktion des Nachstroms zusammengestellt. Es ergibt sich hierbei eine nur geringe Veränderlichkeit des Durchmessers, dagegen eine starke Veränderlichkeit der Steigung und damit von H/D mit dem Nachstrom.

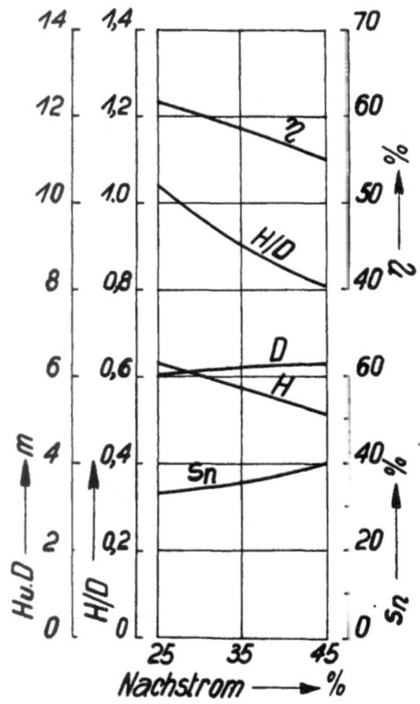

Abb. 601.

Schätzt man den Nachstrom zu klein, so ergibt sich die Steigung zu groß, und es wird in Wirklichkeit die richtige Tourenzahl nicht erreicht. Wird der Nachstrom zu groß geschätzt, so wird die Steigung zu klein, die Tourenzahl zu groß. Es ist also vorteilhaft, bei unsicheren Nachstromverhältnissen Propeller mit aufgesetzten Flügeln zu verwenden, welche eine Veränderung der Steigung gestatten.

Das im Beispiel 2 gezeigte Verfahren ist recht zeitraubend und soll nur den Weg angeben, wie mit Hilfe der übersichtlichen Kurven in Abb. 592 bis 598 alle vorkommenden Aufgaben gelöst werden können. Selbstverständlich lassen sich die Resultate der systematischen Propellerversuche mit Benutzung andersartiger Konstanten auch so darstellen, daß dieselben für die meisten Aufgaben der Praxis eine schnelle Lösung ermöglichen. Diejenigen Leser, welche sich mit der Berechnung von Propellern häufiger befassen, seien daher auf Dr.-Ing. K. Schaffrans „Systematische Propellerversuche", Schiffbau 1916, speziell hingewiesen, wo solche Auftragungen mit anderen Konstanten mehrfach zu finden sind.

§ 271. **Methode von Taylor**[1]). Die im vorstehenden erläuterte Methode zur Verwertung der mit Modellpropellern gewonnenen Schleppresultate für den praktischen Gebrauch, welche sich in Deutschland eingebürgert hat, weicht etwas ab von der durch Taylor seit geraumer Zeit eingeführten Rechnungsweise. Da beide Rechnungsmethoden auf dem Gesetz der hydraulischen Ähnlichkeit beruhen, sind prinzipielle Verschiedenheiten selbstverständlich nicht vorhanden. Der Unterschied der Rechnungsweise gründet sich im wesentlichen darauf, daß Taylor sämtliche Propellerversuche mit ein und derselben Schleppgeschwindigkeit ausführte, während es in Deutschland, z. B. bei der Berliner Schleppversuchsanstalt, üblich ist, sämtliche Versuche mit der gleichen Umdrehungszahl auszuführen. Will man aus den bei letzterer Rechnungsmethode üblichen Formeln rückwärts die Taylorschen Formeln gewinnen, so hat man zunächst die Gleichung für die Momentenkonstante umzuformen in den Ausdruck

$$N_e = D^2 \cdot v_e^3 \cdot A,$$

wobei A ein Koeffizient ist, welcher ebenso wie die Momentenkonstante c_2 nur von der Form des Propellers und dem Slip abhängig ist.

Der zweite Ausdruck, welcher von Taylor verwendet wird, und welcher den Schub enthält, ist

$$S = B \cdot D^2 \cdot v^2,$$

in welcher Form man ohne weiteres die Übereinstimmung mit der in § 268 angegebenen Gleichung für die Schubkonstante erkennt. Die beiden Konstanten A und B werden jedoch von Taylor nicht für die praktische Verwertung der Versuchsresultate verwendet, vielmehr benutzt er dazu zwei Größen ϱ und δ, und zwar ist

$$\varrho = n \cdot \sqrt{\frac{N}{v_e^5}}$$

und

$$\delta = D \frac{n^{2/3}}{(N \cdot v_e)^{1/6}}.$$

In der Formel für ϱ erkennt man ohne weiteres die Gleichung der Momentenkonstante wieder, denn setzen wir statt N den Wert $M \cdot 2\pi \cdot n$ ein und fassen alle Konstanten in der Konstante c zusammen, so geht die Gleichung über in

$$M = c \cdot n^2 \cdot H^5,$$

was, wenn H/D in die Konstante genommen wird, die Gleichung für die Momentenkonstante

$$c_2 = \frac{M}{n^2 \cdot H^2 \cdot D^3}$$

ergibt.

---

[1]) Vgl. Taylor „Speed and power of ships", New York 1910.

Breitenverhältnis 20 % — Dickenverhältnis 6 %.

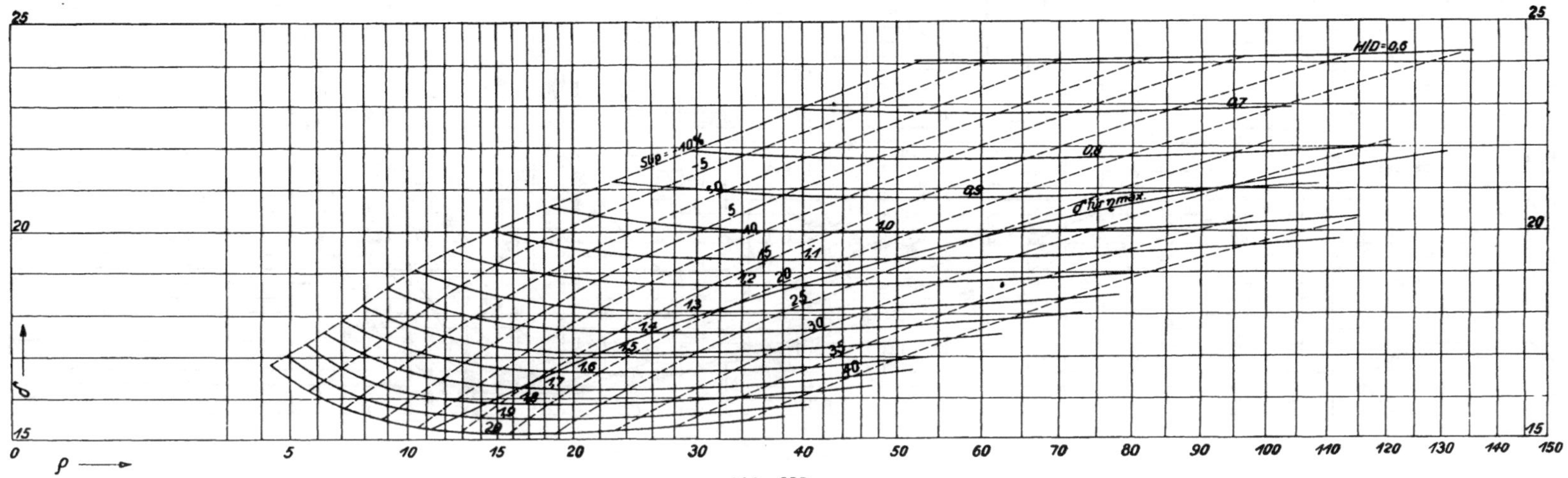

Abb. 602.

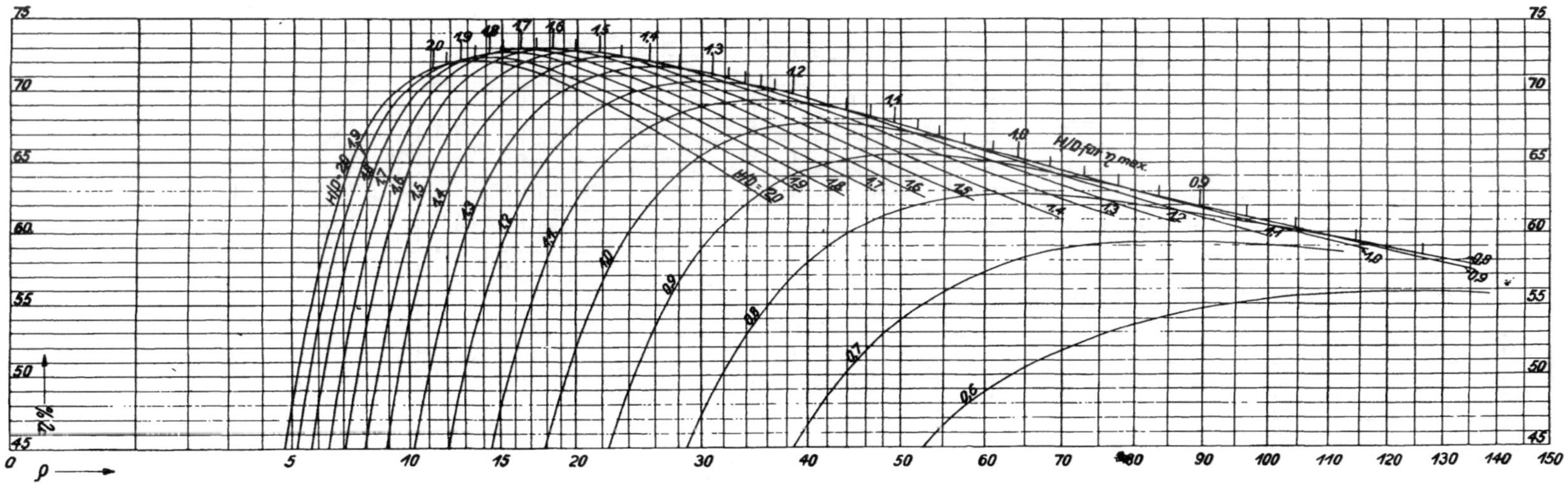

Abb. 603.

Breitenverhältnis 25% — Dickenverhältnis 5%.

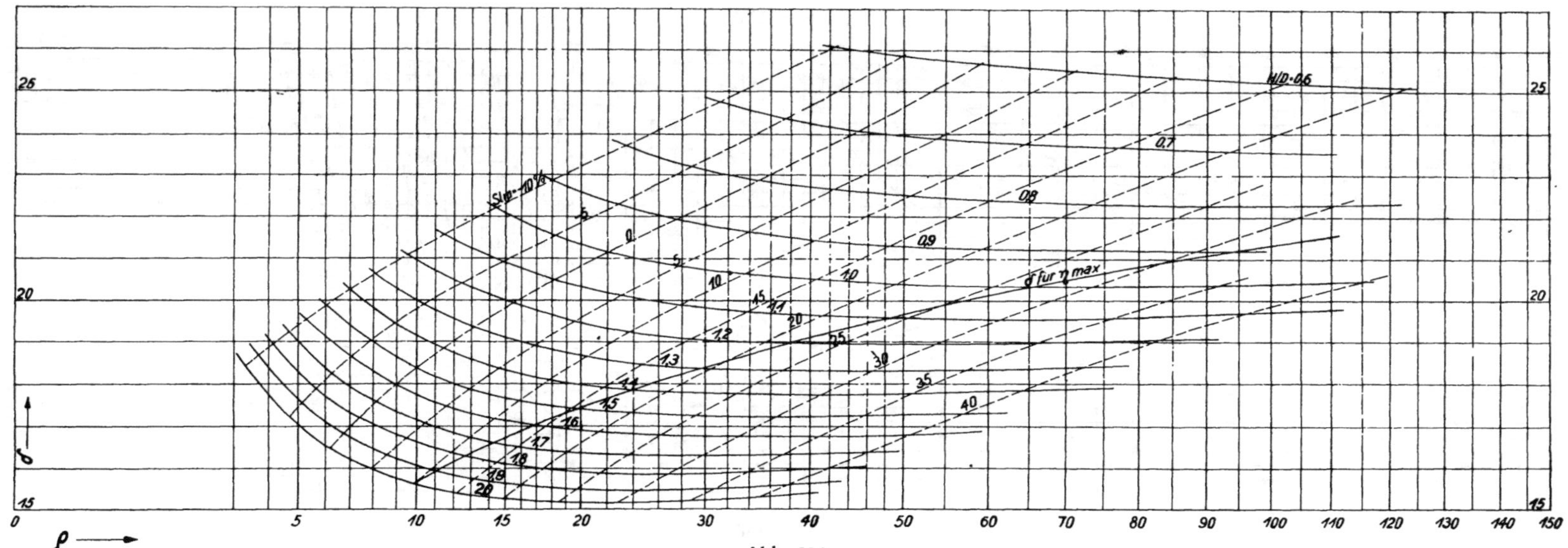

Abb. 604.

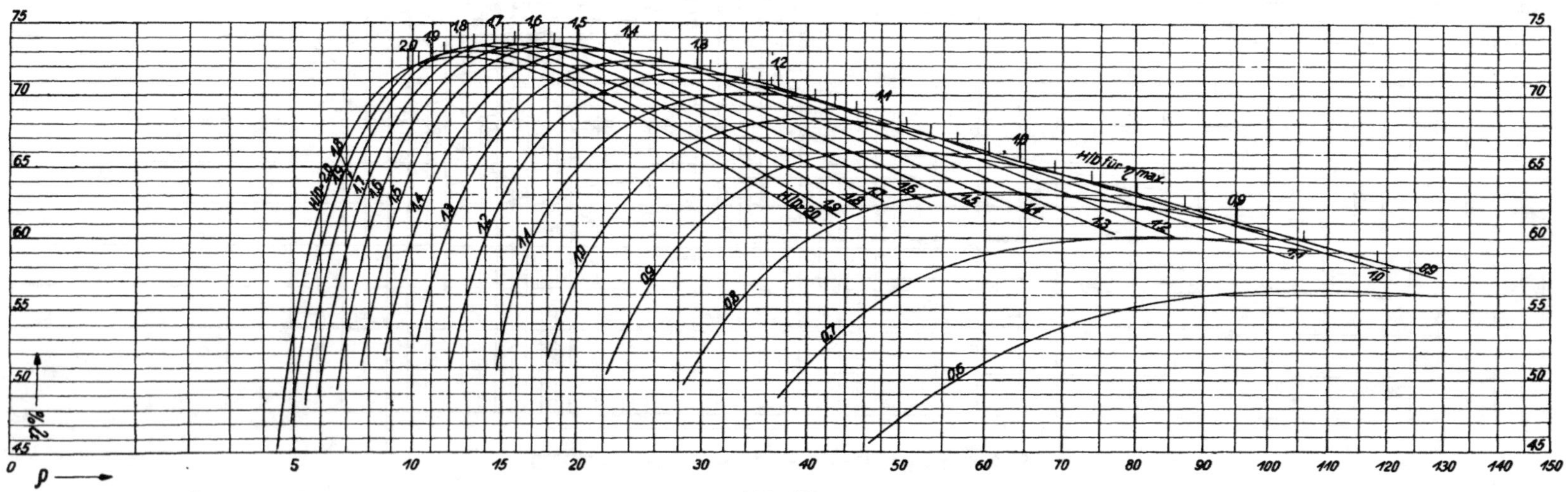

Abb. 605.

Breitenverhältnis 30 % — Dickenverhältnis 4 %.

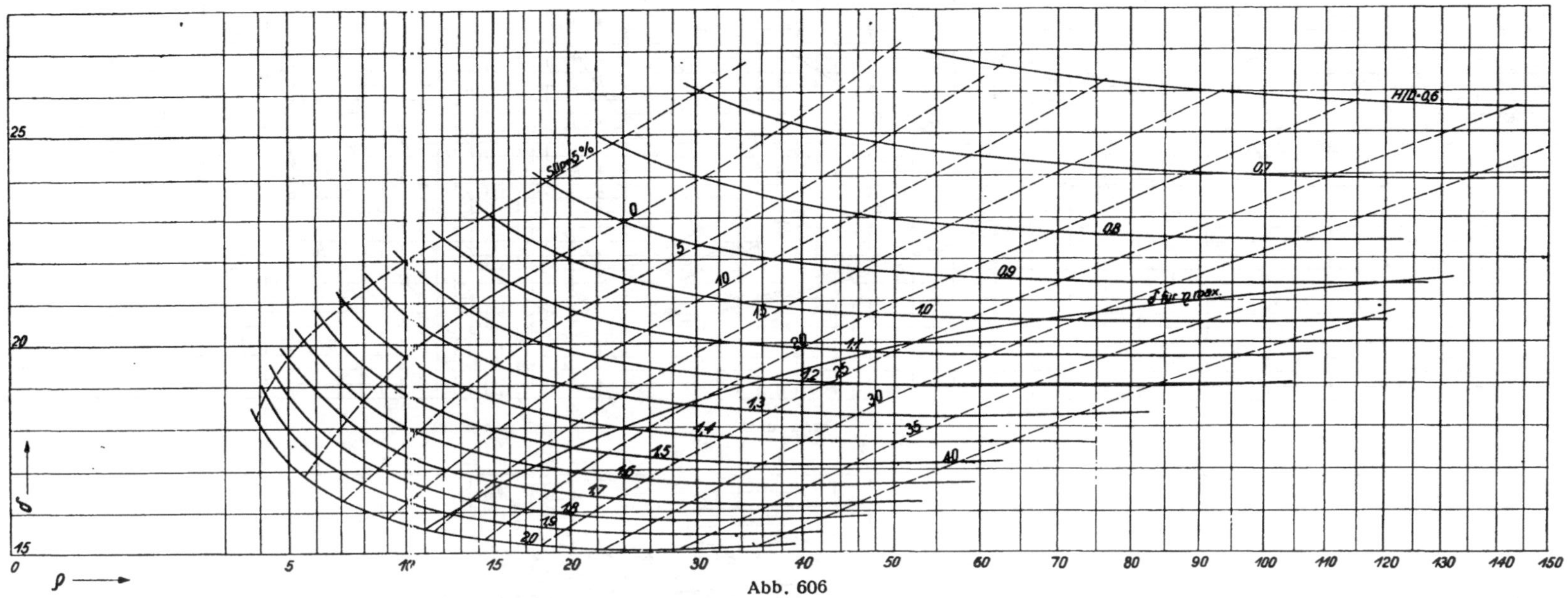

Abb. 606

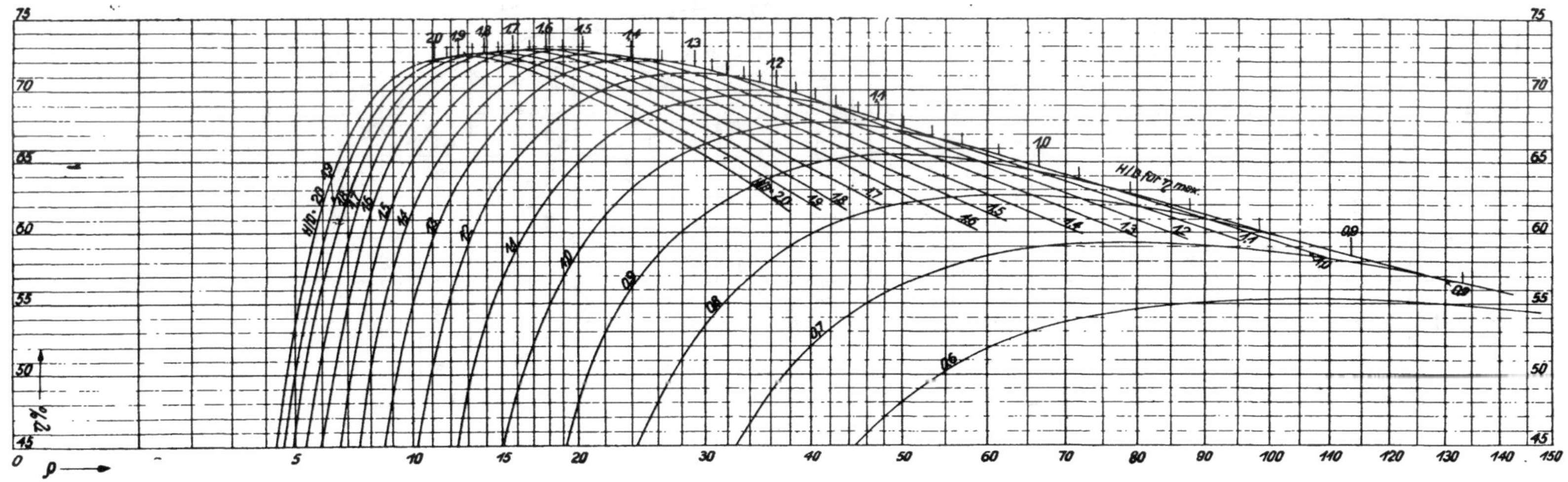

Abb. 607.

Breitenverhältnis 35% — Dickenverhältnis 3%.

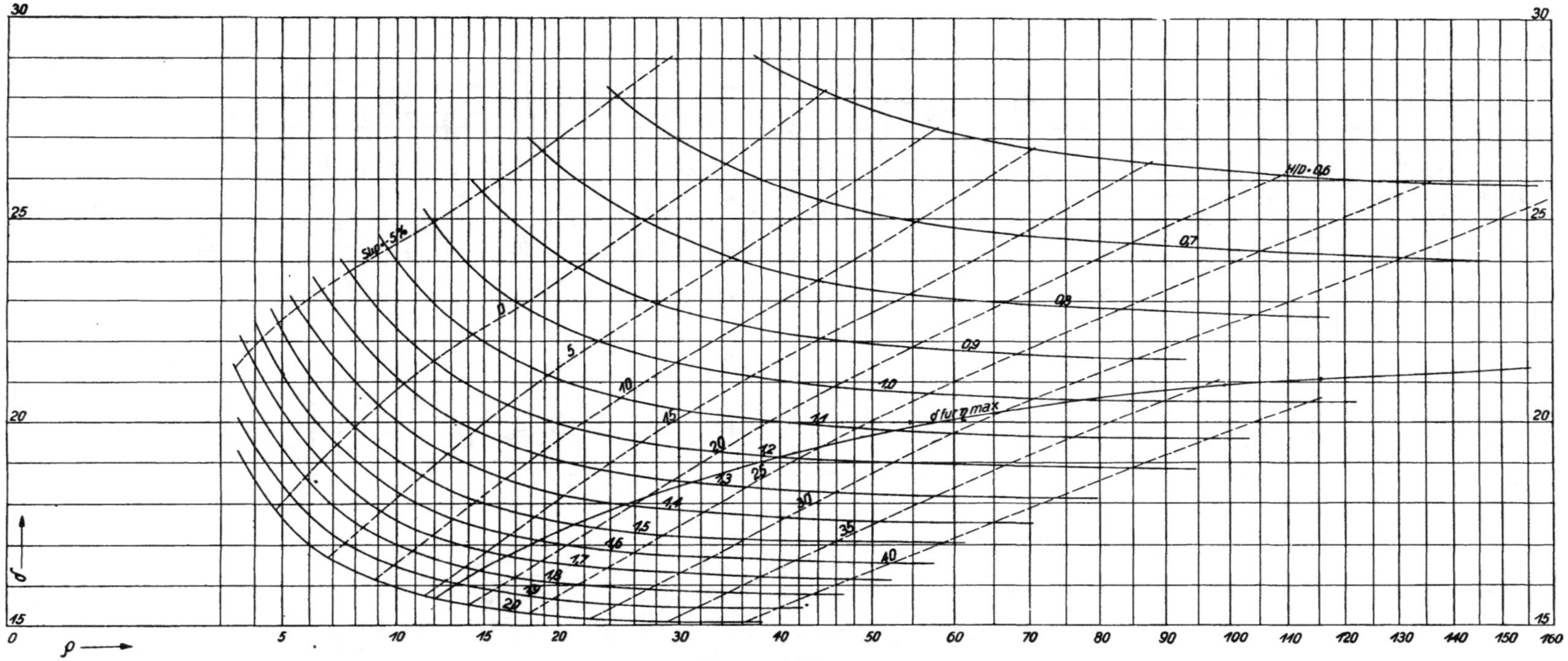

Abb. 608.

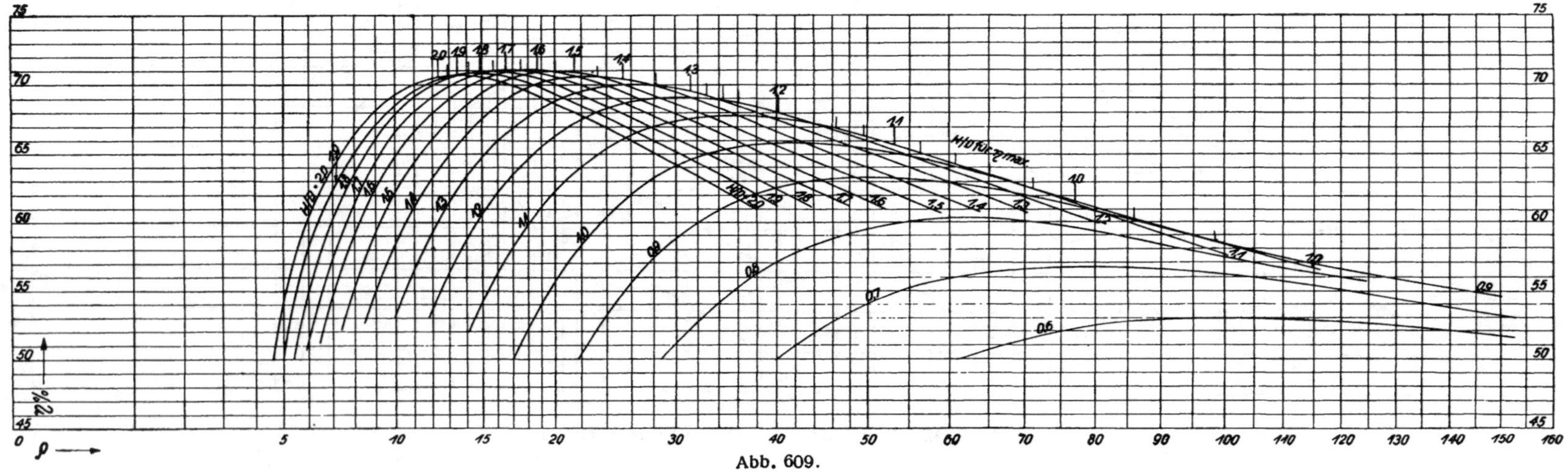

Abb. 609.

Ebenso ist der Ausdruck für δ nichts anderes als eine andere Schreibweise für das Ähnlichkeitsgesetz.

Die Taylorschen Originaldiagramme geben in vier Blättern (für vier verschiedene Breitenverhältnisse: 20%, 25%, 30% und 35%, jedes mit einem anderen Dickenverhältnis, und zwar beziehentlich 6%, 5%, 4% und 3%) den Zusammenhang von δ (als Ordinate) mit ϱ (als Abszisse) sowie den Wirkungsgrad in Prozenten über ϱ aufgetragen. Der Maßstab von ϱ ist im Interesse einer deutlichen Darstellung so gewählt, daß die tatsächlich aufgetragenen Längen $\sqrt{\varrho}$ entsprechen. Die Kurven gelten für dreiflügelige Propeller mit elliptischem Flügelumriß. Unter Breitenverhältnis ist das Verhältnis $\frac{\text{mittlere Flügelbreite}^{1)}}{\text{Propeller-Durchmesser}}$, unter Dickenverhältnis das Verhältnis

$$\frac{\text{ideelle Flügeldicke in der Propellerachse}}{\text{Propeller-Durchmesser}}$$

verstanden. In die $\varrho\,\delta$-Diagramme sind Kurven konstanten Steigungsverhältnisses zwischen den Werten $H/D = 0{,}6$ und $H/D = 2{,}0$ sowie solche konstanten Slips zwischen -5% und $+40\%$ eingetragen; auch im $\varrho\eta$-Diagramm sind Kurven konstanten Steigungsverhältnisses für Werte von $H/D = 0{,}6$ bis $H/D = 2{,}0$ eingezeichnet. Das in den Kurven enthaltene Material ist so wertvoll, daß eine Wiedergabe derselben, umgerechnet in das metrische System, als Abb. 602 bis 609 hier zweckmäßig erschien.

Im nachstehenden sind Beispiele für die Benutzung der Taylorschen Kurvenblätter gegeben, aus welchen deren Einrichtung näher ersichtlich ist. Bemerkenswert ist, daß die Ermittlung des günstigsten Propellers für eine gegebene Maschinenleistung, Tourenzahl und Schiffsgeschwindigkeit infolge der eigenartigen Wahl der Taylorschen Darstellung viel einfacher wird, als bei der in § 270 Beispiel 2 erläuterten Rechnungsweise. Selbstverständlich ist hier ebenso wie bei der in Deutschland üblichen Methode die Abschätzung des Vorstroms die Vorbedingung für die Benutzung der Kurvenblätter, da in sämtlichen Rechnungen natürlich nur die Relativgeschwindigkeit v_e eingeht.

§ 272. **Beispiel 1.** Feststellung des Wirkungsgrades der Propeller eines Handelsschiffes („George Washington" des Nordd. Lloyd) aus den Taylorschen Schleppresultaten (vgl. § 269, Beispiel 1, woraus auch die zugehörigen Probefahrtsresultate und Konstruktionswerte ersichtlich sind).

Das Flächenverhältnis dieser Propeller ist 0,363, das entsprechende Breitenverhältnis ist $\frac{0{,}363}{0{,}509 \cdot 3} = 0{,}238$. Wir benutzen wieder das nächstliegende Kurvenblatt, nämlich mit einem Breitenverhältnis von 25%, Abb. 604. Zur Bestimmung von ϱ verwenden wir die Formel $\varrho = n \cdot \sqrt{\frac{N_e}{v_e^5}}$. Da in die Formel für ϱ nicht die Schiffsgeschwindigkeit, sondern die Relativgeschwindigkeit v_e eingeführt wird, müssen wir zunächst für v_e gewisse Annahmen machen, was darauf hinausläuft, probeweise verschiedene Vorstromwerte anzunehmen.

Für	$w =$	5	10	15	20	25 %
erhalten wir	$v_e =$	9,77	9,26	8,74	8,23	7,71 m/sek
und	$\varrho =$	29,25	33,45	38,65	44,95	52,9.

[1]) Bezeichnen wir das obige Breitenverhältnis mit x, die Flügelzahl mit Z, so ist bei einem Nabendurchmesser von 0,2 D das entsprechende Flächenverhältnis $Fa/F = 0{,}509 \cdot Z \cdot x$.

Ferner ergeben sich für

$$\delta = \frac{D\, n^{2/3}}{\sqrt[6]{N_e v_e}}$$

die Werte

$$\delta = 18{,}87 \quad 19{,}04 \quad 19{,}25 \quad 19{,}42 \quad 19{,}62.$$

Man trägt nun die Werte von δ über ϱ in das Diagramm (Abb. 604) ein und verbindet dieselben durch eine Kurve. In Abb. 610 ist der in Frage kommende Teil des Diagramms in etwas größerem Maßstab wiedergegeben. Weiter legt man sich eine Hilfskurve für das dem Propeller entsprechende $H/D = 1{,}17$ zwischen die Kurven von $H/D = 1{,}1$ und $1{,}2$. Im Schnittpunkt der beiden so erhaltenen Kurven liegt der Betriebspunkt des Propellers. Der nominelle Slip s_n ergibt sich mit 19,5%, daraus der Nachstrom mit $w = 13{,}5\%$.

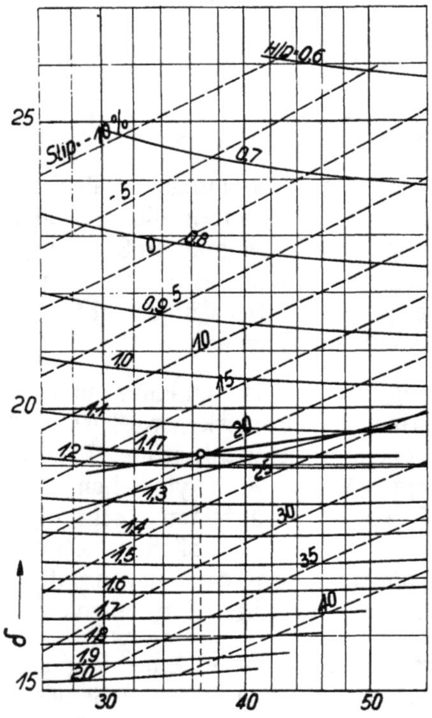

ϱ ⟶ Abb. 610.

Der Wirkungsgrad wird bestimmt, indem man in Abb. 604 eine Hilfskurve für η zwischen die Kurven von $H/D = 1{,}1$ und $1{,}2$ für das obige Steigungsverhältnis von 1,17 legt und entsprechend dem oben festgestellten Betriebspunkt für $\varrho = 36{,}5$ den Wirkungsgrad abliest. Derselbe ergibt sich mit 70,5%.

Vergleicht man die so erhaltenen Werte mit den in Beispiel 1 § 269 erhaltenen, so zeigt sich eine recht gute Übereinstimmung.

§ 273. **Beispiel 2.** Es soll, wie in § 270, Beispiel 2, woher auch die Konstruktionsdaten zu entnehmen sind, für den dort angegebenen Frachtdampfer der bestmögliche vierflügelige Propeller entworfen werden.

Wir legen für die Berechnung Abb. 602 mit einem Breitenverhältnis von 0,2 zugrunde, entsprechend einem Flächenverhältnis von ca. 40%.

Es ergibt sich für 35% Nachstrom $\varrho = n\sqrt{\frac{N}{v_e^5}}$

$$\varrho = 72 \cdot \frac{3960}{4{,}35^5} = 115{,}3.$$

Hierfür ist aus der Kurve von δ für $\eta_{\max}$ zu entnehmen

$$\delta = 21{,}6$$

und daraus

$$D = \frac{\delta\,(N \cdot v_e)^{1/6}}{n^{2/3}} = \frac{21{,}6 \cdot (3969 \cdot 4{,}35)^{1/6}}{72^{2/3}} = 6{,}35\ \text{m}.$$

Die Steigung ergibt sich aus dem H/D, welches dem betreffenden Punkt auf der Kurve von δ für $\eta_{\max}$ entspricht. Für unseren Fall ist $H/D = 0{,}84$ und damit $H = 5{,}35$ m. Der Propellerwirkungsgrad beträgt ca. 59,5% bei einem nominellen Slip von ca. 33%.

Vergleichen wir die mittels der Taylorschen Kurven gewonnenen Werte mit den in Beispiel 2, § 270, mit Hilfe der systematischen Propellerversuche errechneten, so müssen wir berücksichtigen, daß die Taylorschen Kurven für dreiflügelige Propeller gelten, während die früher verwendeten die Werte für vierflügelige Propeller wiedergibt. Eine vollständige Übereinstimmung ist daher nicht zu erwarten.

Es ist anzunehmen, daß Rechnungen vorteilhaft mit denjenigen Kurvenblättern vorgenommen werden, deren Flügelform am besten der Ausführung entspricht.

§ 274. **Schleppversuche von Schiffsmodellen mit Modellpropellern.** In § 252 ist die Bestimmung des Schiffswiderstandes durch Schleppversuche behandelt worden, ohne dabei die Einwirkung der Schiffsschraube selbst auf den Schleppwiderstand des Schiffes zu berücksichtigen. Um diesen Einfluß des Propellers zu ermitteln und zugleich die erforderliche Maschinenleistung direkt aus dem Modellversuch bestimmen zu können, war es erforderlich, die Schleppversuchsmethode dahin auszubauen, daß die Schrauben in ihrer richtigen Lage relativ zum Schiffskörper, mit entsprechender Umdrehungszahl angetrieben, nachgefahren werden.

Durch Vergleich der aus dem Modellversuch ohne Schrauben gewonnenen Schlepp-Pferdestärken mit den aus dem Schleppversuch des Modells mit Schrauben erhaltenen Wellen-Pferdestärken ergibt sich weiter der Wirkungsgrad der Propulsion η_P, welcher, wie in § 260 bemerkt, für die Beurteilung der Wirtschaftlichkeit des Schiffsantriebes maßgebend ist.

Darüber hinaus gibt aber das Schleppen von motorisch angetriebenen Modellschrauben, unter gleichzeitiger Messung des eingeleiteten Drehmomentes und des ausgeübten Schubes, zuerst allein, dann hinter dem zugehörigen Schiffsmodell (in richtiger Lage relativ zu demselben), Aufschluß über die Nachstromverhältnisse und liefert Vergleichswerte für den Wirkungsgrad des Propellers in beiden Fällen.

Die Durchführung derartiger Versuche und die Auswertung derselben gründet sich auf folgende Erwägungen (vgl. hierzu § 252, betreffend die Ermittlung des Schiffswiderstandes mit Hilfe von Schleppversuchen):

Man beginnt mit einem Schleppversuch des Schiffsmodells mit der Vergleichsgeschwindigkeit $v = \frac{V}{\sqrt{\alpha}}$, um den Modellwiderstand w festzustellen. Aus demselben ergibt sich der Schiffswiderstand W nach der in § 252 angegebenen Formel

$$W = W_f + W_R = \alpha^3 \frac{\Gamma}{\gamma} w_f + \Gamma \cdot \Lambda \cdot F \cdot v^{1,825}.$$

Dann schreitet man zur Vornahme der Schleppversuche des Modells mit Schrauben. Hierbei ist zunächst zu bedenken, daß die Propeller außer dem Schleppwiderstand noch den Sog überwinden müssen, welcher von der Rückwirkung der arbeitenden Schrauben auf das Schiff herrührt. Der Modellwiderstand w erhöht sich dadurch um den Betrag des Soges auf w'. Ferner stößt man aber auf folgende Schwierigkeit: Wenn die Schraube hinter dem Modell mit der Tourenzahl arbeitet, welche unter Berücksichtigung von Nachstrom und Sog genau denjenigen Schub ergibt, welcher dem gleichzeitig am Modelldynamometer beobachteten Schleppwiderstand gleich ist, dann wäre für den Modellversuch selbst der Zustand geschaffen, welcher sich mit dem Antrieb des Modells durch eine in demselben befindliche Maschinenanlage decken würde. Nun will man den Modellversuch aber benutzen, um die Maschinenleistung (W PS) für das Schiff selbst zu ermitteln. Die Umrechnung des Schleppwiderstandes geschieht (vgl. § 252) durch getrennte Behandlung des Formwiderstandes W_f und des Reibungswiderstandes W_r ($W = W_f + W_r$), wobei der erstere dem hydraulischen Ähnlichkeitsgesetz gehorcht, also von v^2 abhängig ist[1]), während der letztere von $v^{1,825}$ abhängt. Der Schleppwiderstand des Schiffes ergibt sich daher aus dem des Modells durch Umrechnung mit einer Potenz der Geschwindigkeit, welche durchschnittlich unter 2 liegt.

Wenn man also von einem Modellversuch mit Schrauben ausgeht, bei welchem der von den Schrauben erzeugte Schub gleich der Schleppkraft w' am Modelldynamometer ist, so ergibt die Umrechnung auf das Schiff einen im Vergleich zum Schiffswiderstand zu großen Schub und Leistungsbedarf.

Man hilft sich aus dieser Schwierigkeit dadurch, daß man die Schrauben am Modell nicht auf die Tourenzahl einreguliert, welche dem mit dem Schleppwiderstand w' übereinstimmenden Schub entspricht, sondern auf eine kleinere, so daß der hiermit erzeugte Schub nach Umrechnung auf das Schiff sich mit dem Widerstand desselben deckt. Es ergibt sich dann durch Umrechnung des beim Modell beobachteten Drehmomentes der für das Schiff zu erwartende Leistungsbedarf. Der für die Ermittlung dieser verkleinerten Tourenzahl beim Schleppversuch einzuschlagende Rechnungsgang ist der folgende:

Man bringt obige Formel für den Schleppwiderstand des Schiffes W durch einfache Umgestaltung in die Form

$$W' = \alpha^3 \frac{\Gamma}{\gamma} \left[w' - \gamma \cdot f \cdot v^{1,825} \left(\lambda - \frac{\Lambda}{\alpha^{0,0875}} \right) \right]$$

wobei W' und w' den Widerstand des Schiffes bzw. des Modells mit Schrauben bedeuten. Wird

$$\gamma f \cdot v^{1,825} \left(\lambda - \frac{\Lambda}{\alpha^{0,0875}} \right) = H \cdot v^{1,825} = R_a$$

gesetzt, so ist

$$W' = \alpha^3 \frac{\Gamma}{\gamma} [w' - R_a].$$

Setzt man $w' - R_a = w_i$, so ist

$$W' = \alpha^3 \frac{\Gamma}{\gamma} \cdot w_i.$$

Der Aufbau dieser Formel zeigt, daß es möglich ist, den Schiffswiderstand mittels des Ähnlichkeitsgesetzes aus einem fiktiven Modellwiderstand zu errechnen, welcher um die Größe R_a kleiner ist als der eigentliche Gesamtmodellwiderstand w'. Auf die diesem Schub $w_i = w' - R_a$ entsprechende Tourenzahl muß also die Schraube beim Modellversuch einreguliert werden.

Die Umrechnung von Schub und Drehmoment der Modellschraube auf die Verhältnisse beim Schiff erfolgt dann ohne weiteres (über die Zulässigkeit dieses Verfahrens vgl. § 279) nach dem hydraulischen Ähnlichkeitsgesetz, also mit dem Quadrat der Geschwindigkeiten.

Bei der Ausführung des Schleppversuches interessiert es nun, in erster Linie die Differenz $S - w'$ zu kennen, da nach dem am Modelldynamometer ersichtlichen

---

[1]) $\frac{V}{v} = \sqrt{\alpha}$; also $\alpha^3 \frac{\Gamma}{\gamma} w_f = \alpha^2 \frac{V^2}{v^2} \frac{\Gamma}{\gamma} w_f$.

Modellwiderstand w' der erforderliche Schub S eingestellt werden muß, indem die Umdrehungszahl der Schraube entsprechend verändert wird. Da, wie vorhin gezeigt,

$$S = w_i = w' - R_a, \text{ so ist } S - w' = R_a.$$

Man sieht, daß die Differenz zwischen Schub und Modellwiderstand eine leicht vorher für alle beabsichtigten Fahrgeschwindigkeiten festzustellende Größe, nämlich gleich dem Reibungsabzug ist.[1])

Zu bemerken ist schließlich noch, daß der tatsächlich am Modelldynamometer abgelesene Widerstand durch den Einfluß des nachgefahrenen Schraubenträgers um einen geringfügigen Betrag kleiner ist, als er sich ohne Schraubenträger herausgestellt haben würde[2]).

Beispiel. Als Beispiel soll wieder der Frachtdampfer gewählt werden, welcher bereits in § 253 zur Erläuterung der Schleppversuche des Modells ohne Schrauben zwecks Bestimmung des Schiffswiderstandes herangezogen worden ist. Die Hauptabmessungen sowie Angaben über den Modellmaßstab, Material des Modells, Bassinabmessungen, Bassinwasser usw. sind bereits dort wiedergegeben. Die Schraube ist eine solche normaler Konstruktion mit gußeisernen Flügeln, die Fläche derselben eine Schraubenfläche von konstanter Steigung mit zur Achse senkrechter Erzeugenden. Die Hauptabmessungen derselben sind:

Flügelzahl	4
Äußerer Durchmesser D	5300 mm
Nabendurchmesser.	870 „
Steigung der Propellerdruckfläche H	4800 „
Steigungsverhältnis H/D	0,906
Projiziertes Areal sämtlicher Flügel Fp	8,53 m²
Abgewickeltes Areal sämtlicher Flügel Fa	9,60 „
Flächenverhältnis Fa/F	0,435
Ideelle Stärke des Flügels in der Propellerachse . .	200 mm
Ideelle Stärke des Flügels an der Spitze	22 „

Für den Modellpropeller ergeben sich folgende Abmessungen:

Äußerer Durchmesser	151,5 mm
Nabendurchmesser	24,9 „
Steigung	37,2 „

1. Die Ergebnisse der Schleppversuche mit den Schrauben allein sind aus Abb. 611 ersichtlich, wo dieselben in der üblichen Weise über dem nominellen Slip s_n aufgetragen sind.

2. Die Resultate der Schleppversuche vom Modell mit Schrauben gehen aus Tabelle Nr. 46 (S. 530/31) hervor.

---

[1]) Vergl. hierzu Dr. Ing. G. Kempf in »Werft, Reederei, Hafen« 1922 S. 628 »Über Durchführung und Auswertung von Modellschleppversuchen«. Es wird dort gezeigt, daß es zweckmäßig ist, die Versuche so durchzuführen, daß bei gleichbleibender Tourenzahl für mehrere Geschwindigkeiten der Schraubenschub (freifahrend und hinter dem Modell) und der Widerstand des Schiffsmodells bestimmt wird. Diese Messungen führt man für verschiedene Tourenzahlen durch und erhält Kurvenscharen, welche es ermöglichen, den Widerstand durch Reibungskorrekturen zu verbessern, welche dem Modellmaßstab, der Schiffsrauheit und dem Forschungsstande ganz nach Wunsch Rechnung tragen.

[2]) Vgl. Schaffran „Die Versuchsmethoden der kgl. Versuchsanstalt für Wasserbau und Schiffbau, Berlin". Verlag Schiffbau 1915.

Tabelle
Schleppversuche des

1	2	3	4	5	6	7	8	9	10
V_{kn}	v	w'	R_a	$w_i = S$	n'_s	n	s_s	s_n	w_m
kn	m/sek	kg	kg	kg	pro Sek.	pro Min.	%	%	%
8	0,695	0,296	0,092	0,204	5,01	50,8	—1,17	35,5	36,3
9	0,782	0,373	0,113	0,260	5,66	57,4	—0,64	35,4	35,8
10	0,869	0,467	0,137	0,330	6,35	64,4	+0,23	35,8	35,7
10,4	0,904	0,509	0,147	0,362	6,63	67,2	0,66	36,1	35,6
11	0,956	0,580	0,163	0,417	7,06	71,6	1,34	36,9	36,1
12	1,043	0,713	0,192	0,521	7,79	79,0	2,40	38,0	36,4

Zu den einzelnen Spalten dieser Tabelle sei folgendes bemerkt:

Spalte 1 zeigt die Schiffsgeschwindigkeit V_{kn} in Knoten.

„ 2 enthält die korrespondierende Fahrgeschwindigkeit des Modells in m/sek.

„ 3 gibt den am Modelldynamometer abgelesenen Widerstand w' des Modells mit Schrauben einschließlich Korrektur für den Gestängeeinfluß in kg wieder,

„ 4 den errechneten Reibungsabzug R_a in kg.

„ 5 enthält den ideellen Modellwiderstand w_i, welcher identisch ist mit dem an der Schraube eingestellten Schub S in kg.

„ 6 zeigt die Drehzahl pro Sek. n_s' der Modellschraube bei der Fahrt hinter dem Modell,

„ 7 die korrespondierende Schraubendrehzahl pro Minute n am Schiff.

„ 8 enthält den scheinbaren Slip s_s, und

„ 9 den nominellen Slip s_n, beide in %.

„ 10 gibt die mit Hilfe von s_n und s_s errechnete Nachstromziffer w_n in % wieder.

„ 11 zeigt die Geschwindigkeit v_e hinter dem Modell in m/sek,

„ 12 die Schubarbeit $S \cdot v_e$ der Schraube hinter dem Modell in kg.

„ 13 die entsprechenden Schubpferdestärken am Schiff.

„ 14 enthält das Drehmoment der Schraube hinter dem Modell in cmg,

„ 15 die entsprechenden Wellenpferdestärken (WPS) für das Schiff.

„ 16 gibt den Propellerwirkungsgrad $\eta = \frac{\text{SPS}}{\text{WPS}}$ an, welcher von demjenigen der freifahrenden Schraube meist merklich abweicht.

„ 17 zeigt die aus Tabelle Nr. 43, Spalte 13, entnommenen effektiven Schlepp-Pferdestärken für das Modell ohne Schraube (*EPS*),

„ 18 den Wirkungsgrad der Propulsion $\eta_P = \frac{\text{EPS}}{\text{WPS}}$ in %.

„ 19 enthält den Schraubensog σS in kg als Differenz des Modellwiderstands mit Schraube w' in Spalte 3 und des Modellwiderstands ohne Schraube w aus Tabelle Nr. 43, Spalte 2.

„ 20 gibt den Schraubensog σ in % wieder.

§ 275. **Weitere Bemerkungen über den Vorstrom.** Die Kenntnis der Größe des Vorstroms ist, wie aus dem Vorhergehenden ersichtlich, für die Behandlung des Schraubenproblems und namentlich für die Verwertung der Modellschleppversuche unerläßlich. Die Bestimmung des Vorstroms erfolgt, wie aus dem Vorhergehenden ohne weiteres ersichtlich ist, zunächst auf Grund von Schleppversuchsresultaten allein. Man mißt z. B. das Drehmoment der freifahrenden Schraube für verschiedene Slipwerte, bestimmt ferner das Drehmoment, welches von der Schraube hinter dem Schiffsmodell fahrend aufgenommen wird und errechnet hieraus die Momentenkonstante. In der Überlegung, daß der Wert der Momentenkonstante einer bestimmten

Nr. 46.
Schiffsmodells samt Schrauben.

11	12	13	14	15	16	17	18	19	20
v_e	$S \cdot v_e$	SPS	M	WPS	η	EPS	η_P	$\sigma \cdot s$	σ
m	m/kg	PS	cm/g	PS	%	PS	%	kg	%
0,443	0,090	312	609	665	47,3	392	59,0	0,042	20,60
0,502	0,130	454	730	900	50,2	571	63,4	0,049	18,85
0,559	0,184	638	870	1203	53,0	809	67,2	0,061	18,50
0,581	0,210	728	932	1346	54,0	935	69,4	0,064	17,40
0,611	0,255	884	1040	1599	55,2	1165	72,9	0,065	15,60
0,663	0,345	1196	1256	2131	56,2	1618	75,9	0,074	14,20

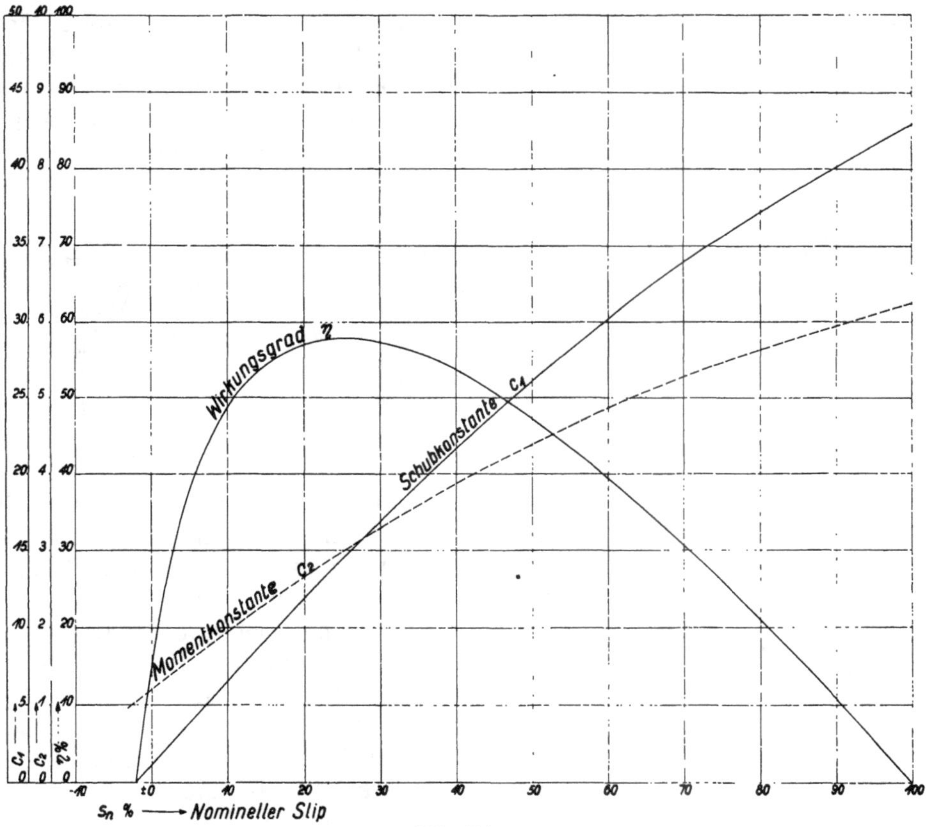

Abb. 611.

Relativgeschwindigkeit zwischen Schraube und umgebendem Wasser entsprechen muß, schneidet man mit dem so ermittelten Wert der Momentenkonstante in die für die freifahrende Schraube gefundene Kurve der Momentenkonstante über dem nominellen Slip ein und findet so den nominellen Slip, mit welchem die Schraube hinter dem Schiff gearbeitet haben muß, und somit aus der Beziehung

$$1 - w = \frac{1 - s_n}{1 - s_s}$$

den Vorstrom.

In gleicher Weise hätte sich der Vorstrom auch ermitteln lassen unter Benutzung der Schubkonstante statt der Momentenkonstante. Man kann natürlich auch den Vorstrom errechnen aus den Schleppresultaten mit der freifahrenden Schraube und aus

Probefahrtresultaten des ausgeführten Schiffes, sei es, wenn nur Leistungsmessungen vorliegen, über die Momentenkonstante oder, wenn Schubmessungen gemacht worden sind, auch über die Schubkonstante[1]).

Inwieweit alle diese Methoden der Bestimmung des Vorstroms zuverlässig sind, ist nach dem heutigen Stande der Technik schwer zu sagen. Stützt man sich, wie eingangs erwähnt, nur auf die Modellschleppversuche, so bleibt die Frage offen, inwieweit am wirklichen Schiff die Verhältnisse ebenso liegen wie beim Modell, bzw. ob das hydraulische Ähnlichkeitsgesetz in so weiten Grenzen gilt, daß diese Frage bejaht werden kann. Naheliegend ist die Vermutung, daß letzteres nicht der Fall ist, da der Nachstrom zum großen Teil auf Reibungsvorgängen beruht, welche dem hydraulischen Ähnlichkeitsgesetz nicht gehorchen, und weil überhaupt bei der Übertragung von Modellresultaten auf das fahrende Schiff die Benutzung des hydraulischen Ähnlichkeitsgesetzes nicht als vollkommen zuverlässig angesehen werden kann. Bis weiteres Material durch entsprechende Versuche zutage gefördert wird, bleibt indessen nichts übrig, als den Vorstrom, wie vorstehend bestimmt, den Propellerberechnungen zugrunde zu legen.

Bei der Abschätzung der zu erwartenden Nachstromziffer sind folgende Gesichtspunkte zu beachten:

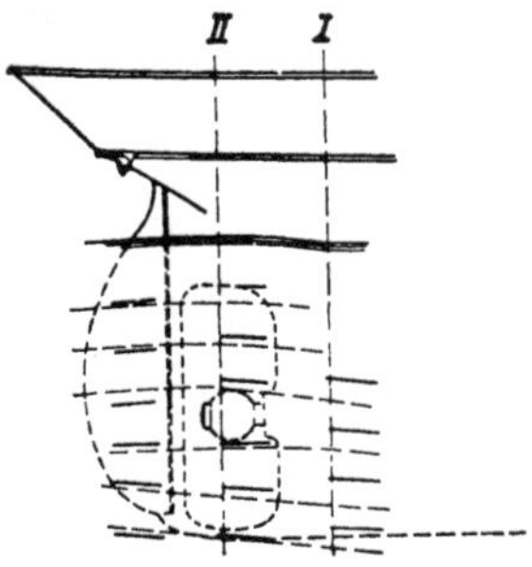

Abb. 612.

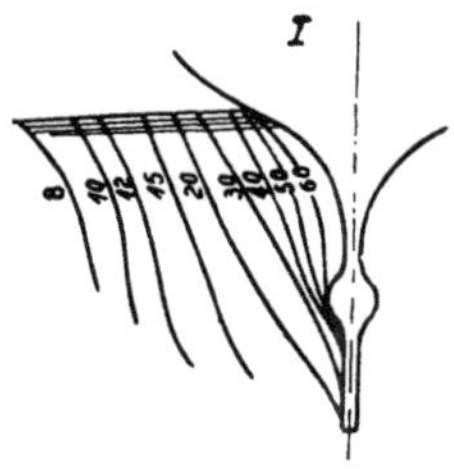

Abb. 613.

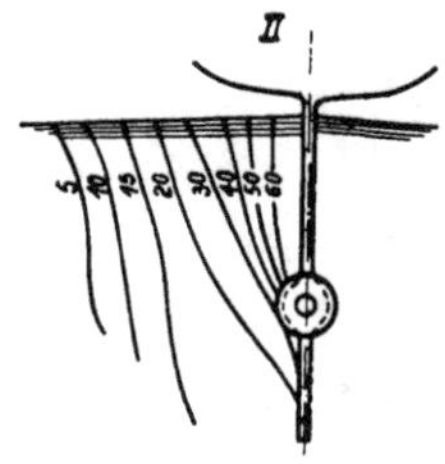

Abb. 614.

In erster Linie scheint für die Größe des Nachstroms der Völligkeitsgrad des Schiffes maßgebend zu sein. Da jedoch der Nachstrom, wie bereits erwähnt, nicht überall die gleiche Geschwindigkeit besitzt[2]), so ist bei gleichen Schiffen die Lage der Schraube zum Schiff ausschlaggebend. Aus der Verteilung der Nachstromgeschwindigkeit (Abb. 612 bis 614) ergibt sich, daß bei Einschraubenschiffen die Schraube in den Zonen des größten Nachstroms arbeitet. Bei Zweischraubenschiffen arbeiten die Propeller im Gebiete wesentlich kleineren Nachstromes, bei Dreischraubenschiffen arbeitet die mittlere Schraube in stärkerem Nachstrom, die beiden äußeren in schwächerem. Bei Vierwellenschiffen ist der Nachstrom für die beiden Innenwellen größer als für die beiden Außenwellen.

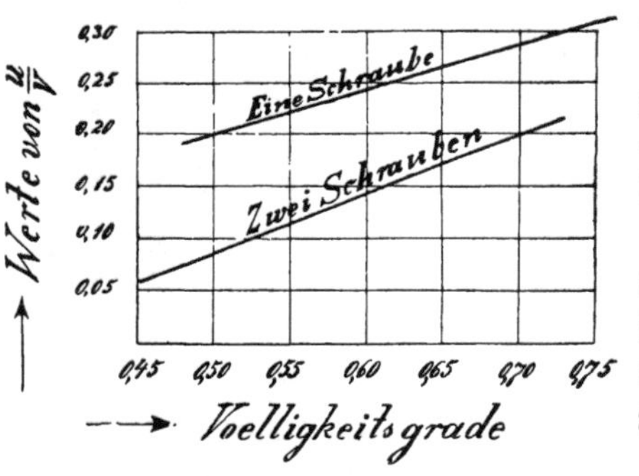

Abb. 615.

Abb. 615 zeigt Schätzungswerte von w für Ein- und Zweischraubenschiffe als Funktion des Völligkeitsgrades. Die beiden Kurven, welche dem Buch von Taylor, „Resistance of ships and screw propulsion“ entstammen, zeigen deutlich den Einfluß der Anzahl und Lage der Wellen, dürften jedoch nach den bis jetzt vorliegenden Erfahrungen etwas zu kleine Werte ergeben.

[1]) Vgl. hierzu Verf. „Werft und Reederei“ 1921 S. 613, „Messungen des Propellerschubes auf einem Frachtdampfer“ sowie Jahrb. der Schiffbautechn. Ges. 1923, Vortr. d. Verf.: „Messungen und Untersuchungen an Schiffschrauben.“

[2]) Vgl. hierzu die Nachstrom-Experimente von Calvert. Inst. of Nav. Arch. 1893 und andere.

Die Anordnung des Propellers in der Längsrichtung beeinflußt seine Wirkungsweise in dem Sinne, daß dem näher an der Außenhaut sitzenden Propeller auch größere Nachstromwerte zukommen.

Verschiedenen Höhenlagen des Propellers entsprechen ebenfalls verschiedene Nachstromwerte, und zwar dem näher der Wasseroberfläche liegenden die größeren Nachstromwerte, dem näher zum Kiel gelegenen die kleineren Nachstromwerte.

Kleinere Propeller arbeiten im allgemeinen in Zonen größeren Nachstroms als größere, worauf bei Projekten von der gleichen Schiffsform und verschiedenartigen Maschinenanlagen (z. B. Kolbenmaschinen und Ölmaschinenantrieb bei einem Frachtdampfer) Rücksicht zu nehmen ist.

Bei ähnlichen Schiffen entsprechen bei korrespondierenden Geschwindigkeiten dem kürzeren Schiff etwas größere Nachstromwerte. Ein Einfluß der Schiffsgeschwindigkeit scheint sich in dem Sinne konstatieren zu lassen, daß mit zunehmender Schiffsgeschwindigkeit der Nachstrom etwas abnimmt.

Schließlich sei noch darauf hingewiesen, daß die sehr verschiedenen Nachstromwerte, welche jeder Schraubenflügel bei einer Umdrehung passieren muß, insbesondere bei Zwei- und Vierwellenschiffen, Veranlassung zu Vibrationserscheinungen geben können.

Ferner wäre noch auf den Einfluß der Wellenhosen und die Wirkung derselben auf Schrauben von verschiedenem Drehsinn hinzuweisen. Vergleiche hierzu und zum vorstehenden die Resultate der Lukeschen Versuche (§ 276).

§ 276. **Die Lukeschen[1]) Untersuchungen über Vorstrom und Sog.** Diese besonders vollständigen Untersuchungen sind im Jahre 1910 an einem Schiffsmodell von 204″ (5,18 m) Länge, 30″ (0,762 m) Breite, 9″ (0,229 m) Tiefgang bei einem Deplacement von 1296 Pfund (0,588 t) ausgeführt worden. Die Linien des Schiffes wurden derartig gewählt, daß sich ein Völligkeitsgrad der Verdrängung von 0,65 ergab, als Mittelwert des Koeffizienten aller existierenden Schiffe (bei welchen dieser Völligkeitsgrad zwischen 0,5 und 0,8 schwankt). Ein ähnlicher Gedankengang führte zur Annahme eines Verhältnisses von Länge zu Breite von ungefähr 6,8.

Als Geschwindigkeitslängenverhältnis, d. h. Geschwindigkeit in Knoten, dividiert durch die Quadratwurzel der Länge in Fuß, wurde 0,8 angenommen. Der normale Propeller hatte 6″ (152,4 mm) Durchm. und drei Flügel mit einem Steigungsverhältnis von 1,2 und einem Flächenverhältnis von 0,375. Die Flügel hatten elliptischen Umriß, die Nabe war $1\frac{1}{4}$″ (32 mm) lang und hatte einen größten Durchmesser von $^7/_8$″ (15,8 mm). Die gewählte normale Lage der Mitte der beiden Propeller war seitlich 5″ (127 mm) von Mitte Schiff, in der Längsrichtung $1\frac{1}{2}$″ (38 mm) vor dem hinteren Perpendikel, in senkrechter Richtung 4″ (101,6 mm) über Unterkante, so daß die Flügelspitzen des normalen Propellers 2″ (50,8 mm) tief untergetaucht waren.

Das Versuchsprogramm hatte zum Ziel, die Änderung des Vorstroms und des Sogs zu finden, welche bei Variation der Geschwindigkeit, der Propellerabmessungen, der Lage der Propeller, der Gestaltung der Wellenhosen usw. eintritt. Es wurden demgemäß folgende Versuchsreihen ausgeführt:

a) Änderung der Geschwindigkeit, b) Änderung des Durchmessers, c) Änderung des Steigungsverhältnisses, d) Änderung der Lage der Propeller in der Richtung von vorn nach hinten, e) Änderung der Lage der Propeller in der Querrichtung, f) Änderung der Flügelzahl der Propeller, g) Änderung des Flächenverhältnisses der Propeller, h) Einfluß des Überganges von zwei Propellern zu einem einzelnen Propeller, i) Änderung der Neigung der Wellenaustritte (d. h. der den Wellenaustritt mit dem Schiffs-

[1]) Transact. Inst. Nav. Arch. 1910. — Der hier gebrachte Text ist ein Auszug aus dieser Arbeit; die mit Anführungszeichen versehenen Stellen sind wörtliche Übersetzungen.

körper verbindenden Wand), k) Vergleich des Einflusses von (oben) nach außen oder innen schlagenden Schrauben.

Zu a) „Das Geschwindigkeitslängenverhältnis wurde von dem als normal festgesetzten Wert von 0,8 nach beiden Seiten hin variiert, so daß es betrug: 0,6, 0,7, 0,8, 0,9 und 1,0.

Zu b) Auch der Durchmesser wurde gegenüber dem des normalen Propellers (6″) nach oben und unten variiert, und zwar mit je 1″ Intervall innerhalb des Bereiches von 4 bis 8″.

Zu c) Das normale Steigungsverhältnis von 1,2 wurde als Mitte der Versuchsreihe angenommen. Die verwendeten Steigungsverhältnisse betrugen: 0,8, 1,0, 1,2, 1,4 und 1,6.

Alle vorgenannten Versuche wurden nicht nur mit einem nackten Modell, sondern auch mit vollständigen Wellenaustritten (Wellenhosen) ausgeführt, die etwa der üblichen Praxis entsprechend unter einem Winkel von 22½° gegen die Horizontale geneigt waren.

Zu d) Variation der Lage der Propeller nach vorn und hinten. „Es fand sich, daß bei dem normalen Propeller eine Verschiebung von 3″ vorwärts den gleichen Abstand zwischen Flügelspitze und Schiffswand ergab, wie eine Querverschiebung um 1″ bei in der Längsrichtung normaler Lage. Es wurden folgende Lagen in der Längsrichtung gewählt: 3″ vor der normalen Lage, normale Lage und 3″ hinter ihr."

Zu e) Variation der Lage der Propeller in der Querrichtung. Die innerste Lage der Propellermitte war 1″ von deren normaler Lage gegen die Mittschiffsebene hin verschoben, entsprach also 8″ Abstand von Mitte zu Mitte Propeller. Die normale Lage hatte 10″ Mittenabstand und die äußerste war 1″ von der normalen nach außen entsprechend 12″ Mittenabstand verschoben. Diese Versuche wurden nur mit dem nackten Modell gemacht, unter Verwendung der normalen Propeller und bei dem normalen Geschwindigkeits- und Längenverhältnis (s. Abb. 619).

Zu f) Wirkung der Flügelzahl. Es wurden zwei Paar 3flügelige Propeller geschleppt im Vergleich mit zwei Paar 4flügeligen.

Zu g) Die Wirkung der Flügelflächen. Es wurden 4flügelige Propeller von 0,375 Flächenverhältnis verglichen mit 4flügeligen von 0,50 Flächenverhältnis. — Diese Versuche wurden mit dem nackten Modell und auch mit Wellenaustritten mit 22½° Neigung gemacht.

Zu h) Es wurde eine Versuchsreihe mit Einzelschrauben von verschiedenen Durchmessern bei festem Steigungsverhältnis und derselben Geschwindigkeit ausgeführt (s. Abb. 620).

Zu i) Schließlich sollte die Einwirkung der Wellenaustritte auf den Wirkungsgrad des Schiffskörpers festgestellt werden. Frühere Versuche hatten gezeigt, daß der Neigungswinkel der Wellenaustritte einen ausgesprochenen Einfluß auf die Vorstromwirkung hat und daß mit gewissen Neigungswinkeln beträchtlich höhere Wirkungsgrade erreicht werden können als mit anderen Winkeln. Aber es hatte sich als ebenso sicher herausgestellt, daß der Neigungswinkel der Wellenaustritte einen großen Einfluß auf den Widerstand des Modells hat. Zur Klärung dieser Frage wurden Versuche mit fünf Wellenaustritten gemacht, die unter 0°, 22½°, 56°, 67½° und 90° zur Horizontalen lagen, und zwar mit dem normalen Propeller bei der normalen Geschwindigkeit. Da beabsichtigt war, die Wirkungen des Neigungswinkels zu finden und nicht die der Form der Wellenaustritte, wurden diese Anhängsel gleichmäßig ¾″ dick gemacht, an der äußeren Kante abgerundet und nach hinten gut zugeschärft (siehe Abb. 621).

Das Resultat dieser Versuchsreihen wurde von Luke wie folgt zusammengefaßt, wobei auch auf die graphische Darstellung in den Abb. 616 bis 621 verwiesen werden möge. Bei diesen sind von einer Nullinie aus die ermittelten Vorstromwerte[1]) nach oben, die ermittelten Sogziffern nach unten, als Ordinaten über den verschiedenen Größen, deren Einfluß ermittelt werden soll, als Abszissen aufgetragen. Außerdem ist noch der Quotient $\frac{1-\sigma}{1-w}$, d. h. der Faktor, mit welchem der Schraubenwirkungsgrad zu multiplizieren ist, um den Propulsionswirkungsgrad zu erhalten (vgl. § 260), in die Abbildungen eingetragen. Im einzelnen ist das Folgende zu bemerken:

1. Bei Änderung der Geschwindigkeit tritt mit deren Zunahme eine Abnahme der Vorstromzahl ein, während der Sog konstant bleibt. Auch die Änderungen des Vorstromes sind nicht bedeutend (vgl. Abb. 616). Diese Abbildung veranschaulicht sowohl die mit dem nackten Modell, als auch mit einem Modell, dessen Wellenaustritte unter 22½° gegen die Horizontale geneigt sind, gewonnenen Versuchsresultate.

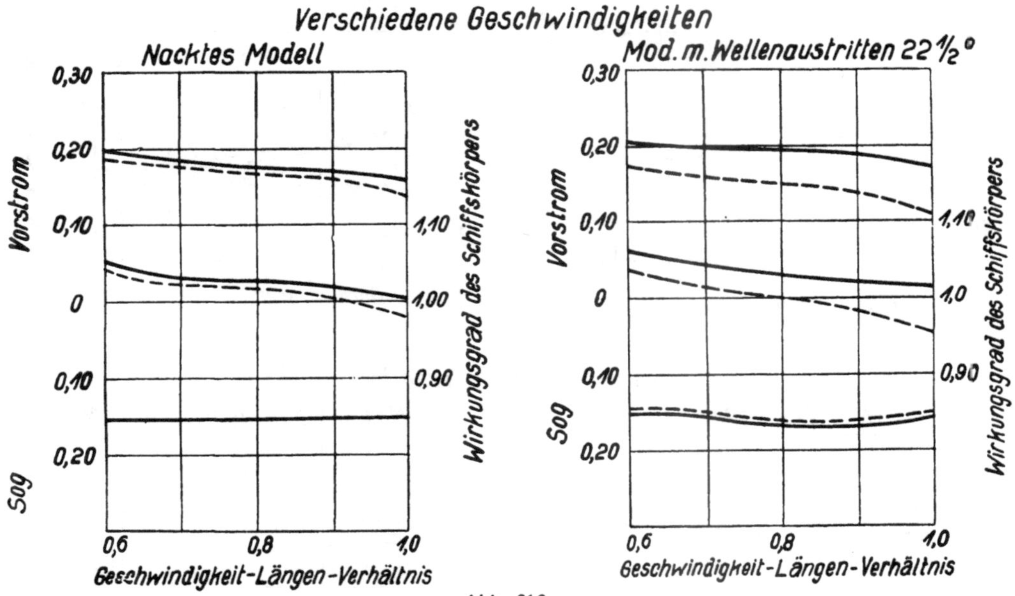

Abb. 616.

Während beim nackten Modell die Drehrichtung der Schrauben beinahe einflußlos ist, wird der Vorstrom bei nach innen schlagenden Schrauben (gestrichelt gezeichnet) für das Modell mit Wellenaustritten wesentlich kleiner, als wenn die Schrauben nach außen schlagen (voll gezeichnet).

2. Änderung des Schraubendurchmessers (Abb. 617). Es erscheint wahrscheinlich, daß die hierbei auftretenden Veränderungen ebensosehr der Änderung des Abstandes zwischen Flügelspitze und Schiffswand (da bei allen Durchmessern die Lage der Wellenaustritte konstant gehalten wurde), wie der Änderung des Durchmessers an sich zuzuschreiben sind. Sie sind deshalb bei Fall 4 und 5 besprochen.

[1]) In der Originalabhandlung von Luke sind die Vorstromgeschwindigkeiten nicht, wie in § 259 angenommen, auf die Schiffsgeschwindigkeit v im ungestörten Wasser, sondern auf die Relativgeschwindigkeit des Propellers in dem ihn umgebenden Wasser — v_e — bezogen. In den Kurven Abb. 259 sind die Werte von w eingetragen, welche durch einfache Umrechnung auf die in § 616 bis 621 festgelegte Basis aus den Originalwerten von Luke erhalten sind. Wird mit w' die von Luke als „wakefraction" eingeführte Größe bezeichnet, mit w (so wie in § 259) das Verhältnis $\frac{v-v_e}{v}$, so ist, wie ohne weiteres zu ersehen, $w = \frac{w'}{1+w'}$.

3. Die Änderung der Steigung scheint geringe oder keine Wirkungen auf den Wirkungsgrad des Schiffskörpers zu haben. Ein geringes Anwachsen des Vorstromes tritt zusammen mit einem geringen Anwachsen des Sogs auf, wenn die Steigung vergrößert wird. Der resultierende Wert des Wirkungsgrades bleibt praktisch konstant (Abb. 618).

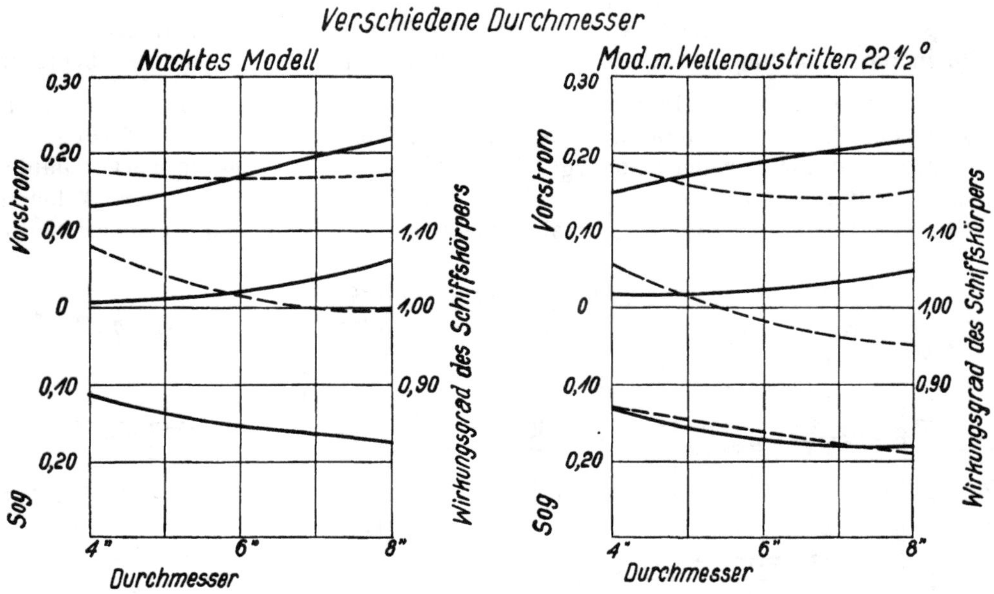

Abb. 617.

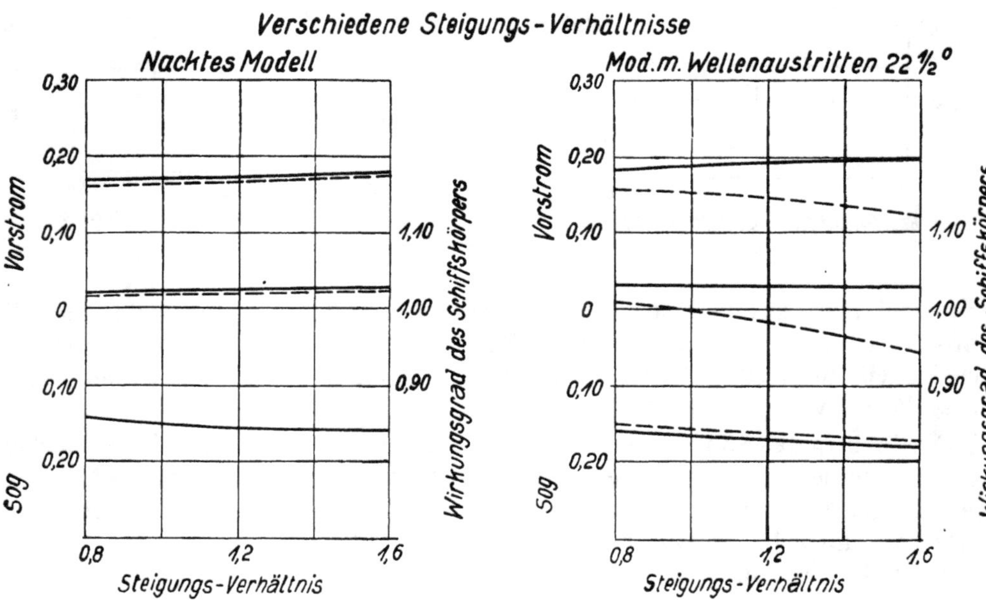

Abb. 618.

Die Diagramme (Abb. 618) zeigen, daß die Versuche mit Wellenaustritten von 22½° Neigung in bezug auf den Charakter der Änderungen dieselben Resultate ergeben wie die mit dem nackten Modell, solange die Schrauben nach auswärts schlagen; bei nach innen schlagenden Schrauben nimmt der Vorstrom mit wachsendem Steigungsverhältnis ab.

4. und 5. Verschiedener Abstand zwischen Propeller und Schiffswand, hervorgerufen durch Änderung der Lage der Propeller in der Längs- oder Quer-

richtung (Abb. 619). Diese Versuche zeigen, daß großer Abstand verminderten Vorstromgewinn, gleichzeitig aber auch kleineren Schubabzug ergibt, als wenn die Propeller dicht am Schiffskörper sitzen.

Bei beträchtlichem Abstand besteht kein nennenswerter Unterschied zwischen einwärts und auswärts schlagenden Schrauben; in dem Maße, in dem der Abstand sich vermindert, scheinen im ganzen die auswärts schlagenden Schrauben vorteilhafter zu sein, wenn keine Wellenaustritte vorhanden sind.

6. Die Vergleichsresultate von Vorstrom und Sog, die mit den 3- und 4flügeligen Propellern erhalten worden sind, ergeben, daß bei dieser Änderung keine Unterschiede auftreten.

7. Das Anwachsen des Flächenverhältnisses von 0,375 auf 0,50 verursacht keine erkennbare Änderung des Vorstromes und des Sogs.

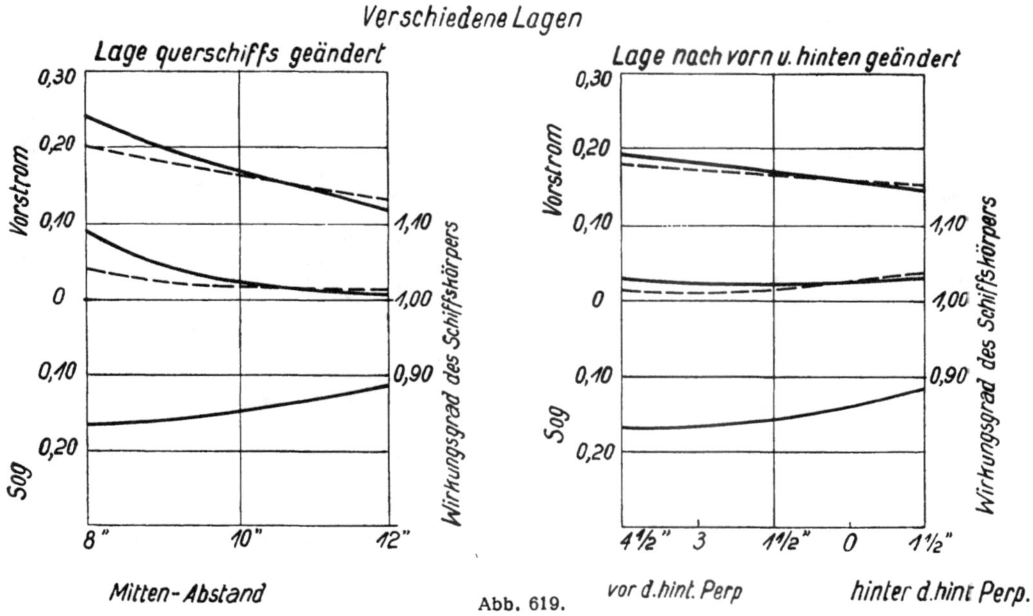

Abb. 619.

8. Die Versuche mit Einschraubenschiffen zeigen bei Verkleinerung des Durchmessers zunehmenden Vorstrom und gleichzeitig abnehmenden Sog, und es ergibt sich eine beträchtliche Änderung des Wirkungsgrades des Schiffskörpers über den untersuchten Bereich des Durchmessers (Abb. 620).

9. Versuche mit verschiedenen Neigungswinkeln der Wellenaustritte (vgl. Abb. 621). Es ist zunächst zu bemerken, daß bei horizontalen und vertikalen Wellenaustritten der Schiffswiderstand (in Abbildung 621 zeigt die gestrichelt eingezeichnete konkave Kurve das Verhältnis des Widerstandes des Modells mit Wellenhosen zum Widerstand des nackten Modells) größer ist als bei dazwischen liegenden Neigungswinkeln, und daß ein Winkel von etwa 45° beim Schleppen des Schiffes ohne Propeller den kleinsten Widerstand ergibt.

„Bei horizontalen Wellenaustritten und auswärts schlagenden Propellern ergibt sich ein großer Vorstrom, welcher mit wachsender Neigung stetig abnimmt. Bei nach innen schlagenden Schrauben tritt gerade die entgegengesetzte Wirkung ein. Die Sogzahlen sind bei verschiedenen Neigungswinkeln fast die gleichen und sind nahezu ebenso groß wie beim nackten Modell. Die Werte des Wirkungsgrades des Schiffskörpers variieren dementsprechend beträchtlich. Nach diesen Versuchen sollten, für diesen Fall wenigstens, auswärts drehende Schrauben Wellenaustritte mit kleinerem Neigungswinkel erhalten als demjenigen, der den kleinsten Widerstand ergibt, und wenn nach innen schlagende Schrauben benutzt werden, sollte ein steilerer Winkel angenommen werden, um einen niedrigen Wirkungsgrad des Schiffskörpers zu vermeiden.

Eine genauere Untersuchung führt zu dem Schluß, daß es zwar möglich ist, die Wellenhosen so anzuordnen, daß der mit denselben erreichte Wirkungsgrad des Schiffskörpers höher wird als ohne dieselben, daß aber diese Wellenaustritte doch den Schiffswiderstand um mindestens ebensoviel, wenn nicht noch mehr vergrößern. Ein Gewinn für den Antrieb kann also dabei nicht erreicht werden.

Anderseits — und dieses ist das wichtige an diesen Versuchsresultaten — ist es möglich, daß — z. B. bei nach auswärts schlagenden Schrauben durch Wahl sehr steil

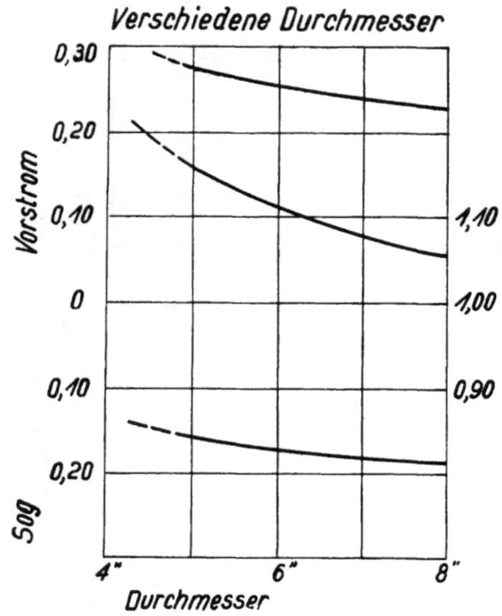

Abb. 620.

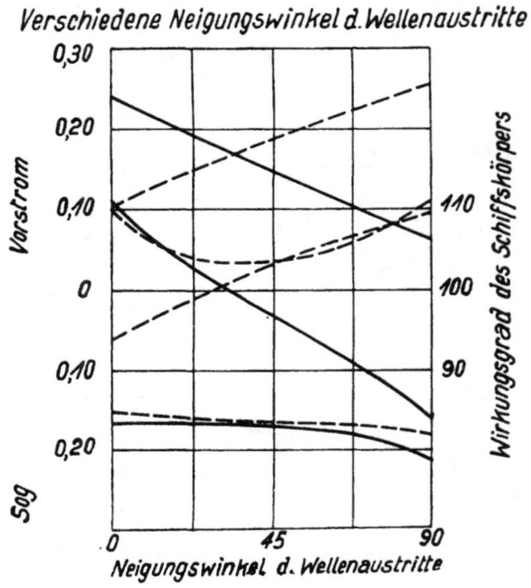

Abb. 621.

stehender Wellenböcke — nicht nur der Widerstand des Schiffes sehr stark vermehrt, sondern gleichzeitig auch der Wirkungsgrad des Schiffskörpers in hohem Maße verringert wird. Es geht hieraus hervor, daß bei der Disponierung der Schrauben und Wellenaustritte am Hinterschiff diesen Verhältnissen eingehende Beachtung geschenkt werden muß.

§ 277. **Propeller für Schlepper.** Gewünscht wird erstens bei einer bestimmten Schleppgeschwindigkeit eine bestimmte Zugkraft am Schlepphaken, zweitens eine bestimmte Mindestgeschwindigkeit für die freie Fahrt (ohne Anhang). Außerdem ist gewöhnlich noch der Durchmesser der Schraube beschränkt durch den Tiefgang des Schleppers, welcher je nach den zu befahrenden Wasserstraßen und Häfen meistens gering ist.

Bezeichnet man den Trossenzug des Anhanges mit Z, den Eigenwiderstand des Schleppers ohne Schraube (durch Schleppversuch ermittelt) bei der Fahrt mit Anhang mit W, so ist der von der Schraube zu liefernde Schub

$$S = \frac{Z + W}{1 - \sigma},$$

wobei σ wie früher den Sogfaktor bedeutet. Der Sogfaktor wird auf Grund von Erfahrungszahlen eingesetzt[1]); er beträgt im Durchschnitt bei Einschrauben-Schleppern nach Messungen an Modellen und Schiffen ca. $10\,^0/_0$.

Da die Schraube im Nachstrom des mit der Geschwindigkeit v fahrenden Schleppers arbeitet, ist die Eintrittsgeschwindigkeit des Wassers in die Schraube wieder nach Früherem $v_e = (1 - w)\, v$.

Für die Freifahrt ergeben sich die Verhältnisse ähnlich. Es wird bei dieser

$$S' = \frac{W'}{1 - \sigma'} \quad \text{und} \quad v_e' = (1 - w')\, v',$$

wobei die Werte für die Freifahrt durch Striche charakterisiert sind. σ' und w' sind erfahrungsgemäß hierbei nicht stark verschieden von σ und w bei der Fahrt mit Anhang.

Zur Bestimmung der bestmöglichen Schraube mit Hilfe der Modellpropellerdiagramme verfährt man wie folgt:

Zunächst wird der Durchmesser angenommen. In der Wahl desselben ist man in der Regel dadurch sehr beschränkt, daß man einerseits, um beim Schleppen keinen zu großen Slip zu erhalten, den Durchmesser so groß wie möglich zu machen bestrebt ist, während andrerseits der meist geringe Tiefgang des Schiffes und die Unmöglichkeit, die Schraube unter die Kiellinie des Schiffes schlagen zu lassen (Gefährdung der Schraube und der Fahrrinne), der Vergrößerung des Durchmessers eine Grenze setzt.

Die Schubkonstante

$$c_1 = \frac{S}{n_s^2\, D^2\, H^2}$$

bringt man auf die Form

$$c_1 = \frac{S}{D^2\, v_e^2} \cdot (1 - s_n)^2,$$

indem man sich an die Beziehung $v_e = nH\,(1 - s_n)$ erinnert. Man rechnet nur aus dem verlangten Schub $S = \frac{Z + W}{1 - \sigma}$ für verschiedene Werte des nominellen Slips die Schubkonstante aus und trägt die erhaltenen Werte als Kurve über dem nominellen Slip in das Modellpropellerdiagramm, welches der Rechnung zugrunde gelegt wird, ein (vgl. Abb. 622).

Diese Kurve ist der geometrische Ort der Schubkonstanten, welche bei dem gegebenen Schub, der gegebenen Geschwindigkeit und dem angenommenen Durchmesser für die verschiedenen Slipwerte sich ergeben; die Schnittpunkte dieser Kurve mit den c_1-Kurven der Modellpropeller (welche nichts anderes sind als experimentell ermittelte geometrische Orte der Schubkonstanten für bestimmte Steigungsverhältnisse bei allen möglichen Slipwerten) liefern die zusammengehörigen Werte der Steigungsverhältnisse und nominellen Slips; gleichzeitig ist dann auch der zugehörige Wirkungsgrad aus den in die Modellpropellerdiagramme eingetragenen Wirkungsgradkurven (durch Aufloten) bestimmt. Die zugehörige Tourenzahl für jeden der Schnittpunkte ergibt sich aus der Beziehung

$$n_s = \frac{v_e}{D}\, \frac{1}{(1 - s_n)\, H/D},$$

---

[1]) Vgl. Werft und Reederei 1921, S. 613, Aufsatz d. Verf. „Messungen des Propellerschubes auf einem Frachtdampfer“, wo auch die Bestimmung der Sogziffer bei einem Seeschlepper behandelt wird.

in welcher man nach Wegheben von D leicht die Definitionsgleichung für den nominellen Slip erkennt.

Um schließlich das richtige Kompromiß zwischen Schleppfahrt und freier Fahrt zu finden, ist nunmehr das Verfahren für die Bedingungen der freien Fahrt zu wiederholen. Wir ermitteln wieder die c_1-Werte für verschiedene Werte des nominellen Slips (diesmal aus S' und v_e') und erhalten wieder eine Kurve im Modellpropellerdiagramm, aus deren Schnittpunkten mit den Kurven der Schubkonstanten wir, wie vorher, eine Kurve der zu erwartenden Wirkungsgrade ermitteln können. Wir sind

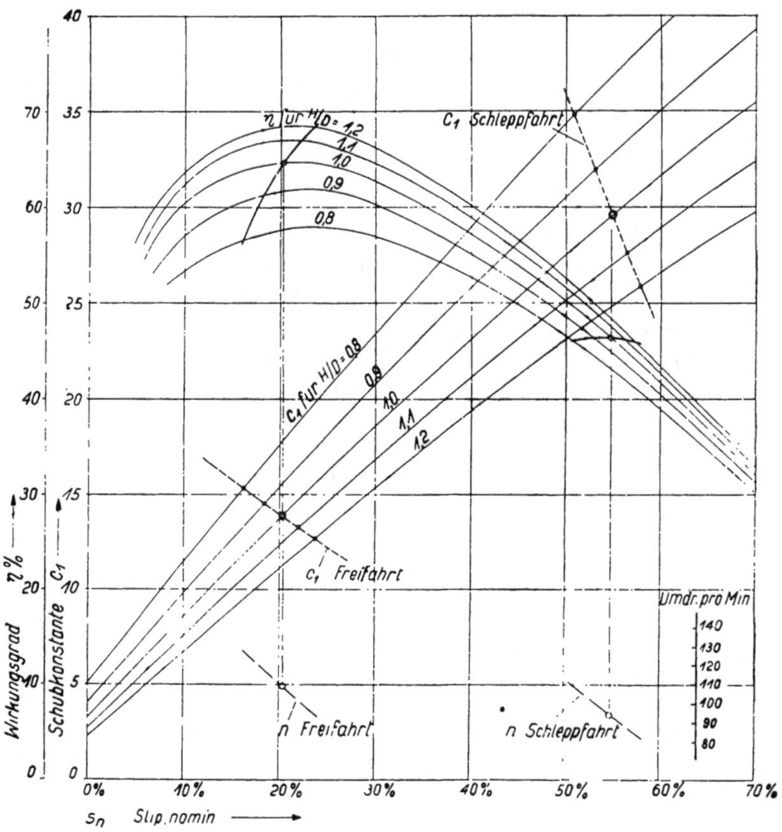

Abb. 622.

jetzt in der Lage, zwischen den beiden Wirkungsgradkurven für Schleppfahrt und Freifahrt das gewünschte Kompromiß zu treffen, indem wir gleichzeitig die Notwendigkeit, eine passende Umdrehungszahl einzuhalten, nicht aus dem Auge verlieren. Dies führt zur Wahl eines bestimmten H/D-Wertes, wodurch nunmehr der Propeller festgelegt ist. Aus den zugehörigen Werten der Momentkonstante ergibt sich für beide Fälle die zu erwartende effektive Leistung. Wenn der gefundene Wirkungsgrad befriedigt und die errechnete Leistung bei der ermittelten Tourenzahl von der dem Projekt zugrunde gelegten Maschine geliefert werden kann, ist die Berechnung hiermit erledigt. Andernfalls muß durch Variation des gewählten H/D-Wertes Einklang zwischen den Erfordernissen von Schlepp- und Freifahrt erzielt werden, selbstverständlich unter Beachtung der für die rationelle Konstruktion der Antriebsmaschine maßgebenden Gesichtspunkte. Die letzteren erfordern manchmal auch eine neuerliche Durchrechnung mit einem andern Propellerdurchmesser.

Zum besseren Verständnis sei der Vorgang an einem Beispiel erläutert. Es sei gegeben für die Fahrt mit Anhang:

Fahrgeschwindigkeit	$v =$	6 kn
	$=$	3,09 m/sek
Fahrtwiderstand des Schleppers ohne Schrauben bei dieser Geschwindigkeit (nach Schleppversuch ohne Schrauben)	$W =$	700 kg
Trossenzug	$Z =$	4700 kg
Sogfaktor	$\sigma =$	10%
Nachstromfaktor	$w =$	30%
Der größte zulässige Propellerdurchmesser . . .		3,0 m.

Außerdem ist noch die Bedingung gestellt, daß der Schlepper bei freier Fahrt eine Geschwindigkeit von 11 kn erreichen soll.

Für die Propellerberechnung soll das Modellpropellerdiagramm B_4 für vierflügelige Propeller vom Flächenverhältnis 56%, vgl. Abb. 597, zugrunde gelegt werden.

Der Schub S ist nach dem Vorhergehenden

$$S = \frac{700 + 4700}{1 - 0{,}1} = 6000\,\text{kg},$$

ferner ist $v_e = (1 - 0{,}3) \cdot 3{,}09 = 2{,}17$ m/sek. Die Schubkonstante wird

$$c_1 = \frac{S}{D^2 v_e^2}(1 - s_n)^2 = 143\,(1 - s_n)^2.$$

Wir rechnen dieselbe für verschiedene Slipwerte aus und erhalten die in Abb. 622 gestrichelt eingezeichnete c_1-Kurve für Schleppfahrt. Durch Abloten der Schnittpunkte der gerechneten c_1-Kurve mit den c_1-Kurven der Modellpropeller auf die zugehörigen Wirkungsgradkurven und Verbindung dieser Punkte erhalten wir eine Kurve (voll gezeichnet) der Wirkungsgrade aller unter den gegebenen Bedingungen möglichen Propeller. Unter Benutzung der oben angegebenen Formel für die Tourenzahl sind wir nun auch in der Lage, für die verschiedenen Schnittpunkte deren Werte zu bestimmen und als strichpunktierte Kurve über dem Slip einzutragen.

Wir kommen nunmehr zur Untersuchung der Verhältnisse bei freier Fahrt. Aus Schleppversuchen ist der Schiffswiderstand für 11 kn $W' = 3300$ kg bestimmt; als Wert für den Sog nehmen wir $\sigma' = 9{,}5\%$ an, woraus sich ein Schub von $S' = 3650$ kg ergibt. Den Nachstrom schätzen wir auf 30% und erhalten hieraus $v_e = 4{,}32$ m/sek. Die für diesen Fall errechnete Kurve der c_1-Werte über s_n ist in Abb. 622 als c_1-Kurve für Freifahrt gestrichelt eingezeichnet. Aus dem Schnittpunkt derselben mit den c_1-Kurven des Modellpropellerdiagramms erhalten wir die Wirkungsgradkurve und durch Benutzung obiger Formel die Kurve der Tourenzahl für Freifahrt (strichpunktiert).

Die Maschinenleistung ergibt sich aus den zugehörigen Momentkonstanten. (Vgl. Abb. 597.)

Wir entscheiden uns nunmehr für ein Steigungsverhältnis $H/D = 1{,}0$ und erhalten dann:

	Wirkungsgrad	Tourenzahl	Momentkonstante	Indizierte Leistung PS_e	PS_i
Für Schleppfahrt . . .	46,5	95	4,58	369	450
Für Freifahrt	64,7	109	2,72	332	410

wobei wir die Umrechnung von PS_e auf PS_i mit einem mechanischen Wirkungsgrad von 82% für die Schleppfahrt und 81% für die Freifahrt vornehmen. Die Maschine müßte also so gebaut werden, daß bei freier Fahrt die erforderliche Leistung mit verhältnismäßig kleiner Füllung erzielt wird und für die Fahrt mit der vorgeschriebenen Schleppleistung die Füllung hinreichend vergrößert werden kann.

Selbstverständlich müssen auch noch andere Steigungsverhältnisse für diese Fahrten durchgerechnet werden, denn es ist ohne weiteres ersichtlich, daß der Wirkungsgrad bei der freien Fahrt mit dem Steigungsverhältnis noch weiter zunimmt. Wir erhalten so z. B. bei $H/D = 1{,}1$ für die Schleppfahrt $\eta = 46{,}3\%$ und für die Freifahrt $\eta' = 66{,}7\%$ gegenüber 46,5 und 64,7% bei $H/D = 1{,}0$. Es dürfte also unter Umständen zweckmäßig sein, die geringe Verschlechterung bei der Fahrt mit Anhang in Kauf zu nehmen, um die Freifahrt zu verbessern. Allerdings ist hierbei nicht außer acht zu lassen, daß die Tourenzahl dann auf 90 bzw. 100 heruntergeht, also die Maschine schwerer wird.

Schließlich wäre eventuell die gleiche Untersuchung noch auf die Modellpropellerdiagramme mit anderem Flächenverhältnis und anderer Flügelzahl auszudehnen, ferner zu beachten, ob der Propeller nicht mit Kavitation (vgl. § 280) arbeitet, wie dies bei Flußschleppern mit kleinem Tiefgang und großer Leistung manchmal vorkommt.

§ 278. Der **Propellerantrieb von U-Booten** erfolgt in der Regel durch 2 Schrauben, welche bei Überwasserfahrt durch Ölmotoren, bei Fahrt unter Wasser durch Elektromotoren angetrieben werden. Die Speisung der Elektromotoren erfolgt durch Akkumulatorbatterien, welche durch die Ölmaschinen und durch die in diesem Falle als Generatoren funktionierenden Elektromotoren aufgeladen werden können. Näheres über die konstruktive Ausgestaltung dieses Antriebes folgt in einem späteren Bande.

Die Schwierigkeit der Dimensionierung der Propeller für diese Fahrzeuge besteht darin, daß der Schiffswiderstand bei untergetauchtem Schiff ein bedeutend größerer ist als bei der Fahrt auf der Wasseroberfläche. Es kommt noch hinzu, daß in der Regel für die Unterwasserfahrt eine kleinere Leistung zur Verfügung steht, da die schweren Akkumulatorenbatterien, welche den Strom für die Elektromotoren liefern, nicht in solcher Größe angeordnet werden können, daß hohe Leistungen erzielt werden könnten. Tabelle Nr. 53 gibt über diese Verhältnisse Aufschluß.

Das Problem hat große Ähnlichkeit mit dem im vorangehenden Paragraphen behandelten des Antriebs von Schleppdampfern, bei welchen die Schraube nicht nur bei der freien Fahrt ohne angehängte Schleppkähne dem Schiff eine möglichst hohe Geschwindigkeit erteilen, sondern auch bei der langsamen Schleppgeschwindigkeit in möglichst wirtschaftlicher Weise einen starken Schub ausüben soll.

Der Gang der Berechnung soll im folgenden an einem Beispiel kurz erläutert werden. Auf Grund von Schleppversuchen mit dem Modell ohne Schrauben sei der Rechnung zugrunde gelegt:

	Überwasserfahrt	Unterwasserfahrt
Schiffsgeschwindigkeit	$v_s \nearrow = 14$ kn	$v_s \swarrow = 7{,}0$ kn
Schiffswiderstand mit Anhängen ohne Schrauben	$W \nearrow = 9900$ kg	$W \swarrow = 3120$ kg
Nachstromfaktor, nach Messungen an ähnlichen U-Booten geschätzt . .	$w \nearrow = 0{,}35$	$w \swarrow = 0{,}40$
Sogfaktor, geschätzt	$\sigma \nearrow = 0{,}15$	$\sigma \swarrow = 0{,}15$
Schub pro Schraube $S = \frac{\frac{W}{2}}{1-\sigma}$ . .	$S \nearrow = 5825$ kg	$S \swarrow = 1835$

Die Drehzahl der Schrauben bei Überwasserfahrt ist im allgemeinen bei diesem Schiffstyp einerseits durch die Rücksicht auf das geringe, für die Maschinenanlage verfügbare Gewicht und die beschränkten Raumverhältnisse, andererseits durch die Bauart der Ölmotoren als gegeben anzusehen. Für unser Beispiel sei n für die Überwasserfahrt mit 14 Knoten zu 450 Umdr./Min. angenommen. Für die Unterwasserfahrt ergibt sich dann die Drehzahl aus dem endgültig gewählten Propeller.

Wir nehmen verschiedene Durchmesser an, wie sie schätzungsweise für den betrachteten Fall in Frage kommen, und suchen in dem der Rechnung zugrunde gelegten Modellpropellerdiagramm für jeden derselben Slip, Steigungsverhältnis und Wirkungsgrad desjenigen Propellers von dem betreffenden Durchmesser, welcher den vorgeschriebenen Schub S bei der Geschwindigkeit v_e und der Umdrehungszahl $n \nearrow$ ergibt.

Zu diesem Zweck verfahren wir zunächst wie in dem Beispiel § 277 beschrieben, d. h. wir errechnen für verschiedene Slipwerte die Schubkonstante aus $c_1 = \frac{S\,(1 - s_n)^2}{D^2\, v_e^2}$ und tragen die c_1-Werte als Kurve über dem Slip als Abszisse in das Diagramm ein. Aus den Schnittpunkten mit den c_1-Kurven des Propellerdiagramms finden wir wieder die Werte des Steigungsverhältnisses, die zu den angenommenen Slipwerten gehören, wenn der gesuchte Propeller dem betreffenden Modellpropellerdiagramm entsprechen soll. Aus

$$n_s = \frac{v_e}{D\,(1 - s_n)} \frac{1}{H/D}$$

erhalten wir dann, wie in § 277, die zugehörige Umdrehungszahl, welche wir als Kurve über dem Slip eintragen. Durch graphische Interpolation findet man dann leicht den Slip und damit die Schubkonstante c_1, den Wert H/D und den Wirkungsgrad η für den Propeller, welcher der vorgeschriebenen Umdrehungszahl $n \nearrow$ entspricht.

Die so für die verschiedenen angenommenen Durchmesser gefundenen Werte von c_1 und η stellen wir in dem Diagramm als Kurven über dem Slip als Abszissen dar.

Um die Verhältnisse bei $\swarrow$ Fahrt zu übersehen, verfahren wir ganz analog, indem wir zunächst für jeden der angenommenen Durchmesser die den entsprechenden Werten für den Schub $S \swarrow$ und die Geschwindigkeit $v_e \swarrow$ genügenden Kurven der c_1-Werte über dem Slip in das Diagramm der Modellpropeller eintragen. Diese Kurven bringen wir mit der c_1-Kurve der Modellpropeller für das nach obigem für $\nearrow$ Fahrt gefundene zugehörige Steigungsverhältnis zum Schnitt. Aus diesem Schnittpunkt erhält man dann ohne weiteres Slip, Schubkonstante und Wirkungsgrad bei $\swarrow$ Fahrt; die sich so für die verschiedenen angenommenen Durchmesser ergebenden Werte für die letztgenannten beiden Größen werden als Kurvenzüge über dem Slip dargestellt. Die entsprechenden Umdrehungszahlen für die $\swarrow$ Fahrt sind leicht aus der Beziehung

$$n_s = \frac{v_e}{D\,(1 - s_n)} \frac{1}{H/D}$$

zu bestimmen.

Der Vergleich der Wirkungsgradkurven für Über- und Unterwasserfahrt gibt einen Anhalt für die Wahl eines günstigen Steigungsverhältnisses, und zwar hat man die Möglichkeit, die Unterwasser- oder Überwasserfahrt bei dieser Wahl besonders zu berücksichtigen.

Für die ziffernmäßige Durchführung der Rechnung für unser Beispiel sind die Durchmesser 1,4, 1,5 und 1,6 m angenommen. Für Überwasserfahrt ergibt sich für die Schubkonstante

$$c_1 = \frac{S}{v_e^2} \cdot \frac{1}{D^2} \cdot (1 - s_n)^2 = \frac{5825}{4{,}69^2} \cdot \frac{1}{D^2} \cdot (1 - s_n)^2 = 265 \cdot \frac{1}{D^2} \cdot (1 - s_n)^2$$

somit für $D =$	1,4	1,5	1,6 m
$\frac{265}{D^2} =$	135,5	117,8	103,5
und c_1 für $s_n = 40\,\%$	—	—	37,2
$50\,\%$	33,8	29,4	25,8
$60\,\%$	21,6	18,85	16,55
$70\,\%$	12,15	10,6	—

Die diesen Ziffern entsprechenden errechneten c_1-Kurven sind (vgl. Abb. 623) in das Diagramm der Modellpropeller (gewählt ist $B_2\,56\,\%$, Flügelzahl 3) gestrichelt eingetragen.

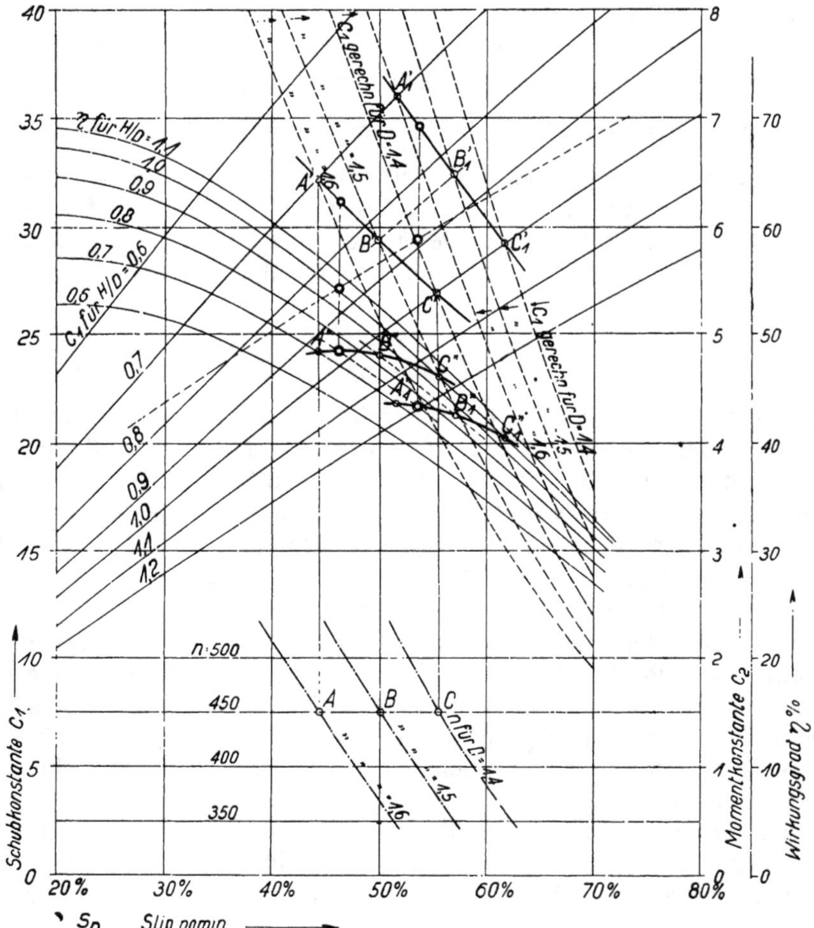

Abb. 623.

Zur Bestimmung der Drehzahl nach der Formel $n_s = \frac{v_e}{D}\,\frac{1}{H/D\,(1 - s_n)}$ lesen wir für die Schnittpunkte der vorgenannten Kurven mit den c_1-Kurven der Modellpropeller für H/D const. die s_n-Werte ab und tragen die errechnete Umdrehungszahl über dem Slip auf. Im einzelnen erhält man:

D / v_e/D	1,4 / 3,35			1,5 / 3,125			1,6 / 2,93		
H/D	0,8	1,0	1,2	0,8	1,0	1,2	0,6	0,8	1,0
s_n	51,7	55,4	58,6	49,3	53,0	56,5	41,0	47,0	50,7
$n_s = \frac{v_e}{D}\,\frac{1}{H/D\,(1-s_n)}$	8,66	7,50	6,70	7,70	6,65	5,99	8,28	6,92	5,95
Umdr. pro Min. n	520	450	403	462	399	359	497	416	357

Wir loten nun die Punkte A, B, C, welche einer Drehzahl von 450 pro Minute entsprechen, hinauf auf die vorhin errechneten c_1-Kurven und erhalten die Punkte A', B', C', welche durch einen Kurvenzug (stark voll gezeichnet) verbunden sind. Diese Kurve gibt den Zusammenhang an, welcher zwischen der Schubkonstante und dem Slip für die den Bedingungen der Überwasserfahrt entsprechenden Propeller bestehen muß. Die zugehörige Kurve des Wirkungsgrades über dem Slip (ebenfalls stark voll) ist dann durch Herunterloten leicht zu ermitteln. Für die drei angenommenen Durchmesser ergibt sich im einzelnen

für $D = 1,6$ m ein $H/D = 0,700$, daraus die Steigung $H = 1,12$ m; $\eta = 48,5\,\%$
„ $D = 1,5$ „ „ „ $= 0,835$, „ „ „ $H = 1,25$ m; $\eta = 48,2\,\%$
„ $D = 1,4$ „ „ „ $= 1,00$, „ „ „ $H = 1,40$ m; $\eta = 45,5\,\%$.

Die Werte für $H/D = 0,835$ sind dabei durch Interpolation zwischen die c_1-Kurven der Modellpropeller für $H/D =$ const. ermittelt.

Für die Unterwasserfahrt wird

$$c_1 = \frac{S}{v_e^2}\frac{1}{D^2}(1 - s_n)^2 = \frac{1835}{2,16^2}\frac{1}{D^2}(1 - s_n)^2 = \frac{393}{D^2}(1 - s_n)^2,$$

somit für

D	1,4	1,5	1,6 m
$\frac{393}{D^2}$	200,5	175	153,5
und c_1 für $s_n = 50\,\%$	—	43,8	38,4
$60\,\%$	32,1	28,0,	24,6
$70\,\%$	18,0	15,7	—

Die entsprechenden c_1-Kurven sind in Abb. 623 gestrichelt eingetragen und mit den interpolierten c_1-Kurven der Modellpropeller für die oben zu den angenommenen Durchmessern gefundenen Werte von H/D zum Schnitt gebracht; die betreffenden Punkte A_1', B_1', C_1' sind zu einem Kurvenzug verbunden (stark voll). Diese Kurve gibt den Zusammenhang an, welcher bei Unterwasserfahrt zwischen der Schubkonstante c_1 und dem Slip für alle den Bedingungen unserer Aufgabe entsprechenden Propeller bestehen muß. Die entsprechende Wirkungsgradkurve A_1'', B_1'', C_1'' ist durch Herunterloten leicht zu finden.

Für die Ermittlung der Umdrehungszahl bei Unterwasserfahrt dienen die den Punkten A_1', B_1', C_1' entsprechenden Slipwerte, welche ohne weiteres der Abbildung entnommen werden können. Man erhält im einzelnen:

D	1,4	1,5	1,6 m
v_e/D	1,545	1,44	1,35
H/D	1,00	0,835	0,700
s_n	61,7	57,0	51,6
$n_s = \frac{v_e}{D}\frac{1}{(1 - s_n)H/D}$	4,03	4,00	3,99
$n \swarrow$ pro Minute	242	240	239

Wir können nun aus unseren Kurven alles ersehen, was wir zur Beurteilung des Propellers brauchen. Für die Überwasserfahrt würde der beste Wirkungsgrad mit $H/D = 0,8$ erzielt werden, für die Unterwasserfahrt käme als günstigster Wert ein etwas geringeres Steigungsverhältnis in Frage, etwa $H/D = 0,7$. Wir wählen daher, um für beide Fahrten möglichst günstige Verhältnisse zu erhalten, für unsere Ausführung ein $H/D = 0,75$. Aus dem Diagramm ergibt sich für Überwasserfahrt

$s_n = 46{,}1\,\%$, $H = 1{,}17$ m, $D = 1{,}56$ m, für Unterwasserfahrt $s_n = 53{,}4\,\%$, $n = 241$ pro Minute.

Die erforderliche Maschinenleistung können wir nun mit Benutzung der Momentkonstanten c_2 (in Abb. 623 gestrichelt eingezeichnet) bestimmen. Es ist

$$M = \frac{N_e}{n} \cdot 716{,}2 = c_2 n_s^2 D^2 H^3$$

und

$$N_e = c_2 n_s^3 \cdot 3{,}91 \frac{60}{716{,}2} = 0{,}328\, c_2 n_s^3,$$

daraus

$$N_e\nearrow = 0{,}328 \cdot 5{,}43 \cdot 423 = 755 \text{ PS}_e$$

und

$$N_e\swarrow = 0{,}328 \cdot 5{,}89 \cdot 64{,}9 = 125{,}5 \text{ PS}_e.$$

Die Gesamtleistung für dieses U-Boot müßte also für $\nearrow$ Fahrt mit 14 Knoten ca. 1510 PS_e, für $\swarrow$ Fahrt mit 7,0 Knoten ca. 251 PS_e betragen.

Sollte der ermittelte Wirkungsgrad zu schlecht und der Leistungsbedarf dementsprechend zu groß erscheinen, so bleibt, um hierin eine Verbesserung zu erzielen, nur eine Herabsetzung der Umdrehungszahl für die Ölmaschinen. Es müßte in diesem Falle an Hand des ganzen Projekts beurteilt werden, ob es möglich ist, den mit einer solchen Tourenerniedrigung verbundenen Aufwand an Raum und Gewicht in Kauf zu nehmen.

§ 279. **Prinzipielle Fehlerquellen der Schleppversuchsmethode für Propeller.** Bei der Beurteilung der Übertragbarkeit von Propelleruntersuchungen im Schleppversuchstank auf den naturgroßen Propeller darf nicht außer acht gelassen werden, daß die Umrechnung der erhaltenen Modellresultate auf das Original mit Hilfe des mechanischen Ähnlichkeitsgesetzes streng genommen nur annähernd richtige Resultate liefern kann.

Während nämlich, wie wir in § 252 sahen, bei der Bestimmung des Schiffswiderstandes eine sorgfältige Trennung von Form- und Reibungswiderstand vorgenommen wird, nimmt man bei der Übertragung der Modellpropellerversuche an, daß die Reibung mit der gleichen Potenz wie die der hydraulischen Widerstände, d. h. also mit v^2 zunimmt und nicht mit $v^{1,825}$, wie die diesbezüglichen Versuche ergeben. Ferner vernachlässigt man den Charakter der Propelleroberfläche selbst und damit auch die Größe des Reibungskoeffizienten, indem man bei sämtlichen Modellpropellern den Versuch mit blank polierter Oberfläche durchführt, während man beim naturgroßen Schiff Unterschiede von der rohen Gußhaut bis zum blank bearbeiteten Propeller antrifft.

Daß der Einfluß der Reibung für den Wirkungsgrad der Schraube, insbesondere bei kleinen Slipwerten von Bedeutung sein kann, zeigen schon die, wenn auch primitiven Betrachtungen, welche in § 262 bei Besprechung der Rankineschen Flügelblatttheorie wiedergegeben sind.

Wie in Anhang VIII über die einschlägigen Grundbegriffe der Ähnlichkeitsmechanik ausgeführt, ist für die Ähnlichkeit von Reibungsvorgängen die sog. Reynoldsche Zahl maßgebend, d. h. Reibungsvorgänge sind nur dann mechanisch ähnlich, wenn bei beiden die Reynoldsche Zahl

$$\left(\text{definiert durch den Ausdruck } \frac{\text{Geschwindigkeit} \times \text{Länge}}{\text{kinematischen Zähigkeitskoeffizienten}}\right)$$

die gleiche ist. Während also die korrespondierenden Geschwindigkeiten für reibungslose hydraulische Vorgänge sich verhalten wie die Wurzeln aus den Längenabmessungen, würden sich die Geschwindigkeiten bei Berücksichtigung von Reibungsvorgängen allein umgekehrt wie die Längenabmessungen verhalten müssen, d. h. also bei einem Verkleinerungsmaßstab $\alpha = 25$ hätte die Modellgeschwindigkeit im ersteren Falle den fünften Teil der Geschwindigkeit, im zweiten Falle das 25fache der Geschwindigkeit zu betragen. Es ist klar, daß beide Anforderungen sich nicht in Einklang bringen lassen, und man also nicht in der Lage ist, bei Modellversuchen Verhältnisse herzustellen, welche das Studium der rein hydraulischen und der Reibungsvorgänge zugleich ermöglichen.

Abb. 624.

Um sich ein Bild über den Einfluß der Reibungsvorgänge bzw. der Abweichungen vom hydraulischen Ähnlichkeitsgesetz, welche in Wirklichkeit (d. h. also bei nicht reibungslosen Vorgängen) eintreten, zu verschaffen, bleibt also nichts übrig, als Versuchsserien mit verschieden großen Propellern bei verschiedenen Umdrehungen und

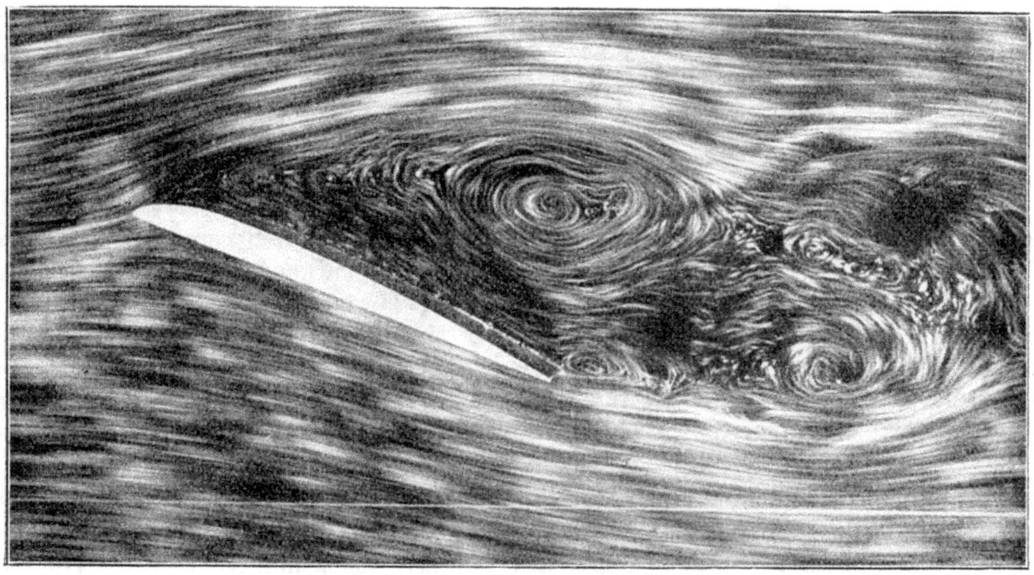

Abb. 625.

mit verschiedenartiger Oberfläche anzustellen und nach den erhaltenen Resultaten Korrekturen vorzunehmen[1]).

[1]) Näheres hierüber vgl. Gebers, Neue Propellerversuche, Jahrbuch der Schiffbautechn. Ges. 1910. — Vortrag des Verfassers, Untersuchungen zur Verfeinerung der Methode der Modellschleppversuche mit Schiffschrauben, Jahrbuch der Schiffbautechn. Ges. 1922. — Mc. Entees Versuche, Die Beeinflussung des Propellerwirkungsgrades durch die Beschaffenheit der Flügeloberfläche, Schiffbau 1919/20, S. 346.

Abschließende Arbeiten über die Größe dieser Fehler liegen nicht vor, im Gegenteil sind die diesbezüglichen Untersuchungen meist jüngeren Datums und noch unvollkommen.

Zunächst ist bei derartigen Versuchen folgendes festgestellt worden:

Wenn man für ein und denselben Propeller den Verlauf der Schubkonstante über dem nominellen Slip bei verschiedenen, für jede Versuchreihe konstant gehaltenen Umdrehungszahlen ermittelt, so müßten sich die erhaltenen Kurven decken. Dies ist jedoch nicht der Fall, vielmehr ergibt sich für jede Versuchsreihe mit einer bestimmten Tourenzahl ein anderer Verlauf der Schubkonstante. Ähnliche Unstimmigkeiten ergeben sich auch, wenn man Schleppversuche mit verschieden großen Propellern ausführt und deren Resultate vergleicht. Ebenso zeigten Modellpropellerversuche mit verschieden

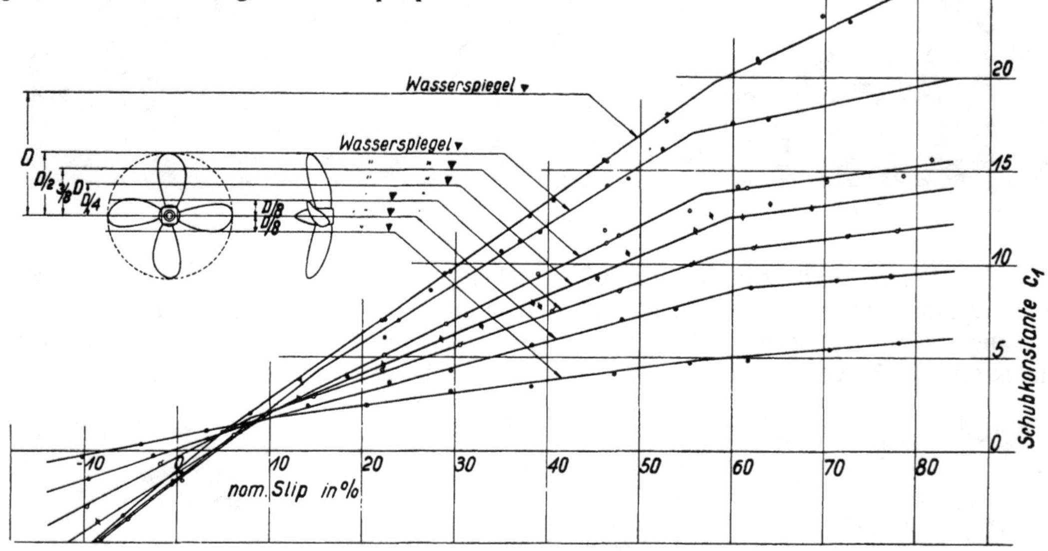

Abb. 626.

rauher Oberfläche den starken Einfluß der letzteren, wenigstens am Modell. Diese Tatsachen beweisen, daß die Schubkonstante und Momentkonstante nicht, wie dies dem hydraulischen Ähnlichkeitsgesetz entsprechen würde, nur Funktionen des tatsächlichen Slips sind, sondern auch noch der Umdrehungszahl oder richtiger Umfangsgeschwindigkeit und der Oberflächenbeschaffenheit. Da nun beim Modellpropeller der absolute Wert der beiden letzteren Größen ein anderer ist als beim naturgroßen Propeller, liegt es auf der Hand, daß die übliche Umrechnung nach dem Vergleichsgesetz eigentlich nicht zulässig ist.

Neuerdings ist auch darauf hingewiesen worden[1]), daß, wie bei Versuchen mit Flugzeugtragflächen von verschiedenen Forschern festgestellt, der Verlauf der Schubkonstante bei einem bestimmten Slip (Anstellwinkel) diskontinuierlich wird. Dies ist begründet in der Änderung der Wirbelablösung[2]), welche eintritt, wenn die Neigung der Tragfläche (Slipwinkel des Propellers) gegenüber der Flüssigkeitsströmung ein gewisses Maß überschreitet (vgl. hierzu Abb. 624 und 625).[3]) Bei der ersteren (geringer Anstellwinkel) bildet sich eine fast wirbelfreie Strömung aus, welche mit der theoretisch

[1]) Vgl. Lohmann, Diskussionsrede z. Vortrag d. Verf., Schiffbautechn. Ges. 1923.

[2]) Vgl. Ahlborn, Jahrb. d. Schiffbautechn. Ges. 1909.

[3]) Hergestellt von Prof. Ahlborn in seinem hydrodynamischen Laboratorium in der Preußischen Flugzeugmeisterei (1917—1918).

berechneten Strömung annähernd übereinstimmt. Bei letzterer dagegen (größerer Anstellwinkel) sieht man große Wirbel hinter der Tragfläche (Flügel) sowohl bei der eintretenden, als auch bei der austretenden Kante. Der plötzliche Übergang der einen Form der Wirbelablösung in die andere ruft die vorgenannte Diskontinuität im Verlauf der Schubkonstante und Momentkonstante hervor.

Einen anschaulichen Beweis für die plötzliche Änderung der Strömungsform bei einem gewissen Anstellwinkel zeigt eine in der Hamburger Schleppversuchsanstalt durgeführte Untersuchung mit einem Modellpropeller. In Abb. 626 sind die Kurven der Schubkonstanten eines Propellers bei verschiedenen Tauchtiefen zu sehen. Die Veränderung der Strömungsform ist als deutlicher Knick in sämtlichen Kurven erkenntlich, und zwar bei einem Slip von im Mittel 60%. Die Gleichartigkeit des Auftretens dieser Erscheinung bei den verschiedensten Tauchtiefen des Propellers ist ein Beweis dafür, daß diese Diskontinuität keinen Zusammenhang mit der Kavitation hat.

Propeller mit Leitapparaten.

§ 280. **Propeller mit Leitapparaten.** Die naheliegende Möglichkeit, den Propeller als Umkehrung der Wasserturbine aufzufassen, führte zu Bestrebungen, durch Anbringen von Leitapparaten vor und hinter dem Propeller eine Verbesserung im Wirkungsgrad zu erreichen. Wenn die Versuche mit derartigen Propellern bei größeren Objekten auch vorerst nur auf wenige Ausführungen beschränkt sind, so besteht doch begründete Aussicht, daß eine merkliche Verbesserung des Wirkungsgrades auf diesem Wege zu erreichen ist.

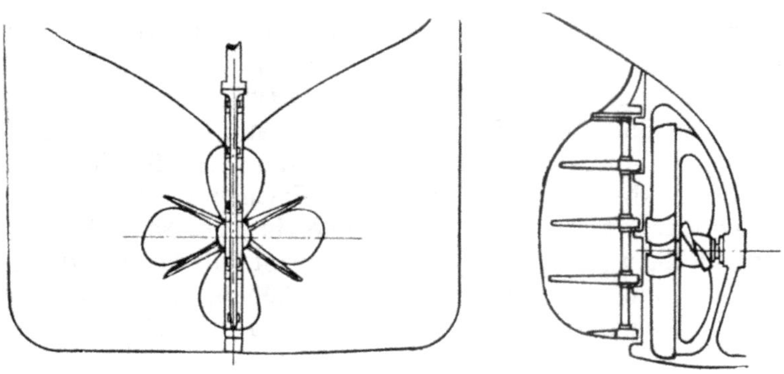

Abb. 627.

Bisher hat die meisten Erfolge der Gegenpropeller von Dr. R. Wagner[1]) zu verzeichnen, welcher derzeit in größerem Stil von der „Star Contrapropeller Ltd.", Kristiania, propagiert wird[2]). Das Prinzip dieser Anordnung ist, daß die hinter dem Propeller angebrachten festen gekrümmten Leitschaufeln das Wasser axial nach hinten ablenken, so daß die Wasserteilchen im Propellerstrahl nicht schraubenförmig, sondern geradlinig strömen. Die Leitschaufeln sind ohne einen äußeren Ring ausgeführt und relativ dünn und schmal, so daß eine Widerstandsvermehrung nach Möglichkeit vermieden wird. Eine Anordnungsskizze für ein Einschraubenschiff zeigt Abb. 627. Selbstverständlich war man auch bestrebt, durch eine zweckmäßige Ausbildung der in Verbindung mit dem Gegenpropeller arbeitenden Schraube eine möglichst große Steigerung des Wirkungsgrades zu erzielen.

[1]) Vgl. Jahrb. d. Schiffbautechn. Ges. 1912. Dr. R. Wagner, Praktische Ergebnisse mit Gegenpropellern.

[2]) Vgl. „Werft, Reederei, Hafen" 1922, S. 715. Kucharski, Die Einführung des Gegenpropellers.

Auf einem anderen Wege hat Dipl.-Ing. Haß[1]) versucht, den Propellerwirkungsgrad zu verbessern. Er ordnet den Leitapparat vor dem Schraubenpropeller an und gibt den Blättern des Leitpropellers eine solche Form, daß sie dem der Schraube zufließenden Wasser eine Drehgeschwindigkeit entgegen der Schraubendrehrichtung erteilen. Die Größe der Drehgeschwindigkeit, die jedes der Wasserteilchen erhält, soll dabei möglichst gleich sein der Drehgeschwindigkeit, die diese Teilchen beim Durchgang durch die Schraube erhalten würden, wenn kein Leitapparat vorgesehen wäre. Hierdurch wird ebenfalls ein zur Schraubenachse paralleler Austritt der Wasserteilchen bewirkt, indem die erwähnten beiden entgegengesetzt gerichteten Drehgeschwindigkeiten sich aufheben. Hintersteven und Wellenböcke bzw. Wellenhosen können in diesem Falle als Leitschaufeln ausgebildet werden.

Es ist wohl anzunehmen, daß, unterstützt durch die zunehmende Erkenntnis der Strömungsvorgänge im Schraubenpropeller, die weitere Entwicklung der einen oder anderen dieser Ideen eine nennenswerte Verbesserung des Propellerwirkungsgrades ergeben wird.[2])

Kavitation.

§ 281. **Erfahrungs-Tatsachen über Kavitation.** Mit der Einführung des Turbinenantriebes gewann eine bis dahin, d. h. also beim Kolbenmaschinenantrieb, nur vereinzelt beobachtete Erscheinung sehr erhebliche Bedeutung, die sog. Kavitation.

Hierunter versteht man eine Hohlraumbildung bzw. Störung der Kontinuität der Wassermasse in der Nähe des Propellers, welche eintritt, wenn derselbe eine gewisse Umfangsgeschwindigkeit überschreitet.

Nicht zu verwechseln ist diese Erscheinung mit dem starken Anwachsen der Maschinenleistung und des Slips, wie sie bei Fahrten auf beschränkter Wassertiefe in der Nähe der kritischen Geschwindigkeit eintritt (vgl. Anhang X). In diesem Falle ist die Steigerung des Slips und die Leistung nicht auf die Umfangsgeschwindigkeit, sondern in erster Linie auf den vermehrten Widerstand des Schiffes zurückzuführen. Es sind auch Fälle denkbar, in denen die beiden Erscheinungen zusammen auftreten.

Diese Störung der Homogenität des Wassers in der Nähe der Schiffsschraube macht sich dadurch bemerkbar, daß der Slip zuerst allmählich, dann aber immer rascher anwächst, so daß schließlich trotz der Erhöhung der Umdrehungszahl und der Maschinenleistung eine nennenswerte Steigerung der Schiffsgeschwindigkeit nicht mehr eintritt.

Die Grenze der Umfangsgeschwindigkeit, bei welcher das störende Auftreten der Kavitation in der Regel beobachtet wurde, liegt bei Umfangsgeschwindigkeiten der Flügelspitzen von etwa 55—75 m/sek. Sie zeigte dabei um so bedenklichere Folgen, je größer die spezifische Flächenbelastung (Schub pro qm Flügelfläche) war. Es bildete sich daher bald der Erfahrungsgrundsatz heraus, bei Turbinenpropellern eine bestimmte Umfangsgeschwindigkeit sowie eine bestimmte Belastung pro qm Flügelfläche nicht zu überschreiten. Hieraus ergaben sich die in § 261 Tabelle 45 angegebenen Grenzwerte für genannte Größen bzw. die Festsetzung der für einen Turbinenpropeller zulässigen höchsten Tourenzahl.

Abb. 628 zeigt ein Kurvenblatt, welches für ein Torpedoboot bei Fahrt auf tiefem Wasser den Verlauf der Umdrehungszahl, des scheinbaren Slips und der Leistung über der Geschwindigkeit wiedergibt. Aus demselben ist ersichtlich, daß bei einer

---

[1]) Vgl. Z. d. V. d. I. 1916, S. 521, H. Haß, Versuche mit einer neuen Doppelschiffsschraube.

[2]) Vgl. Werft, Reederei, Hafen 1923, S. 146, Aufs. d. Verf., Die Tangentialkomponenten der Wassergeschwindigkeit im Propellerstrahl.

Umdrehungszahl von ca. 350 pro Minute, entsprechend einer Umfangsgeschwindigkeit der Flügelspitzen von 43 m pro Sekunde, ein stärkeres Anwachsen des Slips, welches auf den Eintritt der Kavitation hindeutet, stattfindet.

Um die Kavitationserscheinungen, wie sie sich bei Probefahrten ergeben, noch deutlicher zu veranschaulichen, ist die im folgenden näher erläuterte Art der Darstellung zweckmäßig, welche den Verlauf der aus den Probefahrtsresultaten errechneten Momentkonstanten den für den gleichen Propeller im Schleppversuchstank gewonnenen Resultaten gegenüberstellt. Als Abszissen werden die Werte des nominellen Slips gewählt; die Werte desselben werden aus den Probefahrtsresultaten mit den Nachstromwerten errechnet, welche sich aus den (selbstverständlich kavitationslosen Schleppversuchen mit dem Modell des Schiffes und dem betr. Modellpropeller ergeben. Näheres hierüber siehe weiter unten.

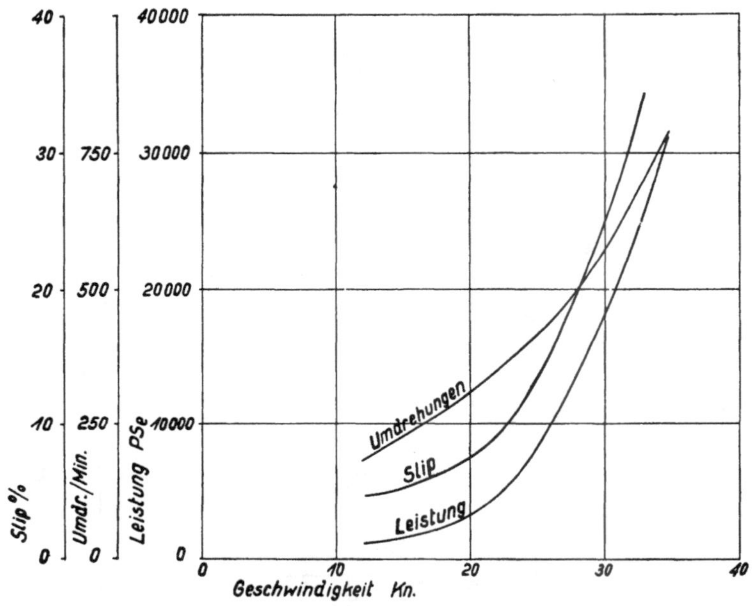

Abb. 628

In Abb. 629 sind die Resultate der Probefahrten einer Anzahl von Torpedobooten mit Turbinenantrieb, welche Kavitation zeigen, auf diese Weise zusammengestellt.

Die aus den Probefahrtsresultaten errechneten Kurven der Momentkonstanten beginnen bei einem nominellen Slip von ca. 20 % stark nach unten abzuweichen; bei durchschnittlich 22 % Slip erreichen sie einen Scheitel, von welchem ab sie mehr oder minder scharf nach unten abbiegen.

Das Kurvenblatt zeigt gleichzeitig auch die Werte des Druckes pro 1 qm abgewickelte Flügelfläche (p), berechnet nach der Formel $p = 145{,}7 \cdot \frac{N_e}{V F_a}$, sowie die Werte der Umfangsgeschwindigkeit (u), ebenfalls über dem nominellen Slip aufgetragen. Betrachten wir die Ordinate, welche etwa durch die Scheitel der c_2-Kurven gelegt ist, so ersehen wir, daß diese Scheitel dann auftreten, wenn die Werte der Umfangsgeschwindigkeit zwischen 45 und 53, im Mittel etwa bei 48 m/sek liegen und der Flächendruck zwischen 6000 und 11000, im Mittel also etwa 8500 kg/qm beträgt. Die starken Abweichungen letzterer Werte untereinander (es fallen hauptsächlich die Werte des in seinem Größenverhältnis die anderen Boote weit übertreffenden „V 116" aus dem Rahmen) lassen sich natürlich auf die verschiedensten Nebenumstände zurückführen. Genannt sei beispielsweise die Verschiedenheit der H/D-Werte, der Anstellwinkel (vgl. weiter unten), die Flügelzuschärfung usw.; besonders aber die Schwierigkeit in der Abschätzung des tatsächlichen Nachstromes, welche erforderlich ist, um den nominellen Slip zu ermitteln.

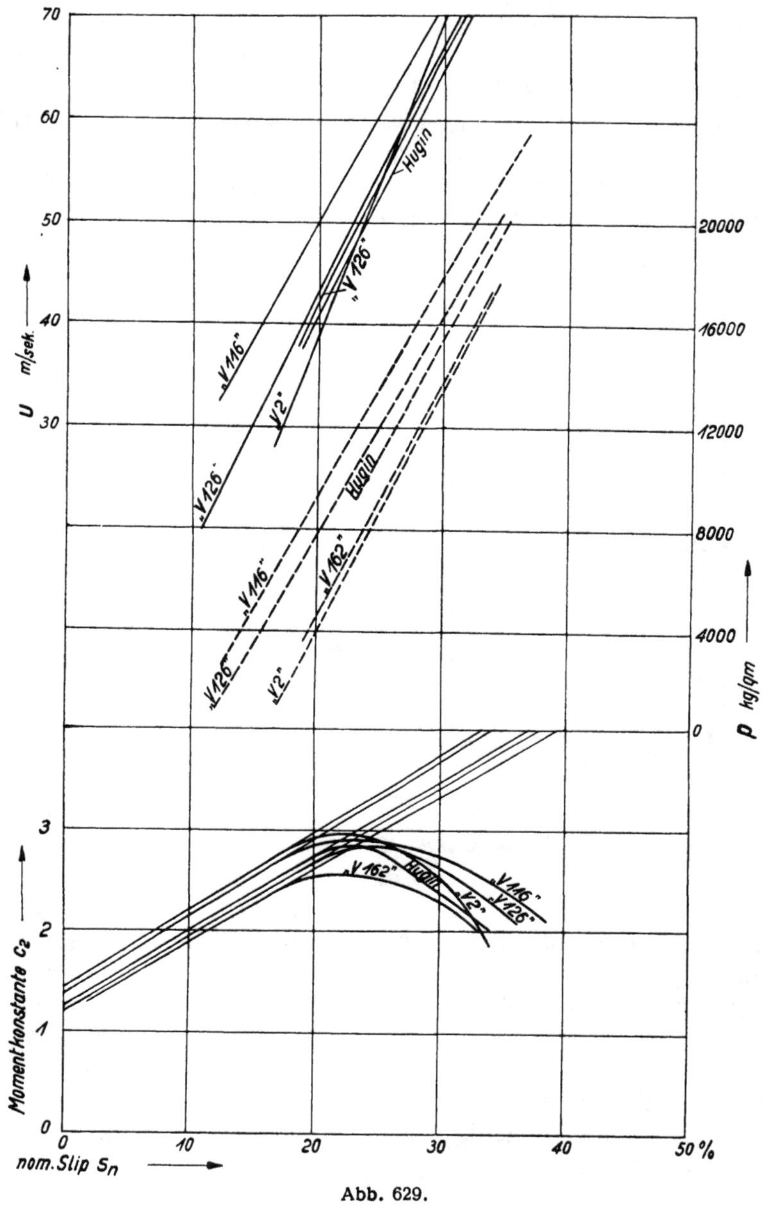

Abb. 629.

Wie bereits oben bemerkt, geht man, soweit Modellschleppversuche vorhanden sind, von den Nachstromziffern aus, welche sich aus diesen Schleppversuchen für einzelne Schiffsgeschwindigkeiten ergeben. Sollte sich bei einem Vergleich mit der c_2-Linie beim Modellpropellerdiagramm zeigen, daß die Kurve für das Schiff sich auch in den Teilen, wo sie noch nicht nach unten abgebogen ist, mit der Modellpropellerkurve zwar dem Charakter, aber nicht der Lage nach deckt, so läßt dies darauf schließen, daß der für das Schiff tatsächlich einzusetzende Nachstrom von dem für das Modell ermittelten abweicht. Durch entsprechende Berichtigung der Nachstromwerte läßt sich dann leicht der erste Teil der Kurve in Übereinstimmung bringen. In Fällen, in denen Schleppversuche fehlen, müssen die Ergebnisse der Modellversuche ähnlicher Schiffe sinngemäß zugrunde gelegt und die wahrscheinliche Verkleinerung des Nachstroms abgeschätzt werden.

Aus der Darstellung in Abb. 629 geht allerdings nicht hervor, in welchem Maße mit der Zunahme der Kavitation der Wirkungsgrad des Propellers sich ändert. Falls auch Schubmessungen ausgeführt wären, ließe sich der betreffende Wert ohne weiteres errechnen. Einen gewissen Anhalt hierfür erhält man jedoch aus dem Verlauf des Gesamtwirkungsgrades der Propulsion, wie er sich aus Vergleich von Schleppversuch und Fahrtresultat errechnet.

Die starke Abweichung im Werte der Momentkonstante, welche, wie aus der betrachteten Abb. 629 hervorgeht, beim kavitierenden Propeller eintritt, bringt es mit sich, daß das übliche Verfahren zur Berechnung des Nachstroms aus den Probefahrtswerten bei kavitierenden Propellern einen meist starken negativen Vorstrom ergibt. Dies erklärt sich dadurch, daß bei genanntem Verfahren, — die Momentkonstante wird aus den Probefahrtsresultaten errechnet, mit derselben in die Kurve der Momentkonstante des Modellpropellers eingeschnitten, hieraus der nominelle Slip und dann mit Hilfe der Formel $w = 1 - \frac{1 - s_n}{1 - s_s}$ der Nachstrom ermittelt — das Versehen unterläuft, daß ein stark kavitierender, selbstverständlich dem Ähnlichkeitsgesetz nicht im geringsten folgender Vorgang (Probefahrt) mit einem kavitationslosen (Schleppversuch) in Vergleich gesetzt wird. Der so gefundene negative Vorstrom ist selbstverständlich nicht der tatsächliche Vorstrom; letzterer kann vielmehr wie oben bemerkt nur dadurch abgeschätzt werden, daß man entweder den Vorstrom bei dem entsprechenden Modellpropellerversuch als richtig annimmt oder aber sich mit der Annahme zufriedengibt, daß der für das betreffende Schiff bei kleiner (kavitationsloser) Geschwindigkeit beobachtete Nachstrom von dem bei hoher (kavitierender) Geschwindigkeit nicht viel verschieden sein wird. Über diese Verhältnisse gibt Tabelle Nr. 47, in welcher die Probefahrtsresultate und der scheinbare Nachstrom einer Reihe von Torpedobooten zusammengestellt ist, Aufschluß.

Tabelle Nr. 47.

Vorstrom bei mit Kavitation arbeitenden Propellern.

Schiffstyp	Propeller Φ	Steigungsverhältnis	Verhältnis der abgew. Schraubenfläche zur Kreisfläche	Geschwindigkeit in Knoten	Leistung in effekt. Pferdestärken	Umlaufszahl	Scheinbarer Slip	Umfangsgeschwindigkeit	Scheinbarer Vorstrom	Scheinbares spezifisches Gewicht
Hugin	1,68	0,92	0,57	31,2	9970	845	26	74,4	— 23	0,57
				27,5	6720	693	20,5	61,0	— 5	0,77
V 185	2,2	0,89	0,63	34,45	17980	703	22,2	81,0	— 21	0,59
				32,73	15850	646	19,7	74,5	— 14	0,71
» 2	2,08	0,875	0,63	33,75	17200	741	22,5	80,8	— 18	0,56
				30,25	12530	639	19,3	69,6	— 9	0,68
» 28	2,46	0,927	0,60	36,36	22500	613	19,6	79,0	— 16	0,56
» 100	2,9	0,897	0,63	37,23	42000	591	25,0	89,8	— 25	0,46
» 67	2,5	0,936	0,577	34,7	24300	597	23,3	78,2	— 19,5	0,54
» 73	2,5	0,936	0,65	34,4	23460	556	18,0	72,9	— 6	0,71

§ 282. **Benutzung der Modellpropeller-Versuche bei Kavitation.** Ein Verfahren[1]), welches geeignet ist, um unter Benutzung derartigen Erfahrungsmaterials auch für

[1]) Dasselbe ist im Jahre 1917 von Regierungsbaumeister R. Fresenius angegeben und anscheinend bisher noch nicht veröffentlicht worden.

die Berechnung kavitierender Propeller die Modellschleppversuche bis zu einem gewissen Grad nutzbar zu machen, sei im folgenden erläutert.

Das Drehmoment des ohne Kavitation arbeitenden Propellers ist

$$M = c_2 D^2 H^3 n_s^2.$$

Sobald Kavitation eintritt, wird das Moment bei derselben Umlaufszahl kleiner. Bezeichnen wir letzteres mit M_K, so können wir schreiben

$$M_K = K c_2 D^2 H^3 n_s^2,$$

worin K ein Korrekturfaktor ist, der die Verminderung des Moments durch die Kavitation ausdrückt. Dieser Faktor wird um so kleiner, je größer die Kavitation ist; bei kavitationslosem Arbeiten des Propellers wird $K = 1$.

Man kann diese Korrektur nun so auffassen, als ob das spezifische Gewicht des (mit Luftblasen durchsetzten) Wassers, in welchem der Propeller arbeitet, um so geringer wird, je mehr die Kavitation zunimmt. Ist γ das spezifische Gewicht des Wassers bei kavitationslosem Zustande, γ_m dasselbe nach Eintritt der Kavitation, so würde also der Koeffizient K dem Verhältnis $\frac{\gamma_m}{\gamma}$ entsprechen. Der Koeffizient K wird aus den Probefahrtsdaten wie folgt bestimmt:

Man setzt in obige Gleichung für den Vorstrom den aus langsameren Fahrten bzw. Schleppversuchen annähernd bekannten wirklichen Vorstromfaktor w ein und erhält daraus und aus dem gemessenen scheinbaren Slip den tatsächlichen nominellen Slip s_n, mit dem der Propeller in Wirklichkeit gearbeitet hat. Für diesen Wert von s_n entnimmt man die Momentenkonstante aus dem Modellpropellerdiagramm und berechnet daraus das zugehörige Drehmoment des kavitationslosen Propellers

$$M = c_2 \cdot D^2 \cdot H^3 \cdot n_s^2.$$

Das wirklich gemessene Drehmoment ist M_K, dann ist

$$K = \frac{M_K}{M}.$$

Im Anschluß an die Bemerkung Seite 553 soll auch hier darauf hingewiesen werden, daß das vorstehend beschriebene Verfahren für die Berechnung von Propellern mit Kavitation, unter Benutzung der Modellpropellerdiagramme, keinen sicheren Aufschluß darüber gibt, wie groß der Schub und der Wirkungsgrad des mit Kavitation arbeitenden Propellers in Wirklichkeit sind. Es ist mangels ausreichender Schubmessungen nicht durch die Beobachtung bestätigt, daß bei der behandelten Rechnungsmethode der Schub aus der Beziehung $S_k = K c_1 D^2 H^2 n_s^2$ unter Benutzung des aus dem Moment gefundenen Wertes von K berechnet werden kann, bzw. daß der Wirkungsgrad gleich dem Wert ist, welcher nach den Modellpropellerdiagrammen dem gefundenen Wert von c_2 entspricht.

Als Beispiel für Vorstehendes sollen die Probefahrtsergebnisse des schwedischen Torpedojägers „Hugin" dienen. Die Propellerabmessungen sowie die Resultate einer Meilenfahrt mit 31,2 Sm Geschwindigkeit und einer weiteren mit 27,5 Sm Geschwindigkeit gehen aus der obenerwähnten Tabelle Nr. 47 hervor. Wir berechnen nun zunächst aus den bei der Fahrt gemessenen Werten der Umdrehungszahl n_s und des Moments M_K den Nachstrom, ohne auf das Vorhandensein von Kavitation Rücksicht zu nehmen. Für die Fahrt mit 31,2 Sm ergibt sich dann eine Momentenkonstante

$$c_2' = \frac{M_K}{n_s^2 D^2 H^3} = \frac{8450}{199 \cdot 2{,}82 \cdot 3{,}65} = 2{,}07.$$

Unter Benutzung des Kurvenblattes Abb. 590 erhalten wir hierfür einen nominellen Slip

$$s_n' = +10{,}5\%$$

und hieraus den (scheinbaren) Nachstrom

$$w' = 1 - \frac{1 - s_n}{1 - s_s} = -21\,\%,$$

analog wird für die Fahrt mit 27,7 Sm Geschwindigkeit

$$c_2' = \frac{3480}{133 \cdot 2{,}82 \cdot 3{,}65} = 2{,}54.$$

Hierfür ergibt sich aus dem vorerwähnten Kurvenblatt

$$s_n' = +17{,}5\,\% \text{ und } w' = 1 - \frac{0{,}825}{0{,}795} = -3{,}5\,\%.$$

Es ergeben sich in beiden Fällen negative Werte des Nachstroms, so daß ohne weiteres auf das Vorhandensein von Kavitation geschlossen werden kann.

Um nunmehr den Wert $K = \frac{\gamma_m}{\gamma}$ zu bestimmen, ist es nötig, eine Annahme über den tatsächlichen Nachstrom zu machen. Wir stützen uns hierbei auf die Modellversuche, welche einen Wert von

$$w = 10\,\%$$

ergeben haben. Unter Benutzung dieses Nachstromwertes findet sich aus der Gleichung

$$s_n = 1 - (1 - w) \cdot (1 - s_s)$$

der nominelle Slip für die Fahrt mit 31,2 Kn zu

$$s_n = 1 - (1 - 0{,}10) \cdot (1 - 0{,}26) = 33{,}4\,\%$$

und für die Fahrt mit 27,5 Kn zu

$$s_n' = 1 - (1 - 0{,}10)\,(1 - 0{,}205) = 27{,}6\,\%.$$

Diesen Werten von s_n entsprechen nach dem Kurvenblatt Abb. 590 für das Steigungsverhältnis $H/D = 0{,}92$ die Werte der Momentenkonstanten

$$c_2 = 3{,}57 \text{ bzw. } c_2' = 3{,}19.$$

Das Verhältnis K des fiktiven spezifischen Gewichts γ_m des Wassers zum normalen spezifischen Gewicht $\gamma = 1$ ergibt sich aus dem Verhältnis der Momentenkonstanten $\frac{c_2'\, D^2 H^3 n_s^2}{c_2\, D^2 H^3 n_s^2} = \frac{c_2'}{c_2}$, es ist also bei der Fahrt mit 31,2 Sm

$$K = \frac{\gamma_m}{\gamma} = \frac{2{,}07}{3{,}57} = 0{,}58$$

und bei der Fahrt mit 27,5 Sm

$$K = \frac{\gamma_m}{\gamma} = \frac{2{,}54}{3{,}19} = 0{,}795.$$

Es ist einleuchtend, daß in den Fällen, in welchen man über eine ausreichende Anzahl zuverlässiger Fahrtresultate ähnlicher Schiffe verfügt, man sich bei Neuberechnungen mit Vorteil auf derartige Verhältniszahlen γ_m stützen kann. Man hat dann den vorstehenden Rechnungsgang in umgekehrter Reihenfolge anzustellen, indem man zuerst den Wert für γ_m auf Grund der vorliegenden Erfahrungen annimmt. Als Anhaltspunkte hierfür sind in die oben erwähnte Tabelle Nr. 47 auch die Werte von γ_m eingetragen.

So wenig scharf die für den Eintritt der Kavitation maßgebenden Verhältnisse auch durch solche Zusammenstellungen von Probefahrtsresultaten abgegrenzt werden, so boten solche bisher doch fast den einzigen Anhalt für die Vorausberechnung. Man ersieht aus denselben, bei welchen Grenzen der Flächenbelastungen und Umfangsgeschwindigkeiten man sich auf starke Kavitation gefaßt machen muß und kann durch geeignete Dimensionierung und Konstruktion versuchen, den schädigenden Einflüssen derselben nach Möglichkeit zu entgehen.

Am Ende dieses Abschnittes soll auf die Mittel, welche geeignet sind, die Kavitationsgrenze zu beeinflussen, zurückgegriffen werden.

§ 283. **Hydrodynamische Vorausberechnung der Kavitation.** Über die Vorgänge, welche sich bei der Kavitation in der Nähe des Flügels abspielen, kann man sich ein gewisses Bild verschaffen durch Betrachtung der Stromlinienbilder, wie sie in der Nähe des arbeitenden Flügels entstehen, wenn man sich, was streng genommen allerdings nicht zulässig, die rotierende Bewegung eines Flügelquerschnittes in die Ebene abgewickelt und seine schraubenförmige Bewegung durch eine geradlinige Translationsbewegung in dieser Ebene ersetzt denkt. Faßt man den Querschnitt des

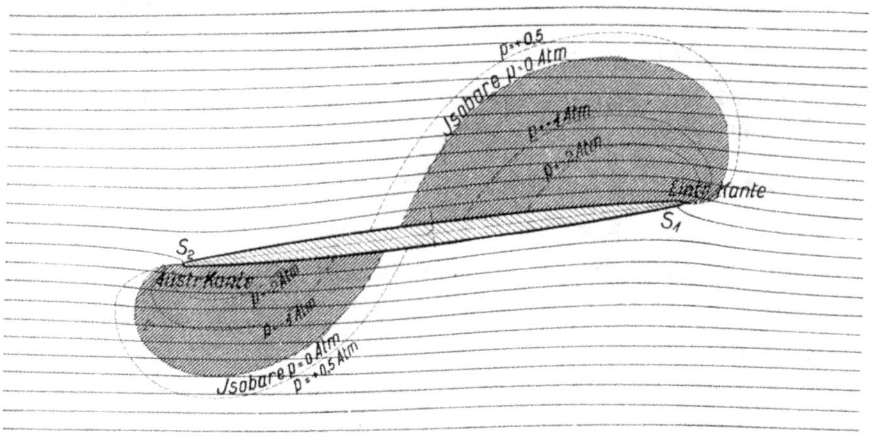

Abb. 630.

Propellerflügels z. B. als eine langgestreckte Ellipse auf, so ergeben sich Stromlinienbilder, wie in Anhang XI Abb. 90 bis 92 dargestellt und erläutert. Mit Hilfe der Bernoullischen Gleichung, wonach die Summe aus Energie der Bewegung und Energie der Lage konstant, läßt sich die Druckverteilung in der Nähe des Flügels ermitteln.

Abb. 630 zeigt z. B. die Druckverteilung rings um einen Querschnitt des Propellerflügels des Schnelldampfers „Imperator" bei voller Fahrt, und zwar handelt es sich um den zweiten Querschnitt, von der Spitze gerechnet, dieses in Abb. 672 bis 674 dargestellten Propellers.

Wie aus Abb. 630 zu erkennen, umfaßt die Isobare für den Absolutwert des Druckes Null $p = 0$ an der Rückenseite des Querschnitts in der Nähe der eintretenden Kante und an der Druckseite des Querschnitts an der austretenden Kante einen weiten Bereich. Innerhalb desselben kann eine geordnete Strömung nicht zustande kommen; man hätte sich also denselben mit Schaum bezw. einem Gemisch von Dampf und Wasser gefüllt zu denken (genauer genommen umfaßt dieser Hohlraum einen Bereich, der von derjenigen Isobare umschlossen ist, welche dem zu der Temperatur des Seewassers gehörigen Sättigungsdruck entspricht). Wenn man nun auch aus verschiedenen Gründen nicht annehmen darf, daß die Verhältnisse genau so liegen, wie in Abb. 630 dargestellt, so bildet dieses Verfahren doch immerhin ein

Mittel, um sich ein gewisses Bild über die zu erwartende Kavitation zu machen[1]). Einen Überblick über die bei ganz verschiedenen Schiffstypen zu erwartenden Verhältnisse gibt Abb. 631, in welcher für solche nach den Fahrtergebnissen der Stromlinienverlauf (einschl. Zirkulation) sowie die Isobaren für $p = 0$ bei den auf ca. 0,9 D

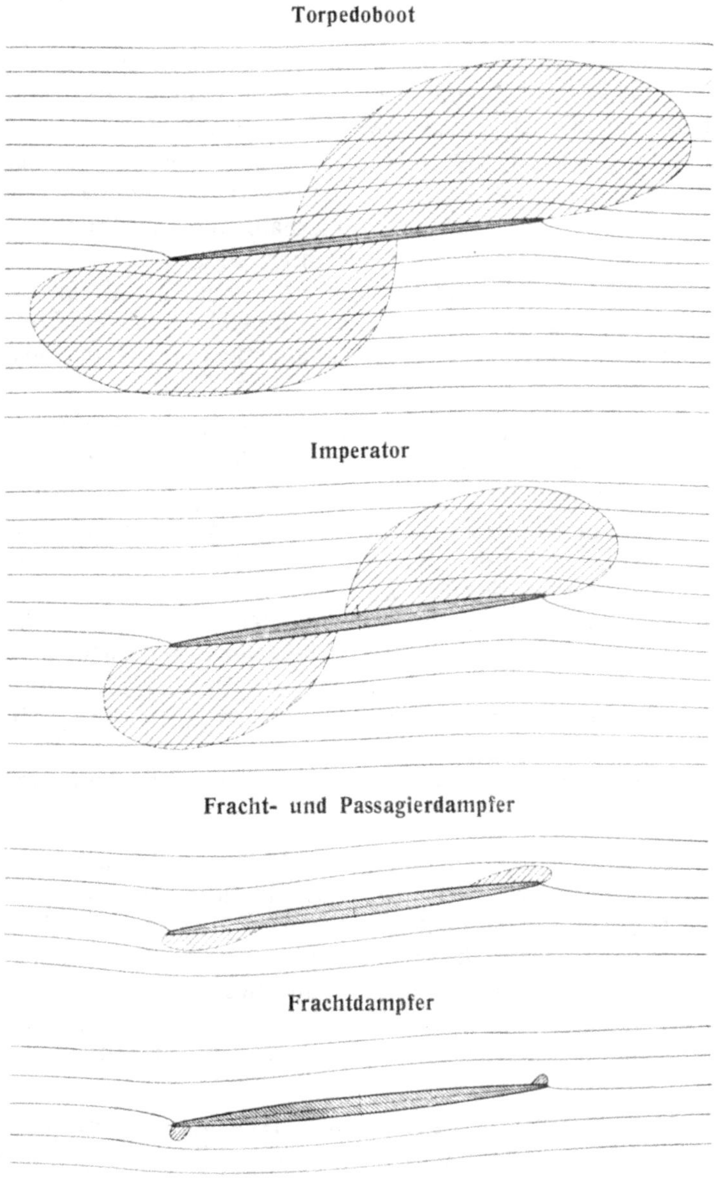

Abb. 631.

liegenden Flügelquerschnitten dargestellt sind. Während bei dem Torpedoboot sich das Vakuumgebiet über mehr als die Hälfte des Flügels erstreckt, beeinflußt es beim „Imperator" weniger als diese, beim Fracht- und Passagierdampfer „Antonio Delfino" einen unbeträchtlichen Bruchteil und beim Frachtdampfer „Cairo" tritt es nur in verschwindendem Maße auf.

[1]) Näheres hierüber siehe Vortrag des Verfassers über Messungen und Untersuchungen an Schiffsschrauben, Jahrb. d. Schiffbautechn. Ges. 1923.

§ 284. **Mittel zur Verhütung der Kavitation.** Über die Gefahr des Eintretens der Kavitation und die Mittel zu deren Verhütung läßt sich zusammenfassend etwa folgendes sagen:

1. Unvermeidlich wird die Gefahr störender Kavitationserscheinung, wenn die Umfangsgeschwindigkeit des Propellers den Wert von ca. 60 m/sek an der Flügelspitze überschreitet.
2. Sehr gut zugeschärfte Flügel, welche das Wasser mit geringem Anstellwinkel (kleiner Slip) durchschneiden, sind der Kavitation weniger ausgesetzt als Propeller mit stumpfen Flügelkanten und starkem Anstellwinkel.
3. Bei Propellern mit hoher Umfangsgeschwindigkeit, bei welchen also unter allen Umständen Kavitationsgefahr herrscht, ist es notwendig, breite Flügel zu verwenden, damit das Gebiet, welches innerhalb der Vakuumzone liegt, einen möglichst geringen Prozentsatz der gesamten Flügelfläche ausmacht. Selbstverständlich darf man hierin nicht zu weit gehen (als Grenze kann ein Verhältnis von abgewickelter Flügelfläche zur Kreisfläche von 0,65 empfohlen werden), weil bei zu breiten Flügeln mit ungünstigeren Reibungsverhältnissen zu rechnen ist.

Es kann empfohlen werden, bei wichtigen Aufgaben die in § 283 und Anh. XI erläuterten Untersuchungen über die Ausdehnung der Vakuumzone durchzuführen, um sich über die zu erwartenden Verhältnisse von vornherein klar zu sein.

Bei Propellerverhältnissen, wie sie für Torpedoboote mit direktem Turbinenantrieb vorliegen (und durch die Kurven in Abb. 628 und 629 veranschaulicht sind), mußten selbstverständlich auch die obenerwähnten Mittel (Verbreiterung der Flügel, außerordentliche Zuschärfung der Kanten etc.) versagen, weil die durch die unumgängliche Gewichtsersparnis an der Turbine bedingte hohe Umdrehungszahl unter allen Umständen starke Kavitationserscheinungen mit sich bringen mußte. Heute wird man daher — nachdem auch für große Leistungen Übersetzungsgetriebe sich eingebürgert haben — das radikale Mittel der weitgehenden Herabsetzung der Tourenzahl anwenden, um der Kavitationsgefahr auszuweichen.

§ 285. **Anfressung der Propeller.** Mit den Kavitationserscheinungen (außerdem aber auch mit der Ablösung von Wirbeln, vgl. Anhang XI) stehen im Zusammenhange die Anfressungen, welche namentlich schnellaufende Propeller häufig erfahren. Bei Propellern mit hoher Umdrehungszahl, wie solche bei Turbinenschiffen mit direktem Antrieb zur Verwendung kommen, sind diese Anfressungen vielfach in so bedenklicher Form aufgetreten, daß man genötigt war, Spezialbronzen von besonderer Härte einzuführen, welche den zerstörenden Einflüssen Widerstand leisten konnten.

Die Gefahr der Anfressung liegt überall da vor, wo die Kontinuität der Relativströmung durch Kavitationserscheinungen oder Wirbelablösungen unterbrochen wird.

Abb. 630 weist darauf hin, daß bei kavitierenden Propellern die Schaumbildung in der Nähe der eintretenden Kante auf der Rückenseite, in der Nähe der austretenden Kante auf der Druckseite eintritt, und zwar erstreckt sich der Bereich dieser Störung um so weiter von der Kante gegen die Mitte hin, je größer die Umfangsgeschwindigkeit an der betreffenden Stelle, d. h. also, je weiter der betreffende Querschnitt von der Nabe entfernt ist. Die Photographien Abb. 632 und 633 zeigen den Stahlgußflügel eines mit verhältnismäßig hoher Umdrehungszahl und starkem Slip arbeitenden Propellers eines ausländischen Frachtdampfers, und zwar zeigt Abb. 632

die Druckseite, Abb. 633 die Rückenseite des Flügels. Man sieht, wie an ersterer die Korrosionen in der Nähe der austretenden, bei letzterer in der Nähe der eintretenden Kante auftreten und sich um so weiter in den Flügel hereinziehen, je näher

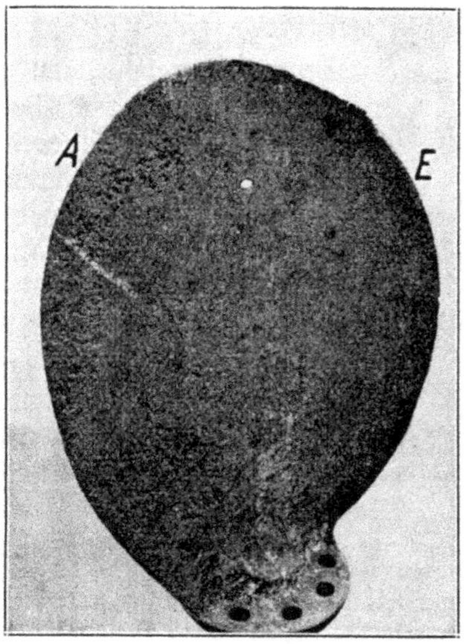

Abb. 632.

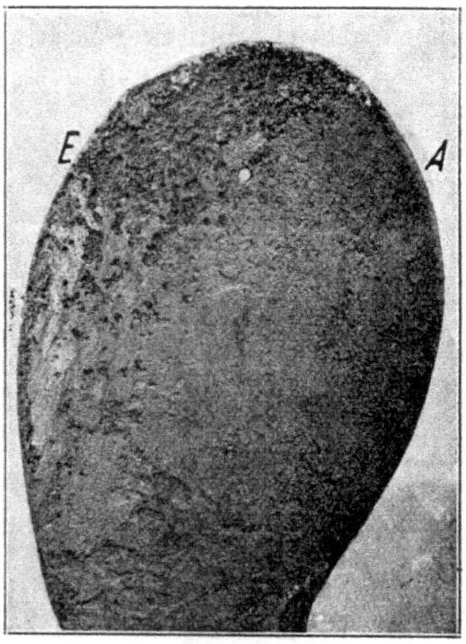

Abb. 633.

die Querschnitte an der Flügelspitze liegen, genau so, wie dies nach den vorstehenden Überlegungen erwartet werden muß.

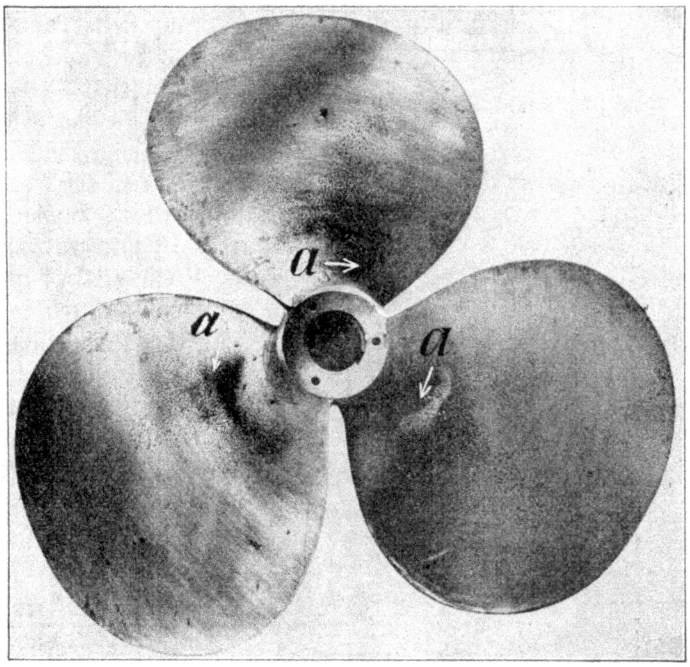

Abb. 634.

Gleiches konnte bei den Bronzeflügeln von Torpedobooten beobachtet werden. Dort aber machte sich noch eine andere Anfressungserscheinung besonders bemerkbar. Dieselbe ist streng lokalisiert etwa in der Mitte der Flügelwurzel an der Druckseite (bei „a“) und tritt manchmal auch zwischen den Flügeln an der Nabe (bei „b“) auf (vgl. Abb. 634 und 635). Föttinger erklärt diese Erscheinung mit dem Ansatz des Nabenwirbels an der betreffenden Stelle (vgl. Anh. XI). Die Abbildungen 634 und 635 sind hergestellt nach den Photographien eines Torpedobootspropellers, welcher bei 650 Umdr./Min. eine Leistung von ca. 10000 PS überträgt.

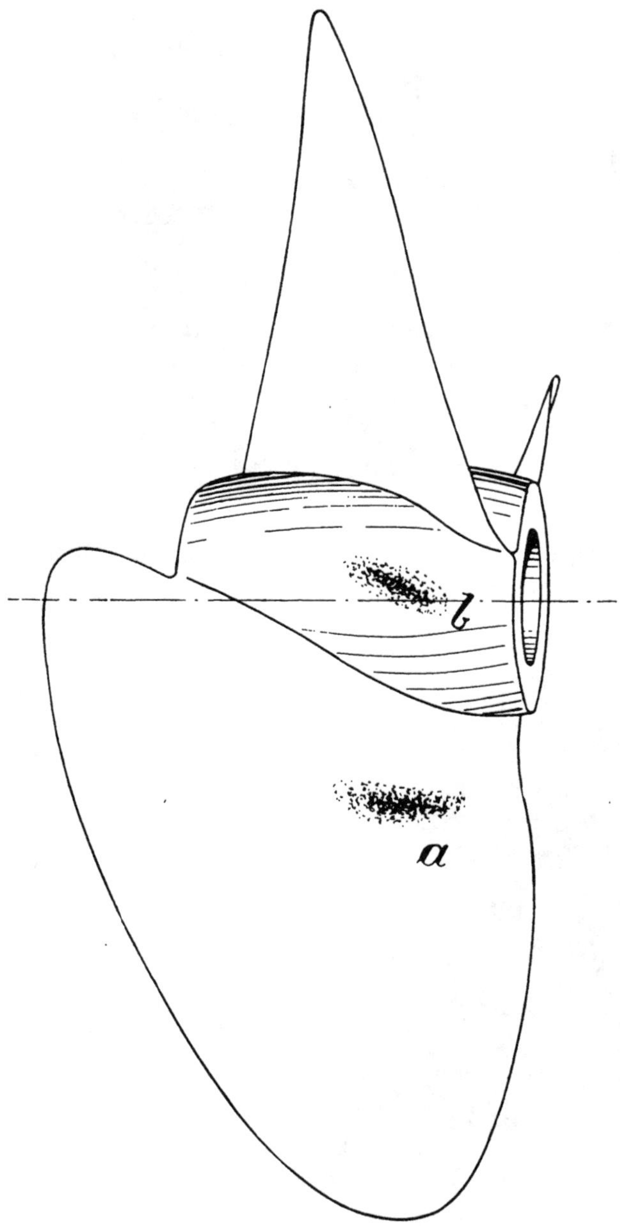

Abb. 635.

Bronzen, welche sich gegen Anfressungen besonders bewährt haben, sind die sogen. Rübelbronze (vergl. § 292), eine patentierte Legierung, welche außer kleinen Quantitäten anderer Stoffe ca. 55% Kupfer und ca. 40% Zink enthält, sowie das sogen. Turbadium, eine harte Manganbronze, welche von der Manganese Bronce & Brass Co. in den Handel gebracht und für die modernen Riesendampfer „Imperator“ usw. zur Verwendung gekommen ist.

Festigkeit der Propellerflügel.

§ 286. **Beanspruchung der Propellerflügel durch Schubkraft und Tangentialkraft.** Die Wurzel des Flügels ist am stärksten beansprucht; man ermittelt daher stets zunächst die Beanspruchung in der Nähe der Nabe.

Auf jedes Flügelelement wirkt eine Kraft senkrecht zur Richtung der Welle (Tangentialkraft T) und eine Kraft parallel zur Welle (Schubkraft P). Man kann sich nun eine resultierende Schubkraft an einem bestimmten Punkt angreifend denken, welche dasselbe Biegungsmoment um die Flügelwurzel ausübt, wie die Gesamtheit aller Schubkräfte an allen Flügelelementen.

Die Entfernung dieses Punktes von der Welle ist:

$$k_1 \frac{D}{2} = \frac{\text{Gesamtschubmoment}}{\text{Gesamtschub}}.$$

Ebenso ist die Entfernung des Punktes, in welchem man sich die Gesamtheit der Tangentialkräfte angreifend denken kann:

$$k_2 \frac{D}{2} = \frac{\text{Gesamtmoment der Tangentialkraft}}{\text{Gesamttangentialkraft}}.$$

Die Konstanten k_1 und k_2 findet man für den normalen Propellerflügel aus Tabelle Nr. 48[1]).

Tabelle Nr. 48.

$\frac{D}{H}$	k_1	k_2	$\frac{D}{H}$	k_1	k_2
0,4	0,706	0,646	0,8	0,688	0,614
0,5	0,710	0,658	0,9	0,695	0,606
0,6	0,692	0,644	1,0	0,696	0,600
0,7	0,684	0,625	1,1	0,695	0,595

Die Schubkraft P erhält man aus der Gleichung:

Arbeit der Schubkraft pro Sekunde $= N_n \approx 0{,}7\, N_e$ (um sicher zu gehen, ist hier der größte Wirkungsgrad 0,7 eingesetzt).

Also $\frac{P \cdot H(1 - s_n) \cdot n}{60 \cdot 75} = 0{,}7\, N_e \cdot \frac{1}{z}$ (für m und kg), wobei $z =$ Flügelzahl.

Hieraus wird, für $s_n = 20\% = 0{,}2$ (der nominelle Slip von 20% soll allen Rechnungen gleichmäßig zu Grunde gelegt werden), der Schub in kg

$$P = \frac{3938 \cdot N_e}{z \cdot H \cdot n},$$

wobei H in m und N_e in Pferdestärken einzusetzen ist.

Die Tangentialkraft T für einen Flügel erhält man aus der bekannten Gleichung

$$M_d = \text{Drehmoment von } T = \frac{N_e}{n} \cdot 716{,}2 \cdot \frac{1}{z} \text{ in mkg,}$$

$$\text{also } T \cdot k_2 \cdot \frac{D}{2} = \frac{N_e}{n} \cdot 716{,}2 \cdot \frac{1}{z} \text{ (für m und kg),}$$

hieraus

$$T = \frac{N_e}{n} \cdot \frac{1432{,}4}{k_2 \cdot D \cdot z},$$

wobei D in m und N_e in Pferdestärken einzusetzen ist, während sich T in kg ergibt.

Liegt der nachzurechnende Querschnitt im Abstand $\frac{d}{2}$ von der Achse, so ist

$$\text{das von } P \text{ herrührende biegende Moment} = M_P = P\left(k_1 \frac{D}{2} - \frac{d}{2}\right),$$

$$\text{,, ,, } T \text{ ,, ,, ,, } = M_T = T\left(k_2 \frac{D}{2} - \frac{d}{2}\right).$$

[1]) Die Rechnungsweise dieses Paragraphen ist dem Werk von D. W. Taylor: „Resistance of Ships and Screw Propulsion", New-York 1910 entnommen. In dem späteren Werk Taylors „The Speed and Power of Ships" ist der Gang der Rechnung der gleiche, nur sind die Koeffizienten k_1 und k_2 in Abhängigkeit vom Verhältnis $\frac{d}{D}\left(\frac{\text{Nabendurchmesser}}{\text{Außendurchmesser}}\right)$ entwickelt. Praktisch ergeben sich wegen der geringen Schwankungen der Koeffizienten k_1 und k_2 kaum nennenswerte Unterschiede in den errechneten Beanspruchungen. Hierbei ist noch zu beachten, daß bei beiden Verfahren durchweg mit einem Slip von 0,2 und einem Wirkungsgrad von 0,7 gerechnet wird, also in beiden Fällen die errechneten Beanspruchungen nicht die wirklichen Spannungen sind, sondern nur Vergleichszahlen, die auf Grund von Erfahrungen mit ähnlichen Propellern unter ähnlichen Betriebsverhältnissen bewertet werden müssen.

Selbstverständlich ist es auf Grund der vorhergehenden Paragraphen ohne weiteres möglich, für jeden einzelnen Fall die den Betriebsverhältnissen entsprechenden Werte zu bestimmen, doch ist hier an der auch in den früheren Auflagen gebrachten Methode weiter festgehalten worden, da sonst die bisher vielfach nach diesem Verfahren errechneten Erfahrungszahlen ihre Vergleichsfähigkeit einbüßen würden.

Zur Dimensionierung des Flügelquerschnittes müssen die Biegungsmomente um die Längsachse XX und die Querachse des Flügels YY (Abb. 636) bekannt sein. Es ist:

Biegungsmoment um XX:

$$M_1 = M_T \sin\alpha + M_P \cos\alpha;$$

Biegungsmoment um YY:

$$M_2 = M_P \sin\alpha - M_T \cos\alpha.$$

Der Wurzelquerschnitt wird als Parabel aufgefaßt. Fläche desselben $= \frac{2}{3}\, l h$ (s. Abb. 637).

Der Schwerpunktsabstand von AB ist

$$d = \frac{2}{5}\, h.$$

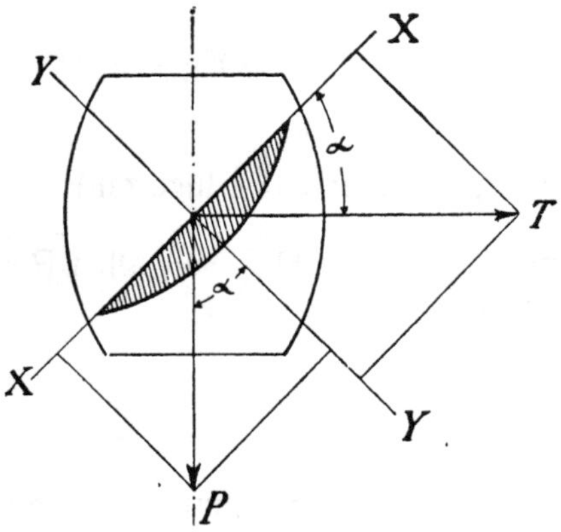

Abb. 636.

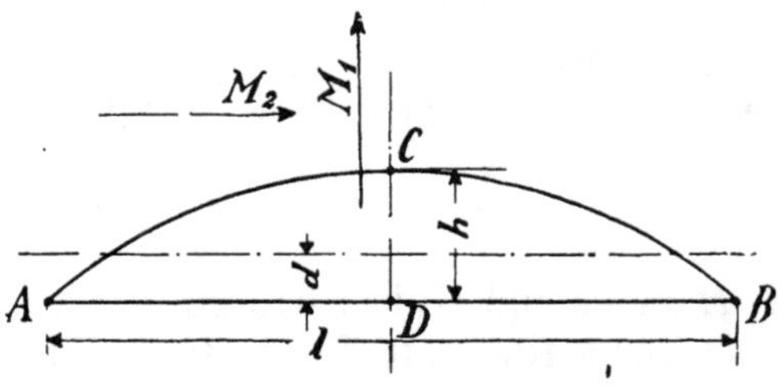

Abb. 637.

Trägheitsmoment um die Schwerachse parallel zu $AB = \frac{8}{175}\, l h^3$.

Trägheitsmoment um Achse $CD = \frac{1}{30}\, l^3 h$.

Aus diesen Werten ergibt sich das Widerstandsmoment für die Achse parallel zu AB:

$$\text{für } AB\colon\ W_z = \frac{4}{35}\, l h^2, \quad \text{für } C\colon\ W_d = \frac{8}{105}\, l h^2.$$

Das Widerstandsmoment für die Achse CD: für A und $B = \frac{1}{15}\, l^2 h$.

Hieraus:

$$\text{Zug in } AB \text{ von } M_1 = \frac{35}{4}\,\frac{M_1}{l h^2},$$

$$\text{Druck in } C \text{ von } M_1 = \frac{105}{8}\,\frac{M_1}{l h^2},$$

$$\text{Zug in } A \text{ von } M_2 = \frac{15\, M_2}{l^2 h},$$

$$\text{Druck in } B \text{ von } M_2 = \frac{15\, M_2}{l^2 h}.$$

Die größte Zugspannung tritt auf in A:

$$S_{z1} = \frac{35}{4}\,\frac{M_1}{l h^2} + \frac{15\, M_2}{l^2 h}.$$

Die größte Druckspannung in C:

$$S_{d1} = \frac{105}{8}\,\frac{M_1}{l h^2}.$$

l wird angenommen; dann läßt sich h aus den Formeln für $S_{\delta 1}$ und S_{d1} berechnen; dabei legt man der Konstruktion den ungünstigeren Wert zugrunde. Die Beanspruchung wähle man etwa nach folgender Tabelle:

Tabelle Nr. 49.

Zulässige Beanspruchung von Propellerflügeln durch Schubmoment und Drehmoment.

Material	Zulässige Beanspruchung in kg/qcm	
	$S_{\delta 1}$ (Zug)	S_{d1} (Druck)
Gußeisen	140	420
Stahlguß	350	700
Bronze	210	280
Mangan- oder Phosphorbronze .	350 (bis 600)	420 (bis 800)

Die hohen Werte der letzten Spalte gelten nur für leichte Kriegsschiffe, bei denen solche Beanspruchungen der Gewichtsersparnis wegen zugelassen werden müssen.

§ 287. **Vereinfachungen bei vorläufigen Berechnungen.**

Nimmt man an $\frac{D}{H} = 0{,}6$; $k_2 = 0{,}644$, dann wird $T = 0{,}94\,P$.

Berechnet man den Flügelquerschnitt, für welchen $\alpha \approx 45^0$ (dies trifft meistens für die Flügelwurzel zu), und denkt man sich T und P im Abstand $k_2 \frac{D}{2}$ bzw. $k_1 \frac{D}{2}$ vom Wellenmittel angreifend, so wird

$$M_1 = (M_T + M_P)\cos\alpha = M \approx \left(0{,}66\,\frac{D}{2} - \frac{d}{2}\right) 1{,}94\,P\cos 45^0,$$

$$\approx \left(0{,}66\,\frac{D}{2} - \frac{d}{2}\right) 1{,}37\,P,$$

$$\approx \left(0{,}66\,\frac{D}{2} - \frac{d}{2}\right) \frac{5400 \cdot N_e}{z \cdot H \cdot n},$$

für D, d und H in m, N_e in Pferdestärken und M in mkg.

Ist das Durchmesserverhältnis $\frac{D}{H}$ größer als 0,6, so ist der Wert von M noch mit einem Faktor kleiner als 1 zu multiplizieren. Man setze statt M

für $\frac{D}{H} = 0{,}65$ ein: $0{,}97\,M$,
„ „ $= 0{,}7$ „ $0{,}94\,M$,
„ „ $= 0{,}8$ „ $0{,}89\,M$,
„ „ $= 0{,}9$ „ $0{,}85\,M$,
„ „ $= 1{,}0$ „ $0{,}82\,M$,
„ „ $= 1{,}1$ „ $0{,}80\,M$,
„ „ $= 1{,}2$ „ $0{,}79\,M$.

Die Beanspruchung des Flügels in dem untersuchten Querschnitt wird somit

$$S_{\delta 1} = \frac{35}{4}\,\frac{M}{l h^2}\,; \quad S_{d1} = \frac{105}{8}\,\frac{M}{l h^2}\,.$$

Die Biegungsspannung um die Querachse (CD in Abb. 637) kann vernachlässigt werden (vgl. Beispiel II, S. 566).

Beispiel: Doppelschrauben-Schnelldampfer „Deutschland". Wie groß ist die Flügelbeanspruchung im Abstande von 1250 mm von der Welle?

Es ist $D = 6{,}8\,m$, $H = 10{,}5$ m, $n = 79{,}5$, $\frac{d}{2} = 1{,}25$ m,

$l = 130$ cm, $h = 20{,}4$ cm, $N_e = 16200$, $z = 4$, $\frac{D}{H} = 0{,}65$.

Somit $M \approx 0{,}97\ (0{,}66 \cdot 3{,}40 - 1{,}25)\,\frac{5400 \cdot 16200}{4 \cdot 10{,}5 \cdot 79{,}5} \approx 25150$ mkg.

Hieraus: Größte Zugspannung $S_{z1} = \frac{35}{4} \cdot \frac{25150 \cdot 100}{130 \cdot 697} = 243$ kg/qcm.

Größte Druckspannung $S_{d1} = \frac{105}{8} \cdot \frac{25150 \cdot 100}{130 \cdot 697} = 364$ kg/qcm $= 1{,}5 \cdot S_{z1}$.

Das verwendete Material ist Manganbronze.

§ 288. **Zusätzliche Beanspruchung der Flügel durch die Zentrifugalkraft.** Zu den Spannungen S_{z1} und S_{d1} tritt noch die Spannung, erzeugt durch die Zentrifugalkraft des außerhalb von dem betrachteten Querschnitt liegenden Flügelteiles.

Ist G das Gewicht desselben (des schraffierten Teiles in Abb. 638 und 639), S sein Schwerpunkt, u die Umfangsgeschwindigkeit dieses Schwerpunktes, r der Radius des Kreises, welchen der Schwerpunkt beschreibt, dann ist die Zentrifugalkraft, welche auf den Querschnitt XX wirkt:

$$C = \frac{u^2}{r} \cdot \frac{G}{g}.$$

Diese ruft in dem Flügel die Zugbeanspruchung

$$S_{z2} = \frac{C}{F}\ \text{kg/qcm},$$

hervor, wenn F der betrachtete Querschnitt in qcm ist.

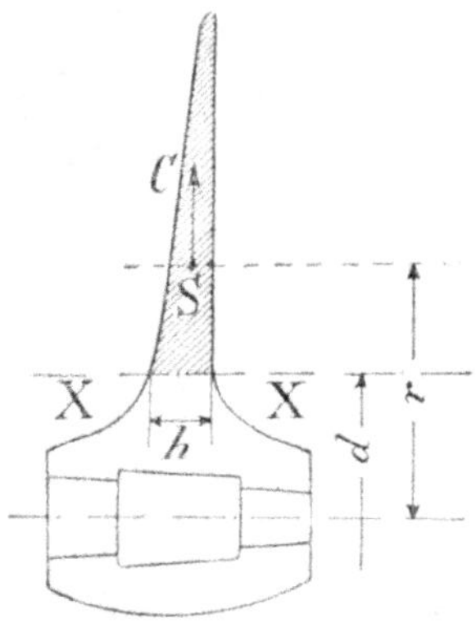

Abb. 638.

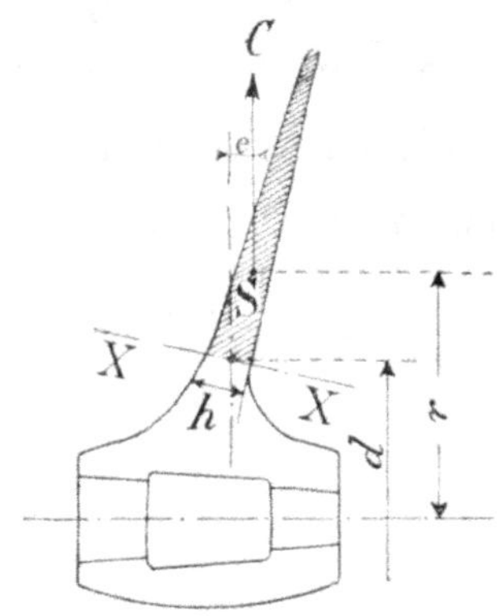

Abb. 639.

Die größte Zugspannung in dem Flügel (Abb. 638) ist somit im Querschnitt XX in AB (Abb. 637)

$$S_z = S_{z1} + S_{z2}.$$

Die größte Druckspannung bei C

$$S_d = S_{d1} - S_{z2}.$$

Wenn der Flügel nach hinten geneigt ist (Abb. 639), erzeugt die Zentrifugalkraft noch ein biegendes Moment in der Mittellängsebene des Flügels. Für den Wurzelquerschnitt ist die Größe desselben ungefähr[1]) $M_c = 0{,}7\,eC$.

Fassen wir den Querschnitt wieder als Parabelsegment auf (Abb. 637), dann ergibt sich aus diesem Moment eine Zugspannung in AB von der Größe

$$S_{z3} = \frac{M_c}{W_z} = \frac{M_c}{\frac{4}{35}\,l h^2}$$

[1]) Da die Querschnitts-Achsen an der Wurzel wegen der Steigung meist unter ca. 45° zum Wellenmittel stehen, siehe Abb. 640, so kommt von dem Moment $e \cdot C$ nur die Komponente senkrecht zu XX, nämlich

$$\frac{e \cdot C}{\sqrt{2}} \approx 0{,}7\,e \cdot C \text{ in Betracht.}$$

und eine Druckspannung in C von der Größe

$$S_{d3} = \frac{M_c}{W_d} = \frac{M_c}{\frac{8}{105} l h^2} = 1{,}5\, S_{z3}.$$

Bei einem solchen schräggestellten Flügel entsteht somit die größte totale Zugbeanspruchung in AB (bei Benutzung der abgekürzten Formel); bei genauer Rechnung ist die Zugspannung in A größer als in B (vgl. S. 562):

größte totale Zugbeanspruchung $S_z = S_{z1} + S_{z2} + S_{z3}$,

„ „ Druckbeanspruchung $S_d = S_{d1} - S_{z2} + S_{d3}$.

Den Schwerpunkt des Flügelteiles jenseits des betrachteten Querschnittes kann man sich angenähert im Abstand

$$r = \frac{d}{2} + \left(\frac{D}{2} - \frac{d}{2}\right) 0{,}3$$

von der Achse gelegen denken.

Die nur auf Biegung durch Schub- und Tangentialkraft berechneten Querschnitte müssen auf ihre Beanspruchung durch die Zentrifugalkraft geprüft und eventuell verstärkt werden; dabei können die in Tabelle Nr. 49 angegebenen Beanspruchungen um 20 bis 30% überschritten werden.

Beispiel I. Einfluß der Zentrifugalkraft auf die Beanspruchung der Schraubenflügel des Schnelldampfers „Deutschland".

Wie oben soll die Beanspruchung des Flügelquerschnittes im Abstande von 1250 mm von der Welle betrachtet werden.

Die Fläche des Querschnitts ist $F = 2300$ cm².

Das Gewicht des Flügels außerhalb dieses Querschnittes beträgt $G = 1900$ kg.

Der Schwerpunktsabstand dieses Teiles von der Welle ist $r = 1{,}9$ m.

Für $n = 79{,}5$ ist die Umfangsgeschwindigkeit $u = 15{,}8$ m/sek.

Somit

$$C = \frac{G}{g} \cdot \frac{u^2}{r} = 25\,500 \text{ kg, hieraus}$$

$$S_{z2} = \frac{C}{F} = \frac{25\,500}{2300} = 11{,}1 \text{ kg/qcm.}$$

Der Flügel ist nach hinten geneigt; die Zentrifugalkraft übt also außer dem Zug C noch ein Biegungsmoment auf den betrachteten Querschnitt aus.

Es ist $e = 28$ cm; das Widerstandsmoment des Querschnittes um die Achse $\parallel AB$ (Abb. 637) ist:

$$\text{für Zug (in } AB) = \frac{4}{35} l h^2 = 10\,350 \text{ cm}^3 = W_z = 1{,}5\, W_d$$

$$\text{für Druck (in } C) = \frac{8}{105} l h^2 = 6910 \text{ cm}^3 = W_d$$

Somit wird

$$S_{z3} = \frac{M_c}{W_z} = \frac{0{,}7\, e \cdot C}{W_z} = \frac{0{,}7 \cdot 28 \cdot 25\,500}{10\,350} = 48{,}2 \text{ kg/qcm.}$$

$$S_{d3} = \frac{M_c}{W_d} = \frac{0{,}7\, e \cdot C}{W_d} = \frac{0{,}7 \cdot 28 \cdot 25\,500}{6910} = 72{,}3 \text{ kg/qcm.}$$

Die Gesamtbeanspruchung des betrachteten Querschnittes wird somit:

auf Zug (in AB) $S_z = S_{z1} + S_{z2} + S_{z3} = 243 + 11 + 48 = 302$ kg/qcm,

auf Druck (in C) $S_d = S_{d1} - S_{z2} + S_{d3} = 364 - 11 + 72 = 425$ kg/qcm.

Man sieht, daß die Beanspruchung des Flügels durch die Zentrifugalkraft sehr wesentlich erhöht wird, und es ist daher die hohe Sicherheit, welche in Tabelle Nr. 49 zugrunde gelegt ist, gerechtfertigt.

Beispiel II. Noch größeren Einfluß auf die Beanspruchung des Flügels hat die Zentrifugalkraft bei Schrauben mit sehr hoher Tourenzahl.

Bei einem ausgeführten Torpedojäger ist

$$n = 325,\quad H = 2{,}4\text{ m},\quad r = 0{,}665\text{ m},\quad \frac{D}{H} = 1{,}08 \approx 1{,}1.$$
$$N_i = 2610,\quad l = 50\text{ cm},\quad e = 0{,}08\text{ m},$$
$$z = 3,\quad h = 9\text{ cm},\quad k_1 = 0{,}7 \quad \text{angenommen}$$
$$D = 2{,}6\text{ m},\quad d = 0{,}7\text{ m},\quad k_2 = 0{,}6 \quad \text{vgl. Tabelle Nr. 48.}$$

Hieraus $N_e = N_i \cdot 0{,}90 = 2345$.

Nach den Formeln S. 561 ist nach der genauen Berechnung

$$T = \frac{N_e \cdot 1432{,}4}{n \cdot k_2 \cdot D \cdot z} = 2210\text{ kg}.$$

$$\text{Moment von } T = M_T = T\left(k_2 \frac{D}{2} - \frac{d}{2}\right) = 950\text{ mkg}.$$

$$P = \frac{N_e \cdot 3938}{z \cdot H \cdot n} = 3950\text{ kg}.$$

$$\text{Moment von } P = M_P = P\left(k_1 \frac{D}{2} - \frac{d}{2}\right) = 2210\text{ mkg}.$$

Aus der graphischen Zerlegung Abb. 640 ergibt sich

Moment um Achse $XX = M_1 = 2190$ mkg,

„ „ „ $YY = M_2 = 1000$ mkg.

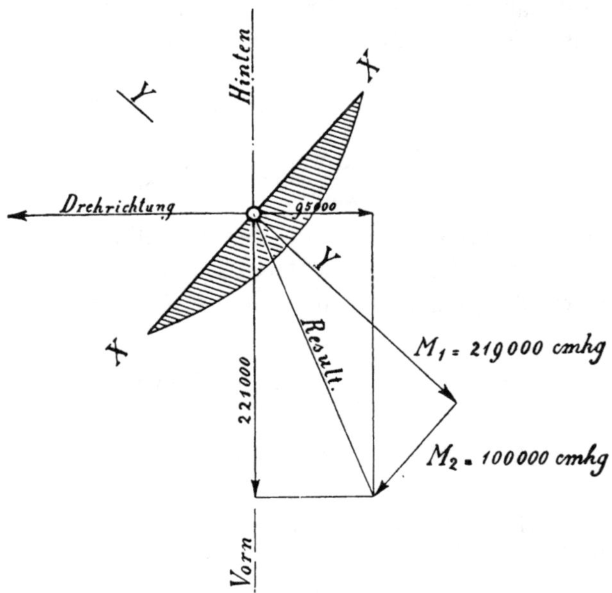

Abb. 640.

Diese Momente erzeugen folgende Spannungen:

$$\text{Zug in } AB \text{ von } M_1 = \frac{35}{4} \frac{M_1}{lh^2} \cdot 100 = 473\text{ kg/qcm}.$$

$$\text{Druck in } C \text{ von } M_1 = \frac{105}{8}\frac{M_1}{lh^2} \cdot 100 = 710 \text{ kg/qcm.}$$

$$\text{Zug in } A \text{ ,, } M_2 = 15\,\frac{M_2}{l^2h} \cdot 100 = 66{,}7 \text{ ,,}$$

$$\text{Druck in } B \text{ ,, } M_2 = 15\,\frac{M_2}{l^2h} \cdot 100 = 66{,}7 \text{ ,,}$$

Hieraus größte Zugspannung in $A = S_{z1} = 473 + 66{,}7 = 539{,}7$,
größte Druckspannung in $C = S_{d1} = 710$ kg/qcm,
Gewicht des Flügelteiles außerhalb des Querschnittes im Abstand $\frac{d}{2} = 350$ mm von der Nabe: $G = 160$ kg.

Umfangsgeschwindigkeit des Schwerpunktes S des Teiles vom Gewicht G:

$$u = \frac{r\pi n}{30} = \frac{0{,}665 \cdot \pi \cdot 325}{30} = 22{,}6 \text{ m/sec.}$$

$$\text{Somit } C = \frac{G}{g}\frac{u^2}{r} = \frac{160 \cdot 22{,}6^2}{9{,}81 \cdot 0{,}665} = 12\,500 \text{ kg.}$$

$$\text{Hieraus } S_{z2} = \frac{S}{F} = \frac{12\,500}{300} = 41{,}7 \text{ kg/qcm.}$$

Das Widerstandsmoment des Querschnittes ist:

$$\text{auf Zug (in } AB)\; W_z = \frac{4}{35}\,lh^2 = 463 \text{ cm}^3,$$

$$\text{auf Druck (in } C)\; W_d = \frac{8}{105}\,lh^2 = 308 \text{ cm}^3.$$

Das Moment der Zentrifugalkraft wird hier wegen der Schräge der Erzeugenden des Flügels und der großen Zentrifugalkraft sehr bedeutend; es wird ($e = 8$ cm):

$$S_{z3} = \frac{M_c}{W_z} = \frac{0{,}7 \cdot 8 \cdot 12500}{463} = 151 \text{ kg/qcm}^{1)}.$$

$$S_{d3} = \frac{M_c}{W_d} = \frac{0{,}7 \cdot 8 \cdot 12500}{308} = 227 \text{ kg/qcm.}$$

Die Gesamtbeanspruchung des Querschnitts somit:

$$S_z = S_{z1} + S_{z2} + S_{z3} = 539{,}7 + 41{,}7 + 151 = 732{,}4 \text{ kg/qcm}$$
$$S_d = S_{d1} - S_{z2} + S_{d3} = 710 - 41{,}7 + 227 = 895{,}3 \text{ ,, ,,}$$

Die Beanspruchung durch den exzentrischen Zug der Zentrifugalkraft ist also hier bedeutend.

§ 289. **Flügelbeanspruchungen bei direktem Turbinenantrieb.** Bei direktem Turbinenantrieb ist die Umdrehzahl fast stets so hoch, daß man Flügel mit geneigter Erzeugenden nicht ausführen kann. Man findet einschließlich der Zentrifugalbeanspruchung als größte Zugspannung:

bei Schnelldampfern	250 bis 350,
„ großen Kriegsschiffen . . .	500 „ 600,
„ Torpedobooten	700 „ 900.

[1]) Der Wert 151 kg/qcm erhöht sich durch die in Richtung XX fallende Komponente der Zentrifugalkraft um einen kleinen Betrag, der hier vernachlässigt ist.

Beispiel I: Schnelldampfer „Imperator" (siehe Abb. 672—675).

Reisewerte:

$$n = 172 \qquad H = 4{,}42 \text{ m}$$
$$N_e = 18750 \qquad l = 149 \text{ cm}$$
$$z = 4 \qquad h = 24{,}3 \text{ cm}$$
$$D = 5{,}08 \text{ m} \qquad \frac{d}{2} = 0{,}6 \text{ m}.$$

$$\text{Somit } M = 0{,}8 \cdot (0{,}66 \cdot 2{,}54 - 0{,}60) \cdot \frac{5400 \cdot 18750}{4 \cdot 4{,}42 \cdot 172} = 28650 \text{ mkg}.$$

Hieraus größte Zugspannung

$$S_{z1} = \frac{35}{4} \cdot \frac{28650 \cdot 100}{149 \cdot 591} = 285 \text{ kg/qcm}.$$

Größte Druckspannung

$$S_{d1} = \frac{105}{8} \cdot \frac{28650 \cdot 100}{149 \cdot 591} = 427 \text{ kg/qcm}.$$

Einfluß der Zentrifugalkraft: Es soll die Beanspruchung des Flügelquerschnittes im Abstande von 600 mm von der Welle betrachtet werden.

Das Gewicht des Flügels außerhalb dieses Querschnittes beträgt $G = 1930$ kg.

Der Schwerpunktsabstand dieses Teiles von der Welle ist $r = 1{,}4$ m.

Für $n = 172$ ist die Umfangsgeschwindigkeit $u = 25{,}2$ m/sek.

$$\text{Somit } C = \frac{G}{g} \cdot \frac{u^2}{r} = 89600 \text{ kg, hieraus}$$

$$S_{z2} = \frac{C}{F} = \frac{89600}{2410} = 37{,}2 \text{ kg/qcm}.$$

Die Schwerpunktsachse sämtlicher Flügelquerschnitte ist nach hinten geneigt; die Zentrifugalkraft übt also außer dem Zug C noch ein Biegungsmoment auf den betrachteten Querschnitt aus. Es ist $e = 4$ cm; das Widerstandsmoment des Querschnittes um die Achse $\| AB$ ist

$$\text{für Zug (in } AB) \; W_z = \frac{4}{35} l \cdot h^2 = 10060 \text{ cm}^3,$$

$$\text{für Druck (in } C) \; W_d = \frac{8}{105} \cdot l \cdot h^2 = 6700 \text{ cm}^3.$$

Somit wird

$$S_{z3} = \frac{M_c}{W_z} = \frac{0{,}7\, e\, C}{W_z} = \frac{0{,}7 \cdot 4 \cdot 89600}{10060} = 24{,}9 \text{ kg/qcm}$$

$$S_{d3} = \frac{M_c}{W_d} = \frac{0{,}7 \cdot e \cdot C}{W_d} = \frac{0{,}7 \cdot 4 \cdot 89600}{6700} = 37{,}4 \text{ kg/qcm}.$$

Die Gesamtbeanspruchung des betrachteten Querschnittes wird somit:

auf Zug (in A und B) $S_z = S_{z1} + S_{z2} + S_{z3} = 285 + 37{,}2 + 24{,}9 = 347{,}1$ kg/qcm

auf Druck (in C) $S_d = S_{d1} - S_{z2} + S_{d3} = 427 - 37{,}2 + 37{,}4 = 427{,}2$ kg/qcm.

Beispeil II: Torpedojäger „Novik" der russischen Marine.

$n = 650$	$H = 2{,}25$ m	$r = 0{,}629$ m	$N_e = 10700$ PS$_e$
$l = 76$ cm	$\frac{D}{H} = 1{,}075 \approx 1{,}1$	$z = 3$	$h = 11{,}2$ cm
$k_1 = 0{,}7$	$D = 2{,}42$ m	$d = 0{,}46$ m	$k_2 = 0{,}6$

$$e = 1{,}68 \text{ cm}.$$

Nach den Formeln S. 561 ist:

$$T = \frac{N_e \cdot 1432{,}4}{n \cdot k_2 \cdot D \cdot z} = 5440 \text{ kg.} \quad \text{Moment von } T = T\left(k_2 \cdot \frac{D}{2} - \frac{d}{2}\right) = 2695 \text{ mkg.}$$

$$P = \frac{N_e \cdot 3938}{z \cdot H \cdot n} = 9600 \text{ kg.} \quad \text{Moment von } P = P\left(k_1 \cdot \frac{D}{2} - \frac{d}{2}\right) = 5930 \text{ mkg.}$$

Aus der graphischen Zerlegung ergibt sich:

Moment um Achse $X - X = M_1 = 5400$ mkg
" " " $Y - Y = M_2 = 3550$ "

Diese Momente erzeugen folgende Spannungen:

$$\text{Zug in } A \text{ und } B \text{ von } M_1 = \frac{35}{4} \cdot \frac{M_1}{l \cdot h^2} \cdot 100 = 496 \text{ kg/qcm}$$

$$\text{Druck in } C \text{ von } M_1 = \frac{105}{8} \frac{M_1}{l \cdot h^2} \cdot 100 = 745 \text{ „ „}$$

$$\text{Zug in } A \text{ von } M_2 = 15 \frac{M_2}{l^2 \cdot h} \cdot 100 = 82{,}5 \text{ „ „}$$

$$\text{Druck in } B \text{ von } M_2 = \frac{15 \cdot M_2}{l^2 \cdot h} \cdot 100 = 82{,}5 \text{ „ „}$$

Hieraus größte Zugspannung in $A = S_{z1} = 496 + 82{,}5 = 578{,}5$ kg/qcm
größte Druckspannung in $C = S_{d1} = 745$ kg/qcm.

Gewicht des Flügelteils außerhalb des Querschnittes im Abstand $\frac{d}{2} = 0{,}23$ m von der Nabe

$$G = 396 \text{ kg.}$$

Umfangsgeschwindigkeit des Schwerpunktes S des Teiles vom Gewicht G:

$$u = \frac{r \cdot \pi \cdot n}{30} = \frac{0{,}629 \cdot \pi \cdot 650}{30} = 42{,}8 \text{ m sek.}$$

$$\text{Somit } C = \frac{G}{g} \cdot \frac{u^2}{r} = \frac{396}{9{,}81} \cdot \frac{42{,}8^2}{0{,}629} = 117\,800 \text{ kg}$$

$$\text{Hieraus } S_{z2} = \frac{C}{F} = \frac{117\,800}{567} = 208 \text{ kg/qcm.}$$

Das Wiederstandsmoment des Querschnittes ist

$$\text{auf Zug (in } A \text{ und } B) \; W_z = \frac{4}{35} l\, h^2 = 1088 \text{ cm}^3,$$

$$\text{auf Druck (in } C) \; W_d = \frac{8}{105} \cdot l \cdot h^2 = 725 \text{ cm}^2.$$

Das Moment der Zentrifugalkraft wird hier ($e = 1{,}68$ cm)

$$M_c = 117\,800 \cdot 1{,}68 = 198000 \text{ kg/cm.}$$

$$S_{z3} = \frac{M_c}{W_z} = \frac{0{,}7\ 198\,000}{1088} = 127{,}5 \text{ kg/qcm,} \quad S_{d3} = \frac{M_c}{W_d} = \frac{0{,}7\ 198\,000}{725} = 191{,}0 \text{ kg/qcm.}$$

Die Gesamtbeanspruchung des Querschnittes somit

$$S_z = S_{z1} + S_{z2} + S_{z3} = 578{,}5 + 208 + 127{,}5 = 914 \text{ kg/qcm}$$
$$S_d = S_{d1} - S_{z2} + S_a = 745 \quad - 208 + 191 \quad = 728 \text{ ,, ,,}$$

Ausführung der Schraube.

§ 29 . **Stärke des Flügels.** Für feste Bronze wird die Flügelstärke h_0 an der Spitze (Abb. 641)

$h_0 = \ 8$ bis 12 mm für $D = 2$ bis 3 m, $h_0 = 18$ bis 22 mm für $D = 4$ bis 6 m,
$h_0 = 13$,, 18 ,, ,, $D = 3$,, 4 ,, $h_0 = 25$ mm . . . . . ,, $D > 6$.

Für Gußeisen nimmt man etwa das 1½fache.

Die Flügelstärke an der Nabe h_u wird für den ersten Entwurf mit ca. 0,4 bis 0,6 d gewählt, wobei mit d der größte Durchmesser des Wellenkonus bezeichnet ist. Hierbei gelten die kleineren Werte für hochbeanspruchte Bronzepropeller, während die größeren für gußeiserne Frachtdampferpropeller üblich sind.

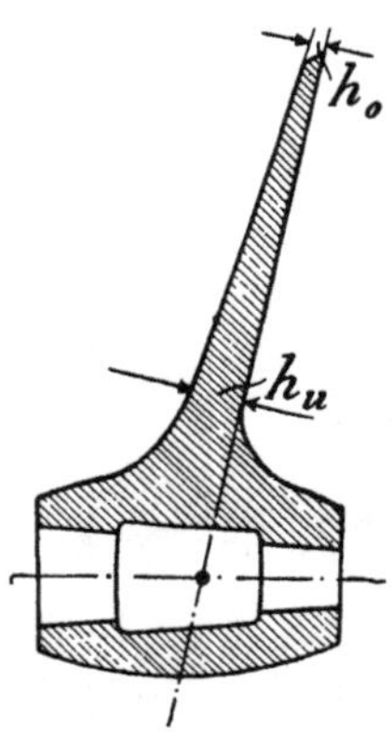

Abb. 641.

Man verbindet dann den Scheitel des äußersten und innersten Querschnittes durch eine gerade Linie, wobei es üblich ist, die unteren Querschnitte gegenüber der so entstehenden Dicke noch etwas zu verstärken, um einen besseren Anschluß an die Nabe zu erhalten. Hierdurch sind die Dicken h für jeden Querschnitt vorläufig festgelegt, und es kann die in den vorhergehenden Paragraphen gezeigte Nachrechnung nunmehr ohne weiteres durchgeführt werden, um eventuell noch notwendige Verstärkungen oder zulässige Verschwächungen vorzunehmen.

Sämtlichen Querschnitten gibt man die Form eines Kreissegmentes; die Kanten des untersten Querschnittes pflegt man auch gegen die Druckfläche zu etwas abzuschärfen (vgl. Abb. 657 u. 664). Den untersten Teil des Flügels läßt man mit einer sehr starken Ausrundung in den Flügelflansch oder in die Nabe übergehen. Die Kanten des Flügels macht man so scharf wie möglich; bei Kriegsschiffen werden die Flügel häufig ganz blank gefeilt.

Besonders sorgfältig werden die Flügel von Turbinenschiffen bearbeitet. Sie werden ganz glatt gefeilt, an den Kanten messerscharf bearbeitet, genau auf richtige Steigung kontrolliert und statisch ausbalanciert. Letztere Vorsicht wird bei sorgfältiger Ausführung übrigens auch vielfach bei Kolbenmaschinenschiffen angewandt (vgl. §§ 293 und 294).

§ 291. **Flügelmaterial.** Für alle Kriegsschiffe und die erstklassigen Fahrzeuge überhaupt verwendet man Mangan- oder Phosphorbronze; Stahlguß verwendet man meist für Eisbrecher und große Schlepper; Gußeisen für die gewöhnlichen Frachtdampfer und die mittleren und kleinen Schiffe von billiger Ausführung. Stahlguß hat den Nachteil, daß er stark rostet, sowie daß er sich beim Gießen leicht verzieht, wodurch die Schraubenfläche ungenau wird. Für kleine Schleppdampfer werden die Flügel auch manchmal aus Stahlblech hergestellt und an die Stahlgußnabe angenietet.

Bei Propellern für direkten Turbinenantrieb wird der hohen Beanspruchung wegen das Material besonders sorgfältig ausgewählt. Es wird in der Regel eine sehr harte Bronze verwendet, welche außer Kupfer und einem bedeutenden Zinkzusatz noch Nickel und andere Materialien enthält. Die entsprechenden Mischungen werden als

Fabrikgeheimnisse betrachtet. Einzelne derselben, wie z. B. die Rübelbronze[1]), welche sich gut bewährt haben, genießen gewerblichen Rechtsschutz.

§ 292. **Herstellung der Schraube** (Abb. 642). Auf einer gußeisernen Formplatte wird eine Spindel, wie solche zur Schablonenformerei gebraucht werden, aufgestellt. Um diese läßt sich ein Streichbrett drehen, welches zugleich auf der Spindel axial verschiebbar ist. Je nach der Konstruktion der Schraube steht das Streichbrett — dessen streichende Kante der Erzeugenden der Schraubenfläche entspricht — senkrecht oder schräg zur Spindel. Rings um die Spindel werden so viele sog. Umfangsschablonen gestellt, als Flügel vorhanden sind; diese Schablonen bestehen aus je einem dreieckigen Blech, welches in einem Radius $\left(\text{etwas größer als } \frac{D}{2}\right)$ gebogen ist und dessen Steigungswinkel α der gewünschten Schraubensteigung entspricht.

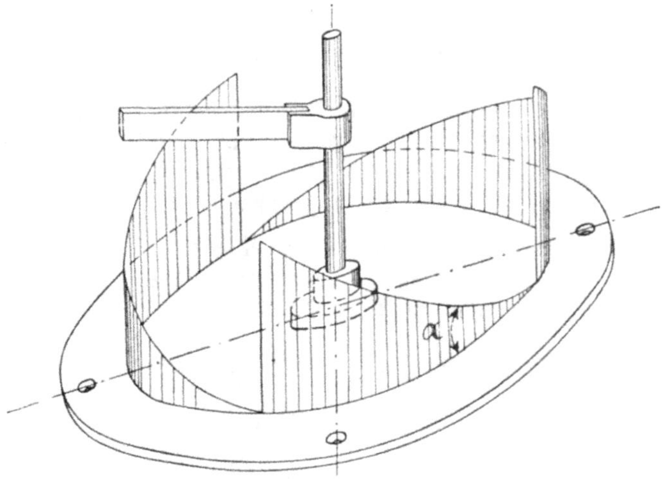

Abb. 642.

Der Raum zwischen Spindel und Umfangsschablone wird in geeigneter Weise mit Formlehm ausgefüllt. Das Streichbrett wird sodann gedreht, während es an der Umfangsschablone geführt wird, und streicht das Formgut derartig ab, daß die Streichfläche die gewünschte Schraubenfläche wird.

Die so entstandene Form für die Hinterfläche des Flügels wird getrocknet, die Flügelmittellinien auf den Streichflächen angerissen und dann mit dem Streichbrett konzentrische Kreise auf denselben angezeichnet. Auf diesen werden, parallel zur Drehachse, die Querschnittsschablonen aus dünnem Blech aufgestellt. (Querschnittsschablonen s. Abb. 657.) Der Raum zwischen diesen Blechen wird mit Formlehm ausgefüllt. Die dadurch entstehende Vorderfläche der Schraube wird geglättet, getrocknet und angestrichen, worauf sie als Modell für den Oberteil der Form gebraucht wird. Ist dieser hergestellt, so werden Querschnittsschablonen und Lehm von der Streichfläche

[1]) Rübels Patente für Propellerbronze erstrecken sich in der Hauptsache auf den Zusatz einer besonderen Legierung zu einer Bronze von 40 Teilen Zink und 45 bis 57 Teilen Kupfer. Diese Zusatzlegierung enthält Vanadium, Kupfer, Aluminium und außerdem entweder Eisen oder Nickel oder Mangan, eventuell von den 3 letzteren auch zwei oder alle drei gleichzeitig, und zwar sollen einzelne dieser Metalle in der Zusatzlegierung im Verhältnis ihrer Atomgewichte auftreten. Vergl. D.R.-Patent Nr. 254660.

entfernt und die Gußform nur noch durch Anfügung der Form für Nabe oder Flügelflansch vervollständigt.[1])

§ 293. **Propellernabe.** 1. Naben mit angegossenen Flügeln. Bei kleineren Propellern gießt man Nabe und Flügel in einem Stück (s. Abb. 646—650).

Auch für große Umfangsgeschwindigkeiten (direkter Turbinenantrieb) werden Propeller aus einem Stück verwendet, da sich die Verbindung der verhältnismäßig kleinen Flügel mit der Nabe nicht hinreichend solide ausführen läßt, ohne die Strömungsverhältnisse am Propeller zu ungünstig zu beeinflussen. Man verfolgt diese Praxis bis zu den größten Abmessungen (vgl. die Propeller des Schnelldampfers „Imperator" von 5080 mm Durchmesser, Abb. 672 bis 675).

Ist d der Durchmesser der Propellerwelle in Millimetern, dann ist:

Länge der Nabe $L =$ ca. $2{,}3\,d$ bis $2{,}6\,d$,
größter Durchmesser der Nabe $d_n =$ ca. $2{,}0\,d$ bis $2{,}3\,d$,
Konizität der Propellerwelle 1 : 10 bis 1 : 16.

In der Regel spart man den mittleren Teil der Nabe aus, um deren Gewicht zu reduzieren und um das Aufpassen des Propellers auf den Konus zu erleichtern. Die Nabe muß besonders am dicken Ende des Konus ganz genau auf die Welle passen, damit das Drehmoment der Welle an deren stärkster Stelle entnommen wird.

Die Befestigung der Nabe geschieht durch eine oder zwei starke Federn (zwei Federn werden zwar meist bei Kriegsschiffen angewendet, es ist jedoch auch bei den größten Schrauben eine Feder genügend).

$$\text{Breite der Feder } b = \frac{d}{6} + 15 \text{ mm},$$

$$\text{Stärke der Feder } 0{,}5\,b \text{ bis } 0{,}6\,b.$$

Sind zwei Federn vorhanden, so kann die Breite b auf $0{,}8\,b$ reduziert werden.

Die Feder muß in Nabe und Konus an ihren Seiten ganz genau passen; oben kann sie etwas Spielraum haben. Man paßt zuerst die Nabe ohne Federn ganz genau auf, nimmt die Nabe dann wieder ab, setzt die Federn in die Welle ein und zieht nunmehr die Nabe wieder auf, welche sich nun ebenso weit auf den Konus aufschieben lassen muß, als ohne Federn. Die Federn reichen meistens über die ganze Länge der Nabe; manchmal, bei kleinen Propellern, nur über die vordere Hälfte.

Die Propellermutter erhält feines Gewinde; sie wird entweder durch Knaggen oder Schlitze (s. Abb. 643 und 644) angezogen.

Durchmesser der Mutter $d_1 = 1{,}4\,da$ bis $1{,}5\,da$,
Höhe der Mutter $h_1 = 0{,}75\,da$ bis $0{,}85\,da$,

dabei bedeutet d_a den äußeren Gewindedurchmesser. Die kleineren Werte gelten für größere Muttern. Die obigen Verhältniszahlen sind gebräuchlich für Wellen über 120 mm Durchm. im Gewinde; sonst wählt man d_1 nach der Schraubentabelle, so daß $d_1 =$ Flachkant der Sechskantmutter.

[1]) Wenn es sich bei gebauten Propellern, wo Flügel und Nabe getrennt hergestellt werden, um die Anfertigung einer größeren Anzahl von Flügeln handelt, so gießt man einen Modellflügel aus Gußeisen, welcher auf die gleiche Art wie oben mittels Schablonen, jedoch im doppelten Schwindmaß eingeformt wird. Der fertig geputzte Flügel wird dann für die folgenden Flügel als Modell für einfachen Kastenguß benutzt.

Damit die Mutter sich nicht losdrehen kann, wird dieselbe gut gesichert. (Vgl. hierzu auch § 237). Um sie bei der Montage leicht aufsetzen zu können, läßt man das Gewinde der Propellerwelle in einen langen Spiegel auslaufen.

2. Naben mit aufgeschraubten Flügeln. Bei Propellern von etwa 3 bis 4 m Durchm. an für Handelsschiffe und von etwa 2 bis 2,5 m Durchm. an für Kriegsschiffe, werden die Flügel im allgemeinen auf die Nabe aufgeschraubt (außer bei Turbinenschiffen mit direktem Antrieb, s. oben).

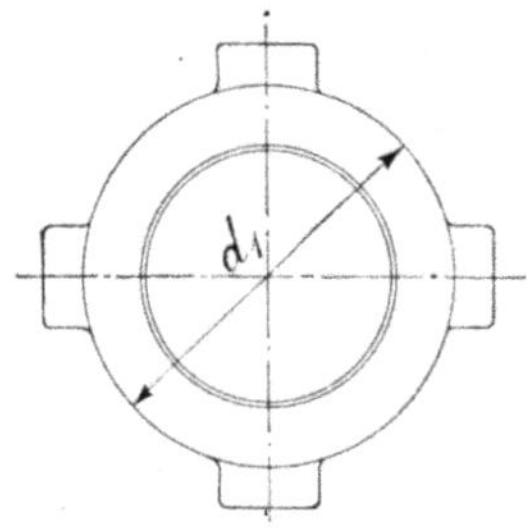

Abb. 643.

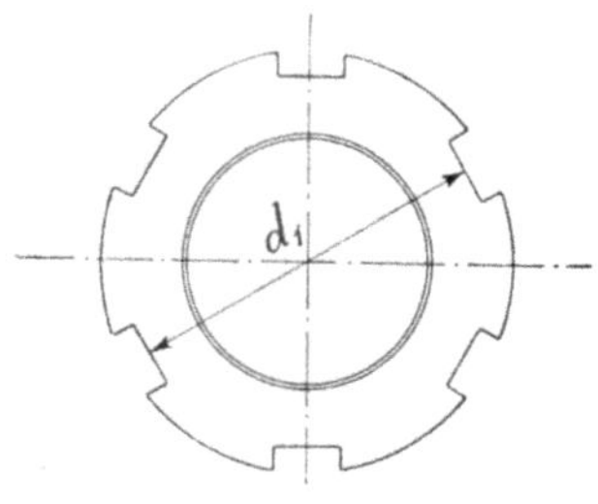

Abb. 644.

Bei sorgfältiger Ausführung werden die Flügelflanschen gut auf die Nabenflächen aufgepaßt, damit das Wasser nicht unter den Flansch treten kann, manchmal auch durch einen Gummiring gegen die Nabe abgedichtet.

Stärke des Flügelflansches $f_1 = 0{,}18\,d$ bis $0{,}22\,d$ für Bronze oder Stahlguß.

Durchmesser des Flügelflansches $D_1 = 1{,}9\,d$ bis $2{,}3\,d$.

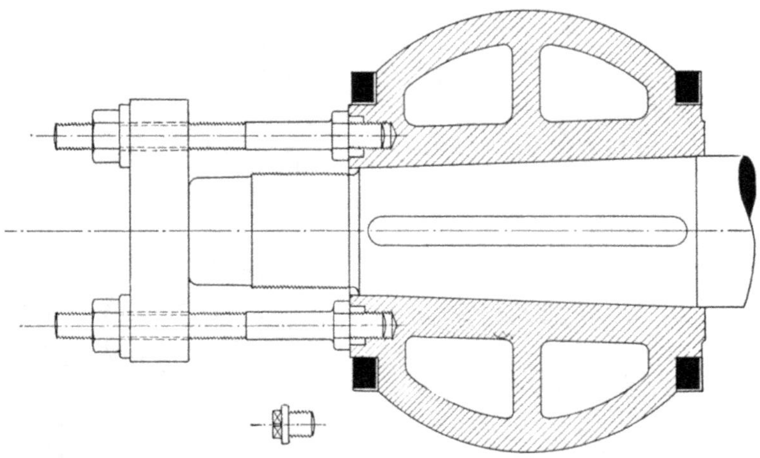

Abb. 645.

Dem Flanschdurchmesser entsprechend wird der äußere Durchmesser der Nabe:

$d_n =$ ca. $1{,}3\,D_1$ bei Schrauben mit 3 Flügeln,
$d_n =$ „ $1{,}5\,D_1$ „ „ „ 4 „

Länge der Nabe:

$L =$ ca. $1{,}1\,D_1$ für Naben ohne Schrumpfringe,
$L =$ „ $1{,}25\,D_1$ „ „ mit Schrumpfringen.

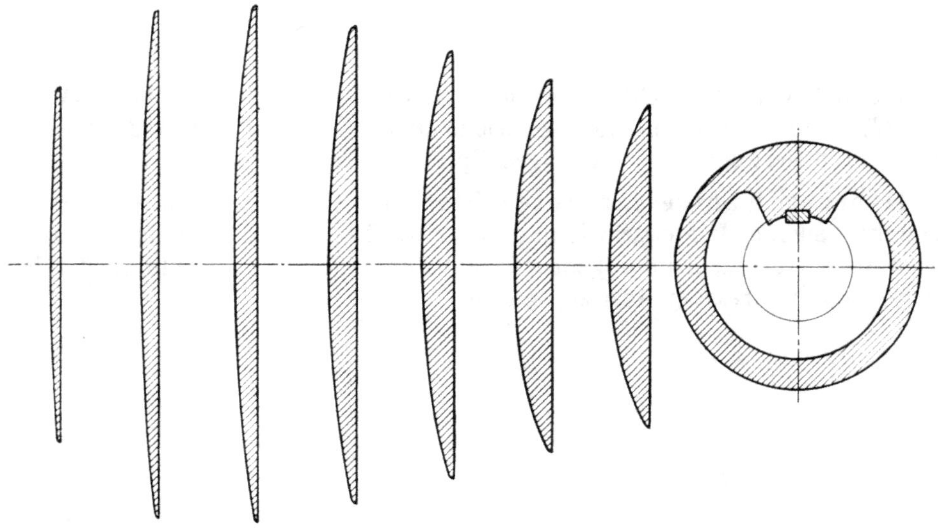

Abb. 649.

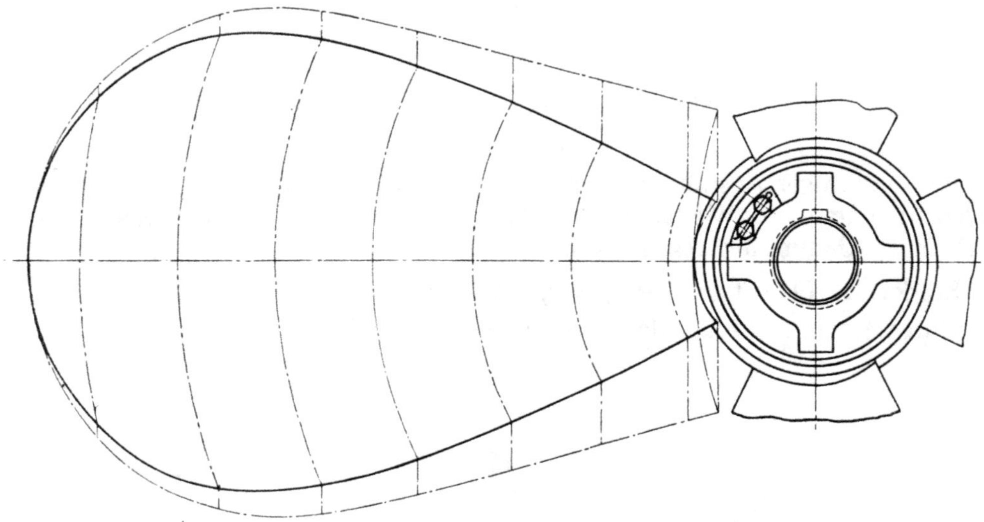

Abb. 647.

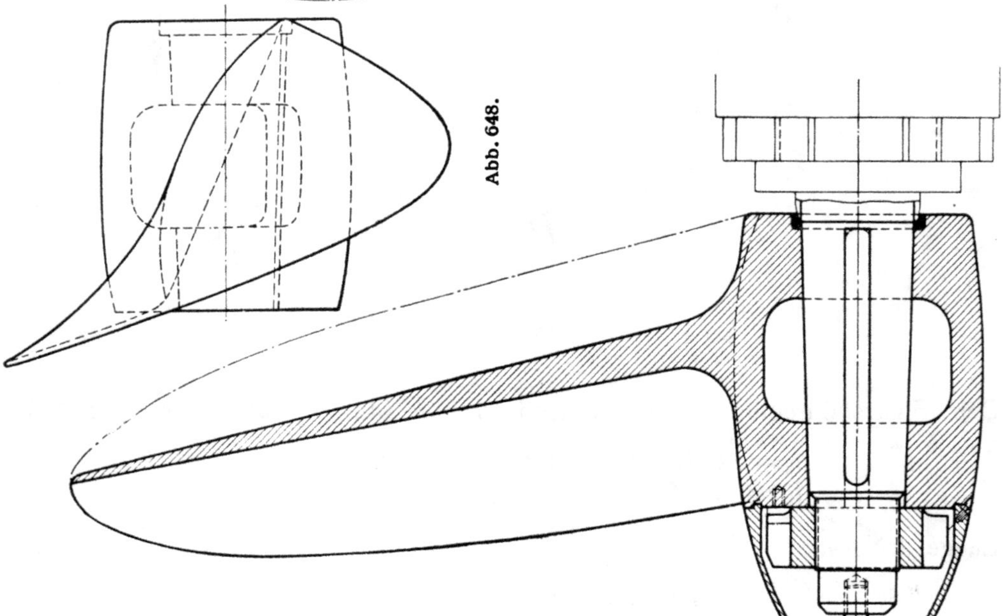

Abb. 648.

Abb. 646.

Stärke der Nabe im Konus, d. h. Wandstärke des Konus

$$c_1 = 0{,}19\,d \text{ bis } 0{,}22\,d \text{ für Bronze,}$$
$$c_1 = 0{,}18\,d \text{ „ } 0{,}21\,d \text{ „ Stahlguß,}$$
$$c_1 = 0{,}22\,d \text{ „ } 0{,}24\,d \text{ „ Gußeisen.}$$

Stärke der vorderen und hinteren Wand der Nabe

$$w_1 = 0{,}22\,d \text{ für Bronze,}$$
$$w_1 = 0{,}20\,d \text{ „ Stahlguß,}$$
$$w_1 = 0{,}24\,d \text{ „ Gußeisen.}$$

Bei allen diesen Formeln bedeutet d den Durchmesser der Propellerwelle.

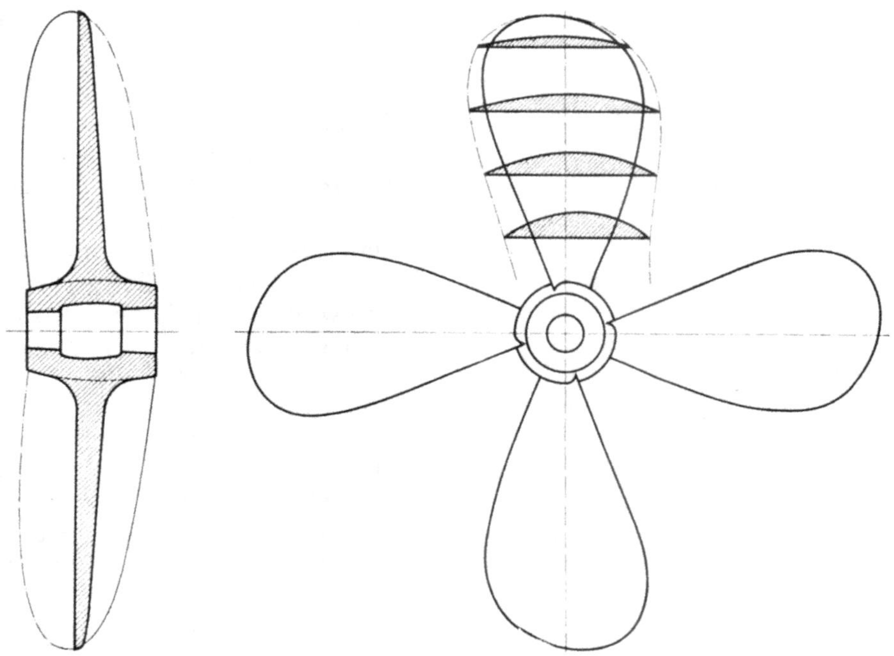

Abb. 650.

Die Befestigung der Flügel geschieht immer durch kräftige, sehr fest eingedrehte Stiftschrauben.

Gesamtareal aller Stiftschrauben für sämtliche Flügel zusammen im Kerndurchmesser = 0,65 bis 0,85 mal Areal des Wellendurchmessers (d).

Eine genauere Berechnung der Stifte kann auf Grund der Beanspruchung, welche sie durch den axialen Schub, das Drehmoment und die Zentrifugalkraft erfahren (vgl. „Festigkeit der Flügel"), geschehen.

Anzahl der Stiftschrauben: 6 bis 10 Stück für jeden Flügel.

Material derselben: Am besten ist guter Stahl, vor allem Nickelstahl wegen seiner großen Festigkeit und Haltbarkeit, auch wenn bereits Risse oder Kerben an seiner Oberfläche vorhanden sind. Manchmal wird Bronze verwendet, diese ist jedoch nicht zuverlässig, auch wenn die festesten und besten Bronzesorten gewählt werden.

Die Löcher in den Flügelflanschen werden oval gebohrt, damit die Schraubensteigung verstellt werden kann; man rechnet dabei auf eine Verstellbarkeit von $^1/_{15}$ bis $^1/_{20}$ der Steigung mehr und ebensoviel weniger als die mittlere Steigung.

Als Muttern findet man meist Kapselmuttern aus Bronze, welche in geeigneter Weise gesichert sind (siehe Abb. 654, 660, 667).

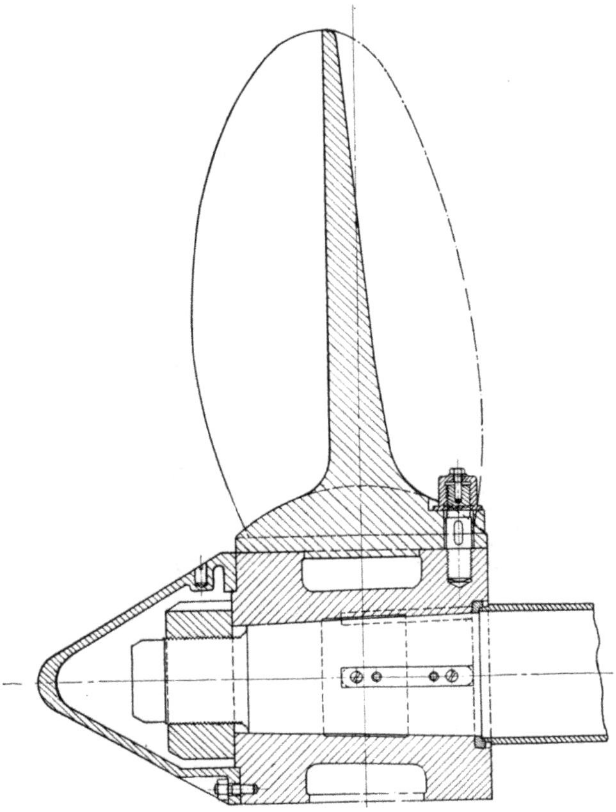

Abb. 651.

Propellerhaube. Zum Schutz der Propellermutter und auch zur Vermeidung von Wirbelbildungen hinter der Nabe wird bei großen und bei schnellfahrenden Schiffen häufig eine Haube aus Gußeisen oder Bronze auf die Hinterfläche der Nabe aufgeschraubt (Abb. 646, 654, 669, 675 u. a. m.).

Verschiedene Bemerkungen. In der Hinterfläche der Nabe werden zwei möglichst große Gewindelöcher angebracht, um in dieselben Stifte zum Abziehen des Propellers einschrauben zu können. Abziehvorrichtung Abb. 645. Bei großen Propellern wird eventuell auch die zum Losnehmen der Wellenkuppelungen bestimmte hydraulische Presse zum Abziehen der Nabe eingerichtet. Meistens werden ein oder mehrere Reserveflügel (selten auch eine Nabe) mitgeliefert resp. eine Reserveschraube, wenn Nabe und Flügel aus einem Stücke bestehen. Die konische Bohrung der Reservenabe soll schon in der Werkstatt möglichst gut auf BB. — und St. B. — sowie auch auf die Reservewelle aufgepaßt werden. Jedenfalls empfiehlt es sich, für eilige Reparaturen eine Schablone für den Konus und für Nut und Feder der Propellerwelle aufzubewahren.

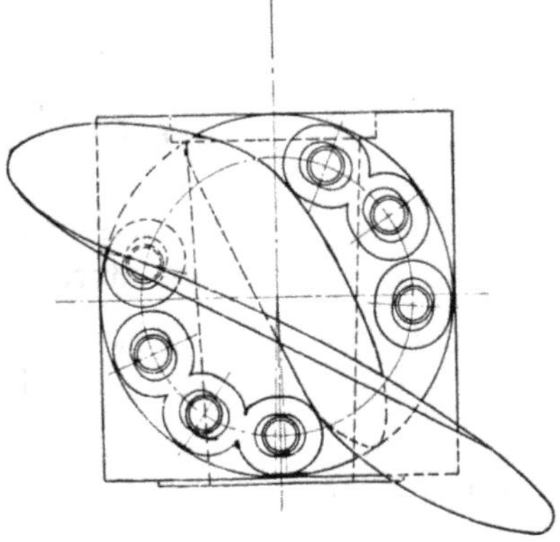

Abb. 652.

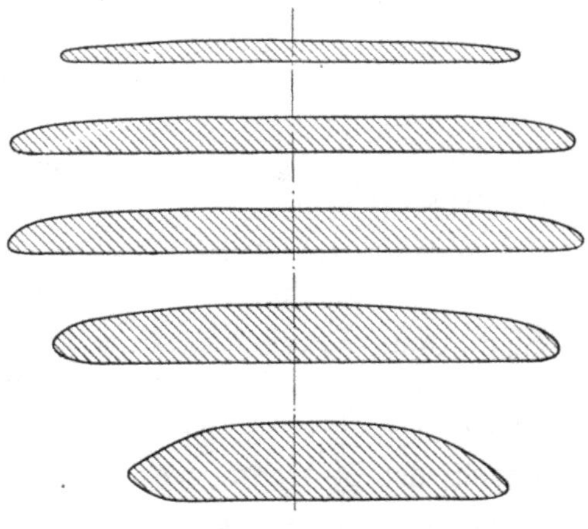

Abb. 653.

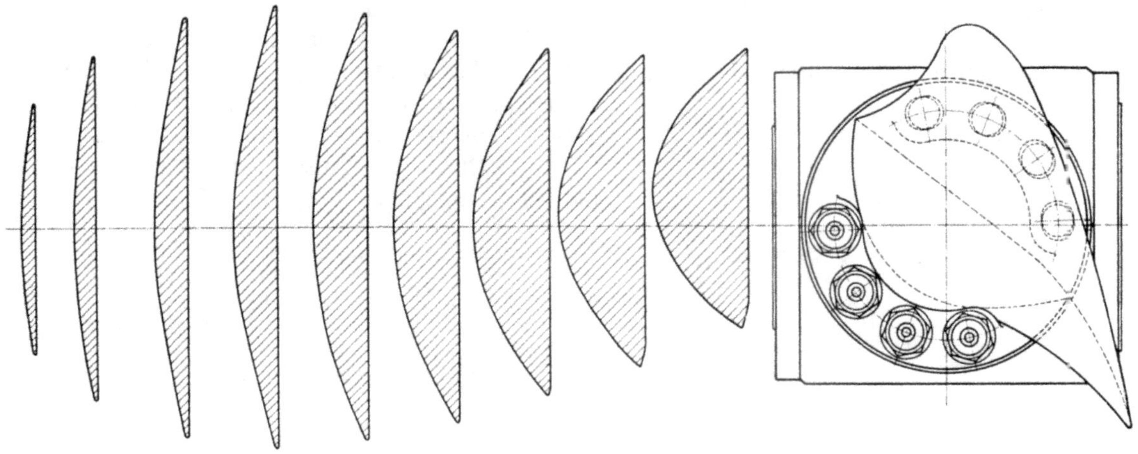

Abb. 656.

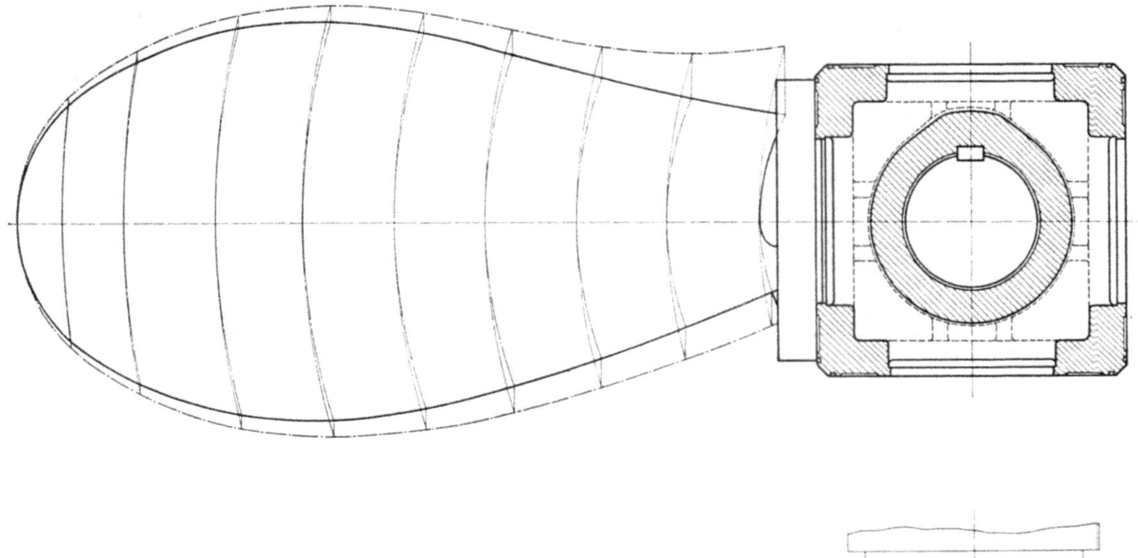

Abb. 655.

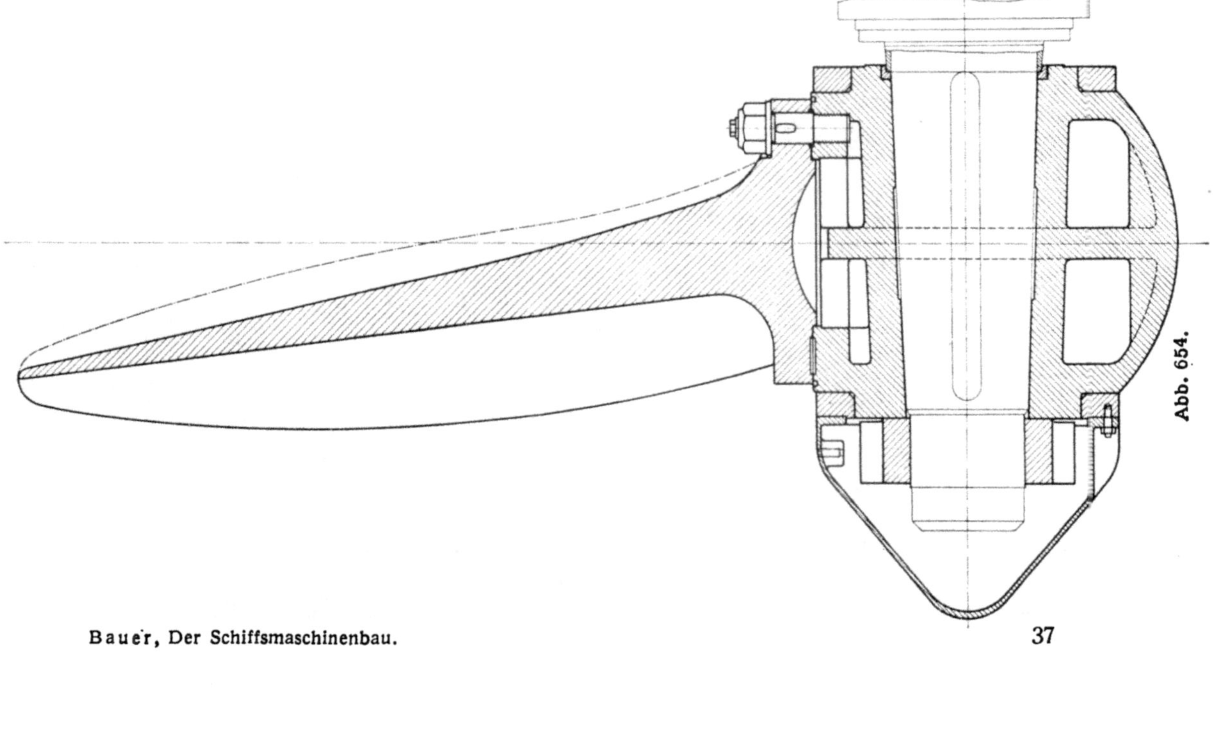

Abb. 654.

Damit kein Seewasser zwischen Nabe und Welle eindringen kann, wird das vordere Ende des Konus durch eine niedrige Stopfbüchse mit Gummiring oder eine ähnliche Einrichtung (Abb. 646, 654, 660, 669) gegen das Wasser abgedichtet. Die ganze Nabe wird, soweit sie hohl ist, mit Talg ausgefüllt, ebenso wird Talg durch ein besonderes Loch in die Aussparung der Nabenbohrung eingepreßt.

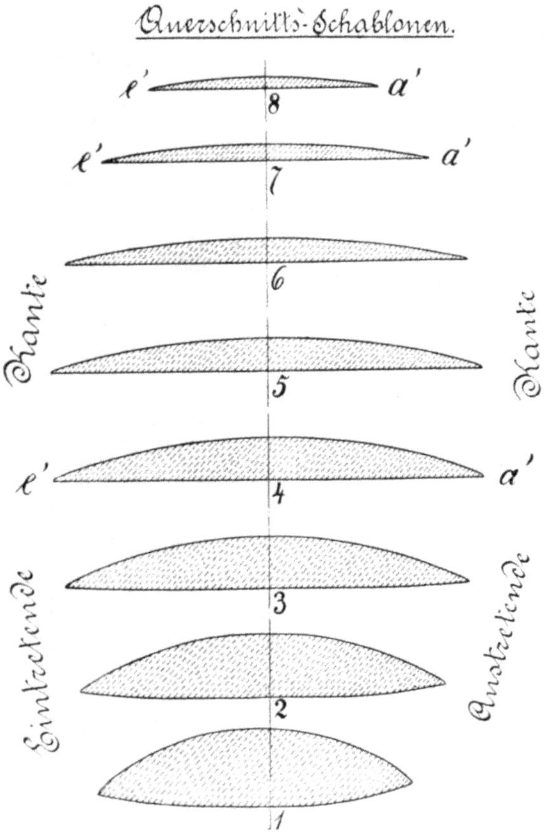

Abb. 657.

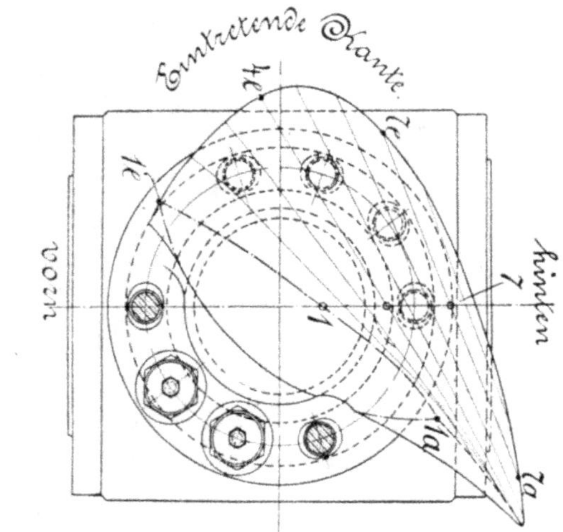

Abb. 658.

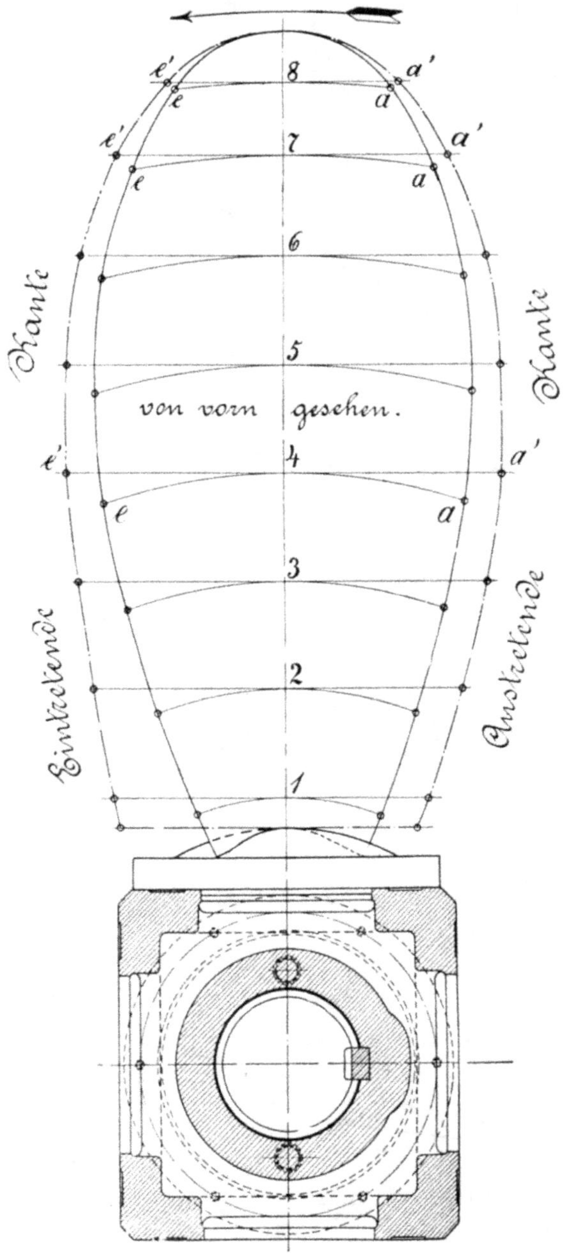

Abb. 659.

Die Muttern werden häufig ringsum mit Zement verstrichen, damit die Nabe äußerlich glatt ist; bei Kriegsschiffen sitzen die Muttern meist unter einem Blechmantel, so daß die Nabe die Form einer glatten Kugel annimmt (Abb. 665 bis 668).

Damit die Schraube nicht schlägt, balanciert man sie häufig statisch aus, so daß ihr Schwerpunkt genau im Wellenmittel liegt. Man erreicht dies durch Anbringen geeigneter Bleigewichte unter den angeschraubten Flügeln oder an einer anderen geeig-

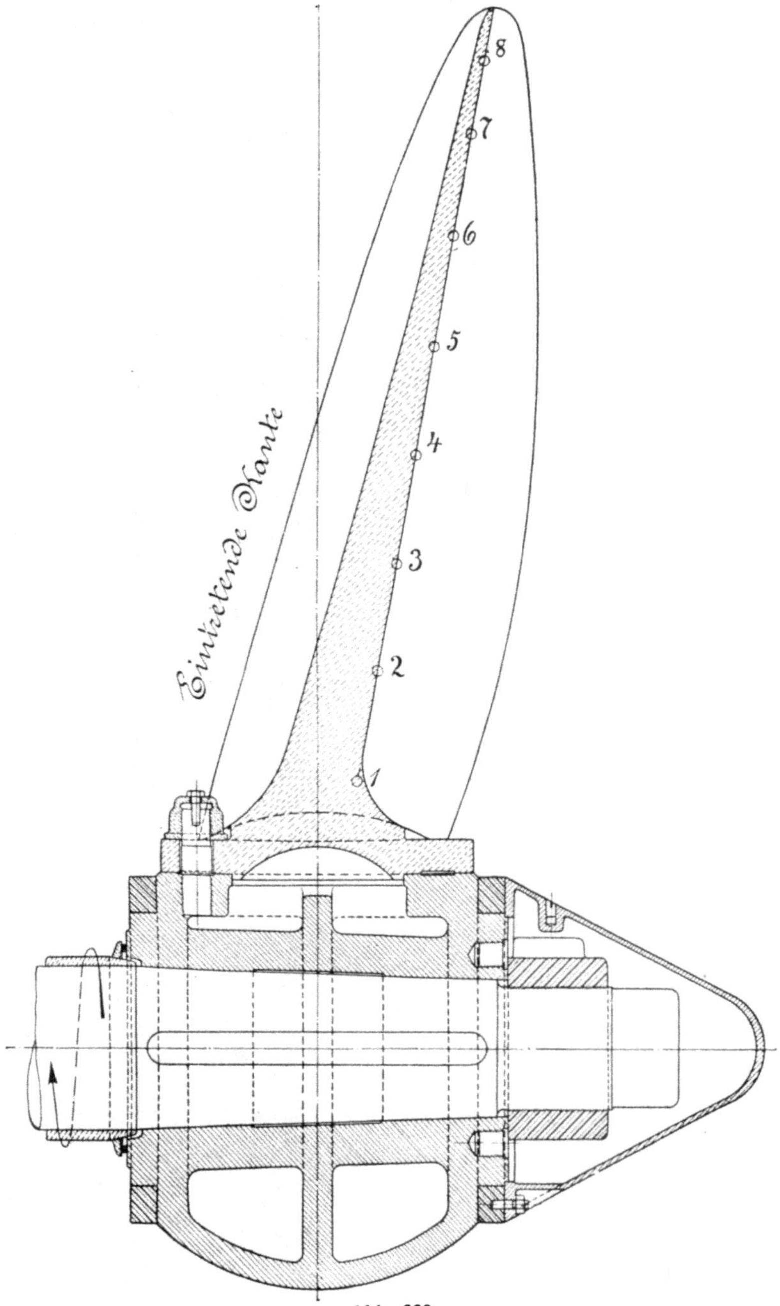

Abb. 660.

neten Stelle der Nabe. Bei Turbinenpropellern wäre eine derartige Befestigung von Gewichten nicht haltbar genug; man muß also die Balance durch Abfeilen oder Abarbeiten der zu dicken Stellen der Flügel herstellen.

In die Flügel bohrt man häufig, ungefähr $^1/_3$ der Flügellänge von der Spitze entfernt, ein Loch zur Aufnahme eines Augbolzens zum Transport und zum Aufsetzen der Flügel auf die Nabe. Bei hochbeanspruchten Propellern ist es besser, auf das Einbohren dieses Loches zu verzichten.

§ 294. **Bearbeitung der Propellerflügel.**[1]) In den letzten Jahren hat man begonnen, die Propellerflügel an den Druckflächen auf besonderen Maschinen mechanisch zu be-

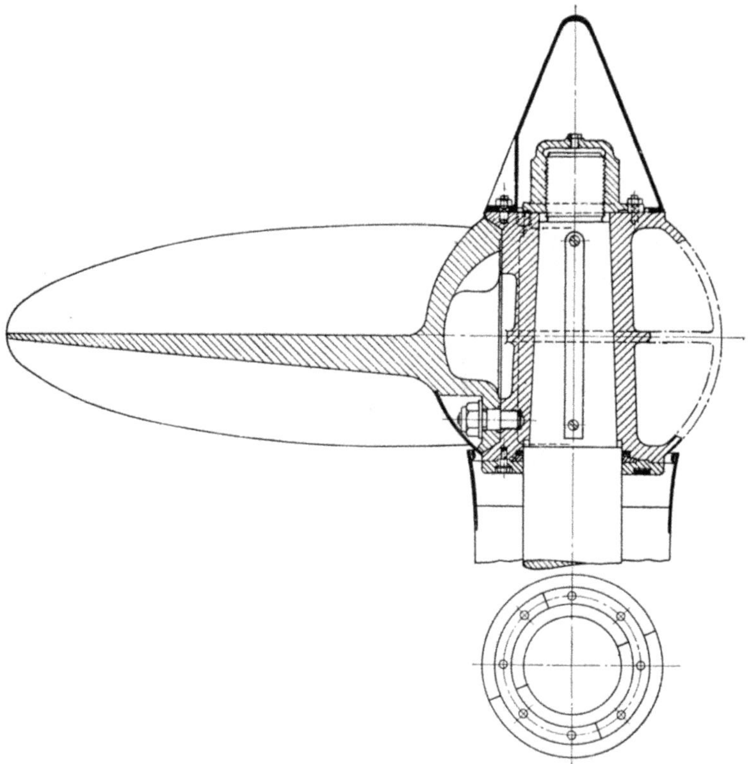

Abb. 662.

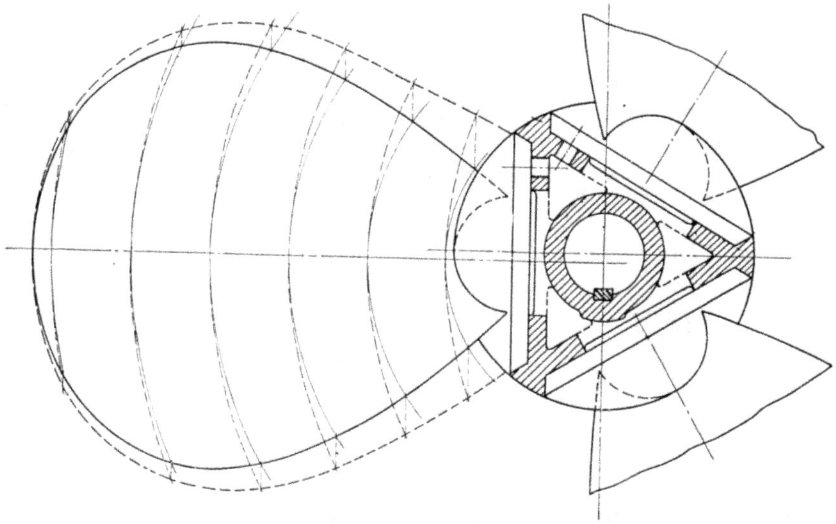

Abb. 661.

arbeiten, derart, daß die bearbeitete Fläche eine mathematisch genaue Schraubenfläche der gewünschten Art darstellt.

[1]) Vgl. Deutsches Reichspatent 145007 und Engineerung 1903.

Für große Flügel hat man eine Maschine konstruiert, welche im wesentlichen aus einem horizontal über dem Flügel hin und her schwingenden Arm, dessen Schwingungsmittelpunkt in der Propellerachse liegt, besteht. Auf diesem Arm wird ein Schlitten entlanggeführt, an welchem ein Stahlhalter in einer Hülse sich vertikal auf und nieder bewegt, so daß der Stahl durch die kombinierte Schwingbewegung des Armes und Vertikalbewegung des Stahlhalters Schraubenlinien beschreibt.

Für die Bearbeitung der Druckfläche von kleineren Flügeln verwendet man gewöhnliche Plandrehbänke. Der Propeller wird gegen die Planscheibe gespannt; diese erhält durch eine be-

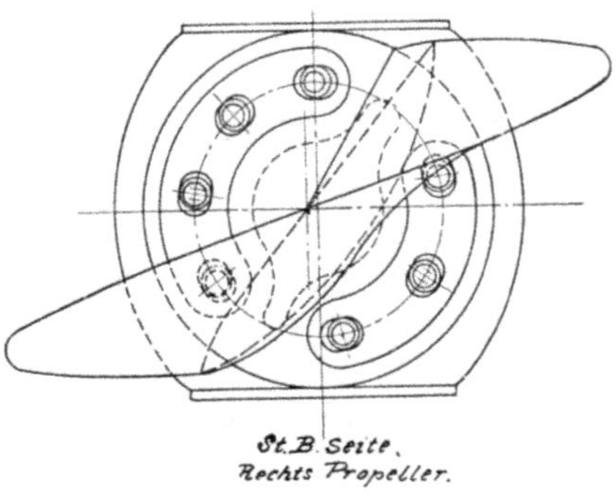

Abb. 663.

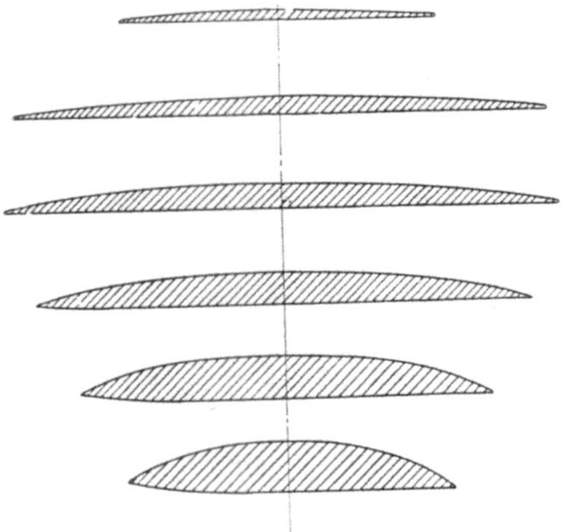

Abb. 664.

sondere Vorrichtung eine Bewegung von periodisch wechselndem Drehsinn, während gleichzeitig, dem Steigungsverhältnis entsprechend, der Support zwangläufig sich gegen die Planscheibe hin- und von derselben zurückbewegt, so daß die Spitze des Stahls die Flügelfläche in Schraubenlinien bestreicht[1]).

§ 295. **Erklärung der Abbildungen ausgeführter Schrauben.**

1. Abb. 646 bis 649 zeigen den gußeisernen Propeller eines Schleppers mit einer Maschine. Es ist

die Leistung $N = 700$ PS$_i$,
„ Geschwindigkeit V (ohne Schleppzug) $= 9{,}5$ Knoten,
„ Umdrehungszahl $n = 105$,
der Durchmesser $D = 3{,}200$ m,
die Steigung $H = 3{,}600$ m,
„ Flügelzahl $Z = 4$,
„ abgewickelte Flügelfläche für alle Flügel zusammen $F_a = 4{,}18$ qm.

Die Abwicklung der Flügelfläche ist nach Methode II Anhang VII vorgenommen. Die Erzeugende der Schraubenfläche ist etwas schräg nach hinten geneigt. Die Propellernabe ist ausgespart; nur da wo die Feder sitzt, ist die Aussparung vollgegossen. Die Propellermutter ist von einer Haube eingeschlossen, welche durch eine in den Gewindekern der Propellerwelle eingeschraubte, gesicherte Kopfschraube befestigt ist. Die Mutter besitzt zum Anziehen mit Hammer oder Ramme 4 Knaggen und ist solide gesichert.

[1]) Vgl. Deutsches Reichspatent 148349.

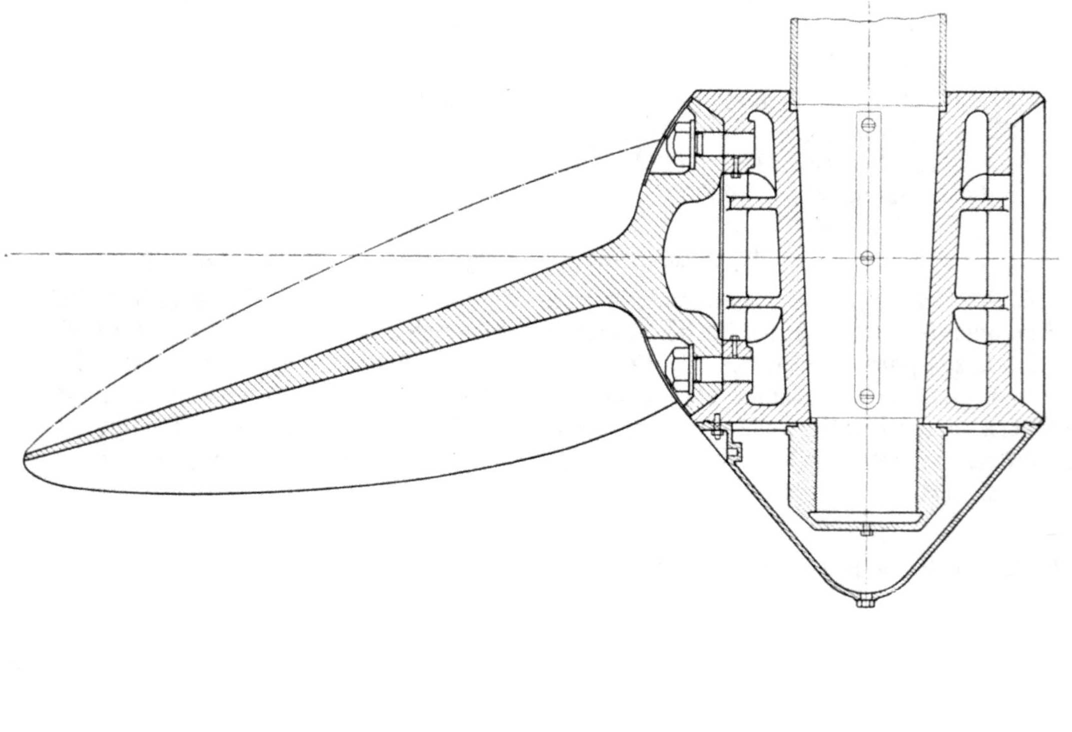

Abb. 665.

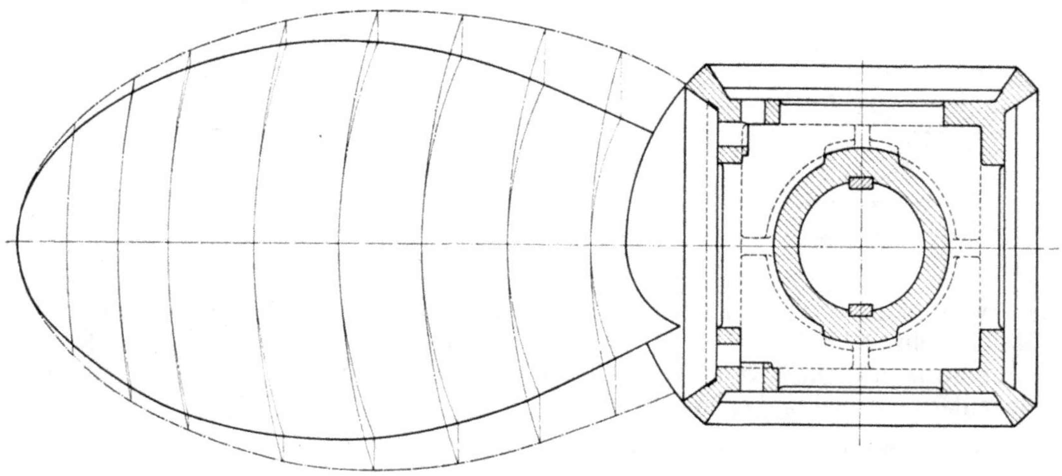

Abb. 666.

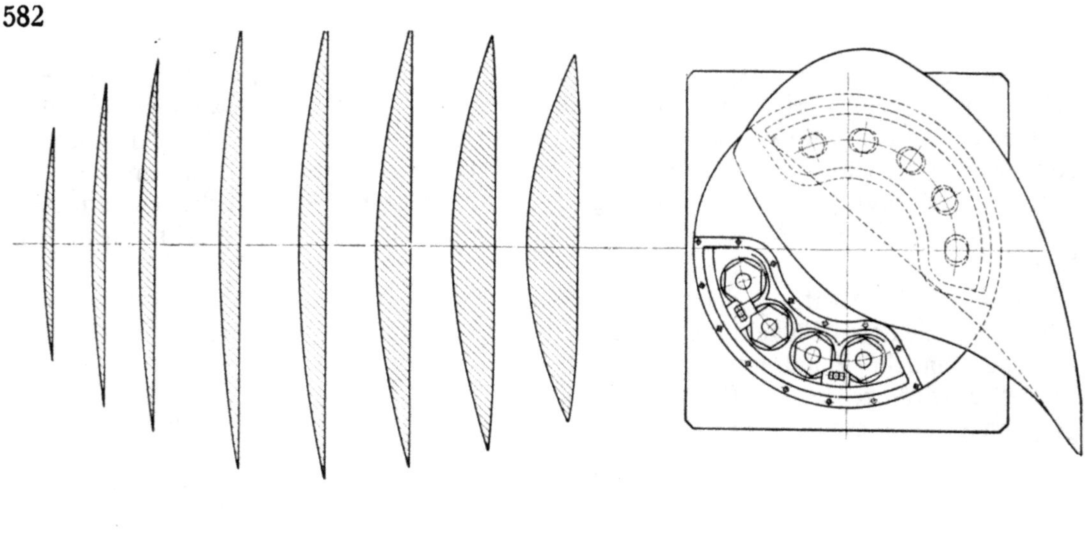

Abb. 667.

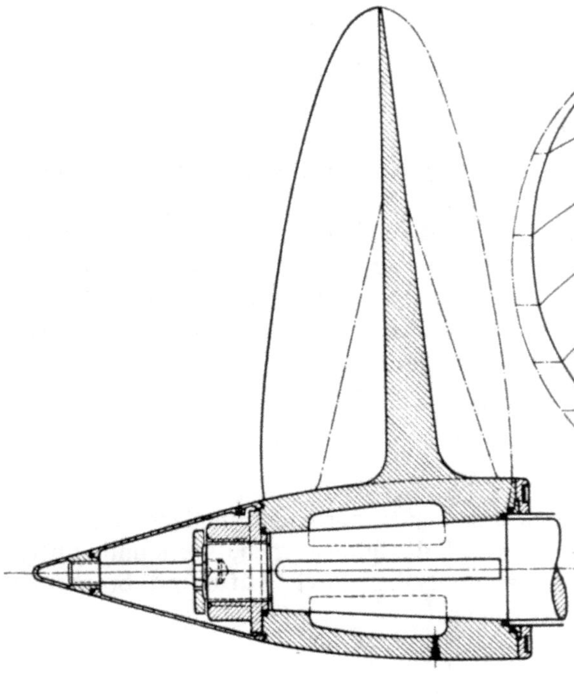

Abb. 669.

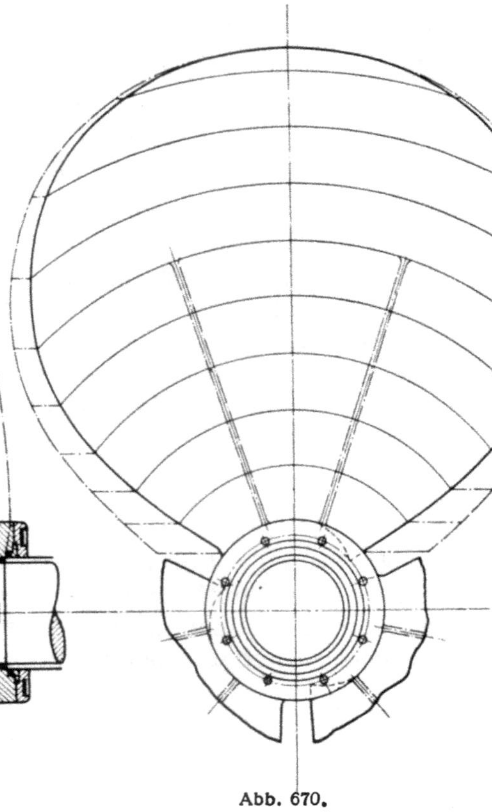

Abb. 670.

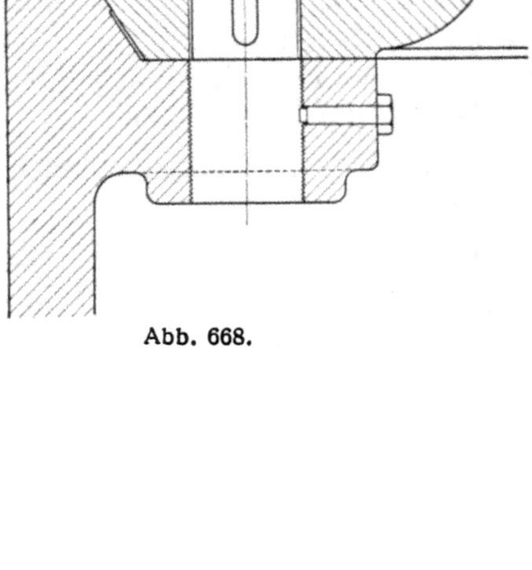

Abb. 668.

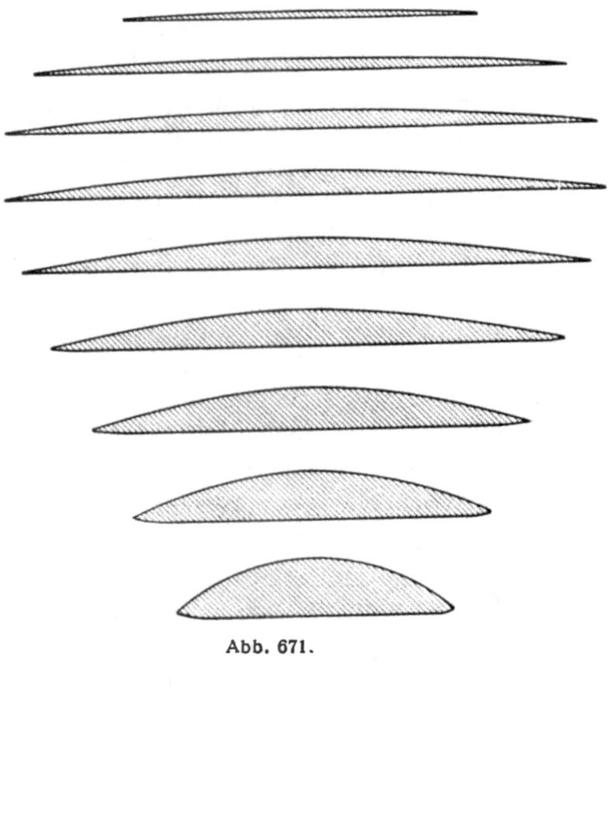

Abb. 671.

2. Den gußeisernen Propeller eines noch kleineren Schleppers einfachster Ausführung zeigt Abb. 650. Der Umriß des Flügelblatts ist unsymmetrisch, und zwar in bezug auf den Drehsinn zurückgekrümmt (vgl. § 257). Es ist

$$N_i = 130 \text{ PS}_i, \quad V = 8{,}0 \text{ Kn}, \quad n = 150$$
$$D = 1{,}666 \text{ m}, \quad H = 2{,}477 \text{ m}, \quad z = 4$$
$$F_a = 0{,}893 \text{ qm}.$$

3. Abb. 651 bis 653 veranschaulichen den 4flügeligen Propeller des großen russischen Eisbrechers „Zar Michail Fjedorowitsch“. Dieser Eisbrecher besitzt zwei hintere und eine vordere Schraube. Die Abbildungen stellen die hintere Schraube dar. Die Stahlgußflügel sind auf der gußeisernen Nabe befestigt und besitzen, wie die beigegebenen Querschnitte zeigen, eine ganz außerordentliche Stärke; sie sind nicht für die Erzielung eines günstigen Wirkungsgrades, sondern lediglich auf Widerstandsfähigkeit beim Arbeiten im Eise berechnet. Die Hauptdaten sind folgende:

$$N_i = 3 \times 1500 \text{ PS}_i, \quad V = 13{,}5 \text{ Kn}, \quad n = 100,$$
$$D = 3{,}20 \text{ m}, \quad H = 4{,}90 \text{ m}, \quad z = 4,$$
$$F_a = 3{,}87 \text{ qm}.$$

4. Abb. 654 bis 656. Gußeiserne Schraube eines normalen modernen Frachtdampfers. Die vier sehr kräftigen Flügel sind auf der gußeisernen, vorn und hinten mit schmiedeeisernen Schrumpfringen versehenen Nabe durch Stifte mit bronzenen Muttern sehr solide befestigt. Hauptabmessungen:

$$N_i = 4400 \text{ PS}_i, \quad V = 13 \text{ Kn}, \quad n = 72,$$
$$D = 6{,}300 \text{ m}, \quad H = 5{,}700 \text{ m}, \quad z = 4,$$
$$F_a = 11{,}84 \text{ qm}.$$

5. Abb. 657 bis 660 zeigen die Schraube eines großen Doppelschrauben-Postdampfers (für Beförderung von Fracht und Passagieren). Die Flügel sind aus Manganbronze, die Nabe aus Gußeisen. Hauptdaten:

$$N_i = 2 \times 4500 \text{ PS}_i, \quad V = 14{,}5 \text{ Kn}, \quad n = 80,$$
$$D = 5{,}7 \text{ m}, \quad H = 6{,}5 \text{ m}, \quad z = 4, \quad F_a = 9{,}2 \text{ qm}.$$

Die Abwicklung der Flügelfläche geschah nach Methode 1 Anhang VII. Die Stifte zur Befestigung der Flügel sind aus Siemens-Martin-Stahl, die dazugehörigen Kapselmuttern aus geschmiedeter Bronze. Vorn und hinten ist die Nabe durch starke Schrumpfringe aus Schmiedeeisen verstärkt. Die Löcher im Flügelflansch sind oval, so daß sich die Schraubensteigung von 6100 bis 6900 mm verstellen läßt. Die Erzeugende der Schraubenfläche ist etwas schräg nach hinten geneigt.

6. Abb. 661 bis 664. Dreiflügeliger Propeller aus Bronze eines kleinen Kreuzers. Die Flügel dieses mit Kolbenmaschinen ausgerüsteten Schiffes sind mit bronzenen Stiften auf der ebenfalls aus Bronze hergestellten Nabe befestigt. Um die Steigung variieren zu können, sind die Schraubenlöcher in den Flügeltellern wie üblich etwas oval ausgeführt. Die Kapselmutter besteht aus Bronze. Eine kleine Stopfbüchse mit eingelegtem Gummiring verhindert den Zutritt des Wassers zum Propellerkonus.

7. Abb. 665 bis 668. Vierflügeliger mittlerer Propeller des Dreischraubenlinienschiffes „Rheinland“ der deutschen Kriegsmarine. Hauptabmessungen:

$$\text{Leistung der Kolbenmaschine } N_i = 3 \times 6666 \text{ PS}_i, \quad V = 19 \text{ Kn}, \quad n = 117,$$
$$D = 5000 \text{ m}, \quad H = 5800 \text{ m}, \quad z = 4, \quad F_a = 8{,}31 \text{ qm}.$$

Nabe und Flügel bestehen aus Bronze, letztere besitzen stark nach hinten geneigte Erzeugende. Die Flügelmuttern sind, um eine glatte Strömung längs der Nabe

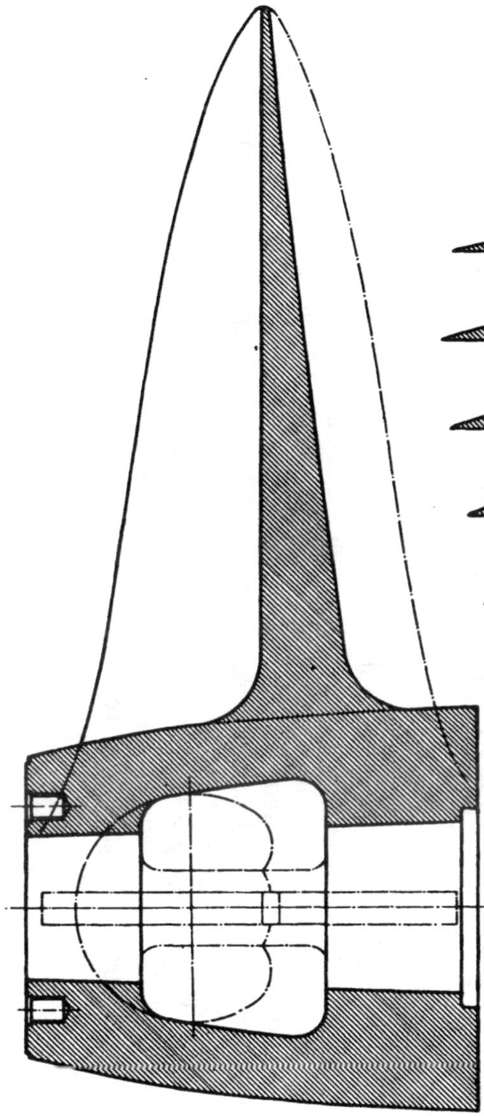

Abb. 672.

Abb. 673.

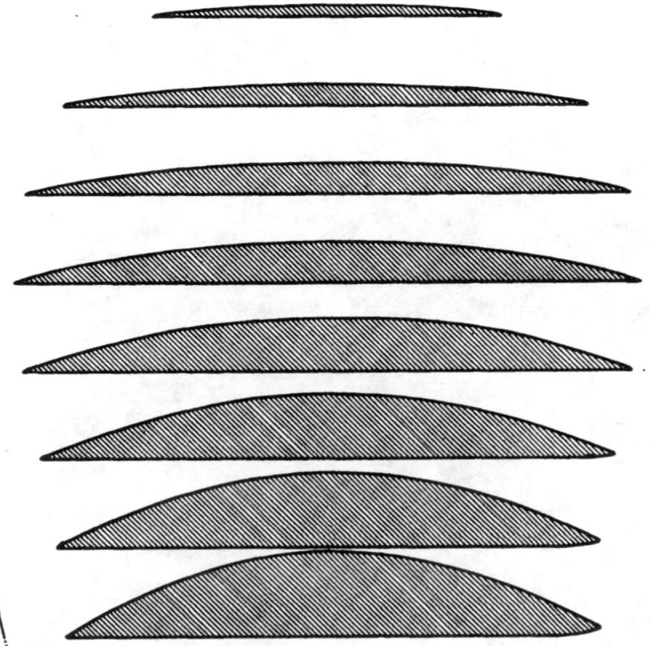

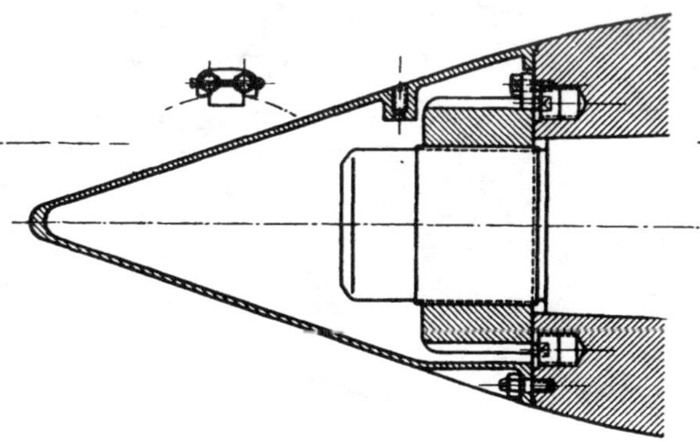

Abb. 675.

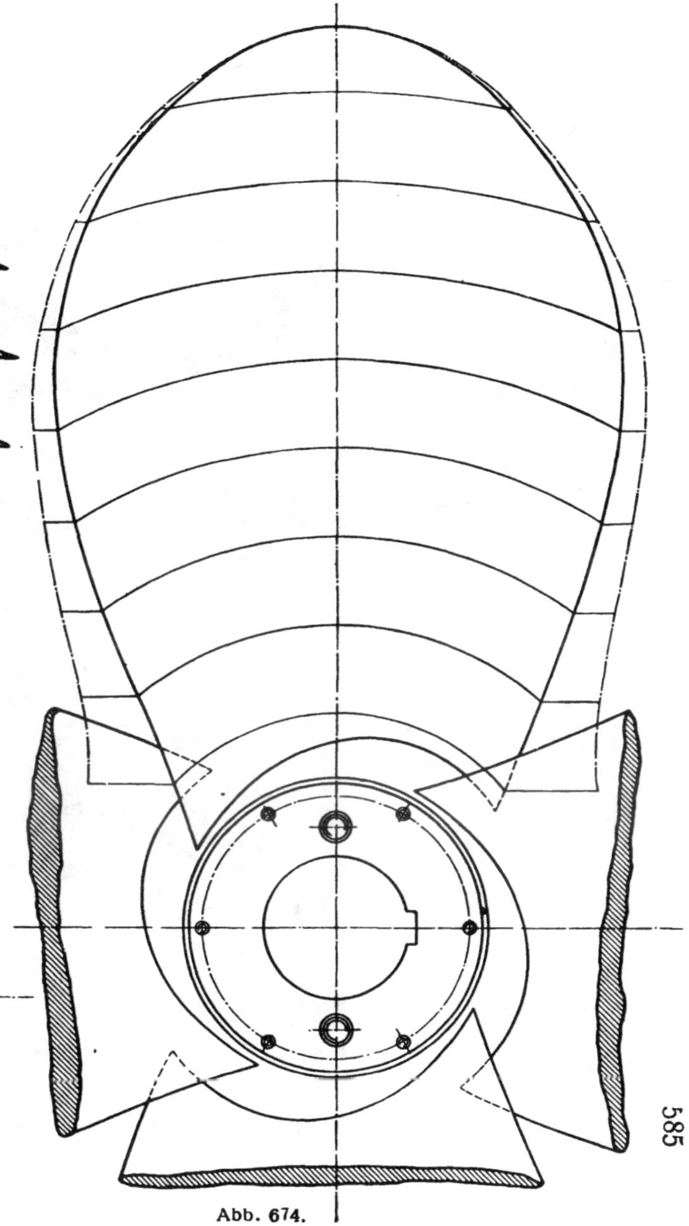

Abb. 674.

zu sichern, mit starken Messingblechen verkleidet. Die Steigung der Flügel kann in den Grenzen 5400 bis 6600 mm verstellt werden. Einen Schnitt durch den Flügelteller in größerem Maßstabe zeigt Abb. 668.

8. Abb. 669 bis 671. Dreiflügeliger Propeller eines großen Torpedojägers für die russische Marine mit Turbinenantrieb. Hauptabmessungen:

Leistung jeder der beiden Turbinen $N_e = 10700$ PS$_e$, $V = 36$ Kn, $n = 650$, $D = 2{,}42$ m, $H = 2{,}25$ m, $z = 3$, $F_a = 3{,}45$ qm.

Abb. 676.

Der Flügel besitzt, wie bei Turbinenschiffen der Zentrifugalbeanspruchung wegen nötig, senkrecht zur Achse stehende Erzeugende. Das Material ist harte Rübelbronze (vgl. § 291). Um größte Genauigkeit des Gusses zu gewährleisten, sind zunächst die punktiert angedeuteten, radialen Rippen angegossen worden, welche bei der Bearbeitung weggenommen wurden. Die Formgebung der Nabe ist so gewählt, daß vom Wellenaustritt aus ein schlanker Verlauf der Stromlinien ermöglicht wird, wozu besonders auch die lang ausgezogene, spitze Haube beiträgt. Diese ist mittels einer in den Gewindekern der Propellerwelle eingeschraubten Stiftschraube befestigt. Am vorderen Ende wird der Propellerkonus durch Stopfbüchse und Gummiring gegen das Seewasser abgedichtet.

9. Abb. 672 bis 675. Eine ganz ähnliche Konstruktion zeigt der Propeller des Vierschraubenschnelldampfers mit Turbinenantrieb „Imperator". Konstruktionsdaten und Hauptabmessungen:

Leistung an jeder Welle $N_e = 15250$ PS$_e$, $V = 21$ Kn, $n = 185$, $D = 5{,}08$ m, $H = 4{,}42$ m, $z = 4$, $F_a = 11{,}35$ qm.

Das Gewicht eines solchen Propellers beträgt 16 t. Die Flügel sind aus einer harten Bronze, welche vom Fabrikanten Turbadium genannt wird, hergestellt. Das Material hat die gleichen Eigenschaften wie die bereits erwähnte Rübelbronze (vgl. § 291), ohne dieselbe zu übertreffen. Im übrigen zeigt der Propeller gegenüber den vorher besprochenen keine besonderen Eigenheiten.

Abb. 677.

§ 676. **Beispiele von Propeller-Beschädigungen.** Die Photographie, Abb. 676, zeigt die stark beschädigten Propellerflügel eines Passagierdampfers (Schraubendurchmesser 6200 mm), welche mit einem kräftigen Schlepper in Kollision geraten sind. Die hierbei aufgetretenen Kräfte müssen einen ganz außerordentlichen Betrag angenommen haben, denn der Querschnitt der Flügel an der abgebrochenen Stelle besitzt eine Länge von ca. 1200 und eine Dicke in der Mitte von etwa 60 mm.

Instruktiv ist auch die Photographie Abb. 677, welche die im Eise verbogenen Propellerflügel eines großen Fährdampfers zeigt. Der Durchmesser dieses Propellers beträgt 3800 mm.

Vorgänge, wie in diesen beiden Abbildungen veranschaulicht, sind geeignet, zu zeigen, wie wichtig eine sehr kräftige Dimensionierung der Propeller und der Propellerwelle ist und rechtfertigt die in § 286 u. f. angegebenen niedrigen rechnerischen Beanspruchungen der Flügel und Flügelschrauben durch das Konstruktions-Drehmoment sowie auch die sehr sicheren Vorschriften der Klassifikationsgesellschaften für die Dimensionierung der Propellerwellen.

§ 297. **Tabellen ausgeführter Propeller.** In den nachstehenden Tabellen Nr. 50 bis 53 sind die Hauptabmessungen einer großen Anzahl von Schiffsschrauben für verschiedene Schiffstypen samt den Hauptabmessungen der zugehörigen Schiffe zusammengestellt. Die Tabellen enthalten auch in den letzten fünf Spalten Meßwerte von Probefahrten und Reisen, soweit dieselben zu erhalten waren oder in Ermangelung solcher die Konstruktionsdaten. Wo nur die Konstruktionsverhältnisse bekannt waren, ist in der Spalte „Ort der Meßfahrt bzw. Konstruktionsdaten“ das Wort „Konstruktion“ aufgenommen. Wo sich lediglich in dieser Spalte ein horizontaler Strich befindet,

Tabelle 50. **Ausgeführte**

Antriebsart	Laufende Nr.	Name des Schiffes	Schiffstyp	Schiffslänge zw. Perpend. m	Schiffsbreite i. d. C. W. L. m	Konstruktionstiefgang m	Wasserverdrängung t	Anzahl der Wellen	Maschinentyp
Kolben-Dampfmaschine	1	George Washington	Pass.- u. Frachtd.	212,6	23,77	10,06	36080	2	4-Zyl.-Vierf.-Exp.-M.
	2	Kaiserin Auguste Viktoria	» » »	206	23,47	10,06	35380	2	» » » » »
	3	Kaiser Wilhelm II	Schnelldampfer	206,6	21,9	8,78	24960	2	» » » » » 2 Stück auf jeder Welle
	4	Cap Finisterre	Pass.- u. Frachtd.	170,08	19,81	7,30	—	2	4-Zyl.-Vierf.-Exp.-M.
	5	Kaiser Wilhelm d. Gr.	Schnelldampfer	190,5	20,10	8,53	20880	2	4-Zyl.-Dreif.-Exp.-M.
	6	Zeppelin	Pass.- u. Frachtd.	167	20,4	8,19	20325	2	» » Vierf. » »
	7	Antonio Delfino	» » »	151,5	19,43	8,03	19150	2	3-Zyl.-Dreif. » »
	8	Ulysses	Frachtdampfer	156,5	19,8	8,49	17600	2	» » » » »
	9	Hamburg	Pass.- u. Frachtd.	151,72	18,3	7,92	16765	2	4 » Vierf. » »
	10	Rheinland	Frachtdampfer	143,25	17,98	8,14	15865	1	3 » Dreif. » »
	11	Kleist	Pass.- u. Frachtd.	140,56	17,49	8,48	15375	2	4 » Vierf. » «
	12	Trostburg	Frachtdampfer	142,63	18,85	7,29	15244	1	» » » » »
	13	Gneisenau	Pass.- u. Frachtd.	137,7	16,88	8,53	15175	2	3 » Dreif. » »
	14	König Wilhelm II	» » »	149,0	16,76	8,20	15050	2	4 » Vierf. » »
	15	Sophie Rickmers	Frachtdampfer	134,1	17,48	8,00	14850	1	3 » Dreif. » »
	16	Hagen	» »	136,6	17,68	7,71	14500	1	» » » » »
	17	Sierra Cordoba	Pass.- u. Frachtd.	133,5	17,00	8,08	14270	2	» » » » »
	18	Prinz Eitel Friedrich	» » »	148,45	16,88	7,62	14200	2	4 » Vierf. » »
	19	Cordoba	Frachtdampfer	114,0	14,3	7,32	9300	1	» » » » »
	20	Altair	» »	111,8	15,14	6,6	8820	1	3 » Dreif. » »
	21	Prinsessan Ingeborg	» »	110	14,85	6,66	8660	1	» » » » »
	22	Burgundy	» »	107,0	14,35	6,5	7711	1	» » » » »
	23	Arukas	» »	88,5	12,5	5,41	4510	1	» » » » »
	24	Tetuan	Pass.- u. Frachtd.	84,4	11,9	5,64	4360	1	» » » » »
	25	Preußen	Fährschiff	108,0	15,5	4,9	4200	2	» » » » »
	26	Attika	Frachtdampfer	79,25	11,3	6,0	4170	1	» » » » »
	27	Cairo	» »	69,0	10,45	4,45	2345	1	» » » » »
	28	Kong Ring	» »	68,5	9,15	4,86	2340	1	» » » » »
	29	Seestern	Pass.- u. Frachtd.	52,6	8,80	3,00	871	2	» » » » »
	30	Rügenwalde	Frachtdampfer	42,0	6,7	2,8	584	1	—
	31	Adana	Schlepper	38,5	8,10	3,55	580	1	3-Zyl.-Dreif.-Exp.-M.
	32	Vulcan-Werft IV	»	16,6	4,95	1,94	ca. 80	1	2-Zyl.-Compound-M.

bedeutet dies, daß zwar Probefahrtsresultate bekannt, die näheren Umstände dieser Fahrt jedoch nicht feststellbar sind.

Das Material für die Zusammenstellung dieser Tabellen ist zu einem Teil der Literatur entnommen, zum größten Teil jedoch verdankt der Verfasser diese Angaben der deutschen Marineleitung, den Vulcan-Werken Hamburg und Stettin A.-G., sowie auch dem Leiter der Versuchsanstalt für Wasserbau und Schiffbau, Berlin, Herrn Dr.-Ing. Schaffran.

Propeller von Handelsschiffen.

Laufende Nr.	Durchmesser der Schraube mm	Steigung der Schraube mm	Steigungsverhältnis	Flügelzahl	Abgewickelte Flügelfläche F_a qm	$\frac{\text{Abgew. Fl.}}{\text{Kreisfl.}} = \frac{F_a}{F}$	Projizierte Flügelfläche F_p qm	Prop. a. e. Stck.: A, Aufges. Flügel: B	Ort der Meß-Fahrt bezw. Konstruktionsdaten	Tiefgang vorn/hinten m	Geschwindigkeit kn	Leistung pro Welle PSi	Umdrehungen pro Minute	Scheinbarer Slip %
1	6500	7600	1,17	3	12,05	0,363	10,1	B	Ostsee	8,84	19,97	10780	87,2	7,0
2	6700	6750	1,005	4	14,4	0,407	12,35	B	»	10,06	18,34	9198	89,1	5,86
3	7200	10250	1,424	4	17,49	0,429	13,58	B	New York—Bremen	—	23,58	22305	80,3	4,07
4	5800	7000	1,21	4	—	—	—	B	Konstruktion	—	16,5	5500	80	9,1
5	6500	10000	1,57	4	12,68	0,382	9,5	B	New York-Bremerhafen	7,62	22,4	13654	77,6	10,8
6	5900	6600	1,119	4	10,0	0,366	—	—	—	—	15,5	4750	80	9,4
7	5400	5500	1,02	4	7,85	0,34	6,62	B	Vigo—Berlinga	6,33/6,95	14,35	3195	81,9	0,55
8	5180	5180	1,00	3	8,75	0,415	7,53	B	Delaware-Breakwater	8,35	14,6	3835	69,5	9,6
9	5700	6200	1,09	4	9,21	0,36	7,65	B	Hamburg—New York	—	14,2	3527	70,9	3,5
10	5800	6000	1,039	4	10,5	0,398	—	—	—	—	12,5	4000	75	14,2
11	5200	6500	1,25	4	7,59	0,358	—	—	—	—	15,83	3342	83,5	10
12	5900	5900	1,00	4	10,8	0,395	—	—	—	—	12,0	3300	77	18
13	5150	5800	1,126	4	7,53	0,361	6,25	B	New York—Bremen	—	15,68	3080	84,8	1,6
14	5300	6200	1,17	4	8,99	0,407	7,43	B	Ostsee	7,51	—	3868	83,6	—
15	5900	5700	0,966	4	10,0	0,366	—	—	—	—	11,0	2900	66	9,8
16	6300	5735	0,91	4	11,84	0,38	10	B	Konstruktion	7,71	13,0	4400	72	2,6
17	5250	5800	1,105	4	7,12	0,328	5,96	B	Ostsee	5,03	14,3	2260	75,35	1,0
18	5380	6000	1,115	4	8,2	0,361	6,80	B	Ostsee	5,2	16,46	3860	89,1	5,0
19	5040	5520	1,095	4	7,81	0,391	—	—	—	—	10,2	1830	64,0	10,8
20	4800	3998	0,833	4	7,60	0,42	—	—	—	—	9,0	1465	71,5	2,8
21	5340	5340	1,0	—	—	—	—	—	—	—	11,0	2050	67,5	5,6
22	5500	6240	1,135	—	9,55	0,391	—	—	—	—	10,7	2249	58,4	9,4
23	4400	4120	0,936	4	6,2	0,408	—	—	—	—	11,6	1305	82,0	−5,9
24	4250	4040	0,951	4	5,38	0,38	—	—	—	—	10,0	1050	80	4,4
25	3800	4950	1,30	4	5,38	0,475	—	A	Ostsee	5,5	15,5	2020	106,5	9,25
26	4160	4670	1,12	4	5,5	0,405	—	—	—	—	9,7	1119	73,7	13
27	3800	3085	0,815	4	5,22	0,46	4,5	A	Mittelmeer	4,1/4,25	9,53	590	86,0	−11,1
28	3680	4034	1,096	4	4,1	0,386	—	—	—	—	10,0	625	72,0	−6,3
29	2200	2800	1,27	3	1,665	0,438	1,33	A	Ostsee	3,2	11,95	407	168,5	21,8
30	2450	2563	1,046	4	1,94	0,411	—	—	—	—	8,75	285	129	18,3
31	3200	3600	1,125	4	4,18	0,52	3,53	A	Reise	3,0/4,06	11,2	652	104	8,0
32	1666	2477	1,485	4	1,22	0,56	0,893	A	Waltershofer Hafen	1,90	8,05	120	135	25,5

Fortsetzung von Tabelle 50.

Antriebsart	Laufende Nr.	Name des Schiffes	Schiffstyp	Schiffslänge i. d. C. W. L. m	Schiffsbreite i. d. C. W. L. m	Konstruktionstiefgang m	Wasserverdrängung t	Anzahl der Wellen	Maschinentyp
Kolbenmasch. Abdampfturbine	33	Britannic	Schnelldampfer	260	28,5	10,5	54000	3	2 × 4-Zyl.-Dreif.-Exp.-M. 2 × Abdampf-Turb.
	34	Cap Trafalgar	Pass.- u. Frachtd.	179,2	21,95	8,54	23320	3	2 × 4-Zyl.-Dreif.-Exp.-M. 1 × Abdampf-Turbine
Direkter Turbinen-Antrieb	35	Imperator	Schnelldampfer	268,2	29,9	10,8	57430	4	Vulcan-Turbinen
	36	Great Northern	Pass.-Dampfer	152,3	19,2	6,39	8750	3	1 HD- und 2 ND-Turbinen
Indirekter Turbinenantrieb	37	Empreß of Australia ex Tirpitz	Pass.- u. Frachtd.	179,2	22,86	8,84	25350	2	Vulcan-Turbinen mit Föttinger Transformator
	38	Conte Rosso	» » »	177	22,5	7,94	—	2	Parsons-Turbinen mit doppelter Übersetzung
	39	Edward Luckenbach	Frachtdampfer	139,1	17,4	9,65	—	1	Aktions-Turbinen mit doppelter Übersetzung 1:37
	40	Burgerdijk	» »	121,92	16,46	9,19	14500	1	Brown-Curtis-Turbine mit doppelter Übersetzung
	41	Malines	Pass.-Dampfer	97,6	13,1	4,58	—	2	1 HD- und 1 ND-Turbine mit einf. Übersetzung auf jeder Welle 1:10
Ölmotoren	42	Domala	Pass.-Motorschiff	137	17,7	6,1	11250	2	8-Zylinder-Dieselmaschinen
	43	Dominion Miller	Fracht-Motorschiff	128	16,5	—	6920	1	4-Zyl.-Doxford-Ölmasch. mit gegenläufigen Kolben
	44	Tosca	» »	114	15,6	7,65	10260	2	Dieselmaschinen
	45	Arator	» »	112	15,6	7,53	10600	2	6-Zyl.-Dieselmaschinen
	46	Suecia	» »	110	15,6	7,05	9750	2	4 » »
	47	Erfurt	» »	109,5	15,5	7,15	9630	1	6-Zyl.-Vulcan-Dieselmasch.
	48	(Neubau)	Pass.-Motorschiff	112,5	14,5	5,10	5490	2	6- » » »
	49	Eavestone	Fracht-Motorschiff	84,1	12,33	5,42	4420	1	4-Zyl.-Dieselmaschinen

Ausgeführte Propeller von Handelsschiffen.

Laufende Nr.	Durchmesser der Schraube mm	Steigung der Schraube mm	Steigungsverhältnis	Flügelzahl	Abgewickelte Flügelfläche F_a pm	Abgew. Fl. / Kreisfl. $= \frac{F_a}{F}$	Projizierte Flügelfläche F_r pm	Prop. a. e. Stck.: A Aufges. Flügel: B	Ort der Meß-Fahrt bezw. nach Konstruktionsdaten	Tiefgang vorn/hinten m	Geschwindigkeit kn	Leistung pro Welle PS	Umdrehungen pro Minute	Scheinbarer Slip %
33	7,24	—	—	3	—	—	—	B	Konstruktion	10,5	21,0	16000 PS$_i$	77	—
	5,03	—	—	4	—	—	—	A				18000 PS$_e$	170	—
34	5700	7500	1,316	4	11,0	0,431	8,76	B	Nordsee	—	18,28	5620 PS$_i$	79	4,7
	3800	3120	0,821	4	6,0	0,529	5,3	A				6300 PS$_e$	193	6,3
35	5080	4420	0,87	4	11,35	0,56	10,53	A	Hamburg—New York	10,8	23,6	18750 PS$_e$	172	4,1
36	2790	2540	0,93	3	—	—	—	A	Rockland—Nantuket	—	23	7160 PS$_e$	340,1	18
37	4500	4030	0,896	4	7,74	0,486	6,95	B	Clyde-Meile	—	17,2	8300 PS$_e$	165	20,3
38	6100	7550	1,24	4	12,1	0,414	—	—	—	—	19	8910 PS$_e$	85,7	9,3
39	5790	4880	0,842	—	—	—	—	—	Konstruktion	9,65	ca. 13	4000 PS$_e$	3450 93	11,5
40	5640	5640	1,00	4	9,72		8,13	—	Konstruktion	9,19	12	3000 PS$_e$	72	8,9
41	2970	3130	1,05	—	—	—	—	—	Tyne—Mündung	—	21,8	5300 PS$_e$	270	14,0
42	4570	4720	1,035	3	6,0	0,366	5,07	—	London—Glasgow	6,00/6,13	13,4	2500 PS$_i$	96,5	9
43	5250	5030	0,957	—	8,72	0,403	—	—	Tyne	3,00/5,77	12,2	2920 PS$_i$	75	0
44	3600	3100	0,86	—	—	—	3,6	—	Reisemittel	—	11	1100 PS$_e$	125	12,4
45	3075	2440	0,793	—	—	—	—	—	Konstruktion	—	10 $\frac{1}{2}$	1050 PS$_i$	150	11,5
46	3050	2485	0,816	—	—	—	—	—	Konstruktion	—	11	1855 PS$_e$	149	9,16
47	4400	3500	0,796	4	7,3	0,48	6,6	B	Konstruktion	—	10,4	1800 PS$_e$	100	8,2
48	3700	3900	1,054	4	4,89	0,455	4,4	B	Konstruktion	—	14,5	1950 PS$_e$	128	10,2
49	3735	3240	0,868	—	5,95	0,543	—	—	Probefahrt	—	9,38	1075 PS$_i$	93,5	4,5

Tabelle Nr. 51. **Ausgeführte Propeller**

Antriebsart	Laufende Nr.	Name des Schiffes	Schiffstyp	Schiffslänge i. d. C. W. L. m	Schiffsbreite i. d. C. W. L. m	Konstruktionstiefgang m	Wasserverdrängung t	Anzahl der Wellen	Maschinentyp
Kolbenmaschinen-Antrieb	1	New York	Schlachtschiff	172,1	28,9	8,53	26600	2	4-Zyl.-Dreif.-Exp.-M.
	2	Ostfriesland	Linienschiff	167,2	28,5	8,23	22474	3	» » » » »
	3	Delaware	Schlachtschiff	155,5	25,9	7,92	20000	2	» » » » »
	4	Rheinland	Linienschiff	145,65	26,93	8,10	18900	3	» » » » »
	5	South Carolina	Schlachtschiff	137,0	24,4	—	16000	2	» » » » »
	6	Preußen	Linienschiff	126,0	22,2	7,65	13708	3	3 » » » »
	7	Yakumo	Panzerkreuzer	129,9	16,66	7,23	9850	2	4 » » » »
	8	Bogatyr	» »	132,5	16,6	6,3	6600	2	» » » » »
	9	Hamburg	Kleiner Kreuzer	110,55	13,24	5,00	3200	2	3 » » » »
	10	Uruguay	» »	84,00	9,75	3,15	1170	2	4 » » » »
Turbinen-Antrieb	11	Großer Kurfürst	Linienschiff	174,7	29,5	8,33	25770	3	Vulcan-Turbinen
	12	Seydlitz	Großer Kreuzer	200,53	28,5	8,2	25000	4	Parsons-Turbinen
	13	König Albert	Linienschiff	172,45	29,0	8,33	24724	3	Schichau-Turbinen
	14	North Dakota	Schlachtschiff	155,4	26,00	8,20	20300	2	Curtis-Turbinen
	15	v. d. Tann	Großer Kreuzer	171,75	26,58	8,133	19370	4	Parsons-Turbinen
	16	Karlsruhe	Kleiner Kreuzer	145,86	14,2	5,04	5300	2	HD-Turbinen mit Zahnradgetriebe, ND-Turbinen direkt wirkend
	17	Wiesbaden	» »	141,75	13,9	4,94	5100	2	Vulcan-Turbinen mit Transformator
	18	Rostock	» »	142,4	13,66	4,88	4900	2	Turbinen
	19	Graudenz	» »	142,7	13,7	4,86	4900	2	»
	20	Salem	» »	128,0	14,35	—	3850	2	Curtis-Turbinen
	21	Admiral Spaun	» »	130,6	12,80	4,6	3500	4	Parsons-Turbinen
	22	Stettin	» »	116,8	13,34	4,8	3410	4	Parsons-Turbinen
	23	Lübeck	» »	110,6	13,24	5,0	3212	4	Parsons-Turbinen
	24	Brummer	Minenkreuzer	135,0	13,12	4,8	4321	2	Vulcan-Turbinen

Laufende Nr.	Durchmesser der Schraube mm	Steigung der Schraube mm	Steigungsverhältnis	Flügelzahl	Abgewickelte Schraubenfläche F_a qm	Abgew. Fl. / Kreisfl. $= \frac{F_a}{F}$	Projizierte Flügelfläche qm	Prop. a. e. Stck.: A Aufges. Flügel: B	Ort der Meßfahrt	Tiefgang vorn/hinten m	Geschwindigkeit Kn	Leistung pro Welle PSi bzw. PSe	Umdrehungen pro Minute	Scheinbarer Slip %
1	5506	6080	1,058	3	9,15	0,384	7,75	B	Nantucket-Shoals-Light-ship	8,45	21,47	15050	128,6	15,2
2	5100	BB 6750 M 6350 St B 6750	1,32 1,25 1,32	4	—	—	7,62	B	Ostsee	—	19,5	9225	115,8	22,8 18,1 22,8
3	5540	6030	1,09	3	9,83	0,404	7,95	B	Rockland	8,24	21,56	14450	128,4	13,8
4	5000	5800	1,16	4	8,31	0,423	6,89	B	Ostsee	—	19,8	8740	122,8	14,2
5	4878	5791	1,19	3	7,89	0,422	6,5	B	Delaware Bay	—	18,86	8825	121,3	17,1
6	BB 4800 M 4500 St B 4800	5750	1,2 1,28 1,2	3 4 3	6,78 6,83 6,73	0,374 0,429 0,374	5,4	B	Ostsee	7,12	18,9	BB 5924 M 5880 St B 5924	124,3 120,5 123,6	20,0 17,8 19,7
7	5300	5000	0,943	3	6,95	0,315	6,09	B	Ostsee	—	21,0	8605	138,8	6,8
8	4900	5500	1,12	3	6,23	0,333	5,375	B	Ostsee	—	23,45	10080	150,35	12,5
9	3900	5300	1,36	4	5,00	0,418	4,0	B	Ostsee	4,55	—	5310	150	—
10	2900	3120	1,07	3	3,2	0,484	2,79	B	Ostsee	3,15	23,07	4270	280	18,5
11	3800	BB 3350 M 3250 St B 3350	0,88 0,855 0,88	3 3 3	6,89	0,607	6,155 6,184 6,155	B	Nordsee	7,78	—	12030	251	—
12	3880	3540	0,915	3	6,17	0,522	5,67	B	Ostsee	—	26,75	BBA 17293 BBI 19670 StBI 19054 StBA 17906	289 298 293 291	19,2 21,6 20,3 19,8
13	3750	BB 3300 M 3200 St B 3300	0,88 0,85 0,88	3 3 3	6,39	0,580	5,8	B	Ostsee	—	21,4	BB 11051 M 12229 StB 10685	254 243 251	21,0 16,7 20,1
14	3962	3150	0,795	3	6,615	0,537	5,945	B	Rockland-Meile	8,20	21,64	15900	280,4	24,2
15	3600	3280	0,91	3	4,98	0,497	4,56	B	Ostsee	—	26,8	BBA 18196 BBI 16041 StBI 15261 StB A 81748	334,4 309,9 303,9 329,5	24,5 18,5 17,0 23,3
16	3650	3400	0,93	3	—	—	5,7	B	Ostsee	—	26,2	15900	279	14,7
17	3550	3400	0,958	3	6,36	0,605	5,8	B	Ostsee	-	27,3	19765	330	24,6
18	3600	3200	0,89	3	6,29	0,615	5,82	B	Ostsee	—	27,4	15674	325	18,6
19	3500	3400	0,97	3	6,16	0,64	5,61	B	Ostsee	—	—	16010	295,5	—
20	2896	2660	0,92	3	4,06	0,615	3,545	B	Atl. Ozean	—	25,97	9720	379	20,5
21	2100	2000	0,952	3	2,29	0,685	—	—	Adria	—	26,0	5000	500	19,8
22	1900	1700	0,895	3	1,86	0,655	1,71	A	Ostsee	—	25,2	5417	584	21,76
23	A 1750 I 1900	1575 1700	0,90 0,895	3 3	—	—	1,443 1,70	A	Ostsee	—	19,02	A 2310 I 2450	515 460	27,5 24,7
24	3550	3100	0,873	3	—	—	6,0	A	Ostsee	—	27,84	21150	359	22,6

Tabelle

Ausgeführte Propeller

Antriebsart	Laufende Nr.	Name des Schiffes	Schiffstyp	Schiffslänge i. d. C. W. L. m	Schiffsbreite i. d. C. W. L. m	Konstruktionstiefgang m	Wasserverdrängung t	Anzahl der Wellen	Maschinentyp
Kolbenmaschinen-Antrieb	1	V-160	Zerstörer	72,15	7,8	2,55	701	2	4 Zylinder Dreifach-Expansions-Masch.
	2	Niki	»	67,0	6,6	1,85	414	2	» »
	3	Aigli	Kleines Torpedoboot	45,03	5,0	1,49	170	1	» »
	4	A-1	»	40,0	4,6	1,38	127	1	» »
Turbinen-Antrieb	5	V-116	Zerstörer	106,0	10,4	3,85	2360	2	Vulcan-Turbinen
	6	V-47	»	82,36	8,3	3,23	1150	2	» »
	7	Wadsworth	»	94,5	9,3	2,85	1032	2	Parsons-Turbinen
	8	V-26	»	77,86	8,3	3,00	950	2	Vulcan-Turbinen
	9	Paulding	»	88,1	7,95	2,53	729	3	Parsons-Turbinen
	10	V-182	»	73,64	7,85	2,65	759	2	Vulcan-Turbinen
	11	A-56	Kleines Torpedoboot	60,11	6,3	1,96	382	2	Vulcan-Turbinen

Tabelle

Ausgeführte Propeller

Antriebsart	Laufende Nr.	Name des Schiffes	Schiffstyp	Schiffslänge m	Schiffsbreite m	Konstruktionstiefgang bei ↗ Fahrt m	Wasserverdrängung t	Anzahl der Wellen	Maschinentyp
2 Ölmaschinen für ↗ Fahrt 2 Elektromotoren » ↙ »	1	U-117	U-Kreuzer	81,0	7,30	4,05	1050	2	Vulcan-M.A.N.-Ölmotoren
	2	U-87	U-Torpedoboot	65,8	6,20	3,88	775	2	M.A.N.-Ölmotoren
	3	U.B.-60	U-Torpedoboot	55,52	5,76	3,70	508	2	Vulcan-M.A.N. Ölmotoren
	4	U.C.-78	U-Minenleger	50,35	5,20	3,65	410	2	Körting-Ölmotoren

Nr. 52.

von Torpedobooten.

Laufende Nr.	Durchmesser der Schrauben mm	Steigung der Schrauben mm	Steigungsverhältnis	Flügelzahl	Abgewickelte Flügelfläche F_a qm	Abgew. Fl. / Kreisfl. = $\frac{F_a}{F}$	Projizierte Flügelfläche F_p qm	Prop. a. e. Stck: A, Aufges. Flügel: B	Ort der Meß-Fahrt	Tiefgang vorn/hinten m	Geschwindigkeit kn	Leistung pro Welle PS_i bzw. PS_e	Umdrehungen pro Minute	Scheinbarer Slip %
1	2400	3700	1,54	3	2,27	0,502	1,64	A	Ostsee	—	30,3	5465	322,5	21,8
2	2140	3220	1,505	3	1,70	0,472	1,275	A	»	—	30,7	3350	355	17,2
3	2100	2500	1,19	3	1,66	0,48	1,32	A	»	1,42	25,7	2467	372,7	14,6
4	1800	1900	1,055	3	1,22	0,48	1,02	A	Elbe	1,25/1,29	ca.18,5	1084	381,5	ca. 21,5
5	3300	2950	0,895	3	5,8	0,68	5,18	A	Ostsee	3,66	30,1	26288	465,5	31,1
6	2500	2340	0,936	3	3,55	0,723	3,185	A	»	—	34,43	12600	579	21,5
7	2320	2620	1,128	3	2,72	0,64	2,35	A	Ozean	2,76	30,685	8050	459,6	21,5
8	2360	2180	0,924	3	2,91	0,665	2,61	A	Ostsee	—	34,0	11408	663,3	27,5
9	1600	1473	0,921	3	1,38	0,683	1,19	A	Seguin Island	2,48	32,8	5798	903	23,7
10	2200	1980	0,901	3	2,63	0,693	2,32	A	Ostsee	2,50	33,43	8616	650,7	19,85
11	1600	1450	0,863	3	2	—	1,18	A	»	2,10/1,82	25,05	2938	707	20,8

Nr. 53.

von U-Booten.

Laufende Nr.	Durchmesser der Schrauben mm	Steigung der Schrauben mm	Steigungsverhältnis	Flügelzahl	Abgewickelte Flügelfläche F_a qm	Abgew. Fl. / Kreisfl. = $\frac{F_a}{F}$	Projizierte Flügelfläche F_p qm	Prop. a. e. Stck: A, Aufges. Flügel: B	Meß-Fahrt	Tiefgang m	Geschwindigkeit kn	Leistung pro Welle PS_e	Umdrehungen pro Minute	Scheinbarer Slip %
1	1610	1420	0,882	3	0,96	0,47	0,876	A	Überwasser-Fahrt	—	14,34	1317	434	28
									Unterwasser-Fahrt	—	7,12	554	320	51,6
2	1660	1440	0,868	3	—	—	0,76	A	Überwasser-Fahrt	—	15,33	1130	446	27,7
										—	9,3	226,5	259	24,0
3	1400	1220	0,871	3	0,686	0,446	0,615	A	Überwasser-Fahrt	—	13,7	651	451	23,0
										—	9,46	182	301	20,5
										—	6,96	68	221	20,4
									Unterwasser-Fahrt	—	7,5	362	360	47,0
4	1240	1080	0,871	3	—	—	0,371	A	Überwasser-Fahrt	—	12,15	302,5	459	24,4
										—	8,36	87	299	20,4

Anhang I.

Grundlegende Kapitel aus der Wärmelehre.

Abschnitt I.

Die idealen Gase.[1] Der erste Hauptsatz der mechanischen Wärmetheorie.

§ 1. **Das Gesetz von Boyle-Mariotte.** Dasselbe sagt aus, daß bei einem idealen Gas das Produkt aus Druck und Volumen konstant bleibt, falls das Gas eine Zustandsänderung bei konstanter Temperatur durchmacht. Beträgt also z. B. das Volumen einer Gasmenge 1 cbm und dessen Spannung 2 at. abs., so ist das Volumen desselben bei 4 at. abs. und der gleichen Temperatur ½ cbm. Bezeichnet man mit p den absoluten Druck, unter welchem das Gas steht, mit v sein Volumen, so sagt also das Boyle-Mariottesche Gesetz aus:

$$(p \cdot v)_{T = \text{const.}} \quad \text{(Gl. 1)}$$

§ 2. **Das Gesetz von Gay-Lussac** sagt aus, daß bei konstantem Druck alle idealen Gase bei einer Erwärmung um 1° C sich um einen gleichen prozentualen Betrag, und zwar um ca. $^1/_{273}$ ihres Volumens bei 0°, ausdehnen.

Bezeichnet man diesen Ausdehnungskoeffizienten $\frac{1}{273}$ mit α, das Anfangsvolumen bei 0° C mit v_0 und das Volumen, welches das Gas bei einer Erwärmung um t_1° C annimmt, mit v_1, so sagt das Gay-Lussacsche Gesetz aus:

$$v_1 = v_0 \cdot (1 + \alpha \cdot t_1) \quad \text{(Gl. 2)}$$

Würde ein Gas soweit abgekühlt, daß bei endlichem Druck sein Volumen zu 0 wird, so wäre dieses nach vorstehendem Gesetz nur möglich, wenn die Temperatur auf $t = -273°$ C erniedrigt wird. Man bezieht in der Wärmelehre die Temperatur von Gasen und Dämpfen häufig auf diese niedrigste denkbare Temperatur als Nullpunkt und nennt denselben den absoluten Nullpunkt. Die darauf bezogenen Temperaturen nennt man absolute Temperaturen und bezeichnet sie mit T zum Unterschied von den auf den Schmelzpunkt des Eises als Nullpunkt bezogenen Temperaturen der Celsiusskala, die stets mit t bezeichnet werden.

Unter Einführung der absoluten Temperaturen schreibt sich Gl. (2) wie folgt:

$$v_1 = v_0 \cdot (1 + \alpha \cdot t_1) = v_0 \frac{273 + t_1}{273} = v_0 \, \alpha \, T_1 \text{ oder } \frac{v_1}{v_0} = \frac{T_1}{273},$$

woraus ohne weiteres hervorgeht, daß sich die Volumina idealer Gase bei konstantem Druck verhalten wie ihre absoluten Temperaturen, also

$$\frac{v_1}{v_2} = \frac{T_1}{T_2} \quad \text{(Gl. 3)}$$

§ 3. **Zustandsgleichung der idealen Gase.** Die Gl. (1) und (2) lassen sich zu einer Gleichung zusammenfassen.

Ausgehend von einem Normalzustand p_0, v_0 ergibt sich zunächst bei konstant gehaltener Temperatur $t_0 = 0°$ C für einen beliebigen neuen Druck p_1 ein Volumen

$$v'_1 = v_0 \cdot \frac{p_0}{p_1}.$$

[1]) Über die Definition des „idealen Gaszustandes" siehe § 3.

Wenn ferner der Druck p_1 konstant gehalten und die Temperatur von 0^0 auf $t_1{}^0$ erhöht wird, so ist das Volumen

$$v_1 = v'_1 \cdot (1 + \alpha \cdot t_1),$$

woraus

$$v_1 = v_0 \frac{p_0}{p_1} (1 + \alpha t_1),$$

und da

$$1 + \alpha t_1 = \alpha T_1,$$

ist

$$p_1 v_1 = v_0 \cdot p_0 \cdot \alpha T_1.$$

Das Produkt $v_0 p_0 \alpha$ eine Konstante ist, welche nur von der Art des idealen Gases abhängig ist, ergibt sich

$$p_1 v_1 = R T_1 \quad \text{(Gl. 4)}$$

Man nennt diese Gleichung die Zustandsgleichung der idealen Gase und die Konstante R die Gaskonstante, wobei v_1 als Volumen der Gewichtseinheit (spezifisches Volumen) einzusetzen ist.

Diese Gleichung wird von den meisten Gasen innerhalb gewisser Grenzen ziemlich genau erfüllt; die Abweichungen sind nur gering, solange das Gas eine Temperatur hat, welche genügend weit vom Kondensationspunkt entfernt liegt; sie werden um so größer, je näher die Temperatur des untersuchten Gases dem Kondensationspunkt ist. So weicht z. B. überhitzter Wasserdampf (vgl. Anh. I Abschn. IV) in dem praktisch üblichen Verwendungsgebiet sehr erheblich von der Zustandsgleichung für ideale Gase ab.

§ 4. **Das Molekulargewicht.** Auf Grund der Erfahrung hat man festgestellt, daß sich die idealen Gase wie alle Stoffe nach einfachen Äquivalentzahlen, außerdem aber noch, auf gleiche Temperatur und gleichen Druck bezogen, nach einfachen Volumenverhältnissen verbinden; dabei steht das Volumen eines zusammengesetzten Gases in einem einfachen Verhältnis zu dem ursprünglichen Rauminhalt seiner Bestandteile (Gay-Lussac).

Bringt man z. B. ein Volumen Wasserstoff (H) mit einem gleichen Volumen Chlor (Cl) von gleichem Druck und gleicher Temperatur zur Verbindung, so bilden sich 2 Volumen Chlorwasserstoff (HCl), bezogen auf gleichen Druck und gleiche Temperatur. Bringt man ferner 2 Volumina Wasserstoff und 1 Volumen Sauerstoff zur Vereinigung, so entstehen 2 Volumen Wasserdampf, alles auf gleichen Druck und gleiche Temperatur bezogen.

Diese Erfahrungstatsache führte, nachdem man die Zusammensetzung der Gase aus einer großen Anzahl kleinster Teilchen als wahrscheinlich erkannt hatte, zu dem Schluß, daß zwischen den Anzahlen der in jedem Gas enthaltenen kleinsten Teilchen bestimmte einfache Beziehungen herrschen müssen, und schließlich zu der grundlegenden Hypothese von Avogadro (Avogadrosches Gesetz), daß gleiche Volumina aller Gase bei gleichem Druck und gleicher Temperatur gleichviele Moleküle enthalten. Die Beziehung zwischen der Anzahl der in den verschiedenen Gasen enthaltenen kleinsten Teilchen in dieser Einfachheit auszusprechen wird nur ermöglicht durch die weitere Annahme, daß sich die Moleküle einzelner Gase aus 2 noch kleineren Teilchen, den Atomen, zusammensetzen; unter Atom versteht man die kleinste in einer chemischen Verbindung vorkommende Menge eines Gases (wie aller anderen Stoffe). Durch diese Anschauung ist auch ohne weiteres erklärt, inwiefern es möglich ist, daß sich 2 Volumen Wasserstoff und 1 Volumen Sauerstoff zu 2 Volumen Wasserdampf vereinigen können, ohne daß das Avogadrosche Gesetz verletzt wird. Das Molekül des Sauerstoffes setzt sich nämlich, ebenso wie das des Wasserstoffes, aus je 2 Atomen zusammen. Das erstere spaltet sich bei der Verbindung in seine beiden Atome, deren jedes sich mit 2 Atomen Wasserstoff zu einem Molekül Wasser vereinigt. Es ergibt sich hieraus die chemische Gleichung

$$2\,H_2 + O_2 = 2\,H_2O.$$

Jedes Molekül Wasserdampf setzt sich demnach aus 3 Atomen zusammen. Gleiches vollzieht sich auch bei der oben angeführten Verbindung von Wasserstoff und Chlor zu Chlorwasserstoff; denn wenn sich ein Volumen Wasserstoff und ein Volumen Chlor zu 2 Volumen Chlorwasserstoff verbinden und in dem Volumen des entstehenden zusammengesetzten Gases ebensoviele Moleküle vorhanden sein sollen wie in dem gleichen Volumen jedes seiner Bestandteile, so muß hiernach das Molekül des Wasserstoffes sowie das des Chlors aus je 2 Atomen bestehen, welche sich bei der Verbindung voneinander trennen und zu je 1 Molekül Chlorwasserstoff vereinigen. Die chemische Gleichung lautet hier also:

$$H_2 + Cl_2 = 2\,HCl.$$

Nachdem das Avogadrosche Gesetz für gleiche Volumina der verschiedenen Gase gleiche Anzahl von Molekülen voraussetzt, müssen sich die Gewichte (m) der einzelnen Moleküle verhalten wie die spezifischen Gewichte (γ) der betreffenden Gase. Es ist also

$$\frac{m}{m_1} = \frac{\gamma}{\gamma_1},$$

wobei selbstverständlich wieder gleicher Druck und Temperatur für die verglichenen Gase vorausgesetzt sind. Wird also das spezifische Gewicht verschiedener Gase ermittelt und dasjenige eines derselben als Vergleichsbasis festgesetzt, so ergibt das Verhältnis des spezifischen Gewichts des betrachteten Gases im Vergleich zu dieser Basis das Molekulargewicht. Man ist übereingekommen, das Molekulargewicht des Sauerstoffs auf 32 festzusetzen (da das Molekül Sauerstoff erfahrungsgemäß aus 2 Atomen besteht, ist sein Atomgewicht = 16). Es ergeben sich dann die in nachstehender Tabelle zusammengestellten Molekulargewichte verschiedener Gase, in welcher Tabelle gleichzeitig auch die chemische Formel und die Anzahl Atome in jedem Molekül angegeben ist.

Tabelle Nr. 1. **Molekulargewichte einiger Gase.**[1])

	Chemische Formel	Molekular-gewicht	Anzahl Atome im Molekül
Wasserstoff . . .	H_2	2,016	2
Sauerstoff . . .	O_2	32,00	2
Stickstoff	N_2	28,02	2
Wasserdampf . .	H_2O	18,02	3
Ammoniak . . .	NH_3	17,03	4

Wird die Zustandsgleichung der idealen Gase (Gl. 4) auf die Gewichtseinheit bezogen, und werden beide Seiten derselben mit dem Molekulargewicht m multipliziert, so ergibt sich

$$p \cdot v \cdot m = m \cdot R \cdot T,$$

wobei v, das spezifische Volumen[2]), gleich dem reziproken Wert des spezifischen Gewichts γ ist, also

$$v = \frac{1}{\gamma}$$

bedeutet. Nach dem Avogadroschen Gesetz besteht die Beziehung

$$\frac{\gamma}{\gamma_0} = \frac{m}{m_0} = \frac{v_0}{v},$$

woraus sich ergibt, daß der Wert

$$m_0 \cdot v_0 = m \cdot v = \text{const},$$

d. h. also, daß der Wert $m \cdot v$ für alle idealen Gase konstant ist, selbstverständlich bezogen auf gleichen Druck und gleiche Temperatur.

Es folgt hieraus, daß auch der Wert $m \cdot R$ für alle idealen Gase der gleiche sein muß, d. h. die Gaskonstante, bezogen auf Gewichtsmengen verschiedener Gase, welche im gleichen Verhältnis stehen wie die Molekulargewichte, ist für alle idealen Gase dieselbe. Man bezeichnet dieselbe als absolute Gaskonstante $\mathfrak{R}$, d. h. es ist

$$\mathfrak{R} = m R \quad \text{(Gl. 5)}$$

Bei chemischen Berechnungen handelt es sich stets um relative Gewichtsmengen. Man bezeichnet Gewichtsmengen, welche so viele Gramm wiegen als das Molekulargewicht der betreffenden Substanz beträgt, als „Grammolekül" der betreffenden Substanz, wofür auch die Abkürzung „Mol" eingeführt worden ist. Für technische Rechnungen ist diese Einheit zu klein; man versteht bei solchen unter m diejenige Anzahl von Kilogrammen, welche die Molekulargewichtsziffer angibt. Es ist also z. B. das Grammolekül für Sauerstoff 32 g, das Kilogrammolekül für Sauerstoff 32 kg, das Grammmolekül für Stickstoff 28 g, das Kilogrammolekül für Stickstoff 28 kg.

Bezeichnet man das Volumen eines solchen Kilogrammoleküls mit $\mathfrak{V}$, also $\mathfrak{V} = m \cdot v$, so erhält man

$$p \cdot \mathfrak{V} = \mathfrak{R} \cdot T \quad \text{(Gl. 6)}$$

Der Wert der absoluten Gaskonstante läßt sich aus der Untersuchung irgendeines idealen Gases bestimmen. Wird z. B. Sauerstoff dieser Untersuchung zugrundegelegt, so ergibt sich Folgendes: 1 cbm Sauerstoff wiegt bei 0° C und 760 mm Quecksilberdruck 1,429 kg. Da sein Molekulargewicht 32 ist, wird das Volumen des Kilogrammoleküls bei dem angegebenen Zustand

$$\mathfrak{V} = \frac{32}{1{,}429} = 22{,}393 \text{ cbm},$$

ein Wert, welcher wegen der vorhandenen, allerdings geringen Abweichung des Verhaltens dieses

[1]) Siehe auch Tabelle Nr. 3 § 26, welche die Molekulargewichte von verschiedenen Elementen und deren Verbindungen enthält.

[2]) Mit großen Buchstaben V, U, Q usw. sollen Volumina, innere Energien, Wärmemengen usw. von beliebiger absoluter Größe bezeichnet werden, während die kleinen Buchstaben v, u, q usw. die auf die Gewichtseinheit des Arbeitskörpers bezogenen Größen angeben.

Gases vom Gay-Lussacschen Gesetz auf 22,412 berichtigt worden ist. Dem Druck von 760 mm Quecksilbersäule entspricht ein Druck von 10334 kg/qm und es ergibt sich

$$\mathfrak{R} = \frac{p \cdot \mathfrak{V}}{T} = \frac{10334 \cdot 22,412}{273} = 847.$$

Zu bemerken ist, daß nach dem Avogadroschen Gesetz das Volumen des Kilogrammoleküls für verschiedene Gase bei gleichem Druck und gleicher Temperatur dasselbe sein muß. Das Volumen des Kilogrammoleküls ist, wie wir eben gesehen haben, 22,412 cbm, das des Grammoleküls 22,412 l, und die Anzahl der in 1 cbm enthaltenen Grammoleküle ist demnach

$$\frac{1000}{22,412} = 44,6$$ [1]).

Die Zustandsgleichung (Gl. 6) kann auch für Gasmischungen verwendet werden, wobei wie folgt zu verfahren ist:

Nach dem Daltonschen Gesetz setzt sich der Druck einer Gasmischung zusammen aus der Summe der Drücke der einzelnen Gase in dieser Mischung. Wenn man z. B. ein Gefäß von bestimmtem Volumen durch eine Mischung verschiedener Gase sich ausfüllen läßt, so expandiert jedes dieser Gase in dem gegebenen Volumen derart, wie wenn keines der anderen Gase vorhanden wäre, und die Einzeldrücke dieser Gase ergeben addiert den Gesamtdruck der Mischung in dem Gefäß[2]). Es sei ein bestimmtes Volumen V einer Gasmischung bei bestimmtem Druck und bestimmter Temperatur gegeben. Ferner sei bekannt die Zusammensetzung des Gasgemisches dem Gewicht nach; dann sind auch die Volumina der Einzelgase V_1, V_2, V_3 und deren spezifische Gewichte γ_1, γ_2, γ_3 usw., alle bezogen auf gleichen Druck und gleiche Temperatur wie bei der Gasmischung, bekannt. Bezeichnen wir mit $\gamma_1' = \gamma_1 \frac{V_1}{V}$ usw. das spezifische Gewicht der Einzelgase der Mischung unter Berücksichtigung des ihnen zukommenden Teildruckes, so ist das Gewicht der Mischung vom Volumen V

$$V\gamma = V\gamma'_1 + V\gamma'_2 + \ldots\ldots$$

woraus

$$V\gamma = V_1\gamma_1 + V_2\gamma_2 + \ldots\ldots$$

und unter Berücksichtigung der Beziehung

$$\frac{m}{m_1} = \frac{\gamma}{\gamma_1}$$

ergibt sich

$$m \cdot V = m_1 \cdot V_1 + m_2 \cdot V_2 + m_3 V_3 + \ldots\ldots$$

woraus das mittlere Molekulargewicht der Mischung

$$m = m_1\left(\frac{V_1}{V}\right) + m_2\left(\frac{V_2}{V}\right) + m_3\left(\frac{V_3}{V}\right) + \ldots\ldots$$

wobei $\frac{V_1}{V}, \frac{V_2}{V}, \frac{V_3}{V}$ die Verhältnisse der Volumina der Einzelgase zu dem Gesamtvolumen der Mischung darstellen.

Das mittlere Molekulargewicht der Mischung ist selbstverständlich nur ein scheinbares, da die Mischung kein homogener Körper ist.

---

[1]) Bei allen vorstehenden Betrachtungen ist auf die wirkliche Größe der kleinsten Teilchen, aus welchen sich die Gase zusammensetzen, keine Rücksicht genommen. Die Begriffe „Atomgewicht" und „Molekulargewicht" sollen nur die relativen bei Verbindungen von Gasen in Frage kommenden Mengen oder im Hinblick auf das Avogadrosche Gesetz das relative Gewicht der kleinsten Teile (Moleküle und Atome) angeben. Auf die tatsächlichen Größen der Moleküle sind durch ganz verschiedene Methoden Schlüsse gezogen worden, welche eine Anzahl von $61 \cdot 10^{22}$ Molekülen in einem Grammmolekül, also in 22,412 l bei 760 mm Druck und 0° C, wahrscheinlich erscheinen lassen.

[2]) Über das Verhalten von mehreren verschiedenen Gasen oder Dämpfen in einem Gefäß könnte man sich die Vorstellung machen, daß entweder (z. B. wenn zwei Gase vorhanden) beide unabhängig voneinander den ganzen Raum ausfüllen und jedes zu dem in demselben herrschenden Druck einen Teil beiträgt oder daß jedes der beiden Gase ein gesondertes Volumen einnimmt und den vollen Druck besitzt, welcher in dem Gefäß herrscht.

Es ist einleuchtend, daß nur die erstere der beiden Anschauungen — welche eben dem Daltonschen Gesetz entspricht — mit der Wirklichkeit in Einklang gebracht werden kann. Nehmen wir z. B. an, daß in einem unter dem Druck von 1 at. abs. stehenden Gefäß, in welchem die Temperatur 0° herrscht, Luft und Wasserdampf vorhanden seien. Dann müßte der letztere nach der zweiten Vorstellungsart ebenfalls den Druck von 1 at. abs. besitzen, was bei 0° nicht möglich ist, da der Temperatur von 0° eine Spannung von nur 0,006 at. abs. entspricht, oder der Dampf müßte mindestens 100° warm sein, was der Voraussetzung über die Temperatur in dem Gefäß widerspricht.

§ 5. Der **erste Hauptsatz der mechanischen Wärmetheorie** ist (nach Planck[1])) „nichts anderes als das Prinzip der Erhaltung der Energie, angewendet auf Erscheinungen, welche unter Wärmeproduktion oder Wärmeabsorption verlaufen". Es muß demnach Wärme und Arbeit äquivalent sein, d. h. jeder Arbeitsaufwand kann durch einen Wärmeaufwand von ganz bestimmter Größe bestritten werden und umgekehrt (mit den durch den zweiten Hauptsatz gegebenen Einschränkungen). Die Ziffer, welche aussagt, welche Wärmemenge der Arbeitseinheit entspricht, das sog. mechanische Wärmeäquivalent, ist durch eine große Reihe von Versuchen der verschiedensten Art zu $A = \frac{1}{427}$ ermittelt worden, d. h.

$$1 \text{ mkg} = \frac{1}{427} \text{ WE}.$$

In Form einer Gleichung läßt sich der erste Hauptsatz anschreiben wie folgt:

$$Q = U_2 - U_1 + A \cdot L.$$

d. h. die einem System von Körpern zugeführte Wärmemenge erhöht die innere Energie U desselben (von U_1 auf U_2) und dient zur Bestreitung des Äquivalentes der bei dem Vorgang von dem Körper geleisteten äußeren mechanischen Arbeit L.

Obige Gleichung läßt sich auch anschreiben in der Form

$$dQ = dU + A \cdot p \cdot dV \quad \text{(Gl. 7)}$$

wobei dU die Erhöhung der inneren Energie (gemeint sind damit Änderungen des Körpers, welche nach außen keine Arbeit leisten, wie z. B. Erhöhung der Temperatur und Veränderung des Molekularzustandes) bedeutet, während der Summand $A \cdot p \cdot dV$ das Wärmeäquivalent der Arbeit darstellt, welche durch die Vergrößerung dV des Volumens unter Überwindung des äußeren auf dem Körper lastenden Druckes p geleistet wird.

§ 6. **Das Druckvolumendiagramm.** Diese Arbeit läßt sich besonders übersichtlich in einem Diagramm darstellen, dessen Abszissen die Volumina V (oder meistens die spezifischen Volumina v) und dessen

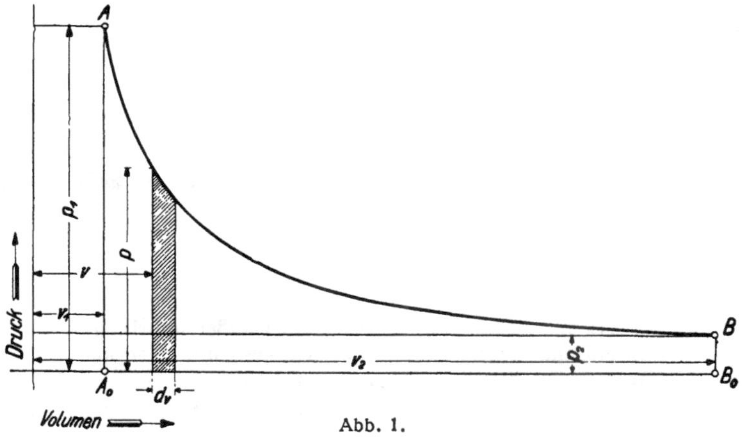

Abb. 1.

Ordinaten die Drücke p sind (vgl. Abb. 1). Die durch Punkt A und B gelegte Kurve zeigt den Zusammenhang zwischen Druck und Volumen beim Durchlaufen einer umkehrbaren Zustandsänderung, z. B. seitens eines Gases, der eng schraffierte Streifen von der Breite dv und der Höhe p das Element der Arbeit bei der Expansion um dv, und die Fläche $A_0 A B B_0$ die gesamte Arbeit $\int_{v_1}^{v_2} p\,dv$, welche bei der Expansion zwischen A und B, also vom Druck p_1 auf den Druck p_2, von dem Gase geleistet wird. Hierbei ist vorausgesetzt, daß das Gas in einem Zylinder eingeschlossen ist und einen Kolben vor sich herschiebt, auf welchem ein Druck lastet, der dem jeweils von dem Gas auf den Kolben ausgeübten Druck das Gleichgewicht hält. Die bei der gedachten Zustandsänderung eintretenden Änderungen der inneren Wärme μ, sowie die zu- oder abgeführten Wärmemengen dq sind aus dem Druckvolumendiagramm nicht ersichtlich. Zur Veranschaulichung der letzteren dient das Wärmediagramm vgl. § 20.

§ 7. **Anwendung des ersten Hauptsatzes auf ideale Gase.** Für diese lassen sich aus Gl. (7) unter Zuhilfenahme der Zustandsgleichung (4) eine Reihe von Beziehungen ableiten, welche technisch von großer Wichtigkeit sind und von welchen im Folgenden die Rede sein wird.

[1]) Vgl. hier und auch andernorts in diesem Abschnitt: Max Planck, Vorlesungen über Thermodynamik, IV. Aufl.

§ 8. **Beziehung zwischen der Gaskonstante und der spezifischen Wärme.** Die spezifische Wärme, d. h. die Wärme, welche notwendig ist, um die Gewichtseinheit des Gases um die Temperatureinheit zu erwärmen, läßt sich allgemein ausdrücken durch die Gleichung

$$c = \frac{dq}{dT} = \frac{du}{dT} + A p \cdot \frac{dv}{dT} \quad \text{(Gl. 8)}$$

Die spezifische Wärme ist demnach ganz verschieden je nach der Art, in welcher die Erwärmung vorgenommen wird. Spezialfälle der spezifischen Wärme sind:

die spezifische Wärme für Erwärmung unter konstantem Druck c_p
und die spezifische Wärme für Erwärmung bei konstantem Volumen c_v.

Erstere muß größer sein als letztere, weil die pro Gewichtseinheit zugeführte Wärme den Arbeitsaufwand zur Überwindung des äußeren Druckes bei der Ausdehnung des Gases mit bestreiten muß.

Erwärmung bei konstantem Volumen. Bei idealen Gasen hängt die Zunahme der inneren Energie du nur von der Temperaturerhöhung ab[1]). Es ist infolgedessen auch die spezifische Wärme bei konstantem Volumen

$$c_v = \frac{du}{dT} \quad \text{(Gl. 9)}$$

nur von der Temperatur abhängig.

Erwärmung bei konstantem Druck. Bezeichnen wir die spezifische Wärme bei konstantem Druck mit c_p, so ergibt sich unter Benutzung vorstehender Beziehung[2])

$$c_p = c_v + A p \cdot \left(\frac{\partial v}{\partial T}\right)_p .$$

Ferner ergibt sich aus der Zustandsgleichung der Gase (Gl. 4)

$$p v = R T$$

und unter Berücksichtigung von $p = \text{const.}$

$$\left(\frac{\partial v}{\partial T}\right)_p = \frac{R}{p}$$

woraus

$$c_p = c_v + A R \quad \text{(Gl. 10)}$$

§ 9. **Isothermische (d. h. bei konstanter Temperatur verlaufende) Zustandsänderung.** Hier wird $d\,T = 0$ und daher

$$du = c_v\, dT = 0,$$

also (vgl. Gl. 7)

$$dq = A p dv.$$

Die Wärmezufuhr ist also hier äquivalent der geleisteten äußeren Arbeit. Falls also z. B. einem Gas bei isothermischer Zustandsänderung Wärme zugeführt werden soll, so kann dies nur geschehen, indem alle zugeführte Wärme sogleich in Arbeit umgesetzt wird.

Die Arbeitsleistung bei Expansion eines idealen Gases vom Zustand p_1, v_1 auf den Zustand p_2, v_2 ergibt sich durch Integration

$$L = \int_{v_1}^{v_2} p dv \text{ oder, da } p v = p_1 v_1,$$

$$L = \int_{v_1}^{v_2} \frac{p_1 v_1}{v} d v = p_1 v_1 \cdot \ln\Big]_{v_1}^{v_2} = p_1 v_1 \ln \frac{p_1}{p_2} .$$

Die hierbei von außen zuzuführende Wärmemenge ist

$$q = A L = A \cdot p_1 v_1 \ln \frac{v_2}{v_1} = A p_1 v_1 \ln \frac{p_1}{p_2} .$$

---

[1]) Experimentell nachgewiesen durch Gay-Lussac, Joule und W. Thomsen. Die diesbezüglichen Versuche der beiden letzteren ergaben allerdings, daß Wasserstoff, Luft usw. nicht vollständig ideale Gase sind, indem eine kleine Änderung der inneren Energie mit der Temperatur festgestellt wurde.

[2]) In der folgenden Gleichung ist der Differentialquotient $\frac{\partial v}{\partial T}$ für konstantes p zu nehmen; dies wird hier und im folgenden symbolisch ausgedrückt, indem der partielle Differentialquotient in Klammer gesetzt und rechts unten mit der konstant zu haltenden Variabeln als Index versehen wird.

Die Gleichung der Isotherme ergibt sich ohne weiteres aus der Zustandsgleichung der idealen Gase

$$pv = RT, \text{ wenn } T = \text{const. gesetzt wird,}$$

und lautet also

$$pv = \text{const. (vgl. Gl. 1).}$$

Dies ist die Gleichung einer gleichseitigen Hyperbel.

§ 10. **Konstruktion der Isotherme für vollkommene Gase** (gleichseitige Hyperbel) (Abb. 2). Es sei $AB = p$ der Anfangsdruck, $BC = a_1$ das Anfangsvolumen, $AG = a_2$ das Endvolumen der Expansion. Um den Enddruck der Expansion zu erhalten, ziehen wir zuerst die Diagonale AE, dann durch den Schnittpunkt K von AE mit CJ die Linie KF parallel zu AG. Die Strecke FG gibt den gesuchten Enddruck an. Um den Druck in einem beliebigen Punkt der Expansionskurve zu erhalten, etwa für das Volumen $BD = AH$, ziehen wir die Diagonale AD, dann LM parallel AG. Der Schnittpunkt M der Linie LM und DH ist der gesuchte Punkt der Expansionskurve, somit MH der zu dem Volumen AH gehörige Druck. In gleicher Weise ergibt sich das Endvolumen a_3 bei der Kompression auf einen höheren Druck p_1 als den gegebenen Anfangsdruck p, wie in der Abbildung angedeutet.

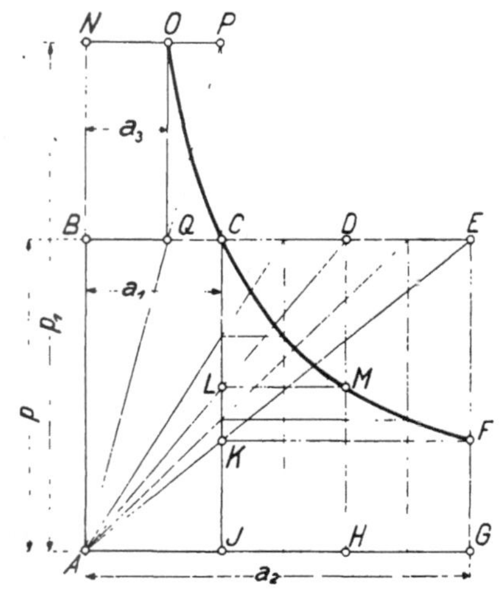

Abb. 2.

§ 11. **Adiabatische Zustandsänderung.** Wenn ein Gas eine Zustandsänderung durchmacht, ohne daß ihm von außen Wärme zugeführt oder entzogen wird, nennt man dieses einen adiabatischen Vorgang. Es wird dann in Gl. (7)

$$dq = 0 \text{ und daher}$$
$$du + Ap \cdot dv = 0.$$

Unter Substitution von p aus der Zustandsgleichung, (Gl. 4), sowie unter Benutzung von Gl. (9) ergibt sich

$$c_v \cdot dT + \frac{A R T}{v} \cdot dv = 0,$$

woraus durch Integration

$$c_v \ln T + A R \ln v = \text{const}$$

oder mit Benutzung von Gl. (10)

$$\ln T + \frac{c_p - c_v}{c_v} \ln v = \text{const.}$$

Bezeichnet man das Verhältnis der spezifischen Wärmen für konstanten Druck bzw. konstantes Volumen $\frac{c_p}{c_v}$ mit $\varkappa$, so ergibt sich hieraus

$$\ln T + (\varkappa - 1) \ln v = \text{const.}$$

oder

$$T v^{(\varkappa - 1)} = \text{const.}$$

Da ferner nach der Zustandsgleichung $T = \frac{p \cdot v}{R}$, folgt als Gleichung der Adiabate

$$p v^{\varkappa} = \text{const.} \quad \text{(Gl. 11)}$$

oder wenn mit p_1 und v_1 bzw. p_2 und v_2 zwei auf einer Adiabate liegende Zustände bezeichnet werden

$$p_1 v_1^{\varkappa} = p_2 v_2^{\varkappa}.$$

Der Zusammenhang zwischen Druck und Temperatur bei adiabatischer Zustandsänderung ergibt sich aus der Beziehung $\frac{T_1}{T_2} = \left(\frac{p_1}{p_2}\right)^{\frac{\varkappa - 1}{\varkappa}}$, welche sich aus obigen Gleichungen leicht ableiten läßt.

§ 12. **Die polytropische Zustandsänderung.** Die beiden bisher betrachteten wichtigsten Zustandsänderungen, die Isotherme und Adiabate, sind gekennzeichnet durch eine Gleichung von der Form

$$p \cdot v^n = \text{const.}$$

wobei der Exponent n für die Isotherme $= 1$, für die Adiabate $= \varkappa = \frac{c_p}{c_v}$ ist. — Zustandsänderungen, welche den genannten insofern ähnlich sind, als sie mit konstanter spezifischer Wärme verlaufen (siehe weiter unten), lassen sich nun ebenfalls durch die Form $pv^n = \text{const.}$ darstellen, wobei der Exponent

n den vorliegenden physikalischen Verhältnissen entsprechend zu wählen ist. Dies trifft namentlich bei Expansions- und Kompressionsvorgängen zu, für welche zwar isothermischer oder adiabatischer Verlauf vorgesehen, infolge praktischer Schwierigkeiten aber nicht erreichbar ist.

Solche Zustandsänderungen bezeichnet man als „polytropische".

Die Wärmemenge, welche zugeführt werden muß, um bei polytropischer Zustandsänderung von einem Zustand T_1, p_1, v_1 auf einen zweiten T_2, p_2, v_2 zu gelangen, ist

$$q = u_2 - u_1 + \int_{T_1}^{T_2} A\,p\,dv.$$

Hierbei ist

$$u_2 - u_1 = c_v (T_2 - T_1),$$

ferner

$$A \int_{T_1}^{T_2} p\,dv = A \int_{v_1}^{v_2} \frac{p_1 v_1^n}{v^n} \cdot dv = A\,p_1 v_1^n \frac{1}{n-1} \left(\frac{1}{v_1^{n-1}} - \frac{1}{v_2^{n-1}} \right)$$

$$= \frac{A}{n-1} (p_1 v_1 - p_2 v_2) = \frac{A\,R}{n-1} (T_1 - T_2),$$

welcher Ausdruck die bei polytropischer Zustandsänderung zwischen T_1 und T_2 geleistete Arbeit (im Wärmemaß) darstellt. Mit Berücksichtigung, daß nach Gl. (10)

$$A\,R = c_v (\varkappa - 1)$$

wird

$$A \int_{T_1}^{T_2} p\,dv = c_v \frac{(\varkappa - 1)}{n-1} (T_1 - T_2),$$

so daß also

$$Q = \left(c_v \frac{(\varkappa - 1)}{n-1} - c_v \right) (T_1 - T_2)$$

$$= c_v \frac{n - \varkappa}{n-1} (T_2 - T_1).$$

Die Wärmemenge ist also proportional der Temperaturänderung, und der Faktor $c_v \frac{n-\varkappa}{n-1}$ ist die der Polytrope eigentümliche spezifische Wärme. Für $n = 0$ wird dieselbe $= c_p$ (Zustandsänderung bei konstantem Druck), für $n = \infty$ wird sie $= c_v$ (Zustandsänderung bei konstantem Volumen).

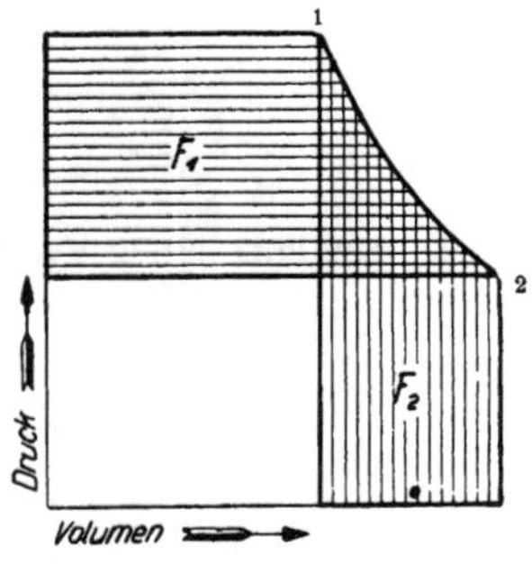

Abb. 3.

Die Ermittlung der Exponenten für eine gegebene polytropische Kurve kann auf verschiedenen Wegen geschehen, unter anderem durch Planimetrieren der Flächen F_1 und F_2 (vgl. Abb. 3). Es ist

$$F_2 = \int_{v_1}^{v_2} p\,dv = \frac{1}{n-1} (p_1 v_1 - p_2 v_2)$$

$$F_1 = F_2 + (p_1 v_1 - p_2 v_2)$$

$$= \frac{n}{n-1} (p_1 v_1 - p_2 v_2),$$

also

$$n = \frac{F_1}{F_2}$$

woraus n ermittelt werden kann, wenn F_1 und F_2 planimetriert sind — was auch für jedes beliebige Stück der Kurve gesondert geschehen kann. Da n bei gegebenen Kurven meist nicht über die ganze Erstreckung derselben konstant ist, wird meistens n stückweise für einander folgende Teile der Kurve festzustellen sein. (Vgl. hierzu auch folgenden § 13.)

§ 13. **Konstruktion der Polytrope mit Hilfe des Brauerschen Verfahrens** (vgl. Abb. 4). Durch den Punkt A ist eine Polytrope mit dem Exponenten n zu ziehen. Wir verfahren wie folgt: Wir legen an die v-Achse vom Koordinatenanfangspunkt 0 nach unten den beliebigen Winkel α an, an die p-Achse den Winkel β, welcher mit α durch die Gleichung

$$1 + \operatorname{tg} \beta = (1 + \operatorname{tg} \alpha)^n$$

verknüpft ist. Sodann fällen wir von A aus die Senkrechten Aa und AP_0 auf die beiden Achsen. Durch die Punkte a und P_0 ziehen wir unter 45° zu den Achsen die Geraden aV_1 und P_0B. Die Senkrechten zu den Achsen, welche durch V_1 und B gezogen werden, liefern als Schnittpunkt A' den nächsten Punkt der gesuchten Polytrope. Durch Legen weiterer Geraden unter 45° zu den Achsen durch die Punkte b und P_1 ergeben sich V_2 und C. Die Senkrechten, welche durch diese beiden letzteren Punkte zu den Koordinatenachsen gefällt werden, ergeben als Schnittpunkt einen weiteren Punkt der gesuchten Polytrope A''.

Beweis: Die Gleichung der Polytrope ist

$$p\,v^n = \text{konst.} = p_0\,v_0^n.$$

Nach unserer Konstruktion ist

$$p_1 = p_0 - p_1 \operatorname{tg}\beta \quad \text{woraus} \quad p_1 = \frac{p_0}{1+\operatorname{tg}\beta},$$

ferner

$$v_1 = v_0 + v_0 \operatorname{tg}\alpha = v_0\,(1 + \operatorname{tg}\alpha),$$

somit

$$p_1 v_1 = p_0 v_0 \cdot \frac{1+\operatorname{tg}\alpha}{1+\operatorname{tg}\beta}$$

oder

$$\frac{p_1}{p_0} = \frac{v_0}{v_1} \cdot \frac{1+\operatorname{tg}\alpha}{1+\operatorname{tg}\beta}.$$

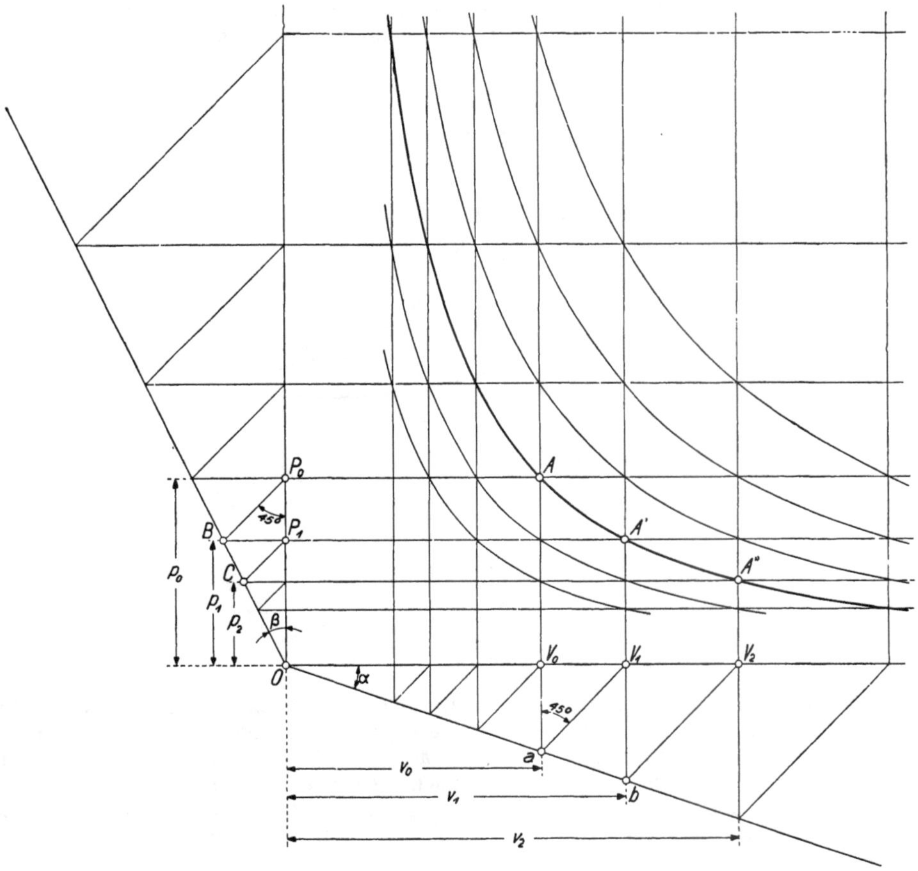

Abb. 4.

Durch Einsetzen der Werte

$$1 + \operatorname{tg}\alpha = \frac{v_1}{v_0} \quad \text{und}$$

$$1 + \operatorname{tg}\beta = \left(\frac{v_1}{v_0}\right)^n \quad \text{ergibt sich}$$

$$\frac{p_1}{p_0} = \left(\frac{v_0}{v_1}\right)^n.$$

In gleicher Weise läßt sich für den Punkt A'' zeigen, daß $\frac{p_2}{p_1} = \left(\frac{v_1}{v_2}\right)^n$ ist, woraus auch folgt, daß $\frac{p_2}{p_0} = \left(\frac{v_0}{v_2}\right)^n$ ist; hiermit ist auch nachgewiesen, daß der Punkt A'' usw. der Gleichung der Polytrope mit dem Exponenten n durch A entspricht.

Das Verfahren ergibt in demselben Koordinatensystem nicht nur die durch den Punkt *A* gehende Polytrope, sondern ganze Scharen solcher Kurven, wie aus Abb. 4 hervorgeht.

In der nachstehenden Tabelle Nr. 2 sind für die Exponenten $n = 1{,}1$ bis $1{,}41$ zweckmäßige Werte der Winkel α, sowie die zugehörigen Winkel β und deren Tangenten zusammengestellt. Für $n = 1{,}0$ wird, wie bekannt, die Polytrope eine gleichseitige Hyperbel.

Das Verfahren kann auch dazu benutzt werden, Expansions- oder Kompressionslinien, welche als Polytropen aufgefaßt werden, auf ihren Exponenten zu untersuchen. Zu diesem Zweck legt man — vgl. Abb. 5 — durch zwei Punkte $p_0 v_0$ und $p_1 v_1$ der zu untersuchenden Kurve Parallele zu den Achsen, welche die Strecken $v_1 - v_0$ bzw. $p_0 - p_1$ auf denselben abschneiden. Verlängern wir nun die Ordinate durch den Punkt $p_0 v_0$ über die Abszissenachse hinaus, und tragen wir auf derselben die Strecke $V_0 V_1 = V_0 a$ ab, so entsteht ein Dreieck, dessen Seiten $0\, V_0$ und $0a$ den Winkel α einschließen; ebenso wird der Winkel β bestimmt. Der Exponent n folgt sodann aus der Beziehung

$$n = \frac{\log(1 + \operatorname{tg}\beta)}{\log(1 + \operatorname{tg}\alpha)}.$$

Die Ermittlung des Exponenten n der Polytrope ist insofern von Bedeutung, als derselbe gewisse Aufschlüsse über die Art der Zustandsänderung während der Expansion bzw. Kompression geben kann.

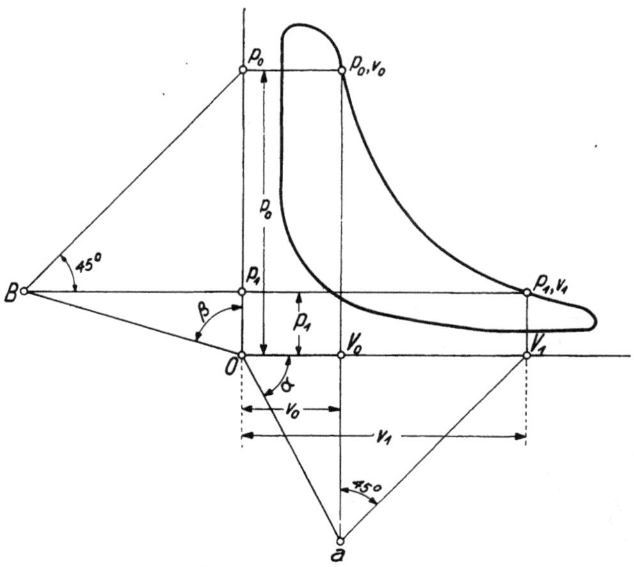

Abb. 5.

Man muß indessen beim Ziehen von Schlußfolgerungen aus der Größe des Exponenten sehr vorsichtig sein, da Wärmezufuhr und Wärmeentziehung gleichzeitig erfolgen können und infolgedessen die betrachtete Kurve zwar z. B. den Exponenten der Adiabate aufweisen kann, keineswegs aber tatsächlich adiabatisch, d. h. ohne Wärmezufuhr und Wärmeentziehung von außen verläuft. Beispielsweise kann bei einer Verbrennungsmaschine die Wärmeentziehung durch den Kühlmantel infolge Nachbrennens während der Expansion wieder ausgeglichen werden. Näheres hierüber für die Dampfmaschine siehe Haupttext § 14 u. f.

Tabelle Nr. 2. **Werte zur Konstruktion der Polytropen.**[1])

Exponent $n =$	1,10	1,15	1,20	1,25	1,30	1,35	1,41
Winkel α . . . . . . °	11,20	11,20	11,20	14,05	14,05	14,05	18,25
Winkel β . . . . . . °	12,35	13,10	13,50	17,55	18,40	19,25	26,30
tang α	0,2 = 1:5	0,2	0,2	0,25 = 1:4	0,25	0,25	0,33 = 1:3
tang β	0,222	0,234	0,245	0,322	0,337	0,352	0,497 ∾ 1:2

§ 14. Die Erzeugungswärme. Drosselung. Bei Zustandsänderungen, welche sich bei konstantem Druck p abspielen, sowie bei Strömungsvorgängen (Berechnung der Dampfturbinen) spielt ein Begriff

[1]) Aus H. Güldner, Das Entwerfen und Berechnen der Verbrennungskraftmaschinen und Kraftgas-Anlagen, 3. Aufl.

eine wichtige Rolle, welcher als Gibbssche Wärmefunktion oder in der technischen Wärmelehre meistens als Erzeugungswärme bezeichnet wird. Diese Größe wird durch die Beziehung

$$i = u + Apv$$

definiert und ist somit in gleicher Weise wie die innere Energie u lediglich eine Funktion der Zustandsvariabeln (z. B. von p und v).

Entsprechend der obigen Definition hat man unter i die gesamte Wärmemenge zu verstehen, welche aufgewendet werden müßte, um den Zustand des betreffenden Körpers bei konstantem Druck p gewissermaßen zu erzeugen; es muß demselben hierzu die gesamte innere Energie u und außerdem das Äquivalent der Arbeit zugeführt werden, welche notwendig ist, um unter Überwindung des konstanten Druckes p den von dem Körper eingenommenen Raum, d. i. das Volumen v, zu schaffen.

Nach dem ersten Hauptsatz ist nämlich für einen solchen Vorgang bei konstantem Druck $dQ = du + Apdv$

$$\text{oder } Q = \int_{u=0}^{u} du + Ap\int_{v=0}^{v} dv = u + Apv = i.$$

Die Wärmemenge, welche notwendig ist, um einen Körper von einem bestimmten Anfangszustand bei konstant gehaltenem Druck in einen gegebenen Endzustand überzuführen, ist dann ebenfalls auf Grund des ersten Hauptsatzes

$$Q = \int_{u_1}^{u_2} du + Ap\int_{v_1}^{v_2} dv = u_2 - u_1 + Ap(v_2 - v_1)$$

$$\text{oder } Q = (u_2 + Apv_2) - (u_1 + Apv_1) = i_2 - i_1,$$

d. h. also gleich der Differenz der Erzeugungswärmen für den Anfangs- und Endzustand.

Durch Einführung der Größe i in die Gleichung, welche den ersten Hauptsatz wiedergibt, erhält letztere allgemein die Form

$$dQ = du + Apdv = du + A \cdot d(pv) - Avdp$$

$$\text{oder } dQ = di - Avdp.$$

Für adiabatische Vorgänge, d. h. bei Zustandsänderungen, welche ohne Wärmezufuhr oder Wärmeentziehung stattfinden, für welche also $dQ = 0$ ist, folgt hieraus

$$di = Avdp$$

$$\text{oder } \int_{i_1}^{i_2} di = i_2 - i_1 = \int_{p_1}^{p_2} Avdp.$$

Es ist wohl zu beachten, daß in diesem Falle, abweichend von dem oben behandelten Beispiel, die Zustandsänderungen bei konstantem Druck der Größen $i_1 = u_1 + Ap_1v_1$ und $i_2 = u_2 + Ap_2v_2$ nicht etwa für den gleichen Druck, sondern für die dem Anfangs- bzw. Endzustand entsprechenden, voneinander verschiedenen Spannungen p_1 bzw. p_2 zu errechnen sind.

Für ideale Gase, für welche die spezifische Wärme c_p als konstant anzusehen ist, wird unter Berücksichtigung der Beziehung $du = c_v dT$ und der Zustandsgleichung $pv = RT$

$$di = d(u + Apv) = c_v dT + AR \cdot dT = c_p \cdot dT,$$

oder die Differenz für zwei verschiedene Zustände 1 und 2

$$i_2 - i_1 = c_p(T_2 - T_1)$$

ist also lediglich durch die Temperaturdifferenz bestimmt und von den Drücken im Anfangs- bzw. Endzustand unabhängig.

Zustandsänderungen, welche ohne Wärmezufuhr von außen und ohne nutzbare Arbeitsleistung derart verlaufen, daß die Größe i konstant bleibt, nennt man Drosselungsvorgänge (vgl. § 21 und § 40).

Abschnitt II.

Der zweite Hauptsatz der mechanischen Wärmetheorie.

§ 15. **Kreisprozeß.** Ein arbeitender Körper macht einen Kreisprozeß durch, wenn er nach dem Durchlaufen einer Reihe von Zustandsänderungen wieder genau in seinen Anfangszustand zurückkehrt.

Bei den technisch verwerteten Kreisprozessen unterscheidet man zwischen sog. geschlossenen Prozessen und offenen Prozessen. Bei ersteren wiederholt eine bestimmte Quantität des Arbeitskörpers, ohne gewechselt zu werden, dauernd den periodischen Kreislauf (z. B. Wasser und Dampf bei einer mit Oberflächenkondensation arbeitenden Dampfmaschine). Bei letzteren wird entweder an einer Stelle des Kreislaufes jedesmal der Arbeitskörper entfernt und durch ein neues gleich großes

Quantum desselben Arbeitskörpers ersetzt (mit Auspuff arbeitende Dampfmaschinen), oder aber es tritt eine chemische Verwandlung während des Kreislaufes ein, so daß, um denselben aufrecht zu erhalten, periodisch die ursprüngliche Zusammensetzung des Arbeitskörpers wiederhergestellt werden muß (Verbrennungskraftmaschine). Bei den folgenden Betrachtungen sind zunächst stets geschlossene Prozesse vorausgesetzt. Das Ergebnis dieser Betrachtungen läßt sich jedoch auch leicht auf offene Kreisprozesse übertragen, wenn der Arbeitskörper keine Änderungen seiner chemischen Zusammensetzung erfährt; dagegen bedürfen Prozesse, bei welchen chemische Umwandlungen des Arbeitskörpers vorkommen, in einzelnen Punkten einer besonderen Behandlung[1]).

Man nennt einen Kreisprozeß einen idealen oder umkehrbaren, falls gewisse Bedingungen, welche im Nachstehenden eingehender erläutert werden, erfüllt gedacht sind. Hierzu gehört in erster Linie, daß Wärmezufuhr und Wärmeentziehung, welchen bei einem solchen Prozeß der Arbeitskörper unterworfen wird, sich ohne Temperatursprung zwischen Arbeitskörper und Wärmequelle vollziehen. Dieser praktisch undenkbare Fall wäre nur möglich, wenn der Wärme zuführende bzw. Wärme entziehende Körper (Wärmequelle) stets die gleiche Temperatur besitzen würde wie der Arbeitskörper. Eine solche Wärmeübertragung, welche in der Natur selbstverständlich nicht vorkommen kann, würde zur Voraussetzung haben, daß z. B. bei isothermischer Wärmezufuhr die Wärmequelle so reichlich ist, daß während der Wärmeabgabe an den Arbeitskörper eine Temperaturerniedrigung ersterer überhaupt nicht zustandekommt, oder daß bei isothermischer Wärmeentziehung eine Erwärmung des wärmeentziehenden Körpers, z. B. des Kühlwassers, nicht eintritt, was also unendlich große Kühlwassermengen voraussetzen würde. Sie hätte ferner zur Voraussetzung, daß die Wärmequelle nicht durch Heizflächen, deren Überwindung immer einen gewissen Temperaturverlust bedeutet, auf den Arbeitskörper einwirkt oder aber, daß diese Heizflächen unendlich groß sind usw. Erfolgt die Wärmezufuhr nicht isothermisch sondern bei veränderlicher Temperatur, so würde der ideale Prozeß verlangen, daß die Wärmezufuhr (oder Entziehung) sukzessive in unendlich kleinen Temperaturstufen erfolgt, und daß für jedes kleinste Temperaturintervall eine vergleichsweise unendlich große Wärmequelle zur Verfügung steht, sowie die hinreichende Zeit, um den Körper trotz der unendlich kleinen Temperaturdifferenzen vollkommen auf die Temperatur dieser Wärmequelle zu bringen. Ferner ist es ein Erfordernis des idealen Prozesses, daß bei Expansions- und Kompressionsvorgängen keine Beschleunigungen des Arbeitskörpers, ebenso keine Drosselvorgänge (Druckabfall ohne Arbeitsleistung usw.) auftreten. Ein idealer Prozeß hätte also aus einer fortlaufenden Reihe von Gleichgewichtslagen zu bestehen, welche einander in dem Sinne folgen, in dem der Prozeß durchlaufen gedacht wird. Ein solcher idealer Prozeß kann nun umkehrbar genannt werden, weil er nach beiden Richtungen hin durchlaufen werden kann (sowohl im Sinne der Wärmezufuhr als auch im Sinne der Wärmeentziehung), je nach dem Anstoß, der zur Abwicklung des Prozesses gegeben wird.

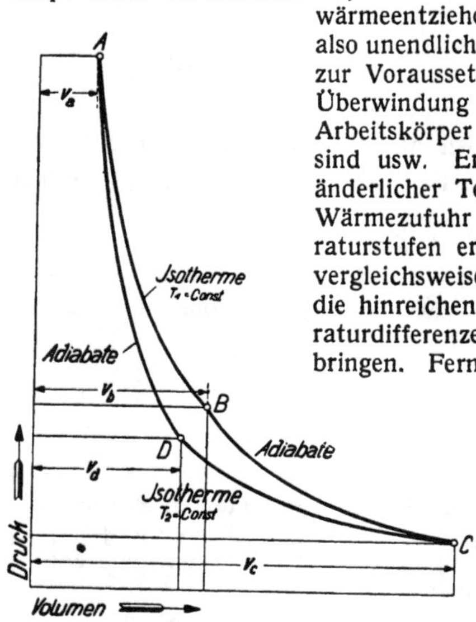

Abb. 6.

§ 16. **Der Carnotsche Kreisprozeß.** Derselbe ist ein Kreisprozeß von besonderer Art, bei welchem der Arbeitskörper (z. B. Luft) zunächst isothermischer Expansion AB (vgl. Abb. 6), sodann adiabatischer Expansion BC, sodann isothermischer Kompression CD und schließlich adiabatischer Kompression DA unterworfen wird. Da während der adiabatischen Vorgänge weder Wärmezufuhr noch Wärmeentziehung stattfindet, brauchen hinsichtlich letzterer nur die Isothermen AB und CD betrachtet zu werden. Die bei der isothermischen Expansion AB zuzuführende Wärmemenge ist, falls als Arbeitskörper die Gewichtseinheit eines idealen Gases vorausgesetzt wird, gemäß § 9

$$Q_1 = A \cdot RT_1 \ln \frac{v_b}{v_a};$$

die bei der isothermischen Kompression abzuführende Wärmemenge

$$-Q_2 = A \cdot RT_2 \ln \frac{v_c}{v_d}.$$

Ferner folgt aus den in § 11 behandelten Beziehungen für die adiabatischen Zustandsänderungen idealer Gase

$$\frac{T_2}{T_1} = \left(\frac{v_a}{v_d}\right)^{\varkappa - 1} = \left(\frac{v_b}{v_c}\right)^{\varkappa - 1},$$

[1]) Vgl. z. B. Nusselt „Die Entropievermehrung in der Gasmaschine durch die nicht umkehrbare Ausführung der Verbrennung", Zeitschr. f. d. ges. Turbinenwesen, XIV. Jahrg., Heft 1 u. f.

woraus

$$\ln \frac{v_b}{v_a} = \ln \frac{v_c}{v_d}$$

und somit

$$\frac{Q_1}{-Q_2} = \frac{T_1}{T_2} \text{ oder } \frac{Q_1}{T_1} + \frac{Q_2}{T_2} = 0. \quad \text{(Gl. 11)}$$

Die bei dem Prozeß gewonnene mechanische Arbeit ist nach dem ersten Hauptsatz durch die algebraische Summe $Q_1 + Q_2$ dargestellt, d. h. äquivalent der Differenz von zugeführter und abgeführter Wärmemenge.

Es ergibt sich somit der Wirkungsgrad des Carnotschen Prozesses, d. h. das Verhältnis der gewonnenen mechanischen Arbeit zur aufgewendeten Wärmemenge Q_1

$$\text{zu } \eta = \frac{Q_1 + Q_2}{Q_1} \quad \text{(Gl. 12)}$$

(wobei das +-Zeichen algebraisch aufzufassen ist) oder durch Einsetzen von

$$Q_1 = -\frac{Q_2}{T_2} \cdot T_1$$

$$\text{zu } \eta = \frac{T_1 - T_2}{T_1}. \quad \text{(Gl. 13)}$$

Durch einen einfachen Beweis hat Clausius, ausgehend von der von ihm mit den Worten: „Die Wärme kann nicht ohne Kompensation von einem kälteren Körper auf einen wärmeren übergehen" formulierten Erfahrungstatsache, gezeigt, daß Gl. (11) und somit auch der Wirkungsgrad η von der Natur des Arbeitskörpers unabhängig sind[1]). Ebenso läßt sich durch einfache Überlegungen nachweisen, daß kein Prozeß, der zwischen gleichen Temperaturgrenzen durchgeführt wird, einen günstigeren Wirkungsgrad ergeben kann als der Carnotsche Prozeß[2]).

Dieser Wirkungsgrad ist natürlich eine rein theoretische Ziffer und darf nicht verwechselt werden mit dem wegen der Eigenart jedes technischen Prozesses ungünstigeren Wirkungsgrad der in den Wärmekraftmaschinen tatsächlich durchgeführten Prozesse. Immerhin zeigt die Betrachtung dieses Wirkungsgrades bereits, daß nur ein verhältnismäßig kleiner Teil der einem Arbeitskörper zugeführten Wärme überhaupt ausnutzbar ist, wenn man den Umstand berücksichtigt, daß die Wärmeentziehung in den bewohnten Breiten der Erde nur bei verhältnismäßig hoher Temperatur, d. h. 10 bis 20° C, also $T_2 = 283$ bis 293°, erfolgen kann, und daß die technisch zu beherrschenden Temperaturen der Wärmezuführung ein gewisses Maß nicht übersteigen. Arbeitet zum Beispiel eine Dampfmaschine mit gesättigtem Dampf und einer Anfangsspannung von 19,5 at. abs. entsprechend einer Dampftemperatur von 210° C ($T_1 = 483°$), wie bei Torpedobooten üblich, und beträgt die Temperatur des Seewassers 20° ($T_2 = 293°$), so würde sich ein theoretischer Wirkungsgrad des Carnotschen Prozesses von

$$\eta = \frac{483 - 293}{483} = 39{,}3\,\%$$

ergeben.

Dieser Wirkungsgrad kann selbstverständlich tatsächlich nicht erreicht werden, nicht nur weil es aus Zweckmäßigkeitsgründen in der Praxis nicht üblich ist, den Dampfmaschinenprozeß als reinen Carnotschen Prozeß durchzuführen (vgl. Haupttext § 2), sondern auch wegen der unvermeidlichen Verluste verschiedener Art, welche eingehend im Haupttext behandelt sind (vgl. Haupttext § 14 u. f.). Dagegen zeigt diese Betrachtung den prinzipiellen Mangel des Dampfmaschinenbetriebes, darin liegend, daß die hohe Temperatur der Verbrennungsgase nicht dazu ausgenutzt wird, dem Arbeitskörper (dem Wasser) die Verdampfungswärme bei einer der Verbrennungstemperatur naheliegenden Temperatur zuzuführen. Näheres hierüber siehe Haupttext § 3.

---

[1]) Die Gleichung $\frac{Q_1}{-Q_2} = \frac{T_1}{T_2}$ ist besonders wertvoll für die Bestimmung der absoluten Temperatur dadurch, daß sie keine Größe enthält, welche von der Natur eines bestimmten Körpers abhängig ist. „Man kann also als absoluten Nullpunkt der Temperatur diejenige definieren, für welche als Temperatur des Kühlers die ganze Wärme Q_1 in Arbeit verwandelt wird. Eine niedrigere Temperatur ist undenkbar" (Helmholtz).

[2]) Es sei hier bemerkt, daß bei Anwendung des Prinzips der Wärmeregeneration (vgl. § 52) Kreisprozesse denkbar sind, bei welchen keine adiabatischen Zustandsänderungen des Arbeitskörpers vorkommen und trotzdem unter Annahme gleicher Temperaturgrenzen in beiden Fällen der gleiche Wirkungsgrad wie beim Carnot-Prozeß erzielt werden kann. Es läßt sich allerdings leicht zeigen, daß dies nur möglich ist, wenn genau wie beim Carnot-Prozeß die gesamte tatsächlich von außen aufgewendete Wärme bei konstanter höchster Temperatur zugeführt und die gesamte endgültig nach außen abgegebene Wärme bei konstanter tiefster Temperatur abgeführt wird.

§ 17. **Beliebige ideale Prozesse.** Denkt man sich eine Anzahl von Carnotschen Prozessen, wie in Abb. 6 dargestellt, aneinander gefügt, so kann man beliebige kompliziertere Prozesse, wie z. B. im *pv*-Diagramm, Abb. 7, durch den stark ausgezogenen Linienzug veranschaulicht, gewinnen. Die innerhalb desselben liegenden Adiabaten, welche einmal in der Richtung der Expansion, einmal in der der Kompression zu durchlaufen sind, verlieren dabei ihre Bedeutung. Für jeden einzelnen der zusammengefügten Carnotschen Prozesse ist

$$\frac{Q_1}{T_1} + \frac{Q_2}{T_2} = 0.$$

Hieraus ergibt sich für den gesamten Prozeß

$$\sum \frac{Q}{T} = 0.$$

Jeder geschlossene Kreisprozeß läßt sich analog in unendlich viele einfache Kreisprozesse zerlegen, welche durch die unendlich schmalen Vierecke dargestellt werden, deren jedes aus 2 nebeneinander liegenden Adiabaten und 2 unendlich kleinen Isothermenstücken besteht. Diese Betrachtung führt zu der Gleichung:

$$\int \frac{dQ}{T} = 0. \qquad \text{(Gl. 14)}$$

Die Integration ist dabei über den ganzen Prozeß auszuführen; die unendlich kleinen Wärmemengen dQ sind dabei gemäß der oben getroffenen Festsetzung positiv oder negativ in Rechnung zu setzen, je nachdem es sich um Wärmezuführung an den Arbeitskörper oder um Wärmeentziehung handelt.

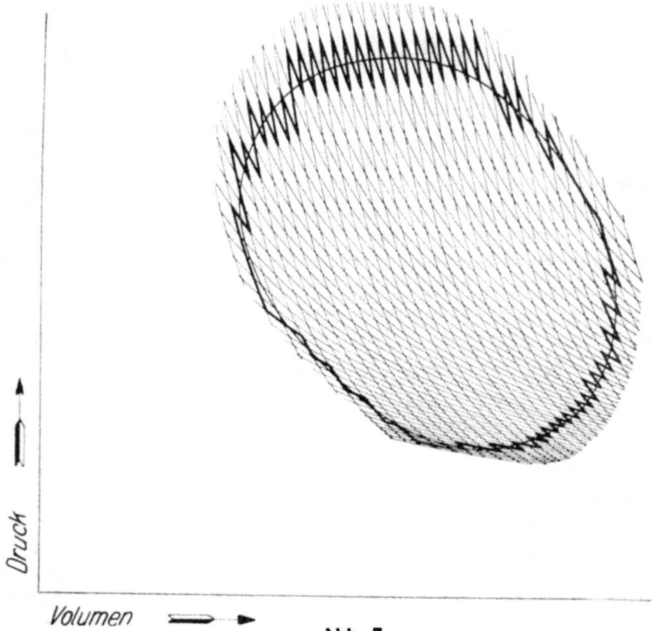

Abb. 7.

Die vorstehende Gleichung bildet den von Clausius aufgestellten Ausdruck des 2. Hauptsatzes der mechanischen Wärmetheorie, soweit er sich auf umkehrbare Kreisprozesse bezieht. Der in dieser Gleichung enthaltene einfache Kern des 2. Hauptsatzes ist der, daß ein Kreisprozeß, in welchem Arbeit aus Wärme gewonnen werden soll, sich bei den auf der Erde gegebenen Verhältnissen, welche die Benützung des absoluten Nullpunktes als untere Temperaturgrenze ausschließen, nicht herstellen läßt, ohne daß ein gewisses Quantum an Wärme entzogen wird, und zwar ist dieses Wärmequantum bei dem einfachen Carnotschen Prozeß festgelegt durch die Gleichung

$$\frac{Q_1}{T_1} + \frac{Q_2}{T_2} = 0,$$

also

$$Q_2 = -Q_1 \cdot \frac{T_2}{T_1}.$$

Die Größe $\frac{Q}{T}$ bei einem isothermischen Prozeß bzw. $\int \frac{dQ}{T}$ bei einem beliebigen kontinuierlichen Prozeß hat Clausius mit dem Namen „Verwandlungswert“ oder „Entropie“ bezeichnet.

§ 18. **Nicht umkehrbare Kreisprozesse.** Die vorstehenden Betrachtungen bezogen sich zunächst nur auf umkehrbare Kreisprozesse; für den Fall, daß die Bedingungen der Umkehrbarkeit nicht erfüllt sind, hat Clausius nachgewiesen, daß $\int \frac{dQ}{T} < 0$ wird und demgemäß als erweiterte Form des 2. Hauptsatzes die Gleichung

$$\int \frac{dQ}{T} \leqq 0$$

aufgestellt, in welcher sich das Gleichheitszeichen auf umkehrbare, das Ungleichheitszeichen auf nicht umkehrbare Kreisprozesse bezieht.

Die Integration erstreckt sich hierbei zunächst nur auf den Arbeitskörper, jedoch ist als Temperatur T diejenige des Hilfskörpers einzusetzen, welcher die Wärme dQ an ersteren abgibt bzw. sie ihm entzieht.

Wird dagegen die Integration über alle an dem Kreisprozeß beteiligten Körper ausgedehnt und dabei stets die Temperatur des betreffenden Körpers in Rechnung gestellt, so ergibt sich für den Arbeitskörper selbst $\int \frac{dQ}{T} = 0$, wie bei Ableitung von Gl. 14 näher dargelegt. Es brauchen dann nur noch die Entropieänderungen der an den Arbeitskörpern Wärme abgebenden und der von denselben Wärme aufnehmenden Körper ermittelt zu werden, wobei auch für diese Körper Wärmeentziehungen als negative, Wärmezufuhren als positive Größen zu rechnen sind. Es ist leicht einzusehen, daß dabei gegenüber dem Ansatz von Clausius sämtliche Werte von dQ mit entgegengesetztem Vorzeichen auftreten, so daß also bei nicht umkehrbaren Kreisprozessen die verbleibende Änderung der Entropie aller beteiligten Körper größer als Null, also positiv wird.

Am einfachsten wird der Satz veranschaulicht durch Betrachtung eines Beispiels, als welches hier ein Carnot-Prozeß angenommen sei, welcher infolge des Vorhandenseins eines Temperatursprunges zwischen der Quelle der Wärmezufuhr und dem Arbeitskörper während der Wärmeaufnahme nicht umkehrbar verläuft. Die an dem Prozeß beteiligten Körper sind die Wärmequelle, der Arbeitskörper und der Wärme entziehende Körper. Der Wärmequelle wird die gleiche Wärmemenge Q_1 entnommen, welche dem Arbeitskörper zugeführt wird. Da aber die Temperatur der Wärmequelle T_1', die des Arbeitskörpers bei der Wärmeaufnahme T_1 ist, wobei $T_1' > T_1$, ist die Einbuße an Entropie bei der Wärmequelle kleiner als der Entropiegewinn beim Arbeitskörper. Bei der Wärmeentziehung, auf der unteren Isotherme des Carnot-Prozesses, wo in unserem Beispiel kein Temperatursprung stattfinden soll, gilt ein und dieselbe Temperatur T_2 für die vom Arbeitskörper abgegebene und vom Wärme entziehenden Körper aufgenommene Wärmemenge Q_2; die Entropievergrößerung des Wärme aufnehmenden Körpers ist daher ebenso groß wie die Entropieverringerung $\frac{Q_2}{T_2}$ des Arbeitskörpers bei der Wärmeentziehung. Als Resultat ergibt sich nach Abwicklung des Prozesses also Folgendes: Der Arbeitskörper hat an Entropie ebensoviel gewonnen $\left(\frac{Q_1}{T_1}\right)$ als verloren $\left(\frac{Q_2}{T_2}\right)$, da er einen Carnot-Prozeß durchgemacht hat, bei welchem $\frac{Q_1}{T_1} = -\frac{Q_2}{T_2}$. Die Wärmequelle hat an Entropie den Betrag $\frac{Q_1}{T_1'}$ eingebüßt, welcher, wie vorstehend erläutert, kleiner als $\frac{Q_1}{T_1}$ und somit auch kleiner als der Entropiezuwachs des kühlenden Körpers ist. Es verbleibt also für das gesamte System eine Entropievergrößerung $\frac{Q_2}{T_2} - \frac{Q_1}{T_1'}$.

Ebenso läßt sich in jedem einzelnen Fall nachweisen, daß die Entropie des gesamten am Prozeß beteiligten Systems bei jedem nicht umkehrbaren Kreisprozeß eine Vergrößerung erfährt[1]).

Diese Feststellung bleibt, wie sich weiterhin leicht zeigen läßt, nicht auf Kreisprozesse beschränkt, sondern gilt ganz allgemein für beliebige nicht umkehrbar verlaufende Zustandsänderungen eines Systems von Körpern.

Den Inhalt dieses verallgemeinerten 2. Hauptsatzes gibt Planck in den Worten wieder: „Jeder in der Natur stattfindende physikalische und chemische Prozeß verläuft in der Art, daß die Summe der Entropien sämtlicher an dem Prozeß irgendwie beteiligten Körper vergrößert wird. Im Grenzfall für umkehrbare Prozesse bleibt diese Summe ungeändert. Dies ist der allgemeinste Ausdruck des 2. Hauptsatzes der Wärmetheorie.“

---

[1]) Da sämtliche in der Natur vorkommenden Prozesse nicht umkehrbar verlaufen, folgt hieraus der bekannte von Clausius ausgesprochene Satz: die Entropie der Welt strebt einem Maximum zu.

§ 19. **Berechnung des Wertes der Entropie für ideale Gase.** Nach dem 1. Hauptsatz ist, bezogen auf die Gewichtseinheit des betrachteten Gases:

$$dq = du + A\,p\,dv$$

oder:

$$= c_v\,dT + A\,p\,dv.$$

Unter Berücksichtigung der Zustandsgleichung

$$pv = R \cdot T.$$

erhalten wir

$$dq = c_v\,dT + \frac{ART}{v}\,dv \quad \ldots\ldots\ldots\ldots \quad \text{(Gl. 15)}$$

und durch Division mit T

$$ds = \frac{dq}{T} = c_v \frac{dT}{T} + AR\frac{dv}{v}.$$

Somit die Entropiedifferenz zwischen zwei mit dem Index 1 bzw. 2 bezeichneten Zuständen:

$$s_2 - s_1 = \int_1^2 \frac{dq}{T} = c_v \ln \frac{T_2}{T_1} + AR \ln \frac{v_2}{v_1} \quad \ldots\ldots\ldots \quad \text{(Gl. 16)}$$

Durch die oben vorgenommene Division mit T wird die Differentialgleichung für dQ, welche den 1. Hauptsatz darstellt, integrierbar, und ds ergibt sich als ein vollständiges Differential. Die Entropiedifferenz $s_2 - s_1$ ist nur von Anfangs- und Endtemperatur und Anfangs- und Endvolumen abhängig. Der Weg, welcher von dem Zustand 1 zu dem Zustand 2 zurückgelegt wird, ist dagegen gleichgültig. Rechnet man somit die Entropie für beliebige Zustände 2 von einem bestimmten Normalzustand 1 (T_1, v_1) an, so erscheint die Entropie als eine dem Körper für einen bestimmten definierten Zustand eigentümliche Größe, also als eine Zustandsgröße ähnlich wie Druck, Volumen und Temperatur.

Dieses Resultat ergibt sich im übrigen schon aus dem mathematischen Ausdruck für den 2. Hauptsatz der Wärmelehre, wonach für umkehrbare Kreisprozesse

$$\int \frac{dQ}{T} = 0$$

ist. Führt man also zwischen zwei durch die Zustandsvariabeln gegebenen Punkten 1 und 2 einen Kreisprozeß aus, so muß $\int \frac{dQ}{T}$ auf dem Wege von 1 bis 2 genommen gleich sein dem negativen Wert von $\int \frac{dQ}{T}$ über den Weg von 2 bis 1 genommen, und zwar ist dies unabhängig von dem Verlauf der Kurven, längs welchen zwischen 1 und 2 bzw. 2 bis 1 integriert wird. Die Entropiedifferenz zwischen 1 und 2 ist also nicht von dem Wege abhängig, auf welchem der Zustand 1 in den Zustand 2 übergeführt wird, sondern kann nur noch abhängen von den Werten der Zustandsgrößen beider Punkte (im Gegensatz z. B. zu der zwischen den Punkten 1 und 2 zu- oder abzuführenden Wärmemenge, deren Größe wesentlich von der Art und Weise, in welcher man von 1 auf 2 bzw. 2 auf 1 übergeht, beeinflußt wird). Da der 2. Hauptsatz für jeden Körper gilt, ist hiermit die oben zunächst nur auf ideale Gase beschränkte Aussage über die Entropie allgemein für alle Körper bewiesen.

§ 20. **Wärmediagramm.** Die Tatsache, daß bei umkehrbaren Zustandsänderungen die zugeführte Wärme dQ sich aus der Entropie dS durch Multiplikation mit der absoluten Temperatur T ergibt, legte den Gedanken nahe, bei Aufgaben, wo es sich um die Betrachtung von Wärmemengen handelt, die Temperatur und die Zustandsgröße der Entropie in ähnlicher Weise zu einer graphischen Darstellung des Prozesses zu benützen, wie eine solche durch das Druckvolumendiagramm gegeben ist, in welchem man die geleistete Arbeit als Produkt aus dem Volumen v und dem Druck p in Form einer Fläche erhält. Das so entstehende Diagramm, bei welchem als Abszisse die Entropie[1]), als Ordinate die absolute Temperatur aufgetragen ist, wird das Wärmediagramm genannt. Während beim Druckvolumendiagramm die unter der Zustandslinie 1 bis 2 gelegene Fläche die geleistete Arbeit $\int_1^2 p\,dv$ dar-

[1]) Ebenso wie beim Volumen hat man auch bei der Entropie zwischen der Entropie pro Gewichtseinheit (spezifische Entropie) und dem Absolutbetrag der Entropie zu unterscheiden. Letzterer ist gleich der Entropie pro Gewichtseinheit, multipliziert mit dem Gewicht der Substanz. Ebenso wie das Druckvolumendiagramm wird das Wärmediagramm in der Regel für die Gewichtseinheit der betrachteten Körper gezeichnet; es ist jedoch namentlich bei Aufgaben, für welche Mischungen, Abzapfungen od. dgl. auftreten, daran zu denken, daß die ins Wärmediagramm einzuführenden Entropiestrecken auch den in Frage kommenden relativen Gewichtsmengen entsprechen müssen.

stellt, ergibt im Wärmediagramm die Fläche unter der Zustandslinie die zugeführte Wärme $\int_1^2 T\,ds$.

Bei Darstellung eines Kreisprozesses im Wärmediagramm gibt, analog wie im pv-Diagramm, die von der Zustandslinie umschlossene Fläche, als Differenz der zugeführten und abgeführten Wärmemengen, die der gewonnenen Arbeit äquivalente Wärme wieder. Da bei der Adiabate weder Wärme zugeführt noch abgeführt wird, muß dieselbe in dem Diagramm als vertikale Linie erscheinen, d. h. für die adiabatische Zustandsänderung ist die Entropie konstant (es ergibt sich das auch ohne weiteres aus der Bedingung $dQ = 0$, aus welcher folgt, daß auch $dS = \frac{dQ}{T} = 0$ und $\int dS = S = \text{const.}$). Für ideale Gase läßt sich auch, falls $dQ = 0$ gesetzt wird, direkt die Gleichung

$$dq = c_v\,dT + \frac{ART}{v}\,dv = 0$$

integrieren, wobei man erhält

$$c_v \ln T + AR \ln v = \text{const},$$

was auf Grund von Gl. (16) identisch ist mit der Beziehung $s = \text{const}$.

Isothermen erscheinen im Wärmediagramm, da $T = \text{const.}$, als horizontale Linien. Der in Abb. 6 dargestellte Carnotsche Prozeß für ein permanentes Gas $ABCD$ erscheint also im Wärmediagramm Abb. 9 als Rechteck $abcd$. Die Übertragung des Druckvolumendiagramms dieses Prozesses ins Wärmediagramm erfolgt in der Weise, daß man zuerst aus der Zustandsgleichung die Temperatur der Isothermen ab und cd feststellt, und sodann die Entropiedifferenz zwischen den Punkten T_1, v_1 und T_2, v_2 nach Gl. (16) berechnet, wodurch sich im Wärmediagramm die Länge der Strecken ab bzw. cd ergibt.

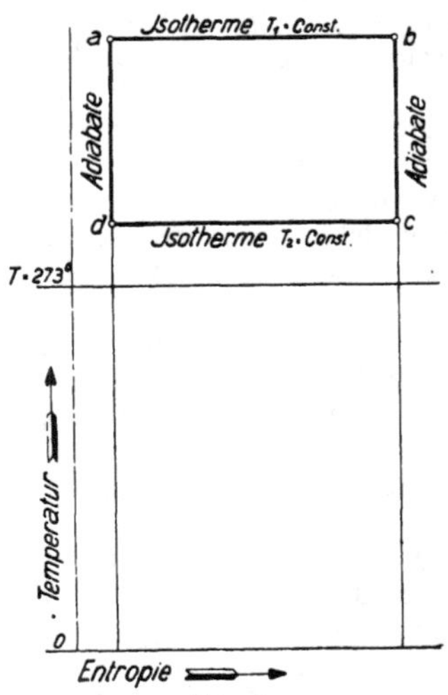

Abb. 8.

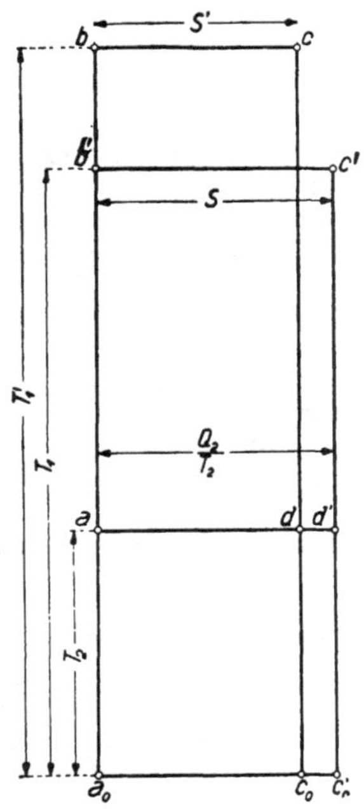

Abb. 9.

Verläuft der hier betrachtete Carnot-Prozeß $abcd$ nicht als idealer Prozeß, sondern findet z. B. ein Temperatursprung bei der Übertragung der zugeführten Wärmemenge auf den Arbeitskörper infolge irgend eines praktisch nicht zu umgehenden Umstandes (z. B. Durchgang durch Heizflächen usw.) statt, so daß die Temperatur T_1, bei welcher der Arbeitskörper die Wärme aufnimmt, kleiner ist als die Temperatur T_1' des Wärmebehälters, so ist die dem Arbeitskörper zugeführte Wärmemenge im Wärmediagramm (vgl. Abb. 9) nicht mehr durch die für die Wärmeabgabe seitens der Wärmequelle in Betracht kommende Fläche a_0bcc_0, sondern durch die letzterer inhaltsgleiche Fläche $a_0b'c'c'_0$ dargestellt. Es hat sich also die Entropiedifferenz S für den Arbeitskörper gegenüber der für den Wärmebehälter gültigen Differenz S' in demselben Verhältnis vergrößert, als die Temperatur der Wärmeaufnahme gegenüber der der Wärmequelle sich verringert hat. Da die Wärmeentziehung bei der hierfür zur Verfügung stehenden Kühlwassertemperatur T_2 erfolgen muß, tritt ein Verlust an geleisteter Arbeit ein, insofern, als das Flächenstück $c_0dd'c_0'$ mehr entzogen wird, als im idealen Falle (ohne Temperatursturz bei der Wärmezufuhr) entzogen worden wäre. Der Verlust ist also gleich der Entropievergrößerung $S' - S$ der am Prozeß beteiligten Körper, multipliziert mit der Entziehungstemperatur T_2.

§ 21. **Bemerkung zum Gebrauch des Wärmediagramms.** Bei der Benützung des Wärmediagramms muß man sich stets darüber klar sein, welche Wärmemengen in demselben in Erscheinung treten dürfen. Es muß besonders betont werden, daß bei umkehrbar verlaufenden Zustandsänderungen dies lediglich die in Form von Wärme von außen zugeführten oder nach außen abgegebenen Energiemengen sind, während die Veränderungen der im betrachteten Körper als innere Energie enthaltenen Wärmemengen, welche bei den einzelnen Zustandsänderungen eintreten, in diesem Diagramm nicht erscheinen. Bei umkehrbar verlaufenden adiabatischen Kompressionen bzw. Expansionen sind also keinesfalls die der Erwärmung bzw. Abkühlung des Arbeitskörpers entsprechenden Wärmemengen, welche der von außen geleisteten bzw. nach außen abgegebenen Arbeitsleistung $\int_1^2 p\,dv$ äquivalent sind, im

Wärmediagramm als Flächen dargestellt. Dies deckt sich mit der Tatsache, daß sich bei solchen Vorgängen die Entropie des Körpers nicht verändert. Diese Feststellung steht nicht im Widerspruch mit dem Umstand, daß in dem speziellen Falle der umkehrbaren isothermischen Expansion eines idealen Gases im Wärmediagramm eine Wärmemenge erscheint, welche der durch $\int_1^2 p\,dv$ gegebenen äußeren Arbeitsleistung genau äquivalent ist, weil bei dieser Art der Zustandsänderung im Gegensatz zur Adiabate die ganze äußere Arbeit nicht aus dem Energieinhalt des Arbeitskörpers, sondern lediglich durch Wärmezufuhr von außen bestritten werden muß.

Ebenso muß man sich beim Gebrauch des Wärmediagramms auch über die in Erscheinung tretenden Wärmemengen klar sein, wenn es sich um nichtumkehrbare Zustände, z. B. Drosselungsvorgänge, handelt. Bei einem idealen Gas wird z. B. die Drosselungslinie

$$d\,i = c_p\,d\,T = 0 \text{ bzw. } i = c_p \mathrm{T} = \text{const}$$

sowohl im Druckvolumendiagramm als auch im Wärmediagramm durch die gleiche Kurve dargestellt wie die Isotherme. Während aber beim Wärmediagramm die unter einem Isothermenstück gelegene Fläche die zu dieser Zustandsänderung aufzuwendende Wärmezufuhr darstellt, ist diese Fläche im Falle der Drossellinie die innere Wärme, welche aus der bei der Expansion gewonnenen Strömungsenergie regeneriert wird und die Temperatur dadurch konstant hält. (Man kann sich in diesem Falle die Horizontale im Wärmediagramm entstanden vorstellen aus einer Reihe von kleinen adiabatischen Expansionen und jeweils unmittelbar darauffolgender Erwärmung des Gases bei konstantem Druck durch die Umsetzung der bei der adiabatischen Expansion erzielten Geschwindigkeitsenergie in Wärme.) Eine Wärmezufuhr von außen findet dabei nicht statt, es wird auch keine nutzbare Arbeit geleistet.

§ 22. **Allgemeines über die Beurteilung von technischen Kreisprozessen.** Aus Obigem geht hervor, daß es vor allem drei Gesichtspunkte sind, welche bei der Beurteilung der Wirtschaftlichkeit eines zum Zwecke der Umwandlung von Wärme in mechanische Arbeit durchgeführten Kreisprozesses vom wärmetheoretischen Standpunkt aus im Auge behalten werden müssen: 1. Durchführung des Kreisprozesses zwischen möglichst weiten Temperaturgrenzen (möglichst hohe Temperatur der Wärmezufuhr, möglichst geringe Temperatur der Wärmeentziehung), vgl. z. B. den Wirkungsgrad des Carnot-Prozesses § 16; 2. möglichste Annäherung an den idealen umkehrbaren Kreisprozeß für das gesamte arbeitende System, bestehend aus Arbeitskörper und den mit demselben von außen in Berührung tretenden anderen Körpern, d. h. also möglichst geringe Vergrößerung der Gesamtentropie des Systems; 3. möglichste Annäherung an den Carnot-Prozeß für den arbeitenden Körper, falls für den letzteren aus praktischen Rücksichten eine bestimmte Höchsttemperatur vorgeschrieben ist; bei gegebenen Temperaturgrenzen ist dieser Kreisprozeß, wie in § 16 gezeigt, von allen möglichen der wirtschaftlichste.

Das Maximum des Wirkungsgrades wird erreicht, wenn alle drei Bedingungen zusammentreffen, d. h. also wenn ein umkehrbarer Carnotscher Kreisprozeß zwischen den höchsten möglichen Temperaturgrenzen durchgeführt wird. (Dagegen kann aber z. B. ein umkehrbarer Carnotscher Prozeß, zwischen geringen Temperaturgrenzen durchgeführt, natürlich viel unökonomischer sein als z. B. irgendein nichtumkehrbarer Kreisprozeß zwischen veränderlichen Temperaturgrenzen, wenn nur letztere weit genug auseinanderliegen.

Eine weitgehende Annäherung an einen idealen Carnotschen Prozeß wäre z. B. denkbar bei einer Verbrennungsmaschine, bei welcher die Verbrennungsluft zunächst adiabatisch bis zur höchsten zulässigen Temperatur hinaufkomprimiert wird, worauf sukzessive immer soviel Brennstoff zugeführt wird, daß die Verbrennungswärme desselben gerade die Arbeit deckt, welche bei der gleichzeitig erfolgenden Expansion der Verbrennungsgase nach außen abgeführt wird; die Vergrößerung des Volumens würde also bei gleichbleibender Temperatur (isothermische Expansion) vor sich gehen. Hierauf folgt nach Abstellen der Brennstoffzufuhr adiabatische Expansion, sodann isothermische Kompression, d. h. also Wärmeentziehung (Abkühlung) durch einen Kühlkörper bei konstanter Temperatur und möglichst geringem Temperatursprung zwischen letzterem und dem Arbeitskörper. Schließlich müßten dann die Verbrennungsgase gegen neue Verbrennungsluft von gleichem Zustand ausgewechselt werden. Der letztbeschriebene Prozeß ist der von Diesel angestrebte Idealprozeß des Verbrennungsmotors. Dieser ideale Motor ließ sich nicht verwirklichen. Der im Anschluß an die diesbezüglichen Versuche entwickelte heutige Ölmotor selbst weicht von dem erstrebten Ziel dadurch ab, daß die Einführung des Brennstoffes bei gleichbleibender Temperatur als technisch nicht durchführbar und die weitgehende Expansion bis auf die Temperatur der Außenluft sowie die Verwirklichung der isothermischen Kompression aus praktischen Gründen unterbleiben mußten.

Das Beispiel eines Prozesses, bei welchem der Arbeitskörper selbst zwar mit gewisser Annäherung einen Carnot-Prozeß beschreibt (bzw. beschreiben kann), dagegen eine sehr starke Abweichung vom idealen Prozeß eintritt, ist der Arbeitsvorgang in einer mit Sattdampf betriebenen Dampfmaschine. Die Wärme wird hier dargeboten in Form von glühenden Gasen, wie sie die Dampfkesselfeuerung liefert, aufgenommen dagegen vom Kesselwasser unter mächtigem Temperatursturz bei dessen weit niedriger liegenden Verdampfungstemperatur. Obwohl der Arbeitskörper infolge der Eigenschaft der gesättigten Dämpfe, bei ihrer Entstehung und beim Kondensieren ihre Temperatur nicht zu ändern, annähernd einen Carnot-Prozeß beschreibt, ist der Wirkungsgrad wegen der starken durch den erwähnten Temperatursturz hervorgerufenen Abweichung vom idealen Prozeß dennoch sehr gering. (Vgl. z. B. Haupttext § 3).

Um über die Wirtschaftlichkeit eines Wärmeprozesses ein Bild zu gewinnen, wird in der Technik in der Regel das Wärmediagramm benützt, da dieses über die zu- und abgeführten Wärmemengen und deren Verhältnis zur gewonnenen Arbeit in anschaulicher Weise Aufschluß gibt.

§ 23. Verschiedene Formeln, welche sich aus dem ersten und zweiten Hauptsatz ableiten lassen.

1. Es ist nach der Definition $c_p = \left(\frac{\partial q}{\partial T}\right)_p$; da bei jeder Zustandsänderung $dq = T \cdot ds$, ergibt sich durch Division mit dT für die Zustandsänderung bei konstantem Druck ($p = \text{const.}$)

$$c_p = \left(\frac{\partial q}{\partial T}\right)_p = T\left(\frac{\partial s}{\partial T}\right)_p.$$

In genau der gleichen Weise ergibt sich

$$c_v = \left(\frac{\partial q}{\partial T}\right)_v = T\left(\frac{\partial s}{\partial T}\right)_v.$$

2. Eine Beziehung zwischen der Drucktemperaturkurve bei konstantem Volumen und der Entropievolumenkurve bei konstanter Temperatur ergibt sich aus folgender Überlegung:

Es ist $d(Ts) = T \cdot ds + s\,dT$, also $dq = Tds = d(Ts) - s\,dT$, woraus sich unter Benutzung des ersten Hauptsatzes ergibt

$$d(Ts) - s\,dT = du + Apdv \text{ oder } d(Ts - u) = s\,dT + Apdv.$$

Bezeichnen wir den Klammerwert $Ts - u$ mit F und beachten, daß F eine Funktion von T und v ist, so erkennen wir in der rechten Seite den Ausdruck für das vollständige Differential von F, wobei der Faktor von dT, d. h. $s = \left(\frac{\partial F}{\partial T}\right)_v$ und derjenige von dv, d. h. $Ap = \left(\frac{\partial F}{\partial v}\right)_T$ sein muß. Hieraus folgt unter Berücksichtigung der Beziehung

$$\left(\frac{\partial\left(\frac{\partial F}{\partial T}\right)_v}{\partial v}\right)_T = \left(\frac{\partial\left(\frac{\partial F}{\partial v}\right)_T}{\partial T}\right)_v$$

der gesuchte Zusammenhang

$$\left(\frac{\partial s}{\partial v}\right)_T = A\left(\frac{\partial p}{\partial T}\right)_v.$$

In ganz ähnlicher Weise ergibt sich die Beziehung $\left(\frac{\partial s}{\partial p}\right)_T = -A\left(\frac{\partial v}{\partial T}\right)_p$, bei deren Ableitung der erste Hauptsatz in der Form $dq = T \cdot ds = d(u + Apv) - Avdp = di - Avdp$ benutzt wird, sowie weiterhin aus der Beziehung

$$du = Tds - Apdv \text{ die Gleichung } \left(\frac{\partial T}{\partial v}\right)_s = -A\left(\frac{\partial p}{\partial s}\right)_v$$

und aus

$$di = Tds + Avdp \text{ die Gleichung } \left(\frac{\partial T}{\partial p}\right)_s = A\left(\frac{\partial v}{\partial s}\right)_p.$$

3. Mit Hilfe der Zusammenhänge zu 1. und 2. läßt sich auch nachweisen, daß

$$ds = -A\left(\frac{\partial v}{\partial T}\right)_p dp + c_p\frac{dT}{T} = A\left(\frac{\partial p}{\partial T}\right)_v dv + c_v\frac{dT}{T}.$$

Es ist nämlich, da s sowohl als Funktion von p und T als auch als Funktion von v und T aufgefaßt werden kann,

$$ds = \left(\frac{\partial s}{\partial p}\right)_T \cdot dp + \left(\frac{\partial s}{\partial T}\right)_p dT = \left(\frac{\partial s}{\partial v}\right)_T dv + \left(\frac{\partial s}{\partial T}\right)_v dT.$$

Nach 1. ist aber $\left(\frac{\partial s}{\partial T}\right)_p = \frac{c_p}{T}$ und $\left(\frac{\partial s}{\partial T}\right)_v = \frac{c_v}{T}$ und nach 2. $\left(\frac{\partial s}{\partial p}\right)_T = -A\left(\frac{\partial v}{\partial T}\right)_p$ und $\left(\frac{\partial s}{\partial v}\right)_T = A\left(\frac{\partial p}{\partial T}\right)_v$ woraus durch Einsetzen in die Ausdrücke für ds die obige Gleichung folgt.

4. Aus den Gleichungen zu 3. ergibt sich ferner

$$c_p - c_v = \frac{AT}{dT} \cdot \left[\left(\frac{\partial p}{\partial T}\right)_v dv + \left(\frac{\partial v}{\partial T}\right)_p dp\right];$$

diese Gleichung gilt für jede beliebige Zustandsänderung, also auch für den Spezialfall $p =$ const. oder $v =$ const.; für diese beiden Fälle geht vorstehende Gleichung in die Form

$$c_p - c_v = AT \cdot \left(\frac{\partial p}{\partial T}\right)_v \cdot \left(\frac{\partial v}{\partial T}\right)_p$$

über.

5. Aus den unter 3. angegebenen Gleichungen für ds folgen durch ähnliche Überlegungen wie unter 2. die Beziehungen

$$-\left(\frac{\partial A\left(\frac{\partial v}{\partial T}\right)_p}{\partial T}\right)_p = \left(\frac{\partial\left(\frac{c_p}{T}\right)}{\partial p}\right)_T \quad \text{oder} \quad \left(\frac{\partial c_p}{\partial p}\right)_T = -AT\left(\frac{\partial^2 v}{\partial T^2}\right)_p$$

und

$$\left(\frac{\partial A\left(\frac{\partial p}{\partial T}\right)_v}{\partial T}\right)_v = \left(\frac{\partial\left(\frac{c_v}{T}\right)}{\partial v}\right)_T \quad \text{oder} \quad \left(\frac{\partial c_v}{\partial v}\right)_T = AT\left(\frac{\partial^2 p}{\partial T^2}\right)_v.$$

6. Aus dem ersten Hauptsatz in der Form $du = Tds - Apdv$ folgt

$$\frac{du}{dv} = T \cdot \frac{ds}{dv} - Ap$$

und somit auch

$$\left(\frac{\partial u}{\partial v}\right)_T = T\left(\frac{\partial s}{\partial v}\right)_T - Ap$$

oder mit Benutzung von 2.

$$\left(\frac{\partial u}{\partial v}\right)_T = AT\left(\frac{\partial p}{\partial T}\right)_v - Ap,$$

welche Beziehung sich auch in der Form

$$\left(\frac{\partial u}{\partial v}\right)_T = AT^2\left(\frac{\partial\left(\frac{p}{T}\right)}{\partial T}\right)_v$$

schreiben läßt, von deren Richtigkeit man sich durch Ausführung der Operation

$$AT^2\left(\frac{\partial\left(\frac{p}{T}\right)}{\partial T}\right)_v$$

überzeugen kann; man erhält dabei

$$AT^2 \cdot \left[\frac{1}{T} \cdot \left(\frac{\partial p}{\partial T}\right)_v - \frac{p}{T^2}\right] = AT \cdot \left(\frac{\partial p}{\partial T}\right)_v - Ap.$$

Ganz analog folgt aus

$$di = Tds + Avdp, \quad \text{die Beziehung} \quad \left(\frac{\partial i}{\partial p}\right)_T = -AT\left(\frac{\partial v}{\partial T}\right)_p + Av = -AT^2\left(\frac{\partial\left(\frac{v}{T}\right)}{\partial T}\right)_p.$$

Abschnitt III.

Die Verbrennung.

§ 24. **Die Verbrennung.** Allgemeines. Unter Verbrennung versteht man die Verbindung eines brennbaren Körpers mit Sauerstoff unter Wärmeentwicklung. Die Verbrennung ist also ein chemischer Prozeß; die dabei entwickelte Wärme nennt man Wärmetönung (auf das Kilogrammolekül bezogen) bzw. Heizwert des Brennstoffes (auf die Gewichtseinheit bezogen). Die Ermittlung der Verhältnisse, in welchen sich die einzelnen Brennstoffe bei der Verbrennung mit Sauerstoff verbinden, sowie der dabei entstehenden Wärmetönung ist Aufgabe der Chemie. Vorausgeschickt werde schon hier, daß man sich bei der Lösung wärmetechnischer Aufgaben, welche sich mit der Verbrennung beschäftigen, der Einfachheit wegen stets zunächst die chemische Reaktion zwischen Brennstoff und Verbrennungsluft vollzogen und sodann erst die gesamte Verbrennungswärme sukzessive zugeführt denkt, und zwar unter den durch die Art der Aufgabe bedingten Nebenumständen, z. B. als Wärmezufuhr bei konstantem Volumen, falls die Verbrennung bei konstantem Volumen (Explosionsmotor) geschieht, oder z. B. als Wärmezufuhr bei konstantem Druck, falls die Verbrennung bei solchem vor sich geht (Dampfkesselfeuerung). Die Temperaturen, auf welche die Verbrennungsgase bei der Zuführung dieser Wärmemengen erhitzt werden, richten sich nach deren Wärmeaufnahmefähigkeit pro Grad Temperaturerhöhung, d. h. also nach deren spezifischer Wärme. Die Ermittelung der spezifischen Wärme der Gase spielt daher in der Verbrennungstechnik eine wichtige Rolle (vgl. § 30).

§ 25. **Bei der Verbrennung entstehende Verbindungen.**

1. Kohlenstoff und Sauerstoff.

Gleichung der Verbrennung . . . . . $C + O_2 = CO_2$,
ausgedrückt in Molekulargewichten . . $12 + 32 = 44$.

Das Verbrennungsprodukt, Kohlendioxyd (CO_2), hat demnach ein Molekulargewicht von 44, d. h. auf 12 Gewichtsteile (chemisch reinen) Kohlenstoff kommen 32 Gewichtsteile Sauerstoff und ergeben 44 Gewichtsteile Kohlendioxyd. Das entstehende Volumen dieses Gases ist, umgerechnet auf gleiche Temperatur und gleichen Druck, gleich dem zur Verbrennung notwendigen Volumen Sauerstoff. Die bei der Verbrennung von Gewichtseinheiten, welche dem Molekulargewicht proportional sind, d. h. also von 1 kg-Molekül Kohlenstoff + 1 kg-Molekül Sauerstoff, entwickelte Wärmemenge, d. h. also die Wärmetönung, beträgt 97700 WE. Bezieht man die entwickelte Wärme nicht auf entsprechende Mengen der Molekulargewichte, sondern einfach auf 1 kg der zu verbrennenden Substanz, also 1 kg Kohlenstoff und die zu dessen Verbrennung notwendige Menge Sauerstoff (also $\frac{32}{12} = 2{,}67$ kg), so ergibt sich der Heizwert pro kg, in diesem Falle 8140 WE.

2. Bei unvollständiger Verbrennung verbrennt der Kohlenstoff zu Kohlenoxyd, welches selbst wieder ein brennbares Gas ist. Die Gleichung der Verbrennung ist hier

$$C + \frac{1}{2} O_2 = CO,$$

die der Molekulargewichte

$$12 + 16 = 28,$$

d. h. es verbinden sich 12 Gewichtsteile Kohlenstoff mit 16 Gewichtsteilen Sauerstoff zu 28 Gewichtsteilen Kohlenoxyd. Das erhaltene Volumen Kohlenoxyd CO ist doppelt so groß als das zur Verbrennung gebrauchte Volumen Sauerstoff, da der Sauerstoff nur mit seinem halben Molekulargewicht $\left(\frac{32}{2}\right)$ in die Verbindung eingetreten ist, sich also seine Moleküle während der Verbindung in zwei Atome gespalten haben.

3. Kohlenoxyd und Sauerstoff zu Kohlendioxyd. Gleichung der Verbrennung:

$$CO + \frac{1}{2} O_2 = CO_2,$$

der Molekulargewichte

$$28 + 16 = 44.$$

Hier verbindet sich 1 Molekül Kohlenoxyd mit ½ Molekül Sauerstoff zu 1 Molekül Kohlendioxyd oder z. B. 1 cbm Kohlenoxyd mit ½ cbm Sauerstoff zu 1 cbm Kohlendioxyd. Man ersieht hieraus, daß bei der Verbrennung, alles natürlich auf gleichen Druck und gleiche Temperatur bezogen, das Gesamtvolumen der Verbrennungsgase kleiner geworden ist als das der beiden Komponenten, d. h. daß eine Volumenkontraktion von 1,5 cbm auf 1 cbm, also um 0,5 cbm, eingetreten ist.

4. Wasserstoff und Sauerstoff zu Wasserdampf. Gleichung der Verbrennung:

$$H_2 + \frac{1}{2} O_2 = H_2O,$$

der Molekulargewichte:

$$2 + 16 = 18,$$

1 cbm Wasserstoff verbindet sich demnach mit ½ cbm Sauerstoff und ergibt 1 cbm Wasserdampf. Die Volumenkontraktion beträgt 0,5 cbm.

Wie bereits vorher erwähnt, gilt der Volumenvergleich nur für gleichen Druck und Temperatur der in Verbindung tretenden und des erzeugten Gases; man muß also den Vergleichszustand hier so wählen, daß der Wasserdampf hinreichend weit von der Sättigung entfernt ist, um als Gas betrachtet werden zu können.

§ 26. **Wärmetönungen und Heizwerte.** Dieselben gehen für die wichtigsten Brennstoffe aus Tab. Nr. 3 hervor, in welche auch das Molekulargewicht und das spezifische Gewicht dieser Stoffe aufgenommen ist. Mit Ausnahme der ersten Spalte handelt es sich stets um vollkommene Verbrennung.

Tabelle Nr. 3. **Wärmetönung uud Heizwert.**

Brennstoff		Molekulargewicht	Gewicht pro cbm bei 0° C und 1 at abs. kg	Wärmetönung, d. h. bei der Verbrennung entwickelte WE pro kg-Molekül	Oberer Heizwert WE/kg	Unterer Heizwert WE/kg
Kohlenstoff C	(bei Verbrennung zu Kohlenoxyd CO)	12	—	29 300	2 440	2 440
	(bei Verbrennung zu Kohlendioxyd CO_2)	12	—	97 700	8 140	8 140
Schwefel S (bei Verbrennung zu schwefliger Säure SO_2) .		32	—	71 000	2 220	2 220
Wasserstoff H_2		2	0,0873	68 700[1])	34 100	28 700
Kohlenoxyd CO		28	1,21	68 400	2 440	2 440
Methan (Sumpfgas) CH_4 . .		16	0,693	212 500[1])	13 250	11 900
Alkohol C_2H_6O		46	—	327 000[1])	7 100	6 400
Benzol C_6H_6		78	—	780 500[1])	10 000	9 590

Zu dieser Tabelle ist noch Folgendes zu bemerken: Die Größe der bei der Verbrennung auftretenden Wärmetönung ist für dieselben Stoffe etwas verschieden je nach dem Aggregatzustand, in dem sich der Brennstoff vor der Verbrennung und die Verbrennungsprodukte nach der Verbrennung befinden, da bei Veränderung des Aggregatzustandes Wärme gebunden oder frei wird. In den Fällen, in denen die zugrunde gelegten Aggregatzustände nicht von vornherein durch die Natur der Stoffe gegeben sind, ist daher eine besondere Angabe darüber erforderlich, auf welche Zustände die Wärmetönung sich bezieht. Bei der Verbrennung von C zu CO oder CO_2 ist naturgemäß stets die Verbrennung von festem Kohlenstoff zu gasförmigem Kohlenoxyd oder Kohlendioxyd zugrunde gelegt, ebenso bei Schwefel fester Schwefel und gasförmiges Schwefeldioxyd. Bei der Verbrennung von Wasserstoffgas dagegen kann das Endprodukt der Verbrennung sowohl Wasserdampf wie auch flüssiges Wasser sein je nach der nachträglichen Abkühlung der Verbrennungsgase. Im letzteren Falle ist die Wärmetönung um die bei der Kondensation freiwerdende Verdampfungswärme größer als im ersteren. Die Verdampfungswärme ist für verschiedene Temperaturen verschieden; für 0° beträgt sie 595 Cal. oder rd. 600 Cal. Es ist daher üblich, den für Wasserdampf geltenden, sog. „unteren Heizwert", um 600 Cal. für jedes Kilogramm in den Verbrennungsprodukten enthaltenen Wassers niedriger einzusetzen als den „oberen Heizwert", der sich auf flüssiges Wasser bezieht. Derselbe Abzug ist naturgemäß auch für das etwa von vornherein in dem Brennstoff enthaltene und in die Verbrennungsprodukte mit übergehende Wasser zu machen. Für die Verbrennung unter dem Dampfkessel und in den Verbrennungskraftmaschinen kommt allein der untere Heizwert in Frage, da es nicht möglich bzw. zu umständlich ist, die Verdampfungswärme, der mit den Rauchgasen entweichenden Wasserdämpfe, indem man dieselben kondensieren läßt, technisch nutzbar zu machen.

§ 27. **Der Heizwert zusammengesetzter Stoffe.** Die im Dampfkessel oder im Verbrennungsmotor zur Verbrennung gelangenden Stoffe sind, seien es Kohlesorten oder Heizöle, Gemische von verschiedenen brennbaren, teilweise auch unbrennbaren Substanzen. Der Heizwert solcher Gemische ist gleich der Summe der Heizwerte der einzelnen brennbaren Bestandteile.

Dabei muß jedoch berücksichtigt werden, ob unter den nicht verbrennlichen Bestandteilen in merklicher Menge Sauerstoff enthalten ist, der bereits chemisch mit verbrennlichen Bestandteilen vereinigt ist, da dann natürlich bei der Verbrennung nur noch eine entsprechend geringere Sauerstoffmenge gebunden werden kann, und für den unteren Heizwert muß auch für das mechanisch beigemengte (hygroskopische) Wasser der im vorigen Paragraphen erwähnte Abzug gemacht werden. Die Zusammensetzung des Brennstoffes wird durch eine chemische Analyse ermittelt. Wenn 1 kg desselben an brennbaren Bestandteilen C kg Kohlenstoff, H kg Wasserstoff und S kg Schwefel ent-

[1]) Auf flüssiges Wasser bezogen.

hält, ferner *O* kg chemisch gebundenen Sauerstoff und *W* kg mechanisch beigemengtes Wasser, im übrigen aber nur noch solche Bestandteile, die durch die Verbrennung nicht verändert werden (Stickstoff, Asche usw.), so würde der Kohlenstoff bei der Verbrennung $8140 \cdot C$ Kalorien liefern; der Wasserstoff $28700 \cdot H$ und der Schwefel $2220 \cdot S$ Kalorien. Bei dem chemisch gebundenen Sauerstoff, dessen Menge im allgemeinen nur sehr gering ist, nimmt man der Einfachheit halber an, daß er ausschließlich an Wasserstoff gebunden ist. Da sich Wasserstoff und Sauerstoff im Gewichtsverhältnis 1 : 8 miteinander verbinden, heißt das, daß eine Wasserstoffmenge von $^1/_8 \cdot 0$ kg bereits verbrannt ist. Das ergibt eine Verminderung des Heizwertes um $28700 \cdot ^1/_8 \cdot 0$ Kalorien. Schließlich verursacht das hygroskopische Wasser einen Verlust von $600 \cdot W$ Kalorien.

Wenn man die Heizwerte der einzelnen brennbaren Elemente etwas abrundet, so erhält man demnach die folgende, für die Berechnung des unteren Heizwertes von zusammengesetzten Brennstoffen allgemein verwendete Formel (die sog. „Verbandsformel"):

$$h = 8100\,C + 29000\,(H - \frac{1}{8}O) + 2500\,S - 600\,W.$$

(Der Faktor von *S* ist hier etwas höher angenommen, weil der Schwefel erfahrungsgemäß zum Teil nicht zu SO_2, sondern zu SO_3 verbrennt, wobei eine größere Wärmetönung entsteht.)

Zahlenbeispiel:

Die Analyse eines Teeröles möge einen Gehalt ergeben haben an

Kohlenstoff	von	89,6 %,
Wasserstoff	„	9,3 „ ,
Schwefel	„	0,24 „ ,
Sauerstoff	„	0,06 „ ,
Stickstoff	„	0,1 „ ,
Wasser	„	0,7 „ ,
	Sa.	100,00%.

Demnach erhalten wir nach der Verbandsformel folgende Heizwerte:

Kohlenstoff	$0,896 \cdot 8100$	=	7260,
Wasserstoff	$0,093 \cdot 29000$	=	2700,
Schwefel	$0,0024 \cdot 2500$	=	6,
Sauerstoff .	$-{}^1/_8 \cdot 0,0006 \cdot 29000$	=	-2,
Wasser	$-0,007 \cdot 600$	=	-4,
		Sa.	9960.

Der Gehalt an Sauerstoff und Wasser ist in diesem Falle so gering, daß sein Einfluß auf den Heizwert verschwindend klein ist.

Die Verbandsformel kann, streng genommen, den Heizwert nur für ein mechanisches Gemenge von festem Kohlenstoff und Schwefel, gasförmigem Wasserstoff und flüssigem Wasser richtig liefern. In Steinkohle ist der Wasserstoff nicht als freies Gas enthalten, sondern mit einem Teil des Kohlenstoffes zu Kohlenwasserstoffen verbunden. Die Menge des Wasserstoffes ist jedoch verhältnismäßig gering, der überwiegende Teil des gesamten Heizwertes entfällt auf den freien, festen Kohlenstoff, daher liefert die Verbandsformel für Kohle im allgemeinen Werte, die gut mit den durch Messungen mit dem Kalorimeter gefundenen Heizwerten übereinstimmen. Bei flüssigem Brennstoff ist jedoch der Kohlenstoff zum größten Teil oder vollständig in Kohlenwasserstoffen an Wasserstoff gebunden. Die bei seiner Verbrennung auftretende Wärmetönung weicht daher von der bei Verbrennung von festem Kohlenstoff etwas ab, weil der Kohlenstoff sich hier in einer flüssigem Verbindung befindet, und weil der Verbrennung eine Spaltung der Kohlenwasserstoffe in Kohlenstoff und Wasserstoff vorhergehen muß, wobei Wärme verzehrt wird. Die Berechnung des Heizwertes nach der Verbandsformel ist daher bei flüssigem Brennstoff weniger genau.

§ 28. **Die Zusammensetzung der Verbrennungsgase.** Im vorhergehenden Paragraphen war nur davon die Rede, welche Verbrennungsprodukte sich bilden, wenn sich die zwecks Verbrennung zusammengebrachten Körper genau in den Gewichtsverhältnissen befinden, in welchen sie sich gegenseitig binden können. Da selbstverständlich jede Verbrennung so eingerichtet wird, daß der dargebotene brennbare Körper jedenfalls vollständig verzehrt wird, handelt es sich bei den Abweichungen vom chemischen Prozeß in der Regel nur um einen Überschuß an Sauerstoff bzw. da derselbe in der Natur aus der Lnft entnommrn wird, um Luftüberschuß. Über die Bemessung des Luftüberschusses bei Kesselfeuerungen und Verbrennungsmaschinen vgl. die folgenden Bände. Hier sei die Ermittlung der Rauchgasmengen an einem Beispiel dargetan, wofür wieder das in § 27 näher charakterisierte Teeröl die Unterlage bilden soll.

§ 29. **Beispiel für die Ermittlung der Rauchgaszusammensetzung.** In 1 kg Teeröl sind enthalten:

C	0,896 kg	$m = 12$
H	0,093 „	2
S	0,0024 „	32
O	0,0006 „	32
N	0,001 „	28
H_2O . . .	0,007 „	18
Summa:	1,000 kg	

Die Molekulargewichte dieser einzelnen Substanzen sind in der 2. Spalte beigefügt. Die theoretische Sauerstoffmenge ergibt sich aus den bereits in § 25 näher erläuterten Reaktionen; sie ist für die Verbrennung des Anteils an

$$C = 0{,}896 \cdot \frac{8}{3} = 2{,}389 \text{ kg}$$

$$H = 0{,}093 \cdot 8 = 0{,}744 \text{ „}$$

$$S = 0{,}0024 \cdot 1 = 0{,}0024 \text{ „}$$

$$O = -0{,}0006 \cdot 1 = -0{,}0006 \text{ „} \quad \ldots\ldots \text{ Sa. } 3{,}1348 \text{ kg.}$$

Dazu kommt der für diese Menge Sauerstoff in der Luft enthaltene Stickstoff. Die Gewichtsmengen dieser Gase in der Luft verhalten sich wie 77 : 23; es ergibt sich somit eine obigem Sauerstoffquantum entsprechende Menge an Stickstoff

$$N = \frac{77}{23} \cdot 3{,}1348 = \ldots\ldots\ldots\ldots \quad 10{,}4948 \text{ „}$$

so daß also die theoretische Luftmenge sich stellt auf . . . . 13,6296 kg.

Wird mit einem Luftüberschuß von 100% gearbeitet, so ergibt sich eine wirkliche Luftmenge von 27,2748 kg.

Die Zusammensetzung der Verbrennungsprodukte wird demnach die folgende:

	kg	m	n
Kohlendioxyd $CO_2 = C \cdot \left(1 + \frac{8}{3}\right) = \frac{11}{3} \cdot 0{,}896$ =	3,289	44	0,0747
Wasserdampf $H_2O = H \cdot (1 + 8) = 9 \cdot 0{,}093 = 0{,}837$ dazu im Öl vorhanden = 0,007	0,844	18	0,0469
Schweflige Säure $SO_2 = S \cdot (1 + 1) = 2 \cdot 0{,}0024$ =	0,0048	64	∾ 0,0
Stickstoff N im Öl vorhanden . . . . 0,001 in der theoretischen Luftmenge . 10,4948 in der überschüssigen Luftmenge 10,4948	20,9896	28	0,750
Sauerstoff O im Öl vorhanden . . . . 0,0006 in der überschüssigen Luftmenge 3,1348	3,1354	32	0,098
Somit Gesamtsumme der Verbrennungsprodukte . . .	28,2628		0,9696

Da das verbrannte Heizöl gerade 1 kg wog, muß das resultierende Gewicht der Rauchgase ebenfalls um 1 kg schwerer sein als die zur Verbrennung zugeführte Luftmenge. — In der 2. Spalte ist das Gewicht des Kilogrammoleküls des betreffenden Verbrennungsproduktes beigefügt, in der 3. Spalte die Anzahl der Kilogrammoleküle, welche in den aus der Verbrennung resultierenden Quantitäten enthalten sind. Diese beiden Spalten werden im folgenden benützt werden.

§ 30. **Spezifische Wärme der Gase.** Für den idealen Gaszustand wird die spezifische Wärme als unveränderlich mit der Temperatur angenommen. Ganz abweichend davon zeigt in der Nähe des Kondensationspunktes die spezifische Wärme mit der Temperatur und auch mit dem Druck eine sehr große Veränderlichkeit.

In denjenigen Temperaturgebieten und bei denjenigen Gasen, welche bei der Verbrennung in Dampfkesselfeuerungen und in Verbrennungsmotoren in Frage kommen, ergibt sich aus den diesbezüglich angestellten Versuchen, daß die spezifische Wärme vom Druck praktisch unabhängig ist, dagegen mit der Temperatur angenähert linear zunimmt. Letztere Annahme wird heute allen diesbezüglichen Berechnungen zugrunde gelegt, wie dies auch im folgenden geschehen soll.

Bei denjenigen Aufgaben aus der Wärmelehre, welche sich mit der Verbrennung befassen, wird die spezifische Wärme meist auf die dem Molekulargewicht entsprechende Gewichtseinheit (also das Kilogrammolekül) bezogen (c_v', c_p'), während da, wo es sich um die Berechnung von Dampfkraftmaschinen handelt, die spezifische Wärme stets für 1 kg gerechnet wird (c_v, c_p).

Unter Berücksichtigung des Obigen wird nach dem heutigen Stande der Forschung die spezifische Wärme bei konstantem Volumen für Gase dargestellt in der empirischen Form

$$c_v' = m c_v = a + b \cdot T,$$

wobei a bei allen Gasen annähernd konstant ist und etwa den Wert

$$a = 4{,}67$$

besitzt, während die Konstante b für die bei der Verbrennung im allgemeinen vorkommenden Gase wie folgt[1]) bewertet wird:

1. für Wasserstoff, Stickstoff, Sauerstoff, Kohlenoxyd, d. h. also für die in Frage kommenden zweiatomigen Gase zu b_1 . . . . = 0,00106;
2. für Kohlendioxyd (CO_2), Schwefeldioxyd (SO_2) (mehratomige Gase) zu b_2 . = 0,00568;
3. für überhitzten Wasserdampf zu b_3 . . . . = 0,00421.

Außerdem besteht (vgl. § 8 Gl. 10) die Beziehung

$$c_p' - c_v' = m(c_p - c_v) = m A \cdot R = A\mathfrak{R} = \frac{845}{427} = 1{,}975 \cong 2.$$

In der Regel hat man es bei Verbrennungserscheinungen mit Gasgemischen zu tun. Die spezifische Wärme eines Gasgemisches bestimmt sich wie folgt:

Sei G das Gewicht der Volumeneinheit der Gasmischung, G_1, G_2, G_3 die Gewichte der Bestandteile des Gemisches, c die spezifische Wärme des Gasgemisches (auf die Gewichtseinheit bezogen), c_1, c_2, c_3 diejenigen für die Bestandteile, so ist

$$c G = c_1 G_1 + c_2 G_2 + c_3 G_3 \text{ usw.}$$

oder da

$$c' = m c, \quad c_1' = m_1 c_1 \text{ usw.}$$

$$\frac{c'}{m} \cdot G = \frac{c_1'}{m_1} G_1 + \frac{c_2'}{m_2} G_2 + \frac{c_3'}{m_3} G_3 \text{ usw.}$$

Die Anzahl der Moleküle für das Gasgemisch ist

$$n = \frac{G}{m}$$

und für die Bestandteile desselben

$$n_1 = \frac{G_1}{m_1} \qquad n_2 = \frac{G_2}{m_2} \text{ usw.}$$

Durch Einsetzen in obige Gleichung ergibt sich

$$c' = \frac{c_1' n_1 + c_2' n_2 + c_3' n_3 + \cdots}{n}$$

$$= \frac{c_1' n_1 + c_2' n_2 + c_3' n_3 + \cdots}{n_1 + n_2 + n_3 + \cdots}$$

In ganz gleicher Weise ergibt sich durch Einsetzen von

$$c_1' = a + b_1 T$$

$$c_2' = a + b_2 T \text{ usw.,}$$

$$c' = a + \left(\frac{n_1 b_1 + n_2 b_2 + \cdots}{n_1 + n_2 + n_3 + \cdots}\right) T,$$

woraus folgt, daß die Konstante der spezifischen Wärme für eine Gasmischung

$$b = \frac{n_1 b_1 + n_2 b_2 + n_3 b_3 + \cdots}{n_1 + n_2 + n_3 + \cdots}$$

gesetzt werden kann.

§ 31. Darstellung der Verbrennung im Wärmediagramm.

Wir denken uns (vgl. § 24) das ganze brennbare Gemisch zunächst in Rauchgas von Druck und Temperatur der Verbrennungsluft verwandelt und dann durch Zuführung der bei der Verbrennung entstehenden Wärme auf den Zustand nach der Verbrennung gebracht. Es wird also zunächst festzustellen sein, wieviel — es soll wieder 1 kg des Heizmaterials den Betrachtungen zugrunde gelegt werden — Verbrennungsgase jeder Art bei der Verbrennung entstehen, welche Wärmemengen dabei erzeugt werden und welche Temperaturen das Gemisch nach abgeschlossener Verbrennung erreicht. Die Temperaturerhöhung würde bei konstanter spezifischer Wärme gleich sein der Wärmemenge Q, die bei der Verbrennung erzeugt ist, dividiert durch die spezifische Wärme des Gasgemisches. Diese Voraussetzung ist allerdings, wie in § 30 erläutert, nicht zutreffend; um die Aufgabe zunächst jedoch nicht zu komplizieren, soll zuerst mit einer mittleren spezifischen Wärme gerechnet werden, welche der mittleren Temperatur vor und nach der Verbrennung entspricht.

---

[1]) Vgl. Ostertag, „Die Entropie-Diagramme der Verbrennungsmotoren." 1912.

Zur Darstellung des Vorganges im Wärmediagramm ist die Kenntnis der Entropiewerte notwendig. Wir finden diese wie folgt:

Die für die Gewichtseinheit des Brennstoffes erzielte Wärmemenge (sein Heizwert) sei mit Q bezeichnet. Unter obiger Annahme konstanter spezifischer Wärme (wenn etwa der Mittelwert der spezifischen Wärmen für die Temperaturen am Anfang und am Ende der Verbrennung eingeführt wird) ergibt sich

$$Q = c \cdot G\,(T_1 - T_0),$$

wobei G das Gewicht der bei der Verbrennung entstehenden Rauchgase bedeutet, und die spezifische Wärme c auf die Gewichtseinheit bezogen ist. Wird die spezifische Wärme für das Molekulargewicht (also in Kilogrammolekülen) angegeben (c'), so ist der Wert G noch durch das Molekulargewicht der Rauchgasmischung zu dividieren, d. h. statt G der Wert $\frac{G}{m}$ einzuführen. Es ist also dann

$$Q = c' \cdot \frac{G}{m}\,(T_1 - T_0).$$

Die Entropievergrößerung finden wir aus der Beziehung (vgl. § 17 u. f.)

$$S = \int_{T_0}^{T_1} \frac{dQ}{T} = \int_{T_0}^{T_1} c' \cdot \frac{G}{m}\,\frac{dT}{T},$$

woraus durch Integration

$$S = c'\,\frac{G}{m}\,\ln\frac{T_1}{T_0} \quad \ldots\ldots\ldots\ldots\ldots \quad \text{(Gl. 17)}$$

wird.

Geschieht die Verbrennung in der Feuerung eines Dampfkessels, also bei konstantem Druck, so ist hier die spezifische Wärme c_p' einzuführen; geschieht sie bei konstantem Volumen (Explosion in einem geschlossenen Gefäß), so ist c_v' zu wählen.

Aus Gl. (17) geht hervor, daß die Zunahme der Temperatur im Wärmediagramm durch eine Exponentialkurve dargestellt wird (vgl. Beispiel § 32 Abb. 10).

Wird die spezifische Wärme nicht konstant angenommen, sondern entsprechend § 30 mit der Temperatur veränderlich, so daß also

$$c_v' = a + b \cdot T \quad \text{und} \quad c_p' = c_v' + 2$$

zu setzen ist, so ergibt sich die bei der Verbrennung erreichte Temperatur aus der Beziehung

$$dQ = \frac{G}{m}\,(a + bT) \cdot dT \text{ (für Verbrennung bei konstantem Volumen)}$$

$$\text{bzw. } dQ = \frac{G}{m}\,(a + bT + 2) \cdot dT \text{ (für Verbrennung bei konstantem Druck).}$$

Hieraus für ersteren Fall durch Integration:

$$Q = \frac{G}{m} \cdot \left(a\,(T_1 - T_0) + \frac{b}{2} \cdot (T_1^2 - T_0^2)\right),$$

während im letzteren Falle statt a der Wert $(a + 2)$ einzusetzen ist.

Aus dieser quadratischen Gleichung ergibt sich ohne weiteres der gesuchte Wert der Verbrennungstemperatur T_1.

Die der Verbrennung bei konstantem Volumen entsprechende Entropiedifferenz wird:

$$S = \int_{T_0}^{T_1} \frac{dQ}{T} = \frac{G}{m}\left(\int_{T_0}^{T_1} \frac{a\,dT}{T} + \int_{T_0}^{T_1} b\,dT\right) = \frac{G}{m}\left(a \ln\frac{T_1}{T_0} + b\,(T_1 - T_0)\right),$$

d. h. die Werte der Entropien verlaufen in diesem Falle für die Änderung der Temperatur nach einer Kurve, welche sich aus einer Exponentialkurve und einer geraden Linie zusammensetzt. Auch hierüber gibt das Beispiel § 32 nähere Erläuterung.

§ 32. **Beispiel.** Verbrennung von 1 kg Teeröl von der Zusammensetzung wie in § 27 angegeben, bei konstantem Druck. Die Temperatur T_0 vor der Verbrennung — sowohl diejenige des Heizöls als auch diejenige der Verbrennungsluft — sei 20° C.

a) Angenäherte Rechnung unter Zugrundelegung einer mittleren spezifischen Wärme.

Die Verbrennungstemperatur T_1 sei auf 1573° abs. geschätzt; dann ist die mittlere Temperatur zwischen Anfangszustand und Endzustand

$$T_m = \frac{293 + 1573}{2} = 933^\circ \text{ abs.}$$

Die Konstante b ergibt sich wie folgt:

Anzahl der Mole der zweiatomigen Verbrennungsprodukte (Stickstoff, Sauerstoff)

$$0{,}750 + 0{,}098 = 0{,}848 = n_1$$

hierfür

$$b_1 = 0{,}00106.$$

Anzahl der Mole der mehratomigen Verbrennungsprodukte (Kohlendioxyd und schweflige Säure)

$$0{,}075 + 0{,}0 \cong 0{,}075 = n_2,$$

hierfür

$$b_2 = 0{,}00568.$$

Anzahl der Mole Wasserdampf

$$0{,}047 = n_3,$$

hierfür

$$b_3 = 0{,}00421,$$

somit

$$b = \frac{n_1 b_1 + n_2 b_2 + n_3 b_3}{n_1 + n_2 + n_3} = 0{,}00156.$$

Hieraus die spezifische Wärme bei konstantem Volumen

$$c_v' = 4{,}67 + 0{,}00156\, T_m = 6{,}126,$$

und die spezifische Wärme bei konstantem Druck

$$c_p' = m c_v + 2 = 8{,}126.$$

Die zugeführte Wärme ergab sich (vgl. § 27) zu $Q = 9946$ WE pro kg Heizöl, und die erzielte Temperaturerhöhung findet sich hieraus zu

$$_1 - T_0 = \frac{Q}{c_p' \cdot \frac{G}{m}} = \frac{9946}{8{,}126 \cdot 0{,}97} = 1260^0,$$

also die höchste Verbrennungstemperatur

$$T_1 = 1260 + 293 = 1553^0,$$

ein Wert, welcher mit der ursprünglich gemachten Annahme annähernd übereinstimmt.

Die Entropieänderung ergibt sich zu

$$S = c_p' \cdot \frac{G}{m} \cdot \ln \frac{T_1}{T_0} = 8{,}126 \cdot 0{,}97 \ln \frac{1553}{293} = 13{,}12.$$

Wir können nun den Anfangspunkt und den Endpunkt der Verbrennung in das Entropiediagramm Abb. 10 eintragen, den ersteren, da es nur auf die Entropiedifferenz ankommt, in beliebiger Lage hinsichtlich seiner Abszisse. Alle Zwischenpunkte finden wir, indem wir zwischen den beiden Endpunkten beliebige Temperatur T herausgreifen und dafür S errechnen. Für einen Zwischenpunkt, z. B. $T = 900^0$, ergibt sich

$$S = 8{,}126 \cdot 0{,}97 \cdot \ln \frac{900}{293} = 8{,}86.$$

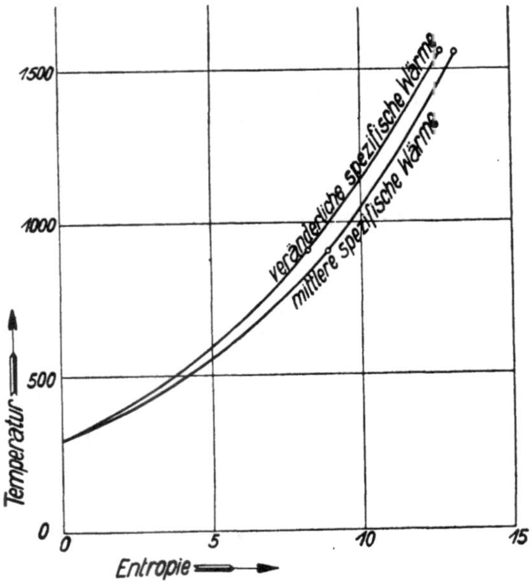

Abb. 10.

b) Genaue Rechnung unter Zugrundelegung veränderlicher spezifischer Wärme.

Aus der quadratischen Gleichung § 31 ergibt sich durch Einsetzen der Zahlenwerte für die Konstanten unter Beachtung, daß hier wegen der Verbrennung bei konstantem Druck statt a der Wert $a + 2$ einzuführen ist:

$$9946 = 0{,}97 \cdot 6{,}67\,(T_1' - T_0) + 0{,}97 \cdot \frac{0{,}00156}{2}\,(T_1'^2 - T_0^2),$$

woraus durch Auflösen der quadratischen Gleichung

$$T_1' = 1565,$$

hieraus die Entropievermehrung

$$S = 0{,}97\left(6{,}67 \ln \frac{1565}{293} + 0{,}00156 \cdot 1272\right) = 12{,}75$$

und für den Zwischenpunkt bei 900^0

$$S = 8{,}19.$$

Da die Flächen unter den Zustandskurven für die Verbrennung T_0, T_1 bzw. T_0, T_1' in beiden Fällen die gleiche zugeführte Wärme, d. h. den Heizwert des verbrannten Brennmaterials, darstellen (Abb. 10), müssen die Flächen $O\,T_0\,T_1\,A$ und $O\,T_0\,T_1'\,A'$ einander gleich sein, was sich aus dem Diagramm auch ergibt. Der Vergleich beider Kurven zeigt, daß bei der Rechnung mit mittlerer spezifischer Wärme ein nur unerheblicher Fehler gemacht wird.

§ 33. **Das Stodola-Diagramm für Gase.** Vergl. hierzu das diesem Band beiliegende Diagramm Tafel A. Dieses Diagramm ermöglicht die Wärmegefälle (Differenz der Erzeugungswärmen) von Gasgemischen (Verbrennungsgasen) zwecks Berechnung von Gasturbinen in einfacher Weise, ähnlich wie bei dem Mollier-Diagramm für Dampfturbinen (vgl. § 39), abgreifen zu können. Dasselbe ist jedoch auch für viele andere im Schiffsmaschinenbau vorkommende Aufgaben verwendbar (Ermittlung der Verbrennungstemperatur, Untersuchung von Ölmaschinendiagrammen usw.) und soll deswegen hier näher erläutert werden.

Das Diagramm ist ein Temperatur-Entropie-Diagramm; in dasselbe sind Linien konstanten Druckes und konstanten Volumens eingetragen. Die Entropiewerte hierfür sind unter Berücksichtigung von mit der Temperatur veränderlicher spezifischer Wärme ermittelt, und zwar bezogen auf das Kilogrammmolekül (vgl. § 4). Hierdurch wird der Vorteil erreicht, daß das Diagramm für verschiedene Gase und Gasgemische verwendbar wird, denn nach § 4 gilt die allgemeine Zustandsgleichung

$$p \cdot \mathfrak{V} = \mathfrak{R} \cdot T$$

für alle idealen Gase, wenn $\mathfrak{R}$ auf Gewichtsmengen bezogen ist, welche dem Molekulargewicht proportional sind (Kilogrammolekül). Ebenso bleibt in der Gleichung für die spezifische Wärme

$$c_v' = a + b \cdot T$$

die Größe a, bezogen auf das Kilogrammolekül, für alle idealen Gase konstant.

Dies vorausgeschickt, ergibt sich aus dem ersten Hauptsatz unter Berücksichtigung, daß für ideale Gase

$$du = c_v \cdot dT,$$

unter Einsetzen obigen Wertes für c'_v und Substitution von $T\,ds$ statt dQ und unter Beachtung, daß der Vorgang auf ein Kilogrammolekül zu beziehen ist,

$$d\mathfrak{S} = a\frac{dT}{T} + b\,dT + \frac{A}{T} \cdot p\,d\mathfrak{V}.$$

Unter Benützung der Beziehung

$$p = \frac{\mathfrak{R}\,T}{\mathfrak{V}}$$

und nach Ausführung der Integration ergibt sich als Entropiedifferenz zwischen einem beliebigen Punkt und dem mit dem Index O bezeichneten Anfangspunkt (vgl. § 19).

$$\mathfrak{S} - \mathfrak{S}_0 = a \cdot \ln\frac{T}{T_0} + b\,(T - T_0) + A\mathfrak{R}\ln\frac{\mathfrak{V}}{\mathfrak{V}_0} \quad \text{(Gl. 18)}$$

Für Kurven konstanten Volumens wird der letzte der drei Summanden rechts zu Null.

In gleicher Weise ergibt sich durch Elimination von $\mathfrak{V}$ unter Zuhilfenahme der Zustandsgleichung § 4, Gl. 6,

$$\mathfrak{S} - \mathfrak{S}_0 = (a + A\mathfrak{R})\ln\frac{T}{T_0} + b\,(T - T_0) + A\mathfrak{R}\ln\frac{p_0}{p}, \quad \text{(Gl. 19)}$$

in welcher Gleichung für Linien konstanten Druckes der letzte Summand wieder verschwindet. Die beiden Gl. (18) und (19) für $\mathfrak{S} - \mathfrak{S}_0$ haben das Gemeinsame, daß bei Anwendung auf verschiedene Gase sich lediglich der zweite Summand ändert, welcher allein von b abhängig ist. Da in demselben T nur linear vorkommt, kann man die Linien gleichen Druckes bzw. gleichen Volumens eines Gases aus denjenigen eines anderen durch Hinzufügen eines von T linear abhängigen Summanden zu dem Entropiewerte ableiten. In dem Diagramm von Stodola sind unter Berücksichtigung des Vorstehenden die Linien konstanten Volumens und konstanten Druckes auf ein schiefwinkliges Koordinatensystem bezogen. Die Neigung der Ordinatenachse ist abhängig von dem Wert von b, und es entspricht daher jedem Gas oder Gasgemisch eine besondere Ordinatenachse.

Die Wärmemengen, welche für eine bestimmte Zustandsänderung von außen zuzuführen bzw. abzuführen sind, ergeben sich in diesem *TS*-Diagramm als Flächen unter der betreffenden Zustandsänderung, wobei die Ordinaten parallel zu der je nach der Art des Gases (dem Wert von b) geneigten Ordinatenachse zu ziehen sind. Beispielsweise gibt in Abb. 11 die Fläche $A_0 A B B_0$ die Wärmemenge, welche für ein Gas mit $b = 0{,}0015$, bei der Zustandsänderung konstanten Druckes von $p = 10$ Atm. zwischen den Zuständen A und B ($T = 300$ bzw. 700) von außen zuzuführen ist.

Rechnerisch ergibt sich diese Wärmemenge (vgl. § 31) unter der Annahme, daß $T_0 = 0$,

$$q = (a + A\mathfrak{R})T + \frac{b}{2} T^2 = \int_0^T c_p' \, dT.$$

Diese Wärmemenge läßt sich auch ausdrücken als Produkt der erreichten Temperatur T, multipliziert mit dem Mittelwert der spezifischen Wärme c_p, im Diagramm bezeichnet mit $\bar{c}_p'$; es ist also

$$\int_0^T c_p' \, dT = \bar{c}_p' \cdot T.$$

Ganz ebenso erhält man

$$\bar{c}_v' \cdot T = \int_0^T c_v' \, dT = aT + \frac{b}{2} T^2,$$

so daß also

$$\bar{c}_p' \cdot T = \bar{c}_v' \, T + A\mathfrak{R} T.$$

Um nun die Wärmemenge bequem und schnell aus dem Diagramm Tafel A entnehmen zu können (auf der linken Seite des Blattes), sind in demselben die Wärmemengen $\bar{c}_v' \, T$ von einer vertikalen

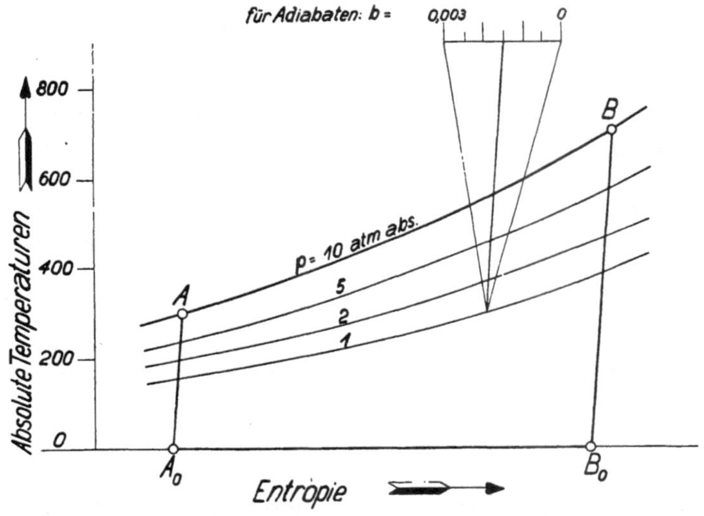

Abb. 11.

Ordinatenachse für eine Reihe von Werten der Konstanten b nach rechts über den Ordinatenwert der Temperatur aufgetragen, wodurch für jeden Wert von b eine ganz flache Parabel entsteht, deren Abszissen den Werten von $\bar{c}_v' \, T$ entsprechen. Nach links hin sind, ebenfalls vom absoluten Nullpunkt beginnend, von genannter Ordinatenachse die Werte $A \cdot \mathfrak{R} \cdot T$ aufgetragen. Diese ergeben eine gerade Linie OZ, welche schräg nach links zeigt. Für jedes einzelne Gas, also jeden bestimmten Wert von b, sind somit die horizontalen Strecken zwischen dieser schrägen Geraden und der genannten Parabel gleich den Werten $\bar{c}_p' \, T$.

Die Adiabaten sind für jedes bestimmte b Linien parallel zu der dem betreffenden b zugehörenden, durch den Nullpunkt M gezogenen, schiefwinkligen Ordinatenachse, während die Differenz der Erzeugungswärmen (vgl. § 14) zwischen zwei Punkten 1 und 2 durch

$$i_2 - i_1 = \int_1^2 c_p \, dT$$

gegeben ist. Will man dieses Wärmegefälle aus dem Diagramm entnehmen, so zieht man von dem gegebenen Anfangszustande p_1, T_1 eine Linie parallel zu der dem betreffenden Gas entsprechenden Ordinatenachse bis dahin, wo sie die Isobare p_2 schneidet. Es ist dann der Wert von i_1 die horizontale Erstreckung CD zwischen der schrägen Geraden OZ und der Parabel $\bar{c}'_v \, T$, und der Wert von i_2 derjenige der Horizontalen $C'D'$ ebenfalls zwischen den genannten Linien. Die Differenz der beiden Strecken $CD - C'D'$ läßt sich ohne weiteres mit dem Zirkel abgreifen.

B e i s p i e l (vgl. Abb. 12): Luft von 150° C und 2 at. abs. Spannung soll auf 40 at. abs. adiabatisch komprimiert werden. Welches ist die Endtemperatur, und welche Arbeit ist zu dieser Kompression theoretisch erforderlich?

Die Konstante b für atmosphärische Luft hat (vgl. § 29) den Wert 0,00106. Wir ziehen also durch den Anfangspunkt O die schräge Ordinatenachse OY, welche der Konstanten 0,00106 entspricht, indem wir uns der in dem Diagramm hierfür vorgesehenen Skala der Werte b für Adiabaten bedienen. Die hierzu parallele Adiabate durch A ($p = 2$ Atm. abs., $T = 423$) schneidet die Linie konstanten Druckes für 40 at. abs. in dem Punkte B, welche einer absoluten Temperatur von 957° = 684° C entspricht. Die theoretische Kompressionsarbeit ist gleich dem Wärmegefälle zwischen End- und

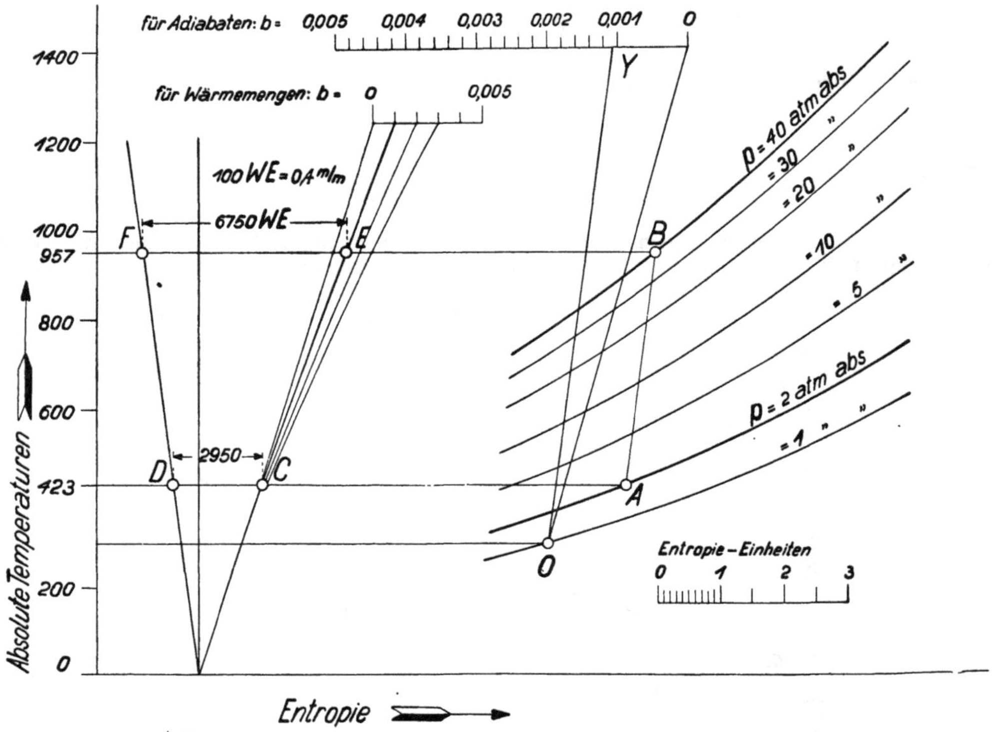

Abb. 12.

Anfangszustand. Wir ziehen zunächst durch A und B horizontale Linien und zeichnen uns sodann, unter Benutzung der im Diagramm vorgesehenen Skala der b für Wärmemengen, durch Interpolation die der Konstante $b = 0{,}00106$ entsprechende Parabel ein, welche sich in dem in Frage kommenden Gebiet fast genau mit der im Diagramm vorgesehenen Parabel für $b = 0{,}001$ deckt. Die Erzeugungswärmen für die Zustände A und B ergeben sich sodann, wie oben beschrieben, als Strecken CD (2950 WE) bzw. EF (6750 WE). Durch Subtraktion oder direktes Abgreifen erhält man unter Berücksichtigung des Maßstabes (100 WE = 0,4 mm) ein Wärmegefälle von 3800 WE pro Kilogrammolekül. Da das Molekulargewicht der Luft 28,9 beträgt, ist das Gewicht des Kilogrammoleküls 28,9 kg, und die zur Kompression von 1 kg aufzuwendende theoretische Arbeit $\frac{3800}{28{,}9} = 131{,}5$ WE oder 56150 mkg.

Abschnitt IV.

Der Wasserdampf.

§ 34. **Allgemeines.** Bei jedem Körper gibt es gewisse vom äußeren Druck abhängige Temperaturen, bei welchen eine von außen zugeführte Wärmemenge nur auf einen Teil des Körpers einwirkt und nicht zur Erhöhung der Temperatur, sondern zur Veränderung des Aggregatzustandes (in unserem Falle interessiert uns nur der Übergang vom flüssigen in den gasförmigen Zustand, also die Verdampfung) dient. Diese Veränderung des Aggregatzustandes setzt sich solange fort, bis bei gleichbleibender Temperatur der Körper gänzlich den neuen Aggregatzustand angenommen hat; erst dann steigt bei weiterer Wärmezufuhr wieder die Temperatur.

§ 35. **Das Druckvolumendiagramm für Wasserdampf.** Den Zusammenhang zwischen Druck und Volumen des Wasserdampfes veranschaulicht Abb. 13. In dieselbe ist eine Reihe von Zustands-

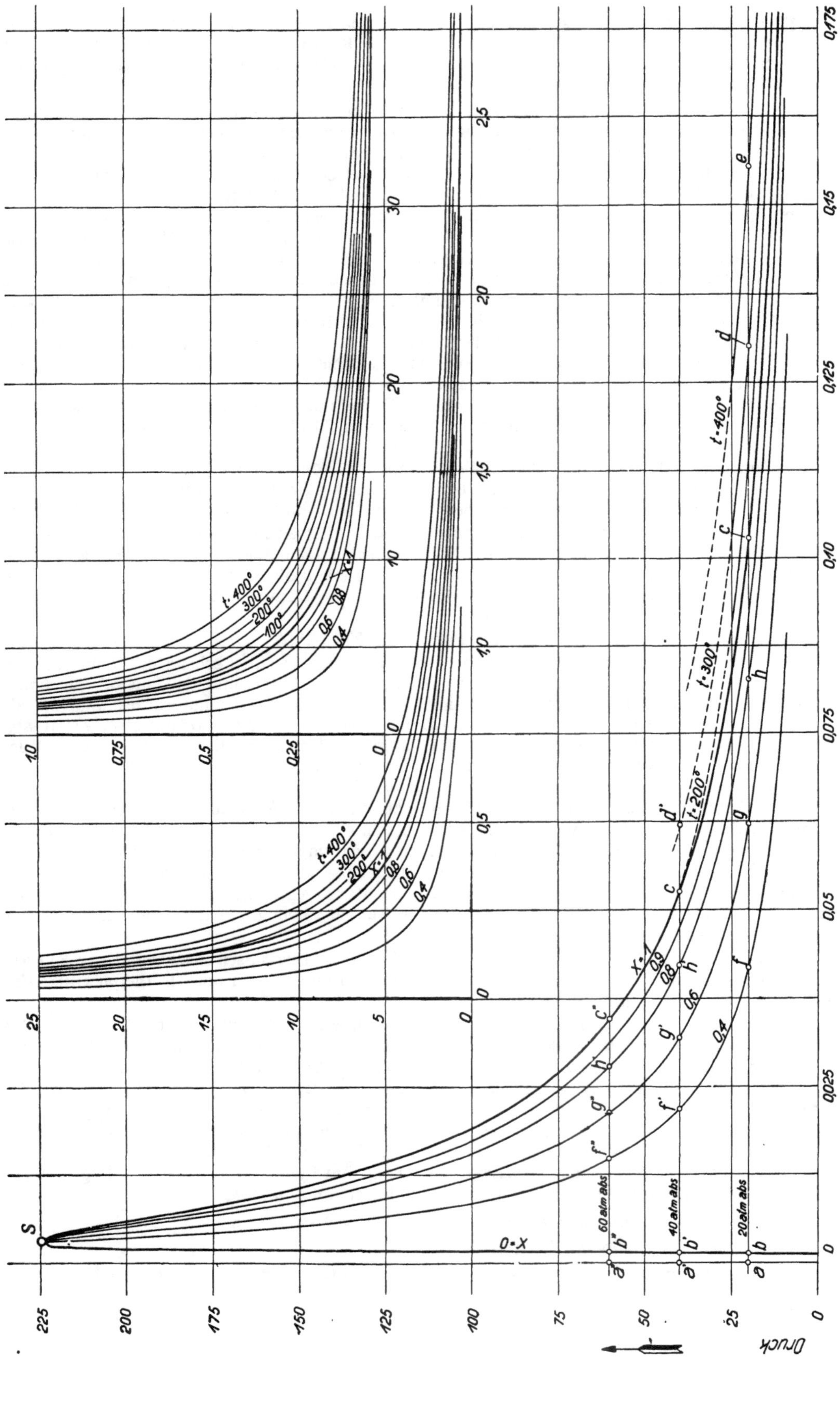
Druck
Volumen
S
60 atm abs
40 atm abs
20 atm abs
x=0
x=1
t=400°
300°
200°
100°
t=300°
t=200°

Abb. 13.

änderungen bei konstantem Druck (Isobaren), d. h. Parallelen zur v-Achse, eingetragen. Jede dieser Zustandsänderungen entspricht der Dampferzeugung im Kessel während des Betriebes bei einem bestimmten Druck; dabei ist vorausgesetzt, daß der stationäre Zustand durch gleichförmiges Aufspeisen und gleichförmige Dampfentnahme gewährleistet bleibt.

Die mit $abcd$ bezeichnete Isobare veranschaulicht beispielsweise die Verdampfung bei einem absoluten Druck von 20 kg/qcm (at. abs.); wir wollen dabei annehmen, daß der betrachtete Prozeß mit einer Gewichtsmenge von 1 kg Wasser ausgeführt wird. Das Wasser, welches mit der Temperatur von z. B. 20° C durch die Speisepumpe in den Kessel gedrückt wird, vergrößert zunächst sein Volumen, bis es demjenigen von der Temperatur des gesättigten Dampfes (bei 20 at. abs. 211,3° C, vgl. Dampftabelle Anhang XIII, Tabelle Nr. I) entspricht. Sein spezifisches Volumen hat in diesem Augenblick den Wert $ab = \sigma$ (für 20 at. abs. 0,001176 cbm/kg[1]) erreicht. In dem Maße, als dem Wasser von nun an weiter Wärme zugeführt wird, verwandelt es sich bei konstant bleibender Temperatur allmählich in Dampf, so daß sich das Volumen des Gemisches aus Wasser und Dampf entsprechend dem Fortschreiten des Verdampfungsprozesses nach und nach bis auf die Strecke ac vergrößert. Im Punkte c ist der Dampf trocken gesättigt, d. h. die gesamte Quantität Wasser, welche den Prozeß durchmacht (1 kg), ist in Dampf verwandelt worden, ohne daß jedoch demselben mehr Wärme zugeführt wurde, als eben zur Verdampfung dieser Gewichtseinheit notwendig ist. Das Volumen ac ist das spezifische Volumen des trocken gesättigten Dampfes von 20 at. abs., also laut Dampftabelle $v =$ 0,1037 cbm/kg. Strömt nun der vom Kessel kommende Dampf durch einen den Feuergasen ausgesetzten Überhitzer, in welchem ebenfalls ein konstanter Druck von 20 at. abs. gehalten wird, so wird eine weitere Wärmezufuhr und damit eine weitere Vermehrung des Volumens stattfinden, wobei sich jedoch auch die Temperatur des Dampfes erhöht. Der Dampf tritt somit vom Punkte c ab in das Gebiet des überhitzten Dampfes ein. Wird die Überhitzung z. B. so weit getrieben, daß die Temperatur des Dampfes 300° C beträgt, so steigt das spezifische Volumen auf $v_h = 0{,}1292$ cbm/kg (Punkt d).

Eine gleichartige Zustandsänderung können wir uns beispielsweise auch bei dem konstanten Druck von 40 at. abs. durchlaufen denken. Das Volumen des auf die Temperatur des gesättigten Dampfes (Sättigungstemperatur) erhitzten Wassers ist in unserer Abb. 13 durch $a'b'$, das des Dampfes durch die Strecke $a'c'$ dargestellt. Bei einer Überhitzung des Dampfes auf 300° C vergrößert sich das Volumen desselben auf die Strecke $a'd'$.

Bei 60 at. abs. ergeben sich ebenso die Punkte a'', b'', c'', d''.

Geht man mit der Spannung immer höher, so zeigt sich, daß entsprechend der damit verbundenen Zunahme der Temperatur des gesättigten Dampfes die Wasservolumina dauernd zunehmen, die Dampfvolumina im Sättigungspunkt aber mit der Steigerung des Dampfdruckes dauernd abnehmen, bis zum Schluß bei dem sog. kritischen Druck, welcher bei Wasserdampf etwa 224 at. abs. beträgt, eine Unterscheidung zwischen Wasser und Dampf nicht mehr möglich ist. Bei diesem Druck ist das Volumen des gesättigten Dampfes gleich dem Volumen des Wassers von der Sättigungstemperatur. Jede Wärmezufuhr bei konstantem Druck verwandelt hier das Wasser sofort in überhitzten Dampf. Man kann auch sagen, daß in diesem Punkte die durch die Verdampfung entstehende Volumzunahme (welche wir bei den unten beispielsweise beschriebenen Vorgängen durch die Längen bc, $b'c'$, $b''c''$ dargestellt hatten) in einen Punkt s zusammenschrumpft. Man kann die Punkte b, b', b'' ..... s zu einer Kurve vereinigen, welche man als Flüssigkeits- oder untere Grenzkurve bezeichnet; ebenso kann man durch die Punkte c, c', c'' ..... s eine Kurve legen, welche man die Sättigungsgrenzkurve oder obere Grenzkurve nennt. Beide Kurven vereinigen sich in s, wo sie gemeinsam eine horizontale Tangente besitzen.

Die Punkte d, d', d'' bzw. e, e', e'' (letztere gültig für 400° C) usw. lassen sich ebenfalls zu Kurvenzügen zusammenfassen. Diese Kurven sind Linien gleicher Temperaturen oder Isothermen und verlaufen im Gebiet der Überhitzung stetig.

Das Gebiet zwischen der unteren und oberen Grenzkurve ist das Gebiet des gesättigten oder des Naßdampfes. Wir haben gesehen wie das Gemisch aus Wasser und Dampf vom Beginn der Verdampfung, d. h. den Punkten b, b', b'' ab, sukzessive sein Volumen vergrößert, bis alles Wasser verdampft und das Volumen des trocken gesättigten Dampfes ac, $a'c'$, $a''c''$ erreicht ist. Bevor das Kilogramm Wasser, welches die Zustandsänderung durchmacht, das Volumen ac, $a'c'$ angenommen hat, besteht es zum Teil aus Wasser, zum Teil aus Dampf, und zwar ist sein Gehalt an Dampf um so größer, je mehr sich sein Volumen der Größe ac bzw. $a'c'$ usw. nähert. Bezeichnen wir mit v das spezifische Volumen der Mischung von Wasser und Dampf im Punkte f, mit x das in 1 kg Gemisch enthaltene Gewicht Dampf, ferner mit σ das spez. Volumen im Punkt b, so ist

das Volumen des Wasseranteiles des Gemisches $(1 - x)\,\sigma$,

das Volumen des Dampfanteiles desselben $x \cdot v$,

somit das spezifische Volumen des Gemisches $v_x = (1 - x)\,\sigma + x\,v = x\,(v - \sigma) + \sigma$.

[1]) Vgl. W. Schüle, Techn. Thermodynamik, Bd. I. 1917.

Das Verhältnis x kann ohne weiteres aus dem pv-Diagramm abgelesen werden als Verhältnis der Strecken $bf : bc$; denn es ist

$$x = \frac{v_x - \sigma}{v - \sigma};$$

und da $bf = v_x - \sigma$ und $bc = v - \sigma$, ergibt sich

$$x = \frac{bf}{bc}.$$

Werden die Punkte f, f', f'' gleicher spezifischer Dampfmenge (hier 40%) durch eine Linie verbunden, so erhält man eine Kurve konstanter spezifischer Dampfmenge. Weitere solche Kurven sind die in Abb. 13 eingetragenen Linien g, g', g'', entsprechend z. B. 60% spezifischer Dampfmenge, und h, h', h'', entsprechend z. B. 80% spezifischer Dampfmenge.

Da, wie Abb. 13 zeigt, in den technisch allein in Frage kommenden Gebieten die untere Grenzkurve annähernd mit der Ordinatenachse zusammenfällt, weil das Volumen des Wassers bei diesen Temperaturen gegenüber demjenigen des Dampfes vernachlässigt werden kann, können bei technischen Berechnungen die Strecken ac mit bc bzw. $a'c'$ mit $b'c'$ usw. vertauscht werden; nennenswerte Fehler können hierdurch erst entstehen, wenn Probleme behandelt werden, welche sich mit Wasserdämpfen von ganz außergewöhnlich hohen Drücken beschäftigen.

§ 36. **Das Wärmediagramm für Wasserdampf; Flüssigkeits-, Verdampfungs-, Überhitzungswärme.** Aus dem Druckvolumendiagramm sind weder die Temperaturen, noch die zu- bzw. abgeführten Wärmemengen ersichtlich. Über beides gibt das Wärmediagramm Aufschluß.

In Abb. 14 ist wieder eine Anzahl von Zustandsänderungen bei konstantem Druck veranschaulicht, wie dieselben sich bei der stationären Dampferzeugung im Kessel ergeben.

Die mit abc bezeichnete Isobare stellt die Verdampfung bei 20 at. abs. dar. Zunächst muß das Wasser bei diesem Druck bis zur Siedetemperatur erhitzt werden, indem demselben längs ab die Flüssigkeitswärme q zugeführt wird. Die Temperatur des Wassers steigt hierbei von der Speisewassertemperatur, z. B. 0° C, auf die Temperatur des Dampfes von 20 at. abs. (211,3° C). Da die spezifische Wärme des Wassers bei konstantem Druck von der Temperatur fast unabhängig ist, ergibt sich für diese Zustandsänderung angenähert eine logarithmische Linie. Für $c =$ konst. ergibt sich nämlich die Entropievergrößerung während der Zufuhr der Flüssigkeitswärme

$$s_q = \int_{T_0}^{T_1} \frac{dq}{T} = \int_{T_0}^{T_1} \frac{c\,dT}{T} = c \int_{T_0}^{T_1} \frac{dT}{T} = c \ln \frac{T_1}{T_0}.$$

Die während der Erwärmung des Wassers auf die Siedetemperatur zugeführte Wärmemenge q ist dargestellt durch die unter der Kurve ab liegende Fläche a_0abb_0. Die Flüssigkeitswärme q wird von 0° C ab gerechnet. Die zur Erwärmung von Wasser höherer Temperatur aufzuwendende Flüssigkeitswärme wird also aus den Tabellen als Differenz der Flüssigkeitswärme der End- und Anfangstemperatur ermittelt.

Ist das Wasser auf die Siedetemperatur gebracht, also die gesamte Flüssigkeitswärme zugeführt, so beginnt die Dampfbildung, und es tritt nunmehr, bis alles Wasser in Dampf verwandelt ist, keine Temperatursteigerung ein. Es läuft also vom Beginn der Verdampfung ab die betrachtete Isobare als horizontale Gerade weiter bis zu dem Punkt, an welchem die gesamte Verdampfung des am Prozeß beteiligten Wassers (1 kg) erfolgt ist. Die Wärmemenge, welche notwendig ist, um die auf Siedetemperatur erhitzte Gewichtsmenge Wasser aus dem flüssigen Zustand in den des trocken gesättigten Dampfes überzuführen, wird Verdampfungswärme genannt und gewöhnlich mit r bezeichnet. Sie setzt sich zusammen aus der zur Trennung der Moleküle notwendigen Wärmemenge, der sog. inneren Wärme ϱ, welche lediglich die innere Energie erhöht, und derjenigen Wärmemenge, welche, in Arbeit umgesetzt, durch die Überwindung des äußeren, auf der verdampfenden Flüssigkeit lastenden Druckes gewissermaßen den Raum für den neu entstehenden Dampf schafft. Dieser zweite Summand, die äußere Verdampfungswärme, ist demnach gleich $A\,p\,(v - \sigma)$, mithin die gesamte Verdampfungswärme

$$r = \varrho + A\,p\,(v - \sigma),$$

wobei σ wieder das spez. Volumen des Wassers bei der Verdampfungstemperatur bedeutet. Diese zwecks totaler Verdampfung zuzuführende Wärmemenge wird im Wärmediagramm dargestellt durch das Rechteck b_0bcc_0.

Wird zu der gesamten Verdampfungswärme noch die Flüssigkeitswärme, von 0° C ab gerechnet, hinzugefügt, so erhalten wir eine Größe, welche früher in der Regel mit dem Ausdruck Gesamtwärme bezeichnet wurde. Da die betrachteten Größen sämtlich für Zustandsänderungen bei konstantem Druck gelten, ist die Gesamtwärme identisch mit der Erzeugungswärme i (vgl. Anh. § 14) des Dampfes, so daß also

$$i = q + \varrho + A\,p\,(v - \sigma).$$

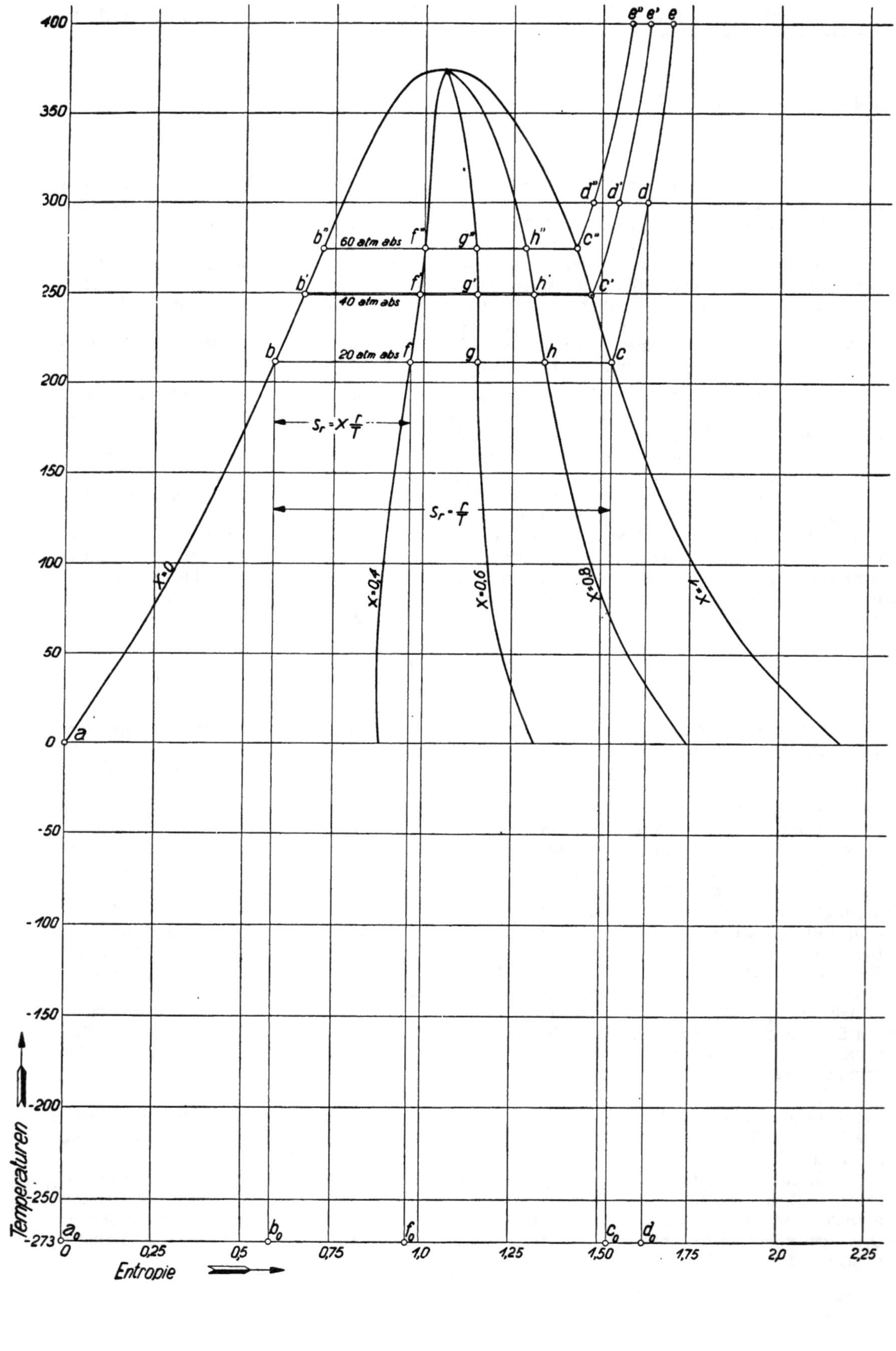
e''
e'
e
d''
d'
d
c''
c'
c
b''
b'
b
f''
f'
f
g''
g'
g
h''
h'
h
60 atm abs
40 atm abs
20 atm abs
$s_r = x\frac{r}{T}$
$s_r = \frac{r}{T}$
x=0
x=0,4
x=0,6
x=0,8
x=1
a
a_0
b_0
f_0
c_0
d_0
400
350
300
250
200
150
100
50
0
-50
-100
-150
-200
-250
-273
0
0,25
0,5
0,75
1,0
1,25
1,50
1,75
2,0
2,25
Temperaturen
Entropie

Abb. 14.

Wird nicht der Gesamtbetrag des Kilogramms Wasser verdampft, sondern nur $x\%$ desselben, so ist die hierzu aufzuwendende Verdampfungswärme im gleichen Verhältnis geringer als die totale und erreicht somit nur den Betrag $x \cdot r$. Die zur Verdampfung von $x\%$ notwendige Wärmemenge wird in Abb. 14 dargestellt durch das Rechteck $b_0 b f f_0$ (gezeichnet für $p = 20$ at., $x = 40\%$).

Die Entropieänderung während der Verdampfung ergibt sich sehr einfach zu

$$s_r = \frac{r}{T}$$

bzw., falls nur die spezifische Dampfmenge x erreicht wird, zu

$$s_r = x \cdot \frac{r}{T}.$$

Wird dem trocken gesättigten Dampf bei c weiterhin unter konstantem Druck Wärme zugeführt, so steigt die Temperatur wieder an, der Dampf wird überhitzt. Die zur Erreichung der Überhitzungstemperatur T_h aus dem Sättigungszustand bei der Temperatur T_s aufzuwendende Wärmemenge (Überhitzungswärme) ist

$$Q_h = \int_{T_s}^{T_h} c_p \, dT,$$

wobei c_p als Funktion von T aufzufassen ist. Im Falle der nicht ganz zutreffenden Annahme (vgl. § 30), daß c_p konstant ist, würde dieselbe betragen

$$Q_h = c_p (T_h - T_s),$$

und die Entropieänderung beim Übergang von T_s auf T_h

$$s_h = \int_{T_s}^{T_h} c_p \frac{dT}{T} = c_p \ln \frac{T_h}{T_s}.$$

Im Wärmediagramm ergibt sich die Überhitzungswärme als Fläche $c_0 c d d_0$ unter dieser Exponentiallinie konstanten Druckes (in Abb. 14 gezeichnet für $p = 20$ at. und $T_h = 573^0$, d. h. 300^0 C).

Trägt man in das Wärmediagramm eine Anzahl verschiedener Zustandsänderungen bei konstantem Druck ein (z. B. $ab'c'd'$ und $ab''c''d''$), so ergeben die Verbindungslinien der Punkte $bb'b''$, bei welchen die Verdampfung beginnt, und der Punkte $cc'c''$, bei welchen sie vollständig durchgeführt ist, die untere und obere Grenzkurve $bb'b''$ bzw. $cc'c''$.

Wenn die Flüssigkeitswärme für Isobaren verschiedenen Druckes die gleiche wäre, so müßten im Gebiet der Flüssigkeit alle Isobaren zusammenfallen (vorausgesetzt, daß der Anfangswert der Entropie bei allen Isobaren als der gleiche angenommen wird). Diese gemeinsame Isobare müßte auch mit der Flüssigkeitsgrenzkurve zusammenfallen, da alle diejenigen Punkte, bei welchen dem Wasser die gesamte Flüssigkeitswärme zugeführt ist und die Dampfbildung beginnt, auf dieser gemeinsamen Isobare liegen müssen. Die hier gemachte Voraussetzung trifft in dem technisch wichtigen Druck- und Temperaturgebiet mit so großer Annäherung zu, daß man praktisch ohne merkbaren Fehler die untere Grenzkurve mit der Kurve für die Zufuhr der Flüssigkeitswärme bei konstantem Druck als zusammenfallend ansehen darf. Bei sehr hohen Drücken und Temperaturen darf diese Vertauschung nicht ohne weiteres vorgenommen werden, denn es wird, um Wasser von 2 at. abs. von 0^0 auf 100^0 zu erwärmen, um einen kleinen Betrag weniger Wärme erforderlich sein, als um Wasser von 180 at. abs. zwischen den gleichen Temperaturgrenzen zu erwärmen, entsprechend dem Mehr an Arbeit, welches zur Überwindung der auf dem Wasser ruhenden Spannung bei letzterer Zustandsänderung aufgewendet werden muß.

Das Gebiet zwischen der unteren und oberen Grenzkurve ist das Gebiet des gesättigten oder des Naßdampfes. Werden Punkte f, f', f'' einer bestimmten spezifischen Dampfmenge x auf den die Verdampfung bei verschiedenen Drücken veranschaulichenden Horizontalen bc, $b'c'$, $b''c''$ eingetragen, so stellt deren Verbindungslinie eine Kurve konstanter spezifischer Dampfmenge dar. Weitere derartige Linien sind mit der Bezeichnung $gg'g''$ und $hh'h''$ in das Diagramm eingezeichnet. Die Kurve mit der spezifischen Dampfmenge $x = 0$ ist die untere, die Kurve mit der spezifischen Dampfmenge $x = 1$ (100%) ist die obere Grenzkurve.

§ 37. **Dampftabellen für gesättigten Wasserdampf.** Die zahlenmäßigen Werte für die wichtigsten, den verschiedenen Zuständen gesättigten und überhitzten Wasserdampfes eigenen Größen sind durch wiederholte, bis in die neueste Zeit hinein fortgesetzte Versuchsreihen festgestellt worden. Die ersten dieser Versuche, welche lange Zeit als allein maßgebend betrachtet wurden, sind die bekannten, von

Regnault ausgeführten Messungen. Über die neuesten Untersuchungen liegt eine umfangreiche Literatur vor (vgl. z. B. R. Mollier[1]), Knoblauch, Linde und Klebe[2]) sowie W. Schüle[3])).

Nachdem in den letzten Jahren in Deutschland zur Berechnung von Dampfturbinen und zur Lösung anderer wärmetechnischer Aufgaben die unten erwähnten Mollierschen Tabellen in weitem Umfange Verwendung gefunden haben und durch die „Münchner Versuche" bestens bestätigt worden sind, sollen dieselben auch hier als Grundlage beibehalten werden. Allerdings gelten diese Tabellen nur für einen Bereich bis einschl. 20 at. abs. Für Aufgaben, welche darüber hinausgehen, siehe die Angaben in § 35 und 36. Die erwähnten Mollierschen Tabellen sind, soweit sie den gesättigten Wasserdampf betreffen, mit der Genehmigung des Verfassers im Anhang XIII wiedergegeben.

§ 38. **Dampftabellen für überhitzten Wasserdampf.** Die Eigenschaften des überhitzten Dampfes sind von Callendar[4]) in einer Zustandsgleichung zusammengefaßt worden. Auf Grund derselben hat Mollier Formeln und Tabellen ausgearbeitet, welche ebenfalls in der erwähnten Schrift „Neue Tabellen und Diagramme für Wasserdampf" niedergelegt sind.

Bezeichnet man mit

v das Volumen von 1 kg Dampf in cbm für den in Frage kommenden Zustand,
v' das Volumen von 1 kg Wasser in cbm, im folgenden stets konstant = 0,001 angenommen,
P den Druck in kg pro qm,
p den Druck in at. abs. (kg/qcm),
t die Temperatur in Graden Celsius,
T die absolute Temperatur ($t + 273$),
i die Gesamtwärme (Wärmeinhalt oder Erzeugungswärme) in WE pro kg, welche notwendig ist, um zunächst dem Wasser von 0° C ab die Flüssigkeitswärme bis zur Sättigungstemperatur bei dem betreffenden Dampfdruck, sodann die Verdampfungswärme und schließlich die für den betr. Dampfzustand in Frage kommende Überhitzungswärme bei konstantem Druck zuzuführen (vgl. § 36),
u die innere Energie ($u = i - APv$) in WE pro kg,
s die Entropiedifferenz pro kg (zwischen Wasser von 0° und dem betr. Dampfzustand),
c_p die spezifische Wärme bei konstantem Druck,
R die „Gaskonstante" für Wasserdampf,
C und n Konstante,
$A = {}^1/_{427}$ des Wärmeäquivalents,

so ist nach der Zustandsgleichung von Callendar

$$v - v' = \frac{RT}{P} - C\left(\frac{273}{T}\right)^n,$$

wobei unter teilweiser geringer Änderung der Callendarschen Ziffern den Konstanten von Mollier folgende Werte gegeben werden:

$$R = 47 \qquad AR = 0{,}11 \qquad C = 0{,}075 \qquad n = \frac{10}{3} \qquad v' = 0{,}001.$$

Aus dieser Zustandsgleichung entwickelt Mollier — der Rechnungsgang ist in der vorerwähnten Schrift niedergelegt — mit Hilfe der thermodynamischen Hauptgleichungen Ausdrücke für die zur Lösung wärmetechnischer Aufgaben wichtigsten Größen. Um diesen Ausdrücken eine für die Rechnung bequeme Form zu geben, werden folgende Hilfsgrößen eingeführt:

$$\mathfrak{V} = 0{,}075\left(\frac{273}{T}\right)^{\frac{10}{3}},$$

$$\mathfrak{Z} = \frac{10000}{427}\left(\frac{13}{3}\mathfrak{V} - 0{,}001\right),$$

$$\mathfrak{S} = \frac{10000}{427}\cdot\frac{10}{3}\cdot\frac{\mathfrak{V}}{T}.$$

Die Zahlenwerte für diese Hilfsgrößen sind im Anhang XIII Tabelle Nr. 2 zusammengestellt.

---

[1]) R. Mollier, „Neue Tabellen und Diagramme für Wasserdampf", Berlin 1906.

[2]) Knoblauch, Linde und Klebe, „Mitteilungen über Forschungsarbeiten", herausgegeben vom Verein deutscher Ingenieure, Heft 21: „Die thermischen Eigenschaften des gesättigten und des überhitzten Wasserdampfes", I. Teil, und R. Linde, II Teil (sog. Münchner Versuche).

[3]) W. Schüle, „Die Eigenschaften des Wasserdampfes nach den neuesten Versuchen", herausgegeben vom Verein deutscher Ingenieure, Bd. 55, 9. Sept. 1911.

[4]) „On the thermodynamical properties of gases and vapours as deduced from a modified form of the Joule-Thomson equation with special reference to the properties of steam". Proc. Roy. Soc., Bd. 67, 1900, S. 266.

Unter Benutzung dieser Hilfsgrößen ergeben sich nun folgende Formeln, wobei zu bemerken ist, daß dieselben nur für überhitzten Dampf, also von der oberen Grenzkurve ab, zu benützen sind, während die Zustandsgrößen des Dampfes im Gebiet der Sättigung ohne weiteres aus Anhang XIII, Tabelle Nr. 1 entnommen werden können.

Es wird

1. das spezifische Volumen des Dampfes
$$v = 47\,\frac{T}{P} - \mathfrak{B} + 0{,}001,$$
2. die Gesamtwärme (Erzeugungswärme) (vgl. oben)
$$i = 594{,}7 + 0{,}477\,t - \mathfrak{J}\,p,$$
3. die Entropie für dieselbe
$$s = 0{,}477 \ln T - 0{,}11 \ln p - \mathfrak{S}\,p - 1{,}0544,$$
4. die innere Energie, entsprechend dem Werte von i
$$u = 564{,}7 + 0{,}367\,t - \frac{10}{3}\,A\,\mathfrak{B}\,P,$$
5. die spezifische Wärme bei konstantem Druck
$$c_p = 0{,}477 + \frac{13}{3}\,\mathfrak{S}\cdot p.$$

§ 39. **Das Mollier-Diagramm (*I-S*-Diagramm).** Mit der Einführung der Dampfturbinen machte sich das Bedürfnis geltend, die Differenz der Erzeugungswärme zweier Zustände, welche auf einer Adiabate liegen, rasch zu ermitteln, da diese Differenz (vgl. § 14) die ausnutzbare Wärmemenge angibt und dem Quadrat der bei solcher adiabatischen Expansion erreichten Geschwindigkeit des Dampfes proportional ist. Dieser Forderung genügt das sog. Mollier- oder *I-S*-Diagramm, welches als Ordinaten die Erzeugungswärme, als Abszissen die Entropie besitzt.

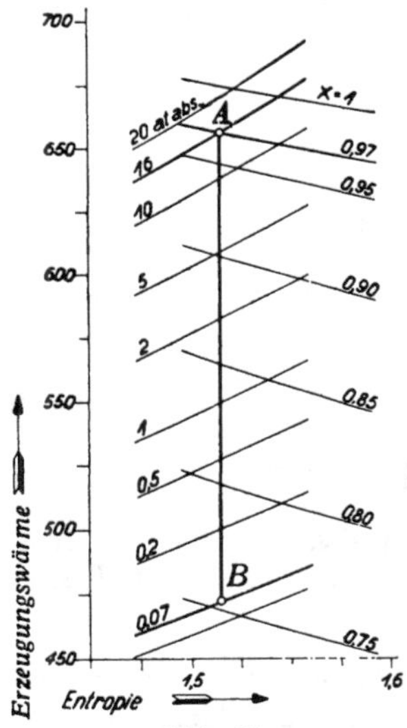

Abb. 15.

In das *I-S*-Diagramm sind Linien konstanter spezifischer Dampfmenge, konstanter Überhitzungstemperatur sowie Linien konstanten Druckes und die obere Grenzkurve eingetragen, so daß der Zustand des Dampfes an jeder Stelle leicht abgelesen werden kann.

Da die Linie $S =$ konst. in dem Diagramm eine vertikale Gerade ist, kann man durch Abmessen des vertikalen Abstandes zwischen zwei Zuständen ohne weiteres die Differenz der Erzeugungswärme abgreifen. Anderseits stellt die Linie $I =$ konst. die Drosselungslinie (vgl. § 14) dar, welche ebenfalls von praktischer Bedeutung ist. Um den Zustand zu ermitteln, welcher bei Herabdrosseln um einen gewissen Druckunterschied zustandekommt, braucht man nur vom Anfangszustand längs einer zur Abszissenachse parallelen Geraden bis zum Schnittpunkt mit der dem Enddruck der Drosselung entsprechenden Isobare fortzuschreiten.

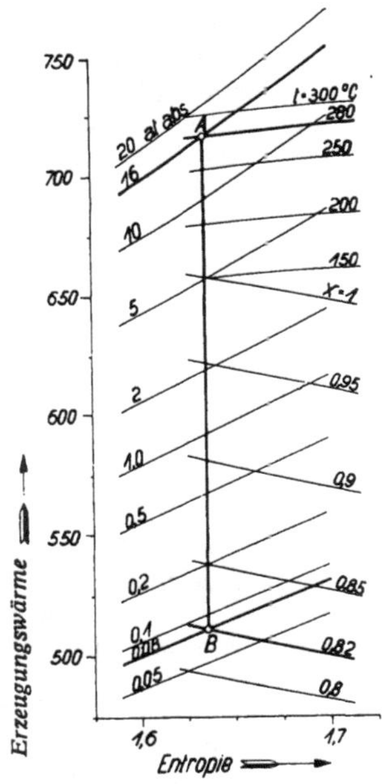

Abb. 16.

Das diesem Band beigelegte Diagramm Tafel B ist, um einen möglichst großen Maßstab zu erhalten, auf das Gebiet in der Nähe der oberen Grenzkurve beschränkt; es umfaßt die praktisch wichtigsten Dampfzustände im Sättigungs- und Überhitzungs-Gebiet zwischen den Druckgrenzen von 0,03 und 20 at. abs. Einige Beispiele mögen den Gebrauch des Diagrammes erläutern:

Beispiel 1. Welche Wärmemenge läßt sich in äußere Arbeit überführen, wenn 1 kg Dampf (Wärmegefälle) von einer Dampfspannung von 16 at. abs. bei 3% Feuchtigkeit auf einen Gegendruck von 0,07 at. abs. adiabatisch expandiert? Lösung s. Abb. 15.

Wir ziehen vom Schnittpunkt A der beiden Kurven $p = 16$ at. und $x = 0{,}97$ eine vertikale Gerade so weit, bis dieselbe in B die Kurve $p = 0{,}07$ at. schneidet.

Die Erzeugungswärme im Anfangszustand A ist $i_A = 657$ WE, im Endzustand B finden wir $i_B = 470$ WE.

Es ist also das Wärmegefälle $i_A - i_B = 657 - 470 = 187$ WE. Natürlich hätte man dieses Gefälle auch durch direktes Abgreifen der Länge der vertikalen Strecke zwischen A und B ermitteln können.

Die spezifische Dampfmenge im Endpunkt B der Expansion geht ebenfalls aus dem Diagramm hervor. Sie ist $x = 0{,}752$, also enthält der expandierte Dampf etwa 25% Wasser.

Beispiel 2. Welche Wärmemenge wird zur Umsetzung in mechanische Arbeit verfügbar, wenn 20000 kg Dampf von einer Spannung $p = 16$ at. abs. und einer Temperatur von 280° C adiabatisch auf einen absoluten Druck von 0,08 at. expandieren? Lösung s. Abb. 16.

Wir ziehen vom Schnittpunkt A der Kurven $p = 16$ at. und $t = 280°$ eine vertikale Gerade bis zum Schnittpunkt B mit der Kurve $p = 0{,}08$ at.

Die Differenz der Erzeugungswärmen vom Anfangs- und Endzustand, welche direkt aus dem Diagramm als Länge der vertikalen Linie zwischen den beiden Schnittpunkten A und B abgegriffen werden kann, beträgt $i_A - i_B = 207$ WE.

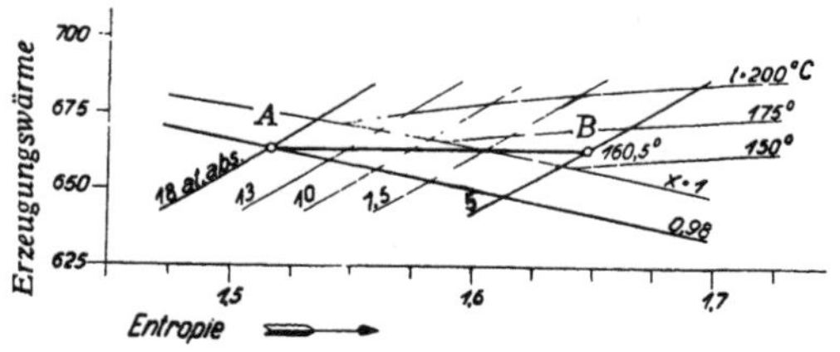

Abb. 17.

Wird dieses Wärmegefälle mit h bezeichnet, dann ist die gesamte disponible Wärmemenge für die totale Dampfmenge von $G = 20000$ k

$$Q = G \cdot h = 20000 \cdot 207 \text{ WE} = 4140000 \text{ WE}.$$

Die spezifische Dampfmenge in B beträgt $x = 0{,}82$ entsprechend einer Dampffeuchtigkeit von 18%.

Beispiel 3. Welchen Endzustand erreicht Dampf von 18 at. abs. Anfangsspannung und 2% Feuchtigkeitsgehalt, wenn derselbe auf eine Spannung von 5 at. abs. gedrosselt wird?

Wir ziehen (vgl. Abb. 17) eine horizontale Linie vom Schnittpunkt A der Kurven $p = 18$ und $x = 0{,}98$, bis dieselbe die Linie $p = 5$ at. abs. schneidet, was im Punkt B geschieht. Der gesuchte Endzustand liegt im Gebiet des überhitzten Dampfes, und zwar ergibt sich für denselben eine Temperatur $t = 160{,}5°$, während gesättigter Dampf von gleicher Spannung eine Temperatur von $t = 151°$ besitzt. Die Überhitzung beträgt also 9,5° C.

Abschnitt V.

Strömung von Gasen und Dämpfen.

§ 40. **Grundgleichung der Strömungsvorgänge von Gasen oder Dämpfen.** Für wirbelfreie stationäre Strömungen eines Gases oder Dampfes besteht die Grundgleichung[1])

$$d\,\frac{w^2}{2g} = -v\,d\,p, \quad \text{(Gl. 18)}$$

wobei mit w die Strömungsgeschwindigkeit des gasförmigen Körpers, mit g die Beschleunigung der Schwere bezeichnet ist.

Diese Gleichung ist aus den mechanischen Gleichgewichtsbedingungen abgeleitet und sagt demgemäß nichts aus über die während der betrachteten Ortsveränderung von der strömenden Flüssig-

[1]) Vgl. Zeuner, Thermodynamik I. Bd.

Von der Richtigkeit der Gleichung (18) kann man sich auch durch folgende Überlegung überzeugen: Die Arbeitsleistung, welche in einer Kolbenmaschine (Dampfmaschine, Druckluftmotor) gewonnen wird, die zwischen den Druckgrenzen p_1 und p_2 arbeitet, ist gegeben durch die Fläche $A\,B\,C\,D$,

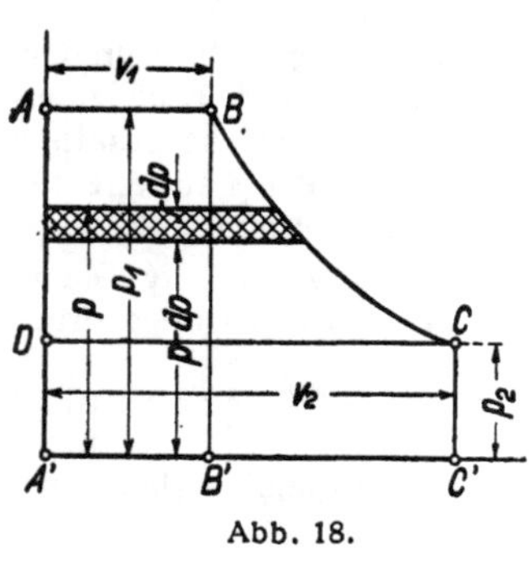

Abb. 18.

$$L = \text{Fläche}\,(A'\,A\,B\,B' + B'\,B\,C\,C' - A'\,D\,C\,C') =$$
$$= \text{Fläche}\ A\,B\,C\,D = -\int_{p_1}^{p_2} v\,d\,p$$

oder für einen Prozeß zwischen den Druckgrenzen p und $p - d\,p$

$$d\,L = -v\,d\,p.$$

Es ist leicht einzusehen, daß bei einem Strömungsvorgang die in Form von Strömungsenergie maximal gewinnbare Leistung mit derjenigen identisch sein muß, die bei dem Prozeß in einer Kolbenmaschine zwischen den gleichen Druckgrenzen erzielt wird; es muß also

$$\frac{d\,w^2}{2g} = d\,L = -v\,d\,p \quad \text{sein.}$$

keit von außen aufgenommenen oder nach außen abgegebenen Wärmemengen sowie über die dabei in der Flüssigkeit auftretenden Änderungen der inneren Energie. Die Beziehungen zwischen diesen Größen regeln sich nach dem ersten Hauptsatz der mechanischen Wärmetheorie. Bezogen auf die Gewichtseinheit der Flüssigkeitsmenge, welche die betreffende Verschiebung in dem Stromfaden durchgemacht hat, wird derselbe wiedergegeben durch die Gleichung

$$dq = du + A\,p\,dv = di - A\,v\,dp \qquad \text{(Gl. 19)}$$

(vgl. § 23). Hierbei bezeichnen die Differentiale von u, v, p und i die Änderungen, welche diese Zustandsgrößen erfahren, wenn man auf der Strombahn um das Wegstück $ds = w\,dt$ fortschreitet, und dq die während des Durchlaufens dieses Wegelements zugeführte Wärmemenge, bezogen auf die Gewichtseinheit der den Stromfaden durchfließenden Flüssigkeit.

Durch Zusammenfassung der beiden Grundgleichungen (18) und (19) erhält man

$$\frac{d\,w^2}{2g} = \frac{1}{A}\,dq - \frac{1}{A}\,di$$

oder durch Integration zwischen den Zuständen 1 und 2 auf der Strombahn

$$\frac{w_2^2}{2g} - \frac{w_1^2}{2g} = \frac{1}{A}\,q_{1,2} - \frac{1}{A}\,(i_2 - i_1).$$

Hierin ist $q_{1,2}$ die auf dem Wege von 1 bis 2 der Gewichtseinheit von außen zugeführte Wärmemenge. Für adiabatische Strömung wird $q_{1,2} = 0$, und es ergibt sich

$$\frac{w_2^2}{2g} - \frac{w_1^2}{2g} = \frac{1}{A}\,(i_1 - i_2). \qquad \text{(Gl. 20)}$$

Für den Fall, daß die Anfangsgeschwindigkeit $w_1 = 0$ ist (Ausströmen aus einem Gefäß) erhält man aus Gl. (20)

$$\frac{w_2^2}{2g} = \frac{1}{A}\,(i_1 - i_2)$$

oder

$$w_2 = \sqrt{\frac{2g}{A}\,(i_1 - i_2)}. \qquad \text{(Gl. 21)}$$

§ 41. **Der Ausfluß von idealen Gasen aus nicht erweiterten Mündungen.** Unter einer gewöhnlichen, nicht erweiterten Mündung ist eine solche verstanden, welche sich vom Innern des Gefäßes aus allmählich bis zu dem beabsichtigten Ausströmungsquerschnitt verjüngt, so daß die aus dem Gefäß austretende Flüssigkeit ohne Kontraktion zu dieser Öffnung hingeleitet wird.

Die Ausflußgeschwindigkeit bei verlustloser adiabatischer Strömung ergibt sich aus Gl. (21) zu

$$w = \sqrt{\frac{2g}{A}\,(i_1 - i_2)}$$

und unter Benützung der Beziehungen

$$i_1 - i_2 = c_p\,(T_1 - T_2),$$

$$\frac{T_2}{T_1} = \left(\frac{p_2}{p_1}\right)^{\frac{\varkappa - 1}{\varkappa}},$$

$$c_p - c_v = \frac{\varkappa - 1}{\varkappa}\,c_p = A\,R$$

$$\text{und} \quad p_1 v_1 = R\,T_1$$

mittels einfacher Umformung zu

$$w = \sqrt{2g\,\frac{\varkappa}{\varkappa - 1}\,p_1 v_1 \left\{1 - \left(\frac{p_2}{p_1}\right)^{\frac{\varkappa - 1}{\varkappa}}\right\}}. \qquad \text{(Gl. 22)}$$

Diese Gleichung ermöglicht die Berechnung der Ausflußgeschwindigkeit, sobald der Anfangszustand im Gefäß p_1, v_1 und der Gegendruck p_2 des Raumes, in welchen das Ausströmen erfolgt, bekannt sind.

Ist der Ausströmungsquerschnitt F gegeben und das Gewicht G des in der Zeiteinheit ausströmenden Gases gesucht, so ist mit vorstehender Gleichung die Kontinuitätsgleichung

$$F\,w = G\,v_2$$

zu verbinden. Berücksichtigt man hierbei, daß für die adiabatische Expansion

$$v_2 = v_1 \left(\frac{p_1}{p_2}\right)^{\frac{1}{\varkappa}},$$

so ergibt sich das für die Querschnittseinheit in der Zeiteinheit ausströmende Gasgewicht zu

$$\frac{G}{F} = \sqrt{2\,g\,\frac{\varkappa}{\varkappa-1}\,\frac{p_1}{v_1}\cdot\left[\left(\frac{p_2}{p_1}\right)^{\frac{2}{\varkappa}} - \left(\frac{p_2}{p_1}\right)^{\frac{\varkappa+1}{\varkappa}}\right]} \quad \ldots\ldots\ldots \quad \text{(Gl. 23)}$$

Dieser Wert wird ein Maximum bei dem Druckverhältnis

$$\frac{p_k}{p_1} = \left(\frac{2}{\varkappa+1}\right)^{\frac{\varkappa}{\varkappa-1}} \quad \ldots\ldots\ldots\ldots \quad \text{(Gl. 24)}$$

was sich ohne weiteres nach dem üblichen Verfahren ergibt; wie man sieht, ist derselbe, da nur von $\varkappa$ abhängig, ein konstanter Wert für alle Gase, für welche

$$\frac{c_p}{c_v} = \varkappa$$

denselben Wert besitzt. Der Maximalbetrag für das ausströmende Gasgewicht ergibt sich durch Einsetzen des vorstehenden Wertes von $\frac{p_2}{p_1}$ zu

$$\left(\frac{G}{F}\right)_{\max} = \left(\frac{2}{\varkappa+1}\right)^{\frac{1}{\varkappa-1}} \sqrt{2\,g\,\frac{\varkappa}{\varkappa+1}\cdot\frac{p_1}{v_1}} \quad \ldots\ldots\ldots \quad \text{(Gl. 25)}$$

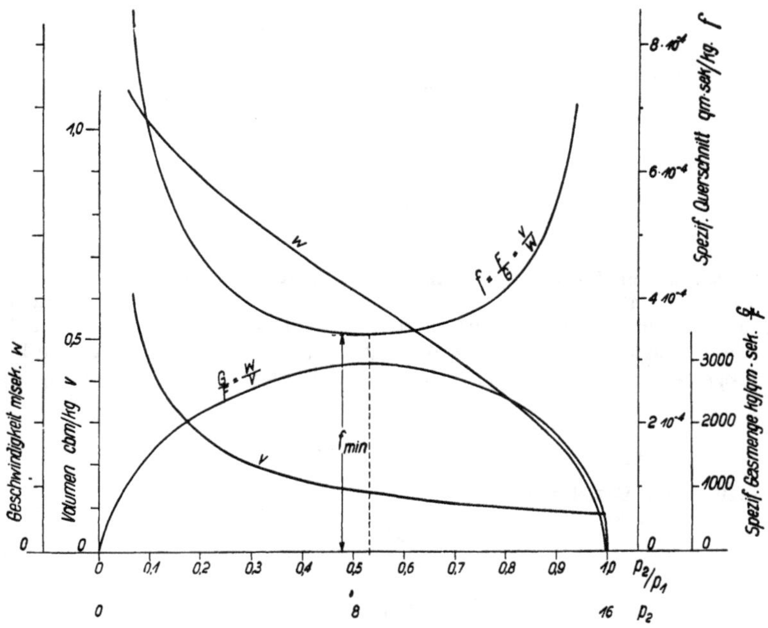

Abb. 19.

Trägt man das durch einen bestimmten Querschnitt (z. B. 1 qcm) in der Zeiteinheit ausströmende Gasgewicht $\frac{G}{F}$ nach Gl. (23) über dem Druckverhältnis $\frac{p_2}{p_1}$ als Kurve auf (vgl. Abb. 19), so erhält man eine parabelartige Linie, deren Maximum bei dem durch Gl. (24) gekennzeichneten Wert von $\frac{p_2}{p_1}$ liegt. Wird $p_2 = p_1$, so wird die durch den Querschnitt F ausströmende Gasmenge zu Null, ebenso auch, wenn der Wert des Gegendruckes p_2 zu Null wird. Ersteres ist ohne weiteres verständlich, denn es ist klar, daß, falls der Druck im Gefäß und der Gegendruck einander gleich sind, keine Ausströmung zustande kommen kann; daß jedoch beim Gegendruck Null die ausströmende Menge ebenfalls zu Null werden soll, läßt sich mit der Erfahrung nicht in Einklang bringen. Versuche, welche über die Ausströmung von Gasen angestellt worden sind (de St. Venant und Wantzel), haben nun ergeben, daß trotz beliebiger Verkleinerung des Druckverhältnisses $\left(\frac{p_2}{p_1}\right)$ unter den durch Gl. (24) bestimmten, dem maximalen Ausströmungsgewicht entsprechenden Wert eine Verringerung dieser Ausflußmenge nicht eintritt. Dies hängt mit der weiteren Erfahrungstatsache zusammen, daß bei den betrachteten einfachen Ausströmungsöffnungen der Druck in der Ausströmungsebene nicht weiter herabsinkt, als auf den aus dem Druckverhältnis Gl. (24) sich ergebenden Gegendruck

$$p_k = p_1 \left(\frac{2}{\varkappa + 1}\right)^{\frac{\varkappa}{\varkappa - 1}},$$

welcher daher der **kritische Druck** für den betreffenden Anfangsdruck genannt wird. Durch Einsetzen des kritischen Druckverhältnisses $\frac{p_k}{p_1}$ statt $\frac{p_2}{p_1}$ in Gl. (22) für w ergibt sich demnach eine Ausströmungsgeschwindigkeit, welche für den gegebenen Anfangszustand nicht überschritten werden kann. Diese größte mögliche Geschwindigkeit

$$w_k = \sqrt{2\,g\,\frac{\varkappa}{\varkappa + 1} \cdot p_1 v_1} \quad \text{(Gl. 26)}$$

wird die **kritische Geschwindigkeit** genannt. Dieselbe ist identisch mit der Schallgeschwindigkeit des betreffenden Gases bei dem Zustand, den das Gas in der Mündung besitzt, wie sich aus dem Vergleich von Gl. (26) mit derjenigen für die Fortpflanzungsgeschwindigkeit des Schalls ergibt[1]. Die dem in der Düse nicht ausgenützten Druckgefälle entsprechende Energie des ausströmenden Gases geht somit zunächst für die Verwertung in der Turbinenschaufel verloren; beim Ausströmen ins Freie setzt sich diese Energie der Hauptsache nach in Schallschwingungen um.

Eine klare Vorstellung über den Zusammenhang zwischen der Ausflußmenge G aus einem gegebenen Querschnitt F und dem Verhältnis $\frac{p_2}{p_1}$ gewinnt man durch die graphische oder rechnerische Ermittlung der Querschnitte, welche der Reihe nach erforderlich sind, wenn das Gasgewicht G unter Wahrung der Kontinuitätsbedingung bei allmählicher Abnahme des Druckes in einer Ausströmungsdüse vom Druck im Gefäß p_1 bis zum Gegendruck $p_2 = 0$ ausströmen soll. Diese Folge von Querschnitten ergibt sich, indem für jeden Gegendruck p_2 die Ausströmungsgeschwindigkeit w sowie das Volumen $V = Gv$ ermittelt und aus der Beziehung $F = \frac{G \cdot v}{w}$ der Querschnitt bestimmt wird. Da

---

[1]) Die Differentialgleichung für die Schallgeschwindigkeit a in Gasen und Dämpfen lautet

$$v = \sqrt{\frac{d\,p}{d\,\varepsilon}},$$

wobei ε gleich der spezifischen Masse, also

$$\varepsilon = \frac{\gamma}{g} = \frac{1}{v\,g}.$$

Für adiabatische Zustandsänderung gilt ferner

$$p\,v^{\varkappa} = \text{const}$$

oder

$$p = \text{const} \cdot \varepsilon^{\varkappa},$$

also

$$\frac{d\,p}{d\,\varepsilon} = \varkappa \cdot \text{const} \cdot \varepsilon^{\varkappa - 1} = \varkappa \cdot \frac{p}{\varepsilon} = \varkappa\,p\,v\,g,$$

somit

$$a = \sqrt{\varkappa\,g\,p\,v}.$$

Beachtet man ferner, daß für den Zustand beim kritischen Druck

$$p_k \cdot v_k^{\varkappa} = p_1 v_1^{\varkappa},$$

also

$$v_1 = v_k \cdot \left(\frac{p_k}{p_1}\right)^{\frac{1}{\varkappa}},$$

so erhält man durch Einsetzen in Gl. (26)

$$w_k = \sqrt{2\,g \cdot \frac{\varkappa}{\varkappa + 1} \cdot p_k v_k \cdot \left(\frac{p_k}{p_1}\right)^{-\frac{\varkappa - 1}{\varkappa}}}$$

$$= \sqrt{2\,g\,\frac{\varkappa}{\varkappa + 1} \cdot \frac{\varkappa + 1}{2} \cdot p_k v_k} = \sqrt{\varkappa\,g\,p_k v_k}.$$

Es ist also tatsächlich w_k identisch mit der dem Zustand im kritischen Punkt entsprechenden **Schallgeschwindigkeit.**

die Geschwindigkeit mit der Entspannung immer mehr zunimmt, gleichzeitig aber auch das Volumen des Gases wächst, ist es ohne weiteres einleuchtend, daß bei einem bestimmten Druckverhältnis $\frac{p_2}{p_1}$ ein Minimum des Querschnitts für den Durchgang einer bestimmten Gasmenge sich ergeben kann, wodurch sich auf einfachste Weise das scheinbar paradoxe Zustandekommen eines kritischen Druckes und einer kritischen Geschwindigkeit erklärt. Eine solche graphische Darstellung des Querschnittverlaufes von $f = \frac{F}{G}$ zeigt Abb. 19. Der Verlauf der Kurve der f bildet zusammen mit der Abszissenachse das Profil einer der Kontinuitätsbedingung entsprechenden Ausströmungsdüse von konstanter Breite; dazu ist zu bemerken, daß — da ja die Druckabnahme nicht proportional der Düsenlänge, sondern nur stetig zu erfolgen hat — jedes Profil, welches eine stetige Verengerung vom unendlich großen Querschnitt auf $F_{\min}$ mit nachfolgender stetiger Erweiterung auf unendlich großen Querschnitt aufweist, der geforderten, oben gestellten Bedingung genügt. Es ergibt sich hieraus, daß eine Düse, welche eine Expansion auf niedrigeren als den kritischen Druck p_k bewirken soll, eine sog. erweiterte Düse sein muß. In einer nicht erweiterten Düse kann die Expansion unter Einhaltung der Kontinuitätsbedingung danach höchstens bis zum kritischen Druck erfolgen. (Vgl. hierzu Bd. II.) Hierdurch erklärt sich auch das oben besprochene, von St. Venant und Wantzel entdeckte Phänomen. Wird im Außenraum, in welchem das Gas aus der erweiterten Düse ausströmt, der Druck unter den kritischen Druck p_k erniedrigt, so wird hierdurch der Ausströmungsdruck am Ende der Düse nicht beeinflußt, und es bleibt trotz immer weiterer Erniedrigung des Gegendruckes das ausströmende Quantum genau das gleiche, wie wenn im Außenraum der kritische Druck p_k herrschte.

§ 42. **Beispiel. Berechnung einer erweiterten Düse für die Ausströmung von Druckluft.** Es sei adiabatische, verlustlose Strömung vorausgesetzt; ferner sei

$$p_1 = 4 \text{ atm. abs.} \qquad v_1 = 0{,}214 \text{ m}^3/\text{kg}$$
$$t_1 = 20^0 \text{ C} \qquad p_2 = 1 \text{ atm. abs.}$$
$$T_1 = 293^0 \qquad G = 10\,000 \text{ kg/st.}$$

Das Verhältnis des Enddrucks zum Anfangsdruck ist in diesem Fall noch nicht so groß, daß während der Expansion eine so starke Temperaturänderung eintritt, daß die Veränderlichkeit der spezifischen Wärme mit der Temperatur berücksichtigt werden müßte. Man kann also $\varkappa = \text{const} = 1{,}41$ setzen und erhält dann für den engsten Querschnitt aus Gl. (25)

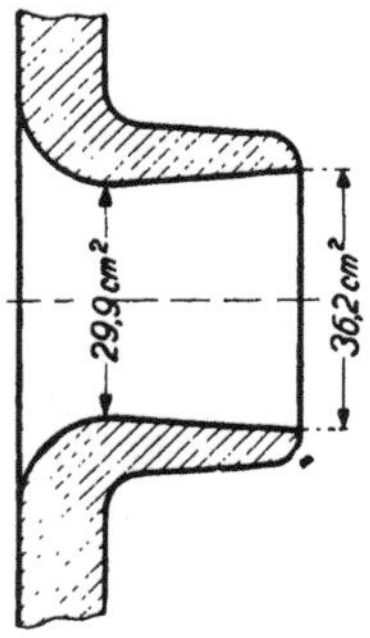

Abb. 20.

$$\frac{G}{F_{\min}} = \left(\frac{2}{\varkappa+1}\right)^{\frac{1}{\varkappa-1}} \cdot \sqrt{2g \frac{\varkappa}{\varkappa+1} \frac{p_1}{v_1}} = 928 \text{ kg pro qm und Sekunde}$$

und

$$F_{\min} = \frac{10\,000}{3600 \cdot 928} = 0{,}00299 \text{ qm},$$

entsprechend einem kreisförmigen Querschnitt von 6,2 cm Durchm. Ferner ergibt sich für den Austrittsquerschnitt aus Gl. (23)

$$\frac{G}{F_2} = \sqrt{2g \frac{\varkappa}{\varkappa-1} \frac{p_1}{v_1} \left(\left(\frac{p_2}{p_1}\right)^{\frac{2}{\varkappa}} - \left(\frac{p_2}{p_1}\right)^{\frac{\varkappa+1}{\varkappa}}\right)} = 760 \text{ kg pro qm und Sekunde}$$

und

$$F_2 = \frac{10\,000}{3600 \cdot 768} = 0{,}00362 \text{ qm},$$

entsprechend einem kreisförmigen Querschnitt von 6,85 cm Durchm. Den errechneten Querschnitten würde also z. B. die in Abb. 20 skizzierte Form entsprechen.

Die Geschwindigkeit am Austritt wird nach Gl. (22)

$$w = \sqrt{2g \frac{\varkappa}{\varkappa-1} p_1 v_1 \left(1 - \left(\frac{p_2}{p_1}\right)^{\frac{\varkappa-1}{\varkappa}}\right)} = 438 \text{ m/sec.}$$

Die Temperatur der Luft an der Ausströmungsmündung ergibt sich wie folgt (vgl. § 11): Es ist

$$T_2 = T_1 \left(\frac{p_2}{p_1}\right)^{\frac{\varkappa-1}{\varkappa}}$$
$$= 293 \cdot \left(\frac{1}{4}\right)^{\frac{0{,}41}{1{,}41}} = 196^0.$$

§ 43. **Ausströmung von heißen Verbrennungsgasen aus einer Düse.** In diesem Falle handelt es sich um ein Gasgemisch von hoher Temperatur, welches bei seiner Expansion in der Düse große Temperaturbereiche durchläuft, so daß (vgl. § 30) die spezifische Wärme sehr merklichen Veränderungen unterworfen ist. Es ist somit nicht möglich, Gl. (22) für Berechnung der Geschwindigkeit zu benützen, weil dieselbe konstantes $\varkappa$ voraussetzt, und wir müssen hier auf Gl. (21) zurückgreifen, wonach

$$w = \sqrt{\frac{2g}{A}(i_1 - i_2)} = 91{,}5\sqrt{i_1 - i_2}.$$

Für die Ermittlung der Erzeugungswärmen i_1 und i_2 benützt man zweckmäßigerweise das von Stodola angegebene Diagramm (vgl. § 33). Um den engsten Querschnitt der Düse zu finden, berechnet man für verschiedene Druckverhältnisse (verschiedene Werte von p_2) das Verhältnis $\frac{F}{G}$, woraus sich dann durch Interpolation der engste Querschnitt ergibt.

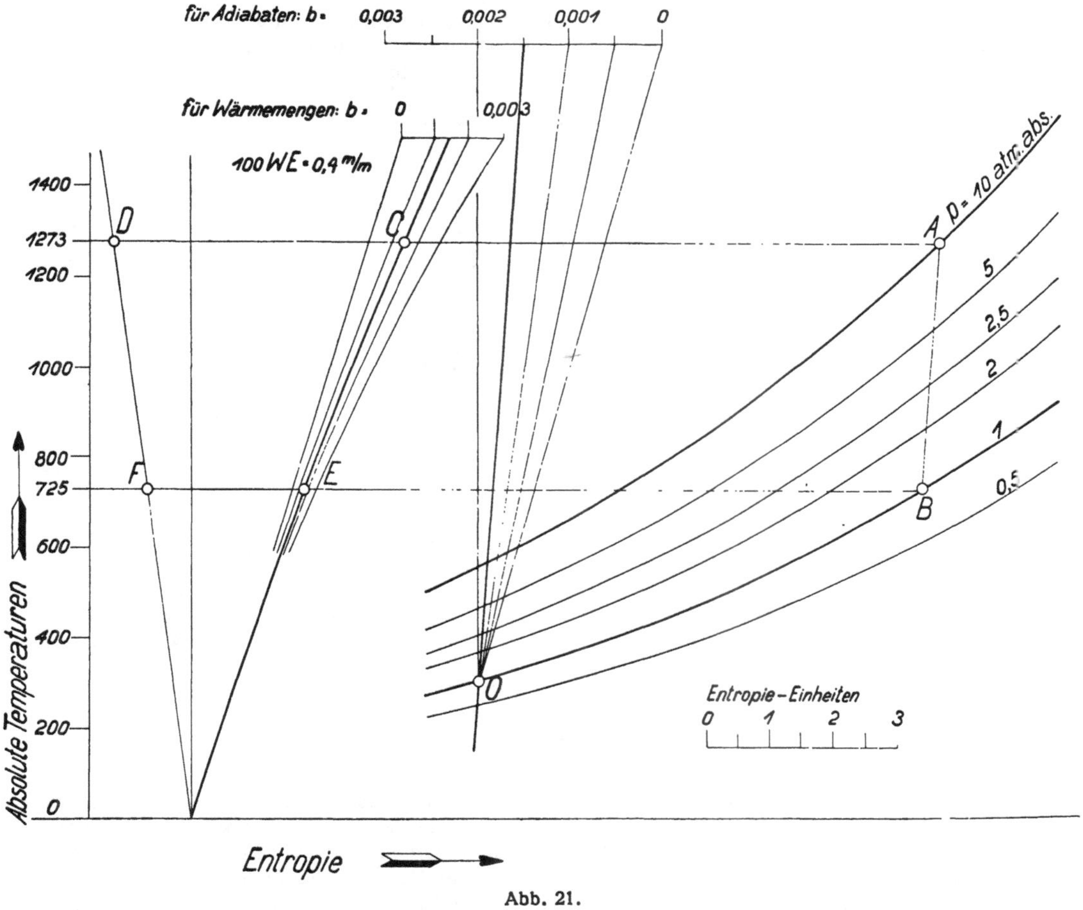

Abb. 21.

Beispiel: Es sei vor der Ausströmung die Temperatur der Verbrennungsgase $T = 1273^0$, deren Druck $p_1 = 10$ atm. abs.; ferner sei angenommen, daß es sich um Verbrennungsgase einer Ölturbine handelt, bei welchen die Konstante b in der Gleichung für die spezifische Wärme $c_v' = a + bT$ bzw. $c_p' = a + bT + 2 = 0{,}0015$ beträgt und 1 Kilogrammolekül = 29 kg ist. Die Gase sollen bis auf atmosphärischen Druck expandieren, so daß also $p_2 = 1$ at. abs. Gesucht werden die Abmessungen der Düse für ein ausströmendes Quantum von 10000 kg in der Stunde bei verlustloser Strömung.

Die Erzeugungswärme pro Kilogrammolekül, die das Gas im Anfangszustand hat, ergibt sich aus dem Wärmemengendiagramm Abb. 21 als Strecke CD zu 9670 WE; die Erzeugungswärme pro Kilogramm ist demnach $i_1 = \frac{9670}{29} = 333$ WE. Der Verlauf der Expansion in der Düse wird in dem Temperatur-Entropiediagramm durch die Gerade dargestellt, die von dem Anfangspunkt A für $p_1 = 10$ atm. abs., $T_1 = 1273^0$ in Richtung der Adiabaten für $b = 0{,}0015$ bis zur Linie des Enddruckes $p_2 = 1$ atm. abs. gezogen wird. Der Endzustand ist dann durch Punkt B gegeben; die Endtemperatur beträgt $T_2 = 725^0$, das Volumen pro Kilogrammolekül $\mathfrak{B}_2 = 60{,}5$ ist aus Tafel A ersichtlich, das Volumen für 1 kg also $v_2 = \frac{60{,}5}{29} = 2{,}09$ cbm/kg.

Die Erzeugungswärme des Gases bei der Temperatur T_2 ergibt sich im Wärmemengendiagramm als Strecke EF zu 5240 WE/Kilogrammolekül; es ist also $i_2 = \frac{5240}{29} = 180{,}5$. Die Geschwindigkeit am Ende der Düse ist

$$w = 91{,}5\sqrt{333 - 180{,}5} = 1130 \text{ m/sec},$$

und das Verhältnis

$$\frac{F_2}{G} = \frac{v_2}{w_2} = \frac{2{,}09}{1130} = 0{,}00185 \text{ m}^2 \cdot \text{sec/kg};$$

daraus ist

$$F_2 = \frac{10\,000}{3600} \cdot 0{,}00185 = 0{,}00514 \text{ m}^2.$$

Dies ist der Endquerschnitt der Düse. Ebenso läßt sich für die zwischen p_1 und p_2 liegenden Drücke das Volumen v und die Erzeugungswärme i bestimmen und daraus die Geschwindigkeit w und der erforderliche Düsenquerschnitt F berechnen. Die Ergebnisse dieser Rechnung sind für unser Beispiel in Abb. 22

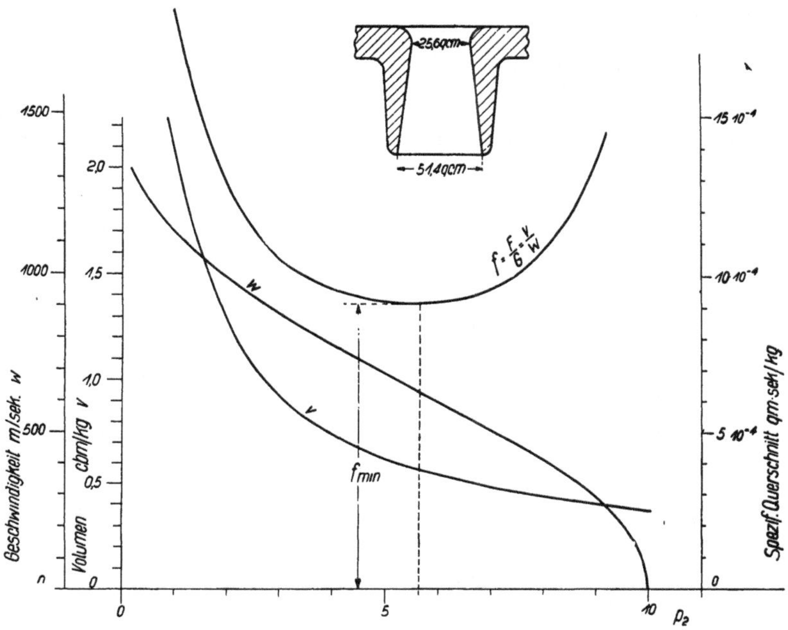

Abb. 22.

dargestellt. In derselben ist für verschiedene Gegendrücke p_2 als Abszisse die Ausströmungsgeschwindigkeit w aufgetragen, sodann das spezifische Volumen v, welches sich bei reibungsfreier adiabatischer Expansion auf die betreffenden Gegendrücke ergibt. Dividiert man die Werte von v durch w, so ergibt sich der Düsenquerschnitt f für eine Durchflußmenge von 1 kg Gas pro Sekunde. Der Minimalquerschnitt, welcher bei dem kritischen Druck $p_k = 5{,}7$ atm erreicht wird, beträgt 25,6 qcm. Das Profil einer Düse von kreisrundem Querschnitt, welches dem Verlauf der rechnerisch wie vorstehend ermittelten Querschnitte entspricht, zeigt gleichfalls Abb. 22. Zu bemerken ist, daß der kritische Druck von demjenigen, welcher sich für Luft, d. h. also $\varkappa = 1{,}41$, ergibt, etwas abweicht. Dies rührt davon her, daß das betrachtete Gas kein ideales Gas ist, sondern veränderliche spezifische Wärme besitzt.

§ 44. **Die Ausströmung unter Berücksichtigung von Verlusten.** Die bei der Ausströmung auftretenden Verluste setzen sich im wesentlichen zusammen aus Reibungsverlusten in der Düse, Wirbelbildung, welche von mangelhafter Formgebung der Düse herrührt, und innerer Reibung. In der Hauptgleichung für die Strömung der Flüssigkeiten (Gl. 18) werden die Verluste dadurch berücksichtigt, daß auf der linken Seite noch ein Summand dR hinzutritt (R Reibungsarbeit für die Gewichtseinheit), welcher von den auf der rechten Seite stehenden Druckhöhen bestritten werden muß. Die Gl. (18) geht hierdurch über in

$$d\frac{w^2}{2g} + dR = -v\,dp \quad \text{(Gl. 26)}$$

Das Resultat des Vorgangs ist eine Temperaturerhöhung des Gases infolge der Umsetzung der Strömungsverluste in Wärme bei gleichzeitig verringerter Arbeitsabgabe nach außen bzw. verringerter

Geschwindigkeitsenergie. Was den Endzustand des Gases selbst betrifft, hat diese Temperaturerhöhung die gleiche Wirkung, wie eine Wärmezufuhr von außen. Wendet man hierauf den ersten Hauptsatz in der Form

$$dq = di - A v dp \text{ bzw. } - v dp = \frac{1}{A}(dq - di) \quad \ldots\ldots \quad \text{(Gl. 27)}$$

an, so muß gegenüber der verlustlosen Strömung dq durch $dq + dR$ und gleichzeitig v durch v' sowie di durch di' ersetzt werden, weil sowohl die Volumina als auch die Erzeugungswärmen, die zu den durchlaufenen Zuständen gehören, von den bei der verlustlosen Strömung durchlaufenen Zuständen abweichen. Aus Gl. (26) und (27) ergibt sich

$$\frac{1}{A}(dq - di') = d\frac{w^2}{2g} \quad \ldots\ldots\ldots\ldots \quad \text{(Gl. 28)}^{1)}$$

Mit $dq = 0$ wird somit

$$d\frac{w^2}{2g} = -\frac{1}{A}di' \quad \text{oder} \quad \frac{w_2^2}{2g} - \frac{w_1^2}{2g} = \frac{1}{A}(i_1 - i_2'),$$

d. h. also, auch bei nicht verlustfreier adiabatischer Expansion ist der Zuwachs an kinetischer Energie der Strömung gleich dem mechanischen Äquivalent der Differenz der Erzeugungswärmen zwischen Anfangszustand und tatsächlich erreichtem Endzustand.

Für die Berechnung der Ausflußgeschwindigkeit aus Düsen ist es üblich, die Strömungsverluste durch einen Koeffizienten φ, welcher < 1 ist, zu berücksichtigen, so daß also die tatsächlich erreichte Geschwindigkeit anstatt der bei verlustloser Strömung erreichten Geschwindigkeit w_{th} nur $w = \varphi \cdot w_{th}$ beträgt. Bezogen auf die Strömungsenergie (pro Gewichtseinheit) $\frac{w_{th}^2}{2g}$ wird somit der Verlust in der Düse

$$R = (1 - \varphi^2)\frac{w_{th}^2}{2g}.$$

Manchmal bezieht man auch den entstehenden Verlust auf die wirklich erreichte Geschwindigkeitsenergie und erhält somit

$$\xi\frac{w^2}{2g} = (1 - \varphi^2)\frac{w_{th}^2}{2g},$$

$$\xi \cdot \varphi^2 \frac{w_{th}^2}{2g} = (1 - \varphi^2)\frac{w_{th}^2}{2g}.$$

$$\xi = \frac{1 - \varphi^2}{\varphi^2}$$

oder

$$\varphi = \sqrt{\frac{1}{1 + \xi}}.$$

Bei Strömungsprozessen, welche nicht verlustlos verlaufen, werden die entstehenden Verluste in Wärme umgesetzt; dies kommt, soweit es den Endzustand des Arbeitskörpers betrifft, einer Wärmezufuhr von außen bei verlustfreier Strömung gleich. Es liegt nahe, eine derartige mit Verlusten verbundene Zustandsänderung als Polytrope (vgl. § 12) aufzufassen und bei der Aufstellung der für die Austrittsgeschwindigkeit usw. geltenden Formeln statt des Exponenten $\varkappa$ den Exponenten n (vgl. obigen § 12) einzuführen. Es wurde dort für die bei der Polytrope zugeführte Wärmemenge gefunden (nur für ideale Gase gültig!):

$$Q = c_v \frac{n - \varkappa}{n - 1}(T_2' - T_1) = c_v \frac{\varkappa - n}{n - 1}(T_1 - T_2');$$

diese Wärmemenge ist in unserem Falle gleich der den Verlusten äquivalenten Wärme, d. h.

$$A\xi\frac{w^2}{2g} = \xi \cdot (i_1 - i_2') = \xi c_p (T_1 - T_2').$$

Durch Gleichsetzen der beiden rechten Seiten ergibt sich unter einfacher Umformung

$$n = \varkappa \frac{1 + \xi}{1 + \varkappa\xi}.$$

---

1) Man sieht durch Vergleich von Gl. (28) mit Gl. (27) u. (26), daß $di' = di + AdR$ und somit $i_2' - i_1 = i_2 - i_1 + AR_{1,2}$ oder $i_1 - i_2' = i_1 - i_2 - AR_{1,2}$, woraus $i_2' = i_2 + AR_{1,2}$. Gegenüber reibungsfreier Strömung ist also die Erzeugungswärme am Ende der Expansion um das Wärmeäquivalent der Reibungsarbeit größer geworden; um den gleichen Betrag hat sich dabei das für die Ermittlung der Endgeschwindigkeit w_2 maßgebende Wärmegefälle gegenüber reibungsfreier Expansion verringert.

Die Durchführung der Rechnung unter Zugrundelegung der Zustandskurve $p\,v^n = \text{const}$ ergibt dann analog wie in § 41

$$w = \sqrt{\frac{2g}{A}(i_1 - i_2')} = \sqrt{\frac{2g}{A}\cdot c_p\cdot(T_1 - T_2')},$$

wobei

$$\frac{T_2'}{T_1} = \left(\frac{p_2}{p_1}\right)^{\frac{n-1}{n}},$$

hieraus

$$w = \sqrt{\frac{2g}{A}\,c_p\,T_1\left(1-\left(\frac{p_2}{p_1}\right)^{\frac{n-1}{n}}\right)} = \sqrt{2g\cdot\frac{\varkappa}{\varkappa-1}\,p_1 v_1\left(1-\left(\frac{p_2}{p_1}\right)^{\frac{n-1}{n}}\right)}.$$

Mit $v_2' = v_1\left(\frac{p_1}{p_2}\right)^{\frac{1}{n}}$ folgt weiter

$$\frac{G}{F} = \frac{w}{v_2'} = \sqrt{2g\cdot\frac{\varkappa}{\varkappa-1}\cdot\frac{p_1}{v_1}\cdot\left(\left(\frac{p_2}{p_1}\right)^{\frac{2}{n}} - \left(\frac{p_2}{p_1}\right)^{\frac{n+1}{n}}\right)};$$

das kritische Druckverhältnis ergibt sich zu

$$\frac{p_k}{p_1} = \left(\frac{2}{n+1}\right)^{\frac{n}{n-1}}$$

und die zugehörigen Werte für $\frac{G}{F}$ bzw. für w zu

$$\left(\frac{G}{F}\right)_{\max} = \left(\frac{2}{n+1}\right)^{\frac{1}{n-1}}\sqrt{2g\cdot\frac{\varkappa}{\varkappa-1}\cdot\frac{n-1}{n+1}\cdot\frac{p_1}{v_1}}$$

und

$$w_k = \sqrt{2g\cdot\frac{\varkappa}{\varkappa-1}\cdot\frac{n-1}{n+1}\cdot p_1 v_1}.$$

§ 45. **Verlustfreie Ausströmung von Wasserdampf.** Da die adiabatische Expansion von Wasserdampf infolge der Veränderlichkeit der spezifischen Wärme das Gesetz

$$p\,v^{\varkappa} = \text{const}$$

nicht befolgt, ist es ebenso wie bei starker Entspannung von Gasen notwendig, zwecks Berechnung der Ausflußgeschwindigkeiten bzw. der Düsenquerschnitte auf die Grundgleichung

$$w = \sqrt{\frac{2g}{A}(i_1 - i_2)}$$

zurückzugehen. Erleichtert wird dieses Verfahren durch die Benutzung des Mollier-Diagrammes (vgl. § 39). Für verlustlose Strömung ergibt sich aus demselben durch Abgreifen der senkrechten Erstrekkung zwischen dem gegebenen Anfangszustand und dem gegebenen Enddruck ohne weiteres die Differenz der Erzeugungswärmen $i_1 - i_2$; die spezifischen Volumina für den Endzustand finden sich gleichzeitig in den zugehörigen Dampftabellen unter Berücksichtigung der ebenfalls aus dem Diagramm hervorgehenden spezifischen Dampfmenge bzw. der Dampftemperatur bei überhitztem Dampf.

Beispiel: Ausströmung von überhitztem Dampf.

$$p_1 = 15 \text{ at abs.}$$
$$t_1 = 300^0$$
$$p_2 = 2{,}0 \text{ at abs.},$$
$$G = 10\,000 \text{ kg/Std};$$

adiabatisches Wärmegefälle aus Mollier-Diagramm

$$i_1 - i_2 = 99 \text{ WE}.$$

Ausströmungsgeschwindigkeit:

$$w = \sqrt{\frac{2g}{A}(i_1 - i_2)} = 91{,}5\ \sqrt{i_1 - i_2} = 912 \text{ m/sec},$$

Spezifische Dampfmenge am Ende der Expansion aus dem Diagramm

$$x = 96{,}6\,\%,$$

Spezifisches Volumen:

$$v_2 = x(v - \sigma) + \sigma = 0{,}870 \text{ cbm/kg},$$

Austrittsquerschnitt (größter Querschnitt) der erweiterten Düse

$$F = \frac{G v_2}{w} = \frac{10\,000 \cdot 0{,}870}{3600 \cdot 912} = 0{,}00265 \text{ m}^2.$$

Genau wie in Beispiel § 43 für Gase durchgeführt, ergibt sich (vgl. Abb. 23) der Verlauf der Querschnitte f für verschiedene Zwischenstufen der adiabatischen Expansion, sowie ein diesen Querschnitten entsprechendes Profil einer Düse mit überall kreisrunden Querschnitten. Zu bemerken ist, daß selbstverständlich jedes Profil, in welchem sich stetig die für die verschiedenen Gegendrücke errechneten Querschnitte folgen, den gestellten Bedingungen genügt. Es müssen nur Krümmungen vermieden werden, welche so scharf sind, daß eine Ablösung des Strahles befürchtet werden muß.

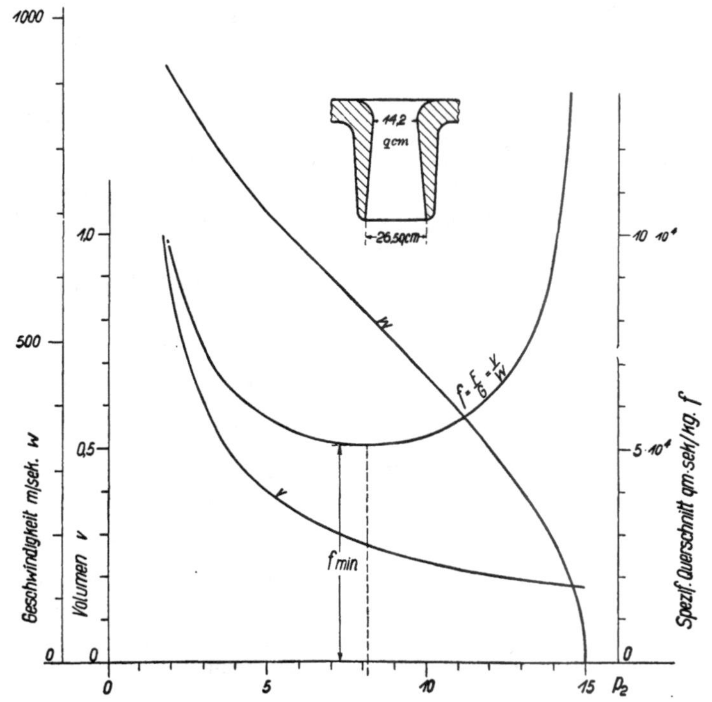

Abb. 23.

§ 46. **Annäherungsformel für die Ermittlung des engsten Düsenquerschnittes.** Um nicht auf vorstehendes Interpolationsverfahren angewiesen zu sein, hat man Annäherungsformeln aufgestellt, welche die Berechnung des engsten Querschnittes der Düse aus dem Anfangszustand gestatten; diese Formeln sind unter der Annahme eines Exponenten $\varkappa$, welcher für gesättigten bzw. überhitzten Dampf verschieden zu wählen ist, aus Gl. (25) errechnet.

Für gesättigten (und wenig feuchten) Dampf wird $\varkappa = 1{,}135$,
für überhitzten Dampf . . . . $\varkappa = 1{,}3$

angenommen, so daß sich im ersten Falle

$$\frac{G}{F} = 1{,}99 \sqrt{\frac{p_1}{v_1}},$$

im zweiten Falle

$$\frac{G}{F} = 2{,}09 \sqrt{\frac{p_1}{v_1}}$$

ergibt.

Durch Versuche ist indessen festgestellt, daß bei gesättigtem bzw. nassem Dampf sich durchweg etwas größere Ausflußmengen ergeben als nach obiger Formel berechnet[1]). Bei der praktischen

[1]) Über die wahrscheinlichen Ursachen dieser Abweichung vgl. Stodola, Dampf- und Gasturbinen 5. Aufl.

Berechnung wird diesem Umstand dadurch Rechnung getragen, daß für Naßdampf mit einem größeren Wert von $\frac{G}{F}$ gerechnet wird, und zwar ergibt im allgemeinen der Wert

$$\frac{G}{F} = 2{,}0 \sqrt{\frac{p_1}{v_1}}$$

gute Übereinstimmung mit der Wirklichkeit.

§ 47. **Ausströmung von Dampf unter Berücksichtigung von Verlusten.** Treten Verluste in der Düse ein, so daß sich eine tatsächliche Ausströmungsgeschwindigkeit

$$w = \varphi \cdot w_{th}$$

ergibt, so ist das für die Erreichung der Geschwindigkeit w ausgenützte Wärmegefälle $i_1 - i_2'$ im Verhältnis von 1 zu φ^2 kleiner als bei der verlustlosen Strömung. Im Mollier-Diagramm wird also die dem Endzustand entsprechende Erzeugungswärme i_2' gefunden, indem man von dem Punkt des Anfangszustands die Länge $\varphi^2 (i_1 - i_2)$ senkrecht nach unten abträgt. Der tatsächliche Endzustand ergibt sich, indem man auf der Linie des Gegendruckes $p_2 = \text{const.}$ denjenigen Punkt aufsucht, welche dieser Erzeugungswärme i_2' entspricht. Dieses ist also der Schnittpunkt der Linie gleichen Druckes p_2 mit der Linie gleicher Erzeugungswärme i_2'. Für den so gefundenen Punkt ergibt sich aus dem Diagramm die spezifische Dampfmenge bzw. die Temperatur des Dampfes, woraus unter Benutzung der Tabellen das spezifische Volumen gefunden wird. Es stehen dann sämtliche für die Berechnung des Düsenquerschnittes F aus der Kontinuitätsbedingung $F\,w = G\,v$ erforderlichen Größen zur Verfügung.

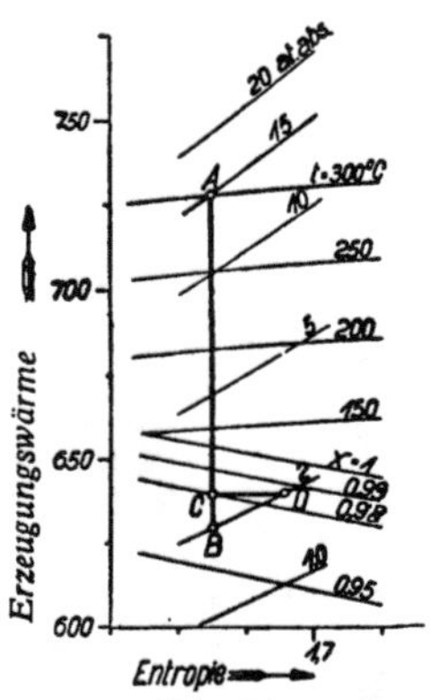

Abb. 24.

Beispiel. Setzt man in dem Beispiel § 45 $\varphi = 0{,}95$, so ergibt sich das Gefälle $i_1 - i_2'$ zu

$$(i_1 - i_2) \cdot 0{,}95^2 = 99 \cdot 0{,}9025 = 89{,}4;$$

ferner aus Abb. 24 als Endzustand der Punkt D, für den sich die spezifische Dampfmenge

$$x = 98{,}6\%$$

und aus den Dampftabellen das spezifische Volumen

$$v = 0{,}887 \text{ cbm/kg}$$

ergibt. Die tatsächliche Ausströmungsgeschwindigkeit wird

$$w = 0{,}95 \cdot 91{,}5 \sqrt{i_1 - i_2} = 0{,}95 \cdot 910 = 864 \text{ m/sec},$$

der Endquerschnitt der erweiterten Düse $F = 48$ qm. Der engste Querschnitt läßt sich aus einzelnen Zwischenpunkten nach dem gleichen Verfahren, wie soeben für den Endquerschnitt angewandt, ermitteln oder bequemer nach § 46.

§ 48. **Allgemeines über die Verluste in Düsen.** Die Frage, ob und wie hohe Verluste in Düsen auftreten, ferner ob dieselben vor dem engsten Querschnitt oder in dem erweiterten Teil relativ größer sind, kann noch nicht als völlig geklärt bezeichnet werden. Im allgemeinen dürfte die vielfach geübte Praxis, bei der Berechnung der Düsenabmessungen auf Verluste nicht Rücksicht zu nehmen, keinen erheblichen Fehler mit sich bringen. Näheres hierüber vgl. Bd. II.

Anhang II.

Die Wärmeströmung in den Zylinderwänden.

§ 1. **Theoretische Grundlagen für die Untersuchung der Wärmeströmung in den Zylinderwänden.** Das Eigentümliche dieser Wärmeströmung ist, daß sie keinen stationären Verlauf zeigt, d. h. daß die Temperatur nicht an allen Stellen von der Zeit unabhängig ist, sondern daß sich die Temperatur der in Frage kommenden Teile der Wand sowohl räumlich wie auch zeitlich ändert, und zwar periodisch mit dem Spiel des Kolbens.

Vorausgeschickt soll hierbei werden, daß die im nachfolgenden wiedergegebenen Berechnungen nicht als streng den tatsächlichen Vorgängen entsprechend angesehen werden können; sie haben nur den Zweck, einen gewissen Einblick in die Vorgänge zu gewähren, welche etwa erwartet werden müssen.

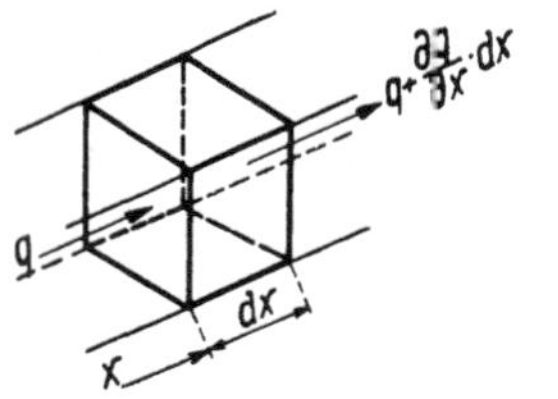

Abb. 25.

Wir denken uns aus der zu betrachtenden ebenen Wand in Richtung des Wärmeflusses ein rechteckiges Prisma vom Querschnitt F herausgeschnitten (Abb. 25) und betrachten ein in der Entfernung x von der Innenseite der Wand liegendes Element dieses Prismas von der Dicke dx. Um dieses Element in der Zeit dt um den Temperaturbetrag $d\vartheta$ zu erwärmen, ist es erforderlich, die Wärmemenge

$$dQ = \gamma \cdot F \cdot dx \cdot c \cdot \frac{\partial \vartheta}{\partial t} \cdot dt$$

zuzuführen ($\gamma =$ spez. Gewicht, $c =$ spez. Wärme des Materials).

Es ist ohne weiteres ersichtlich, daß, wenn das Element $F \cdot dx$ von dem dasselbe durchfließenden Wärmestrom den Betrag dQ in sich aufgenommen hat, die aus dem Element ausströmende Wärmemenge kleiner ist als die Wärmemenge, welche in dasselbe hineingelangt ist.

Ist q die bei der Koordinate x durch die Einheit der Fläche in der Zeiteinheit einströmende Wärmemenge, so ist die nach Passieren des Elementes ausströmende Wärmemenge

$$q + \frac{\partial q}{\partial x} \cdot dx.$$

Die Wärmemenge, welche also in der Zeit dt aus dem Element weniger ausströmt, als in dasselbe eingeströmt ist, ist demnach

$$-\frac{\partial q}{\partial x} dx \cdot F \cdot dt.$$

Durch Gleichsetzung der im Element verbliebenen Wärmemenge, welche also dessen Temperaturerhöhung um $d\vartheta$ bewirkt hat, und des weniger aus demselben aus- als eingeströmten Betrages erhalten wir die Gleichung

$$\gamma \cdot c \cdot F \cdot dx \frac{\partial \vartheta}{\partial t} dt = -\frac{\partial q}{\partial x} dx \cdot F \cdot dt.$$

Nun ist aber die in der Zeiteinheit durch die Einheit der Fläche strömende Wärmemenge nach der Definition des Wärmeleitungskoeffizienten gleich diesem multipliziert mit dem Temperaturgefälle in Richtung der Wärmeströmung, so daß also

$$q = -\lambda \frac{\partial \vartheta}{\partial x}.$$

Führen wir dies in vorstehende Gleichung ein, so folgt, indem sich die Größen F, dx und dt auf beiden Seiten wegheben,

$$\frac{\partial \left(\lambda \frac{\partial \vartheta}{\partial x}\right)}{\partial x} = \gamma \cdot c \frac{\partial \vartheta}{\partial t}$$

oder

$$\lambda \frac{\partial^2 \vartheta}{\partial x^2} = \gamma \cdot c \frac{\partial \vartheta}{\partial t} \qquad \text{(Gl. 1)}$$

Man hat festgestellt, daß eine für die Behandlung derartiger Probleme geeignete Lösung dieser Differentialgleichung zweiter Ordnung die Form hat[1]):

$$\vartheta = \vartheta_0 - m x + C \cdot e^{-\varrho x} \cdot \sin(\mu t - \nu x), \quad \ldots\ldots\ldots\ldots \text{(Gl. 2)}$$

wobei allerdings vorausgesetzt ist, daß die Temperaturschwankungen im Innern des Zylinders, d. h. also an seiner erwärmten Wand, nach einer Sinuslinie verlaufen.

Will man sich mit dieser Annahme nicht abfinden, so ist es nötig, die periodische Kurve, welche den Verlauf der Temperatur darstellt, nach einer Fourierschen Reihe zu entwickeln (vgl. Anhang VI) und sodann die einzelnen Schwingungen gesondert zu betrachten. Inwieweit man eine Sinuslinie für die Kurve des Temperaturverlaufes im Innern des Zylinders substituieren darf, ohne größere Fehler zu erwarten, ist aus den Abb. 22, 23 und 24 des Haupttextes zu entnehmen. In die erstere derselben ist die Sinuslinie eingetragen.

Der erste Summand obiger Gleichung ϑ_0 stellt die mittlere Temperatur, welche an der Innenwand des Zylinders ($x = 0$) herrscht, dar; das zweite — negative — Glied mx trägt dem linear mit der Entfernung vom Zylinderinnern nach der Außenwand hin verlaufenden Abfall der mittleren Temperatur (Mittelwert des periodisch schwankenden Temperaturverlaufes an der durch x definierten Stelle) Rechnung.

Das letzte Glied der Gleichung läßt erkennen, daß die Temperatur, je mehr man sich von dem periodisch erwärmten Anfang des Prismas, d. h. also den Innenwänden des Zylinders nach außen hin entfernt, periodische Schwankungen von immer mehr abnehmender Amplitude zeigt. Die Größe μ bedeutet hierbei die Frequenz der Temperaturschwankungen im Innern des Zylinders, ist also proportional der Tourenzahl n pro Minute, indem die Beziehung besteht

$$\mu = \frac{2\pi n}{60}.$$

Schließlich zeigt das letzte Glied der Gleichung noch, daß in der Wand selbst, d. h. also mit zunehmendem x, ein Zurückbleiben der Temperaturschwankungen gegenüber dem Temperaturverlauf an der inneren Oberfläche, ausgedrückt durch die Phasendifferenz $\nu \cdot x$, eintritt.

Um den Wert der Koeffizienten m, ϱ, μ und ν festzustellen, werden die Differentiationen

$$\frac{\partial^2 \vartheta}{\partial x^2} \text{ und } \frac{\partial \vartheta}{\partial t}$$

ausgeführt und die sich ergebenden Ausdrücke in die zu lösende Differentialgleichung (1) eingesetzt. Hieraus ergibt sich unter Zuhilfenahme einfacher Betrachtungen, daß die Beziehungen bestehen müssen:

$$\frac{c \cdot \gamma \cdot \mu}{\lambda} = 2 \varrho \nu,$$

und

$$\varrho^2 = \nu^2,$$

woraus

$$\varrho = \nu = \sqrt{\frac{\mu \cdot c \cdot \gamma}{2\lambda}}.$$

Wir haben also

$$\vartheta = \vartheta_0 - m x + C e^{-x\sqrt{\frac{\mu \cdot c \cdot \gamma}{2\lambda}}} \sin\left(\mu t - x\sqrt{\frac{\mu \cdot c \cdot \gamma}{2\lambda}}\right) \quad \ldots\ldots \text{(Gl. 3)}$$

Für $x = 0$, d. h. also an der Innenwand des Zylinders, wird

$$\vartheta = \vartheta_0 + C \sin \mu t;$$

d. h. der von uns gewählte Ansatz ergibt, daß die Temperatur der Innenwand des Zylinders gleich ist einer mittleren Temperatur ϑ_0 und einer nach dem Sinusgesetz verlaufenden Temperaturschwankung, deren Amplitude C und deren Frequenz μ ist, also einer minutlichen Umdrehungszahl von $n = \frac{60\mu}{2\pi}$ entspricht.

Der Wert von m ist nach obigem nichts anderes als das mittlere Temperaturgefälle zwischen Innen- und Außenwand, d. h. also, es ist

$$m = \frac{\vartheta_1 - \vartheta_2}{\delta},$$

wobei ϑ_1 und ϑ_2 die mittleren Temperaturen an der Innen- bzw. Außenwand und δ die Wandstärke des Zylinders bedeuten. mx stellt also, wie oben vorausgesetzt, den von der Lauffläche nach außen hin eintretenden Abfall der mittleren Temperatur dar.

---

[1]) Näheres über die allgemeine Ableitung dieser Gleichungen siehe z. B. Helmholtz, „Theorie der Wärme". Leipzig 1903, J. A. Barth.

Die stationär nach außen abfließende Wärmemenge ist diesem Temperaturgefälle und dem Wärmeleitungskoeffizienten λ proportional, sie ist also für die Flächeneinheit in der Zeiteinheit

$$q_1 = \lambda \frac{\vartheta_1 - \vartheta_2}{\delta}.$$

Es handelt sich nun noch darum, die fluktuierende Wärmemenge Q_2 festzustellen. Diese finden wir als Summe der während der Wärmeeinströmungsperiode in jedem Augenblick in die Wand übergetretenen Wärmemengen, also zu $Q_2 = F \int q\, dt$, wobei die Integration über einen vollen Bereich auszuführen ist, innerhalb dessen der mit der Zeit veränderliche Anteil der Wärmeströmung sein Vorzeichen nicht ändert. In dem vorstehenden Ausdruck bedeutet q die momentane Wärmeströmung an der Innenwand, d. h. für $x = 0$. Für dieses ergibt sich durch Differentiation von Gleichung (2)

$$q_{x=0} = -\lambda \frac{\partial \vartheta}{\partial x} = -\lambda\,[-m - C\varrho\,(\cos \mu t + \sin \mu t)].$$

Bei Ermittlung der fluktuierenden Wärmemenge brauchen wir nur das mit der Zeit variable zweite Glied dieses Ausdruckes zu betrachten und können das erste konstante Glied, welches der stationär nach außen abfließenden Wärmemenge entspricht, unberücksichtigt lassen.

Man erhält somit

$$q_{x=0} = +C\lambda\varrho\,(\cos \mu t + \sin \mu t) = +C\lambda\varrho\sqrt{2}\,\sin\left(\mu t + \frac{\pi}{4}\right) = +C\lambda\varrho\sqrt{2}\,\sin \mu t',$$

wobei $t' = t + \frac{\pi}{4\mu}$ ist.

Wie zu erwarten, weist q einen sinusförmigen Verlauf auf mit der gleichen Frequenz, wie sie die Temperaturschwankungen an der Innenwand zeigen.

Als Grenzen für die Integration sind demnach zu setzen $t' = 0$ und $t' = \frac{\pi}{\mu}$. Somit wird

$$Q_2 = F C\lambda\varrho\sqrt{2}\int_{t'=0}^{t'=\frac{\pi}{\mu}} \sin \mu t'\, dt' = \frac{1}{\mu} F C\lambda\varrho\sqrt{2}\,\Big|-\cos \mu t'\Big|_{t'=0}^{t'=\frac{\pi}{\mu}} = \frac{1}{\mu} F C\lambda\varrho\sqrt{2}\,|+1+1|,$$

oder nach Einsetzen des Wertes von ϱ

$$Q_2 = 2FC\sqrt{\frac{\lambda c \gamma}{\mu}}. \qquad \text{(Gl. 4)}$$

Dieses ist die fluktuierende Wärmemenge für eine Umdrehung.

§ 2. **Beispiel: Wärmebewegung in der inneren Wand des HD-Zylinderdeckels einer Compoundmaschine.** Die Maschine ist diejenige des mehrfach erwähnten Schleppdampfers von ca. 130 PS_i. bei 150 Umdr./min, Zylinderdurchmesser 290 × 580 mm, Hub 328 mm. Indikator- und Wärmediagramme vgl. Haupttext § 23, Abb. 33 und 34; Temperaturverlauf während einer Umdrehung vgl. Haupttext § 14, Abb. 22. Die Wandstärke des Deckels beträgt $\delta_1 = 18$ mm, die Dicke der Isolierschicht (Kieselgur) $\delta_2 = 40$ mm.

Für die rechnerische Verfolgung der Wärmebewegung wird angenommen, daß die Dampftemperatur im Innern des Zylinders nach einer Sinuslinie verlaufe; dieselbe ist in die Hptt. Abb. 22 des Temperaturverlaufes eingetragen. Wie aus derselben ersichtlich, beträgt die höchste Temperatur 180°, die niedrigste 124°, die mittlere Dampftemperatur im Zylinder also $\vartheta_i = 152^0$ C. Bei der weiteren Betrachtung wird ferner vorausgesetzt, daß der Zylinderdeckel die Form einer ebenen Platte habe.

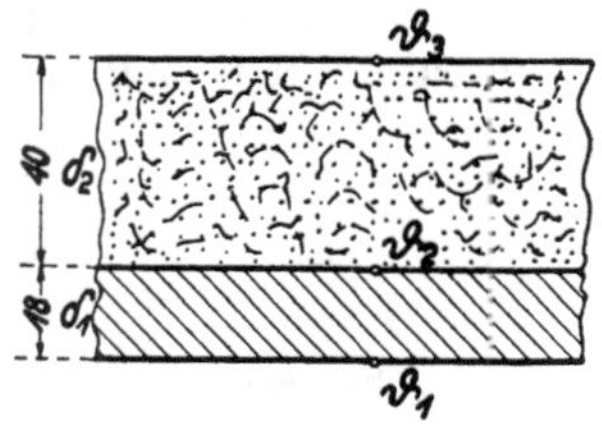

Abb. 26.

Zunächst bestimmen wir die mittleren Temperaturen, welche an der inneren Oberfläche des Deckels (ϑ_1), an der Grenze zwischen Deckel und Isolierung (ϑ_2) und an der äußeren Oberfläche der Isolierung (ϑ_3) herrschen (vgl. Abb. 26). Wir machen dabei die Annahme, daß die Temperatur der Luft $\vartheta_a = 24^0$ C sei.

Bezeichnen wir mit k den Wärmedurchgangskoeffizienten (für den gesamten Weg vom Dampf bis zur Außenluft), so bestehen, da ja die gleiche Wärmemenge vom Dampf an die Wandung bzw. von der Isolierschicht an die Luft übergehen muß, die beiden Gleichungen

$$(\vartheta_i - \vartheta_1)\cdot \alpha_1 = k\,(\vartheta_i - \vartheta_a) \quad \text{und} \quad (\vartheta_3 - \vartheta_a)\cdot \alpha_2 = k\,(\vartheta_i - \vartheta_a).$$

Da ferner die gleiche Wärmemenge auch durch diese beiden Schichten hindurchgehen muß, so ist

$$(\vartheta_1 - \vartheta_2)\frac{\lambda_1}{\delta_1} = k\,(\vartheta_i - \vartheta_a) \quad \text{und} \quad (\vartheta_2 - \vartheta_3)\frac{\lambda_2}{\delta_2} = k\,(\vartheta_i - \vartheta_a).$$

Ein Temperatursprung zwischen Eisen und Kieselgur sei nicht vorhanden. Es ergibt sich dann (vgl. Haupttext § 56) in bekannter Weise

$$k = \frac{1}{\frac{1}{\alpha_1} + \frac{1}{\alpha_2} + \frac{\delta_1}{\lambda_1} + \frac{\delta_2}{\lambda_2}}.$$

Für die in vorstehenden Formeln vorkommenden Konstanten sollen folgende Werte eingesetzt werden[1]):

Wärmeleitungszahl für Gußeisen . . . . $\lambda_1 = 45$,
desgleichen für Kieselgur . . . . $\lambda_2 = 0{,}083$,
beides gemessen als Anzahl der Wärmeeinheiten, welche durch 1 m² Wand von 1 m Dicke bei 1⁰ Temperaturdifferenz in 1 Stunde hindurchgehen.

Wärmeübergangszahl von kondensierendem Dampf an die innere Wandung . . . . $\alpha_1 = 10\,000$,
Wärmeübergangszahl von bewegter Luft an die äußere Wandung . . . . $\alpha_2 = 6$,
(berechnet aus der Formel $\alpha_2 = 2 \times 10\sqrt{v}$, wobei $v = 0{,}16$ m/Sek. angenommen ist).

Die Wärmeübergangszahl wird gemessen als Anzahl der Kilogrammkalorien, welche auf 1 m² Wandfläche bei einer Temperaturdifferenz der beiden sich berührenden Körper von 1⁰ C in 1 Stunde übergehen.

Unter Einsetzung dieser Werte in obige Gleichung für k ergibt sich:

$$k = 1{,}54,$$

hieraus die Temperatur der Deckelinnenwand

$$\vartheta_1 = 152 - \frac{1{,}54}{10000}(152-24) = 151{,}98\,^0\text{C}.$$

und die Temperatur der Außenwand der Isolierschicht

$$\vartheta_3 = 24 + \frac{1{,}54}{6}(152-24) = 56{,}8^0\,\text{C}.$$

Selbstverständlich ist hierbei die Voraussetzung gemacht, daß keine andere Wärmebewegung in Frage kommt als die Leitung senkrecht zur Ebene des Deckels. Der Temperaturabfall verteilt sich auf die beiden Platten verschiedenen Materials wie folgt:

Die pro m² und Stunde durchströmende Wärmemenge ist

$$q = \frac{\vartheta_1 - \vartheta_2}{\delta_1} \cdot \lambda_1 = \frac{\vartheta_2 - \vartheta_3}{\delta_2} \cdot \lambda_2.$$

Unter Einsetzung der oben berechneten Werte für ϑ_1 und ϑ_3 ergibt sich die Temperatur ϑ_2 an der Übergangsstelle zwischen Gußeisen und Kieselgur zu

$$\vartheta_2 = 151{,}9.$$

Die stündlich nach außen abströmende Wärmemenge pro m² ergibt sich, nachdem die Temperaturen ermittelt sind, aus der Gleichung

$$q_1 = \frac{\vartheta_2 - \vartheta_3}{\delta_2} \cdot \lambda_2 =$$

$$= \frac{151{,}9 - 56{,}8}{0{,}040} \cdot 0{,}083 = 197 \text{ WE}.$$

Wir gehen nun dazu über, die w i r k l i c h e W ä r m e b e w e g u n g in der Deckelwand unter Berücksichtigung der nach einer Sinuslinie schwankenden Dampftemperatur zu ermitteln und benutzen dazu die im vorstehenden entwickelten Gleichungen (1) bis (3).

Zunächst ist zu beachten, daß der Verlauf der Temperaturen an der inneren Oberfläche des Deckels ($x = 0$) nicht übereinstimmen kann mit dem Temperaturverlauf für den Dampf im Innern des Zylinders, da der Wärmeübergang vom Dampf an die Wand pro Zeiteinheit nur das Eindringen einer beschränkten Wärmemenge zuläßt. Es ist also zu erwarten, daß die Temperaturschwankungen an der Innenwand kleiner sind als diejenigen im Dampf selbst und überdies, daß eine Phasenverschiebung ersterer Schwankungen gegenüber den letzteren auftritt, weil die Überführung der Wärme vom Dampf an die Wand eine gewisse Zeit in Anspruch nimmt.

---

[1]) Es sei hier besonders darauf hingewiesen, daß in der Technik die Wärmeleitungszahl und die Wärmeübergangszahl in Kilogrammkalorien, Metern, Stunden und ⁰ C ausgedrückt werden, während die Physik mit Grammkalorien, Zentimetern, Sekunden und ⁰ C arbeitet, was bei Benutzung physikalischer Tabellen für die vorgenannten Zahlen zu beachten ist.

Für die innere Oberfläche des Deckels ($x = 0$) ergibt sich (vgl. § 1)

$$\frac{\partial \vartheta}{\partial x} = -C\,\varrho\,(\cos \mu\, t + \sin \mu\, t),$$

somit die an dieser Stelle in der Zeiteinheit durch die Flächeneinheit strömende Wärmemenge

$$-\lambda_1 \frac{\partial \vartheta}{\partial x} = \lambda_1 \cdot C \cdot \varrho\,(\cos \mu\, t + \sin \mu\, t).$$

Diese Wärmemenge muß gleich sein der an die Deckelinnenwand ebenfalls in der Zeiteinheit durch die Oberflächeneinheit übergegangenen Wärmemenge

$$(\vartheta_i - \vartheta_1) \cdot \alpha_1.$$

Hieraus ergibt sich

$$\vartheta_i = \frac{C \cdot \varrho \cdot \lambda_1}{\alpha_1} (\cos \mu\, t + \sin \mu\, t) + \vartheta_1$$

und unter Einsetzen des bereits oben ermittelten Wertes für $\vartheta_1 = C \sin \mu\, t$

$$\vartheta_i = C \left(1 + \frac{\varrho \cdot \lambda_1}{\alpha_1}\right) \sin \mu\, t + C \left(\frac{\varrho\, \lambda_1}{\alpha_1}\right) \cos \mu\, t.$$

Die Sinus- und Cosinusglieder lassen sich zu einer einzigen Sinuslinie $\vartheta_i = C' \sin (\mu t + \varphi)$ vereinigen deren Amplitude C' nach bekannten Formeln

$$C' = \sqrt{\left(1 + \frac{\varrho\, \lambda}{\alpha_1}\right)^2 C^2 + \left(\frac{\varrho\, \lambda}{\alpha_1}\right)^2 C^2} \text{ ist}$$

und welche gegen die ϑ_1-Kurve die Phasenverschiebung φ zeigt, wobei $\operatorname{tg} \varphi = \frac{\varrho \lambda}{\alpha_1 + \varrho \lambda}$.

Unter Einsetzung der Zahlenwerte: $n = 150$ pro Minute,

$$\gamma = 7300 \text{ kg/m}^3, \quad c = 0{,}11 \frac{WE}{{}^0C \text{ kg}}, \text{ woraus } \varrho = \sqrt{\frac{\mu \cdot c \cdot \gamma}{2\,\lambda}} = 710,$$

$$\text{ergibt sich } C' = \frac{C}{10000} \sqrt{(10000 + 31950)^2 + 31950^2} = C \cdot 5{,}27$$

Die Amplitude der ϑ_1-Kurve ist also

$$C = \frac{C'}{5{,}27} = \frac{28}{5{,}27} = 5{,}31\,^0\text{C}.$$

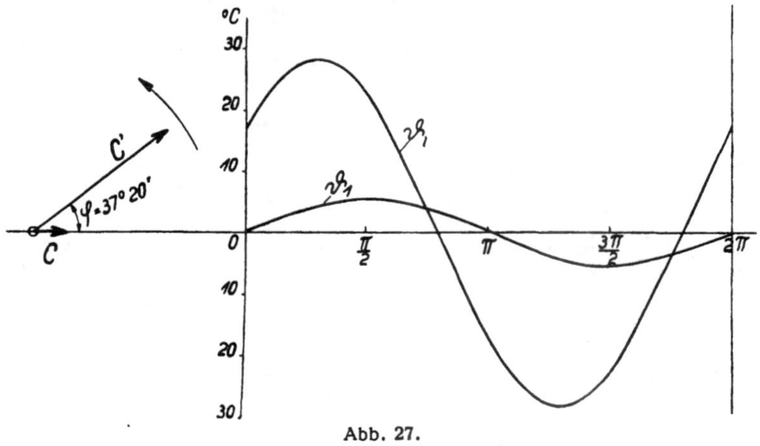

Abb. 27.

Die Phasenverschiebung der ϑ_i-Kurve gegenüber der ϑ_1-Kurve ergibt sich ferner aus

$$\operatorname{tg} \varphi = \frac{\varrho\, \lambda_1}{\alpha_1 + \varrho\, \lambda_1} = \frac{31950}{41950} = 0{,}762$$

also

$$\varphi = 37^0\, 20',$$

d. h. das Temperaturmaximum in der Deckeloberfläche tritt um $37^0\, 20' = 0{,}1037$ Umdrehungen später ein als das Temperaturmaximum im Zylinderinnern. Den Verlauf der ϑ_i und ϑ_1-Kurve für $x = 0$ veranschaulicht Abb. 27.

Man sieht, daß die Temperaturschwankungen an der Deckelinnenfläche also ganz erheblich kleiner sind als im Dampf, welcher Umstand natürlich der Aufnahme großer fluktuierender Wärmemenge abträglich und für die Wirtschaftlichkeit vorteilhaft ist. Je niedriger die Umdrehungszahlen der Maschine werden, desto größer werden die Temperaturschwankungen an der Deckelinnenwand, wie aus nachstehender Tabelle Nr. 4 hervorgeht.

Tabelle Nr. 4.

Fluktuierende Wärmemengen etc. im HD-Zylinder einer Schleppermaschine bei verschiedenen Drehzahlen.

Drehzahl pro Minute	Amplituden des Temperaturverlaufes in °C		Fluktuierende Wärmemenge pro Hub und Zylinderseite und 1 qm Oberfläche WE	Stationär nach außen abströmende Wärmemenge pro Umdrehung und 1 qm Oberfläche WE
	im Dampf $C' = \vartheta_{i\,max} - \vartheta_{i\,mittel}$	an den Innenwandungen $C = \vartheta_{1\,max} - \vartheta_{1\,mittel}$		
25	28	10,2	39,85	0,13
50	28	8,25	22,85	0,065
100	28	6,28	12,33	0,033
150	28	5,31	8,5	0,022
300	28	3,635	4,12	0,011

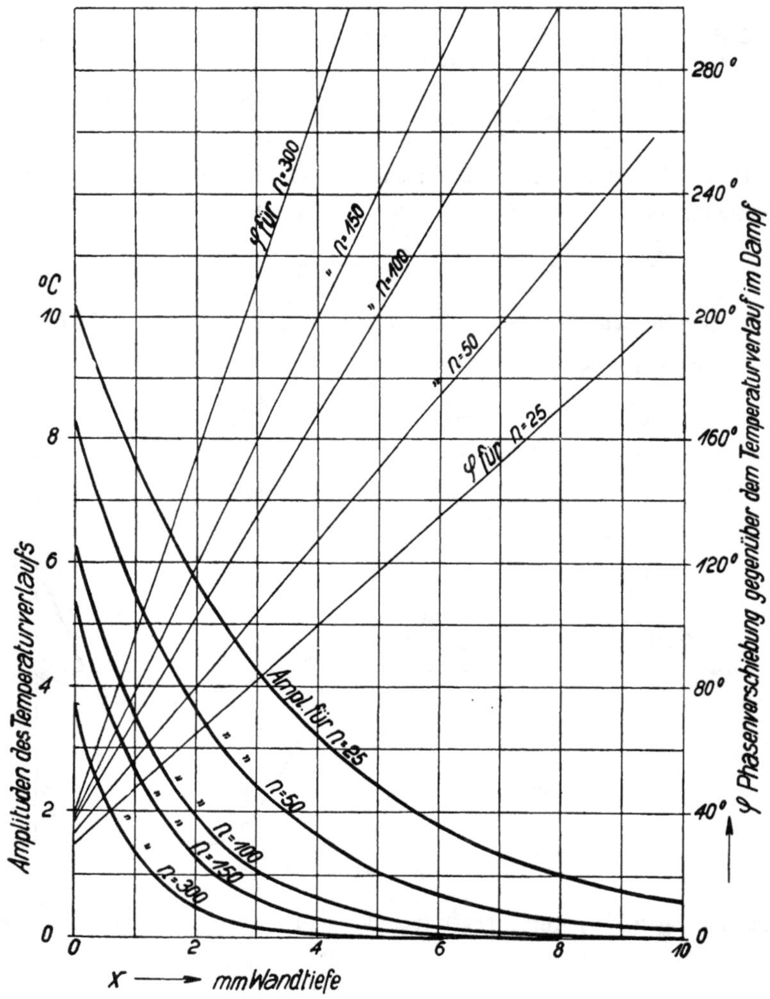

Abb. 28.

Um die Wärmebewegung im I n n e r n der Deckelwand ($x > 0$) zu studieren, bedienen wir uns der Gleichung (3), welche für $t = 0$ unter Einsetzung der Zahlenwerte für $n = 150$, wie folgt lautet:

$$\vartheta = 151{,}98 - \frac{158{,}98 - 158{,}90}{0{,}018} \cdot x + 5{,}31\, e^{-x \cdot 710} \cdot \sin(-x \cdot 710).$$

Die Rechnung ist durchgeführt für verschiedene Umdrehungszahlen bis zu einer Tiefe von 10 mm ($x = 0{,}01$ m), und sind die Amplituden der Temperaturschwankungen durch die stark gezeichneten Kurvenscharen der Abb. 28 veranschaulicht, während die dünn gezeichneten Geraden die Phasenverschiebung gegenüber dem Temperaturverlauf im Dampf darstellen.

Es interessiert nunmehr noch der Betrag der fluktuierenden Wärmemenge bei den verschiedenen Umdrehungszahlen. Zur Berechnung derselben ist Gleichung (4) ohne weiteres benutzbar. Die sich ergebenden Zahlenwerte sind in Tabelle Nr. 4 mit aufgenommen.

Allgemein ist zu den Werten dieser Tabelle für die verschiedenen Umdrehungszahlen noch zu bemerken, daß selbstverständlich die Zahlen nur gelten für den Fall, daß ein und dasselbe Indikatordiagramm (d. h. Temperaturverlauf) für die einzelnen Umdrehungszahlen zu gelten hätte, wie dies im allgemeinen selbstverständlich bei ein und derselben Schiffsmaschine nicht der Fall ist, es sei denn, daß es sich z. B. um einen Schlepper oder dgl. handelt. Die Tabelle soll nur einen Anhaltspunkt dafür geben, welchen Einfluß die Wahl der Umdrehungszahl überhaupt, d. h. also gewissermaßen die Wahl der Maschinentype auf die Wärmebewegung, hat.

Interessant ist ein Vergleich der so errechneten fluktuierenden Wärmemengen für $n = 150$ mit dem Kondensationsverlust an den Wandungen, welcher sich aus dem Wärmediagramm (Haupttext, Abb. 34) ergibt. Um diese Rechnung, welche nur einen Überblick geben soll, nicht zu komplizieren, soll im folgenden nur die Frischdampfmenge allein betrachtet werden, während die Restdampfmenge unberücksichtigt bleibt. Die spez. Dampfmenge im HD-Zylinder ergibt sich aus obigem Diagramm bei Beginn der Expansion zu ca. 27%; angenommen, daß der Dampf bereits beim Einströmen in den Zylinder eine Nässe von 3% besessen hätte, wären also 24% auf Abkühlung an den Zylinderwänden oder der fluktuierenden Wärmemenge zur Last zu legen, was für jedes den Prozeß durchmachende Kilogramm Dampf eine Wärmemenge von $0{,}24 \times 484 = 116{,}1$ WE bedeuten würde. Da die Oberfläche des schädlichen Raumes zuzüglich der bei Ende der Füllung freigelegten Zylinderlauffläche auf etwa 0,75 qm zu schätzen ist, ergibt sich pro Hub und Zylinderseite eine von den Wandungen absorbierte Wärmemenge von

$$\frac{1077 \cdot 116{,}1}{60 \cdot 150 \cdot 2} = 6{,}95 \text{ WE pro Hub}$$

bzw.

$$\frac{6{,}95}{0{,}75} = 9{,}3 \text{ WE pro m}^2 \text{ Oberfläche und pro Hub.}$$

Tabelle Nr. 4 ergibt für 150 Umdrehungen einen Wert von 8,5, welche Ziffer wenigstens bezüglich der Größenordnung befriedigend übereinstimmt.

Anhang III.

Über den Einfluß der Hilfsmaschinen auf die Wirtschaftlichkeit der Schiffsmaschinenanlagen mit Dampfbetrieb.[1])

Um die Verhältnisse klar zu überblicken, führen wir zunächst folgende Bezeichnungen ein:

Es bedeute:

N_e die effektive Leistung der Hauptmaschinen (Wellenpferdestärken),
N_i die indizierte Leistung derselben,
η_m den mechanischen Wirkungsgrad derselben,
η_i den thermodynamischen Wirkungsgrad der Hauptmaschinenanlage, bezogen auf deren indizierte Leistung,
$N_{th}{}^h$ die theoretische Nutzleistung sämtlicher Hilfsmaschinen (also z. B. bei den Pumpen das Produkt aus Förderquantum mal Förderhöhe usw.) in Pferdestärken,
$N_i{}^h$ die gesamte indizierte Leistung der Hilfsmaschinen,
$\eta_a{}^h$ den mittleren Wirkungsgrad, welchen die Hilfsmaschinen als Arbeitsmaschinen betrachtet besitzen,
$\eta_m{}^h$ den mechanischen Wirkungsgrad von deren Antriebsmaschinen,
$\eta_i{}^h$ den thermodynamischen Wirkungsgrad der Hilfsmaschinen bezogen auf deren indizierte Leistung

(die letzten drei: alles gerechnet im Mittel für sämtliche Hilfsmaschinen.)

Dann ist die indizierte Leistung der Hilfsmaschinen

$$N_i{}^h = \frac{N_{th}{}^h}{\eta_a{}^h \cdot \eta_m{}^h}.$$

Ferner kann angenommen werden, daß der mittlere Brennstoffverbrauch der Hilfsmaschinen B^h sich zu dem Brennstoffverbrauch der Hauptmaschinen (exkl. Hilfsmaschinen) B verhält wie die indizierte Leistung der Hilfsmaschinen zur indizierten Leistung der Hauptmaschinen und umgekehrt wie der thermodynamische Wirkungsgrad beider. Wir können also schreiben:

$$\frac{B^h}{B} = \frac{N_i{}^h \cdot \eta_i}{N_i \cdot \eta_i{}^h}.$$

In diese Formel wollen wir nun das Verhältnis der Nutzleistung der Hilfsmaschinen und der Hauptmaschinen

$$\frac{N_{th}{}^h}{N_e} = k$$

einführen, woraus sich ergibt:

$$\frac{B^h}{B} = \frac{N_{th}{}^h \cdot \eta_m}{N_e \cdot \eta_a{}^h \cdot \eta_m{}^h} \cdot \frac{\eta_i}{\eta_i{}^h} = k \cdot \frac{\eta_m \cdot \eta_i}{\eta_a{}^h \cdot \eta_m{}^h \cdot \eta_i{}^h}.$$

Im allgemeinen werden die Hilfsmaschinen durch besondere Dampfmaschinen angetrieben und der Abdampf letzterer zur Vorwärmung des Speisewassers benutzt oder aber zwecks weiterer Arbeitsleistung in die Niederdruckstufen der Hauptmaschinen eingelassen usw. Dadurch reduziert sich der Brennstoffaufwand B^h, welcher für die Hilfsmaschinen erforderlich ist, und diese Größe, welche sonst einen reinen Verlust bedeutet, wird erheblich reduziert. Es handelt sich nun darum, sich ein Bild darüber zu machen, welcher Aufwand an Brennstoff bei den verschiedenen Arten des Antriebes von Hilfsmaschinen und der Ausnutzung von deren Abdampf tatsächlich eintritt, und es sollen zu diesem Zweck einige typische Fälle, welche hinsichtlich Anordnung und Betrieb von Hilfsmaschinen einzutreten pflegen bzw. in Erwägung gezogen werden können, betrachtet werden.

---

[1]) Vgl. hierzu Vortrag d. Verf. Jahrb. d. Schiffsbautechn. Ges. 1917: „Wärmetechnische Betrachtungen über die Wirtschaftlichkeit der Schiffsbetriebe.“

Vorausgeschickt werde, daß die verschiedenen einzelnen Fälle absichtlich extrem gewählt sind, um die Eigenart eines jeden möglichst klar hervortreten zu lassen.

Zunächst seien einzelne Beispiele betrachtet, bei welchen der Arbeitsbedarf der Hilfsmaschinen sich in mäßigen Grenzen hält (wie etwa bei mittleren Handelsschiffen üblich). Es sei also für dieselben angenommen:

$$k = \frac{N_{th}^h}{N_e} = 2\%.$$

Fall A. Die Hilfsmaschinen seien alle durch sehr schlecht gebaute Dampfmaschinen angetrieben, in denen sehr große thermische Verluste auftreten. Dagegen seien die Arbeitsmaschinen vorzüglich und der mechanische Wirkungsgrad gut. Wir setzen demnach

$$\eta_a^h = 0{,}7$$
$$\eta_m^h = 0{,}9$$
$$\eta_i^h = 0{,}035,$$

wobei vorausgesetzt ist, daß der Abdampf der Hilfsmaschinen in einen Vorwärmer geleitet und in der Abdampfleitung ein Gegendruck von etwa 1,5 bis 2 at. a. gehalten wird. Da in der Zudampfleitung große Drosselungsverluste eintreten, und die Hilfsmaschinen meistens mit einfacher Expansion arbeiten, ist dieser thermische Wirkungsgrad durchaus nicht zu niedrig gegriffen. Ferner sei

$$\eta_i = 0{,}155\%$$
$$\eta_m = 0{,}95.$$

Hieraus ergibt sich nach obiger Formel

$$\frac{B^h}{B} = 13{,}4\%.$$

Es werde nun, wie oben angedeutet, angenommen, daß der gesamte Hilfsdampf in einem Speisewasservorwärmer verwertet wird, was, wie sich aus dem Wärmediagramm leicht zeigen läßt, bei den betrachteten Verhältnissen ohne weiteres möglich ist. Da die ganze dem Abdampf innewohnende Wärmemenge vom Wasser aufgenommen wird, ist der theoretische Abwärmeverlust = 0, dagegen muß angenommen werden, daß in den Abdampfleitungen ein Strahlungsverlust V_s von 5% eintritt, was auf den Brennstoffverbrauch der Hauptmaschine bezogen $13{,}4 \cdot \frac{5}{100} = 0{,}67\%$ ausmacht. Ferner geht das Äquivalent der indizierten Leistung der Hilfsmaschinen, welches dem Dampf entzogen wird, verloren. Dieses ist

$$13{,}4 \cdot \frac{0{,}035}{100} = 0{,}47\%.$$

Es bleibt also ein Rückgewinn durch die Vorwärmung

$$R_v = 12{,}26\%$$

und ein totaler Verlust an Brennstoff durch die Hilfsmaschinen in Prozent des für die Hauptmaschinen aufzuwendenden Brennstoffes von 1,14%.

Fall B. Wir nehmen jetzt den umgekehrten Fall, nämlich den, daß die Dampfmaschinen, welche die Hilfsmaschinen antreiben, sehr gut und ökonomisch konstruiert sind, daß aber die angetriebenen Arbeitsmaschinen schlecht ausgeführt sind und mit großen Verlusten arbeiten. Es sei demnach hier gesetzt:

$$\eta_a^h = 0{,}45$$
$$\eta_m^h = 0{,}7$$
$$\eta_i^h = 0{,}07$$

η_i und η_m wie bei Fall A.

Dies ergibt $\frac{B^h}{B} = 13{,}4\%$, wie oben.

Der Abdampf wird wieder im gleichen Vorwärmer ausgenutzt, wie vorher, daher der Verlust durch Abwärme wieder

$$V_a = 0,$$

Verlust durch Strahlung

$$V_s \text{ wieder } 0{,}67,$$

dagegen wird die von den Hilfsmaschinen aufgezehrte Arbeit

$$13{,}4 \cdot \frac{0{,}07}{100} = 0{,}94\%,$$

der Rückgewinn durch den Vorwärmer somit

$$R_v = 11{,}79\%$$

und der totale durch die Hilfsmaschinen eintretende Verlust an Brennstoff 1,61%, also beinahe um die Hälfte größer als bei Fall A.

Fall C. Werden zum Antrieb der Hilfsmaschinen hochökonomische Dampfmaschinen verwendet, welche mit gutem Vakuum arbeiten, so daß ihr thermodynamischer Wirkungsgrad beinahe denjenigen der Hauptmaschine erreicht, so stellt sich unter Annahme ungünstiger Arbeitsmaschinen, wie unter B, der Verlust wie folgt:

$$\eta_i,\ \eta_m,\ \eta_a^h,\ \eta_m^h, \text{ wie vorher,}$$
$$\eta_i^h = 0{,}147.$$

Hieraus $$\frac{B^h}{B} = 6{,}36\,\%.$$

Dieser Brennstoffaufwand für die Hilfsmaschinen ist zwar gering, er ist aber auch ein totaler Verlust, also ganz wesentlich höher als der im Fall A und B verloren gegangene Betrag.

Fall D. Wenn sämtliche Hilfsmaschinen an die Hauptmaschinen angehängt sind (was nur bei kleinen Anlagen möglich ist), stellt sich der Verlust wie folgt:

$$\eta_i,\ \eta_m, \text{ wie vorher,}$$
$$\eta_a^h = 0{,}7$$
$$\eta_m^h = \eta_m$$
$$\eta_i^h = \eta_i.$$

Hieraus $$\frac{B^h}{B} = \frac{2}{\eta_a^h} = \frac{2}{0{,}7} = 2{,}86\,\%.$$

Dieser Brennstoffaufwand ist aber völlig verloren, und daher die Anlage ungünstiger als in den Fällen A und B.

Fall E. Selbst die Verwendung von Dieselmotoren zum Antrieb der Hilfsmaschinen ist ungünstiger als die Speisewasservorwärmung. Es seien

$$\eta_i,\ \eta_m,\ \eta_a^h,\ \eta_m^h, \text{ wie zu C,}$$
$$\eta_i^h = 0{,}33.$$

Dann ergibt sich $$\frac{B^h}{B} = 2{,}84,$$

also ein sehr geringer Brennstoffverbrauch der Hilfsmaschinen, welcher aber einen totalen Verlust darstellt, wenn nicht — eine Berechnung hierüber würde hier zu weit führen — die Abwärme der Dieselmaschine zu nützlichen Zwecken, wie z. B. zur Frischwassererzeugung, zur Vorwärmung von Badewasser usw., verwendet wird.

In den nun folgenden Beispielen seien Fälle betrachtet, welche eintreten, wenn die erforderliche Nutzleistung der Hilfsmaschinen z. B. den doppelten Betrag erreicht von den vorher angenommenen Werten, wie dies z. B. bei Kriegsschiffen häufig vorkommt. Es gilt also für die folgenden Betrachtungen

$$k = 4\,\%.$$

Fall F. Die Dampfmaschinen seien, wie im Fall A, unwirtschaftlich und schicken ihren Abdampf von z. B. 1,8 at. abs. Spannung zur Hälfte in den Vorwärmer, zur andern Hälfte in eine geeignete Expansionsstufe der Hauptmaschinen. Diese Teilung ist hier notwendig, weil der Speisewasservorwärmer nicht in der Lage ist, mehr als die Hälfte des Abdampfes aufzunehmen. Es sei

$$\eta_a^h = 0{,}7$$
$$\eta_m^h = 0{,}9$$
$$\eta_i^h = 0{,}035$$
$$\eta_m \text{ und } \eta_i, \text{ wie bisher.}$$

Dann wird $$\frac{B^h}{B} = 26{,}8\,\%$$

und die Wärmemenge, welche für die Arbeitsleistung der Hilfsmaschinen absorbiert wird, äquivalent einem Brennstoffverlust

$$V_i = 26{,}8 \cdot 0{,}035 = 0{,}94\,\%,$$

der Strahlungsverlust (5%)

$$V_s = 26{,}8 \cdot \frac{5}{100} = 1{,}34\,\%.$$

Hier spaltet sich nun die gesamte Abdampfmenge der Hilfsmaschinen in zwei Hälften. Die eine wird dem Vorwärmer zugeführt und dort bis auf den Anteil an V_i und V_s vollkommen wieder verwertet. Der Rückgewinn durch die Vorwärmung beträgt bei derselben

$$13{,}4-\left(\frac{0{,}94}{2}+\frac{1{,}34}{2}\right)=12{,}26\,\%.$$

Für die andere Hälfte, ebenfalls 13,4%, welche in eine Niederdruckstufe der Hauptmaschine eingeführt wird, ergibt sich der Abwärmeverlust wie folgt: Unter der Annahme, daß die Spannung des Abdampfes 1,8 at. abs. beträgt, ist das zur Verfügung stehende Wärmegefälle statt etwa 180 WE, wie beim Frischdampf, nur etwa 95,5 WE. Die 13,4% tragen zur Leistung der Hauptmaschine im umgekehrten Verhältnis dieser Wärmegefälle bei; sie steuern also zu derselben einen Anteil bei, welcher äquivalent ist einem Gewinn an Brennstoff von

$$\frac{13{,}4\cdot 95{,}5}{180}=7{,}1\,\%.$$

Der gesamte Rückgewinn aus dem Hilfsmaschinenabdampf beträgt also

$$12{,}26\,\%+7{,}1\,\%=19{,}36\,\%,$$

und der gesamte Verlust an Brennstoff, welcher durch die Hilfsmaschinen verursacht ist,

$$26{,}8-19{,}36=7{,}44\,\%.$$

Fall G. Eine Verringerung des Verlustes wird dadurch angestrebt, daß zwar, wie vorher, der Abdampf für die halbe Hilfsmaschinenleistung durch einen normalen Speisewasservorwärmer geht, von der anderen Hälfte aber ein Teil durch einen unter höherem Dampfdruck arbeitenden Speisewasservorwärmer geschickt wird, während der Rest einer geeigneten Stufe der Hauptmaschine zugeführt wird. Die Ausnutzung der ersten Hälfte ($B_1^h=13{,}4\,\%$) im normalen Vorwärmer deckt sich ganz mit Fall E, schließt also mit einem Verlust von 1,14% ab. — Der Hochdruckvorwärmer soll bis zu einer Temperatur von 140° vorwärmen und ist daher in der Lage, weitere 8,55% an Hilfsmaschinenabdampf[1]) aufzunehmen, wobei allerdings der Gegendruck für den entsprechenden Teil der Hilfsmaschinen auf 5 at. abs. anwächst. Hierdurch fällt auch der thermodynamische Wirkungsgrad dieses Teils der Hilfsmaschinen auf 0,025%, und es wächst somit der Brennstoffverbrauch dieser Hälfte der Hilfsmaschinenleistung auf

$$\frac{13{,}4\cdot 0{,}035}{0{,}025}=18{,}7\,\%.$$

Von diesen 18,7% Dampfgewicht läßt sich im Hochdruckvorwärmer bei den obwaltenden Temperaturgrenzen nur ein Gewichtsanteil von 8,55% auf das in den Hauptmaschinen arbeitende Dampfgewicht unterbringen. Der Wärmeinhalt dieser 8,55% ist durch Entziehung der Hilfsmaschinenleistung und Strahlung herabgemindert, so daß der Wärmerückgewinn entsprechend geringer, und zwar nur

$$8{,}55\,(1-[0{,}025+0{,}05])=7{,}9\,\%\ \text{beträgt.}$$

Dieser vereinigt mit den 12,26% Gewinn aus dem normalen Vorwärmer ergibt einen Rückgewinn durch Vorwärmung

$$R_v=20{,}16\,\%.$$

Der Rest an Dampfgewicht von $18{,}7-8{,}55=10{,}15\,\%$, welcher im Hochdruck-Vorwärmer nicht verwertet werden kann, wird in die Hauptmaschine an geeigneter Stelle eingeleitet und trägt zur Leistung einen Anteil bei, welcher bei einem Wärmegefälle von 128 WE (entsprechend 5 at. abs. und einer bestimmten Nässe) einen Anteil an die Hauptmaschine von

$$10{,}1\cdot\frac{128}{180}=7{,}22\,\%$$

liefert. Der Gesamtverlust dieses 2. Teiles der Abdampfmenge stellt sich auf

$$18{,}7-(7{,}9+7{,}22)=3{,}58\,\%,$$

welcher vereinigt mit den 1,14% des 1. Teiles einen Gesamtverlust von 4,72% ergibt.

Fall H. Auch bei der hohen Hilfsmaschinenleistung ist die Dieselmotorenanlage, welche etwa durch Vermittlung von elektrischer Übertragung die Arbeitsmaschinen antreibt, nicht in der

[1]) Der Prozentsatz des für die Hilfsmaschinen notwendigen Dampfes ist, da letzterer aus den gleichen Kesseln kommt, derselbe wie der Prozentsatz des Brennstoffverbrauches der Hilfsmaschinen von demjenigen der Hauptmaschinen. Man kann also, ohne Fehler zu machen, bei unseren Betrachtungen ebensogut von dem Verhältnis der Dampfverbräuche wie von dem Verhältnis der Brennstoffverbräuche sprechen.

Lage, größere Wirtschaftlichkeit im Hilfsmaschinenbetrieb herbeizuführen. Es ist infolge der elektrischen Übertragung wieder anzunehmen

$$\eta_a{}^h \cdot \eta_m{}^h = 0{,}315$$

$$\eta_i{}^h = 0{,}33, \text{ wie vorher.}$$

Hieraus unter gleicher Annahme für η_i und η_m wie bisher

$$\frac{B^h}{B} = 5{,}68\,\%,$$

welche Ziffer den durch die Hilfsmaschinen entstandenen Verlust an Brennstoff angibt, allerdings aber, wie zu E angedeutet, durch Ausnutzung der Abwärme der Ölmaschine verringert werden kann.

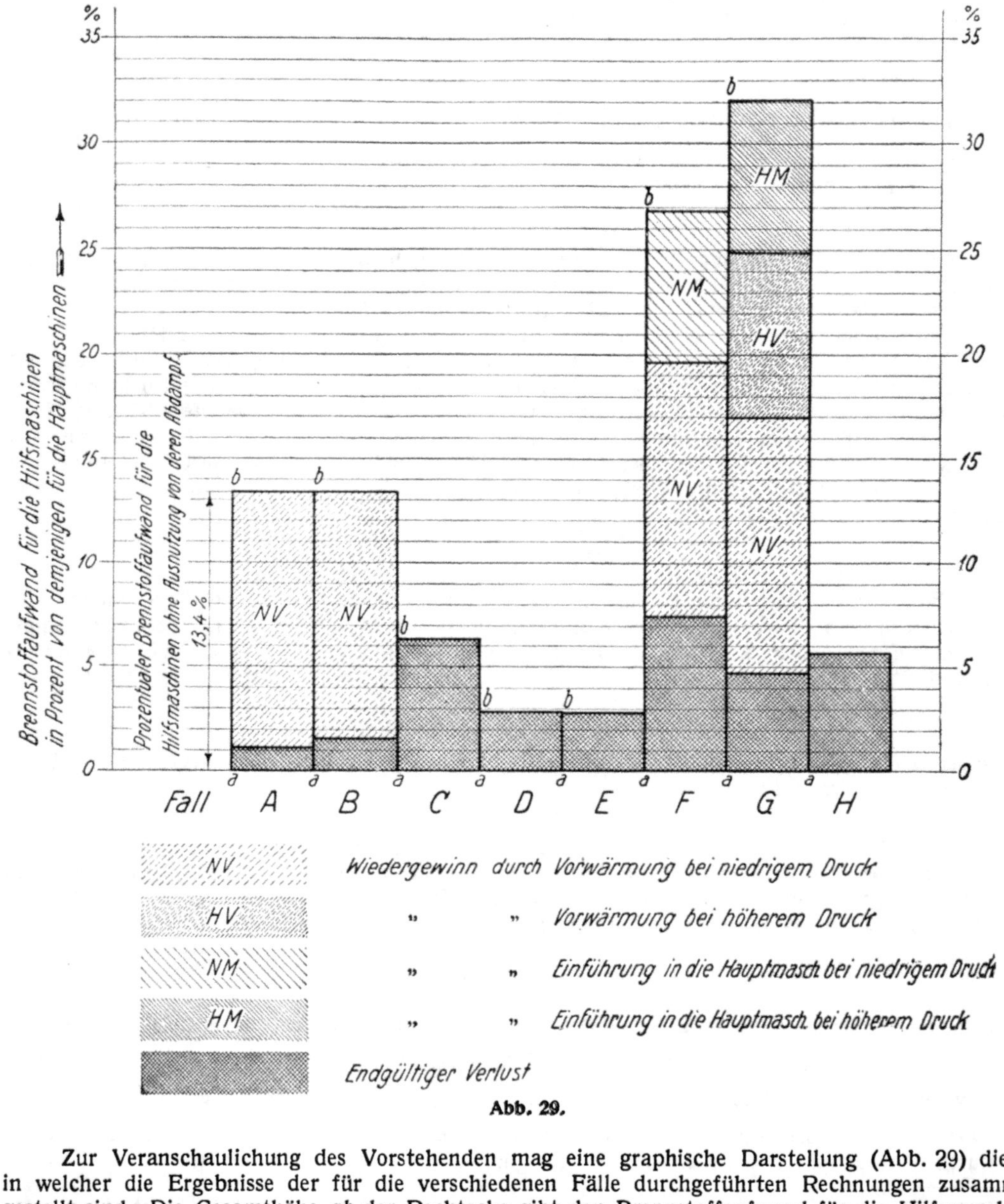

Abb. 29.

Zur Veranschaulichung des Vorstehenden mag eine graphische Darstellung (Abb. 29) dienen, in welcher die Ergebnisse der für die verschiedenen Fälle durchgeführten Rechnungen zusammengestellt sind. Die Gesamthöhe *ab* der Rechtecke gibt den Brennstoffaufwand für die Hilfsmaschinen an. Der unterste, gekreuzt schraffierte Teil jedes Rechtecks veranschaulicht den endgültigen Verlust an Brennstoff, welcher durch den Betrieb der Hilfsmaschinen entsteht, der darüber liegende, einfach schraffierte Teil stellt den durch Vorwärmung oder in Form von Hauptmaschinenleistung wiedergewonnenen Teil des für die Hilfsmaschinen aufgewendeten Brennstoffes dar.

Anhang IV.

Wärmeregeneration.

Zunächst möge an Hand des der Deutlichkeit wegen für einen stark übertriebenen Fall der Abzapfung[1]) entworfenen Wärmediagramms Abb. 30 das Folgende vorausgeschickt werden. Der gegebene Dampfmaschinenprozeß spiele sich zwischen den Temperaturen T_1 (entsprechend der

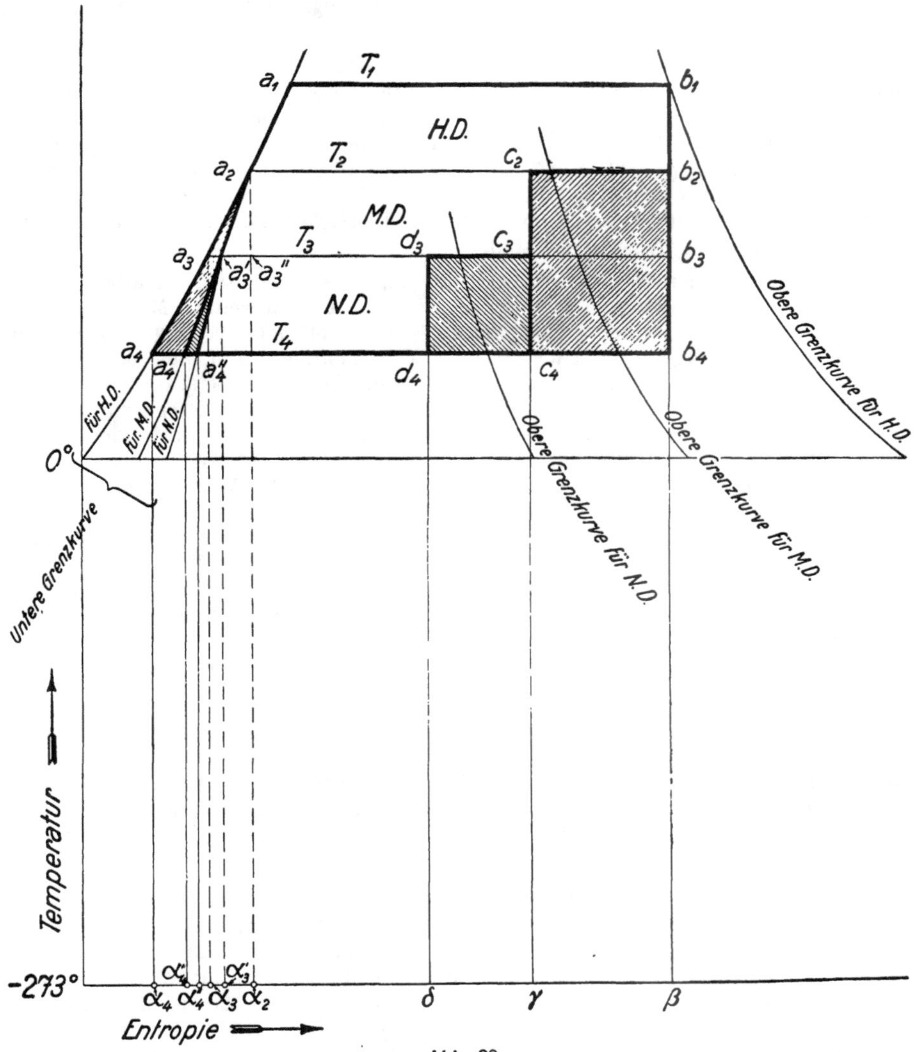

Abb. 30.

Admissionsspannung) und T_4 (entsprechend der Kondensatorspannung) ab. Die theoretisch gewonnene Arbeit ist, trocken gesättigten Admissionsdampf vorausgesetzt, die Fläche $a_4\, a_1\, b_1\, b_4$.

[1]) Es wird in diesem Beispiel viel mehr Dampf abgezapft, als zur Vorwärmung des Speisewassers überhaupt verwendet werden kann.

Der Dampf arbeitet im Hochdruckzylinder zwischen den Temperaturen T_1 und T_2, im Mitteldruckzylinder zwischen T_2 und T_3, im Niederdruckzylinder zwischen T_3 und T_4. Dementsprechend ist die theoretische Arbeitsfläche des Hochdruckzylinders äquivalent der Wärmemenge $a_1\,b_1\,b_2\,a_2$, diejenige des Mitteldruckzylinders der Fläche $a_2\,b_2\,b_3\,a_3$, diejenige des Niederdruckzylinders der Fläche $a_3\,b_3\,b_4\,a_4$. Der Prozeß soll unter Abzapfung von Dampf, welcher in dem vorhergehenden Zylinder bereits gearbeitet hat, erfolgen. Wenn dieser Vorgang im Wärmediagramm dargestellt wird, ist zu bedenken, daß eine Verringerung des arbeitenden Dampfquantums den horizontalen Maßstab des Wärmediagramms proportional verkleinert, während natürlich der vertikale Maßstab der Temperaturen erhalten bleibt. (Man ist gewohnt, bei Betrachtung des Wärmediagramms, in welchem im allgemeinen immer der Prozeß für die Gewichtseinheit dargestellt ist, unter dem horizontalen Maßstab die spezifische Entropie zu verstehen. Handelt es sich um absolute Entropiemengen, so muß dies im Maßstab für die Entropie berücksichtigt werden.) Zapfen wir also aus dem Hochdruckreceiver $1/3$ des Dampfes ab, welcher in dem Hochdruckzylinder gearbeitet hat, so werden wir für den nächsten Zylinder die Fläche, welche die Verdampfungswärme darstellt, um $1/3$ verkleinern müssen. Statt $a_2\,b_2\,\beta\,\alpha_2$ beträgt also die gesamte Verdampfungswärme des in den Mitteldruckzylinder einströmenden Dampfes nur $^2/_3\,(a_2\,b_2\,\beta\,\alpha_2) = a_2 c_2\,\gamma\,\alpha_2$, während die Verdampfungswärme $c_2\,b_2\,\beta\,\gamma$ durch Abzapfung verloren geht.

Indessen verkleinert sich nicht nur die zur Verfügung stehende Verdampfungswärme, sondern auch die dem Wärmeinhalt des Dampfes angehörige Flüssigkeitswärme. Dies kommt im Wärmediagramm zum Ausdruck, indem sich auch die Entropiewerte für die Flüssigkeitswärme im Verhältnis 2 : 3 zusammenschieben. Die untere Grenzkurve verläuft also nicht mehr von a_2 nach a_3, sondern von a_2 nach a_3', wobei $a_3\,a_3' = 1/3\,a_3\,a_3''$ wird. Für die Arbeit im Mitteldruckzylinder sind also die Arbeitsflächen $c_2\,b_2\,b_3\,c_3$ und $a_3\,a_2\,a_3'$ durch die Abzapfung verloren, während anderseits die Wärmemengen $c_2\,b_2\,\beta\,\gamma$ und $a_2\,a_3'\,\alpha_3'\,\alpha_3\,a_3$ (Differenz der Flüssigkeitswärme unter $a_3\,a_2$ bzw. $a_3'\,a_2$) zur anderweitigen Verwendung freigeworden sind.

Wird nun auch aus dem Mitteldruckreceiver abgezapft, so verringert sich das arbeitende Dampfquantum außer um das bereits entzogene noch um ein weiteres. Der horizontale Maßstab des Wärmediagramms wird noch weiter verkleinert. Falls wieder $1/3$ abgezapft wird, verringert sich die für den Niederdruckzylinder zur Verfügung stehende gesamte Verdampfungswärme von $a_3'\,c_3\,\gamma\,\alpha_3'$ auf $^2/_3$ dieses Wertes, also auf $a_3'\,d_3\,\delta\,\alpha_3'$. Ebenso verringert sich der horizontale Maßstab der Flüssigkeitswärme um $1/3$. Die durch a_3' gelegte Grenzkurve verläuft also nicht nach a_4', sondern nach a_4''. Die dem Mitteldruckreceiver entnommenen Wärmemengen, welche für die Arbeit im Niederdruckzylinder verlorengehen, sind also an Verdampfungswärme $d_3\,c_3\,\gamma\,\delta$, an Flüssigkeitswärme $a_3'\,a_4'\,\alpha_4'\,\alpha_4''\,a_4''$. Dem gesamten Prozeß geht also an Arbeit L_v verloren das Äquivalent der Wärmemenge $d_3\,c_3\,c_2\,b_2\,b_4\,d_4$ (an Verdampfungswärme), und $a_4\,a_2\,a_3'\,a_4''$ (an Flüssigkeitswärme), während zur anderweitigen Verwendung gewonnen ist die Wärmemenge Q_g, welche sich zusammensetzt aus der Verdampfungswärme des abgezapften Dampfes $d_3\,c_3\,c_2\,b_2\,\beta\,\delta$ und der Flüssigkeitswärme desselben $a_4\,a_2\,a_3'\,a_4''\,\alpha_4''\,\alpha_4$. Wird die Abzapfung in dem Umfang betrieben, daß die entnommenen Wärmemengen voll zu Speisewasservorwärmung ausgenutzt werden können, so bringt dieselbe dann einen Gewinn, wenn das Verhältnis der durch die Abzapfung gewonnenen Wärme Q_g zur gesamten aufgewendeten Wärme $a_4\,a_1\,b_1\,\beta\,\alpha_4$ größer ist, als das Verhältnis der verlorenen Arbeit L_v zu der gesamten theoretischen Nutzarbeit $a_4\,a_1\,b_1\,b_4$.

Dies vorausgeschickt, lassen sich die Verhältnisse bei einer tatsächlich ausgeführten Anlage mit Leichtigkeit übersehen, und zwar sind zwei Möglichkeiten zu unterscheiden, a) Wärmeregeneration für den Fall, daß Hilfsmaschinenabdampf nicht zur Verfügung steht (Verwendung von Ölmotoren, elektrisch angetriebene Hilfsmaschinen oder anderweitige Verwendung des Hilfsmaschinenabdampfes), b) für den Fall, daß solcher vorhanden und zur Speisewasservorwärmung benutzt wird.

Es soll z. B. untersucht werden, welcher Ökonomiegewinn sich bei dem Schnelldampfer „George Washington" durch Wärmeregeneration erzielen ließe. Die ins Wärmediagramm übertragenen Indikatordiagramme sind im Haupttext, § 26 Abb. 41, gebracht, während die Hauptabmessungen dieser Vierfach-Expansionsmaschine aus Tab. Nr. 15 ersichtlich sind. Die Gesamtleistung beträgt 10030 PS_i, der gemessene Dampfverbrauch für die Hauptmaschinen allein pro Stunde 64250 kg, d. h. 6,4 kg/PS/Std. Der Dampfverbrauch der sämtlichen Hilfsmaschinen beträgt 6000 kg/Std. Außer dem für die Vorwärmung des Speisewassers durch den Abdampf der Hilfsmaschinen vorgesehenen Oberflächenvorwärmer III sind noch 2 andere ganz ähnliche Vorwärmer vorgesehen, von welchen der erste I (höchste Vorwärmung) durch Abzapfdampf aus dem Hochdruck-Receiver beheizt wird, der zweite II durch Dampfentnahme aus dem Mitteldruck-I-Receiver. Der Vorwärmer III kann auch Dampf aus dem Mitteldruck-II-Receiver aufnehmen. Das Speisewasser wird zuerst durch den Vorwärmer III und dann in der durch die steigende Temperatur gegebenen Reihenfolge durch die zwei anderen Vorwärmer II und I geleitet.

Wir wollen nun betrachten:

a) Wärmeregeneration ohne Benutzung des Abdampfes der Hilfsmaschinen (vgl. Wärmediagramm Abb. 31).

Von der Arbeitsfläche des zwischen den Temperaturen T_1 und T_2 arbeitenden Hochdruckzylinders, welche durch das Trapez $a_1\, b_1\, b_2\, a_2$ dargestellt ist, geht durch die im Zylinder auftretenden

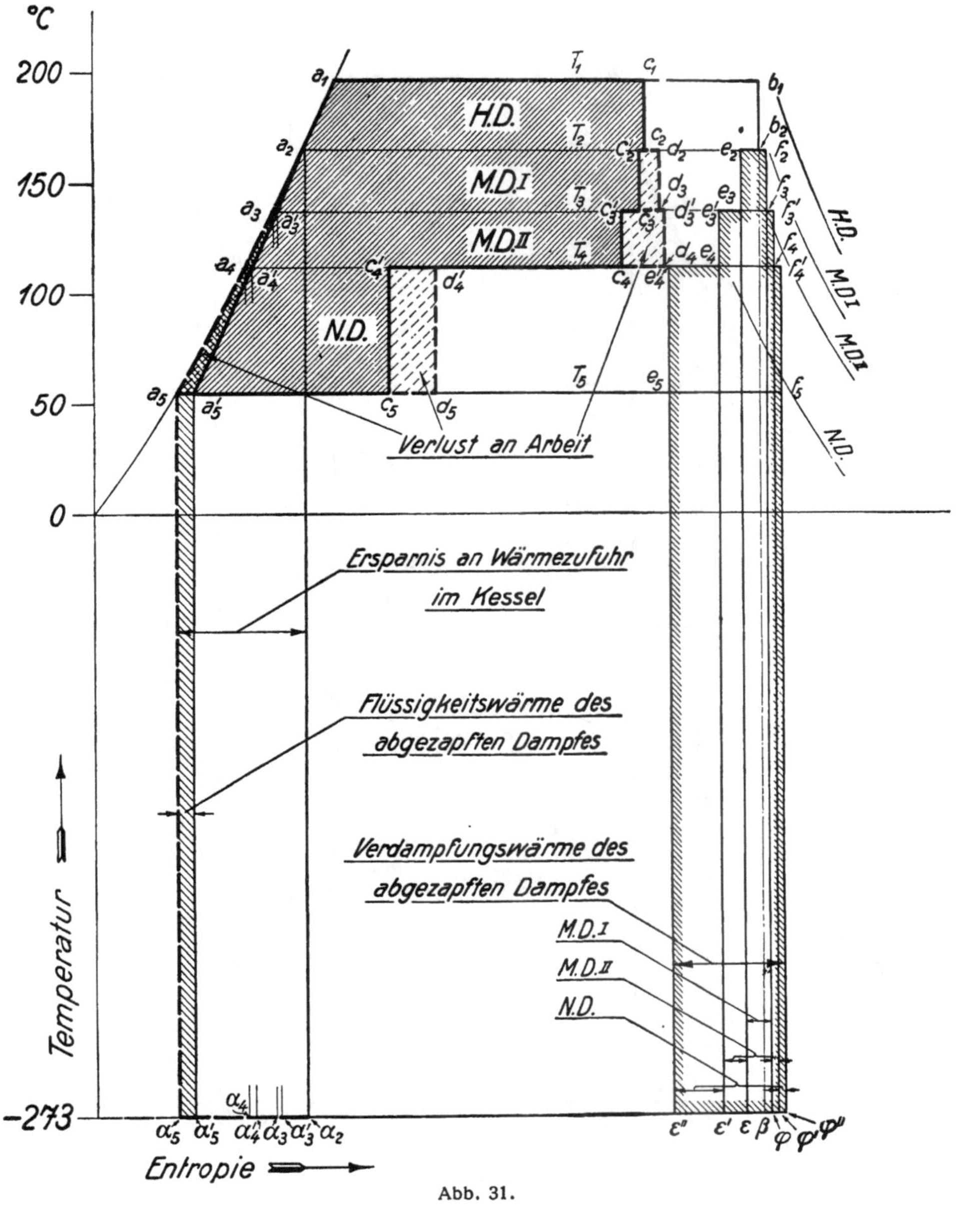

Abb. 31.

Verluste die Wärmemenge $c_1\, b_1\, b_2\, c_2$ für die Arbeitsleistung im Hochdruckzylinder verloren. In der Voraussetzung, daß dieselbe in den folgenden Zylindern noch nutzbringend verwertet werden kann, wird ein dieser Verlustwärme gleicher Wärmebetrag $b_2\, f_2\, \varphi\, \beta$ der für den Mitteldruck-I-Zylinder zur Verfügung stehenden Wärmemenge hinzugefügt: in gleicher Weise wird beim M D I die Verlustwärme mit $f_3\, f_3'\, \varphi'\, \varphi$ und beim M D II dieselbe mit $f_4\, f_4'\, \varphi''\, \varphi'$ beim darauffolgenden Zylinder berücksichtigt.

Zwecks Vorwärmung des Speisewassers durch Abzapfung aus dem Hochdruckreceiver entnehmen wir demselben ein solches Dampfquantum, daß die durch die vorhergehenden Maßnahmen bereits auf T_3 gebrachte Temperatur des Speisewassers auf T_2 erhöht wird. Das zu entnehmende

Dampfquantum muß also so groß sein, daß die aus dem Hochdruckreceiver entnommene Wärmemenge $e_2 f_2 \varphi \varepsilon$ inkl. der zugehörigen Flüssigkeitswärme $a_2\, a_3\, \alpha_3\, \alpha_3'\, a_3' =$ der Flüssigkeitswärme $a_3\, a_2\, \alpha_2\, \alpha_3$ wird. Der theoretische Arbeitsverlust im Mitteldruck-I-Zylinder infolge des Abzapfens aus dem Hochdruckreceiver ist äquivalent der Wärmemenge $e_2 f_2 f_3 e_3$ (Verdampfungswärme) zuzüglich der Wärmemenge $a_2\, a_3\, a_3'$ (Flüssigkeitswärme), der praktische Arbeitsverlust jedoch nur $c_2'\, d_2\, d_3\, c_3 + a_2\, a_3\, a_3'$, da die Wärmeausnutzung im Mitteldruck-I-Zylinder nicht mit dem Wirkungsgrad 1

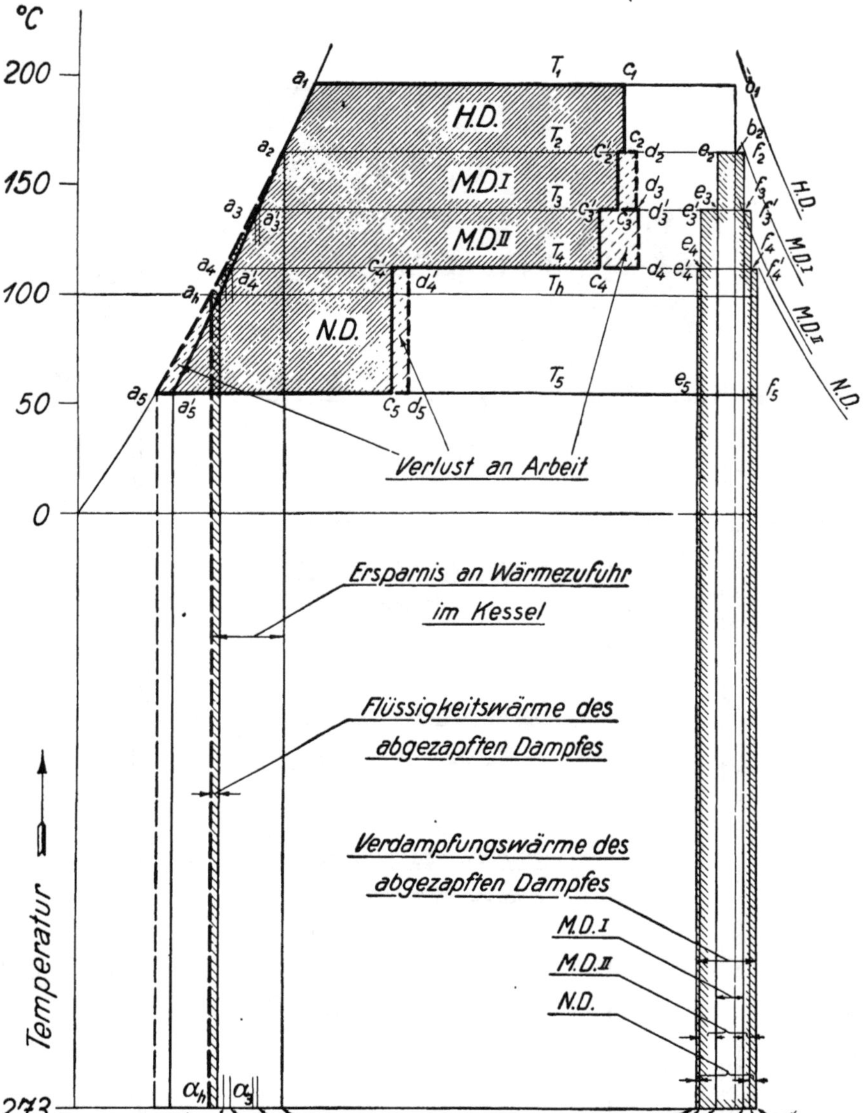

Abb. 32.

geschieht, und mithin auch der durch Abzapfung tatsächlich eingetretene Verlust in dem Verhältnis von verfügbarer Wärmemenge zu ausgenutzter Wärmemenge sich mindert. Um die Speisewassertemperatur T_3 zu erreichen, wird Abzapfung aus dem Mitteldruck-I-Receiver vorgenommen. Wir haben aufzubringen die Flüssigkeitswärme $a_4\, a_3\, \alpha_3\, \alpha_4$ und müssen dafür die Wärmemenge $e_3'\, e_3\, \varepsilon\, \varepsilon' + f_3\, f_3'\, \varphi'\, \varphi$ zuzüglich der zugehörigen Flüssigkeitswärme[1]) entziehen. Verloren wird also für diesen

[1]) Da die Flüssigkeits-Grenzkurven beinahe zusammenfallen, ist in dem kleinen Maßstab eine Bezeichnung dieses Verlustes an Flüssigkeitswärme unmöglich. Zur Orientierung vgl. Abb. 30.

Zylinder im ganzen unter Berücksichtigung der bereits durch die Abzapfung aus dem Hochdruckreceiver verlorenen Arbeitsmenge theoretisch das Äquivalent der Wärmemenge $e_3' f_3' f_4 e_4$, zuzüglich des Verlustes an Arbeitsäquivalent der Flüssigkeitswärme $a_3 a_3' a_4' a_4$, und tatsächlich dasjenige der Wärmemenge $c_3' d_3' d_4 c_4 + a_3 a_3' a_4' a_4$.

Um schließlich von der Temperatur des Kondensats T_5 die Speisewassertemperatur auf T_4 zu heben, ist die Flüssigkeitswärme $a_5 a_4 \alpha_4 \alpha_5$ zuzuführen, wofür die Wärmemenge $e_4' e_4 \varepsilon' \varepsilon'' + f_4 f_4' \varphi'' \varphi'$ aufzuwenden ist. Der Arbeitsverlust im Niederdruckzylinder ist theoretisch äquivalent der Wärmemenge $e_4' f_4' f_5 e_5$, wozu noch an Flüssigkeitswärme $a_4 a_4' a_5' a_5$ zu rechnen ist, tatsächlich aber nur der Wärmemenge $c_4' d_4' d_5 c_5 + a_4 a_4' a_5' a_5$.

Ziehen wir die Summe aus Gewinn und Verlust, so haben wir als Gewinn die vom Kessel nicht aufzubringende Flüssigkeitswärme $a_5 a_2 \alpha_2 \alpha_5$, d. h. 18,4% der von der Kesselfeuerung ohne Anwendung der Wärmeregeneration zu liefernden Wärmemenge, und als Verlust die Summe der drei Rechtecke $c_2' d_2 d_3 c_3$ (Mitteldruck-I-Zylinder), $c_3' d_3' d_4 c_4$ (Mitteldruck-II-Zylinder) und $c_4' d_4' d_5 c_5$ (Niederdruckzylinder), dazu noch die dreieckartige Fläche $a_5 a_2 a_5'$, d. h. insgesamt 9,9% der gewonnenen Arbeit. Es tritt also insgesamt ein Gewinn von etwa 8,5% der aufzuwendenden Wärme ein.

b) Wärmeregeneration unter Benutzung des Abdampfes der Hilfsmaschinen.

Wenn, wie in den meisten Fällen, Hilfsmaschinenabdampf zur Verfügung steht, gestaltet sich der Prozeß wie in dem Wärmediagramm Abb. 3 dargestellt ist. Er spielt sich im allgemeinen genau so ab wie der vorher beschriebene, nur daß die Flüssigkeitswärme von der Temperatur des Kondensats T_5 bis zu derjenigen Temperatur T_h des Speisewassers — in dem Falle unseres Beispiels 100° —, welche durch Ausnutzung des Hilfsmaschinenabdampfes erreicht werden kann, nicht durch Abzapfung erzielt werden muß. Wir haben hier also wieder:

Vorwärmung von T_3 auf T_2:

Wärmemenge, welche aus dem Hochdruckreceiver abzuzapfen ist:

$$e_2 f_2 \varphi \varepsilon + a_2 a_3 \alpha_3 \alpha_3' a_3',$$

hierdurch ersparte, vom Kessel nicht aufzubringende Flüssigkeitswärme:

$$a_3 a_2 \alpha_2 \alpha_3,$$

Verlorene Arbeit für den MDI-Zylinder theoretisch:

$$e_2 f_2 f_3 e_3 + a_2 a_3 a_3',$$

tatsächlich: $c_2' d_2 d_3 c_3 + a_2 a_3 a_3'$.

Vorwärmung von T_4 auf T_3:

Wärmemenge, welche aus dem Mitteldruck-I-Receiver abzuzapfen ist:

$$e_3' e_3 \varepsilon \varepsilon' + f_3 f_3' \varphi' \varphi + \text{zugehörige Flüssigkeitswärme.}$$

Hierdurch ersparte, vom Kessel nicht aufzubringende Flüssigkeitswärme:

$$a_4 a_3 \alpha_3 \alpha_4.$$

Verlorene Arbeit für den MDII-Zylinder insgesamt theoretisch:

$$e_3' f_3' f_4 e_4 + a_4 a_3 a_3' a_4',$$

tatsächlich: $c_3' d_3' c_4 d_4 + a_4 a_3 a_3' a_4'$.

Aus dem Mitteldruck-II-Zylinder ist nun noch eine sehr geringe Dampfmenge abzuzapfen, da der Hilfsmaschinenabdampf bereits die Erhöhung der Speisewassertemperatur bis T_h bewirkt hat. Wir haben also: Wärmemenge, welche aus dem Receiver des Mitteldruck-II-Zylinders abzuzapfen ist:

$$e_4' e_4 \varepsilon' \varepsilon'' + f_4 f_4' \varphi'' \varphi' + \text{zugehörige Flüssigkeitswärme;}$$

hierdurch ersparte, vom Kessel nicht aufzubringende Flüssigkeitswärme:

$$a_h a_4 \alpha_4 \alpha_h.$$

Verlorene Arbeit für den ND-Zylinder insgesamt theoretisch:

$$e_4' f_4' f_5 e_5 + a_4 a_4' a_5' a_5,$$

tatsächlich: $c_4' d_4' d_5 c_5 + a_4 a_4' a_5' a_5$.

Das Gesamtresultat ist, wenn man lediglich den durch die Abzapfwärme aus dem Hauptkreislauf erzielten Gewinn ins Auge faßt und den durch die Ausnutzung des Hilfsmaschinenabdampfes erzielten Vorteil nicht mitrechnet:

Ersparte, also vom Kessel nicht aufzubringende Flüssigkeitswärme:

$$a_h a_2 \alpha_2 \alpha_h,$$

tatsächlich verlorene Arbeit:

$$c_2' d_2 d_3 c_3 + c_3' d_3' d_4 c_4 + c_4' d_4' d_5 c_5 + a_5 a_2 a_5',$$

d. h. Gewinn: 11,8% der aufzuwendenden Wärme,
Verlust: 7,2% der gewonnenen Arbeit,
somit Gesamtgewinn: ca. 4,6%.

Anhang V.

Ungleichförmigkeit der Rotation von Schiffswellen. Torsionsschwingungen. Kritische Tourenzahl für dieselben.

I. Abschnitt.

§ 1. **Ungleichförmigkeit der Rotation von Schiffswellen.** Den in diesem Paragraphen angestellten Betrachtungen liegt die (selten auch nur annähernd zutreffende) Voraussetzung zugrunde, daß die ganze Wellenleitung vom vorderen Ende der Kurbelwelle an bis zum Propeller als ein starres Gebilde angesehen werden kann, so daß also die tatsächlich vorhandenen, unter der Einwirkung der Kräfte entstehenden elastischen Deformationen ganz außer acht gelassen werden. Inwieweit diese auf das Verhalten der Welle einwirken, bildet den Gegenstand der in den darauffolgenden Paragraphen enthaltenen Ausführungen.

Ist $W_{\max}$ der größte, $W_{\min}$ der kleinste, W_m der mittlere Wert der Umfangsgeschwindigkeit im Kurbelkreis während einer Umdrehung, so ist der Ungleichförmigkeitsgrad

$$\delta = \frac{W_{\max} - W_{\min}}{W_m}.$$

Die Ermittlung von δ geschieht wie folgt. Der Propellerwiderstand Q wird zunächst als annähernd konstant angenommen, so daß $Q = Q_m$ wird.

Abb. 33.

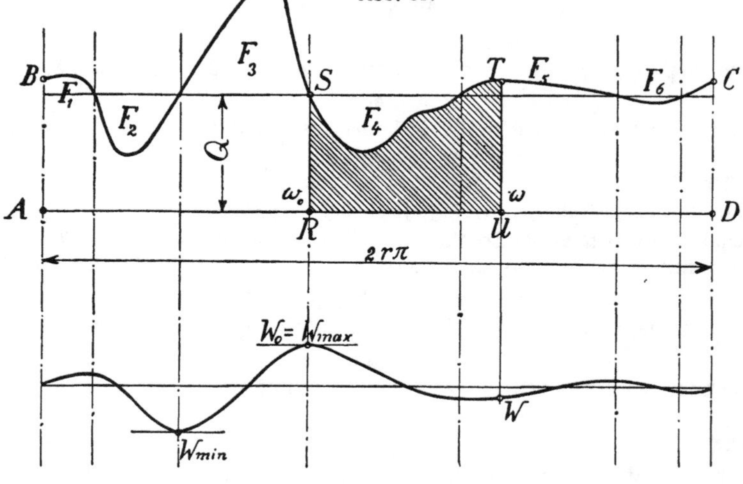

Abb. 34.

In dem Tangenitalkraftdiagramm Abb. 33 stellen die Flächenstücke F_1, F_2, F_3 ... zwischen der Kurve der T und der Linie Q demnach den positiven oder negativen Arbeitsüberschuß der drehenden Kraft T über die Widerstände dar. Diese Arbeitsüberschüsse werden zur Vermehrung bzw. Verminderung der lebendigen Kraft der bewegten Teile aufgebraucht. Es gilt daher die Gleichung: Arbeitsüberschuß zwischen ω_0 und ω = Änderung der lebendigen Kraft zwischen W_0 und W, oder

$$\frac{M}{2}(W^2 - W_0^2) = \int_{\omega_0}^{\omega} (T - Q)\, r\, d\omega = \text{Fläche } RSTU - \overline{RU} \times Q \quad . \quad . \quad . \quad . \quad . \quad (1)$$

Die Kurve der Umfangsgeschwindigkeit (Abb. 34) wird demgemäß einen Wendepunkt haben, wo ein Maximum oder Minimum der Drehkraft eintritt; ein Maximum oder Minimum, wo die Kurve der T die Linie der Q schneidet.

Die größte Umfangsgeschwindigkeit tritt an der Stelle ein, an welcher die algebraische Summe der aufeinanderfolgenden Arbeitsüberschüsse $F_1 + F_2 + F_3 + \ldots$ den größten positiven Wert $= X$ erreicht; die kleinste Geschwindigkeit da, wo jene Summe den größten negativen Wert $= Y$ hat.

Die Änderung, welche die lebendige Kraft zwischen ihrem Maximal- und Minimalwerte erfährt, entspricht der Differenz der größten positiven und negativen Arbeitsanhäufung.

Es ist also:

$$\frac{M}{2}(W_{max}^2 - W_{min}^2) = X - Y, \quad \ldots \ldots \ldots \ldots \quad (2)$$

wobei zu beachten ist, daß Y mit seinem negativen Vorzeichen einzusetzen ist.

Der Ungleichförmigkeitsgrad ist der Definition nach

$$\delta = \frac{W_{max} - W_{min}}{W_m} \quad \ldots \ldots \ldots \ldots \quad (3).$$

Ferner ist annähernd

$$W_m = \frac{W_{max} + W_{min}}{2} \quad \ldots \ldots \ldots \ldots \quad (4).$$

Aus den Gleichungen (2), (3) und (4) geht hervor

$$M \delta W_m^2 = X - Y \quad \ldots \ldots \ldots \ldots \quad (5).$$

Aus Gleichung (5) läßt sich δ berechnen; ist dieses bekannt, so findet man W_{max} und W_{min} aus den Gleichungen (3) und (4). Die Geschwindigkeit für irgendeinen Augenblick der Umdrehung (entsprechend dem Drehwinkel ω) findet man aus Gleichung (1). Dabei ist statt der beliebigen Ausgangsgeschwindigkeit W_0 die bekannte Geschwindigkeit W_{max} eingesetzt.

Es ist nämlich

$$\frac{M}{2}(W^2 - W_{max}^2) = \int_{\omega_{max}}^{\omega} (T - Q)\, r\, d\omega = L = \text{Differenz der Arbeiten der } T \text{ und der } Q \text{ zwischen den Ordinaten } RS \text{ und } UT.$$

Hieraus die gesuchte Geschwindigkeit

$$W = \sqrt{W_{max}^2 + \frac{2L}{M}} \quad \ldots \ldots \ldots \ldots \quad (6).$$

Mit Hilfe dieser Gleichung läßt sich die Kurve der Umfangsgeschwindigkeit aus dem Tangentialkraft-Diagramm entwickeln.

Unter Masse M ist hier die auf den Kurbelkreis reduzierte Masse der sämtlichen rotierenden Teile (vgl. Haupttext § 67) inkl. Schraube, Wellenleitung, Drehvorrichtungsrad usw. zu verstehen. Der Einfluß der oszillierenden Massen auf den Ungleichförmigkeitsgrad wird hierbei dadurch annähernd berücksichtigt, daß man sich die Hälfte dieser Massen am Kurbelradius angebracht denkt (vgl. hierzu Anhang V, § 8).

Will man die Veränderlichkeit des Propellermomentes Q berücksichtigen, so ermittelt man zunächst, wie vorstehend, die Geschwindigkeitskurve für konstanten Propellerwiderstand. Unter der Annahme, daß der Propellerwiderstand der 3,8. Potenz der Umfangsgeschwindigkeit proportional, also $Q = kW^{3,8}$ ist (vgl. Anh. V, § 9), läßt sich aus den für konstantes Q als erster Näherungswert gefundenen Umfangsgeschwindigkeiten W der Verlauf von Q aufzeichnen. Mit Hilfe dieser genaueren Werte von Q (vgl. Abb. 35) kann durch Wiederholung dieses Verfahrens die richtige Geschwindigkeitskurve ermittelt werden.

Wie einleitend bereits bemerkt, kann die Wellenleitung nur in den verhältnismäßig wenigen Fällen als starr angenommen werden, wo sie, wie bei Panzern, Eisbrechern, Tankdampfern (auch Schnelldampfern), verhältnismäßig stark und kurz ist, so daß Torsionsschwingungen mit großer Amplitude im allgemeinen nicht auftreten. Man findet hier $\delta = 4$ bis 7%.

§ 2. **Beispiele.** 1. Für die im Haupttext § 69 ermittelte Tangentialkraftkurve soll die Geschwindigkeitskurve ermittelt werden.

Das Schiff hat eine verhältnismäßig kurze und dicke Wellenleitung; dieselbe kann also als annähernd starr betrachtet werden.

Die auf den Kurbelkreis reduzierte Gesamtmasse M ist

$$M = \frac{50\,000}{9{,}8} \approx 5000 \frac{\text{kg sek}^2}{\text{m}},$$

entsprechend 50000 kg reduziertem Gewicht.

Die Arbeitsüberschüsse F_1, F_2, F_3 usw. (in der Haupttext-Abb. 102 mit I, II usw. bezeichnet) sind:

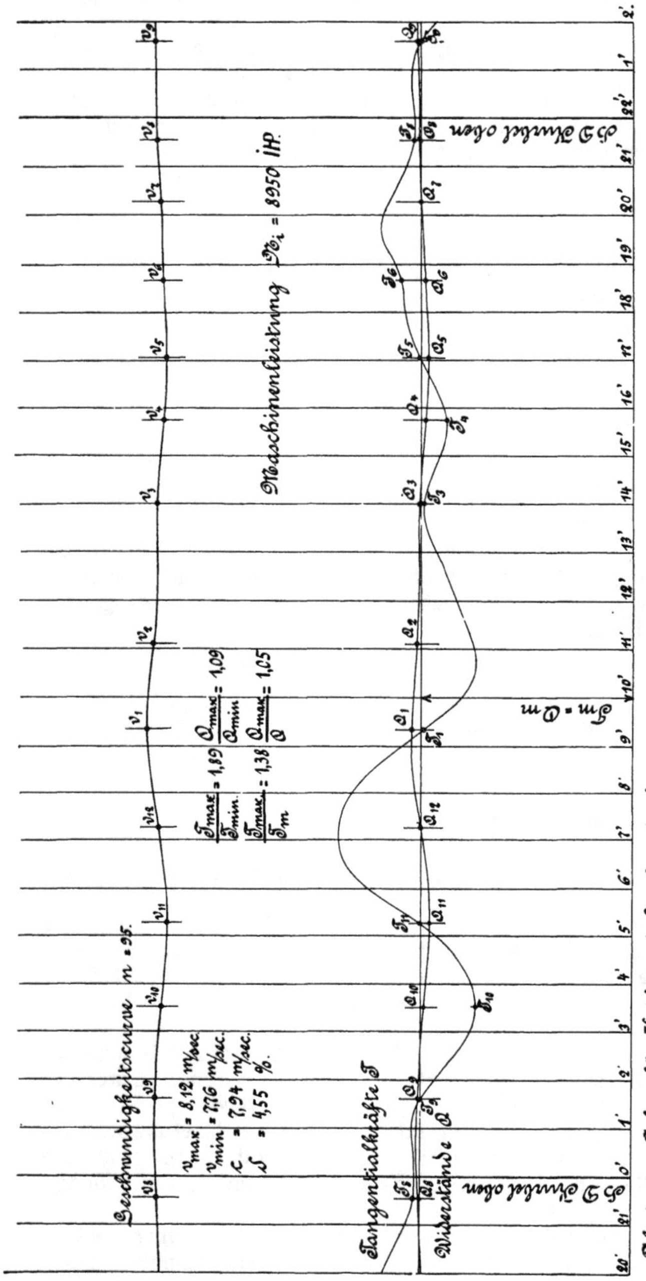

Abb. 35.

$$I = F_1 = -187$$
$$II = F_2 = +935$$
$$III = F_3 = -535$$
$$IV = F_4 = +180$$
$$V = F_5 = -8150$$
$$VI = F_6 = +11970$$
$$VII = F_7 = -10420$$
$$VIII = F_8 = +4407$$

$$F_1 + F_2 \ldots\ldots = +784$$
$$F_1 + F_2 + F_3 \ldots\ldots = +393$$
$$F_1 + F_2 + F_3 + F_4 \ldots = +2193$$
$$F_1 + F_2 + F_3 + F_4 + F_5 = -5957 = Y$$
$$F_1 + F_2 \ldots\ldots + F_6 = +6013 = X$$
$$F_1 + F_2 \ldots\ldots + F_7 = -4407$$
$$F_1 + F_2 \ldots\ldots + F_8 = 0$$

Somit $X - Y = 6013 + 5957 = 11970$ mkg.

Wir können nun δ berechnen. Es ist nach Gleichung (5):

$$\delta = \frac{X - Y}{M \cdot W_m^2} = \frac{11\,970}{5000 \cdot 6{,}28^2} = 0{,}06 = 6\,\%_0.$$

Aus Gleichung (3) und (4):

$$W_{ma} = W_m\left(1 + \frac{\delta}{2}\right) = 6{,}47 \text{ m/sec},$$

$$W_{min} = W_m\left(1 - \frac{\delta}{2}\right) = 6{,}09 \text{ m/sec}.$$

Die übrigen Geschwindigkeiten ergeben sich aus Gleichung (6), indem man für L der Reihe nach die Arbeiten F_7 (VII), $F_7 + F_8$ ($VII + VIII$) usw. einsetzt. Z. B.:

$$W_7 = \sqrt{6{,}47^2 - \frac{2 \cdot 10\,420}{5000}} = 6{,}14 \text{ m/sec}.$$

Bei dieser Berechnung war der Widerstand Q konstant über die ganze Umdrehung angenommen. Wollte man die Geschwindigkeitskurve noch genauer berechnen, so müßte man die eben berechnete Kurve der W benutzen, um nach der Formel $Q = k \cdot W^{3,8}$ die Widerstandskurve (der Q) zu ermitteln.

Den Faktor k erhält man annähernd aus der Formel

$$k = \frac{Q_m}{W_m^{3,8}} = \frac{T_m}{W_m^{3,8}}.$$

Aus den positiven und negativen Arbeitsüberschüssen zwischen den Kurven der T und der Q berechnet man genau wie vorher die berichtigte Geschwindigkeitskurve.

2. Abb. 35 zeigt den Verlauf der Tangentialkräfte und der berechneten Widerstände Q sowie die nach dem wiederholten Annäherungsverfahren berechnete Geschwindigkeitskurve für einen Schnelldampfer mit zwei vierkurbeligen Maschinen mit Schlickschem Massenausgleich. Die Umfangsgeschwindigkeiten sind hier mit v statt mit W, die mittlere Umfangsgeschwindigkeit mit c bezeichnet.

§ 3. **Experimentelle Bestimmung des Ungleichförmigkeitsgrades.** Abb. 36 zeigt die Übereinstimmung der errechneten und der experimentell ermittelten Geschwindigkeitskurven für einen

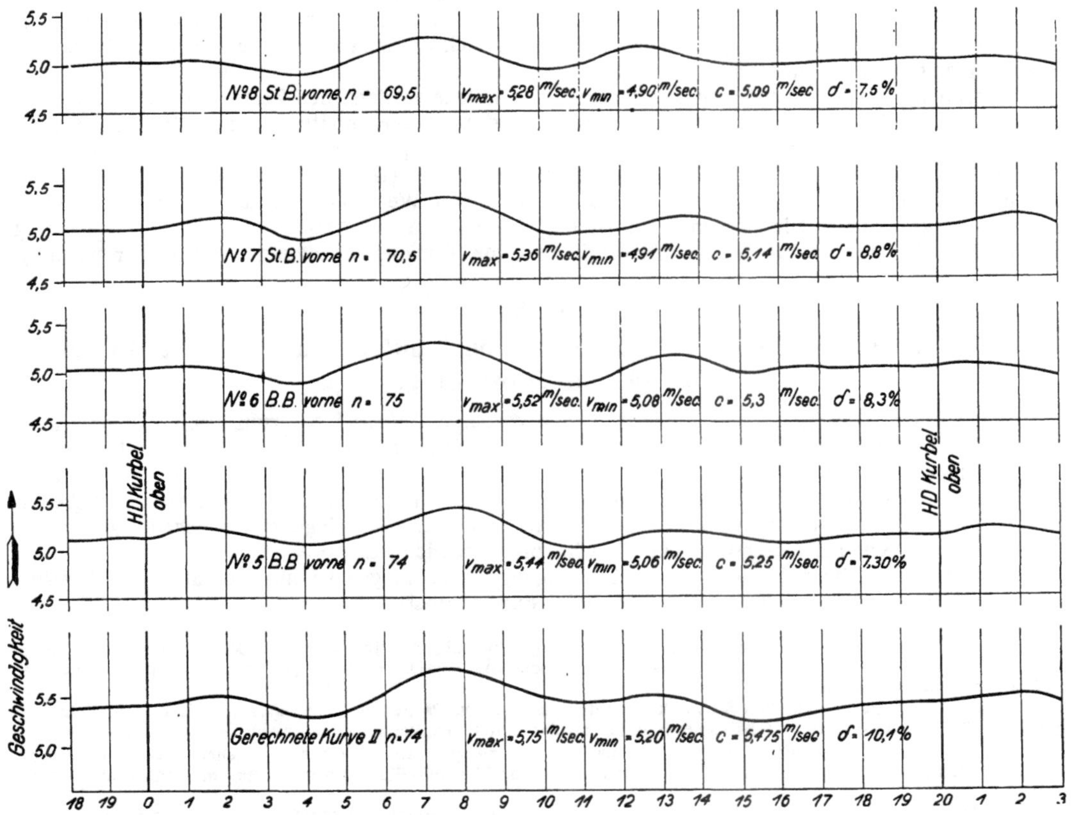

Nº 8 St.B. vorne n = 69,5 vmax = 5,28 m/sec. vmin = 4,90 m/sec. c = 5,09 m/sec δ = 7,5 %
Nº 7 St.B. vorne n = 70,5 vmax = 5,36 m/sec. vmin = 4,91 m/sec. c = 5,14 m/sec. δ = 8,8 %
Nº 6 B.B. vorne n = 75 vmax = 5,52 m/sec. vmin = 5,08 m/sec. c = 5,3 m/sec. δ = 8,3 %
Nº 5 B.B. vorne n = 74 vmax = 5,44 m/sec. vmin = 5,06 m/sec. c = 5,25 m/sec. δ = 7,30 %
Gerechnete Kurve II n = 74 vmax = 5,75 m/sec. vmin = 5,20 m/sec. c = 5,475 m/sec δ = 10,1 %
HD Kurbel oben
Geschwindigkeit

Abb. 36.

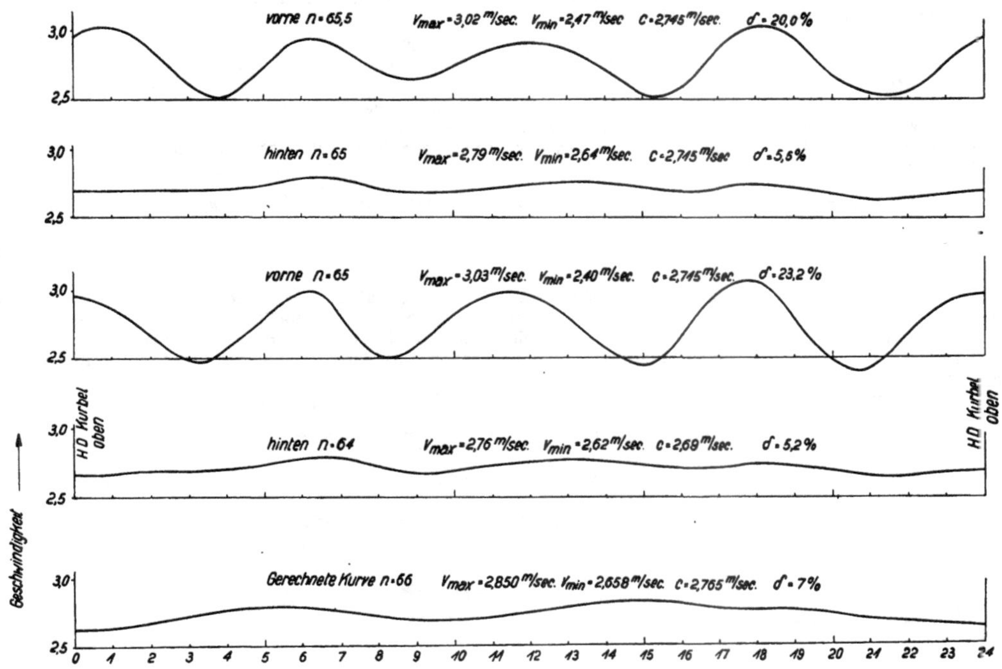

vorne n = 65,5 vmax = 3,02 m/sec. vmin = 2,47 m/sec c = 2,745 m/sec. δ = 20,0 %
hinten n = 65 vmax = 2,79 m/sec. vmin = 2,64 m/sec. c = 2,745 m/sec δ = 5,5 %
vorne n = 65 vmax = 3,03 m/sec. vmin = 2,40 m/sec. c = 2,745 m/sec. δ = 23,2 %
hinten n = 64 vmax = 2,76 m/sec. vmin = 2,62 m/sec. c = 2,69 m/sec. δ = 5,2 %
Gerechnete Kurve n = 66 vmax = 2,850 m/sec. vmin = 2,658 m/sec. c = 2,765 m/sec. δ = 7 %
HD Kurbel oben
Geschwindigkeit

Abb. 37

Fracht- und Passagierdampfer mit ebenfalls zwei vierkurbeligen ausbalancierten Maschinen. Kurve *II* ist in der oben beschriebenen Weise berechnet, die Kurven Nr. 5, 6, 7, 8 sind experimentell bestimmt, und zwar mit Hilfe von Stimmgabelapparaten, welche Schwingungen auf einen über die Welle gelegten Papierstreifen aufzeichnen.

Experimentelle Untersuchungen der gleichen Art, welche zu derselben Zeit wie vorstehende, und zwar auf einem Frachtdampfer mit sehr langer und dünner Wellenleitung angestellt worden sind, ergaben eine völlige Verschiedenheit des errechneten und experimentell bestimmten Verlaufs der Umfangsgeschwindigkeit der Welle. Es zeigte sich, daß in der Nähe der Sternbüchse die Welle annähernd gleichförmig rotierte, während das vordere Ende der Welle nahe an der Maschine sehr stark ungleichförmig rotierte. Die Umfangsgeschwindigkeit zeigte, siehe Abb. 37, einen fast regelmäßig sinusförmigen Verlauf, so daß auf das Vorhandensein von Torsionsschwingungen geschlossen wurde[1]).

II. Abschnitt.

Die Berechnung der Eigenschwingungszahl von Schiffswellen. Kritische Drehzahl für Torsions-Schwingungen.

§ 4. **Einleitung.** Jede Schiffswelle, von der vordersten Kurbel bis zum Propeller gerechnet, bildet mit den auf ihr sitzenden Massen des Propellers, der Kupplungen (bei Ölmaschinen und U-Booten der Schwungräder, Dynamoanker usw.), der Kurbeln, mit den auf die Welle wirkenden Anteilen der Gestängemassen usw. ein System, das unter dem Einfluß der in den Arbeitszylindern entwickelten periodischen Triebkräfte in Drehschwingungen versetzt wird[2]). Die Schwingungen, welche die genannten Kräfte erzeugen, werden als erzwungene Schwingungen bezeichnet.

Für die Beurteilung der wichtigsten Schwingungserscheinungen ist nun vor allem die Bestimmung der Eigenschwingungszahlen des Wellensystems[3]) erforderlich.

---

[1]) Vgl. Verf. »Schwankungen der Wellen-Umdrehungsgeschwindigkeit. Jahrbuch der Schiffbautechn. Ges. 1900, in welchem Aufsatz zum ersten Male auf das Vorhandensein von Torsionsschwingungen in den Wellenleitungen der Schiffe aufmerksam gemacht wurde.

[2]) Auch durch die periodischen Schwankungen des tangentialen Propellerwiderstandes, wie sie z. B. in Folge der ungleichmäßigen Verteilung des Nachstromes (vgl. Hptt. § 275) entstehen, können Drehschwingungen verursacht werden.

[3]) Bemerkung. Um die nachstehenden Auseinandersetzungen verständlicher zu machen, ist es angebracht, sich die Ableitung der Formeln für den einfachsten Fall von Torsions-Eigenschwingungen ins Gedächtnis zurückzurufen.

An dem freien Ende einer einseitig fest eingespannten, als masselos gedachten Welle von der Länge L, dem polaren Trägheitsmoment Θ und dem Schubelastizitätsmodul G des Wellenmaterials soll im Abstande r von der Wellenachse eine Masse m befestigt sein. Diese Masse soll durch Verdrehen der Welle um den Winkel α, gemessen am freien Ende, also um den Verdrehungsbogen $r \cdot \alpha = a$, aus ihrer Mittellage entfernt und dann losgelassen werden. Um den sich hierbei entwickelnden Bewegungsvorgang auf eine statische Aufgabe zurückzuführen, ist an der Masse m in tangentialer Richtung die sogenannte Trägheitskraft

$$T = -m \frac{d^2 a}{dt^2} = -m \cdot r \frac{d^2 \alpha}{dt^2}$$

angebracht zu denken.

Diese Kraft muß mit der auf den Angriffspunkt der Masse bezogenen elastischen Kraft der Welle im Gleichgewicht sein, welche die Masse m in ihre Mittellage zurückzuführen sucht.

Diese elastische Kraft P berechnet sich aus den bekannten Formeln für die elastische Verdrehung von Wellen. Es ist der Verdrehungswinkel

$$\alpha = \frac{P \cdot r}{G \cdot \Theta} \cdot L \quad \text{oder} \quad a = \frac{P \cdot r}{G \cdot \Theta} \cdot L \cdot r \quad \text{oder} \quad P = \frac{G \cdot \Theta}{r^2 \cdot L} \cdot a = k \cdot a,$$

woraus also

$$- \frac{G \cdot \Theta}{r^2 \cdot L} .$$

P ist dabei die am Radius r angreifende verdrehende Kraft; die auf die Masse m wirkende elastische Kraft ist gleichgroß und entgegengesetzt gerichtet. Man erkennt, daß die Kraft P proportional ist dem Schubelastizitätsmodul und dem polaren Trägheitsmoment, sowie umgekehrt proportional dem Quadrat des Radius für den Angriffspunkt der Masse und der Länge des eingespannten Stabes zwischen Einspannquerschnitt und der senkrechten Ebene, in welcher die Masse angebracht ist.

Als Gleichgewichtsbedingung für die am Stabende angreifenden Kräfte ergibt sich nun

$$-mr \frac{d^2 \alpha}{dt^2} - P = 0 \quad \text{oder} \quad m \cdot r \cdot \frac{d^2 \alpha}{dt^2} = -k \cdot a = -k \cdot r \cdot \alpha,$$

also

$$m \cdot \frac{d^2 \alpha}{dt^2} = -k \cdot \alpha.$$

Um die Lösung dieser Differentialgleichung zu finden, schreiben wir zunächst

$$\frac{d\left(\frac{d\alpha}{dt}\right)^2}{dt} = 2 \frac{d\alpha}{dt} \frac{d^2 \alpha}{dt^2};$$

hieraus $\frac{d^2 \alpha}{dt^2}$ in obige Gleichung eingesetzt ergibt

$$m \cdot \frac{d\left(\frac{d\alpha}{dt}\right)^2}{dt} = -k \cdot \alpha \cdot 2 \frac{d\alpha}{dt} = -k \frac{d(\alpha^2)}{dt}.$$

Um den Begriff der Eigenschwingungszahl bei Torsionsschwingungen näher zu kennzeichnen, denken wir uns ein System, bestehend aus einer Welle, auf welcher Massen angebracht sind. Wird die Welle durch in Querebenen angreifende Drehmomente verdreht und werden die äußeren Kräfte, welche diesen Drehmomenten entsprechen, plötzlich weggenommen, so schwingt das System mit einer ganz bestimmten Schwingungszahl, nämlich mit der Eigenschwingungszahl. Diese Schwingung würde auch ohne Einwirkung äußerer Kräfte fortbestehen, wenn nicht die vorhandenen dämpfenden Widerstände ein Abklingen der Ausschläge zur Folge hätten, d. h. die Schwingung zu einer gedämpften machten.

Durch Integration folgt hieraus:

$$m\left(\frac{d\alpha}{dt}\right)^2 = -k\cdot\alpha^2 + C$$

und

$$\frac{d\alpha}{dt} = \sqrt{\frac{C}{m} - \frac{k\alpha^2}{m}} = \sqrt{\frac{C}{m}}\sqrt{1-\frac{k\cdot\alpha^2}{C}}$$

oder

$$\frac{d\alpha}{\sqrt{1-\frac{k\cdot\alpha^2}{C}}} = dt\sqrt{\frac{C}{m}}.$$

Setzen wir $\frac{k\cdot\alpha^2}{C} = x^2$, so erhalten wir $\quad \frac{dx}{\sqrt{1-x^2}} = dt\sqrt{\frac{k}{m}}.$

Dies integriert, gibt

$$\arcsin x = t\sqrt{\frac{k}{m}} + C'.$$

Soll für die Zeit $t = 0$ der Winkel α = Null werden, so wird $C' = 0$.
Wir erhalten also

$$\sin t\sqrt{\frac{k}{m}} = x,$$

also mit

$$x = \alpha\sqrt{\frac{k}{C}}$$

$$\sin t\sqrt{\frac{k}{m}} = \alpha\sqrt{\frac{k}{C}},$$

woraus

$$\alpha = \sqrt{\frac{C}{k}}\sin t\sqrt{\frac{k}{m}};$$

setzen wir hierin noch $\sqrt{\frac{k}{m}} = \omega = \frac{\pi n}{30}$, so ergibt sich die Zeit für eine Vollschwingung zunächst zu

$$t_e = \frac{2\pi}{\omega} = \frac{2\pi}{\sqrt{\frac{k}{m}}},$$

und der Augenblickswert für α wird

$$\alpha = \sqrt{\frac{C}{k}}\sin\omega\cdot t.$$

Der Größtwert des Ausschlages, die Amplitude, ist also mit $\sin\omega t = 1$

$$a_{\max} = r\cdot\alpha_{\max} = r\cdot\sqrt{\frac{C}{k}}.$$

Nach vorhergehendem war

$$\omega = \sqrt{\frac{k}{m}}$$

und

$$k = \frac{G\cdot\Theta}{r^2\cdot L};$$

setzen wir diesen Wert von k in die Gleichung für ω ein, so erhalten wir

$$\omega = \sqrt{\frac{G\cdot\Theta}{r^2\cdot L\cdot m}}.$$

Die Größe ω kann als Winkelgeschwindigkeit eines Vektors von der Länge $\sqrt{\frac{C}{k}}$ aufgefaßt werden; die Ausschläge α sind dann die Projektionen dieses Vektors auf die Senkrechte zur Ruhelage. In der Zeit $t_e = \frac{2\pi}{\omega}$ durchläuft dieser Vektor einen vollen Kreis; er vollendet denselben also in der Zeiteinheit $n = \frac{\omega}{2\pi}$ mal.

Auf die Minute bezogen erhalten wir die Eigenschwingungszahl für den eingespannten Stab zu

$$n_e = \frac{30}{r\cdot\pi}\cdot\sqrt{\frac{\Theta\cdot G}{L\cdot m}}.$$

Wollen wir eine am System im Abstande r_1 angreifende Masse m_1 durch eine in einem anderen Abstand r_2 angeordnete Masse m_2 ersetzen, welche die gleiche Eigenschwingungszahl des Systems ergeben soll, so folgt, da für beide Systeme die Werte für Θ, G und L gleich bleiben, aus

$$\frac{30}{r_1\cdot\pi}\sqrt{\frac{\Theta\cdot G}{L\cdot m_1}} = \frac{30}{r_2\cdot\pi}\sqrt{\frac{\Theta\cdot G}{L\cdot m_2}}$$

$$r_1\cdot\sqrt{m_1} = r_2\cdot\sqrt{m_2},$$

Auf der Welle muß, wie sich aus dem Flächensatz ohne weiteres ergibt, im Zustande der Schwingung an irgendeiner Stelle zwischen den Massen mindestens ein dauernd ruhender Punkt, ein Schwingungs-Knotenpunkt, vorhanden sein. Ist nur einer vorhanden, so spricht man von der Eigenschwingungszahl I. Grades. Bei einem Zweimassensystem kann nur eine solche eintreten.

---

oder es folgt die auf den Radius r_2 reduzierte Masse:

$$m_2 = m_1 \left(\frac{r_1}{r_2}\right)^2.$$

Hierin bedeutet m_1 die wirkliche Masse, r_2 den Reduktionsradius und r_1 den Radius, in dem man sich die Gesamtmasse m_1 vereinigt denken kann; r_1 ist also identisch mit dem Trägheitsradius i der Masse m_1 (vgl. S. 84 u. f.). Die Reduktion einer Masse auf einen Radius r_2 erfolgt also im Verhältnis $\left(\frac{i}{r_2}\right)^2$.

Aus der obigen Beziehung $\alpha = \alpha_{max} \sin \omega t$ folgt auch die Größe der Trägheitskraft

$$T = -m \frac{d^2 a}{dt^2} = -m r \frac{d^2 \alpha}{dt^2} = m r \omega^2 \cdot \alpha_{max} \sin \omega t = m \cdot r \alpha \omega^2 = m \cdot a \omega^2.$$

Der Maximalwert von T ergibt sich für $\omega t = \frac{\pi}{2}$ zu $T_{max} = m r \omega^2 \alpha_{max} = m a_{max} \cdot \omega^2$.

Die vorstehende Ableitung der Bewegungsgleichung für die freie oder Eigenschwingung der an einem Ende eingespannten Welle läßt sich leicht auch auf den allgemeineren Fall der sog. erzwungenen Schwingung übertragen. Man versteht hierunter in unserem Fall den Bewegungsvorgang, der sich einstellt, wenn an der Masse m eine in tangentialer Richtung wirkende äußere Kraft $K = K_{max} \cdot \sin \beta t$ angreift, deren Größe sich periodisch nach Art einer Sinusfunktion ändert. In diesem Falle müssen die Trägheitskraft, die elastische Kraft der Welle und die äußere Kraft K im Gleichgewicht sein.

Es wird also

$$-m r \frac{d^2 \alpha}{dt^2} - P + K = 0$$

oder

$$-m r \frac{d^2 \alpha}{dt^2} - k r \alpha + K_{max} \cdot \sin \beta t = 0$$

oder

$$m \cdot \frac{d^2 \alpha}{dt^2} + k \alpha = \frac{K_{max}}{r} \sin \beta t.$$

Bekanntlich erhält man die Lösung dieser linearen Differentialgleichung mit sog. konstantem Glied, indem man zuerst die allgemeine Lösung der Gleichung ohne konstantes Glied, d. i. $m \frac{d^2 \alpha}{dt^2} + k\alpha = 0$, und sodann durch Probieren eine partikuläre Lösung der gesamten Gleichung sucht.

Wir hatten für die Gleichung $m \frac{d^2 \alpha}{dt^2} + k \alpha = 0$ als Lösung gefunden

$$\arcsin \alpha \sqrt{\frac{k}{C}} = t \sqrt{\frac{k}{m}} + C'$$

oder

$$\alpha = \sqrt{\frac{C}{k}} \cdot \sin(\omega t + C'), \text{ wobei } \omega = \sqrt{\frac{k}{m}}.$$

Eine partikuläre Lösung der gesamten Differentialgleichung finden wir, indem wir probeweise setzen:

$$\alpha = A \cdot \sin \beta t + B \cos \beta t$$

und in letztere Gleichung substituieren. Wir erhalten so:

$$-m\beta^2 A \sin \beta t - m\beta^2 B \cos \beta t + k A \sin \beta t + k B \cos \beta t = \frac{K_{max}}{r} \sin \beta t.$$

Durch Vergleich der Koeffizienten von $\cos \beta t$ und $\sin \beta t$ ergibt sich

$$B(k - \beta^2 m) = 0 \text{ oder } B = 0,$$

$$A(k - \beta^2 m) = \frac{K_{max}}{r},$$

also

$$A = \frac{K_{max}}{r(k - \beta^2 m)} = \frac{K_{max}}{r m \left(\frac{k}{m} - \beta^2\right)} = \frac{K_{max}}{r m (\omega^2 - \beta^2)}.$$

Die vollständige Lösung der Differentialgleichung für die Bewegung der Masse m ist also:

$$\alpha = \sqrt{\frac{C}{k}} \cdot \sin(\omega t + C') + \frac{K_{max}}{r \cdot m \cdot (\omega^2 - \beta^2)} \sin \beta t.$$

Man erkennt hieraus, daß für $\beta = \omega$, d. h. wenn die äußere Kraft in dem Rythmus schwankt, welcher der Eigenschwingung der Welle entspricht, der Ausschlagwinkel α unendlich groß werden würde. Man spricht in diesem Falle auch von Resonanz zwischen erregender periodischer Kraft und Eigenschwingung. In Wirklichkeit werden allerdings auch im Falle der Resonanz die Schwingungsausschläge endlich bleiben, da mit dem Anwachsen dieser Ausschläge die in der obigen Ableitung unberücksichtigt gebliebenen Bewegungswiderstände durch Reibung u. dgl. mehr und mehr ins Gewicht fallen und die Schwingungsbewegung merklich abdämpfen.

Überhaupt ist genau genommen jede praktisch vorkommende Schwingungsbewegung mit gewissen Widerständen behaftet und als sog. gedämpfte Schwingung anzusehen. Da wir uns jedoch im nachstehenden in der Hauptsache darauf beschränken wollen, die für das Eintreten kritischer Verhältnisse maßgebenden Eigenschwingungszahlen zu ermitteln, ist davon abgesehen, die Bewegungsgleichungen für solche gedämpften Schwingungen abzuleiten. Es sei hier diesbezüglich nur bemerkt, daß bei Berücksichtigung der Dämpfung in dem oben für die ungedämpfte erzwungene Schwingung abgeleiteten Ausdruck für α nach gewisser Zeitdauer das erste Glied, welches eine Schwingungsbewegung mit der Eigenschwingungsfrequenz darstellt, ganz abklingt, so daß schließlich als erzwungene Schwingung nur eine periodische Bewegung im Rythmus der periodisch wechselnden äußeren Kraft verbleibt. Die Schwingungsausschläge sind dabei um so größer, je größer die erregende Kraft und je kleiner die Dämpfungskraft ist; sie werden besonders groß, wenn die Frequenz der erregenden Kraft annähernd mit der Eigenschwingungszahl zusammenfällt.

Sind mehr als zwei Massen auf der Welle vorhanden, so können sich mehrere solche Knotenpunkte ausbilden. Demgemäß sprechen wir, je nach der Anzahl der in der Wellenleitung auftretenden Schwingungs-Knotenpunkte, von einer Eigenschwingungszahl I., II., III. Grades. Näheres hierüber siehe § 7.

Wirken auf das Massensystem äußere, periodisch wechselnde Kräfte ein, deren Frequenz ungefähr mit der einer Eigenschwingung übereinstimmt, so werden die durch diese Kräfte hervorgerufenen Ausschläge der einzelnen gegeneinander schwingenden Massen besonders groß, und wir haben in diesem Falle eine sog. kritische Schwingungszahl.

Je nach der Größe der äußeren erregenden Kräfte kann es dabei vorkommen, daß Schwingungsausschläge und damit Materialbeanspruchungen auftreten, welche zu einem Bruch der Welle führen.

Die im Betriebe einer Kolbenmaschinenanlage vorhandenen erregenden Kräfte sind die Schwankungen der Tangentialkraft (siehe § 68). Jedes noch so unregelmäßige Tangentialkraftdiagramm läßt sich in eine konstante Tangentialkraft und in eine Reihe rein sinusförmig verlaufender (sog. harmonischer) Kraftschwingungen zerlegen, die während der Zeit einer Maschinenumdrehung 1-, 2-, 3-, 4mal usw. vollendet werden, d. h. also 1-, 2-, 3-, 4-usw.-fache Frequenz besitzen. Die Zerlegung des Tangentialkraft-Diagramms in solche Sinuswellen verschiedener Frequenz heißt harmonische Analyse, vgl. Anhang VI. Entsprechend der Zahl der vollen Sinuswellen, welche auf eine Maschinenumdrehung treffen, spricht man von harmonischen Kräften oder Impulsen 1., 2., 3. usw. Ordnung.

Je nach dem Grade der mit dem Impuls der äußeren Kraft zur Resonanz kommenden Eigenschwingungszahl und der Ordnung der erregenden harmonischen Kraft spricht man dann von einer kritischen Drehzahl bestimmten Grades und bestimmter Ordnung, also z. B. von einer kritischen Drehzahl I. Grades, 3. Ordnung.

Eine kritische Drehzahl haben wir also jedesmal, wenn der Quotient: Eigenschwingungszahl dividiert durch die Ordnungsziffer der erregenden harmonischen Kraft gleich der minutlichen Maschinendrehzahl ist. (Näheres hierüber siehe § 7.)

§ 5. **Rechnerische Ermittlung der Eigenschwingungszahl.** Vorbemerkung: Um die Ermittlung der Eigenschwingungszahl des mit der Welle in Verbindung stehenden Massensystems möglichst einfach zu gestalten, werden zunächst sämtliche Massen auf den gleichen Radius reduziert, und zwar wird hierfür, wenn es sich um Kolbenmaschinen handelt, meist der Kurbelradius r gewählt. Die Reduktion erfolgt in der Weise, daß das Massenträgheitsmoment konstant bleibt (vgl. hierzu die Bemerkung zu § 4).

Setzt sich die Welle aus Teilen mit verschiedenen Querschnitten und verschiedenen Materialien zusammen, so führt man zweckmäßig eine elastisch äquivalente Welle von konstantem polaren Trägheitsmoment und gleichem Schubelastizitätsmodul mit entsprechend reduzierter Länge in die Rechnung ein. Diese Ersatzwelle ist der wirklichen Welle in Bezug auf Drehschwingungen dann gleichwertig, wenn bei beiden Wellen einander entsprechende Querschnitte unter der Wirkung des gleichen Drehmomentes gleiche Verdrehungen erfahren.

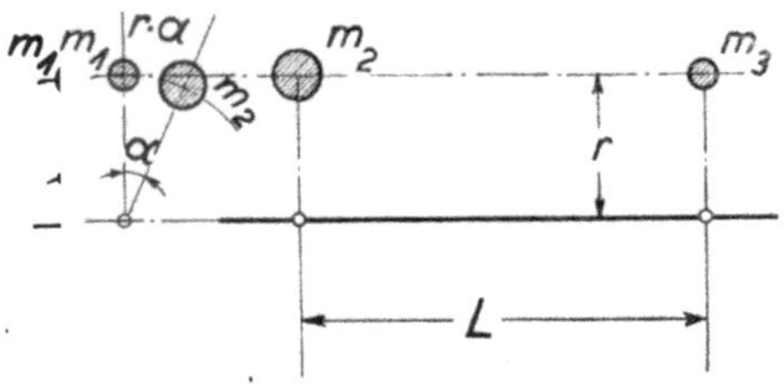

Abb. 38.

Bei der Ermittlung der reduzierten Länge von Wellenkröpfungen und der Berücksichtigung des Einflusses von aufgekeilten Maschinenteilen, aufgeschrumpften Wellenbezügen, Wellenschwächungen durch Keilnuten usw. ist diese Bedingung ebenfalls zu beachten. In schwierigen Fällen ist die elastisch gleichwertige Wellenlänge, d. h. die reduzierte Länge, durch einen Verdrehungsversuch festzustellen.

Das Verfahren für die Reduktion der Massen sowie für die Ermittlung der reduzierten Wellenlänge wird in dem später folgenden Beispiel § 8 eingehend besprochen.

Dies vorausgeschickt, soll zunächst das rechnerische Verfahren für die Ermittlung der Eigenschwingungszahl für den einfachen Fall, daß nur zwei Massen vorhanden sind, erläutert werden. Die beiden Massen m_1 und m_2 (vgl. Abb. 38) sollen bereits auf den gleichen Radius r reduziert worden sein. Die Welle wird als masselos angenommen, soll aber ein bestimmtes polares Trägheitsmoment Θ besitzen. Wir benutzen zur Lösung der Aufgabe den Flächensatz, welcher aussagt, daß der Drall $\mathfrak{B}$ des bewegten Systems konstant bleiben muß, wenn keine äußeren Kräfte auf dasselbe einwirken.

Wir haben also $\Sigma\,\mathfrak{B}$ = konst. oder

$$\Sigma \frac{d\mathfrak{B}}{dt} = \frac{d\mathfrak{B}_1}{dt} + \frac{d\mathfrak{B}_2}{dt} = 0.$$

Führen wir die Werte für den Drall jeder Masse (statisches Moment ihrer Bewegungsgröße) bezogen auf die Wellenmitte ein, so erhalten wir

$$\frac{d}{dt}\left\{m_1 \cdot r^2 \frac{d\alpha_1}{dt} + W m_1 r^2\right\} + \frac{d}{dt}\left\{m_2 \cdot r^2 \cdot \frac{d\alpha_2}{dt} + W m_2 r^2\right\} = 0.$$

Dreht sich die Welle als Ganzes genommen mit gleichförmiger Geschwindigkeit (wenn also abgesehen von dem Schwingungsvorgang keine beschleunigenden oder verzögernden äußeren Kräfte auf sie wirken, wie bei obigem Ansatz angenommen), so ist ihre Winkelgeschwindigkeit W konstant, und es ergibt die Ausführung der Differentiation und der Division mit r

$$m_1 \cdot r \frac{d^2 \alpha_1}{d t^2} + m_2 \cdot r \frac{d^2 \alpha_2}{d t^2} = 0.$$

Diese Gleichung hätte natürlich auch von vornherein angeschrieben werden können, denn sie besagt nichts anderes, als daß im Falle der Eigenschwingung zwischen den auf die Welle wirkenden, auf gleichen Radius reduzierten Trägheitskräften Gleichgewicht bestehen muß.

Mit $\alpha = \sqrt{\frac{C}{k}} \cdot \sin \omega t = \alpha_{\max} \cdot \sin \omega t$ (vgl. Bemerkung § 4) folgt

$$\frac{d^2 \alpha_1}{d t^2} = -\omega^2 \alpha_{\max_1} \sin \omega t \text{ und}$$

$$\frac{d^2 \alpha_2}{d t^2} = -\omega^2 \alpha_{\max_2} \sin \omega t.$$

Hiermit folgt also

$$m_1 r \omega^2 \alpha_{\max_1} = - m_2 r \omega^2 \alpha_{\max_2}.$$

Die Sinusfunktion hebt sich weg, d. h. es ist ganz gleichgültig, in welcher momentanen Lage die Gleichgewichtsbedingung angeschrieben wird; sie ist für jeden Zeitpunkt erfüllt, wenn sie für den Augenblick des maximalen Ausschlages (d. h. für den Zeitpunkt der Bewegungsumkehr) erfüllt ist.

Obige Gleichung können wir auch, vgl. Bemerkung § 4, schreiben:

$$m_1 \cdot a_{\max_1} \cdot \omega^2 = - m_2 \cdot a_{\max_2} \cdot \omega^2,$$

d. h. die Summe der maximalen Werte für die Trägheitskräfte muß Null sein, also

$$T_{\max_1} + T_{\max_2} = 0.$$

Da die Maximalausschläge $a_{\max_1}$ und $a_{\max_2}$ sich verhalten wie die axialen Entfernungen l_1 und l_2 (vgl. auch Abb. 40) der Massen vom Schwingungsknoten, so ergibt sich aus obigem ohne weiteres die Beziehung

$$m_1 \cdot l_1 = - m_2 \cdot l_2,$$

wobei das Minuszeichen dem Umstand Rechnung trägt, daß die beiden Längen vom Knotenpunkt aus nach entgegengesetzten Richtungen zu messen sind.

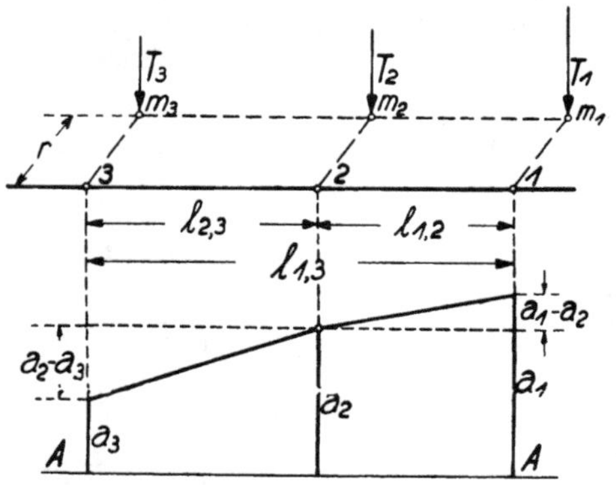

Abb. 39.

Die Eigenschwingungszahl finden wir nunmehr (vgl. Bermerkung § 4) aus der dort angegebenen Beziehung für die eingespannte Welle

$$n_e = \frac{30}{r \cdot \pi} \sqrt{\frac{\Theta \cdot G}{L \cdot m}}.$$

Als Einspannquerschnitt hat hier der Knotenpunkt zu gelten, so daß also jetzt für L die Werte l_1 bzw. l_2 und für m die entsprechenden Werte m_1 bzw. m_2 einzuführen sind.

Will man den Abstand L der beiden Massen in die Formel einführen, so ergibt sich mit $\frac{l_1}{l_2} = \frac{m_2}{m_1}$ und einfacher Umformung

$$l_1 = L \cdot \frac{m_2}{m_1 + m_2} \quad \text{bzw.} \quad l_2 = L \frac{m_1}{m_1 + m_2}.$$

Setzen wir diese Werte in die Gleichung für n_e ein, so erhalten wir die Eigenschwingungszahl für das Zweimassensystem zu

$$n_e = \frac{30}{r \cdot \pi} \sqrt{\frac{\Theta \cdot G \cdot (m_1 + m_2)}{L \cdot m_1 \cdot m_2}}.$$

Wesentlich komplizierter gestaltet sich die Rechnung bereits, wenn drei Massen auf der Welle vorhanden sind. Die Durchführung dieser Aufgabe ist im nachstehenden (hierzu Abb. 39) wiedergegeben.

Analog wie beim Zweimassensystem gezeigt, muß auch hier für die Maximalwerte der Trägheitskräfte die Gleichgewichtsbedingung

$$\Sigma (T_{\max}) = 0$$

erfüllt sein; werden die Maximalwerte der Schwingungsausschläge der 3 Massen mit a_1, a_2, a_3 bezeichnet[1]), so ist also:

$$m_1 \cdot \omega^2 \cdot a_1 + m_2 \cdot \omega^2 \cdot a_2 + m_3 \cdot \omega^2 \cdot a_3 = 0$$

oder

$$m_1 \cdot a_1 + m_2 \cdot a_2 + m_3 \cdot a_3 = 0.$$

Da ferner (vgl. Bemerkung § 4) die Verdrehung a eines Wellenstückes, gemessen am Radius r, proportional dem in demselben wirkenden verdrehenden Moment ist, entsprechend der Beziehung

$$a = \frac{P \cdot r^2 \cdot L}{\Theta \cdot G},$$

so ergibt sich unter Bezugnahme auf Abb. 39, wenn $\frac{\Theta G}{r^2} = H$ gesetzt wird, die Verdrehung des Wellenstückes $l_{1,2}$ zu

$$a_1 - a_2 = \frac{m_1 \cdot \omega^2 \cdot a_1 \cdot l_{1,2}}{H}$$

und die Verdrehung von $l_{2,3}$:

$$a_2 - a_3 = \frac{(m_1 \omega^2 a_1 + m_2 \omega^2 a_2)\, l_{2,3}}{H}$$

oder

$$a_2 - a_3 = -\frac{m_3 \cdot \omega^2 \cdot a_3 \cdot l_{2,3}}{H}.$$

Wir bestimmen aus beiden Gleichungen a_2

$$a_2 = a_1 \left(1 - \frac{m_1 \omega^2 l_{1,2}}{H}\right),$$

$$a_2 = a_3 \left(1 - \frac{m_3 \omega^2 l_{2,3}}{H}\right);$$

hieraus folgt

$$a_3 = \frac{a_1 \left(1 - \frac{m_1 \omega^2 l_{1,2}}{H}\right)}{\left(1 - \frac{m_3 \omega^2 l_{2,3}}{H}\right)}.$$

Nun setzen wir die Werte für a_2 und a_3 in die Gleichung der Gleichgewichtsbedingung für die Trägheitskräfte ein und erhalten:

$$m_1 \cdot a_1 + m_2 \cdot a_1 \left(1 - \frac{m_1 \cdot \omega^2 \cdot l_{1,2}}{H}\right) + m_3 \cdot a_1 \frac{1 - \frac{m_1 \cdot \omega^2 \cdot l_{1,2}}{H}}{1 - \frac{m_3 \cdot \omega^2 \cdot l_{2,3}}{H}} = 0,$$

woraus

$$m_1 \left(1 - \frac{m_3 \cdot \omega^2 \cdot l_{2,3}}{H}\right) + m_2 \cdot \left(1 - \frac{m_3 \cdot \omega^2 l_{2,3}}{H}\right)\left(1 - \frac{m_1 \cdot \omega^2 \cdot l_{1,2}}{H}\right) + m_3 \left(1 - \frac{m_1 \omega^2 \cdot l_{1,2}}{H}\right) = 0,$$

bzw.

$$\frac{\omega^4}{H^2} \cdot m_1 \cdot m_2 m_3 \cdot l_{1,2}, l_{2,3} - \frac{\omega^2}{H} (m_1 \cdot m_3 l_{2,3} + m_1 \cdot m_2 l_{1,2} + m_2 m_3 l_{2,3} + m_1 m_3 l_{1,2}) + m_1 + m_2 + m_3 = 0.$$

Mit $l_{1,2} + l_{2,3} = l_{1,3}$ wird

$$\omega^4 - \omega^2 \frac{H}{l_{1,2} \cdot l_{2,3}} \left(\frac{l_{1,3}}{m_2} + \frac{l_{1,2}}{m_3} + \frac{l_{2,3}}{m_1}\right) = -\frac{(m_1 + m_2 + m_3) \cdot H^2}{m_1 \cdot m_2 \cdot m_3 \cdot l_{1,2} \cdot l_{2,3}}$$

Diese Gleichung 2. Grades lösen wir nach ω^2 auf:

$$\omega^2 = \frac{1}{2} \frac{H}{l_{1,2} \cdot l_{2,3}} \left(\frac{l_{1,3}}{m_2} + \frac{l_{1,2}}{m_3} + \frac{l_{2,3}}{m_1}\right) \pm \sqrt{\frac{1}{4} \frac{H^2}{l_{1,2}^2 l_{2,3}^2} \left(\frac{l_{1,3}}{m_2} + \frac{l_{1,2}}{m_3} + \frac{l_{2,3}}{m_1}\right)^2 - \frac{(m_1 + m_2 + m_3) H^2}{m_1 \cdot m_2 \cdot m_3 \cdot l_{1,2} \cdot l_{2,3}}}$$

oder

$$\omega = \frac{1}{r} \sqrt{\frac{1}{2} \frac{\Theta G}{l_{1,2} \cdot l_{2,3}} \frac{1}{m_1 \cdot m_2 \cdot m_3} [(l_{1,3} \cdot m_1 \cdot m_3 + l_{1,2} \cdot m_1 \cdot m_2 + l_{2,3} m_2 \cdot m_3) \pm \sqrt{A}]}$$

$$\sqrt{A} = \sqrt{(l_{1,3} \cdot m_1 \cdot m_3 + l_{1,2} \cdot m_1 m_2 + l_{2,3} m_2 m_3)^2 - 4 (m_1 + m_2 + m_3) m_1 \cdot m_2 \cdot m_3 \cdot l_{1,2} \cdot l_{2,3}}.$$

Je nachdem man in dem Ausdruck für ω unter der Wurzel das negative oder das positive Vorzeichen setzt, erhält man hieraus den der ersten bzw. zweiten Eigenschwingungszahl entsprechenden Wert von ω.

---

[1]) In der Abb. 39 sind die Ausschläge a_1, a_2, a_3 ohne Rücksicht auf den Gleichgewichtszustand unter den Trägheitskräften zunächst rein algebraisch, also sämtlich positiv, angenommen; aus den Gleichungen folgt dann, daß $a_2 - a_3$ gegenüber $a_1 - a_2$ negativ ist.

§ 6. **Graphische Ermittlung der Eigenschwingungszahl.** In Anbetracht der Umständlichkeit des rechnerischen Verfahrens hat man graphische Methoden zur Ermittlung der Eigenschwingungszahl ersonnen, von welchen die von Gümbel[1]) angegebene die bekannteste ist. Dieses Verfahren ist ein Probierverfahren, welches darauf hinausläuft, für verschiedene von vornherein angenommene Schwingungszahlen und einen angenommenen Schwingungsausschlag einer Masse eine äußere periodisch veränderliche Kraft von der gleichen Frequenz zu ermitteln, welche angebracht werden muß, um die angenommene Schwingungszahl aufrecht zu erhalten. Diese für verschiedene Schwingungszahlen gefundenen äußeren Kräfte (Restkräfte) werden über der Schwingungszahl graphisch aufgetragen (Abb. 56). Die Kurve dieser Kräfte (Restkraftkurve) schneidet die Abszissenachse bei demjenigen Wert der Schwingungszahl, welcher sich mit der Eigenschwingungszahl deckt, wo also das System auch ohne Vorhandensein einer äußeren Kraft sich im schwingenden Zustand (Reibung ausgeschlossen) erhält. Zur Durchführung des Verfahrens bedient man sich des sog. „Schwingungsbildes“, d. h. der Verdrehungslinie einer auf die fiktive Oberfläche der unverdrehten Welle vom Radius r gezeichnet gedachten Linie AA parallel zum Wellenmittel (Erzeugende).

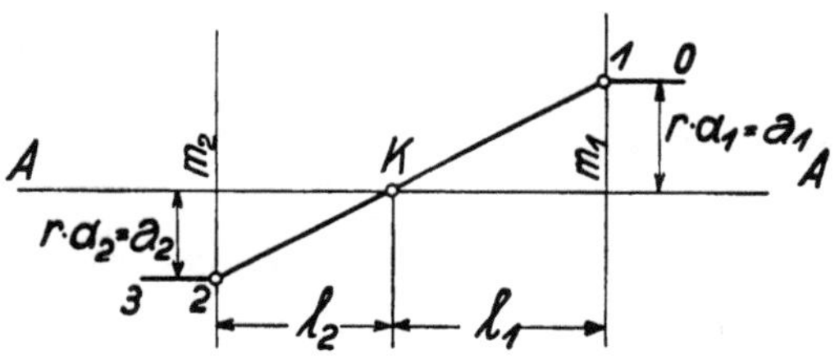

Abb. 40.

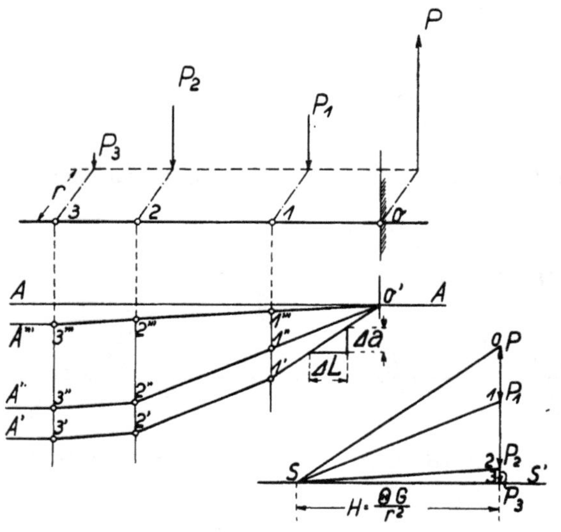

Abb. 41.

Ein solches Schwingungsbild für den Fall des Vorhandenseins von 2 Massen m_1 und m_2 zeigt Abb. 40.

Außerhalb der Massen bleibt, wenn diese in Schwingung geraten sind, die Linie eine Gerade, 0 1 bzw. 2 3; zwischen denselben aber verdreht sie sich in eine Schraubenlinie, welche beim größten Ausschlag der Massen, nach Abwicklung der Wellenoberfläche (Radius r) in die Ebene, als Gerade 1 2 erscheint. Die in unverdrehtem Zustand auf der Welle markierte Erzeugende AA ist also beim stärksten Ausschlag der Massen in die gebrochene Linie 0123 übergegangen, welche man als Schwingungsbild bezeichnet. Der Schwingungsknoten K liegt an der Stelle der Welle, an welcher die Erzeugende AA die Verdrehungslinie schneidet. Bei der Durchführung der graphischen Methode handelt es sich also zunächst um die Aufsuchung dieser Verdrehungslinie für die verschiedenen angenommenen Schwingungszahlen.

Die Verdrehungen können mit Hilfe einer Seileckskonstruktion, wie nachstehend beschrieben, leicht ermittelt werden.

Es gilt ganz allgemein für die Verdrehung zweier im Abstande ΔL befindlicher Wellenquerschnitte um den Winkel $\Delta\alpha$, hervorgebracht durch ein Drehmoment $P\cdot r$, die Gleichung:

$$\Delta a = r\cdot\Delta\alpha = \frac{P\cdot r^2\cdot\Delta L}{\Theta\cdot G} \quad \text{und}$$

$$\frac{\Delta a}{\Delta L} = \frac{P}{\frac{\Theta\cdot G}{r^2}}.$$

Ein Beispiel (vgl. Abb. 41) soll dieses Vorgehen veranschaulichen. An der Welle wirken am Hebelarm r die drei Kräfte P_1, P_2, P_3. Im Punkte 0 ist die Welle eingespannt gedacht. Das auf den Einspannquerschnitt ausgeübte Moment können wir im Gleichgewicht gehalten denken, entweder durch ein in der Querebene wirkendes Moment $P\cdot r$ von entgegengesetztem Drehsinn und gleicher Größe wie die Summe der drei von P_1, P_2, P_3 ausgeübten Momente, oder aber wir können uns auch vorstellen, daß das Moment $P\cdot r$ den Ersatz bildet für mehrere Momente, welche jenseits des Einspannquerschnittes 0 auf die Welle ausgeübt werden. Unter dem Einfluß dieser Momente kommt die mit $A\,0'\,1'\,2'\,3'\,A'$ bezeichnete Verdrehungslinie zustande. Der Winkel, unter welchem $0'\,1'$ gegenüber AA verdreht ist, ist die Summe der Verdrehungswinkel, welche infolge der Wirkung der drei Momente entstehen. Das Moment der Kraft P_3 würde die Verdrehungslinie $0'\,3'''$ ergeben. Durch die Wirkung von P_2 wird Punkt $2'''$ nach $2''$ gebracht, während $2'''\,3'''$ sich nur parallel in die Lage $2''\,3''$ verschiebt. Tritt nun noch P_1 hinzu, so verschiebt sich $1''$ nach $1'$, während der Rest der Verdrehungslinie sich parallel in die Lage $1'\,2'\,3'\,A'$ verschiebt.

[1]) Z. d. V. d. I. 1912, S. 1025.

Wir können nunmehr diese Verdrehungslinie als ein Seilpolygon auffassen und uns zur Ermittlung des Zusammenhanges zwischen Deformation und wirkenden Kräften der üblichen graphostatischen Methode vom Seilpolygon und zugehörigen Krafteck bedienen. Betrachten wir die oben für Δa angeschriebene Gleichung, so sehen wir, daß bei der Wahl der Größe $\frac{\Theta \cdot G}{r^2}$ als Polabstand H (vgl. Abb. 41) die Neigungen der einzelnen Stücke der Verdrehungslinie $A\,0'\,1'\,2'\,3'\,A'$ aus dem Krafteck mit dem angenommenen Polabstand für die verdrehenden Kräfte ermittelt werden können.

Bei der Aufzeichnung des Kraftecks beginnen wir mit dem Horizontalzug SS' parallel zu der unverdrehten Erzeugenden $A\,0'$. Die Auftragung der Kraft P nach oben ergibt den Polstrahl SO, welcher parallel zu $0'\,1'$ verläuft. Vom Endpunkt der Kraft P tragen wir nach unten nunmehr nacheinander die Kräfte P_1, P_2, P_3 ab und erhalten so die Polstrahlen s_1, s_2, s_3 parallel $1'\,2'$ bzw. $2'\,3'$ bzw. $3'\,A'$. Da Gleichgewicht zwischen den vier Kräften besteht, schließt sich das Krafteck, d. h. der Anfangsstrahl (Horizontalzug) der Kraft P und der Endstrahl der Kraft P_3 sind mit der unverdrehten Mantellinie AA parallel.

Da im vorliegenden Falle die drei Kräfte P_1, P_2, P_3 von den Massen m_1, m_2, m_3 ausgeübte Trägheitskräfte sind, sind dieselben durch die Beziehung (vgl. Bemerkung S. 70 u. f.) für die Trägheitskräfte T gegeben. Für das zu zeichnende Schwingungsbild sind dann die Verdrehungen aus der Mittellage die Schwingungsausschläge a der reduzierten Massen m.

Das Vorgehen, wie es sich in praxi gestaltet, wird an einem Zahlenbeispiel weiter unten (§ 8) eingehend erläutert.

Diese gefundenen Schwingungsbilder mit den Ausschlägen der einzelnen Massen sind relativ, d. h. sie gestatten nur eine Übersicht über die relative Größe der an den einzelnen Massen auftretenden Schwingungsausschläge, nicht aber über die absolute Größe der tatsächlich im Resonanzfall auftretenden Schwingungsausschläge; ist dagegen durch Messung oder Rechnung der Ausschlag an irgendeiner Stelle bekannt, so sind damit alle tatsächlichen Ausschläge gegeben. Die tatsächlichen Ausschläge können bestimmt werden, wenn man die erregenden harmonischen Kräfte (vgl. S. 73) und die dämpfenden Kräfte berücksichtigt. Dies ist aber eine spezielle Aufgabe, auf die hier nicht näher eingegangen werden soll.

§ 7. **Zusammenfassende Bemerkung über Eigenschwingungszahlen von Massensystemen mit beliebig vielen Massen.** Im allgemeinen ist die Zahl der möglichen freien Schwingungsformen bei einem System von n Massen $n - 1$, d. h. ein solches System hat $n - 1$ Eigenschwingungszahlen, und die zugehörigen Schwingungsbilder weisen je nach der zugehörigen Eigenschwingungszahl 1, 2, 3 . . . . $n - 1$ Knoten auf.

Sitzen auf einer Welle nur 2 Massen, so können, wie bereits in § 5 dargelegt, dieselben nicht gleichsinnig frei schwingen; schwingt eine Masse nach vorne, so schwingt die andere zurück und umgekehrt; die Verdrehung des zwischen beiden Massen liegenden Wellenstückes erfolgt von einem Knotenpunkt aus nach entgegengesetzten Richtungen.

Sitzen aber z. B. 3 Massen auf einer Welle, dann besteht die Möglichkeit, daß im Falle einer freien Schwingung eine der außenliegenden Massen (z. B. m_3) nach hinten und die beiden anderen Massen (m_2, m_1) nach vorne (ein Knoten), oder die weitere Möglichkeit, daß die mittlere Masse m_2 nach hinten und die beiden äußeren Massen m_1, m_3 nach vorne schwingen (zwei Knoten). Andere Bilder als mit einem oder zwei Knotenpunkten für die freien Schwingungen eines Systems mit 3 Massen sind nicht möglich.

Bei 4 Massen (Abb. 42) können z. B. 1. eine äußere mit einer unmittelbar benachbarten Masse zusammen gleichsinnig, die beiden anderen im entgegengesetzten Sinne schwingen, oder 2. und 3. es schwingt jedesmal eine äußere Masse im entgegengesetzten Sinne der 3 anderen Massen; in all diesen Fällen weist das Schwingungsbild nur einen Knoten auf (I. Eigenschwingungszahl). Welches von diesen denkbaren drei Schwingungsbildern mit einem Knoten tatsächlich zur Ausbildung kommen wird, hängt von der Größe und Anordnung der Massen auf der Welle ab; jedenfalls kann für die gegebene Massenverteilung nur einer dieser drei Fälle wirklich eintreten.

Analog ist es bei der Eigenschwingungszahl mit zwei Knoten (II. Eigenschwingungszahl); diese kann auftreten (Abb. 42):

1. wenn m_1, m_2 und m_4,
2. wenn m_1, m_3 und m_4,
3. wenn m_1 und m_4

gleichsinnig schwingen; es müssen also hierbei stets die beiden außenliegenden Massen gleichsinnig schwingen.

Beim Auftreten der III. Eigenschwingungszahl (Abb. 42) des Viermassensystems schwingt jede folgende Masse entgegengesetzt zur vorausgehenden Masse; ebenso ist es für n Massen bei der $(n - 1)$. Eigenschwingungszahl.

In welcher Beziehung die sog. kritischen Drehzahlen zu den Eigenschwingungszahlen stehen, ist bereits auf S. 73 erörtert. Es wurde auch hervorgehoben, daß eine kritische Drehzahl vorliegt, wenn diese Drehzahl, multipliziert mit der Anzahl der periodischen Impulse pro Umdrehung der Maschinenwelle, gleich ist einer Eigenschwingungszahl. Wenn z. B. ein dreiflügeliger Propeller ein schwankendes widerstehendes Drehmoment liefert, weil jeder Flügel beim Durchgang durch eine bestimmte Stellung — etwa hinter dem Wellenbock — einen veränderten Widerstand erfährt, so wird der dadurch auf die Welle treffende Torsionsimpuls während einer Wellenumdrehung dreimal auftreten. Es ist dies ein Impuls 3. Ordnung.

Anderseits hat ein im einfachen Viertakt arbeitender Zylinder einer Ölmaschine ein Drehmoment, dessen Periode sich über zwei volle Wellenumdrehungen erstreckt. Auf eine Umdrehung entfällt also nur ein halber Impuls, also ein Impuls von der Ordnung ½.

Ein einfachwirkender Zweitaktzylinder ergäbe dagegen bei sinusförmigem Verlauf des Drehmomentes Impulse erster, ein doppeltwirkender Zweitaktzylinder Impulse zweiter Ordnung.

Da aber das Drehmoment, das ein solcher Zylinder ergibt, im allgemeinen nicht sinusförmig verläuft, liefert es bei der harmonischen Analyse auch Impulskomponenten, deren Frequenzen ganze Vielfache der Frequenz der „ersten Harmonischen", d. h. des ersten Gliedes der Fourierschen Reihe sind.

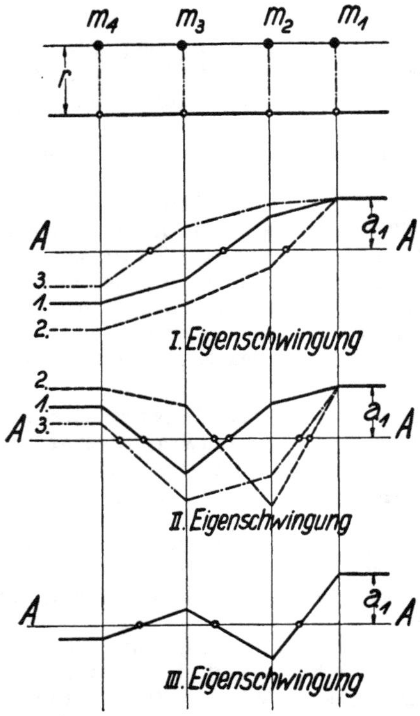

Abb. 42.

Der einzelne Viertaktzylinder wird also außer Impulsen ½ter Ordnung auch noch solche 2 · ½ = 1., 3 · ½ = 1½., 4 · ½ = 2. usw. Ordnung liefern.

Bei Maschinen mit mehreren Zylindern, deren Kurbeln so versetzt sind, daß die Arbeitsperioden der einzelnen Zylinder in gleichen Zeitabständen aufeinanderfolgen, erhöht sich naturgemäß für die ganze Maschine die Frequenz der Impulse während einer Umdrehung im Verhältnis der Zylinderzahl.

Eine sechskurbelige einfachwirkende Viertaktmaschine z. B. gibt demnach Impulse von den Ordnungen 6 · ½ = 3, 6 · 1 = 6, 6 · 1½ = 9 usw. Neben diesen Impulsen werden aber wegen des elastischen Verhaltens der zwischen den einzelnen Kurbeln liegenden Wellenstücke im allgemeinen auch die Impulse der einzelnen Zylinder für sich wahrnehmbar sein; denn je nachdem eine gleich groß angenommene harmonische Kraft auf die erste oder letzte Kurbel einer Mehrzylindermaschine wirkt, werden die Ausschläge der einzelnen Kurbeln wie auch die der übrigen Massen ganz verschieden sein. Es sind deshalb auch die kritischen Drehzahlen, die von den Impulsen einzelner Zylinder oder Zylindergruppen herrühren, wohl zu beachten, bei einer Sechszylinder-Viertaktmaschine also streng genommen alle Ordnungen des Einzylindermotors ½, 1, 1½, 2 usw. Beim Sechszylinder-Viertaktölmotor, bei dem die beiden Kurbelwellenhälften von der Maschinen-Längsmitte her gesehen spiegelbildlich gleich sind, bei dem also die Kurbeln 1 und 6, 2 und 5, 3 und 4 gleichgerichtet sind, der also gewissermaßen aus zwei in der Phase versetzten Dreizylindermotoren bestehend aufgefaßt werden kann, hat sich z. B. experimentell ergeben, daß hauptsächlich die Ordnungszahlen des Sechs- und des Dreizylindermotors zu beachten sind, also 1½, 3, 4½, 6, 7½ usw.

§ 8. **Beispiel.** Es handelt sich um die Berechnung der kritischen Drehzahlen für die Wellenleitung eines Einschrauben-Frachtdampfers. Die Antriebsmaschine ist eine Dreifachexpansionsmaschine mit drei unter 120° stehenden Kurbeln, die normal bei 78 Umdrehungen in der Minute 4400 PS_i auf die Kurbelwelle überträgt. Die Wellenleitung mit allen auf ihr sitzenden Massen ist in Abb. 56 schematisch dargestellt. Als Hauptmassen, die die Größe der Eigenschwingungszahl in erster Linie bestimmen, kommen in Betracht die Masse des Propellers, die Kurbelmassen und der Anteil der hin- und hergehenden Triebwerksmassen. Massen, wie z. B. diejenige der Welle selbst, die Massen des auf der Welle sitzenden Drehrades, sowie der Steuerungsteile sind im Verhältnis zu den übrigen Massen nur klein und können vernachlässigt werden oder durch entsprechende Zuschläge zu den benachbarten größeren Massen Berücksichtigung finden. Wir haben im vorliegenden Fall dann eine elastische Welle, auf der vier Massen sitzen. Die Massen der Kurbeln und Triebswerksteile denken wir uns in der Mittelebene der einzelnen Zylinder auf den Kurbelradius *r* reduziert, und die Masse des Propellers auf Mitte Nabe — ebenfalls auf *r* reduziert — wirkend. Die Hauptabmessungen der Wellenleitung und ihrer Einzelteile gehen aus Abb. 43, 44 und 46 bis 48 hervor.

Der Durchmesser des Kurbelwellenzapfens beträgt 450 mm. Diesen wählen wir für die folgende Rechnung als Bezugsquerschnitt für die Reduktion der elastischen Längen; es wird also

$$\Theta_{\text{red}} = \frac{\pi \cdot 45^4}{32} = 402\,600 \text{ cm}^4.$$

Ferner wählen wir als Radius, auf den alle Massen zu reduzieren sind, den Kurbelradius. In unserm Beispiel wird also $r_{\text{red}} = 76$ cm. Als Schubelastizitätsmodul wählen wir $G_{\text{red}} \cong 828\,000$ kg/qcm, entsprechend dem normalen Wellenmaterial mit 44—48 kg/qmm Festigkeit bei 22% Dehnung. Auch in der Folge sollen alle reduzierten Größen mit einem Index „red" bezeichnet werden.

Die Gesamtrechnung zerfällt, wie bereits erwähnt, in drei Hauptteile. Der erste Teil umfaßt die Bestimmung der reduzierten Längen, der zweite Teil bezieht sich auf die Bestimmung der reduzierten Massen und der dritte Teil befaßt sich mit der Ermittlung der Eigenschwingungszahlen mit Hilfe des „Schwingungsbildes".

I. Reduktion der Längen.

Wir beginnen die Rechnung bei der Kurbelwelle von Mitte *HD*-Zylinder ab, vgl. Abb. 43. Die Reduktion von Wellenstücken verschiedenen Durchmessers und — wenn, wie hier, aufgeschrumpfte Bronzebezüge vorhanden sind — verschiedenen Schubelastizitätsmoduls macht keine Schwierigkeiten. Sie erfolgt nach der Beziehung:

$$l_{\text{red}} = \frac{l \cdot \Theta_{\text{red}} \cdot G_{\text{red}}}{\Theta \cdot G},$$

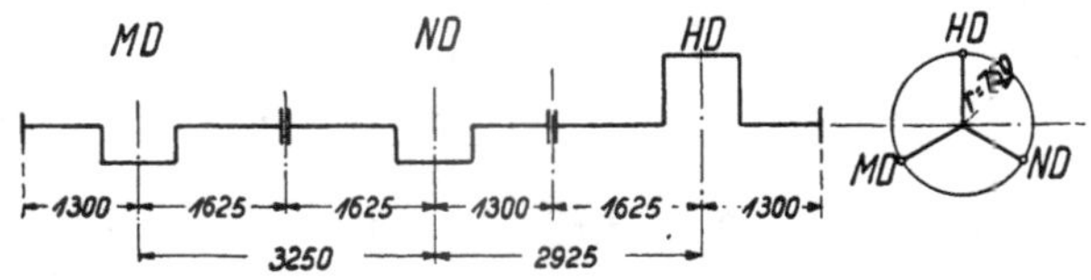

Abb. 43.

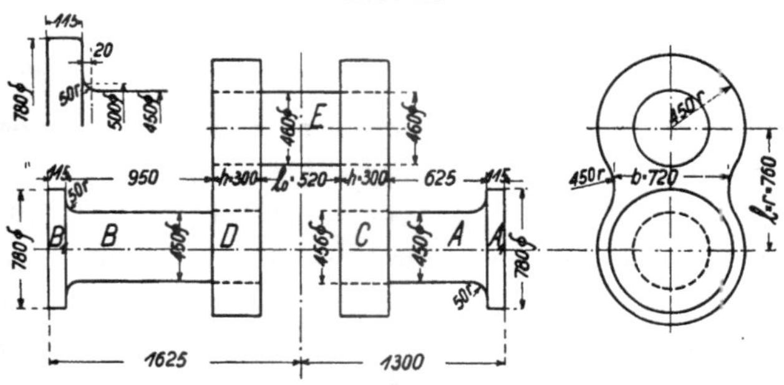

Abb. 44.

worin l die tatsächliche Länge des zu reduzierenden Wellenstückes, Θ dessen tatsächliches polares Trägheitsmoment und G dessen Schubelastizitätsmodul ist.

Schwieriger gestaltet sich die Längenreduktion der einzelnen Bauteile einer Kurbelkröpfung.

Es ist wiederholt versucht worden, die elastisch gleichwertige Länge einer solchen Kurbelkröpfung auf rein rechnerischem Wege zu ermitteln. Verdrehungsmessungen mit fertigen Kurbelwellen haben aber gezeigt, daß die auf theoretischer Grundlage allein gewonnenen Formeln für die äquivalente Länge einer Kurbelkröpfung nennenswerter Korrekturen bedurften, um Übereinstimmung mit den tatsächlich gemessenen Verdrehungen zu ergeben.

Brauchbare Näherungsformeln für die Bestimmung der elastischen Länge von Kurbelkröpfungen sind vor allem für geschmiedete Kurbelwellen entwickelt. Ihre Ableitung auf Grund der Annahmen, die notwendig waren, um Übereinstimmung der Rechnung mit dem Versuch zu ergeben, soll im folgenden erläutert werden[1]):

Es wird zunächst angenommen, daß die einzelnen Bauteile einer Kurbelkröpfung so stark ausgeführt sind, daß bei Durchleitung des der normalen Maschinenleistung entsprechenden Drehmomentes die Verbiegungen und Verdrehungen der Kurbelwangen und Zapfen kleiner sind als das Spiel der Welle in den Lagern. Es werden dann Lagerreaktionen, die aus diesen Deformationen der Bauteile der Kurbelkröpfung herstammen, und die zusätzliche Verbiegungen und Verdrehungen von Wellen-, Kurbelzapfen und Kurbelwangen bewirken, nicht vorhanden sein; es sollen also alle Teile der Kurbelkröpfung eine reine Verdrehung und die Kurbelwangen noch eine Verbiegung erfahren.

Für unseren Fall[2]) setzen sich die Beiträge der einzelnen Bauteile der Kurbel zur reduzierten Wellenlänge wie folgt zusammen (hierzu vgl. Abb. 44):

a) Aus der reduzierten Länge der Wellenzapfen *A* und *B* nebst Flanschen, entsprechend deren Verdrehung.

[1]) Vgl. hierzu Geiger, „Über die Verdrehung von Wellen", Dissertation, Augsburg 1914; ferner „Zur Berechnung der Verdrehungsschwingungen", Z. d. V. d. I. 1921, S. 1241.

[2]) Die Anwendbarkeit der Geigerschen Rechnungsmethode ist bisher nur für ganz geschmiedete Kurbelwellen durch Versuche bestätigt. In unserem Beispiel ist dieselbe auf eine gebaute Kurbelwelle, wie solche im Handelsschiff-Maschinenbau üblich sind, angewendet, in der Annahme, daß nennenswerte Fehler dadurch nicht entstehen können.

b) Aus der reduzierten Länge eines äquivalenten Wellenstückes, das der Verdrehung der beiden Kurbelwangen C und D entspricht.
c) Aus der reduzierten Länge eines äquivalenten Wellenstückes, das der Verbiegung der beiden Kurbelwangen C und D entspricht.
d) Aus der reduzierten Länge des Kurbelzapfens E, entsprechend seiner Verdrehung.

Zu a). 1. Der Beitrag der beiden Flanschen A_1 bzw. B_1 mit einem polaren Trägheitsmoment von 3634000 cm⁴ zur reduzierten Länge beträgt nach obenstehender Gleichung

$$l_{\text{red}_1} = 11{,}5 \cdot \frac{402\,600}{3\,634\,000} = 1{,}28 \text{ cm}.$$

2. Die Übergänge (Hohlkehlen) von den Flanschen A_1 bzw. B_1 zu den Wellenstücken A und B werden bezüglich ihres Anteils an der reduzierten Wellenlänge annäherungsweise dadurch berücksichtigt, daß man den mit 50 mm (Hohlkehl-) Radius erzeugten Drehkörper durch einen Zylinder mit 500 mm Durchmesser und 20 mm Höhe, vgl. Abb. 44, ersetzt. Dann ist

$$l_{\text{red}_2} = 2{,}0 \frac{402\,600}{613\,600} = 1{,}3 \text{ cm}.$$

3. Der nach Abzug der Hohlkehlenstücke verbleibende Teil der Wellenteile A bzw. B tritt mit seiner wirklichen Länge der reduzierten Länge bei, da das polare Trägheitsmoment dieser Stücke (Wellenzapfen) als Bezugsgröße gewählt war,

also
$$l_{\text{red}\,A} = 62{,}5 - 2{,}0 = 60{,}5 \text{ cm},$$
bzw.
$$l_{\text{red}\,B} = 95{,}0 - 2{,}0 = 93{,}0 \text{ cm}.$$

Bei der Aufstellung der Formeln für die reduzierte Länge der Kurbelkröpfungen wird nun noch näher gezeigt werden, daß zur Länge der an die Kurbelwangen anschließenden Wellenstücke noch etwa ⅓ der Kurbelwangendicke (h = 300 mm) hinzugezählt werden muß, also auch für die Wellenzapfen eine Länge von je

$$l_{\text{red}_3} = \frac{30}{3} = 10 \text{ cm}.$$

Damit ergibt sich also die gesamte reduzierte Länge der Wellenzapfen einschließlich der Flanschen mit

$$l_{\text{red}\,A} = 1{,}28 + 1{,}3 + 60{,}5 + 10 = 73{,}08 \text{ cm}$$

bzw.

$$l_{\text{red}\,B} = 1{,}28 + 1{,}3 + 93 + 10 = 105{,}58 \text{ cm}$$

und damit die ganze reduzierte Länge der Wellenzapfen zu

$$l_{\text{red}\,a} = 73{,}08 + 105{,}58 = 178{,}66 \text{ cm}.$$

Zu b). Die beiden Kurbelwangen C und D verdrehen sich bei Durchleitung eines Momentes M_0 je um den gleichen Betrag, und zwar ist die auf den Radius 1 cm bezogene Verdrehung des rechteckigen Querschnittes auf die Länge h für jede Wange:

$$\varphi = 3{,}6 \frac{b^2 + l^2}{b^3 \cdot l^3} \cdot \frac{M_0}{G} \cdot h.$$

Diese Verdrehung der Wange muß gleich sein der Verdrehung der Ersatzwelle, ebenfalls gemessen auf dem Radius 1 cm und für die Länge l_{red_b}, also

$$\varphi = \frac{M_0}{G \cdot \Theta_{\text{red}}} \cdot l_{\text{red}_b}.$$

Durch Gleichsetzen vorgenannter Beziehungen für φ erhalten wir

$$l_{\text{red}_b} = 3{,}6 \cdot h \cdot \Theta_{\text{red}} \frac{b^2 + l^2}{b^3 \cdot l^3}.$$

Fraglich ist zunächst die für l einzusetzende Größe.

Bei der Auswertung der Verdrehungsversuche hat sich gezeigt, daß, sofern sich Rechnungs- und Messungsergebnisse decken sollen, bei der hier genannten Verdrehung der Kurbelwangen $l = r$ gesetzt werden kann, daß dagegen etwa ⅓ der Dicke jedes Schenkels als verdrehungselastische Länge zum Wellen- bzw. Kurbelzapfen zuzuschlagen ist. Infolgedessen muß auch die Verdrehungslänge der Wange nicht mit h, sondern mit nur ⅓ ihrer Dicke h eingesetzt werden.

Damit erhalten wir für die reduzierte (Ersatz-) Länge der beiden Kurbelwangen gemäß ihrer Verdrehung:

$$l_{\text{red}_b} = 2 \cdot 3{,}6 \cdot \frac{h}{3} \cdot \Theta_{\text{red}} \frac{b^2 + l^2}{b^3 \cdot l^3}$$

oder

$$l_{\text{red}_b} = 2{,}4 \cdot h \cdot \Theta_{\text{red}} \frac{b^2 + l^2}{b^3 \cdot l^3},$$

wobei also $l = r$ gesetzt werden darf.

Für unser Beispiel wird also

$$l_{\mathrm{red}_b} = 2{,}4 \cdot 30 \cdot 402\,600 \cdot \frac{72^2 + 76^2}{72^3 \cdot 76^3} = 1{,}95 \text{ cm}.$$

Man erkennt, daß diese elastische Länge stets klein sein wird.

Zu c). Durch das Drehmoment M_0 wird andrerseits die Kurbelwange auch verbogen und der Kurbelzapfen auf der ganzen Länge um einen gleichbleibenden Betrag gegenüber dem Wellenzapfen verdreht, vgl. Abb. 45.

Aus der Gleichung der elastischen Linie für den Kurbelschenkel

$$E \cdot J \cdot \frac{d^2 y}{d x^2} = M_0$$

folgt

$$E \cdot J \cdot \frac{d y}{d x} = M_0 \cdot x + C_1;$$

für $x = 0$ wird $\frac{d y}{d x} = 0$ und der Wert der Integrations-Konstante $C_1 = 0$.

Für $x = l$ ergibt sich dann

$$E \cdot J \cdot \frac{d y}{d x} = M_0 \cdot l.$$

Setzen wir hierin wegen der Kleinheit des Winkels

$$\frac{d y}{d x} = \operatorname{tg} \alpha = \alpha,$$

so folgt der Winkel

$$\alpha = \frac{M_0 \cdot l}{E \cdot J}$$

im Bogenmaß auf dem Radius 1 cm.

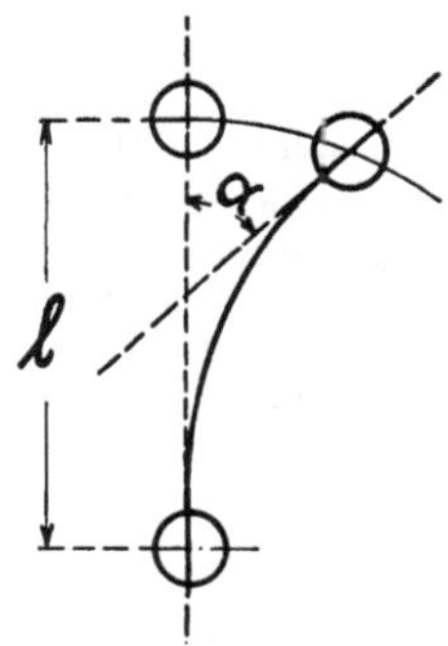

Abb. 45.

Die dieser Verdrehung infolge der Biegung des Schenkels entsprechende reduzierte (Ersatz-) Länge l_{red_c} eines Stabes mit dem polaren Trägheitsmoment Θ_{red_c} finden wir nun einfach daraus, daß wir setzen:

$$\varphi = l_{\mathrm{red}_c} \frac{M_0}{G \cdot \Theta_{\mathrm{red}}} = \alpha;$$

also

$$l_{\mathrm{red}_c} \frac{M_0}{G \cdot \Theta_{\mathrm{red}}} = \frac{M_0 \cdot l}{E \cdot J}$$

und daraus

$$l_{\mathrm{red}_c} = l \cdot \frac{G}{E} \cdot \frac{\Theta_{\mathrm{red}}}{J}.$$

Hierin ist $J = \frac{b^3 \cdot h}{12}$ das äquatoriale Trägheitsmoment des Schenkelquerschnittes in cm^4.

Mit $G = 0{,}385 \cdot E$ folgt dann die reduzierte Länge der beiden Kurbelwangen gemäß ihrer Verbiegung zu

$$l_{\mathrm{red}_c} = 0{,}77 \cdot l \cdot \frac{\Theta_{\mathrm{red}}}{J}.$$

Es hat sich gezeigt, daß, um Übereinstimmung mit den Versuchsergebnissen zu bekommen, die biegungselastische Länge l der Wangen mit einem Betrage $l = r - 0{,}3\, d$ angenommen werden muß, wenn d der Zapfendurchmesser der anschließenden Wellenstücke ist. Wir bekommen also schließlich

$$l_{\mathrm{red}_c} = 0{,}77\,(r - 0{,}3\, d) \frac{\Theta_{\mathrm{red}}}{J}.$$

Für unser Beispiel ist $J = \frac{30 \cdot 72^3}{12} = 933\,000 \text{ cm}^4$, und wir rechnen die Ersatzlänge, da Wellen- und Kurbelzapfendurchmesser verschieden sind, aus der Gleichung

$$l_{\mathrm{red}_c} = 0{,}77\,[76 - (0{,}15 \cdot 45 + 0{,}15 \cdot 46)]\, \frac{402600}{933000} = 20{,}7 \text{ cm}.$$

Zu d). Die reduzierte Länge des Kurbelzapfens mit dem polaren Trägheitsmoment Θ und der Länge l_0 zwischen den Kurbelwangen folgt mit Berücksichtigung des unter a) Gesagten zu

$$l_{\mathrm{red}_d} = \left(l_0 + \frac{2}{3}\, h\right) \frac{\Theta_{\mathrm{red}}}{\Theta}.$$

In unserm Beispiel, also mit $l_0 = 52{,}0$ cm und

$$\Theta = \frac{\pi\, 46^4}{32} = 439600 \text{ cm}^4,$$

wird

$$l_{\text{red}_d} = \left(52 + \frac{2}{3} \cdot 30\right) \frac{402600}{439600} = 66{,}0 \text{ cm}.$$

Die gesamte reduzierte Länge des in Abb. 43 dargestellten Kurbelwellenstückes beträgt also

$$l_{\text{red}} = l_{\text{red}_a} + l_{\text{red}_b} + l_{\text{red}_c} + l_{\text{red}_d}$$

$$l_{\text{red}} = 178{,}66 + 1{,}95 + 20{,}7 + 66{,}0 = 267{,}31 \text{ cm}.$$

Hierzu sei bemerkt, daß es bei ganz geschmiedeten Kurbelwellen für Ölmaschinen mit gleichen Zylinderabständen und kurzen Kurbelwellenzapfen oft genügt (sofern die reduzierte Länge auf das polare Trägheitsmoment des Wellenzapfens bezogen wird, und falls Kurbel- und Wellenzapfen fast gleichen Durchmesser haben), zu der maßstäblichen Länge einer Kurbelkröpfung von Mitte zu Mitte Kurbelzapfen 3—8% der Länge zuzuschlagen, wobei der Wert 3% für kurzhubige Maschinen (mit einem Hubverhältnis $S : D \cong 1{,}0$) und der Wert 8% für langhubige Maschinen ($S : D \cong 1{,}5$) gilt.

In unserm Falle war die tatsächliche Länge eines Wellenstückes von Flansch zu Flansch (vgl. Abb. 44) 292,5 cm. Die durch Rechnung bestimmte reduzierte Länge beträgt 267,31 cm, sie ist hier also ∾ 8,6% kleiner als die tatsächliche Länge.

Für das Aneinanderreihen der einzelnen elastischen Teillängen der Kurbelwelle sei angemerkt, daß wir uns die an der Schwingung teilnehmenden Massen in der Mittelebene der einzelnen Zylinder angreifend denken. Die reduzierte Länge der Wellenleitung beginnt also bei der Anordnung nach Abb. 43 — von vorn angefangen — auf Mitte *HD*-Zylinder.

Ferner ist zu beachten, daß in unserem Beispiel die einzelnen Kurbelwellenstücke, von Wellenflansch zu Wellenflansch gerechnet, mit Rücksicht auf die Austauschbarkeit gegeneinander und gegen ein Reservekurbelwellenstück, gleich sind.

Damit ergeben sich die einzelnen reduzierten Längen von Mitte zu Mitte Zylinder aus den errechneten Werten der einen Kurbelwelle wie folgt (vgl. Abb. 43).

Reduzierte Länge von Mitte *HD*-Zylinder zu Mitte *ND*-Zylinder:

$$\begin{aligned} l_{\text{red}} &= (1{,}95 + 20{,}7 + 66{,}0) + (10 + 93 + 1{,}3 + 1{,}28) + (1{,}28 + 1{,}3 + 60{,}5 + 10) \\ &= 88{,}65 + 105{,}58 + 73{,}08 \\ &= 267{,}31 \text{ cm}. \end{aligned}$$

Reduzierte Länge von Mitte *ND*-Zylinder zu Mitte *MD*-Zylinder analog

$$l_{\text{red}} = 88{,}65 + 105{,}58 + 105{,}58 = 299{,}81 \text{ cm}.$$

Reduzierte Länge von Mitte *MD*-Zylinder bis Ende Kurbelwelle zu

$$l_{\text{red}} = \frac{88{,}65}{2} + 73{,}08 = 117{,}41 \text{ cm}.$$

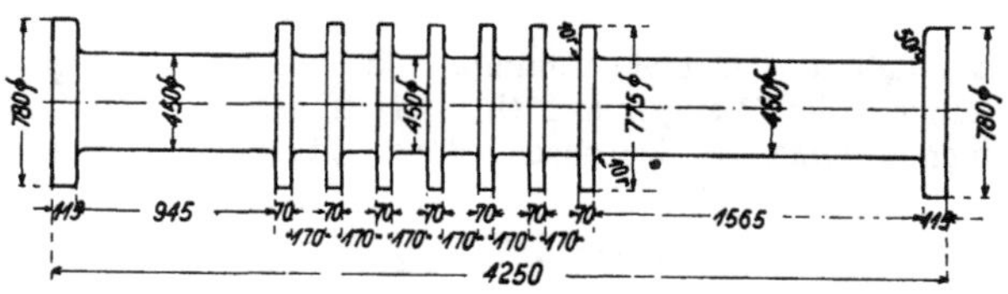

Abb. 46.

Die reduzierte Länge der Druckwelle. Die Bestimmung der reduzierten Länge der sich an die Kurbelwelle anschließenden Druckwelle (vgl. Abb. 46) bietet keine Schwierigkeiten. Es betragen die einzelnen reduzierten Längen:

Reduzierte Länge eines Flansches		1,28 cm
„ „ einer Hohlkehlenpartie . .		1,30 „
„ „ eines Druckringes	$7 \cdot \frac{402600}{3540000}$	= 0,795 cm.

Die Länge des Druckwellenschaftes kommt, da $d = 450$ mm Durchm., also $\Theta = 402600$ cm^4, nach Abzug der Ersatzlängen für die Hohlkehlenpartien (2 · 1,3 cm) mit der wirklichen Länge hinzu.

Also ergibt sich aus dem vorausgehenden unter Beachtung der Masse der Abb. 46:

$$L_{red} = 1{,}28 + 1{,}3 + 349 + 7 \cdot 0{,}795 + 1{,}3 + 1{,}28 \cong 359{,}7 \text{ cm}.$$

Die Wellenschwächung des vorderen Endes der Druckwelle durch die Nut der Feder für das Rad zur Drehvorrichtung ist dabei wegen ihres unbedeutenden Einflusses nicht berücksichtigt; das gleiche gilt von den Keilnuten für die auf der Kurbelwelle sitzenden Exzenter.

Die reduzierte Länge der Laufwellen und der Paßwelle. An die Druckwelle schließen sich fünf untereinander gleiche Laufwellen nach Abb. 47 an. Die reduzierte Länge einer solchen Welle ergibt sich zu:

$$L_{red} = 2 \cdot 1{,}28 + 2 \cdot 1{,}3 + 461 \frac{402600}{305500} + 205 \cdot \frac{402600}{316000} = 874{,}3 \text{ cm}.$$

Die reduzierte Länge der fünf Wellen beträgt sonach:

$$L_{red} = 5 \cdot 874{,}3 = 4371{,}5 \text{ cm},$$

und die der an die letzte der genannten fünf Laufwellen sich anschließenden Paßwelle (Abb. 47)

$$L_{red} = 2 \cdot 1{,}28 + 2 \cdot 1{,}3 + 526 \frac{402600}{305500} + 140 \frac{402600}{316000} = 876{,}6 \text{ cm}.$$

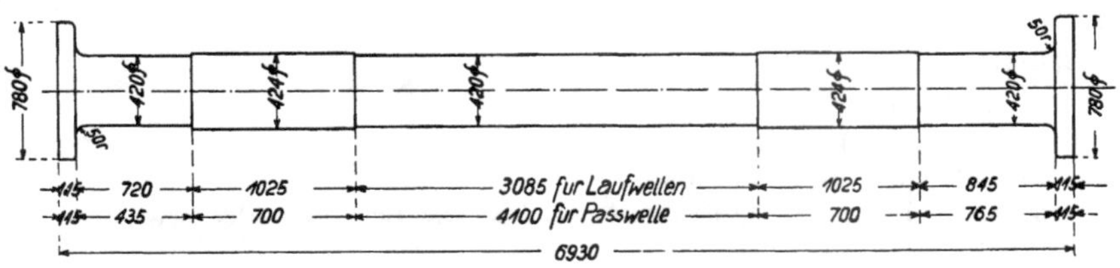

Abb. 47.

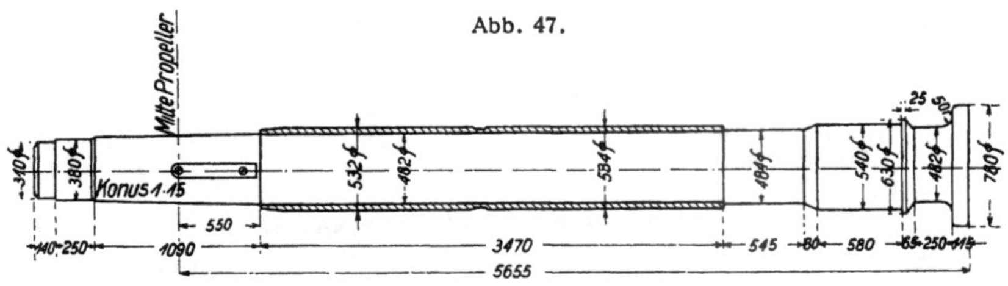

Abb. 48.

Die reduzierte Länge der Schraubenwelle. Auch die Reduktion der Schraubenwelle bietet keinerlei Schwierigkeiten. Die Welle trägt auf der Länge von 347 cm einen Bronzebezug von im Mittel 53,3 cm äußerem und 48,2 cm innerem Durchmesser (siehe Abb. 48). Der Bezug ist warm auf die Welle mit 48,2 cm Durchmesser aufgezogen und wird als voll mit an der Verdrehung teilnehmend vorausgesetzt.

Das polare Trägheitsmoment des dem Bronzeüberzug äquivalenten Überzuges aus dem Material der Schraubenwelle ergibt sich zu

$$\begin{aligned} \Theta_{Eisen} &= \Theta_{Bronze} \cdot \frac{G_{Bronze}}{G_{Eisen}} \\ &= (797000 - 530000) \cdot \frac{0{,}385 \cdot 1000000}{0{,}385 \cdot 2150000} \\ &= 124200 \text{ cm}^4. \end{aligned}$$

Also beträgt der Beitrag des Wellenstückes, auf dem der Bronzebezug sitzt, zur gesamten reduzierten Länge der Schraubenwelle

$$l_{red} = 347 \cdot \frac{402600}{124200 + 530000} = 214 \text{ cm}.$$

Fraglich ist, welche Länge des Wellenkonus, auf dem die Schraube sitzt, man als an der Verdrehung teilnehmend voraussetzen will. In der Annahme dieser Länge liegt eine gewisse Willkür, da man nicht genau weiß, wo die Kraftübertragung von der Nabe auf die Welle stattfindet.

Praktisch berücksichtigt man diese Unsicherheit in der Weise, daß man den Keil bis zur Mitte seiner Länge tragend annimmt. Im übrigen haben diese Annahmen, da der Beitrag der Konuslänge zur gesamten reduzierten Wellenlänge nur klein ist, keinen allzugroßen Einfluß auf das Ergebnis der Rechnung.

Rechnet man die Welle unter Berücksichtigung der vorerwähnten Gesichtspunkte auf die Bezugswelle um, so ergibt sich die reduzierte Länge der Schraubenwelle zu $L_{red} = 334$ cm. Der Beitrag des Wellenkonus von 46 cm Länge ist mit 23 cm in die Rechnung eingesetzt.

Die ganze reduzierte Länge der Bezugswelle setzt sich somit folgendermaßen zusammen:

1. Von Mitte *HD*-Zylinder bis Mitte *ND*-Zylinder = 267,31 cm
2. „ „ *ND*- „ „ „ *MD*- „ = 299,81 „
3. „ „ *MD*- „ „ „ Propeller = 6059,21 „.

Diese Längen sind in der Zeichnung Abb. 56 aufgetragen.

Zu der vorstehend durchgeführten Reduktion der Längen, ebenso wie zu der nun folgenden Reduktion der Massen sei bemerkt, daß hier — wo es sich nur um die Erläuterung der Methode handelt — auf den zahlenmäßigen Einfluß der verschiedenen Rechenoperationen auf das Resultat keine Rücksicht genommen ist. Manche der vorgenommenen Reduktionen spielen, verglichen mit den verbleibenden Ungenauigkeiten anderer größerer Posten, gar keine Rolle. Der Leser wird leicht erkennen, wo er sich bei ähnlichen Aufgaben unnötige Arbeit ersparen kann, bzw. wo er vorsichtig vorzugehen hat.

II. Reduktion der Massen.

Als Hauptmassen des Systems, die an der Schwingung teilnehmen, kommen folgende Massen in Betracht, die wir in rotierende Massen und hin und her gehende Massen unterteilen.

Es sind:

1. Rotierende Massen:
   a) Kurbelwelle,
   b) Anteil der Pleuelstange[1]),
   c) Anteil der Steuerungsteile[1]),
   d) Wellenleitung mit rotierenden Teilen, wie Schwungräder usw.,
   e) Propeller usw.
2. Hin und her gehende Massen:
   a) Anteil der Pleuelstange[1]),
   b) Anteil der Steuerungsteile[1]),
   c) Kreuzkopf,
   d) Kolbenstange,
   e) Kolben,
   f) Luftpumpengestänge und angehängte Pumpen usw.

Die Massen sind, wie bereits ausgeführt, alle auf den gleichen, im übrigen frei wählbaren Abstand (Radius) von der Drehachse zu reduzieren. Als Reduktionsradius wählt man im allgemeinen den Kurbelradius r, in unserm Beispiel also $r = 76$ cm.

Um die reduzierte Masse zu erhalten, sind (vgl. Bemerkung S. 70 u. f.) die wirklichen Massen mit dem quadratischen Verhältnis des Trägheitsradius zum Reduktionsradius $\left(\frac{i^2}{r^2}\right)$ zu multiplizieren. Bei zylindrischen und prismatischen Körpern kann der Trägheitsradius i gesetzt werden:

$$i = \sqrt{\frac{\Theta}{F}},$$

worin bedeutet:

Θ = polares Flächenträgheitsmoment des rotierenden Querschnittes, bezogen auf die Drehachse O,

und F = Fläche des rotierenden Querschnittes[2]).

---

[1]) Wir wollen zunächst für die praktische Berechnung diese Unterteilung der Massen in rotierende und hin und her gehende Massen beibehalten, trotzdem wissenschaftlich genommen eine solche Unterteilung nicht angängig ist; vgl. Lorenz „Dynamik der Kurbelgetriebe", 1901, S. 77. Vgl. auch Hptt. S. 148.

[2]) Für die häufig wiederkehrenden Querschnittsformen, vgl. Abb. 49 bis 54, seien die Formelwerte für diese Tägheitsradien nachstehend angeschrieben. Für eine parallel zur Achse O im Abstand a gelegene Drehachse O' ist der Trägheitsradius

$$i_a = \sqrt{i^2 + a^2}$$

Kreisquerschnitt, Abb. 49 . . . . $i = \sqrt{\frac{D^2}{8}}$

Ringquerschnitt, Abb. 50 . . . . $i = \sqrt{\frac{1}{8}(D^2 + d^2)}$

Für Massen, deren Schwungmoment oder sog. GD^2-Wert[1]) gegeben ist, wie z. B. bei Schwungrädern, Turbinen, Zahnradgetrieben usw., berechnet sich die reduzierte Masse, da

$$m\,i^2 = \frac{G\,D^2}{4\,g}, \text{ zu } m_{\text{red}} = \frac{G\,D^2}{4 \cdot g \cdot r^2}$$

(alles im cm kg sek-System, GD^2 also in kgcm²).

Für die Berechnung der reduzierten Massen unseres Zahlenbeispiels geben wir nun zunächst eine Übersicht der Gewichte der Triebwerksteile für die einzelnen Zylinder:

Dieses beträgt für:	*HD*-Zyl.	*MD*-Zyl.	*ND*-Zyl.
Pleuelstange	2870 kg	2870 kg	2870 kg
Kolben	670 „	1059 „	2089 „
Kolbenstange	971 „	971 „	1215 „
Kreuzkopf	811 „	873 „	811 „ .

Vom Mitteldruck-Kreuzkopf aus wird mittels Schwinghebeln und Hängestangen der Pumpenkomplex, bestehend aus 1 Luftpumpe, 2 Lenzpumpen, 2 Speisepumpen, 1 Verdampferpumpe und 1 Klosettpumpe angetrieben (Gewichte dieser Teile vgl. S. 88).

Zu 1 a. Reduzierte Massen der Kurbelwelle. Die Masse der Wellenzapfen (Teile *A* und *B* in Abb. 44, Gesamtlänge 1575 mm) beträgt

$$m = \frac{4{,}5^2 \cdot \pi}{4} \cdot \frac{15{,}75 \cdot 7{,}85}{981} = 2{,}002 \text{ kg sek}^2/\text{cm}.$$

Der Trägheitsradius $i = \sqrt{\frac{45^2}{8}} = 15{,}9$ cm.

Es ist somit für den Wellenzapfen (Teil *A* u. *B*, Abb. 44)

$$m_{\text{red}} = 2{,}002 \cdot \frac{15{,}9^2}{76^2} = 0{,}087 \text{ kg sek}^2/\text{cm}.$$

Ebenso findet man die reduzierte Masse der beiden Verbindungsflanschen zu

$$m_{\text{red}} = 0{,}116 \text{ kg sek}^2/\text{cm}.$$

Die Masse des Kurbelzapfens von der Länge 520 mm ist, vgl. Abb. 44:

$$m = \frac{4{,}6^2 \cdot \pi}{4} \cdot \frac{5{,}2 \cdot 7{,}85}{981} = 0{,}691 \text{ kg sek}^2/\text{cm}.$$

Kreisquerschnitt, Abb. 51 . . . . $i = \sqrt{\frac{D^2}{8} + a^2}$

Ringquerschnitt, Abb. 52 . . . . $i = \sqrt{\frac{1}{8}(D^2 + d^2) + a^2}$

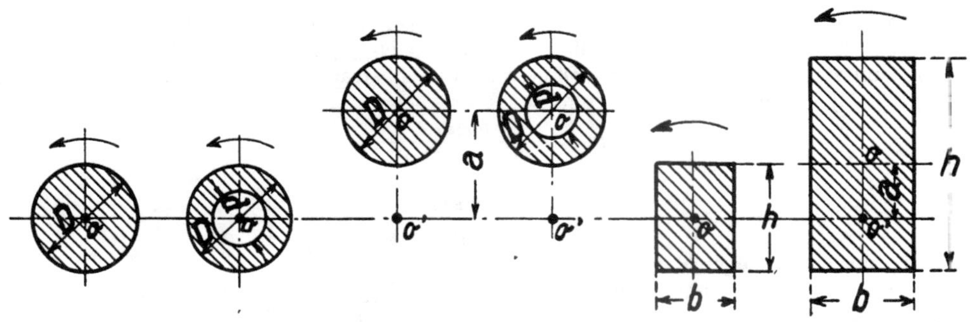

Abb. 49. Abb. 50. Abb. 51. Abb. 52. Abb. 53. Abb. 54.

Rechteckquerschnitt, Abb. 53 . . $i = \sqrt{\frac{1}{12}(h^2 + b^2)}$

Rechteckquerschnitt, Abb. 54 . . $i = \sqrt{\frac{1}{12}(h^2 + b^2) + a^2}$.

[1]) Hierbei ist zu beachten, daß in dem Ausdruck für das Schwungmoment *D* den Trägheitsdurchmesser, also $D = 2\,i$, bedeutet.

Der Trägheitsradius $i = \sqrt{\frac{46^2}{8} + 76^2} = 77{,}7$ cm, die reduzierte Masse

$$m_{\text{red}} = 0{,}691 \left(\frac{77{,}7}{76}\right)^2 = 0{,}723 \text{ kg sek}^2/\text{cm}.$$

Für die Überschlagsrechnung kann die geschweifte Form der Kurbelwange durch ein Rechteck ersetzt werden; nehmen wir hierfür an:

$$h = 1660 \text{ mm}, \qquad b = 720 \text{ mm (im Mittel)},$$

so ergibt sich

$$m = 16{,}6 \cdot 7{,}2 \cdot 3{,}0 \cdot \frac{7{,}85}{981} = 2{,}87 \text{ kg sek}^2/\text{cm}.$$

$$i = \sqrt{\frac{1}{12}(166^2 + 72^2) + 38^2} = 64{,}7 \text{ cm},$$

also für beide Kurbelwangen $m_{\text{red}} = 2 \cdot 2{,}87 \left(\frac{64{,}7}{76}\right)^2 = 4{,}15$ kgsek²/cm.

Der genaue Wert ermittelt sich zu $m_{\text{red}} = 4{,}46$ kg sek²/cm. Die Abweichung beider Werte ist durch die Annahme der mittleren Breite mit $b = 72$ cm bedingt.

Sonach beträgt die reduzierte Masse eines Kurbelwellenstückes nach Abb. 44

$$m_{\text{red}_k} = 0{,}087 + 0{,}116 + 0{,}723 + 4{,}460 = 5{,}386 \text{ kg sek}^2/\text{cm}.$$

Zu 1 b. Reduzierte Massen des Anteils der Pleuelstange[1]). Für die gebräuchlichen Ausführungsformen der Pleuelstangen kann als rotierende Masse mit einem Rotationsradius gleich dem Kurbelradius d. h. $i = 76$ cm) gesetzt werden

$$m = \sim 0{,}62\, M,$$

wobei M die ganze Masse der Pleuelstange bedeutet.

Mit einem Gewicht der Pleuelstange von $G = 2870$ kg folgt damit

$$m_{\text{red}_P} = 0{,}62 \cdot \frac{2870}{981} \cdot \left(\frac{76}{76}\right)^2 = 1{,}815 \text{ kg sek}^2/\text{cm}.$$

Zu 1 c. Reduzierte Masse des Anteils der Steuerungsteile. Die rotierenden Massen der Exzenter nebst Anteilen der Exzenterstangen sind im Verhältnis zu den anderen Massen so klein, daß sie hier vernachlässigt werden können. Anders würde die Sache z. B. bei Torpedobooten liegen, wo diese Teile verhältnismäßig großen Hub besitzen.

Zu 1 d. Reduzierte Masse der Wellenleitung. Die reduzierte Masse der Wellenleitung, gerechnet vom vorderen Druckwellenflansch ab, ergibt sich, wenn das Schwungmoment des verhältnismäßig leichten Rades für die Drehvorrichtung vernachlässigt wird[2]), zu

$$m_{\text{red}_W} = 3{,}48 \text{ kg sek}^2/\text{cm}.$$

Der Einfluß der reduzierten Wellenmasse ist aber im allgemeinen gering und kann in den meisten Fällen unbeachtet bleiben[3]).

Wir berücksichtigen jedoch den Einfluß dieser Masse in der weiteren Rechnung näherungsweise dadurch, daß wir diese Masse auf die Kurbelmassen m_{red_K} und auf die Propellermassen m_{red_P} verteilen[4]). Und zwar machen wir die Annahme, daß ein Teilbetrag der den Knotenpunktsabständen l_1 und l_2 (vgl. S. 74) entsprechenden Wellenmasse

$$m_{\text{red}_W} \frac{m_{\text{red}_P}}{m_{\text{red}_P} + m_{\text{red}_K}}$$

bzw.

$$m_{\text{red}_W} \frac{m_{\text{red}_K}}{m_{\text{red}_P} + m_{\text{red}_K}}$$

zu den Hauptmassen hinzugeschlagen wird.

Für die praktische Berechnung zeigt sich jedoch, im Vergleich mit genaueren Methoden für die Berücksichtigung der Wellenmasse, daß mit etwa 0,3 der genannten Wellenmassen zu rechnen ist; demgemäß schlagen wir zu den Kurbelmassen einen Betrag zu von

$$m_{\text{red}}' = 0{,}3\, m_{\text{red}_W} \cdot \frac{m_{\text{red}_P}}{m_{\text{red}_P} + m_{\text{red}_K}},$$

---

[1]) Hierzu vgl. die eingehenderen Ausführungen auf Anhang Seite 88 u. f.

[2]) Nicht immer ist das Drehvorrichtungsrad so leicht konstruiert, daß es gegenüber der Wellenmasse vernachlässigbar ist.

[3]) Vgl. auch Holzer, Drehschwingungen S. 79, Springer 1921.

[4]) Vgl. Frahm, Forsch.-Arb. d. V. d. I., Heft 6, S. 55.

den wir dann gleichmäßig auf die drei Kurbelmassen ($m_{\text{red}\,K}$) verteilen, und andrerseits zu den Propellermassen einen Betrag zu von

$$m_{\text{red}}'' = 0{,}3\, m_{\text{red}\,W} \cdot \frac{m_{\text{red}\,K}}{m_{\text{red}\,P} + m_{\text{red}\,K}}.$$

In unserem Beispiel wird (vgl. auch spätere Rechnungswerte)

$$m_{\text{red}\,K} = 3 \cdot 5{,}386 + 3 \cdot 1{,}815 + 1{,}807 + 2{,}035 + 2{,}652 = 28{,}097 \text{ kg sek}^2/\text{cm}.$$

und

$$m_{\text{red}}' = 0{,}3 \cdot 3{,}48 \frac{61{,}2}{61{,}2 + 28{,}097} = 0{,}716 \text{ kg sek}^2/\text{cm}$$

also der Zuschlag zu jeder Kurbelmasse

$$\frac{1}{3} m_{\text{red}}' = \frac{0{,}716}{3} = 0{,}239 \text{ kg sek}^2/\text{cm}$$

und

$$m''_{\text{red}} = 0{,}3 \cdot 3{,}48 \frac{28{,}097}{61{,}2 + 28{,}097} = 0{,}329 \text{ kg sek}^2/\text{cm}.$$

Zu 1 e. Reduzierte Masse des Propellers. Das Schwungmoment ($4\,Gi^2$) des vierflügeligen Propellers von 6300 mm Durchmesser und 5700 mm Steigung, Nabe und Flügel aus Gußeisen, beträgt rechnungsmäßig $4Gi^2 = 111\,000$ kgm².

Für die weitere Rechnung ist nun aber auch die beim Arbeiten des Propellers mitrotierende Wassermasse zu berücksichtigen[1]), deren Größe allerdings nur schätzungsweise festgelegt werden kann. Erfahrungsgemäß ergibt ein Zuschlag von 25 bis 30% zum Schwungmoment des Propellers brauchbare Rechnungsergebnisse.

Wir schlagen in unserm Falle 25% hinzu und erhalten damit das Schwungmoment des Propellers einschließlich Wasserzuschlag zu $1{,}25 \cdot 111\,000 = 138\,750$ kgm².

Damit folgt die reduzierte Masse des Propellers mit Wasserzuschlag zu

$$m_{\text{red}\,P} = \frac{138\,750 \cdot 10\,000}{4 \cdot 981 \cdot 76^2} = 61{,}2 \text{ kg sek}^2/\text{cm}.$$

Hin und her gehende Massen. Die Beteiligung der hin und her gehenden Massen an der Schwingungsbewegung ist je nach der Kurbelstellung der einzelnen Kurbeln verschieden. In den Totpunktlagen jeder Kurbel beteiligen sich diese Massen gar nicht und in Hubmitte mit dem vollen Betrage an der Schwingung. Erfahrungsgemäß kann man die Schwierigkeiten, die sich durch Einführung zeitlich veränderlicher Massen in die Rechnung ergeben würden, dadurch ohne Einbuße an Zuverlässigkeit des Rechnungsergebnisses beheben, daß man diese Massen als mit konstantem mittleren Betrage an der Schwingung teilnehmend voraussetzt. Für die Rechnung setzen wir demgemäß das Gewicht der hin und her gehenden Massen mit 50% ihres tatsächlichen Betrages ein.

Die Massen aus den Anteilen des Steuerungsgestänges sollen in unserer Rechnung, der Kleinheit der Beträge wegen, vernachlässigt werden, vgl. oben zu 1 c.

Näherungsweise setzen wir als Anteil der Pleuelstange an den hin und her gehenden Massen, eine Masse entsprechend 0,38 des Gewichtes der Treibstange, also $m = 0{,}38\,M$, in Rechnung.

Aus den Gewichten der Triebwerksteile nach S. 85 folgt dann für die hin und her gehenden Gewichte der einzelnen Zylinder, unter Einfügung des Gewichtes der Pleuelstange mit $0{,}38 \cdot 2870 = 1090$ kg

für den *HD*-Zylinder	*MD*-Zylinder	*ND*-Zylinder
$G = 3542$ kg	3993 kg	5205 kg

Damit bestimmen sich ihre reduzierten Massen, da $i = r$,

für den *HD*-Zylinder zu $\frac{1}{2} \cdot \frac{3542}{981} = 1{,}807$ kg sek²/cm

„ „ *MD*- „ „ $\frac{1}{2} \cdot \frac{3993}{981} = 2{,}035$ „ „

„ „ *ND*- „ „ $\frac{1}{2} \cdot \frac{5205}{981} = 2{,}652$ „ „

Ohne Berücksichtigung der Massen des Luftpumpengestänges ergibt sich also der Gesamtwert der reduzierten Massen für die einzelnen Zylinder wie folgt:

---

[1]) Vgl. Frahm, Forsch.-Arb. d. V. d. I., Heft 6, sowie Anh. S. 94. In diesem Zuschlag liegt die größte Unsicherheit der gesamten Berechnung der Eigenschwingungszahl, welche eine allzu subtile Feststellung der reduzierten Längen und Massen und die Beachtung kleiner Maschinenteile in praxi überflüssig erscheinen läßt.

	HD-Zylinder	*MD*-Zylinder	*ND*-Zylinder
	5,386 kg sek²/cm	5,386 kg sek²/cm	5,386 kg sek²/cm
	1,815 „	1,815 „	1,815 „
	0,239 „	0,239 „	0,239 „
	1,807 „	2,035 „	2,652 „
somit	$m_{\text{red}_1} = 9{,}247$ „	$m_{\text{red}_2} = 9{,}475$ „	$m_{\text{red}_3} = 10{,}092$ „

Um die reduzierten Massen des Luftpumpengestänges zu berücksichtigen, wird es im allgemeinen genügen, einen prozentualen Zuschlag zum Gewicht bzw. zu der reduzierten Masse desjenigen Kreuzkopfes (*MD*-Zyl.) zu machen, von dem aus die Luftpumpe angetrieben wird. Wir rechnen für das Zahlenbeispiel zunächst 80%. Mit diesem Zuschlag, also mit einem ideellen Kreuzkopfgewicht von $1{,}80 \cdot 873 = 1570$ kg, findet sich dann die reduzierte Masse auf Mitte *MD*-Zylinderschließlich zu

$$m_{\text{red}_2} = 9{,}835 \text{ kg sek}^2/\text{cm}.$$

Die **gesamte** reduzierte Masse am *MD*-Zylinder hätte sich damit um 3,8% vergrößert.

Mit der reduzierten Masse für den Propeller nebst Wellenzuschlag (vgl. S. 87), also mit

$$m_{\text{red}} = 61{,}2 + 0{,}329 = 61{,}53 \text{ kg sek}^2/\text{cm}$$

sind dann alle am System wirkenden Massen bestimmt.

Bemerkung zur Reduktion der Massen des Luftpumpengestänges auf den Kreuzkopf des *MD*-Zylinders. Die bewegten Massen des Luftpumpengetriebes (Balancier, Schnallenlager, Traversen, Luftpumpenkolben usw.) nehmen infolge der schwingenden Bewegung des Kreuzkopfes (des *MD*-Zylinders) an den Schwingungen selbst teil, vermehren also auf alle Fälle die bei der Schwingung zu bewegende Masse. Um diese Massen in die Rechnung einzuführen, reduzieren wir sie auf die Kreuzkopfzapfenebene und wenden dabei dieselben Gesetze wie für das Hauptgetriebe gültig an.

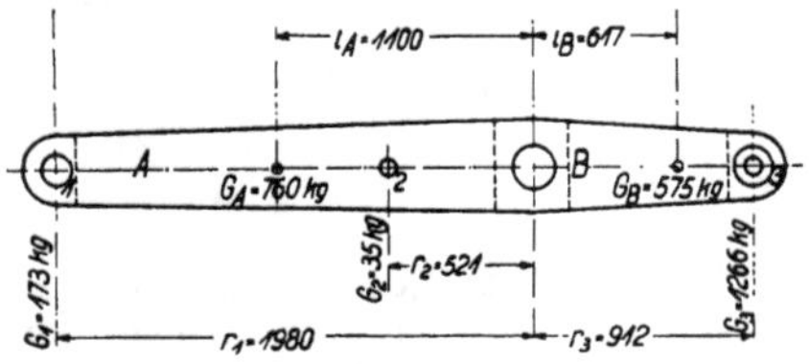

Abb. 55.

Es betragen (Abb. 55): das im Punkt 1, Radius $r_1 = 1980$ mm, vereinigte Gewicht der beiden Schnallenlager $G_1 = 173$ kg; das im Punkt 2, Radius $r_2 = 521$ mm, angreifende Gewicht der Klosettpumpe und Verdampferpumpe $G_2 = 35$ kg und das im Punkt 3, Radius $r_3 = 912$ mm, vereinigte Gewicht der bewegten Teile der Luft- Lenz- und Speise-Pumpen $G_3 = 1266$ kg. Die Teile *A* der beiden Luftpumpen-Balanciers besitzen ein Gesamtgewicht $G_A = 760$ kg, ihr Trägheitsradius ermittelt sich zu $i_A = 1100$ mm; für die Teile *B* des Balanciers haben wir $G_B = 575$ kg und $i_B = 617$ mm.

Wenn wir die von den Punkten 1 und 3 des Balanciers beschriebenen Bogenhöhen vernachlässigen und den Punkt 1 mit der Kreuzkopfzapfenbahn zusammenfallend denken, finden wir das auf den Kreuzkopfzapfen-Mittelpunkt reduzierte Gewicht der gesamten bewegten Luftpumpenteile zu:

$$G'_{\text{red}} = 173 + 35\left(\frac{52{,}1}{198}\right)^2 + 760\left(\frac{110}{198}\right)^2 + 575\left(\frac{61{,}7}{198}\right)^2 + 1266\left(\frac{91{,}2}{198}\right)^2$$
$$= 173 + 2{,}43 + 235 + 55{,}8 + 270 = 736 \text{ kg}.$$

Das auf den Kreuzkopfzapfen reduzierte Gewicht des Luftpumpengetriebes beträgt also $100\,\frac{736}{873} = 84\%$ des Gewichtes des *MD*-Kreuzkopfes. Bei den üblichen Ausführungen können wir für den die Luftpumpenmassen berücksichtigenden Zuschlag überschlagsweise 60 bis 100% zum betreffenden Kreuzkopfgewicht rechnen, ohne das Endergebnis der Rechnung, die Eigenschwingungszahl, wesentlich zu verändern.

Die weitere Rechnung ist, da dieser Zusatzbetrag zur **ganzen** reduzierten Masse der *MD*-Zylinder-Triebwerksteile gering ist, mit den früher berechneten Werten, also mit dem ursprünglich angenommenen Zuschlag von 80% durchgeführt worden.

Bemerkung betreffend die strengere Durchführung der Reduktion der Kurbelgestängemassen auf den Kurbelradius. Eine Verteilung der Pleuelstangenmasse auf die rotierenden und die hin und her gehenden Massen kann nur als Hilfsmittel für die Praxis angesehen werden. Im folgenden sei, um einen Vergleich zu ermöglichen, auf die genaue Berechnung hingewiesen.

Die „kinetische Energie" (lebendige Kraft) eines Kurbelgetriebes während der Schwingung ist eine je nach der Kurbelstellung veränderliche Größe; sie beträgt[1])

---

[1]) Vgl. Lorenz: Dynamik der Kurbelgetriebe, 1901, S. 81.

$$L=\frac{r^2\omega^2}{2g}\Bigg[K\left(\frac{i''}{r}\right)^2+\frac{1}{2}\left(P+G+G\left(\frac{i'}{l}\right)^2\right)$$
$$-\frac{1}{2}\left(P+G-G\left(\frac{i'}{l}\right)^2\right)\cos 2\varphi$$
$$+\frac{1}{2}\frac{r}{l}\left(P+G-G\frac{b}{l}\right)(\cos\varphi-\cos 3\varphi)\Bigg].$$

In dieser Gleichung ist:

K = Gewicht der rotierenden Teile der Kurbel (Wellenzapfen, Wangen, Kurbelzapfen) in kg,
P = Gewicht der hin und her gehenden Teile (Kolben, Kolbenstange, Kreuzkopf) in kg,
G = Gewicht der ganzen Schubstange mit Lagern in kg,
i'' = Trägheitsradius der Kurbelmassen, bezogen auf die Drehachse, in cm,
i' = Trägheitsradius der Treibstange, bezogen auf den Mittelpunkt des Kreuzkopfzapfens, in cm,
b = Abstand des Treibstangenschwerpunktes vom Mittelpunkt des Kreuzkopfzapfens in cm,
l = Treibstangenlänge in cm,
r = Kurbelradius in cm,
ω = Winkelgeschwindigkeit der Schwingung (vgl. Anm. S. 71) in sek^{-1},
g = 981 cm/sek^2,
φ = augenblicklicher Kurbelwinkel im Bogenmaß.

1. Für $\varphi = 0$ und $\varphi = \pi$ ergibt sich

$$L_1=\frac{r^2\cdot\omega^2}{2\cdot g}\left[K\left(\frac{i''}{r}\right)^2+\frac{1}{2}\left(P+G+G\left(\frac{i'}{l}\right)^2\right)-\frac{1}{2}\left(P+G-G\left(\frac{i'}{l}\right)^2\right)\right]$$

oder

$$L_1=\frac{r^2\cdot\omega^2}{2g}\left[K\left(\frac{i''}{r}\right)^2+G\left(\frac{i'}{l}\right)^2\right],$$

d. h. der Einfluß der hin und her gehenden Gewichte entfällt, und der Summand $G\left(\frac{i'}{l}\right)^2$ ist als Anteil des Treibstangengewichtes den auf den Kurbelradius reduzierten rotierenden Gewichten der Kurbel zuzuschlagen.

2. Für $\varphi = \frac{\pi}{2}$ und $\varphi = \frac{3}{2}\pi$ ergibt sich

$$L_2=\frac{r^2\cdot\omega^2}{2g}\left[K\left(\frac{i''}{r}\right)^2+\frac{1}{2}\left(P+G+G\left(\frac{i'}{l}\right)^2\right)+\frac{1}{2}\left(P+G-G\left(\frac{i'}{l}\right)^2\right)\right]$$

oder

$$L_2=\frac{r^2\cdot\omega^2}{2g}\left[K\left(\frac{i''}{r}\right)^2+P+G\right],$$

d. h. die hin und her gehenden Gewichte und das ganze Gewicht der Pleuelstange sind den auf den Kurbelradius reduzierten Gewichten der Kurbel zuzuschlagen.

Als Mittelwert für die kinetische Energie aller Kurbelstellungen kann sonach mit ziemlicher Genauigkeit gesetzt werden:

$$L=\frac{r^2\cdot\omega^2}{2g}\left[K\left(\frac{i''}{r}\right)^2+\frac{1}{2}\left(P+G+G\left(\frac{i'}{l}\right)^2\right)\right].$$

Die dieser Energie entsprechende, auf den Kurbelradius r reduzierte Masse m'_{red} folgt nun mit

$$L=\frac{m'_{red}\cdot r^2\cdot\omega^2}{2}$$

zu

$$m'_{red}=\frac{K}{g}\left(\frac{i''}{r}\right)^2+\frac{1}{2g}\left[P+G\left(1+\left(\frac{i'}{l}\right)^2\right)\right]$$

oder

$$m'_{red}=A+B.$$

Der erste Summand, also $A=\frac{K}{g}\left(\frac{i''}{r}\right)^2$, entspricht genau dem bereits ermittelten Wert der auf den Kurbelkreis reduzierten rotierenden Massen der Kurbelwelle. Für das Zahlenbeispiel war also

$$A=\frac{K}{g}\left(\frac{i''}{r}\right)^2=5{,}386 \text{ kg sek}^2/\text{cm (vgl. S. 86).}$$

Mit den übrigen Werten des Zahlenbeispiels folgen die Werte

$$B=\frac{1}{2g}\left[P+G\left(1+\left(\frac{i'}{l}\right)^2\right)\right]$$

für die einzelnen Zylinder, ohne Berücksichtigung der Massen für die bewegten Luftpumpenteile, wenn wir den rechnerisch ermittelten Abstand (i') des Trägheitsradius der für alle Zylinder genau gleich ausgebildeten Pleuelstange vom Kreuzkopfzapfen-Mittelpunkt mit $i' = 0{,}80\,l$, also $\left(\frac{i'}{l}\right)^2 = 0{,}64$ einsetzen,

für den *HD*-Zylinder mit $P = 2452$ kg, $G = 2870$ kg

$$B_1 = \frac{1}{1962}(2452 + 1{,}64 \cdot 2870) = 3{,}65 \text{ kg sek}^2/\text{cm};$$

für den *MD*-Zylinder mit $P = 2903$ kg, $G = 2870$ kg

$$B_3 = \frac{1}{1962}(2903 + 1{,}64 \cdot 2870) = 3{,}88 \text{ kg sek}^2/\text{cm};$$

für den *ND*-Zylinder mit $P = 4115$ kg, $G = 2870$ kg

$$B_2 = \frac{1}{1962}(4115 + 1{,}64 \cdot 2870) = 4{,}50 \text{ kg sek}^2/\text{cm}.$$

Die Überschlagsrechnung mit Unterteilung der Massen ergab

$$B_1 = 1{,}815 + 1{,}807 = 3{,}622 \text{ kg sek}^2/\text{cm},$$
$$B_3 = 1{,}815 + 2{,}035 = 3{,}850 \quad ,,$$
$$B_2 = 1{,}815 + 2{,}652 = 4{,}467 \quad ,,$$

Der Unterschied beider Rechnungsarten ist also sehr gering.

Die weitere Rechnung wurde mit den auf S. 88 ermittelten Massen durchgeführt.

III. Bestimmung der Eigenschwingungszahl.

Um in erster Annäherung über die Lage der Eigenschwingungszahl I. Grades orientiert zu sein, fassen wir die Massen der drei Zylinder zu einer Masse zusammen, die wir uns in der *ND*-Zylinderebene wirkend denken und rechnen dann die Eigenschwingungszahl nach der entsprechenden Gleichung auf S. 74 für ein Zweimassensystem.

Wir erhalten also in diesem Falle

$$m_1 = 9{,}25 + 10{,}09 + 9{,}83 = 29{,}17 \text{ kg sek}^2/\text{cm}$$

und

$$m_2 = 61{,}53 \text{ kg sek}^2/\text{cm},$$

ebenso

$$l = 6059{,}2 + 299{,}8 = 6359 \text{ cm (vgl. S. 82 u. 84).}$$

Mit den bereits bekannten Größen für r, Θ, G folgt dann:

$$n_{e\,I}' = \frac{30}{76 \cdot \pi}\sqrt{\frac{402600 \cdot 828000 \cdot (29{,}17 + 61{,}53)}{6359 \cdot 29{,}17 \cdot 61{,}53}} = n_{e\,I}' \cong 205 \text{ Schwing./Min.}$$

Für die graphische, genaue Berechnung der Eigenschwingungszahl I. Grades nehmen wir dann bei Beginn der Rechnung an, daß dieser rechnerisch ermittelte Wert nicht viel von dem tatsächlichen abweichen wird.

Für die Bestimmung der Eigenschwingungszahl II. Grades auf rechnerischem Wege bestehen zwar auch Annäherungsformeln, die wir hier aber nicht benutzen wollen, da die graphische Ermittlung der II. und höheren Eigenschwingungszahlen, wenn alle Werte für die reduzierten Längen und reduzierten Massen erst einmal festliegen, sehr einfach ist.

Graphische Ermittlung: (Abb. 56).

Wir bestimmen nach Früherem (S. 75 u. 77) den Polabstand:

$$H = \frac{\Theta \cdot G}{r^2} = \frac{402600 \cdot 828000}{76^2} = 57700000 = 5770 \cdot 10^4 \text{ kg.}$$

Eigenschwingungszahl I. Grades.

1. Annahme: $n'_{e\,I} = 205$ Schwing./Min.; $\omega = 21{,}47\ \text{sek}^{-1}$; $\omega^2 = 461\ \text{sek}^{-2}$

Wir nehmen nun die Größe des Ausschlages der Masse m_1 an und wählen hierfür $a_1 = 10$ cm auf der Zeichnung.

Wir erhalten dann allgemein die Trägheitskraft im Punkte 1 zu:

$$T_1 = m_1 \cdot a_1 \cdot \omega^2$$

oder mit den angenommenen Werten

$$T_1 = 9{,}25 \cdot 10 \cdot 461 = 4{,}26 \cdot 10^4 \text{ kg.}$$

Diese Kraft $T_1 = 4{,}26 \cdot 10^4$ kg wird im Krafteck angetragen und nun ziehen wir den Polstrahl[1]). Im Schwingungsbild (Abb. 56), also von Punkt 1' aus, ziehen wir zu diesem Polstrahl die Parallele, die uns den Ausschlag der Masse m_2 zu $a_2 = 9{,}80$ cm liefert; damit folgt dann

$$T_2 = m_2 \cdot a_2 \cdot \omega^2 = 10{,}09 \cdot 9{,}80 \cdot 461 = 4{,}56 \cdot 10^4 \text{ kg}.$$

Diese Kraft im Seileck angetragen liefert $a_3 = 9{,}35$ cm, also folgt $T_3 = 4{,}225 \cdot 10^4$ usw., vgl. Tabelle Nr. 1.

Es ergibt sich für $n'_{eI} = 205$ Umdr./Min. schließlich eine Restkraft von

$$R' = +\,0{,}7 \cdot 10^4 \text{ kg},$$

d. h. die angenäherte, rechnerisch ermittelte Eigenschwingungszahl ist etwas zu niedrig, vgl. Restgliedkurve (Abb. 56).

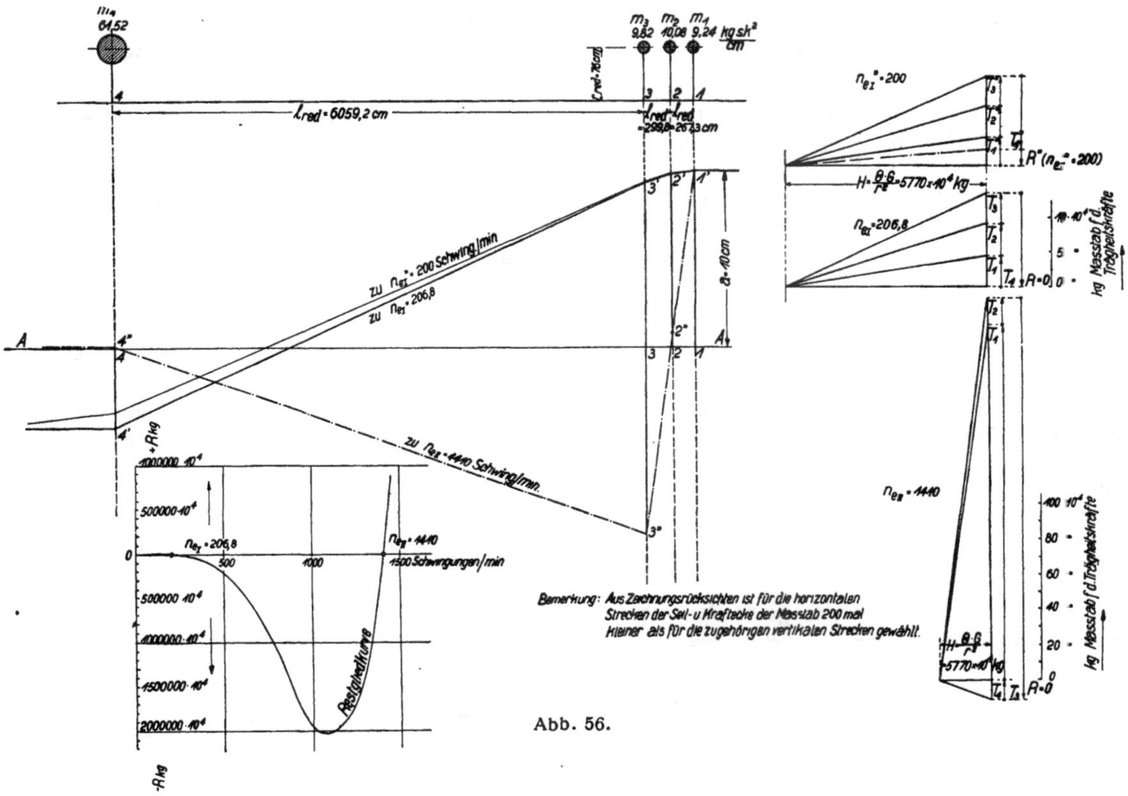

Abb. 56.

Wir müssen nun n'_{eI} so lange ändern, bis $R = 0$ wird, deshalb

2. Annahme: $n''_{eI} = 200$ Schwing./Min., woraus sich, wie oben beschrieben, ergibt

$$R'' = +\,2{,}42 \cdot 10^4 \text{ kg}.$$

3. Annahme: $n'''_{eI} = 210$ Schwing./Min., woraus sich, wie oben beschrieben, ergibt

$$R''' = -\,1{,}305 \cdot 10^4 \text{ kg}.$$

Durch graphische Interpolation erhalten wir, vgl. Restgliedkurve, für

$$R = 0 \text{ die Schwingungszahl } n_{eI} = 206{,}8 \text{ Schwing./Min.}$$

Dies ist der genaue Wert für die Eigenschwingungszahl I. Grades.

Zur Kontrolle rechnen wir nochmals mit $n_{eI} = 206{,}8$ Schwing./Min., finden $R = 0$, eine horizontale Tangente im Punkt 4' und die Ausschläge der freien Schwingung, vgl. Tabelle Nr. 1.

[1]) In der Abb. 56 sind aus Deutlichkeitsgründen für die Eigenschwingungszahl I. Grades nur die Kraftecke und Seilzüge für $n_{eI}'' = 200$ Schwing./Std. und $n_{eI} = 206{,}8$ Schwing./Min., desgl. für die II. Eigenschwingungszahl nur für $n_{eII} = 1410$ Schwing./Min., gezeichnet; im übrigen vgl. Tabelle S. 92.

Eigenschwingungszahl II. Grades. In ganz ähnlicher Weise verfahren wir bei der Ermittlung der Eigenschwingungszahl II. Grades.

Wir nehmen wie vorher an: $a_1 = 10$ cm auf der Zeichnung. Ferner nach einigen Proben über die ungefähre Lage der Eigenschwingungszahl II. Grades

1. Annahme: $n'_{eII} = 1350$ Umdr./Min., woraus sich ergibt $R' = -4295{,}7 \cdot 10^4$ kg.
2. Annahme: $n''_{eII} = 1450$ „ „ „ „ $R'' = +4259{,}3 \cdot 10^4$ kg.
3. Annahme: $n'''_{eII} = 1400$ „ „ „ „ $R''' = -802{,}2 \cdot 10^4$ kg.

Vgl. Tabelle Nr. 1. Mit Hilfe der Restgliedkurve, also für $R = 0$, ermitteln wir dann $n_{eII} \cong 1410$ Schwing./Min., den genauen Wert für die Eigenschwingungszahl II. Grades.

Die Nachrechnung mit $n_{eII} = 1410$ Schwing./Min. ergibt tatsächlich $R = 0$ und liefert uns eine horizontale Tangente und die Ausschläge der freien Schwingung.

Kurz hingewiesen sei noch darauf, daß selbstverständlich die Ausschläge a_1 der Masse m_1 in Wirklichkeit für die I. und II. Eigenschwingungszahl nicht gleich groß sind. Jedes Schwingungsbild ist also nur in sich selbst relativ richtig.

Kritische Drehzahlen. Bei der harmonischen Analyse des Tangentialdruck-Diagrammes für obige Maschine zeigt sich, daß als erregende harmonische Kräfte hauptsächlich diejenigen 1., 2., 3., 4., 5., 6. Ordnung in Frage kommen.

Wir hätten also kritische Drehzahlen, ev. Rütteln der Maschine, herrührend von der I. Eigenschwingungszahl im Gebiete des Maschinenmanövrierbereiches, zu erwarten bei

$$n = \frac{206{,}8}{3} = 68{,}9; \; n = \frac{206{,}8}{4} = 51{,}7; \; n = \frac{206{,}8}{5} = 41{,}4; \; n = \frac{206{,}8}{6} = 34{,}5$$

minutlichen Umdrehungen der Maschine.

Die II. Eigenschwingungszahl liegt so hoch, daß beachtenswerte kritische Drehzahlen hieraus nicht ins Drehzahlgebiet der Maschine fallen.

Tatsächlich fand sich durch torsiographische Messungen bestätigt, daß bei den angegebenen minutlichen Drehzahlen kritische Drehzahlgebiete vorhanden waren. Stärkeres Zucken der Maschine war jedoch nur um $n = 69$ Umdr./Min., also entsprechend der harmonischen Kraft 3. Ordnung, zu beobachten. Bei der Konstruktionsdrehzahl von 78 Umdr./Min. lief die Maschine ruhig.

Tabelle Nr. 1.

Eigenschwingungszahl I. Grades

Punkt	Masse kgsek²/cm	$n_{eI}' = 205$ Schwing./Min. $\omega^2 = 461$ sek⁻²		$n_{eI}'' = 200$ Schwing./Min. $\omega^2 = 438{,}5$ sek⁻²		n_{eI}''' 210 Schwing./Min. $\omega^2 = 483{,}5$ sek⁻²		$n_{eI} = 206{,}8$ Schwing./Min. $\omega^2 = 469{,}5$ sek⁻²	
		a (cm)	T' (kg)	a (cm)	T'' (kg)	a (cm)	T''' (kg)	a (cm)	T (kg)
1	$m_1 = 9{,}25$	10,00	$4{,}26 \cdot 10^4$	10,00	$4{,}06 \cdot 10^4$	10,00	$4{,}465 \cdot 10^4$	10,00	$4{,}34 \cdot 10^4$
2	$m_2 = 10{,}09$	9,80	$4{,}56 \cdot 10^4$	9,81	$4{,}34 \cdot 10^4$	9,79	$4{,}77 \cdot 10^4$	9,80	$4{,}64 \cdot 10^4$
3	$m_3 = 9{,}83$	9,35	$4{,}225 \cdot 10^4$	9,38	$4{,}05 \cdot 10^4$	9,31	$4{,}42 \cdot 10^4$	9,33	$4{,}305 \cdot 10^4$
4	$m_4 = 61{,}53$	−4,36	$-12{,}345 \cdot 10^4$	−3,70	$-10{,}03 \cdot 10^4$	−5,03	$-14{,}96 \cdot 10^4$	−4,60	$-13{,}285 \cdot 10^4$
		$R = +0{,}7 \cdot 10^4$		$R = +2{,}42 \cdot 10^4$		$R = -1{,}305 \cdot 10^4$		$R = 0$	

Eigenschwingungszahl II. Grades.

Punkt	Masse kgsek²/cm	$n_{eII}' = 1350$ Schwing./Min. $\omega^2 = 20000$ sek⁻²		$n_{eII}'' = 1450$ Schwing./Min. $\omega^2 = 23095$ sek⁻²		$n_{eII}''' = 1400$ Schwing./Min. $\omega^2 = 21 \cdot 490$ sek⁻²		$n_{eI} = 1410$ Schwing./Min. $\omega^2 = 21 \cdot 820$ sek⁻²	
		a (cm)	T' (kg)	a (cm)	T'' (kg)	a (cm)	T''' (kg)	a (cm)	T (kg)
1	$m_1 = 9{,}25$	+10,00	$+184{,}5 \cdot 10^4$	+10,00	$+213{,}3 \cdot 10^4$	+10,00	$+198{,}5 \cdot 10^4$	+10.00	$+201{,}2 \cdot 10^4$
2	$m_2 = 10{,}09$	+1,45	$+29{,}2 \cdot 10^4$	+0,12	$+28{,}0 \cdot 10^4$	+0,80	$+17{,}3 \cdot 10^4$	+0,69	$+15{,}2 \cdot 10^4$
3	$m_3 = 9{,}83$	+9,65	$-189{,}4 \cdot 10^4$	−12,43	$-282{,}0 \cdot 10^4$	−10,42	$-220 \cdot 10^4$	−10,65	$-227{,}9 \cdot 10^4$
4	$m_4 = 61{,}53$	−35,15	$-4320 \cdot 10^4$	+30,27	$+4300 \cdot 10^4$	−6,04	$-798{,}0 \cdot 10^4$	+0,086	$+11{,}5 \cdot 10^4$
		$R = -4295{,}7 \cdot 10^4$		$R = +4259{,}3 \cdot 10^4$		$R = -802{,}2 \cdot 10^4$		$R = 0$	

III. Abschnitt.

Messungen von Torsionsschwingungen in den Wellenleitungen von Schiffsmaschinen.

§ 9. **Die Frahm'schen Messungen.** Die im Anhang V § 1—3 beschriebenen Messungen der Umfangsgeschwindigkeit von Schiffswellen, bei welchen schließlich auch das Auftreten von Torsionsschwingungen festgestellt wurde[1]), sind etwas später von Frahm[2]) aufgegriffen und in mustergiltiger Weise ausgebaut worden, zu dem Zweck, in die Frage der Torsionsschwingungen von Schiffswellen Klarheit zu bringen.

Die von Frahm benutzte Methode zur Messung der variablen Umfangsgeschwindigkeit ist in kurzen Worten die folgende: Um zwei Kupplungsflanschen der zu untersuchenden Wellenleitung, von denen der eine möglichst nahe am Drucklager, der andere möglichst nahe an der Stevenrohr-Stopfbüchse liegt, werden Zinkblätter gelegt, welche außen mit einer Oxydschicht bedeckt sind. Bei jedem Flansch wird ein Platinstift so angeordnet, daß derselbe über die Zinkblätter schleift, wenn die Welle sich dreht, ohne jedoch hierbei merkliche Spuren zu hinterlassen. Die Platinstifte stehen in Verbindung mit je einer Schraubenspindel, deren Achse parallel zur Wellenachse liegt. Dadurch ist es möglich, die Platinstifte in der Längsrichtung der Welle zu verschieben und eine Schraubenlinie auf dem Zinkblatt schreiben zu lassen. Dieses Schreiben geschieht in der Weise, daß durch Unterbrecherscheiben, welche auf einem mit Geschwindigkeitsregler versehenen Elektromotor angebracht sind, 2 Stromkreise — je einer für jeden Platinstift — genau gleichzeitig geöffnet und geschlossen werden. Beim Übergang des Stromes vom Platinstift auf den Kupplungsflansch werden in die Oxydschicht deutlich sichtbare weiße Striche eingezeichnet, während die

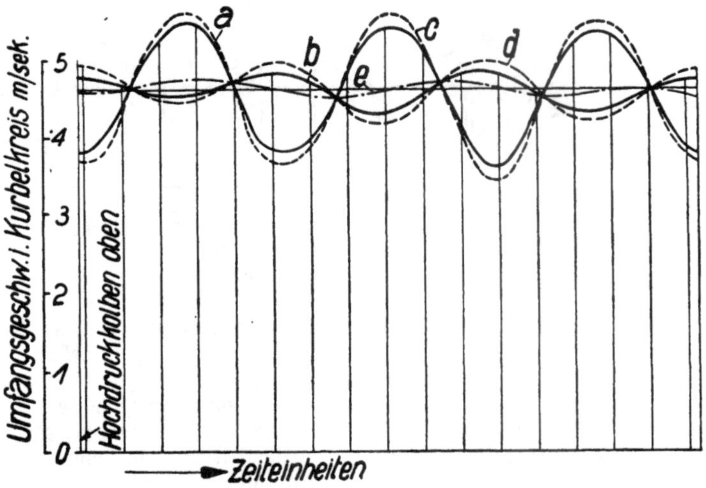

Abb. 57.

Oxydschicht unversehrt bleibt, solange kein Strom durchfließt. Wenn die Apparate im Betrieb sind und die Welle sich dreht, dann zeichnen die Stifte auf den Zinkblättern Schraubenlinien, welche durch die Einwirkung der Unterbrecher als mehr oder weniger lange gestrichelte Linien sichtbar werden. Aus der Länge und der gegenseitigen Verschiebung zweier zusammengehöriger Striche oder Zwischenräume kann dann die Verdrehung der Welle und ihre momentane Umfangsgeschwindigkeit festgestelt werden.

Selbstverständlich ist es nötig, einen gemeinsamen Nullpunkt für die beiden Flanschen einzuzeichnen. Voraussetzung ist hierbei, daß sich die Welle in spannungslosem Zustande befindet, was mit ziemlicher Annäherung durch Vor- oder Rückwärtsdrehen derselben mit der Drehvorrichtung erreicht werden kann.

Für die spätere Auswertung war auch erwünscht, die zugehörige Kolbenstellung und Flügelstellung der Propeller zu kennen, was durch Einzeichnen der Nullinie bei der Stellung „HD-Kolben oben" geschieht. Aus der Verdrehung der beiden Flanschen gegeneinander war es möglich, die übertragenen Drehkräfte zu bestimmen, indem man durch Untersuchung von Probewellen, welche aus dem gleichen Material hergestellt waren, den Schubelastizitätsmodul feststellte.

---

[1]) Vgl. Jahrb. d. Schiffbautechn. Ges. 1900, Vortrag des Verfassers über „Schwankungen der Umdrehungsgeschwindigkeit von Schiffswellen".

[2]) Vgl. Z. d. V. d. I. 1902, Frahm, „Neue Untersuchungen über die dynamischen Vorgänge in den Wellenleitungen von Schiffsmaschinen".

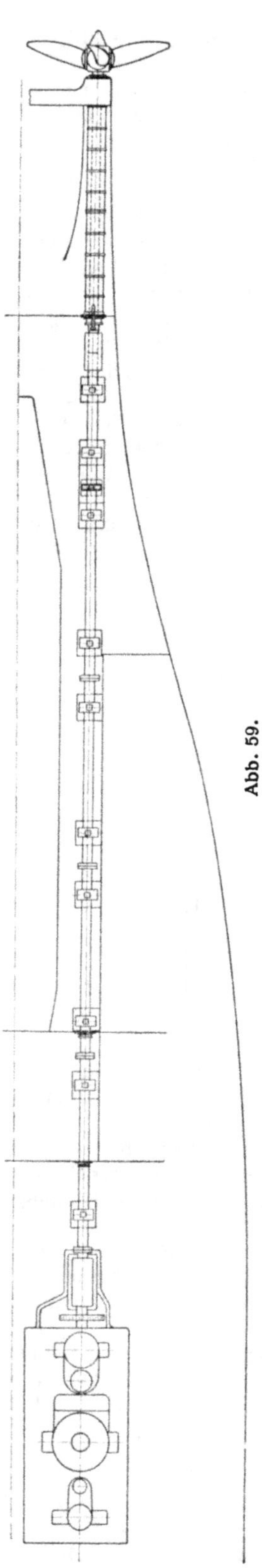

Abb. 59.

Frahm führte mit diesen Apparaten an einer größeren Anzahl von Schiffsmaschinenanlagen Untersuchungen durch. Als Beispiel seien die Resultate angeführt, welche auf dem D. „Besoeki" gewonnen wurden. Abb. 57 veranschaulicht die auf den Kurbelradius bezogenen Kurven der Drehgeschwindigkeit der Welle, und zwar zeigt Kurve *a* die Geschwindigkeit am vorderen, die Kurve *b* die Geschwindigkeit am hinteren Meßflansch. Diese Kurven sind aus den Abständen der Anfangspunkte der Striche, welche die Platinstifte auf die Zinkblätter beim Stromdurchgang einzeichnen, bestimmt. Die ferner eingezeichneten Kurven *c* und *d* sind aus den beiden vorgenannten *a* und *b* abgeleitet und geben die Geschwindigkeitswerte in der mittleren Maschinenebene bzw. in der Propellerebene wieder. Die abgeleiteten Kurven sind in einfacher Weise auf Grund der Tatsache erhalten, daß nach Einführung einer elastisch gleichwertigen Ersatzwelle (vgl. § 5) die Verdrehungsausschläge und damit die Schwingungsgeschwindigkeiten dem Abstande vom Schwingungsknotenpunkt proportional sind (vgl. Schwingungsbild Abb. 40).

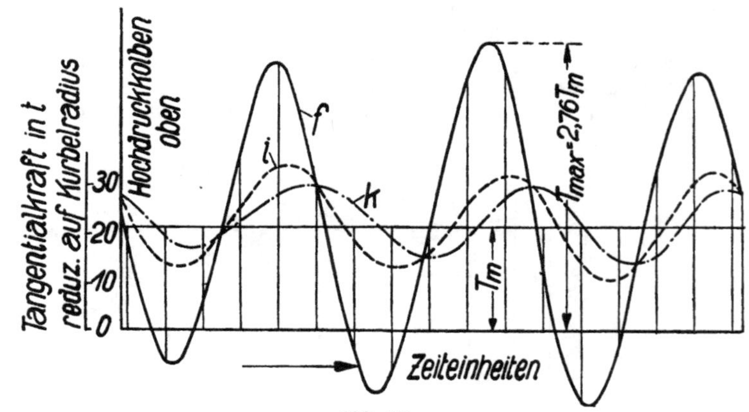

Abb. 58.

Abb. 58 zeigt die Verdrehungsschwankungen der Wellenleitung. Diese werden bestimmt, indem man die an den beiden Meßflanschen angebrachten Zinkblätter so nebeneinander legt, daß die Nullpunkte zusammenfallen. Aus der relativen Verschiebung zweier zusammengehöriger Strichanfangspunkte läßt sich direkt die Verdrehung der Wellenleitung messen und hieraus mittels des vorher bestimmten Schubelastizitätsmoduls auch das übertragene Drehmoment errechnen. Die Verdrehungen sind durch die Kurve *f* (Abb. 58) dargestellt.

Frahm benutzt nun die beiden Kurven *d* und *f*, um die Widerstandskurve des Propellers aufzuzeichnen. Aus der erstgenannten Kurve läßt sich die Trägheitskraft der Propellermasse $-m\frac{dv}{dt}$ errechnen. Es muß dann das Moment dieser Kraft und das gleichzeitig einwirkende Drehmoment aus der Kurve *f* mit dem Moment des Propellerwiderstandes im Gleichgewicht stehen. Aus dieser Beziehung wird leicht der Verlauf der Widerstandskurve *i* gewonnen. Die Kurve *i* zeigt nun eine Phasenverschiebung gegenüber derjenigen der Geschwindigkeiten. Frahm schließt hieraus, daß dieselbe nicht die reinen Wasserwiderstände wiedergeben kann und bringt diese Phasenverschiebung zum Verschwinden, indem er zur Propellermasse noch einen Zuschlag für mitgerissenes Wasser hinzufügt. Es ergab sich bei einer Reihe von Schiffen, daß ein solcher Zuschlag von rund 25% des Propellergewichts die geforderte Übereinstimmung der Phasen der beiden Kurven erreichen läßt.

Aus dem Verlauf der Geschwindigkeits- und der nach obigem berichtigten Widerstandskurven läßt sich nun ohne weiteres das Widerstandsgesetz des Propellers ermitteln. Frahm nimmt an, daß dasselbe ein einfaches Potenzgesetz ist und sich durch den Ausdruck

$$W = C \cdot v^r$$

darstellen läßt, worin W der Widerstand, C eine Konstante, v die augenblickliche Drehgeschwindigkeit und r einen Exponenten bedeutet. Aus einer größeren Anzahl von Untersuchungen an Schiffen ergab sich r zwischen den Grenzen 3,6 und 4, so daß auf Grund dieser Untersuchungen für die Schwankungen der Drehgeschwindigkeit das Widerstandsgesetz des Propellers mit ziemlicher Annäherung geschrieben werden kann

$$W = C \cdot v^{3,8}$$

§ 10. **Die Messungen Foettingers.** Während Frahm Drehgeschwindigkeit und Verdrehung der Welle an zwei weit voneinander liegenden Stellen seinen Untersuchungen zugrunde legte, untersuchte Foettinger[1]) mit dem von ihm konstruierten Torsionsindikator die Schwankungen des Drehmomentes in den Wellenleitungen.

Von besonderem Interesse sind die Messungen, welche an einem Frachtdampfer mit 2 Maschinen von je ca. 2000 PS und einem Kreuzer mit 2 Kolbenmaschinen von je 5000 PS angestellt worden sind.

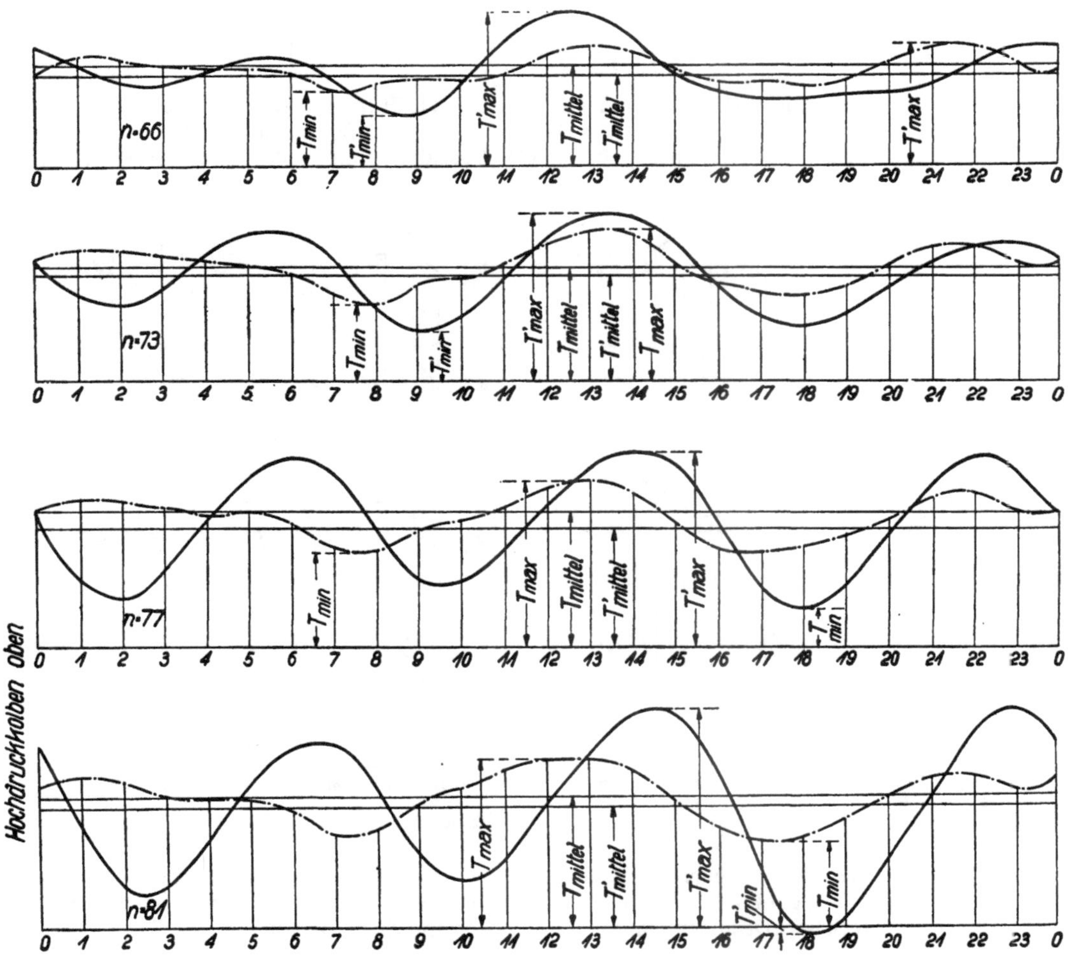

Abb. 60.

Die Disposition der Wellenleitung des genannten Frachtdampfers geht aus Abb. 59 hervor. Ferner zeigt Abb. 60 den Verlauf der errechneten Tangentialdrücke einschließlich der Wirkung der hin und her gehenden Massen (strichpunktiert) und dazu die experimentelle Drehkraftkurve, wie sie vom Torsionsindikator aufgezeichnet ist (stark ausgezogen), und zwar für 66, 73, 77 und 81 Umdrehungen. Die Betrachtung der Kurve zeigt, daß bei 66 Umdrehungen von Torsionsschwingungen noch kaum etwas zu bemerken ist, während solche in immer steigendem Maße bei den höheren Umdrehungszahlen sich bemerkbar machen. Bei 81 Umdrehungen werden sie so stark, daß das von der Welle übertragene Drehmoment für einen Augenblick sogar negativ wird; es gibt also einen Moment, in welchem die

[1]) Vgl. Foettinger, Schiffbautechn. Ges. 1903: „Effektive Maschinenleistung und effektives Drehmoment" und 1905: „Die neuesten Konstruktionen des Torsionsindikators."

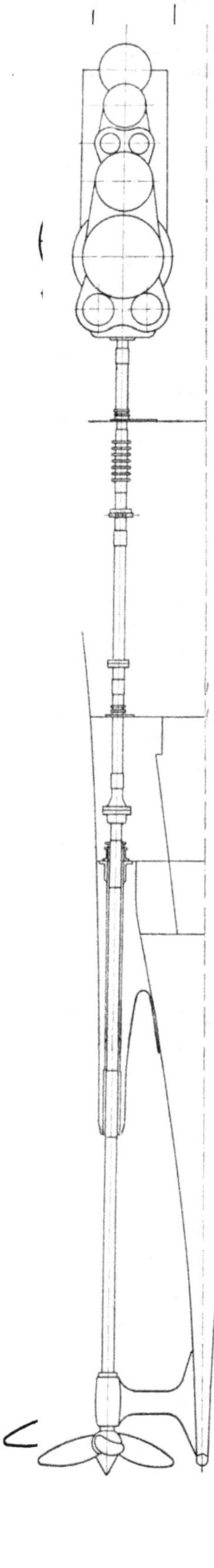

Hauptmaschine von der Masse des Propellers mitgenommen wird. Tabelle Nr. 2 zeigt für die vier untersuchten Tourenzahlen das Verhältnis der maximalen Tangentialkraft zur mittleren bzw. zur minimalen Tangentialkraft sowohl für die errechnete als auch für die experimentelle Tangentialkraftkurve.

Tabelle Nr. 2.

Drehzahl pro Minute n	$\frac{T_{max}}{T_{mittel}}$ gerechnet	$\frac{T_{max}}{T_{mittel}}$ gemessen	$\frac{T_{max}}{T_{min}}$ gerechnet	$\frac{T_{max}}{T_{min}}$ gemessen
66	1,22	1,69	1,63	3,15
73	1,32	1,95	1,95	3,33
77	1,27	1,62	1,79	5,0
81	1,30	2,0	1,85	— 29,4

Die Wellenleitung des erwähnten Kleinen Kreuzers „Hamburg" ist in Abb. 61 dargestellt. Jede Welle überträgt 5000 indizierte Pferdestärken bei ca. 150 Umdrehungen, wenn die Maschinen mit voller Kraft arbeiten. Die

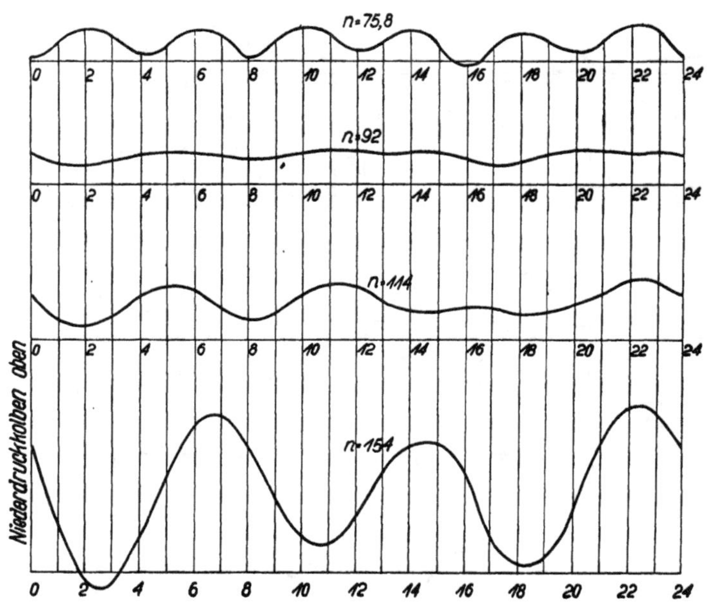

Abb. 62.

Hauptdimensionen derselben sind in Tabelle 11 § 49 zu finden. Die Eigenschwingungszahl der Welle wurde zu 456 vollen Schwingungen pro Minute errechnet. Demnach war — falls die entsprechenden Impulse vorhanden — auf starke Schwingungsausschläge zu rechnen:

bei 152 Umdrehungen mit 3 Schwingungen pro Umdrehung,
„ 114 „ „ 4 „ „ „
„ 91,2 „ „ 5 „ „ „
„ 76 „ „ 6 „ „ „ .

In Abb. 62 sind nunmehr die mit dem Torsionsindikator bei der Probefahrt gemessenen Drehkraftdiagramme dargestellt, und zwar bei steigender Tourenzahl.

Das erste Diagramm (75,8 Umdrehungen) zeigt sehr deutlich die zu erwartenden 6 Schwingungen, d. h. also die Merkmale einer kritischen Tourenzahl.

Wie bei der Dreikurbelmaschine zu erwarten, enthält das von der Hauptmaschine ausgeübte Drehmoment eine stark entwickelte sechste harmonische Welle, so daß also die bis unter Null herabreichenden Ausschläge zustande kommen konnten.

Eine derartige Unterstützung der Eigenschwingungen durch den Impuls der Maschine trat, wie leicht zu erwarten war, bei der fünf Eigenschwingungen entsprechenden Tourenzahl (91,2) nicht ein; denn das bei 92 Umdrehungen genommene Diagramm zeigt keine erkennbaren Torsionsschwingungen, sondern einen sehr gleichmäßigen Verlauf.

Dagegen zeigen sich bei $n = 114$ die erwarteten vier Ausschläge, von denen einer allerdings durch andere Einflüsse abgeschwächt erscheint; namentlich aber in der Nähe von $n = 152$ wieder sehr starke Torsionsschwingungen, entsprechend den drei Eigenschwingungen der Welle pro Minute.

Für $n = 154$ beträgt das Verhältnis der Tangentialkräfte in üblicher hergebrachter Weise rechnerisch ermittelt

$$\frac{T_{max}'}{T_{mittel}} = 1{,}315 \quad \frac{T_{max}'}{T_{min}'} = 1{,}86,$$

während die Messung ergab

$$\frac{T_{max}}{T_{mittel}} = 2{,}07 \quad \frac{T_{max}}{T_{min}} = 10{,}15.$$

Diese sehr interessanten und exakten Messungen veranschaulichen mit besonderer Deutlichkeit, wie wichtig es ist, außer der statischen Berechnung der Wellen auch den dynamischen Vorgängen in denselben Beachtung zu schenken.

Anhang VI.

Harmonische Analyse.

Jede periodische Funktion (vgl. Abb. 63) läßt sich entwickeln in eine Reihe von der Form (Fouriersche Reihe)

$$f(x) = A_0 + A_1 \cos\frac{a_1 \pi x}{L} + A_2 \cos\frac{a_2 \pi x}{L} + A_3 \cos\frac{a_3 \pi x}{L} + \dots.$$

$$+ B_1 \sin\frac{b_1 \pi x}{L} + B_2 \sin\frac{b_2 \pi x}{L} + B_3 \sin\frac{b_3 \pi x}{L} + \dots.;$$

dabei ist $2\,L$ diejenige Erstreckung in der x-Richtung, nach deren Durchlaufen eine volle Periode vollendet ist; $f(x)$ hat, wenn der Wert für $L = 0$ in die Mitte dieser Strecke gelegt wird, also für $x = -L$ und $x = +L$ denselben Wert. Die Strecke $2\,L$ können wir uns vorstellen als die Abwicklung eines Kreises vom Radius $\frac{L}{\pi}$, dann ist $\frac{\pi x}{L}$ der zum Bogen x gehörige Winkel im Bogenmaß. $a_1, a_2, a_3 \dots$ und $b_1, b_2, b_3 \dots$ sind ganze mit der Zahlenreihe von 1 an fortschreitende Zahlen, im allgemeinen ist also $a_1 = b_1 = 1$, $a_2 = b_2 = 2$ usw.

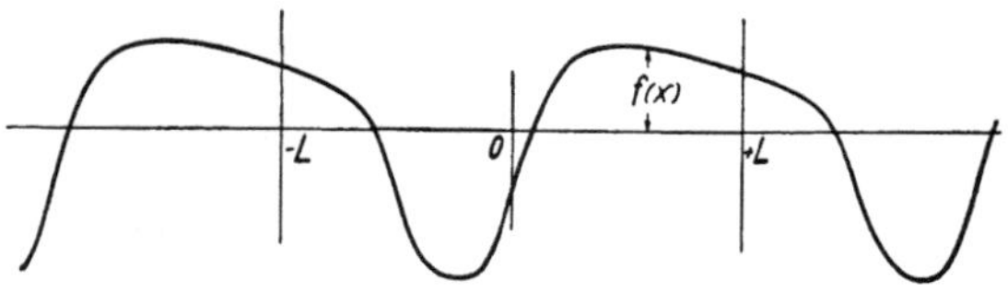

Abb. 63.

Das konstante Glied A_0 kommt in Fortfall, wenn die Abszissenachse so gelegt wird, daß die Summen der Flächen zwischen dieser und der periodischen Kurve oberhalb und unterhalb der Abszissenachse gleich werden und ist im folgenden weggelassen, da in der Praxis meist die Schwingungen um den Mittelwert interessieren.

Um die Reihe anschreiben zu können, müssen die Koeffizienten A_1, $A_2 \dots$ und B_1, $B_2 \dots$ bekannt sein. Zur Bestimmung der letzteren bedient man sich folgender Überlegung, deren Einzelheiten zu erörtern hier zu weit führen würde.

Man schreibt das Integral an

$$J_1 = \int_{-L}^{+L} f(x) \cos\left(\frac{c \pi x}{L}\right) dx$$

und substituiert statt $f(x)$ die oben erwähnte Fouriersche Reihe. Man erhält sodann

$$J_1 = \int_{-L}^{+L} A_1 \cos\frac{a_1 \pi x}{L} \cos\frac{c \pi x}{L}\, dx + \int_{-L}^{+L} A_2 \cos\frac{a_2 \pi x}{L} \cos\frac{c \pi x}{L}\, dx + \dots.$$

$$+ \int_{-L}^{+L} B_1 \sin\frac{b_1 \pi x}{L} \cos\frac{c \pi x}{L}\, dx + \int_{-L}^{+L} B_2 \sin\frac{b_2 \pi x}{L} \cos\frac{c \pi x}{L}\, dx + \dots.$$

Auf Grund einfacher Überlegungen ergibt sich, daß alle diese Summanden zu 0 werden mit Ausnahme desjenigen Cosinusgliedes, bei welchem der Wert von c mit dem des betr. Koeffizienten a_n übereinstimmt. In letzterem Falle wird der Wert des betreffenden Teilintegrals gleich $A_n \cdot L$ und wir erhalten

$$J_1 = A_n \cdot L, \text{ woraus } A_n = \frac{J_1}{L} = \frac{1}{L} \int_{-L}^{+L} f(x) \cos\left(\frac{a_n \pi x}{L}\right) dx.$$

In gleicher Weise wird vorgegangen, um die Koeffizienten der Sinusglieder zu finden. Wir erhalten für die Bestimmung derselben die Gleichung

$$J_2 = B_n \cdot L, \text{ woraus } B_n = \frac{J_2}{L} = \frac{1}{L} \int_{-L}^{+L} f(x) \sin\left(\frac{b_n \pi x}{L}\right) dx.$$

Bei der praktischen Auswertung der Koeffizienten empfiehlt es sich, etwa wie folgt vorzugehen. Wir teilen den einer Periode entsprechenden Teil der Abszissenachse in z. B. 24 gleiche Teile. Dann ist, wenn wir mit $f(1)$, $f(2)$ usw. die Funktionswerte beim Teilstrich 1 bzw. 2 usw. bezeichnen, z. B. der dritte Koeffizient der Cosinusreihe gegeben durch die Summe

$$A_3 = \frac{1}{L} \left\{ \begin{array}{l} f\,(1) \cos \frac{3\pi}{12} \cdot \frac{L}{12} \\ + f\,(2) \cos \frac{3\pi}{6} \cdot \frac{L}{12} \\ + f\,(3) \cos \frac{3\pi}{4} \cdot \frac{L}{12} \\ \vdots \\ f(24) \cos 3\pi \cdot 2 \cdot \frac{L}{12} \end{array} \right\} = \frac{1}{12} \left\{ \begin{array}{l} f(1) \cos \frac{3\pi}{12} \\ + f(2) \cos \frac{3\pi}{6} \\ + \ldots\ldots\ldots \\ + f(24) \cos 6\pi \end{array} \right\}.$$

In gleicher Weise ergibt sich jedes Glied der Sinusreihe. Die in der Klammer enthaltenen Summanden ergeben sich in einfacher Weise durch Abmessen der Funktionswerte aus der Zeichnung der zu analysierenden Kurve, während die zugehörigen Cosinus und Sinus am besten aus Tabellen, wie solche untenstehend bis einschließlich der fünften harmonischen Schwingung für eine Unterteilung in 24 Meßpunkte gegeben sind (Tabelle Nr. 1 und Nr. 2), entnommen werden.

Tabelle Nr. 1.

Werte von $\cos\left(\frac{a_n \pi x}{L}\right)$

$\frac{x}{L}$	$a_n =$				
	1	2	3	4	5
0	+ 1,000	+ 1,000	+ 1,000	+ 1,000	+ 1,000
1	+ 0,966	+ 0,866	+ 0,707	+ 0,500	+ 0,259
2	+ 0,866	+ 0,500	0,000	— 0,500	— 0,866
3	+ 0,707	0,000	— 0,707	— 1,000	— 0,707
4	+ 0,500	— 0,500	— 1,000	— 0,500	+ 0,500
5	+ 0,259	— 0,866	— 0,707	+ 0,500	+ 0,966
6	0,000	— 1,000	0,000	+ 1,000	0,000
7	— 0,259	— 0,866	+ 0,707	+ 0,500	— 0,966
8	— 0,500	— 0,500	+ 1,000	— 0,500	— 0,500
9	— 0,707	0,000	+ 0,707	— 1,000	+ 0,707
10	— 0,866	+ 0,500	0,000	— 0,500	+ 0,866
11	— 0,966	+ 0,866	— 0,707	+ 0,500	— 0,259
12	— 1,000	+ 1,000	— 1,000	+ 1,000	— 1,000
13	— 0,966	+ 0,866	— 0,707	+ 0,500	— 0,259
14	— 0,866	+ 0,500	0,000	— 0,500	+ 0,866
15	— 0,707	0,000	+ 0,707	— 1,000	+ 0,707
16	— 0,500	— 0,500	+ 1,000	— 0,500	— 0,500
17	— 0,259	— 0,866	+ 0,707	+ 0,500	— 0,966
18	0,000	— 1,000	0,000	+ 1,000	0,000
19	+ 0,259	— 0,866	— 0,707	+ 0,500	+ 0,966
20	+ 0,500	— 0,500	— 0,100	— 0,500	+ 0,500
21	+ 0,707	0,000	— 0,707	— 1,000	— 0,707
22	+ 0,866	+ 0,500	0,000	— 0,500	— 0,866
23	+ 0,966	+ 0,866	+ 0,707	+ 0,500	+ 0,259

Tabelle Nr. 2.

Werte von $\sin\left(\frac{b_n \pi x}{L}\right)$

$\frac{x}{L}$	$b_n =$				
	1	2	3	4	5
0	0,000	0,000	0,000	0,000	0,000
1	+ 0,259	+ 0,500	+ 0,707	+ 0,866	+ 0,966
2	+ 0,500	+ 0,866	+ 1,000	+ 0,866	+ 0,500
3	+ 0,707	+ 1,000	+ 0,707	0,000	— 0,707
4	+ 0,866	+ 0,866	0,000	— 0,866	— 0,866
5	+ 0,966	+ 0,500	— 0,707	— 0,866	+ 0,259
6	+ 1,000	0,000	— 1,000	0,000	+ 1,000
7	+ 0,966	— 0,500	— 0,707	+ 0,866	+ 0,259
8	+ 0,866	— 0,866	0,000	+ 0,866	— 0,866
9	+ 0,707	— 1,000	+ 0,707	0,000	— 0,707
10	+ 0,500	— 0,866	+ 1,000	— 0,866	+ 0,500
11	+ 0,259	— 0,500	+ 0,707	— 0,866	+ 0,966
12	0,000	0,000	0,000	0,000	0,000
13	— 0,259	+ 0,500	— 0,707	+ 0,866	— 0,966
14	— 0,500	+ 0,866	— 1,000	+ 0,866	— 0,500
15	— 0,707	+ 1,000	— 0,707	0,000	+ 0,707
16	— 0,866	+ 0,866	0,000	— 0,866	+ 0,866
17	— 0,966	+ 0,500	+ 0,707	— 0,866	— 0,259
18	— 1,000	0,000	+ 1,000	0,000	— 1,000
19	— 0,966	— 0,500	+ 0,707	+ 0,866	— 0,259
20	— 0,866	— 0,866	0,000	+ 0,866	+ 0,866
21	— 0,707	— 1,000	— 0,707	0,000	+ 0,707
22	— 0,500	— 0,866	— 1,000	— 0,866	— 0,500
23	— 0,259	— 0,500	— 0,707	— 0,866	— 0,966

Ein Beispiel aus der Praxis soll das Gesagte weiter erläutern: Gegeben ist das Tangentialkraftdiagramm einer Dreikurbelmaschine von 6650 PS_i, dessen Ermittlung aus den Indikatordiagrammen im Haupttext § 68 näher erläutert ist. Dieses Tangentialkraftdiagramm soll harmonisch analysiert werden.

Um das konstante Glied A_0 der Reihe zu beseitigen, legen wir die Abszissenachse so, daß die Summen der Flächen zwischen derselben und der Kurve über und unter der Abszissenachse gleich groß sind.

Wir teilen sodann die Abszissenachse auf die Erstreckung der Periode in 24 gleiche Teile und ziehen die Ordinaten bis zur Tangentialkraftkurve.

Unter Benutzung von Tabelle Nr. 1 ergibt sich nunmehr folgende tabellarische Zusammenstellung für die Rechnungswerte, welche zur Bestimmung der Koeffizienten für die Cosinusglieder erforderlich sind.

Tabelle für die Berechnung der Koeffizienten der Cosinusglieder.

Laufende Nummer des Punktes	Funktions-werte $f(x)$	Wert von $\cos \frac{a_n \pi x}{L} \cdot f(x)$ für $a_n =$			
		1	2	3	4
0	— 5	— 5	— 5	— 5	— 5
1	+ 7	6,76	6,06	4,95	3,5
2	+ 8	6,93	4	0	— 4
3	— 5	— 3,535	0	3,535	5
4	0	0	0	0	0
5	+20	5,18	—17,32	—14,14	10
6	0	0	0	0	0
7	—40	10,36	34,64	—28,28	—20
8	—50	25	25	—50	25
9	—15	10,6	0	—10,6	15
10	+20	—17,32	10	0	—10
11	+25	—24,15	21,65	—17,65	12,5
12	+45	—45	45	—45	45
13	+50	—48,3	43,3	—35,35	25
14	+20	—17,32	10	0	—10
15	—30	21,2	0	—21,21	30
16	—55	27,5	27,5	—55	27,5
17	—40	10,36	34,64	—28,28	—20
18	— 5	0	5	0	— 5
19	— 5	— 1,295	4,33	3,535	— 2,5
20	+ 5	2,5	— 2,5	— 5	— 2,5
21	+20	14,14	0	—14,14	—20
22	+20	17,32	10	0	—10
23	+10	9,66	8,66	7,07	5
Summe der positiven Werte		167,51	289,78	19,09	203,5
Summe der negativen Werte		—161,92	—24,82	—329,65	—109
Koeffizient		+ 0,467	+22,08	—25,88	+7,875

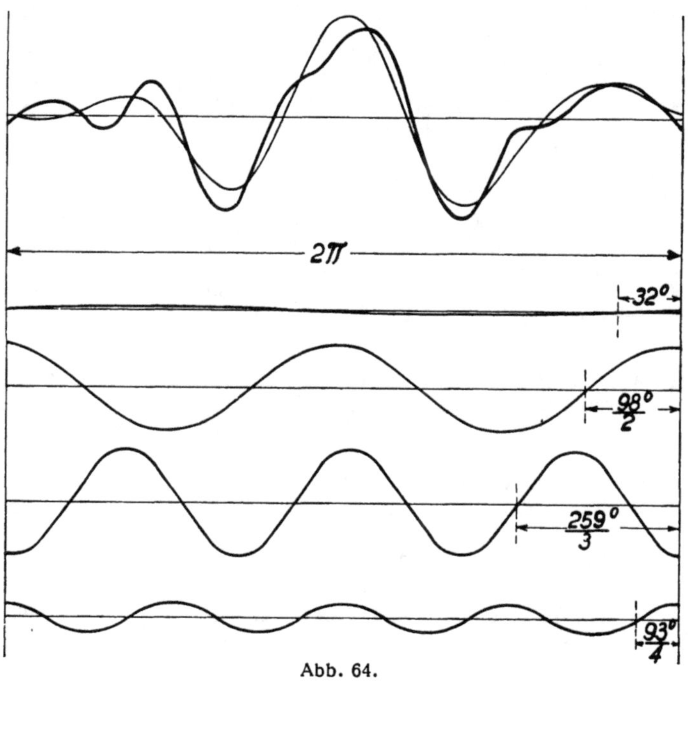

Abb. 64.

In gleicher Weise stellen wir mit Hilfe von Tabelle Nr. 2 die Rechnungswerte für die Sinusglieder tabellarisch zusammen.

Tabelle für die Berechnung der Koeffizienten der Sinusglieder.

Laufende Nummer des Punktes	Funktionswerte $f(x)$	Werte von $\sin \frac{b_n \pi x}{L} \cdot f(x)$ für $b_n =$ 1	2	3	4
0	— 5	0	0	0	0
1	+ 7	1,813	3,5	4,949	6,06
2	+ 8	4	6,93	8	6,93
3	— 5	— 3,535	— 5	— 3,535	0
4	0	0	0	0	0
5	+20	19,32	10	—14,14	—17,32
6	0	0	0	0	0
7	—40	—38,64	20	28,28	—34,64
8	—50	—43,3	43,3	0	—43,3
9	—15	—10,6	15	—10,6	0
10	+20	10	—17,32	20	—17,32
11	+25	6,475	—12,5	17,675	—21,65
12	+45	0	0	0	0
13	+50	—12,95	25	—35,35	43,3
14	+20	—10	17,32	—20	17,32
15	—30	21,21	—30	21,21	0
16	—55	47,6	—47,6	0	47,6
17	—40	38,64	—20	—28,28	34,64
18	— 5	5	0	— 5	0
19	— 5	4,83	2,5	— 3,535	— 4,33
20	+ 5	— 4,33	— 4,38	0	4,33
21	+20	—14,14	—20	—14,14	0
22	+20	—10	—17,32	—20	—17,32
23	+10	— 2,59	— 5	— 7,07	— 8,66
Summe der positiven Werte		158,888	143,55	100,094	161,80
Summe der negativen Werte		—150,085	—179.07	—161,65	—164,54
Koeffizient B_n . . .		+ 0,733	— 2,96	— 5,135	— 0,363

Nachdem nunmehr die Koeffizienten A_n und B_n für die ersten vier harmonischen Schwingungen ermittelt sind, könnte man die vier Cosinuslinien und vier Sinuslinien mit den Amplituden A_n bzw. B_n und den Frequenzen 1 bis 4 aufzeichnen und durch graphische Addition sich überzeugen, ob eine genügende Genauigkeit der Zerlegung erreicht ist oder ob weitere Glieder der Entwicklung herangezogen werden müssen.

Meistens handelt es sich indessen darum, zu wissen, wie stark die gesamte Amplitude der Schwingung jeder einzelnen Ordnung, d. h. Frequenz, ist. Um dies zu ermitteln, müssen wir die Schwingungen jeder Ordnung zu einer Resultierenden zusammensetzen.

Dies geschieht in bekannter Weise (vgl. z. B. Hptt. § 73), indem man die Amplituden A_n und B_n als Vektoren betrachtet und diese unter Berücksichtigung ihrer relativen Richtung (Sinus und Cosinus sind um 90° gegeneinander verschoben) graphisch addiert bzw. rechnerisch deren Resultante ermittelt. Wir erhalten so die folgende Tabelle:

Ordnung der Schwingung	A_n	B_n	$\sqrt{A_n^2 + B_n^2}$	$\frac{A_n}{B_n} = \operatorname{tg} \varphi$	Phasenwinkel φ
1	0,467	0,733	0,87	0,636	32°
2	22,08	— 2,96	22,3	— 7,46	98°
3	—25,88	— 5,135	26,4	5,04	259°
4	7,875	— 0,363	7,9	— 21,7	93°

Wir sind nun in der Lage, die vier Schwingungen in richtiger gegenseitiger Lage aufzuzeichnen, siehe Abb. 64, und erhalten durch deren Addition die schwächer ausgezogene Tangentialkraftkurve, welche sich der zu analysierenden (stark ausgezogenen) Kurve mit für praktische Zwecke im allgemeinen genügender Genauigkeit anschließt.

Anhang VII.

Abwicklung der Druckfläche von Schiffsschrauben.

Methode I.

Gegeben sei die Projektionsfläche. Man schneidet die Druckfläche durch eine Schar von konzentrischen Zylindern, deren Achse das Wellenmittel ist.

Diese schneiden die Projektionsfläche (Abb. 65) in Kreisbögen, z. B. DAE, die wirkliche Druckfläche in Schraubenlinien. Die Neigung der Schraubenlinie bei A, d. h. der Winkel, welchen die bei A

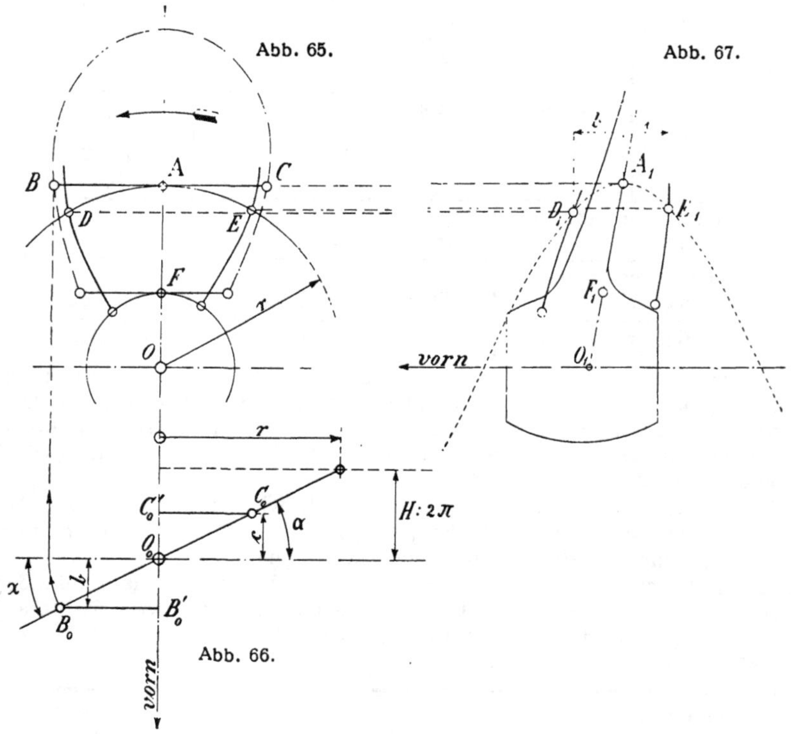

Abb. 65. Abb. 66. Abb. 67.

an die Schraubenlinie gelegte Tangente mit der Ebene senkrecht zur Mittellinie der Welle (Achse der Zylinder) bildet, ergibt sich aus Abb. 66.

Ist r der Radius des schneidenden Zylinders, H die für alle Elemente der Druckfläche konstante Steigung der Schraube, so ist der Neigungswinkel der Schraubenlinie gegen die Ebene senkrecht zur Achse an jeder Stelle (also auch in A):

$$\operatorname{tg} \alpha = \frac{H}{2 r \pi}.$$

Die Tangente an die Schraubenlinie ist somit gegen das Wellenmittel geneigt wie die Linie $B_0 O_0 C_0$ gegen $B_0' O_0' C_0'$.

Nun sei

$$B_0 B_0' = \text{Bogenlänge } AD$$

und

$$C_0 C_0' = \quad ,, \quad AE,$$

dann ist die wahre Länge des Schraubenlinienstückes $AD = O_0 B_0$ und die wahre Länge des Stückes $AE = O_0 C_0$.

Macht man

$$AB \perp AO = O_0 B_0$$

und

$$AC \perp AO = O_0 C_0,$$

dann sind die Punkte B und C diejenigen Punkte der abgewickelten Fläche, welche den Punkten D und E der Projektionsfläche entsprechen.

Ebenso erhält man beliebig viele Punkte der abgewickelten Fläche durch Ermittelung der wahren Länge der Schnittlinien anderer, zu DAE konzentrischer Zylinder mit der Schraubenfläche. Der innerste der konzentrischen Zylinder geht durch den Punkt F, an welchem die Mittellinie des Flügels in die Nabe eindringt. Die Senkrechte zu AO durch F begrenzt demnach die abgewickelte Fläche nach der Achse zu.

Um die Seitenansicht des Flügels zu erhalten (Abb. 67), bestimmt man zuerst den Punkt A_1 auf der (hier nach hinten geneigten) Erzeugenden $O_1 F_1 A_1$ und trägt die Strecke

$$b = O_0 B_0' \text{ nach vorn,}$$

$$c = O_0 C_0' \text{ nach hinten}$$

von A_1 aus ab. Der Schnittpunkt der Horizontalen durch D und E mit den im Abstand b und c von A_1 aus gezogenen Vertikalen liefert die Punkte D_1 und E_1 der Seitenansicht des Flügels.

Aus der axialen Ansicht und der Seitenansicht des Flügels erhält man dann leicht die Oberansicht (Ansicht auf die Spitze des Flügels).

Die Strecke $BC = B_0 C_0$ ist die Länge der sog. Querschnittsschablone, s. Abb. 649, 656, 658 u. a. und § 292.

In die Seitenansicht (Abb. 67) ist die Schraubenlinie $D_1 A_1 E_1$ eingezeichnet, welche sich hier als Sinuslinie projiziert.

Ist die abgewickelte Fläche gegeben und die Projektionsfläche (axiale Ansicht) danach zu konstruieren, so legt man Horizontale durch die abgewickelte Fläche, erhält mit Hilfe von Abb. 66 den Neigungswinkel α der Schraubenlinie durch A, macht

$$B_0 O_0 = AB,$$

$$C_0 O_0 = AC,$$

und zieht

$$B_0 B_0' \perp O_0 B_0' \text{ und } C_0' C_0' \perp O_0 C_0'.$$

Die Strecke $B_0 B_0'$ resp. $C_0 C_0'$ als Bogenstück, auf den mit dem Radius $r = OA$ um O geschlagenen Kreis von A aus aufgewickelt, liefert die gesuchten Punkte D und E der Projektionsfläche.

Methode II der Abwicklung (s. Abb. 68 und 69).

Es sei gegeben die Projektionsfläche, gesucht die abgewickelte Fläche.

Wie oben seien D und E Punkte der Projektionsfläche, welche auf dem Zylinderschnitt DAE vom Radius r liegen. Man denke sich die Schraubenfläche in der Nähe von A ersetzt durch ihre Tangentialebene in diesem Punkt, welche sich ihr eng anschmiegt.

Der Neigungswinkel dieser Tangentialebene gegen die Ebene der Zeichnung ist gleich dem Neigungswinkel α der durch A gehenden Schraubenlinie[1]) und findet sich daher aus einem rechtwinkligen Dreieck mit den Katheten H und $2 r \pi$ oder $\frac{H}{2\pi}$ und r (s. Abb. 69).

Der Schnitt der Tangentialebene mit dem Zylinder durch A ist dann eine Ellipse, die sich als Kreis DAE projiziert. Die kleine Halbachse derselben ist gleich dem Zylinderradius r, die große steht unter dem Winkel α zur Zeichenebene geneigt und projiziert sich ebenfalls als Länge r. Die große Achse ist somit die Hypotenuse eines rechtwinkligen Dreiecks mit den Katheten

$$r = O_0 J \text{ und } \frac{H}{2\pi}.$$

Bekanntlich erhält man die Brennpunkte M und N einer Ellipse, wenn man vom Endpunkte der kleinen Halbachse (A) aus einen Kreis mit der großen Halbachse als Radius schlägt.

---

[1]) Dies gilt streng genommen nur für Flügel, deren Erzeugende senkrecht zur Welle steht.

Dies ist in Abb. 68 ausgeführt. Mit der großen Halbachse $O_0F = AM$ ist von A aus ein Kreis geschlagen; dieser schneidet die Senkrechte zu AO in den Punkten M und N, den Brennpunkten der Ellipse mit den Halbachsen

$$O_0F = AM = AN \text{ und } r = OA.$$

Da Dreieck

$$OAM \cong JO_0F,$$

so ist

$$OM = JF = \frac{H}{2\pi};$$

der Brennpunkt der Ellipse ist also um $\frac{H}{2\pi}$ von O entfernt, unabhängig von r und somit derselbe für alle Ellipsen, welche durch den Schnitt aller Zylinder konzentrisch zu DAE mit den zugehörigen Tangentialebenen an die Schraubenlinien (in welchen die Zylinder die Druckfläche schneiden) entstehen.

Abb. 68.

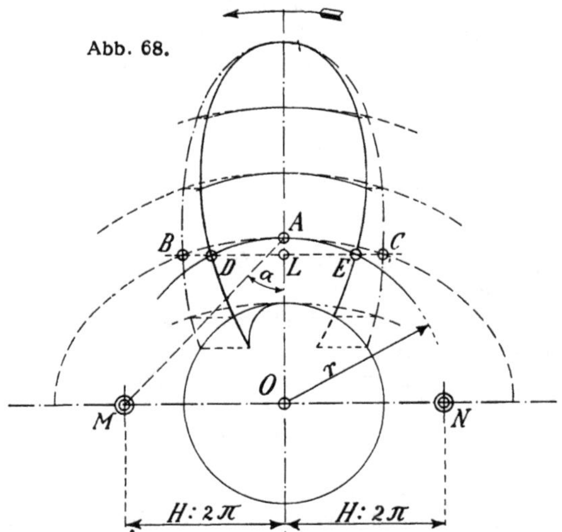

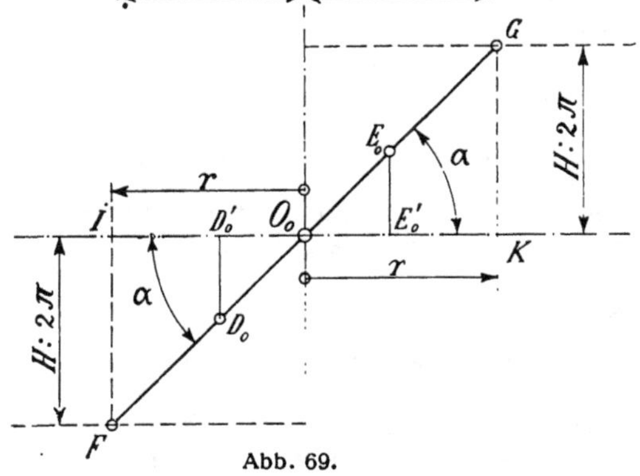

Abb. 69.

Dreht man die Tangentialebene in die Ebene der Zeichnung, so erhält man die zu D und E gehörigen Punkte der Abwicklung, nämlich B und C.

Diese beiden Punkte finden sich für symmetrische Flügelumrisse als Schnitte der Geraden DE mit der durch A gehenden Ellipse, die durch die Brennpunkte M und N leicht zu konstruieren ist; oder für unsymmetrische Flügelkonturen durch folgende Beziehung:

$$O_0D_0' = LD \qquad LB = O_0D_0$$

und

$$O_0E_0' = EL \qquad LC = O_0E_0.$$

Ist die abgewickelte Fläche gegeben und die Projektionsfläche gesucht, so legt man z. B. durch B die Ellipse BAC (mit Hilfe der Brennpunkte M und N zu zeichnen), oder man konstruiert den Punkt A, indem man die Summe $MB + BN$ bildet und $MA = \frac{1}{2}(MB + BN)$ macht.

Durch OA lege man einen Kreisbogen vom Radius $OA = r$ und suche den Schnitt desselben mit der Geraden BLC (senkrecht zu OA). Die Schnittpunkte D und E sind die gesuchten Punkte der Projektionsfläche.

Methode III der Abwicklung.

Eine weitere sehr einfache Methode der Abwicklung für Flügel mit senkrecht zur Achse stehender geradliniger Erzeugenden beruht darauf, daß die Erzeugenden der Schraubenfläche in ihrer wahren Länge in der Zeichenebene abgebildet werden. Man trägt in die Projektion des Flügels (Abb. 70) in nicht zu weiten regelmäßigen Abständen die Projektionen von Erzeugenden ein und bestimmt deren Abstand sowohl auf der durch den Nabenumfang als auch auf der durch die Flügelspitze parallel zur Achse gelegten Zylinderfläche. Die so erhaltenen keilförmigen, verdrehten Streifen werden in die Papierebene zurückgedreht, wodurch eine fächerartige Abwicklung entsteht. Man teilt sich zu diesem Zweck den Kreisumfang des durch die Flügelspitzen gelegten Kreises in z gleiche Teile, zieht in den Teilpunkten die Erzeugenden und markiert die

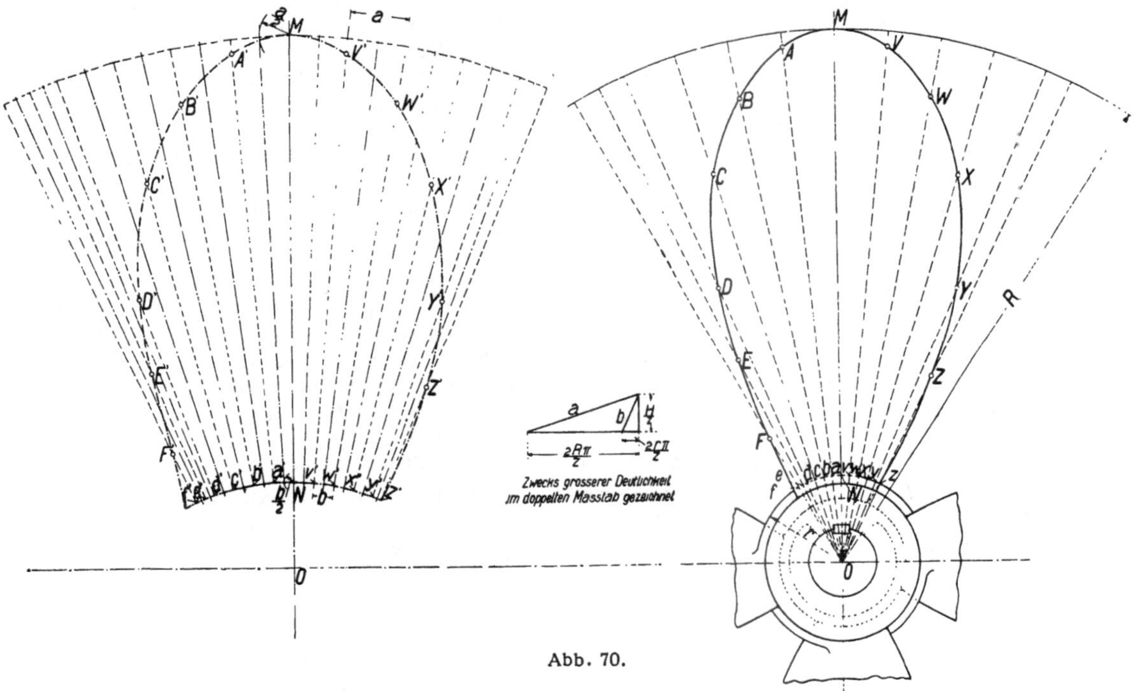

Abb. 70.

Schnittpunkte derselben mit der Flügelkontur. Ferner zeichnet man die Steigungsdreiecke für den Flügelspitzenkreis und den Nabenkreis auf und bestimmt die wahre Länge der den eingezeichneten Sektoren entsprechenden Stücke a bzw. b der beiden Schraubenlinien (Abb. 70). Man kann nun mit großer Annäherung die Sektoren der Schraubenfläche als gleichschenklige Trapeze in die Zeichenebene ausbreiten. Zu diesem Zweck zeichnet man mit den Strecken $\frac{a}{2}$ und $\frac{b}{2}$ als Radien Kreisbogen in den Punkten M und N; dann zieht man an dieselben die gemeinsame äußere Tangente. Dies ist die Symmetrieachse des gesuchten gleichschenkligen Trapezes. Durch Verlängerung der durch die Berührungspunkte gezogenen Radien und Abtragen der Strecken a und b von M bzw. N aus erhält man das vollständige Trapez.

In der gleichen Weise wickelt man die anschließenden Sektoren fortlaufend ab.

Im Falle einer geradlinigen, senkrecht zur Achse stehenden Erzeugenden erscheint dieselbe in der Projektion mit ihrer wahren Länge. Es ist daher nur notwendig, die entsprechenden Längen von der Projektion in die Abwicklung zu übertragen, also $\overline{aA} = \overline{a'A'}$, $\overline{vV} = \overline{v'V'}$ usw. gleich groß zu machen. Aus Abb. 70 ist die durchgeführte Abwicklung eines Flügels zu ersehen.

Anhang VIII.

Über die Grundbegriffe der Ähnlichkeitsmechanik.

In der Technik, namentlich auch in der Schiffbau- und Schiffsmaschinentechnik, ist es häufig erwünscht, verwickelte mechanische Vorgänge unter Zuhilfenahme von dem Original geometrisch ähnlichen Modellen zu studieren, weil dem Problem durch Rechnung nicht beizukommen ist, und Versuche im Großen zu kostspielig oder aus anderen Gründen nicht durchführbar sind. Die Lehre, welche sich mit der Umrechnung der am Modell erhaltenen Resultate auf die wirklichen Verhältnisse beschäftigt, wird Ähnlichkeitsmechanik genannt[1]).

Die bei der Lösung von Aufgaben der Ähnlichkeitsmechanik im allgemeinen anzustellenden Betrachtungen sind die folgenden:

Sowohl für das Original als für das Modell gelten die Hauptsätze der Mechanik. Wir können also für beide z. B. die Kraftgleichung oder die Energiegleichung für den mechanischen Vorgang anschreiben, welcher durch den Modellversuch ergründet werden soll.

Durch Division der beiden Gleichungen, welche also für Original und Modell ganz gleich lauten, nur daß die einzelnen Größen (Längen, Zeiten, Dichten usw.) beim Original andere sind als beim Modell, ergeben sich Beziehungen zwischen den Verhältnissen dieser Größen, d. h. zwischen den beim Übergang vom Original zum Modell zu verwendenden Maßstäben. Werden bei Herstellung des Modells und Durchführung der Modellversuche diese Beziehungen zwischen den Maßstäben berücksichtigt, dann können die durch den Modellversuch gewonnenen Größen ohne weiteres unter Benutzung dieser Maßstäbe und Beachtung der mechanischen Dimensionen auf das Original umgerechnet werden. Vorstehendes Verfahren wird ohne weiteres aus den nachstehenden Beispielen verständlich:

Beispiel 1. Das Froudesche Ähnlichkeitsgesetz. Wir gehen aus von der Kraftgleichung, indem wir gelten lassen, daß die Kräfte, welche mit dem wellenbildenden Widerstand zu tun haben, bei reibungslosen Flüssigkeiten lediglich die Schwerkräfte sind. Wir bezeichnen

mit L bzw. l die linearen Abmessungen,
„ T „ t die Zeiten,
„ D „ d die Dichten,
„ G „ g die Beschleunigungen beim Original bzw. beim Modell und
die Verhältnisse dieser Größen, d. h. also $L:l$, $T:t$ usw.,
„ α_l, α_t, α_d, α_g usw.

Die Kraftgleichung, für das Original angeschrieben, lautet (wobei c ein Proportionalitätsfaktor):

$$M\frac{d^2X}{dT^2}=c\cdot S;$$

hierin ist M die Masse, X der Weg und S die wirkende Schwerkraft. Nach Einsetzung der Dimensionen bleibt rechts die für die Aufgabe charakteristische Art der Beschleunigung, d. h. die Erdschwere, bestehen (wobei c' wieder ein Proportionalitätsfaktor), und es ergibt sich

$$L^3\,D\cdot\frac{L}{T^2}=c'\,L^3\cdot D\cdot G$$

oder

$$\frac{L}{T^2}=c'\cdot G\,. \qquad (1)$$

Ebenso erhalten wir beim Modell

$$m\frac{d^2x}{dt^2}=c\cdot s,$$

[1]) Zu den ersten Abhandlungen, welche sich mit Aufgaben aus der Ähnlichkeitsmechanik beschäftigen, zählen W. Froude, Transactions of the Inst. of Nav. Arch. 1870, Helmholtz, Monatsberichte der Kgl. Akademie der Wissenschaften zu Berlin, 26. Juni 1873, S. 501 u. f., Reynolds, Phil., Transact. of the Royal Soc. of London 1883.

Eine neuere zusammenfassende Veröffentlichung über Ähnlichkeitsmechanik ist die von H. Weber: „Die Grundlagen der Ähnlichkeitsmechanik", Jahrbuch der Schiffbautechn. Gesellschaft 1919.

oder nach Einsetzen der Dimensionen

$$l^3 d \cdot \frac{l}{t^2} = c' l^3 \cdot d \cdot g \quad \text{oder} \quad \frac{l}{t^2} = c' g \quad \ldots \ldots \ldots \quad (2)$$

Durch die Division von (1) und (2) erhalten wir die Beziehung zwischen den Maßstäben

$$\frac{\alpha_l}{\alpha_t^2} = \alpha_g$$

oder

$$\alpha_l = \alpha_t^2 \cdot \alpha_g \quad \text{oder} \quad \alpha_t = \sqrt{\frac{\alpha_l}{\alpha_g}}.$$

Das Verhältnis der Geschwindigkeiten von Original und Modell finden wir, da

$$\frac{V}{v} = \frac{\frac{dX}{dT}}{\frac{dx}{dt}} = \frac{\frac{L}{T}}{\frac{l}{t}} = \frac{\alpha_l}{\alpha_t},$$

und

$$\frac{\alpha_l}{\alpha_t} = \alpha_t \cdot \alpha_g,$$

zu

$$\frac{V}{v} = \sqrt{\frac{\alpha_l}{\alpha_g}} \cdot \alpha_g = \sqrt{\alpha_l \cdot \alpha_g}.$$

Wenn, wie bei Vorgängen auf der Erde, angenähert richtig $\alpha_g = 1$ gesetzt wird, verhält sich also die Geschwindigkeit des Originals zu der des Modells wie die Quadratwurzel aus dem linearen Verkleinerungsmaßstab.

Die Umdrehungszahl der Propeller des Schiffes verhält sich zu der der Modellpropeller wie die Winkelgeschwindigkeiten, welche die Dimensionen $\frac{1}{T}$ besitzen.

Wir haben $\frac{\frac{1}{T}}{\frac{1}{t}} = \frac{1}{\alpha_t}$ und aus obigem, wenn wieder $\alpha_g = 1$

$$\frac{N}{n} = \frac{1}{\alpha_t} = \frac{1}{\sqrt{\alpha_l}},$$

d. h. der Modellpropeller muß $\sqrt{\alpha_l}$ mal so schnell laufen wie der des Originals.

Der Schiffswiderstand verhält sich zum Modellwiderstand wie

$$\frac{W}{w} = \frac{L^3 D \frac{L}{T^2}}{l^3 d \frac{l}{t^2}} = \alpha_l^3 \cdot \alpha_d \cdot \frac{\alpha_l}{\alpha_t^2} = \alpha_l^3 \cdot \alpha_d \cdot \alpha_g$$

und wenn $\alpha_g = 1$ gesetzt wird, wie $\alpha_l^3 \cdot \alpha_d$. Der Faktor α_d ist in der Regel nicht genau = 1, da die Schleppanstalten meistens mit Süßwasser gespeist sind. Die Schleppleistungen verhalten sich wie die Widerstände multipliziert mit den Geschwindigkeiten, also für $\alpha_g = 1$ wie

$$\frac{W \cdot V}{w \cdot v} = \alpha_l^3 \cdot \alpha_d \cdot \sqrt{\alpha_l} = \alpha_l^{3,5} \cdot \alpha_d.$$

Ebenso lassen sich mit Leichtigkeit alle anderen interessierenden Vergleichsmaßstäbe ableiten.

Da die Schrauben des Modells viel näher unter der Wasseroberfläche arbeiten als die Schrauben des tatsächlichen Schiffes, sind die Wasserdrücke, unter welchen die Propeller arbeiten, beim Modell und Original verschieden. Es interessiert also auch zu wissen, welcher Maßstab für die Absolutwerte der Drücke für mechanisch ähnliches Verhalten von Schiff und Modell gefordert werden müßte. Die Drücke müssen sich als spezifische Flächendrücke verhalten wie die Quotienten aus Kraft dividiert durch Fläche, d. h. es müßte also sein

$$\frac{P}{p} = \frac{\frac{W}{F}}{\frac{w}{f}} = \frac{\alpha_l^3 \cdot \alpha_d}{\alpha_l^2} = \alpha_l \cdot \alpha_d$$

und wenn α_d in diesem Falle = 1 gesetzt, wie α_l, d. h. die Drücke müßten sich verhalten wie die linearen Abmessungen. Dies würde bei den Modellversuchen auch zutreffen, wenn nicht sowohl auf dem

Wasser des Modelltanks als auf demjenigen der See der Druck der Atmosphäre lastete, d. h. die Gesamtdrücke, unter welchen der Propeller im Wasser steht, sich aus dem hydrostatischen Druck und dem atmosphärischen Druck zusammensetzen würden. Beim Modell ist also im allgemeinen hinsichtlich der Drücke die Bedingung der mechanischen Ähnlichkeit nicht erfüllt, ein Mangel, welcher sich z. B. bei Fragen der Kavitation fühlbar macht. Um mechanisch ähnliche Verhältnisse zu schaffen, müßte also zum Studium solcher Fragen über dem Tankwasser ein entsprechend geringerer Luftdruck geschaffen werden.

Beispiel 2. Ähnlichkeitsgesetz bei Reibungsvorgängen in Flüssigkeiten. Erfahrungsgemäß ist die Schubspannung der Flüssigkeitsreibung, wenn U und u die Geschwindigkeiten in der x-Richtung und $\overline{M}$ und μ die Zähigkeitskoeffizienten sind.

$$\tau_{xz} = \mu \frac{\partial u}{\partial y}$$

und die in der Fläche f wirkende Schubkraft in der X-Richtung, somit

$$\mu \cdot \frac{\partial u}{\partial y} \cdot f.$$

Nach vorstehendem ist die Kraftgleichung angewendet auf das Original

$$M \frac{d^2 X}{d T^2} = c \overline{M} \frac{\partial U}{\partial Y} \cdot F.$$

Durch Einsetzen der Dimensionen ergibt sich

$$D L^3 \frac{L}{T^2} = c \overline{M} \frac{L}{T \cdot L} \cdot L^2 \text{ oder } \frac{D L^2}{T} = c \overline{M}$$

und für das Modell

$$\frac{d l^2}{t} = c \cdot \mu$$

und durch Division unter Einsetzung der Maßstabverhältnisse

$$\frac{\alpha_d \, \alpha_l^2}{\alpha_t} = \alpha_\mu ,$$

woraus

$$\frac{\alpha_d \cdot \alpha_l^2}{\alpha_\mu \cdot \alpha_t} = 1$$

und wenn wir statt $\frac{\alpha_l}{\alpha_t}$ den Wert α_v setzen

$$\frac{\alpha_v \cdot \alpha_l \cdot \alpha_d}{\alpha_\mu} = 1.$$

Wird der Koeffizient μ auf die Dichte 1 reduziert, d. h. der sog. kinematische Zähigkeitskoeffizient $\nu = \frac{\mu}{d}$ eingeführt, so ist

$$\frac{\alpha_v \cdot \alpha_l}{\alpha_\nu} = 1$$

oder

$$\alpha_v = \frac{\alpha_\nu}{\alpha_l}.$$

Wir ersehen hieraus, daß, wenn die Flüssigkeiten, in welchen sich das Original bzw. das Modell bewegen, die gleichen sind, die Geschwindigkeitsmaßstäbe sich umgekehrt verhalten wie die Längenmaßstäbe; im Gegensatz zu dem Froudeschen Ähnlichkeitsgesetz für reibungsfreie Flüssigkeiten, welche nur dem Einfluß der Schwerkraft ausgesetzt sind, bei welchen sich die Geschwindigkeitsmaßstäbe verhalten wie die Quadratwurzeln aus dem Verkleinerungsmaßstab. Ist dieser Verkleinerungsmaßstab z. B. 16, dann würde für letzteren Fall die Modellgeschwindigkeit der vierte Teil der Geschwindigkeit des Originals sein müssen, während dagegen, um mechanisch ähnliche Verhältnisse hinsichtlich der Flüssigkeitsreibung zu schaffen, die Geschwindigkeit des Modells 16mal so groß sein müßte als die des Originals. Diese völlig verschiedenen Verhältnisse machen es praktisch unmöglich, ein Modellverfahren zu finden, bei welchem gleichzeitig sowohl hinsichtlich der Schwerkraft als hinsichtlich der Flüssigkeitsreibung mechanisch ähnliche Zustände geschaffen werden.

Beispiel 3. Torsionsschwingungen. Bei der Wichtigkeit, welche die Bestimmung der Eigenschwingungszahl von Schiffswellen mit den darauf befindlichen Massen besitzt, kann es unter Umständen erwünscht sein, Modellversuche heranzuziehen. Die zur Verdrehung eines Wellenstückes von der Länge A und dem äquatorialen Trägheitsmoment Θ um den Winkel Φ am Radius R anzubringende Kraft ist, wenn mit $\mathfrak{G}$ der Schubmodul bezeichnet wird,

$$P = \frac{\Phi \cdot \mathfrak{G} \cdot \Theta}{A \cdot R}.$$

Wir schreiben zunächst für das Original, voraussetzend, daß die Schwerkraft auf den Vorgang ohne Einfluß sein soll, die Kraftgleichung an

$$M \frac{d^2 X}{d T^2} = \frac{c \cdot \Phi \cdot \mathfrak{G} \cdot \Theta}{A \cdot R},$$

welche unter Einsetzung der Dimensionen übergeht in (wobei c ein Proportionalitätsfaktor)

$$L^3 D \frac{L}{T^2} = \frac{c \cdot \mathfrak{G} \cdot L^4}{L^2} \quad \text{oder} \quad D \cdot \frac{L^2}{T^2} = c \cdot \mathfrak{G} \quad \ldots \ldots \ldots \quad (1)$$

Ebenso ergibt sich für das Modell

$$l^3 d \frac{l}{t^2} = c \frac{\mathfrak{g} \cdot l^4}{l^2} \quad \text{oder} \quad d \frac{l^2}{t^2} = c \cdot \mathfrak{g} \quad \ldots \ldots \ldots \quad (2)$$

Durch Division von (1) und (2) erhalten wir

$$\alpha_d \frac{\alpha_l^2}{\alpha_t^2} = \alpha_{\mathfrak{g}} \quad \text{oder} \quad \alpha_t = \alpha_l \sqrt{\frac{\alpha_d}{\alpha_{\mathfrak{g}}}}.$$

Die Schwingungszahlen verhalten sich umgekehrt wie die Zeiten. Das Verhältnis der Schwingungszahl des Originals zu der des Modells ist

$$\frac{Z}{z} = \frac{1}{\alpha_l} \sqrt{\frac{\alpha_{\mathfrak{g}}}{\alpha_d}}$$

und, wenn Original und Modell aus dem gleichen Material gefertigt, also

$$\alpha_{\mathfrak{g}} = \alpha_d = 1 \text{ ist,}$$

$$\frac{Z}{z} = \frac{1}{\alpha_l}.$$

d. h. die Eigenschwingungszahlen verhalten sich umgekehrt wie die Maßstäbe.

Liegen die Verhältnisse so, daß bei vorstehendem Versuch die Einwirkung der Schwerkraft nicht vernachlässigbar ist (wie z. B. bei langsamen Schwingungen sehr großer Massen in einer Vertikalebene), so ist außer obiger Kraftgleichung auch noch die Kraftgleichung für die Schwerkraft zu berücksichtigen.

Wir haben bereits in Beispiel 1 gesehen, daß Vorgänge bei Original und Modell im Hinblick auf diese Kraft nur mechanisch ähnlich sind, wenn

$$\alpha_l = \alpha_t^2 \cdot \alpha_g.$$

Die beiden Bedingungsgleichungen $\alpha_t = \alpha_l \sqrt{\frac{\alpha_d}{\alpha_{\mathfrak{g}}}}$, wie oben gefunden, und $\alpha_l = \alpha_t^2 \cdot \alpha_g$ müssen also nebeneinander bestehen können. Dies gibt weitere Beziehungen zwischen den Maßstäben, welche erfüllt sein müssen, damit der Modellversuch allen Forderungen der mechanischen Ähnlichkeit entspricht. Wir können z. B. aus beiden Bedingungen α_t eliminieren und erhalten

$$\alpha_l = \frac{\alpha_{\mathfrak{g}}}{\alpha_g \, \alpha_d}.$$

Wir müssen also entweder den Modellmaßstab so wählen, daß er vorstehender Gleichung entspricht, oder wir müssen, wenn wir den Modellmaßstab beliebig wählen, die einzelnen Größen des Quotienten rechts so wählen, daß der Wert des Quotienten dem angenommenen Modellmaßstab gleich wird. Wir sehen sofort, daß dies, wenn Modell und Original aus dem gleichen Material angefertigt werden, nicht erreichbar ist, da alsdann $\alpha_{\mathfrak{g}} = \alpha_d = 1$ und somit $\alpha_l = \frac{1}{\alpha_g}$ sein müßte. Wenn also der Modellmaßstab von 1 verschieden ist, müßte der Modellversuch auf einem andern Planeten ausgeführt werden. Falls $\alpha_g = 1$, wie dies bei irdischen Verhältnissen der Fall, müßte also das Modell aus einem andern Material angefertigt werden als dem des Originals. Für den Modellmaßstab $\alpha_l = 2$ müßte also $\alpha_{\mathfrak{g}} = 2 \cdot \alpha_d$ sein, d. h. das angewendete Material müßte also bei gleicher Dichte für das Modell nur einen halb so hohen Schubelastizitätsmodul besitzen als das Original.

Anhang IX.

Die Apparate der Modell-Schleppversuchsanstalten[1].

(Mit besonderer Berücksichtigung der Hamburgischen Schiffbau-Versuchsanstalt.)

A. Allgemeines über die Einrichtung der Anstalten.

Die Länge der Bassins der Schleppanstalten schwankt im allgemeinen zwischen ca. 100 bis 180 m bei einer Breite von etwa 7,5 bis 10 m. Die Hamburger Anstalt besitzt zwei ineinander übergehende Bassins, von denen das kleinere eine Länge von 165 m, eine Breite von 8 m und eine Tiefe von 5 m besitzt, während beim größeren diese Abmessungen bzw. 185 m, 16 m und 7,25 m betragen.

Auf der Seitenwand des Beckens ist ein aus je einer Schiene bestehendes Geleise angebracht, welches äußerst genau ausgerichtet und durch Schleifen usw. so geglättet ist, daß der darauf laufende Schleppwagen sich völlig stoßfrei bewegt.

Die Schleppwagen der Hamburger Anstalt haben bei einer Breite von 8 bzw. 16 m eine Länge von 12 bzw. 22 m und ein Gewicht von 13 bzw. 23 t. Der große Schleppwagen kann die ganze Länge des Geleises von 350 m durchlaufen. Der Antrieb der Wagen erfolgt elektrisch; Motoren, Räder usw. sind ausbalanziert, um Stöße zu vermeiden.

Der große Wagen besitzt 4 Motoren von je 22 PS, seine Höchstgeschwindigkeit beträgt 9 m/sek; beim kleineren Wagen sind 2 Motoren von je 22 PS vorgesehen und erreicht derselbe eine Geschwindigkeit von 5 m/sek. Auf den Schleppwagen sind die Meßapparate und Plattformen für die Beobachter angebracht.

Die Modelle werden aus Paraffin als starkwandige, oben offene Hohlkörper gegossen und außen mittels einer Kopierfräsmaschine genau bearbeitet. Die übliche Länge (Hamburg) schwankt zwischen 4 und 6 m, die meist verwendeten Modellmaßstäbe zwischen 1:20 und 1:50.

Die Modellpropeller werden aus einer leichtflüssigen Legierung von Antimon, Zinn, Blei und Wismut gegossen und maschinell bearbeitet. Die Flügelflächen werden mit Präzisionsinstrumenten bis auf $^5/_{100}$ mm Genauigkeit geprüft.

Im nachstehenden soll das Wesentlichste über diese Apparate mitgeteilt werden.

B. Das Widerstandsdynamometer.

Das Widerstandsdynamometer dient zur Messung der für die geradlinige Fortbewegung der zu schleppenden Modelle erforderlichen horizontalen Kräfte. Schematische Darstellung siehe Abb. 72.

Die eigentliche Meßbühne B mit sämtlichen Meßinstrumenten kann gegenüber dem Tragrahmen A zur Einstellung der richtigen Höhenlage gegenüber dem Modell mittels 4 Hubspindeln H, welche durch Kegelräder J von einer Handkurbel aus gemeinsam betätigt werden, vertikal gehoben und gesenkt werden.

Die Führung des Modells (Sicherung gegen seitliches Ausweichen vorn und hinten) erfolgt durch die auf besonderem Rahmen R montierten, ebenfalls in der Höhenlage verstellbaren ausbalanzierten Führungsstangen T.

Die Verbindung des Widerstandsdynamometers mit dem Modell erfolgt durch die Zugstange a, welche an dem doppelarmigen Hebel b angreift. Der Drehpunkt MH desselben ist mit der Meßbühne B verbunden.

---

[1]) Vgl. hierzu Foerster, Die Hamburgische Schiffbau-Versuchsanstalt. Werft und Rhederei, 2. Dez. 1921, sowie Popp, Die Meßapparate und Methoden der Hamburgischen Schiffbau-Versuchsanstalt; Werft — Rhederei — Hafen, 7. und 22. Juni 1922.

Dieser doppelarmige Hebel überträgt den bei der Vorwärtsbewegung des Wagens entstehenden Widerstand des Modells durch die Zugstange Z auf die Wage W und auf die Feder m. Zur Erzielung größtmöglichster Genauigkeit und zur Vermeidung von Fehlern durch Massenwirkung (Schwingungen der Wage usw.) wird nämlich der größte Teil des Zuges von der Wage und der Rest von dieser Feder aufgenommen. Die Längenänderungen derselben werden auf der Trommel C durch die Schreibstifte s_1 und s_2 aufgezeichnet, während die auf die Wagschale aufgelegten Gewichte notiert werden.

Zur Rückführung des Hebels b in seine Mittellage dient der Motor M, der seinen Strom in wechselnder Richtung über die Kontakte K_1 und K_2 erhält und dadurch eine Schraubenspindel bald vorwärts, bald rückwärts antreibt, welche die Feder m so lange spannt bzw. entspannt, bis die Kontakte K_1 und K_2 vom Hebel b frei werden. Der Motor erhält seinen Strom über einen kleinen Leonard-Umformer, um zu erreichen, daß die Umsteuerung mit großem Moment und daher leicht und sicher erfolgt. Ferner sind noch Endausschalter EA vorgesehen, welche den Motor zum Stillstand bringen, wenn die Feder nicht in der Lage ist, den fehlenden Zug aufzunehmen.

Es kann jedoch auch ohne Mitwirkung des Motors gearbeitet werden. Sobald nämlich die richtige Modellgeschwindigkeit erreicht ist, ändert sich der Widerstand des Modells so wenig, daß mit freischwingendem Hebel gearbeitet werden kann. Punkt c ist dann der Festpunkt der Feder m. Schreibstift s_1 schreibt die Nullinie, Schreibstift s_2 die Längenänderungen der Feder. Zur Einstellung der Lage von c kann zunächst mit Motor gefahren werden. Nach Erreichung des Beharrungszustandes werden dann die Kontakte K_1 und K_2 entfernt. Das Vorgehen beim Schleppversuch ist demnach das folgende:

Während des Anfahrens werden passende Gewichte auf die Wage gelegt und nach Erreichung der Meßgeschwindigkeit der Motor M eingeschaltet; dann werden die Gewichte auf der Wagschale berichtigt, damit die Feder sicher den Restschub aufnehmen kann. Der Schreibstift s_2 schreibt die Nullinie, Schreibstift s_1 bei ordnungsmäßigem Betrieb eine schlanke, wenig aus der Mittellage ausschlagende Kurve. Will man mit freischwingendem Hebel fahren, so wird zum Anfahren der Hebel b mit den Stoppern ST festgelegt und erst nach Erreichung der gewünschten Meßgeschwindigkeit gelöst. Schreibstift s_1 schreibt dann die Nullinie, Schreibstift s_2 wird nunmehr eine schlanke, wenig aus der Mittellage ausschlagende Kurve aufzeichnen. Auf der Trommel C werden auch noch Weg, Zeit und Umdrehungs-Markierungen durch die Schreibfedern s_3 notiert. Der Antrieb der Trommel C erfolgt durch besonderen, mit Vorgelege und Regulierwiderstand auf passende Papiergeschwindigkeit einstellbaren Motor.

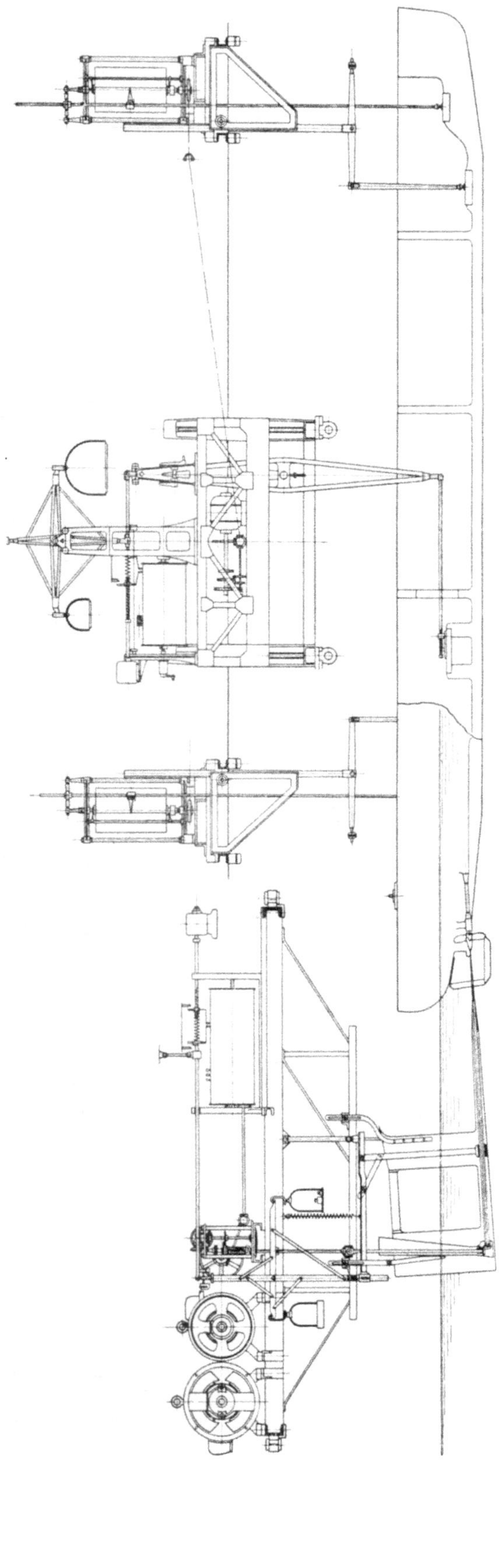

Messung der Trimmlage.

Die schon erwähnten Rahmen *R* für die Führungen *T* nehmen auch noch die Schreibtrommeln *E* für die Aufschreibung der Trimmlage auf. Diese Trommeln werden mit der Trommel *C* von einem gemeinsamen Motor aus angetrieben. Die Verbindung des Modells mit den Führungsstangen *T* erfolgt

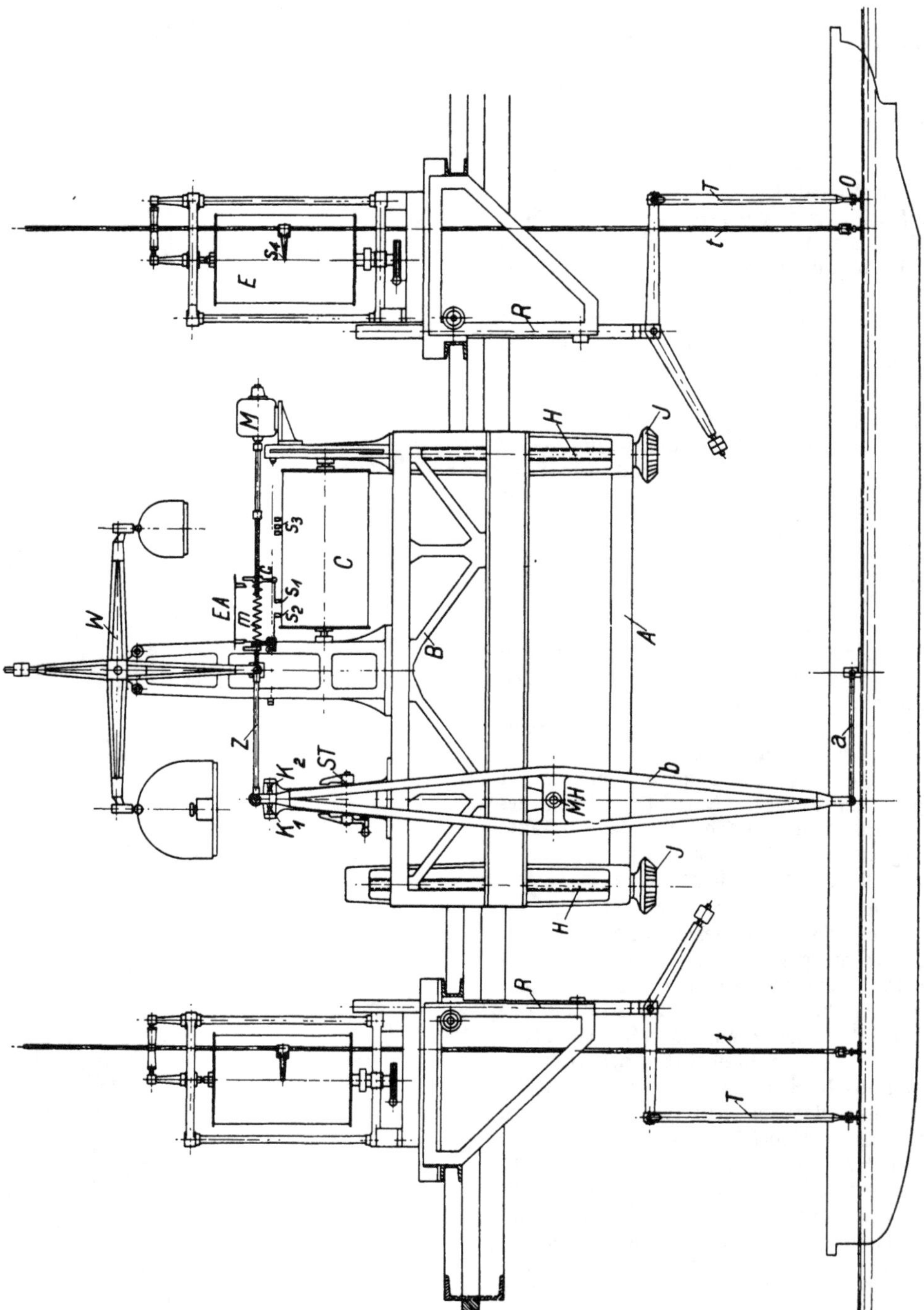

Abb. 72.

mittels Cardan-Gelenken *O*, welche dem Modell außer der seitlichen jegliche Bewegung gestatten. Die ebenfalls mittels Cardan-Gelenken befestigten Stangen *t* schreiben mit den Schreibstiften s_4 auf den Schreibtrommeln *E* die jeweilige Trimmlage auf. Die Stangen *T* und *t* sind durch Gegengewichte genauestens ausbalanziert.

C. Das Schraubendynamometer.

1. Allgemeine Anordnung relativ zum Modell.

Das Schraubendynamometer (Abb. 73) ist auf einer besonderen Bühne aufgebaut und kann für sich allein (zur Untersuchung sog. freifahrender Schrauben) oder gemeinsam mit dem Widerstandsdynamometer (Untersuchung von Schrauben hinter dem Schiffskörper) verwendet werden. Im letzteren Falle wird durch Handregulierung (Heben oder Senken der Bühne durch vier mittels Kegelrädern miteinander verbundene Hubspindeln) die Lage der Bühne und damit des Propellers der jeweiligen Trimmlage des Modells angepaßt.

Das Schraubendynamometer enthält die Torsions- und Schubmeßvorrichtung und kann verwendet werden für Ein- bis Vierschraubenschiffe; dabei können gesondert gemessen werden bei Zweischraubenschiffen die Ergebnisse der B. B.- und der St. B.-Welle, bei Dreischraubenschiffen die Ergebnisse der Mittelwelle und der Außenwellen, bei Vierschraubenschiffen die Ergebnisse der Innenwellen und der Außenwellen.

Über die Vor- und Nachteile des heutigen Systems der Untersuchung von Propellern durch Nachführung hinter dem Schiff gegenüber der verschiedentlich in Vorbereitung befindlichen Methode des Versuches mit vom Innern des Modells aus angetriebenen Propellern sind schon mannigfaltige Erwägungen angestellt worden.

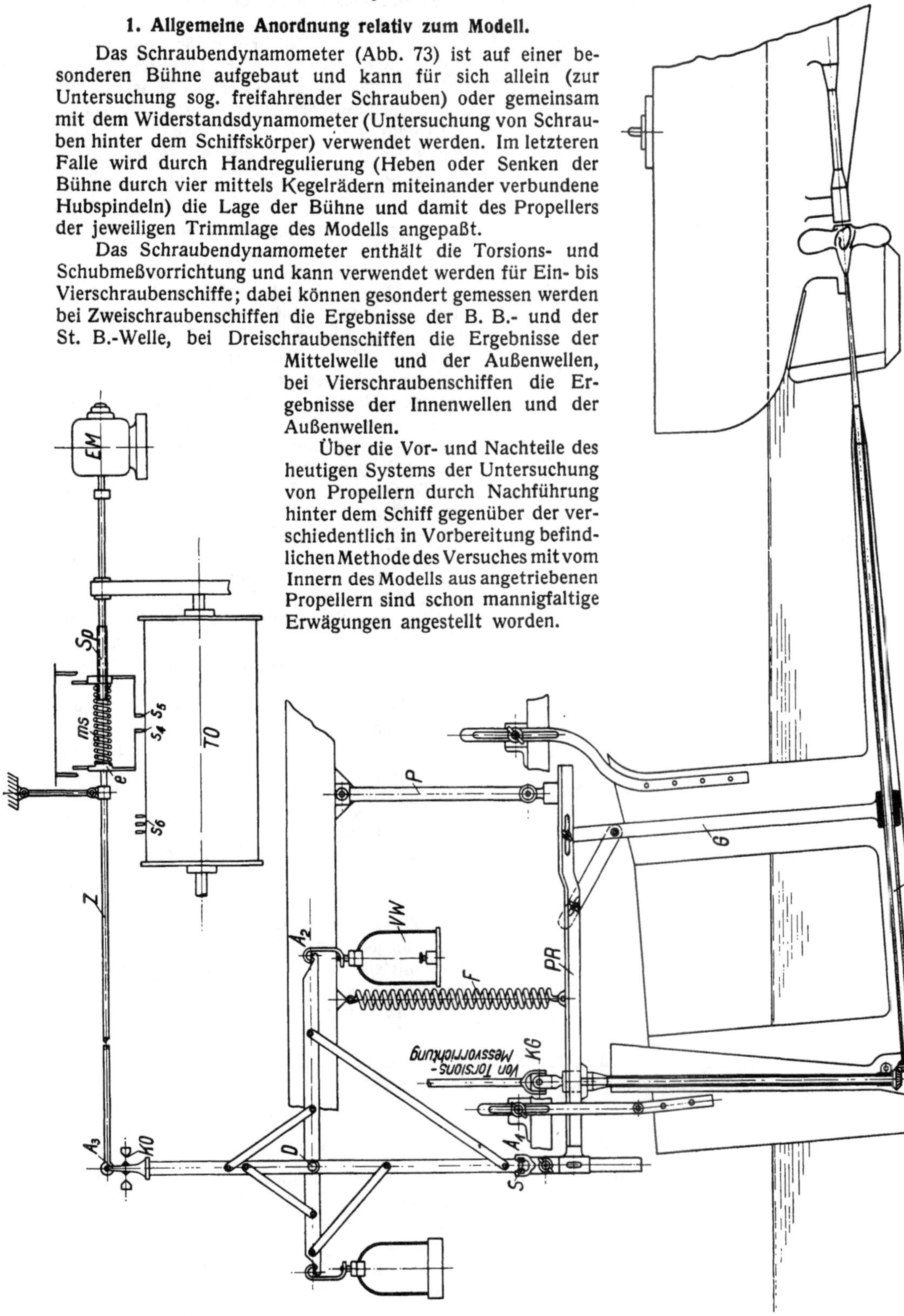

Abb. 73.

Die Vorteile des nachgeführten Propellers bestehen in der Möglichkeit, ohne Gewichtsbeschränkung eine Meßeinrichtung herzustellen, welche in allen Teilen mechanisch so gut durchgebildet ist, daß die Meßergebnisse den denkbar höchsten Genauigkeitsgrad erreichen. Ferner ist der Apparat stets betriebsfertig und ermöglicht Messungen mit dem Propeller allein. Ein Nachteil dieser Anordnung, welcher beim Innenantrieb wegfällt, ist vor allem die Beeinflussung des Schraubenstrahles durch den die Meßeinrichtung umgebenden Schutzkasten, dessen Einfluß etwa 3% des zu messenden Widerstandes beträgt. Außerdem kann die Schraube zur Anpassung an das Modell nur parallel tiefer getaucht werden; allerdings können schon zu Beginn des Versuchs Neigungen bis zu 10^0 eingestellt werden, je nachdem ein Trimm des Modells erwartet wird.

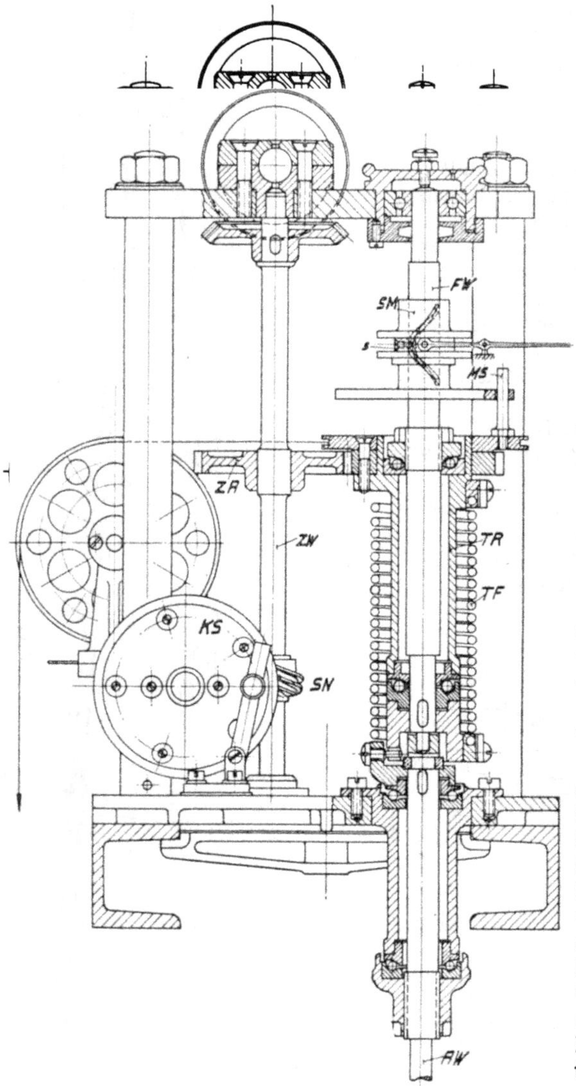

2. Die Torsions-Meßvorrichtung

(vgl. Abb. 74).

Der Propeller wird angetrieben durch einen auf der Bühne befindlichen Elektromotor, welcher zur besseren Regulierfähigkeit seinen Strom über einen Leonard-Umformer erhält. Nach passender Übersetzung durch verschiedene Vorgelege und Zahnräder wird die Leistung auf die Zwischenwelle *ZW* und durch das Zahnrad *ZA* auf die Trommel *TR*, welche in Kugeln gelagert ist, und von hier aus durch die Torsionsfeder *TF* auf die Antriebswelle *AW* übertragen. Diese Welle ist durch ein Kreuzgelenk *KG* (vgl. Abb. 73) und ein Paar Kegelräder *KE* mit der eigentlichen Propellerwelle *PW* verbunden. Die Propellerwelle läuft mit ihren Kegelrädern in einem Mantelrohr *MA*, welches zur Schmierung der Lager und zur Erzielung konstanter Oberflächenreibung mit Öl gefüllt ist. Die Verdrehung der Torsionsfeder gegenüber der Führungswelle *FW* (Abb. 74) wird dadurch auf ein Schreibzeug übertragen, daß die Relativrotationsbewegung von Trommel *TR* und Antriebswelle *AW* in eine Längsbewegung umgesetzt wird. Dies geschieht durch einen in der Schreibzeugmuffe *SM* befindlichen Stift *s*, welcher in einer in der Welle *FW* befindlichen schraubenförmigen Führungsnut gleitet. Die Schreibzeugmuffe *SM* wird von der Trommel *TR* aus durch den Mitnehmerstift *MS* mitgenommen, so daß sie sich leicht axial verschieben läßt. Die Längsbewegung der Schreibzeugmuffe *SM* wird mittels Gleitstücks auf den Schreibhebel übertragen, welcher den Ausschlag im Verhältnis 1:10 übersetzt und auf einer Schreibtrommel aufschreibt.

Von der Zwischenwelle *ZW* aus wird mittels Schnecke *SN* und Schneckenrad die Kontaktscheibe *KS* angetrieben, welche nach jeder zehnten Umdrehung einen Kontakt betätigt, der eine Marke auf den Schreibtrommeln hervorbringt.

3. Die Schub-Meßvorrichtung (vgl. Abb. 73).

Die Wirkung derselben beruht auf einer Auswägung des Propellerschubes durch eine Gewichtswage bis auf einen Rest, der von einer Feder aufgenommen und auf einer Schreibtrommel registriert wird, ähnlich wie beim vorhin beschriebenen Widerstandsdynamometer.

Die Lage des Propellers zur Wage bedingt eine Parallelverschiebung des Schubes, richtiger gesagt des „Zuges". Derselbe wird von einem an dem Kegelrad *KE* befindlichen Bund auf das Mantelrohr *MA*, durch den Gestängehalter *G* auf den Pendelrahmen *PR* und von hier aus auf die Schneiden *S* des Wagehebels *D* übertragen. Der Halter für das Gestänge ist so eingerichtet, daß das Mantelrohr bis zu 10^0

geneigt werden kann. Der Pendelrahmen ist durch die Stange P und durch die Feder F aufgehängt. Diese Feder wird so gespannt, daß die Schneiden S des Wagehebels von vertikaler Belastung frei werden.

Der Zug wird durch Gewichte auf der Wagschale VW ausgeglichen bis auf den von der Feder ms aufzunehmenden Restzug, welcher durch die Zugstange Z übertragen und in ähnlicher Weise wie beim Widerstands-Dynamometer beschrieben, registriert wird. Durch die Kontakte KO wird der Motor EM in dem einen oder anderen Drehsinne in Bewegung gesetzt und dreht eine Schraubenspindel Sp, welche die Meßfeder ms so lange belastet bzw. entlastet, bis der Hebel $\overline{DA}_3$ von den Kontakten frei geht. Der eine Endpunkt e der Feder, welcher mit dem Schreibstift s_4 der Nullinie verbunden ist, ist pendelnd aufgehängt; der andere Endpunkt wandert, je nach Be- oder Entlastung der Feder, hin und her und schreibt mit Stift s_5 auf Trommel TO die jeweiligen Längenänderungen und damit die Zusatzbelastung der Feder auf. Auf dieser Trommel werden gleichzeitig durch besondere Schreibstifte s_6 Weg, Zeit und Umdrehungsmarken notiert.

4. Eichung der Meßapparate.

a) Eichung der Schubmeßvorrichtung. Die Meßgenauigkeit der Schubmeßvorrichtung beträgt bei sorgfältiger Einstellung und Austarierung etwa 1 g. Um diese Genauigkeit zu erreichen, ist es erforderlich, die Hebelarmlängen äußerst genau einzustellen.

Um die Gleichheit des Hebels $\overline{DA}_1$ und $\overline{DA}_2$ festzustellen, werden verschiedene Gewichte nacheinander auf die Wagschale VW gelegt und gleichzeitig genau in der Richtung der Propellerwelle mittels eines über reibungslose Rollen gelegten Drahtes die gleichen Gewichte angebracht. Es wird sodann die Hebellänge $\overline{DA}_2$ so lange verändert, bis die mit 0,3 mm Gesamtspiel eingestellten Kontakte bei A_3 frei gehen. Die Länge der Hebel DA_2 und DA_3 kann auf Gleichheit nachgeprüft werden mittels einer geeichten Meßfeder durch Auflegen verschiedener Gewichte.

Sodann wird die zum Versuch vorgesehene Meßfeder ms durch Auflegen verschiedener Gewichte auf die Wagschale VW nachgeprüft, es müssen sich hierbei die der Eichkurve dieser Feder entsprechenden Längendehnungen ergeben.

b) Nacheichung der Torsionsvorrichtung. Durch Anordnung der Propellerwellen im Ölbade ist gewährleistet, daß die Reibungsverluste mit sehr großer Genauigkeit konstant sind; trotzdem werden dieselben, um den Einfluß von Zufälligkeiten auszuschalten, vor und nach jedem Versuche durch Eichungen nachgeprüft.

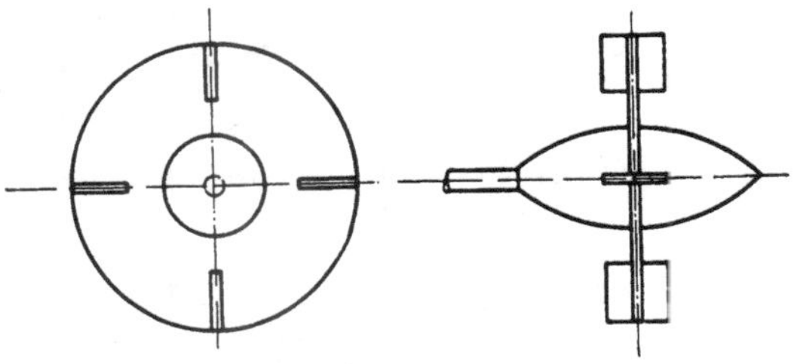

Abb. 75.

Nacheichungen mit Gewichten, die durch einen Draht an der Schnurrolle der Torsionsmeßfeder angreifen, befriedigen nicht vollkommen, da je nach der Steifheit des über die Rollen gelegten Drahtes die Eichergebnisse voneinander abweichen. Dabei kann außerdem die Eigenreibung des Getriebes nicht berücksichtigt werden. Es wird deshalb von den Versuchsanstalten die Eichung der Torsionsmeßfedern derart vorgenommen, daß an Stelle des Propellers nacheinander kleine passende Wasserräder aufgesteckt und mit diesen bei den Versuchs-Drehzahlen Linien des Drehmomentes auf der Schreibtrommel aufgeschrieben werden. Man wechselt diese Räder so lange, bis Übereinstimmung der für diese bei bestimmten Tourenzahlen erforderlichen Momente mit den vom Propeller bei gleicher Drehzahl aufgenommenen besteht.

Da nun die Momente der einzelnen Wasserräder (ohne Übertragungsleitung) aus äußerst sorgfältig durchgeführten Messungen bekannt sind, so ist durch diesen Vergleich auch das Moment des Propellers unter Ausschaltung der Reibung im Übertragungsmechanismus mit großer Genauigkeit bekannt. Die Kenntnis des Reibungsmomentes selbst ist nicht erforderlich, da dasselbe durch die eben beschriebene Methode ausgeschaltet wird. Abb. 77 zeigt ein derartiges Wasserrad.

Bei wechselnder Drehzahl des Propellers darf natürlich die dabei auftretende Änderung der Reibung nicht außeracht gelassen werden.

Zur Bestimmung derselben genügen Momentmessungen mit dem Wasserrad, welches ein dem Propeller möglichst gleiches Moment besitzt, bei allen während der Versuche gefahrenen Drehzahlen.

Anhang X.

Über den Einfluß der Wassertiefe auf Schiffswiderstand und Maschinenleistung.

§ 1. **Erfahrungstatsachen.** Bei den Probefahrten von Torpedobooten, welche in der Regel zwecks genauester Feststellung der Geschwindigkeit mit besonderer Sorgfalt und auf gemessenen Meilen in der Nähe der Küste ausgeführt werden, hat man schon von jeher festgestellt, daß die erforderliche Leistung bei der Fahrt auf einer bestimmten Wassertiefe, für einen bestimmten Geschwindigkeitsbereich besonders hoch ist, d. h. diejenige weit überschreitet, welche nach dem im praktisch unbegrenzten Wasser gültigen Zusammenhang zwischen Geschwindigkeit und Maschinenleistung zu erwarten wäre.

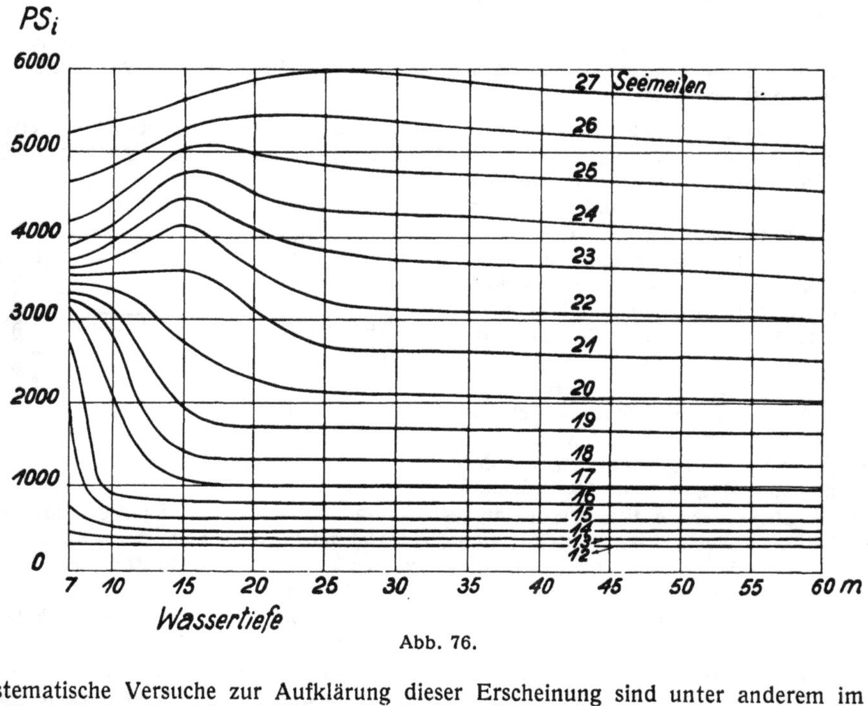

Abb. 76.

Systematische Versuche zur Aufklärung dieser Erscheinung sind unter anderem im Auftrage der deutschen Marine im Jahre 1903 von Paulus[1]) ausgeführt worden, und zwar mit dem Doppelschrauben-Torpedoboot S. 119 der deutschen Marine von ca. 374 t Deplacement. Das Probefahrtsterrain war die gemessene Meile bei Neukrug (Danziger Bucht), wo das allmähliche Ansteigen des Meeresbodens die Fahrt zwischen genau abgesteckten Landmarken auf den verschiedensten Wassertiefen von 60 m an gestattet und vollkommene Strömungsfreiheit die Gewähr für genaue Messungen bietet. Zu den Fahrten wurden Strecken auf 7, 10, 15, 25, 40 und 60 m Tiefe gewählt; jede dieser Strecken wurde mit Drehzahlen, entsprechend Geschwindigkeiten von 12, 15, 18, 21, 24 und 27 Sm/Std. auf tiefem Wasser, durchlaufen, wobei die Geschwindigkeit, die Maschinenleistung (durch Entnahme von Indikatordiagrammen), die Umdrehungszahl und die Trimmlage des Bootes gemessen und außerdem versucht wurde, die Wellenbilder aufzumessen. Die Ergebnisse der Fahrten sind in den vier Diagrammen (Abb. 76 bis 79) dargestellt, von welchen Abb. 76 die Maschinenleistung für gleiche

[1]) Zeitschr. des Vereins deutscher Ingenieure 1904, S. 1870.

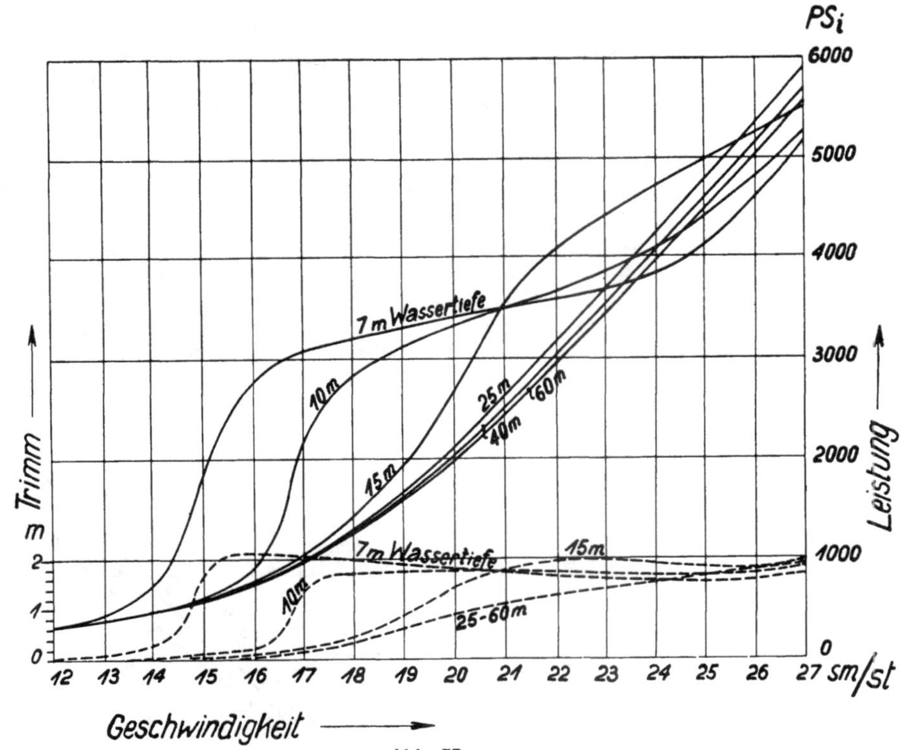

Abb. 77.

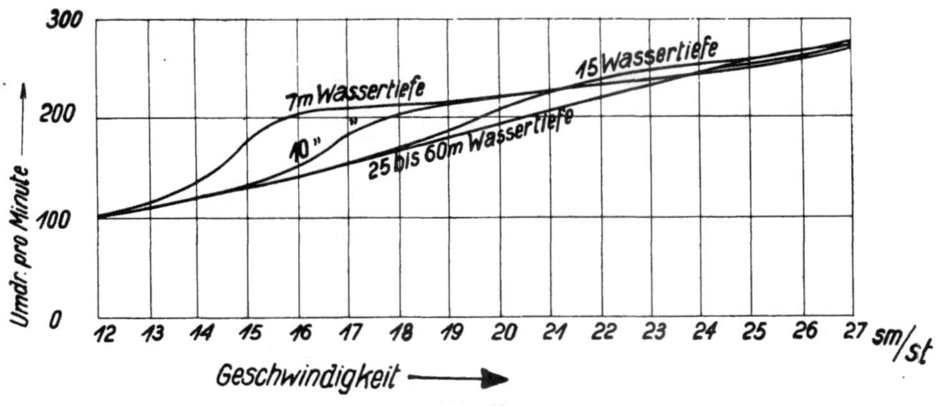

Abb. 78.

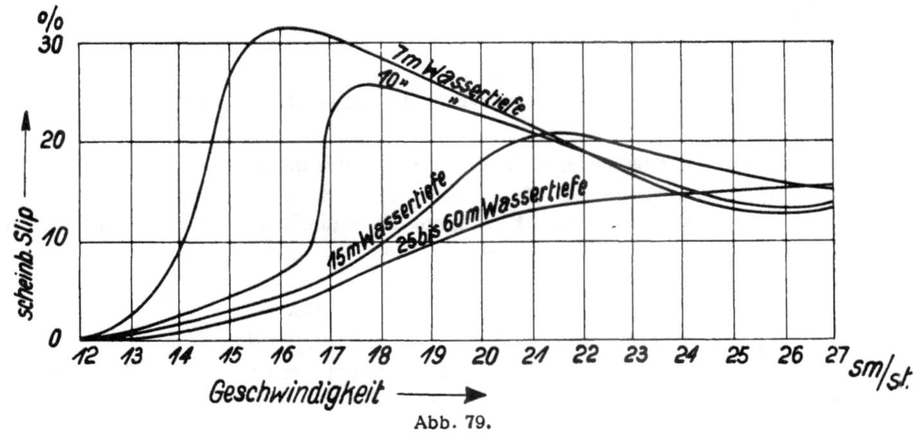

Abb. 79.

Geschwindigkeit bei verschiedenen Wassertiefen, Abb. 77 die Maschinenleistung und Trimmlage für verschiedene Geschwindigkeiten bei gleicher Wassertiefe, Abb. 78 die Umdrehungszahl für verschiedene Geschwindigkeiten bei gleicher Wassertiefe und Abb. 79 den scheinbaren Slip für verschiedene Geschwindigkeiten bei gleicher Wassertiefe darstellen. Die Resultate der in großer Anzahl seither unternommenen ähnlichen Messungen stimmen im wesentlichen mit denjenigen der im vorstehenden geschilderten Versuche überein.

Auch Modellschleppversuche im Versuchstank zeigen prinzipiell die gleichen Erscheinungen wie das fahrende Schiff.

Abb. 80 gibt z. B. die Resultate der Schleppversuche wieder, welche im Jahre 1900 von dem italienischen Marine-Ingenieur Rota[1]) im Versuchstank zu Spezia ausgeführt worden sind. Die Abmessungen des Modells waren: Länge 3,76 m, Breite 0,411 m, mittlerer Tiefgang 0,0975, Deplacement 65, 86 kg, Blockkoeffizient 0,43. Die Resultate dieser Versuche zeigen eine bemerkenswerte Übereinstimmung mit den vorstehend geschilderten Ergebnissen von fahrenden Schiffen.

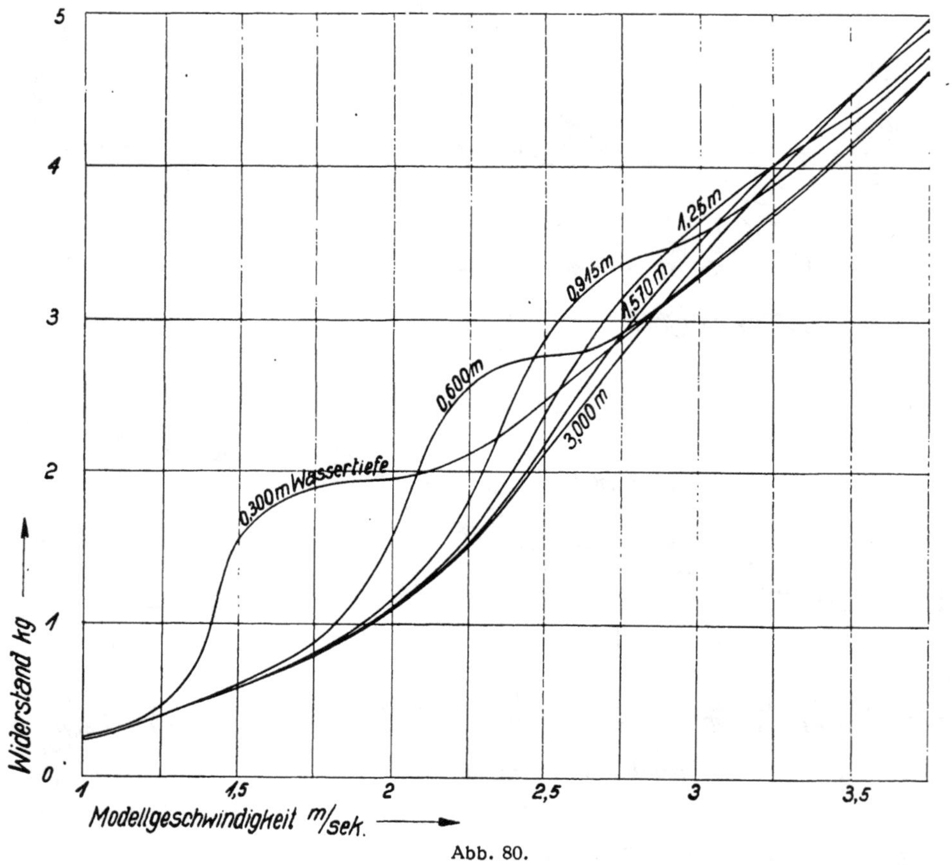

Abb. 80.

Als Gründe dieser auffallenden Widerstandsvergrößerung werden in den diesbezüglichen Arbeiten die folgenden angeführt:

1. Entstehung einer Gezeitenwelle, auch Grundwelle genannt[2]);
2. Phasengleichheit von Bug- und Heckwellensystem, dadurch Entstehung einer besonders starken freien Trochoidenwelle und Einstellung einer ungünstigeren Trimmlage, welche beide einen erhöhten Widerstand verursachen[3]).

---

[1]) Transactions of the Institution of Naval Architects 1900.

[2]) Vgl. Föppl, „Technische Mechanik", Bd. VI, Aufl. 1910, S. 417.

[3]) Vgl. Froude, „Transactions of the Institution of Naval Architects 1900. Diskussion. — Vgl. Paulus, an oben zitierter Stelle. — Vgl. Taylor, Speed and Power of Ships.

§ 2. **Erklärung durch Entstehung einer Gezeitenwelle.** Betrachten wir zunächst die Theorie der sog. „Gezeitenwelle"[1]). Solche Wellen, prinzipiell verschieden von den gewöhnlichen trochoidischen Obcrflächenwellen, liegen z. B. vor bei der Ebbe und Flut des Meeres, ferner wenn diese Ebbe- und Flutbewegungen in einen ins Meer mündenden Kanal eindringen und sich in diesem landeinwärts fortpflanzen, weiterhin auch, wenn in einem kastenförmigen Behälter eine Wassermasse langsam hin und her schwingt, wie dies z. B. in unerwünschter Weise bei dem Wasser in den Schwimmbassins an Bord von Schiffen beobachtet werden kann. Physikalisch charakterisiert sich diese Schwingungsbewegung des Wassers folgendermassen:

Eine an irgendeiner Stelle hervorgerufene Erhebung des Wasserspiegels hat zur Folge, daß sämtliche Wasserteilchen eines senkrechten Querschnittes des Kanals sich gleichzeitig mit derselben Amplitude wagerecht hin und her bewegen, und zwar mit einer Geschwindigkeit, welche nur von der Form dei Oberflächenveränderung abhängt. Es nimmt also die ganze im Querschnitt vorhandene Wassermasse in dem Maße an der Schwingung teil, als die Veränderung der Oberfläche über den betreffenden Querschnitt hinwegschreitet.

---

1) Es ist nicht uninteressant, einen Vergleich zwischen den Gezeitenwellen und den Schallwellen zu ziehen. In beiden Fällen handelt es sich um eine in dem betrachteten Medium fortschreitende Störung. Dementsprechend zeigen auch die Differentialgleichungen beider Wellenbewegungen und das Resultat von deren Auflösung eine sehr große Ähnlichkeit. Im folgenden ist die Ableitung der Bewegungsgleichung beider Erscheinungen einander gegenübergestellt.

Der Ansatz für die Bewegungsgleichungen lautet:

$$\frac{\partial^2 h_x}{\partial t^2} = \frac{g \cdot h_o}{\gamma} \frac{\partial^2 h_x}{\partial x^2} \qquad\qquad \frac{\partial^2 \varepsilon_x}{\partial t^2} = a^2 \frac{\partial^2 \varepsilon_x}{\partial x^2}$$

wobei

$$h_x = h_o + h'_x \qquad\qquad \varepsilon_x = \varepsilon_o + \varepsilon'_x$$

Darin bedeutet:

x die Koordinate des betrachteten Querschnitts in der Fortpflanzungsrichtung gemessen,	x die Koordinate des betrachteten Querschnitts in der Fortpflanzungsrichtung gemessen,
h_x die Wassertiefe zur Zeit t an der Stelle x,	ε_x die Dichte zur Zeit t an der Stelle x,
h_o die Wassertiefe des ungestörten Gewässers und	ε_o die Dichte im ungestörten Medium und
h'_x die Höhe der Erhebung der Welle über den ungestörten Wasserspiegel an der Stelle x.	ε'_x den Dichteunterschied gegenüber der Dichte im ungestörten Medium.
Bei der Aufstellung obiger Gleichung ist angenommen, daß die Höhenveränderung h_x' klein ist im Verhältnis zu der Höhe h_0.	Es ist angenommen, daß die Dichteänderung ε'_x klein ist im Verhältnis zur Dichte ε_0.

Die allgemeine Lösung obiger Differentialgleichungen zweiter Ordnung ergibt:

$$h'_x = F_1(x + c\,t) + F_2(x - c\,t) \qquad\qquad \varepsilon'_x = f_1(x + a\,t) + f_2(x - a\,t).$$

Die Anwendung dieser Gleichungen für unsern Fall ergibt, daß ein bestimmter Funktionswert ungeändert in der x-Richtung mit konstanter Geschwindigkeit fortschreitet.

Die Geschwindigkeit dieses Fortschreitens ist gleich der Konstanten c.	Die Geschwindigkeit dieses Fortschreitens ist gleich der Konstanten a.

Der Wert dieser Konstanten ergibt sich durch Einsetzen der gefundenen Werte für h'_x bzw. ε'_x in die betreffenden Differentialgleichungen der Bewegung zu:

$$c = \sqrt{\frac{g \cdot h}{\gamma}}$$

Die Geschwindigkeit des Fortschreitens ist also nur von der Tiefe des Gewässers abhängig.

$$a = \sqrt{\frac{d\,p}{d\,\varepsilon}}$$

Bei adiabatischen Expansionen gilt die Gleichung

$$\frac{p}{p_1} = \left(\frac{\varepsilon}{\varepsilon_1}\right)^{\varkappa};\ \frac{d\,p}{p} = \varkappa \frac{d\,\varepsilon}{\varepsilon};\ \varepsilon = \frac{\gamma}{g}$$

$$a = \sqrt{\varkappa \cdot p/\varepsilon}$$

$$a = \sqrt{g \frac{\varkappa \cdot p}{\gamma}}$$

eingesetzt.

Die Geschwindigkeit des Fortschreitens, d. h. also die Schallgeschwindigkeit ist nur vom Anfangsdruck und der spez. Dichte des Gases abhängig.

Weiter ergibt sich, daß die Fortpflanzungsgeschwindigkeit c einer solchen Grundwelle (äußerlich an dem Fortschreiten der Oberflächenerhebung kenntlich) nur von der Tiefe des Gewässers abhängig ist, und zwar nach der Gleichung:

$$c = \sqrt{g \cdot h},$$

wobei mit g die Erdbeschleunigung, mit h die Wassertiefe bezeichnet ist. Damit darf die oben erwähnte Geschwindigkeit der Wasserteilchen im senkrechten Querschnitt nicht verwechselt werden, welche im allgemeinen wesentlich kleiner als c ist.

Die starke Zunahme des Schiffswiderstandes, die auf flachem Wasser eintritt, wird von Föppl darauf zurückgeführt, daß das betreffende Schiff eine besonders starke Gezeitenwelle erzeugt, wenn es mit der Geschwindigkeit c, wie sie sich nach obiger Gleichung ergibt, fährt. Eine Bestätigung dieser Anschauung scheint sich aus der Beschreibung der Schleppversuche auf flachem Wasser bei Taylor zu ergeben, der berichtet, daß im Bereich der kritischen Geschwindigkeit sich eine weit (10 Fuß) vor dem Modell (20 Fuß lang) befindliche, quer zum Schlepptank verlaufende Welle herschiebt.

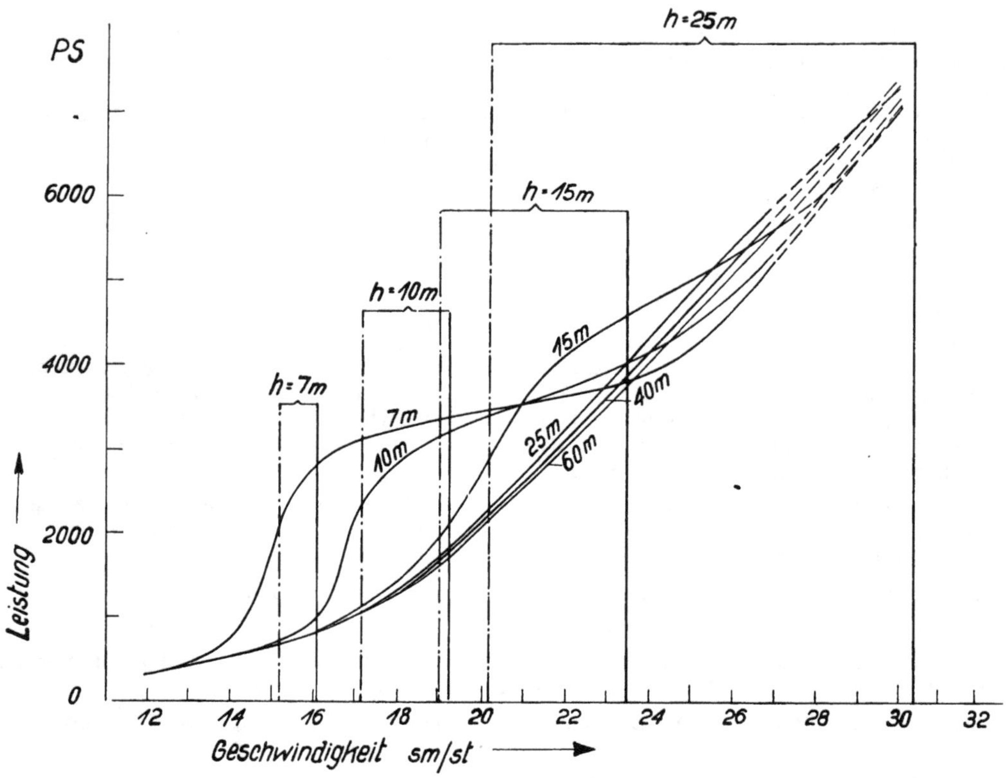

Abb. 81.

In Abb. 81, welche die Meßergebnisse von Paulus darstellt, sind die für die einzelnen Wassertiefen berechneten Geschwindigkeiten der Gezeitenwelle durch die voll eingezeichneten Ordinaten markiert. Man sieht, daß die Geschwindigkeit, bei der die Leistungssteigerung am stärksten ist, auf der kleinsten Wassertiefe, bei 7 m, sehr genau mit der Geschwindigkeit der Gezeitenwelle übereinstimmt. Bei zunehmender Wassertiefe wird die berechnete Geschwindigkeit der Gezeitenwelle etwas größer als die für den Schiffswiderstand ungünstigste Geschwindigkeit, und zwar um so mehr, je größer die Wassertiefe wird.

In derselben Weise ist die Geschwindigkeit der Gezeitenwelle für die Wassertiefen, die bei den Modellschleppversuchen von Rota verwendet worden sind, in Abb. 82 eingetragen. Die Übereinstimmung ist bei der geringsten Wassertiefe wieder fast vollkommen, und bei zunehmender Wassertiefe findet eine ähnliche Abweichung statt wie bei Paulus in Abb. 81.

Es ist dabei zu bedenken, daß die Versuche von Paulus mit einem Schiff von 374 t, die von Rota dagegen mit einem Modell von 66 kg Deplacement ausgeführt worden sind, ferner, daß im ersten Falle die indizierte Maschinenleistung, im zweiten Fall der reine Modellwiderstand gemessen wurde. Trotz dieser großen Verschiedenheiten der absoluten Abmessungen ergibt sich bei der geringsten Wassertiefe eine fast vollkommene Übereinstimmung zwischen gerechneten und gemessenen Werten der Geschwindigkeit. Es scheint demnach, daß der starken Zunahme des Widerstandes auf seitlich unbegrenztem, verhältnismäßig sehr flachem Wasser (Wassertiefe $\lesseqgtr {}^1/_{10}$ Schiffslänge) bei einer bestimmten Geschwindigkeit tatsächlich die Erscheinung der Gezeitenwelle zugrunde liegt und die ungünstigste Geschwindigkeit in diesem Fall nach der Gleichung

$$c = \sqrt{g \cdot h}$$

berechnet werden kann.

§ 3. **Erklärung durch die Phasengleichheit von Bug- und Heckwellensystem.** Daß die starke Zunahme des Schiffswiderstandes auf flachem Wasser bei einer bestimmten Geschwindigkeit auf die Entstehung einer Gezeitenwelle zurückzuführen und demnach nur von der Wassertiefe abhängig ist, wurde im allgemeinen nicht als ausreichende Erklärung angenommen; wir haben ja auch im vorstehenden gesehen, daß diese Theorie nur bei verhältnismäßig sehr geringen Wassertiefen richtige Resultate liefert.

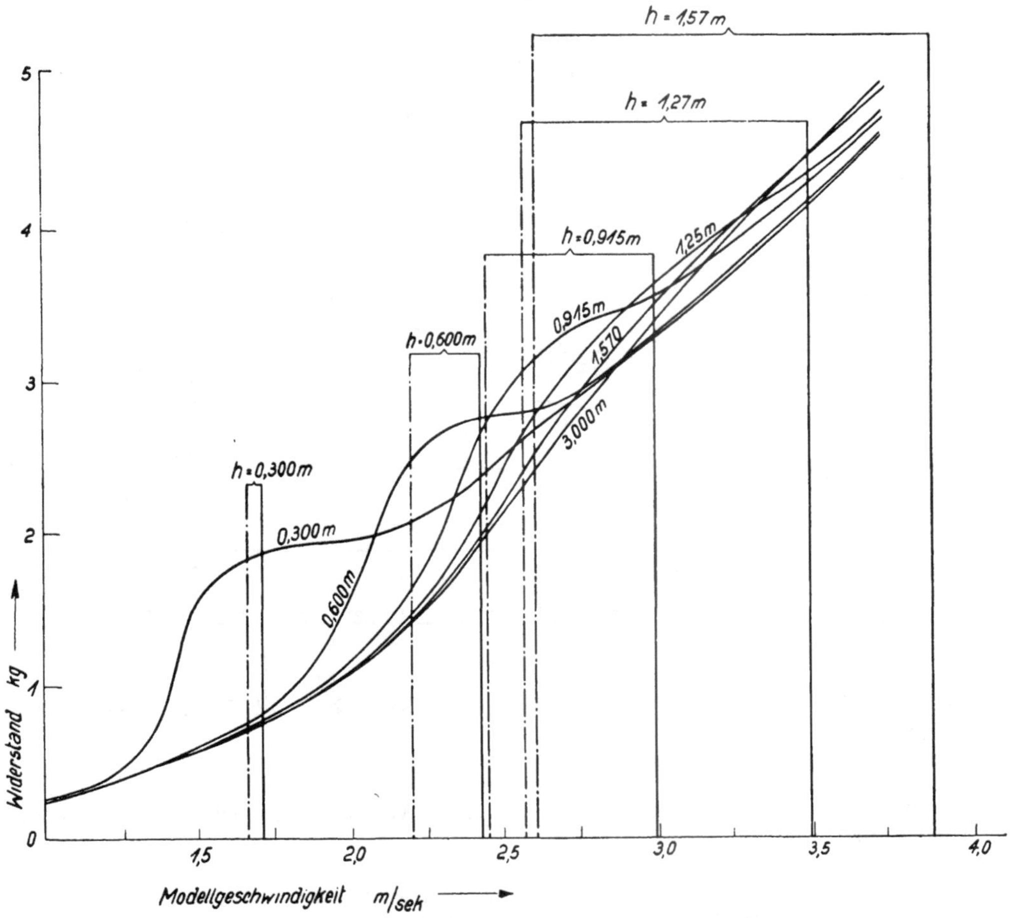

Abb. 82.

Der jüngere Froude, einer der Begründer der Theorie des wellenbildenden Widerstandes, hat seinerzeit bei der Besprechung der Modellversuche von Rota[1]) seine Ansicht über diese Erscheinung ausgesprochen, und Paulus schließt sich in den Erläuterungen seiner eigenen Versuche mit dem Torpedoboot S. 119 dieser Erklärung an, ebenso auch Taylor. Die Erklärung Froudes besteht etwa in folgendem:

Auch auf tiefem Wasser tritt in einem bestimmten Geschwindigkeitsbereich ein verhältnismäßig starkes Anwachsen des Widerstandes ein, so daß die Widerstandskurve einen Buckel („hump") bekommt. Diese Erscheinung ist darauf zurückzuführen, daß in diesem Bereich durch die Phasengleichheit des Bug- und Heckwellensystems eine freie, besonders starke Trochoidenwelle entsteht, deren Länge von der Schiffslänge abhängig ist und deren Fortpflanzungsgeschwindigkeit gleich der Schiffsgeschwindigkeit ist.

[1]) Transactions of the Institution of Naval Architects 1900.

Wenn nun die Wassertiefe abnimmt, so wird nach der allgemeinen Theorie der Trochoidenwellen die Geschwindigkeit der Welle bei derselben Länge kleiner. Es tritt also auch diese Übereinstimmung der Wellenlängen zwischen der vom Schiff erzeugten Welle und einer der Schiffsgeschwindigkeit entsprechenden freien Welle, die einen vergrößerten wellenbildenden Widerstand zur Folge hat, bei kleinerer Geschwindigkeit ein. Der Buckel der Widerstandskurve wandert daher mit abnehmender Wassertiefe auf der Progressivkurve immer weiter nach unten. Froude hält also das ungünstigste Verhältnis von freier Wellenlänge zu Schiffslänge auch bei der Fahrt auf flachem Wasser für die einzige Ursache der Widerstandszunahme bei einer bestimmten Geschwindigkeit.

Einen gewissen Aufschluß über den Zusammenhang zwischen der Froudeschen Theorie und den früheren Ausführungen über das Auftreten von Gezeitenwellen erhält man durch folgende Überlegungen:

Die Geschwindigkeit w der Trochoidenwelle bei der Wassertiefe h und der Wellenlänge λ läßt sich ausdrücken durch die Formel[1]):

$$w = \sqrt{\frac{g\lambda}{2\pi} \frac{e^{\frac{4\pi h}{\lambda}} - 1}{e^{\frac{4\pi h}{\lambda}} + 1}}.$$

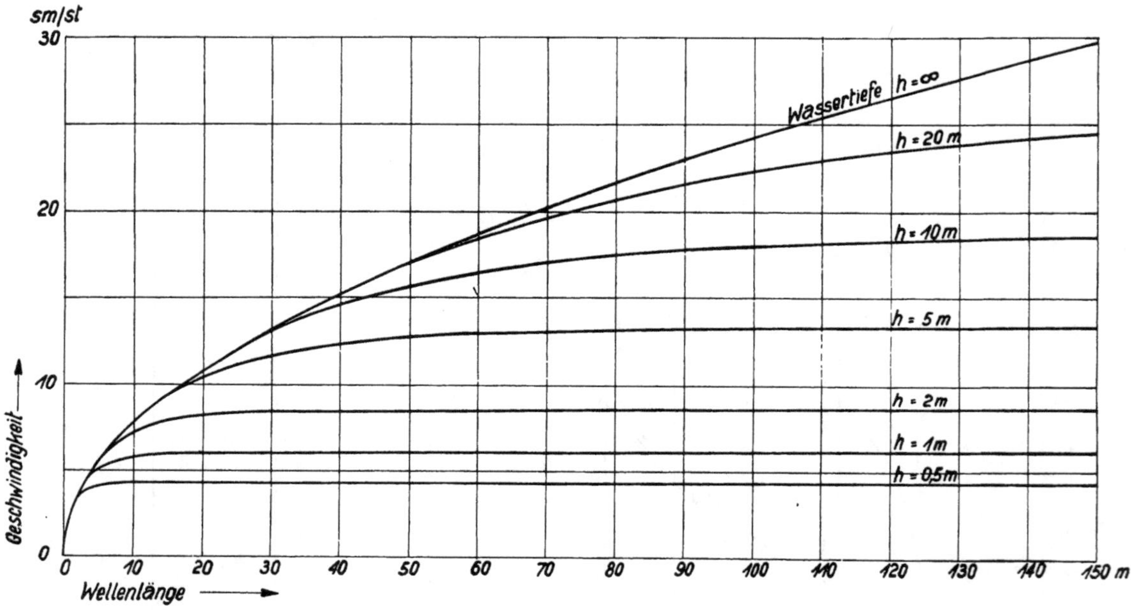

Abb. 83.

Wenn die Wellenlänge λ sehr groß ist im Vergleich zur Wassertiefe h, so läßt sich diese Gleichung in die Form bringen:

$$w = \sqrt{g \cdot h};$$

das ist aber nach § 2 die Geschwindigkeit der Gezeitenwelle. Für sehr große Wellenlängen bei sehr geringen Wassertiefen im Verhältnis zur Wellenlänge, ist also die Fortpflanzungsgeschwindigkeit der Trochoidenwelle mit derjenigen der Gezeitenwelle praktisch identisch.

Die Geschwindigkeit der Trochoidenwelle nach obiger Gleichung ist in Abb. 83 als Funktion der Wellenlänge für verschiedene Wassertiefen dargestellt. Für unendliche Wassertiefen nimmt die Geschwindigkeit mit der Wellenlänge parabolisch zu, und zwar ist $w = \sqrt{\frac{g\lambda}{2\pi}}$; auf flachem Wasser aber bleibt sie bei größerer Wellenlänge nahezu konstant, und diese Erscheinung wird um so ausgeprägter, je kleiner die Wassertiefe ist.

Eine nähere Betrachtung der Kurven ergibt, daß, wenn die Wassertiefe gleich oder kleiner ist als etwa $^1/_{10}$ der Wellenlänge, die Wellengeschwindigkeit von der absoluten Größe der Wellenlänge nahezu unabhängig ist. Dann kann aber auf so flachem Wasser die kritische Geschwindigkeit, bei der infolge von Phasengleichheit zwischen Bug- und Heckwellensystem ein Buckel in der Widerstandskurve auftritt, auch von der Schiffslänge nicht nennenswert abhängig sein.

[1]) Vgl. z. B. Taylor, The Speed and Power of Ships, New York 1910.

Nach Taylor ist, wenn mit l die Schiffslänge bezeichnet wird, die Länge dieser vom Schiff erzeugten Welle etwa das 1,15- bis 1,25fache der Schiffslänge. Nehmen wir für das Modell von Rota den mittleren Wert 1,2 an, so ergibt sich die Wellenlänge mit $\lambda = 1{,}2 \cdot 3{,}76 = 4{,}5$ m. Für die untersuchten Wassertiefen sind die Geschwindigkeiten der Trochoidenwellen mit $\lambda = 1{,}2\,l$ in Abb. 81 und 82 durch strichpunktierte Ordinaten markiert. Die Geschwindigkeit der Gezeitenwelle ist, wie erwähnt, voll eingetragen. Bei der kleinsten untersuchten Wassertiefe ist der Unterschied in der Lage der vollen und strichpunktierten Ordinaten verschwindend. Mit zunehmender Wassertiefe wird die letztere, strichpunktierte, Geschwindigkeit rasch kleiner als die erstere, voll gezeichnete, und zwar stimmt für die größeren Wassertiefen, bei denen der Buckel quantitativ weniger ausgeprägt ist, die „strichpunktierte" Geschwindigkeit besser mit der wirklichen Lage des Buckels überein als die „volle". Auch die

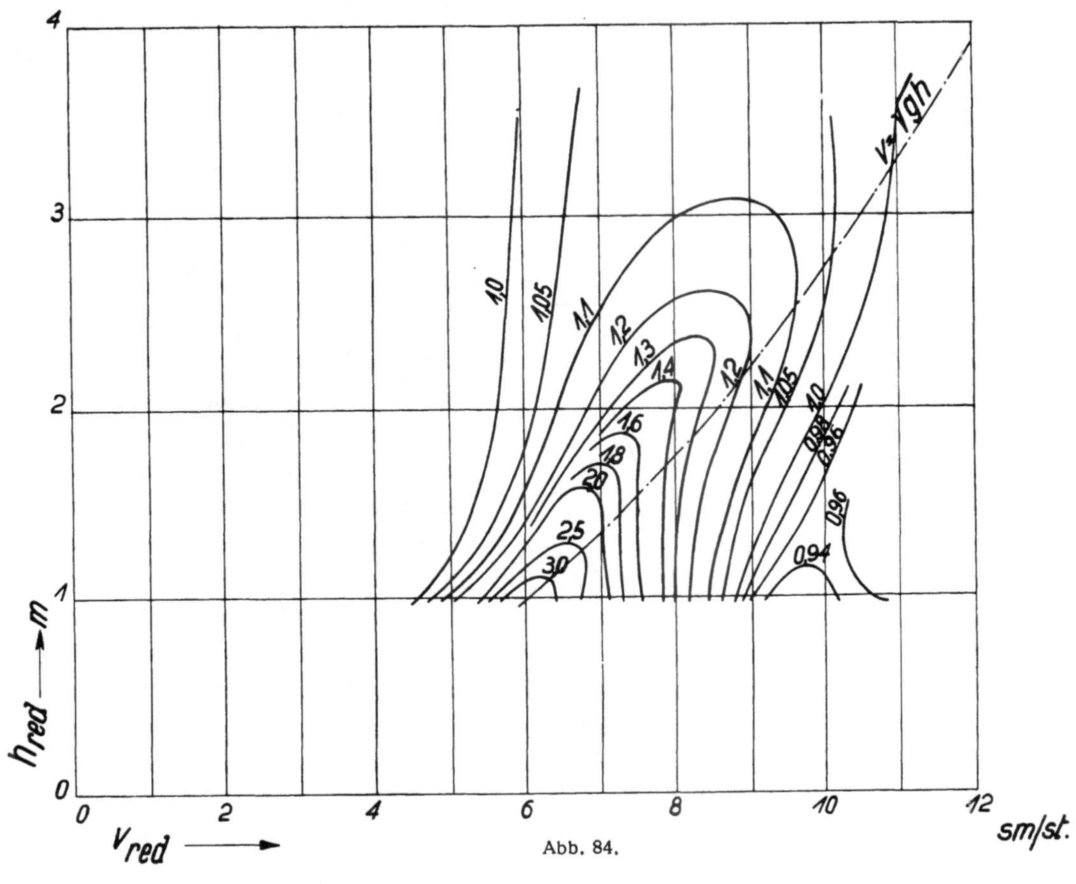

Abb. 84.

Versuche von Taylor[1]) ergeben bei der Untersuchung das gleiche Resultat, während die Versuche von Paulus mit S. 119 — wohl durch den Einfluß des Propellerwirkungsgrades verwischt — den Buckel bei einer Wellengeschwindigkeit entsprechend der 1,7fachen Schiffslänge zeigen.

Die gesamte hier in Frage stehende Erscheinung wird nach allem am wahrscheinlichsten etwa folgendermaßen zu erklären sein:

Wenn die Widerstandskurve eines Schiffes einen Buckel zeigt, so ist dieser auf die Phasengleichheit zwischen Bug- und Heckwellensystem zurückzuführen, die dadurch zustandekommt, daß bei der betreffenden Fahrtgeschwindigkeit die Länge der freien Trochoidenwelle in einem bestimmten ungünstigen Verhältnis zur Schiffslänge l (nach obigem ca. 1,15 bis 1,25 l) steht. Es entsteht dabei eine besonders starke Heckwelle. Auf flachem Wasser wird die Geschwindigkeit, bei der diese Phasengleichheit eintritt, kleiner als auf tiefem Wasser, weil die Wellenfortpflanzungsgeschwindigkeit für dieselbe Wellenlänge abnimmt. Je geringer verhältnismäßig die Wassertiefe ist, um so näher liegen die Wellenfortpflanzungsgeschwindigkeiten für Schiffe verschiedener Länge beieinander, so daß diese Wellenfortpflanzungsgeschwindigkeit schließlich nahezu unabhängig von der Schiffslänge wird und nur noch eine Funktion der Wassertiefe ist.

[1]) Vgl. Taylor, Speed and Power of Ships. New York 1910.

Wohl zu beachten ist, daß im vorstehenden nur die Rede ist von der Ermittlung derjenigen Geschwindigkeit, bei welcher für eine bestimmte Wassertiefe die maximale Leistungsvermehrung eintritt.

§ 4. **Angenäherte Vorausberechnung des Mehrbedarfs an Leistung.** Was nun den zahlenmäßigen Mehrbedarf an Leistung bei der Fahrt auf beschränkter Wassertiefe betrifft, so lassen sich hierüber auf Grund theoretischer Überlegungen, wenigstens bei dem derzeitigen Stand der Erfahrungen auf diesem Gebiet, allgemein gültige Aussagen nicht machen. Man ist in dieser Beziehung vollständig auf die Ergebnisse von Probefahrten oder wenigstens von Schleppversuchen von Modellen mit Propellern angewiesen, wobei natürlich zu beachten ist, daß die so gefundenen Widerstandsverhältnisse sich mit einiger Sicherheit nur auf Schiffe von ähnlicher Form übertragen lassen. Bei der Verwertung von Schleppversuchen von Modellen ohne Propeller ist zu beachten, daß durch den Einfluß der Wassertiefe auch meist eine Verschlechterung des Wirkungsgrades der Propulsion durch die größere Schraubenbelastung, die ungünstigere Neigung der Wellen infolge

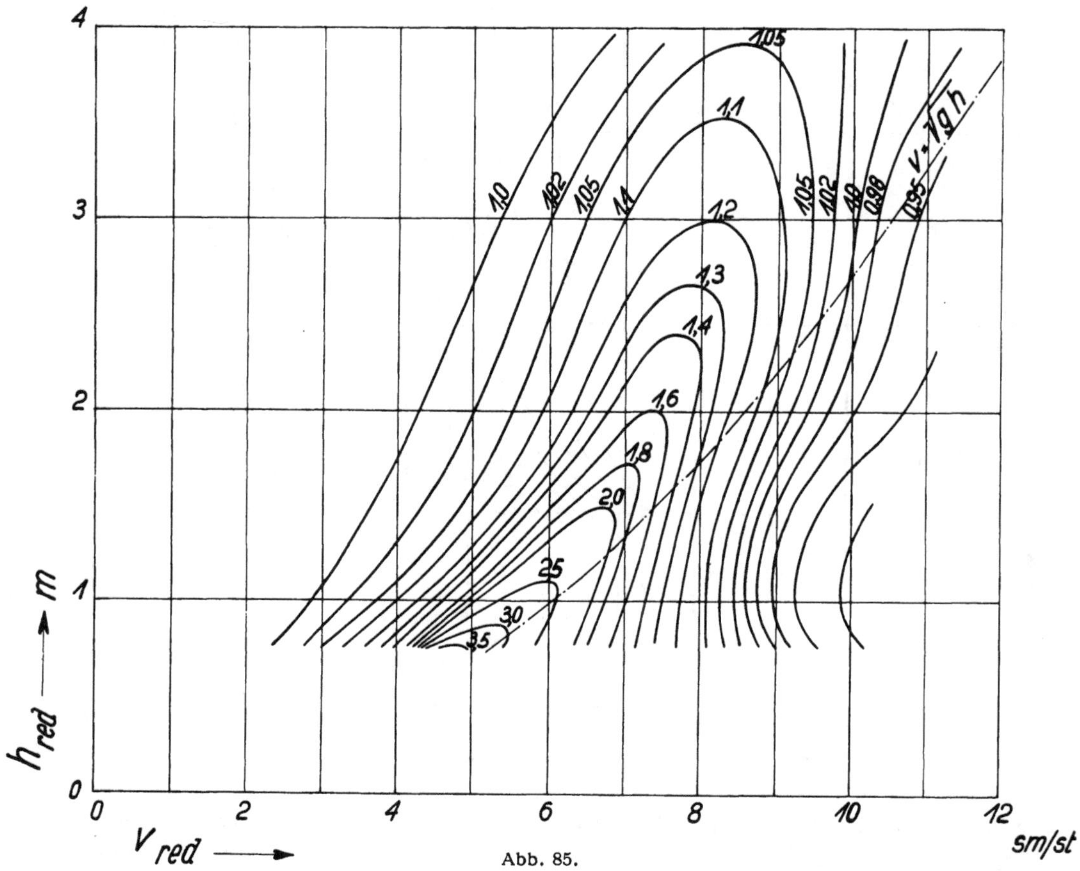

Abb. 85.

der Trimmänderung und die eventuelle Veränderung der Nachstromverhältnisse gegenüber der Fahrt auf tiefem Wasser verursacht wird, was für den Vergleich mit Probefahrtsresultaten berücksichtigt werden muß. Eine für derartige Umrechnungen geeignete Form der Darstellung ist in Abb. 84 für die Versuche von Paulus und in Abb. 85 für die Versuche von Rota wiedergegeben. Als Abszisse ist die Schiffsgeschwindigkeit V_{red} in Knoten, als Ordinate die Wassertiefe h_{red} in Meter gewählt. Diese Werte sind unter Zugrundelegung des Ähnlichkeitsgesetzes (vgl. Anh. VIII) auf ein Deplacement von 1 t reduziert, und zwar die Wassertiefen mit der dritten Wurzel, die Geschwindigkeiten mit der sechsten Wurzel aus dem Deplacement. In die Diagramme sind dann Kurven konstanten verhältnismäßigen Leistungsbedarfes, bezogen auf den Leistungsbedarf bei praktisch unendlich großer Wassertiefe eingetragen. Als Bezugskurve für unendlich große Wassertiefe sind bei Abb. 84 die Leistungen für Fahrt auf 60 m, bei Abb. 85 die Kurve für $h = 3{,}0$ m zugrunde gelegt. Außerdem sind die beiden Kurven eingetragen, welche den Zusammenhang zwischen der Wassertiefe und der Fortpflanzungsgeschwindigkeit der Gezeitenwelle bzw. der Fortpflanzungsgeschwindigkeit der reinen Trochoidenwelle von einer Länge gleich dem 1,2fachen der Schiffslänge angeben[1]). Man findet, daß der ungünstigste Geschwindigkeitsbereich für die verschiedenen Wassertiefen bei den Paulusschen Versuchen etwa zwischen den beiden genannten Kurven liegt, während derselbe für die Modellversuche von Rota und Taylor fast genau bei der 1,2fachen Wellenlänge liegt.

Bei dem Vergleich der Abb. 84 und 85 ist noch zu beachten, daß die Kurven von Paulus sich auf tatsächlich gemessene indizierte Leistungen der Hauptmaschine, die Werte von Rota sich nur auf den Schleppwiderstand des Bootes beziehen. Es ist daher sehr erklärlich, daß die beiden Kurvenblätter, trotzdem sie für Fahrzeuge von ähnlicher Form gelten, voneinander abweichen. Außerdem sei darauf hingewiesen, daß die Verhältniszahlen für den Leistungsbedarf sich auf den gesamten Leistungsbedarf beziehen, also auch den Reibungswiderstand einschließen, welcher, wie bekannt (vgl. Anh. VIII), das Froudesche Ähnlichkeitsgesetz nicht befolgt. Streng genommen müßte man sich bei der in Abb. 84 und 85 gewählten Darstellung nur auf wellenbildende Widerstände beschränken.

Wenn also die Benutzung von Kurvenblättern, wie in Abb. 84 und 85 dargestellt, nur mit ziemlichen Einschränkungen zulässig ist, so geben dieselben immerhin einen Anhalt, wenn man sich von vornherein ein Bild machen will, wie sich ein Fahrzeug, dessen Widerstand bzw. Leistungskurve auf tiefem Wasser bekannt ist (z. B. aus Schleppversuchen oder durch Probefahrten), auf Wasser von geringer Tiefe hinsichtlich des Leistungsbedarfes verhält. Dies ist von besonderer Wichtigkeit, wenn es sich darum handelt, Garantien für Geschwindigkeitsleistung auf flachem Wasser zu übernehmen, wie diese bisweilen bei Kriegsfahrzeugen gefordert werden.

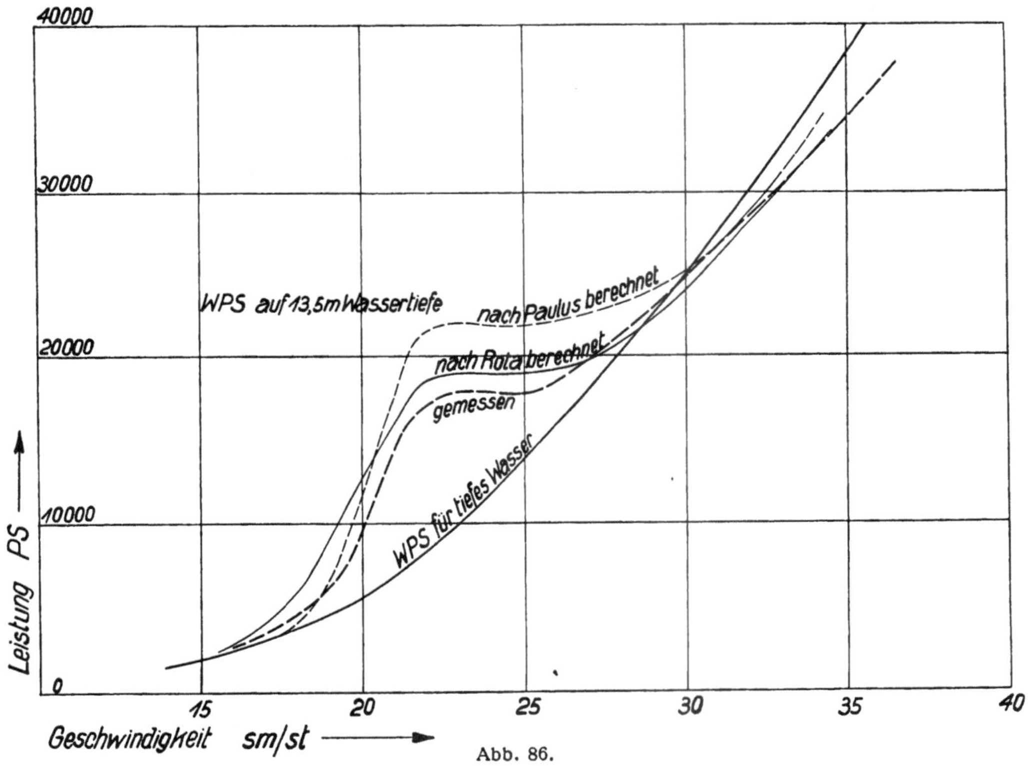

Abb. 86.

Als Beispiel einer solchen Überschlagsrechnung ist in Abb. 86 für ein Torpedoboot von 35 Knoten Geschwindigkeit und 1400 t Deplacement, dessen Leistungskurve für tiefes Wasser bekannt ist, der voraussichtliche Verlauf dieser Leistungskurve bei der Fahrt auf einer Wassertiefe von 13,5 m wiedergegeben, und zwar bezieht sich die höhergelegene Kurve auf die Versuche von Paulus, die niedrigergelegene Kurve auf die von Rota. Außerdem ist zum Vergleich auch eine Kurve eingetragen, welche die tatsächlich durch Probefahrt festgestellte Leistungskurve für 13,5 m Wassertiefe zeigt. Die Umrechnung der Wassertiefen erfolgt, wie oben gesagt, mit der dritten Wurzel aus dem Deplacement, so daß also der für das 1400 t-Boot in Frage kommenden Wassertiefe von 13,5 m in den Abb. 84 und 85 eine solche von $13{,}5 \sqrt[3]{\frac{1}{1400}} = 1{,}21$ m entspricht. Ebenso werden die Geschwindigkeiten mit der

[1]) Letztere Kurve ist versehentlich auf Abb. 84 und 85 weggelassen.

sechsten Wurzel aus dem Deplacement umgerechnet. Der tatsächlichen Geschwindigkeit von 30 Knoten entspricht also in Abb. 84 und 85 eine solche von $30 \sqrt[6]{\frac{1}{1400}} = 8{,}97$ Knoten. Man erkennt, daß die Vorausberechnung, wenn sie auch nicht die absoluten Werte mit voller Genauigkeit wiedergibt, so doch erkennen läßt, wie sich ungefähr die Leistungsverhältnisse stellen.

Man kann auch nach Weitbrecht[1]) mit einer für die Praxis ausreichenden Genauigkeit die Größe der Widerstandsvermehrung bestimmen aus dem Verhältnis von eingetauchter Hauptspantfläche zu Schiffsbreite × Wassertiefe. Auf die diesbezügliche Überlegung einzugehen, würde hier zu weit führen, es sei daher bloß auf dieselbe hingewiesen.

Es möge hier nochmals bemerkt werden, daß die jeweils obwaltenden Verhältnisse gegenüber den Paulusschen oder Taylor- und Rotaschen Versuchen leicht eine Verschiebung durch die Veränderung des Propellerwirkungsgrades mit der Belastung der Schrauben herbeiführen können, besonders wenn es sich um Boote mit großer Geschwindigkeit und hoher Schraubendrehzahl handelt und infolge des größeren Widerstandes auf flachem Wasser mit dem Auftreten von Kavitationserscheinungen in stärkerem Umfange zu rechnen ist.

---

[1]) Dr.-Ing. Weitbrecht, Über Schiffswiderstand auf beschränkter Wassertiefe. Jahrbuch der Schiffbautechnischen Gesellschaft 1921.

Anhang XI.

Die Wirbeltheorie des Propellers.[1]

Auf Grund der in den letzten Jahrzehnten entwickelten hydrodynamischen Anschauungen über den Widerstand und Auftrieb, welchen in Flüssigkeiten bewegte Flächen erfahren, ist versucht worden, das Propellerproblem in einer wissenschaftlich strengeren Weise zu lösen, als dies durch die anderen Theorien möglich erscheint. Namentlich hat Föttinger[2]) auf diese Art der Behandlung des Propellerproblems hingewiesen.

Für die praktische Berechnung von Schiffsschrauben sind diese Theorien bisher fast noch ohne Bedeutung; indessen ist anzunehmen, daß dieselben sich nach und nach als Hilfsmittel zur richtigen Beurteilung verschiedener, den Propellerantrieb betreffenden Fragen werden ausbilden lassen.

Eine eingehendere Behandlung der Angelegenheit würde völlig aus dem Rahmen dieses Werkes herausfallen, da dieselbe ohne ausführlichere mathematische Erörterungen nicht durchführbar ist. Es soll im nachstehenden daher nur versucht werden, einen oberflächlichen Einblick in diese Gedankengänge zu gewähren.

Denken wir uns in eine ebene horizontale reibungsfreie Parallelströmung einer Flüssigkeit einen unendlich langen Kreiszylinder lotrecht hineingestellt. Legen wir sodann einen Horizontalschnitt durch Flüssigkeit und Zylinder (hinreichend weit von der Oberfläche der Flüssigkeit entfernt), so daß die Oberflächenwellen keinen Einfluß auf das Strömungsbild ausüben, so erhalten wir das in Abb. 87 dargestellte Bild der Stromlinien vom feststehenden Zylinder aus betrachtet. Das gleiche Bild ergibt sich natürlich auch, wenn wir den vertikalstehenden Zylinder in der ruhenden Flüssigkeit mit der Geschwindigkeit, welche die oben erwähnte Parallelströmung im Unendlichen besitzt, vorwärtsbewegen und uns dabei auf der Stirnfläche des Zylinders stehend denken. Wenn die Fortschrittsgeschwindigkeit des Zylinders der Größe und Richtung nach konstant ist, so erhält man hierbei ein stationäres, relatives Stromlinienbild. Die Stromlinienbilder, welche reibungsfreier Strömung entsprechen, lassen sich durch mathematische Operationen ableiten, welche auf der Kontinuitätsgleichung und den Grenzbedingungen für die Strömung beruhen. Diese verlangen, daß die Flüssigkeit im Unendlichen ihre Parallelströmung ungestört beibehält, während sie sich in der Nähe des Zylinders an dessen Wand anschließt.

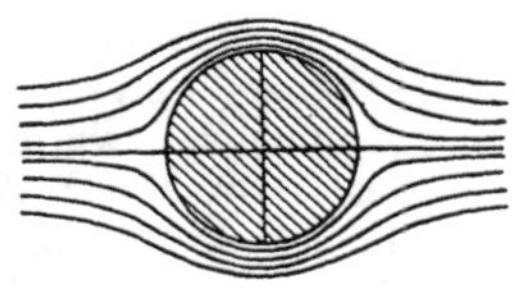

Abb. 87.

Mit Hilfe des Bernoullischen Gesetzes läßt sich aus einem solchen Stromlinienbild die Druckverteilung rings um den Zylinder feststellen. Aus derselben geht hervor, daß die Resultierende des Druckes auf den Zylindermantel in Richtung der Strömung auf dessen der letzteren zugekehrten Hälfte genau ebensogroß, aber von umgekehrter Richtung ist wie auf der der Strömung abgekehrten Hälfte, immer reibungsfreie Strömung vorausgesetzt, woraus sich wiederum ergibt, daß in reibungsfreier Flüssigkeit

---

[1]) Für das Verständnis dieses Anhangs ist die Kenntnis der grundlegenden Gesetze der Wirbeltheorie, welche wir hauptsächlich Helmholtz verdanken, vorausgesetzt; vgl. hierzu Helmholtz, „Wissenschaftliche Abhandlungen", Leipzig 1882, I. A. Barth.

Der Verfasser hat versucht, diese Abhandlung wegen ihrer fundamentalen Wichtigkeit durch eine mit vielen Anmerkungen und Erklärungen versehene Ausgabe dem vielbeschäftigten Ingenieur zugänglicher zu machen; vgl. „Die Helmholtzsche Wirbeltheorie für Ingenieure". Verl. R. Oldenbourg, 1919.

[2]) Die Literatur über diese neueren hydrodynamischen Anschauungen, namentlich die Erklärung des Auftriebes von Flugzeugtragflächen und des Propellerschubes durch Wirbelbewegungen (Zirkulation) ist sehr umfangreich, andererseits meist für den schaffenden Ingenieur bei dessen beschränkter Zeit ungenießbar. Im Gegensatz hierzu ist für den Schiffsmaschinen-Ingenieur der Vortrag von Prof. Dr.-Ing. Föttinger „Neue Grundlagen für die theoretische und experimentelle Behandlung des Propellerproblems". Jahrb. d. Schiffbautechn. Ges. Jahrg. 1918, S. 385 besonders lesenswert. Ferner ist zu nennen: Grammel „Die hydrodynamischen Grundlagen des Fluges", Sammlung Vieweg 1917.

weder der fortgeführte Zylinder Widerstand findet, noch auch umgekehrt auf den in der Strömung stehenden Zylinder ein Flüssigkeitsdruck ausgeübt wird.

Dieses durch mathematische Operationen abgeleitete Resultat der theoretischen Hydrodynamik mußte als sehr unbefriedigend betrachtet werden, denn was für den Kreis (Querschnitt des Kreiszylinders) zutrifft, ließ sich auch für andere Konturen als gültig beweisen, woraus wiederum hätte geschlossen werden müssen, daß ein Schiff (streng genommen allerdings nur wenn ganz untergetaucht schwimmend) zu seiner Fortbewegung überhaupt keiner Kraft bedarf usw.

Die neuere Hydrodynamik hat durch genaue Beobachtung der tatsächlich eintretenden Erscheinungen einen Ausweg gefunden, indem sie feststellte, daß sich an der Hinterseite der bewegten Kontur Wirbel ablösen, welche die theoretische Druckverteilung, wie sie bei der reibungslosen Flüssigkeit zu erwarten wäre, stören, und zwar in dem Sinne, daß der Druck auf der Vorderseite der vorwärtsbewegten Kontur größer ist als auf deren Hinterseite.

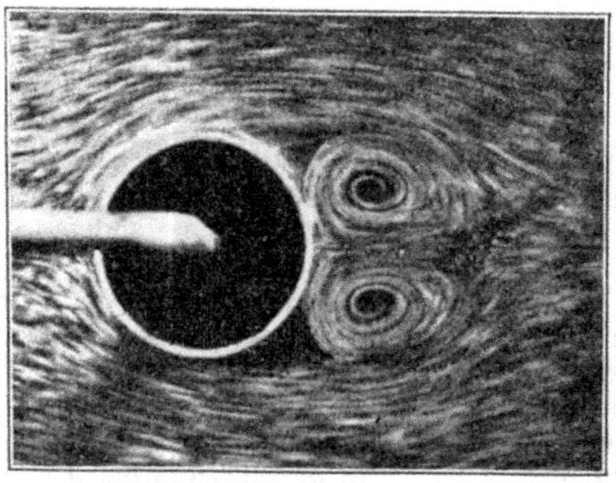

Abb. 88.

Abb. 88 zeigt eine kreisförmige Kontur, ferner Haupttext Abb. 625 die Kontur einer Flugzeugtragfläche, beide mit den an der Hinterseite sich bildenden Wirbeln.

Die Bildung dieser Wirbel wird dadurch erklärt, daß sich am Umfang der umströmten Kontur eine Grenzschicht oder Reibungsfläche bildet. Die der Fläche zunächstliegenden Wasserteilchen werden nämlich, da sie einerseits an der Fläche haften, anderseits an ihrer der Flüssigkeit zugekehrten Seite von letzterer mitgenommen werden, in Rotation versetzt. Diese Grenzschicht löst sich an den Stellen vom Profil ab, an welchen eine Umwandlung von Geschwindigkeit in Druck in der umgebenden Flüssigkeit erfolgt[1]). Derartige Wirbelflächen sind wegen der Einwirkung der rotierenden Wasserteilchen aufeinander geneigt, sich spiralförmig aufzurollen; diese aufgerollten Flächen bilden den Kern von Stabwirbeln, welche in die Flüssigkeit hinaustreten.

Eine nähere Betrachtung von Photographien, welche mit feststehender Kamera bei bewegtem Profil aufgenommen wurden — also absolute Stromlinienbilder —, zeigt (vgl. Jahrb. d. Schiffbautechn. Ges. 1909, Vortr. Ahlborn, Taf. XIV, Fig. 1), daß im Beharrungszustand abwechselnd ein links- und ein rechtsdrehender Wirbel abgelöst wird. Die Anordnung und das gegenseitige Verhalten dieser abgelösten Wirbel stimmen in geringer Entfernung von der Kontur gut überein mit den Ergebnissen der auf Grund der Helmholtzschen Wirbelsätze angestellten theoretischen Berechnungen über die Stabilität einer derartigen Wirbelreihe[2]). In Abb. 89 ist das Stromlinienbild einer solchen Wirbelstraße dargestellt, wie sie sich in einer ruhenden Flüssigkeit hinter einem beweglichen Profil nach v. Kármán rechnerisch ergibt. Die Bewegung des Profils ist in der Abb. 89 von links nach rechts angenommen. Das theoretische Stromlinienbild zeigt deutlich, daß die Flüssigkeit hinter dem fortbewegten Körper nachströmt, d. h. also das Vorhandensein des sog. Nachstroms (vgl. Hptt. § 275). In weiterer Entfernung von der Kontur werden infolge der abweichend von der Theorie vorhandenen Reibung der Flüssigkeit die Wirbel bald aufgezehrt.

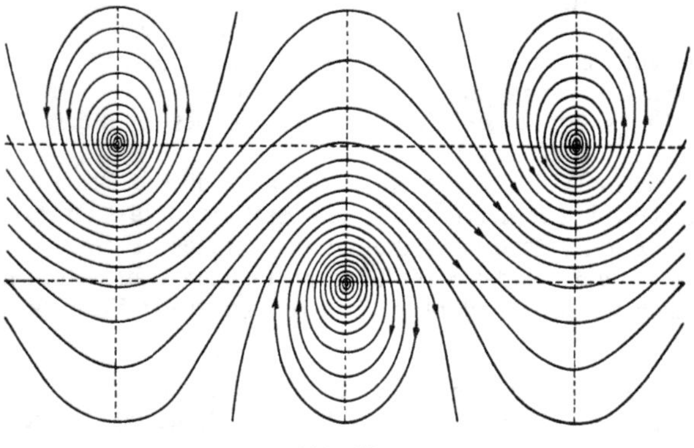

Abb. 89.

Auf Grund von Impulsbetrachtungen (Satz vom Antrieb) ist leicht einzusehen, daß zwischen dem bei der Fortbewegung des Profils zu überwindenden Widerstand und der resultierenden Bewegungsgröße der innerhalb einer bestimmten Zeit sich ablösenden Wirbelreihe eine einfache Beziehung bestehen muß.

---

[1]) Vgl. Prantl, Über Flüssigkeitsbewegung bei sehr kleiner Reibung. (Verhandl. d. intern. Math. Kongr. i. Heidelberg 1904.) Leipzig 1905.

[2]) Vgl. Physikal. Zeitschrift 1912, v. Kármán und Rubach, Über den Mechanismus des Flüssigkeits- und Luftwiderstandes. Ein Auszug aus den diesbezüglichen Ausführungen ist auch wiedergegeben im Jahrb. d. Schiffbaut. Ges. 1923, Vortrag Prof. Dr.-Ing. Pröll, Kritische Betrachtungen zu den Theorien des Schraubenpropellers.

Während durch vorstehendes der Flüssigkeitsdruck, welcher auf die der Strömung ausgesetzte Kontur entgegengesetzt der Richtung der ungestörten Strömung ausgeübt wird, d. h. der Widerstand, in einfacher Weise erklärt wird, hat man sich für das Zustandekommen des Auftriebes bei Tragflächen bzw. des Schubes bei Propellerflügeln etwa folgende Anschauung gebildet:

Zunächst hat man, vermutlich auf Grund verschiedener in der Natur beobachteter Erscheinungen, wie z. B. des sogen. Magnus-Effektes (vgl. S. 131), durch rein mathematische Überlegungen festgestellt, daß unter Annahme reibungsfreier Flüssigkeit eine relativ zu derselben bewegte Kontur eine Kraftwirkung senkrecht zu dieser Bewegungsrichtung erfahren muß, wenn angenommen wird, daß bei sonst wirbelfreier Flüssigkeit für jeden die Kontur umfassenden geschlossenen Linienzug das Linienintegral der Geschwindigkeit einen konstanten Wert besitzt. Die sich bei dieser Annahme ergebende Strömung ist ihrem Wesen nach identisch mit derjenigen, welche man erhält, wenn man annimmt, daß an Stelle des Tragflügels ein zur Strömungsebene senkrechter Stabwirbel von bestimmter Gesamtwirbelstärke vorhanden wäre. Man hat dann die sich ergebende Strömung aufzufassen als eine Überlagerung der eingangs behandelten, auf Grund der Eulerschen Gleichungen gefundenen reinen Potentialströmung um das Profil, mit einer das Profil nach Art der Strömung um einen Stabwirbel umkreisenden Strömung, der sogen. „Zirkulation". Die Stelle des Stab-

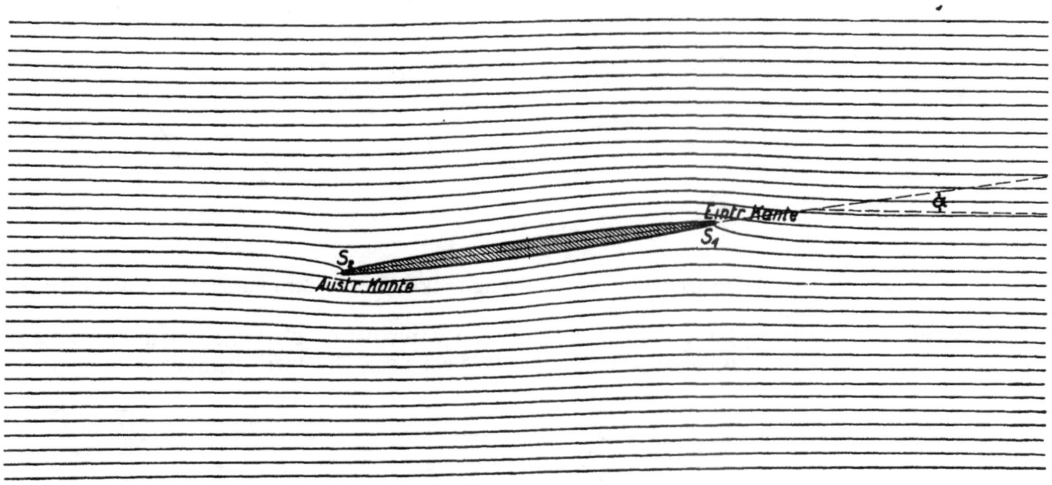

Abb. 90.

wirbels übernimmt dabei der Tragflügel bzw. Propellerflügel, den man deshalb auch als „erstarrten Wirbelkern" bezeichnet.

Es sei bereits hier bemerkt, daß bei dieser rein mathematischen Behandluug zunächst von den sich ablösenden Wirbeln und deren Rückwirkung auf das Strömungsbild abgesehen ist; trotzdem greift, wie weiter unten gezeigt, die physikalische Erklärung für das Zustandekommen der Zirkulation auf diese Wirbelablösung zurück.

Als einfaches Beispiel sollen an Hand der Abb. 90, 91 und 92 die obigen Darlegungen über die Zirkulation etwas näher erläutert werden. Die erstere derselben veranschaulicht das stationäre relative Stromlinienbild, welches, reibungsfreie Flüssigkeit vorausgesetzt, entsteht, wenn eine elliptische Kontur unter dem Anstellwinkel α sich mit konstanter Geschwindigkeit durch das Wasser bewegt; die zweite Abbildung die Stromlinien der Zirkulation und die dritte Abbildung das Stromlinienbild, welches durch Vereinigung der beiden Kurvenscharen, d. h. graphische Addition der Geschwindigkeiten in jedem Punkt entsteht.

In den Abb. 90 bis 92 sind die eintretende und austretende Kante des Flügelquerschnittes angegeben, ferner sind mit S_1 bzw. S_2 die Staupunkte bezeichnet, an welchen die Relativgeschwindigkeit zu Null wird. Bei dem Stromlinienbild ohne Zirkulation (Abb. 90), kommt ein Auftrieb nicht zustande, da der Gesamtdruck auf Ober- und Unterseite des Flügels der gleiche ist (zentrische Symmetrie des Stromlinienverlaufs auf beiden Seiten des Querschnitts). Durch das Hinzutreten der Zirkulation wird diese Symmetrie aufgehoben; die Lage der Staupunkte verändert sich und die Stromlinien schieben sich auf dem Rücken (Saugseite) des Flügels näher zusammen als auf der Druckseite.

Dem in diesen Abbildungen behandelten Beispiel liegen die Verhältnisse der Schiffsschraube des Schnelldampfers „Imperator" zugrunde, wie sie sich bei voller Fahrt ergeben. Der dargestellte Querschnitt ist der vorletzte von der Spitze gerechnet, vgl. die Haupttext-Abbildung 673 des in Rede stehenden Propellers in Hauptteil § 295.

Das gleiche Beispiel wurde auch zur Erläuterung von Kavitationsvorgängen und als Beispiel für die Berechnung der Zirkulation (siehe S. 133) benützt.

Bevor nun die rechnerische Ermittlung von Auftrieb bzw. Schub aus der Zirkulation behandelt wird, erscheint es geboten, kurz darzulegen, welche physikalische Erklärung sich für das Zustandekommen der Zirkulation bei einer Tragfläche (Propellerflügel) herausgebildet hat; es soll dabei zunächst

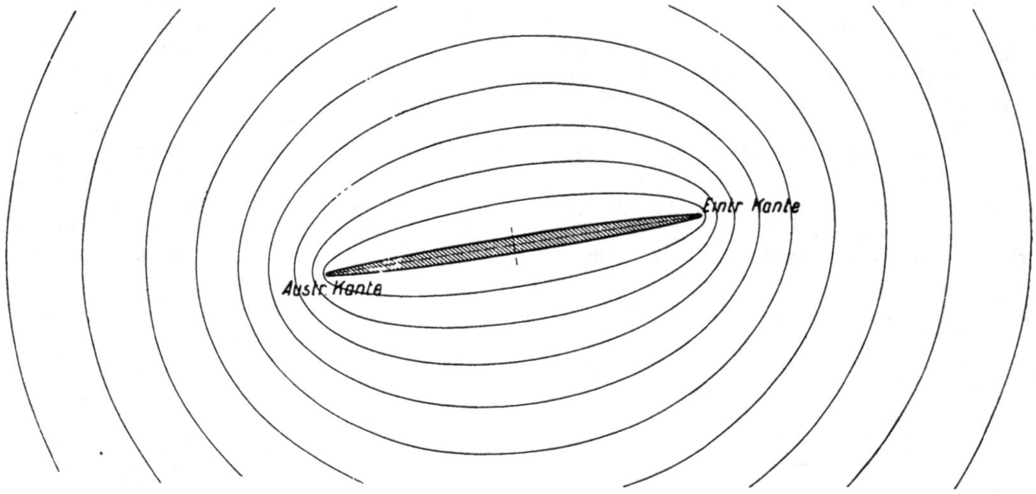

Abb. 91.

angenommen werden, daß die Tragfläche (in der Richtung senkrecht zur Strömungsebene) unendlich lang sei.

Bei Beginn der Bewegung bildet sich zuerst um die Kontur herum die reine Potentialströmung (wie in Abb. 93), aus und die Tragfläche erfährt weder Widerstand noch Auftrieb. Infolge der Reibung

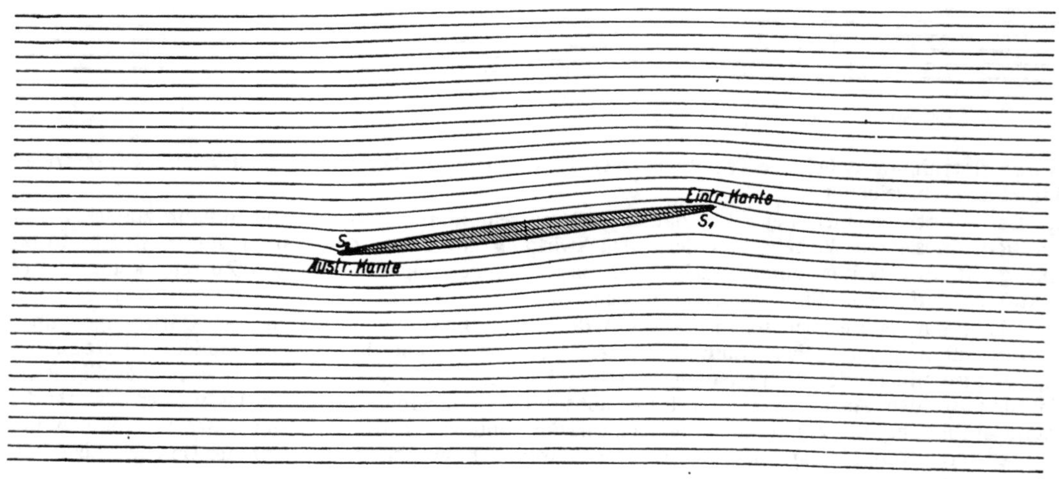

Abb. 92.

an der Oberfläche der Tragfläche bildet sich dann aber eine Grenzschicht von rotierenden Flüssigkeitsteilchen, die sich schließlich in Form des sog. „Anfahrwirbels" ablöst und (relativ zum Profil) in der Flüssigkeit wegschwimmt (vgl. Abb. 95). (NB. In Wirklichkeit bleibt der Anfahrwirbel praktisch am Ort seines Entstehens in der Flüssigkeit liegen, während die Tragfläche sich weiterbewegt.)

Es sei hier darauf aufmerksam gemacht, daß die geschilderte einseitige Ablösung des Anfahrwirbels nur bei solchen Profilen zustandekommt, bei welchen die zu Beginn des Anfahrens sich ausbildende reibungsfreie Potentialströmung ohne Zirkulation eine solche einseitige Ablösung begünstigt. Die Tendenz zur Wirbelablösung ist da am größten, wo eine starke Verzögerung der Relativgeschwindigkeit und dementsprechend theoretisch eine sehr plötzliche Druckerhöhung eintritt. In dem Stromlinienbild (Abb. 93) treten Verzögerungen auf der Rückenfläche und außerdem an der Hinterkante auf; erstere Verzögerung erfolgt sehr allmählich, letztere sehr unvermittelt. Es erscheint verständlich, daß sich bei einem derartigen Profil bei kleinem Anstellwinkel ein rechtsdrehender Anfahrwirbel an der Hinterkante ablöst.

Bei einem vollständig symmetrisch zur Strömungsrichtung ausgebildeten Profil treten, wie leicht einzusehen, zwei solcher Wirbel von gleicher Stärke und entgegengesetztem Drehsinn auf.

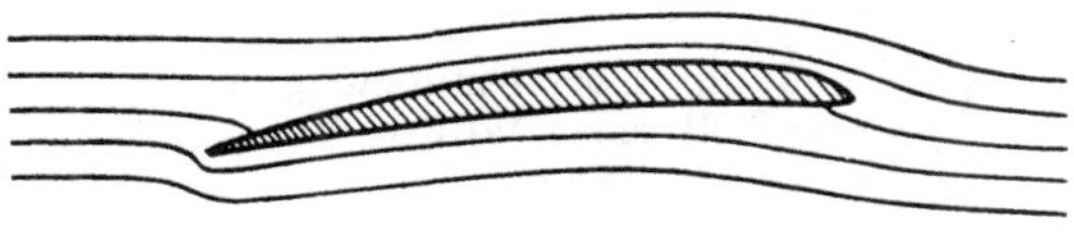

Abb. 93.

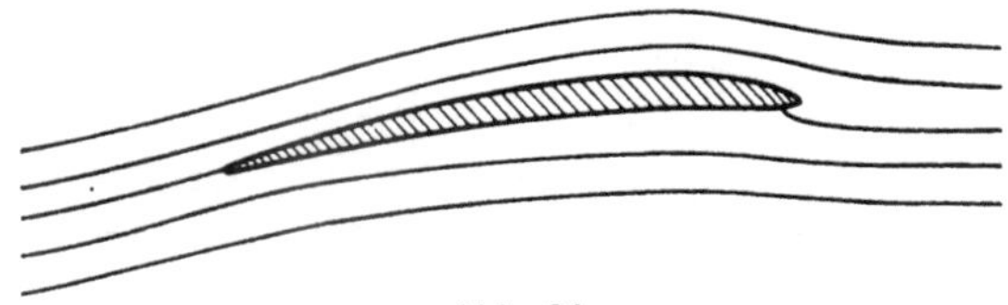

Abb. 94.

Nimmt man nun ursprünglich wirbelfreie Flüssigkeit an, so muß (vgl. Abb. 95) offenbar auf einer den Wirbel A und das Profil umschließenden Kurve 1 2 3 4 1 das Linienintegral $\int v ds = 0$ sein, woraus anderseits leicht abzuleiten ist, daß $\int v ds$ über die Kurve 1241 gleich und entgegengesetzt $\int v ds$ über Kurve 2 3 4 2 sein muß. Mit anderen Worten: Um das Profil P herum muß eine Zirkulation gleich und entgegengesetzt derjenigen um den Anfahrwirbel herum auftreten; Profil und Anfahrwirbel bilden also gewissermaßen ein Paar gleicher und entgegengesetzt drehender Stabwirbel (d. h. das Profil P kann als erstarrter Wirbelkern aufgefaßt werden). Nach den Wirbelgesetzen beeinflussen sich diese beiden Wirbel gegenseitig, doch verschwindet dieser Einfluß praktisch, wenn das Profil P sich genügend weit von A entfernt hat. (In Wirklichkeit wird natürlich auch der Anfahrwirbel durch Reibung bald vernichtet.) Es verbleibt dann für die weitere Betrachtung nur noch das Profil P, um welches eine linksdrehende Zirkulation stattfindet. Nach den oben gemachten Ausführungen kommt dabei auf der unteren Seite der Tragfläche ein höherer Druck als auf der oberen Seite zustande, so daß die Tragfläche einen Auftrieb erfährt.

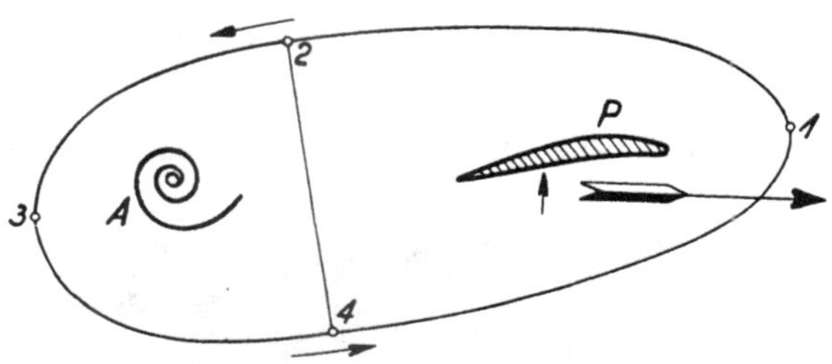

Abb. 95.

Ähnliche Betrachtungen, wie an Hand von Abb. 95 angestellt, zeigen, daß bei zur Strömungsrichtung symmetrischen Profilen, wo die sich beim Anfahren bildenden Wirbel gleich stark und entgegengesetzt drehend sind, keine Zirkulation und (in Übereinstimmung mit der Erfahrung) kein Auftrieb auf P zustandekommen kann[1]).

Es soll hier darauf hingewiesen werden, daß der Anfahrwirbel nicht mit der auf S. 128 erwähnten, bei konstanter Geschwindigkeit der Tragfläche sich ablösenden Stabwirbelreihe, welche bei vorstehender Ableitung zunächst nicht berücksichtigt worden ist, identisch ist. Aus Abb. 97 ist, da die Stärke der entgegengesetzt drehenden Wirbel a und b gleich ist, zu erkennen, daß die Zirkulation um P auch im Beharrungszustand tatsächlich periodisch schwanken muß, je nachdem sich gerade ein linksdrehender oder rechtsdrehender Stabwirbel abgelöst hat.

Im Zusammenhang hiermit sei ferner noch bemerkt, daß für die im Beharrungszustand erfolgende regelmäßige Ablösung der Wirbel nicht das in Abb. 93 gezeigte Stromlinienbild für die reine Potential-

---

[1]) Die obige Erklärung für das Zustandekommen der Zirkulation, nach welcher symmetrisch zur Fortbewegungsrichtung liegende Profile bzw. Tragflächen, insbesondere also auch ein Kreiszylinder keinen Auftrieb erfahren, darf nicht verwechselt werden mit der unter der Bezeichnung „Magnus-Effekt" bekannten Erscheinung, daß ein solcher Zylinder, falls er rotiert und relativ zur Flüssigkeit parallel zu seiner Achse fortbewegt wird, einen Auftrieb quer zu dieser Bewegungsrichtung erleidet. In diesem Falle kommt tatsächlich eine Zirkulation zustande, indem die in der Grenzschicht liegenden Flüssigkeitsteilchen außer der beim nicht rotierenden Zylinder eintretenden Bewegung zusätzlich auch an der Rotation des Zylinders ganz oder teilweise teilnehmen, da diese zusätzliche Drehung bei sämtlichen Teilchen in gleichem Sinne erfolgt. Für einen die Grenzschicht umschließenden Kurvenzug ist somit das Integral $\int v ds$, welches beim parallel zur Achse bewegten nicht rotierenden Zylinder aus Symmetriegründen $= 0$ sein muß, von Null verschieden. Aus Abb. 87 ist das relative Stromlinienbild ohne Zirkulation ersichtlich, während in Abb. 96 das relative Stromlinienbild mit Zirkulation gezeigt ist.

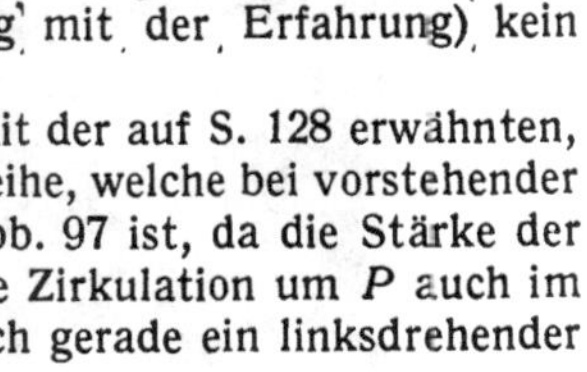

Abb. 96.

strömung, wie sie beim Anfahren entsteht, in Frage kommt. Bei dem tatsächlichen, im Beharrungszustande sich ergebenden Strömungsbild (Abb. 94), welches unter dem Einfluß der Zirkulation und der sich ablösenden Wirbelreihe zustandekommt, scheint sich nach den Beobachtungen an Tragflächen mit kleinem Anstellwinkel der hintere Staupunkt nach der hinteren Kante hin zu verschieben, so daß sich sowohl für die Druck- als auch für die Saugseite Abströmverhältnisse einstellen, welche die abwechselnde Bildung gleich starker, aber entgegengesetzt drehender Wirbel ermöglichen.

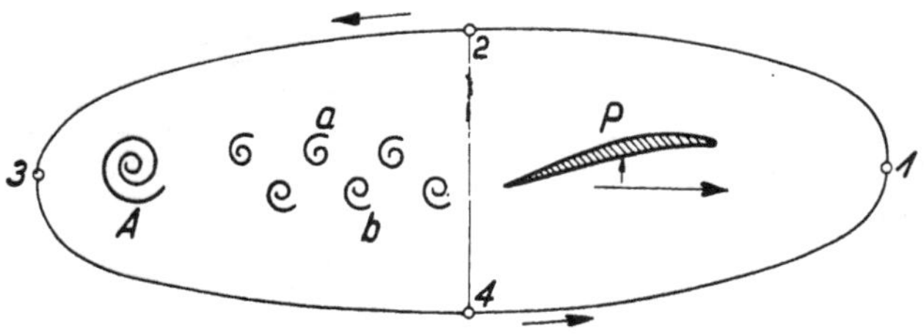

Abb. 97.

Betrachtet man nun eine Tragfläche (wie in Abb. 95) von **endlicher** Länge, so zeigt sich erfahrungsgemäß (und in Übereinstimmung mit den Helmholtzschen Wirbelsätzen), daß der sich über die ganze Länge der hinteren Kontur ablösende Anfahrstabwirbel durch zwei Wirbelzöpfe mit der Tragfläche (erstarrter Wirbelkern) zusammenhängt. Während die Tragfläche sich weiter fortbewegt, bleibt dieser Anfahrstabwirbel an Ort und Stelle liegen und durch die sich immer mehr verlängernden Wirbelzöpfe theoretisch mit dem sich fortbewegenden Tragflügel verbunden. Wenn also der Anfahrwirbel und die Wirbelzöpfe nicht durch die Flüssigkeitsreibung in kurzer Zeit vernichtet würden, so blieben vom Augenblick des Anfahrens ab Anfahrwirbel, Wirbelzöpfe und Zirkulation um den Flügel ein einziger geschlossener Wirbelring.

Bei der Schiffsschraube — zunächst sei eine einflüglige betrachtet — würden wir uns demnach den Vorgang wie folgt vorzustellen haben:

Im Augenblick, in welchem der Flügel sich zu drehen beginnt, löst sich von der austretenden Kante über die ganze Länge ein Stabwirbel ab, welcher durch einen Spitzen- und Nabenwirbel mit dem Flügel

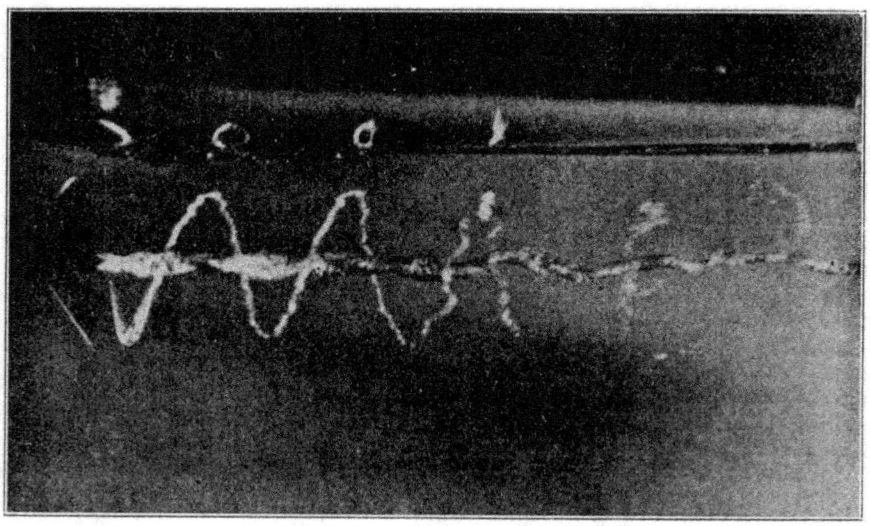

Abb. 98.

zusammenhängt. Dreht sich nun der Flügel weiter, ohne daß zunächst dadurch das Schiff merklich in Fahrt gebracht wird, so beschreiben Spitzen- und Nabenwirbel einen Kreis und bilden dadurch die Seelen von Ringwirbeln, von welchen der Spitzenwirbel als der größere, den sog. Anfahrwirbel[1]) erzeugt. Kommt das Schiff in Fahrt, so werden Spitzen- und Nabenwirbel in Schraubenlinien auseinandergezogen, welche von Spitze und Nabe des Flügels immer weiter gesponnen werden. Wenn also das Schiff jenseits des Ozeans angekommen ist, müßte man theoretisch die Verbindung der von Flügelspitze und Nabe abgehenden Wirbellinien in dem bei der ersten Bewegung des Flügels abgelösten Stabwirbel auf der Abfahrtseite des Ozeans finden, wenn selbstverständlich nicht die Wasserreibung unterdessen schon längst die Wirbel und die von ihnen erzeugte Strömung bis nahe an das Schiff heran aufgezehrt hätte. Beim mehrflügeligen Propeller hat man sich statt dieser einen geschlossenen Wirbelschleife

[1]) Vgl. Jahrb. Schiffbautechn. Ges. 1905. Ahlborn. Wirkung der Schiffsschraube auf das Wasser.

soviele vorzustellen, als Flügel vorhanden sind. Spitzen- und Nabenwirbel der einzelnen Flügel greifen ineinander wie die Gänge einer mehrgängigen Schraube.

Diese Spitzenwirbel bzw. die Hohlräume, welche die Seele dieser Wirbel bilden, erscheinen sehr deutlich auf photographischen Abbildungen, welche von Prof. Flamm in einem besonderen Versuchstank gewonnen wurden (s. Abb. 98).

Kehren wir nunmehr zur Berechnung von Auftrieb bzw. Schub aus der Zirkulation zurück. Durch theoretische Betrachtungen, deren Gang hier wiederzugeben zu weit führen würde[1]), hat man folgende Beziehung gefunden:

$$A = \mu\, l\, \Gamma w \text{ (Joukowskische Gleichung).}$$

In derselben bedeutet:

A den Auftrieb,
l die Länge der Tragfläche bzw. des Propellerflügels,
Γ die Zirkulation,
w die Relativgeschwindigkeit zwischen Tragfläche bzw. Flügel und der Flüssigkeit im Unendlichen und $\mu = \frac{\gamma}{g}$ die Dichte der letzteren.

Wie sich aus dem Aufbau dieser Formel ergibt, hat die Zirkulation die Dimension einer Wirbelstärke $\frac{m^2}{sek}$.

Unter Auftrieb versteht man die senkrecht zur Relativgeschwindigkeit w gerichtete Kraft; dieselbe darf nicht verwechselt werden mit dem Schub S des Propellerflügels. Der Zusammenhang des letzteren mit dem Auftrieb für verlustlose Strömung geht aus Abb. 99 hervor. Wenn, wie das tatsächlich selbstverständlich immer der Fall ist, ein Widerstand W in der Bewegungsrichtung eintritt, gilt für den Zusammenhang zwischen Schub und Auftrieb Abb. 100; mit T ist in beiden Abbildungen die Tangentialkraft bezeichnet.

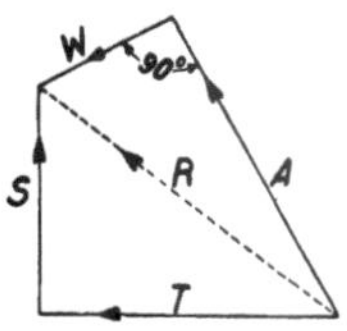

Abb. 100.

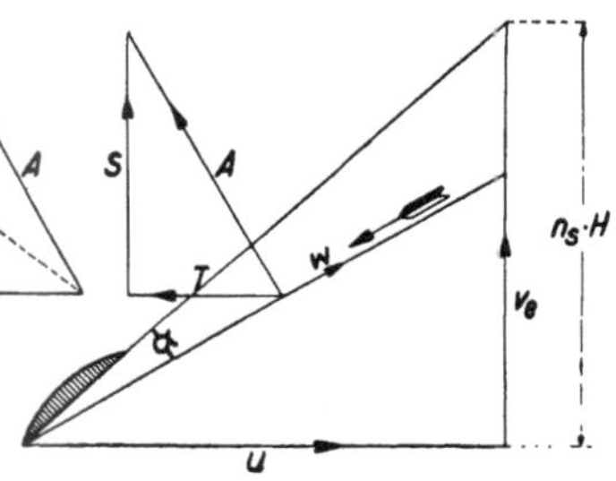

Abb. 99.

Um einen Anhaltspunkt für die zahlenmäßige Berechnung der Zirkulation zu geben, soll hier ein Zahlenbeispiel folgen, und zwar sei als Grundlage für dasselbe, wie oben, der Propeller des Schnelldampfers „Imperator" benützt. Es sei bereits hier darauf hingewiesen, daß die vorgenommene Berechnung der Zirkulation nur für den Fall richtig wäre, daß die Propellerflügel unendlich lang wären, Naben und Spitzenwirbel also nicht auftreten würden. Durch das Auftreten der letzteren wird das Strömungsbild jedenfalls stark verändert. Ferner ist angenommen, daß die Wasserteilchen sich in Form eines Zylinderschnittes am Flügel entlang bewegen und daß deren Bahn in eine Ebene abgewickelt werden kann. Außerdem sind an Stelle der wirklichen Flügelquerschnitte Ellipsen angenommen.

Die Hauptabmessungen dieses Propellers sind bereits in Haupttext § 295 angegeben. Nach Reiseergebnissen betrug die Maschinenleistung für jede der 4 Schrauben des Schiffes 18750 PS_e bei 172 Umdrehungen pro Minute. Der Propellerschub ist hierbei 98600 kg für jede Schraube, also für jeden der 4 Flügel 24650 kg. Die gemessene Schiffsgeschwindigkeit beträgt $v = 23{,}6$ Sm/Std., woraus sich bei einem Vorstrom von 31,5% ein Wert von $v_e = 8{,}18$ m/Sek. ergibt.

Wir verfahren nun wie folgt: Zunächst schätzen wir mit Hilfe der Joukowskischen Gleichung den wahrscheinlichen Wert der Zirkulation ab, indem wir den Flügel z. B. in vier gleiche Teile zerlegen und, was natürlich nicht zutreffend ist, jedem dieser Teile ¼ des Schubes zumessen. Den Auftrieb ermitteln wir aus dem Schub zunächst ohne Berücksichtigung eines Reibungswiderstandes nach dem Kräfteparallelogramm (Abb. 99). Wir erhalten dann, von der Flügelwurzel angefangen, für die einzelnen Viertel der Flügellänge die Werte

$$\Gamma_1 = \frac{A_1}{\mu \cdot l_1 \cdot w_1} = 8{,}26, \qquad \Gamma_3 = \frac{A_3}{\mu \cdot l_3 \cdot w_3} = 3{,}85,$$

$$\Gamma_2 = \frac{A_2}{\mu \cdot l_2 \cdot w_2} = 5{,}26, \qquad \Gamma_4 = \frac{A_4}{\mu \cdot l_4 \cdot w_4} = 2{,}55.$$

Der Mittelwert aus diesen 4 Zirkulationswerten beträgt $\Gamma = 4{,}31$.

Wir wissen nun, welchen Wert wir für die Zirkulation ungefähr zu erwarten haben und nehmen nunmehr beispielsweise vier verschiedene Zirkulationswerte an, die teils unter, teils über dem vorher erhaltenen überschläglichen Wert liegen, und zwar wählen wir die Werte $\Gamma = 3$ bzw. 4, bzw. 5, bzw. 6.

[1]) Vgl. Grammels oben zitierte Schrift.

Mit diesen Zirkulationswerten ermitteln wir nunmehr für jedes Viertel der Flügellänge die Umfanggeschwindigkeit u, die Translationsgeschwindigkeit w, sowie unter der Annahme, daß die Tangentialkraft für jedes Viertel den vierten Teil der Gesamttangentialkraft betrage, den Auftrieb A und den Schub S, wozu wir uns der graphischen Darstellung (Abb. 101) bedienen. (Für den Mittelpunkt jedes Flügelviertels wird u errechnet; v_e ist bekannt, und es ergibt sich aus dem rechtwinkligen Dreieck die Translationsgeschwindigkeit w. Wir tragen die Tangentialkraft $T/4$ ein, ferner senkrecht zu w den nach der Joukowskischen Formel für die betreffende Zirkulation ermittelten Auftriebswert A auf; die im Endpunkt von A errichtete Senkrechte schneidet auf der am andern Ende von $T/4$ errichteten Senkrechten den Schub S ab.)

Was die Ermittlung der Tangentialkraft betrifft, ist folgendes zu bemerken: Das Drehmoment ergibt sich in bekannter Weise aus der

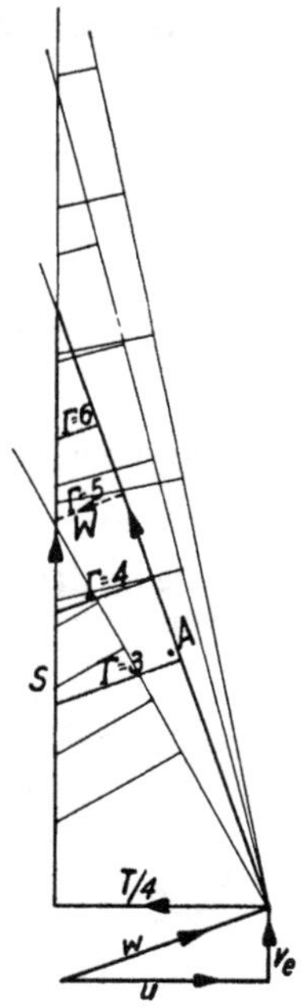

Abb. 101.

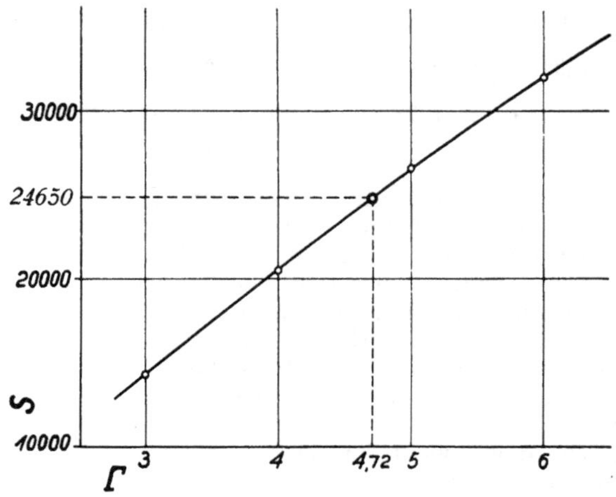

Abb. 102.

Gleichung

$$M = \frac{18\,750}{172} \cdot 716{,}2 \text{ kgm.}$$

Die auf die Schraube übertragene Tangentialkraft wird angenähert im Mittelpunkt der Flügellänge angreifend angenommen, da bei Vernachlässigung der Reibung (Abb. 99) die Tangentialkraft sich als konstant über die ganze Flügellänge ergibt.

Die Ergebnisse der Berechnung sind in der nachfolgenden Tabelle zusammengestellt. Für jeden der 4 Zirkulationswerte ergibt die Addition der Teilschübe einen andern, mit dem Wert der Zirkulation steigenden Betrag. Diese Beträge sind nun in der Abb. 102 über der Zirkulation aufgetragen und ergeben eine schwach gekrümmte Kurve. Wir schneiden in dieselbe mit der Ordinate für den richtigen Schubwert, d. h. also 24650 kg ein und erhalten hierfür als zugehörigen Abszissenwert den richtigen Betrag der Zirkulation, nämlich 4,72. Dieser Wert liegt den in Abb. 91 dargestellten Stromlinien der Zirkulation zugrunde.

Zahlenmäßige Ermittlung der Zirkulation.

Querschnitt Nr.	u	w	δ	T	$\Gamma=3$		$\Gamma=4$		$\Gamma=5$		$\Gamma=6$	
					A	S	A	S	A	S	A	S
I	15,16	17,23	28° 20′	3113	2558	1230	3412	2200	4260	3160	5020	4000
II	23,88	25,23	18° 53′	3113	3745	2880	4996	4210	6240	5530	7340	6700
III	32,62	33,64	14° 4′	3113	4995	4360	6660	6090	8320	7820	9780	9320
IV	41,33	42,15	10° 1′	3113	6260	5770	8350	7910	10420	10030	12250	11910
			Summe:	12452	17558	14240	23418	20410	29240	26540	34390	31930

Aus der Existenz der Spitzen- und Nabenwirbel und der von denselben verursachten Potentialströmung kann man Erklärungen für verschiedene Erscheinungen ableiten, welche für die Propellertheorie von Interesse sind. Namentlich kann man Aufschlüsse erhalten über die Beschaffenheit des Schraubenstrahls. Im Lichte der Wirbeltheorie erscheint derselbe als eine Strömung, welche im Innern eines von spiralförmigen Wirbellinien umgebenen Zylinders unter dem Einfluß der ersteren entsteht (Abb. 103), ähnlich dem Kraftlinienfeld im Innern eines stromdurchflossenen Solenoids, vgl. Abb. 104.

Durch graphische Integration der Einwirkung sämtlicher Elemente dieser Spitzenwirbel auf jeden einzelnen Punkt des Schraubenstrahls hat Föttinger die Axialgeschwindigkeiten an den verschiedenen Stellen des Schraubenstrahls ermittelt. (Vgl. Jahrb. d. Schiffsbautechn. Ges. 1918, S. 437.) Des ferneren hat er auf die Möglichkeit hingewiesen, den Einfluß der Nähe der Schiffswand auf den Propellerstrahl mit Hilfe der Wirbeltheorie zu studieren, indem, wie bei derartigen Problemen üblich, der Einfluß der Wand mit demjenigen eines in gewisser Entfernung jenseits derselben gelegenen Wirbels identisch aufgefaßt werden kann.

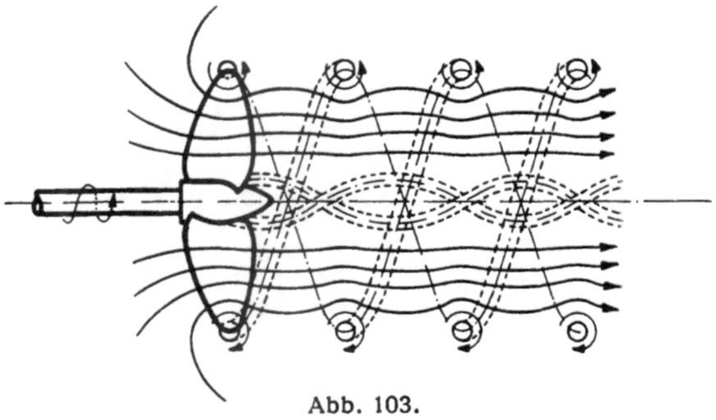

Abb. 103.

Während nicht daran gezweifelt werden kann, daß diese neueren hydrodynamischen Anschauungen für die weitere Ergründung der einschlägigen Probleme sehr fruchtbringend sind, so muß andrerseits abgewartet werden, ob es gelingen wird, auf diesem Wege zu Resultaten zu gelangen, welche mit den Meßresultaten in Einklang sind. Erst wenn diese Theorie soweit ausge-

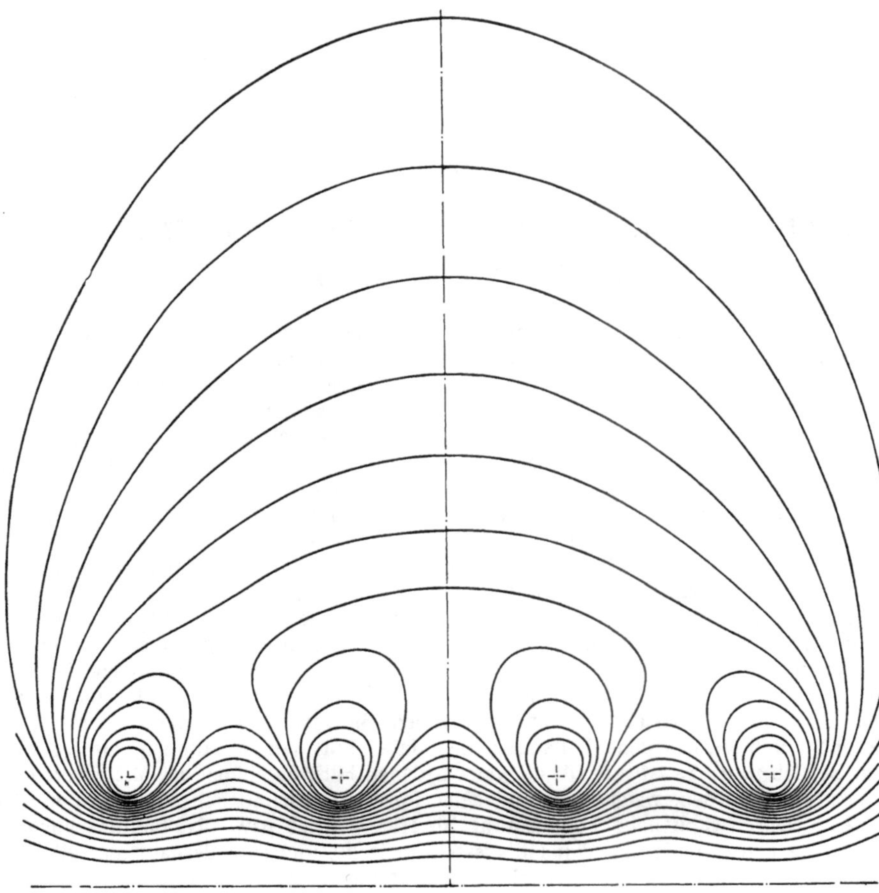

Abb. 104.

baut sein wird, daß letzteres möglich ist, wird sie an Wichtigkeit die bisherige empirische Behandlung des Propellerproblems zu verdrängen in der Lage sein.

Anhang XII.

Tabellen der dampfverbrauchenden Hilfsmaschinen verschiedener Schiffe.

Für die Bemessung der Gesamtdampfverbräuche sowie des Gesamtkohlenverbrauches eines Schiffes ist die Kenntnis der Dampfmengen nötig, welche für den Betrieb der Hilfsmaschinen erforderlich sind. Ebenso ist es auch für die Bemessung der Hilfskessel von Nutzen, sich über die Größe des maximalen, im Hafen auftretenden Dampfverbrauches der gesamten Anlage ein Bild zu machen.

Wenn die folgenden Tabellen auch nur einen ungefähren Anhalt für die im Betrieb auftretenden Verhältnisse geben, so dürften dieselben doch insofern von Nutzen sein, als sie für einige charakteristische Schiffstypen die Verhältnisse des praktischen Betriebes wiedergeben und so Schlüsse auf ähnliche Schiffe ermöglichen. Zum besseren Verständnis der folgenden Tabellen seien einige Bemerkungen zu den verschiedenen Spalten hier aufgenommen:

In der Spalte „Rechnungsmäßige Fördermenge, Hubkraft usw." ist diejenige Fördermenge angegeben, welche bei der rechnungsmäßigen Drehzahl der betr. Hilfsmaschine erreicht wird. Diese stellt meistens auch die Maximalleistung dar, welche von den betreffenden Hilfsmaschinen während kürzerer Zeiträume geliefert werden kann. Im normalen Reisebetrieb liegen die betreffenden Dreh- bzw. Hubzahlen meistens wesentlich niedriger und damit auch die Förderleistungen.

Die folgende Spalte „Durchschnittliche Totalleistung bei Fahrt des Schiffes mit voller Kraft usw." enthält die Durchschnittsleistung der betreffenden Hilfsmaschine während einer Reise. Es ist selbstverständlich, daß verschiedene Hilfsmaschinen dabei nur wenige Stunden, andere wieder die ganze Zeit in Betrieb sind. Es ist nun für die verschiedenen Hilfsmaschinen der Mittelwert derjenigen Leistungen eingesetzt worden, welche während einer Reise durchschnittlich abgegeben werden.

Die Spalte „Durchschnittliche Totalleistung im Hafenbetrieb usw." ist hauptsächlich als Ausgangspunkt für die Dimensionierung von Hilfskesseln gedacht, und sind deshalb hier alle diejenigen Maschinen und Apparate, welche möglicherweise gleichzeitig arbeiten, mit einer angemessenen Leistung eingesetzt.

Bezüglich der Spalten, in welchen der Dampfverbrauch angeführt ist, sei bemerkt, daß als Grundlage für die Angaben des Dampfverbrauches pro PSi bzw. PSe-Stunde die diesbezügliche Tabelle Nr. 19 und 20 im Haupttext § 53 benutzt wurde.

Schließlich sei noch erwähnt, daß z. B. auf Kriegsschiffen ein großer Teil der Hilfsmaschinen elektrisch angetrieben wird; es ist daher die für diese entfallende Leistung in der Leistung der elektrischen Anlage enthalten.

Tabelle Nr. 1.

Hilfsmaschinen eines Einschrauben-Frachtdampfers von 9500 t Tragfähigkeit. Maschinenleistung 4400 PSi. Kesselanlage: Zylinderkessel mit Überhitzung, künstlichem Zug und Kohlefeuerung.

	Art der Hilfsmaschinen	Anzahl total	Bauart bzw. System	Dampfzylinderdurchmesser mm	Pumpenzylinderdurchmesser mm	Hub mm	Rechnungsmäßige Fördermenge, Hubkraft usw. (pro Hilfsmaschine) etwa	Durchschnittliche totale Leistung auf der Reise bei Fahrt des Schiffes mit voller Kraft PS_i bzw. PS_e	Durchschnittliche totale Leistung im Hafenbetrieb PS_i bzw. PS_e	Ungefährer Dampfverbrauch in kg pro PS_i/Std. bzw. PS_e/Std.	Durchschnittl. Dampfverbrauch pro Std. auf der Reise bei Fahrt mit voller Kaft in kg/Std.	Durchschnittlicher Dampfverbrauch im Hafenbetrieb kg/Std.	Bemerkungen
Maschinelle Hilfsmaschinen	Luftpumpe	1	Angehängt	—	750	700	—	—	—	—	—	—	
	Maschinen-Speisepumpen	2	„	—	110	700	je 23 t/Std.	—	—	—	—	—	Drücken in den hochliegenden Mischvorwärmer
	Maschinen-Lenzpumpen	2	„	—	120	700	je 27,5 t/Std.	—	—	—	—	—	—
	Maschinen-Klosettpumpe	1	„	—	160	400	28 t/Std.	—	—	—	—	—	—
	Entölerpumpe	1	„	—	50	200	1,35 t/Std.	—	—	—	—	—	—
	Evaporatorpumpe	1	„	—	50	400	2,7 t/Std.	—	—	—	—	—	—
	Zentrifugal-Kühlwasserpumpe	1	Einzylinder-dampfmaschine	280	Rad φ 1280	260	1000 t/Std.	ca. 40 PSi	ca. 10 PSi	15–20	600	200	—
	Kesselgebläsemaschine	1	„	220	Rad φ 2500	200	16 cbm/sek.	ca. 20 PSi	—	15	300	—	—
	Hauptspeisepumpen	2	Simplexdampfpumpen	300	220	600	je 24 t/Std.	ca. 22 PSi	—	27	600	—	Saugen vom Mischvorwärmer und drücken i. d. Kess.
	Hilfs-Dampfspeisepumpe	1	Duplexdampfpumpe	2×240	2×160	400	46,5 t/Std.	—	ca. 5 PSi	30	—	150	—
	Speisewasser-Erzeuger (Evaporator)	1	Frischdampfheizung	—	—	—	30 t/24 Std.	—	—	—	500	—	—
Schiffs-Hilfsmaschinen	Dampf-Rudermaschine	1	Zwillingsmaschine	2×262	—	270	—	—	—	—	250	—	—
	Turbodynamo (Lichtmaschine)	1	Dampfturbine	—	—	—	20 KW.	ca. 25 PSe	ca. 25 PSe	16	400	400	—
	Frischwasserpumpe	1	Duplexdampfpumpe	2×110	2×140	125	15 t/Std.	—	—	—	50	50	—
	Ballast- u. Lenzpumpe	1	„	2×200	2×260	420	180 t/Std.	ca. 10 PSi	ca. 15 PSi	30	300	450	Für die verschiedensten Zwecke vielfach in Betrieb
	Dampfaschewinden	2	Zwillingsmaschinen	2×100	Trommel 150	120	—	—	—	—	50	50	—
	Eismaschine	1	Kohlensäure	175	60	250	22 000 WE/Std.	ca. 15 PSi	ca. 15 PSi	30	450	450	Dauernd in Betrieb
	Ankerspill	1	Zwillingsmaschine	2×320	—	380	—	—	—	—	—	—	Nur selt. in Betrieb
	Dampfladewinden	12	„	2×200	—	350	6,5 t	—	—	—	—	1000	—
	Heizung, Bäder etc.	—	—	—	—	—	für 70 Personen	—	—	—	250	250	—

Tabelle Nr. 2.

Hilfsmaschinen des Doppelschrauben-Passagier- und Frachtdampfers „George Washington“ des Norddeutschen Lloyd (36 080 t Deplacement, Maschinenleistung 2 × 10 000 PS_i). Kesselanlage: Zylinderkessel für Naßdampf, mit künstlichem Zug und Kohlefeuerung.

	Art der Hilfsmaschine	Anzahl total	Bauart bzw. System	Dampfzylinderdurchmesser mm	Pumpenzylinderdurchmesser mm	Hub mm	Rechnungsmäßige Fördermenge, Hubkraft usw. (pro Hilfsmaschine) etwa	Durchschnittliche totale Leistung auf der Reise bei Fahrt des Schiffes mit voller Kraft PS_i bzw. PS_e	Durchschnittliche totale Leistung im Hafenbetrieb PS_i bzw. PS_e	Ungefährer Dampfverbrauch in kg pro PS_i/Std. bzw. PS_e/Std.	Durchschnittl. Dampfverbrauch pro Std. auf der Reise bei Fahrt mit voller Kraft in kg/Std.	Durchschnittlicher Dampfverbrauch im Hafenbetrieb kg/Std.	Bemerkungen
Maschinelle Hilfsmaschinen	Maschinen-Klosettpumpen	2	Angehängt	—	—	550	80 t/Std.	—	—	—	—	—	—
	Maschinen-Lenzpumpen	2	do.	—	180	550	60 „	—	—	—	—	—	—
	Maschinen-Badepumpen	2	do.	—	150	550	40 „	—	—	—	—	—	—
	Hauptzirkulationspumpen (Kreiselpumpe)	2	Einzylinder-Dampfmaschine	310	—	250	2000 „	ca. 180 PS_i	—	18	3300	—	—
	Hauptluftpumpen . .	2	Zwillings-Pumpen System Weir	2×254	2×838	533	—	ca. 20 „	—	65	1300	—	—
	Hauptspeisepumpen .	3	Duplex-Pumpen System Weir	2×440	2×320	675	130 t/Std.	ca. 100 „	—	30	3000	—	—
	Kesselgebläsemaschinen	2	Einzylinder-Dampfmaschine	320	—	250	36 cbm/Sek.	ca. 120 „	—	18	2200	—	—
	Ventilationsmaschine f. d. Maschinenraum .	1	do.	190	—	160	11 „	ca. 10 „	ca. 5 PS_i	20	200	400	—
	Ventilationsmaschine f. d. Kesselräume . .	2	do.	200	—	180	23 „	ca. 50 „	ca. 15 „	19	950	300	—
	Dampf-Ölpumpe für Lagerschmierung . .	1	Duplex-Pumpe	2×76	2×51	75	15 l/Min.	ca. 0,5 „	—	100	50	—	—
	Evaporator für Speisewassererzeugung . .	1	System Weir 7,7 m²	—	—	—	50 t/24 Std.	—	—	—	2000	—	—

Maschinelle Hilfsmasch.	Hilfsspeisepumpen . .	3	Duplex-Pumpe	2×410	2×260	310	150 t/Std.	—	ca. 10 PS_i	20	—	200	—
	Aschejektoren	4	Für 150 mm Rohr-ϕ	—	—	—	—	—	—	—	200	—	—
	Dampf-Aschwinden . .	2	—	90	—	100	—	—	—	—	—	—	Nur selten in Betrieb.
Schiffs-Hilfsmaschinen	Dampf-Klosettpumpe .	1	Duplex-Pumpe	2×300	2×300	350	190 t/Std.	—	ca. 10 PS_i	25	—	250	—
	Dampf-Lenzpumpen .	2	do.	2×180	2×220	350	102 „	—	ca. 5 „	30	—	300	—
	Hilfs-Zirkulationspumpe (Kreiselpumpe)	1	Einzylinder-Dampfmaschine	180	—	180	350 „	—	ca. 50 „	16	—	800	—
	Dampf-Badepumpen .	1	Duplex-Pumpe	2×140	2×180	250	48 „	ca. 10 PS_i	ca. 10 „	30	—	300	—
	Ballast-Pumpen . . .	2	do.	2×220	2×300	350	190 „	ca. 10 PS_i	ca. 30 „	40 bzw. 30	400	900	Für verschiedene Hilfszwecke in Betrieb.
	Lichtmaschine	7	Compound-Masch.	350/550	—	270	110 KW.	ca. 500 PS_i	ca. 200 „	8 bzw. 7	4000	1400	—
	Frischwasserpumpe . .	2	Simplex-Pumpe	140	180	300	20 t/Std.	ca. 1 „	ca. 1 „	50	50	50	—
	Große Kühlmaschine .	2	Einzyl.-Maschine System CO_2	250	—	300	60000 Cal./Std.	ca. 50 „	ca. 50 „	15	750	750	—
	Kleine Kühlmaschine .	1	Einzyl.-Maschine System CO_2	150	—	175	3500 „	ca. 5 „	—	17	350	—	—
	Dampfsoolepumpe . .	2	Duplex-Pumpe	2×75	2×50	75	0,6 t/Stde.	ca. 0,5 „	ca. 0,5 PS_i	60	30	30	Eine Pumpe ist dauernd in Betrieb.
	Feuerlöschpumpe . . .	1	Triplex-Pumpe	3×210	3×160	150	240 t/Std.	—	—	—	—	—	—
	Dampfpumpe für die Schottschließvorrichtung	1	Duplex-Pumpe	2×150	2×65	150	—	—	—	—	—	—	Nur ganz selten in Betrieb.
	Kompressor für die Schottschließvorrichtung	1	Einzylindertyp	235	Kompressorzyl.-ϕ 65	160	—	—	—	—	—	—	do.
	Verdampfer	2	Trinkwasser-Destillierapparat	—	—	—	20 t/24 Std.	—	—	—	—	—	Nur als Reserve für etwaige Notfälle
	Hauptrudermaschine .	1	Einzyl.-Maschine	330	—	300	—	—	—	—	1000	—	—
	Hilfsrudermaschine . .	1	do.	220	—	300	—	—	—	—	—	—	—
	Spillmaschine	1	do.	470	—	360	—	—	—	—	—	—	Nur selten in Betrieb.
	do.	4	do.	380	—	310	—	—	—	—	—	—	do.
	Ladewinden	19	do.	200	—	350	3 t	—	—	—	—	3000	—
	Heizung, Küche, Warmwasser, Wäscherei .	—	—	—	—	—	für 3250 Pers.	—	—	—	3000	3000	—

Tabelle Nr. 3.

Hilfsmaschinen des Turbinen-Schnelldampfers „Imperator" der H. A. L. (57 000 t Deplacement, Max.-Masch.-Leistg. 75 000 PSe)
Kesselanlage: Wasserrohrkessel mit künstlichem Zug für Naßdampfbetrieb.

Maschinelle Hilfsmaschinen

Art der Hilfsmaschine	Anzahl total	Bauart bzw. System	Dampfzylinderdurchmesser mm	Pumpenzylinderdurchmesser mm	Hub mm	Rechnungsmäßige Fördermenge, Hubkraft usw. (pro Hilfsmaschine) etwa	Durchschnittl. totale Leistung auf der Reise bei Fahrt des Schiffes mit voller Kraft PSi bzw. PSe	Durchschnittl. totale Leistung im Hafenbetrieb PSi bzw. PSe	Ungefährer Dampfverbrauch in kg pro PSi/Std. bzw. pro PSe/Std.	Durchschnittl. Dampfverbrauch pro Std. auf der Reise bei Fahrt mit voller Kraft in kg/Std.	Maximaler Dampfverbrauch im Hafenbetrieb kg/Std.	Bemerkungen
Hauptkühlwasserpumpen	4 2	Kreiselpumpen Verbundmaschinen	460/800	Flügelrad-$\Phi = 1300$	450	90 cbm/Min. u. pro Pumpe	ca. 1250 PSi	—	14	17500	—	—
Hauptluftpumpen . .	4	Dual-Luftpumpen	584	Trocken-P. Zyl. u. Naßluft-P.-Zyl. je 1016 mm	533	—	ca. 100 PSi	—	60	6000	—	—
Frischwasserpumpen (Vorwärmer-P.) .	2	Simplex-Pumpen	500	350	800	—	ca. 70 „	—	40	2800	—	—
Hauptspeisepumpen .	4	Doppel-Pumpen System Weir	2 × 500	2 × 350	800	188 t/Std.	ca. 400 „	—	25	10000	—	4 Pumpen sind auf der Reise mit ca. 12 Doppelhüben in Betrieb.
Hilfsspeisepumpen . .	4	Duplex-Pumpen	2 × 400	2 × 250	450	ca. 180 t/Std.	—	ca. 50	36	—	1800	1 Pumpe ist im Hafen in Betrieb.
Aschejektorpumpen .	4	do.	2 × 400	2 × 250	450	ca. 180 t/Std.	ca. 100 „	—	35	3500	—	1 Pumpe ist auf der Reise dauernd in Betrieb.
Evaporatoren	6	Zweistufen	—	—	—	100 t in 24 Std.	—	—	—	5000	—	—
Evaporatorpumpen . .	2	Duplex-Pumpen	2 × 150	2 × 150	150	ca. 12,5 t/Std.	ca. 1 „	—	50	50	—	1 Pumpe auf der Reise in Betrieb
Turbinen-Entwässerungs-P. .	2	do.	200	380	350	40 cbm/Std.	ca. 10 „	—	40	400	—	Beide Pumpen sind auf der Reise in Betrieb.
Ölpumpen f. Turbinen	4	Duplex-Pumpen	2 × 180	2 × 200	300	38,4 cbm/Std.	ca. 10 „	—	40	400	—	Auf der Reise sind 2 Pumpen in Betrieb.
Ölpumpen für die Wellenlager	2	do.	2 × 100	2 × 100	200	3,2 cbm/Std.	ca. 1 „	—	50	50	—	1 Pumpe ist auf der Reise in Betrieb.
Ventilationsmaschinen für Maschinenräume	4	Einzylinder-Masch.	200	Durchm. d. vord. Kägelr. 2600, d. hint. Kägelr. 2400	180	—	ca. 75 „	—	18	1350	—	—

Masch. Hilfsm.	Ventilationsmaschinen für Kesselräume	4	Compound-Masch.	210/365	Flügelrad-⊖ = 3000	250	35 cbm/Std.	ca. 200 PSi	—	13	2600	—	—
	Aschwinden	6	Donkin	150	—	150	—	—	—	—	—	—	Nur selten in Betrieb.
	Gebläsemaschinen	4	Compound-Masch.	350/635	—	350	—	ca. 700 „	—	14	9800	—	—
	Luftkompressoren	2	Zweistufig	210/365	215/355	250	10 cbm/Std.	ca. 100 „	ca. 100 PSi	13	1300	1300	1 Stück in Betrieb.
Schiffs-Hilfsmaschinen	Dampflenzpumpen	4	Duplex-Pumpen	2 × 220	2 × 260	350	ca. 140 t/Std.	ca. 20 „	ca. 20	40	800	800	1 Pumpe ist auf der Reise und im Hafen in Betrieb.
	Dampfklosettpumpen	4	do.	2 × 360	2 × 300	350	ca. 200 t/Std.	ca. 40 „	ca. 30	35	1400	1100	2 Pumpen sind auf der Reise, 2 im Hafen in Betrieb.
	Dampfbadepumpen	2	do.	2 × 360	2 × 300	350	ca. 200 t/Std.	ca. 20 „	ca. 15	35	700	600	1 Pumpe ist auf der Reise, 1 im Hafen in Betrieb.
	Dampfballastpumpen	4	do.	2 × 360	2 × 300	350	ca. 200 t/Std.	ca. 10 „	ca. 20	35	350	700	1 Pumpe ist auf der Reise, 2 im Hafen in Betrieb.
	Hilfskühlwasserpumpen	2	Einzylinder-Masch.	B.B. = 220 St.B. = 180	B.B. = 1425 St.B. = 770	B.B. = 220 St.B. = 180	B.B. = 375 cbm/Std. St.B. = 350 cbm/Std.	B.B. 40 PSi St.B. 25 PSi	40 25	40	1600 1000	3200 2000	Beide Pumpen sind auf der Reise und im Hafen in Betrieb.
	Hilfsluftpumpen	2	Simplex-Pumpen	260	540	300	70 cbm/Std.	ca. 10 PSi	ca. 10 PSi	80	800	800	do.
	Hilfs-Kühlwasserpumpen	2	Duplex-Pumpen	2 × 203	2 × 203	254	ca. 50 t/Std.	ca. 10 „	ca. 10 „	40	400	400	1 Kühlwasserpumpe ist in Betrieb.
	Kühlmaschinen	3	CO_2-Maschinen	254/508	76/76	305	80000 WE/Std.	ca. 100 „	ca. 100 „	13	1300	1300	Zur Kühlung der Provianträume.
	Solepumpen	4	Duplex-Pumpen	2 × 180	2 × 180	203	ca. 25 t/Std.	ca. 10 „	ca. 10 „	40	400	400	2 Stück in Betrieb.
	Druckwasserpumpen	2	—	—	—	—	64 cbm/Std.	—	—	—	150	—	Für Schottschließvorrichtung.
	Kompressor	1	Zweistufig	235	2 × 108 1 × 50	160	—	ca. 30 „	—	18	90	—	Für Schottschließvorrichtung.
	Turbodynamos	5	Gleichstrom 110 V	—	—	—	220 KW	ca. 800 PSe	ca. 500 PSe	6	4800	3000	—
	Rudermaschinen	2	Zwillingsmaschinen	2 × 540	—	350	—	—	—	—	2000	—	—
	Ankerlichtmaschinen	2	do.	2 × 500	—	350	—	—	—	—	—	—	—
	Ladewinden	10	Einzylinder-Masch.	180	—	305	—	—	—	—	—	4000	—
	Bugverholspille	2	Zwillingsmaschinen	2 × 500	—	350	—	—	—	—	—	—	Nur selten in Betr.
	Heckverholspille	3	do.	2 × 500	—	350	—	—	—	—	—	—	do.
	Hint. Ankerverholspille	2	do.	2 × 500	—	350	—	—	—	—	—	—	do.
	Küchen, Wirtschaftsbedarf, Heizung usw.	—	—	—	—	—	für 5300 Pers.	—	—	—	5000	5000	—

Tabelle Nr. 4.

Hilfsmaschinen eines Torpedobootes von 1700 t Deplacement mit direktem Turbinenantrieb und 2 × 16250 PS_e-Leistung. Kesselanlage: Wasserrohrkessel mit künstlichem Zug, für Naßdampfbetrieb und Ölfeuerung.

	Art der Hilfsmaschine	Anzahl total	System bzw. Bauart	Dampfzylinderdurchmesser mm	Pumpenzylinderdurchmesser mm	Hub mm	Rechnungsmäßige Fördermenge, Hubkraft usw. (pro Hilfsmaschine) etwa	Durchschnittliche totale Leistung auf der Reise bei Fahrt des Schiffes mit voller Kraft PS_i bzw. PS_e	Durchschnittliche totale Leistung im Hafenbetrieb PS_i bzw. PS_e	Ungefährer Dampfverbrauch in kg pro PS_i/Std. bzw. PS_e/Std.	Durchschnittl. Dampfverbrauch pro Std. auf der Reise bei der Fahrt mit voller Kraft kg	Maximaler Dampfverbrauch im Hafenbetrieb kg	Bemerkungen
Maschinelle Hilfsmaschinen	Zentrifugal-Zirkulationspumpen für die Hauptkondensatoren .	2	Zwillings-Dampfmaschine	2 × 250	Rad ϕ 700	180	je 3600 t/Std.	ca. 420 PS_i	—	18	7500	—	
	Turbo-, Kondensat- und Luftpumpen	2	System A. E. G.	Turbop. ϕ 550	Kondens. P. ϕ 250	Luftp. ϕ 210	Maximal je ca. 200 t/Std.	—	—	—	6000	—	2 Pumpen in Betrieb
	Ölpumpen für die Turbinen . . .	4	Duplex-Dampfpumpen	2 × 100	2 × 100	130	je ca. 6 t/Std.	5 PS_i	—	40	200	—	2 Pumpen in Betrieb
	Kühlwasserpumpen für die Lagerkühlung	2	do.	2 × 100	2 × 130	150	je ca. 18 t/Std.	10 PS_i	—	40	400	—	
	Ventilationsmaschinen für d. Maschinenraum .	2	Einzylinder-Dampfmaschine	90	Rad ϕ 700	90	je ca. 320 cbm/Min.	10 PS_i	—	20	200	—	
	Heizölpumpen . .	8	Duplex-Dampfpumpen	2 × 120	2 × 100	120	je ca. 4 t/Std.	10 PS_i	2 PS_i	40/50	400	80	4 Pumpen in Betrieb
	Heizölumförderpumpe	1	Duplex-Dampfpumpen	2 × 120	2 × 100	120	je ca. 4 t/Std.	ca. 1 PS_i	ca. 2 PS_i	40	40	80	

Gruppe	Maschine	Anzahl	Antrieb										Bemerkungen
Maschinelle Hilfsmaschinen	Ölvorwärmer . . .	1					—				1000	100	
	Hauptspeise-pumpen	4	Duplex-Dampfpumpen	2 × 300	2 × 200	350	je ca. 70 t/Std.	ca. 200 PSi	—	35	7000	—	4 Pumpen in Betrieb
	Reservespeise-pumpen	4	do.	2 × 300	2 × 200	350	do.	—	ca. 2 PSi	50	—	1000	
	Turbogebläse i. d. Kesselräumen .	8	Dampfturbinen	—	Rad-⌀ 1700	—	je ca. 130 PSe	ca. 750 PSe	—	23	17000	—	Bei voller Fahrt sind sämtliche Turbogebläse in Betrieb
	Verdampfer . . .	2	System Atlas-Werke	—	—	—	je 15 t/24 Std.	—	—	—	600	—	1 Verdampfer in Betrieb
	Verdampfer-Pumpe	1	Duplex-Dampfpumpe	2 × 80	2 × 70	100	ca. 3 t/Std.	—	—	—	—	—	Ist nur selten in Betrieb
Schiffs-Hilfsmaschinen	Dampf-Lenz-pumpen	2	Duplex-Pumpcn	2 × 130	2 × 160	250	je ca. 35 t/Std.	—	2 PSi	50	—	100	
	Zirkulationspumpe mit angehängter Luftpumpe f. d. Hilfskondensator	1	Einzylinder-Dampfmaschine	150	200	150	—	—	ca. 5 PSi	60	—	300	
	Rudermaschine . .	2	Einzylinder-Dampfmaschine	200	—	125	—	—	—	—	500	—	
	Ankerlichtmaschine	1	do.	150	—	140	—	—	—		—	—	Nur selten in Betrieb
	Turbodynamos . .	2	Dampfturbine	—	—	—	je 20 kW	ca. 30 PSe	ca. 10 PSe	24/30	720	300	
	Torpedowinden-Maschine. . . .	1	Einzylinder-Dampfmaschine	100	—	110	2 t		—	—	—	—	Nur selten in Betrieb
	Heizung, Küche etc.	—	—	—	—	—	für 102 Pers.	—	—	—	400	400	

Tabelle Nr. 5.

Hilfsmaschinen des Dreiwellen-Linienschiffes mit direktem Turbinenantrieb „Großer Kurfürst" 25770 t Deplacement, Maschinenleistung 3 × 12 000 PSe. Kesselanlage: Wasserrohrkessel mit künstlichem Zug, 12 Kohlenkessel und 3 Ölkessel für Naßdampfbetrieb.

	Art der Hilfsmaschinen	Anzahl total	Bauart bzw. System	Dampfzylinder ϕ mm	Pumpenzylinder ϕ mm	Hub mm	Rechnungsmäßige Fördermenge. Hubkraft usw. (pro Hilfsmaschine) etwa	Durchschnittliche totale Leistung auf der Reise bei Fahrt des Schiffes mit voller Kraft PS_i bzw. PS_e	Durchschnittliche totale Leistung im Hafenbetrieb PS_i bzw. PS_e	Ungefährer Dampfverbrauch in kg pro PS_i/Std. bzw. PS_e/Std.	Durchschnittl. Dampfverbrauch pro Std. auf der Reise bei Fahrt mit voller Kraft in kg/Std.	Durchschnittlicher Dampfverbrauch im Hafenbetrieb kg/Std.	Bemerkungen
Maschinelle Hilfsmaschinen	Hauptkühlwasserpumpen	3	Verbundmaschinen	220/390	Rad ϕ 930	270	2500 t/Std.	ca. 520 PS_i	—	13	6800	—	
	Naßluftpumpen	3	Vulcan-Andrews	1×400	2×800	550	—	ca. 60 „	—	60	3600	—	
	Haupt- und Hilfsspeisepumpen	6	Vulcan-Duplex	2×380	2×255	400	75 t/Std.	ca. 210 „	—	35	7400	—	Es sind 3 Stück b. voller Fahrt in Betrieb
	Gebläsemaschinen	15	Vulcan-Turbogebläse	Turb.	Rad ϕ	—	Turb.-Leistung max. 260 PSe	ca. 2500 „	—	20	5000	—	
	Schmierölpumpen	9	Duplex-Dampfpumpen	2×135	2×140	150	5 t/Std.	ca. 30 „	—	40	1200	—	Es sind 6 Stück b. voller Fahrt in Betrieb
	Heizölübernahmepumpe	1	„	2×180	2×220	350	100 t/Std.	—	ca. 20 PS_i	40	—	800	
	Heizölbetriebspumpen	2	„	2×120	2×100	150	4 t/Std.	ca. 2 „	ca. 1 „	50	100	50	Bei voller Fahrt 1 Heizölpumpe mit ca. 20 Doppelhüben. Im Hafen 1 Heizölpumpe mit ca. 10 Doppelhüben.
	Dampflenz- und Aschejektorpumpen in den Kesselräumen	3	„	2×330	2×220	300	42 t/Std.	ca. 10 „	ca. 20 „	35	350	700	Nur mit Unterbrechungen im Betrieb.
Schiffs-Hilfsmaschinen	Dampflenzpumpe i. mittleren Maschinenraum	1	Duplex-Dampfpumpe	2×130	2×200	300	36 t/Std.	—	—	—	—	—	
	Frischwassererzeuger	4	Hochdruckgegenstrom	—	—	—	45 t/24 Std.	—	—	—	2000	—	
	Verdampferpumpen	4		1×152	1×125	150	ca. 2 t/Std.	ca. 1 PS_i	—	50	50	—	
	Turbodynamos	4	Gleichstromdynamos $n = 2000$, 220 Volt	—	—	—	360 K.-W.	ca. 1100 PS_e	1100 PS_e	6,5	7200	7200	Für Licht u. elektrisch angetriebene Hilfsmaschinen sind ständig 2 Maschinen in Betrieb
	Rudermaschine	2		250	—	260	—	—	—	—	3000	—	
	Bugankerspillmaschine	1		320	—	280	145 PS_i	—	—	—	—	—	
	Heizung, Bäder etc.	—		—	—	—	f. 1200 Personen	—	—	—	2000	2000	

Alle anderen hier nicht aufgeführten Hilfsmaschinen sind elektrisch angetrieben.

Anhang XIII.

Dampftabellen.

Tabelle Nr. I.

Eigenschaften gesättigter Wasserdämpfe.

Druck kg/qcm p	Temperatur t	Volumen von 1 kg Dampf cbm v	Gewicht von 1 cbm Dampf kg γ	Flüssigkeitswärme WE q	Innere Verdampfungswärme WE ϱ	Äußere Verdampfungswärme WE $A\,p\,(v-\sigma)$	Gesamtwärme WE i
0,02	17,3	68,126	0,01468	17,3	553,6	31,91	602,9
0,04	28,8	35,387	0,02826	28,8	546,3	33,15	608,3
0,06	36,0	24,140	0,04142	36,0	541,7	33,92	611,6
0,08	41,3	18,408	0,05432	41,4	538,2	34,49	614,1
0,10	45,6	14,920	0,06703	45,7	535,4	34,94	616,0
0,12	49,2	12,568	0,07956	49,3	533,1	35,32	617,7
0,15	53,7	10,190	0,09814	53,8	530,1	35,79	619,7
0,20	59,8	7,777	0,12858	59,9	526,1	36,42	622,4
0,25	64,6	6,307	0,1586	64,8	522,9	36,92	624,6
0,30	68,7	5,316	0,1881	68,9	520,2	37,34	626,4
0,35	72,3	4,600	0,2174	72,5	517,8	37,70	628,0
0,40	75,5	4,060	0,2463	75,7	515,6	38,02	629,4
0,50	80,9	3,2940	0,3036	81,2	512,0	38,56	631,7
0,60	85,5	2,7770	0,3601	85,8	508,8	39,01	633,7
0,70	89,5	2,4040	0,4160	89,9	506,1	39,39	635,3
0,80	93,0	2,1216	0,4713	93,5	503,6	39,73	636,8
0,90	96,2	1,9003	0,5262	96,7	501,4	40,03	638,1
1,0	99,1	1,7220	0,5807	99,6	499,4	40,30	639,3
1,1	101,8	1,5751	0,6349	102,3	497,5	40,55	640,7
1,2	104,2	1,4521	0,6887	104,8	495,7	40,78	641,3
1,4	108,7	1,2571	0,7955	109,4	492,6	41,18	643,1
1,6	112,7	1,1096	0,9013	113,4	489,7	41,54	644,7
1,8	116,3	0,9939	1,0062	117,1	487,1	41,85	646,0
2,0	119,6	0,9006	1,1104	120,4	484,7	42,14	647,2
2,5	126,7	0,7310	1,3680	127,7	479,4	42,74	649,9
3,0	132,8	0,6163	1,6224	133,9	474,9	43,23	652,0
3,5	138,1	0,5335	1,8743	139,4	470,8	43,65	653,8
4,0	142,8	0,4708	2,1239	144,2	467,2	44,01	655,4
4,5	147,1	0,4217	2,3716	148,6	463,9	44,33	656,8
5,0	151,0	0,3820	2,6177	152,6	460,8	44,61	658,1
5,5	154,6	0,3494	2,8624	156,3	458,0	44,87	659,2
6,0	157,9	0,3220	3,1058	159,8	455,3	45,10	660,2
6,5	161,1	0,2987	3,3481	163,0	452,8	45,32	661,1
7,0	164,0	0,2786	3,5891	166,1	450,4	45,51	662,0

Tabelle Nr. I (Fortsetzung).

Druck kg/qcm p	Temperatur t	Volumen von 1 kg Dampf cbm v	Gewicht von 1 cbm Dampf kg γ	Flüssigkeitswärme WE q	Innere Verdampfungswärme WE ϱ	Äußere Verdampfungswärme WE $Ap\,(v-\sigma)$	Gesamtwärme WE i
7,5	166,8	0,2611	3,8294	168,9	448,2	45,67	662,8
8,0	169,5	0,2458	4,0683	171,7	446,0	45,86	663,5
8,5	172,0	0,2322	4,3072	174,3	443,9	46,02	664,2
9,0	174,4	0,2200	4,5448	176,8	441,9	46,17	664,9
9,5	176,7	0,2091	4,7819	179,2	440,0	46,30	665,5
10,0	178,9	0,1993	5,018	181,5	438,2	46,43	666,1
11,0	183,1	0,1822	5,489	185,8	434,6	46,67	667,1
12,0	186,9	0,1678	5,960	189,9	431,3	46,88	668,1
13,0	190,6	0,15565	6,425	193,7	428,2	47,08	668,9
14,0	194,0	0,14515	6,889	197,3	425,2	47,26	669,7
15,0	197,2	0,13601	7,352	200,7	422,4	47,43	670,5
16,0	200,3	0,12797	7,814	203,9	419,7	47,58	671,2
18,0	206,1	0,11450	8,734	210,0	414,6	47,85	672,4
20,0	211,3	0,10365	9,648	215,5	409,8	48,08	673,4

Tabelle Nr. II.

Hilfswerte zur Berechnung der Erzeugungswärme etc. von überhitztem Wasserdampf.

t	$\mathfrak{V}$	$\mathfrak{J}$	$\mathfrak{S}$	t	$\mathfrak{V}$	$\mathfrak{J}$	$\mathfrak{S}$	t	$\mathfrak{V}$	$\mathfrak{J}$	$\mathfrak{S}$
25	0,056	6	0,015	150	0,0174	1,75	0,00321	275	0,0074	0,72	0,00105
30	0,053	5	0,014	155	0,0168	1,68	0,00306	280	0,0071	0,70	0,00101
35	0,050	5	0,013	160	0,0161	1,61	0,00291	285	0,0069	0,68	0,00097
40	0,048	5	0,012	165	0,0155	1,55	0,00277	290	0,0067	0,66	0,00093
45	0,045	5	0,011	170	0,0149	1,49	0,00263	295	0,0065	0,64	0,00090
50	0,043	4,3	0,0103	175	0,0144	1,44	0,00251	300	0,0063	0,62	0,00086
55	0,041	4,1	0,0097	180	0,0139	1,38	0,00239	305	0,0062	0,60	0,00083
60	0,039	3,9	0,0091	185	0,0134	1,33	0,00228	310	0,0060	0,58	0,00080
65	0,037	3,7	0,0085	190	0,0129	1,29	0,00217	315	0,0058	0,57	0,00077
70	0,035	3,5	0,0080	195	0,0124	1,24	0,00208	320	0,0057	0,55	0,00074
75	0,033	3,4	0,0075	200	0,0120	1,20	0,0198	325	0,0055	0,53	0,00072
80	0,032	3,2	0,0070	205	0,0116	1,15	0,0189	330	0,0053	0,52	0,00069
85	0,030	3,1	0,0066	210	0,0112	1,11	0,0181	335	0,0052	0,50	0,00067
90	0,029	2,9	0,0062	215	0,0108	1,08	0,0173	340	0,0051	0,49	0,00064
95	0,028	2,8	0,0059	220	0,0105	1,04	0,0166	345	0,0049	0,48	0,00062
100	0,0265	2,66	0,00554	225	0,0101	1,00	0,0159	350	0,0048	0,46	0,00060
105	0,0255	2,55	0,00524	230	0,0098	0,97	0,0152	355	0,0047	0,45	0,00058
110	0,0243	2,44	0,00494	235	0,0095	0,94	0,0146	360	0,0046	0,44	0,00056
115	0,0232	2,35	0,00468	240	0,0092	0,91	0,0139	365	0,0044	0,43	0,00054
120	0,0223	2,24	0,00442	245	0,0089	0,88	0,0134	370	0,0043	0,41	0,00052
125	0,0214	2,14	0,00418	250	0,0086	0,85	0,0128				
130	0,0205	2,06	0,00397	255	0,0083	0,82	0,0123				
135	0,0197	1,97	0,00376	260	0,0081	0,79	0,0118				
140	0,0189	1,89	0,00357	265	0,0078	0,77	0,0113				
145	0,0181	1,82	0,00339	270	0,0076	0,75	0,0109				

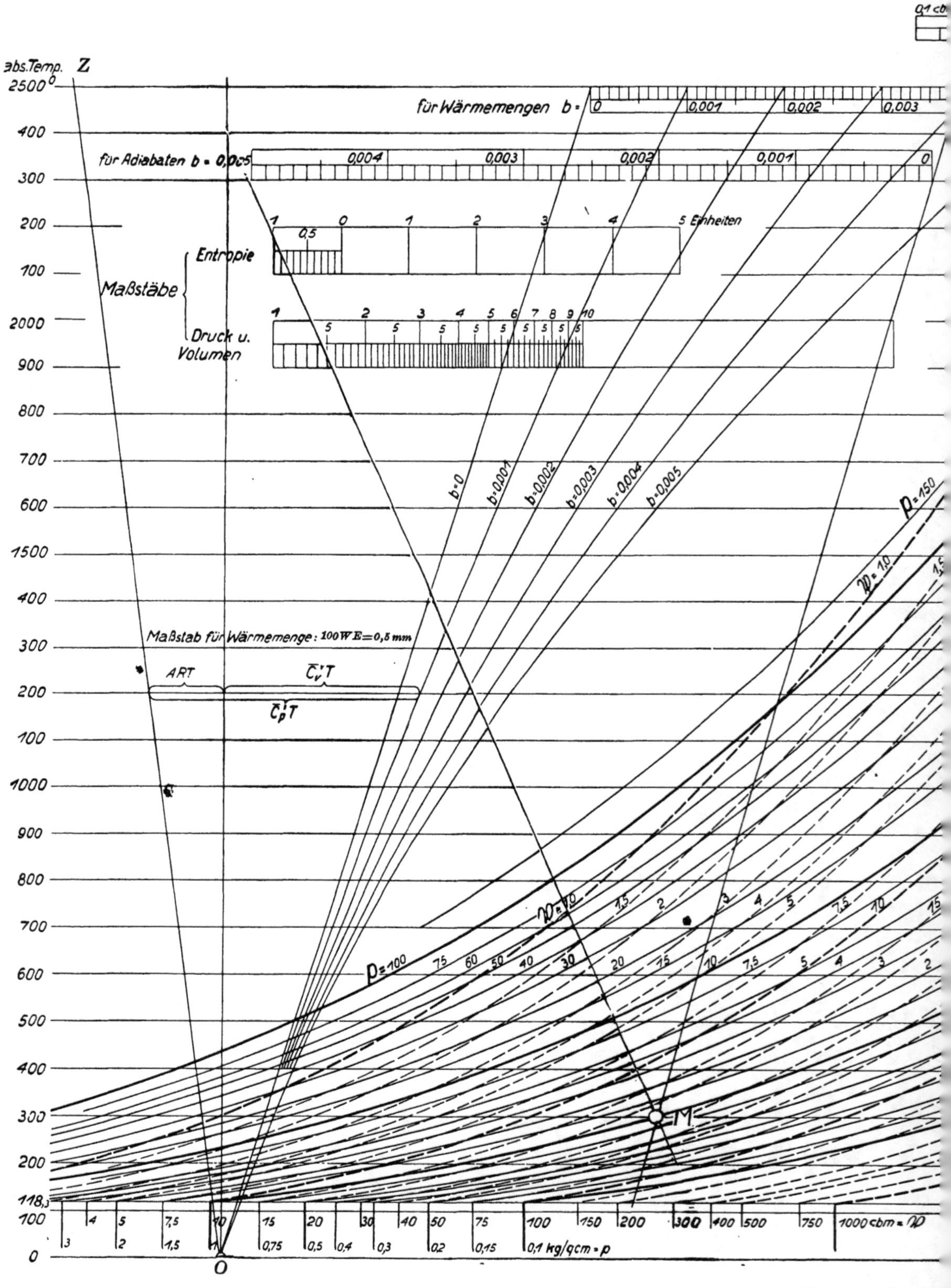

Bauer, Der Schiffsmaschinenbau.

Entropie-T

Entnommen aus A

Tafel A.

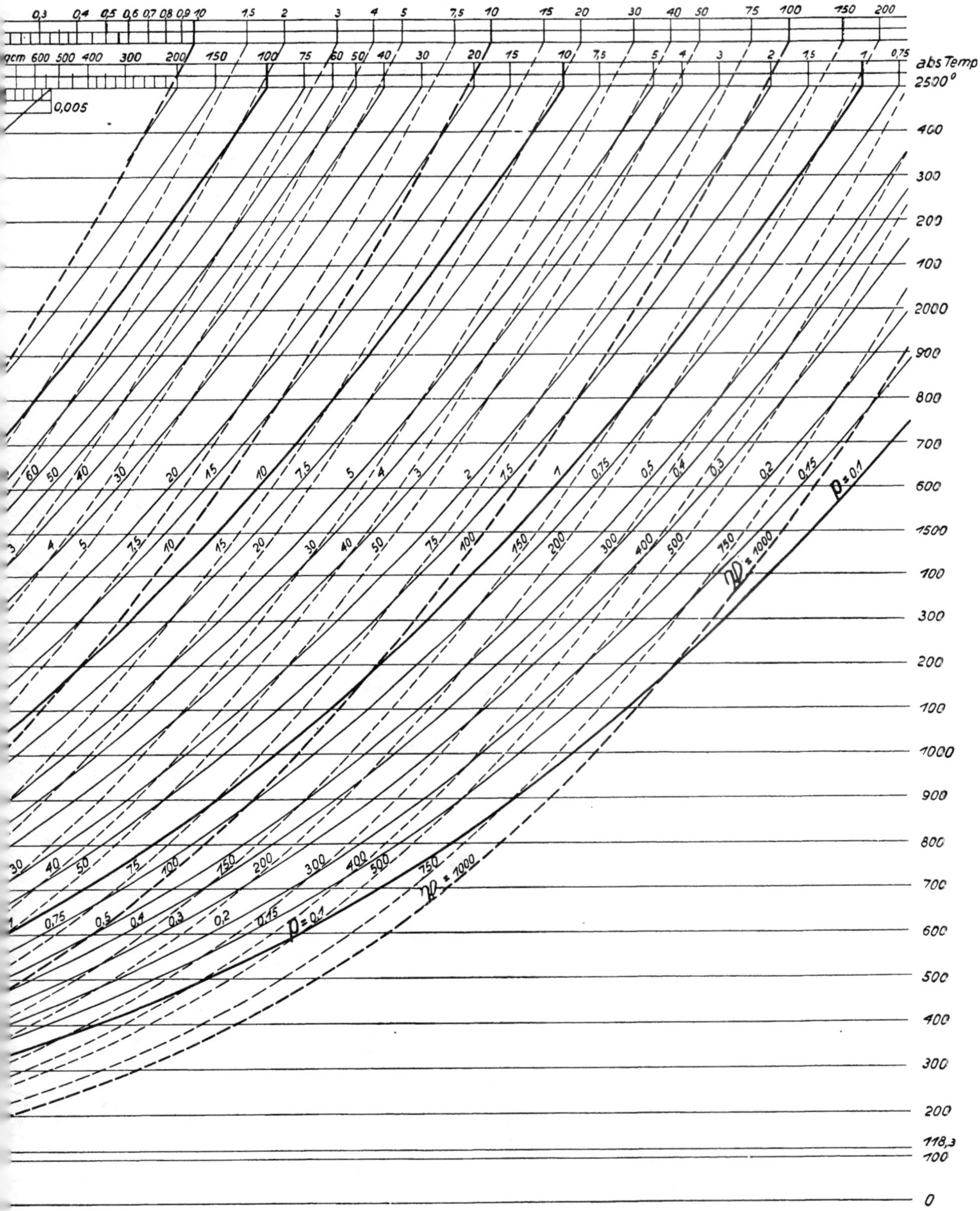

r Gase nach Stodola.

)ampf- und Gasturbinen, 5. Aufl.

Druck von R. Oldenbourg in München.

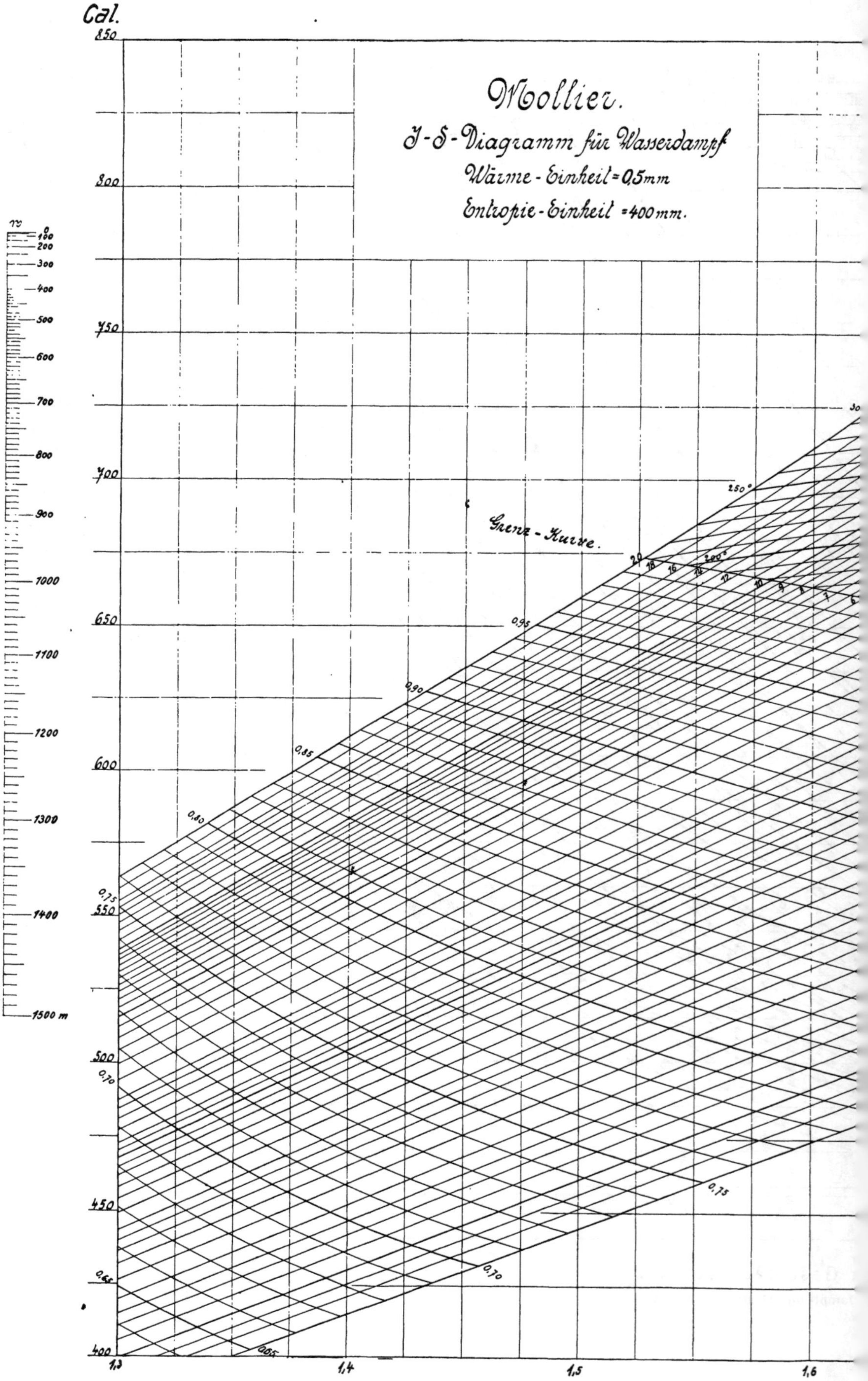

Bauer, Der Schiffsmaschinenbau.

Tafel B.

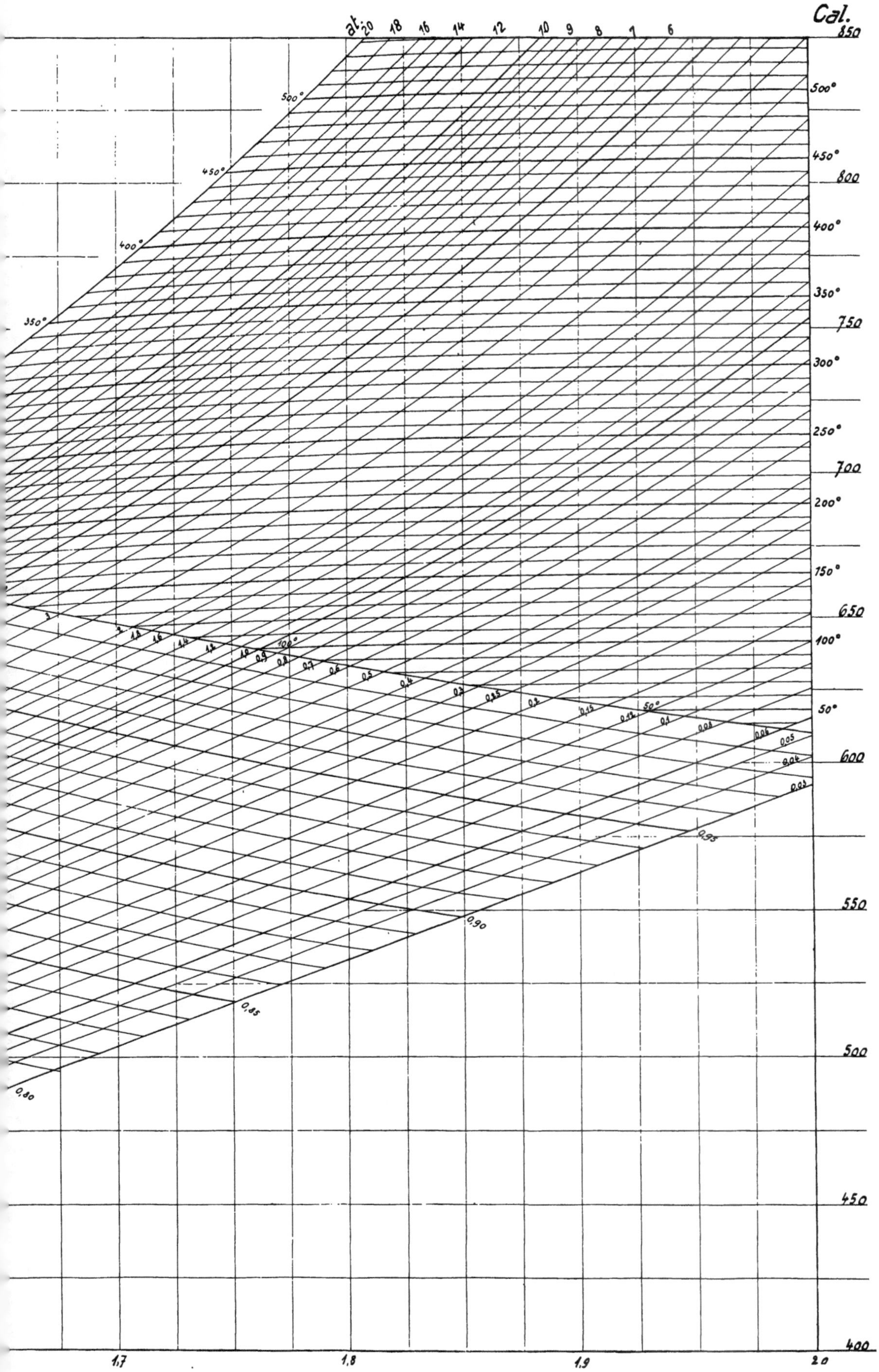

Druck von R. Oldenbourg in München.

Sachverzeichnis.

Die Zahlen bedeuten Seiten.

E.

F.

G.

R.

S.

T.

U.

V.

W.

Z.

www.ingramcontent.com/pod-product-compliance
Lightning Source LLC
LaVergne TN
LVHW081345011026
849161LV00013BB/3006